# UNTERSUCHUNGEN ÜBER KOHLENHYDRATE UND FERMENTE

## (1884—1908)

VON

## EMIL FISCHER

MANULDRUCK 1925

SPRINGER-VERLAG BERLIN HEIDELBERG GMBH

1909

ISBN 978-3-642-98686-4      ISBN 978-3-642-99501-9 (eBook)
DOI 10.1007/978-3-642-99501-9

Softcover reprint of the hardcover 1st edition 1909

# Vorwort.

Die gleichen Gründe, welche mich veranlaßt haben, meine Studien über Proteine und Purinkörper in Buchform herauszugeben, gelten auch für das vorliegende Werk. Es enthält sämtliche Versuche über Kohlenhydrate und einige damit im Zusammenhang stehende enzymatische Prozesse, die ich in den Jahren 1884—1908 ausgeführt habe, oder die von jüngeren Fachgenossen unter meiner Leitung angestellt wurden. Fortgelassen ist nur die Abhandlung von H. Leuchs und mir „Synthese des *d*-Glucosamins", weil sie bereits in mein Buch „Untersuchungen über Aminosäuren, Polypeptide und Proteïne" aufgenommen wurde.

Abgesehen von der Ausmerzung einiger Druckfehler und kleiner stilistischer Härten sind die Abhandlungen wortgetreu wiedergegeben, so daß sie als direkte Literaturquelle benutzt werden können. Nur in bezug auf die Bezeichnung der racemischen Substanzen durch den Buchstaben „*i*", der in den älteren Aufsätzen benutzt ist, habe ich mir aus Gründen der Einheitlichkeit eine Abänderung erlaubt. Er ist überall durch das von mir später vorgeschlagene Zeichen „*dl*" ersetzt.

Wie aus dem Inhaltsverzeichnis hervorgeht, sind die Abhandlungen soviel als möglich systematisch und im übrigen chronologisch geordnet.

Von den zusammenfassenden Aufsätzen sind die Nummern 1, 2 und 5 in chemischen Zeitschriften erschienen. Nr. 4 ist eine halb populäre Darstellung der Chemie der Kohlenhydrate, die ich 1893 vor einer Zuhörerschaft von Ärzten vorgetragen habe, und die bisher nur als Monographie gedruckt worden ist. Um ihre Aufnahme in dieses Buch zu rechtfertigen, will ich anführen, daß darin einige allgemeine Ideen entwickelt sind, die ich damals für neu ansehen durfte, und die auch heute weniger bekannt zu sein scheinen, als sie es vielleicht verdienen.

Die dritte Abhandlung mit dem Titel „Synthesen in der Zuckergruppe III" ist eigens für dieses Buch verfaßt. Sie enthält eine

I*

Übersicht über meine Versuche von 1895—1903 und dürfte gerade so wie die Aufsätze I und II das Lesen der einzelnen Abhandlungen wesentlich erleichtern.

In dem gleichen Zeitraum sind von anderen Fachgenossen zahlreiche Beiträge zum Ausbau der Zuckergruppe geliefert worden, von denen ich die mir besonders wertvoll erscheinenden kurz erwähnt habe.

Obschon dadurch manche Lücken meiner Untersuchungen ausgefüllt wurden, so sind doch Veränderungen in den Schlußfolgerungen oder wesentliche Korrekturen der tatsächlichen Beobachtungen bisher nicht notwendig geworden. Insbesondere sei hier erwähnt, daß die vor längerer Zeit aufgetauchten Zweifel an der Vergärbarkeit der Glycerose durch die neueren Beobachtungen von G. Bertrand wieder beseitigt wurden. Trotzdem halte ich eine weitgehende Nachprüfung meiner Resultate mit den verbesserten Hilfsmitteln der Gegenwart für sehr wünschenswert, da mir aus Mangel an Material oder Zeit die Kristallisation oder völlige Reinigung mancher Stoffe nicht möglich war. Ich habe auch selbst in diesem Buche Gelegenheit genommen, durch kleine Zusätze, die als Fußnoten kursiv gedruckt sind und sich dadurch vom ursprünglichen Text leicht unterscheiden lassen, auf solche Fälle hinzuweisen.

Während die Kenntnis der Monosaccharide in systematischer Beziehung heute ziemlich befriedigend ist, steht die Erforschung und ganz besonders die Synthese der Polysaccharide noch in den ersten Anfängen. So gerne ich mich auch an dem Ausbau dieser wichtigen Gruppe weiterhin beteiligen möchte, so ist es mir doch mit Rücksicht auf meine hochgradige Empfindlichkeit gegen die schädlichen Wirkungen des Phenylhydrazins und verwandter Stoffe zweifelhaft, ob ich diese Absicht ausführen kann.

Für die Anfertigung des am Schluß befindlichen Sachregisters und das Mitlesen der Korrektur bin ich Herrn Dr. Walter Axhausen zu Dank verpflichtet.

Berlin, im Oktober 1908.

Emil Fischer.

# Inhalt.

# Inhalt.

### III. Disaccharide.

### IV. Glucoside.

## V. Fermente.

## VI. Anhang.

# 1. Emil Fischer: Synthesen in der Zuckergruppe I.[1])

Berichte der deutschen chemischen Gesellschaft **23**, 2114 [1890].
(Vortrag, gehalten in der Sitzung vom 23. Juni.)

Meine Herren!

Zwei ausgezeichnete Fachgenossen sind bereits der Einladung des Vorstandes unserer Gesellschaft gefolgt und haben in großen Zügen ein Bild von den neuesten theoretischen Errungenschaften der organischen Chemie vor Ihnen entworfen.

Wenn ich als Dritter es wage, Ihnen die schlichten Resultate einer Experimental-Untersuchung vorzutragen, so geschieht es in der Überlegung, daß die Fortentwicklung der Hypothesen durch die Auffindung neuer Tatsachen vorbereitet wird und daß ferner der organischen Chemie durch die hundertfältigen Beziehungen zur Physiologie, Industrie und den Erfordernissen des täglichen Lebens noch andere Aufgaben, als die Ausbildung ihrer Theorien, erwachsen.

Für das Studium der chemischen Prozesse im Tier- und Pflanzenkörper ist nächst den Eiweißkörpern keine Gruppe von Kohlenstoffverbindungen so wichtig, wie die Kohlenhydrate, und als Nahrungsmittel nehmen sie unstreitig die erste Stelle ein. Wegen ihrer hervorragenden praktischen Bedeutung sind sie denn auch von den ersten Anfängen der organischen Chemie bis auf unsere Tage der Gegenstand zahlloser Untersuchungen gewesen. Wenn trotzdem die Kenntnis dieser Körperklasse im Vergleich zu anderen Gebieten unserer Wissenschaft recht lückenhaft geblieben ist, so liegt das zumeist an den eigentümlichen Schwierigkeiten, welche sie durch ihre physikalische Beschaffenheit der experimentellen Behandlung darbieten. Als die ein-

---

[1]) Der ursprüngliche Vortrag ist im Nachfolgenden durch Zufügung der Literatur und mancher historischen Notizen derart erweitert, daß er eine vollständige Übersicht über meine Arbeiten auf diesem Gebiete gibt.

Ich hoffe dadurch, demjenigen, welcher sich über die in vielen Mitteilungen zerstreuten Tatsachen unterrichten will, einige Mühe zu ersparen. Dagegen konnten fremde Arbeiten nur soweit berücksichtigt werden, als sie in direktem Zusammenhange mit meinen Versuchen stehen.

fachsten Glieder der Gruppe galten bis vor wenigen Jahren die Zucker von der Formel $C_6H_{12}O_6$.

Solange das Gebiet der Synthese verschlossen und man auf die Produkte des Tier- und Pflanzenreiches angewiesen war, blieb ihre Zahl gering, wie die nachfolgende Zusammenstellung zeigt:

Zuckerarten: $C_6H_{12}O_6$ (1886),

Traubenzucker,

Fruchtzucker,

Galactose,

Sorbose.

In naher Beziehung zu denselben steht die Arabinose, welche von ihrem Entdecker Scheibler für ein Isomeres des Traubenzuckers gehalten, aber im Jahre 1887 von Kiliani[1]) als eine Verbindung von der Formel $C_5H_{10}O_5$ charakterisiert wurde. Einige andere Substanzen, welche früher irrtümlicherweise in die Zuckergruppe eingereiht wurden, wie der Inosit und die damit identische Dambose, sind seitdem durch Maquenne[2]) als Abkömmlinge des Hexamethylens erkannt worden, und wieder andere, wie die Phlorose[3]), Crocose[3]), Cerebrose[4]) sind als chemische Individuen gestrichen.

Von den vier übrig gebliebenen Zuckern ist die seltene Sorbose wenig untersucht. Nach den neuesten Mitteilungen von Kiliani und Scheibler[5]) scheint dieselbe die gleiche Konstitution wie der Fruchtzucker zu besitzen. Dagegen war die Struktur der drei anderen wichtigen Zuckerarten vor Beginn meiner Arbeit im wesentlichen festgestellt.

Die jetzt gebräuchlichen Formeln:

$CH_2(OH).CH(OH).CH(OH).CH(OH).CH(OH).COH$

für Traubenzucker und Galactose

$CH_2(OH).CH(OH).CH(OH).CH(OH).CO.CH_2(OH)$

für Fruchtzucker

sind aus folgenden Tatsachen abgeleitet. Trauben- und Fruchtzucker werden durch Natriumamalgam in Mannit verwandelt; unter denselben Bedingungen liefert die Galactose Dulcit. Mannit und Dulcit sind aber wegen der Fähigkeit, sechs Acetyle aufzunehmen und mit Jodwasserstoff normales Hexyljodid zu liefern, als die sechswertigen Alkohole des normalen Hexans zu betrachten.

---

[1]) Berichte d. d. chem. Gesellsch. **20**, 339 [1887].
[2]) Compt. rend. **104** [1887].
[3]) Berichte d. d. chem. Gesellsch. **21**, 988 [1888]. (*S. 158.*)
[4]) Thierfelder, Zeitschr. für physiol. Chemie **14**, 209 [1890].
[5]) Berichte d. d. chem. Gesellsch. **21**, 3276 [1888].

Traubenzucker und Galactose geben ferner bei gemäßigter Oxydation durch Chlor- oder Bromwasser die einbasische Glucon- resp. Galactonsäure und bei fortgesetzter Oxydation die zweibasische Zucker-resp. Schleimsäure. Sie enthalten demnach die Aldehydgruppe.

Der von Zincke[1]) und V. Meyer[2]) gegen diesen Schluß erhobene Einwurf, daß auch Ketone mit der Gruppe . CO . CH₂(OH), z. B. das Acetylcarbinol, in Oxysäuren verwandelt werden können, war meines Erachtens nicht gerechtfertigt; denn die Bildung der Glucon- und Galactonsäure erfolgt in saurer Lösung, während die Überführung des Acetylcarbinols in Milchsäure. nur durch alkalische Oxydationsmittel bewerkstelligt wurde. In letzterem Falle kann zunächst aus dem Carbinol der Aldehyd, das Methylglyoxal entstehen, welches aber unter dem Einfluß des Alkalis sofort in Milchsäure übergehen muß.

Im Gegensatz zu den beiden Aldehyden wird der Fruchtzucker von kaltem Bromwasser äußerst langsam angegriffen, und bei Einwirkung stärkerer Oxydationsmittel zerfällt er unter Bildung von kohlenstoffärmeren Produkten[3]).

Alle drei Zucker verbinden sich endlich ebenso, wie die gewöhnlichen Aldehyde oder Ketone mit der Blausäure. Durch Verseifung der zunächst gebildeten Cyanhydrine entstehen drei verschiedene Säuren $C_7H_{14}O_8$, welche durch Kochen mit Jodwasserstoff in Heptylsäuren verwandelt werden. Traubenzucker und Galactose liefern hierbei normale Heptylsäure, während aus dem Fruchtzucker Methylbutylessigsäure erhalten wurde.

Durch diese von H. Kiliani[4]) ersonnene Methode, welche ich als den größten Fortschritt in der Erforschung der Zuckergruppe während der letzten Dezennien bezeichnen darf, wurde die alte Formel des Traubenzuckers bestätigt und ferner die obige Ketonformel des Fruchtzuckers in unzweideutiger Weise festgestellt. Auf dieselbe Art ermittelte Kiliani für die Arabinose[5]) die Struktur:

$$CH_2(OH) . CH(OH) . CH(OH) . CH(OH) . COH.$$

Mit der Anlagerung der Blausäure war ferner der erste erfolgreiche Schritt für die Synthese kohlenstoffreicherer Verbindungen aus den natürlichen Zuckerarten getan.

Eine weitere Stütze hat endlich die Formel des Traubenzuckers und der Galactose in jüngster Zeit erhalten durch die Beobachtung,

---

[1]) Berichte d. d. chem. Gesellsch. **13**, 636 [1880] und Liebigs Annal. d. Chem. **216**, 318 [1882].

[2]) Berichte d. d. chem. Gesellsch. **13**, 2344 [1880].

[3]) Kiliani, Liebigs Annal. d. Chem. **205**, 175 [1880].

[4]) Berichte d. d. chem. Gesellsch. **18**, 3066 [1885], **19**, 221, 767, 1128 [1886].

[5]) Berichte d. d. chem. Gesellsch. **20**, 339 [1887].

daß sie gerade so wie die einfachen Aldehyde Hydrazone[1]) und Oxime[2]) bilden. Der einzige Einwand gegen die Aldehydformel, welcher bis heute aufrecht erhalten wird, betrifft die Indifferenz der Zucker gegen die fuchsinschweflige Säure[3]). Aber derselbe verliert an Bedeutung, wenn man bedenkt, daß bisher kein einfacher Oxyaldehyd der Fettgruppe mit diesem Reagens geprüft wurde. Es scheint mir deshalb zurzeit nicht gerechtfertigt zu sein, die Aldehydformel, welche alle einfachen Metamorphosen der beiden Verbindungen erklärt, durch eine andere zu ersetzen.

Wie Sie sehen, sind die Formeln der drei Zuckerarten aus einem Beobachtungsmaterial hergeleitet, welches vollständig genug schien, um der Synthese als Grundlage zu dienen.

Aber anders stand es mit den Methoden, welche für die Erkennung und die Isolierung dieser Produkte in Gebrauch waren.

Wer es jemals versucht hat, den Trauben- oder Fruchtzucker nur aus Salzlösungen in der früher üblichen Weise in reinem Zustande zu gewinnen, der wird mir zugeben, daß es so ganz unmöglich ist, ein derartiges künstliches Produkt aus einem Gemenge mit anderen organischen Verbindungen abzuscheiden und als chemisches Individuum zu charakterisieren.

Diesen Mangel an Methoden habe ich selbst lebhaft empfunden, als ich vor nunmehr sieben Jahren zum ersten Male die Synthese eines Zuckers aus der Bromverbindung des Acroleïns bewerkstelligen wollte. Durch Zersetzung des Bromids mit kaltem Barytwasser erhielt ich damals einen Sirup, welcher die gewöhnlichen Zuckerreaktionen zeigte. Aber alle Bemühungen, aus dem Rohprodukt ein reines Präparat zu isolieren, blieben erfolglos. Das gelang erst vier Jahre später, nachdem in dem Phenylhydrazin ein brauchbares Mittel für diesen Zweck gefunden war[4]).

Die Wechselwirkung zwischen der Base und den Zuckerarten läßt sich leicht in folgender Weise zeigen (Versuch). Versetzt man eine warme etwa 10prozentige wässerige Lösung von Traubenzucker mit einer Auflösung von Phenylhydrazin in verdünnter Essigsäure, so färbt sich das Gemisch sofort gelb. Beim weiteren Erhitzen auf dem Wasserbade beginnt nach 10—15 Minuten die Abscheidung von feinen, gelben Nadeln, welche schließlich die Flüssigkeit breiartig erfüllen. Dieselben haben die Zusammensetzung $C_{18}H_{22}O_4N_4$, führen den Namen Glucosazon und entstehen durch Zusammentritt von einem Molekül Zucker und zwei Molekülen Phenylhydrazin.

---

[1]) Fischer, Berichte d. d. chem. Gesellsch. **20**, 824 [1887]. (*S. 145.*)
[2]) Rischbieth, Berichte d. d. chem. Gesellsch. **20**, 2673 [1887].
[3]) V. Meyer, Berichte d. d. chem. Gesellsch. **13**, 2343 [1880].
[4]) Berichte d. d. chem. Gesellsch. **17**, 579 [1884]. (*S. 138.*)

Die Bildung dieser Substanz erfolgt aber in zwei Phasen[1]). Zuerst vereinigt sich der Zucker ähnlich den gewöhnlichen Aldehyden mit einem Molekül der Base zu einem Hydrazon von der Formel:

$$CH_2(OH).[CH(OH)]_3.CH(OH).CH = N - NH.C_6H_5.$$

Dasselbe ist in Wasser leicht löslich und entzieht sich deshalb bei jenem Versuche der Beobachtung.

Beim Erwärmen mit überschüssigem Hydrazin erfährt das Hydrazon eine eigentümliche Oxydation. Die in der obigen Formel mit einem * bezeichnete Alkoholgruppe verwandelt sich vorübergehend in Carbonyl und das letztere fixiert dann in bekannter Weise ein zweites Molekül Phenylhydrazin.

So resultiert das Glucosazon, dessen Struktur der Formel

$$CH_2(OH).[CH(OH)]_3.C - CH$$
$$C_6H_5.NH.N \quad N.NH.C_6H_5$$

entspricht.

Daß der Vorgang in dieser Weise aufgefaßt werden muß, beweist das Verhalten des Fruchtzuckers, wo der Eintritt der Hydrazingruppen in der umgekehrten Reihenfolge stattfindet. Zunächst entsteht auch hier ein in Wasser leicht lösliches, nicht krystallisierendes Hydrazon

$$CH_2(OH).[CH(OH)]_3.C - CH_2(OH)$$
$$C_6H_5.NH.N$$

Dann wird wiederum die mit * bezeichnete, endständige, Alkoholgruppe oxydiert und unter Zutritt eines zweiten Moleküls Phenylhydrazin resultiert dasselbe Glucosazon, welches aus dem Traubenzucker erhalten wird.

Die gleiche Reaktion zeigen nun alle natürlichen Zuckerarten, welche die Fehlingsche Lösung reduzieren, mit Einschluß des Milchzuckers und der Maltose. Sie gilt ferner für die künstlichen Zucker oder, allgemein gesprochen, für alle Aldehyde und Ketone, welche in der benachbarten Stellung eine oxydierbare, d. h. eine primäre oder sekundäre Alkoholgruppe enthalten.

Die Hydrazone der natürlichen Zucker sind in der Regel in Wasser leicht löslich; das gilt für Traubenzucker, Fruchtzucker, Galactose, Sorbose, Milchzucker, Maltose, Arabinose, Xylose und Rhamnose.

Eine Ausnahme macht die Mannose[2]), welche später noch ausführlich besprochen wird. Ihr Phenylhydrazon ist in Wasser sehr

---

[1]) Berichte d. d. chem. Gesellsch. **20**, 822 [1887]. (*S. 145.*)
[2]) Berichte d. d. chem. Gesellsch. **20**, 832 [1887] (*S. 155*); **21**, 1805 [1888].
(*S. 289.*)

schwer löslich und fällt infolgedessen aus der kalten Lösung des Zuckers auf Zusatz von essigsaurem Phenylhydrazin aus. Verwendet man eine 10 prozentige Mannoselösung, so beginnt schon nach 1—2 Minuten, wie Sie hier sehen werden, die Abscheidung von fast farblosen, feinen Krystallen, welche bald die ganze Flüssigkeit erfüllen (Versuch).

Ähnlich verhalten sich die optischen Isomeren der Mannose und dann noch verschiedene künstlich gewonnene Zucker mit sieben, acht und neun Kohlenstoffatomen.

Hier ist die Fällung des Hydrazons bei weitem das beste Mittel, nicht allein für die Erkennung, sondern auch für die Isolierung und Reinigung des Zuckers; denn der letztere kann aus dem Hydrazon durch Spaltung mit Salzsäure leicht regeneriert werden, wie folgender Versuch Ihnen zeigt. Wird fein gepulvertes Mannosephenylhydrazon mit der vierfachen Menge rauchender Salzsäure (spez. Gew. 1,19) von gewöhnlicher Temperatur übergossen, so löst es sich beim kräftigen Umschütteln rasch zu einer klaren braunen Flüssigkeit, indem zunächst das salzsaure Salz entsteht. Nach 1—2 Minuten macht sich die Spaltung des Hydrazons bemerkbar; denn es beginnt nun die Krystallisation von salzsaurem Phenylhydrazin. Die Reaktion ist nach 10—15 Minuten beendet und die Abscheidung des Zuckers aus der filtrierten Flüssigkeit bietet keine Schwierigkeit.

Ungleich wertvoller sind die in Wasser fast unlöslichen Osazone für die Bearbeitung der Zuckergruppe geworden. Sie krystallisieren verhältnismäßig leicht und fallen selbst aus den verdünntesten Lösungen heraus. Sie unterscheiden sich ferner durch Löslichkeit, Schmelzpunkt und optisches Verhalten und werden deshalb jetzt häufig zur Erkennung der natürlichen Zucker benutzt.

Die Derivate der letzteren sind in der folgenden Tabelle samt den für die Unterscheidung wichtigen Merkmalen zusammengestellt:

Glucosazon, $C_{18}H_{22}O_4N_4$. Entsteht aus Traubenzucker, Fruchtzucker, Mannose, Glucosamin und Isoglucosamin. In Wasser fast unlöslich, in heißem Alkohol schwer löslich. Schmelzpunkt gegen 205⁰. Dreht in Eisessig gelöst nach links.

Galactosazon, $C_{18}H_{22}O_4N_4$. Aus Galactose. In Wasser fast unlöslich, in Alkohol etwas leichter löslich, als das vorhergehende. Schmelzpunkt gegen 193⁰. Zeigt in Eisessig gelöst keine wahrnehmbare Drehung.

Sorbosazon, $C_{18}H_{22}O_4N_4$. Aus Sorbose. In Wasser fast unlöslich; in heißem Alkohol leicht löslich. Schmelzpunkt 164⁰.

Lactosazon, $C_{24}H_{32}O_9N_4$. Aus Milchzucker. In 80—90 Teilen heißem Wasser löslich. Schmelzpunkt gegen 200⁰. Wird durch verdünnte Schwefelsäure in das in Wasser fast unlösliche Anhydrid $C_{24}H_{30}O_8N_4$ verwandelt.

Maltosazon, $C_{24}H_{32}O_9N_4$. Aus Maltose. In etwa 75 Teilen heißem Wasser löslich. Schmelzpunkt gegen 206°. Liefert kein Anhydrid.

Arabinosazon, $C_{17}H_{20}O_3N_4$. Aus Arabinose. In heißem Wasser wenig, in heißem Alkohol leicht löslich. Schmelzpunkt gegen 160°. Zeigt in alkoholischer Lösung keine Drehung.

Xylosazon, $C_{17}H_{20}O_3N_4$. Aus Xylose. Dem vorigen täuschend ähnlich. Dreht aber in alkoholischer Lösung stark nach links.

Rhamnosazon, $C_{18}H_{22}O_3N_4$. Aus Rhamnose (Isodulcit). Im Wasser fast unlöslich, in heißem Alkohol leicht löslich. Schmelzpunkt gegen 180°.

Wie zuvor erörtert wurde, entstehen die Osazone durch einen Oxydationsprozeß. Ihre Rückverwandlung in Zucker ist deshalb viel schwieriger, als bei den Hydrazonen. Für die Untersuchung der synthetischen Zucker, welche nur in Form der Osazone isoliert werden konnten, mußte aber ein solches Verfahren unbedingt ermittelt werden. Nach manchem vergeblichen Versuche habe ich dasselbe in folgenden beiden Reaktionen gefunden.

Durch Zinkstaub und Essigsäure werden die Osazone reduziert und in stickstoffhaltige, basische Produkte verwandelt. Aus dem Glucosazon entsteht so eine Verbindung $C_6H_{13}O_5N$, welche isomer mit dem von Ledderhose entdeckten Glucosamin ist und deshalb Isoglucosamin[1]) genannt wurde. Sie bildet ein schön krystallisiertes Acetat und hat die Strukturformel:

$$CH_2(OH).CH(OH).CH(OH).CH(OH).CO.CH_2.NH_2.$$

Ihre Entstehung aus dem Osazon ist ein sehr merkwürdiger Prozeß. Eine Hydrazingruppe wird gänzlich abgespalten und durch Sauerstoff ersetzt; bei der anderen findet durch den nascierenden Wasserstoff eine Sprengung der Stickstoffkette statt, indem Anilin entsteht und das andere Stickstoffatom als Amidogruppe mit dem Kohlenstoff des Zuckermoleküls verbunden bleibt.

Wird die Base in der Kälte mit salpetriger Säure behandelt, so verliert sie ihre Amidogruppe und verwandelt sich ganz glatt in Fruchtzucker[2]). Aber dieses Verfahren, welches bei dem Glucosazon so gute Resultate liefert, ist in anderen Fällen nicht anwendbar, aus dem einfachen Grunde, weil die betreffenden Basen nicht kristallisieren und deshalb aus dem Reaktionsgemisch nicht isoliert werden können.

Ungleich brauchbarer ist die zweite Methode. Durch rauchende Salzsäure werden die Osazone der Zuckergruppe in Phenylhydrazin

---

[1]) Berichte d. d. chem. Gesellsch. **19**, 1920 [1886]. (*S. 202.*)
[2]) Berichte d. d. chem. Gesellsch. **20**, 2569 [1887]. (*S. 252.*)

und die sogenannten Osone[1]) gespalten.   Der Vorgang entspricht bei
dem Glucosazon folgender Gleichung:

$$C_6H_{10}O_4(N_2H.C_6H_5)_2 + 2H_2O = C_6H_{10}O_6 + 2C_6H_5.N_2H_3$$
$$\text{Glucosazon} \qquad\qquad\qquad \text{Glucoson}$$

Die praktische Ausführung dieser Reaktion erfordert aber ganz
besondere Aufmerksamkeit.  Ich will deshalb die Bedingungen für ihr
Gelingen ebenfalls durch den Versuch erläutern.   Übergießt man sehr
fein gepulvertes Glucosazon mit der zehnfachen Menge rauchender
Salzsäure, so färbt es sich dunkelrot und geht zum kleineren Teil mit
der gleichen Farbe in Lösung; es verwandelt sich hierbei in sein Hydrochlorat, welches indessen schon durch Wasser wieder zersetzt wird.
Erwärmt man nun das Gemisch rasch auf 40⁰, so erfolgt beim kräftigen
Umschütteln klare Lösung.   Dieselbe wird nur 1 Minute lang auf 40⁰
gehalten und dann bis auf 25⁰ abgekühlt; jetzt beginnt eine reichliche
Kristallisation von salzsaurem Phenylhydrazin, welche Ihnen die
Spaltung des Osazons anzeigt.   Zugleich schlägt die dunkelrote Färbung der Flüssigkeit in dunkelbraun um.   In weiteren 10 Minuten ist
die Reaktion beendet.   Aus der filtrierten Flüssigkeit kann nach Entfernung der Salzsäure das Glucoson als unlösliche Bleiverbindung
abgeschieden werden.   Dasselbe ist zwar bisher nicht kristallisiert
erhalten und deshalb auch nicht analysiert worden, aber seine Reaktionen, welche denen des Glyoxals und der 1,2-Diketone völlig
entsprechen, lassen keinen Zweifel darüber, daß die Verbindung der
Aldehyd des Fruchtzuckers ist und die Formel

$$\text{CH}_2(\text{OH}).\text{CH}(\text{OH}).\text{CH}(\text{OH}).\text{CH}(\text{OH}).\text{CO}.\text{COH}$$

besitzt.

Charakteristisch ist besonders ihr Verhalten gegen Phenylhydrazin.
Die kalte, wässerige Lösung trübt sich nach Zusatz von essigsaurem
Phenylhydrazin sehr rasch und nach 5—10 Minuten ist ein dichter
Niederschlag von Glucosazon entstanden (Versuch).

Mit den aromatischen Orthodiaminen vereinigt sich das Glucoson
ebenfalls und bildet schön krystallisierende Chinoxalinderivate.

Besonders interessant ist endlich seine Verwandlung durch nascierenden Wasserstoff; denn durch Erwärmen mit Zinkstaub und
Essigsäure wird es völlig in Fruchtzucker übergeführt.

Dieses Verfahren führt mithin vom Traubenzucker über das Osazon und Oson zum Fruchtzucker und man darf erwarten, mit Hilfe
desselben aus allen Aldehydzuckern die meist noch unbekannten Ketonzucker zu gewinnen.   Will man von letzteren zum Aldehyd zurückkehren, so ist der Umweg über den Alkohol nötig.   Bleiben wir bei

---

[1]) Berichte d. d. chem. Gesellsch. **22**, 87 [1889]. (*S. 166.*)

dem vorigen Beispiel stehen, so gestaltet sich der Übergang folgendermaßen: Der Fruchtzucker wird bekanntlich durch Natriumamalgam leicht zu Mannit reduziert. Aus diesem läßt sich dann durch vorsichtige Oxydation mit Salpetersäure der Aldehyd, die Mannose und daraus ferner, wie ich später noch zeigen werde, der Traubenzucker gewinnen.

Die Osazone können bei dem Studium der Zuckerarten noch für verschiedene andere Zwecke benutzt werden.

Da die Formeln $C_6H_{12}O_6$, $C_5H_{10}O_5$, $C_7H_{14}O_7$ usw. die gleiche prozentische Zusammensetzung verlangen, so kann die Analyse des Zuckers allein niemals über die Anzahl der Kohlenstoffatome entscheiden; man ist vielmehr gezwungen, ein Derivat zu analysieren. Hierfür sind nun die Osazone am meisten geeignet, da sie in der Regel sehr leicht rein erhalten werden. Benutzt wurden sie bisher für die Feststellung der empirischen Formel bei der Arabinose[1]), der Sorbose[2]) und der Xylose[3]).

In anderen Fällen bieten sie ein neues Hilfsmittel, um die Konstitution eines Zuckers zu ermitteln. So wurde früher die Rhamnose (Isodulcit) als sechswertiger Alkohol, als ein Analogon des Mannits, betrachtet, obschon man ihre reduzierende Wirkung auf alkalische Kupferlösung kannte. Die Anwendung der Hydrazinprobe, welche ein Osazon[4]) $C_6H_{10}O_3(N_2H.C_6H_5)_2$ lieferte, zeigte indessen, daß die wasserfreie Rhamnose ein Zucker $C_6H_{12}O_5$ ist, für welchen später die Strukturformel

$$CH_3.CH(OH).CH(OH).CH(OH).CH(OH).COH$$

ermittelt wurde[5]).

Ein anderes Beispiel bietet der Milchzucker, welcher bekanntlich ein Anhydrid von gleichen Molekülen Traubenzucker und Galactose ist. Seine Fähigkeit, ein Osazon zu bilden, beweist nun, daß er noch einmal die Gruppe — CH(OH) — COH enthält. Da ferner das aus dem Osazon entstehende Oson beim Kochen mit verdünnten Säuren in Galactose und Glucoson zerfällt, so ist in dem Milchzucker offenbar die Aldehydgruppe des Traubenzuckermoleküls unverändert vorhanden[6]).

[1]) Kiliani, Berichte d. d. chem. Gesellsch. **20**, 345 [1887].
[2]) E. Fiscner, Berichte d. d. chem. Gesellsch. **20**, 827 [1887]. (*S. 150.*)
[3]) Tollens und Wheeler, Liebigs Annal. d. Chem. **254**, 315 [1889].
[4]) Fischer und Tafel, Berichte d. d. chem. Gesellsch. **20**, 1091 [1887]. (*S. 245.*)
[5]) Fischer und Tafel, Berichte d. d. chem. Gesellsch. **21**, 2173 [1888]. (*S. 285.*) Vgl. auch Maquenne, Compt. rend. **109**, 603 [1889].
[6]) Fischer, Berichte d. d. chem. Gesellsch. **21**, 2633 [1888]. (*S. 164.*)

Dieser Schluß, welcher durch die Gewinnung der Lactobionsäure[1]) und durch deren Hydrolyse bestätigt wurde, hat zu einer neuen Anschauung über die Konstitution des Milchzuckers und der nahe verwandten Maltose geführt.

Besonders wertvoll sind endlich die Hydrazone und Osazone für die Auffindung von neuen Zuckern und zuckerähnlichen Substanzen geworden. Letztere werden verhältnismäßig leicht durch gemäßigte Oxydation der mehrwertigen Alkohole gewonnen. Die erste Beobachtung dieser Art wurde meines Wissens von Carlet[2]) gemacht.

Derselbe erhielt durch Erwärmen von Dulcit mit verdünnter Salpetersäure eine Flüssigkeit, welche die alkalische Kupferlösung stark reduzierte und sich mit Alkalien gelb färbte.

Ausführlicher ist der gleiche Prozeß ein Jahr später von Gorup-Besanez[3]) bei dem Mannit studiert worden. Als Oxydationsmittel verwandte er Platinmohr und atmosphärischen Sauerstoff und erhielt so einen amorphen, gärbaren Zucker, die sogenannte Mannitose, welche indes von den natürlichen Verbindungen durch die optische Inaktivität verschieden sein sollte.

Erst nach 23 Jahren wurde der interessante Versuch Gorups durch Dafert[4]) mit besseren Hilfsmitteln wiederholt. Er kam zu dem Schlusse, daß die Mannitose ein Gemenge von Fruchtzucker mit anderen unbekannten Produkten sei, deren Isolierung ihm nicht möglich war.

Ausgerüstet mit dem neuen Reagens habe ich 1887 die Oxydation des Mannits von neuem studiert. Bei Anwendung von verdünnter Salpetersäure erhielt ich neben Fruchtzucker einen zweiten Zucker, welcher im Gegensatze zu den bis dahin bekannten Verbindungen ein schwerlösliches Hydrazon lieferte. Es ist die zuvor schon erwähnte Mannose.

Ihre weitere Untersuchung, welche ich gemeinschaftlich mit Dr. J. Hirschberger unternahm, führte zu dem überraschenden Resultate, daß sie die gleiche Struktur, wie der Traubenzucker, besitzt, daß sie der wahre Aldehyd des Mannits ist, während der Traubenzucker einer stereoisomeren Reihe angehört[5]).

Ursprünglich ein Kunstprodukt, ist die Mannose bald im Pflanzen-

[1]) Fischer und Meyer, Berichte d. d. chem. Gesellsch. **22**, 361 [1889]. (*S. 655.*)

[2]) Jahresberichte für Chemie **1860**, 250.

[3]) Liebigs Annal. d. Chem. **118**, 257 [1861].

[4]) Berichte d. d. chem. Gesellsch. **17**, 227 [1884] und Zeitschrift des Vereins für Rübenzuckerindustrie 1884.

[5]) Berichte d. d. chem. Gesellsch. **22**, 374 [1889]. (*S. 304.*)

reiche gefunden worden, zuerst von Tollens und Gans[1]) durch Hydrolyse des Salepschleimes, später von R. Reiss[2]) als Spaltungsprodukt der sogenannten Reservecellulose. Die letztere findet sich in manchen Palmfrüchten, besonders reichlich in der Steinnuß, und die Späne, welche bei der Fabrikation von Steinnußknöpfen abfallen, sind ein billiges und ergiebiges Rohmaterial für die Gewinnung des Zuckers.

Die Kenntnis der Mannose ist für die Erforschung der Zuckergruppe von besonderem Einfluß gewesen; denn die Beobachtung, daß die aus dem Zucker entstehende Mannonsäure das optische Isomere der Arabinosecarbonsäure ist, lieferte den Schlüssel für die Aufklärung der Mannitgruppe. Ich werde später auf diesen Punkt zurückkommen.

Ähnlich dem Dulcit und Mannit werden auch die einfacheren mehrwertigen Alkohole, der Erythrit und das Glycerin durch vorsichtige Oxydation in zuckerartige Produkte verwandelt. Dr. J. Tafel und ich haben dieselben als Erythrose und Glycerose[3]) bezeichnet und in Form ihrer schön kristallisierenden Osazone isoliert.

Unsere Publikation hat eine Reklamation von seiten des Herrn Grimaux[4]) zur Folge gehabt, in welcher berichtet wird, daß er ein Jahr zuvor in dem Sitzungsprotokoll der chemischen Gesellschaft zu Paris eine Notiz über die Bereitung des Glycerinaldehyds und dessen Fähigkeit, mit Bierhefe zu gären, gegeben habe. Aber die Isolierung des Produktes und der Beweis, daß es Glycerinaldehyd sei, war ihm aus Mangel an geeigneten Methoden nicht gelungen. Dem gegenüber muß ich auf eine viel ältere, in Vergessenheit geratene Angabe von J. van Deen[5]) aus dem Jahre 1863 verweisen. Derselbe beobachtete, daß aus dem Glycerin sowohl durch Salpetersäure, wie durch Elektrolyse ein Körper entsteht, welcher die alkalische Kupferlösung stark reduziert und der Gärung fähig ist. Seine Behauptung, derselbe sei kristallisierbarer Zucker, ist allerdings von verschiedenen Seiten angefochten worden; aber niemand hat die Bildung der reduzierenden Substanz bestritten. Da endlich sowohl unsere, wie Herrn Grimaux' Versuche die Angaben van Deens nach dieser Richtung bestätigen,

---

[1]) Liebigs Annal. d. Chem. **249**, 256 [1888].

[2]) Berichte d. d. chem. Gesellsch. **22**, 609 [1889]; vgl. auch Berichte d. d. chem. Gesellsch. **22**, 3218 [1889].

[3]) Berichte d. d. chem. Gesellsch. **20**, 1088 [1887]. (*S. 242.*)

[4]) Compt. rend. **104**, 1276 [1887]; vgl. Berichte d. d. chem. Gesellsch. **20**, 3384 [1887]. (*S. 259.*)

[5]) Jahresberichte für Chemie **1863**, 501 und Tydschrift voor Geneeskunde Jahrgang 4 und 5.

so muß er als der erste Beobachter der Glycerose betrachtet
werden.*)

Indessen der Beweis, daß dieselbe ein Derivat des Glycerins von
der Formel $C_3H_6O_3$ sei, wurde erst von uns durch die Analyse des Osazons
geliefert. Aber auch dieses Resultat gibt noch keine Entscheidung
über die Frage, ob das Produkt der Aldehyd oder das Keton des Glycerins ist, da beide das gleiche Osazon liefern müssen. Daß die Glycerose vielmehr als ein Gemisch der beiden betrachtet werden muß,
konnte später aus folgenden Betrachtungen geschlossen werden. Durch
verdünntes Alkali wird dieselbe verzuckert und dabei entsteht neben
anderen Produkten die später zu besprechende α-Acrose, zu deren
Bildung Glycerinaldehyd[1]) erforderlich ist. Ferner verbindet sich
die Glycerose mit Blausäure und durch Verseifung des intermediär
gebildeten Cyanhydrins erhielten wir Trioxyisobuttersäure, welche nur
aus dem Keton, d. h. dem Dioxyaceton, entstehen kann[2]).

Am bequemsten gewinnt man die Glycerose durch Oxydation des
Glycerins mit Brom und Natriumcarbonat. Dieses Verfahren ist auch
besonders geeignet, um den Prozeß in der Vorlesung zu zeigen.

Man löst zu dem Zwecke 10 g Glycerin und 35 g kristallisierte
Soda in 60 g warmem Wasser, kühlt auf Zimmertemperatur und gießt
15 g Brom hinzu. Dasselbe löst sich beim Umschütteln, und sofort
beginnt die Entwicklung von Kohlensäure; die Reaktion ist zwar erst
nach einer halben Stunde beendet, aber schon nach zwei Minuten
läßt sich die Entstehung der Glycerose beweisen. Ich nehme dafür
eine Probe der Flüssigkeit, übersättige sie zur Zerstörung der unter-
bromigen Säure bis zur Entfärbung mit schwefliger Säure und füge
dann nach dem Übersättigen mit Alkali Fehlingsche Lösung hinzu.
Beim Erwärmen erfolgt jetzt Rotfärbung und Abscheidung von Kupferoxydul (Versuch).

Auf dieselbe Art läßt sich die Verwandlung des Mannits in Fruchtzucker demonstrieren[3]) (Versuch).

Am reinsten gewinnt man die Glycerose durch Einwirkung von
Bromdampf auf die Bleiverbindung des Glycerins[4]); aber das so ge-

---

*) *Die Gärbarkeit der Glycerose ist später von verschiedenen Beobachtern, die
reinen Glycerinaldehyd oder reines Dioxyaceton prüften, bestritten worden. Aber
schließlich hat G. Bertrand (Ann. chim. et phys. [8] 3, 256 [1904]) gezeigt, daß
reines Dioxyaceton durch kräftig wirkende Hefe zum größten Teil in Alkohol und
Kohlensäure zerlegt wird.*

[1]) Berichte d. d. chem. Gesellsch. **20**, 3385 [1887]. (*S. 260.*)

[2]) Berichte d. d. chem. Gesellsch. **22**, 106 [1889]. (*S. 276.*)

[3]) Man löst 5 g Mannit und 12 g Soda in 40 g Wasser und fügt nach
dem Erkalten 5 g Brom hinzu.

[4]) Berichte d. d. chem. Gesellsch. **21**, 2635 [1888]. (*S. 274.*)

wonnene Präparat besteht zum größten Teil aus Dioxyaceton. Die Bereitung von reinem Glycerinaldehyd ist bisher ein ungelöstes Problem von keineswegs untergeordnetem Interesse geblieben.

Alle bisher besprochenen Versuche, meine Herren, waren nur Vorbereitungen für die Synthese der natürlichen Zucker. Sie sind durch den Endzweck der Arbeit nach und nach geradezu erzwungen worden. Wenn ich mich jetzt dem letzteren zuwende, so glaube ich Ihre Aufmerksamkeit zunächst wieder für einige historische Notizen in Anspruch nehmen zu dürfen.

Der Gedanke, den Traubenzucker künstlich darzustellen, dürfte fast ebenso alt sein, wie die organische Synthese selber.

Liebig und andere haben oft genug auf die Wichtigkeit des Problems aufmerksam gemacht, und manche Notiz der älteren Literatur läßt keinen Zweifel darüber, daß man sich ernstlich mit der Realisierung der Idee beschäftigte.

Halten wir aber an dem Grundsatze fest, daß bei der Bearbeitung solcher Aufgaben der tatsächliche Erfolg allein eine Förderung der Wissenschaft bedeutet, so beginnt die Geschichte der Zuckersynthese erst vor 29 Jahren mit der Entdeckung des Methylenitans durch Butlerow[1]).

Er gewann dasselbe durch vorsichtigen Zusatz von Kalkwasser zu einer heißen Lösung von Trioxymethylen, dem Polymeren des Formaldehyds, und beschreibt es als schwach gelben, süß schmeckenden Sirup, welcher die gewöhnlichen Zuckerreaktionen zeigt, aber optisch inaktiv ist und mit Bierhefe nicht zu gären scheint. Die Zusammensetzung des Produktes glaubt er vorläufig durch die Formel $C_7H_{14}O_6$ ausdrücken zu können, bemerkt jedoch, daß die Analysen des Sirups schwankende Resultate ergeben haben. Über die Bedeutung seiner Beobachtung ist Butlerow nicht im Zweifel, denn er schließt seine kurze, aber bemerkenswerte Abhandlung mit dem Satze: ,,Und wenn man . . . . . ., so läßt sich sagen, daß hier das erste Beispiel für die totale Synthese eines zuckerartigen Körpers vorliegt.''

Allgemeinere Beachtung scheint der Butlerowsche Versuch erst gefunden zu haben, nachdem mein verehrter Lehrer A. von Baeyer[2]) ihn als Grundlage für seine bekannte Hypothese über die Zuckerbildung in der Pflanze benutzt hatte. Er würde nun verschiedentlich wiederholt, aber ohne bemerkenswerte Resultate.

Erst durch die Arbeiten von Oskar Löw[3]) hat diese merkwürdige Synthese eine erhebliche Förderung erfahren. Durch eine glückliche

[1]) Liebigs Annal. d. Chem. **120**, 295 [1861]; Compt. rend. **53**, 145 [1861].
[2]) Berichte d. d. chem. Gesellsch. **3**, 67 [1870].
[3]) Journ. für prakt. Chem. **33**, 321 [1886].

Modifikation der eleganten Methode, welche die Wissenschaft Herrn
A. W. von Hofmann verdankt, schuf er zunächst ein bequemes und
ergiebiges Verfahren für die Bereitung des Formaldehyds[1]) und gab
dadurch sich und anderen die Möglichkeit, die Kondensation desselben
in größerem Maßstabe zu studieren. Er zeigte dann, daß die Verzuckerung des Aldehyds durch Kalkwasser auch bei gewöhnlicher
Temperatur stattfindet; den so erhaltenen süßen Sirup nannte er
Formose, gab ihm die Formel $C_6H_{12}O_6$ und erklärte ihn für verschieden
vom Methylenitan, welches höchstens 20 pCt. Formose und im übrigen
die Zersetzungsprodukte dieses Zuckers enthalte. Leider ist Herr Löw
in seinen Schlüssen über den Bereich seiner Beobachtungen hinausgegangen und seine Behauptung, daß die Formose verschieden vom
Methylenitan und der erste künstliche Zucker sei, hat lebhaften Widerspruch namentlich von seiten des Herrn Tollens gefunden.

Gerade so wie dem Methylenitan fehlte auch der Formose die
Fähigkeit, mit Hefe zu gären und mit Salzsäure Lävulinsäure zu bilden. Insbesondere war die von Löw gewählte Formel $C_6H_{12}O_6$ nicht
genügend bewiesen; denn die Analysen eines solchen Sirups können
darüber nicht entscheiden, und das einzige krystallisierte Derivat der
Formose, das Osazon, sollte nach den Analysen von Löw nicht die
Formel $C_{18}H_{22}O_4N_4$, sondern $C_{18}H_{22}O_3N_4$ besitzen.

Wäre dieselbe richtig gewesen, so hätte man der Formose die
Formel $C_6H_{12}O_5$ geben und sie als ein Isomeres der Rhamnose betrachten müssen. Dieser Widerspruch in der Arbeit des Herrn Löw
hat mich veranlaßt, seine und Butlerows Versuche zu wiederholen
und mit Hilfe des Phenylhydrazins zu prüfen[2]).

Dabei hat sich ergeben, daß Methylenitan und Formose im wesentlichen dasselbe, d. h. Gemische verschiedener zuckerartiger Verbindungen sind. In beiden Fällen ist das Hauptprodukt ein Zucker,
welcher in der Tat die Formel $C_6H_{12}O_6$ besitzt, dessen Osazon gegen
144° schmilzt und die normale Zusammensetzung $C_{18}H_{22}O_4N_4$ hat.
Für diese Verbindung, welche übrigens mit dem Traubenzucker nur
eine ganz entfernte Ähnlichkeit zeigt, mag der recht gut gewählte
Name „Formose" beibehalten werden.

Bei dieser Gelegenheit wurde ein anderer, ungleich interessanterer
Zucker beobachtet, welcher in dem Kondensationsprodukt des Formaldehyds nur in geringer Menge enthalten ist. Sein Osazon zeigte in
Schmelzpunkt und Löslichkeit große Ähnlichkeit mit dem Glucosazon
und konnte später mit dem α-Acrosazon identifiziert werden[3]).

---

[1]) Vgl. Tollens, Berichte d. d. chem. Gesellsch. **19**, 2133 [1886].
[2]) Berichte d. d. chem. Gesellsch. **21**, 989 [1888]. (*S. 159.*)
[3]) Berichte d. d. chem. Gesellsch. **22**, 359 [1889]. (*S. 271.*)

Unmittelbar nach der Publikation dieser letzten Beobachtung berichtete O. Löw[1]) über ein neues Verfahren für die Kondensation des Formaldehyds. Beim Erwärmen seiner verdünnten, wässerigen Lösung mit Blei und Magnesiumoxyd gewann er einen sirupösen Zucker, welcher direkt gärfähig war. Aber auch dieses von Herrn Löw als Methose bezeichnete Produkt ist, wie mir die genauere Untersuchung des Osazons zeigte, nichts anderes als α-Acrose. Nur entsteht dieselbe hier in größerer Menge als bei der Kondensation mit Kalk, und aus diesem Grunde zeigt das Rohprodukt direkt die Fähigkeit zu gären.

In die Zwischenzeit (1887) fällt die Entdeckung der Acrosen[2]), welche meiner ganzen Arbeit eine bestimmte Richtung gegeben hat.

Wie bereits erwähnt, wird das Acroleïnbromid durch Basen in ein zuckerartiges Produkt verwandelt.

Für Vorlesungszwecke genügt es, einige Tropfen des Bromids mit stark verdünnter, kalter Natronlauge zu schütteln und die vom ausgeschiedenen Harz filtrierte Flüssigkeit mit Fehlingscher Lösung zu prüfen (Versuch). Das Studium dieser Erscheinung führte Dr. Tafel und mich zur Auffindung der Acrosen. In erheblicher Menge entstehen dieselben nur bei sehr vorsichtiger Zersetzung des Bromids durch kaltes Barytwasser. Die Zuckerbildung verläuft dann nach der Gleichung $2C_3H_4OBr_2 + 2Ba(OH)_2 = C_6H_{12}O_6 + 2BaBr_2$. Die Isolierung des Zuckers gelingt nur durch Überführung in das Osazon. Wir konnten dadurch den Nachweis liefern, daß bei jener Reaktion neben anderen noch unbekannten Produkten zwei isomere Zucker $C_6H_{12}O_6$ entstehen, welche als α- und β-Acrose unterschieden wurden.

Ungleich bequemer ist die Bereitung dieser beiden Verbindungen aus der Glycerose[3]), welche schon durch verdünntes Alkali in der Kälte zu Zucker kondensiert wird. Es genügt die Lösung von Glycerose, welche ich früher durch Einwirkung von Brom und Soda auf Glycerin dargestellt habe, mit Natronlauge schwach zu übersättigen und zwei Tage bei 0° stehen zu lassen, um alle Glycerose in Zucker zu verwandeln. Der Vorgang entspricht der empirischen Gleichung $2C_3H_6O_3 = C_6H_{12}O_6$.

Auch hierbei entstehen verschiedene zuckerartige Verbindungen, von welchen nur die beiden Acrosen in Form ihrer Osazone isoliert wurden.

Die α-Acrose, welche übrigens auch bei diesem Verfahren nur in kleiner Menge gewonnen wird, entsteht wahrscheinlich nach Art

[1]) Berichte d. d. chem. Gesellsch. 22, 475 [1889].
[2]) Berichte d. d. chem. Gesellsch. 20, 1093, 2566 [1887]. (S. 247, 249.)
[3]) Berichte d. d. chem. Gesellsch. 20, 3384 [1887]. (S. 259.)

der Aldolbildung aus gleichen Molekülen Glycerinaldehyd und Dioxyaceton.

$$CH_2(OH).CH(OH).COH + CH_2(OH).CO.CH_2(OH)$$
$$= CH_2(OH).CH(OH).CH(OH).CH(OH).CO.CH_2(OH).$$

Der Vorgang findet unter Bedingungen statt, welche auch in der Pflanze gegeben sind, und ist deshalb vom physiologischen Standpunkte aus sehr viel interessanter, als die Bildung von Zucker aus Acroleïnbromid. Die gleiche Bemerkung gilt noch mehr für die oben erwähnte Verwandlung des Formaldehyds in α-Acrose.

Die Eigenschaften des α-Acrosazons waren recht geeignet, unsere Aufmerksamkeit zu erwecken; denn es ist dem Glucosazon täuschend ähnlich und unterscheidet sich davon wesentlich nur durch die optische Inaktivität.

Es lag deshalb die Vermutung nahe, welche später zur Gewißheit geworden ist, daß die α-Acrose die inaktive Form des Trauben- oder Fruchtzuckers sei. Und doch hat es trotz dieses einfachen Zusammenhanges noch jahrelanger Arbeit bedurft, um von der Acrose zu den natürlichen Zuckern zu gelangen.

Die nächste und größte Schwierigkeit bereitete uns die Rückverwandlung des α-Acrosazons in den Zucker. Das gelang in befriedigender Weise erst, nachdem die früher besprochene Methode, welche vom Glucosazon über das Oson zum Fruchtzucker führt, aufgefunden war.

Wendet man dieses Verfahren auf das Acrosazon an, so resultiert ein süßer Sirup, welcher mit Bierhefe gärt, mit Salzsäure Lävulinsäure bildet und endlich durch Natriumamalgam in einen schön kristallisierenden sechswertigen Alkohol, den α-Acrit verwandelt wird[1]). Der letztere zeigte nun wiederum mit dem Mannit so auffallende Ähnlichkeit, daß wir darin die inaktive Form des letzteren vermuten durften.

Damit schien der Weg für die Synthese der natürlichen Zuckerarten gebahnt. Aber ein anderes Hindernis stellte sich dem weiteren Vordringen entgegen, die Beschaffung des Materials.

Bedenken Sie, daß ein Kilo Glycerin infolge der zahlreichen Operationen und der teilweise recht schlechten Ausbeuten nur 0,2 g Acrit liefert, so werden Sie begreifen, daß eine Fabrik für Acrose hätte entstehen müssen, um aus der Verlegenheit zu helfen.

Wir wurden dadurch gezwungen, die Arbeit hier abzubrechen; es mußte ein anderer Weg gefunden werden.

Solche chemische Untersuchungen, bei welchen die Materialfrage

---

[1]) Berichte d. d. chem. Gesellsch. **22**, 97 [1889]. (*S. 267.*)

mit jedem Schritte schwieriger wird, möchte ich dem Bau eines Tunnels vergleichen. Ist der Gebirgsstock nicht zu breit, so gelingt es, den Stollen in der einen Richtung durchzutreiben. Im anderen Falle ist der Ingenieur genötigt, die Arbeit auch von der entgegengesetzten Seite zu beginnen. Aber er befindet sich in der glücklichen Lage, durch genaue Vermessungen den Angriffspunkt bestimmen zu können und hat die Sicherheit, im Innern beide Strecken zusammenzuführen.

Unsere Wissenschaft ist leider noch lange nicht deduktiv genug, um solche Berechnungen zu gestatten.

Der Chemiker darf deshalb von Glück reden, wenn er von zwei entgegengesetzten Punkten seine Stollen durch die Materie treibt und im Innern, sei es auch nach einigen Zickzackzügen, die Verbindung findet.

Um Ihnen zu zeigen, wie ein solch glücklicher Zufall mich zum Ziele führte, muß ich zu den natürlichen Zuckerarten zurückkehren.

Die Mannose ist der Aldehyd des Mannits und wird dementsprechend durch Bromwasser in die einbasische Mannonsäure $C_6H_{12}O_7$ verwandelt.

Man sollte glauben, daß die Ausführung einer so einfachen Reaktion keine besondere Mühe machen kann. Aber die Säure wird durch die übrigen Oxydationsprodukte verhindert, zu kristallisieren; dasselbe gilt von ihren Salzen, und um dieselbe nur zu reinigen, mußte zuvor wieder ein neues Verfahren ermittelt werden.

Auch hier hat das Phenylhydrazin geholfen. Denn es bildet mit den Säuren der Zuckergruppe beim Erwärmen in wässeriger Lösung schön kristallisierende Hydrazide[1]), aus welchen durch Spaltung mit Barytwasser die Säure leicht regeneriert wird. Die so gereinigte Mannonsäure[2]) verwandelt sich beim Abdampfen der wässerigen Lösung in das schön kristallisierte Lacton $C_6H_{10}O_6$.

Eine Verbindung der gleichen Zusammensetzung war einige Jahre zuvor von Kiliani[3]) aus der Arabinose durch Anlagerung von Blausäure erhalten worden. Beide Lactone sind nun zum Verwechseln ähnlich, aber sie drehen das polarisierte Licht in verschiedenem Sinne und verbinden sich in wässeriger Lösung zu einer dritten, optisch inaktiven Substanz[4]).

Sie bilden also offenbar ein Analogon der Rechts- und Links-

---

[1]) **Fischer** und **Passmore**, Berichte d. d. chem. Gesellsch. **22**, 2728 [1889]. (*S. 222.*)

[2]) **Fischer** und **Hirschberger**, Berichte d. d. chem. Gesellsch. **22**, 3219 [1889]. (*S. 310.*)

[3]) Berichte d. d. chem. Gesellsch. **19**, 3034 [1886].

[4]) Berichte d. d. chem. Gesellsch. **23**, 370 [1890]. (*S. 330.*)

weinsäure und bieten das erste Beispiel dieser Art von Isomerie in der Zuckergruppe.

Um nun die gleiche Erscheinung auf die Mannose zu übertragen, ist es nur nötig, die drei Lactone in Zucker überzuführen. Das gelingt überraschend leicht durch Reduktion mit Natriumamalgam in kalter schwefelsaurer Lösung.

Diese neue Reaktion[1]), welche ich als das folgenreichste Resultat der ganzen Arbeit bezeichnen kann, läßt sich ebenfalls leicht demonstrieren. Zu der kalten, zehnprozentigen, wässerigen Lösung von 3 g Mannonsäurelacton füge ich abwechselnd verdünnte Schwefelsäure und Natriumamalgam, so daß die Reaktion stets sauer bleibt.

Wird die Einwirkung des Amalgams durch starkes Schütteln befördert, so nimmt der Versuch kaum mehr als fünf Minuten in Anspruch. Die vom Quecksilber getrennte Flüssigkeit reduziert jetzt sehr stark die Fehlingsche Lösung und gibt mit essigsaurem Phenylhydrazin in der Kälte nach einigen Minuten einen Niederschlag von Mannosephenylhydrazon (Versuch).

Auf dieselbe Art entsteht aus der Arabinosecarbonsäure die isomere, links drehende Mannose und aus dem dritten Lacton ein inaktiver Zucker. Durch weitere Reduktion werden diese drei Zucker in drei optisch verschiedene Mannite verwandelt und wir erhalten so im ganzen 9 Verbindungen, welche sich in drei optische Reihen einordnen lassen.

In der nachfolgenden Tabelle, welche alle jetzt bekannten Glieder der Mannitreihe übersichtlich darstellt, sind dieselben in der Mannosegruppe zusammengestellt und durch die Zeichen *d*, *l* [von dexter, laevus] und *dl* (inaktiv) unterschieden.*)

## Mannit-Reihe.

| *l*-Fructose | *dl*-Fructose. | *d*-Fructose. |
|---|---|---|
|  | (α-Acrose). | (Fruchtzucker). |
| — | *dl*-Glucoson. | *d*-Glucoson. |

## Mannose-Gruppe.

| *l*-Mannonsäure. | *dl*-Mannonsäure. | *d*-Mannonsäure. |
|---|---|---|
| (Arabinosecarbonsäure). |  |  |

---

*) *An Stelle des Zeichens „dl" habe ich in der ursprünglichen Abhandlung den Buchstaben „i" gebraucht. Wegen der Änderung vergleiche Ber. d. d. chem. Gesellsch. 40, 102 [1907]. (S. 893.)*

[1]) Berichte d. d. chem. Gesellsch. **22**, 2204 [1889] (*S. 315*) und **23**, 930 [1890]. (*S. 317.*)

| *l*-Mannose. | *dl*-Mannose. | *d*-Mannose. |
|---|---|---|
| *l*-Mannit. | *dl*-Mannit. | *d*-Mannit. |
| | (*a*-Acrit). | |
| -Mannozuckersäure. | *) *dl*-Mannozuckersäure. | *) *d*-Mannozuckersäure. |
| (Metazuckersäure). | | |

### Glucose-Gruppe.

| *) *l*-Gluconsäure. | *) *dl*-Gluconsäure. | *d*-Gluconsäure. |
|---|---|---|
| *) *l*-Glucose. | *) *dl*-Glucose. | *d*-Glucose. |
| | | (Traubenzucker). |

### Alkohole fehlen.

| *) *l*-Zuckersäure. | *) *dl*-Zuckersäure. | *d*-Zuckersäure. |
|---|---|---|

Unmittelbar darunter finden Sie drei weitere Verbindungen, welche in demselben Verhältnis der optischen Isomerie zueinander stehen und als Mannozuckersäuren bezeichnet sind. Die Verbindung der linken Reihe ist die von Kiliani aus der Arabinosecarbonsäure gewonnene sogenannte Metazuckersäure[1]). Die beiden Isomeren entstehen auf dieselbe Art aus der *dl*- und *d*-Mannonsäure durch Oxydation mit Salpetersäure. In der Tafel finden Sie ferner drei als Fructose bezeichnete Zucker. Die *d*-Verbindung ist der gewöhnliche Fruchtzucker und das darunter stehende *d*-Glucoson sahen Sie früher aus dem gewöhnlichen Glucosazon entstehen. Die drei anderen Verbindungen dieser Gruppe sind Produkte der Synthese.

Auf die neuen Körper der Glucosegruppe, welche auch den Traubenzucker enthält, werde ich später zurückkommen.

Hier, meine Herren, sind wir nun an dem Punkte angelangt, wo die analytische Untersuchung mit der synthetischen Arbeit zusammenstößt.

Denn der *dl*-Mannit ist identisch mit dem synthetischen *a*-Acrit und ferner ließ sich leicht beweisen, daß die aus dem Osazon regenerierte *a*-Acrose nichts anderes ist als *dl*-Fructose[2]). Um die Synthese der natürlichen Zucker zu vollenden, ist jetzt nur noch der Übergang von der mittleren inaktiven Reihe zu den Seitenreihen zu suchen.

Für die Verwandlung inaktiver Substanzen in optisch aktive kennen wir durch die grundlegenden Arbeiten von Pasteur zwei Methoden, teilweise Vergärung durch Pilze oder Spaltung durch Kristallisation der Salze. Bei den Zuckerarten läßt sich nur das erste

---

*) Die mit Sternchen bezeichneten Verbindungen sind neu, sollen aber in nächster Zeit beschrieben werden.

[1]) Berichte d. d. chem. Gesellsch. **20**, 341 und 2710 [1887].

[2]) Berichte d. d. chem. Gesellsch. **23**, 384 und 387 [1890]. (*S. 343, 346.*)

Verfahren anwenden. Den von Pasteur und anderen Chemikern benutzten Schimmel- oder Spaltpilzen ist hier die Hefe vorzuziehen.

Eine wässerige Lösung der synthetischen α-Acrose gerät durch Bierhefe nach kurzer Zeit in lebhafte Gärung, welche nach ein bis zwei Tagen beendet ist; die vorher inaktive Flüssigkeit dreht dann stark nach rechts und gibt ein rechts drehendes Glucosazon; sie enthält eben die l-Fructose, welche von der Hefe übrig gelassen wird[1]).

Daß hier ein Zucker, welcher stark nach rechts dreht, als l-Verbindung aufgeführt ist, wird manchen von Ihnen überraschen. Aber die Zeichen d und l sollen nicht in jedem einzelnen Falle das regellos wechselnde Drehungsvermögen, sondern vielmehr den chemischen Zusammenhang dieser Verbindungen ausdrücken. Der Buchstabe d ist allerdings für die Gruppe der natürlichen Zucker deshalb gewählt worden, weil die meisten nach rechts drehen; aber derselbe muß konsequenterweise auch für den Fruchtzucker beibehalten werden, welcher trotz der Linksdrehung der gleichen geometrischen Reihe wie die d-Mannose angehört.

Bei der dl-Mannose ist die Wirkung der Bierhefe ganz die gleiche; denn der rechte Teil wird vergoren und die l-Mannose bleibt übrig[2]).

In beiden Fällen verbraucht also die Hefe den Teil der inaktiven Substanz, an welchem sie durch ihre Vergangenheit gewöhnt ist.

Diese Methode führt aber nur zu den weniger interessanten Zuckern der linken Reihe. Um die natürlichen Produkte, welche in der d-Reihe stehen, synthetisch zu gewinnen, ist die chemische Methode nötig, welche durch folgende Reaktionen zum Ziele führt[3]). Der dl-Mannit wird durch vorsichtige Oxydation mit Salpetersäure in dl-Mannose und diese durch Bromwasser in dl-Mannonsäure verwandelt.

Die letztere läßt sich dann durch das Strychnin- oder Morphinsalz in d- und l-Mannonsäure spalten, aus welchen durch Reduktion die optisch aktiven Mannosen und Mannite gewonnen werden.

Von der d-Mannose führt der Weg weiter über das Glucosazon zur d-Fructose.

Von der Mannitreihe bleibt jetzt nur noch der Traubenzucker mit seinen Derivaten und Isomeren, welche in der Glucosegruppe der früheren Tabelle zusammengestellt sind, für die Synthese übrig. Wie schon erwähnt, ist derselbe mit der Mannose stereoisomer[4]). Da beide

---

[1]) Berichte d. d. chem. Gesellsch. **23**, 389 [1890]. (*S. 349.*)

[2]) Berichte d. d. chem. Gesellsch. **23**, 382 [1890]. (*S. 341.*)

[3]) Berichte d. d. chem. Gesellsch. **23**, 389 [1890]. (*S. 350.*)

[4]) Daß die frühere Annahme, der Traubenzucker sei der Aldehyd des Mannits, irrtümlich ist, hat die Auffindung der Mannose bewiesen. Ich habe mich davon aber noch weiter durch eine neue Untersuchung der Reduktion

Zucker dasselbe Glucosazon liefern, so beruht die Isomerie auf der Asymmetrie des in der nachfolgenden Formel mit * markierten Kohlenstoffatoms[1]);

$$CH_2(OH).CH(OH).CH(OH).CH(OH).CH(OH).COH.$$
$$*$$

Man durfte deshalb erwarten, daß die gegenseitige Verwandlung beider Verbindungen möglich sein werde. Bei den leicht zersetzlichen Zuckern ist allerdings der Versuch nicht ausführbar. Aber er gelingt um so leichter bei den zugehörigen Säuren, und zwar durch Erhitzen mit Chinolin[2]). Ich wählte diese tertiäre Base, weil sie keine amidartigen Verbindungen bilden kann, und weil sie sich ferner aus dem Reaktionsgemisch so leicht wieder entfernen läßt.

Wird Gluconsäure mit Chinolin auf 140° erhitzt, so verwandelt sie sich zum Teil in Mannonsäure; umgekehrt liefert die letztere unter den gleichen Bedingungen eine erhebliche Menge von Gluconsäure.

Diese Beobachtungen erinnern an die bekannte gegenseitige Verwandlung der Traubensäure und Mesoweinsäure.

Da nun die Gluconsäure durch naszierenden Wasserstoff zu Traubenzucker reduziert wird, so ist damit die totale Synthese des letzteren realisiert.

Genau das gleiche Verfahren führt von der l-Mannonsäure zu den optischen Isomeren der Gluconsäure und des Traubenzuckers, und es freut mich, Ihnen heute diese Produkte als neu vorlegen zu können. Dieselben sind in der früheren Tabelle als l-Gluconsäure und l-Glucose angeführt.

Die Gewinnung der l-Gluconsäure aus der l-Mannonsäure durch Erhitzen mit Chinolin bedeutet ihre Synthese; aber das Verfahren ist so umständlich und wenig ergiebig, daß die Säure wohl 'noch nicht

---

des Traubenzuckers durch Natriumamalgam überzeugt. Verfährt man in der früher üblichen Weise und läßt die Zuckerlösung über dem Amalgam stehen, so dauert die Operation wochenlang und führt dann allerdings zur Bildung von Mannit, dessen Menge übrigens immer verhältnismäßig klein ist. Verhindert man indessen die schädliche Wirkung des Alkalis durch öftere Neutralisation mit Schwefelsäure und beschleunigt die Wirkung des Amalgams durch andauerndes Schütteln, so verläuft die Reduktion ebenso rasch wie bei der Mannose und anderen Aldehydzuckern. Sie ist bei Mengen von 10 g in 12—15 Stunden beendet; man erhält dann aber keinen Mannit; wenigstens ist seine Menge so gering, daß ich ihn nicht isolieren konnte; statt dessen resultiert ein in Alkohol ziemlich leicht löslicher Sirup, welcher jedenfalls den mit Mannit stereoisomeren sechswertigen Alkohol enthält. (Vgl. übrigens C. Scheibler, Berichte d. d. chem. Gesellsch. 16, 3010 [1883].

[1]) Berichte d. d. chem. Gesellsch. 22, 374 [1889]. (S. 304.)
[2]) Berichte d. d. chem. Gesellsch. 23, 799 [1890]. (S. 356.)

gefunden wäre, wenn ich ihr nicht zuvor auf anderem Wege begegnet und mit ihren Eigenschaften bekannt geworden wäre.

Merkwürdigerweise entsteht diese *l*-Gluconsäure in reichlicher Menge aus der Arabinose durch Anlagerung von Blausäure neben der von Kiliani isolierten Arabinosecarbonsäure. Die gleichzeitige Bildung von zwei stereoisomeren Produkten bei der Addition von Blausäure an Aldehyde, welche hier zum ersten Male beobachtet wurde, ist sowohl in theoretischer wie in praktischer Beziehung recht beachtenswert.

Wie zu erwarten war, ist die *l*-Gluconsäure der *d*-Verbindung wiederum täuschend ähnlich und beide Säuren verbinden sich in wässeriger Lösung zu einer dritten inaktiven Substanz, welche selbstständige Salze und andere inaktive Derivate liefert.

Aus der *l*- und *dl*-Gluconsäure gewinnt man einerseits durch Reduktion die optischen Isomeren des Traubenzuckers, welche in der Tabelle als *l*- und *dl*-Glucose aufgeführt sind und andererseits durch Oxydation die *l*- und *dl*-Zuckersäure.

Abgesehen von den stickstoffhaltigen Produkten sind nunmehr nicht weniger als 26 Körper der Mannitreihe bekannt, welche sich in die Fructose-, Mannose- und Glucosegruppe einteilen lassen.

Man könnte sich versucht fühlen, dieses reiche Material als Prüfstein für die Konsequenzen der Le Bel- van't Hoffschen Theorie zu benutzen. Ich will mich indessen heute mit der Bemerkung begnügen, daß alle Verbindungen noch in den allgemeinen Rahmen der Theorie hineinpassen; daß wir aber die bisherigen Anschauungen über die Vereinigung von isomeren Substanzen mit asymmetrischen Kohlenstoffatomen wahrscheinlich modifizieren müssen.

Alle Glieder der Mannitreihe sind durch Übergänge miteinander verknüpft; alle sind durch direkte Synthese zu gewinnen. Einen Überblick über den Gang der letzteren gibt die folgende Tafel, welche mit der α-Acrose beginnt.

Wir sind also jetzt imstande, von einer der einfachsten Kohlenstoffverbindungen, dem Formaldehyd, bis zu den beiden wichtigsten natürlichen Zuckern zu gelangen.

Auf der so gewonnenen Basis führt aber die Synthese noch weiter zu Zuckerarten mit höherem Kohlenstoffgehalt. Jede der vorher genannten „Osen" kann durch Anlagerung von Blausäure in die um ein Kohlenstoffatom reichere Säure verwandelt werden; deren Lacton wird durch Natriumamalgam zum entsprechenden Zucker reduziert und der Aufbau läßt sich dann in der gleichen Weise wiederholen.

Auf diese Art haben Herr Passmore und ich aus der *d*-Mannose bereits eine Verbindung $C_9H_{18}O_9$ gewonnen, und die Grenze des Ver-

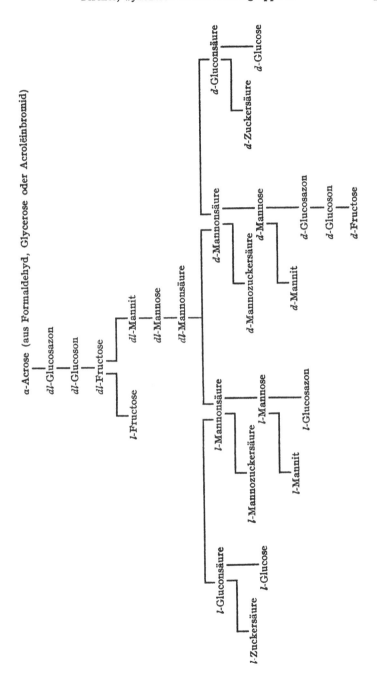

fahrens läßt sich noch nicht absehen. Für die Bezeichnung der zahlreichen synthetischen Produkte ist die alte Nomenklatur nicht ausreichend. Ich habe deshalb eine neue[1]) vorgeschlagen, welche vorläufig dem Bedürfnis genügen dürfte.

Der Zucker wird nach der Anzahl der Kohlenstoffatome als Triose, Tetrose, Pentose, Hexose, Heptose, Octose, Nonose bezeichnet und die einzelnen isomeren Produkte werden durch ein Vorwort, welches die Abstammung ausdrückt, unterschieden; diese Nomenklatur scheint zu kollidieren mit dem von Herrn Scheibler[2]) gemachten Vorschlag, die Zucker $C_{12}H_{22}O_{11}$ (sog. Saccharosen) als Biosen und diejenigen von der Formel $C_{18}H_{32}O_{16}$ als Triosen zu bezeichnen. In Wirklichkeit aber lassen sich beide Vorschläge leicht kombinieren, indem man die Wörter Hexobiosen, Hexotriosen usw. bildet.

Für die generelle Unterscheidung von Aldehyd- und Ketonzucker scheinen die Namen Aldose und Ketose, welche Herr Armstrong mir privatim vorschlug, recht geeignet.

Am hinderlichsten sind für die Benennung der jetzt bekannten optisch isomeren Zucker die bisher gebräuchlichen Wörter Lävulose und Dextrose. Trotz ihrer berühmten Autoren Berthelot und Kékulé wird man deshalb gut tun, sie fallen zu lassen. An die Stelle von Dextrose kann der alte Name Glucose treten und für Lävulose habe ich schon vorher den unzweideutigen Namen Fructose, auf welchen Herr Liebermann mich aufmerksam machte, benutzt.

Die Vorteile der neuen Nomenklatur treten deutlich zutage in der nachfolgenden Tabelle, welche alle bis jetzt bekannten, einfacheren Zuckerarten enthält.

Triosen: Glycerose (Gemisch von Glycerinaldehyd und Dioxyaceton)
Tetrosen: Erythrose (wahrscheinlich Gemenge von Aldose und Ketose)
Pentosen: Arabinose (Aldose)
　　　　 Xylose
　　　 'Methylpentose: Rhamnose (Aldose)
Hexosen: *d-l-dl*-Glucose ⎫ (Aldosen) ⎫
　　　　 *d-l-dl*-Mannose ⎭　　　　 ⎬ Mannitreihe
　　　　 *d-l-dl*-Fructose　(Ketose) ⎭
　　　　 Galactose (Aldose der Dulcitreihe)
　　　　 Sorbose
　　　　 Formose ⎫
　　　　 β-Acrose ⎭ Konstitution unbekannt
　　　　 Methylhexose: Rhamnohexose (Aldose)

---

[1]) Berichte d. d. chem. Gesellsch. **23**, 934 [1890]. (*S. 321.*)
[2]) Berichte d. d. chem. Gesellsch. **18**, 646 [1885].

Heptosen: Mannoheptose ⎫
         Glucoheptose ⎪
         Galaheptose ⎪
         Fructoheptose ⎪
         Methylheptose: Rhamnoheptose ⎬ Aldosen.
Octosen:   Mannooctose ⎪
         Glucooctose ⎪
Nonosen: Mannononose ⎭

Die Glycerose und Erythrose sind früher ausführlich genug besprochen.

Unter den Pentosen finden Sie die Arabinose und Xylose[1]). Die erstere ist ein Aldehyd mit normaler Kohlenstoffkette und gehört zur Reihe der *l*-Mannose. Die Konstitution der zweiten ist noch nicht festgestellt. Darunter steht die Rhamnose, welche als eine Methylpentose mit normaler Kohlenstoffkette betrachtet werden muß.

Die Zahl der Hexosen ist beträchtlich vermehrt. Sie finden dort den Traubenzucker und Fruchtzucker unter den Namen *d*-Glucose und *d*-Fructose zusammengestellt mit ihren optischen Isomeren.

Galactose und Sorbose stehen noch ebenso isoliert, wie früher. Und die beiden letzten synthetisch gewonnenen Produkte, Formose und β-Acrose sind noch zu wenig untersucht, als daß man ein Urteil über ihre Konstitution fällen könnte. Ich halte es für unwahrscheinlich, daß dieselben eine normale Kohlenstoffkette enthalten.

Die als Methylhexose angeführte Rhamnohexose ist synthetisch aus der Rhamnose durch Anlagerung von Blausäure dargestellt.

Dasselbe gilt von den nachfolgenden Heptosen, Octosen und Nonosen, deren Ursprung durch die Vornamen Manno-, Gluco-, Gala- und Fructo- bezeichnet wird.

Die meisten dieser Produkte übertreffen durch Kristallisationsfähigkeit und Schönheit der Derivate die natürlichen Hexosen.

Das interessanteste darunter ist die Mannononose, denn sie gärt mit Bierhefe ebenso leicht wie der Traubenzucker. Diese Eigenschaft fehlt den Octosen, Heptosen und Pentosen; wir finden sie aber bei den meisten Hexosen und der Glycerose. Die Geschmacksrichtung der Hefe ist also offenbar durch die Zahl drei und deren Multiplen definiert*).

Vergleichen Sie diese Tafel mit der ersten, welche die Zuckergruppe vor einigen Jahren darstellte, so erkennen Sie den Umfang des neu gewonnenen Gebietes.

---

*) *Vgl. den Zusatz auf Seite 12 und Seite 582.*
[1]) **Wheeler** und **Tollens**, Liebigs Annal. d. Chem. **254**, 304 [1889].

Manche dieser künstlichen Zuckerarten werden gewiß noch im Pflanzenreiche gefunden werden. Die Anzeichen dafür sind schon da; denn der siebenwertige Alkohol, welcher aus der Mannoheptose durch Reduktion entsteht, ist identisch mit dem Perseït, welcher in den Früchten von Laurus Persea vorkommt und nach der neueren Untersuchung von Maquenne[1]) die Formel $C_7H_{16}O_7$ besitzt.

Aber diese Beobachtungen sind nur von untergeordneter Bedeutung; sie bilden gleichsam ein Abfallprodukt der neuen Methoden.

Im Mittelpunkte des Interesses steht die Synthese des Trauben- und Fruchtzuckers; denn sie ist geeignet, das Verständnis für einen der merkwürdigsten und großartigsten physiologischen Prozesse, der Bildung der Kohlenhydrate in der grünen Pflanze, anzubahnen. Soweit unsere Kenntnisse jetzt reichen, sind Trauben- und Fruchtzucker die ersten Produkte der Assimilation und bilden mithin das kohlenstoffhaltige Baumaterial, aus welchem die Pflanze alle übrigen organischen Bestandteile ihres Leibes bereitet.

Über den Verauf der natürlichen Zuckerbildung ist zurzeit so gut wie gar nichts bekannt. Alle Erklärungsversuche sind nur Hypothesen, über deren Wert man streiten kann. Wenn ich trotzdem eine derselben hier zur Sprache bringen will, so geschieht es, um den Weg anzudeuten, wie man vielleicht die Resultate meiner Arbeit für das physiologische Experiment verwerten kann.

Nach der Anschauung von Baeyer wird die Kohlensäure in den grünen Blättern zunächst zu Formaldehyd reduziert und der letztere dann durch Kondensation in Zucker verwandelt. Da es bisher nicht gelang, einigermaßen erhebliche Quantitäten von Formaldehyd in den Blättern nachzuweisen, so ist es vielleicht aussichtsvoller, andere Zwischenprodukte der Reaktion, insbesondere die Glycerose, nach den jetzt bekannten Methoden dort zu suchen.

Ungleich interessanter aber erscheint mir eine andere Frage. Die chemische Synthese führt, wie Sie zuvor gesehen, vom Formaldehyd zunächst zu der optisch inaktiven Acrose. Im Gegensatze dazu hat man bisher in der Pflanze nur die aktiven Zucker der *d*-Mannitreihe gefunden.

Sind sie die einzigen Produkte der Assimilation? Ist die Bereitung optisch aktiver Substanzen ein Vorrecht des lebenden Organismus; wirkt hier eine besondere Ursache, eine Art von Lebenskraft? Ich glaube es nicht und neige vielmehr zu der Ansicht, daß nur die Unvollständigkeit unserer Kenntnisse den Schein des Wunderbaren in diesen Vorgang hineinträgt.

---

[1]) Compt rend. **107**, 583 [1888] und Ann. chim. et phys. [6] **19**, 1 [1890].

Keine bisher bekannte Tatsache spricht direkt dagegen, daß die Pflanze zuerst, gerade so wie die chemische Synthese, die inaktiven Zucker bereitet, daß sie dann dieselben spaltet und die Glieder der d-Mannitreihe zum Aufbau von Stärke, Cellulose, Inulin usw. verwertet, während die optischen Isomeren für andere, uns noch unbekannte Zwecke dienen.

Durch ein genaueres Studium der im Pflanzenreiche vorkommenden Zuckerarten, welches durch die nunmehr gegebenen Methoden wesentlich erleichtert wird, dürfte die Frage bald entschieden werden.

Da diese Betrachtungen mich auf das Grenzgebiet zwischen Chemie und Physiologie geführt haben, so will ich noch ein anderes Problem berühren, dessen experimentelle Behandlung dem Biologen näher liegt, als dem Chemiker.

Die natürlichen Kohlenhydrate sind nächst den Eiweißkörpern das wichtigste Nährmaterial für die Tierwelt; insbesondere für die Pflanzenfresser und über ihr Schicksal im Tierkörper liegen eine große Anzahl wertvoller Beobachtungen vor.

Sollte es nicht möglich sein, dieselben ganz oder teilweise durch einige der künstlichen Zuckerarten zu ersetzen; und was wird dann die Folge sein?

Die Mannose, welche dem Traubenzucker so nahe steht und von Hefe so leicht vergoren wird, ist höchstwahrscheinlich auch für das höher organisierte Tier ein Nahrungsmittel; und doch kann die kleine Veränderung des Materials schon entsprechende Veränderungen im Stoffwechsel verursachen.

Wird beim Genuß von Mannose die Leber ein neues Glycogen und die Brustdrüse ein Surrogat für Milchzucker erzeugen; wird der Diabetiker diesen Zucker verbrennen?

Noch sichtbarer müßte die Veränderung im Tierkörper werden, wenn es gelingt, demselben eine Pentose oder Heptose oder gar die leicht gärbare Nonose als Nahrung zu bieten. Man wird dann wohl finden, daß das Blut und die Gewebe ihre Funktionen modifizieren, daß das Schwein oder die Gans ein anderes Fett und die Biene ein anderes Wachs erzeugt.

Ja der Versuch läßt sich vielleicht noch weiter treiben.

Die assimilierende Pflanze bereitet aus Zucker nicht allein die komplizierten Kohlenhydrate und die Fette, sondern unter Zuhilfenahme anorganischer Stickstoffverbindungen auch die Eiweißkörper.

Dasselbe vermögen die Spalt- und Schimmelpilze.

Wenn es nun möglich wäre, die assimilierende Pflanze oder diese Pilze durch einen anders zusammengesetzten Zucker zu ernähren, so würden sie vielleicht gezwungen, sogar ein anderes Eiweiß zu bilden.

Und dürfen wir dann nicht erwarten, daß das veränderte Baumaterial eine Veränderung der Architektur zur Folge hat? Wir würden
so einen chemischen Einfluß auf die Gestaltung des Organismus gewinnen und das müßte zu den sonderbarsten Erscheinungen führen,
zu Veränderungen der Form, welche alles weit hinter sich lassen, was
man bisher durch Züchtung und Kreuzung erreicht hat.

Die physiologischen Chemiker haben seit der grundlegenden Arbeit von Wöhler und Frerichs[1]) Hunderte von organischen Substanzen dem Tierkörper einverleibt, um oft in der mühevollsten Weise
die Verwandlungsprodukte im Harn aufzusuchen; aber sie verwandten
fast ausschließlich Materialien, welche mit den natürlichen Nahrungs-
mitteln gar keine Ähnlichkeit besitzen.

In der Benutzung der neuen Zuckerarten bietet sich denselben
ein weites Arbeitsfeld, dessen Bebauung ungleich merkwürdigere Resultate verspricht.

Die Biologie steht hier vor einer Frage, welche meines Wissens
bisher nicht aufgeworfen wurde, welche auch in dieser Form nicht
aufgeworfen werden konnte, bevor die Chemie das Material für den
Versuch geliefert hatte.

Mag man noch so gering über den Erfolg denken, der experimentellen Prüfung scheint mir dieselbe wert zu sein.

––––––––––

Für den Chemiker bleibt inzwischen bei den Kohlenhydraten
selbst noch genug Arbeit übrig. Die Mannitgruppe ist allerdings so
vollständig ausgebaut, wie wenige andere Kapitel der organischen
Chemie; aber in der Dulcitreihe herrscht noch der frühere Zustand.

Angenommen, sie wäre in nächster Zeit ebenso gründlich bearbeitet, wie die isomere Gruppe, so würden doch erst 8 Hexosen von
der Struktur des Traubenzuckers bekannt sein, wenn man die inaktiven
spaltbaren Verbindungen nicht mitzählt.

Die moderne Theorie läßt deren aber nicht weniger als sechzehn
voraussehen, und nach den Erfahrungen in der Mannitreihe ist sehr
wahrscheinlich, daß sie alle existenzfähig sind. Ja, man kann sogar
mit einiger Zuversicht voraussagen, daß ihre Darstellung nach den
früher geschilderten Methoden nicht allzu schwierig sein wird, sobald
es gelingt, die verschiedenen Weinsäuren in die optisch isomeren Tri-
oxybuttersäuren zu verwandeln.

Eine Aufgabe anderer Art wird der Synthese durch das Beispiel
der Pflanze gestellt, welche aus den Hexosen in scheinbar sehr ein-

––––––––––

[1]) Liebigs Annal. d. Chem. **65**, 335 [1848].

facher Art die komplizierteren Kohlenhydrate erzeugt. Der Anfang
für ihre Gewinnung ist bereits durch die Darstellung der Diglucose
und der künstlichen Dextrine gemacht und die chemische Bereitung
von Stärke, Cellulose, Inulin, Gummi usw. kann nur eine Frage der
Zeit sein.

Ja, es will mir scheinen, daß die organische Synthese, welche
Dank den herrlichen Methoden, die wir von den alten Meistern geerbt,
in dem kurzen Zeitraum von 62 Jahren den Harnstoff, die Fette, viele
Säuren, Basen und Farbstoffe des Pflanzenreiches, ferner die Harn-
säure und die Zuckerarten erobert hat, vor keinem Produkte des
lebenden Organismus zurückzuscheuen braucht.

## 2. Emil Fischer: Synthesen in der Zuckergruppe II.

Berichte der deutschen chemischen Gesellschaft **27**, 3189 [1894].

(Eingegangen am 24. November.)

Der Vortrag[1]), in welchem ich vor 4 Jahren meine Versuche über Zucker zusammengefaßt habe, schloß mit dem Hinweis auf die nächsten Aufgaben der Forschung in diesem Gebiete. Als solche erschienen mir der Ausbau der Gruppe im Sinne der stereochemischen Theorie und die Synthese der komplizierteren Kohlenhydrate. Was die letztere betrifft, so sind die Resultate bis jetzt recht dürftig geblieben, denn sie beschränken sich auf die Entdeckung der Isomaltose[2]) der Glucosidosäuren und der Alkoholglucoside[3]).

Im Gegensatze dazu können die zur Lösung des ersten Problems unternommenen Studien im wesentlichen als abgeschlossen bezeichnet werden. Durch dieselben ist die Zahl der Aldohexosen seitdem von 5 auf 11 gestiegen und in dem gleichen Verhältnis hat die Vermehrung der übrigen Zucker sowie der zugehörigen Säuren und Alkohole stattgefunden.

Da das jetzt vorliegende tatsächliche Material eine weitgehende Prüfung der Theorie des asymmetrischen Kohlenstoffatoms gestattet, und ihre Nützlichkeit für die Systematik scharf erkennen läßt, da ferner die neuen Erfahrungen für die Beleuchtung einiger physiologischer Vorgänge dienen können, so scheint es mir wieder an der Zeit, eine Zusammenstellung der Resultate zu geben, welche sich zwar in der Form von der ersten unterscheidet, aber denselben Zweck erfüllen soll. Mancher könnte geneigt sein, diese Mühe für überflüssig zu halten, da noch kürzlich das Lehrbuch von V. Meyer und Jacobson eine solche Übersicht in vortrefflicher Form und Vollständigkeit gebracht hat, da eine zweite, ebenfalls recht brauchbare Behandlung desselben Themas von Hrn. L. Simon im Moniteur scientifique er-

---

[1]) Berichte d. d. chem. Gesellsch. **23**, 2114 [1890]. (*S. 1.*)
[2]) Berichte d. d. chem. Gesellsch. **23**, 3687 [1890]. .(*S. 664.*)
[3]) Berichte d. d. chem. Gesellsch. **26**, 2400 [1893] (*S. 682*) und **27**, 2478 [1894]. (*S. 704.*)

schienen, und da endlich die theoretische Verwertung der Resultate in verschiedene Lehrbücher der Stereochemie übergegangen ist. Wenn ich trotzdem glaube, mich auch an der kompilatorischen Arbeit beteiligen zu sollen, so geschieht es in der Hoffnung, dem Gegenstand noch einige neue Seiten abzugewinnen, und in der Absicht, die zahlreichen Lücken der Untersuchung rücksichtslos aufzudecken, um zugleich die Mittel zu ihrer Ausfüllung anzugeben.

Im Nachfolgenden sind alle von mir und meinen Schülern seit dem Januar 1891 angestellten Untersuchungen über die Monosaccharide mit dem Hinweis auf die spezielle Abhandlung besprochen. Dagegen habe ich von fremden Arbeiten nur die mir wichtig erscheinenden angeführt.

### Experimentelle Methoden.

**Zucker.** Zu den älteren Fundamentalsynthesen der Zuckergruppe, welche die Glycerose und die Bereitung der beiden Acrosen aus Acroleïnbromid, Glycerose und Formaldehyd umfassen, ist die Entdeckung und Polymerisation des Glycolaldehyds[1]) getreten, welcher nach der heutigen Auffassung als das einfachste Glied der Familie anzusehen ist. Er entsteht aus dem Bromaldehyd durch Barytwasser und wird ähnlich der Glycerose durch verdünntes Alkali nach der Gleichung $2C_2H_4O_2 = C_4H_8O_4$ in Tetrose verwandelt.

Für die künstliche Bereitung der Zucker dienten ferner die Oxydation der mehrwertigen Alkohole und die Reduktion der einbasischen Säuren. Die erste Methode, durch welche die $d$-Mannose entdeckt wurde und die Glycerose noch jetzt dargestellt werden muß, hat den Nachteil, daß gleichzeitig Aldose und Ketose entstehen und daß beide in der Regel recht schwer von den übrigen Reaktionsprodukten zu trennen sind. Infolgedessen habe ich mich meistens darauf beschränkt, aus ihnen die unlöslichen Phenylosazone darzustellen. Das gilt auch für die neuen Anwendungen der Methode, welche den Sorbit[2]), Adonit[3]) und Xylit[4]) betreffen.

Als Oxydationsmittel hat sich Brom und Natriumcarbonat am besten bewährt, wenn es gleichgültig ist, ob Aldose oder Ketose resultiert. Handelt es sich aber um die Gewinnung der ersteren, so ist Salpetersäure vorzuziehen. Leider entstehen bei ihrer Anwendung

---

[1]) Berichte d. d. chem. Gesellsch. **25**, 2549 [1892]. (*S. 476.*)

[2]) Berichte d. d. chem. Gesellsch. **23**, 3686 [1890]. (*S. 380.*)

[3]) Berichte d. d. chem. Gesellsch. **26**, 637 [1893] (*S. 500*) und **27**, 2491 [1894]. (*S. 191.*)

[4]) Berichte d. d. chem. Gesellsch. **27**, 2486 [1894]. (*S. 186.*)

stickstoffhaltige Produkte, welche die Isolierung des Zuckers und selbst die Darstellung des Osazons sehr erschweren können.

In einem besonderen Falle wurde die Oxydation des Dulcits mit gutem Erfolge durch Salzsäure und Bleisuperoxyd bewerkstelligt[1]).

Über die Reduktion der einbasischen Säuren, welche unstreitig das brauchbarste Verfahren zur Darstellung neuer Zucker ist, habe ich wenig Neues zu sagen. Dieselben kommen als Lactone, deren Isolierung nicht nötig ist, zur Verwendung und die günstigsten Bedingungen der Reduktion, welche auch noch in der aromatischen Reihe zum Ziele führt[2]), sind wiederholt genau beschrieben worden[3]). Die Ausbeute an Zucker schwankt zwischen 20—50 pCt. der Theorie und wird um so größer, je beständiger das Lacton ist. Neben dem Zucker entsteht immer durch zu weitgehende Wirkung des Natriumamalgams eine kleine Menge des mehrwertigen Alkohols, dessen Abtrennung oft recht mühsam ist.

Der größere Teil des Lactons aber verwandelt sich in das Natronsalz der Säure und wird dadurch der Einwirkung des Amalgams entzogen. Die Rückgewinnung des Lactons[4]) ist verhältnismäßig einfach und jedenfalls ratsam, wenn es sich um wertvolle Präparate und größere Mengen handelt.

Die Spaltung inaktiver Zucker ist bisher nur durch Bierhefe bewerkstelligt worden. Dieses Verfahren, welches zuerst die *l*-Fructose lieferte und später bei der *dl*-Mannose oder *dl*-Glucose dasselbe Resultat gab, hat sich auch bei der *dl*-Galactose[5]) bewährt und hier ebenfalls die noch unbekannte *l*-Verbindung gegeben.

Für die Isolierung und Unterscheidung der Zucker haben die Hydrazone und Osazone wieder treffliche Dienste geleistet.

Für ihre polarimetrische Untersuchung, welche zur Unterscheidung der optischen Isomeren nötig ist, benutze ich jetzt statt des üblichen Natriumlichtes, welches durch die gefärbte Lösung zu stark abgeschwächt wird, mit großem Vorteil das Gasglühlicht[6]).

Dem Phenylhydrazin ist in einigen Fällen das *p*-Bromphenylhydrazin als Reagens vorzuziehen.[7])

Ein neues, aber noch wenig benutztes Mittel für die Charakterisierung der Aldosen bieten die in Wasser schwer löslichen und meist

[1]) Berichte d. d. chem. Gesellsch. **27**, 1528 [1894]. (*S. 559*.)
[2]) Berichte d. d. chem. Gesellsch. **25**, 2555 [1892]. (*S. 482*.)
[3]) Berichte d. d. chem. Gesellsch. **23**, 373 [1890]. (*S. 332*.)
[4]) Liebigs Annal. d. Chem. **270**, 73 [1892]. (*S. 600*.)
[5]) Berichte d. d. chem. Gesellsch. **25**, 1259 [1892]. (*S. 471*.)
[6]) Berichte d. d. chem. Gesellsch. **27**, 2488 [1894]. (*S. 188*.)
[7]) Berichte d. d. chem. Gesellsch. **24**, 4221 [1891]. (*S. 447*.)

gut kristallisierenden Mercaptale, welche beim Schütteln der stark salzsauren Lösung mit Mercaptanen entstehen und von welchen das Glucoseäthylmercaptal die Formel $CH_2(OH).(CHOH)_4.CH(SC_2H_5)_2$ hat[1]).

Einbasische Säuren. Da die meisten künstlichen Zucker, wie
zuvor erwähnt, durch Reduktion von Lactonen gewonnen wurden, so
fällt der Ausbau der Gruppe im wesentlichen mit der Synthese der
Säuren zusammen. Am fruchtbarsten ist hier die von Kiliani zuerst
angewandte und später von mir erweiterte Methode, Anlagerung von
Cyanwasserstoff an die bekannten Zucker, gewesen. Sie liefert in den
meisten Fällen die beiden theoretisch möglichen stereoisomeren Säuren,
aber keineswegs in gleicher Menge. Bei der Mannoheptonsäure konnte
sogar die zweite Form trotz eifrigen Suchens überhaupt nicht gefunden
werden.

Die folgende Tabelle gibt eine Zusammenstellung der Synthesen,
welche mit dieser Reaktion bei den Aldosen ausgeführt wurden, wobei an Stelle der Säuren gleich die für den weiteren Aufbau dienenden
Zucker gesetzt sind.

Von den drei bekannten Ketosen ist bisher nur die $d$-Fructose mit
der Blausäure kombiniert worden, aber der Aufbau ist nicht über die
Fructoheptose hinausgeführt worden.

Durch die Vereinigung der Cyanhydrinreaktion mit der Reduktion
der Lactone wird es voraussichtlich möglich sein, alle Glieder der
Zuckergruppe zu gewinnen, sobald es gelungen ist, die beiden optisch
aktiven Formen des Glycerinaldehyds aufzufinden und in größerer
Menge zu bereiten.

Vorläufig benutze ich diese ideale Synthese beim elementaren
Unterricht, um in möglichster Annäherung an die Tatsachen die von
der Theorie vorausgesagten stereoisomeren Zucker abzuleiten.

Bei der praktischen Ausführung der Cyanhydrinreaktion sind in
jedem einzelnen Falle die günstigsten Bedingungen durch besondere
Proben ermittelt worden. So wurde die Konzentration der Zuckerlösung von 20—50 pCt., die Temperatur von 0—25⁰ und die Dauer
der Einwirkung von 1—14 Tage variiert; nur die Menge der Blausäure
(etwas mehr als die berechnete Menge) blieb annähernd konstant.
In der Regel ist es vorteilhaft, von Anfang an eine kleine Menge Ammoniak zuzufügen, welches nach einer Beobachtung von Kiliani den
Prozeß sehr beschleunigt.

Die zweite ältere Methode, neue einbasische Säuren der Zuckergruppe zu bereiten, beruht auf der geometrischen Umlagerung, welche
die bekannten Verbindungen beim Erhitzen mit organischen Basen

---

[1]) Berichte d. d. chem. Gesellsch. **27**, 673 [1894]. (*S. 714.*)

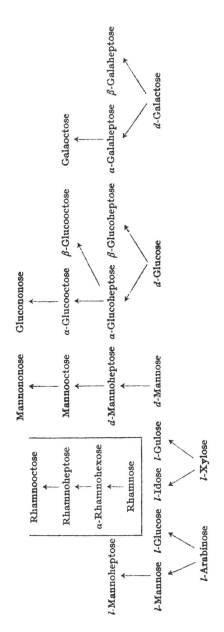

erfahren. An Stelle des zuerst gebrauchten Chinolins ist später das Pyridin getreten[1]). Die Operation wird dann am besten in wässeriger Lösung und im verschlossenen Gefäß ausgeführt, um die erforderliche Temperatur 130—150° zu erreichen.

Nach allen bisher vorliegenden Beobachtungen beschränkt sich die Umlagerung auf das asymmetrische Kohlenstoffatom, welches mit dem Carboxyl verbunden ist, und infolgedessen unterscheidet sich die neue Säure von der angewandten nur durch die räumliche Anordnung an dem in der nachstehenden Formel mit * bezeichneten Kohlenstoffatom

$$CH_2OH.CHOH \ldots . CHOH.COOH.$$
$$\overset{*}{}$$

Die Reaktion ist, wie es scheint, immer umkehrbar und liefert deshalb ein Gemisch der beiden Stereoisomeren, deren Menge übrigens recht ungleich sein kann.

In der folgenden Zusammenstellung, welche die Anwendungen des Verfahrens umfaßt, hat der doppelte Pfeil die Bedeutung, daß die Umlagerung in beiden Richtungen durch getrennte Versuche festgestellt wurde. In den übrigen Fällen ist höchstwahrscheinlich die Umkehrung ebenfalls möglich, aber noch nicht bewiesen.

$C_5H_{10}O_6$  $l$-Arabonsäure  $\longleftrightarrow$  $l$-Ribonsäure

$C_6H_{12}O_7$ 
- $d$- und $l$-Gluconsäure  $\longleftrightarrow$  $d$- und $l$-Mannonsäure
- $l$-Gulonsäure  $\longleftrightarrow$  $l$-Idonsäure
- $d$-Galactonsäure  $\longleftrightarrow$  $d$-Talonsäure

$C_7H_{14}O_8$ 
- $\alpha$-Glucoheptonsäure  $\longleftarrow$  $\beta$-Glucoheptonsäure
- $\alpha$-Galaheptonsäure  $\longleftarrow$  $\beta$-Galaheptonsäure

$C_8H_{16}O_9$  $\alpha$-Glucooctonsäure  $\longrightarrow$  $\beta$-Glucooctonsäure

$C_7H_{14}O_7$  $\alpha$-Rhamnohexonsäure  $\longleftrightarrow$  $\beta$-Rhamnohexonsäure.

Leider sind bei allen diesen Operationen erhebliche Verluste an Material unvermeidlich, da bei der hohen Temperatur ein Teil der Säuren durch sekundäre Prozesse zerstört wird. Dahin gehört die Bildung von komplizierten braunen Produkten, deren Entfernung zuweilen recht lästig ist, und die Verwandlung in Furfuranderivate. Letztere wurde speziell bei der Arabonsäure und Galactonsäure beobachtet, welche dabei in Brenzschleimsäure[2]) beziehungsweise Oxymethylbrenzschleimsäure[3]) übergehen.

Ein drittes, im Prinzip ganz neues Verfahren ist die Gewinnung einbasischer Säuren aus den Dicarbonsäuren. Deren Lactone werden

---

[1]) Berichte d. d. chem. Gesellsch. **24**, 2137 und 3622 [1891]. (S. 409, 432.)
[2]) Berichte d. d. chem. Gesellsch. **24**, 4216 [1891]. (S. 442.)
[3]) Berichte d. d. chem. Gesellsch. **27**, 1526 [1894]. (S. 557.)

ebenfalls von Natriumamalgam energisch angegriffen, wobei zuerst eine Aldehydo- und dann die einbasische Säure entsteht. So liefert die Zuckersäure nacheinander Glucuron- und Gulonsäure[1]). Letztere kann also auf diesem Wege auch aus der isomeren Gluconsäure resp. dem Traubenzucker bereitet werden; zum besseren Verständnis der Übergänge stelle ich die Produkte mit den Formeln, welche räumlich aufzufassen sind, zusammen.

$$CH_2OH.(CHOH)_4.COOH, \text{ Gluconsäure.}$$
$$COOH.(CHOH)_4.COOH, \text{ Zuckersäure.}$$
$$COOH.(CHOH)_4.COH, \text{ Glucuronsäure.}$$
$$COOH.(CHOH)_4.CH_2OH, \text{ Gulonsäure.}$$

Auf dieselbe Art wurde aus der Schleimsäure die inaktive, racemische Galactonsäure gewonnen[2]).

Die Reaktion kann natürlich auch zu derselben einbasischen Säure zurückführen, von welcher man ausgegangen ist. Das muß sogar der Fall sein, wenn das Molekül geometrisch ganz gleich konstruiert ist, wie bei der Mannozuckersäure, deren Reduktion in der Tat die bekannte Mannonsäure gegeben hat.[3])

Auf die erwähnten drei Fälle ist das Verfahren wegen der lästigen Darstellung der übrigen zweibasischen Säuren bisher beschränkt worden. Mir scheint aber, daß dasselbe zum weiteren Ausbau der Zuckergruppe noch recht gut verwertet werden kann. Voraussetzung für seine Anwendung ist nur die Fähigkeit der Dicarbonsäure, ein Lacton zu bilden; ob einfaches oder doppeltes Lacton, ist gleichgiltig, da die Bedingungen so gewählt werden können, daß nur eine Lactongruppe verändert wird, wie gerade das Beispiel der Mannozuckersäure beweist.

Die Spaltung racemischer Säuren durch Strychnin, welche zuerst von mir bei der *dl*-Mannonsäure[4]) beobachtet und seitdem auch in anderen Gruppen z. B. von Liebermann[5]) oder Erlenmeyer[6]) beim Zimmtsäuredibromid und von Purdie und Walker[7]) bei der Milchsäure benutzt wurde, hat sich auch bei der *dl*-Galactonsäure[8]) bewährt. Die Base hat den Vorzug, daß ihre Salze mit den Oxysäuren meist in Alkohol recht schwer löslich sind und verhältnismäßig leicht kristallisieren.

---

[1]) Berichte d. d. chem. Gesellsch. **24**, 521 [1891]. (*S. 381.*)
[2]) Berichte d. d. chem. Gesellsch. **25**, 1247 [1892]. (*S. 459.*)
[3]) Berichte d. d. chem. Gesellsch. **24**, 1845 [1891]. (*S. 426.*)
[4]) Berichte d. d. chem. Gesellsch. **23**, 379 [1890]. (*S. 339.*)
[5]) Berichte d. d. chem. Gesellsch. **26**, 245 [1893].
[6]) Liebigs Annal. d. Chem. **271**, 160 [1892].
[7]) Journ. chem. soc. **1892**, 754.
[8]) Berichte d. d. chem. Gesellsch. **25**, 1256 [1892]. (*S. 468.*)

Für die Isolierung und Scheidung der einbasischen Säuren dienten wie früher Lactone, Phenylhydrazide und Salze. Von letzteren ist besonders die Brucinverbindung zu erwähnen, welche noch in verzweifelten Fällen zum Ziele führte[1]). Manchmal leisten auch die unlöslichen basischen Bleisalze für die erste Reinigung gute Dienste. Für ihre Bereitung benutze ich an Stelle des gewöhnlichen basischen Bleiacetats, welches manche Säuren gar nicht ausfällt, das viel wirksamere, reine zweifach basische Salz.

Die Phenylhydrazide, welche beim Erwärmen der Säure mit freiem oder essigsaurem Phenylhydrazin auf 100° stets entstehen, haben sich wieder in vielen Fällen als Isolierungsmittel bewährt; nur ist zu beachten, daß manche von ihnen (z. B. bei Ribon-, Xylon-, Talon-, Gulon-, Idon- und β-Glucohepton-, β-Galahepton-, β-Rhamnoheptonsäure) in Wasser leicht löslich sind.

Zweibasische Säuren. Für die Gewinnung neuer Verbindungen ist die bekannte Oxydation der Monocarbonsäure oder des Zuckers durch verdünnte Salpetersäure am häufigsten angewandt worden. Eine Erweiterung hat die Methode durch die Beobachtung erhalten, daß auch die methylierten Zucker bei dieser Behandlung unter Abspaltung des Methyls in Dicarbonsäuren übergehen. So liefert die Rhamnose, $CH_3.(CHOH)_4.COH$, ähnlich den einfachen Pentosen Trioxyglutarsäure[2]), $COOH.(CHOH)_3.COOH$, und aus der Rhamnohexonsäure entsteht auf die gleiche Art Schleimsäure[3]). In beschränktem Maße wurde auch die Umlagerung durch Pyridin bei 140° auf die Dicarbonsäuren übertragen[4]). Die Reaktion, welche insbesondere zur Auffindung der Alloschleimsäure geführt hat, ist hier ebenfalls umkehrbar.

Die Isolierung der zweibasischen Säuren wird sehr erleichtert durch die geringe Löslichkeit der Salze, von welchen die Calcium- und Bleiverbindungen am meisten benutzt wurden. Letztere werden aus der Lösung der Säure schon durch neutrales Bleiacetat niedergeschlagen. Zur völligen Fällung ist aber längeres Erwärmen nötig, um die so leicht entstehende Lactonsäure zu zerstören. Weniger charakteristisch als bei den Monocarbonsäuren sind hier die Phenylhydrazide, welche unter denselben Bedingungen entstehen und selbst von heißem Wasser nur wenig gelöst werden.

Alkohole. Ihre Bereitung aus den Zuckern hat eine erhebliche Verbesserung durch die veränderte Anwendung des Natriumamalgams

---

[1]) Liebigs Annal. d. Chem. **270**, 84 [1892] (*S. 608*); ferner Berichte d. d. chem. Gesellsch. **27**, 388 [1894]. (*S. 509.*)

[2]) Will und Peters, Berichte d. d. chem. Gesellsch. **22**, 1697 [1889].

[3]) E. Fischer und Morrell, Berichte d. d. chem. Gesellsch. **27**, 387 [1894]. (*S. 507.*)

[4]) Berichte d. d. chem. Gesellsch. **24**, 2136 (1891). (*S. 409.*)

erfahren. Zunächst beschleunigt man die Wirkung desselben durch andauerndes Schütteln, ferner wird die Reduktion größtenteils in kalter, stets schwach schwefelsauer gehaltener Lösung und erst zum Schluß in schwach alkalischer Flüssigkeit bei Zimmertemperatur ausgeführt. Dadurch gelingt es, Nebenreaktionen, wie z. B. die früher für normal gehaltene Bildung von Mannit aus Traubenzucker, zu vermeiden[1]).

Während die Aldosen unter solchen Bedingungen nur einen Alkohol geben, können bei den Ketosen, wo durch die Anlagerung des Wasserstoffs der Kohlenstoff der Ketongruppe asymmetrisch wird, zwei isomere Formen entstehen. So liefert die Fructose ein Gemisch von Mannit und Sorbit[2]); umgekehrt wird sie aus beiden Alkoholen durch Oxydation zurückgebildet. Durch diese einfache Reaktion können also nicht allein die beiden Alkohole, sondern auch die drei wichtigsten Hexosen, Traubenzucker, Mannose und Fruchtzucker wechselseitig ineinander verwandelt werden.

Die Übertragung des Verfahrens auf den Dulcit hat zur Auffindung eines neuen Hexits, des *dl*-Talits geführt[3]); leider ist seine Anwendung auf die Säuren bisher an experimentellen Schwierigkeiten gescheitert.

Die Abscheidung und Reinigung der Alkohole durch Kristallisation ist häufig recht schwer und zuweilen sogar unmöglich. Als ein großer Fortschritt in der Behandlung derselben gilt deshalb die von Meunier aufgefundene Methode, sie durch Behandlung mit Bittermandelöl und starken Säuren in schwer lösliche Benzalverbindungen zu verwandeln und aus diesen durch Kochen mit verdünnten Säuren zu regenerieren. Nachdem der Entdecker die Nützlichkeit des Verfahrens beim Mannit und Sorbit gezeigt, habe ich dasselbe zur Isolierung von Xylit, Adonit, *d*-Talit und *dl*-Talit verwertet.

Die Bildung solcher Benzalverbindungen erfolgt unter richtig gewählten Bedingungen bei allen mehrwertigen Alkoholen; aber ihre Zusammensetzung und ihre physikalischen Eigenschaften sind so verschieden, daß sie auch zur Unterscheidung und Trennung von isomeren Alkoholen wohl benutzt werden können[4]).

### Augenblicklicher Zustand der Zuckergruppe.

Um die neuen Erwerbungen im Rahmen des Ganzen darzustellen, sind in der folgenden Tafel II, welche alle zurzeit bekannten Mono-

---

[1]) Berichte d. d. chem. Gesellsch. **23**, 2133 [1890] (*S. 20*) und **27**, 1527 [1894]. (*S. 558.*)

[2]) Berichte d. d. chem. Gesellsch. **23**, 3684 [1890]. (*S. 377.*)

[3]) Berichte d. d. chem. Gesellsch. **27**, 1528 [1894]. (*S. 559.*)

[4]) Berichte d. d. chem. Gesellsch. **27**, 1530 [1894]. (*S. 561.*) Hier ist auch die ganze Literatur zusammengestellt.

saccharide samt den zugehörigen Säuren und Alkoholen enthält, die seit dem Januar 1891 aufgefundenen Verbindungen durch * markiert. Die Einteilung und Bezeichnung der Gruppen sowie der einzelnen Substanzen ist die von mir vorgeschlagene und seitdem ziemlich allgemein angenommene.

(Siehe Tafel II auf der folgenden Seite.)

Im einzelnen ist dazu folgendes zu bemerken:

Biosen. Der Glycolaldehyd, $CH_2(OH).COH$, dessen Existenz auf Grund unrichtiger Beobachtungen schon früher behauptet worden war, wurde aus dem Bromacetaldehyd durch kaltes Barytwasser gewonnen[1]). Er besitzt alle chemischen Eigenschaften, welche man von dem einfachsten Zucker erwarten muß; insbesondere wird er auch durch Phenylhydrazin in das Glyoxalosazon, $\begin{array}{l}CH:N_2HC_6H_5\\CH:N_2HC_6H_5\end{array}$, verwandelt.

Leider ist die Herstellung eines reinen Präparates an seiner Unbeständigkeit und an der schwierigen Beschaffung des Bromaldehyds gescheitert.

Beachtenswert scheint mir der Unterschied in der Bildung des Glycol- und des Glycerinaldehyds. Während der zweite wohl aus dem Glycerin, aber nicht aus dem Acroleïnbromid, $CH_2Br.CHBr.COH$, entsteht, läßt sich der erste wohl aus der entsprechenden Bromverbindung, aber nicht durch Oxydation des Glycols gewinnen.

Das Verhalten des Glycolaldehyds gegen Hefe konnte leider nicht geprüft werden, da die ihm beigemengten Bromverbindungen für das Ferment giftig sind. Vermutlich wird er aber nicht gären.

Triosen. Über die Glycerose liegen keine neuen Angaben vor. Nur glaube ich darauf hinweisen zu müssen, daß namentlich in französischen Zeitschriften noch immer Hr. Grimaux als Entdecker derselben genannt wird, obschon ich gezeigt habe, daß dieselbe viel früher von van Deen beobachtet und auch als gärfähig bezeichnet wurde[2]). Die übrigen Daten ihrer Naturgeschichte sind aber von Tafel und mir gesammelt worden. Wie wünschenswert es wäre, den Glycerinaldehyd, welcher nur einen kleinen Teil der Glycerose bildet, isolieren und für die Cyanhydrinreaktion verwenden zu können, wurde schon früher betont. Durch partielle Vergärung mit Hefe würde dann auch sicher die Gewinnung einer optisch aktiven Form gelingen.

Tetrosen. Die schon beschriebene Erythrose, welche durch Oxydation des Erythrits entsteht, ist zweifellos ebenfalls ein Gemisch

---

[1]) Berichte d. d. chem. Gesellsch. **25**, 2549 [1892]. (*S. 476.*)
[2]) Berichte d. d. chem. Gesellsch. **23**, 2124 [1890]. (*S. 11.*)

## Tafel II.

| | Aldosen | Einbasische Säuren | Zweibasische Säuren | Mehrwertige Alkohole |
|---|---|---|---|---|
| Biose | *Glycolaldehyd | Glycolsäure | Oxalsäure | Glycol |
| Triose | Glycerose (Gemisch von Aldose und Ketose) | *d-dl-Glycerinsäure | Tartronsäure | Glycerin |
| Tetrose | Erythrose | Erythritsäure | 4 Weinsäuren | 2 Erythrite |
| Pentosen | *d-l-*dl-Arabinose<br>Xylose<br>*l-Ribose | l-Arabonsäure<br>Xylonsäure<br>*l-Ribonsäure | l-Trioxyglutarsäure<br>*Xylo-Trioxyglutarsäure }inaktiv<br>*Ribo-　　　″ | l-Arabit<br>*Xylit (inaktiv)<br>*Adonit (inaktiv) |
| Methylpentosen | Rhamnose<br>*Chinovose<br>*Fucose | Rhamnonsäure | | Rhamnit |
| Hexosen { Mannitgruppe | d-l-*dl-Glucose<br>*d-*l-*dl-Gulose<br>d-l-dl-Mannose<br>*d-*l-*dl-Idose | d-l-dl-Gluconsäure<br>*d-*l-*dl-Gulonsäure<br>d-l-dl-Mannonsäure<br>*d-*l-*dl-Idonsäure | d-l-dl-Zuckersäure<br>d-l-dl-Mannozuckersäure<br>*d-*l-*dl-Idozuckersäure | d-*l-Sorbit<br>d-l-dl-Mannit |
| Hexosen { Dulcitgruppe | d-*l-*dl-Galactose<br>*d-Talose | d-*l-*dl-Galactonsäure<br>*d-Talonsäure | Schleimsäure (inactiv)<br>*d-*l-Taloschleimsäure<br>*Alloschleimsäure | Dulcit (inaktiv)<br>*d-*l-Talit |
| Methylhexosen | α-Rhamnohexose | α-Rhamnohexonsäure<br>*β-Rhamnohexonsäure | | α-Rhamnohexit |
| Heptosen | d-*l-*dl-Mannoheptose<br>α-Glucoheptose<br>*β-Glucoheptose<br>α-Galaheptose<br>*β-Galaheptose | d-*l-*dl-Mannoheptonsäure<br>α-Glucoheptonsäure<br>*β-<br>α-Galaheptonsäure<br>*β- | *d-Manno-Heptanpentoldisäure (inaktiv)<br>α-Gluco- ″ (inaktiv)<br>*β-Gluco- ″<br>α-Gala- ″<br>*β-Gala- ″ | d-*l-*dl-Mannoheptit(Perseït)<br>α-Glucoheptit (inaktiv)<br>α-Galaheptit |

| | | Rhamnoheptose | Rhamnoheptonsäure | | |
|---|---|---|---|---|---|
| Methylheptose | | | | | Mannooctit |
| | | | | | *α-Glucooctit |
| Octosen | | Mannooctose | Mannooctonsäure | | |
| | | α-Glucooctose | α-Glucooctonsäure | | |
| | | | *β-Glucooctonsäure | | |
| | | *Galaoctose | *Galaoctonsäure | | |
| Methyloctose | | Rhamnooctose | Rhamnooctonsäure | | |
| Nonosen | | Mannononose | Mannonononsäure | | *Gluconit |
| | | *Gluconononse | *Gluconononsäure | | |
| Aromatische Reihe | | *Phenyltetrose | *Phenyltetronsäure | | |

| | Ketosen | Struktur unbekannt | Aldehydsäuren | |
|---|---|---|---|---|
| Triose | Dioxyaceton (enthalten in der Glycerose) | | Glucuronsäure Oxygluconsäure (?) | $[CHOH]_4 \big\langle {}^{COOH}_{COH}$ |
| Hexosen | d-l-dl-Fructose Sorbose | Formose β-Acrose | Aldehydgalactonsäure | $[CHOH]_5 \big\langle {}^{COOH}_{COH}$ |

von Aldose und Ketose. Ihre Trennung habe ich wiederholt vergeblich versucht und da auch die Rückverwandlung des Phenylerythrosazons in den Zucker bisher nicht gelang, so besteht hier eine große Lücke, welche durch die neu aufgefundene Synthese aus Glycolaldehyd noch keineswegs ausgefüllt ist. Denn die künstliche Tetrose[1]), welche wahrscheinlich nach Art des Aldols entsteht und somit die Struktur $CH_2OH.CHOH.CHOH.COH$ hätte, ist ebenfalls bisher nur in Form des Osazons isoliert worden. Daß letzteres identisch mit Erythrosazon sein würde, war aus folgenden Gründen vorauszusehen. Der Unterschied von Aldose und Ketose verschwindet beim Übergang in Osazon; ferner existiert das Molekül

$$\begin{array}{c} CH_2OH.CHOH.C.CH \\ C_6H_5.H\ddot{N}_2 \ \ddot{N}_2H.C_6H_5 \end{array}, \quad \text{welches nur ein asymmetrisches}$$

Kohlenstoffatom enthält, auch nur in einer inaktiven (racemischen) Form. Daß dieselbe sowohl aus der Synthese wie aus dem inaktiven Erythrit hervorgeht, steht aber mit allen bisherigen Erfahrungen im Einklang.

Für die Bereitung der reinen Tetrosen sind also die bisher benutzten Methoden unzureichend. Wenn es Hrn. W o h l nicht gelingt, auf dem von ihm schon angedeuteten Wege, durch Abbau der Pentosen[2]), das Ziel zu erreichen, so könnte man die Reduktion der Erythritsäure oder noch besser ihrer beiden optisch aktiven Komponenten versuchen. Leider ist aber auch die Säure schon recht schwer zugänglich und der Erfolg der ganzen Arbeit würde deshalb zunächst eine bessere Darstellungsweise derselben erfordern.

Die vorhergehenden Erläuterungen zeigen deutlich, wie dürftig gerade die Kenntnis der einfachen Zucker geblieben ist. Zu meiner Entschuldigung mag der Umstand dienen, daß sie besonders schwierig zu behandeln sind, wie die langwierigen Versuche mit der Glycerose gezeigt haben.

Ungleich bessere Eigenschaften besitzen die entsprechenden Säuren und Alkohole, welche größtenteils lange bekannt sind, aber der Vollständigkeit halber mit in die Tabelle aufgenommen wurden. Neu ist hier die von P e r c y  F r a n k l a n d und W. F r e w[3]) durch Pilzgärung aus der inaktiven Form gewonnene, optisch aktive Glycerinsäure und ferner die Synthese des Erythrits. Diese wurde von Griner[4]) auf elegante Weise mit Hilfe der beiden Bromide des Butandiëns ver-

---

[1]) Berichte d. d. chem. Gesellsch. **25**, 2553 [1892]. (*S. 480.*)
[2]) Berichte d. d. chem. Gesellsch. **26**, 743 [1893].
[3]) Journ. Chem. Soc. **1891**, 81.
[4]) Compt. rend. **116**, 723; **117**, 553 [1893].

wirklicht und hat nicht allein den gewöhnlichen Erythrit, sondern auch die zweite theoretisch mögliche inaktive Form, den racemischen Tetrit, geliefert.

Pentosen. Ihre Zahl hat sich verdoppelt. Zur natürlichen Arabinose, welche trotz der Rechtsdrehung wegen der Beziehungen zur *l*-Glucose als *l*-Verbindung bezeichnet wird, ist das optische Isomere getreten, welches Wohl durch seine eigenartige Abbaumethode aus dem Traubenzucker erhalten hat[1]). Die entsprechenden Säuren und der Alkohol fehlen noch, werden sich aber zweifellos leicht aus dem Zucker gewinnen lassen.

Die Xylose hat inzwischen den Xylit[2]) und die Xylo-Trioxyglutarsäure[3]) geliefert. Beide sind zum Unterschied von den Derivaten der Arabinose optisch inaktiv, eine Beobachtung, welche zu weitgehenden stereochemischen Schlüssen geführt hat.

Die *l*-Ribonsäure[4]) ist durch Umlagerung der *l*-Arabonsäure gewonnen. Sie hat bei der Oxydation die ebenfalls inaktive Ribo-Trioxyglutarsäure[4]) und bei der Reduktion erst *l*-Ribose[4]), dann Adonit[5]) geliefert. Letzterer war zuvor von E. Merck in Adonis vernalis gefunden worden.

Von den Zuckern ist die Arabinose am leichtesten zu erkennen, da sie mit *p*-Bromphenylhydrazin ein charakteristisches und schwer lösliches Hydrazon bildet[6]). Für Arabonsäure ist das Phenylhydrazid[7]) und für Xylonsäure[8]) die Verbindung des Cadmiumsalzes mit Cadmiumbromid charakteristisch. Das Xylosazon[9]) zeichnet sich durch sein starkes Drehungsvermögen aus und unterscheidet sich in auffallender Weise von seiner neuerdings dargestellten inaktiven racemischen Form[10]).

Xylit und Adonit bilden schwer lösliche Benzalverbindungen und können dadurch leicht vom Arabit getrennt werden[11]). Für

---

[1]) Berichte d. d. chem. Gesellsch. **26**, 739 [1893].

[2]) Berichte d. d. chem. Gesellsch. **24**, 538 [1891] (*S. 398*) und **27**, 2487 [1894]. (*S. 186.*)

[3]) Berichte d. d. chem. Gesellsch. **24**, 1842 [1891]. (*S. 423*). Die Säure ist hier zum ersten Male wegen ihrer Abstammung von der Xylose als Xylo-Trioxyglutarsäure von den Isomeren unterschieden.

[4]) Berichte d. d. chem. Gesellsch. **24**, 4216 [1891]. (*S. 442.*)

[5]) Berichte d. d. chem. Gesellsch. **26**, 638 [1893]. (*S. 501.*)

[6]) Berichte d. d. chem. Gesellsch. **24**, 4221 [1891] (*S. 447*) und **27**, 2490 (*S. 189*).

[7]) Berichte d. d. chem. Gesellsch. **23**, 2627 [1890]. (*S. 329.*)

[8]) Bertrand, Bull. soc. chim. [3], **5**, 554 [1891].

[9]) Berichte d. d. chem. Gesellsch. **23**, 385 [1890]. (*S. 345.*)

[10]) Berichte d. d. chem. Gesellsch. **27**, 2486 [1894]. (*S. 186.*)

[11]) Vgl. Berichte d. d. chem. Gesellsch. **27**, 1531 [1894]. (*S. 562.*)

Ribose und Ribonsäure fehlen aber leicht ausführbare Erkennungsmethoden, wenn man nicht die· Verwandlung in den schönen Adonit dahin rechnen will.

Den noch fehlenden optischen Antipoden der *l*-Ribose wird man zweifellos durch Vermittlung und Umlagerung der Säuren aus der *d*-Arabinose erhalten. Fast ebenso sicher ist, daß aus der Xylose auf demselben Wege eine neue Pentose gewonnen werden kann, welche zu keiner der bekannten im optischen Gegensatze steht.

Methylpentosen. Neben der älteren Rhamnose sind hier als neu angeführt die Chinovose und Fucose. Erstere entsteht aus ihrer Äthylverbindung[1]), dem sogen. Chinovit, durch Kochen mit verdünnten Säuren und letztere wurde von Günther und Tollens[2]) aus Seetang dargestellt. Daß alle drei Zucker die gleiche Struktur besitzen, beweist ihre Verwandlung in dasselbe *β*-Methylfurfurol, welche zuerst bei der Rhamnose von Maquenne beobachtet wurde[3]). Von der Verwandlung der Rhamnose bzw. der Rhamnonsäure in Trioxyglutarsäure, welche nach dem Schema

$$CH_3. CHOH.(CHOH)_3.COOH + 5O$$
$$= CO_2 + 2H_2O + COOH.(CHOH)_3.COOH$$

erfolgt, wird später noch ausführlich die Rede sein.

Hexosen. Trotz der vermehrten Zahl ist die alte Einteilung in Mannit- und Dulcitgruppe beibehalten. Neu sind hier zunächst die beiden Gulosen und Gulonsäuren. Die *l*-Verbindungen wurden aus Xylose durch die Cyanhydrinreaktion[4]) und die optischen Antipoden aus der *d*-Zuckersäure beziehungsweise Glucuronsäure durch Reduktion[5]) gewonnen. Während man auf diesem Wege vom Traubenzucker leicht zur Gulose gelangt, ist die Umkehrung des Vorganges bisher nicht gelungen; zwar werden beide Gulosen resp. Gulonsäuren durch Salpetersäure ziemlich glatt in die isomeren Zuckersäuren verwandelt, aber der Übergang von hier zum Traubenzucker bleibt noch aufzufinden. Bei der Gelegenheit sei bemerkt, daß durch die Überführung von Glucose und Gulose in dieselbe Zuckersäure eine wichtige Schlußfolgerung der Theorie des asymmetrischen Kohlenstoffatoms zum ersten Male bestätigt wurde[6]).

---

[1]) E. Fischer und C. Liebermann, Berichte d. d. chem. Gesellsch. **26**, 2415 [1893]. (*S. 698*.)

[2]) Liebigs Annal. d. Chem. **271**, 86 [1892].

[3]) Compt. rend. **109**, 603 [1889].

[4]) Berichte d. d. chem. Gesellsch. **24**, 528 [1891]. (*S. 389*.)

[5]) Berichte d. d. chem. Gesellsch. **24**, 521 [1891] (*S. 381*) und Thierfelder, Zeitschr. f. physiol. Chem. **15**, 71 [1891].

[6]) Berichte d d. chem. Gesellsch. **24**, 537 [1891]. (*S. 397*).

Ferner sind die Lactone der beiden Gulonsäuren dadurch ausgezeichnet, daß sie aus wässeriger Lösung getrennt kristallisieren,
mithin keine racemische Verbindung bilden[1]).

Der *l*-Sorbit ist bisher nur durch Reduktion der *l*-Gulose dargestellt worden[2]). Zweifellos wird man denselben auch aus der
*l*-Glucose erhalten, da bekanntlich der natürliche Sorbit, welcher hier
als *d*-Verbindung aufzuführen ist, durch Reduktion des Traubenzuckers
entsteht.

Idose und die zugehörigen Säuren sind die zuletzt aufgefundenen
Glieder der Gruppe[3]). Ihr Name (von idem abgeleitet) soll an den
gleichartigen geometrischen Bau des Moleküls erinnern. Die *l*-Idon-
säure entsteht neben der *l*-Gulonsäure aus Xylose und beide lassen
sich dementsprechend durch Erhitzen mit Pyridin ineinander überführen. Auf die gleiche Art wurde die *d*-Idonsäure aus *d*-Gulonsäure
dargestellt. Die beiden Idozuckersäuren nehmen die Stelle im System
ein, welche ich früher glaubte der Isozuckersäure zuschreiben zu müssen.
Diese ist aber inzwischen aus der Gruppe ausgeschieden, nachdem
Tiemann[4]) gezeigt hat, daß sie nicht mit der Zuckersäure isomer
ist, sondern 1 Mol. Wasser weniger enthält.

Die optischen Isomeren der natürlichen *d*-Galactose und der entsprechenden Säure wurden aus der Schleimsäure dargestellt, deren
Reduktion zunächst die racemischen Verbindungen liefert. Für die
Spaltung der *dl*-Galactonsäure diente das Strychninsalz und aus der
*dl*-Galactose wurde der linksdrehende Zucker durch partielle Vergärung
mit Bierhefe gewonnen. Die optische Aktivität aller dieser Substanzen
verschwindet, wenn die symmetrische Struktur des Moleküls wieder
hergestellt wird, denn sie geben dieselbe inaktive Schleimsäure und
denselben Dulcit[5]). Von der *d*-Galactonsäure führt die Umlagerung
mit Pyridin zur *d*-Talonsäure und von hier der bekannte Weg zur
*d*-Talose beziehungsweise *d*-Taloschleimsäure[6]).

Um die entsprechenden *l*-Verbindungen zu bereiten, bedarf es
nur einer ausreichenden Menge der ziemlich schwer zugänglichen
*l*-Galactonsäure.

Inzwischen ist die *l*-Taloschleimsäure schon auf ganz anderem
Wege durch Oxydation der β-Rhamnohexonsäure gefunden worden[7]).

---

[1]) Berichte d. d. chem. Gesellsch. **25**, 1025 [1892]. (*S. 452.*)
[2]) Berichte d. d. chem. Gesellsch. **24**, 2144 [1891]. (*S. 400.*)
[3]) Diese Verbindungen werde ich in nächster Zeit gemeinschaftlich mit
Hrn. Fay beschreiben. (*S. 526.*)
[4]) Berichte d. d. chem. Gesellsch. **27**, 118 [1894].
[5]) Berichte d. d. chem. Gesellsch. **25**, 1247 [1892]. (*S. 459.*)
[6]) Berichte d. d. chem. Gesellsch. **24**, 3622 [1891]. (*S. 432.*)
[7]) Berichte d. d. chem. Gesellsch. **27**, 391 [1894]. (*S. 511.*)

Dasselbe gilt von dem *dl*-Talit, welcher durch sukzessive Oxydation und Reduktion des Dulcits entsteht[1]).

Als letzte zweibasische Säure ist die Alloschleimsäure angeführt, welche durch Umlagerung der Schleimsäure gewonnen wurde[2]). Die Reduktion ihres Lactons wird voraussichtlich eine neue einbasische Säure, ferner einen Zucker und Alkohol liefern, und wenn die Alloschleimsäure wirklich, wie ich später noch als wahrscheinlich erläutern werde, ein inaktives System ist, so müssen alle diese Produkte racemisch sein und durch Spaltung verdoppelt werden können.

Jedenfalls ist diese Reaktion und ferner die Behandlung der Ribose mit Blausäure meiner Ansicht nach für den weiteren Ausbau der Dulcitgruppe zunächst in Aussicht zu nehmen; ich habe mich bisher nur durch die schwierige Beschaffung der Ausgangsmaterialien und durch die vergebliche Hoffnung, einen bequemeren Weg zu finden, davon abhalten lassen.

Durch totale Synthese erreichbar sind die Verbindungen der Mannitgruppe, mit Ausnahme der *l*-Gulose, *l*-Idose, der entsprechenden einbasischen Säuren und des *l*-Sorbits.

Um diese Lücke auszufüllen, genügt es aber, die *l*-Zuckersäure auf die bekannte Weise zu *l*-Gulonsäure zu reduzieren.

Ungleich schwieriger ist dasselbe Problem in der Dulcitgruppe, welche bisher von der Synthese überhaupt noch nicht berührt wurde.

Da alle Versuche, von der Mannitgruppe direkt dorthin zu gelangen, mißlungen sind, scheint der Umweg über die Pentosen unvermeidlich zu sein. Durch die Abbaumethode von Wohl würde man von der *l*-Glucose zur *l*-Arabinose resp. *l*-Ribose gelangen. Letztere muß dann nach den späteren Betrachtungen über ihre Konfiguration bei der Anlagerung von Blausäure eine Verbindung der Dulcitreihe liefern. Sobald das aber gelungen ist, hat man auch die Synthese aller übrigen erreicht; denn sie sind sämtlich durch die Schleimsäure miteinander verknüpft[3]).

Die große Zahl der Hexosen und ihrer Derivate erschwert namentlich ihre Erkennung. Da dieselbe aber bei experimentellen Studien von größter Wichtigkeit ist, so will ich meine Erfahrungen darüber ausführlich wiedergeben.

Für die Unterscheidung der Zucker kommen, wenn man von der Isolierung der reinen Verbindungen absieht, namentlich drei Proben in Betracht, die Gärfähigkeit, das Verhalten gegen Phenylhydrazin und die Verwandlung in die zweibasische Säure.

---

[1]) Berichte d. d. chem. Gesellsch. **27**, 1528 [1894]. (*S. 559.*)
[2]) Berichte d. d. chem. Gesellsch. **24**, 2137 [1891]. (*S. 409.*)
[3]) Berichte d. d. chem. Gesellsch. **25**, 1248 [1892]. (*S. 460.*)

Gärfähig sind $d$-Glucose, $d$-Mannose und $d$-Galactose und noch nicht geprüft ist die Idose.

Als Phenylhydrazon sehr leicht nachweisbar ist bekanntlich die Mannose, etwas schwerer die Galactose[1]). Die Osazonprobe wird man zur vorläufigen Orientierung wohl immer ausführen. Aber sie liefert dasselbe Produkt bei Glucose und Mannose, bei Gulose und Idose, bei Galactose und Talose.

Glucosazon und Galactosazon, welche bei geringer Übung trotz der Differenz in Schmelzpunkt und Löslichkeit verwechselt werden können, lassen sich sicher durch den Polarisationsapparat unterscheiden, da nur das erste eine wahrnehmbare Drehung zeigt. Gulosazon ist von den beiden vorhergehenden durch die große Löslichkeit in Alkohol und den niedrigen Schmelzpunkt scharf unterschieden[2]).

Die Verwandlung in die zweibasische Säure ist für den Nachweis der Glucose, Gulose und namentlich der Galactose zu empfehlen, da die Zuckersäure und noch mehr die Schleimsäure leicht zu erkennen sind.

Von den einbasischen Säuren liefern Glucon-, Mannon- und Galactonsäure schwer lösliche Phenylhydrazide. Charakteristisch ist ferner für die erste das Calciumsalz, für die zweite das Lacton und für die dritte das Cadmiumsalz. Für die Trennung der Glucon- und Mannonsäure kann man endlich das Brucinsalz benutzen[3]).

Gulon-, Idon- und Talonsäure bilden mit Ausnahme des basischen Bleisalzes keine in Wasser schwer lösliche Verbindung. Die erste ist am besten in Form des prächtig kristallisierenden Lactons zu erkennen. Talonsäure kann indirekt durch Verwandlung in Galactonsäure[4]) oder in Talit[5]) nachgewiesen werden. Für Idonsäure gibt es bis jetzt keine gute Erkennungsmethode.

Dasselbe gilt für Idozuckersäure und Taloschleimsäure, welche zwar leicht als Blei- oder Kalksalz abgeschieden werden können, deren endgültiger Nachweis aber recht schwierig ist. Bei der zweiten ist als indirekte Probe die Verwandlung in Schleimsäure anwendbar.

Der Nachweis von Zucker- und Schleimsäure ist bekannt. Mannozuckersäure erkennt man durch die schönen Eigenschaften des Lactons und das Verhalten gegen Fehlingsche Lösung. Alloschleimsäure muß isoliert und durch den Schmelzpunkt, die optische Inaktivität usw. identifiziert werden.

---

[1]) Vgl. Löslichkeit Liebigs Annal. d. Chem. **272**, 173 [1892]. (*S. 195.*)
[2]) Berichte d. d. chem. Gesellsch. **24**, 533 [1891]. (*S. 394.*)
[3]) Berichte d. d. chem. Gesellsch. **23**, 801 [1890]. (*S. 357.*)
[4]) Berichte d. d. chem. Gesellsch. **24**, 3625 [1891]. (*S. 435.*)
[5]) Berichte d. d. chem. Gesellsch. **27**, 1527 [1894]. (*S. 558.*)

Die Hexite werden mit Ausnahme des Dulcits aus stark salzsaurer Lösung durch Bittermandelöl als Benzalverbindungen gefällt
und die Isolierung des Dulcits wird durch seine geringe Löslichkeit
in kaltem Wasser sehr erleichtert. Der endgültige Nachweis des Sorbits ist wegen des geringen Kristallisationsvermögens lästig; zur vorläufigen Orientierung wird man deshalb neben der Benzalprobe noch
die Verwandlung in Glucosazon benutzen[1]). Für *d*-Talit, welcher gar
nicht, und für *dl*-Talit, welcher sehr schwer kristallisiert, sind glücklicherweise die Benzalverbindungen recht charakteristisch; sie können
nur mit den Derivaten des Mannits verwechselt werden, von dessen
Abwesenheit man sich also bei der Probe zu überzeugen hat[2]).

Die Unterscheidung der Spiegelbildformen wird durch das geringe Drehungsvermögen der freien Hexite erschwert. Man kann sich
hier durch Zusatz von Borax helfen oder auch mit Brom und Soda
oxydieren und die Lösung des Zuckers (meist stark drehende Ketose)
optisch prüfen.

**Methylhexosen.** Neu ist hier nur die β-Rhamnohexonsäure[3]),
welche aus der α-Verbindung durch Umlagerung mit Pyridin dargestellt wurde. Ähnlich der Rhamnose werden beide Säuren durch
Oxydation unter Abspaltung des Methyls in Schleimsäure beziehungsweise *l*-Taloschleimsäure verwandelt. Dieser Übergang wurde zu
wichtigen stereochemischen Schlüssen benutzt[4]).

**Heptosen, Octosen, Nonosen.** Über die zahlreichen Verbindungen dieser Gruppen, welche alle nach demselben Schema aufgebaut wurden, ist im einzelnen wenig zu sagen. Das einzige optische
Paar darunter sind die beiden Mannoheptosen[5]). Die α-Glucoheptose
ist von allen am leichtesten zugänglich, besitzt sehr schöne Eigenschaften und wurde deshalb am genauesten untersucht[6]). Die Mannononose ist durch die Gärfähigkeit ausgezeichnet, welche der stereoisomeren Gluconose[7]) trotz der Abstammung vom Traubenzucker fehlt.

Einige der kohlenstoffreicheren Zucker, wie Glucooctose, Glucononose, Mannoheptose, α-Galaheptose, Mannooctose, Mannononose bilden schwer lösliche Phenylhydrazone und können dadurch leicht isoliert werden[8]).

---

[1]) Berichte d. d. chem. Gesellsch. **23**, 3686 [1890]. (*S. 380*.)
[2]) Berichte d. d. chem. Gesellsch. **27**, 1527 [1894]. (*S. 558*.)
[3]) Berichte d. d. chem. Gesellsch. **27**, 387 [1894]. (*S. 508*.)
[4]) Berichte d. d. chem. Gesellsch. **27**, 384 [1894]. (*S. 504*.)
[5]) Berichte d. d. chem. Gesellsch. **23**, 2228 [1890] (*S. 571*) und Liebigs
Annal. d. Chem. **272**, 186 [1892]. (*S. 644*.)
[6]) Liebigs Annal. d. Chem. **270**, 64 [1892]. (*S. 599*.)
[7]) Liebigs Annal. d. Chem. **270**, 105 [1892]. (*S. 625*.)
[8]) Die Galaheptosen, Galaoctose und die entsprechenden Säuren sind bis-

Die einbasischen Säuren unterscheiden sich nur durch die Leichtigkeit der Lactonbildung und durch die äußeren Eigenschaften ihrer Derivate. Die als α- und β-Verbindung bezeichneten Isomeren haben an dem mit Carboxyl verbundenen Kohlenstoffatom eine entgegengesetzte räumliche Anordnung.

Unter den fünf Heptanpentoldisäuren ist die α-Glucoverbindung optisch inaktiv, was aus stereochemischen Gründen Beachtung verdient[1]).

Aromatische Reihe. In die Tabelle ist allein die Phenyltetrose aufgenommen; denn ich habe geglaubt, streng an der Definition der Zucker als Aldehyd- und Ketonalkohole festhalten zu müssen. Dann sind aber Verbindungen wie Inosit, Quercit, Chinit, welche früher und auch noch in neuerer Zeit öfters als Zucker bezeichnet wurden, welche aber in Wirklichkeit mit den wahren Zuckern kaum mehr Ähnlichkeit haben als die mehrwertigen Phenole, unzweifelhaft ausgeschlossen.

Für die Gewinnung der Phenyltetrose[2]) diente als Ausgangsmaterial das Zimmtaldehydcyanhydrin. Sein Bromid $C_6H_5.CHBr.$ $CHBr.CHOH.CN$ verwandelt sich beim Kochen mit Salzsäure in das Lacton $C_6H_5.CH.CHBr.CHOH.COO$ und dieses liefert mit Barytwasser erhitzt die Phenyl-Tetronsäure $C_6H_5.CHOH.CHOH.CHOH.$ $COOH.$ Ihr Lacton läßt sich dann in bekannter Weise zum Zucker reduzieren, welcher zum Unterschied von den aliphatischen Verwandten in Äther löslich ist. Alle diese Produkte sind, wie nicht anders zu erwarten war, optisch inaktiv und ihre Spaltung in die Komponenten bleibt noch auszuführen.

Ketosen. Als wichtigste neue Tatsache ist hier die Verknüpfung der Sorbose[3]) und der d-Fructose[4]) mit dem d-Sorbit zu erwähnen. Im übrigen sind diese Verbindungen, deren Zahl sich seit 4 Jahren nicht vermehrt hat, so stiefmütterlich behandelt worden, daß für die Sorbose nicht einmal die Struktur sicher festgestellt ist.

Dasselbe gilt in noch höherem Maße von der Formose und β-Acrose, welche beide nur als Osazone bekannt sind.

Während die erste überhaupt nicht mehr Gegenstand des Versuchs war, wurde die Kenntnis der zweiten nur nach der negativen

---

her nur in den Inauguraldissertationen von C. Behringer und V. Hänisch beschrieben. Eine ausführliche Mitteilung darüber wird bald erscheinen (*siehe S. 626*).

[1]) Liebigs Annal. d. Chem. **270**, 91 [1892]. (*S. 613*.)
[2]) Berichte d. d. chem. Gesellsch. **25**, 2555 [1892]. (*S. 482*.)
[3]) Vincent u. Delachanal, Compt. rend. **111**, 51 [1889].
[4]) Berichte d. d. chem. Gesellsch. **23**, 3684 [1890]. (*S. 377*.)

Seite gefördert durch den Nachweis, daß ihr Osazon nicht, wie man nach der Ähnlichkeit vermuten konnte, die racemische Form des Gulosazons[1]) ist.

Die Zahl der Aldehydsäuren, welche den Schluß der Tafel bilden, ist ebenfalls recht klein. Vornan steht die physiologisch so interessante Glucuronsäure. Sie wurde synthetisch durch Reduktion der Zuckersäure[2]) dargestellt, nachdem zuvor Thierfelder[3]) ihre Verwandlung in letztere gezeigt hatte. Bei weiterer Reduktion geht sie nach Thierfelder in $d$-Gulonsäure über. Eine andere Aldehydsäure wurde bei der Reduktion der Schleimsäure beobachtet, aber nicht isoliert[4]).

Solche Produkte können natürlich auch bei der Oxydation der einbasischen Säuren entstehen. So gewann Kiliani aus der Galaheptonsäure[5]) die sogenannte Aldehydgalactonsäure. Ob die von Boutroux aus der Gluconsäure durch Bakteriengärung gewonnene Oxygluconsäure[6]) auch hierher gehört, bleibt zweifelhaft, solange sie nicht in zweibasische Säure verwandelt ist.

## Stereochemie der Zuckergruppe.

Das vorliegende tatsächliche Material ist trotz der erwähnten oder aus der Tafel unmittelbar ersichtlichen Lücken in stereochemischer Hinsicht vollständiger, als in irgend einer anderen Gruppe und scheint deshalb auch am meisten geeignet, die Schlußfolgerungen der Spekulation mit der Wirklichkeit zu vergleichen. Da keine einzige Beobachtung mit der Theorie des asymmetrischen Kohlenstoffatoms in Widerspruch steht, so kann ich mich damit begnügen, die Resultate zusammenzustellen, welche als Bestätigung derselben gelten dürfen.

1. Die Zahl der vorausgesehenen Isomeren beträgt bei n asymmetrischen Kohlenstoffatomen und bei asymmetrischer Struktur bekanntlich $2^n$. Das macht für die Aldopentosen 8 Formen. Dargestellt sind davon 4 und diese Zahl erhöht sich auf 6, wenn man zur Xylose und Ribose die optischen Antipoden, deren Existenz zweifellos ist, zufügt. Von den 16 theoretisch möglichen Aldohexosen sind 11 bekannt, worunter sich 5 optische Paare befinden, und wie die noch fehlenden Isomeren voraussichtlich gewonnen werden können, ist früher erörtert.

2. Die Anzahl der Formen verringert sich aber, wenn die Struk-

---

[1]) Berichte d. d. chem. Gesellsch. **25**, 1031 [1892]. (*S. 457.*)
[2]) Berichte d. d. chem. Gesellsch. **24**, 522 [1891]. (*S. 382.*)
[3]) Zeitschr. f. physiol. Chem. **11**, 401 [1887].
[4]) Berichte d. d. chem. Gesellsch. **25**, 1250 [1892]. (*S. 462.*)
[5]) Berichte d. d. chem. Gesellsch. **22**, 1385 [1889].
[6]) Compt. rend. **102**, 924 u. **104**, 369 [1887].

tur des Moleküls symmetrisch wird, wie es hier bei den Dicarbonsäuren und Alkoholen der Fall ist. Sie beträgt dann nach van't Hoff für eine gerade Anzahl von asymmetrischen Kohlenstoffatomen

$$2^{\frac{n}{2}-1} \left(2^{\frac{n}{2}}+1\right)$$

und für den Fall, daß n ungerade ist, wie ich gezeigt habe[1]) $2^{n-1}$. Die Rechnung gibt also 4 Trioxyglutarsäuren oder Pentite, von welchen 2 inaktiv sein und die beiden anderen ein optisches Paar bilden müssen. Bekannt sind drei Formen und die noch fehlenden Spiegelbilder der $l$-Trioxyglutarsäure oder des $l$-Arabits werden unzweifelhaft durch Oxydation resp. Reduktion der $d$-Arabinose entstehen.

Bei den Zuckersäuren sind sogar alle 10 nach der Rechnung möglichen Isomere dargestellt und darunter befinden sich, der Theorie entsprechend, 4 optische Paare und 2 inaktive Substanzen. Das einzige, was hier noch fehlt, ist der sichere Beweis, daß die Alloschleimsäure ebenso wie die Schleimsäure ihre Aktivität der intramolekularen Kompensation verdankt.

Daß auch bei einer noch größeren Anzahl von asymmetrischen Kohlenstoffatomen inaktive Systeme existieren, wie die Theorie es verlangt, beweist das Beispiel der $\alpha$-Glucoheptanpentoldisäure und des $\alpha$-Glucoheptits.

3. Da den 16 Aldohexosen nur 10 Dicarbonsäuren entsprechen, so müssen, wie van't Hoff zuerst entwickelt hat, 6 der letzteren aus je 2 verschiedenen Zuckern entstehen. Tatsächlich beobachtet sind 3 derartige Fälle, die Bildung der beiden Zuckersäuren aus je einer Glucose und einer Gulose[2]), ferner die Entstehung der Schleimsäure aus den beiden optisch isomeren Galactosen[3]). Dasselbe gilt für die beiden Alkohole, Sorbit und Dulcit.

4. Durch die eben erwähnte Verknüpfung der Schleimsäure mit den beiden Galactosen hat auch die von der Theorie gegebene Erklärung des inaktiven, nicht spaltbaren Typus die erste experimentelle Bestätigung erfahren.

Als einziger Repräsentant dieser Systeme galt bis dahin die inaktive Weinsäure, von welcher man aber nur wußte, daß sie nicht wie die Traubensäure gespalten werden kann. Wenn die Inaktivität solcher Substanzen wirklich durch die entgegengesetzte optische Wirkung zweier gleichen Molekülhälften bedingt ist, so muß der Typus

---

[1]) Berichte d. d. chem. Gesellsch. **24**, 1839 [1891] (*S. 420*) und Liebigs Annal. d. Chem. **270**, 67 [1892]. (*S. 595.*)

[2]) Berichte d. d. chem. Gesellsch. **23**, 2621 [1890] (*S. 372*); **24**, 534 und 527 [1891]. (*S. 394, 387.*)

[3]) Berichte d. d. chem. Gesellsch. **25**, 1260 [1892]. (*S. 472.*)

verschwinden, wenn die Symmetrie der Struktur aufgehoben wird und das neue Produkt muß, wenn die asymmetrischen Kohlenstoffatome unverändert bleiben, zwar optisch inaktiv, aber spaltbar sein. Daß diese Konsequenz der Theorie zutreffend ist, zeigt die Reduktion der Schleimsäure; denn sie gab die racemische Form der Galactonsäure, welche leicht in die aktiven Komponenten gespalten werden konnte[1]). Die Umkehrung dieses Prozesses ist die obenerwähnte Überführung der beiden aktiven Galactosen oder Galactonsäuren in die eine Schleimsäure.

Auf dieselbe Art erklärt sich die Verwandlung des inaktiven Adonits in das racemische Arabinosazon[2]), des Xylits in *dl*-Xylosazon[3]) und des Erythrits in *dl*-Tetrosazon[4]).

5. Entsteht durch Synthese oder sonstige Veränderung des Moleküls ein neues asymmetrisches Kohlenstoffatom, so läßt die Theorie wieder die Bildung von zwei Isomeren voraussehen. Das hat sich bestätigt erstens bei der Reduktion der Fructose[5]), wo gleichzeitig Mannit und Sorbit entstehen, und zweitens bei der Cyanhydrinreaktion, welche in 5 Fällen die beiden Isomeren lieferte, deren Verschiedenheit erwiesenermaßen sich auf das neu entstandene asymmetrische Kohlenstoffatom beschränkt.

Die nähere Untersuchung dieses Vorgangs hat beiläufig zu einer erweiterten Anschauung über den Verlauf der Synthese bei asymmetrischen Systemen geführt[6]).

Während bei der Entstehung des ersten asymmetrischen Kohlenstoffatoms die beiden Isomeren stets in gleicher Menge als inaktives Produkt resultieren, kann der weitere Aufbau quantitativ ganz anders verlaufen, wenn das Molekül vorher schon asymmetrisch ist. Überzeugende Beispiele dafür bieten die Glucooctonsäuren, wo die α-Verbindung bei weitem überwiegt, ferner die α-Rhamnohexonsäure[7]) und ganz besonders die Mannoheptonsäure[8]). Die Menge der letzteren betrug 87 pCt. der Theorie, und da ihre Einheitlichkeit durch besondere Versuche[9]) außer Zweifel gestellt ist, so scheint die isomere

---

[1]) Berichte d. d. chem. Gesellsch. **25**, 1247 [1892]. (*S. 468.*)
[2]) Berichte d. d. chem. Gesellsch. **26**, 637 [1893] (*S. 500*); **27**, 2491 [1894]. (*S. 191.*)
[3]) Berichte d. d. chem. Gesellsch. **27**, 2486 [1894]. (*S. 186.*)
[4]) Berichte d. d. chem. Gesellsch. **25**, 2554 [1892]. (*S. 480.*)
[5]) Berichte d. d. chem. Gesellsch. **23**, 3684 [1890]. (*S. 377.*)
[6]) Liebigs Annal. d. Chem. **270**, 68 [1892]. (*S. 597.*)
[7]) Berichte d. d. chem. Gesellsch. **21**, 2174 [1888]. (*S. 286.*)
[8]) Berichte d. d. chem. Gesellsch. **22**, 370 [1889]. (*S. 300.*)
[9]) Liebigs Annal. d. Chem. **272**, 190 [1892]. (*S. 647.*)

Verbindung, welche trotz eifrigen Suchens nicht gefunden wurde, überhaupt nicht zu entstehen.

Durch diese Beobachtungen ist meines Wissens zuerst der strenge experimentelle Beweis geliefert worden, daß bei asymmetrischen Systemen auch die weitere Synthese im asymmetrischen Sinne vor sich geht. Obschon der Satz mit der Theorie keineswegs im Widerspruch steht, so ist er doch auch keine notwendige Konsequenz derselben. Jedenfalls hat man früher den Schluß nicht gezogen und erst in neuester Zeit lenkte van't Hoff[1]) die Aufmerksamkeit darauf. Er findet den passendsten Beleg für jene Folgerung in der Bildung von 2 Borneolen aus Campher, welche sich durch ihre Menge und Stabilität unterscheiden[2]). Solange aber die Struktur des Camphers und der Borneole noch eine offene Frage ist, wird man den Erfahrungen in der Zuckergruppe, wo die Verhältnisse viel einfacher und klarer sind, die größere Beweiskraft zuschreiben müssen. Ich lege auf die sichere Begründung dieser Vorstellung deshalb besonderen Wert, weil ich sie später für die Erklärung der natürlichen Zuckerbildung benutzen will.

6. Daß mit dem Verschwinden des asymmetrischen Kohlenstoffs zwei optische Isomere in dasselbe inaktive Produkt übergehen, ist oft genug schon beobachtet worden. Viel seltener sind die Fälle, wo bei partieller Aufhebung der Asymmetrie das Verschwinden der Isomerie festgestellt wurde. Ein treffliches Beispiel dafür bietet in der Zuckergruppe die Bildung der Osazone aus den Aldosen. Da das in der Formel

$$CH_2OH \ldots CHOH.COH$$
$$*$$

durch * markierte Kohlenstoffatom beim Übergang in

$$CH_2OH \ldots C - CH$$
$$R.NH.\ddot{N} \quad \ddot{N}.NH.R$$

seine Asymmetrie einbüßt, so müssen je zwei Aldosen dasselbe Osazon geben. Tatsächlich festgestellt ist diese Identität der Phenylosazone in 7 Fällen, bei Arabinose und Ribose[3]), Glucose und Mannose[4]), Gulose und Idose[5]), Galactose und Talose[6]), $\alpha$- und $\beta$-Glucoheptose[7]), $\alpha$- und $\beta$-Galaheptose[5]), $\alpha$- und $\beta$-Rhamnohexose[8]).

---

[1]) Die Lagerung der Atome im Raume, 2. Aufl., 1894, S. 45.

[2]) Montgolfier und Haller, Compt. rend. **105**, 227 [1887]; **109**, 187 [1889]; **110**, 149 [1890]; **112**, 143 [1891].

[3]) Berichte d. d. chem. Gesellsch. **24**, 4221 [1891]. (*S. 447.*)

[4]) Berichte d. d. chem. Gesellsch. **22**, 374 [1889]. (*S. 303.*)

[5]) Berichte d. d. chem. Gesellsch. **28**, 1975 [1895]. (*S. 526.*)

[6]) Berichte d. d. chem. Gesellsch. **24**, 3625 [1891]. (*S. 435.*)

[7]) Liebigs Annal. d. Chem. **270**, 88 [1892]. (*S. 611.*)

[8]) Berichte d. d. chem. Gesellsch. **27**, 391 [1894]. (*S. 511.*)

## Konfiguration der Zucker.

Ermutigt durch die treffliche Übereinstimmung der Theorie mit der fortschreitenden Beobachtung, welche mich im Laufe der Arbeit nicht selten überraschte, konnte ich schon vor 3 Jahren den Versuch unternehmen, die Konfiguration der einzelnen Zucker abzuleiten und dadurch eine rationelle Systematik der Gruppe zu schaffen[1]). Da ich dabei an die allgemeinen Entwicklungen von van't Hoff anknüpfen mußte, so habe ich auch zunächst die von ihm gewählten Zeichen + und — zur Unterscheidung der Formen benutzt. Später zeigte sich aber, daß diese Zeichen in der ursprünglichen Anwendung zweideutig werden, sobald die Zahl der asymmetrischen Kohlenstoffatome wechselt, wie es beim Auf- und Abbau der Zucker der Fall ist. Ich bin deshalb zum Gebrauch des Modells zurückgekehrt und habe für die schriftliche Darstellung Projektionen desselben vorgeschlagen, welche als eine einfache Modifikation der Strukturformeln erscheinen[2]). Um dieselben zu erhalten, lege man das für solche Zwecke besonders empfehlenswerte Friedländersche Gummimodell derart auf die Ebene des Papiers, daß alle Kohlenstoffatome in einer geraden Linie sich befinden und daß die in Betracht kommenden Gruppen sämtlich über der Ebene des Papiers stehen. Durch Projektion erhält man dann für die erste Aldose, welche optische Isomeren bilden kann, den Glycerinaldehyd, folgende beiden Formen:

$$
\begin{array}{cc}
\text{COH} & \text{COH} \\
\text{H.}\overset{.}{\text{C}}\text{.OH} & \text{OH.}\overset{.}{\text{C}}\text{.H} \\
\text{CH}_2\text{OH} & \text{CH}_2\text{OH}
\end{array}
$$

Läßt man daraus, wie es sich namentlich für den Unterricht empfiehlt, durch die Cyanhydrinreaktion die 4 Tetrosen entstehen, so resultieren die Formeln:

$$
\begin{array}{cccc}
\text{COH} & \text{COH} & \text{COH} & \text{COH} \\
\text{H.}\overset{.}{\text{C}}\text{.OH} & \text{HO.}\overset{.}{\text{C}}\text{.H} & \text{H.}\overset{.}{\text{C}}\text{.OH} & \text{HO.}\overset{.}{\text{C}}\text{.H} \\
\text{H.}\overset{.}{\text{C}}\text{.OH} & \text{H.}\overset{.}{\text{C}}\text{.OH} & \text{HO.}\overset{.}{\text{C}}\text{.H} & \text{HO.}\overset{.}{\text{C}}\text{.H} \\
\text{CH}_2\text{OH} & \text{CH}_2\text{OH} & \text{CH}_2\text{OH} & \text{CH}_2\text{OH}
\end{array}
$$

Die beiden äußeren und die beiden inneren sind Spiegelbilder. Bei der Verwandlung in Weinsäure würden die beiden inneren Systeme Rechts- und Linksweinsäure, die beiden äußeren dagegen die gleiche inaktive Weinsäure geben. Daß die beiden Formeln

---

[1]) Berichte d. d. chem. Gesellsch. **24**, 1836 [1891]. (*S. 417.*)
[2]) Berichte d. d. chem. Gesellsch. **24**, 2683 [1891]. (*S. 427.*)

$$
\begin{array}{ccc}
\text{COOH} & & \text{COOH} \\
\text{H.}\overset{\cdot}{\text{C}}\text{.OH} & & \text{HO.}\overset{\cdot}{\text{C}}\text{.H} \\
\text{H.}\overset{\cdot}{\text{C}}\text{.OH} & \text{und} & \text{HO.}\overset{\cdot}{\text{C}}\text{.H} \\
\overset{\cdot}{\text{C}}\text{OOH} & & \overset{\cdot}{\text{C}}\text{OOH}
\end{array}
$$

wirklich identisch sind, erkennt man durch Drehung der Zeichnung in der Ebene des Papiers, welche bei allen diesen Projektionen in beliebiger Weise stattfinden darf. Teilt man die Formel in der Mitte durch einen Horizontalschnitt, so erkennt man ferner ebensogut wie am Modell, daß die beiden Hälften Spiegelbilder sind, daß mithin das System inaktiv sein muß. Diese Formeln haben sich rasch eingebürgert und sind von V. Meyer und P. Jacobson[1]) noch dadurch vereinfacht worden, daß die asymmetrischen Kohlenstoffatome nur durch Striche, ähnlich wie in der bekannten Sechseckformel des Benzols bezeichnet werden. Für den Einzelfall, wo man Struktur und Konfiguration zugleich darzustellen hat, scheint mir die Abkürzung nicht zweckmäßig, weil daraus Mißverständnisse entstehen können. Handelt es sich aber um die Erläuterung stereochemischer Beziehungen in einer größeren Gruppe, so fällt jene Möglichkeit fort, und die Raumersparnis ist dann so groß, daß ich selbst gerne davon Nutzen ziehe. In der Tafel III sind solche abgekürzten Formeln für alle diejenigen Verbindungen der Zuckergruppe, deren Konfiguration ermittelt ist, zusammengestellt. Um die Erläuterung der Betrachtungen, welche dahin geführt haben, zu erleichtern, schien es mir aber nötig, bei den Pentosen und Hexosen auch die noch unbekannten Formen anzuführen. Die Übersicht umfaßt hier also das ganze theoretische System und bietet dadurch den Vorteil, daß die Lücken in dem tatsächlichen Material nochmals scharf hervortreten.

Die Formeln sind fortlaufend numeriert; von einer besonderen Bezeichnung der Spiegelbilder, welche leicht zu erkennen sind, wie z. B. die Nummern 1 und 2 oder 5 und 7, wurde abgesehen. Für Zucker und einbasische Säure, welche die gleiche Konfiguration haben, wurde nur die Formel des ersten angeführt, desgleichen für Dicarbonsäure und Alkohol.

Die Beziehungen der zweibasischen Säuren zu den Zuckern geht ohne weiteres aus der Anordnung hervor. So entsteht Nr. 9 sowohl aus 1 wie aus 2; dagegen entspricht 21 nur dem Zucker 13.

Die Hexosen sind wieder in Mannit- und Dulcitgruppe abgeteilt; der Unterschied liegt in der Anordnung an den beiden mittleren Kohlenstoffatomen, wo die 2 Hydroxyle beim Dulcit und seinen Derivaten

---

[1]) Lehrbuch der organischen Chemie, S. 903.

## Tafel III.

### Pentosen, Pentonsäuren, Pentite und Trioxyglutarsäuren.

| 1 | 2 | 3 | 4 | 5 | 6 | 7 | 8 |
|---|---|---|---|---|---|---|---|
| COH<br>HO—H<br>HO—H<br>HO—H<br>CH₂OH<br>l-Ribose<br>l-Ribonsäure | COH<br>H—OH<br>H—OH<br>H—OH<br>CH₂OH | COH<br>H—OH<br>HO—H<br>H—OH<br>CH₂OH<br>l-Xylose<br>l-Xylonsäure | COH<br>HO—H<br>H—OH<br>HO—H<br>CH₂OH | COH<br>H—OH<br>HO—H<br>HO—H<br>CH₂OH<br>l-Arabinose<br>l-Arabonsäure | COH<br>H—OH<br>H—OH<br>HO—H<br>CH₂OH | COH<br>HO—H<br>H—OH<br>H—OH<br>CH₂OH<br>d-Arabinose | COH<br>HO—H<br>HO—H<br>H—OH<br>CH₂OH |

| 9 | 10 | 11 | 12 |
|---|---|---|---|
| COOH<br>H—OH<br>H—OH<br>H—OH<br>COOH<br>Ribo-Tri-<br>oxyglutar-<br>säure<br>Adonit<br>(inaktiv) | COOH<br>H—OH<br>HO—H<br>H—OH<br>COOH<br>Xylo-Tri-<br>oxyglutar-<br>säure<br>Xylit<br>(inaktiv) | COOH<br>H—OH<br>HO—H<br>HO—H<br>COOH<br>l-Trioxy-<br>glutarsäure<br>l-Arabit | COOH<br>HO—H<br>H—OH<br>H—OH<br>COOH |

Hexosen, Hexonsäuren, Hexite und Zuckersäuren.

a) Mannitgruppe.

| 13 | 14 | 15 | 16 | 17 | 18 | 19 | 20 |
|---|---|---|---|---|---|---|---|
| COH<br>H—OH<br>H—OH<br>HO—H<br>HO—H<br>CH₂OH<br>*l*-Mannose<br>*l*-Mannonsäure | COH<br>HO—H<br>HO—H<br>H—OH<br>H—OH<br>CH₂OH<br>*d*-Mannose<br>*d*-Mannonsäure | COH<br>HO—H<br>H—OH<br>HO—H<br>H—OH<br>CH₂OH<br>*l*-Idose<br>*l*-Idonsäure | COH<br>H—OH<br>HO—H<br>H—OH<br>HO—H<br>CH₂OH<br>*d*-Idose<br>*d*-Idonsäure | COH<br>HO—H<br>H—OH<br>HO—H<br>HO—H<br>CH₂OH<br>*l*-Glucose<br>*l*-Gluconsäure | COH<br>H—OH<br>H—OH<br>HO—H<br>H—OH<br>CH₂OH<br>*l*-Gulose<br>*l*-Gulonsäure | COH<br>H—OH<br>HO—H<br>H—OH<br>H—OH<br>CH₂OH<br>*d*-Glucose<br>*d*-Gluconsäure | COH<br>HO—H<br>HO—H<br>H—OH<br>H—OH<br>CH₂OH<br>*d*-Gulose<br>*d*-Gulonsäure |

| 21 | 22 | 23 | 24 | 25 | 26 |
|---|---|---|---|---|---|
| COOH<br>H—OH<br>H—OH<br>HO—H<br>HO—H<br>COOH<br>*l*-Manno-zuckersäure<br>*l*-Mannit | COOH<br>HO—H<br>HO—H<br>H—OH<br>H—OH<br>COOH<br>*d*-Manno-zuckersäure<br>*d*-Mannit | COOH<br>HO—H<br>H—OH<br>HO—H<br>H—OH<br>COOH<br>*l*-Idozucker-säure | COOH<br>H—OH<br>HO—H<br>H—OH<br>HO—H<br>COOH<br>*d*-Idozucker-säure | COOH<br>HO—H<br>H—OH<br>HO—H<br>H—OH<br>COOH<br>*l*-Zuckersäure<br>*l*-Sorbit | COOH<br>H—OH<br>HO—H<br>H—OH<br>H—OH<br>COOH<br>*d*-Zuckersäure<br>*d*-Sorbit |

b) Dulcitgruppe.

| 27 | 28 | 29 | 30 | 31 | 32 | 33 | 34 |
|---|---|---|---|---|---|---|---|
| COH<br>HO–H<br>H–OH<br>HO–H<br>CH₂OH<br>l-Galactose<br>l-Galacton-<br>säure | COH<br>H–OH<br>HO–H<br>HO–H<br>CH₂OH<br>d-Galactose<br>d-Galacton-<br>säure | COH<br>HO–H<br>HO–H<br>HO–H<br>CH₂OH | COH<br>H–OH<br>H–OH<br>H–OH<br>CH₂OH | COH<br>H–OH<br>H–OH<br>H–OH<br>HO–H<br>CH₂OH | COH<br>H–OH<br>HO–H<br>HO–H<br>HO–H<br>CH₂OH | COH<br>HO–H<br>H–OH<br>H–OH<br>H–OH<br>CH₂OH | COH<br>HO–H<br>HO–H<br>HO–H<br>H–OH<br>CH₂OH<br>d-Talose<br>d-Talon-<br>säure |

| 35 | 36 | 37 | 38 |
|---|---|---|---|
| COOH<br>H–OH<br>HO–H<br>HO–H<br>H–OH<br>COOH<br>Schleim-<br>säure<br>Dulcit<br>(inaktiv) | COOH<br>H–OH<br>H–OH<br>H–OH<br>H–OH<br>COOH<br>Alloschleim-<br>säure ?<br>(inaktiv) | COOH<br>H–OH<br>H–OH<br>HO–H<br>COOH<br>l-Talo-<br>schleim-<br>säure | COOH<br>HO–H<br>HO–H<br>HO–H<br>H–OH<br>COOH<br>d-Talo-<br>schleim-<br>säure<br>d-Talit |

Verschiedene Verbindungen.

| 39 | 40 | 41 | 42 | 43 | 44 | 45 | 46 |
|---|---|---|---|---|---|---|---|
| COH | COH | COH | COH | COH | COOH | COOH | COOH |
| H—OH | HO—H | H—OH | H—OH | HO—H | H—OH | HO—H | HO—H |
| H—OH | H—OH | H—OH | H—OH | HO—H | H—OH | H—OH | HO—H |
| HO—H | HO—H | HO—H | HO—H | H—OH | HO—H | HO—H | HO—H |
| CH·OH? | CH·OH? | CHOH? | H—OH | H—OH | H—OH | H—OH | HO—H |
| CH₃ | CH₃ | CH₃ | CH₂OH | CH₂OH | COOH | COOH | COH |
| Rhamnose | α-Rhamno-hexose | β-Rhamno-hexose | α-Gluco-heptose | β-Gluco-heptose | α-Gluco-heptan-pentoldi-säure (inaktiv) | β-Gluco-heptan-pentoldi-säure | Glucuron-säure |
| Rhamnonsäure | α-Rhamno-hexonsäure | β-Rhamno-hexonsäure | α-Gluco-heptonsäure | β-Gluco-heptonsäure | | | |

| 47 | 48 | 49 |
|---|---|---|
| CH₂OH | CH₂OH | CH₂·NH₂ |
| CO | CO | CO |
| H—OH | HO—H | HO—H |
| HO—H | H—OH | H—OH |
| HO—H | H—OH | H—OH |
| CH₂·OH | CH₂·OH | CH₂OH |
| l-Fructose | d-Fructose | Isoglucos-amin |

stets auf der gleichen Seite und bei den Gliedern der Mannitgruppe auf entgegengesetzten Seiten stehen. Übergänge sind hier noch nicht beobachtet, da alle bisher studierten Umlagerungen sich an den äußeren Kohlenstoffatomen vollziehen.

In der Mannitreihe sind alle Formen der Zucker, Säuren und Alkohole mit Ausnahme der beiden Idite bekannt. Hier stehen auch die 4 ganz gleichartig gebauten Dicarbonsäuren 21—24, welche nur einem Zucker entsprechen.

Die letzte Abteilung 39—49 enthält Verbindungen von verschiedener Zusammensetzung. In der Formel der Rhamnose (39) und den beiden Rhamnohexonsäuren ist das mit dem Methyl verbundene Carbinol durch ein ? markiert, weil hier die Stellung des Hydroxyls nicht bekannt ist. Ähnliche Partial-Konfigurationsformeln mit einem oder mehreren Fragezeichen könnte man für die zahlreichen, nicht angeführten Heptosen, Octosen und Nonosen geben.

Die Ableitung der Formeln für die Glieder der Pentosen- und der Mannitgruppe, zwischen welchen mehrere Übergänge bestehen, geschah auf folgende Art. Die Zuckersäure entsteht aus zwei verschiedenen Zuckern, Glucose und Gulose, und gehört mithin zu den Nummern 25, 26, 35, 36, 37, 38. Davon fallen aber 35 und 36 als inaktive Systeme fort, und die Nummern 37, 38 können durch die Betrachtung der Mannozuckersäure ausgeschlossen werden. Dieselbe steht zur Zuckersäure im gleichen Verhältnis wie Mannose zur Glucose, und diese beiden Zucker unterscheiden sich, wie aus der Identität der Osazone und aus den Beziehungen zur Fructose oder zur Arabinose zweifellos hervorgeht, nur durch die Anordnung an dem Kohlenstoff, welcher der Aldehydgruppe benachbart ist. Wäre nun Zuckersäure System 37 oder 38, so müßte Mannozuckersäure 35 oder 36 sein. Das ist aber wegen der optischen Aktivität wieder unmöglich. Somit bleiben für die *l*- und *d*-Zuckersäure nur die Formeln 25 und 26 übrig. Da eine Entscheidung über Rechts und Links bei dem heutigen Stand unserer Kenntnisse nicht getroffen werden kann, da ferner die Formeln selbst es zweifelhaft lassen, ob die Reihenfolge von H und OH am einzelnen Kohlenstoffatom im Sinne des Uhrzeigers oder umgekehrt ist, so habe ich willkürlich für *d*-Zuckersäure die Formel 26 gewählt, weil es zweifellos bequemer ist, nur mit einer Formel zu operieren. Nachdem das geschehen, hört aber jede weitere Willkür auf; vielmehr sind nun die Formeln für alle optisch aktiven Verbindungen, welche jemals mit der Zuckersäure experimentell verknüpft werden, festgelegt. Der Zuckersäure entsprechen die beiden Aldosen, Glucose und Gulose. Um zu entscheiden, welche von ihnen in der *d*-Reihe die Formel 19 oder 20 hat, ist es nötig, auf die Pentosen zurückzugehen. Die erste entsteht durch die Cyanhydrinreaktion aus der Arabinose, die zweite aus der Xylose. Daß diese Versuche nur in der *l*-Reihe ausgeführt wurden, ist für die Beweisführung gleichgültig. Nimmt man nun aus den Formeln 19 und 20 das asymmetrische Kohlenstoffatom heraus, welches durch die Anlagerung der Blausäure entsteht, so resultieren die Formen

<pre>
       COH                COH
  HO--|-H           HO--|-H
   H--|-OH     und   H--|-OH
   H--|-OH           HO--|-H
     CH₂OH             CH₂OH
</pre>

Da nur die zweite eine inaktive Dicarbonsäure geben kann, wie es für die Xylose zutrifft, so gehört sie dem optischen Antipoden der natürlichen Xylose und die erste der *d*-Arabinose. Daraus folgt nun für *d*-Glucose die Formel 19, für *d*-Gulose Nr. 20. Weiter ergeben sich die Formeln der Mannose, aus den Beziehungen zur Glucose, der Idose aus dem Verhältnis zur Gulose, der Ribose aus den Beziehungen zur Arabinose und der zweiten inaktiven Trioxyglutarsäure.

Bei dem heutigen experimentellen Material läßt sich der Beweis für obige Formeln auch noch auf anderer Grundlage führen. Ausgangspunkt der Betrachtung ist dann die Xylose. Dieselbe liefert einerseits inaktive Trioxyglutarsäure und fällt mithin unter die Nummern 1—4; andererseits gibt sie gleichzeitig Gulose und Idose, welche beide aktiven Dicarbonsäuren entsprechen. Letzteres wäre nicht möglich, wenn die Xylose die Formel

<pre>
       COH
    H--|-OH
    H--|-OH
    H--|-OH
      CH₂OH
</pre>

oder deren Spiegelbild hätte, denn dann müßte entweder Zuckersäure oder Idozuckersäure die Konfiguration

<pre>
       COOH
    H--|-OH
    H--|-OH
    H--|-OH
    H--|-OH
      COOH
</pre>

haben und mithin optisch inaktiv sein.

Für Xylose bleiben mithin nur die Formeln 3 und 4 und für die Xylo-Trioxyglutarsäure ist Nr. 10 fixiert. Daraus folgt ohne weiteres

für die ebenfalls inaktive Ribo-Trioxyglutarsäure Formel 9 und ferner
für Ribose 1 und 2. Endlich ergibt sich für Arabinose aus den Beziehungen zur Ribose Formel 5 und 7.

Jetzt sind noch die Formeln der *d*- und *l*-Verbindungen zu bestimmen. Dazu ist wiederum eine willkürliche Wahl erforderlich.
Um in Übereinstimmung mit dem Vorhergehenden zu bleiben, gebe
ich der natürlichen Xylose Formel 3. Um nun für die natürliche
*l*-Arabinose zwischen 5 und 7 zu unterscheiden, ist es nötig, sie mit der
Xylose zu verknüpfen, und das muß wieder durch die Zuckersäure
geschehen. Daß beide Pentosen durch die Cyanhydrinreaktion und
nachfolgende Oxydation in dieselbe *l*-Zuckersäure übergehen, ist nur
möglich, wenn *l*-Arabinose die Konfiguration 5 hat. Sobald aber die
Formeln der Xylose, Arabinose und Zuckersäure festgestellt sind,
kann alles übrige wie oben deduziert werden.

Man sieht, daß beide wesentlich verschiedene Wege zu dem gleichen
Resultat führen, wodurch dessen Zuverlässigkeit selbstverständlich
erhöht wird. Noch einfacher würde sich die Lösung der Frage gestalten,
wenn es gelingt, die Pentosen mit den Weinsäuren zu verknüpfen.

Im wesentlichen unabhängig von den vorhergehenden Betrachtungen ist die Konfigurationsbestimmung in der Dulcitgruppe[1]). Im
Mittelpunkte derselben steht die Schleimsäure, welche mit allen übrigen
Gliedern experimentell in Zusammenhang gebracht und außerdem
mit voller Schärfe als inaktives System erkannt ist. Für sie bleibt
mithin nur die Wahl zwischen den Formeln 35 und 36, welche durch
ihre Beziehungen zur Rhamnose entschieden wird. Diese Methylpentose liefert bei energischer Oxydation aktive Trioxyglutarsäure.
Eine ähnliche Verwandlung erfahren ihre beiden Carbonsäuren. Da
die α-Rhamnohexonsäure Schleimsäure gibt, so ist für letztere Formel
36 ausgeschlossen, denn sie kann nicht mit derjenigen einer aktiven
Trioxyglutarsäure in Einklang gebracht werden. Somit bleibt für
Schleimsäure nur 35 und weiterhin für die beiden Galactosen 27 und 28
übrig. Sollen nun noch die Formeln der *d*- und *l*-Verbindung festgestellt
werden, so muß man, da Übergänge zwischen Mannit- und Dulcitgruppe leider noch fehlen, die β-Rhamnohexonsäure zu Hilfe nehmen.
Dieselbe gibt bei der Oxydation *l*-Taloschleimsäure. Da letztere zur
Schleimsäure im selben geometrischen Verhältnis steht, wie die
β-Rhamnohexonsäure zur α-Verbindung, so ergibt sich der wichtige
Schluß, daß bei der Oxydation der Rhamnose und ihrer Carbonsäuren
das Methyl abgespalten wird. Nach Erledigung dieser Frage ist es
klar, daß die Rhamnose nur dann *l*-Trioxyglutarsäure geben kann,

---

[1]) Berichte d. d. chem. Gesellsch. **27**, 382 [1894]. (*S. 503.*)

wenn sie die Konfiguration 39 hat. Daraus ergeben sich weiter die Formeln der Rhamnohexonsäuren, der Taloschleimsäuren, sowie der drei Zucker, welche in der Dulcitgruppe stehen.

Die Ableitung der Schleimsäureformel kann auch noch auf anderem Wege, allerdings wiederum durch Ausschluß der Nummer 36 geschehen. Die aus der Galactose entstehenden $\alpha$- und $\beta$-Galaheptonsäuren liefern bei der Oxydation zwei isomere Heptanpentoldisäuren, welche beide optisch aktiv sind. Das wäre nicht möglich, wenn Galactose Formel 29 oder 30 hätte, weil dann eine der beiden Dicarbonsäuren, und

$$\text{zwar die mit der Konfiguration} \quad \underset{\text{OH OH OH OH OH}}{\overset{\text{H H H H}}{COOH . C . C . C . C . C . COOH}}$$

inaktiv sein müßte.

Endlich ist Formel 35 allein geeignet, die Verwandlung der Schleimsäure in Traubensäure einfach zu deuten[1]).

Die Alloschleimsäure ist der Vorsicht halber mit einem Fragezeichen angeführt, weil ihre intramolekulare Inaktivität noch nicht mit voller Sicherheit bewiesen wurde.

Die Formeln 42—45, welche den Glucoheptosen und zugehörigen Dicarbonsäuren zugeteilt sind, wurden einerseits aus der Konfiguration des Traubenzuckers und andererseits aus der Inaktivität der $\alpha$-Glucoheptanpentoldisäure abgeleitet[2]). Die Konfiguration der Glucuronsäure (46) folgt aus der Verwandlung in die Gulonsäure und diejenigen der Fructose und des Isoglucosamins aus den bekannten Beziehungen zu dem Mannit und der Glucose. Von den natürlichen Zuckern fehlt in der Tabelle nur die Sorbose. Da sie ein Keton des Sorbits ist, aber ein Osazon gibt, welches sowohl vom Glucosazon wie vom Gulosazon verschieden ist, so hat sie vielleicht die Struktur $CH_2OH.CHOH.CO.CHOH.CHOH.CH_2OH$. Dieselbe würde allerdings mit der Verwandlung in Trioxyglutarsäure schwer zu vereinigen sein; aber man darf nicht vergessen, daß die von Kiliani und Scheibler[3]) erhaltene Menge der Säure sehr klein war und daß darum diese Reaktion keine entscheidende Bedeutung haben kann. Ähnliche Zweifel bestehen über die Struktur der Isozuckersäure und Chitonsäure, für welche in dem theoretischen System der Zuckergruppe kein Platz mehr ist und welche auch durch abweichendes chemisches Verhalten ihre Sonderstellung verraten[4]).

---

[1]) Berichte d. d. chem. Gesellsch. **27**, 394 [1894]. (*S. 515.*)

[2]) Liebigs Annal. d. Chem. **270**, 65 [1892]. (*S. 594.*)

[3]) Berichte d. d. chem. Gesellsch. **21**, 3278 [1888].

[4]) E. Fischer und F. Tiemann, Berichte d. d. chem. Gesellsch. **27**, 138 [1894]. (*S. 207.*) — *Vgl. Seite 217.*

In der Reihe der Tetrosen, welche in die letzte Tabelle absichtlich nicht aufgenommen wurden, sind stereoisomere Formen nur bei
den Alkoholen und Dicarbonsäuren bekannt.

Der natürliche Erythrit, welcher durch Oxydation in inaktive

Weinsäure übergeht, hat die Formel $\overset{\cdot H}{\underset{OH}{CH_2OH . C}} . \overset{\cdot H}{\underset{OH}{C}} . CH_2OH$ und

der zweite von Griner synthetisch gewonnene Tetrit ist wohl die
racemische Verbindung der zwei einzigen aktiven Systeme.

Die Formeln der drei Weinsäuren sind

| COOH | COOH | COOH |
|---|---|---|
| HO—\|—H | H—\|—OH | H—\|—OH |
| H—\|—OH | HO—\|—H | H—\|—OH |
| COOH | COOH | COOH |

wovon die letzte der inaktiven Verbindung angehört. Aber welche von
den beiden anderen repräsentiert die Rechtsweinsäure? Diese Frage
wäre früher überflüssig gewesen; sie ist es aber nicht mehr, seit bei den
Zuckern bestimmte Formeln für $d$- und $l$-Verbindung gewählt und
dadurch auch die vorliegenden Formeln eindeutig geworden sind.
Leider ist der einzige bekannte Übergang von den Zuckern zu den
aktiven Weinsäuren, die Verwandlung der $d$-Zuckersäure in Rechts-
weinsäure nicht entscheidend, da das Molekül

$$COOH . \overset{\cdot H}{\underset{OH}{C}} . \overset{\cdot H}{\underset{OH}{C}} . \overset{\cdot OH}{\underset{H}{C}} . \overset{\cdot H}{\underset{OH}{C}} . COOH$$

je nach der Stelle, an welcher die Sprengung der Kohlenstoffkette
erfolgt, alle drei Weinsäuren geben kann[1]).

Eindeutig würde aber das Resultat sein, wenn man die Xylose
nach dem Verfahren von Wohl abbaut und die dabei entstehende
Tetrose in Dicarbonsäure überführt. Das scheint mir vorläufig der
aussichtsvollste Weg zu sein, die Konfiguration der beiden Weinsäuren
und aller damit verwandten Substanzen, wie Äpfelsäure, Asparaginsäure usw. festzustellen.

Die gleiche Aufgabe läßt sich natürlich verallgemeinern und schließlich auf alle aliphatischen Verbindungen mit asymmetrischen Kohlenstoffatomen übertragen. Der experimentellen Forschung ist damit
ein neues, weites Feld eröffnet, und da die Bearbeitung desselben in letzter
Linie immer an die Zucker anknüpfen muß, so wird sie uns neben

---

[1]) Berichte d. d. chem. Gesellsch. **27**, 394 [1894]. (*S. 515*.)

einem allgemeinen stereochemischen System der Fettgruppe zweifellos auch manche neue Erfahrungen über die Umformungen der Kohlenhydrate verschaffen, welche besonders der Pflanzen- und Tierchemie von Nutzen sein können.

## Nomenklatur.

In dem Maße, wie die stereochemische Forschung ihren Kreis erweitert, wird auch das Bedürfnis wachsen, für ihre Resultate einen möglichst kurzen Ausdruck zu haben.

Die Konfigurationsformeln lassen an Klarheit nichts zu wünschen übrig, aber sie sind nicht registrierbar und außerdem zu platzraubend. Die Wahl von empirischen Namen hat aber eine natürliche Grenze und schon glaube ich in der Zuckergruppe notgedrungen das Maß des Erlaubten überschritten zu haben. Wörter wie Idose, Gulose, Talose, Ribose werden vielleicht, wenn die Produkte in der Natur gefunden werden oder ein anderes spezielles Interesse gewinnen, dauernd in Gebrauch bleiben, aber als bloße Namen von chemischen Individuen haben sie meiner Ansicht nach nur eine ephemere Berechtigung. Das gilt noch mehr von Ausdrücken wie Ribo-Trioxyglutarsäure oder $\alpha$-Rhamnohexonsäure usw., welche nicht einmal den Vorzug der Kürze besitzen. An ihre Stelle werden voraussichtlich rationelle Namen treten und um ihre Bildung zu ermöglichen, schlage ich vor, die Konfiguration wieder durch die Zeichen + und — anzugeben. Dieselben sollen aber nicht, wie früher bei van't Hoff, den Einfluß des einzelnen asymmetrischen Kohlenstoffatoms auf die optischen Eigenschaften des Moleküls, sondern nur die Lage eines Substituenten auf der rechten oder linken Seite der obigen Konfigurationsformeln ausdrücken. Um Zweideutigkeit zu vermeiden, ist es zuerst nötig, die Stellung der Formel und die Reihenfolge der asymmetrischen Kohlenstoffatome zu vereinbaren. In teilweiser Anlehnung an die Beschlüsse des Genfer Kongresses befürworte ich für die Zuckergruppe, wo es sich bisher nur um Verbindungen mit normaler Kohlenstoffkette handelt, folgenden Modus. Die Formel wird stets so betrachtet, daß bei den Zuckern die Aldehyd- resp. Ketongruppe und bei den einbasischen Säuren das Carboxyl oben steht, wie es in der Tafel III schon geschehen. Ferner: die Zählung beginnt von oben und das Zeichen + oder — bedeutet die Lage des Hydroxyls.

Je nachdem man dann die von mir vorgeschlagene spezielle oder die in Genf beschlossene allgemeine Nomenklatur anwendet, erhält man folgende Namen:

Traubenzucker = Hexose + — + + oder Hexan-

pentolal + — + +

*l*-Glucose = Hexose — + — — oder Hexanpentolal — + — —

Xylose = Pentose + — + oder Pentantetrolal + — +

Rhamnose = Methylpentose + + — ? oder Hexan-

2, 3, 4, 5-tetrolal + + — ?

*d*-Gluconsäure-= Hexonsäure + — + + oder Hexan-

pentolsäure + — + +

Daß die erwähnten Zucker Aldosen sind, braucht nicht besonders gesagt zu werden, da es von selbst aus der Zahl der sterischen Zeichen folgt; denn 4 asymmetrische Kohlenstoffatome sind nur in den Aldohexosen vorhanden.

Anders steht es bei den Ketosen, wo die Stellung der Ketongruppe bezeichnet werden muß, z. B.

*d*-Fructose = α-Ketohexose — + + oder Hexanpentol-

2-on — + +

Bei symmetrischer Struktur, also in der Zuckergruppe bei den Disäuren und den Alkoholen, gibt es keine bevorzugte Stellung; infolgedessen erhält man hier unter der Voraussetzung, daß die Zählung immer von oben nach unten geht, eine doppelte sterische Bezeichnung, z. B.

*d*-Zuckersäure = Hexantetroldisäure + — + + oder — — + —

*l*-Zuckersäure = Hexantetroldisäure — + — — oder + + — +

Inaktive Weinsäure = Butandioldisäure + + oder — —

Dulcit = Hexanhexol + — — + oder — + + —

Selbstverständlich genügt das eine der beiden Zeichen, weil dadurch die Konfiguration eindeutig angegeben ist.

Dasselbe Prinzip läßt sich nun auf alle übrigen Verbindungen der Fettreihe (m. m. auch auf zyklische Systeme) mit asymmetrischen Kohlenstoffatomen anwenden, sobald man sich über die Betrachtung der Konfigurationsformel geeinigt hat. Meiner Ansicht nach ist es am einfachsten, den Beschlüssen des Genfer Kongresses folgend die Formel immer so zu stellen, daß die gewöhnliche Numerierung der Substituenten oben beginnt, und dann bei komplizierten Systemen das sterische Zeichen gleich hinter der Nummer anzugeben, z. B.

$CH_2OH$

$CH_3.\overset{.}{C}.OH$

$H.\overset{.}{C}.NH_2$ = 2 — Methylpentan 3 + amino 1,2 + diol 5 al.

$\overset{.}{C}H_2$

$\overset{.}{C}OH$

## Einfluß der Konfiguration auf die physikalischen und chemischen Eigenschaften.

Daß der räumliche Bau des Moleküls nicht allein das optische Drehungsvermögen[1]) sondern auch die übrigen physikalischen Eigenschaften, wie Löslichkeit, Schmelzpunkt, Beständigkeit in der Wärme, stark verändern kann, dafür bietet die Zuckergruppe viele Beispiele. Während die Spiegelbildformen, wie man nach früheren Erfahrungen erwarten mußte, auch hier sich völlig gleich verhalten, bilden andere Isomere, wie Schleimsäure und Zuckersäure oder Dulcit und Talit, auffallende Gegensätze.

Eine Gesetzmäßigkeit läßt sich vorläufig nicht erkennen. Nur soviel ist zu bemerken, daß die optisch inaktiven Systeme vielfach geringere Löslichkeit und höheren Schmelzpunkt, als die Isomeren zeigen. Das gilt für Schleimsäure, Alloschleimsäure, Xylo- und Ribotrioxyglutarsäure, α-Glucoheptanpentoldisäure, Dulcit und Adonit. Anders verhalten sich aber wieder Xylit und α-Glucoheptit, sowie bekanntlich die inaktive Weinsäure.

Unter den chemischen Eigenschaften, welche durch die Konfiguration beeinflußt werden, steht in erster Linie die Fähigkeit, racemische Verbindungen zu bilden. Dieselbe gehört allein den Spiegelbildformen, fehlt aber zuweilen auch bei diesen. Eine solche längst bekannte Ausnahme bilden die beiden Natriumammoniumtartrate, bei welchen nach den interessanten Beobachtungen von Wyrouboff[2]) und van't Hoff und van Deventer[3]) das racemische System nur oberhalb einer scharf abgegrenzten Temperatur existiert.

Das zweite Beispiel für getrennte Kristallisation der aktiven Antipoden gab das Asparagin[4]) und dazu kam dann in der Zuckergruppe das Gulonsäurelacton[5]). Letztere Beobachtung hat mich veranlaßt, den Unterschied zwischen racemischen Verbindungen und optisch inaktiven mechanischen Gemischen scharf zu betonen und die Frage nach den Kriterien der Racemie aufzuwerfen. Im Gaszustande und in verdünnten Lösungen scheint dieselbe nicht vorzukommen. Wie es bei den Flüssigkeiten damit steht, ist bisher kaum geprüft

---

[1]) Vgl. van't Hoff, Die Lagerung der Atome im Raume, 2. Auflage, S. 119.

[2]) Compt. rend. **102**, 627 [1886].

[3]) Zeitschr. f. physik. Chem. **1**, 173 [1887].

[4]) Piutti, Compt. rend. **103**, 134 [1886]; Körner und Menozzi, Berichte d. d. chem. Gesellsch. **21**, Ref. 87 [1888].

[5]) Berichte d. d. chem. Gesellsch. **25**, 1025 [1892]. (*S. 452.*) Später hat Purdie (Trans. Chem. Soc. **1893**, 1143) noch die getrennte Kristallisation der beiden Zinkammoniumlactate beobachtet.

worden. Vielleicht findet man hier das entscheidende Merkmal in
Veränderungen des spez. Gewichts, der Lichtbrechung, der magne-
tischen Rotation oder in einer eventuellen Wärmeentwicklung, welche
beim Vermischen der beiden optischen Antipoden eintritt[1]).

Bei festen Substanzen hat man bekanntlich in der kristallo-
graphischen Untersuchung das sicherste Mittel, mit Hilfe der hemiëdrischen Flächen die Racemie festzustellen oder auszuschließen. Aber
dieselbe erfordert gut ausgebildete Kristalle und ist deshalb nur in
den seltensten Fällen auszuführen. Ich habe darum als weiteres Kri-
terium den Schmelzpunkt empfohlen. Da einfache Gemische durchgehends niedriger schmelzen, als die reinen Bestandteile, so ist eine
Erhöhung des Schmelzpunktes bei inaktiven Substanzen das Zeichen
der Racemie. Auf diese Weise sind als wahre racemische Verbindungen folgende Glieder der Zuckergruppe charakterisiert: dl-Mannon-
säurelacton, dl-Galactonsäurelacton, dl-Mannit, dl-Talit, dl-Mannoheptit,
dl-Mannonsäurephenylhydrazid, ferner die Phenylosazone der dl-Glucose,
dl-Galactose, dl-Gulose und dl-Arabinose.

In einigen Fällen (dl-Galactonsäurephenylhydrazid, dl-Gulonsäure-
phenylhydrazid) wurde dagegen keine Veränderung und in vielen anderen
eine Erniedrigung des Schmelzpunktes beobachtet. Das letztere gilt
für dl-Gulonsäurelacton, dl-Mannoheptonsäurelacton, dl-Glucosediphenyl-
hydrazon, dl-Mannoheptosephenylhydrazin, dl-Tribenzalmannit.

Hier bleibt zunächst die Frage, ob Racemie besteht, unentschieden,
wenn auch der Verdacht nahe liegt, daß sie fehlt, wie es beim Gulonsäurelacton tatsächlich nachgewiesen ist.

---

[1]) Meine frühere Bemerkung (Berichte d. d. chem. Gesellsch. **27**, 1525,
Anm. [1894] (*S. 556*), daß das flüssige, inaktive Coniin in keiner Weise als racemische Verbindung gekennzeichnet sei, ist vor kurzem von Herrn Ladenburg
(Berichte d. d. chem. Gesellsch. **27**, 3065 [1894]) bestritten worden. Aus der
Beobachtung, daß ein Gemisch von d- und l-Coniin mit einem Überschuß des
letzteren durch partielle Fällung mit Kaliumcadmiumjodid in schwächer und
stärker drehende Anteile getrennt werden kann, folgert er, daß das inaktive
Coniin kein bloßes Gemisch der beiden aktiven Formen sein könne und er sieht
in der Veränderung des Drehungsvermögens durch solche partielle Fällung sogar
eine allgemeine Methode, um Racemie zu erkennen. Aber dieser Schluß ist
offenbar unrichtig. Die Wahrnehmung des Herrn Ladenburg spricht nur für
die Racemie des festen Coniincadmiumjodids, aber sie beweist nicht das geringste
für die inaktive Base selbst oder deren andere Salze. Mir ist im Gegenteil die
Racemie der flüssigen Base sehr unwahrscheinlich, da sie genau dasselbe spezifische Gewicht wie die aktive d-Verbindung hat (Ladenburg, Liebigs Annal.
d. Chem. **247**, 81 [1888]). So lange man also mit dem Worte racemisch nur
die wahren Analogen der Traubensäure, aber nicht bloße inaktive Gemische von
zwei optischen Antipoden bezeichnet, verdient das inaktive Coniin meiner Meinung nach nicht als racemische Verbindung aufgeführt zu werden.

Zuweilen läßt sich die Racemie auch schon durch die chemische Analyse erkennen; denn wenn die inaktive Substanz eine andere Zusammensetzung wie die optischen Komponenten hat, so ist sie sicher kein bloßes Gemisch derselben. Das trifft öfters zu bei Salzen, wo die Menge des Kristallwassers wechselt. Längst bekannt ist der Unterschied zwischen den wein- und traubensauren Salzen. Dasselbe habe ich beobachtet bei dem Kalksalz der *dl*-Mannonsäure[1]), welches im Gegensatz zu den aktiven Komponenten wasserfrei kristallisiert, ferner bei dem Calcium- und Baryumsalz der *dl*-Galactonsäure[2]).

Auch aus der veränderten Löslichkeit kann man manchmal auf Racemie schließen. Wenn z. B. das *dl*-galactonsaure Calcium 20 mal soviel heißes Wasser zur Lösung verlangte, als die aktiven Salze[2]), so ist damit auch seine racemische Natur bewiesen. Dagegen würde der Schluß unsicher sein, wenn der Unterschied in der Löslichkeit nur klein wäre.

Jedenfalls bleiben trotz der verschiedenen Merkmale eine Reihe von Fällen übrig, wo die Racemie durchaus zweifelhaft ist.

Ich habe mir nun auch die Frage vorgelegt, ob bei Molekülen mit mehreren asymmetrischen Kohlenstoffatomen partielle Racemie eintreten kann, ob Substanzen wie *d*-Mannonsäure und *d*-Gluconsäure, welche in bezug auf 1 Atom oder wie *l*-Mannonsäure und *d*-Gluconsäure, welche bei 3 Atomen sich wie Spiegelbilder zueinander verhalten, eine Verbindung bilden können, welche selbstverständlich noch optisch aktiv sein müßte. Bisher ist mir die Isolierung einer solchen Kombination nirgendwo gelungen. Aus einem Gemisch von gleichen Teilen *l*-Mannonsäure und *d*-Gluconsäure, welches zum Sirup verdampft war, schied sich z. B. reines *l*-Mannonsäurelacton ab und aus dem Gemisch der Kalksalze kristallisierte zuerst der *d*-gluconsaure Kalk und später getrennt davon das *l*-mannonsaure Salz.

Obschon negative Resultate nur eine beschränkte Beweiskraft haben, so kann man doch bei den jetzt vorliegenden Beobachtungen sagen, daß gewiß keine große Neigung zur Entstehung halbracemischer Verbindungen vorhanden ist.

Ein zweiter chemischer Vorgang, welcher durch die Konfiguration beeinflußt wird, ist die Lactonbildung. Dieselbe findet allerdings bei allen bis jetzt bekannten Oxysäuren der Zuckergruppe mit 5 und mehr Kohlenstoffatomen statt und das gleiche darf man auch noch von den verschiedenen Tetronsäuren nach dem Beispiel der Phenyltetronsäure[3]) erwarten. Aber mit der Konfiguration ändert sich die Leichtigkeit,

---

[1]) Berichte d. d. chem. Gesellsch. **23**, 377 [1890]. (*S. 337.*)
[2]) Berichte d. d. chem. Gesellsch. **25**, 1253 [1892]. (*S. 466.*)
[3]) Berichte d. d. chem. Gesellsch. **25**, 2557 [1892]. (*S. 484.*)

Schnelligkeit und Vollständigkeit der Reaktion, sowie die Beständigkeit des einmal gebildeten Lactons gegen Wasser.

Die Mannonsäure z. B. geht in wässeriger Lösung schon bei $0^0$ verhältnismäßig rasch in Lacton über, bei $100^0$ findet das gleiche außerordentlich schnell und vollständig statt und dem entsprechend ist das Lacton gegen siedendes Wasser unempfindlich. Bei der Gluconsäure findet auch schon in der Kälte Lactonbildung statt, aber sie erfolgt langsam und wird auch bei $100^0$ nicht vollständig. Umgekehrt wird ihr Lacton von Wasser in der Kälte allerdings recht langsam, in der Wärme aber sehr rasch teilweise in Säure zurückverwandelt.

Die meisten übrigen Lactone werden von kaltem Wasser gar nicht und manche derselben, wie Mannon-, Gulon-, Mannohepton-, $\alpha$-Glucohepton-, $\alpha$-Glucooctonsäure Lacton, auch von warmem Wasser nicht verändert. Mangelhaft untersucht sind bis jetzt die Lactone der Xylon-, Idon-, Talon- und Gluconononsäure, welche noch nicht kristallisiert gewonnen wurden.

Größer sind die Unterschiede bei den zweibasischen Säuren. Von den drei bekannten Pentantrioldisäuren hat bisher nur die Verbindung $(+ + +)$, d. h. die Ribotrioxyglutarsäure ein kristallisiertes Monolacton geliefert[1]. Ob die beiden anderen beim Verdampfen der Lösung partiell das gleiche tun, was ich nach anderen Beobachtungen allerdings für wahrscheinlich halte, bleibt noch zu prüfen.

Die Hexantetroldisäuren scheinen mit Ausnahme der Mannozuckersäuren ebenfalls nur Monolactone zu bilden. Davon sind die Derivate der Zucker-[2] und Schleimsäure[3] isoliert; von letzterem weiß man auch, daß es durch Wasser schon in der Kälte langsam in die Säure zurückverwandelt wird.

Die Mannozuckersäure verwandelt sich dagegen leicht und völlig in das neutrale Doppellacton. Sie weicht aber auch in anderen Eigenschaften auffallend von den Isomeren ab; denn sie reduziert die Fehlingsche Lösung und färbt sich mit Alkalien gelb. Dieses Verhalten ist schon Kiliani[4], dem Entdecker der $l$-Verbindung, aufgefallen, und ich selbst habe sie deshalb früher für eine eigenartige Aldehyd- oder Ketonsäure gehalten. Da sie aber normale Salze und Phenylhydrazide bildet, da sie ferner durch Wasserentziehung in Dehydroschleimsäure[5] und durch Reduktion mit Natriumamalgam wieder in

---

[1]) Berichte d. d. chem. Gesellsch. **24**, 4222 [1891]. (*S. 448.*)
[2]) Tollens und Sohst, Liebigs Annal. d. Chem. **245**, 1 [1888].
[3]) Berichte d. d. chem. Gesellsch. **24**, 2141 [1891]. (*S. 414.*)
[4]) Berichte d. d. chem. Gesellsch. **20**, 341 [1887].
[5]) Berichte d. d. chem. Gesellsch. **24**, 2140 [1891]. (*S. 412.*)

Mannonsäure[1]) verwandelt wird, so habe ich meine Ansicht ändern müssen und halte nun auch Zweifel an der Richtigkeit der von Kiliani angenommenen Struktur für unbegründet.

Die leichte Oxydierbarkeit und die Fähigkeit, ein Doppellacton zu bilden, zwischen denen wohl noch ein näherer Zusammenhang besteht, sind vielmehr als Folge ihrer eigenartigen Konfiguration zu betrachten.

Von den fünf bekannten Heptanpentoldisäuren ist die Mannoverbindung bezüglich der Lactonbildung nicht geprüft worden; die vier anderen bilden sämtlich Monolactone.

Bei den Alkoholen verändert sich mit der Konfiguration namentlich die Fähigkeit, Aldehyde in acetalartiger Bindung aufzunehmen[2]). Während Xylit und Adonit mit Bittermandelöl leicht eine Dibenzalverbindung erzeugen, kennt man beim Arabit nur ein Monobenzalderivat. Während Mannit und Talit drei Moleküle Benzaldehyd aufnehmen, begnügt sich der α-Glucoheptit trotz seiner sieben Hydroxyle wieder mit einem Molekül.

Die hier zusammengestellten Unterschiede sind so groß und zahlreich, daß sie ein neues Bild von dem Wesen der sog. optischen Isomerie geben. Solange man dieselbe nur an den Spiegelbild-Formen studierte, mußte man bei der Anschauung stehen bleiben, daß sie auf das chemische Verhalten einer Substanz keinen Einfluß ausübe, denn erst bei Anwendung asymmetrischer Agentien, wie der Enzyme, werden hier Verschiedenheiten wahrnehmbar[3]).

Aus den vorliegenden Beobachtungen, wie sie in gleicher Ausdehnung bisher in keiner anderen Gruppe angestellt werden konnten, geht nun aber deutlich genug hervor, daß dieselbe Art der Isomerie auch die chemischen Verwandlungen verändert und mindestens ebenso große Differenzen bewirkt, als man bei ungesättigten oder bei zyklischen Stereoisomeren bisher gefunden hat. Ja, der Gegensatz zwischen Mannozuckersäure und den übrigen Hexantetroldisäuren geht so weit, daß ich mich lange gesträubt habe, an die Gleichheit ihrer Struktur zu glauben.

Bedeutung der stereochemischen Resultate für die Physiologie.

Nachdem die Systematik der Monosaccharide mit der Feststellung der Konfigurationsformeln im wesentlichen zum Abschluß gelangt ist, liegt es nahe, die Erfahrungen, welche zu diesem Ziele geführt haben, auch für die Zwecke der biologischen Forschung nutzbar zu machen.

---

[1]) Berichte d. d. chem. Gesellsch. **24**, 1845 [1891]. (S. 426.)
[2]) Berichte d. d. chem. Gesellsch. **27**, 1530 [1894]. (S. 561.)
[3]) Berichte d. d. chem. Gesellsch. **27**, 2985 [1894]. (S. 836.)

Keine Veränderung der Zucker hat sich so abhängig von der
Konfiguration gezeigt, wie die alkoholische Gärung. Von den 9 geprüften Aldohexosen sind nur 3 mit sehr ähnlichem Aufbau, die *d*-Glu-
cose, *d*-Mannose und *d*-Galactose und von den Ketosen nur die mit
jenen nahe verwandte *d*-Fructose dazu befähigt. Andererseits ist die
Hefe gegen grobe Veränderungen des Zuckermoleküls unempfindlich,
vorausgesetzt, daß sie dasselbe glatt in Kohlensäure und Alkohol
spalten kann; denn die Glycerose und Mannononose, welche gerade so
wie die Hexosen und im Gegensatze zu den Pentosen, Heptosen, Octosen diese Bedingung erfüllen, sind ebenfalls gärfähig. Wir stehen
hier vor der neuen und gewiß überraschenden Tatsache, daß die gewöhnlichste Funktion eines Lebewesens mehr von der molekularen
Geometrie als von der Zusammensetzung des Nährmaterials abhängt.
Dieselbe bildet eine wesentliche Erweiterung der älteren Beobachtung
von Pasteur, daß Mikroorganismen von 2 Spiegelbildformen nur
eine verändern; denn bei den Zuckern handelt es sich nicht mehr allein
um den Gegensatz von rechts und links, sondern die Gärbarkeit richtet
sich nach der gesamten Konfiguration und ändert sich stufenweise mit
derselben, wie am besten der Vergleich von Traubenzucker, Galactose
und Talose zeigt. Um das merkwürdige Phänomen zu erklären, haben
Thierfelder und ich die Vermutung ausgesprochen, daß die bei der
Gärung tätigen Agentien der Hefezelle, welche zweifellos wie die
meisten komplizierten Stoffe des Organismus asymmetrisch sind, nur
in diejenigen Zucker eingreifen können, mit welchen sie eine verwandte
Konfiguration haben [1]) Auch diese Hypothese hat einige Ähnlichkeit
mit einem Ausspruch Pasteurs[2]), welcher den von Piutti[3]) beobachteten, verschiedenen Geschmack der beiden optisch isomeren Asparagine mit der Asymmetrie der Nervensubstanz in Zusammenhang bringt.

Aber allen derartigen Betrachtungen war das Zeichen großer
Unsicherheit aufgeprägt, solange biologische Vorgänge ihre einzige
tatsächliche Unterlage bildeten. Glücklicherweise ist es in letzter
Zeit gelungen, die gleiche Beobachtung bei den Enzymen zu machen und
dadurch die Erscheinung auf das rein chemische Gebiet zu verlegen[4]).

Durch die Untersuchungen von Pasteur weiß man zwar längst,
daß zwei optische Antipoden mit einer dritten asymmetrischen Substanz Verbindungen bilden, welche sich durch Löslichkeit, Schmelzpunkt, spezifisches Gewicht, Kristallwassergehalt unterscheiden können.
Aber diese Differenzen sind die gleichen, wie man sie bei wein- und

---

[1]) Berichte d. d. chem. Gesellsch. **27**, 2031 [1894].
[2]) Compt. rend. **103**, 138 [1886].
[3]) Compt. rend. **103**, 134 [1886].
[4]) Berichte d. d. chem. Gesellsch. **27**, 2985 [1894]. (*S. 836.*)

traubensauren Salzen findet und können kaum als chemische im engeren Sinne des Wortes gelten.

Ganz anders liegt die Sache bei der Wirkung der Enzyme und der Gärungsfermente, wo ein tief eingreifender chemischer Prozeß je nach der Konfiguration des Gärmaterials leicht oder gar nicht stattfindet. Hier übt offenbar der geometrische Bau auf das Spiel der chemischen Affinitäten einen so großen Einfluß, daß mir der Vergleich der beiden in Wirkung tretenden Moleküle mit Schlüssel und Schloß erlaubt zu sein schien. Will man auch der Tatsache, daß einige Hefen eine größere Zahl von Hexosen als andere vergären können, gerecht werden, so ließe sich das Bild noch durch die Unterscheidung von Haupt- und Spezialschlüssel vervollständigen.

Diese stereochemische Auffassung der Gärung und analoger Stoffwechselprozesse experimentell zu verfolgen, dürfte nicht allzu schwer sein, da Fütterungsversuche mit den isomeren Zuckern bei den verschiedensten Lebewesen ausgeführt werden können. In beschränktem Maße ist das bereits in den letzten Jahren durch Külz, Voit und Cremer geschehen, um die Glycogenbildung im Tierleibe zu studieren.

Ihre Beobachtungen haben zu dem bemerkenswerten Resultate geführt, daß die gärfähigen Zucker auch die wahren Glycogenbildner sind. Ferner darf man daraus folgern, daß der Tierkörper imstande ist, Traubenzucker aus seinen Isomeren Fructose, Mannose und Galactose zu bereiten. Umgekehrt wird die letztere als Bestandteil des Milchzuckers vom säugenden Tier aller Wahrscheinlichkeit nach aus dem Traubenzucker der Nahrung erzeugt. Daß solche Verwandlungen durch direkte räumliche Umlagerung, welche nach den vorliegenden Beobachtungen hohe Temperatur erfordern, oder durch totalen Zerfall und neuen Aufbau des Moleküls geschehen, halte ich für gleich unwahrscheinlich. Sehr viel einfacher ist die Annahme[1]), daß von den 5 Alkoholgruppen des Moleküls eine vorübergehend zur Ketongruppe oxydiert, wobei die Asymmetrie des betreffenden Kohlenstoffatoms verschwindet, und dann durch Reduktion zurückgebildet wird. Als Beispiele führe ich folgende von mir beobachtete Übergänge an: Traubenzucker-Glucoson-Fruchtzucker, Mannit-Fruchtzucker-Sorbit, Dulcit-Ketose-dl-Talit.

Auf ähnliche Art, wenn auch mit einer größeren Zahl von Zwischengliedern, vollzieht sich die Verwandlung des Traubenzuckers in Gulose oder der d-Galactose in l-Galactose.

Daß man die Konfigurationsformeln auch noch benutzen kann, um Hypothesen über die Entstehung der Pentosen usw. aus den Hexosen der Assimilation aufzustellen, wie es von de Chalmot[2]) kürzlich

---

[1]) Berichte d. d. chem. Gesellsch. **27**, 1525 [1894]. (S. *555*.)
[2]) Berichte d. d.. chem. Gesellsch. **27**, 2722 [1894].

geschah, versteht sich von selbst. Nur darf man nicht vergessen, wie klein und unsicher die tatsächliche Basis ist, auf welcher die Spekulation sich dann bewegt.

Ungleich wertvoller erscheint mir die Benutzung der neuen Gesichtspunkte, welche die Stereochemie der Zucker darbietet, für die Betrachtung der Assimilation selbst. Sind die optisch aktiven Kohlenhydrate, welche sich um den Traubenzucker gruppieren, die einzigen Produkte derselben? Als ich diese Frage zum ersten Male aufwarf, hielt ich es noch für möglich, daß die Pflanze, gerade so wie die chemische Synthese, zunächst inaktiven Zucker bereite, und später die l-Verbindung für noch unbekannte Zwecke verwende[1]). Ich habe mich seitdem aber vergebens bemüht, l-Glucose oder l-Fructose in den Blättern zu finden, und seit den ausgezeichneten quantitativen Untersuchungen von Brown und Morris[2]) über die Bildung von Trauben-, Frucht-, Rohr-, Malzzucker und Stärke in den grünen Pflanzen ist kein Zweifel mehr möglich, daß d-Glucose und d-Fructose, bzw. ihre Polysaccharide, wenn auch nicht ausschließlich, so doch in ganz überwiegender Menge bei der Assimilation entstehen.

Nach dem Vorgange von Pasteur erblickt man darin einen prinzipiellen Unterschied zwischen der natürlichen und der künstlichen Synthese. Da die letztere stets racemische Produkte liefert, so sagt man, sie verlaufe symmetrisch. In Wirklichkeit gilt das letztere aber nicht mehr für Verbindungen mit mehreren asymmetrischen Kohlenstoffatomen. Geschähe der Aufbau der Hexosen aus Formaldehyd oder Glycerose oder Acroleïnbromid ganz symmetrisch, so wären die Aussichten für die Bildung der 16 isomeren Aldosen oder 8 Ketosen gleich groß. Es ist mir aber trotz aller·Bemühungen nicht gelungen, außer der α-Acrose noch eine der bekannten Hexosen (selbstverständlich in racemischer Form) zu finden, und die β-Acrose und Formose kommen auch nicht in Betracht, da sie eine anormale Kohlenstoffkette zu enthalten scheinen. Daraus folgt also, daß einzelne Konfigurationen bei der Synthese bevorzugt werden und Gleichberechtigung nur noch für die Spiegelbilder besteht. Mit diesem Resultate nicht zufrieden, habe ich dann die gleiche Frage bei der Synthese neuer Zucker durch die Cyanhydrinreaktion genauer untersucht und gefunden, daß bei einmal vorhandener Asymmetrie des Moleküls auch der weitere Aufbau im asymmetrischen Sinne erfolgt[3]). Denkt man sich nun die Mannononose, welche aus der Mannose durch solche einseitige dreimalige Anlagerung von Blausäure entsteht, so gespalten, daß die

---

[1]) Berichte d. d. chem. Gesellsch. **23**, 2138 [1890]. (*S. 26.*)
[2]) Journ. Chem. Soc. London **1893**, 604.
[3]) Vgl. S. 52.

ursprüngliche Hexose zurückgebildet wird, so würde das zweite Produkt mit 3 Kohlenstoffatomen auch ein optisch aktives System sein. Das eine aktive Molekül hätte dann ein zweites geboren. Diese Vorstellung gibt, wie mir scheint, eine einfache Lösung für das Rätsel der natürlichen asymmetrischen Synthese. Die Bildung des Zuckers vollzieht sich, wie die Pflanzenphysiologen annehmen, im Chlorophyllkorn, welches selbst aus lauter optisch aktiven Stoffen zusammengesetzt ist. Ich denke mir nun, daß der Zuckerbildung die Entstehung einer Verbindung von Kohlensäure oder Formaldehyd mit jenen Substanzen vorausgeht[1]) und daß dann die Kondensation zum Zucker bei der schon vorhandenen Asymmetrie des gesamten Moleküls ebenfalls asymmetrisch verläuft. Der fertige Zucker würde aus dem Gesamtmolekül losgelöst und später von der Pflanze wie bekannt zur Bereitung der übrigen organischen Bestandteile benutzt. Deren Asymmetrie erklärt sich also ohne weiteres aus der Natur des Baumaterials. Sie liefern selbstverständlich auch den Stoff zu neuen Chlorophyllkörnern, welche wieder aktiven Zucker bereiten, und auf diese Art pflanzt sich die optische Aktivität von Molekül zu Molekül fort, wie das Leben von Zelle zu Zelle geht.

Es ist also nicht nötig, die Bildung der optisch aktiven Substanzen im Pflanzenleibe auf asymmetrische Kräfte zurückzuführen, welche außerhalb des Organismus liegen, wie Pasteur vermutete[2]). Die Ursache liegt vielmehr in dem chemischen Molekül des Chlorophyllkorns, welches den Zucker bereitet und mit dieser Vorstellung ist der Unterschied zwischen der natürlichen und der künstlichen Synthese gänzlich beseitigt[3]). Selbstverständlich ist damit aber noch keineswegs die weitere Frage gelöst, warum die Natur nicht auch das chemische Spiegelbild zu der bestehenden Flora und Fauna geschaffen hat, da doch ursprünglich die Bedingungen dafür nach unserem Ermessen gleich gewesen sein mußten.

---

[1]) Stohmann macht aus ganz anderen Gründen eine ähnliche Annahme (Zeitschr. f. Biologie **1894**).

[2]) Vortrag in der Société chim. de Paris. 3. Februar 1860.

[3]) Dieselben Ideen habe ich in etwas anderer Form bereits in einer gedruckten Rede „Die Chemie der Kohlenhydrate und ihre Bedeutung für die Physiologie gehalten am 2. August 1894 in den militärärztlichen Bildungsanstalten zu Berlin" (*S. 96*) entwickelt, bevor die obenerwähnte Abhandlung von Stohmann erschienen und die neueste Auflage von van't Hoff's „Lagerung der Atome im Raum" in meine Hände gelangt waren. Letzterer hat ebenfalls auf Seite 29 ganz kurz darauf hingewiesen, daß im lebenden Organismus, welcher wesentlich aus aktivem Material besteht, sozusagen asymmetrische Bildungsverhältnisse vorhanden sind. Meine Darlegung unterscheidet sich von seiner rein theoretischen Deduktion dadurch, daß ich unmittelbar an die Erfahrung anknüpfe und deshalb zu einer viel bestimmteren Anschauung gelange.

### 3. Emil Fischer: Synthesen in der Zuckergruppe III.

Obschon ich seit der zusammenfassenden Abhandlung II vom Jahre 1894 an dem Ausbau der Zuckergruppe keinen großen Anteil mehr nehmen konnte, so scheint es mir doch für die Zwecke dieses Buches nützlich, die seitdem gemachten Erfahrungen hier in ähnlichem Zusammenhang darzustellen, wie es früher geschehen ist. Das Hauptgewicht wird dabei fallen auf einige stereochemische Fragen, ferner auf die ausführlich bearbeitete Synthese der Glucoside und endlich auf die leider noch dürftig gebliebene Synthese von Disacchariden. Dagegen werde ich die Versuche über Fermente und die damit im Zusammenhang stehenden physiologischen Probleme nur flüchtig streifen, weil sie ausführlich in der zusammenfassenden Abhandlung „Bedeutung der Stereochemie für die Physiologie" (S. 116) geschildert sind.

### Experimentelle Methoden.

Das Phenylhydrazin ist für die Erkennung und Isolierung der Zucker ein so nützliches Reagens gewesen, daß man leicht verführt wird, seinen Wert zu überschätzen. So bequem die Darstellung der Osazone und auch mancher Hydrazone der Zucker ist, so genügt doch die Untersuchung ihrer Eigenschaften nicht immer, um einen Zucker mit Sicherheit zu erkennen; denn die Schmelzpunkte sind selten ganz scharf, da die Substanzen sich gewöhnlich gleichzeitig zersetzen, und da außerdem geringe Verunreinigungen sowohl den Schmelzpunkt wie die Kristallform stark verändern. Ich habe darüber meine Ansicht geäußert in der Notiz über die Isomaltose[1]), die bisher nur in Form ihres Phenylosazons bekannt ist, und die infolgedessen bei flüchtiger Beobachtung öfters mit unreiner Maltose verwechselt wurde. Ich bin deshalb der Ansicht, daß·man sich bei der Diagnose eines Zuckers wohl stets der Osazonprobe bedienen, aber sich nicht auf diese allein verlassen soll. Allerdings sind manche kompliziertere Zucker, z. B. die verschiedenen synthetischen Disaccharide, bisher nur in Form ihrer

---

[1]) Abhandlung 79, Seite 668.

Phenylosazone isoliert worden, und für deren Rückverwandlung in die Zucker fehlt bisher leider eine leicht ausführbare Methode.

Um so wichtiger ist eine Verbesserung in der bisher auch ziemlich schwierigen Überführung der Osazone in Osone. Sie kann nämlich in manchen Fällen durch bloßes Kochen der wässerigen Lösung mit Benzaldehyd bewerkstelligt werden, wodurch beide Phenylhydrazingruppen als Benzaldehydphenylhydrazon abgespalten werden.[1]) Das Verfahren ist der von Herzfeld aufgefundenen Spaltung der Phenylhydrazone nachgebildet und hat bei der Untersuchung der künstlichen Disaccharide vom Typus der Maltose recht gute Dienste geleistet.[2])

## Monosaccharide.

Die Zahl der Aldopentosen wurde um zwei: die Lyxose und *d*-Xylose vermehrt. Für die Bereitung der Lyxose[3]) diente die *l*-Xylonsäure als Ausgangsmaterial. Diese geht beim Erhitzen mit Pyridin teilweise in Lyxonsäure über, deren Lacton bei der Reduktion den Zucker liefert. Er wurde von uns nur als Sirup erhalten, ist aber später einerseits von A. Wohl und E. List[4]) und andrerseits von O. Ruff und Ollendorf[5]) durch Abbau der *d*-Galactose bzw. der Galactonsäure dargestellt und von letzteren auch im reinen, kristallisierten Zustand gewonnen worden.

Den Antipoden der natürlichen *l*-Xylose haben O. Ruff und ich[6]) auf ähnliche Weise durch Abbau der *d*-Gulonsäure bereitet. Damit ist die Zahl der stereoisomeren Aldopentosen auf sechs gestiegen. Es fehlen nur noch die Antipoden der Ribose und der Lyxose, deren Darstellung aus *d*-Arabinose und *l*-Galactose nach den bekannten Methoden sicherlich keine Schwierigkeiten bieten wird.

Durch die Lyxose ist zuerst die Reihe des Mannits mit der Dulcitreihe verknüpft worden, denn der Zucker addiert, wie O. Bromberg und ich[7]) schon 1896 feststellten, Blausäure, und es entsteht eine Hexonsäure, die bei der Oxydation Schleimsäure liefert. Dadurch war letztere und alle übrigen daraus darstellbaren Glieder der Dulcitreihe mit der Lyxose, Xylose, Gulose usw. verknüpft. Der Vorgang ist vier Jahre später von O. Ruff und mir[8]) genauer studiert worden und wir konnten

---

[1]) E. Fischer und E. F. Armstrong (Nr. 12) Seite 182.
[2]) E. Fischer und E. F. Armstrong (Nr. 80) Seite 674.
[3]) E. Fischer und O. Bromberg (Nr. 64) Seite 543.
[4]) Berichte d. d. chem. Gesellsch. **30**, 3105 [1897].
[5]) Berichte d. d. chem. Gesellsch. **33**, 1799 [1900].
[6]) Abhandlung 66, Seite 552.
[7]) Abhandlung 64, Seite 547.
[8]) Abhandlung 66, Seite 549.

nachweisen, daß aus Lyxose durch Anlagerung von Blausäure d-Galactonsäure und d-Talonsäure gleichzeitig entstehen. Da wir ferner die Gulonsäure in Xylose verwandeln konnten, so war damit auch die Synthese von
Lyxose, Galactose und allen übrigen Gliedern der Dulcitreihe ermöglicht.

Ungefähr gleichzeitig mit diesen letzten Versuchen haben Lobry
de Bruyn und van Ekenstein[1]) die wechselseitige Verwandlung von
Sorbose, Tagatose und Galactose unter dem Einfluß von warmem, verdünntem Alkali beobachtet und damit ebenfalls einen Übergang aus
der Mannit- in die Dulcitreihe festgestellt. In diesem Falle wird sogar
der Umweg über die Pentosen gespart. Andrerseits ist aber auch der
Vorgang so kompliziert, daß man daraus keinen Schluß auf die Konfiguration der beteiligten Zucker ziehen kann.

Zu den drei schon in Abhandlung II erwähnten natürlichen Methylpentosen ist ein künstliches Produkt, die Isorhamnose[2]) getreten. Sie entsteht aus der Isorhamnonsäure, welche durch Umlagerung der Rhamnonsäure erhalten wird.

Mehrwertige Alkohole. Die Zahl der Hexite ist durch die beiden
Idite vermehrt worden, so daß jetzt alle sechswertigen Alkohole der
Mannitreihe bekannt sind. Die Idite wurden von mir und J. W. Fay[3])
künstlich aus den Idosen dargestellt und durch die Tribenzalverbin-
dungen charakterisiert. Die Kristallisation der leicht löslichen Alkohole selbst war uns aber damals bei dem beschränkten Material nicht
möglich. Diese Lücke ist später von G. Bertrand[4]) ausgefüllt worden, welcher auch den d-Idit aus den Vogelbeeren isolierte.

Als siebenwertigen Alkohol konnte ich den von Bourquelot entdeckten Volemit durch Oxydation zur Volemose und Darstellung ihres
Phenylosazons charakterisieren.[5])

Glucosamin. Obschon diese von Ledderhose entdeckte Base
nach F. Tiemann dasselbe Phenylosazon liefert, wie der Traubenzucker und obschon sie nach der Beobachtung von Tiemann und
mir[6]) ähnlich den Aldosen durch Oxydation mit Brom und Wasser
die Glucosaminsäure (früher Chitaminsäure genannt) liefert, so ist ihre
Struktur doch lange zweifelhaft geblieben, weil ihre direkte Verwandlung in die d-Glucose durch salpetrige Säure nicht gelingt, während
bei dem isomeren von mir entdeckten Isoglucosamin[7]) die Überführung

---

[1]) Rec. d. trav. chim. Pays-Bas **19**, 1 [1900].
[2]) E. Fischer und H. Herborn (Nr. 63), Seite 536.
[3]) Abhandlung 61, Seite 530, 534.
[4]) Compt. rend. **139**, 983 [1904].
[5]) Abhandlung 74, Seite 653.
[6]) Abhandlung 16, Seite 211.
[7]) Abhandlung 15, Seite 202.

in $d$-Fructose durch die gleiche Reaktion keine Schwierigkeiten bietet. Entschieden wurde diese Frage erst durch die Synthese der Glucosaminsäure und des Glucosamins, wobei die Ammoniakverbindung der Arabinose und Blausäure als Ausgangsmaterial gedient haben.[1]) Die betreffenden Abhandlungen sind in meinem Buche „Untersuchungen über Aminosäuren, Polypeptide und Proteine" enthalten. Ich begnüge mich deshalb hier damit, die von uns abgeleitete Formel des $d$-Glucosamins anzuführen:

$$\text{OH}$$
$$\text{HO.CH}_2\text{—CH—CH—CH—CH(NH}_2\text{)—COH.}$$
$$\text{OH   OH}$$

In scheinbarem Widerspruch damit steht die Natur des zuckerartigen Produktes, welches aus Glucosamin und salpetriger Säure zuerst von Ledderhose gewonnen wurde, und für welches Tiemann und ich den Namen „Chitose"[2]) vorgeschlagen haben. Die bisher nicht kristallisiert erhaltene Chitose liefert bei der Oxydation mit Bromwasser die Chitonsäure, deren Calciumsalz kristallisiert. Die Analyse des bei 140° getrockneten Salzes führte früher zu der Formel: $(\text{C}_6\text{H}_{11}\text{O}_7)_2\text{Ca}$ und darnach schien die Chitonsäure ein Isomeres der Gluconsäure zu sein[2]). Die spätere Untersuchung von mir und E. Andreae[3]) hat indessen die Unrichtigkeit dieser Ansicht bewiesen, denn das schärfer getrocknete chitonsaure Calcium hat die Formel: $(\text{C}_6\text{H}_9\text{O}_6)_2\text{Ca}$. Da sich ferner die Chitonsäure in die von Hill und Jennings entdeckte Oxymethylbrenzschleimsäure überführen ließ, so kamen wir zu dem Schluß, daß die Chitonsäure wahrscheinlich ein Oxyderivat des Tetrahydrofurfurans von folgender Formel sei:

$$\text{HO.CH—CH.OH}$$
$$\text{HO.CH}_2\text{.CH   CH.COOH}$$
$$\text{O}$$

Dasselbe gilt für die Chitarsäure, die aus der Chitaminsäure durch die Wirkung von salpetriger Säure entsteht, und die wahrscheinlich mit der Chitonsäure stereoisomer ist.

Die Einwirkung der salpetrigen Säure auf Glucosamin und Glucosaminsäure ist somit ein komplizierter Vorgang, bei dem nicht allein die Aminogruppe abgelöst wird, sondern auch eine Anhydridbildung stattfindet. Die Entstehung von stereoisomeren Säuren aus den beiden

---

[1]) E. Fischer und H. Leuchs, Berichte d. d. chem. Gesellsch. **35**, 3787 [1902] und **36**, 24 [1903].
[2]) Abhandlung 16, Seite 209.
[3]) Abhandlung 17, Seite 216.

stickstoffhaltigen Körpern mit gleicher Konfiguration der Aminogruppe
scheint durch den Umstand bedingt zu sein, daß bei der Ablösung der
Aminogruppe in einem der beiden Fälle eine Waldensche Umkehrung
eintritt.

Ich kann diese kurze Übersicht über die Monosaccharide nicht
schließen, ohne der schönen Erfolge flüchtig zu gedenken, die andere
Forscher in den letzten 15 Jahren auf diesem Gebiete erzielt haben.
Durch die Abbaumethoden von A. Wohl und O. Ruff ist die Gruppe
der Pentosen bereichert und die Darstellung der aktiven Tetrosen überhaupt erst ermöglicht worden.    Auch für die niedrigsten Zucker sind
bessere Darstellungsverfahren bekannt geworden.    Dahin gehört die
Bereitung des von mir und Landsteiner zuerst gewonnenen Glycolaldehyds aus Weinsäure, welche Fenton[1]) entdeckte, ferner die Darstellung des reinen Dioxyacetons von O. Piloty[2]) und des reinen
Glycerinaldehyds von A. Wohl[3]), endlich die verbesserte Darstellung
des Dioxyacetons von G. Bertrand durch Oxydation des Glycerins
mit Bakterium-Xylinum.    Letzterer hat durch sein elegantes Oxyda-
tionsverfahren eine ganze Reihe neuer Ketosen hergestellt.    Es ist auch
sein Verdienst, die Vergärbarkeit des reinen Dioxyacetons durch kräftig
wirkende Hefe, z. B. Cidre-Hefe, endgültig bewiesen zu haben.[4])

Endlich muß ich nochmals der von Lobry de Bruyn[5]) entdeckten
und in Gemeinschaft mit van Ekenstein ausführlich studierten Verwandlung der Monosaccharide durch verdünnte, warme Alkalien gedenken, wobei in der Regel Gleichgewichte von zwei Aldosen und einer
Ketose sich einstellen, aber auch noch weitergehende sterische Veränderungen eintreten können, wie das obenerwähnte Beispiel der
Sorbose beweist.    Das Verfahren ist von den Erfindern dazu benutzt
worden, manche neue Ketosen darzustellen.

### Stereochemie der Zuckergruppe.

Die früher aufgestellten zahlreichen Konfigurationsformeln haben
sich bisher durchgehends bewährt.    Die einzige scheinbare Schwierigkeit, welche das abweichende Verhalten der Chitonsäure und der Isozuckersäure darboten, ist glücklich beseitigt durch die Erkenntnis,
daß diese Stoffe nicht mehr der Zuckergruppe im engeren Sinne angehören.[6])    Alle übrigen Verwandlungen, insbesondere die Resultate

---

[1]) Journ. chem. soc. **75**, 575 [1899].
[2]) Berichte d. d. chem. Gesellsch. **30**, 3161 [1897].
[3]) Berichte d. d. chem. Gesellsch. **31**, 1796 und 2394 [1898].
[4]) Ann. chim. et phys. [8] **3**, 256 [1904].
[5]) Rec. d. trav. chim. Pays-Bas **14**, 156 [1895].
[6]) Abhandlung 17, Seite 216.

des Auf- und Abbaus, stehen mit den alten Formeln in so guter Übereinstimmung, daß in den allermeisten Fällen an der Hand der Formel
das Resultat des Versuches vorauszusehen war. Aus dem Bereiche
meiner eigenen Beobachtungen kann ich dafür zwei neue Fälle anführen, die Synthese der Galactose[1]) aus der Xylose bzw. Lyxose und
die Verwandlung der Isorhamnonsäure in die inaktive Xylo-trioxyglutarsäure.[2]) Diese Sicherheit in den sterischen Schlußfolgerungen,
durch die ich selbst überrascht worden bin, ist durch den glücklichen
Umstand bedingt, daß als Grundlage der Betrachtungen nur solche
Reaktionen gedient haben, bei denen keine Veränderung an den asymmetrischen Kohlenstoffatomen stattfindet. Wäre das nicht der Fall gewesen, so würde sich durch den Eintritt von Waldenschen Umkeh-
rungen sicherlich mancher Fehler in die Ableitung eingeschlichen haben.

Trotz dieser Erfolge der Stereochemie glaube ich darauf aufmerksam machen zu müssen, daß man sich dadurch nicht in allzu große
Sicherheit einwiegen lassen darf, sondern immer wieder von neuem
ihre Resultate skeptisch prüfen soll. Vor allen Dingen wird man die
Schlußfolgerungen der Theorie in bezug auf die Zahl der Isomeren nicht
als endgültig ansehen dürfen; denn durch das bisherige experimentelle
Material ist wohl die Möglichkeit bewiesen, daß die Zahl der Aldosen
mit 4, 5 und 6 Kohlenstoffatomen den theoretischen Wert erreicht,
aber keineswegs die weitere Möglichkeit ausgeschlossen, daß sie ihn einmal übersteigen wird.

Eine empfindliche Lücke in dem stereochemischen System der
Zuckergruppe war lange Zeit die Unsicherheit über die Konfiguration
der *d*-Weinsäure, welche schon von Liebig durch Oxydation des Milchzuckers und später auf die gleiche Art aus der Zuckersäure gewonnen
wurde. Glücklicherweise konnte diese Frage durch Abbau der Rhamnose dahin entschieden werden, daß die *d*-Weinsäure die Konfiguration

$$
\begin{array}{c}
\mathrm{COOH} \\
|\\
\mathrm{H{-}C{-}OH} \\
|\\
\mathrm{HO{-}C{-}H} \\
|\\
\mathrm{COOH}
\end{array}
$$

hat.[3]) Sie ist später durch die Bildung der *d*-Weinsäure aus *d*-Erythrit[4]),
dessen Konfiguration aus den Beziehungen zur Xylose abgeleitet werden

---

[1]) E. Fischer und O. Ruff (Nr. 66), Seite 549.
[2]) E. Fischer und H. Herborn (Nr. 63), Seite 540.
[3]) Abhandlung 60, Seite 519.
[4]) L. Maquenne und G. Bertrand, Compt. rend. **132**, 1419 [1901].

konnte, bestätigt worden. Da die *d*-Weinsäure durch Reduktion mit Jodwasserstoff in *d*-Äpfelsäure verwandelt wird, und diese auch aus der *d*-Asparaginsäure entsteht, so lassen sich für die natürliche *l*-Äpfelsäure und natürliche *l*-Asparaginsäure gleichfalls Konfigurationsformeln ableiten, vorausgesetzt, daß bei den eben erwähnten Verwandlungen keine Waldensche Umkehrung eintritt. Wie ich an anderer Stelle[1]) auseinandergesetzt habe, muß das Endziel dieser Betrachtungen und Versuche die Aufstellung eines einheitlichen sterischen Systems für alle wichtigeren optisch-aktiven Körper der Fettreihe und später auch der zyklischen Substanzen sein. In hohem Grade erschwert ist die Lösung des Problems durch die Häufigkeit der Waldenschen Umkehrung. Aber ich habe trotzdem die Hoffnung, daß auch dieses Hindernis durch eine umfassende und kritische, experimentelle Behandlung der Erscheinungen beseitigt werden kann.

Die Notwendigkeit des Systems ist jedenfalls in der Zuckergruppe zuerst erkannt worden, und seine Nützlichkeit nicht allein für die organische Chemie, sondern auch für die biologische Forschung, die so viel mit optisch-aktiven Substanzen zu tun hat, wird niemand bestreiten.

## Glucoside.

Unter dem Einfluß der Salzsäure verbinden sich die Monosaccharide leicht mit Alkohol und erzeugen Produkte, die in die Klasse der Glucoside gehören.[2]) Der wichtigste Repräsentant dieser künstlichen Alkoholglucoside ist die Verbindung von Methylalkohol und Traubenzucker mit der Formel $C_6H_{11}O_6 . CH_3$, welche ich Methylglucosid genannt habe. Sie wurde zuerst durch Sättigen einer Lösung von Glucose in Methylalkohol mit gasförmiger Salzsäure dargestellt.

Aus Betrachtungen über ihre Struktur zog ich den Schluß, daß sie in zwei stereoisomeren Formen existieren müsse, und sprach die Vermutung aus, daß neben der von mir isolierten kristallisierten Substanz ein Isomeres in dem Sirup der Mutterlauge enthalten sei. In der Isolierung desselben ist mir Herr A. van Ekenstein[3]), der sich bald nach meiner ersten Publikation mit der Untersuchung dieses Sirups beschäftigte, zuvorgekommen. Ich habe die beiden Substanzen später, nachdem ihr charakteristisches Verhalten gegen Emulsin und Hefenenzyme von mir festgestellt worden, als α- und β-Methyl-*d*-glucosid

---

[1]) Abhandlung 2, Seite 64 und Abhandlung 109, Seite 897.
[2]) Abhandlung 81, Seite 682.
[3]) Rec. d. trav. chim. Pays-Bas **13**, 183 [1894].

unterschieden[1]) und diese Einteilung auf die ganze Klasse der Glucoside übertragen.

Eine wesentliche Verbesserung in der Darstellung der Alkoholglucoside brachte die Beobachtung, daß sehr geringe Mengen von Salzsäure als Katalysator ausreichen. Dabei hat sich auch herausgestellt, daß der Verlauf der Reaktion in Wirklichkeit komplizierter ist, als es anfangs schien. Denn bei Einwirkung von trocknem Methylalkohol, der nur 1% Chlorwasserstoff enthält, auf Traubenzucker bei Zimmertemperatur entsteht zuerst ein sirupöses Produkt, das zwar nicht analysiert werden konnte, das aber nach seinen Eigenschaften sich von den beiden Glucosiden unterscheidet, und das vielleicht Glucosedimethylacetal $CH_2OH.(CHOH)_4.CH(OCH_3)_2$ ist[2]).

Eine Stütze fand diese Auffassung in der Existenz des schön kristallisierenden und analog zusammengesetzten Glucose-äthylmercaptals, $CH_2OH(CHOH)_4CH(SC_2H_5)_2$[3]).

Beim Erhitzen mit der verdünnten methylalkoholischen Salzsäure geht das Acetal in die beiden Glucoside über. Diese Verwandlung ist aber nicht vollständig, sondern es resultiert stets ein Gemisch der drei Produkte, unter welchen allerdings das α-Methylglucosid an Menge überwiegt. Da das gleiche eintritt, wenn man eines der beiden reinen Glucoside in derselben Art behandelt, so sind meines Erachtens die Vorgänge, die sich hier abspielen, umkehrbar und führen zu einem Gleichgewichtszustand zwischen dem Acetal und den beiden Glucosiden.

Die Verwendung der ganz verdünnten Salzsäure für die Bereitung der Glucoside hat sich sehr bewährt bei den einfachen Alkoholen vom Methyl- bis zum Isopropylalkohol und bei dem Glycerin. Sie hat ferner bei den gegen starke Säuren recht empfindlichen Ketosen die Bereitung von Glucosiden überhaupt erst möglich gemacht. Das gleiche gilt für die Gewinnung der Verbindungen von Zucker und Ketonen, die später ausführlich besprochen werden. Trotzdem ist das ältere Verfahren, bei dem starke alkoholische Salzsäure verwandt wird, nicht überflüssig geworden, denn bei den kohlenstoffreichen Alkoholen, wie Amyl- und Benzylverbindung, welche die meisten Zucker nur in sehr geringer Menge lösen, geht die Glucosidbildung mit viel Salzsäure bei gewöhnlicher Temperatur bequemer vonstatten. Dasselbe gilt für die Bereitung der künstlichen Glucosido-Säuren, als deren Repräsentant ich nur die Glucosido-Gluconsäure $C_6H_{11}O_6.C_6H_{11}O_6$ und die isomere Galactosido-Gluconsäure hier anführe.[4])

---

[1]) Abhandlung 101, Seite 837.
[2]) Abhandlung 88, Seite 735.
[3]) Abhandlung 85, Seite 714.
[4]) Abhandlung 84, Seite 710.

Gleich bei der Entdeckung der Alkoholglucoside habe ich auf ihre strukturellen Beziehungen zu den beiden damals schon bekannten Pentacetylglucosen hingewiesen und ferner die Ansicht ausgesprochen, daß letztere nicht struktur- sondern stereoisomer seien.[1]) Den gleichen Gedanken bez. der Isomerie der Acetylkörper hat gleichzeitig Franchimont[2]) ausgesprochen.

Auch die Acetochlorglucose (Acetochlorhydrose von Colley) habe ich damals schon in den Kreis der Versuche gezogen und gezeigt, daß sie ebenso wie der Traubenzucker zur Bereitung von Methylglucosiden dienen kann. Diese Beziehungen sind einige Jahre später von W. Königs und E. Knorr[3]) schärfer gekennzeichnet worden, indem sie die von ihnen entdeckte kristallisierte Acetobromglucose durch Schütteln mit Methylalkohol und Silbercarbonat in das Tetracetylderivat des β-Methylglucosids überführten. Es war danach zu erwarten, daß die Acetochlorglucose auch in zwei isomeren Formen existiere, die den beiden Methylglucosiden oder Pentacetylglucosen entsprechen. In der Tat ist es E. F. Armstrong und mir[4]) gelungen, diese beiden Produkte durch Einwirkung von flüssiger Salzsäure auf die Pentacetylglucosen zu gewinnen und nach demselben Verfahren auch die noch unbekannte zweite Acetobromglucose darzustellen. Nach ihren Beziehungen zu den Glucosiden haben wir die Isomeren in folgende Reihe geordnet, die ich hier durch Beifügung der Pentacetylglucosen vervollständige:

α-Acetochlorglucose Schmp. 63—64°,
α-Acetobromglucose   ,,    79—80°,
α-Pentacetylglucose   ,,    112—113°,
β-Acetochlorglucose   ,,    73—74°,
β-Acetobromglucose   ,,    88—89°,
β-Pentacetylglucose   ,,.    134°.

Gleichzeitig mit uns hat von Arlt[5]) unter Leitung von Zd. Skraup die kristallisierte β-Acetochlorglucose durch Einwirkung von Chlorphosphor und Aluminiumchlorid auf Pentacetylglucose erhalten. Die von ihm angewandte Reaktion ist aber komplizierter Art, weil dabei eine sterische Umlagerung der α- zur β-Form stattfindet.

Durch dasselbe Verfahren erhielten wir aus der einzigen bis dahin bekannten Pentacetylgalactose die kristallisierte β-Acetochlorgalactose[6]), die von Skraup und Kremann[7]) gleichzeitig durch Phosphor-

---

[1]) Abhandlung 81, Seite 686.
[2]) Rec. d. trav. chim. Pays-Bas 12, 310 [1893].
[3]) Berichte d. d. chem. Gesellsch. 34, 966 und 4334 [1901].
[4]) Abhandlungen 97 bis 99, Seite 799 ff.
[5]) Monatshefte für Chemie 22, 144 [1901].
[6]) Abhandlung 97, Seite 809 und Abhandlung 98, Seite 819.
[7]) Monatshefte für Chemie 22, 375 [1901].

pentachlorid und Aluminiumchlorid dargestellt wurde, und die in zwei Kristallformen mit verschiedenem Schmelzpunkt auftritt. Ferner konnten wir durch die flüssige Salzsäure eine Heptacetylchlormaltose und daraus ein Methylmaltosid bereiten, das nach seinem Verhalten gegen Emulsin der β-Reihe angehört und außerdem als Maltosederivat durch die Enzyme der Hefe in Traubenzucker und β-Methylglucosid gespalten wird. Die Verbindung, welche etwas später von Königs und Knorr[1]) kristallisiert dargestellt wurde, verdient als das erste Glucosid eines Disaccharids Beachtung. Endlich ist es uns mit Hilfe der kristallisierten Acetochlorglucose gelungen, die alte Michaelsche Synthese der Phenolglucoside erheblich zu verbessern, so daß die Ausbeute bis auf 60% der Theorie stieg.[2]) Das Verfahren liefert aber nur β-Phenolglucoside, denn die α-Acetochlorglucose wird schon durch Glucosenatrium oder durch Natriumcarbonat bei Gegenwart von Wasser leicht und vollständig in die β-Verbindung verwandelt, und dasselbe findet offenbar beim Zusammentreffen mit Phenolnatrium statt. Die Darstellung der α-Phenolglucoside ist infolgedessen bis heute noch ein ungelöstes Problem geblieben.

In der folgenden Tabelle sind alle künstlichen Glucoside, die nach den obigen Methoden gewonnen wurden, zusammengestellt. Der dem Phenolglucosid beigefügte Stern bedeutet, daß es schon vor meinen Untersuchungen bekannt war. Das mit zwei * markierte Äthylchinovosid war zwar schon unter dem Namen Chinovit bekannt, aber daß es in die Klasse der Glucoside gehört, hatte früher niemand vermutet.

### Glucoside, kristallisiert.

| | |
|---|---|
| α-Methyl-*d*-glucosid | Methyl-*l*-mannosid |
| β-Methyl-*d*-glucosid | Methylarabinosid |
| α-Methyl-*l*-glucosid | Äthylarabinosid |
| β-Methyl-*l*-glucosid | Benzylarabinosid |
| α-Äthyl-*d*-glucosid | α-Methylxylosid |
| *β-Phenol-*d*-glucosid | β-Methylxylosid |
| α-Methyl-*d*-galactosid | Methylrhamnosid |
| β-Methyl-*d*-galactosid | Methyl-α-glucoheptosid |
| α-Äthyl-*d*-galactosid | Methylsorbosid |
| β-Äthyl-*d*-galactosid | β-Methylmaltosid |
| β-Phenol-*d*-galactosid | β-Phenolmaltosid |
| Methyl-*d*-mannosid | |

---

[1]) Berichte d. d. chem. Gesellsch. **34**, 4343 [1901].
[2]) Abhandlung 97, Seite 812.

amorph.

Äthylrhamnosid } destillierbar,
**Äthylchinovosid } analysiert.
Propylglucosid }
Benzylglucosid } nicht
Glycolglucosid } analysiert.
Glyceringlucosid }

G l u c o s i d o s ä u r e n  (amorph).

Glucosidogluconsäure
Galactosidogluconsäure
Arabinosidogluconsäure }
Glucosidoglycolsäure } nicht
Glucosidomilchsäure } analysiert.
Glucosidoglycerinsäure }

Dazu kommt noch als halbkünstliches Produkt das Mandelnitrilglucosid[1]), das ich zuerst aus Amygdalin durch Hefenenzym erhielt und
das man in neuerer Zeit auch in der Natur gefunden hat.[2])

Als Einzelprodukte verdienen die beiden Methylmannoside Beachtung. Sie sind optische Antipoden. Aus Wasser kristallisieren sie
je nach der Temperatur entweder getrennt oder als Racemverbindung
und diese hat eine geringere Dichte als die aktiven Formen. Der Fall
unterscheidet sich von allen bis dahin studierten wechselseitigen Umwandlungen von Racemkörpern und ihren beiden Komponenten in
wässeriger Lösung dadurch, daß alle drei Stoffe kein Kristallwasser
enthalten.[3])

Struktur und Konfiguration der Glucoside.[4]) Durch die
Anlagerung des einen Alkyls ist die aktive Gruppe der Monosaccharide,
die ich der Kürze halber als Aldehydgruppe bezeichnen will, vollständig
maskiert, denn alle typischen Aldehydreaktionen fehlen den Glucosiden. Sie gleichen darin den Acetalen, nur besteht hier ein wesentlicher Unterschied insofern, als die Veränderung bei den Zuckern durch
ein einziges Alkyl bewirkt wird. Offenbar ist also außer der Aldehydgruppe des Zuckers noch eine seiner Alkoholgruppen bei der Veränderung beteiligt. Da bei manchen anderen charakteristischen Veränderungen der Monosaccharide z. B. bei der Oxydation durch alkalische
Kupferlösung oder bei der Entstehung der Osazone das der Aldehyd-

---

[1]) Abhandlung 94, Seite 780.
[2]) Hérissey, Chem. Centralblatt **1907**, II, 1348.
[3]) Abhandlung 91, Seite 768.
[4]) Abhandlungen 5, 81, 88 und 93, Seiten 119, 684, 736, 773.

bzw. Ketongruppe benachbarte Hydroxyl mitspielt, so konnte man a priori das gleiche auch bei der Glucosidbildung annehmen. Das Studium der $\alpha$-Ketonalkohole, z. B. des Benzoins[1]) und des Benzoylcarbinols[2]), haben mich aber vom Gegenteil überzeugt. Denn diese beiden Stoffe werden zwar durch ganz verdünnte methylalkoholische Salzsäure methyliert, aber die Produkte haben ganz andere Eigenschaften, als die Glucoside der Fructose und Sorbose. Ferner wird der Glycolaldehyd durch Methylalkohol und wenig Salzsäure leicht in das Acetal $HOCH_2 . CH(OCH_3)_2$ verwandelt[3]), und eine Neigung desselben, durch Abspaltung von Alkohol in ein Glucosid überzugehen, wurde nicht beobachtet. Ebenso verhält sich der Glycerinaldehyd.[4])

Auch die etwas ferner liegende Annahme, daß die Glucoside Methyläther eines ungesättigten sechswertigen Alkohols mit der Atomgruppe

$$C(OH) = CH . OCH_3$$

seien, scheint mir mit ihrem Verhalten nicht in Einklang zu stehen, denn sie gleichen in keiner Beziehung den Äthylenderivaten. All diese Gründe führen vielmehr zu dem Schluß, daß die Glucoside eine besondere Art von Acetalen mit einer Hydrofurfurangruppe sind, daß also Methylglucosid die Struktur I hat.

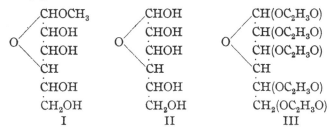

Diese Formel entspricht derjenigen des Traubenzuckers II, welche Tollens[5]) schon 1883 aufgestellt hat, und derjenigen der Pentacetylglucose III, welche zuerst von E. Erwig und W. Königs[6]) diskutiert wurde.

In den drei angeführten Formeln ist das oberste Kohlenstoffatom ebenfalls asymmetrisch. Das bedingt für jede dieser Formen die Existenz von zwei Stereoisomeren, wie ich zuerst betont habe und wie

[1]) Abhandlung 82, Seite 695.
[2]) Abhandlung 93, Seite 773.
[3]) E. Fischer und Giebe, Berichte d. d. chem. Gesellsch. **30**, 3053 [1897].
[4]) A. Wohl und C. Neuberg, Berichte d. d. chem. Gesellsch. **33**, 3095 [1900].
[5]) Berichte d. d. chem. Gesellsch. **16**, 921 [1883].
[6]) Berichte d. d. chem. Gesellsch. **22**, 1464, 2207 [1889].

gleichzeitig unabhängig von mir für die Pentacetylglucose auch von Franchimont[1]) bemerkt wurde.

Diese Auffassung ist für die beiden Glucoside und die Acetylglucosen, soweit ich sehe, jetzt allgemein angenommen und viele Fachgenossen sind auch geneigt, für den Traubenzucker obige Formel mit den sterischen Konsequenzen zu akzeptieren, besonders seitdem es E. F. Armstrong[2]) gelungen ist, durch Hydrolyse der beiden Methylglucoside mit Enzymen zwei verschiedene Formen des Traubenzuckers (α- und γ-Glucose) in wässeriger Lösung darzustellen. In der Tat sprechen gewichtige Gründe für diese Formeln, insbesondere auch die Existenz der beiden Acetochlorglucosen, die folgende Formeln erhalten:

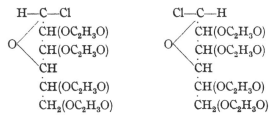

Wie vorher schon erwähnt, kann nämlich die α-Verbindung so leicht in die β-Form umgewandelt werden, daß ein Platzwechsel der Acetylgruppe in hohem Grade unwahrscheinlich und deshalb die Stereoisomerie beider Körper sehr plausibel ist.[3])

Schreibt man die ganze Formel sterisch, so ergeben sich für die beiden Methyl-*d*-glucoside folgende Ausdrücke:

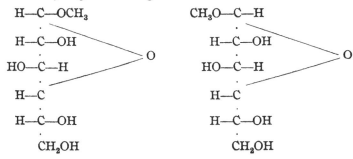

Welche von ihnen dem α-Methylglucosid entspricht, läßt sich zurzeit nicht entscheiden.

So wohl begründet mir die Formeln auch erscheinen, da sie mit allen bekannten Tatsachen im Einklang stehen, so bin ich doch weit

[1]) Rec. d. trav. chim. Pays-Bas 12, 310 [1893].
[2]) Journ. chem. soc. London 83, 1305 [1903].
[3]) Abhandlung 97, Seite 804.

entfernt, ihre Diskussion für erledigt anzusehen. Es schien mir aber
nützlich, hier den jetzigen Stand der Frage im Zusammenhang darzulegen, da die Auffassung der Glucoside von mir auch auf die Polysaccharide übertragen wurde, wovon später die Rede sein wird.

**Verbindungen der Zucker mit den mehrwertigen Phenolen.**

Im Gegensatz zu den einwertigen Phenolen verbinden sich die
mehrwertigen Phenole mit den Monosacchariden bei Anwesenheit von
Salzsäure sehr leicht und in der Kälte entstehen hierbei zuerst farblose
Produkte, die z. T. in der Zusammensetzung an die Glucoside erinnern,
aber doch eine andere Konstitution zu haben scheinen. Näher untersucht wurden die Verbindungen der Arabinose mit dem Resorcin und
dem Pyrogallol. Da es aber in keinem Falle gelang, kristallisierte Produkte zu gewinnen, und auch die Struktur der Körper noch dunkel
ist, so muß ich mich hier mit dem Hinweise auf die Beobachtungen
selbst begnügen.[1]

**Mercaptale der Monosaccharide.[2]**

Unter dem Einfluß von starker Salzsäure nehmen die Aldosen
2 Mol. Thioalkohol auf unter Bildung von Mercaptalen, als deren Ver-
treter ich das Glucoseäthylmercaptal, $C_6H_{12}O_5(SC_2H_5)_2$, anführe. Die
Reaktion, welche nach der Gleichung $C_6H_{12}O_6 + 2C_2H_5SH = H_2O + C_6H_{12}O_5(SC_2H_5)_2$ verläuft, scheint für alle Aldosen und für alle aliphatischen Thioalkohole mit Einschluß des Benzylmercaptans gültig zu
sein. Auch bei den zweiwertigen Mercaptanen, z. B. dem Äthylen-
und Trimethylenmercapten, gelingt sie leicht.[3] Aber die hier entstehenden Produkte enthalten auf 1 Mol. Zucker nur 1 Mol. des Mercaptans.

Dagegen versagte das Verfahren bei dem Thiophenol und auch
bei der Fructose und Sorbose. Für Milchzucker und Maltose konnte
der Eintritt der Reaktion qualitativ nachgewiesen werden, aber die
Isolierung der Produkte ist bisher nicht ausgeführt.

Die meisten Mercaptale der Monosaccharide sind schön kristallisierende und in Wasser schwer lösliche Stoffe. Letzteres gilt besonders
für die Amyl- und Benzylverbindungen. Ich habe deshalb vorgeschlagen, sie zur Charakterisierung von Aldosen, die keine anderen schönen
Derivate liefern, zu benutzen. Das ist bisher meines Wissens nur in
zwei Fällen geschehen, bei der Isorhamnose[4] und bei der durch Abbau

---

[1]) E. Fischer und W. L. Jennings (Nr. 87) Seite 726.
[2]) Abhandlung 85, Seite 713.
[3]) W. T. Lawrence (Nr. 86) Seite 720.
[4]) E. Fischer und H. Herborn (Nr. 63), Seite 542.

der Rhamnose entstehenden Methyltetrose[1]), wo die Äthylmercaptale hübsch kristallisierende Stoffe sind. Allgemeinerer Schätzung hat sich die Methode bisher nicht erfreut. Ich vermute, daß der Mehrzahl der Fachgenossen der Gebrauch der häßlich riechenden Mercaptane zu unbequem ist. Aber in verzweifelten Fällen sollte man sich durch diese Unannehmlichkeit doch nicht abschrecken lassen. Die Verwandlung der Mercaptale in die den Glucosiden entsprechenden Schwefelverbindungen, an deren Existenz ich nicht zweifle, ist bisher nicht ausgeführt worden. Ich möchte aber hier an eine Beobachtung über die Wirkung von kalter starker Salzsäure auf Glucoseäthylmercaptal erinnern, bei der ein neuer, in Wasser leicht löslicher schwefelhaltiger Körper entsteht, dessen genaue Untersuchung sich vielleicht lohnen wird.[2])

### Verbindungen der Ketone mit den Monosacchariden und mehrwertigen Alkoholen.[3])

Die Anwendung ganz verdünnter Salzsäure als Katalysator hat es ermöglicht, auch die Ketone mit den Zuckern zu vereinigen. Genauer untersucht sind die Verbindungen des Acetons mit der Glucose, Rhamnose, Arabinose und Fructose. Bei der Glucose wurde je nach den Bedingungen eine Verbindung mit 1 Mol. Aceton und eine andere mit 2 Mol. Aceton gewonnen. Bei der Rhamnose ist nur der Monoacetonkörper und bei den beiden letzten Zuckern nur die Verbindung mit 2 Mol. Aceton bekannt. Am leichtesten ist die Reaktion bei der Rhamnose auszuführen, weil sie sich in Aceton verhältnismäßig leicht löst. Bei Arabinose und Fructose ist schon längeres Schütteln mit dem salzsäurehaltigen Aceton erforderlich und bei der Glucose, die in Aceton so gut wie unlöslich ist, bin ich erst zum Ziele gelangt, als ich an ihrer Stelle die viel leichter lösliche acetalartige Verbindung mit Methylalkohol anwandte.

Diese Acetonkörper zeichnen sich durch ihre Flüchtigkeit aus, die meisten sublimieren schon auf dem Wasserbade. Ähnlich den Glucosiden verändern sie die Fehlingsche Lösung nicht. Durch warme verdünnte Säuren werden sie außerordentlich leicht hydrolysiert, dagegen sind sie beständig gegen die glucosidspaltenden Fermente, das Emulsin und die Enzyme der Hefe. Stereoisomere Formen der Monoacetonverbindungen sind bisher nicht isoliert worden, obschon man theoretisch ihre Existenz als wahrscheinlich annehmen muß. Dagegen habe ich ein β-Fructosediaceton beobachtet.

---

[1]) O. Ruff und Cohn, Berichte d. d. chem. Gesellsch. **35**, 2362 [1902].
[2]) Abhandlung 85, Seite 716.
[3]) Abhandlungen 88, 89, 90, 92, Seiten 734, 758, 762, 769.

Die Beurteilung der Struktur dieser Acetonkörper bietet größere Schwierigkeiten, als bei den Glucosiden, weil die Beobachtungen über Bildungsweise und Metamorphosen viel spärlicher sind, und weil außerdem die Zahl der Möglichkeiten durch die Anwesenheit der Ketongruppe größer wird. Versuchsweise habe ich früher für zwei von diesen Verbindungen Formeln entwickelt, die ich hier wiederholen will:

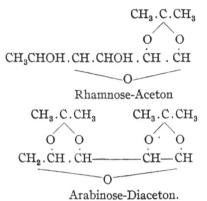

Rhamnose-Aceton

Arabinose-Diaceton.

Obschon manche Gründe dafür sprechen, von denen ich hier nur die Neigung der mehrwertigen Alkohole zur Bildung von ähnlichen Acetonverbindungen erwähne, so muß ich doch ausdrücklich ihren provisorischen Charakter betonen. Jedenfalls aber verdienen diese Körper nicht allein wegen ihrer merkwürdigen Eigenschaften und ihrer leichten Entstehungsweise, sondern auch wegen ihrer Ähnlichkeit mit dem Rohrzucker mehr Beachtung, als sie bisher gefunden haben.

Ebenso leicht wie die Zucker, lassen sich die mehrwertigen Alkohole mit Aceton bei Gegenwart von wenig Salzsäure vereinigen. Alle leichter zugänglichen mehrwertigen Alkohole vom Glycerin bis zum $\alpha$-Glucoheptit sind mit Erfolg geprüft worden. Die Zusammensetzung ist natürlich wechselnd. Während das Glycerin nur 1 Mol. Aceton aufnimmt, werden durch Erythrit, Arabit, Adonit und Dulcit 2 Mol. und durch Mannit, Sorbit und Glucoheptit 3 Mol. Aceton fixiert. Auch diese Substanzen zeichnen sich durch große Flüchtigkeit aus und werden durch warme verdünnte Mineralsäuren außerordentlich leicht hydrolysiert.

## Struktur und Synthese der Disaccharide.

Bei den Disacchariden sind bekanntlich zwei Typen zu unterscheiden. Zu dem einen gehören Rohrzucker und Trehalose, welche die Fehlingsche Lösung nicht reduzieren. Die andere Klasse bilden

Maltose, Milchzucker, Melibiose usw., welche nicht allein reduzieren, sondern auch Osazone liefern und durch vorsichtige Oxydation in Säuren mit dem gleichen Kohlenstoffgehalt übergehen. Daß man die Osazone bzw. Osone und ferner die einbasischen Säuren benutzen kann, um die Art der Verknüpfung zwischen den beiden Monosaccharidresten zu studieren, habe ich an dem Beispiel des Milchzuckers[1]) gezeigt, in welchem die aktive Gruppe der Galactose festgelegt, diejenige der Glucose aber unverändert ist. Ich war zuerst der Meinung, daß die Kuppelung hier durch eine acetalartige Bindung geschehe. Nach der Entdeckung der Alkoholglucoside ist es mir aber wahrscheinlicher geworden, daß auch hier eine glucosidartige Form vorliege. Um das zum Ausdruck zu bringen, habe ich für den Milchzucker folgende Formel aufgestellt:

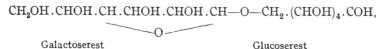

$$CH_2OH.CHOH.CH.CHOH.CHOH.CH—O—CH_2.(CHOH)_4.COH,$$

Galactoserest                    Glucoserest

Ohne mit den Tatsachen in Konflikt zu kommen, kann man dieselbe noch in mannigfacher Weise modifizieren. So könnte an Stelle der primären Alkoholgruppe der Glucose eine sekundäre an der Anhydridbildung beteiligt sein. Ferner könnte man an Stelle der von mir im Glucoserest gesetzten Aldehydgruppe die Tollenssche Hydrofurfuranform setzen.

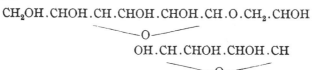

$$CH_2OH.CHOH.CH.CHOH.CHOH.CH.O.CH_2.CHOH$$

$$OH.CH.CHOH.CHOH.CH$$

Diese Ausdrucksweise verdient unzweifelhaft den Vorzug für den Octacetylmilchzucker und die beiden Heptacetylchlorlactosen.[2]) Ähnliche Formeln lassen sich für die andern Disaccharide vom gleichen Typus entwickeln. Wie schon diese verschiedenen Möglichkeiten zeigen, ist man weit davon entfernt, die Struktur dieser Stoffe völlig zu kennen. Trotzdem habe ich diese Betrachtungen hier angeführt, weil sie für die Synthese von Disacchariden anregend gewesen sind.

Das erste künstliche Disaccharid vom Typus der Maltose ist die von mir 1890 beobachtete Isomaltose.[3]) Sie entsteht neben anderen komplizierteren Produkten bei der Einwirkung von konzentrierter kalter Salzsäure auf Traubenzucker und unterscheidet sich von der Maltose

---

[1]) Abhandlung 9, Seite 164.
[2]) E. Fischer und E. F. Armstrong (Nr. 98), Seite 823.
[3]) Abhandlung 78, Seite 665.

durch die Beständigkeit gegen die Enzyme der Bierhefe. Leider konnte der Zucker bisher nur in Form seines Osazons isoliert werden, und dieser unvollständigen Kenntnis seiner Eigenschaften ist es hauptsächlich zuzuschreiben, daß er vielfach mit unreiner Maltose verwechselt wurde. Die Isomaltose entsteht auch aus dem Traubenzucker durch die Wirkung der Hefenenzyme, denn das Produkt, das Croft Hill auf diesem Wege zuerst gewann und für Maltose hielt, ist nach späteren Beobachtungen von Emmerling[1]) und von E. F. Armstrong[2]) im wesentlichen Isomaltose gewesen.

Da die Kondensation mit konzentrierter Salzsäure nur geringe Mengen von Disaccharid liefert, so haben E. F. Armstrong und ich einen andern Weg für die Darstellung von Disacchariden vom Typus der Maltose eingeschlagen.[3]) Wir sind ausgegangen von der Acetochlorglucose und ihren Isomeren und haben sie mit der alkalischen Lösung von Monosacchariden zusammengebracht. Das Verfahren erinnert mithin an die alte Michaelsche Synthese von Glucosiden aus Acetochlorglucose und Phenolnatrium, und ich will bei dieser Gelegenheit auch der Angabe von Marchlewski gedenken, daß aus Acetochlorglucose und Fructose-Natrium Rohrzucker gewonnen werden könne.

Beim Zusammenbringen von Acetochlorglucose mit der alkalischen Lösung eines Monosaccharids in wässerig-alkoholischer Lösung findet außer der Kuppelung auch eine partielle Ablösung der Acetylgruppen als Essigester statt. Für die vollständige Entfernung des Acetyls ist aber noch eine nachträgliche Verseifung mit überschüssigem Alkali notwendig. Zur Isolierung der neuen Zucker dienten wiederum die Phenylosazone. Wir haben auf diese Weise drei neue Disaccharide: Galactosidoglucose, Glucosidogalactose und Galactosidogalactose gewonnen. Am meisten Interesse verdient das erste, denn es ist der Melibiose so ähnlich, daß wir die Identität für sehr wahrscheinlich halten.

Anknüpfend an die obenerwähnte wichtige Beobachtung von Croft Hill haben wir endlich noch d-Galactose und d-Glucose durch die Enzyme der Kefirkörner gekuppelt und einen Zucker vom Typus der Maltose in Form des Phenylosazons isolieren können, der aber von dem Milchzucker verschieden ist und deshalb Isolactose genannt wurde.[4]) Bei der Fortsetzung dieser Versuche hat dann später Herr Armstrong[2]) die interessante Beobachtung gemacht, daß aus Traubenzucker allein durch Emulsin ein Disaccharid entsteht, welches sehr wahrscheinlich identisch mit der Maltose ist.

---

[1]) Berichte d. d. chem. Gesellsch. **34**, 600 und 2206 [1901].
[2]) Proc. Royal Soc. **76**, B. 592.
[3]) Abhandlung 80, Seite 673.
[4]) Abhandlung 80, Seite 680.

Bisher sind also folgende fünf künstliche Disaccharide vom Maltose-
typus dargestellt worden:

Isomaltose,
Galactosidoglucose (Melibiose?),
Glucosidogalactose,
Galactosidogalactose,
Isolactose.

Von allen diesen Stoffen sind die Phenylosazone, von einigen auch die
*p*-Bromphenylosazone analysiert und bei der Mehrzahl die Osone dargestellt worden. Aber leider kristallisieren diese nicht und ihre Verwandlung in die ursprünglichen Disaccharide ist auch noch nicht ausgeführt. Man sieht daraus, daß die Resultate der Synthese auf diesem
Gebiete noch recht dürftig sind, und es bedarf meiner Meinung nach der
Auffindung neuer und besserer Methoden, um einen durchschlagenden
Erfolg zu erzielen.

### Asymmetrische Synthese.

Der Aufbau der kohlenstoffreicheren Zucker aus *d*-Mannose verläuft asymmetrisch. Denkt man sich nun die Mannononose zerlegt in
die ursprüngliche *d*-Mannose und eine Triose, so würde letztere auch
asymmetrisch, d. h. optisch-aktiv sein müssen. Auf ähnliche Art kann
man sich die Entstehung von optisch-aktiven Zuckern bei der natürlichen Assimilation der Kohlensäure vorstellen.[1]) Dieselbe Betrachtung hat zu den Versuchen über künstliche asymmetrische Synthese
geführt, die gleichzeitig von Kipping, dann von Cohen und Whiteley
und von mir begonnen wurden, aber zunächst negativ ausfielen.[2])
Das Prinzip derselben ist, in einem asymmetrischen Molekül ein neues
asymmetrisches Kohlenstoffatom entstehen zu lassen und dann durch
Abspaltung des Komplexes, in dem dieses enthalten ist, eine optisch-
aktive Substanz zu gewinnen. Als Ausgangsmaterial habe ich das
Helicin gewählt. Der Versuch, sein Cyanhydrin

$$C_6H_4\!\!\begin{cases} CH(OH).CN \\ O.C_6H_{11}O_5 \end{cases}$$

durch Verseifung und Hydrolyse in die aktive *o*-Oxymandelsäure
$HO.C_6H_4.CH(OH).COOH$ zu verwandeln, scheiterte an der leichten
Abspaltung der Cyangruppe. Ich habe deshalb später in Gemeinschaft
mit M. Slimmer das Tetracetyl-helicincyanhydrin

$$(C_2H_3O)_4C_6H_7O_5.O.C_6H_4.CH(OH).CN$$

---

[1]) Abhandlung 2, Seite 75.
[2]) Abhandlung 95, Seite 783.

im selben Sinne geprüft.[1]) Hier gelingt in der Tat die Verwandlung in Amid und dessen weitere Umwandlung in *o*-Oxymandelsäure. Da aber diese nur ein geringes Drehungsvermögen besaß, so konnten wir dem Resultat keine entscheidende Bedeutung beilegen. Günstiger schien die Addition von Zinkäthyl an das Tetracetylhelicin und seine Verwandlung in $(C_2H_3O)_4C_6H_7O_5.O.C_6H_4.CH(OH).C_2H_5$ zu verlaufen. Durch Abspaltung des Tetracetylhelicinrestes wurde daraus ein *o*-Oxyphenyläthylcarbinol $HO.C_6H_4.CH(OH).C_2H_5$ dargestellt. Da das Produkt, das wir zuerst erhielten, nach der Destillation starkes Drehungsvermögen besaß, so glaubten wir damit das Problem der asymmetrischen Synthese gelöst zu haben. Aber bei sorgfältigerer Untersuchung des Carbinols zeigte sich, daß die optische Aktivität von einer Beimengung herrührte, die bei der Hydrolyse entstand, ihre Aktivität jedenfalls dem Zuckerrest verdankte und ganz gegen Erwarten nicht allein in Äther löslich war, sondern auch unter geringem Druck mit destillierte.

Trotz dieses Mißerfolges sprachen wir die feste Hoffnung aus, daß sich auf ähnlichem Wege unter günstigeren Bedingungen doch die asymmetrische Synthese verwirklichen lassen werde. Diese ist bald nachher zuerst Herrn W. Marckwald[2]) gelungen, denn durch Erhitzen des sauren Brucinsalzes der inaktiven Methyläthylmalonsäure erhielt er Methyläthylessigsäure, die ein ziemlich starkes Drehungsvermögen besaß. Der Versuch ist allerdings dem oben zitierten Beispiele aus der Zuckergruppe und auch der natürlichen Zuckerbildung nicht direkt vergleichbar, wohl aber trifft das zu für die späteren recht zahlreichen asymmetrischen Synthesen, die wir A. Mc Kenzie verdanken. Ich zweifle nicht daran, daß man noch vollkommenere Resultate auf diesem Gebiete erzielen wird, wenn man die von der Asymmetrie viel stärker abhängigen Enzyme für die Synthese verwenden kann.

---

[1]) Abhandlung 96, Seite 786.
[2]) Berichte d. d. chem. Gesellsch. **37**, 349 [1904].

### 4. Emil Fischer: Die Chemie der Kohlenhydrate und ihre Bedeutung für die Physiologie.

Rede, gehalten zur Feier des Stiftungstages der militärärztlichen
Bildungsanstalten am 2. August 1894.

## Hochgeehrte Herren!

Keine andere Naturwissenschaft hat mit der Medizin in so langem
und innigem Bunde gestanden, wie die Chemie. Vom grauen Altertum
bis zum 17. Jahrhundert sah dieselbe in der Erfindung von Arznei-
mitteln und der Erklärung der Krankheitsursachen eine ihrer vornehmsten Aufgaben. Umgekehrt waren hervorragende Ärzte die eifrig-
sten Jünger und Förderer der chemischen Experimentierkunst, und es
ist deshalb kein Zufall, daß auch die umfassendste chemische Theorie
früherer Zeiten, die Phlogiston-Lehre, durch den Hallenser Kliniker
und späteren Preußischen Leibarzt Stahl erdacht wurde.

Die großen Entdeckungen des vorigen Jahrhunderts, welche dem
Phlogiston den Todesstoß gaben, haben auch das Verhältnis zwischen
den beiden Wissenschaften wesentlich verschoben. Mit der Einführung
der exakten Messungsmethoden und der Annäherung an die Physik
fand die Chemie in der Begründung ihrer allgemeinen Gesetze und der
Ausbildung der neuen Theorien ein überaus fruchtbares Arbeitsfeld,
welches weitab von den Zielen der Heilkunde lag. Aber nicht lange
dauerte es, bis ihre Errungenschaften von neuem und in erhöhtem
Maße der Therapie zugute kamen. In der Tat sind dem Arzneischatze
niemals so zahlreiche und wertvolle Mittel zugewachsen, wie in unserem
Jahrhundert aus den Ergebnissen der chemischen Synthese, und nicht
minder haben die Diagnose, Hygiene und andere Zweige der praktischen
Heilkunde Vorteil aus der Benutzung der analytischen Untersuchungs-
methoden gezogen.

Aber alle diese Dienste, durch welche die selbständig gewordene
Chemie den Ärzten früheren Schutz und Beistand lohnte, scheinen
mir an Bedeutung für die gesamte Medizin zurückzutreten gegen den
Anteil, welchen unsere Wissenschaft an der Entwicklung der Physiologie genommen hat. Derselbe fällt vorzugsweise der organischen

Chemie zu und ihn zu schildern, würde mir heute als eine würdige Aufgabe erscheinen, wenn ich nicht fürchten müßte, bei der Fülle des Stoffs der Oberflächlichkeit zu verfallen. Sie wollen mir deshalb gestatten, auf beschränkterem Gebiete ähnliches zu versuchen und die chemische Erforschung der Kohlenhydrate mit ihrer Rückwirkung auf die biologischen Wissenschaften darzustellen.

Die im Tier- und Pflanzenleibe auftretenden organischen Verbindungen lassen sich der Hauptsache nach bekanntlich in drei große Klassen: die Fette, Kohlenhydrate und Proteinstoffe einteilen. Während das Studium der letzteren noch so lückenhaft ist, daß man außer der prozentischen Zusammensetzung kaum mehr als einige brutale Spaltungsprozesse kennt, wurde die Natur der Fette schon vor zwei Menschenaltern so vollkommen aufgeklärt, daß ihre künstliche Bereitung aus den Elementen mit zu den ersten Erfolgen der organischen Synthese zählt.

In der Mitte zwischen beiden stehen die Kohlenhydrate, sowohl was die Mannigfaltigkeit der Formen, wie die Schwierigkeiten der Beobachtung betrifft. Ihr Studium begann ebenfalls schon in den ersten Anfängen der organischen Chemie und ist andauernd mit so regem Eifer betrieben worden, daß der jeweilige Stand der Kenntnisse in dieser Gruppe als Maßstab für die Entwicklung der ganzen Disziplin dienen kann. Von der grundlegenden Entdeckung Lavoisiers, daß diese Materialien aus Kohlenstoff, Wasserstoff und Sauerstoff zusammengesetzt sind, bis zur Synthese der einfachsten Glieder der Gruppe hat die Wissenschaft trotzdem mehr als 100 Jahre gebraucht, und noch immer können Dezennien vergehen, bis das ganze Gebiet ihr untertänig geworden ist.

Im Vergleich zu anderen Zweigen der organischen Chemie, wo in überstürzender Hast eine Beobachtung die andere in den Schatten stellt, mag der Fortschritt hier dem ferner Stehenden zu langsam erscheinen. Aber der Eingeweihte wird die Schuld weniger in der Säumigkeit der Forschung, als in der Schwierigkeit der Materie sehen. Diese ist hauptsächlich durch den großen Formenreichtum bedingt, welcher auch eine ziemlich komplizierte Systematik nötig macht. Wir unterscheiden bei den Kohlenhydraten zunächst die Monosaccharide und die Polysaccharide. Die ersteren sind in Wasser leicht löslich, schmecken süß und besitzen im wesentlichen die chemischen Eigenschaften, welche der jedem Arzte bekannte Traubenzucker zur Schau trägt. Aus diesen einfachen Zuckern entstehen alle Polysaccharide auf die gleiche Art, indem mehrere Moleküle unter Abgabe von Wasser durch sog. Anhydridbildung zu einem größeren System zusammentreten. Umgekehrt können alle komplizierteren Kohlenhydrate durch Aufnahme von

Wasser und eine Spaltung, welche Hydrolyse genannt wird, in die einfachen Zucker zurückverwandelt werden.    Zu den Polysacchariden
gehören noch einige in Wasser lösliche Süßstoffe, wie der Rohrzucker
und Milchzucker, der Mehrzahl nach aber sind sie indifferent schmeckende
Substanzen wie die Gummiarten oder in Wasser unlösliche Materialien
wie die Stärke und Cellulose. Monosaccharide kennt man jetzt nicht
weniger als 30, darunter 7 natürliche Produkte; die anderen wurden
künstlich gewonnen und die dafür benutzten Methoden gestatten noch
die Bereitung von vielen Hundert ähnlichen Stoffen.    Da alle diese
Produkte in buntester Abwechslung und in sehr verschiedenem Zahlen
verhältnis miteinander zu Polysacchariden zusammentreten können,
so ist die Mannigfaltigkeit der Erscheinungen, welche sich hier der Wahrnehmung darbieten, leicht zu begreifen.

Glücklicherweise hat die Natur von den zahllosen, durch die Synthese zugänglich gewordenen Verbindungen eine verhältnismäßig kleine
Schar für den Stoffwechsel des Tier- und Pflanzenleibes ausgewählt;
dafür aber produziert sie dieselben in so großem Maßstabe, daß sie der
Beobachtung schon in früher Zeit nicht entgehen konnten. Die wichtigsten Kohlenhydrate gehören infolgedessen zu den Materialien, welche
man lange vor der Geburt der organischen Chemie isoliert hat. In reinem
Zustande dürfte von ihnen zuerst der Rohrzucker bekannt gewesen
sein.    Denn schon vor Beginn unserer Zeitrechnung wurde derselbe in
Indien aus dem Safte des Zuckerrohrs durch Einkochen in fester Form
dargestellt, worauf auch sein Name Sakkara, aus welchem die Wörter
Saccharum und Zucker entstanden sind, hindeutet.    Ursprünglich ein
Genußmittel, welches noch im Mittelalter in Europa den indischen
Gewürzen an Wert gleichgestellt wurde, ist er durch die Ausbreitung
der Zuckerrohrkultur, durch die Auffindung in der Zuckerrübe und durch
die Fortschritte der Fabrikation ein Verbrauchsgegenstand von so
hoher wirtschaftlicher Bedeutung geworden, daß allein in Deutschland
die jährliche Produktion ungefähr 20 Millionen Zentner im Werte von
etwa 250 Millionen Mark beträgt.

Sein ältester Konkurrent als Süßstoff ist der Traubenzucker, ein
Bestandteil des Blumennektars, des Honigs und der meisten süßen
Früchte. Durch Eindicken von Traubensaft wurde derselbe schon von
den arabischen Alchimisten in fester Form bereitet, aber im reinen
Zustand gewann ihn erst der um die Kenntnis der Zucker so verdiente
Berliner Chemiker Marggraf in der Mitte des vorigen Jahrhunderts.
Ein dritter Zucker, von den beiden vorhergehenden durch die viel
geringere Süßigkeit unterschieden, wurde 1619 von Bartolleti in
Bologna aus der tierischen Milch abgeschieden und 80 Jahre später unter
dem Namen Milchzucker dem Arzneischatz einverleibt.

Von den übrigen Kohlenhydraten sind vor unserem Jahrhundert nur noch die Stärke und die Cellulose als definierbare chemische Verbindungen erkannt worden. Die Bereitung der ersteren aus befeuchteten Getreidekörnern durch Zerreiben, Sieben und Schlämmen war schon den Griechen bekannt und trug ihr den Namen Amylum (ohne Mühlstein bereitet) ein. Die letztere endlich liefert uns die Natur als Baumwolle, Leinen und andere Pflanzenfasern in nahezu reinem Zustande.

Fünf Kohlenhydrate fand mithin die organische Chemie vor, als sie am Ende des vorigen Jahrhunderts durch die Entdeckungen von Lavoisier und Scheele ins Leben gerufen wurde. Sie hat sich dieser leicht zugänglichen Materialien alsbald bemächtigt und insbesondere den schön kristallisierenden Rohrzucker mit Vorliebe benutzt, wenn es galt, allgemeine Methoden wie z. B. die Elementaranalyse auszubilden. Infolgedessen war derselbe einer der ersten organischen Verbindungen, deren quantitative Zusammensetzung genau ermittelt wurde. Aus demselben Grunde wurden schon im Anfang dieses Jahrhunderts Tatsachen bekannt, welche die Beziehungen zwischen den verschiedenen Kohlenhydraten aufklärten. Die wichtigste darunter ist die Verwandlung der Stärke in Traubenzucker durch Kochen mit verdünnten Säuren, welche 1811 von Kirchhoff aufgefunden wurde und welche als das erste Beispiel der Hydrolyse in dieser Gruppe eine fundamentale Bedeutung hatte. Kaum minder wertvoll war die bald folgende Beobachtung desselben Forschers, daß im Getreide oder Malz ein Stoff enthalten ist, welcher die gleiche Wirkung auf Stärke ausübt. Die Diastase, wie man denselben später nannte, gilt noch heute als der Typus der ungeformten Fermente und die Verzuckerung der Stärke, welche ihren Transport in der Pflanze oder ihre Resorption im Verdauungskanal des Tieres ermöglicht, ist für alle derartigen Vorgänge das klassische Beispiel geblieben. Auf ähnliche Art, durch Anwendung von starker Schwefelsäure gelang im Jahre 1819 die Verzuckerung der Cellulose. Da endlich auch der Rohr- und Milchzucker, sowie die im Pflanzenreich weit verbreiteten Gummiarten durch Säuren oder Fermente in Traubenzucker verwandelt werden konnten, so erschien der letztere eine Zeitlang als der einzige Stammvater sämtlicher Kohlenhydrate.

Wäre der Schluß richtig gewesen, so würde nicht allein die Chemie, sondern auch die Physiologie dieser Körperklasse eine so einfache Gestalt angenommen haben, daß man ihren Inhalt in wenige Sätze zusammenfassen könnte. Wer den Wunsch hegt, die natürlichen Vorgänge auf möglichst einfache Regeln zurückzuführen, muß es deshalb fast beklagen, daß der Fortschritt der Wissenschaft hier zunächst eine erhebliche Komplikation herbeiführte. Die von Biot entdeckte Fähigkeit

des Rohrzuckers, die Ebene des polarisierten Lichtes zu drehen, war
bald von der aufstrebenden Industrie benutzt worden, um den Gehalt
der Zuckersäfte zu ermitteln. In dem Maße wie die neue optische Methode
auch bei wissenschaftlichen Untersuchungen in Gebrauch kam, zeigte
sich nun, daß manche Produkte, welche man früher für Traubenzucker
gehalten, ein anderes Drehungsvermögen haben und mithin von jenem
verschieden sind. So fand Dubrunfaut 1847, daß bei der Spaltung
des Rohrzuckers neben dem Traubenzucker ein zweites Produkt von
gleicher Zusammensetzung, der heutige Fruchtzucker, entsteht, welcher
zum Unterschied von allen bis dahin bekannten Zuckern nach links
drehte und deshalb später auch Lävulose genannt wurde. Wir wissen
jetzt, daß derselbe im Honig und den meisten süßen Früchten enthalten
ist und auch ein im Pflanzenreich weit verbreitetes Polysaccharid, das
Inulin bildet. Derselbe Weg führte Pasteur zur Entdeckung der
Galactose, welche neben dem Traubenzucker bei der Hydrolyse des
Milchzuckers gebildet wird, und welche seitdem nicht allein im Tierkörper, sondern auch im Pflanzenreich öfters beobachtet wurde. Ein
vierter Zucker mit der gleichen Formel wurde um dieselbe Zeit in den
Vogelbeeren aufgefunden und Sorbose genannt; er ist ein seltenes und
wenig studiertes Material geblieben. Fügt man dazu noch die von
Dubrunfaut entdeckte Maltose, welche dieselbe Zusammensetzung
wie der Rohrzucker hat, ferner die Dextrine, sowie endlich das Glycogen, welches von dem Physiologen Claude Bernard in der Leber
gefunden wurde und welches im Tierleibe eine ähnliche Rolle spielt wie
die Stärke in den Pflanzen, so sind alle bis zum Jahre 1860 bekannten
wichtigeren Kohlenhydrate erwähnt.

Um jene Zeit machte die Chemie den bedeutungsvollen Schritt
von der Typen- zur Strukturlehre, und mit den höheren Aufgaben,
welche letztere der experimentellen Forschung stellte, begann auch
ein neues und vertieftes Studium der Kohlenhydrate, wobei der Traubenzucker als wichtigstes Glied der Gruppe der vornehmste Gegenstand
des Versuchs war. Seine Struktur wurde vorzugsweise aus dem Resultate
der Oxydation und Reduktion erschlossen. Die moderne Formel stellt
ihn dar als den Aldehyd eines sechsfachen Alkohols und gibt damit
ein Bild von den Funktionen, welche sämtliche Atome im Molekül
ausüben. Der Kombination von Aldehyd-und Alkoholgruppen verdankt
er seine bemerkenswertesten Eigenschaften, wie die leichte Oxydierbarkeit, welche durch die Trommersche Probe und die totale Verbrennung im Tierleibe illustriert wird, oder die Fähigkeit, mit seinesgleichen zu Polysacchariden zusammenzutreten, oder endlich die
große Verwendbarkeit zur Bereitung anderer Stoffe, welche vom lebenden Organismus aus seinem Kohlenstoff aufgebaut werden. Manche

dieser biologisch so interessanten Verwandlungen, welche früher nur als empirisch beobachtete Tatsachen registriert werden konnten, lassen sich jetzt aus der Strukturformel heraus begreifen.

Die Resultate, welche die neue Forschung beim Traubenzucker erzielte, ließen sich ohne besondere Mühe auf seine Verwandten übertragen. Dabei ergab sich für die Galactose die gleiche Struktur, während der Fruchtzucker eine kleine Abweichung zeigte. Er enthält an Stelle der Aldehyd- eine Ketongruppe, wodurch übrigens der Gesamtcharakter des Moleküls nur wenig geändert wird; zumal die für den tierischen Stoffwechsel so wichtige Verbrennlichkeit hat hier sogar eine kleine Steigerung erfahren, weshalb das Präparat als Ersatz für Amylaceen bei Diabetes empfohlen worden ist.

Die Methode, durch welche die Struktur des Fruchtzuckers 1886 von H. Kiliani festgestellt wurde, ist eigenartig genug, um besonders erwähnt zu werden. Der Zucker wird mit Blausäure verbunden und o Wunder! aus dem Süßstoff und dem heftigen Gifte entsteht eine neue unschuldige Substanz, welche den Charakter der Fruchtsäuren trägt und ein Atom Kohlenstoff mehr als das ursprüngliche Material enthält. Besonders folgenreich aber war das Resultat, welches Kiliani mit seiner Methode bei einem zuvor wenig beachteten Zucker, der Arabinose, erzielte. Letztere wurde von C. Scheibler in Berlin 1868 aus dem Mark der Zuckerrüben und 1873 aus dem Gummi arabicum gewonnen und für ein Isomeres des Traubenzuckers gehalten. Die Kombination mit Blausäure ergab aber, daß sie nur 5 Kohlenstoffatome hat und damit war die alte, fast zum Dogma gewordene Annahme, daß alle Kohlenhydrate 6 Kohlenstoffatome oder ein Multiplum davon enthalten, widerlegt.

Wie nötig es war, gerade in diesem Punkte mit der Überlieferung zu brechen, zeigte bald darauf das Resultat der Synthese.

Seit Wöhler durch die berühmte Verwandlung des cyansauren Ammoniaks in Harnstoff die Möglichkeit bewiesen hat, organische Stoffe aus den Elementen zu bereiten, sieht die Chemie bei dem Studium der natürlichen Verbindungen das Endziel allemal in der Synthese.

Vorbereitet wird dieselbe durch die analytische Untersuchung, welche in der Regel mit der Ermittlung der Struktur zum Abschluß gelangt. Noch bevor diese Frage bei den Kohlenhydraten gelöst war, sehen wir hier den synthetischen Versuch beginnen. Aber der Gewinn ist auch zunächst, entsprechend den dürftigen Vorarbeiten, gering geblieben. Von all den künstlichen zuckerartigen Produkten, über welche die chemische Literatur bis zum Jahre 1887 berichtet, hat nur eines die kritische Probe bestanden; das ist der süße Sirup, welchen Butlerow aus dem Formaldehyd, der in ärztlichen Kreisen unter dem Namen Formalin bekannt ist, durch die Einwirkung von Kalk gewann. Aber auch dieses Präparat ist keineswegs eine einheitliche chemische Verbindung; es wurde vielmehr durch die verbesserten Methoden der Gegenwart als ein kompliziertes Gemisch erkannt, von welchem nur der kleinste Teil eine mit dem Traubenzucker nahe verwandte Substanz ist.

Der von Butlerow eingeschlagene Weg führte zunächst nicht weiter. Der Erfolg mußte unter leichteren Bedingungen gesucht werden und diese hat man in den Beziehungen des Traubenzuckers zum Glycerin gefunden. Äußerlich gibt sich die Verwandtschaft in dem gemeinsamen süßen Geschmack kund. Chemisch ist die Ähnlichkeit scheinbar nicht so groß; denn das Glycerin hat nur 3 Kohlenstoffatome, also halb so viel wie der Zucker; es enthält auch keine Aldehydgruppe, dagegen ist es ein mehrwertiger Alkohol. Da nun die Zucker als die Aldehyde der letzteren zu betrachten sind, so mußte es möglich sein, sie daraus durch Oxydation zu erhalten. Ein solcher Versuch wurde zunächst beim Mannit, einem Bestandteil der Manna, mit Erfolg ausgeführt; denn hier entstand ein bis dahin unbekannter Zucker, welcher den Namen Mannose erhielt und seitdem auch in der Natur wiederholt gefunden wurde. Als totale Synthese konnte diese Verwandlung noch nicht gelten, da der Mannit selbst bis dahin von der Pflanze entlehnt werden mußte. Aber es genügte ihre Übertragung auf das längst aus den Elementen aufgebaute Glycerin, um einen neuen recht eigenartigen Zucker synthetisch zu gewinnen. Er hat zwar nur 3 Kohlenstoffatome, besitzt indessen die typischen Eigenschaften der natürlichen Glucosen einschließlich der Fähigkeit, durch Hefe alkoholisch vergoren zu werden. Um zugleich seine Abstammung und seine Zuckernatur anzudeuten, wurde er Glycerose genannt. Schon ist die Arabinose nicht mehr der einzige Zucker, welcher von der alten Formel abweicht. Die Glycerose entfernt sich mit ihrem auf drei Atome reduzierten Kohlenstoffvorrat noch viel weiter davon und einige konservative Anhänger der früheren Lehre haben deshalb nicht gezögert, die neuen Ankömmlinge kurzweg aus der Gruppe der Kohlenhydrate zu verbannen. Doch die Expatriierung konnte nicht lange dauern, denn die Glycerose lieferte alsbald einen neuen und diesmal durchschlagenden Beweis für ihre Verwandtschaft mit den alten Zuckern. Unter dem Einfluß von verdünntem Alkali erleidet sie eine Veränderung, welche der Chemiker Polymerisation nennt. Zwei Moleküle treten zu einem System zusammen und das Produkt ist jetzt ein Zucker mit 6 Kohlenstoffatomen, welcher die größte Ähnlichkeit mit den natürlichen Substanzen zeigt. Nur fehlt ihm zunächst noch die Fähigkeit, das polarisierte Licht zu drehen. Eine kleine Änderung genügt, um auch diese Eigenschaft zuzufügen und die Acrose, wie das künstliche Produkt heißt, nach Belieben in Fruchtzucker oder Mannose oder Traubenzucker umzuwandeln. Die totale

Synthese derselben ist jetzt erreicht, zunächst allerdings auf dem Umwege über das Glycerin. Aber die Vereinfachung des Verfahrens läßt nicht lange auf sich warten. Die Acrose wird auch in dem zuckerartigen Sirup, welcher aus Formaldehyd entsteht, aufgefunden und nun ist man imstande, von einem der einfachsten Materialien der organischen Chemie durch leichtverständliche Operationen bis zu den wichtigsten natürlichen Zuckern zu gelangen.

Auf der so gewonnenen Basis führt aber die Synthese noch weiter zu analogen Substanzen mit höherem Kohlenstoffgehalt. Zuvor ist der eigentümlichen Verwandlung gedacht, welche die bekannten Zucker unter dem Einfluß der Blausäure erfahren. Unter Zutritt eines neuen Kohlenstoffatoms entsteht zunächst eine Säure. Um daraus nun den entsprechenden Zucker zu gewinnen, genügt die Wirkung des nascierenden Wasserstoffs. Dieselbe Reaktion mit Blausäure läßt sich dann wiederholen und führt abermals zu einem neuen, noch höheren Zucker. Auf diese Art ist man bereits bis zu Verbindungen mit 9 Kohlenstoffatomen fortgeschritten und die Grenze des Verfahrens läßt sich noch nicht absehen.

Die Erweiterung der Gruppe nach oben mußte den Wunsch wachrufen, auch das einfachste Glied derselben kennen zu lernen. Nach der neuen Auffassung sollte unter der Glycerose noch ein Zucker mit 2 Kohlenstoffatomen stehen, welcher als der Aldehyd des ersten mehrwertigen Alkohols, des Glycols zu betrachten wäre. Der Versuch hat diesen Schluß ebenfalls bestätigt; denn der Glycolaldehyd, welcher künstlich leicht bereitet werden konnte, erscheint fast wie eine Kopie der Glycerose. Insbesondere wird er auch durch Alkali polymerisiert und liefert dann den letzten noch fehlenden Zucker mit 4 Kohlenstoffatomen.

Die Reihe ist nunmehr vollständig bis zum 9. Gliede, und dem erweiterten Stoffe muß die Sprache sich anbequemen. Nach einem bewährten Prinzip der organisch-chemischen Nomenklatur werden die Zucker jetzt nach dem Kohlenstoffgehalt durch die griechischen Zahlwörter mit der längst eingebürgerten Endung „ose" bezeichnet, wodurch die Wörter Pentose, Heptose, Nonose entstehen. Als Hexosen figurieren mithin die alten Zucker in der modernen Literatur.

In dem Wirrsal von sehr ähnlichen Substanzen würde selbst der erfahrene Chemiker sich nicht mehr zurechtfinden, wenn wir noch auf die älteren Erkennungsmethoden allein angewiesen wären. So geben alle diese Zucker in gleicher Stärke die Trommersche Probe und nicht weniger als 6 sind durch Hefe vergärbar. Selbst die optische Untersuchung kann in der Regel kein entscheidendes Resultat geben. Unter diesen Umständen erscheint ein neues Reagens, welches mit allen Zuckern charakteristische Verbindungen bildet, besonders wertvoll.

Es ist eine aromatische Base, das Phenylhydrazin, welches in ärztlichen Kreisen dadurch bekannt wurde, daß es auch zum Nachweis des Traubenzuckers in zweifelhaften Fällen von Diabetes gebraucht werden kann. Die Benutzung dieses Mittels hat in erster Linie den eben geschilderten Ausbau der Zuckergruppe ermöglicht.

Bei den bisherigen Betrachtungen wurde eine auffallende Erscheinung nur flüchtig berührt. Ich meine die Tatsache, daß manche Glieder dieser Gruppe trotz gleicher Zusammensetzung und gleicher Struktur doch in den äußeren Eigenschaften völlige Verschiedenheit zeigen. Als Beispiel mögen die drei Hexosen Traubenzucker, Galactose und Mannose dienen. Solche Stoffe nannte man früher „physikalisch isomer", weil sie für die chemische Theorie ein Rätsel waren. Ihre Existenz ist erst durch die räumliche Betrachtung des Moleküls verständlich geworden und infolgedessen hängt die weitere Erforschung der Zuckergruppe aufs engste zusammen mit der Ausbildung der jüngsten chemischen Lehre, der Stereochemie. Der wichtigste Zweig der letzteren ist die Theorie des asymmetrischen Kohlenstoffatoms und diese hat sich gerade aus dem Studium derjenigen organischen Verbindungen entwickelt, welche ähnlich den Zuckern das polarisierte Licht ablenken.

Grundlegend waren hier die denkwürdigen Arbeiten L. Pasteurs über die Weinsäuren. Zur gewöhnlichen Verbindung dieses Namens, welche nach rechts dreht, fand Pasteur den optischen Antipoden, die sog. Linksweinsäure. Beide Verbindungen sind sich so ähnlich, daß sie nur durch den Polarisationsapparat oder im kristallisierten Zustande durch die Lage einer hemiedrischen Fläche unterschieden werden können; sie vereinigen sich ferner miteinander und bilden die optisch inaktive Traubensäure, welche umgekehrt durch besondere Operationen wieder in die beiden aktiven Komponenten gespalten werden kann. Letztere verhalten sich mithin optisch und kristallographisch zueinander, wie die rechte zur linken Hand oder, was dasselbe ist, wie ein unsymmetrisch geformter Gegenstand zu seinem Spiegelbilde.

Dem Scharfsinne Pasteurs blieb die Ursache dieser Erscheinung nicht verborgen; er fand sie in dem asymmetrischen Bau des chemischen Moleküls. Weiter zu gehen verbot ihm der damalige Stand der allgemeinen Theorie. Erst mit dem Übergang zur Strukturlehre war die Möglichkeit gegeben, jenen stereometrischen Gedanken zu vertiefen, und das ist im Jahre 1874 durch Le Bel und van 't Hoff mit der Theorie des asymmetrischen Kohlenstoffatoms geschehen. Von ihnen wurde insbesondere die optische Aktivität organischer Verbindungen auf die Anwesenheit eines solchen asymmetrischen, d. h. mit 4 verschiedenen Massen verbundenen Kohlenstoffatoms zurückgeführt.

Für die Richtigkeit der Hypothese sprechen heute zahlreiche übereinstimmende Beobachtungen, insbesondere auch die Erfahrungen in der Zuckergruppe. In dem Molekül der Hexosen sind nicht weniger als 4 asymmetrische Kohlenstoffatome; die Pentosen enthalten deren noch 3, während bei den Heptosen usw. die Zahl fortwährend wächst. Es ist deshalb wohl begreiflich, daß alle natürlichen Zucker optisch aktiv sind. Allerdings gibt es auch inaktive Glieder der Familie, welche durch die Synthese gewonnen wurden; aber ihre Existenz steht mit der Theorie nicht in Widerspruch; denn sie sind nach Art der Traubensäure aus zwei optisch entgegengesetzt wirkenden Stücken zusammengesetzt und können dementsprechend in die beiden aktiven Hälften gespalten werden.

Ungleich größeres Interesse aber verdienen die Schlußfolgerungen der Theorie bezüglich der Anzahl der Isomeren. Da jedes einzelne asymmetrische Kohlenstoffatom 2 Formen bedingt, so ergibt eine einfache Rechnung, daß nicht weniger als 16 räumlich verschiedene Hexosen existieren können. Die experimentelle Bearbeitung dieser Gruppe bot mithin eine vortreffliche Gelegenheit, die Resultate der Spekulation mit der Wirklichkeit zu vergleichen und da die Probe im weitesten Sinne bejahend ausgefallen ist, so hat dadurch die Hypothese eine starke Stütze erhalten. Während man vor einem Dezennium nur 2 Hexosen von gleicher Struktur kannte, sind heute von den 16 vorausgesagten Formen 10 dargestellt; darunter finden sich 4 optische Paare, von welchen nur der Traubenzucker und sein auf künstlichem Wege gewonnener linksdrehender Antipode genannt werden mögen. Allerdings bleiben noch die 6 letzten aufzufinden; aber an ihrer Existenz kann man nach den vorhandenen Analogien kaum zweifeln und die bisher benutzten Methoden werden voraussichtlich auch für ihre Bereitung genügen. Ähnlich steht die Sache bei den immer wichtiger werdenden Pentosen, wo von den 8 theoretisch möglichen Formen die Hälfte bekannt geworden ist.

Sehr viel lückenhafter sind allerdings unsere Kenntnisse bei den kohlenstoffreicheren Zuckern, deren Isomeren sich nach Potenzen von 2 vermehren. So hat man von den 32 Heptosen nur 6 und von den 128 Nonosen nur 2 dargestellt. Da aber diese Verbindungen bisher in der Natur nicht beobachtet wurden, und deshalb nur ein untergeordnetes Interesse darbieten, so mag ihre systematische Bearbeitung einer späteren Zeit überlassen bleiben.

Nachdem durch solche Beobachtungen für die Theorie eine breite tatsächliche Grundlage geschaffen war, lag der Gedanke nahe, dieselbe nun auch für die Klassifikation der Zucker und ihrer zahlreichen Derivate zu benutzen. Dazu war es aber nötig, für jede einzelne Verbindung den räumlicher Aufbau, oder wie man sich geometrisch ausdrückt, die Konfiguration des Moleküls zu ermitteln. Diese Aufgabe ist in den letzten Jahren für alle wichtigeren Zucker gelöst worden, und in einer kleinen Abänderung der längst gebräuchlichen Strukturformeln hat man ferner ein bequemes Mittel gefunden, die Ergebnisse der stereochemischen Forschung darzustellen. Dem Eingeweihten verkünden die modernen Konfigurationsformeln mit der Klarheit und Kürze eines mathematischen Ausdrucks, sowohl die tatsächlich festgestellten, wie manche noch zu erwartenden Metamorphosen der einfachen Zucker, und man darf wohl sagen, daß mit ihnen die Morphologie und Systematik der Monosaccharide vorläufig zum Abschluß gelangt ist.

Inzwischen hat sich die Synthese auf diesem Gebiete bereits neuen Problemen zugewandt. Der Traubenzucker ist durch seine Aldehydgruppe in hohem Grade befähigt, mit anderen organischen Substanzen der verschiedensten Art zusammenzutreten. Solche Verbindungen werden Glucoside genannt. Sie sind zumal im Pflanzenreich sehr verbreitet und bilden schon längst einen beliebten Gegenstand des chemischen Versuchs. Als Beispiele mögen hier das Amygdalin, ein Bestandteil der bitteren Mandeln und das Salicin, ein beliebtes Mittel der älteren Medizin, erwähnt sein. Alle derartigen Verbindungen werden beim Erwärmen mit verdünnten Säuren unter Bildung von Zucker gespalten. Ihre Bereitung blieb bis zum Jahre 1879 ebenfalls ein Reservatrecht der Natur. Damals gelang es A. Michael, einige derselben künstlich aufzubauen. Aber sein Verfahren blieb auf die Phenole beschränkt und war außerdem so mühsam und wenig ergiebig, daß es seitdem nicht weiter ausgebeutet wurde. Unter diesen Umständen mußte eine neue Methode willkommen sein, welche vor Jahresfrist aufgefunden wurde und durch Einfachheit ausgezeichnet ist. Dieselbe beruht auf der Wirkung der Salzsäure und gestattet die Vereinigung der Zucker mit den Alkoholen, Oxysäuren und manchen Phenolen. Seitdem kennen wir Glucoside des gewöhnlichen Spiritus, des Glycerins, der Milchsäure, des Resorcins usw. Zugleich gab die Untersuchung der neuen einfachen Glieder wertvollen Aufschluß über die Struktur der ganzen Klasse und führte weiterhin zu der überraschenden Erkenntnis, daß zwischen den Glucosiden und den komplizierteren Kohlenhydraten kein prinzipieller Unterschied besteht. Die letzteren sind vielmehr als die Glucoside der Zucker selbst zu betrachten. Dem entspricht ihre Spaltung durch Säuren und Fermente, dem entsprechen auch die Resultate, welche die Synthese bisher auf diesem schwierigen Felde erzielt hat.

Unter dem Einfluß der starken Salzsäure greift der Traubenzucker, wenn ihm kein bequemeres Objekt geboten ist, seinesgleichen an und bildet je nach den Bedingungen verschiedene Polysaccharide. Am meisten Beachtung verdient davon ein Zucker, welcher mit der Maltose isomer ist und deshalb den Namen Isomaltose erhalten hat. Ursprünglich ein bescheidenes Produkt des Laboratoriums, ist derselbe sehr bald zu einer praktischen Bedeutung gelangt, nachdem Lintner ihn im Bier aufgefunden und die für den Konsum des Getränkes so wichtige Nachgärung durch seine Anwesenheit erklärt hatte. Seitdem ist Isomaltose in reichlicher Menge bei der Spaltung der Stärke oder des Glycogens durch Fermente gefunden worden und dieselbe darf in Zukunft von seiten der Physiologie dasselbe Interesse wie die Maltose beanspruchen. Wird die Wirkung der Salzsäure auf den Traubenzucker längere Zeit fortgesetzt, so geht der synthetische Prozeß über die Bildung der Isomaltose hinaus und es entstehen kompliziertere Stoffe, welche dem Dextrin vergleichbar sind.

So dürftig diese Erfolge auch gegenüber der großen Zahl von natürlichen Polysacchariden sein mögen, so genügen sie doch, um prinzipiell die Möglichkeit der Synthese zu beweisen. Gewiß bleibt bis zur künstlichen Bereitung der Stärke oder Cellulose noch ein weiter Weg zurückzulegen, und wer denselben einschlagen will, der wird gut tun, sich nach einer neuen und rascheren Reisegelegenheit umzuschauen. Aber daß das Ziel nicht auf unzugänglicher Höhe liegt, darüber darf man schon jetzt beruhigt sein.

Wir sind am Ende des synthetischen Gebietes angelangt und mancher von ihnen mag sich erstaunt gefragt haben, was mich veranlassen konnte, eine Versammlung von Ärzten zu so eingehender Besichtigung desselben einzuladen. In der Tat würde mir selbst solch Unternehmen gewagt erschienen sein, wenn es sich hier um ausschließlich chemische Dinge handelte, wenn nicht die Hoffnung bestände, daß die Ergebnisse der synthetischen Arbeit über den Rahmen der Fachwissenschaft hinaus bald die biologische Forschung beeinflussen würden. Wie weit das möglich erscheint, sollen die folgenden Betrachtungen zeigen.

Keine physiologische Veränderung des Zuckers ist so genau untersucht worden, wie seine Aufspaltung in Kohlensäure und Alkohol bei der Gärung durch Hefe. Der seit den ältesten Zeiten für die Bereitung der alkoholischen Getränke benutzte Vorgang ist noch in unserem Jahrhundert auf sehr verschiedene Weise erklärt worden und der Streit darüber hat eine prinzipielle Bedeutung gehabt, da die alkoholische Gärung mit Recht als der Prototyp aller Gärprozesse galt. Dank den ausgezeichneten Untersuchungen Pasteurs wissen wir seit 30 Jahren, daß die von Schwann u. a. verfochtene vitalistische Auffassung richtig war, daß die Gärung ein Lebensakt des Fermentes

ist.*) Durch die erstaunlichen Fortschritte der Bakteriologie ist man
ferner mit einer großen Anzahl von morphologisch verschiedenen
Hefen bekannt geworden, welche zwar alle aus Traubenzucker Alkohol
bereiten, aber durch die Erzeugung von Nebenprodukten den gegorenen
Getränken einen verschiedenartigen Geschmack geben. So wichtig und
nutzbringend diese neueren Arbeiten für das Gärungsgewerbe und die
Mycologie sind, so vermißt man doch darin den chemischen Gesichtspunkt. Das einzige, was man nach der Richtung in den letzten Dezennien
hatte tun können, war die Prüfung der wenigen natürlichen Kohlenhydrate auf die Gärfähigkeit. Dabei hatte sich ergeben, daß zwischen
den 3 Hexosen, Traubenzucker, Fruchtzucker und Galactose, kein wesentlicher Unterschied besteht.

Ungleich mannigfaltiger gestaltet sich nun die Frage, wenn sie
an dem neuen Material geprüft wird. Sofort tritt ein stereochemischer
Gesichtspunkt in den Vordergrund, denn die Gärfähigkeit zeigt sich
abhängig von dem geometrischen Bau des Moleküls. Im Gegensatz
zum gewöhnlichen Traubenzucker bleibt der linksdrehende Antipode
in Berührung mit Hefe ganz unverändert. Dasselbe ist bei der Galactose
und dem Fruchtzucker der Fall. Etwas Ähnliches hat allerdings Pasteur
schon bei den Weinsäuren beobachtet, wo die rechte Form durch
Schimmelpilze leichter verbrannt wird, als die links drehende Säure,
und dasselbe fand man später für manche Bakterien. Aber die alkoholische Gärung ist doch etwas anderes als die Verbrennung und
außerdem haben wir es hier nicht bloß mit dem Gegensatze von rechts
und links zu tun; denn von den bekannten 12 Hexosen gären nur 4,
und das gilt nicht nur für einzelne, sondern für eine große Reihe von
morphologisch verschiedenen Hefesorten. Offenbar ist die Hefe bei
der Auswahl der stereoisomeren Zuckerarten geometrisch vortrefflich
orientiert. Das muß um so mehr auffallen, als sie algebraisch leicht
betrogen werden kann. Wie durch den Versuch festgestellt wurde, vermag
sie nämlich die Zucker mit 3 und 9 Kohlenstoffatomen nicht von denjenigen mit 6 zu unterscheiden, denn die Glycerose und eine Nonose
gären ebenso wie die Hexosen.

Wir stehen hier vor der ganz neuen und ich darf wohl sagen überraschenden Tatsache, daß die gewöhnlichste Funktion eines Lebewesens
mehr von der molekularen Geometrie, als von der Zusammensetzung
des Nährmaterials abhängt. Die Erklärung derselben ist eine biologische
Aufgabe von prinzipieller Bedeutung; denn was für die alkoholische
Gärung zutrifft, das wird sich m. m. ohne Zweifel bei anderen Gär-

---

*) *Dieser Satz ist vor der Entdeckung der Zymase durch* Ed. Buchner *geschrieben. Er würde jetzt selbstverständlich anders lauten müssen.*

prozessen, oder noch allgemeiner gesprochen beim Stoffwechsel des lebenden Organismus wiederholen, und dem Chemiker darf man es nicht verdenken, wenn er versucht, die Frage von seinem Standpunkte aus zu beantworten. Das wichtigste chemische Agens der lebenden Zelle bilden die Eiweißstoffe. Sie sind auch optisch aktiv und besitzen mithin gleichfalls ein asymmetrisch gebautes Molekül. Da sie ferner aus den Kohlenhydraten in der Pflanze entstehen, so darf man annehmen, daß ihre Geometrie im wesentlichen die gleiche ist. Kommt nun ein Zucker mit dem Eiweiß der Hefezellen in Berührung, so kann man sich wohl vorstellen, daß er nur dann angegriffen und vergoren wird, wenn der geometrische Bau seines Moleküls nicht allzu weit von demjenigen der natürlichen Substanzen abweicht. Diesen Gedanken weiter zu verfolgen, wird nicht allzu schwer sein, da Fütterungsversuche mit Zucker bei vielen Lebewesen, Pflanzen, Tieren und Mikroorganismen ausgeführt werden können.

Daß man dieselben dann nicht auf die geometrisch verschiedenen Substanzen zu beschränken braucht, sondern auch den Kohlenstoffgehalt variieren kann, ist selbstverständlich. In beschränktem Maße sind derartige Versuche in den letzten Jahren bereits von Külz, Voit und Cremer angestellt worden, um die Glycogenbildung im Tierkörper zu verfolgen. Sie haben zu dem bemerkenswerten Resultate geführt, daß hier eine ähnliche Verschiedenheit der Zucker wie bei der Gärfähigkeit besteht. Ferner darf man aus jenen Beobachtungen den Schluß ziehen, daß der tierische Organismus befähigt ist, Traubenzucker aus seinen Stereoisomeren, der Mannose und Galactose zu bilden. Umgekehrt wird die letztere als Bestandteil des Milchzuckers vom säugenden Tiere aller Wahrscheinlichkeit nach aus dem Traubenzucker der Nahrung bereitet. Auch für diese Verwandlungen, welche früher ganz rätselhaft waren, gibt die Stereochemie eine einfache Erklärung; denn es bedarf hierzu nur der Annahme, daß von den fünf Alkoholgruppen des Moleküls eine vorübergehend zur Ketongruppe oxydiert und dann durch Reduktion zurückgebildet werde. Da man Ähnliches schon künstlich ausgeführt hat, da ferner Oxydation und Reduktion beliebte Methoden der lebenden Zelle sind, so wird die physiologische Chemie wohl kaum zögern, diesen Gesichtspunkt für das Studium der Kohlenhydrate im Organismus zu verwerten.

Durch die Verfütterung der neuen Zucker mag es vielleicht auch gelingen, einen Vorgang zu beleuchten, welcher nicht allein biologisch interessant, sondern auch volkswirtschaftlich sehr wichtig ist, die Entstehung der Fette aus den Kohlenhydraten. Daß derselbe im Tierkörper stattfindet, haben genaue Stoffwechselversuche bewiesen; aber viel vollkommener spielt er sich in den Pflanzen, zumal in den Öl führenden

Früchten ab. So hat man beobachtet, daß die unreifen Samen des Raps (Brassica) oder der Pfingstrose (Paeonia), um nur einige Beispiele herauszugreifen, große Mengen von Stärke und Zucker enthalten, welche bei der Reife oder auch nach Entfernung von der Mutterpflanze beim bloßen Aufbewahren gänzlich verschwinden und durch Fette ersetzt werden.

Auf den ersten Blick scheint das ein so verwickelter Prozeß zu sein, daß jeder Vergleich mit bekannten chemischen Reaktionen ausgeschlossen wäre; handelt es sich doch um die Verwandlung eines Moleküls von 6 Kohlenstoffatomen in ein solches von 51 beziehungsweise 57. In Wirklichkeit aber bedarf es nur einer kurzen Analyse, um diese Fettbildung mit einfacheren Vorgängen in Parallele stellen zu können.

Das in den Fetten enthaltene Glycerin kann aus dem Traubenzucker durch Anlagerung von 4 Wasserstoff und Aufspaltung der Kohlenstoffkette entstehen, umgekehrt wie es selbst in Glycerose und Zucker übergeht. Um ferner die Stearin- und Ölsäure, welche gebunden an Glycerin in den meisten Fetten enthalten sind, vom Zucker abzuleiten, braucht man nur anzunehmen, daß von letzterem drei Moleküle durch ihre Aldehydgruppen so verkuppelt werden, wie es dem Formaldehyd bei der Zuckersynthese ergeht. Dann würde ein Molekül von 18 Kohlenstoffatomen resultieren, in welchem nur noch eine Verschiebung und Wegnahme von Sauerstoff nötig ist, um jene Säuren zu erzeugen. Ich zweifle nicht daran, daß man solche Verwandlungen in nicht allzu ferner Zeit künstlich wird ausführen lernen.

Für die Palmitinsäure mit 16 Kohlenstoffatomen, welche ebenfalls sehr häufig in den Fetten anzutreffen ist, würde die gleiche Erklärung ausreichen, wenn ein Molekül Hexose und zwei Moleküle der im Pflanzenreich so weit verbreiteten Pentosen in die Rechnung eingestellt werden; indessen ist es auch wohl möglich, daß dieselbe aus einem System mit 18 Kohlenstoffatomen durch Spaltung entsteht. Gerade an diesem Punkte kann aber das physiologische Experiment den Hebel ansetzen. Wenn das Zuckermolekül bei der Fettbildung nicht völlig zertrümmert wird, was ich für unwahrscheinlich halte, so darf man erwarten, daß die Zucker mit verschiedenem Kohlenstoffgehalt auch anders zusammengesetzte Fette liefern werden. Mag der Versuch ausfallen wie er will, einen Rückschluß auf die natürliche Fettbildung wird er jedenfalls gestatten.

Gelänge es aber an der Hand solcher Erfahrungen die Bedingungen jenes Vorgangs nachzuahmen und mit Umgehung des Organismus Fett auf billige Art aus Zucker zu bereiten, so wäre das eine Entdeckung von weittragender wirtschaftlicher Bedeutung; denn Kohlenhydrate stellt uns die Natur in sehr viel größerer Menge als Fette zur Verfügung.

Ungleich schwieriger wird es sein, die Prozesse zu verfolgen, durch welche die Pflanze aus Kohlenhydraten und anorganischen Stickstoff- resp. Schwefelverbindungen die Eiweißkörper aufbaut. Solange man über die Struktur der letzteren nicht mehr wie jetzt weiß, fehlt allen auf ihre natürliche Bildung gerichteten Betrachtungen die nötigste Grundlage. Daß aber die Physiologie der Zukunft auch diese Frage angreifen muß, daß sie darin eine ihrer vornehmsten chemischen Aufgaben erblicken wird, bedarf keines besonderen Beweises.

Mit den augenblicklichen Hilfsmitteln erscheint es jedenfalls lohnender, ein anderes kaum minder fundamentales Problem, die Aufklärung des Assimilationsprozesses in den grünen Pflanzen, zu studieren. Unter dem Einfluß des Sonnenlichts wird die aus der Luft aufgenommene Kohlensäure reduziert und in Zucker verwandelt.

Unter den zahlreichen Hypothesen über den Verlauf dieser Reaktion hat die von A. Baeyer ausgesprochene Vermutung, daß durch Reduktion der Kohlensäure zunächst Formaldehyd entstehe, wegen ihrer Einfachheit den meisten Anklang gefunden. Das Resultat der Synthese, welche ebenfalls über den Aldehyd zum Traubenzucker geführt hat, kann der Anschauung Baeyers zur Stütze dienen und das physiologische Experiment spricht ebensowenig dagegen; denn wenn auch der freie Formaldehyd sowohl für Mikroorganismen wie für höhere Pflanzen ein starkes Gift ist, so werden doch einfache Verbindungen desselben nach den Beobachtungen Bokornys von Algen ohne Schaden aufgenommen und assimiliert. Die Bildung eines solchen unschuldigen Derivats des Aldehyds könnte nun auch in der grünen Pflanze stattfinden. Aber dasselbe muß erst aufgefunden werden, ehe die Baeyersche Erklärung als sicherer Besitz der Wissenschaft gelten darf und das kann offenbar nur durch den physiologischen Versuch geschehen.

Wer so die Assimilation endgültig aufklären will, der wird auch die speziellere Frage behandeln müssen, warum die Pflanze nur optisch aktiven Zucker bereitet, während die chemische Synthese die inaktiven Produkte liefert. Dieser Gegensatz erschien Pasteur, welcher die Lehre der molekularen Asymmetrie geschaffen hat, so fundamental, daß er die Bereitung aktiver Substanzen geradezu für ein Vorrecht des Organismus hielt. Durch den Fortschritt der Wissenschaft ist der einst so hoch angesehenen Lebenskraft auch dieser letzte chemische Schlupfwinkel genommen worden; denn wir sind jetzt imstande, solche aktiven Substanzen ohne jegliche Beihilfe eines Lebewesens künstlich darzustellen. Aber trotz alledem bleibt doch in diesem Punkte noch ein wesentlicher Unterschied zwischen der natürlichen und der künstlichen Synthese bestehen. Der Laboratoriumsversuch erzeugt nach wie vor zunächst ein inaktives Produkt, welches erst nachträglich durch besondere Operationen in die aktiven Komponenten gespalten werden muß, während der Assimilationsprozeß von vornherein nur die aktiven Zucker der gleichen geometrischen Reihe liefert.

Die Stereochemie der Kohlenhydrate liefert indessen auch für diese Tatsache eine Erklärung, welche ihr den Schein des Wunderbaren vollends nimmt. Wenn bei einem aktiven Zucker ein neues Kohlenstoffatom mit Hilfe der Blausäure angefügt wird, so geht, wie der Versuch gezeigt hat, der künstliche Aufbau ebenfalls im asymmetrischen Sinne vonstatten. Da nun bei der Assimilation die optisch aktiven Bestandteile des Chlorophyllkorns beteiligt sind, so läßt sich leicht begreifen, wie unter ihrem Einfluß die Aneinanderfügung der 6 Kohlenstoffatome von Anfang an asymmetrisch erfolgt und zur Bildung von aktivem Zucker führt.

Die so geschaffene Asymmetrie kann dann auf alle Stoffe übergehen, welche aus dem Zucker durch weitere Verwandlungen entstehen. Das sind aber nicht allein die komplizierteren Kohlenhydrate, die Eiweißkörper und die Fette, von welchen bisher allein die Rede war, sondern auch das große Heer von Säuren, Alkaloiden, Farbstoffen, Gerbstoffen, Bitterstoffen, ätherischen Ölen usw., welche uns die Kinder der Flora in buntester Abwechslung darbieten. Über alle diese Vorgänge weiß man im einzelnen so gut wie gar nichts, aber die Pflanzenchemie wird sich voraussichtlich in nicht zu ferner Zukunft dem Studium derselben zuwenden, und sie mag dann in der erweiterten Kenntnis der Zuckergruppe manchen Fingerzeig für die Beobachtung finden.

Die Tierwelt entlehnt alle Kohlenstoffverbindungen, welche sie zum Aufbau der Organe oder zur Unterhaltung der Lebensvorgänge nötig hat, fertig gebildet von der Pflanze. Infolgedessen sind Synthesen im Tierleibe viel seltener; an ihre Stelle tritt vorübergehende Umformung und dann baldige Zertrümmerung des aufgenommenen Materials. Das Schicksal der Kohlenhydrate, welche den Hauptbestandteil aller vegetabilischen Nahrung bilden, gibt dafür ein treffliches Beispiel. Ihre synthetische Verwendung beschränkt sich, soweit unsere heutigen Kenntnisse reichen, auf die Erzeugung einiger stickstofffreien Substanzen, wie der Fette. Dafür fällt ihnen aber die wichtige Rolle zu, als Heizmaterial und Quelle der Muskelkraft zu dienen. Aufnahme und Verbrennung der Kohlenhydrate sind deshalb ein großer Faktor im tierischen Stoffwechsel.

Über beide Vorgänge glaubte die ältere Physiologie genügend unterrichtet zu sein. Solange man nur mit Zucker, Stärke und Cellulose rechnete, war in der Tat die Frage der Assimilierbarkeit im Tierleibe recht einfach. Die beiden ersten werden im Verdauungskanal gelöst und resorbiert; die letzte galt dagegen für unverdaulich, weil die reine Cellulose, wie sie in der Baumwolle oder dem Leinen zu unserer Verfügung steht, von den Sekreten des Magens und Darms nicht verändert wird. Nur dem Darm der Pflanzenfresser traute man in beschränktem Maße die Fähigkeit zu, unter Beihilfe von Bakterien auch dieses widerstandsfähige Material zu lösen.

Heute ist Cellulose nur noch ein Sammelname; denn wir wissen jetzt durch die Untersuchungen von Schulze, Tollens, Reiss u. a., daß die Pflanzen zum Aufbau ihrer großen Gerüste außer der gewöhnlichen Cellulose, wie sie an der Baumwolle studiert wurde, eine ganze Reihe von andern Polysacchariden verwendet, welche sich von der Mannose, Galactose oder den Pentosen ableiten. Diese Produkte werden von Säuren oder Fermenten verhältnismäßig rasch verzuckert und sind deshalb für die Pflanzenfresser leicht verdaulich. Die Agrikulturchemie hat die daraus sich ergebenden neuen Gesichtspunkte für die Beurteilung des Nährwertes der verschiedenen Viehfutter bereits verwertet und es wäre an der Zeit, auch die Versuche über die menschliche Verdauung an der Hand der neuen Tatsachen zu wiederholen.

Noch lückenhafter sind unsere Kenntnisse von der Verbrennung der Kohlenhydrate im Tierleibe. Seitdem Lavoisier Kohlensäure und Wasser als Endprodukte derselben erkannt hat, ist hier kein wesentlicher Fortschritt mehr geschehen. Da aber zweifellos jene Oxydation in den Geweben stufenweise erfolgt und wahrscheinlich von einfachen Spaltungsprozessen begleitet ist, so würde die Auffindung der Zwischenglieder nicht allein für das Verständnis des normalen Stoffwechsels, sondern auch für das Studium seiner Störungen von großem Werte sein.

Solche Untersuchungen berühren aber unmittelbar die Interessen der praktischen Heilkunde; denn ihr wird es vorzugsweise zugute kommen, wenn es gelingt, die Ursachen des Diabetes, der Acetonurie, der Fettsucht und ähnlicher Stoffwechselkrankheiten festzustellen, oder die Störungen in der Verdauung und Aufnahme der Kohlenhydrate durch passende Auswahl derselben zu beseitigen.

Was die physiologische Chemie bisher geleistet hat, verdient gewiß alle Anerkennung; aber viel größere Aufgaben sind ihr geblieben. Gleichzeitig mit der organischen Chemie ist sie emporgewachsen und alle Fortschritte der letzteren sind direkt oder indirekt von ihr ausgenützt worden. Wenn trotzdem die kühnen Hoffnungen, welche sie vor 50 Jahren unter der genialen Leitung von Liebig erweckte, nur teilweise in Erfüllung gingen, wenn trotz der glänzenden Entdeckungen auf dem Gebiete der tierischen Verdauung und Ernährung, der Gärungsvorgänge und der vegetabilischen Assimilation die Chemie der Zelle in den wesentlichsten Punkten ein Rätsel geblieben ist, so liegt das zumeist an der Schwierigkeit des Problems, aber zum Teil auch an der Unvollkommenheit der Hilfsmittel.

Der Tierchemie ist scheinbar durch die enge Verbindung mit der Medizin das Interesse und die Unterstützung weiter Kreise gesichert, und doch mußten noch in den letzten Jahren Männer wie Hoppe-Seyler und Kossel öffentlich Klage darüber führen, daß ihre Disziplin an den meisten deutschen Hochschulen nicht die gebührende Beachtung und Förderung finde.

Schlimmer aber steht es jedenfalls um die Pflanzenchemie. In den agrikulturchemischen Laboratorien werden vorzugsweise praktische Fragen des Ackerbaues und der Viehzucht behandelt und die meisten botanischen Institute sind in Deutschland für chemische Zwecke so dürftig eingerichtet, daß man sich mit der Anstellung kleiner analytischer Proben begnügen muß. Nur dadurch ist es erklärlich, daß die schöne Entdeckung von Hellriegel und Wilfarth bezüglich der direkten Assimilation des atmosphärischen Stickstoffs durch die Leguminosen nach Frankreich wandern mußte, um chemisch verallgemeinert zu werden, oder daß die von J. v. Sachs vor zehn Jahren in sinnreicher Weise begonnene quantitative Untersuchung über die Bildung der Kohlenhydrate in den grünen Pflanzen erst im letzten Jahre durch die Chemiker einer englischen Brauerei zu Ende geführt wurde. Mag es auch für die Wissenschaft gleichgültig sein, von welcher Nation sie am meisten gefördert wird, so würde es doch der Tradition und der ganzen Stellung der Chemie in Deutschland mehr entsprechen, wenn auch der physiologische Zweig, zumal nach der botanischen Seite hin besser gepflegt wäre.

Man erhebe nicht den Einwand, daß es verfrüht sei, die Chemie der komplizierten Bestandteile der Zelle anzugreifen. Untersuchungen, wie sie in neuerer Zeit von Schmiedeberg über den Knorpel oder von Kossel über die Nucleinsäuren angestellt wurden, liefern den Gegenbeweis. Man glaube noch weniger, daß solchen Bestrebungen das Interesse und die Hilfe der organischen Chemiker fehlen wird. Bei den rapiden Fortschritten der Synthese ist die Zeit nicht mehr fern, wo die jetzt in Angriff genommenen Gebiete erschöpft sind und wo eine stattliche Anzahl von wohlgeschulten Arbeitskräften bereit steht, mit den verfeinerten Methoden der Analyse und Synthese an das systematische Studium der Proteinstoffe heranzutreten. Das wird um so eher und mit um so größerer Aussicht auf Erfolg geschehen, je mehr die physiologische Beobachtung vorgearbeitet hat und je schärfer sie die Frage an das chemische Experiment zu stellen weiß.

Da ein prinzipieller Unterschied zwischen Tier- und Pflanzenwelt in chemischer Hinsicht noch weniger als in morphologischer existiert, so wäre es unnatürlich, das chemische Rätsel des Lebens einseitig hier oder dort lösen zu wollen.   Diese große Aufgabe ist für die Physiologie beider Reiche eine gemeinsame.   Auch für die vereinigten Kräfte bleibt die Arbeit noch immer groß genug; aber der Erfolg wird schließlich die Mühe reichlich lohnen.   Denn abgesehen von dem unberechenbaren Gewinn, welcher daraus für alle biologischen Wissenschaften zu erwarten ist, muß solche Erkenntnis eine Flut von praktischen Entdeckungen im Gefolge haben, welche die wichtigsten Zweige der Volkswirtschaft, den Ackerbau und die landwirtschaftlichen Gewerbe, bereichern werden.

Ein kleiner Fortschritt auf dem Wege nach jenem fernen Ziele darf auch die eben geschilderte Untersuchung der Kohlenhydrate genannt werden.

**5. Emil Fischer: Bedeutung der Stereochemie für die Physiologie.**

Zeitschrift für physiologische Chemie **26**, 60 [1898].

(Der Redaktion zugegangen am 15. August.)

Die räumliche Betrachtung des chemischen Moleküls, welche mit der von Pasteur bei den Weinsäuren erkannten Asymmetrie begann, hat durch die Theorie des asymmetrischen Kohlenstoffatoms von van't Hoff und Le Bel für die organische Chemie längst eine fundamentale Bedeutung gewonnen. Da ihre Resultate in den Kreisen der Physiologen weniger bekannt zu sein scheinen, so will ich es versuchen, an den wichtigsten Beispielen zu zeigen, wie nützlich dieselben bei der Erforschung mancher biologisch-chemischen Erscheinungen verwertet werden können.

Daß der Organismus optisch aktive Kohlenstoffverbindungen, welche man nach Pasteur als asymmetrische Moleküle zu betrachten hat, mit Vorliebe bereitet, ist seit den Untersuchungen von Biot aus dem Anfang dieses Jahrhunderts bekannt, und umgekehrt weiß man auch seit dem berühmten Versuch von Pasteur über die Vergärung der Traubensäure durch Schimmelpilze,[1] wobei zuerst die Rechts-Weinsäure verbrannt wird, daß zwei optische Antipoden von dem Organismus mit-verschiedener Geschwindigkeit verarbeitet werden. Diese Methode, aus einer racemischen Verbindung durch partielle Vergärung die eine optisch aktive Hälfte zu isolieren, ist seitdem in zahlreichen Fällen mit Hilfe von Schimmel-, Sproß- oder Spaltpilzen benutzt worden. Daß derselbe Unterschied bei den sterisch verschiedenen ungesättigten Verbindungen besteht, wurde in einem Falle, an dem verschiedenen Verhalten der Fumar- und Maleïnsäure gegen Penicillium glaucum und Aspergillus niger von E. Buchner[2] bewiesen.

Die erste Beobachtung, daß auch der höher entwickelte Organismus auf zwei optische Antipoden verschieden reagiert, machte Piutti[3]

---

[1]) Eine umfassende und sehr lehrreiche Untersuchung dieses Phänomens hat vor einigen Jahren W. Pfeffer angestellt. Jahrb. f. wissenschaftl. Botanik **28**, 205.

[2]) Berichte d. d. chem. Gesellsch. **25**, 1161 [1892].

[3]) Compt. rend. **103**, 134 [1886].

bei den beiden Asparaginen, von welchen das eine süß und das andere
fade schmeckt, und Pasteur[1]) erklärte diese Erscheinung durch die
chemische Asymmetrie der Nervensubstanz.

Ein viel größeres tatsächliches Material für das Studium dieser
Beziehungen zwischen räumlichem Aufbau des Moleküls oder, wie man
jetzt gewöhnlich sagt, Konfiguration des Moleküls und biologischer
Wirksamkeit hat die neuere Untersuchung der Kohlenhydrate und
Glucoside geliefert. Sie bot mir insbesondere Gelegenheit, den von
jeher als typisch geltenden Gärprozeß, die alkoholische Gärung,
vom stereochemischen Standpunkt zu studieren. Da die betreffenden
Beobachtungen in einer Reihe von Einzelabhandlungen[2]) zerstreut und
häufig durch den überwiegend chemischen Inhalt verdeckt sind, so
scheint es mir zweckmäßig, sie hier im Zusammenhang darzustellen
und zugleich einige Mißverständnisse zu beseitigen, welche die frühere
knappe Form der Publikation veranlaßt hat.

## Konfiguration und alkoholische Gärung der Monosaccharide.

Obschon durch das Eingreifen der Synthese jetzt Monosaccharide
der verschiedensten Zusammensetzung d. h. mit einem Gehalte von
zwei bis neun Kohlenstoffatomen bekannt sind, so kommen doch für
die vorliegende Frage vorzugsweise die Hexosen $C_6H_{12}O_6$, welche bekanntlich wieder in Aldosen und Ketosen zerfallen, in Betracht. Von
den elf bekannten Aldohexosen haben sich nur drei, *d*-Glucose (Traubenzucker), *d*-Mannose und *d*-Galactose gärfähig gezeigt, und von den
Ketohexosen, deren Zahl durch die Arbeiten von L. de Bruyn und
van Ekenstein in neuester Zeit sehr gewachsen ist, zeichnet sich nur
die *d*-Fructose durch dieselbe Eigenschaft[3]) aus. Daß die optischen
Antipoden dieser vier Zucker von der Hefe nicht verändert werden und
daß infolgedessen bei der Behandlung der racemischen Verbindungen
mit Hefe nur die eine Hälfte verschwindet, entspricht der alten Pasteurschen Regel. Da für alle Aldohexosen und die Fructose die Konfiguration des Moleküls im Sinne der Theorie des asymmetrischen
Kohlenstoffatoms festgestellt ist, so läßt sich ihr Einfluß auf die Gärbarkeit an der Hand der chemischen Formeln diskutieren. Es wird
genügen, dieselben nur für die vier gärbaren Zucker anzuführen:

---

[1]) Compt. rend. **103**, 138 [1886].
[2]) Berichte d. d. chem. Gesellsch. 1894 und 1895.
[3]) Da die Existenz der Pseudofructose, welche ebenfalls gärfähig sein
soll, noch nicht ganz sicher ist.

$$
\begin{array}{cccc}
\text{COH} & \text{COH} & \text{COH} & \text{CH}_2\cdot\text{OH} \\
\text{H}\cdot\text{C}\cdot\text{OH} & \text{HO}\cdot\text{C}\cdot\text{H} & \text{H}\cdot\text{C}\cdot\text{OH} & \text{CO} \\
\text{HO}\cdot\text{C}\cdot\text{H} & \text{HO}\cdot\text{C}\cdot\text{H} & \text{HO}\cdot\text{C}\cdot\text{H} & \text{HO}\cdot\text{C}\cdot\text{H} \\
\text{H}\cdot\text{C}\cdot\text{OH} & \text{H}\cdot\text{C}\cdot\text{OH} & \text{HO}\cdot\text{C}\cdot\text{H} & \text{H}\cdot\text{C}\cdot\text{OH} \\
\text{H}\cdot\text{C}\cdot\text{OH} & \text{H}\cdot\text{C}\cdot\text{OH} & \text{H}\cdot\text{C}\cdot\text{OH} & \text{H}\cdot\text{C}\cdot\text{OH} \\
\text{CH}_2\cdot\text{OH} & \text{CH}_2\cdot\text{OH} & \text{CH}_2\cdot\text{OH} & \text{CH}_2\cdot\text{OH} \\
d\text{-Glucose} & d\text{-Mannose} & d\text{-Galactose} & d\text{-Fructose}
\end{array}
$$

Man ersieht daraus, daß die d-Fructose dem Traubenzucker und der Mannose sterisch völlig gleicht; denn an den drei asymmetrischen Kohlenstoffatomen, welche sie noch enthält, ist die Anordnung genau dieselbe wie bei den beiden anderen Zuckern, und diese sterische Verwandtschaft ist offenbar für die Tätigkeit der Hefe maßgebend. Denn alle bisher geprüften Saccharomyceten, welche alkoholische Gärung erzeugen, verarbeiten diese drei Zucker mit annähernd gleicher Leichtigkeit. Aber auch in chemischen Metamorphosen kommt diese Ähnlichkeit zum Ausdruck, denn Glucose, Mannose und Fructose konnten durch mehrere Übergänge miteinander verknüpft werden. Weiter entfernt sich von ihnen auch in bezug auf die Konfiguration die d-Galactose. Dem entspricht das Verhalten gegen Hefe; denn sie wird durchgehends langsamer als der Traubenzucker und von einigen Hefearten, wie Sacch. apiculatus und Sacch. productivus, überhaupt nicht vergoren.

Die übrigen, nicht gärbaren Hexosen unterscheiden sich von den vorigen Formen dadurch, daß einzelne oder auch alle Hydroxyle auf der entgegengesetzten Seite stehen. Wie geringe Verschiedenheiten schon genügen, um die Wirkung der Hefe auszuschließen, beweist das Beispiel der d-Talose, welche folgende Konfiguration hat:

$$
\begin{array}{c}
\text{COH} \\
\text{HO}\cdot\text{C}\cdot\text{H} \\
\text{HO}\cdot\text{C}\cdot\text{H} \\
\text{HO}\cdot\text{C}\cdot\text{H} \\
\text{H}\cdot\text{C}\cdot\text{OH} \\
\text{CH}_2\text{OH}
\end{array}
$$

Sie steht zur d-Galactose in demselben Verhältnis, wie die Mannose zur Glucose, die Stellung der beiden obersten Hydroxyle ist dieselbe wie in der d-Mannose, die der beiden mittleren die gleiche wie in der Galactose und die des unteren identisch mit derjenigen der Glucose,

Mannose und Galactose. Wenn trotzdem die *d*-Talose nicht gärfähig ist, so geht daraus hervor, daß nicht die Stellung der einzelnen Hydroxyle, sondern erst ihre Kombination d. h. die gesamte Konfiguration ausschlaggebend ist. Ob unter den 5 von der Theorie noch vorgesehenen, aber bisher unbekannten Aldohexosen gärfähige Formen vorhanden sein werden, läßt sich nicht voraussehen, ist aber auch prinzipiell für unsere Betrachtung gleichgültig.

Die zuvor geschilderten Erscheinungen wurden von mir beobachtet vor der wichtigen Entdeckung von E. B u c h n e r , daß die alkoholische Gärung von der Hefezelle getrennt werden kann, daß mit anderen Worten ein lösliches Ferment, die Zymase, existiert, welches dieselbe hervorruft. Ich zweifelte damals nicht daran, daß zwischen der Konfiguration der Hexosen und den bei der Gärung in Kraft tretenden chemischen Agentien der Hefezelle eine bestimmte Relation bestehen müsse, und gab dieser Überzeugung in Gemeinschaft mit T h i e r f e l d e r durch Aufstellung einer Hypothese über die stereochemische Verwandtschaft von Zucker und Gärungsferment Ausdruck.[1])

Um diesen Betrachtungen aber eine bessere Grundlage zu verschaffen, schien es mir vor allen Dingen notwendig, die Untersuchung auf die vom Organismus abgetrennten Fermente auszudehnen, was für die alkoholische Gärung damals noch nicht möglich war. Die Gelegenheit dazu boten mir indessen die künstlichen Glucoside der Alkohole, und die hier gewonnenen Resultate ließen sich zum Teil auch auf die natürlichen Polysaccharide übertragen.                .

### Konfiguration und enzymatische Spaltung der Glucoside.[2])

Durch Erhitzen der Aldosen mit sehr schwacher alkoholischer Salzsäure entstehen, wie ich an vielen Beispielen gezeigt habe, in der Regel gleichzeitig zwei isomere Glucoside, welche als α- und β-Verbindung unterschieden wurden. In der Voraussetzung, daß sie stereoisomer sind, habe ich für die beiden Methylderivate des Traubenzuckers folgende Formeln aufgestellt:[3])

---

[1]) Berichte d. d. chem. Gesellsch. **27**, 2031 [1894]. (*S. 835.*)

[2]) Vgl. meine Mitteil. Berichte d. d. chem. Gesellsch. **27**, 2985, 3479 [1894] (*S. 836, 845*) und **28**, 1429, 1508, 1145 [1895]. (*S. 850, 780, 734.*)

[3]) Die Gründe, welche für diese Auffassung sprechen, will ich hier nicht wiederholen. Sollten sie wider Erwarten sich nicht bestätigen und die Verschiedenheit der beiden Glucoside später als eine Strukturisomerie erkannt werden, so würde zwar dieser spezielle Fall aus der räumlichen Betrachtung ausscheiden, im übrigen aber würden die Schlüsse dieser Untersuchung dadurch nicht berührt werden.

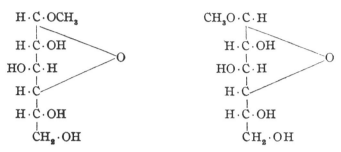

Die Prüfung der beiden Verbindungen mit dem ältesten glucosidspaltenden Enzym, dem Emulsin, hat nun ergeben, daß die β-Verbindung dadurch sehr leicht in Traubenzucker und Methylalkohol gespalten wird, wie folgender Versuch zeigt: 1 Teil käufliches Emulsin, aus bitteren Mandeln bereitet, wurde mit einer Lösung von 2 Teilen β-Methylglucosid in 20 Teilen Wasser übergossen, kurze Zeit geschüttelt, um das Ferment möglichst zu lösen, und die Mischung 20 Stunden im Brutschrank bei 30—35⁰ aufbewahrt. Die Bestimmung des jetzt vorhandenen Traubenzuckers, welche durch direkte Titration mit Fehlingscher Lösung ausgeführt werden konnte, ergab, daß über 90 pCt. des Glucosids gespalten war. Genau unter denselben Bedingungen zeigt das α-Methylglucosid keine nachweisbare Hydrolyse.

Gerade umgekehrt verhält es sich nun mit den in der Bierhefe enthaltenen Enzymen. Eines derselben, von dem später ausführlich die Rede sein wird, spaltet das α-Methylglucosid und läßt die β-Verbindung unberührt. Um eine Vorstellung von den Bedingungen zu geben, unter welchen dieser Unterschied zutage tritt, will ich ebenfalls einen Versuch in den Einzelheiten beschreiben. 1 Teil α-Methylglucosid wurde mit 10 Teilen einer Fermentlösung, welche durch 15 stündiges Auslaugen von 1 Teil lufttrockener Bierhefe (Reinkultur Typus Frohberg) mit 15 Teilen Wasser bei 30⁰ bereitet war, 20 Stunden im Brutschrank bei 30—35⁰ behandelt. Die Titration mit Fehlingscher Lösung ergab, daß die Hälfte des Glucosids in Zucker verwandelt war. Unter den gleichen Bedingungen wurde das β-Methylglucosid gar nicht verändert.

Derselbe Unterschied zeigte sich bei dem bisher nur in einer Form bekannten Äthyl- und Phenol-glucosid.[1]) Zweifellos besteht also in dem Verhalten gegen die beiden Enzyme ein ganz scharfer Unterschied der α- und β-Derivate des Traubenzuckers, so daß wir auf diesem Wege die beiden Arten leicht erkennen können, während chemische Agentien für diesen Zweck fehlen.

---

[1]) Siehe die Tabelle Seite 123.

Da aber, wie zuvor erwähnt, die Möglichkeit einer Strukturisomerie für α- und β-Glucoside bisher nicht sicher ausgeschlossen werden konnte, so liefern alle diese Beobachtungen keinen strengen Beweis für die Abhängigkeit der Enzymwirkung von der Konfiguration. Glücklicherweise fallen solche Bedenken weg bei den zwei Methylderivaten der l-Glucose, welche ich α-Methyl-l-glucosid und β-Methyl-l-glucosid genannt habe, und welche zweifellos die Spiegelbilder der entsprechenden d-Verbindungen sind. Da diese beiden l-Glucoside weder von Emulsin noch von Hefenenzym angegriffen werden, so haben wir hier genau denselben Unterschied wie bei der verschiedenen Vergärbarkeit von d- und l-Glucose resp. anderen optischen Antipoden durch Hefe oder sonstige Gärungserreger.

Nicht minder interessant ist das Verhalten der Glucoside, welche sich von den übrigen Hexosen ableiten. Hier kommen zunächst die Derivate der gärbaren Zucker in Betracht. Von der d-Galactose sind beide Methylverbindungen bekannt. *Während die α-Verbindung gegen Hefenenzym beständig ist*, wird die β-Verbindung durch Emulsin hydrolysiert. Aber der Vorgang findet langsamer statt als bei den d-Glucosiden, so daß der Unterschied annähernd der verschiedenen Schnelligkeit bei der alkoholischen Gärung von Traubenzucker und Galactose entspricht. In auffallendem Gegensatz dazu ist das Methylderivat der ebenfalls gärbaren d-Mannose sowohl gegen Emulsin wie gegen Hefenenzym beständig, und dasselbe gilt von seinem optischen Antipoden, dem Methyl-l-mannosid. Leider wurde das zweite Methyl-d-mannosid bisher nicht gefunden.

Indifferent gegen die beiden Enzyme sind endlich alle bisher geprüften Glucoside der Pentosen, Methylpentosen und Heptosen. Da die Glucosidgruppe in diesen Verbindungen zweifellos die gleiche Struktur besitzt wie bei den Derivaten des Traubenzuckers und der Galactose, so liegt der Grund für die verschiedene Angriffskraft der Enzyme offenbar in der Konfiguration des Zuckermoleküls.

Besonders lehrreich ist das Beispiel der beiden Xyloside. Die Xylose selbst hat eine ganz ähnliche Konfiguration wie der Traubenzucker, wie die folgenden Formeln zeigen:

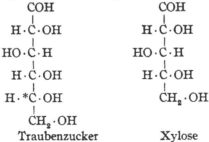

Traubenzucker            Xylose

Nur fehlt in ihr das beim Traubenzucker mit * bezeichnete Kohlenstoffatom. Da nun letzteres offenbar bei der Glucosidbildung keine maßgebende Rolle spielt, dieselbe sich vielmehr nach allen bisherigen Erfahrungen an den vier oberen Kohlenstoffatomen des Moleküls vollzieht, so darf man annehmen, daß die Glucosidgruppe bei den Derivaten der Xylose und des Traubenzuckers struktur- und stereochemisch gleich gebaut ist. Um das zu veranschaulichen, stelle ich die Konfigurationsformeln der vier Verbindungen zusammen, bei welchen die von mir bevorzugte allgemeine Strukturformel der Glucoside benutzt ist:

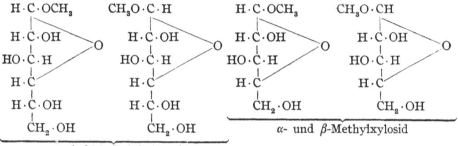

α- und β-Methyl-d-glucosid                α- und β-Methylxylosid

Die Indifferenz der Xyloside gegen Emulsin und Hefenenzym zeigt mithin, welch feine Unterschiede für den Angriff dieser Stoffe maßgebend sind, oder mit anderen Worten, wie grob die Vorstellungen noch sind, welche wir trotz aller Fortschritte der Struktur- und Stereochemie von dem Aufbau des chemischen Moleküls haben. Das weitere Studium der enzymatischen Prozesse scheint mir deshalb berufen zu sein, auch die Anschauungen über den molekularen Bau komplizierter Kohlenstoffverbindungen zu vertiefen.

Viel dürftiger als bei den Aldosiden sind die bisherigen Erfahrungen bei den Ketosiden. Das einzige kristallisierte Produkt dieser Art, das Methylsorbosid, wird von Emulsin und Hefenenzym nicht verändert. Dagegen wurde bei einem sirupförmigen Präparat, welches aus d-Fructose und Methylalkohol gewonnen war, eine partielle Spaltung durch Hefe beobachtet, so daß auch hier aller Wahrscheinlichkeit nach ähnliche Verhältnisse wie bei den Aldosiden bestehen.

In der folgenden Tabelle ist das Verhalten der verschiedenen Glucoside gegen Emulsin und Hefenenzym übersichtlich zusammengestellt. Die von anderen Autoren herrührenden Beobachtungen sind durch Sternchen markiert. Auf die synthetischen Produkte folgen die natürlichen Glucoside, von denen aber die beiden ersten, Salicin und Helicin, bekanntlich auch von Michael künstlich dargestellt wurden.

| Synthetische Glucoside | Emulsin | Hefenenzym |
|---|:---:|:---:|
| α-Methyl-*d*-glucosid . . . . . . . . . . . | — | + |
| β-Methyl-*d*-glucosid . . . . . . . . . . . | + | — |
| α-Methyl-*l*-glucosid . . . . . . . . . . . | — | — |
| β-Methyl-*l*-glucosid . . . . . . . . . . . | — | — |
| α-Äthyl-*d*-glucosid . . . . . . . . . . . | — | + |
| Phenol-*d*-glucosid . . . . . . . . . . | +*) | — |
| α-Methyl-*d*-galactosid . . . . . . . . . . | — | — |
| β-Methyl-*d*-galactosid . . . . . . . . . . | + | — |
| Methyl-*d*-mannosid . . . . . . . . . . | — | — |
| Methyl-*l*-mannosid . . . . . . . . . . | — | — |
| Methylarabinosid . . . . . . . . . . . . | — | — |
| α-Methylxylosid . . . . . . . . . . . . . | — | — |
| β-Methylxylosid . . . . . . . . . . . . . | — | — |
| Methylrhamnosid . . . . . . . . . . . . | — | — |
| Methylglucoheptosid . . . . . . . . . . . | — | — |
| Methylsorbosid . . . . . . . . . . . . . | — | — |
| Methylfructosid (nicht kristallisiert) . . . | — | + |

*(Left margin brackets: Aldoside — Hexoside; Ketoside)*

| Natürliche Glucoside | Emulsin | Hefenenzym |
|---|:---:|:---:|
| Salicin . . . . . . . . . | +*) | — |
| Helicin . . . . . . . . . | +*) | — |
| Äsculin . . . . . . . . . | +*) | |
| Arbutin . . . . . . . . . | +*) | — |
| Coniferin . . . . . . . . | +*) | — |
| Phillyrin . . . . . . . . | —*) | |
| Apiin . . . . . . . . . | — | — |
| Syringin . . . . . . . . | +*) | — |
| Saponin . . . . . . . . | — | — |
| Phloridzin . . . . . . . | —*) | — |
| Mandelnitrilglucosid (halb künstlich) . . . | + | — |
| (Derivat einesDisaccharids) Amygdalin . . . . . . | +*) | + |
| (Derivat der Rhamnose) Quercitrin . . . . . . | — | |

*(Left margin bracket: Einfache Derivate der d-Glucose)*

+ bedeutet Hydrolyse.
— „ keine Hydrolyse.
*) bedeutet, daß die Angabe von anderen Autoren herrührt.

Ein halb künstliches Produkt ist das von mir aus dem Amygdalin gewonnene Mandelnitrilglucosid.

Die natürlichen Glucoside sind zum größeren Teil Derivate der Phenole und gehören offenbar zur $\beta$-Reihe, da sie von Emulsin, aber nicht von Hefenenzym angegriffen werden. Einige derselben, wie Phillyrin, Apiin, Saponin und Phloridzin, sind auch gegen Emulsin beständig, obschon sie sich vom Traubenzucker ableiten. Wodurch diese Indifferenz verursacht wird, läßt sich vorläufig nicht ermitteln. Manche anderen komplizierteren Glucoside können mit den Enzymen nicht geprüft werden, weil sie in Wasser unlöslich sind.

Einen eigenartigen Fall haben wir bei dem Amygdalin. Dasselbe ist kein einfaches Derivat des Traubenzuckers, sondern leitet sich von einem Disaccharid, wahrscheinlich von der Maltose, ab. Es wird sowohl von Emulsin wie von Hefenenzym angegriffen, aber in ganz verschiedener Weise gespalten. Ersteres erzeugt bekanntlich Bittermandelöl, Blausäure und Traubenzucker. Die Wirkung des Hefenenzyms beschränkt sich dagegen auf die Abspaltung von einem Molekül Traubenzucker; daneben entsteht das Mandelnitrilglucosid, welches gegen Hefe beständig ist, dagegen von Emulsin weiter in Bittermandelöl, Blausäure und Traubenzucker zerlegt wird.[1])

## Konfiguration und Enzymwirkung bei den Polysacchariden.

Obschon die Beobachtungen über die Hydrolyse der Polysaccharide durch Enzyme außerordentlich zahlreich sind, so beschränkt sich doch das Material, welches für die vorliegende Frage in Betracht kommt, auf wenige Fälle bei den Disacchariden und gestattet auch hier nicht einmal so sichere Schlüsse, wie bei den Glucosiden.

Disacchacide der Hexosen sind bisher sieben genauer bekannt, vier natürliche — Rohrzucker, Maltose, Milchzucker und Trehalose —, ferner drei künstliche, die Melibiose, welche aus der Melitriose durch partielle Hydrolyse entsteht, die Turanose, welche auf dieselbe Art aus der Melicitose gewonnen wird, und endlich die synthetisch aus Traubenzucker dargestellte Isomaltose, welche aber in reinem Zustand nicht bekannt ist. Maltose und Milchzucker sind strukturchemisch so außerordentlich ähnlich, wie die Bildung der Osazone und das Verhalten gegen Essigsäureanhydrid beweist, daß ich ihre Stereoisomerie für recht wahrscheinlich halte, wenn auch der definitive Beweis dafür schwer zu liefern ist. Unter der Voraussetzung, daß diese Zucker eine

---

[1]) E. Fischer, Berichte d. d. chem. Gesellsch. **28**, 1508 [1895]. (S. *780*.)

glucosidähnliche Gruppe enthalten, habe ich deshalb für beide vorläufig die gleiche Strukturformel:

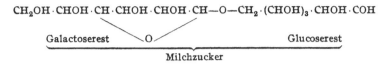

$$CH_2OH \cdot CHOH \cdot CH \cdot CHOH \cdot CHOH \cdot CH-O-CH_2 \cdot (CHOH)_3 \cdot CHOH \cdot COH$$

Galactoserest          O          Glucoserest

Milchzucker

aufgestellt. Die Isomerie liegt nun einerseits darin, daß die auf der linken
Seite stehende Hälfte des Moleküls in einem Falle die Konfiguration
des Traubenzuckers, im anderen Falle diejenige der Galactose besitzt.
Dazu tritt aller Wahrscheinlichkeit nach noch ein Unterschied in der
Konfiguration der Glucosidgruppe; denn die beiden Zucker unterscheiden
sich wieder ähnlich dem α- und β-Methylglucosid ganz scharf in
ihrem Verhalten gegen Emulsin und Hefenenzym. Von dem ersteren
wird der Milchzucker recht leicht gespalten, während die Maltose
gegen dieses Enzym ganz beständig ist. Umgekehrt erfolgt die
Hydrolyse der Maltose durch das Enzym der Hefe, während der Milchzucker unter denselben Bedingungen intakt bleibt. Analog dem
Emulsin verhalten sich ferner, wie ich nachgewiesen habe, die
sogenannten Lactasen, welche im Kefir und den Milchzuckerhefen
enthalten sind.[1])

Stereoisomer mit der Maltose ist vielleicht auch die synthetische
Isomaltose. Meine Beobachtungen beschränken sich hier auf das Verhalten gegen die Hefenenzyme, wovon der Zucker nicht angegriffen
wird.

Die Melibiose ist bekanntlich ähnlich dem Milchzucker das Anhydrid von einem Molekül Traubenzucker und einem Molekül Galactose.
Ob sie mit der Maltose und dem Milchzucker stereoisomer ist, läßt sich
nach den bis jetzt vorliegenden dürftigen Beobachtungen nicht entscheiden. Nach dem Verhalten gegen Enzyme dürfte das aber wahrscheinlich sein; sie wird nämlich von einem Enzym, welches in der
untergärigen Hefe enthalten ist, gespalten, während sie gegen Emulsin
beständig ist.

So dürftig diese Beobachtungen auch sind, so deuten sie doch
darauf hin, daß hier ähnliche Verhältnisse bestehen wie bei den Glucosiden, und wenn es erst gelungen sein wird, die Disaccharide synthetisch
zu bereiten und dadurch eine größere Anzahl von stereoisomeren Formen
zu erzeugen, so wird man unzweifelhaft ebenso scharfe Unterschiede
der enzymatischen Spaltung beobachten.

---

[1]) Berichte d. d. chem. Gesellsch. **27**, 2991, 3481 [1894]. (*S. 842, 848.*)

## Enzyme der Hefe und Gärbarkeit der Polysaccharide.[1])

Bei den zuvor erwähnten Versuchen hatte ich Gelegenheit, die Enzyme der Hefe genauer kennen zu lernen und dabei gleichzeitig eine allgemeinere biologische Frage, die Vergärbarkeit der Polysaccharide, von neuen Gesichtspunkten aus zu betrachten. Da die hierbei erlangten Resultate auch in einer Reihe von Abhandlungen zerstreut sind, so scheint es mir nützlich, sie ebenfalls in übersichtlicher Gruppierung zusammenzustellen. Vor Beginn meiner Untersuchungen war mit Sicherheit nur ein Enzym der gewöhnlichen Bierhefe bekannt, das Invertin, welches in neuerer Zeit von manchen Autoren im Interesse einer einheitlichen Nomenklatur Invertase genannt wird. Dasselbe spaltet bekanntlich den Rohrzucker in Glucose und Fructose, ferner erzeugt es aus der Melitriose die Melibiose und Fructose. Die Gärbarkeit des Rohrzuckers wurde dementsprechend schon lange dahin interpretiert, daß er zunächst hydrolysiert und dann erst die Spaltungsprodukte in Alkohol und Kohlensäure zerlegt werden. Für die Maltose und alle übrigen vergärbaren Polysaccharide nahm man dagegen fast allgemein eine direkte Vergärung durch die Hefe an. Nur ganz vereinzelt waren Zweifel an dieser Auffassung, speziell bezüglich der Maltose, geäußert worden. So hatte namentlich E. Bourquelot die primäre Spaltung der Maltose durch Enzyme der Hefe zu beweisen versucht, aber die Schwierigkeit, Traubenzucker neben Maltose sicher zu erkennen, war bei seinen Versuchen so störend, daß sie keinen Anspruch auf völlige Entscheidung der Frage erheben konnten, und da seiner Beobachtung viele andere negative Versuche von anderer Seite entgegenstanden, so sind auch seine Schlußfolgerungen meines Wissens von keinem Zymochemiker anerkannt worden. Eine andere Beobachtung über die Spaltung der Maltose durch einen Auszug von getrockneter Hefe war von C. Lintner gemacht, aber in so beiläufiger Form und ohne alle Diskussion ihrer Bedeutung beschrieben worden, daß sie ebenfalls keine Beachtung gefunden hatte.[2])

Durch die Benutzung des Phenylhydrazins, welches die Erkennung des Traubenzuckers neben unveränderter Maltose oder, allgemein gesprochen, den Nachweis der Monosaccharide neben den Polysacchariden so sehr erleichtert, konnte ich diese Frage sicher entscheiden. Es zeigte sich, daß man aus getrockneter Hefe leicht einen wässerigen Auszug

---

[1]) Berichte d. d. chem. Gesellsch. **27**, 2986, 3479 [1894] (*S. 838, 845*); **28**, 1429 [1895]. (*S. 852.*)

[2]) Vgl. meine Mitteilung, Berichte d. d. chem. Gesellsch. **28**, 1433 [1895]. (*S. 854.*)

bereiten kann, welcher nicht allein den Rohrzucker, sondern ebenso gut die Maltose hydrolysiert. Das Enzym, welches die letztere Wirkung ausübt, ist aber durchaus verschieden von der Invertase, denn es fehlt in einzelnen Hefenarten, welche Invertase enthalten, und außerdem besitzt die durch mehrmalige Fällung mit Alkohol gereinigte Invertase nicht die Fähigkeit, Maltose anzugreifen. Für die Maltose spaltenden Enzyme hat die Mehrzahl der Zymochemiker den Namen Glucase angenommen. Im Interesse einer einheitlichen Bezeichnungsweise ist es jedoch viel zweckmäßiger, das Wort Maltase, welches Bourquelot zuerst für ein die Maltose spaltendes Enzym von Aspergillus niger vorgeschlagen hat, zu akzeptieren. Da es nun eine Reihe von solchen Maltasen gibt, so habe ich es zweckmäßig gefunden, dieselben nach dem Ursprung, d. h. nach dem Organismus oder einzelnen Organ, in welchem sie sich finden, zu unterscheiden und dementsprechend das Enzym der Hefe als Hefenmaltase zu bezeichnen.

Für die meisten Versuche mit Hefenenzymen, besonders wenn es auf die Invertase und Maltase ankommt, kann man sich einer guten Brauereihefe bedienen, sicherer aber ist es, eine Reinkultur anzuwenden, wie sie heutzutage käuflich sind. Ich habe mich für alle entscheidenden Versuche einer Saccharomyces cerevisiae Typus Frohberg bedient. Die möglichst frische, scharf abgepreßte Hefe, wie sie direkt für Brauereien im Großen hergestellt wird, muß zunächst 2—3 mal mit der zehnfachen Menge Wasser verrieben und durchgeschüttelt werden. Die Entfernung der Mutterlauge geschieht am besten durch Filtration mit dem Pukallschen Ballonfilter, welches allgemein für derartige Zwecke sehr zu empfehlen ist. Die möglichst scharf abgesaugte Hefe wird dann auf porösen Tontellern in dünner Schicht ausgebreitet und bei Zimmertemperatur an der Luft getrocknet. Sie schrumpft dabei zusammen und nimmt eine dunkelgraue Farbe an. Nach 1—2 Tagen wird sie durch Zerreiben möglichst zerkleinert und abermals an der Luft getrocknet, bis sie ein lockeres Pulver bildet. Die letzte Trocknung kann auch bei einer Temperatur von 30—35° ausgeführt werden. In diesem Zustand läßt sich die Hefe monatelang aufheben, ohne daß die Maltase zerstört wird. Soll das Enzym dann zur Anwendung kommen, so wird die getrocknete Hefe mit der 10—15 fachen Menge destilliertem Wasser übergossen, bei 30—35° unter zeitweisem Umschütteln 12—20 Stunden ausgelaugt und die Flüssigkeit durch Papier filtriert. Um in dieser Lösung die Entwicklung von Organismen zu verhindern, ist es nötig, ein Antiseptikum zuzusetzen. Nach meinen Erfahrungen eignet sich Toluol für diesen Zweck am besten, weil es die Enzyme der Hefe am wenigsten schädigt. 1 pCt. des Kohlenwasserstoffs ist völlig ausreichend, nur muß man durch gutes Umschütteln denselben in der Flüssigkeit

möglichst verteilen. Aber auch in diesem Zustand läßt sich die Enzymlösung nicht länger als einige Tage unbeschadet ihrer Wirksamkeit
aufheben. Man tut deshalb gut, sie für jeden Versuch frisch zu bereiten.

An Stelle des Enzymauszugs kann man auch die getrocknete Hefe
direkt verwenden, wie ich das in manchen Fällen getan, wenn man
wiederum duch Zusatz von Toluol die Gärtätigkeit derselben verhindert
oder wenigstens so weit beschränkt, daß die aus den Glucosiden bzw.
Polysacchariden entstehenden gärbaren Monosaccharide nur zum
kleinsten Teil weiter vergoren werden.

Im Gegensatz zur getrockneten Hefe hält die frische ihre Enzyme
so fest, daß sie unter den obigen Bedingungen von Wasser nicht ausgelaugt werden. Diese Beobachtung ist zuerst für die Invertase von
O. Sullivan gemacht, das gleiche habe ich für die Maltase festgestellt.
Verwendet man ganz frische Kulturen in völlig unversehrtem Zustand,
so ist der wässerige Auszug gegen Maltose ganz indifferent. Diese
Beobachtung hat zu der Vermutung geführt, daß die Maltase erst
beim Trocknen der Hefe gleichsam als pathologisches Produkt entstehe. Das wurde noch wahrscheinlicher durch den von Morris[1])
zuerst gelieferten Nachweis, daß eine solche ganz frische Hefe in einer
Lösung von Maltose keine Hydrolyse bewirkt, wenn man ihre Gärtätigkeit durch Zusatz von Chloroform aufhebt. Aber ich konnte
zeigen, daß es sich hier um eine spezifische schädliche Wirkung des
Chloroforms handelt; denn bewirkt man die Anästhesierung der frischen
Hefe durch Thymol, eine kleine Menge von Äther oder am besten durch
Toluol, so wird die Maltose fast ebensogut gespalten, wie bei Benutzung
von trockener Hefe.[2]) Es scheint mir deshalb nicht mehr zweifelhaft
zu sein, daß die Maltase auch in der ganz unversehrten Hefe enthalten
ist, und es steht also der Auffassung nichts mehr im Wege, daß auch
hier die Maltose vor der eigentlichen Vergärung zuerst durch Hydrolyse
in Traubenzucker verwandelt wird. Allerdings kann das nur innerhalb der Zelle selber geschehen, welche ja im unversehrten Zustand
das Enzym nicht abgibt. Ob dasselbe hier auf irgend eine Weise gebunden ist, oder ob nur bei unverletzter Zellhülle seine Diffusion nach
außen gehindert ist, läßt sich auf Grund der bisherigen Erfahrungen
nicht entscheiden.

Dank den großen Fortschritten der Bakteriologie und besonders
den ausgezeichneten Untersuchungen von Hansen kennen wir jetzt
eine sehr große Anzahl von morphologisch und physiologisch scharf
unterschiedenen Saccharomycesarten, und die Benutzung dieses Materials

---

[1]) Proc. chem. Soc. **1895**, 46.
[2]) Berichte d. d. chem. Gesellsch. **28**, 1436 [1895]. (*S. 857.*)

erlaubt eine eingehendere Prüfung der eben entwickelten Anschauung. War dieselbe richtig, so mußte in einzelnen Hefen, welche die Maltose oder den Rohrzucker nicht vergären, auch keine Maltase bzw. Invertase nachweisbar sein. Die Bestätigung dafür liefern folgende Beobachtungen.

Der wässerige Auszug von Kefirkörnern, welche in Maltose keine Gärung erzeugen, übte auch keine hydrolysierende Wirkung auf den Zucker aus.[1]) Ebenso indifferent verhielt sich eine von mir untersuchte Reinkultur von Milchzuckerhefe; ferner haben P. Lindner und ich[2]) gezeigt, daß Saccharomyces Marxianus, welcher nach Hansen die Maltose nicht vergärt, weder im getrockneten noch im frischen Zustand das Disaccharid zu spalten vermag und mithin keine Maltase enthält. Ebenso ließ sich bei Schizo-Saccharomyces octosporus, welcher nach seinem Entdecker Beyerinck wohl die Maltose, aber nicht den Rohrzucker vergärt, zeigen, daß er zwar Maltase, aber keine Invertase enthält. Einen besonders interessanten Fall bot endlich Monilia candida.[3]) Sie vergärt sowohl den Rohrzucker wie die Maltose, dagegen gibt sie, wie Hansen beobachtet hat, an Wasser keine Invertase ab. Hier schien also eine Ausnahme von der eben erwähnten Regel vorzuliegen und eine direkte Vergärung des Rohrzuckers stattzufinden. Die genauere Prüfung des Falles hat aber das Gegenteil bewiesen. Die Beobachtung von Hansen ist zwar ganz richtig, denn weder aus der frischen, noch der getrockneten Monilia kann ein den Rohrzucker spaltendes Enzym extrahiert werden. Läßt man aber die getrocknete Hefe bei Gegenwart von Toluol auf Rohrzucker einwirken, so findet eine kräftige Hydrolyse statt, und selbst bei der frischen Hefe tritt dieselbe, wenn auch in schwächerem Maße, ein, wenn die Zellen durch Zerreiben mit Glaspulver zerrissen werden. Die Monilia ist also unzweifelhaft imstande, den Rohrzucker unabhängig von der Gärtätigkeit zu invertieren, nur ist das hierbei wirksame Agens in Wasser nicht löslich. Vielleicht wird es durch die sinnreiche Methode von E. Buchner, durch Anwendung hohen Druckes auch hier gelingen, das invertierende Enzym von der Zelle zu trennen.

Der Milchzucker wird bekanntlich von den Bierhefen gar nicht angegriffen, dagegen von den Milchzuckerhefen (Sacch. Kefir und Sacch. Tyrocola) vergoren. Daß diese beiden Organismen ein Enzym, die Lactase, enthalten sollen, war schon vor Beginn meiner Untersuchungen von Beyerinck[4]) behauptet worden, weil er beobachtet hatte, daß

[1]) E. Fischer, Berichte d. d. chem. Gesellsch. **27**, 2991 [1894]. (*S. 842.*)

[2]) Berichte d. d. chem. Gesellsch. **28**, 984 [1895]. (*S. 860.*)

[3]) E. Fischer und P. Lindner, Berichte d. d. chem. Gesellsch. **28**, 3037 [1895]. (*S. 864.*)

[4]) Centralbl. f. Bakteriol. **6**, 44.

auf Milchzucker-Nährgelatine nur dann Leuchtbakterien zum Leuchten kamen, wenn Impfstriche mit diesen Saccharomycesarten zuvor erzeugt waren.    Solche Methoden für den Nachweis chemischer Spaltungen haben auf den ersten Blick etwas Bestechendes, und die Bakteriologen sind in der Tat geneigt gewesen, dieselben als beweiskräftig anzusehen. Der Chemiker wird aber mit gerechtem Mißtrauen derartige Schlüsse betrachten, denn es ist doch gewiß nicht die Möglichkeit ausgeschlossen, daß ganz andere Zersetzungsprodukte des Milchzuckers hier das Aufleuchten der Bakterien zur Folge haben, und so ist denn auch gerade die Behauptung von Beyerinck von seinem Landsmann Schnurmans Stekhoven[1]) auf das Bestimmteste bestritten worden. Von einer wirklichen Kenntnis der Lactase konnte somit auch nach der Beyerinckschen Beobachtung keine Rede sein.

Daß man nicht früher den Nachweis von Lactasen durch chemische Reaktionen versucht hat, liegt zweifellos wieder an der Schwierigkeit, die Spaltungsprodukte des Milchzuckers neben unverändertem Disaccharid nach den alten Methoden zu erkennen.    Die Anwendung des Phenylhydrazins hat auch hier unzweideutige Resultate ergeben. Zunächst gelang es mir, aus den Kefirkörnern einen wässerigen Auszug zu bereiten, welcher den Milchzucker leicht spaltet.    Die betreffende Lactase ließ sich sogar mit Alkohol ausfällen und im trocknen Zustand bewahrte sie längere Zeit ihre Wirksamkeit.    Allerdings ist das Enzym in diesem Präparate vermengt mit Invertase, welche gleichfalls in den Kefirkörnern enthalten ist, während die Maltase hier gänzlich fehlt. Ähnliche Resultate gab die Untersuchung einer reinen Milchzuckerhefe.[2]) Das Enzym ließ sich zwar hier nur sehr unvollständig mit Wasser auslaugen, aber die Hefe selbst bewirkte bei Gegenwart von Toluol eine kräftige Spaltung des Milchzuckers und des Rohrzuckers, enthielt also sowohl Lactase wie Invertase.

Die seltene Trehalose ist bisher auf Gärfähigkeit und Hydrolyse verhältnismäßig wenig untersucht worden.    Bourquelot verdanken wir die meisten darauf bezüglichen Beobachtungen.    Er fand das erste Enzym für diesen Zucker in Aspergillus niger und nannte es Trehalase. Dieselbe Wirkung stellte er später fest für Grünmalz, und bevor mir diese Angabe Bourquelots bekannt war, fand ich die Spaltung der Trehalose durch eine aus Grünmalz bereitete Diastase.    Endlich beobachtete ich noch, daß eine getrocknete Frohberghefe bei Gegenwart von Thymol auch eine schwache Hydrolyse der Trehalose bewirkt, daß aber das Enzym in dem wässerigen Auszug derselben Hefe nicht mehr erkennbar ist.[3])

---

[1]) Kochs Jahresbericht über Mikroorganismen **1891**, 136.
[2]) Berichte d. d. chem. Gesellsch. **27**, 3481 [1894]. (*S. 847.*)
[3]) Berichte d. d. chem. Gesellsch. **28**, 1432 [1895]. (*S. 853.*)

Das letzte Disaccharid, welches mit Hefe geprüft wurde, ist die von Scheibler und Mittelmeier entdeckte Melibiose, das Spaltungsprodukt der Melitriose (Raffinose). Dieselbe wird bekanntlich von den in der Brauerei gebräuchlichen Unterhefen vergoren, dagegen von manchen Oberhefen nicht angegriffen. Dementsprechend konnten P. Lindner und ich[1]) nachweisen, daß die Unterhefen vom Typus Frohberg und Saaz ein Enzym enthalten, welches diesen Zucker hydrolysiert. Besonders stark war die Wirkung der Hefe sowohl im frischen, wie im getrockneten Zustand, erheblich schwächer dagegen der wässerige Auszug. Im Gegensatz dazu ließ sich bei den Oberhefen Frohberg und Saaz keine Hydrolyse der Melibiose erkennen. Gleichzeitig mit uns kam Bauer[2]) zu demselben Resultat und schlug für das betreffende Enzym den Namen Melibiase vor.

Von Trisacchariden ist nach den bisher vorliegenden Erfahrungen nur die Melitriose durch die Enzyme der Hefe, und zwar durch die Invertase, spaltbar. Sie zerfällt dabei bekanntlich in Melibiose und Fructose (Fruchtzucker), und es scheint darnach, daß die Fructose in diesem Trisaccharid mit der Melibiose in ähnlicher Weise verbunden ist, wie mit dem Traubenzuckerrest im Rohrzucker.

Eine besondere Betrachtung verdient endlich noch das Verhalten des $\alpha$-Methylglucosids und seiner Verwandten gegen die Enzyme der Hefe. Dasselbe wird von den verschiedenen Sorten Bierhefe, Typus Frohberg, Typus Saaz, ferner vom Typus Brauereihefe und Brennereihefe der Berliner Versuchsbrauerei, endlich von sehr verschiedenen Sorten Weinhefe, wie die Abhandlung des Herrn Kalanthar (*S. 878*) zeigt, leicht gespalten. Soweit meine bisherigen Beobachtungen reichen, haben alle Hefen, welche die Maltose hydrolysieren, die gleiche Wirkung auf die $\alpha$-Glucoside. Es lag deshalb die Annahme nahe, daß die Hefenmaltase zugleich diese Glucoside hydrolysiere. Leider läßt sich der strenge Beweis dafür nicht liefern, solange man nicht imstande ist, das Enzym im reinen Zustand zu isolieren und dadurch die Möglichkeit auszuschließen, daß in den Hefen noch ein besonderes, glucosidspaltendes Enzym vorhanden ist. Genau derselbe Zweifel besteht aber auch bezüglich der anderen enzymatischen Wirkungen, und es erhebt sich die prinzipielle Frage: Soll man für jede spezielle Hydrolyse eines Polysaccharids ein besonderes Ferment annehmen, oder ist es erlaubt, ein und demselben Ferment gleichzeitig die Spaltung verschiedener Körper zuzuschreiben? Die schroffe Betonung des ersten Standpunktes würde meiner Ansicht nach zu unhaltbaren Schlüssen führen. Man würde

---

[1]) Berichte d. d. chem. Gesellsch. **28**, 3034 [1895]. (*S.. 862*)
[2]) Chemikerzeitung, 1895.

dadurch z. B. zu der Annahme gezwungen, daß im Emulsin, welches
das $\beta$-Methylglucosid, $\beta$-Methylgalactosid, den Milchzucker und das
Amygdalin spaltet, mindestens vier verschiedene Enzyme vorhanden
sind, oder daß die Bierhefe, welche $d$-Mannose, $d$-Glucose, $d$-Fructose
und $d$-Galactose vergärt, auch vier verschiedene Zymasen enthält.
Denn die Unterschiede zwischen Maltose, Milchzucker und Melibiose
sind nicht größer, als zwischen den eben erwähnten Substanzen. Aus
diesem Grunde neige ich vielmehr zu der zweiten Annahme, daß ein
und dasselbe Enzym der Hefe, die Maltase, sowohl die $\alpha$-Methylglucoside
als auch die Melibiose und verschiedene als Dextrine bezeichneten,
komplizierteren Kohlenhydrate angreifen kann. Die Erfahrung, daß
einzelne Hefen nur die Maltose, aber nicht die Melibiose spalten, oder
daß es Maltasen gibt wie z. B. im Blut der Säugetiere, welche die $\alpha$-Gluco-
side unberührt lassen, ist kein triftiger Grund dagegen. Denn manche
Beobachtungen sprechen dafür, daß in verschiedenen Organismen
verschiedene Maltasen, d. h. chemische Verbindungen mit abweichenden
Eigenschaften enthalten sind, und nun ist es wohl möglich, daß die
verschiedene Wirkungskapazität, wie ich mich ausdrücken will, durch
den Unterschied ihrer Konstitution bedingt ist, geradeso wie wir das
auch bei den gewöhnlichen chemischen Agentien, welche gleichartige
Umsetzungen hervorrufen, sehen. Soviel wir bis jetzt wissen, kann
man in der Bierhefe das Vorhandensein von nur zwei Enzymen als
sicher bewiesen ansehen, wenn man von der Zymase absehen will,
nämlich Invertase und Maltase. Deren Wirkungen erstrecken sich
aber auch auf ganz verschieden konstituierte Polysaccharide, denn
der Rohrzucker ist zweifellos strukturchemisch von der Maltose, Melibiose und den Dextrinen verschieden. Vielleicht kommt dazu noch
eine Trehalase, wie die schwache Wirkung der getrockneten Hefe auf
Trehalose andeutet. Denn die Trehalose ist ebenfalls von der Maltose
strukturell stark abweichend, und andererseits ist die Invertase ohne
jede Wirkung auf sie. In den Milchzuckerhefen tritt an die Stelle der
Maltase eine Lactase; das gleichzeitige Vorkommen von Maltase und
Lactase in derselben Hefe ist meines Wissens bisher noch nicht beobachtet.

## Theoretische Betrachtungen.

Daß die Enzyme ungleich speziellere Reagentien sind, als die
einfacheren Verbindungen der anorganischen und der organischen
Chemie wie Säuren, Basen, Kondensationsmittel usw., kann von
niemand, der sich mit dieser Materie näher beschäftigt hat, bezweifelt
werden. Gerade in der eng begrenzten Tätigkeit liegt die Brauchbarkeit
dieser Stoffe für den Organismus und für die experimentelle chemische

Forschung. Ich erinnere an die häufig geübte Methode der physiologischen Chemie, Eiweißkörper durch Verdauungsfermente zu zerstören und zu beseitigen, oder an die Anwendung des Emulsins zur Spaltung von Glucosiden, bei welchen durch die Erwärmung mit Säuren sekundäre Veränderungen veranlaßt werden. Ein treffliches Beispiel, wie nützlich dieselben beim präparativen Arbeiten werden können, bietet die von mir ausgeführte Spaltung des Amygdalins durch die Hefenenzyme in Zucker und das Mandelnitrilglucosid.[1]) Ich erinnere ferner an die Trennung der verschiedenen Monosaccharide und der Disaccharide durch Vergärung mit Hefe, welche wir ja jetzt auch als enzymatischen Prozeß betrachten dürfen. Ganz besonders wertvoll aber sind die Enzyme, wie ich zuerst betont habe, als Erkennungsmittel für stereochemische Differenzen, und damit komme ich zu dem Gegenstand zurück, welchen ich als das wichtigste tatsächliche Resultat meiner Versuche betrachte. Diese liefern den unanfechtbaren Beweis, daß von zwei molekularen Spiegelbildformen die eine durch Enzyme gespalten wird unter denselben Bedingungen, wo die andere intakt bleibt. Dafür liegen zwei Beispiele vor, das Verhalten des $\beta$-Methyl-$d$-glucosids und des $\beta$-Methyl-$l$-glucosids gegen Emulsin, sowie das Verhalten des $\alpha$-Methyl-$d$-glucosids und des $\alpha$-Methyl-$l$-glucosids gegen die Enzyme der Hefe. Um einem von Herrn E. Bourquelot[2]) erhobenen Einwand zu begegnen, betone ich ausdrücklich, daß das Resultat ganz unabhängig von der Frage ist, welche und wieviel Enzyme in dem Produkt, das wir Emulsin nennen, und in der Hefe enthalten sind.

Der Unterschied, welcher uns hier bei den Enzymen entgegentritt, ist derselbe, wie man ihn längst für die Gärungsorganismen kennen gelernt hatte. Ferner zeigen meine Versuche, daß von den vielen künstlichen Glucosiden der Pentosen, Hexosen und Heptosen nur diejenigen des Traubenzuckers und der Galactose von Emulsin bzw. Hefenenzymen angegriffen werden.

Die Möglichkeit, daß es sich bei den $\alpha$- und $\beta$-Glucosiden nicht um Stereoisomerie, sondern um Strukturisomerie handelt, läßt sich allerdings nicht streng ausschließen, und es ist deshalb denkbar, daß meine Betrachtungen hier nicht der Wirklichkeit entsprechen. Aber daß alle diese zahlreichen Glucoside in bezug auf die Glucosidgruppe strukturell verschieden seien, ist nicht anzunehmen. Die Indifferenz obiger Enzyme gegen das Mannosid, gegen die Xyloside, Arabinoside, Heptoside und Rhamnoside ist deshalb offenbar auch nur stereochemisch zu begreifen,

---

[1]) Berichte d. d. chem. Gesellsch. **28**, 1508 [1895]. (*S. 780.*)
[2]) Les ferments solubles p. 133.

und wenn man endlich die alkoholische Gärung nach E. Buchners Entdeckung als enzymatischen Vorgang hinzuzählt, so kann die Abhängigkeit desselben von der Konfiguration des Monosaccharids noch viel weniger bezweifelt werden.

Der Grund dieser Erscheinungen liegt aller Wahrscheinlichkeit nach in dem asymmetrischen Bau des Enzymmoleküls. Denn wenn man diese Stoffe auch noch nicht im reinen Zustand kennt, so ist ihre Ähnlichkeit mit den Proteinstoffen doch so groß und ihre Entstehung aus den letzteren so wahrscheinlich, daß sie zweifellos selbst als optisch aktive und mithin asymmetrisch molekulare Gebilde zu betrachten sind. Das hat zu der Hypothese geführt, daß zwischen den Enzymen und ihrem Angriffsobjekt eine Ähnlichkeit der molekularen Konfiguration bestehen muß, wenn Reaktion erfolgen soll.[1]) Um diesen Gedanken anschaulicher zu machen, habe ich das Bild von Schloß und Schlüssel gebraucht.[2]) Ich bin weit entfernt, diese Hypothese den ausgebildeten Theorien unserer Wissenschaft an die Seite stellen zu wollen, und ich gebe gern zu, daß sie erst dann eingehend geprüft werden kann, wenn wir imstande sind, die Enzyme im reinen Zustand zu isolieren und ihre Konfiguration zu erforschen. Trotzdem halte ich gegenüber den Einwänden von Bourquelot[3]) und Duclaux eine solche Spekulation nicht für unstatthaft, wenn sie auch den Tatsachen vorauseilt. Denn sie hat mich veranlaßt, die bei der alkoholischen Gärung der Monosaccharide gemachten Erfahrungen bei den Glucosiden zu verfolgen; sie stellt der experimentellen Forschung weiter das ganz bestimmte und angreifbare Problem, dieselben Unterschiede, welche wir in der enzymatischen Wirkung beobachten, bei einfacheren, asymmetrisch gebauten Substanzen von bekannter Konstitution aufzusuchen, und ich zweifle nicht daran, daß schon die nächste Zukunft uns hier wertvolle Resultate bringen wird.[4])

---

[1]) E. Fischer und Thierfelder, Berichte d. d. chem. Gesellsch. **27**, 2036 [1894]. (*S. 835.*)

[2]) Berichte d. d. chem. Gesellsch. **27**, 2992 [1894]. (*S. 843.*)

[3]) Les ferments solubles S. 134.

[4]) Einen dahin zielenden Versuch, welcher allerdings negative Resultate gab, will ich hier anführen. Obschon die Hydrolyse des Rohrzuckers durch Säuren bekanntlich dem elektrolytischen Leitvermögen derselben proportional und andererseits das Leitvermögen von zwei optischen Antipoden in reinem Wasser ganz gleich ist (z. B. Weinsäure und Traubensäure [Ostwald]), so schien es mir doch möglich, daß der Rohrzucker als asymmetrisches System von zwei optisch isomeren Säuren in verschiedenem Maße angegriffen werde, wie ja auch das Leitvermögen derselben durch die Anwesenheit des Zuckers in ungleichem Maße hätte verändert werden können. Ich wählte für den Versuch absichtlich die ziemlich hochmolekulare Camphersäure, deren linksdrehende Form Herr Ossian Aschan mir freundlichst zur Verfügung gestellt hatte. 0,05 g Campher-

Daß man die stereochemischen Betrachtungen, wie ich sie für die alkoholische Gärung und die enzymatische Spaltung der Glucoside anstellte, mit Nutzen auch auf andere Gärprozesse anwenden kann, beweisen die neuesten schönen Beobachtungen von G. Bertrand[1]) über die Beziehungen, welche zwischen der Konfiguration der mehrwertigen Alkohole und ihrer Oxydierbarkeit durch das Sorbose-Bakterium bestehen.

Überträgt man dieselben ferner auf die chemischen Vorgänge im höher entwickelten Organismus, so gelangt man zu der Vorstellung, daß allgemein für die Verwandlungen, bei welchen die Proteinstoffe als wirksame Massen fungieren, wie das zweifellos in dem Protoplasma der Fall ist, die Konfiguration des Moleküls häufig eine ebenso große Rolle spielt wie seine Struktur. Man kann deshalb gar nicht mehr überrascht sein, wenn von zwei stereoisomeren Substanzen die eine kräftig auf unsere Sinnesorgane wie Geschmack oder Geruch oder auf das Zentralnervensystem reagiert, während die andere ganz indifferent ist oder doch nur eine sehr abgeschwächte Reaktion hervorruft. Man wird es ebenso begreiflich finden, daß die 3 stereoisomeren Weinsäuren im Leibe des Hundes in verschiedenem Grade verbrannt werden,[2]) daß ferner von zwei ganz nahe verwandten Zuckerarten die eine überaus

---

säure wurden mit 5 ccm einer 10%/₀ igen Rohrzuckerlösung übergossen, das Glas zugeschmolzen und 1¹/₂ Stunden auf 90⁰ erhitzt. In den ersten Minuten des Erwärmens wurde geschüttelt, um die Säure möglichst rasch zu lösen. Die Proben mit der d- und l-Säure wurden parallel und ganz in der gleichen Weise behandelt. Die Bestimmung des Monosaccharids durch Fehlingsche Lösung nach Allihn ergab folgendes: Bei der d-Säure waren 0,2343 g Monosaccharid und bei der l-Säure 0,2325 g Monosaccharid entstanden. Die Differenz liegt innerhalb der Versuchsfehler. Verschiedene andere Versuche, bei welchen das Monosaccharid titrimetrisch bestimmt wurde, gaben dasselbe Resultat. Ein Einfluß der Asymmetrie auf die Hydrolyse des Rohrzuckers ist also hier nicht wahrnehmbar.

[1]) Compt. rend. **126**, 762 [1898].

[2]) A. Brion, Zeitschr. f. physiol. Chem. **25**, 283 [1898]. In den theoretischen Betrachtungen dieser Abhandlung sind einige Irrtümer enthalten, welche in weiteren Kreisen verbreitet zu sein scheinen und auf welche ich deshalb aufmerksam machen will. Daß die d-Weinsäure auch außerhalb des Organismus d. h. durch die gewöhnlichen Agentien schwerer oxydiert werden könnte, als die l-Weinsäure, wie Brion für möglich hält, ist nach allen bisherigen Erfahrungen über das völlig gleiche Verhalten der optischen Antipoden gegen symmetrische Agentien nicht anzunehmen.

Ferner ist das Molekül der Mesoweinsäure nicht symmetrisch im gewöhnlichen Sinne des Wortes, sondern es besteht aus zwei asymmetrischen Hälften, welche sich in ihrer Wirkung aufheben. Da aber für den Angriff asymmetrischer Agentien, wie Enzyme, die Gesamtkonfiguration des Moleküls maßgebend ist, so kann, entgegen der Ansicht von Brion, meine Anschauung sehr wohl für die Erklärung der verschiedenen Oxydierbarkeit von d-Weinsäure und Mesoweinsäure dienen.

leicht im Organismus oxydiert oder als Glycogen aufgespeichert wird, wie der Traubenzucker, während die so nahe verwandte Xylose nur unvollkommen ausgenutzt werden kann.

Aber noch in anderer Beziehung können die Resultate der Stereochemie dazu dienen, chemische Metamorphosen im Organismus unserem Verständnis näher zu bringen. Von den verschiedenen Beispielen, welche ich dafür früher gegeben habe, will ich hier nur eines wieder zur Sprache bringen, das ist die gegenseitige Verwandlung von Traubenzucker, Mannose, Fruchtzucker und Galactose. Man weiß, daß alle vier nicht allein von Hefe vergoren werden, sondern auch im Tierkörper sämtlich in Glycogen, ein Derivat des Traubenzuckers, übergehen. Der Unterschied der vier Zucker ergibt sich aus folgenden Konfigurationsformeln:

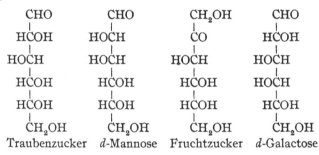

Traubenzucker    d-Mannose    Fruchtzucker    d-Galactose

Die gegenseitige Verwandlung von Traubenzucker, Mannose und Fruchtzucker ist mir zuerst mit abwechselnder Oxydation und Reduktion gelungen. Denn die beiden ersten gehen über das Glucoson in Fruchtzucker über, und dieser kann durch Reduktion zunächst in ein Gemenge von Sorbit und Mannit verwandelt werden, welche ihrerseits wieder durch Oxydation in Traubenzucker und Mannose übergehen. An diese Beobachtung anknüpfend, habe ich die Hypothese aufgestellt, daß auch im Organismus die wechselseitige Verwandlung der Hexosen in einander durch gleichzeitige Oxydation und Reduktion an einzelnen asymmetrischen Kohlenstoffatomen stattfinde.[1]) So würde sich auch der im Organismus stattfindende Übergang vom Traubenzucker zur Galactose, welcher künstlich bisher nicht ausgeführt wurde, erklären lassen. Später haben Lobry de Bruyn und van Ekenstein die interessante Beobachtung gemacht, daß Traubenzucker, Mannose und Fructose auch durch bloßes Erwärmen mit Alkalien wechselseitig ineinander verwandelt werden können, und sie glauben eine andere Erklärung des Vorganges zu geben, wenn sie annehmen, daß die dabei

---

[1]) Berichte d. d. chem. Gesellsch. **27**, 1525, 3230 [1894]. (S. *555, 73.*)

in Betracht kommende Gruppe des Traubenzuckers —CHOH—COH
—CH—CHOH

intermediär in die Gruppe $\underset{O}{\diagdown\diagup}$ übergehe.[1]) Ich kann einen

Vorzug dieser Betrachtung nicht anerkennen, denn der Grundgedanke abwechselnder Oxydation und Reduktion ist derselbe wie bei meiner Erklärung, und die spezielle Annahme der Zwischenform ist sogar unwahrscheinlich, wie meine Beobachtungen über die Bildung der künstlichen Glucoside gezeigt haben. Zudem würde auch die Erklärung der holländischen Chemiker für die Galactose gar nicht mehr zutreffen. Ich mache endlich darauf aufmerksam, daß der von L. de Bruyn und van Ekenstein beobachtete Vorgang zu vergleichen ist der Bildung der Milchsäure aus Traubenzucker durch Erhitzen mit starkem Alkali und manchen ähnlichen Prozessen bei Verbindungen, welche mehrere Alkoholgruppen enthalten. Sie lassen sich, wie A. Baeyer vor 28 Jahren gezeigt hat[2]), unter dem einheitlichen Gesichtspunkt der Verschiebung von Sauerstoff innerhalb des Moleküls von einem Kohlenstoff zum anderen betrachten. Mit welchen Zwischenstufen das erfolgt, entzieht sich meistens unserer Kenntnis. Wie glatt und leicht aber derartige Vorgänge sich abspielen können, beweist am besten die alkoholische Gärung, wobei dasselbe wie bei der Bildung der Milchsäure, die ja als eine Carbonsäure des Äthylalkohols zu betrachten ist, stattfindet.

Auch bezüglich der Assimilation der Kohlensäure, welche bekanntlich im Pflanzenleibe ausschließlich zu aktiven Zuckern führt, gestatten die heutigen Kenntnisse eine neue und plausible Vorstellung. Denn die Beobachtungen in der Zuckergruppe haben ergeben, daß auch die künstliche Synthese in asymmetrischem Sinne verläuft, wenn optisch aktive Materialien daran beteiligt sind. Das trifft aber für die Assimilation zu, denn die Verwandlung von Kohlensäure in Zucker vollzieht sich offenbar unter Mitwirkung von optisch aktiven Substanzen des Chlorophyllkornes. Durch diese Beobachtung, welche ich früher ausführlich dargelegt habe, ist der scheinbar prinzipielle Gegensatz zwischen der künstlichen und natürlichen Synthese der asymmetrischen Kohlenstoffverbindungen glücklich beseitigt.[3])

---

[1]) Rec. trav. chim. Pays-Bas **14**, 213 [1895].
[2]) Berichte d. d. chem. Gesellsch. **3**, 70 [1870].
[3]) Berichte d. d. chem. Gesellsch. **27**, 3230 [1894]. (*S. 74.*)

## 6. Emil Fischer: Verbindungen des Phenylhydrazins mit den Zuckerarten I.

Berichte der deutschen chemischen Gesellschaft **17**, 579 [1884].

(Eingegangen am 13. März.)

Über stickstoffhaltige Abkömmlinge der Zuckerarten ist bisher wenig bekannt. Sieht man ab von dem Glucosamin, dessen Beziehungen zur Glucose noch nicht sicher nachgewiesen sind, und von den komplizierten amorphen Produkten, welche nach H. Schiff[1]) aus Glucose durch Ammoniak und Anilin entstehen, so bleiben nur noch zwei etwas besser charakterisierte Verbindungen übrig, welche Sachsse[2]) aus Milchzucker und Anilin erhielt. Ungleich interessanter ist das Verhalten dieser Körper gegen Phenylhydrazin. Die Base verbindet sich wie es scheint mit allen Zuckerarten, welche ähnlich den Aldehyden oder Ketonalkoholen alkalische Kupferlösung reduzieren. Geprüft wurden Dextrose, Lävulose, Galactose, Rohrzucker, Milchzucker, Sorbose und Maltose, welche sämtlich Hydrazinderivate liefern, während Inosit und Trehalose unter den gleichen Bedingungen gegen die Base indifferent sind. Die betreffenden Hydrazinkörper sind in Wasser schwer löslich und deshalb leicht zu isolieren. Man wird sie in vielen Fällen zur Erkennung und Unterscheidung der einzelnen Zuckerarten benutzen können. Die Bildung der Produkte erfolgt in wässeriger Lösung, aber erst bei höherer Temperatur, am besten beim Erhitzen auf dem Wasserbade. Das Hydrazin wird als salzsaures Salz mit einem Überschuß von essigsaurem Natron in Anwendung gebracht.

Dextrose. Erhitzt man 1 Teil reine Dextrose mit 2 Teilen salzsaurem Phenylhydrazin, 3 Teilen essigsaurem Natron *(wasserhaltig)* und 20 Teilen Wasser auf dem Wasserbade, so beginnt nach 10—15 Minuten die Abscheidung von feinen gelben Nadeln, deren Menge rasch zunimmt. Nach 1½stündigem Erhitzen betrug die Menge des Niederschlags 85—90 pCt. der angewandten Dextrose. War das benutzte Hydrazin-

---

1) Liebigs Annal. d. Chem. **154**, 30 [1870].
2) Berichte d. d. chem. Gesellsch. **4**, 834 [1871].

salz farblos, so ist auch dieser Niederschlag nach dem Auswaschen und Trocknen chemisch rein. Das gleiche Produkt erhält man ebenso leicht und ebenso schön aus dem Traubenzucker des Handels oder dem Invertzucker. Die Verbindung ist in Wasser fast unlöslich, von siedendem Alkohol wird sie dagegen ziemlich leicht aufgenommen. Aus der nicht zu verdünnten alkoholischen Lösung scheidet sie sich auf Zusatz von Wasser wieder in feinen gelben Nadeln ab. Dieselben schmelzen bei 204—205⁰ zu einer dunkelroten Flüssigkeit, in welcher eine schwache Gasentwicklung zu beobachten ist.*) Beim stärkeren Erhitzen tritt totale Zersetzung ein, wobei sehr viel Kohle entsteht. Nach den übereinstimmenden Analysen verschiedener Präparate besitzt das Hydrazinderivat die Zusammensetzung $C_{18}H_{22}O_4N_4$.

|   | Berechnet | Gefunden |
|---|-----------|----------|
| C | 60,33 | 60,23 pCt. |
| H | 6,14 | 6,12 ,, |
| N | 15,64 | 15,47 ,, |

Seine Bildung erfolgt mithin nach der empirischen Gleichung:

$$C_6H_{12}O_6 + 2N_2H_3 \cdot C_6H_5 = C_{18}H_{22}O_4N_4 + 2H_2O + 2H.$$

Über den Verbleib der beiden Wasserstoffatome kann ich nichts Bestimmtes angeben. Da die Reaktion ohne Gasentwicklung verläuft, so scheint neben der Bildung des Hydrazinderivats ein Reduktionsvorgang stattzufinden, bei welchem jener Wasserstoff verbraucht wird. Daß die Wechselwirkung zwischen dem Hydrazin und dem Zucker keineswegs so einfach verläuft wie bei den gewöhnlichen Aldehyden und Ketonen, beweist schon die geringe Ausbeute an dem Kondensationsprodukt, dessen Menge selbst unter den günstigsten Bedingungen nicht mehr als die des angewandten Zuckers beträgt. Über die Konstitution des Hydrazinkörpers läßt sich vorläufig nichts Bestimmtes sagen. Infolgedessen ist auch eine rationelle Bezeichnung nicht möglich. Da aber später von dem Produkte öfter die Rede sein wird, so halte ich es doch für zweckmäßig, ihm einen Namen ,,Phenylglucosazon" zu geben. In ähnlicher Weise werde ich die Hydrazinderivate der übrigen Zuckerarten benennen. Das Phenylglucosazon ist gegen wässerige Alkalien indifferent. Von starker Salz- und Schwefelsäure wird es mit dunkelroter Farbe gelöst und beim Erwärmen zerstört. Am leichtesten wird es von einer konzentrierten Zinnchlorürlösung mit dunkelroter Farbe aufgenommen und schon in der Kälte langsam unter Bildung von basischen Produkten zerlegt. Ich hoffe auf diesem Wege einfachere Stickstoffderivate der Glucose zu erhalten. In warmem Wasser suspendiert, reduziert das Glucosazon alkalische Kupferlösung sehr energisch.

---

*) *Vgl. Seite 178.*

Die Bildung und Abscheidung des Phenylglucosazons erfolgt noch in sehr verdünnter Lösung und kann deshalb zum Nachweis des Traubenzuckers benutzt werden, wie folgender Versuch zeigt. Eine Lösung von 0,1 g reiner, wasserfreier Dextrose in 50 g Wasser wurde mit 1 g salzsaurem Phenylhydrazin und 2 g essigsaurem Natron eine halbe Stunde auf dem Wasserbade erhitzt. Die Lösung färbte sich intensiv gelb und schied beim Abkühlen einen beträchtlichen kristallinischen Niederschlag von der Farbe des Schwefelarsens ab. Filtriert, gewaschen und getrocknet, zeigte derselbe den Schmelzpunkt 204°. Diese Probe scheint mir in manchen Fällen zum Nachweis des Traubenzuckers sicherer zu sein, als die Anwendung alkalischer Kupfer- oder Wismutlösung. Sie übertrifft ferner an Schärfe und Bequemlichkeit die sonst so vorzügliche Gärungsprobe. Selbst im menschlichen Harn kann man unter den gleichen Bedingungen den Traubenzucker noch in kleinen Mengen erkennen. 50 g normalen Harnes, welchem 0,5 g Traubenzucker zugesetzt war, gaben nach halbstündigem Erhitzen mit 1 g Phenylhydrazin und 2 g essigsaurem Natron einen amorphen Niederschlag, welcher nach dem Erkalten der Flüssigkeit filtriert wurde. Derselbe wurde mit wenig heißem Alkohol ausgekocht und das Filtrat mit Wasser versetzt. Beim Wegkochen des Alkohols erschienen sofort die charakteristischen gelben Nadeln des Phenylglucosazons.

Die Brauchbarkeit der Methode für die Untersuchung pathologischer Harne zu prüfen, habe ich keine Gelegenheit gehabt. Ich bemerke jedoch, daß Hr. Dr. Richard Fleischer beabsichtigt, diese Versuche im hiesigen Krankenhause anzustellen.

Lävulose erzeugt unter den gleichen Bedingungen wie die Dextrose Phenylglucosazon. Zu dem Versuche diente eine wässerige Lösung von Lävulose, welche durch Erwärmen von Inulin mit verdünnter Schwefelsäure dargestellt war. Die Bildung des Glucosazons erfolgt hier rascher als bei der Dextrose. In nicht zu verdünnten Lösungen erscheint der kristallinische Niederschlag beim Erwärmen auf dem Wasserbade schon nach 2—3 Minuten. Das Produkt hat den Schmelzpunkt 204° und die Zusammensetzung $C_{18}H_{22}O_4N_4$.

|   | Berechnet | Gefunden |
|---|---|---|
| C | 60,33 | 60,36 pCt. |
| H | 6,14 | 6,20 ,, |

Zur Unterscheidung von Dextrose und Lävulose ist hiernach die Hydrazinprobe nicht geeignet.

Galactose[1]) verbindet sich ebenso leicht und unter den gleichen Bedingungen wie die beiden vorhergehenden Zuckerarten mit dem

---

[1]) Das benutzte Präparat verdanke ich Herrn A. Soxhlet in München.

Phenylhydrazin. Das Produkt, welches ich Phenylgalactosazon nenne, ist dem Glucosazon außerordentlich ähnlich. Es bildet dieselben feinen gelben Nadeln, ist in Wasser fast unlöslich, in heißem Alkohol dagegen ziemlich leicht löslich und hat ebenfalls die Zusammensetzung $C_{18}H_{22}O_4N_4$.

|   | Berechnet | Gefunden |
|---|---|---|
| C | 60,33 | 60,62 pCt. |
| H | 6,14 | 6,19 „ |

Von dem Phenylglucosazon unterscheidet es sich durch seinen Schmelzpunkt. Es schmilzt bei 182⁰ ohne Gasentwicklung.*)

Sorbose[1]). Beim Erhitzen von 1 Teil Sorbose, 2 Teilen salzsaurem Phenylhydrazin und 3 Teilen essigsaurem Natron mit 10 Teilen Wasser auf 100⁰ färbt sich die Lösung sehr bald gelbrot, trübt sich dann durch Abscheidung von roten Öltröpfchen, welche beim Abkühlen rasch kristallinisch erstarren. Das Produkt ist in kaltem Wasser fast unlöslich, in heißem Wasser löst es sich ebenfalls ziemlich schwer und scheidet sich beim Erkalten als gelber, gallertartiger Niederschlag ab. In heißem Alkohol ist es ziemlich leicht löslich und kann aus dieser Lösung durch richtigen Zusatz von Wasser in feinen gelben Nadeln ausgeschieden werden. Dieselben färben sich beim Trocknen dunkler und schmelzen bei 164⁰ zu einer braunroten Flüssigkeit. Die Zusammensetzung der Verbindung habe ich aus Mangel an Material noch nicht ermittelt.

Mannitose und die übrigen selteneren Zuckerarten von der Formel $C_6H_{12}O_6$ beabsichtige ich in gleicher Weise zu prüfen.

Inosit, welcher weder Fehlingsche Lösung reduziert noch mit Hefe gärt, ist gegen Phenylhydrazin ebenfalls indifferent. Derselbe scheint überhaupt zu den Zuckerarten im engeren Sinne nicht zu gehören.

Rohrzucker wird beim Erwärmen mit der Hydrazinlösung zum Teil invertiert und liefert dann ebenfalls Phenylglucosazon. Beim Erhitzen von 1 Teil ganz reinem Rohrzucker mit 1½ Teilen salzsaurem Phenylhydrazin, 2 Teilen essigsaurem Natron und 20 Teilen Wasser, beginnt erst nach 30—40 Minuten die Abscheidung des Phenylglucosazons. Die Bildung desselben erfolgt also viel langsamer als bei Dextrose und Lävulose. Dementsprechend ist auch die Ausbeute viel geringer. 2 g Rohrzucker gaben nach 1½stündigem Erhitzen auf dem Wasserbade nur 0,2 g Phenylglucosazon.

---

[1]) Das benutzte Präparat verdanke ich meinem Freunde V. Meyer, welcher dasselbe als chemisch rein von Herrn Dr. Grübler in Leipzig erhalten hatte.

*) Vgl. Seite 150 und 179.

|   | Ber. für $C_{18}H_{22}O_4N_4$ | Gefunden |
|---|---|---|
| C | 60,33 | 60,36 pCt. |
| H | 6,14 | 6,28 „ |

Milchzucker. Während der Rohrzucker erst nach der Inversion mit dem Phenylhydrazin reagiert, verbindet sich der Milchzucker mit der Base direkt, und zwar in ganz gleicher Weise wie Dextrose und Lävulose nach der Gleichung:

$$C_{12}H_{22}O_{11} + 2N_2H_3 . C_6H_5 = C_{24}H_{32}O_9N_4 + 2H_2O + 2H.$$

Das Phenyllactosazon, wie ich die Verbindung nenne, unterscheidet sich von dem Glucosazon durch die viel größere Löslichkeit in heißem Wasser. Beim Erhitzen von 1 Teil Milchzucker mit 1½ Teilen salzsaurem Phenylhydrazin, 2 Teilen essigsaurem Natron und 30 Teilen Wasser färbt sich die Lösung bald rotgelb, scheidet aber keine Kristalle ab. Kühlt man nach 1½stündigem Erhitzen die klare Flüssigkeit, so kristallisiert das Lactosazon in feinen gelben Nadeln aus. Dieselben sind in heißem Wasser ziemlich leicht löslich und können deshalb durch Umkristallisieren aus Wasser gereinigt werden. Über Schwefelsäure getrocknet hat das Lactosazon die Zusammensetzung $C_{24}H_{32}O_9N_4$.

|   | Berechnet | Gefunden |
|---|---|---|
| C | 55,38 | 55,14 pCt. |
| H | 6,15 | 6,24 „ |
| N | 10,77 | 10,73 „ |

Die Substanz schmilzt bei 200° unter Zersetzung.

Maltose[1]) verhält sich ganz ähnlich der Lactose. Beim Erwärmen von 1 Teil Maltose mit 2 Teilen salzsaurem Phenylhydrazin, 3 Teilen essigsaurem Natron und 15 Teilen Wasser entsteht bald eine gelbrote Flüssigkeit. Nach 1½ Stunden wurde die Operation unterbrochen. Aus der klaren Lösung schied sich beim Abkühlen das Phenylmaltosazon langsam in äußerst feinen gelben Nadeln ab. Der Kristallbrei wurde filtriert, mit kaltem Wasser gewaschen und aus siedendem Wasser umkristallisiert. Die so erhaltenen sehr feinen Nadeln schmelzen bei 190—191° zu einer braunen Flüssigkeit und haben die Zusammensetzung $C_{24}H_{32}O_9N_4$. Für die Analyse war die Substanz bei 100° getrocknet.

|   | Berechnet | Gefunden |
|---|---|---|
| C | 55,38 | 55,32 pCt. |
| H | 6,15 | 6,29 „ |

---

[1]) Für die Versuche habe ich zwei verschiedene Präparate, eins von Herrn E. Schultze in Zürich und das zweite von Herrn A. Soxhlet in München benutzt. Ich bin beiden Herren für Überlassung derselben zu bestem Danke verpflichtet.

Das Maltosazon ist also isomer mit dem Lactosazon, unterscheidet sich aber von demselben durch den Schmelzpunkt und die Art der Kristallisation.   Die Ausbeute ist wie bei allen vorhergehenden Fällen ziemlich gering.   Sie betrug bei verschiedenen Versuchen nicht mehr als 30 pCt. der angewandten Maltose.

Trehalose gibt unter den früher beschriebenen Bedingungen keine Fällung und keine Färbung.   Sie scheint sich mit der Base überhaupt nicht zu verbinden.   Für den Versuch benutzte ich ein prachtvoll kristallisiertes Präparat von Herrn Dr. Scheibler, welches ich durch Vermittlung von Herrn V. Meyer erhielt.

Die Untersuchung wird fortgesetzt.

Bei dieser Arbeit habe ich mich der eifrigen und wertvollen Hilfe des Herrn Dr. Reisenegger erfreut, wofür ich demselben besten Dank sage.

## 7. Emil Fischer: Verbindungen des Phenylhydrazins mit den Zuckerarten II.

Berichte der deutschen chemischen Gesellschaft **20**, 821 [1887].
(Eingegangen am 17. März.)

Die Zuckerarten, welche alkalische Kupferlösung reduzieren, bilden, wie ich früher gezeigt habe[1]), mit dem Phenylhydrazin kristallisierte Verbindungen, welche in Wasser schwer löslich sind und infolgedessen leicht isoliert werden können. Ich habe auf diese Beobachtung hin die Hydrazinbase als Reagens zum Nachweis und zur Unterscheidung der Zuckerarten empfohlen. In einzelnen Fällen ist dasselbe mit Erfolg benutzt worden, z. B. von R. v. Jacksch[2]) für den Nachweis des Traubenzuckers in diabetischem Harn und von C. Scheibler[3]) für die Unterscheidung von Galactose und Arabinose.

Einer allgemeineren Verwendung des Reagens scheint der Umstand hinderlich gewesen zu sein, daß die Konstitution der betreffenden Hydrazinkörper nicht genügend aufgeklärt war. Durch die nachfolgenden Versuche wird diese Schwierigkeit beseitigt und zugleich der Beweis geliefert, daß das Verhalten gegen Phenylhydrazin durchaus im Einklang steht mit den besten neueren Untersuchungen über die Natur der Zuckerarten. Ich werde ferner an einem Beispiel, bei den Oxydationsprodukten des Mannits die Vorteile zeigen, welche die Anwendung des Phenylhydrazins für die experimentelle Behandlung dieser Körperklasse bietet.

### Phenylglucosazon.

Die Verbindung entsteht aus Dextrose oder Lävulose beim Erwärmen mit einer Lösung von essigsaurem Phenylhydrazin oder einem Gemisch von salzsaurem Phenylhydrazin und Natriumacetat auf dem Wasserbade. Der Vorgang wird durch die empirische Gleichung dargestellt:

$$C_6H_{12}O_6 + 2C_6H_5 . N_2H_3 = C_{18}H_{22}O_4N_4 + 2H_2O + 2H.$$

---

[1]) **Berichte** d. d. chem. Gesellsch. **17**, 579 [1884]. (*S. 138.*)

[2]) **Zeitschr.** für analyt. Chem. **24**, 478 [1885].

[3]) **Berichte** d. d. chem. Gesellsch. **17**, 1731 [1884].

Der Wasserstoff wird nicht in Gasform frei, sondern von dem überschüssigen Phenylhydrazin aufgenommen. Dabei zerfällt dasselbe in Ammoniak und Anilin, wie folgender Versuch zeigt: 5 g Dextrose wurden mit 7 g salzsaurem Phenylhydrazin, 10 g Natriumacetat und 50 g Wasser 1½ Stunden auf dem Wasserbade erhitzt. Aus der vom Phenylglucosazon abfiltrierten Mutterlauge wurde in bekannter Weise eine reichliche Menge von Anilin und Ammoniak gewonnen.

Das Phenylhydrazin spielt mithin bei dem Vorgange die Rolle eines Oxydationsmittels. Durch diese Beobachtung wurde es mir sehr wahrscheinlich, daß die Vereinigung des Hydrazins mit der Glucose in zwei Phasen verlaufe; das ist in der Tat der Fall. In der Kälte vereinigt sich die Dextrose mit dem Phenylhydrazin zu einem farblosen, leicht löslichen Produkt $C_{12}H_{18}O_5N_2$. Dasselbe entsteht aus gleichen Molekülen der Komponenten nach der Gleichung:

$$C_6H_{12}O_6 + C_6H_5N_2H_3 = C_{12}H_{18}O_5N_2 + H_2O$$

und wird später unter dem Namen Dextrosephenylhydrazin beschrieben. Es entspricht den Hydrazinderivaten der gewöhnlichen Aldehyde und Ketone. Wird dieses Produkt mit einer wässerigen Lösung von essigsaurem Phenylhydrazin erwärmt, so verwandelt es sich in das gelbe, unlösliche Phenylglucosazon. Das letztere zeigt nun in Zusammensetzung, Farbe und Löslichkeit mit den Hydrazinderivaten des Glyoxals und der Dioxyweinsäure so große Ähnlichkeit, daß die Vermutung nahe liegt, es enthalte ebenfalls die Atomgruppe:

$$\begin{array}{c} | \\ C = N_2HC_6H_5 \\ | \\ C = N_2HC_6H_5 \\ | \end{array}$$

Dieselbe kann dadurch zustande kommen, daß in dem obenerwähnten Dextrosephenylhydrazin eine Alkoholgruppe zum Carbonyl oxydiert wird und das letztere mit dem Hydrazin in bekannter Weise reagiert. Daß der Vorgang wirklich in dieser Weise aufgefaßt werden muß, geht aus dem Verhalten des Benzoylcarbinols hervor, dessen Ähnlichkeit mit den Zuckerarten von Hunaeus und Zincke[1]) schon vor längerer Zeit hervorgehoben wurde.

Versetzt man eine warme, wässerige Lösung des Benzoylcarbinols mit dem Hydrazingemisch, so scheidet sich sofort ein schwach gelbes Öl ab, welches bald kristallinisch erstarrt. Die Verbindung kristallisiert aus heißem, verdünntem Alhohol in farblosen, sehr feinen Nadeln,

---

[1]) Berichte d. d. chem. Gesellsch. **10**, 1490 [1877] und **13**, 641 [1880].

schmilzt bei 112⁰ und hat nach der Analyse des Hrn. Laubmann die Zusammensetzung $C_{14}H_{14}ON_2$. Sie entsteht mithin aus dem Benzoylcarbinol nach der Gleichung:

$$C_6H_5.CO.CH_2.OH + C_6H_5N_2H_3 = \underset{\underset{HN_2.C_6H_5}{\|}}{C_6H_5.C.CH_2.OH} + H_2O.$$

Wird dieses Produkt in wässerig-alkoholischer Lösung mit salzsaurem Phenylhydrazin und Natriumacetat im verschlossenen Rohr mehrere Stunden erhitzt, so verwandelt es sich vollständig in die Verbindung $C_{20}H_{18}N_4$, welche aus Alkohol in schönen, gelben Nadeln vom Schmelzpunkt 152⁰ kristallisiert und später von Hrn. Laubmann ausführlicher beschrieben werden soll. (S. 231.)

Über die Konstitution dieses Körpers kann man nicht zweifelhaft sein. Es entsteht aus der obenerwähnten, farblosen Hydrazinverbindung des Benzoylcarbinols nach der Gleichung:

$$\underset{\underset{N_2HC_6H_5}{\|}}{C_6H_5.C.CH_2.OH} + C_6H_5N_2H_3 = \underset{\underset{C_6H_5.N_2H \quad N_2H.C_6H_5}{\| \qquad \|}}{C_6H_5.C\text{------}CH} \\ + 2H + H_2O$$

und ist mithin das Phenylglyoxaldiphenylhydrazin[1]).

Faßt man alle diese Beobachtungen zusammen, so ist die Entstehung des Phenylglucosazons aus Dextrose in folgender Weise zu formulieren.

1. $C_6H_{12}O_6 + C_6H_5.N_2H_3 = C_6H_{12}O_5.N_2H.C_6H_5 + H_2O.$
   Dextrosephenylhydrazin.

2. $C_6H_{12}O_5.N_2H.C_6H_5 + 2C_6H_5.N_2H_3$
   $= C_6H_{10}O_4.(N_2H.C_6H_5)_2 + C_6H_5.NH_2 + NH_3 + H_2O$
   Phenylglucosazon.

Dasselbe Phenylglucosazon entsteht bekanntlich auch aus der Lävulose und der Vorgang ist hier unzweifelhaft in derselben Weise zu deuten.

---

[1]) Verbindungen von dem Typus des Glyoxaldiphenylhydrazins bilden sich allgemein sehr leicht; so entsteht aus der Dibrombrenztraubensäure und Phenylhydrazin die Säure

$$\begin{array}{l} CH = N_2H \cdot C_6H_5 \\ \overset{\cdot}{C} = N_2H \cdot C_6H_5 \\ \overset{\cdot}{C}OOH \end{array}$$

welche in der Mitte zwischen dem Glyoxaldiphenylhydrazin und dem Tartrazin steht, wie das letztere ein gelber Farbstoff ist und sich von der noch unbekannten Säure $CHO \cdot CO \cdot COOH$ ableitet. Die Verbindung wird später von Herrn Nastvogel genauer beschrieben werden.

Als Zwischenprodukt wird in letzterem Falle das Lävulosephenylhydrazin entstehen, welches mit der Dextroseverbindung isomer sein muß. Ich habe zwar die Verbindung noch nicht dargestellt, zweifle aber nicht an ihrer Existenz. — Diese Tatsachen genügen, um die Konstitution des Phenylglucosazons zu beurteilen. Nach den schönen Untersuchungen von Kiliani[1]) hat die Lävulose die Formel:

$$CH_2(OH).CO.CH(OH).CH(OH).CH(OH).CH_2(OH),$$

während in der Dextrose der reaktionsfähige Sauerstoff am Ende der Kohlenstoffkette steht. Daraus folgt für das Phenylglucosazon die Konstitutionsformel

$$\begin{array}{cc} CH\!\!-\!\!-\!\!-C\!\!-\!\!-\!\!-\!\!-\!\!-CH(OH).CH(OH).CH(OH).CH_2(OH) \\ \| \quad\quad \| \\ C_6H_5.N_2H \quad N_2H.C_6H_5 \end{array}$$

In der gleichen Art ist die Bildung der früher beschriebenen Derivate der anderen Zuckerarten aufzufassen.

## Dextrosephenylhydrazin.*)

Eine wässerige Lösung von **Dextrose** löst die Hydrazinbase in reichlicher Menge und verbindet sich damit in der Kälte langsam, aber vollständig zu Dextrosephenylhydrazin $C_{12}H_{18}O_5N_2$. Für die Isolierung des letzteren ist es ratsam, in sehr konzentrierter Lösung zu arbeiten. Zwei Teile reiner Dextrose werden in 1 Teil Wasser gelöst und nach dem Erkalten 2 Teile reines Phenylhydrazin hinzugesetzt. Das klare, schwach gelbe Gemisch erstarrt nach 1—2 Tagen kristallinisch. Dasselbe wird zur Entfernung des überschüssigen Hydrazins mit Äther ausgelaugt, wobei es zweckmäßig ist, die teigige Masse mit dem Lösungsmittel sorgfältig zu verreiben. Der kristallinische Rückstand wird filtriert, in wenig warmem Alkohol gelöst und durch vorsichtigen Zusatz von Äther wieder abgeschieden. Wiederholt man diese Operation noch einmal, so ist das Produkt chemisch rein. Dasselbe wurde für die Analyse im Vakuum getrocknet.

0,1205 g Subst.: 0,2365 g $CO_2$, 0,075 g $H_2O$.
0,158 g Subst.: 13,7 ccm N (12⁰, 752 mm).

| | Ber. für $C_{12}H_{18}O_5N_2$ | Gefunden |
|---|---|---|
| C | 53,33 | 53,52 pCt. |
| H | 6,67 | 6,92 „ |
| N | 10,37 | 10,18 „ |
| O | 29,63 | — „ |

Die Verbindung ist in· Wasser und heißem Alkohol sehr leicht, in Äther, Chloroform und Benzol nahezu unlöslich. Aus der kon-

---

[1]) Berichte d. d. chem. Gesellsch. **18**, 3066 [1885] und **19**, 221, 767, 1916 [1886].
*) *Vgl. Behrend u. Lohr, Liebigs Annal. d. Chem.* **362**, *78 [1908]*.

zentrierten, alkoholischen Lösung scheidet sie sich beim Erkalten in farblosen, sehr feinen Kristallen ab, welche bei 144—145⁰ schmelzen und bei höherer Temperatur verkohlen; sie besitzt einen stark bittern Geschmack. In kalter, konzentrierter Salzsäure löst sie sich ohne Farbe und allem Anschein nach ohne Zersetzung; erwärmt man aber die Lösung, so bräunt sie sich und nach kurzer Zeit scheidet sich salzsaures Phenylhydrazin ab. Die Verbindung zerfällt offenbar ähnlich den Hydrazinderivaten der gewöhnlichen Aldehyde und Ketone unter dem Einfluß der Säuren in Hydrazin und Dextrose, welch letztere weiter in bekannter Weise unter Bildung von Huminsubstanzen verändert wird.

Erwärmt man das Dextrosephenylhydrazin in wässeriger Lösung mit salzsaurem Phenylhydrazin und essigsaurem Natrium auf dem Wasserbade, so erscheinen sehr bald die feinen, gelben Nadeln des Phenylglucosazons (Schmelzpunkt gefunden 204⁰).

Von Zinkstaub und Essigsäure wird die Verbindung in gelinder Wärme reduziert; sie liefert dabei Anilin und eine Base, welche ebenso wie das Isoglucosamin[1]) isoliert wird. Dieselbe ist in Wasser sehr leicht, in Alkohol schwer löslich und wurde noch nicht kristallisiert erhalten. Ich werde auf dieselbe später zurückkommen.

Das Dextrose-Phenylhydrazin ist in Bildungsweise und Eigenschaften den Hydrazinderivaten der Aldehyde und Ketone so ähnlich, daß man ihm ohne Bedenken die Formel $HC.(CHOH)_4CH_2OH$ geben

$$\overset{\|}{N_2H.C_6H_5}$$

kann, und dadurch gewinnt ferner die bekannte Aldehydformel des Traubenzuckers eine neue, nicht unwesentliche Stütze. Die einzige Tatsache, welche gegen diese Formel geltend gemacht wird, ist das indifferente Verhalten des Traubenzuckers gegen die farblose Lösung von Fuchsin in schwefliger Säure. Ich glaube dazu bemerken zu dürfen, daß man bisher keinen einzigen Oxyaldehyd mit der Atomgruppe $COH — CH(OH)$ — mit diesem Reagens geprüft hat und daß man ferner über den Grund der Färbung noch vollständig im Unklaren ist.

### Galactosephenylhydrazin.

Die Galactose verbindet sich mit der Hydrazinbase in der Kälte rascher als die Dextrose.

5 g Galactose, welche nach der Methode von Soxhlet[2]) dargestellt war, wurden in 3 g Wasser heiß gelöst und nach dem Erkalten

---

[1]) Berichte d. d. chem. Gesellsch. **19**, 1920 [1886]. (*S. 202.*)

[2]) Journ. für prakt. Chem. **21**, 269 [1880].

5 g reines Phenylhydrazin hinzugegeben. Das klare Gemisch war bereits nach 1 Stunde größtenteils erstarrt. Nach 24 Stunden wurde die Masse mit Äther behandelt und der kristallinische Rückstand in heißem Alkohol gelöst. Beim Erkalten schied sich die Verbindung in feinen farblosen Nadeln ab, welche im Vakuum getrocknet die Zusammensetzung $C_8H_{12}O_5 . N_2H . C_6H_5$ haben und bei 158° (unkorr.) schmelzen.

0,1742 g Subst.: 0,3415 g $CO_2$, 0,1066 g $H_2O$.
0,2215 g Subst.: 19,9 ccm N (13°, 742 mm).

| | Ber. für $C_{12}H_{18}O_5N_2$ | Gefunden |
|---|---|---|
| C | 53,33 | 53,46 pCt. |
| H | 6,67 | 6,81 ,, |
| N | 10,37 | 10,36 ,, |
| O | 29,63 | — ,, |

Die Verbindung ist in heißem Wasser sehr leicht, in Äther gar nicht löslich. Von heißem Alkohol sind ungefähr 10 Teile nötig. Beim Erkalten fällt sie zum größten Teil wieder aus. Mit starker Salzsäure erwärmt, regeneriert sie Phenylhydrazin. Mit dem Phenylhydrazingemisch auf dem Wasserbade erwärmt, liefert sie das

### Phenylgalactosazon.

Die Verbindung ist früher kurz beschrieben. Sie entsteht direkt aus der Galactose beim Erhitzen mit dem Hydrazinreagens. Ich habe die Bedingungen für die Darstellung und die Eigenschaften des Körpers von neuem untersucht.

2 g reine Galactose vom Schmelzpunkt 162° (nach Soxhlet dargestellt) wurden mit 8 g salzsaurem Phenylhydrazin, 12 g kristallisiertem Natriumacetat und 40 g Wasser auf dem Wasserbade erhitzt. Nach etwa 15 Minuten beginnt die Abscheidung von feinen gelben Nadeln. Nach 1½ Stunden betrug das Gewicht des Niederschlages 1,4 g; nach weiterem 1½stündigem Erhitzen des Filtrats wurden noch 1 g desselben Produktes erhalten. Die Mutterlauge lieferte kein brauchbares Produkt mehr. Die Gesamtausbeute beträgt mithin 120 pCt. der angewandten Galactose.

Das Galactosazon ist in heißem Alkohol und Aceton verhältnismäßig leicht, in Äther, Benzol, Chloroform und kaltem Wasser fast unlöslich. Aus den konzentrierten Lösungen kristallisiert es beim Erkalten in gelben Nadeln. Dieselben kommen langsamer und sind viel derber, als die feinen Nädelchen, in welchen das Phenylglucosazon unter denselben Bedingungen kristallisiert.

In heißem Wasser löst es sich sehr wenig und fällt beim Erkalten in gelben Flocken aus.

Dagegen wird es von verdünntem (60 pCt.) Alkohol in der Wärme leichter gelöst als von absolutem Alkohol. Dasselbe ist auch der Fall bei dem isomeren Phenylglucosazon.

Den Schmelzpunkt der Verbindung habe ich früher zu 182⁰ angegeben. C. Scheibler[1]) hat später 171⁰ gefunden. Diese Zahl, welche auch in Beilsteins Handbuch übergegangen, ist jedenfalls von der Wahrheit weiter entfernt als die meinige. Ein Präparat, welches aus der konzentrierten Lösung von Aceton auf Zusatz von Äther in feinen, gelben, zu kugligen Aggregaten vereinigten Nadeln kristallisiert war, färbte sich beim raschen Erhitzen erst gegen 188⁰ dunkel und schmolz vollständig bei 193—194⁰ zu einer dunkelroten Flüssigkeit, in welcher Gasentwicklung stattfand.

Ich bemerke jedoch, daß die Bestimmung des Schmelzpunktes hier nicht so sicher ist, wie bei dem Phenylglucosazon. Die Verbindung zersetzt sich, allerdings sehr langsam, wenig über 180⁰, bevor sie schmilzt. Erhitzt man nun bei der Schmelzpunktsbestimmung recht vorsichtig und langsam, so findet man denselben niemals konstant, sondern infolge der teilweisen Zersetzung schwankend zwischen 188 bis 191⁰, manchmal auch noch tiefer.

Die gleiche Erscheinung zeigen das Lactosazon und Maltosazon und endlich sehr viele einfachere Hydrazinderivate; z. B. die Phenylhydrazinbrenztraubensäure. In allen diesen Fällen erhält man nur beim raschen Erhitzen einen konstanten Schmelzpunkt.*) Von Zinkstaub und Essigsäure wird das Phenylgalactosazon in wässerig-alkoholischer Lösung in eine Base verwandelt, welche wohl dem Isoglucosamin entspricht, aber bisher nicht kristallisiert erhalten wurde.

### Phenylsorbosazon.

Die Verbindung ist in der ersten Mitteilung flüchtig erwähnt. Zur Darstellung derselben wird 1 Teil Sorbose[2]) mit 3 Teilen salzsaurem Phenylhydrazin, 5 Teilen kristallisiertem Natriumacetat und 10 Teilen Wasser 2 Stunden auf dem Wasserbade erhitzt. Das Phenylsorbosazon scheidet sich zunächst als rotes Öl ab, welches beim Abkühlen sofort kristallinisch erstarrt.

Das rotgefärbte Rohprodukt wird mit einem Gemisch von gleichen Teilen Alkohol und Äther ausgelaugt, abfiltriert und von der roten Mutterlauge durch Pressen befreit. Das Präparat ist jetzt rein gelb;

---

*) Vgl. Abhandlung 11, Seite 177.
[1]) Berichte d. d. chem. Gesellsch. 17, 1731 [1884].
[2]) Eine beträchtliche Menge der seltenen Zuckerart wurde mir von Herrn Prof. Freund in Lemberg zum Geschenk gemacht. Ich benutze gerne diese Gelegenheit, demselben dafür herzlichen Dank zu sagen.

seine Menge ist gleich der der angewandten Sorbose. Löst man dasselbe in warmem Aceton und fügt zu der konzentrierten Lösung Äther, so scheiden sich nach kurzer Zeit äußerst feine gelbe Nadeln ab, welche zu kugligen Aggregaten vereinigt sind. Dieselben wurden nochmals in reinem Aceton gelöst, wieder mit Äther abgeschieden und im Vakuum getrocknet. Die Analyse dieses Produktes führt zu der Formel $C_{18}H_{22}O_4N_4$.

0,19 g Subst.: 0,418 g $CO_2$, 0,1105 g $H_2O$.
0,203 g Subst.: 0,4465 g $CO_2$, 0,1175 g $H_2O$.
0,2115 g Subst.: 28,3 ccm N (15⁰, 756,5 mm)

|  | Ber. für $C_{18}H_{22}O_4N_4$ | Gefunden I. | II. |
|---|---|---|---|
| C | 60,33 | 60,00 | 59,99 pCt. |
| H | 6,14 | 6,47 | 6,45  „ |
| N | 15,65 | 15,59 | —  „ |
| O | 17,88 | — | —  „ |

Die Zusammensetzung der Sorbose war bisher keineswegs sicher festgestellt; denn die von Pelouze[1]) erhaltenen analytischen Zahlen lassen die Wahl zwischen allen Formeln $C_nH_{2n}O_n$. Ich habe deshalb mit besonderer Sorgfalt die Zusammensetzung des Phenylsorbosazons ermittelt, weil dasselbe das einzige kristallisierte Derivat dieser Zuckerart ist. Mehrere Analysen der Hydrazinverbindung, welche durch Kristallisation aus verdünntem Alkohol gereinigt war, ergaben einen Kohlenstoffgehalt, der 1—1½ pCt. unter der oben berechneten Menge blieb, und es war deshalb die Möglichkeit nicht ausgeschlossen, daß die Sorbose nicht die Formel $C_6H_{12}O_6$ hat, sondern eine kohlenstoffärmere Verbindung sei, wie es neuerdings von Kiliani[2]) für die Arabinose nachgewiesen wurde. Durch die Analyse des sorgfältig gereinigten Sorbosazons habe ich indessen die Überzeugung gewonnen, daß die Sorbose selbst die Formel $C_6H_{12}O_6$ besitzt und mithin als wahre Zuckerart der Glucose-Reihe zu betrachten ist.

Die Verbindung sintert gegen 162⁰ und schmilzt vollständig bei 164⁰ ohne Gasentwicklung zu einer dunkelroten Flüssigkeit.

In heißem Wasser ist sie nur wenig mit gelber Farbe löslich und scheidet sich beim Erkalten als gelbe Gallerte ab. In Äther, Benzol und Chloroform ist sie fast unlöslich; dagegen wird sie von heißem Alkohol und Aceton ziemlich leicht mit rein gelber Farbe gelöst. Sie ist hierdurch, sowie durch den weit niedrigeren Schmelzpunkt leicht von dem isomeren Glucosazon und Galactosazon zu unterscheiden.

Aus der konzentrierten alkoholischen Lösung kristallisiert sie beim Erkalten in äußerst feinen, mikroskopischen Nadeln, welche zu kugligen

---

[1]) Liebigs Annal. d. Chem. 83, 47 [1852].
[2]) Berichte d. d. chem. Gesellsch. 20, 339 [1887].

Aggregaten vereinigt sind. In derselben Form scheidet sie sich aus der Lösung in Aceton auf Zusatz von Äther ab.

Sie reduziert ebenfalls alkalische Kupferlösung in der Hitze sehr stark.

### Phenyllactosazon.

Darstellung, Analyse und Schmelzpunkt der Verbindung sind früher angegeben. Sie unterscheidet sich von den drei vorhergehenden Azonen durch die größere Löslichkeit in heißem Wasser, woraus sie am besten umkristallisiert wird. Sie löst sich in 80—90 Teilen kochendem Wasser; beim Erkalten scheidet sie sich daraus als gelbe, körnig kristallinische Masse ab, welche unter dem Mikroskop als kugelförmige Aggregate von feinen kurzen Prismen erscheint. Von heißem Alkohol wird sie etwas leichter gelöst als von Wasser und scheidet sich aus dieser Lösung sehr langsam ab.

In Äther, Benzol, Chloroform ist sie unlöslich. Am leichtesten wird sie von heißem Eisessig aufgenommen; diese Lösung färbt sich aber bald rot bis braun.

Bei der Darstellung des Phenyllactosazons entsteht in kleiner Menge ein anderes Produkt, welches in heißem Wasser fast unlöslich ist und beim Umkristallisieren des Rohproduktes zurückbleibt.

Dasselbe ist das Anhydrid des Phenyllactosazons und kann aus dem letzteren leicht in folgender Weise erhalten werden:

10 g Phenyllactosazon werden in 1 Liter heißem Wasser gelöst, dann 1 g verdünnte Schwefelsäure (von 20 pCt.) hinzugesetzt und auf dem Wasserbade 1½—2 Stunden erhitzt. Dabei scheidet sich das Phenyllactosazonanhydrid in schönen gelben Nadeln ab. Wendet man erheblich mehr Schwefelsäure an, als oben angegeben, so entsteht das Anhydrid entweder gar nicht oder nur in verschwindend kleiner Menge. Die überschüssige Säure zerstört nämlich das Lactosazon unter Abspaltung von Phenylhydrazin; gleichzeitig färbt sich die Flüssigkeit dunkelrot. Es ist aus diesem Grunde nicht möglich, das Lactosazon durch Säuren in ähnlicher Weise zu zerlegen wie den Milchzucker selber. Ich habe den Versuch öfters wiederholt in der Erwartung, aus dem Lactosazon entweder Glucosazon oder Galactosazon zu gewinnen und dadurch Aufschluß zu erhalten, wie Dextrose und Galactose in dem Milchzucker miteinander verbunden sind. Das Anhydrid wurde aus heißem verdünnten (60 pCt.) Alkohol umkristallisiert. Es bildet schöne gelbe Nadeln, welche die Zusammensetzung $C_{24}H_{30}O_8N_4$ besitzen. Für die Analyse wurde das Präparat bei 100⁰ getrocknet.

0,164 g Subst.: 0,3442 g $CO_2$, 0,092 g $H_2O$.
0,1193 g Subst.: 11,5 ccm N (18⁰, 755 mm).

| | Ber. für $C_{24}H_{30}O_8N_4$ | Gefunden |
|---|---|---|
| C | 57,37 | 57,2 pCt. |
| H | 5,98 | 6,25 ,, |
| N | 11,15 | 11,06 ,, |
| O | 25,5 | — ,, |

Das Anhydrid ist in Wasser, Äther und Benzol nahezu unlöslich. In heißem, absolutem Alkohol ist es verhältnismäßig leicht löslich und kristallisiert daraus in feinen, gelben, biegsamen Nadeln. Dieselben schmelzen beim raschen Erhitzen zwischen 223 und 224⁰ (unkorr.) und zersetzen sich dabei unter lebhafter Gasentwicklung. In verdünntem Alkohol gelöst, reduziert es alkalische Kupferlösung in der Wärme recht stark. Aus dem Phenylmaltosazon[1]) habe ich auf demselben Wege kein schwer lösliches Produkt erhalten.

Zum Schlusse gebe ich eine kurze Übersicht der 5 bekannten Azone, welche ihre Unterscheidung und ihre Benutzung für die Erkennung der betreffenden Zuckerarten erleichtern soll.

## 1. Azone von der Formel $C_{18}H_{22}O_4N_4$.

Sie sind in heißem Wasser sehr schwer löslich, in Äther, Chloroform und Benzol fast unlöslich, am leichtesten werden sie von heißem Eisessig aufgenommen; aber diese Lösung färbt sich bald dunkel, so daß der Eisessig zum Umkristallisieren wenig geeignet ist.

a) Phenylglucosazon. Dasselbe entsteht aus Dextrose und Lävulose, ferner aus dem Dextrose-Phenylhydrazin, endlich aus dem Glucosamin[2]) und Isoglucosamin[3]). Es schmilzt in reinem Zustande bei 204—205⁰ (unkorr.) unter Gasentwicklung. In heißem, absolutem Alkohol ist es schwer löslich, leichter wird es von heißem, verdünntem Alkohol (60 pCt.) aufgenommen und kristallisiert daraus in feinen, gelben, mit bloßem Auge leicht erkenntlichen Nädelchen.

b) Phenylgalactosazon wurde bisher aus der Galactose und dem Galactose-Phenylhydrazin gewonnen. Es ist in heißem, absolutem Alkohol etwas leichter löslich als das vorhergehende und kristallisiert daraus in gelben, ziemlich kompakten Nadeln. Beim raschen Erhitzen färbt es sich gegen 188⁰ dunkel und schmilzt vollständig bei 193—194⁰ unter Gasentwicklung.

c) Phenylsorbosazon wurde bisher nur aus Sorbose gewonnen. In heißem, absolutem Alkohol und Aceton ist es erheblich leichter löslich als die vorhergehenden. Aus der konzentrierten, alkoholischen Lösung scheidet es sich in der Kälte langsam in eigentümlichen, kugligen

[1]) Berichte d. d. chem. Gesellsch. 17, 583 [1884]. (S. 142.)
[2]) Tiemann, Berichte d. d. chem. Gesellsch. 19, 50 [1886].
[3]) Fischer, Berichte d. d. chem. Gesellsch. 19, 1923 [1886]. (S. 205.)

Aggregaten ab, welche unter dem Mikroskop als äußerst feine, biegsame Nädelchen erscheinen. Die reine Verbindung sintert gegen 162° zusammen und schmilzt vollständig bei 164° ohne Gasentwicklung.

## 2. Azone von der Formel $C_{24}H_{32}O_9N_4$.

Sie sind in heißem Wasser verhältnismäßig leicht löslich, in Äther, Chloroform, Benzol fast unlöslich, in heißem Eisessig leicht löslich.

a) Phenyllactosazon schmilzt bei 200° unter Gasentwicklung und löst sich vollständig in 80—90 Teilen heißem Wasser. Beim Erkalten scheidet es sich als gelbe, körnig-kristallinische Masse ab, welche unter dem Mikroskop als feine, kurze, zu kugligen Aggregaten vereinigte Prismen erscheint.

Durch sehr verdünnte Schwefelsäure wird es in das Anhydrid $C_{24}H_{30}O_8N_4$ verwandelt, welches auch in heißem Wasser fast unlöslich ist und bei 223—224° unter Gasentwicklung schmilzt.

b) Phenylmaltosazon löst sich in ungefähr 75 Teilen kochendem Wasser; in heißem Alkohol ist es etwas leichter löslich. Aus heißem Wasser kristallisiert es leicht in schön gelben, mit bloßem Auge kenntlichen Nadeln, welche nicht wie bei dem Lactosazon zu Aggregaten vereinigt sind und dadurch leicht von jenen unterschieden werden können. Der früher angegebene Schmelzpunkt 190—191° ist nicht richtig. Erhitzt man die aus Wasser kristallisierte Verbindung, im Kapillarrohr rasch, so schmilzt sie erst bei 206° vollständig zu einer dunklen Flüssigkeit, welche sich sofort unter starker Gasentwicklung zersetzt.

Beim langsamen Erwärmen wird die Beobachtung des Schmelzpunktes sehr unsicher, schon bei 190—193° färbt sich dann die Substanz dunkel, sintert zusammen und schmilzt schließlich unter völliger Zersetzung.

## Mannitose.

Schon in der ersten Mitteilung habe ich die Absicht geäußert, die von Gorup-Besanez durch Oxydation des Mannits erhaltene Zuckerart mit Phenylhydrazin zu prüfen. Inzwischen hat F. W. Dafert[1]) seine schönen Versuche über die Oxydation des Mannits ausführlich beschrieben. Derselbe kommt zu dem Schluß, daß die Mannitose identisch sei mit der Lävulose. Er hat ferner unter den Oxydationsprodukten des Mannits noch ein zweites Produkt beobachtet, welches ebenfalls Fehlingsche Lösung reduziert, dessen Isolierung ihm aber nicht gelungen ist. Ohne die Tragweite der Dafertschen Versuche irgendwie bezweifeln zu wollen, habe ich es doch nicht

---

[1]) Dafert, vorläufige Mitteilung, Berichte d. d. chem. Gesellsch. **17**, 227 [1884] und ausführlich: Zeitschr. des Vereins für Rübenzuckerindustrie, 1884.

für überflüssig gehalten, dieselben mit Hilfe von Phenylhydrazin zu prüfen, weil das Glucosazon das einzige gut kristallisierte Derivat der Lävulose ist. Meine Beobachtungen stehen mit den Schlußfolgerungen von Dafert in völligem Einklang.

Der Mannit liefert bei der Oxydation mit Salpetersäure zwei Produkte, welche mit Phenylhydrazin schwer lösliche Verbindungen bilden. Die eine derselben ist Phenylglucosazon. Seine Bildung bestätigt die Behauptung von Dafert, daß die Mannitose identisch mit Lävulose sei. Das zweite Hydrazinderivat hat die Zusammensetzung $C_{12}H_{18}O_5N_2$, ist mithin kein Azon, sondern wahrscheinlich das Hydrazinderivat einer neuen Verbindung $C_6H_{12}O_6$. (*Vgl. S. 289, Anmerkung.*)

10 g Mannit wurden nach der Vorschrift von Dafert mit 66 ccm Wasser und 33 ccm Salpetersäure (spez. Gewicht 1,41) 8 Stunden lang auf 42⁰ erwärmt, dann die Lösung zur Zerstörung der salpetrigen Säure mit wenig Harnstoff versetzt und unter Abkühlen mit Natronlauge genau neutralisiert. Jetzt wurde eine lauwarme Lösung von 10 g salzsaurem Phenylhydrazin und 15 g Natriumacetat in 80 g Wasser zugegeben. Nach kurzer Zeit schied sich eine reichliche Menge eines schwach gelben, kristallinischen Niederschlages ab. Derselbe wurde nach einer halben Stunde abfiltriert. Er ist die obenerwähnte Verbindung $C_{12}H_{18}O_5N_2$.

Das Filtrat gab beim Erhitzen auf dem Wasserbade im Laufe von einer Stunde eine reichliche Menge von Phenylglucosazon, welches nach dem Umkristallisieren aus verdünntem Alkohol bei 204⁰ schmolz und folgende analytische Zahlen gab.:

0,1098 g Subst.: 0,243 g $CO_2$, 0,063 g $H_2O$.

| | Ber. für $C_{18}H_{22}O_4N_4$ | Gefunden |
|---|---|---|
| C | 60,33 | 60,35 pCt. |
| H | 6,14 | 6,39 „. |

Die Verbindung $C_{12}H_{18}O_5N_2$ wurde zunächst aus heißem Wasser, dann aus heißem, verdünntem Alkohol (60 pCt.) umkristallisiert und für die Analyse bei 100⁰ getrocknet.

0,2395 g Subst.: 0,4655 g $CO_2$, 0,147 g $H_2O$.
0,2325 g Subst.: 20,18 ccm N (14⁰, 760 mm).

| | Ber. für $C_{12}H_{18}O_5N_2$ | Gefunden |
|---|---|---|
| C | 53,33 | 53,00 pCt. |
| H | 6,67 | 6,83 „ |
| N | 10,37 | 10,21 „ |
| O | 29,63 | — „ |

Der Körper bildet feine glänzende, fast farblose, eigentümlich geformte Blättchen, welche bei 188⁰ unter Zersetzung schmelzen.*) Er

---

*) *Vgl. Seite 290.*

ist in heißem Wasser ziemlich schwer löslich und scheidet sich in der Kälte größtenteils wieder ab. In heißem, absolutem Alkohol und in Aceton ist er recht schwer löslich; viel leichter wird er von verdünntem Alkohol aufgenommen. In konzentrierter Salpetersäure löst er sich; beim Erwärmen bräunt sich die Flüssigkeit und beim Abkühlen kristallisiert salzsaures Phenylhydrazin. Die Verbindung ist isomer mit dem Dextrosephenylhydrazin, unterscheidet sich aber davon durch ihre geringe Löslichkeit in Wasser. Sie scheint das Derivat eines Körpers $C_6H_{12}O_6$ zu sein, welcher aber kaum den gewöhnlichen Zuckerarten dieser Formel entsprechend konstituiert sein wird. (*Siehe Abhandlung 31, Seite 289.*)

Wie die vorstehenden Versuche von neuem zeigen, bildet das Phenylhydrazin ein bequemes Mittel zur Isolierung und Erkennung von Produkten, deren Abscheidung nach den älteren Methoden äußerst mühsam oder geradezu unmöglich ist. Es liegt nahe, ein solches Hilfsmittel auszubeuten für die Untersuchung der Oxydationsprodukte anderer mehrwertiger Alkohole. Ich habe mich zu dem Zwecke mit Hrn. Dr. Tafel vereinigt. Als erstes Resultat der gemeinsamen Arbeit kann ich mitteilen, daß das Glycerin, der Erythrit und Dulcit bei der Oxydation mit verdünnter Salpetersäure stark reduzierende Lösungen liefern, aus welchen mit Hilfe von Phenylhydrazin schwer lösliche, schön kristallisierende Produkte isoliert werden können. Wir werden über diese Versuche in nächster Zeit weitere Mitteilung machen.

Unter dem Namen Zuckerarten stellt man noch heutzutage eine Reihe von Verbindungen der Formel $C_6H_{12}O_6$ zusammen, welche süß schmecken, aber in ihrem Verhalten die größte Verschiedenheit zeigen. In den kleineren Lehrbüchern[1]) findet man an der Seite des Traubenzuckers den Inosit und die Dambose aufgeführt. Das Handbuch von Beilstein bringt unter derselben Rubrik noch den Scyllit und 8 andere Verbindungen, deren Individualität zweifelhaft ist. Eine brauchbare Definition des Begriffes Zucker ist den Chemikern bisher nicht geläufig. Für den Fachmann mag das ziemlich gleichgültig sein, aber für die Zwecke des Unterrichts ist es hinderlich und für alle der organischen Chemie ferner stehenden Forscher bringt diese Zusammenstellung manchen Irrtum mit sich.

Die wahren Zuckerarten, welche mit der Dextrose in Parallele gestellt werden können, sind Aldehyd- und Ketonalkohole. Sie reduzieren die Fehlingsche Lösung und liefern mit Phenylhydrazin die Azone. Ich schlage deshalb vor, zu den Zuckerarten von der Formel

---

[1]) Vgl. Fittig, Grundriß der organischen Chemie, 11. Aufl., 1886 und V. von Richter, Chemie der Kohlenstoffverbindungen, 4. Aufl., 1885.

$C_6H_{12}O_6$ nur diejenigen Substanzen zu rechnen, welche die erwähnten beiden Reaktionen zeigen. Es gehören dahin unzweifelhaft Dextrose, Lävulose, Galactose und Sorbose. Für die Arabinose ist vor kurzem durch Kiliani nachgewiesen, daß sie nicht 6 sondern 5 Kohlenstoffatome enthält. Bezüglich des Inosits habe ich schon früher die Vermutung ausgesprochen, daß er nicht zu den Zuckerarten gehöre, weil er weder alkalische Kupferlösung reduziert noch sich mit Phenylhydrazin verbindet. Durch die interessante Arbeit von Maquenne[1]) wissen wir jetzt, daß der Inosit ein Abkömmling des Benzols ist.

Die Dambose gehört allem Anscheine nach auch in die aromatische Reihe; jedenfalls hat sie außer der Formel mit dem Traubenzucker nichts gemein. Dasselbe gilt von dem Scyllit.

Die sieben anderen Verbindungen, welche im Handbuch von Beilstein aufgeführt sind, reduzieren die alkalische Kupferlösung.

Die Mannitose fällt als identisch mit Lävulose in Zukunft weg.

Die übrigen sechs werden wohl mit wenigen Ausnahmen dasselbe Schicksal erfahren.

Die Zuckerarten $C_{12}H_{22}O_{11}$ verhalten sich verschieden gegen alkalische Kupferlösung und Phenylhydrazin. Rohrzucker ist indifferent. Milchzucker und Maltose reduzieren und liefern Hydrazinderivate. Diese Verschiedenheit läßt auf eine wesentlich verschiedene Konstitution schließen. Milchzucker und Maltose enthalten offenbar noch einmal die Gruppe —CO—CHOH, während im Rohrzucker diese Atomgruppe der beiden Komponenten durch die Anhydridbildung verändert ist.

In diese Klasse sind alle Verbindungen $C_{12}H_{22}O_{11}$ aufzunehmen, welche durch verdünnte Säuren in wahre Zuckerarten der Formel $C_6H_{12}O_6$ verwandelt werden, mithin als Anhydride der letzteren zu betrachten sind.

Bei der Ausführung dieser Arbeit bin ich von Hrn. Dr. Rahnenführer aufs eifrigste unterstützt worden, wofür ich demselben besten Dank sage.

---

[1]) Compt. rend. **104**, 297 [1887].

## 8. Emil Fischer: Über die Verbindungen des Phenylhydrazins mit den Zuckerarten III.

Berichte der deutschen chemischen Gesellschaft **21**, 988 [1888].
(Eingegangen am 15. März.)

Die Überführung in die schwer löslichen und gut kristallisierenden Osazone ist unzweifelhaft das bequemste Mittel, um die bekannten Zuckerarten zu erkennen, sowie neue Körper dieser Klasse zu isolieren und ihre Zusammensetzung festzustellen. Die Vorteile der Methode, welche schon an verschiedenen Beispielen früher dargetan wurden, sind so groß, daß ich es nicht unterlassen habe, dieselbe zur Prüfung einiger zweifelhafter Zuckerarten zu benutzen.

### Phlorose.

Mit diesem Namen bezeichnet Hesse[1]) den Zucker, welcher aus Phloridzin durch Kochen mit Säuren entsteht. Derselbe sei der Dextrose sehr ähnlich, unterscheide sich aber durch das geringere Drehungsvermögen. Die Hydrazinprobe ergibt die Identität der Phlorose und Dextrose. Ich habe dieselbe angestellt, bevor ich Kenntnis hatte von der Arbeit Rennies[2]), welcher den gleichen Versuch ausgeführt hat. Meine Beobachtungen fallen mit den Angaben Rennies zusammen.

### Crocose.

Sowohl der Farbstoff wie der Bitterstoff des Saffrans liefern beim Erwärmen mit Säuren einen rechtsdrehenden Zucker, welcher von Kayser[3]) Crocose genannt wird und nur das halbe Reduktionsvermögen der Dextrose haben soll. Auf meine Veranlassung hat Hr. O. Nastvogel denselben mit Phenylhydrazin geprüft. Zu dem Zwecke wurde Saffran (von Crocus electus), nach sorgfältiger Behandlung mit Äther, mit Wasser ausgelaugt und die filtrierte Lösung mit verdünnter

[1]) Liebigs Annal. d. Chem. **192**, 173 [1878].
[2]) Journ. Chem. Soc. **1887**, 636.
[3]) Berichte d. d. chem. Gesellsch. **17**, 2232 [1884].

Salzsäure erwärmt, bis das Crocetin sich in roten Flocken völlig abgeschieden hatte. Das mit Tierkohle behandelte und neutralisierte Filtrat gab beim Erwärmen mit Phenylhydrazin einen reichlichen Niederschlag von Phenylglucosazon (Schmelzpunkt 205⁰).

Hiernach besteht die sogenannte Crocose jedenfalls zum Teil aus **Dextrose**; ob darin noch ein anderer Zucker enthalten ist, lasse ich unentschieden.

## Formose.

Das aus Formaldehyd und Calciumhydroxyd entstehende zuckerähnliche Produkt, welches zuerst von Butlerow[1]) beobachtet wurde, soll nach O. Loew[2]) ein einheitlicher Körper von der Zusammensetzung $C_6H_{12}O_6$ sein, welchem er den Namen Formose beilegt.

Das einzige kristallisierende Derivat dieser Formose ist ihr Osazon. Dasselbe soll nach den Analysen von Loew die Formel $C_{18}H_{22}O_3N_4$ haben, also ein Sauerstoffatom weniger enthalten als die Osazone der gewöhnlichen Zuckerarten. Da diese Angabe mit meinen Beobachtungen über die Bildung der Osazone in Widerspruch steht, so habe ich die Versuche des Hrn. Loew wiederholt und bin dabei zu wesentlich anderen Resultaten gelangt.

Das von Hrn. Loew analysierte Phenylformosazon ist ein Gemenge von mindestens zwei, wahrscheinlich aber drei oder vier Osazonen. Eins dieser Produkte hat die Zusammensetzung $C_{18}H_{22}O_4N_4$, ist also das normale Osazon einer Zuckerart $C_6H_{12}O_6$.

Für die Darstellung des Formosazons wurde sowohl die nach Loew gereinigte Formose wie das Rohprodukt, welches durch Einwirkung von Kalk auf Formaldehyd entsteht, direkt verwandt. Das Resultat war in beiden Fällen dasselbe. Erhitzt man eine nicht zu verdünnte Formoselösung (5—10 pCt.) mit salzsaurem Phenylhydrazin und essigsaurem Natron einige Stunden auf dem Wasserbade, so scheidet sich ein dunkles Öl ab. Seine Menge vermehrt sich beim Erkalten beträchtlich und das Produkt erstarrt nach einiger Zeit kristallinisch. Dasselbe wurde filtriert, mit Wasser gewaschen, auf Tontellern flüchtig getrocknet und dann mehrmals mit kaltem Benzol sorgfältig ausgelaugt. Dabei bleibt ein gelbes, größtenteils kristallinisches Pulver zurück, welches ungefähr zwischen 100 und 110⁰ schmilzt. Dasselbe ist ein Gemenge verschiedener Körper, welche sich durch ihre Löslichkeit in Äther und Essigäther unterscheiden. Den leichter löslichen Teil habe ich in annähernd reinem Zustande erhalten. Ich will dafür den Namen Phenylformosazon beibehalten. Zur Isolierung

---

[1]) Compt. rend. **53**, 145 [1861].
[2]) Journ. für prakt. Chem. **33**, 321 [1886].

desselben wird das obenerwähnte rohe Formosazon, nachdem es mit Benzol behandelt ist, zunächst mit ziemlich viel Äther ausgeschüttelt. Dabei geht ein beträchtlicher Teil des Formosazons in Lösung. Der Rückstand wird in heißem Essigäther gelöst; aus der konzentrierten Lösung fällt bei längerem Stehen das schwer lösliche Produkt heraus, während Formosazon in der Mutterlauge bleibt.

Beim Verdampfen der ätherischen oder Essigäther-Mutterlauge bleibt das Formosazon als dunkles, bald erstarrendes Öl zurück. Dasselbe wird mit der 300fachen Menge Wasser ausgekocht. Das Filtrat scheidet beim Erkalten das Formosazon in sehr feinen gelben Nadeln ab. Im Vakuum getrocknet, haben dieselben die Zusammensetzung $C_{18}H_{22}O_4N_4$.

| | Berechnet | Gefunden | | |
|---|---|---|---|---|
| | für $C_{18}H_{22}O_4N_4$ | I. | II. | III. |
| C | 60,33 | 60,34 | 60,09 | 60,42 pCt. |
| H | 6,15 | 6,29 | 6,27 | 6,31 ,, |
| N | 15,64 | 15,88 | 15,84 | — ,, |

Die Präparate stammen von verschiedenen Darstellungen her, Nr. II war nochmals aus heißem Benzol umkristallisiert und ebenfalls im Vakuum getrocknet. Das Produkt fängt gegen 130⁰ an zu sintern und schmilzt vollständig gegen 144⁰. Es ist demnach noch keine ganz einheitliche Substanz. Ich zweifle aber doch nicht daran, daß die oben angegebene Formel dem Hauptteil des Gemenges zugehört, vielleicht ist das Schwanken des Schmelzpunktes nur durch die Beimischung einer isomeren Verbindung bedingt. Das Phenylformosazon ist in heißem Wasser verhältnismäßig leicht löslich. Von Alkohol und Essigäther wird es sehr leicht, von heißem Benzol viel schwerer gelöst.

Der in Äther und Essigäther schwer lösliche Teil des rohen Osazons kann jedenfalls viel weniger als einheitlicher Körper betrachtet werden. Durch öfteres Umkristallisieren steigt der Schmelzpunkt bis gegen 200⁰. Wahrscheinlich liegt hier ein Gemenge von verschiedenen Osazonen vor.

Die Analysen des Produkts ergaben Zahlen, welche ungefähr in der Mitte zwischen den Werten liegen, welche sich für die Formeln $C_{17}H_{20}O_3N_4$ und $C_{18}H_{22}O_4N_4$ berechnen.

| | Ber. für $C_{17}H_{20}O_3N_4$ | Ber. für $C_{18}H_{22}O_4N_4$ | Gefunden | |
|---|---|---|---|---|
| | | | I. | II. |
| C | 62,2 | 60,33 | 61,01 | 61,10 pCt. |
| H | 6,1 | 6,15 | 6,33 | 6,26 ,, |
| N | 17,1 | 15,64 | 16,5 | — ,, |

Das Produkt ist in Essigäther schwer, in Alkohol etwas leichter löslich.

Endlich habe ich noch ein drittes Osazon beobachtet, welches durch seinen Schmelzpunkt, der über 204⁰ liegt und durch seine sehr geringe Löslichkeit in heißem Alkohol an das Phenylglucosazon und an das α-Phenylacrosazon erinnert. Dasselbe ist in dem rohen Formosazon nur in geringer Menge enthalten. Es bleibt beim Auskochen des Rohproduktes mit Wasser zurück und wird durch Auskochen mit kleinen Mengen heißem Alkohol von den leichter löslichen Produkten getrennt. Ganz rein habe ich diesen Körper nicht erhalten. Aus diesen Beobachtungen ergibt sich, daß die sogenannte Formose ein Gemenge von wenigstens drei, wahrscheinlich aber noch mehr Aldehyd- oder Ketonalkoholen ist, daß ferner von diesen Produkten eines die Zusammensetzung $C_6H_{12}O_6$ besitzt und gerade so wie die Zuckerarten ein normales Osazon $C_{18}H_{22}O_4N_4$ liefert. Will man den Namen Formose überhaupt beibehalten, so wird man ihn zweckmäßig für diesen letzteren in die Klasse der Zuckerarten gehörigen Körper gebrauchen.

Derselbe ist übrigens auch enthalten in dem Methylenitan von Butlerow. Aus dem letzteren entsteht ein Osazon, welches im wesentlichen dieselben Eigenschaften besitzt, wie das Produkt aus Formose. Durch Kristallisation wurde daraus der leicht lösliche Bestandteil, welcher oben als Formosazon bezeichnet wurde, isoliert. Die neueste Angabe von O. Loew[1]), daß das Methylenitan kein Osazon liefere und mithin von der Formose ganz verschieden sein müsse, ist hiernach zu berichtigen.

Butlerow gehört also unstreitig die Ehre, aus dem Para-Formaldehyd durch Kalkwasser den ersten der Zuckerklasse angehörigen Körper synthetisch bereitet zu haben. Es gelang ihm aber nicht, das Produkt rein darzustellen. Sein Methylenitan ist, wie Loew mit Recht hervorhebt, ein Gemenge verschiedener Körper. Die Formose von Loew ist unstreitig schon ein viel reineres Produkt und durch die verbesserte Darstellung des Formaldehyds sowie durch die glückliche Abänderung der Kondensationsbedingungen hat Hr. Loew sich ebenso unzweifelhafte Verdienste um die Förderung dieser interessanten Synthese erworben. Aber auch seine Formose ist ein Gemenge, dessen Zerlegung in seine Bestandteile nach dem augenblicklichen Stande unserer Kenntnisse nur mit Hilfe der Osazone möglich scheint. Aus den letzteren aber die Zuckerarten zu regenerieren, ist eine so mühselige Arbeit, daß ich es nicht gewagt habe, dieselbe zu unternehmen.

Bei der Ausführung dieser Versuche bin ich von Hrn. Dr. Rahnenführer aufs eifrigste unterstützt worden, wofür ich demselben besten Dank sage.

---

[1]) Journ. für prakt. Chem. **37**, 205 [1888].

**9. Emil Fischer: Über die Verbindungen des Phenylhydrazins mit den Zuckerarten IV.**

Berichte der deutschen chemischen Gesellschaft **21**, 2631 [1888].

(Eingegangen am 13. August.)

Während die Phenylhydrazone der Zuckerarten durch starke Säuren in der Kälte leicht in ihre Komponenten zerlegt werden können[1]), ist die Rückverwandlung der Osazone in Zucker ein ebenso schwieriges wie interessantes Problem. Durch Reduktion mit Zinkstaub und Essigsäure lassen sich dieselben[2]) allerdings in Aminbasen verwandeln, welche durch Behandlung mit salpetriger Säure in Zucker übergehen. Aber das Verfahren hat bisher nur bei dem Phenylglucosazon befriedigende Resultate geliefert; bei dem α-Acrosazon führte dasselbe auch noch zum Ziele; aber die Ausbeute an Acrosamin[3]) ist hier schon so schlecht, daß wir darauf verzichten mußten, größere Mengen von Acrose auf diesem Wege darzustellen.

Bessere Erfolge verspricht folgende Methode: Durch kalte rauchende Salzsäure werden die Osazone aller Zuckerarten mit dunkelroter Farbe gelöst und nach einiger Zeit unter Abspaltung von salzsaurem Phenylhydrazin zerlegt. Die Osazongruppe

$$
\begin{array}{l}
| \\
C = N_2H.C_6H_5 \\
| \\
C = N_2H.C_6H_5 \\
|
\end{array}
$$

wird dabei in die Gruppe — CO.CO — verwandelt. So entsteht aus dem Phenylglucosazon ein Produkt, welches nach seinen Reaktionen die Konstitution $CH_2OH.CHOH.CHOH.CHOH.CO.COH$ besitzt. Dasselbe kann als Oxydationsprodukt der Dextrose und der Lävulose

---

[1]) Vgl. Berichte d. d. chem. Gesellsch. **20**, 2569 [1887] (*S. 250*) und **21**, 1805 [1888]. (*S. 290.*)

[2]) Berichte d. d. chem. Gesellsch. **19**, 1920 [1886] (*S. 202*) und **20**, 2569 [1887]. (*S. 250.*)

[3]) Berichte d. d. chem. Gesellsch. **20**, 2573 [1887]. (*S. 255.*)

betrachtet werden. Ich bezeichne es deshalb als Oxyglucose.*) Analoge Produkte entstehen aus den Osazonen aller übrigen Zuckerarten. Näher untersucht wurde vorläufig nur noch die aus Lactosazon entstehende Oxylactose.

## Oxyglucose.*)

Verreibt man Phenylglucosazon mit der 10fachen Menge eiskalter rauchender Salzsäure, so löst es sich langsam zu einer dunkelroten Flüssigkeit, aus welcher sich nach kurzer Zeit salzsaures Phenylhydrazin abscheidet. Bei einer Temperatur von 5—10⁰ ist die Reaktion nach etwa 1½ Stunden beendet. Der schmutzig braune Niederschlag wird jetzt auf Glaswolle mit der Pumpe filtriert und mit wenig starker Salzsäure nachgewaschen. Das dunkle Filtrat enthält die Oxyglucose. Dasselbe wird mit der dreifachen Menge kaltem Wasser verdünnt, mit Bleicarbonat neutralisiert und das gelbrote Filtrat mit Tierkohle in der Wärme behandelt. Versetzt man jetzt die farblose Lösung mit überschüssigem Barytwasser, so fällt die Bleiverbindung der Oxyglucose mit überschüssigem Bleihydroxyd als amorpher, schwach gelb gefärbter Niederschlag aus. Derselbe wird mit verdünnter Schwefelsäure zerlegt und die überschüssige Schwefelsäure durch Baryumcarbonat entfernt. Das Filtrat hinterläßt beim Verdampfen im Vakuum die Oxyglucose als Sirup. Derselbe reduziert beim Kochen die Fehlingsche Lösung, wird durch konzentriertes Barytwasser oder basisch essigsaures Blei gefällt, gärt nicht mit Bierhefe und unterscheidet sich von dem Traubenzucker außerdem durch sein Verhalten gegen Phenylhydrazin. Versetzt man nämlich seine wässerige Lösung mit essigsaurem Phenylhydrazin, so beginnt schon in der Kälte nach einigen Minuten die Abscheidung von Phenylglucosazon; in kürzester Zeit vollzieht sich dieselbe, wenn man auf 50—60⁰ erwärmt und das abgeschiedene Glucosazon ist fast chemisch rein. Die Oxyglucose verhält sich also genau so wie das Glyoxal oder die Diketone, welche sämtlich mit dem Phenylhydrazin schon in kalter Lösung die Osazone bilden, während die Oxyaldehyde oder Oxyketone erst beim Erwärmen auf dem Wasserbade oder in der Kälte nach tagelangem Stehen diese Umwandlung erfahren.

Die Spaltung des Phenylglucosazons in Phenylhydrazin und Oxyglucose verläuft ziemlich glatt. Die Menge der letzteren wurde durch Rückverwandlung in Osazon bestimmt. Sie betrug danach 30 pCt. der theoretischen Ausbeute.

## Oxylactose.

Phenyllactosazon löst sich schon in der fünffachen Menge rauchender Salzsäure, wenn es damit sorgfältig zusammengerieben wird, zu einer

---

*) *Der Name ist später in Glucoson abgeändert. Siehe Seite 166.*

dunkelroten Flüssigkeit, welche ebenfalls nach einiger Zeit salzsaures Phenylhydrazin abscheidet. Der dunkle Niederschlag wurde auch hier nach 1½ Stunden filtriert, die Lösung mit Wasser verdünnt, mit Bleicarbonat neutralisiert und das Filtrat mit Tierkohle entfärbt.

Aus dieser Lösung wurde bisher die Oxylactose nicht isoliert; aber ihre Existenz wird durch folgende Reaktionen zweifellos bewiesen. Die Flüssigkeit gibt mit essigsaurem Phenylhydrazin in der Kälte schon nach 5—10 Minuten einen Niederschlag von Phenyllactosazon, was der Milchzucker auch bei tagelangem Stehen unter denselben Bedingungen nicht tut. Rasch und vollständig erfolgt die Bildung des Osazons bei kurzem Erwärmen auf 60—70°, wobei aber das in heißem Wasser lösliche Osazon erst beim Erkalten auskristallisiert.

Ähnlich den Saccharosen wird die Oxylactose durch Erwärmen mit Säuren invertiert und liefert dabei als Spaltungsprodukte Oxyglucose und Galactose, wie folgender Versuch beweist.

Die obenerwähnte Lösung der Oxylactose wurde mit so viel starker Salzsäure versetzt, daß die Gesamtflüssigkeit 4 pCt. freie Säure enthielt und dann 1½ Stunden auf dem Wasserbade erwärmt. Die mit Soda neutralisierte Lösung gab auf Zusatz von essigsaurem Phenylhydrazin schon in der Kälte einen reichlichen Niederschlag von Phenylglucosazon. Um dasselbe völlig auszufällen, wurde die Lösung 5 Minuten lang auf dem Wasserbade erwärmt, dann abgekühlt und filtriert. Das Filtrat gab jetzt beim weiteren einstündigen Erwärmen auf dem Wasserbade einen reichlichen Niederschlag von Galactosazon.

Dieses Resultat läßt sich für die Aufklärung der Konstitution des Milchzuckers verwerten. Der letztere ist bekanntlich das Anhydrid von 1 Molekül Dextrose und 1 Molekül Galactose. Er enthält nur einmal die Gruppe COH — CHOH —. Durch die Wirkung des Phenylhydrazins wird diese in die Osazongruppe verwandelt und in der Oxylactose ist die entsprechende Gruppe COH — CO — vorhanden; da nun aus der letzteren durch die Inversion Oxyglucose entsteht, so muß in dem Milchzucker die Gruppe COH — CHOH — des Dextrosemoleküls unverändert sein, während die Aldehydgruppe der Galactose durch die Anhydridbildung verändert ist. Über die Art dieser Anhydridbildung in den Saccharosen sind verschiedene Hypothesen aufgestellt, welche mir wenig wahrscheinlich vorkommen. Ich bin vielmehr der Meinung, daß der Milchzucker dem Methylal zu vergleichen ist, daß also die Aldehydgruppe der Galactose mit zwei Alkoholgruppen der Dextrose unter Wasseraustritt zur Gruppe $CH{<}^{O.C}_{O.C}$ zusammengetreten ist, wie es z. B. die Formel

$$CH_2OH.(CHOH)_4 — CH \underset{O.\dot{C}H.(CHOH)_2.CHOH.COH.}{\overset{O.CH_2}{<}}$$

$\underbrace{\hspace{3cm}}_{\text{Galactoserest}}$  $\underbrace{\hspace{5cm}}_{\text{Dextroserest}}$

ausdrückt.

Wegen Mangel an entscheidenden Tatsachen halte ich es aber auch für möglich, daß an Stelle der endständigen Hydroxyle die beiden in Klammer gesetzten Carbinolgruppen der Dextrose an der Anhydridbildung beteiligt sind. (*Vgl. Seite 687.*)

Eine ähnliche Konstitution besitzt nach meiner Ansicht die Maltose, welche das Anhydrid von zwei Molekülen Dextrose ist und sich gegen Phenylhydrazin gerade so wie der Milchzucker verhält.

Nach den vorstehenden Betrachtungen ist der Milchzucker ein Aldehyd; man darf deshalb erwarten, daß er durch vorsichtige Oxydation in die zugehörige Säure $C_{12}H_{22}O_{12}$ verwandelt werden kann.

In der Tat wird derselbe durch Brom in kalter wässeriger Lösung bei mehrtägigem Stehen verändert und liefert dabei eine neue sirupöse Säure, welche ich weiter untersuchen werde.

Bei der Anstellung dieser Versuche bin ich von Hrn. Dr. Rahnenführer unterstützt worden, wofür ich demselben besten Dank sage.

## 10. Emil Fischer: Über die Verbindungen des Phenylhydrazins mit den Zuckerarten V.

Berichte der deutschen chemischen Gesellschaft **22**, 87 [1889].

(Eingegangen am 15. Januar.)

Wie in der letzten Mitteilung[1]) beschrieben ist, werden die Osazone der Zuckerarten durch starke Salzsäure gespalten in Phenylhydrazin und die bisher unbekannten Oxydationsprodukte der Zucker, welche die Gruppe COH.CO. enthalten.

Aus dem Phenylglucosazon entsteht so eine Verbindung

$$CH_2OH.(CHOH)_3.CO.COH$$

Die weitere Untersuchung derselben hat die Richtigkeit dieser Formel bestätigt.

Ich habe die Verbindung früher einfach als Oxyglycose bezeichnet; es scheint mir aber jetzt zweckmäßiger, für diese Körperklasse, welche voraussichtlich für das Studium der Zucker vielfach benutzt werden wird, einen besonderen Namen „Osone" zu wählen.

Die bei der Bezeichnung der Zucker gebräuchliche Endung „ose" braucht dann nur in „oson" abgeändert zu werden. Die aus Traubenzucker (Glucose) entstehende Verbindung erhält also den Namen Glucoson.

Das Glucoson verhält sich gegen primäre und sekundäre Hydrazine und gegen die aromatischen o-Diamine genau so wie das Glyoxal. Ferner wird es durch Zinkstaub und Essigsäure leicht reduziert und liefert dabei vorzugsweise Lävulose.

Diese Methode bietet einen neuen und vielversprechenden Weg, um aus den Osazonen die Zuckerarten zu regenerieren.

Sie ist in dieser Gruppe allgemein anwendbar. Ich habe sie geprüft bei dem Glucosazon, Galactosazon, Sorbosazon, Lactosazon, Maltosazon, α- und β-Acrosazon, Formosazon, Arabinosazon und dem Osazon des Isodulcits. In allen Fällen gelingt die Spaltung mit Salzsäure leicht. Die Versuchsbedingungen sind bei dem Glucoson später beschrieben.

---

[1]) Berichte d. d. chem. Gesellsch. **21**, 2631 [1888]. (*S. 162.*)

Größere Schwierigkeiten bieten die sauerstoffärmeren Osazone, das Erythrosazon und Glycerosazon. Dieselben werden von konzentrierter Salzsäure zunächst in die Hydrochlorate verwandelt. Die letzteren zersetzen sich beim Erwärmen mit der Säure leicht. Aber dabei wird kein Phenylhydrazin abgespalten, sondern die Reaktion verläuft in einer anderen, bisher nicht näher untersuchten Weise.

Dasselbe gilt von dem Glyoxalphenylosazon, welches selbst von kochender konzentrierter Salzsäure nur langsam zersetzt wird. Noch beständiger sind die Osazone der Ketonsäuren. So wird das Derivat der Dioxyweinsäure (Tartrazin) selbst von kochender Salzsäure garnicht angegriffen.

Die vorliegende Spaltung der Osazone ist also offenbar abhängig von dem gesamten Sauerstoffgehalt des Moleküls, wobei aber das Carboxyl gerade den entgegengesetzten Einfluß ausübt, wie das Hydroxyl.

## Glucoson.

Für die Darstellung der Verbindung wurde folgendes Verfahren ausgearbeitet, dessen peinliche Befolgung für die Gewinnung eines reinen Produktes notwendig ist.

10 g feingepulvertes Phenylglucosazon werden in 100 g konzentrierte Salzsäure (spez. Gewicht 1,19) bei gewöhnlicher Temperatur eingetragen. Beim Schütteln löst sich ein Teil mit dunkelroter Farbe, während der Rest sich in das schwerlösliche, dunkelrot gefärbte Hydrochlorat verwandelt. Man erwärmt jetzt rasch auf 40°, wobei eine klare dunkelrote Lösung entsteht. Dieselbe wird 1 Minute auf derselben Temperatur gehalten und dann auf 25° abgekühlt. Bei dieser Temperatur läßt man zur Vollendung der Reaktion 5—10 Minuten stehen, bis eine Probe sich in viel Wasser bis auf einige dunkle Flocken klar löst. Während dieser Zeit ist die Farbe der Flüssigkeit von dunkelrot in dunkelbraun umgeschlagen und zugleich hat sich eine große Menge von salzsaurem Phenylhydrazin abgeschieden. Um das letztere möglichst vollständig zu entfernen, kühlt man durch eine Kältemischung und filtriert nach ¼ Stunde über Glaswolle auf der Saugpumpe. Der Rückstand wird mit wenig konzentrierter Salzsäure nachgewaschen und das Filtrat mit 1 Liter Wasser verdünnt. Diese Lösung wird jetzt bei gewöhnlicher Temperatur mit angeschlemmtem Bleiweiß versetzt, bis die Reaktion gerade neutral ist und sofort auf der Pumpe filtriert. Da der größte Teil der gefärbten Produkte durch die Bleisalze niedergerissen wird, so ist das Filtrat nur noch gelbrot.

In dieser Lösung wurde durch Fällen mit Phenylhydrazin der Gehalt an Glucoson bestimmt. Derselbe betrug 2,5 g oder 50 pCt. der theoretischen Ausbeute.

Für die Isolierung des Glucosons benutzt man die Unlöslichkeit seiner Bleiverbindung.

Man läßt zu dem Zweck in die auf $0^0$ abgekühlte, stark bewegte Flüssigkeit kaltes Barytwasser eintropfen, bis die Farbe in gelb umschlägt und die Lösung auch nach 15 Minuten noch eine deutliche alkalische Reaktion zeigt. Hierbei fällt das Glucoson nahezu vollständig mit dem Bleihydroxyd als wenig gefärbter Niederschlag aus. Derselbe wird zunächst auf einem Faltenfilter filtriert, dann auf ein Saugfilter übergespült und völlig ausgewaschen. Wenn die Fällung mit Baryt richtig ausgeführt ist, so enthält der Niederschlag kein Chlor. Der noch feuchte Niederschlag wird jetzt mit etwa 60 ccm Wasser und einem geringen Überschuß von Schwefelsäure geschüttelt; 2—3 g konzentrierte Schwefelsäure, vorher mit etwas Wasser verdünnt, genügen. Die völlige Zersetzung der Bleiverbindung erkennt man leicht an der äußeren Form des Niederschlages und an der bleibenden, stark sauren Reaktion der Lösung. Enthält dieselbe Chlor, so muß dieses durch Silbercarbonat entfernt werden.

Die überschüssige Schwefelsäure wird jetzt ohne vorhergehende Filtration durch Zusatz von angeschlemmtem reinem kohlensaurem Baryt entfernt, dann die neutral reagierende Flüssigkeit bis zur völligen Entfärbung mit gewaschener Tierkohle geschüttelt und filtriert. Dampft man die farblose Lösung im Vakuum auf die Hälfte ein, so fällt der als Bicarbonat gelöste Baryt heraus, und die abermals filtrierte Flüssigkeit enthält jetzt neben Glucoson nur noch kleine Mengen von Barytsalzen. Dieselbe kann für die meisten später beschriebenen Operationen direkt verwandt werden. Will man das Glucoson isolieren, so verdampft man im Vakuum auf dem Wasserbade bei möglichst niederer Temperatur bis zum Sirup und nimmt den Rückstand mit absolutem Alkohol auf. Die abermals im Vakuum verdampfte Lösung hinterläßt jetzt das Glucoson als fast farblosen Sirup, welcher nahezu aschefrei ist und in der Kälte zu einer festen Masse erstarrt. Kristallisiert habe ich das Produkt bisher nicht erhalten. Es löst sich in absolutem Alkohol bei längerem Kochen in großer Menge und wird daraus durch Äther in weißen amorphen Flocken gefällt.

Das Glucoson dreht in wässeriger Lösung das polarisierte Licht nur schwach nach links. Es reduziert beim Kochen die Fehlingsche Lösung recht stark; mit Bierhefe gärt es nicht. Von Alkalien und alkalischen Erden wird es selbst in sehr verdünnter, kalter Lösung im Laufe von einigen Stunden völlig verändert. Nach Analogie mit dem Glyoxal sollte man bei dieser Reaktion die Entstehung von Gluconsäure erwarten.

Verwendet man für die Umwandlung Kalkwasser, so erhält man

neben einer unlöslichen Kalkverbindung ein leicht lösliches Salz, welches vielleicht gluconsaurer Kalk ist; aber es ist verunreinigt durch eine stark reduzierende Substanz, und ich habe es infolgedessen bisher nicht kristallisiert erhalten.

Das Glucoson verbindet sich ähnlich den Zuckerarten leicht mit Blausäure. Erwärmt man beide Körper in sehr konzentrierter wässeriger Lösung 1—2 Tage auf 50°, so erstarrt die Masse durch Abscheidung von feinen, wenig gefärbten Kristallen. Das Produkt bedarf der weiteren Untersuchung.

Besonders leicht reagiert das Glucoson mit den Hydrazinen. Seine wässerige Lösung scheidet auf Zusatz von essigsaurem Phenylhydrazin schon in der Kälte nach einigen Minuten Phenylglucosazon ab. Momentan erfolgt die Bildung des letzteren beim Erwärmen auf etwa 60°. Wie schon erwähnt, läßt sich diese Reaktion zur Bestimmung des Glucosons, auch in verdünnter wässeriger Lösung, selbst bei Anwesenheit von anorganischen Salzen benutzen. Man versetzt zu dem Zwecke die Lösung mit einem Überschuß von essigsaurem Phenylhydrazin[1]) und erwärmt eine Viertelstunde auf dem Wasserbade. Nach dem Erkalten wird das Phenylglucosazon auf der Saugpumpe filtriert, erst mit Wasser, dann mit wenig kaltem Alkohol und zum Schluß mit Äther gewaschen, auf dem Wasserbade getrocknet und gewogen. Fast ebenso leicht verbindet sich das Glucoson mit den sekundären Hydrazinen, z. B. dem Methylphenylhydrazin. Je nach den Bedingungen erhält man hierbei das Hydrazon oder das Osazon.

## Glucosonmethylphenylhydrazon,

$$C_6H_{10}O_5 : N . N(CH_3) . C_6H_5.$$

Versetzt man eine kalte Lösung von 1 Teil Glucoson in etwa 10 Teilen absolutem Alkohol mit 1 Teil Methylphenylhydrazin, so beginnt schon nach etwa $\frac{1}{2}$ Stunde die Abscheidung von schwach gelb gefärbten Kristallen. Dieselben werden nach einigen Stunden

---

[1]) Zum Nachweis der Aldehyde, Ketone oder der Zuckerarten habe ich früher eine Mischung von salzsaurem Phenylhydrazin und Natriumacetat empfohlen, weil die käufliche Base damals nicht rein war. Jetzt ist das Präparat des Handels so gut, daß es sich in verdünnter Essigsäure klar und farblos löst. Seitdem verwende ich stets eine Mischung, welche aus gleichen Volumen Phenylhydrazin und 50prozentiger Essigsäure, verdünnt mit etwa der dreifachen Menge Wasser, besteht. Da dieselbe sich beim Aufbewahren in schlecht verschlossenen Gefäßen oxydiert, so ist es zweckmäßig, sie vor jedem Versuche frisch zu bereiten. Bei kleineren Proben fügt man zu der zu prüfenden Flüssigkeit einfach die gleiche Anzahl von Tropfen der Base und 50prozentiger Essigsäure. Auch zum Nachweis des Traubenzuckers im Harn ist diese Modifikation der Probe bequemer und ebenso gut. *Vgl. Seite 181.*

filtriert, mit Äther gewaschen und aus nicht zu viel heißem Alkohol umkristallisiert. Für die Analyse wurde die Substanz im Vakuum über Schwefelsäure getrocknet.

| | Ber. für $C_{13}H_{18}O_5N_2$ | Gefunden |
|---|---|---|
| C | 55,31 | 55,03 pCt. |
| H | 6,38 | 6,65 ,, |

Die Verbindung schmilzt beim raschen Erhitzen bei 171° zu einer gelben Flüssigkeit, welche sich aber rasch dunkel färbt und unter lebhafter Gasentwicklung zersetzt. In heißem Wasser ist sie ebenfalls leicht löslich und kristallisiert daraus, gerade wie aus Alkohol, beim Erkalten in feinen, fast farblosen Blättchen. Durch starke Säuren wird sie leicht in die Komponenten zerlegt. Ihre Bildung erfolgt nach der Gleichung

$$C_6H_{10}O_6 + C_6H_5N(CH_3).NH_2 = H_2O + C_6H_{10}O_5 : N.N(CH_3).C_6H_5.$$

Ob das Hydrazin an die Aldehyd- oder Ketongruppe des Glucosons getreten ist, bleibt vorläufig unentschieden.

In derselben Weise wirkt das Diphenylhydrazin auf das Glucoson in alkoholischer Lösung. Es entsteht dabei ebenfalls ein farbloses Produkt, welches aus heißem Wasser leicht kristallisiert und sehr charakteristisch ist.

Die entsprechende Verbindung des Phenylhydrazins habe ich bisher nicht isolieren können. Sie entsteht wahrscheinlich auch in der alkoholischen Lösung des Glucosons auf Zusatz der Base; aber sie ist jedenfalls leichter löslich und wird durch den Überschuß der Base viel leichter in das Osazon verwandelt; denn beim längeren Stehen des Gemisches in der Kälte scheidet sich reines Phenylglucosazon ab.

### Methylphenylglucosazon.

Durch Kombination von Traubenzucker und Methylphenylhydrazin habe ich diese Verbindung nicht erhalten können. Sie entsteht aber sehr leicht aus dem Glucoson und der Hydrazinbase in essigsaurer Lösung.

Versetzt man eine Lösung von Glucoson in etwa 10 Teilen Wasser mit einem Überschuß von Methylphenylhydrazin, welches in verdünnter Essigsäure gelöst ist, so färbt sich dieselbe schon in der Kälte nach einiger Zeit gelbrot. Rascher erfolgt die Reaktion, wenn man einige Minuten auf 70° erwärmt. Die Lösung trübt sich dann durch Abscheidung eines roten Öles und beim Erkalten beginnt eine reichliche Kristallisation von dunkelroten Nadeln. Dieselben werden nach 1 Stunde filtriert und erst mit Wasser, dann mit Äther sorgfältig gewaschen. Letzterer löst den größten Teil der anhaftenden öligen und stark gefärbten Nebenprodukte.

Aus heißem Benzol umkristallisiert bildet die Verbindung feine, gelbrote Nadeln, welche beim raschen Erhitzen gegen 152° unter lebhafter Gasentwicklung schmelzen.

Für die Analyse wurden dieselben im Vacuum getrocknet.

|   | Ber. für $C_{20}H_{26}O_4N_4$ | Gefunden |
|---|---|---|
| C | 62,17 | 62,14 pCt. |
| H | 6,73 | 6,81 ,, |
| N | 14,5 | 14,5 ,, |

In Wasser ist das Methylphenylglucosazon nahezu unlöslich. Auch von Äther wird es nur wenig aufgenommen. Dagegen unterscheidet es sich von dem Phenylglucosazon durch die viel größere Löslichkeit in Alkohol und Benzol.

Über die Konstitution der Verbindung kann man nicht zweifelhaft sein. Dieselbe entspricht der Formel:

$$CH_2(OH) . (CHOH)_3 . C . CH$$
$$C_6H_5 . (CH_3) . N . N \quad N . N(CH_3) . C_6H_5.$$

Durch rauchende Salzsäure wird sie gerade wie das Phenylglucosazon in Methylphenylhydrazin und Glucoson gespalten[1]).

Verbindung von Glucoson mit o-Toluylendiamin.

Durch Kombination von Traubenzucker mit o-Phenylendiamin haben P. Griess und Harrow[2]) nicht weniger als vier Verbindungen gewonnen. Eine derselben hat die Zusammensetzung $C_6H_4 . N_2 . C_6H_{10}O_4$. Sie nennen dieselbe Anhydrogluco- o-diamidobenzol und geben ihr vorläufig die Formel $C_6H_4 \Big\langle {N : CH \atop N : C . (CHOH)_3 . CH_2 . OH.}$

Ihre Entstehung würde durch folgende empirische Gleichung auszudrücken sein:

$$C_6H_{12}O_6 + C_6H_4(NH_2)_2 = C_6H_4 . N_2 . C_6H_{10}O_4 + 2H_2O + 2H.$$

---

[1]) Das Methylphenylglucosazon ist stärker gefärbt als das Phenylglucosazon. Ich mache auf diesen Umstand deshalb aufmerksam, weil von verschiedener Seite die Vermutung geäußert worden ist, daß manche der Verbindungen, welche ich allgemein als Osazone bezeichne, wegen ihrer starken Färbung den Azoverbindungen ähnlicher seien als den gewöhnlichen Derivaten der Hydrazine. Besonders wird dies immer wieder von dem Tartrazin behauptet und das letztere zuweilen geradezu als Azokörper bezeichnet. Allerdings ist die Entstehung von Azoverbindungen aus den Hydrazonen oder Osazonen des Phenylhydrazins durch Wanderung von Wasserstoff wohl möglich, aber bei den Derivaten der sekundären Hydrazine ist diese Möglichkeit ebenso sicher ausgeschlossen; ihre stärkere Färbung beweist ferner, daß man aus der Farbe allein gewiß nicht die Anwesenheit einer Azogruppe folgern darf.

[2]) Berichte d. d. chem. Gesellsch. **20**, 281, 2205 [1887].

Wie aus dem Nachfolgenden ersichtlich, ist die oben angeführte Konstitutionsformel unzweifelhaft die richtige.

Der Vorgang ist somit ganz analog der Bildung des Phenyl-glucosazons, welche ich früher[1]) durch die Gleichung:

$$C_6H_{12}O_6 + 2C_6H_5 . N_2H_3 = C_6H_{10}O_4(N_2H . C_6H_5)_2 + 2H_2O + 2H$$

dargestellt habe.

Die der Aldehydgruppe benachbarte Alkoholgruppe des Trauben-zuckers wird zur Ketongruppe oxydiert und reagiert dann in der be-kannten Weise in dem einen Falle mit dem Hydrazin, im andern Falle gleichzeitig mit der Aldehydgruppe mit dem Diamin.

Bei Anwendung von Hydrazin ist diese Reaktion (Bildung der Osazone) bei allen 1,2-Oxyaldehyden und Oxyketonen leicht aus-zuführen. Bei Anwendung der aromatischen o-Diamine scheint sie jedoch nur in einzelnen Fällen zu gelingen; denn Griess und Harrow haben dieselbe bei anderen Zuckerarten und selbst bei Einwirkung von Traubenzucker auf o-Toluylendiamin nicht mehr beobachtet.

Leicht und glatt erfolgt nun die Bildung solcher Produkte bei der Einwirkung der Diamine auf das Glucoson und seine Verwandten. Der Grund dafür ist leicht einzusehen, denn diese Verbindungen enthalten ja bereits die Gruppe COH — CO —, welche nach den Untersuchungen von Hinsberg so leicht auf die aromatischen o-Diamine einwirkt.

Versetzt man eine wässerige Lösung von Glucoson mit einer Lösung von o-Toluylendiamin ohne Zusatz von Säuren, und erwärmt einige Minuten auf dem Wasserbade, so scheidet sich nach dem Er-kalten die neue Verbindung in feinen, wenig gefärbten Nadeln ab. Aus heißem Wasser unter Zusatz von Tierkohle umkristallisiert, bildet sie sehr feine, biegsame, farblose Nadeln, welche meist zu kugeligen Aggregaten vereinigt sind. Bei 100° getrocknet gaben dieselben fol-gende Zahlen:

|   | Ber. für $C_{13}H_{16}O_4N_2$ | Gefunden |
|---|---|---|
| C | 59,09 | 58,62 pCt. |
| H | 6,06 | 6,28 ,, |
| N | 10,6 | 10,52 ,, |

Sie färben sich gegen 180° dunkel und schmelzen einige Grade höher unter Zersetzung. Sie lösen sich leicht in verdünnter Salzsäure und werden durch Ammoniak unverändert wieder abgeschieden.

Wendet man an Stelle von o-Toluylendiamin das o-Phenylendiamin an, so entsteht die von Griess und Harrow bereits beschriebene Verbindung.

---

[1]) Berichte d. d. chem. Gesellsch. **20**, 823 [1887]. (S. *144*.)

Der von diesen Autoren gebrauchte Name Anhydrogluco-o-diamidobenzol ist zwar nicht besonders glücklich gewählt, aber ich verzichte darauf, einen neuen einzuführen, um eine unnötige Komplizierung der Nomenklatur zu vermeiden und bezeichne deshalb das vorliegende Produkt als Anhydrogluco-*m-p*-diamidotoluol.

## Furfurol aus Glucoson.

Bekanntlich liefern verschiedene Kohlenhydrate beim Erhitzen für sich oder beim Kochen mit verdünnten Säuren wechselnde Quantitäten von Furfurol. Dieselbe Verbindung entsteht aus dem Glucoson in verhältnismäßig großer Menge beim mehrstündigen Erhitzen der verdünnten wässerigen Lösung auf 140⁰ im geschlossenen Rohr. Das Glucoson wird dabei vollständig zerstört. Es scheiden sich Huminsubstanzen ab, und bei der Destillation der filtrierten Flüssigkeit resultiert eine farblose Lösung, welche die bekannte Reaktion des Furfurols mit essigsaurem Anilin und die nicht minder charakteristische Bildung des leicht kristallisierenden Furfurolphenylhydrazons[1]) in sehr schöner Weise zeigt. Für die Probe genügt 0,1 g Glucoson.

## Lävulinsäure aus Glucoson.

Von Salzsäure wird das Glucoson in ähnlicher Weise zersetzt wie die Dextrose. Es entsteht dabei neben einer großen Menge von Huminsubstanzen Kohlensäure und eine kleine Menge von Lävulinsäure. Die Probe wurde in der von Wehmer und Tollens[2]) angegebenen Weise ausgeführt. 2 g Glucoson lieferten dabei allerdings nur 0,025 g umkristallisiertes lävulinsaures Silber.

| Ber. für $(C_5H_7O_3)Ag$ | | Gefunden |
|---|---|---|
| Ag | 48,4 | 47,0pCt. |

## Reduktion des Glucosons.

Alkalische Mittel sind für diesen Zweck unbrauchbar, weil das Alkali allein schon das Glucoson verändert. Natriumamalgam wirkt in saurer Lösung nur sehr langsam. Leicht gelingt dagegen die Reduktion mit Zinkstaub und Essigsäure. Als Hauptprodukt entsteht dabei Lävulose. Erwärmt man eine Lösung von 1 Teil Glucoson in etwa 50 Teilen Wasser mit 10 Teilen Zinkstaub unter allmählichem Zusatz von 3 Teilen konzentrierter Essigsäure auf dem Wasserbade, so ist nach etwa 1 Stunde die Reduktion beendigt. Man erkennt diesen Punkt leicht daran, daß eine Probe, mit einem Tropfen Phenylhydrazin

---

[1]) Berichte d. d. chem. Gesellsch. **17**, 574 [1884].
[2]) Liebigs Annal. d. Chem. **243**, 314 [1888].

versetzt, beim kurzen Erwärmen keinen Niederschlag von Glucosazon mehr gibt. Das Zink wird aus der filtrierten Lösung mit Schwefelwasserstoff gefällt und das Filtrat im Vakuum verdampft.

Wird der Rückstand mit absolutem Alkohol aufgenommen, von einer kleinen Menge anorganischer Salze filtriert und die stark konzentrierte alkoholische Lösung mit Äther versetzt, so fällt der Zucker als farbloser Sirup aus. Derselbe zeigt die Reaktionen der Lävulose. Er dreht die Ebene des polarisierten Lichtes stark nach links, gärt mit Bierhefe sehr leicht und liefert mit essigsaurem Phenylhydrazin auf dem Wasserbade erhitzt große Mengen von Phenylglucosazon. Durch Natriumamalgam wird er endlich in Mannit verwandelt. Die Reduktion erfolgt so glatt, daß ich imstande war, aus 1 g Glucoson reinen Mannit vom Schmelzpunkte 164—166⁰ zu gewinnen.

Da aber die Linksdrehung des Zuckers verglichen mit dem Reduktionsvermögen geringer war als diejenige der Lävulose, so vermutete ich, daß neben der Lävulose auch Dextrose darin enthalten sei. Das ist jedoch nicht der Fall. Ich habe mich davon überzeugt, durch die Methode, welche Sieben[1]) für die quantitative Bestimmung der Dextrose neben Lävulose vorgeschlagen hat, und welche nach meiner eigenen Erfahrung beim Invertzucker sehr brauchbar ist. Durch dreistündiges Erwärmen mit 7,5prozentiger Salzsäure wird die Lävulose völlig zerstört, während die Dextrose zum größten Teil unverändert bleibt und dann mit Fehlingscher Lösung oder mit Phenylhydrazin nachgewiesen werden kann. Der Zucker aus Glucoson wurde bei dieser Behandlung vollständig zerstört.

Die Bildung des Glucosons und seine Reduktion zu Zucker ist ein neuer Weg vom Glucosazon zur Lävulose. Die Methode ist viel bequemer, als die früher von Tafel und mir beschriebene, welche auf der Reduktion des Glucosazons zu Isoglucosamin beruht, und es ist alle Aussicht vorhanden, daß man dieselbe allgemein zur Umwandlung der Osazone in die Zuckerarten benutzen kann. Ein Beispiel derart bietet die Abhandlung über Acrose. (S. 267.)

Man darf ferner erwarten, auf diesem Wege aus all den natürlichen Zuckerarten, welche die Aldehydgruppe enthalten, die isomere Verbindung mit der Ketongruppe zu gewinnen.

Die Reduktion der Gruppe CO.CO zu CO.CH(OH) ist bisher nur in wenigen Fällen ausgeführt worden. Aus dem Benzil wurde so bekanntlich das Benzoïn erhalten. Ich habe sie ferner beim Furil beobachtet, welches durch Natriumamalgam zunächst in Furoïn verwandelt wird. Aber der Verlauf der Reaktion hängt bei den fetten

---

[1]) Zeitschr. für analyt. Chem. **24**, 137 [1885].

Verbindungen dieser Klasse sehr von der Wahl des Reduktionsmittels ab. So erhielt von Pechmann[1]) aus dem Diacetyl mit Zink und Schwefelsäure nicht den einfachen Ketonalkohol, sondern ein pinakonartiges Produkt.

Zinkstaub und Essigsäure scheinen nun für diesen Zweck ganz besonders geeignet zu sein. Ich habe mich davon überzeugt beim Glyoxal, durch dessen Reduktion ich schon vor längerer Zeit mich bemühte, den noch unbekannten Oxyaldehyd zu gewinnen. Natriumamalgam ist hier ganz unbrauchbar; in alkalischer Lösung entsteht bekanntlich Glycolsäure, während in saurer Lösung die Reduktion bis zum Glycol fortschreitet.

Mit Zinkstaub und Schwefelsäure erhält man bereits eine Substanz, welche Fehlingsche Lösung reduziert; aber ihre Menge ist zu gering.

Erwärmt man dagegen eine wässerige Lösung von Glyoxal mit Zinkstaub und Essigsäure, so entsteht eine außerordentlich stark reduzierende Verbindung, welche vielleicht der gesuchte Oxyaldehyd ist, und mit deren Untersuchung ich beschäftigt bin.

Wie bereits erwähnt, werden sämtliche Osazone der gewöhnlichen Zuckerarten durch rauchende Salzsäure in die Osone verwandelt. Wie leicht die Reaktion auszuführen ist, mögen zwei weitere Beispiele beweisen.

## Galactoson.

Das Phenylgalactosazon löst sich in der 10fachen Menge kalter rauchender Salzsäure mit dunkelroter Farbe. Nach kurzer Zeit beginnt die Abscheidung von salzsaurem Phenylhydrazin. Bei 20⁰ ist die Zersetzung nach ½ Stunde beendet. Wird dann die stark gekühlte Lösung filtriert, mit der 10fachen Menge Wasser verdünnt, mit Bleiweiß neutralisiert und abermals filtriert, so enthält die gelbrot gefärbte Mutterlauge das Galactoson. Die Menge desselben entspricht 40 pCt. der Theorie. Das Produkt kann in derselben Weise isoliert werden wie das Glucoson.

Mit essigsaurem Phenylhydrazin regeneriert dasselbe ein Osazon, dessen Identität mit dem Galactosazon noch zweifelhaft ist.

## Rhamnoson
### (aus Rhamnose oder Isodulcit).

Daß der Isodulcit seinen Namen mit Unrecht trägt und vielmehr ein Homologes der Arabinose ist, wurde früher von Tafel und mir[2])

---

[1]) Berichte d. d. chem. Gesellsch. **21**, 1421 [1888].
[2]) Berichte d. d. chem. Gesellsch. **20**, 1091 [1887] (*S. 245*); **21**, 1658, 2173 [1888]. (*S. 282, 285.*)

gezeigt. So mißlich es nun auch ist, einen alt eingebürgerten Namen zu verlassen, so scheint dies doch zweckmäßig, wenn es sich, wie im vorliegenden Falle, um die Bezeichnung zahlreicher Derivate handelt. Ich schließe mich deshalb dem Vorschlage von Rayman an, welcher gleichzeitig mit uns und Will auf die Ähnlichkeit des Isodulcits mit den Zuckerarten aufmerksam machte und zugleich den neuen Namen Rhamnose wählte. Dementsprechend würde die Isodulcitcarbonsäure den Namen Rhamnosecarbonsäure erhalten, das Osazon des Isodulcits wäre als Phenylrhamnosazon und das daraus durch Salzsäure entstehende Produkt als Rhamnoson zu bezeichnen.

Erwärmt man 1 Teil Phenylrhamnosazon rasch auf 45°, so löst es sich beim Umschütteln mit dunkelroter Farbe. Man kühlt nun sofort auf etwa 35° und nach 2 Minuten bis auf 25° ab. Dabei beginnt eine reichliche Kristallisation von salzsaurem Phenylhydrazin. Nach weiteren 5 Minuten ist die Zersetzung beendet. Die stark gekühlte und dann filtrierte Lösung wird mit der fünffachen Menge Wasser verdünnt und mit Bleiweiß neutralisiert. Die abermals filtrierte Lösung enthält das Rhamnoson, welches in derselben Weise wie das Glucoson isoliert werden kann. Die Ausbeute beträgt auch hier etwa 50 pCt. der Theorie. Mit essigsaurem Phenylhydrazin regeneriert die Verbindung sehr leicht das als Ausgangsmaterial verwandte Rhamnosazon.

---

Durch die vorliegenden Versuche ist das schwierige Problem, aus den leicht isolierbaren Osazonen die Zucker zu regenerieren, in brauchbarer Weise gelöst. Welche Vorteile die Methode für das Studium der Zuckergruppe bietet, ist aus der Abhandlung über die synthetische Acrose *(S. 267)* zu ersehen.

Bei dieser Arbeit habe ich mich der wertvollen Hilfe des Herrn Dr. F. Ach erfreut, wofür ich demselben auch hier besten Dank sage.

### 11. Emil Fischer: Schmelzpunkt des Phenylhydrazins und einiger Osazone.

Berichte der deutschen chemischen Gesellschaft **41**, 73 [1908].
(Eingegangen am 27. Dezember 1907.)

Den Schmelzpunkt der Base habe ich vor 32 Jahren zu + 23 bis
23,5⁰ angegeben[1]). Später hat Hr. M. Berthelot[2]) ein Hydrat des
Phenylhydrazins vom Schmp. + 24,1⁰ beobachtet, und da er für das
Phenylhydrazin selbst den Schmp. + 17,5⁰ fand, so spricht er die Vermutung aus, daß bezüglich des Schmelzpunktes eine Verwechslung
der Base und ihres Hydrats stattgefunden habe. Ich weiß mich der
Einzelheiten der alten Bestimmung nur soweit zu erinnern, daß die
Beobachtung im Kapillarrohr ausgeführt wurde, weil mir damals keine
großen Mengen der Base zur Verfügung standen. Viel genauer ist natürlich die Bestimmung des Schmelzpunktes durch Eintauchen des Thermo-
meters in die schmelzende Masse. Bei Anwendung dieser Methode
erhält man mit reinem Phenylhydrazin den Schmp. + 19,6⁰, der ungefähr in der Mitte zwischen der von Berthelot und mir gefundenen
Zahl liegt.

Für die Bereitung der reinen Base wurde das käufliche Produkt (Farbwerke zu Höchst a. M.) zuerst bei 15—20 mm Druck destilliert,
dann viermal durch Abkühlung zu etwa 90 pCt. kristallisiert und jedesmal
der flüssig gebliebene Teil abgegossen. Der Rückstand wurde in ¾
seines Volumens reinem, über Natrium getrocknetem Äther gelöst, in
einer Kältemischung abgekühlt, die ausgeschiedenen Kristalle bei
niederer Temperatur scharf abgenutscht und mit sehr wenig stark
gekühltem Äther gewaschen. Zum Schluß erfolgte die Destillation
unter 0.5 mm Druck aus einem Ölbade, wobei die erste ziemlich erhebliche Fraktion, die kleine Mengen von Wasser und Äther enthalten
konnte, abgetrennt wurde.

Das so gewonnene Phenylhydrazin hat nur eine ganz schwache
gelbe Färbung, so daß einzelne Tropfen farblos erscheinen. Als dieses

---

[1]) Berichte d. d. chem. Gesellsch. **8**, 1006 [1875].
[2]) Ann. chim. et phys. [7] **4**, 124 [1895].

Präparat durch Abkühlung in Eiswasser zur Kristallisation kam, stellte sich ein feines, von der Physikalisch-technischen Reichsanstalt geprüftes Thermometer bei passendem Rühren konstant auf + 19,6° ein, und genau derselbe Punkt wurde bei der nachfolgenden Schmelzung der festen Masse durch Einstellen in warmes Wasser wiedergefunden. Ich glaube demnach, den Wert + 19,6° als den wahren Schmelzpunkt der Base betrachten zu können.

Die obige, umständliche Reinigung des Phenylhydrazins kann natürlich wesentlich vereinfacht werden, wenn es sich um gewöhnliche präparative Zwecke handelt. Ich lasse dann die Base 1—2 mal aus ungefähr dem gleichen Volumen reinem Äther umkristallisieren, wobei es nötig ist, in einer Kältemischung gut zu kühlen und jedesmal scharf abzunutschen, und dann unter einem Druck von 10—20 mm destillieren. Das so erhaltene Präparat darf nur schwach gelb gefärbt sein und muß sich außerdem in der 10 fachen Menge eines Gemisches von 1 Teil 50 prozentiger Essigsäure und 9 Teilen Wasser völlig klar lösen. Wegen der Empfindlichkeit gegen die Luft ist es ratsam, die Base in zugeschmolzenen Glasgefäßen aufzuheben.

## Osazone.

Die meisten Osazone, besonders diejenigen der Zuckerarten, schmelzen unter Zersetzung und haben deshalb keinen konstanten Schmelzpunkt. Er schwankt vielmehr mit der Art des Erhitzens und ist sogar in geringem Maße von der Weite des Schmelzpunktröhrchens und von der Dicke der Glaswand abhängig, weil sie bei rascher Steigerung der Temperatur die Verteilung der Wärme innerhalb des Röhrchens beeinflussen. Ich habe hierauf schon vor 20 Jahren in der zweiten Abhandlung[1]) über die ,,Verbindungen des Phenylhydrazins mit den Zuckerarten'' aufmerksam gemacht. Aus demselben Grunde habe ich später die Schmelzpunkte solcher Stoffe mit dem Zusatz ,,gegen'' angeführt, z. B. in der ersten zusammenfassenden Abhandlung ,,Synthesen in der Zuckergruppe''[2]). Dieser Zusatz sollte die Unsicherheit andeuten, die der betreffenden Schmelzpunktszahl anhaftet. Das hat aber nicht genügt, Mißverständnisse zu vermeiden, denn von Zeit zu Zeit tauchen in der Literatur Notizen auf, die eine Berichtigung meiner Angaben bezwecken; als Beispiel dafür mag das

## Phenyl-glucosazon

dienen. In der ersten Abhandlung[3]) habe ich den Schmp. 204—205° angegeben, zugleich aber bemerkt, daß in der geschmolzenen Masse

[1]) Berichte d. d. chem. Gesellsch. **20**, 827 [1887]. (*S. 150.*)
[2]) Berichte d. d. chem. Gesellsch. **23**, 2119 [1890]. (*S. 6.*)
[3]) Berichte d. d. chem. Gesellsch. **17**, 579 [1884]. (*S. 139.*)

Gasentwicklung stattfindet. In der zusammmenfassenden Abhandlung ist für die Substanz mit Rücksicht auf die oben angeführten Gründe der Schmelzpunkt „gegen 205⁰" gesetzt (der Wert ist unkorrigiert, wie es zur damaligen Zeit allgemein üblich war). Die meisten Fachgenossen, die sich mit den Zuckern beschäftigten, und dabei auch das Glucosazon darstellten, haben diesen Wert anerkannt, weil sie sich der von mir hervorgehobenen Unsicherheit bewußt waren, welche mit der Bestimmung des Schmelzpunktes hier verbunden ist. Widersprechende Angaben sind mir nur zwei bekannt geworden. Hr. Le Goff gibt gelegentlich den Schmp. 230⁰ an[1]), und in jüngster Zeit hat Hr. Frank Tutin als Mittelwert einer ganzen Reihe von Bestimmungen die Zahl 217⁰ gefunden[2]). Er glaubt, daß der von mir früher gefundene niedrige Schmelzpunkt durch die Unreinheit des Präparates bedingt gewesen sei.

Ich habe deshalb die alten Versuche wiederholt und kann dem Urteil des Hrn. Frank Tutin durchaus nicht beistimmen.

Das Glucosazon wurde aus den reinsten Materialien hergestellt und auf verschiedenartige Weise umkristallisiert: entweder aus verdünntem Alkohol oder aus Pyridin durch Zusatz von Alkohol bzw. Wasser. Die verschiedensten Kristallisationen zeigten nach längerem Trocknen im Vakuumexsiccator keine Differenz im Schmelzpunkt. Für seine Bestimmung wurde, wie allgemein üblich, die gepulverte Substanz in enge, dünnwandige Kapillarröhren eingebracht. Wenn die Erhitzung des Bades so geleitet war, daß die Temperatursteigerung um 1⁰ nur 2—3 Sekunden dauerte, so begann die Schmelzung gegen 205⁰ (korr. 208⁰) und vollendete sich auch bei dieser Temperatur, wenn man mit dem Erhitzen aufhörte, ziemlich bald. Dabei fand Gasentwicklung und starke Dunkelfärbung statt. Fuhr man dagegen in dem gleichen Tempo mit dem Erhitzen fort, so stieg das Thermometer, ehe die Schmelzung vollendet war, bis etwa 209⁰ (korr. 213⁰).

Wurde umgekehrt so langsam erhitzt, daß die Steigerung von 195⁰ auf 200⁰ 1 Minute in Anspruch nahm, so begann auch hier schon die Zersetzung unter starker Sinterung und Schmelzung. Man sieht daraus, daß diese Beobachtungen meine alte Angabe rechtfertigen, und ich kann hier anführen, daß andere Herren im hiesigen Institut, z. B. Hr. Prof. O. Diels, bei der üblichen Art der Schmelzpunktsbestimmung zu demselben Resultat, d. h. ungefähr 205⁰, gelangten.

Zum Vergleich will ich einige andere Osazone heranziehen. Für Phenyl- galactosazon habe ich die Unsicherheit in der Bestimmung des Schmelzpunktes früher eingehend besprochen[3]). Beim sehr raschen

---

[1]) Compt. rend. **127**, 819 [1898].

[2]) Proc. Chem. Soc. **23**, 250 [1907].

[3]) Berichte d. d. chem. Gesellsch. **20**, 826 [1887]. (*S. 150.*)

Erhitzen trat gegen 188⁰ Dunkelfärbung und bei 193⁰ unter Gasentwicklung völlige Schmelzung ein. Bei langsamem Erhitzen erfolgte das gleiche erheblich tiefer, wenig über 180⁰. Für die folgenden Beobachtungen diente ein Präparat, das aus umkristallisiertem Galactose-Phenylhydrazon vom Schmp. 158⁰ (korr. 160⁰) bereitet und mehrmals aus 50 prozentigem Alkohol umkristallisiert war. Bei einer Temperatursteigerung von 1⁰ in 2—3 Sekunden schmolz es unter Gasentwicklung und starker Dunkelfärbung in der Nähe von 186⁰ (korr. 188⁰), wobei Schwankungen von einigen Graden bei den einzelnen Bestimmungen unvermeidbar waren.

Phenyl-maltosazon: In der gewöhnlichen Weise hergestellt, mehrmals aus heißem Wasser umkristallisiert und im Vakuumexsiccator getrocknet, schmolz es unter den gleichen Bedingungen wie oben, entsprechend der früheren Angabe, gegen 205⁰ (korr. 208⁰).

Phenyl-lactosazon: Wie früher angegeben, beginnt die Schmelzung gegen 200⁰ (korr. 203⁰), wird aber erst vollständig bei 210—212⁰ (korr. 213—215⁰), wobei ebenfalls starke Zersetzung eintritt.

Ähnlich verhalten sich die Hydrazone, wenn die Schmelzung mit Zersetzung verbunden ist. Ein treffliches Beispiel dafür ist das Brenztraubensäure-phenylhydrazon, das nach meiner früheren Angabe[1]) unter Gasentwicklung bei 192⁰ schmilzt. Bei raschem Erhitzen habe ich ungefähr die gleiche Zahl wiedergefunden, die Beobachtung wird aber durch die starke Gasentwicklung etwas erschwert. Bei langsamem Erwärmen findet man den Schmelzpunkt erheblich niedriger, und darauf beruht der Unterschied zwischen meiner Angabe und derjenigen von Behrend und Tryller[2]), die je nach der Art des Erhitzens die Schmelzung zwischen 178⁰ und 183⁰ beobachteten.

Selbstverständlich ist die Schmelzpunktsbestimmung in allen solchen Fällen mehr oder weniger abhängig von der individuellen Ausführung; und will man sie zur Identifizierung eines Stoffes benutzen, so ist es immer ratsam, sich ein Vergleichspräparat zu verschaffen und damit die Kontrollbestimmung genau unter denselben Bedingungen anzustellen. Diese Schwierigkeit fällt natürlich weg bei denjenigen Osazonen, die ohne Zersetzung schmelzen; als Beispiel dafür mag das Glyoxal-phenylosazon dienen, dessen Schmelzpunkt mit einem neuen Präparat, ebenso wie früher, bei 169—170⁰ (korr. 171—172⁰) gefunden wurde.

Ich benutze diese Gelegenheit, einige Erfahrungen über die Darstellung der Osazone mitzuteilen. An Stelle des zuerst von mir

---

[1]) Berichte d. d. chem. Gesellsch. **16**, 2242 [1883]; **17**, 578 [1884].
[2]) Liebigs Annal. d. Chem. **283**, 227. [1894].

empfohlenen Gemisches von salzsaurem Phenylhydrazin und Natriumacetat kann man, wie ich öfter getan habe, eine Auflösung von Phenylhydrazin in der entsprechenden Menge verdünnter Essigsäure anwenden,
dann ist es aber ratsam, das käufliche Phenylhydrazin, welches meist
durch Oxydation rot bis braun geworden ist, durch Destillation unter
vermindertem Druck zu reinigen. Löst sich die Base nicht völlig klar
in der zehnfachen Menge eines Gemisches von 9 Vol. Wasser und 1 Vol.
50 prozentiger Essigsäure, so ist sie vorher auch noch durch Kristallisation aus Äther, wie oben beschrieben, zu reinigen. Ich habe fernerhin
die Beobachtung gemacht, daß es für die Osazonbildung bei Anwendung
von essigsaurem Phenylhydrazin in manchen Fällen vorteilhaft ist,
der Flüssigkeit noch Kochsalz zuzufügen. Ich halte es deshalb im
ganzen für bequemer, bei der Bereitung der in Wasser schwer löslichen
Osazone das alte Gemisch von 2 Teilen salzsaurem Phenylhydrazin
und 3 Teilen wasserhaltigem Natriumacetat anzuwenden. Das salzsaure
Phenylhydrazin muß allerdings rein sein, und es ist deshalb nötig,
das meist stark gefärbte käufliche Präparat aus heißem Alkohol umzukristallisieren, bis es ganz farblos geworden ist.

### 12. Emil Fischer und E. Frankland Armstrong:
### Darstellung der Osone aus den Osazonen der Zucker.

Berichte der deutschen chemischen Gesellschaft **35**, 3141 [1902].
(Eingegangen am 13. August.)

Bekanntlich werden die Phenylosazone der Zuckerarten durch kalte, konzentrierte Salzsäure in Phenylhydrazin und Osone[1]) gespalten. Aber die Trennung der letzteren von der großen Menge Salzsäure ist sehr unbequem, und wenn es sich um die Osone der Disaccharide handelt, so ist auch die Gefahr einer hydrolytischen Spaltung durch die Säure gegeben. Diese Schwierigkeit wurde uns besonders fühlbar bei den Synthesen von Disacchariden, die nur in Form der Osazone isoliert werden konnten. Wir haben deshalb ein neues Verfahren für die Spaltung jener Osazone aufgesucht und in der Wirkung des Benzaldehyds gefunden. Dieser wird bekanntlich schon längst nach dem Vorgange von Herzfeld[2]) an Stelle der Salzsäure für die Spaltung der Hydrazone benutzt. Für die Osazone der gewöhnlichen Monosaccharide ist das Verfahren aber nicht brauchbar, weil sie in Wasser zu wenig löslich sind. Dieses Hindernis fällt nun weg bei den Derivaten der Disaccharide, und hier genügt, wie wir gefunden haben, kurzes Kochen der wässerigen Lösung mit Benzaldehyd, um eine totale Abspaltung des Phenylhydrazins zu erreichen. Die Methode ist auch anwendbar bei den in heißem Wasser löslichen Osazonen der Arabinose und Xylose, und man kann allgemein voraussagen, daß die Löslichkeit in heißem Wasser die wesentlichste Bedingung für die Brauchbarkeit des Verfahrens ist.

Durch die leichte Bildung der Osone der Disaccharide wurden wir veranlaßt, einige Beobachtungen über ihr Verhalten gegen Enzyme anzustellen. So weit unsere Erfahrungen bisher reichen, entspricht dasselbe demjenigen der Disaccharide selbst. So wird das Maltoson durch Hefen-Maltase in Traubenzucker und Glucoson gespalten, und

---

[1]) E. Fischer, Berichte d. d. chem. Gesellsch. **21**, 2631 [1888] (*S. 162*); **22**, 87 [1889]. (*S. 166.*)
[2]) Herzfeld, Berichte d. d. chem. Gesellsch. **28**, 442 [1895]; s. auch E. Fischer, Liebigs Annal. d. Chem. **288**, 144 [1895]. (*S. 631.*)

bei dem Melibioson wird die Hydrolyse, gerade so wie bei der Melibiose selbst, sowohl durch Emulsin, wie durch die Enzyme der Unterhefe bewirkt.

## Maltoson.

1 Teil Phenylmaltosazon wurde in 80—100 Teilen kochendem Wasser gelöst und mit 0,8 Teilen reinem Benzaldehyd versetzt. Bei Mengen von 1—2 g genügt kurzes Kochen unter kräftigem Schütteln, um den Aldehyd zur Wirkung zu bringen. Bei größeren Quantitäten ist es aber nötig, den Benzaldehyd durch einen stark wirkenden Rührer mit der wässerigen Lösung zu emulgieren. Je nach dem Grade der Verteilung dauert die Operation bei Quantitäten bis zu 20 g Osazon 20—30· Minuten. Nach dem Erkalten wird das Benzaldehydphenylhydrazon, dessen Menge nahezu der Theorie entspricht, abfiltriert und die Mutterlauge zur Entfernung des Benzaldehyds mehrmals ausgeäthert. Die wässerige Lösung ist dann noch schwach gelb gefärbt und wird deshalb einige Minuten mit Tierkohle erwärmt, bis sie fast farblos ist. Verdampft man jetzt unter stark vermindertem Druck, so bleibt das Maltoson als wenig gefärbter Sirup zurück, der im Exsiccator zu einer glasähnlichen, amorphen Masse eintrocknet. Obschon die Substanz nicht analysiert werden konnte, ist es doch nach ihren charakteristischen Reaktionen nicht zweifelhaft, daß es sich um Maltoson handelt. Ihre wässerige Lösung reduziert beim Erwärmen die Fehlingsche Flüssigkeit und gibt mit essigsaurem Phenylhydrazin schon in der Kälte nach einigen Stunden einen reichlichen Niederschlag von Maltosazon. Viel schneller und vollkommener entsteht letzteres beim kurzen Erhitzen auf dem Wasserbade. Die wässerige Lösung des Maltosons dreht schwach nach rechts. Um ein Urteil über die Ausbeute an Maltoson zu gewinnen, wurden 5 g reines Maltosazon in der beschriebenen Weise zersetzt und die Osonlösung nach Zusatz von essigsaurem Phenylhydrazin 24 Stunden bei gewöhnlicher Temperatur aufbewahrt. Dabei wurden 3,5 g oder 70 pCt. des angewandten Phenylmaltosazons wiedergewonnen. Man kann daraus schließen, daß die Osonbildung ein ziemlicher glatter Vorgang ist.

Das Maltoson verbindet sich, wie zu erwarten war, auch mit anderen primären Hydrazinen; genauer untersucht wurde das Derivat des $p$-Bromphenylhydrazins. Für seine Bereitung bringt man eine nicht zu verdünnte, wässerige Lösung mit der Hydrazinbase, der entsprechenden Menge Essigsäure und soviel Alkohol zusammen, daß eine klare Lösung entsteht, und läßt diese am besten bei Luftabschluß 1—2 Tage bei 30—50⁰ stehen. Nach dem Verdampfen des Alkohols kristallisiert das $p$-Bromphenylmaltosazon aus und wird nach dem Waschen mit Äther aus wenig absolutem Alkohol umkristallisiert. Es bildet hellgelbe Nädelchen, welche beim schnellen Erhitzen im Kapillarrohr unter Zersetzung gegen 198⁰ schmelzen und für die Analyse im Vakuum getrocknet waren.

0,1720 g Subst.: 14,3 ccm N (18⁰, 758 mm).

$C_{24}H_{30}O_9N_4Br_2$.   Ber. N 9,33.   Gef. N 9,57.

Das Osazon ist in Äther fast unlöslich; auch in Benzol, Chloroform und Essigester löst es sich noch recht schwer. Leichter wird es von Aceton aufgenommen und durch Ligroïn daraus in kleinen Nädelchen gefällt. Am schönsten kristallisiert es aus heißem Alkohol, worin es recht leicht löslich ist.

### Verhalten des Maltosons gegen die Enzyme der Hefe.

Eine ziemlich konzentrierte Lösung von etwa 1 g Maltoson wurde mit 10 ccm eines wässerigen Auszugs[1]) von untergäriger Bierhefe versetzt und unter Zusatz von etwas Toluol 24 Stunden bei 35⁰ gehalten. Die durch kurzes Kochen mit einigen Tropfen Essigsäure und etwas Natriumacetat von Eiweiß befreite Lösung wurde dann in der Kälte mit essigsaurem Phenylhydrazin versetzt. Nach einigen Minuten entstand schon ein Niederschlag, der nach 2 Stunden filtriert wurde und durch seine Unlöslichkeit in heißem Wasser als Phenylglucosazon gekennzeichnet war. Die Mutterlauge von dem ersten Osazon gab beim Erhitzen auf dem Wasserbade nochmals eine reichliche Menge von Glucosazon, weil jetzt der darin enthaltene Traubenzucker zur Wirkung kam. Eine zweite Probe von Maltoson wurde in wässeriger Lösung mit frischer Bierhefe 24 Stunden bei 30⁰ behandelt. Die Lösung enthielt dann gleichfalls eine erhebliche Menge von Glucoson.

### Melibioson.

Es wurde aus dem Phenyl-melibiosazon auf die zuvor beschriebene Weise gewonnen. Seine wässerige Lösung drehte schwach nach rechts. Das *p*-Bromphenylmelibiosazon, welches in der gleichen Weise wie das Maltosederivat aus dem Oson dargestellt wurde, kristallisiert aus heißem Alkohol in hellgelben Nadeln, welche, im Kapillarrohr schnell erhitzt, gegen 182⁰ schmelzen.

0,1568 g Subst.: 12,8 ccm N (17⁰, 760 mm).

$C_{24}H_{30}O_9N_4Br_2$.   Ber. N 9,33.   Gef. N 9,47.

Wie oben schon erwähnt, wird das Melibioson von Emulsin hydrolysiert. Eine konzentrierte Lösung, welche aus 3 g Melibiosazon ge-

---

[1]) E. Fischer, Berichte d. d. chem. Gesellsch. **27**, 2988 [1894]. (*S. 840.*)

wonnen war, blieb mit 0,5 g Emulsin und etwas Toluol 3. Tage stehen. Die Flüssigkeit enthielt dann eine reichliche Mengeu von Glcoson und Galactose, welche ebenso nachgewiesen wurden, wie es zuvor für die Spaltungsprodukte des Maltosons beschrieben ist.   Schneller als von Emulsin wird das Melibioson von Unterhefe angegriffen.  Eine Probe, die nur 24 Stunden bei 35⁰ mit frischer Unterhefe in Berührung war, enthielt eine große Menge von Glucoson, während die gleichzeitig gebildete Galactose vergoren war.

Ganz unter den gleichen Bedingungen läßt sich die Spaltung des Phenyllactosazons mit Benzaldehyd durchführen.   Etwas unbequemer wird dagegen das Verfahren bei den Osazonen der Pentosen, welche in Wasser erheblich schwerer löslich sind.   Wir haben deshalb beim Phenylarabinosazon zur Lösung nicht allein 150 Teile kochendes Wasser, sondern auch noch die gerade erforderliche Menge Alkohol angewandt und dann die Spaltung mit dem Benzaldehyd in der gewöhnlichen Art vorgenommen.

## 13. Emil Fischer: Über einige Osazone und Hydrazone der Zuckergruppe.

Berichte der deutschen chemischen Gesellschaft **27**, 2486 [1894].
(Eingegangen am 14. August.)

### Phenyl-*dl*-xylosazon.

Ebenso wie die anderen mehrwertigen Alkohole wird der Xylit von Brom und Soda zu einer Pentose oxydiert, und letztere kann leicht in Form ihres Phenylosazons isoliert werden. Dieses Produkt ist aber nicht identisch mit dem Osazon der natürlichen Xylose; es unterscheidet sich davon nicht allein durch den viel höheren Schmelzpunkt und die geringere Löslichkeit, sondern auch durch die optische Inaktivität. Dieses Resultat war vorauszusehen, denn der Xylit selbst ist durch intramolekulare Kompensation inaktiv und wird mithin bei der Oxydation ein Gemisch der beiden optisch entgegengesetzten Pentosen liefern müssen. Da es ferner für die Osazonbildung gleichgültig ist, ob man eine Aldose oder Ketose verwendet, so halte ich die obige Verbindung, welche in ihrem gesamten Charakter den Osazonen der gewöhnlichen Zucker durchaus entspricht, für die racemische Form des Xylosazons. Die Verbindung ist besonders deshalb beachtenswert, weil sie mit dem Glucosazon verwechselt werden kann.

Der zu den nachfolgenden Versuchen benutzte Xylit wurde durch Reduktion der Xylose dargestellt. Da diese Operation je nach der Ausführung recht verschiedene Resultate liefert, so mögen hier die günstigsten Bedingungen Erwähnung finden. 20 g Xylose werden in 200 ccm Wasser gelöst, auf $10^0$ abgekühlt, mit Schwefelsäure schwach angesäuert, und dann nach Zusatz von 100 g $2\frac{1}{2}$ prozentigem Natriumamalgam kräftig und andauernd geschüttelt. Durch häufigen Zusatz von Schwefelsäure wird die Flüssigkeit immer schwach sauer gehalten und Erwärmung durch zeitweises Abkühlen in Eiswasser verhindert. Ist die erste Portion des Amalgams nach etwa $\frac{1}{2}$ Stunde verbraucht, so wird die gleiche Menge hinzugefügt. Wenn 300 g des Reduktionsmittels auf diese Art ausgenutzt sind und bei weitem die größte Menge des Zuckers verschwunden ist, läßt man die Flüssigkeit schwach alkalisch werden und setzt dann das Schütteln mit neuem Amalgam fort, bis 1 ccm der Flüssigkeit nur noch 0,1 ccm Fehlingsche Lösung reduziert. Diesen Punkt erreicht man in etwa 3 Stunden bei einem Gesamtverbrauch von 400 g Amalgam. Man neutralisiert dann die Lösung mit Schwefelsäure, verdampft bis zur Kristallisation des Natriumsulfates und vermischt mit der 5 fachen Menge absolutem Alkohol. Das Filtrat wird verdampft und der Rückstand abermals mit warmem, absolutem Alkohol aufgenommen. Beim Abdampfen bleibt dann der Xylit als farbloser Sirup, welcher nur Spuren von Asche enthält und für die meisten Zwecke direkt verwendet werden kann; seine Menge ist ungefähr gleich der des angewandten Zuckers. Für die Oxydation wurden 5 g von diesem Sirup mit 12 g kristallisierter Soda in 40 g Wasser gelöst, die Lösung auf 10° abgekühlt und dann 5 g Brom hinzugefügt; dasselbe löste sich beim Umschütteln bald und die anfangs rotgelbe Flüssigkeit war nach mehrstündigem Stehen bei Zimmertemperatur farblos geworden. Sie wurde nun mit Schwefelsäure übersättigt und das frei werdende Brom durch schweflige Säure reduziert. Zur Bereitung des Osazons muß nun die Lösung zunächst mit Natronlauge alkalisch gemacht und durch Essigsäure neutralisiert werden. Fügt man dann 5 g reines Phenylhydrazin und die gleiche Menge 50 prozentige Essigsäure hinzu und erwärmt auf dem Wasserbade, so beginnt nach 5—10 Minuten die Kristallisation des Osazons. Seine Menge betrug nach einstündigem Erhitzen 0,75 g, nach weiteren 3 Stunden noch 0,25 g.

Die Kristalle wurden heiß filtriert, mit Wasser, Alkohol und Äther gewaschen, zur Reinigung in der 100 fachen Menge siedendem Alkohol gelöst und nach Zusatz der gleichen Menge heißem Wasser langsam abgekühlt. Dabei fällt das Osazon in feinen gelben Kristallen, welche dem bloßen Auge als Blättchen erscheinen, in Wirklichkeit aber aus sehr feinen Nadeln bestehen. Die Analyse, für welche es bei 105° getrocknet war, gab zwar keine ganz scharfen Resultate, aber dieselben sind doch für die Formel eines Pentosazons entscheidend.

$$C_{17}H_{20}O_3N_4.$$

| | | | |
|---|---|---|---|
| Ber. | C 62,19, | H 6,1, | N 17,07. |
| Gef. | „ 61,53, 61,6 | „ 6,26, 6,17, | „ 16,74. |

Das dl-Xylosazon ist in heißem Wasser und in Äther fast unlöslich, auch von siedendem absolutem Alkohol verlangt es etwa 100 Teile. Beim raschen Erhitzen schmilzt es zwischen 210 und 215° unter Zersetzung. Durch sehr geringe Verunreinigungen wird der Schmelzpunkt um 10° erniedrigt. Alle diese äußeren Eigenschaften sind denen des Glucosazons so ähnlich, daß eine Verwechslung leicht stattfinden kann.

Abgesehen von der Elementaranalyse hat man aber in der optischen Untersuchung ein sicheres Mittel, die beiden Verbindungen zu unter-

scheiden. Zu dem Zweck löst man, wie früher schon angegeben, 0,1 g
fein zerriebenes Osazon in 12 ccm heißem Eisessig rasch auf, kühlt
sofort auf Zimmertemperatur und prüft im 1 dem-Rohr; während das
$d$-Glucosazon unter diesen Umständen nach links dreht, ist das $dl$-Xylosa-
zon gänzlich inaktiv.

Bei Anwendung von Natriumlicht ist die Absorption durch die
gelbrote Osazonlösung so stark, daß eine scharfe Beobachtung das
Auge außerordentlich anstrengt. Ich benutze deshalb jetzt für diesen
speziellen Fall auch beim Halbschattenapparat weißes Licht, und zwar
das so überaus bequeme Auersche Gas-Glühlicht. Bei Anwendung
desselben beträgt die Drehung der obenerwähnten Glucosazonlösung
0,65⁰ nach links, während früher[1]) bei Natriumlicht, wo allerdings
die Ablesung unsicherer war, der Wert —0,85⁰ gefunden wurde.

### Phenyl-turanosazon.

Nach den Beobachtungen von A. Alekhine[2]) zerfällt die Melezitose
bei partieller Hydrolyse in Glucose und Turanose. Für letztere leitet
er aus der Analyse des amorphen Zuckers und seiner ebenfalls amorphen
Natriumverbindung die Formel $C_{12}H_{22}O_{11}$ ab. Durch die Güte des
Hrn. Dr. Konowaloff aus Moskau erhielt ich eine Probe dieses interessanten Zuckers, und ich hielt es nicht für überflüssig, sein Phenylosazon zu untersuchen, um einerseits die obenerwähnte Formel, welche
nur aus der Analyse amorpher Substanzen abgeleitet ist, zu prüfen
und andrerseits die Turanose mit der von mir synthetisch gewonnenen
Isomaltose zu vergleichen.

Daß der Zucker sich mit Phenylhydrazin verbindet, ist schon
von Alekhine angegeben und von Maquenne bestätigt worden;
aber es fehlt jede genauere Angabe über die Eigenschaften der Substanz.

Um dieselbe zu bereiten, wurden 2 g der mir übergebenen Turanose,
welche noch etwas Traubenzucker enthielt, in 8 g Wasser gelöst, mit
2 g reinem Phenylhydrazin und 2 g 50 prozentiger Essigsäure vermischt und 2 Stunden in einem mit Kühlrohr versehenen Gefäß auf
dem Wasserbade erhitzt. Hierbei scheidet sich das Glucosazon, welches
aus dem Traubenzucker entsteht, aus, während das Turanosazon erst beim
Erkalten kristallisiert und die Flüssigkeit in einen dicken Brei verwandelt. Der gesamte Niederschlag wird nach einstündigem Stehen
in der Kälte möglichst stark abgesaugt, mit kaltem Wasser gewaschen,
schließlich abgepreßt und dann mit 10 ccm Wasser ausgekocht; hierbei
geht das Turanosazon völlig in Lösung und scheidet sich beim Erkalten

---

[1]) Berichte d. d. chem. Gesellsch. **23**, 385 [1890]. (*S. 345.*)
[2]) Ann. chim. et phys. [6] **18**, 532 [1889].

alsbald wieder als äußerst fein kristallisierter, fast gallertartig aussehender, schmutzig-gelber Niederschlag aus. Derselbe wird abermals filtriert, mit kaltem Wasser gewaschen und abgepreßt. Das Produkt ist noch keineswegs rein und färbt sich beim Trocknen im Vacuum braunrot; es wird deshalb am besten noch feucht 1—2 mal aus der 20 fachen Menge 40 prozentigem heißem Alkohol umkristallisiert. Das so gereinigte Produkt bildet äußerst feine, meist kugelig vereinigte Nadeln, welche auch beim Trocknen über Schwefelsäure ihre gelbe Farbe behalten. Für die Analyse wurde es im Vakuum bei 65⁰ bis zum konstanten Gewicht getrocknet, was 6 Stunden dauerte. Obschon die nachfolgenden Resultate nicht besonders scharf sind, so lassen sie doch über die Zusammensetzung der Verbindung keinen Zweifel und bestätigen die von Alekhine angenommene Formel der Turanose:

$$C_{12}H_{20}O_9(N_2H \cdot C_6H_5)_2.$$

Ber.  C 55,38,  H 6,14,  N 10,77.
Gef.  „ 54,9  „ 6,44,  „ 10,49.

Das Phenyl-turanosazon löst sich schon in 5 Teilen heißem Wasser völlig auf und scheidet sich daraus in der schon erwähnten, äußerst feinen, fast gallertartig erscheinenden Form ab; es ist dadurch leicht von dem viel schwerer löslichen und alsbald schön kristallisierenden Maltosazon oder auch Lactosazon zu unterscheiden. Dagegen gleicht es in diesen Eigenschaften dem Isomaltosazon; glücklicherweise weicht es aber von letzterem wieder sehr stark im Schmelzpunkte ab. Denn das reine Turanosazon schmilzt beim raschen Erhitzen erst bei 215—220⁰ unter Zersetzung; geringe Verunreinigungen, wie sie dem rohen Produkte anhaften und wie sie beim längeren Aufbewahren oder bei mehrstündigem Erhitzen desselben auf 105⁰ entstehen, können allerdings den Schmelzpunkt um 20⁰ und mehr erniedrigen.

Da nach den vorliegenden Beobachtungen die Turanose unzweifelhaft von der Isomaltose verschieden ist, und da sie ferner nach der Beobachtung von Alekhine bei der Hydrolyse nur Traubenzucker liefert, so gibt es bereits drei verschiedene Disaccharide des Traubenzuckers, welche nach dem Verhalten gegen Phenylhydrazin zu schließen, eine sehr ähnliche Struktur besitzen.

### Arabinose-$p$-bromphenylhydrazon,
### $C_5H_{10}O_4 \cdot N_2H \cdot C_6H_4 \cdot Br.$

Wie schon früher kurz erwähnt[1]), ist diese Verbindung im Gegensatz zu den meisten Hydrazonen der Zuckergruppe in Wasser schwer löslich und kann deshalb zur Erkennung der Arabinose benutzt werden.

---

[1]) Berichte d. d. chem. Gesellsch. **24**, 4221 [1891]. (*S. 447.*)

Zur Darstellung derselben löst man 6 Teile reines *p*-Bromphenyl-hydrazin in 80 Teilen warmem Wasser und 20 Teilen 50 prozentiger Essigsäure und fügt nach dem Abkühlen auf Zimmertemperatur eine Lösung von 5 Teilen Arabinose in etwa 50 Teilen Wasser hinzu. Nach 5—10 Minuten beginnt die Kristallisation des Hydrazons, welches feine, farblose, zu kugeligen Aggregaten vereinigte Nadeln bildet. Dasselbe wird nach einer Stunde filtriert, mit Wasser, Alkohol und Äther gewaschen und im Vakuum getrocknet. Für die Analyse diente ein aus heißem, verdünntem Alkohol umkristallisiertes Präparat.

$$C_5H_{10}O_4 \cdot N_2H \cdot C_6H_4 \cdot Br.$$

| | | |
|---|---|---|
| Ber. | N | 8,77. |
| Gef. | „ | 8,66. |

Aus heißem Wasser oder aus warmem 50 prozentigem Alkohol umkristallisiert, schmilzt das Produkt nicht ganz konstant zwischen 150 und 155°; aus absolutem Alkohol oder Aceton umkristallisiert, fängt es beim raschen Erhitzen auch gegen 150° an zu sintern, schmilzt aber erst völlig gegen 162° (korr. 165°). Die geschmolzene Masse bräunt sich dann bei derselben Temperatur langsam und zersetzt sich unter Gasentwicklung.

Das Hydrazon verlangt von heißem Wasser ungefähr 40 Teile zur Lösung und scheidet sich daraus beim Erkalten sofort wieder kristallinisch ab. In heißem, absolutem Alkohol und Aceton ist es noch schwerer löslich, kristallisiert aber aus diesen Lösungen sehr viel langsamer heraus; am leichtesten wird es von heißem 50 prozentigem Alkohol aufgenommen, welcher deshalb auch zum Umkristallisieren am besten geeignet ist. Von kalter, konzentrierter Salzsäure (spez. Gew. 1,19) wird es leicht gelöst und nach kurzer Zeit in die Komponenten gespalten.

Handelt es sich um den Nachweis der Arabinose, so verwendet man als Reagens eine Lösung von 1 Teil *p*-Bromphenylhydrazin, 3,5 Teilen 50 prozentiger Essigsäure und 12 Teilen Wasser, welche am besten frisch bereitet wird, da sie bei Luftzutritt ziemlich rasch verdirbt. In einer 1 prozentigen wässerigen Lösung von Arabinose erzeugt das Reagens, wenn man die Menge so wählt, daß auf 1 Teil Zucker ungefähr 2 Teile Hydrazin treffen, bei Zimmertemperatur schon nach einer halben Stunde eine Kristallisation des Hydrazons. Dieselbe dauert einige Stunden fort, und das Produkt ist nach dem Umkristallisieren aus heißem Wasser leicht zu identifizieren. Selbst in einer Lösung, welche nur ein halbes Prozent Arabinose enthält, tritt unter denselben Bedingungen die Kristallisation nach längerer Zeit ein. Xylose und Traubenzucker geben bei der gleichen Behandlung kein Hydrazon; daß diese Probe also zur Unterscheidung der beiden natürlichen Pentosen dienen kann, ist selbstverständlich, und daß sie auch zum Nachweis der Arabinose bei Gegenwart von Xylose brauchbar ist, beweist folgender Versuch:

0,2 g Arabinose und 4,0 g Xylose wurden in 5 ccm Wasser gelöst und so viel von obigem Reagens zugefügt, daß die Mischung 0,7 g Bromphenylhydrazin enthielt. Nach ¾ Stunden begann die Kristallisation, und nach 12 Stunden war der größte Teil der Arabinose gefällt.

Zu beachten ist bei dieser Probe nur die leichte Bildung des Acetyl-*p*-bromphenylhydrazins[1]), welches beim gelinden Erwärmen des obigen Reagens oder auch schon beim längeren Stehen desselben entsteht und wegen seiner geringen Löslichkeit in Wasser auskristallisiert. Aber dasselbe kann von dem Arabinose-*p*-bromphenylhydrazon leicht unterschieden und auch getrennt werden, weil es in heißem Alkohol leicht löslich ist.

### Phenyl-*dl*-arabinosazon.

Der aus dem Adonit durch Oxydation entstehende Zucker liefert ein Phenylosazon, welches ich, einerseits aus theoretischen Gründen, andererseits wegen der äußeren Ähnlichkeit mit dem Osazon der *l*-Arabinose für die racemische Form des letzteren gehalten und *dl*-Arabinosazon[2]) genannt habe. Dieselbe Verbindung wurde gleichzeitig von Hrn. A. Wohl[3]) aus der *dl*-Arabinose erhalten; er fand aber den Schmelzpunkt 16⁰ höher wie ich, nämlich bei 163⁰. Um diese Differenz aufzuklären, habe ich das Produkt aus Adonit nochmals nach der früheren Angabe dargestellt und durch wiederholtes Umkristallisieren aus heißem Wasser sorgfältig gereinigt. Dabei ist der Schmelzpunkt erheblich gestiegen, derselbe lag beim raschen Erhitzen zwischen 166 und 167⁰ (korr. 169—170⁰); in der dunkelroten Flüssigkeit trat langsam Gasentwicklung und schließlich totale Zersetzung ein. Das Osazon bildet rein gelbe, feine Nadeln und gleicht in seinen physikalischen Eigenschaften sehr den aktiven Komponenten. Wegen seines höheren Schmelzpunktes ist es als eine wahre racemische Verbindung anzusehen.

---

[1]) Berichte d. d. chem. Gesellsch. **26**, 2191 [1893].
[2]) Berichte d. d. chem. Gesellsch. **26**, 637 [1893]. (*S. 500*.)
[3]) Berichte d. d. chem. Gesellsch. **26**, 742 [1893]. .

## 14. Hermann Jacobi: Birotation und Hydrazonbildung bei einigen Zuckerarten.

Liebigs Annalen der Chemie 272, 170 [1892].

Über die Ursache der Birotation, welche beim Traubenzucker entdeckt und später bei den meisten Zuckern, sowie bei manchen anderen optisch aktiven Substanzen wiedergefunden wurde, sind die Ansichten recht verschieden.

Dubrunfaut, Erdmann und Béchamp[1]) erklären die Erscheinung durch die Annahme, daß die aktiven Körper in zwei Modifikationen existieren, einer kristallinischen und einer amorphen, welch erstere in Lösung allmählich in letztere mit verändertem Drehungsvermögen übergeht.

Nach einer anderen Anschauung ist die Birotation begründet durch den Zusammentritt der einfachen chemischen Moleküle zu Molekülkomplexen von verschiedener Ordnung.

Die letzte endlich und einfachste Theorie erklärt die Birotation durch die Annahme, daß die drehenden Substanzen mit dem Lösungsmittel Verbindungen eingehen, daß also bei Anwendung von Wasser Hydrate entstehen, welche ein anderes Drehungsvermögen als der ursprüngliche Körper besitzen.

Um neues Beobachtungsmaterial für die Diskussion dieser verschiedenen Ansichten zu gewinnen, habe ich auf Veranlassung von Hrn. Prof. Emil Fischer bei einigen Zuckern, der Glucose, Galactose und Rhamnose die Beziehungen zwischen der Birotation und der Bildung der Phenylhydrazone auf optischem Wege geprüft. Dabei hat sich ergeben, daß der chemische Prozeß beim frisch gelösten Zucker allemal rascher vonstatten geht als nach längerem Stehen der wässerigen Lösung. Am auffallendsten ist der Unterschied beim Traubenzucker.

Diese Beobachtungen stehen mit den obigen beiden ersten Theorien der Birotation in offenbarem Widerspruch. Denn bei der bekannten dissoziierenden Kraft des Wassers kann man nicht annehmen, daß

---

[1]) Jahresberichte für Chemie 1855, 671; 1856 639.

eine Lösung nach längerem Stehen größere Molekülkomplexe, als im frisch bereiteten Zustande enthalte und deshalb langsamer mit Phenylhydrazin reagiere. Zudem ist ja auch durch die kryoskopischen Untersuchungen nachgewiesen, daß die Zucker in wässeriger Lösung in die chemischen Moleküle dissoziiert sind.

Dagegen würde die Verlangsamung der Hydrazonbildung sich ungezwungen durch die Annahme erklären, daß die drei Zucker beim längeren Stehen der wässerigen Lösung mit dem Drehungsvermögen zugleich ihre Zusammensetzung durch Aufnahme von Wasser ändern. Bei der Glucose und Galactose, welche wasserfrei zur Anwendung kamen, könnte diese Hydratbildung an der Aldehydgruppe stattfinden. Bei der Rhamnose müßte man dagegen die Entstehung eines komplizierteren Hydrates annehmen. Dieselbe allerdings etwas gezwungene Voraussetzung ist auch nötig, um das optische Verhalten des Zuckers selbst nach diesem Prinzip zu erklären. Wie später gezeigt wird, besitzt die kristallisierte Rhamnose $C_6H_{12}O_5,H_2O$ im Gegensatz zum amorphen Anhydrid $C_6H_{12}O_5$ oder dem bloß geschmolzenen Hydrat in wässeriger Lösung Birotation; ihre Enddrehung ist aber gleich der unveränderlichen Drehung der beiden amorphen Modifikationen.

In alkoholischer Lösung zeigen dagegen sowohl der kristallisierte Zucker, wie das amorphe Anhydrid Birotation und die in beiden Fällen gleiche Enddrehung ist ganz verschieden von derjenigen in wässeriger Lösung.

Aller Wahrscheinlichkeit nach entsteht hier ein Alkoholat des Zuckers.

Für den Endzweck der Untersuchung war zunächst die spezifische Drehung der Phenylhydrazone der drei Zucker zu ermitteln.

### Drehungsvermögen der Phenylhydrazone.

Glucosephenylhydrazon. Die Verbindung existiert bekanntlich in zwei isomeren Formen. Untersucht wurde nur die leicht zu gewinnende Modifikation vom Schmelzpunkt 113—115⁰.

Zur Bereitung derselben löst man 20 g reinen Traubenzucker in 15 g Wasser heiß auf, kühlt ab und gibt 20 g reines Phenylhydrazin zu. Das Gemisch bleibt in luftdicht verschlossenem Gefäß 3 Tage stehen. Dann verreibt man die Kristallmasse öfters mit Äther, saugt ab, löst das Hydrazon in wenig absolutem Alkohol, filtriert, gibt Äther zu bis eine bleibende Trübung entsteht und läßt dann in einer Kältemischung auskristallisieren. Wird die letzte Operation ein- bis zweimal wiederholt, so erhält man das Hydrazon rein weiß.

Im Vakuum getrocknet zeigt es einen nicht vollkommen konstanten Schmelzpunkt zwischen 113 und 115⁰.

In Wasser löst es sich leicht auf.

1. 2,4732 g fein gepulvertes Hydrazon wurden unter gelindem Erwärmen in 24,4635 g Wasser gelöst, rasch abgekühlt und in das 2 dcm-Rohr filtriert. Der Prozentgehalt der Lösung betrug p = 9,1814; spez. Gewicht $d_4^{20} = 1,0257$.

Die Lösung drehte 10 Minuten nach Aufbringen des Wassers $\alpha = -2,88^0$ nach links, was einer spezifischen Drehung von $[\alpha]_D^{20^0} = -15,3^0$ entspricht.

Glucosephenylhydrazon zeigt aber starke Birotation. Sein Drehungsvermögen nimmt schnell zu und wird nach 12—15 Stunden konstant. Es ist dann etwa dreimal so groß als zu Anfang.

Nach 18 Stunden zeigte obige Lösung bei derselben Temperatur einen konstanten Drehungswinkel von $\alpha = -8,82^0$:

Hieraus berechnet sich

$$[\alpha]_D^{20^0} = -46,8^0.$$

2. 2,4374 g gelöst in 24,4635 g Wasser

$$p = 9,0607 \text{ pCt.}; \quad d_4^{20} = 1,0257.$$

$$\alpha \text{ nach 10 Min.} = -2,84^0;$$

$$[\alpha]_D^{20^0} = -15,3^0.$$

$$\alpha \text{ nach 19 Stunden konstant} = -8,73^0;$$

$$[\alpha]_D^{20^0} = -46,9^0.$$

Als Mittelwerte ergeben sich für Glucosephenylhydrazon in 10prozentiger wäßriger Lösung

Anfangsdrehung (nach 10 Minuten)

$$[\alpha]_D^{20^0} = -15,3^0.$$

Enddrehung (nach 12—15 Stunden konstant)

$$[\alpha]_D^{20^0} = -46,9^0.$$

Da bei Bestimmung der ersteren Zahl wegen der raschen Zunahme von $\alpha$ nur wenig Ablesungen gemacht werden konnten, so mag dieser Wert nicht sehr genau sein. Die Endwerte für $\alpha$ sind aber das Mittel von je 10 Ablesungen. Die größte Differenz vom Mittel betrug dabei $\pm 0,05^0$.

Wie Skraup gezeigt hat, existieren zwei isomere Phenylhydrazone des Traubenzuckers. Man könnte nun annehmen, daß der Grund der oben beschriebenen Drehungsänderung in einer Verwandlung der einen Modifikation in die andere zu suchen sei. Dies ist jedoch nicht der Fall. Dampft man nämlich die Lösung, welche 24 Stunden gestanden hat, auf dem Wasserbade ein, fällt das Hydrazon mit Alkohol und Äther und kristallisiert es wie oben um, so zeigt es den alten Schmelzpunkt 114⁰.

Galactosephenylhydrazon[1]). 10 g reine Galactose werden in 10 g Wasser heiß gelöst und nach dem Erkalten mit 10 g reinem Phenylhydrazin vermischt. Die schwach gelbe, klare Lösung läßt man 24 Stunden in einem luftdicht verschlossenen Gefäß stehen, nimmt dann den entstandenen Kristallbrei heraus und verreibt ihn mehrere Male sorgfältig mit Äther. Nach dem Filtrieren und Auswaschen mit Äther kristallisiert man ein- bis zweimal aus absolutem Alkohol um.

In kaltem Wasser ist es ziemlich schwer löslich, ungefähr im Verhältnis 1 : 50.

Wegen der geringen Löslichkeit konnten zur Bestimmung des optischen Drehungsvermögens nur etwa zweiprozentige Lösungen verwendet werden. Es wurde deshalb das 4 dcm-Rohr benutzt.

1. 0,6924 g Hydrazon wurden in 34,2862 g Wasser unter gelindem Erwärmen gelöst und die Lösung schnell auf 20⁰ abgekühlt. Die Lösung enthielt demnach p = 1,9795 pCt. Hydrazon und besaß bei 20⁰ das spez. Gewicht 1,0065. Sie drehte bei 20⁰ im 4 dcm-Rohr 1,73⁰ nach links. Die Zahl ist das Mittel von 10 Ablesungen, wobei die größte Differenz vom Mittel $\pm 0,02^0$ betrug. Daraus berechnet sich das spezifische Drehungsvermögen

$$[\alpha]_D^{20^0} = -21,7^0.$$

2. Eine zweite Bestimmung, ganz in derselben Weise durchgeführt, mit einer Lösung, welche 0,6937 g Hydrazon in 34,3756 g Wasser oder p = 1,978 pCt. enthielt, das spezifische Gewicht $d_4^{20}$ = 1,006 besaß und im 4 dcm-Rohr $\alpha = -1,71^0$ ($\pm 0,02^0$) drehte, ergab die Zahl

$$[\alpha]_D^{20^0} = -21,46^0.$$

Als Mittel erhält man für das spezifische Drehungsvermögen von Galactosephenylhydrazon in zweiprozentigen Lösungen bei 20⁰

$$[\alpha]_D^{20^0} = -21,6^0.$$

Birotation wurde nicht beobachtet.

Rhamnosephenylhydrazon[2]). Die Verbindung war auf die bekannte Weise dargestellt und mehrmals aus Alkohol umkristallisiert. Da sie etwa 80 Teile kaltes Wasser zur Lösung verlangt, so mußten die optischen Versuche mit nur einprozentigen Lösungen angestellt werden.

---

[1]) E. Fischer, Berichte d. d. chem. Gesellsch. **20**, 825 [1887]. (*S. 148.*)
[2]) E. Fischer und J. Tafel, Berichte d. d. chem. Gesellsch. **20**, 2574 [1887]. (*S. 257.*)

1. 0,4956 g Hydrazon wurden in 48,927 g Wasser unter gelindem Erwärmen gelöst und schnell auf 20⁰ abgekühlt.

$$p = 1,0038 \text{ pCt.}; \quad d_4^{20} = 1,009;$$
$$1 = 4 \text{ dcm}; \quad \alpha = + 2,19^0.$$

(Mittel von 20 Ablesungen; größte Differenz vom Mittel ± 0,04⁰.)

Demnach $\qquad [\alpha]_D^{20^0} = + 54,1^0.$

2. 0,5033 g wurden wie oben in 48,927 g Wasser gelöst.

$$p = 1,0182 \text{ pCt.}; \quad d_4^{20} = 1,0091;$$
$$1 = 4 \text{ dcm}; \quad \alpha = + 2,23^0.$$

Mithin $\qquad [\alpha]_D^{20^0} = + 54,3^0.$

Als Mittelwert erhält man für das spezifische Rotationsvermögen von Rhamnosephenylhydrazon in einprozentiger Lösung

$$[\alpha]_D^{20^0} = + 54,2^0.$$

Das Hydrazon zeigt keine Birotation. Nach längerem Stehen nimmt die Drehung ein wenig ab, doch rührt dies von eingetretener Zersetzung her.

### Drehungsvermögen der Rhamnose.[1])

Die älteren Angaben schwanken zwischen + 8,1 und + 9,2⁰. Aus den folgenden Versuchen geht hervor, daß die kristallisierte Rhamnose $C_6H_{12}O_5 + H_2O$ in wässeriger Lösung starke Birotation mit dem Endwert + 8,3⁰ zeigt, während der geschmolzene oder auch durch längeres Trocknen wasserfrei gemachte Zucker sofort diese letzte Drehung besitzt.

Auffallend ist die Beobachtung, daß die Drehung in alkoholischer Lösung ganz anders wird.

1. Kristallisierte Rhamnose $C_6H_{14}O_6$.

a) In wässeriger Lösung:

2,2651 g wurden in einem Kölbchen von 24,949 ccm Inhalt in Wasser von 20⁰ gelöst und im 2 dcm-Rohr geprüft.

Die Lösung zeigte etwa 10 Minuten nach der Auflösung eine ganz schwache Rechtsdrehung, welche schnell zunahm und nach einer Stunde den konstanten Wert + 1,52⁰ hatte. Daraus berechnet sich

$$[\alpha]_D^{20^0} = + 8,3^0.$$

Bei der geringen Rechtsdrehung des Zuckers, 10 Minuten nach der Lösung, war es wahrscheinlich, daß derselbe bei noch schnellerer Beobachtung eine Drehung nach links zeigen würde; dies ist in der Tat der Fall.

---

[1]) *Vgl. Abhandlung 62, Seite 535.*

Eine annähernd 10prozentige Lösung zeigte 1 Minute nach dem Aufgießen des Wassers im 2 dcm-Rohr eine Linksdrehung von 1°. Nach Verlauf von 8 Minuten war der Nullpunkt erreicht, dann ging die Drehung nach rechts über und wurde nach einer Stunde konstant.

Erhitzt man Rhamnose für sich kurze Zeit auf dem Wasserbade, bis alles geschmolzen ist, löst dann unter gelindem Erwärmen in Wasser auf, so zeigt die Lösung nicht mehr die oben beschriebene Birotation, sondern sofort die Enddrehung.

2,3446 g Zucker wurden ¼ Stunde für sich auf dem Wasserbade erwärmt, bis alles zu einem wasserhellen Sirup geschmolzen war, dann wurden aus einer genau ausgewogenen Pipette 24,4635 g Wasser von 20° zugegeben, und unter gelindem Erwärmen gelöst. Die Lösung enthielt p = 8,7458 pCt. $C_6H_{12}O_5 + H_2O$. Ihr spez. Gewicht betrug $d_4^{20} = 1,0236$. Sie drehte 1,5° nach rechts und zwar konstant. Das entspricht der spezifischen Drehung

$$[\alpha]_D^{20°} = + 8,4°.$$

b) In alkoholischer Lösung:

2,5508 g fein gepulverte Rhamnose wurden in 24,9202 g Alkohol von 99,8 pCt. kalt gelöst. Die Lösung, welche 9,2854 pCt. des Zuckers enthielt und das spez. Gewicht $d_4^{20} = 0,8262$ besaß, drehte im 2 dcm-Rohr 15 Minuten nach der Auflösung 1,75° nach links. Nach 16 Stunden betrug die Drehung — 1,39° und blieb dann konstant.

Man erhält demnach für die Anfangsdrehung

$$[\alpha]_D^{20°} = - 11,4°$$

und für die Enddrehung

$$[\alpha]_D^{20°} = - 9,0°.$$

2. Wasserfreie, amorphe Rhamnose $C_6H_{12}O_5$. Zur Bereitung des wasserfreien Zuckers wurde der kristallisierte 60 Stunden im Toluolbad auf 108° erwärmt, bis der Gewichtsverlust genau einem Molekül Wasser entsprach. Er bildet eine schwach gelb gefärbte, in der Wärme flüssige, in der Kälte harte, hygroskopische Masse, welche zerrieben in Alkohol und Wasser leicht löslich ist.

Drehungsvermögen:

a) In wässeriger Lösung:

2,49 g wurden in 24,4635 g Wasser von 20° gelöst. Die Lösung, welche 9,2381 pCt. wasserfreie Rhamnose enthielt und das spez. Gewicht 1,0281 besaß, drehte im 2 dcm-Rohr 1,66° nach rechts und zeigte keine Birotation.

Hieraus ergibt sich als spezifische Drehung für $C_6H_{12}O_5$

$$[\alpha]_D^{20^0} = + 8{,}7^0$$

und für $C_6H_{14}O_6$

$$[\alpha]_D^{20^0} = + 7{,}9^0.$$

Wasserfreie Rhamnose zeigt also in wässeriger Lösung keine Birotation. Ihr spezifisches Drehungsvermögen ist nahezu gleich der Enddrehung des kristallisierten Produktes. Die geringe Differenz von $0{,}4^0$ ist wahrscheinlich durch eine geringe Zersetzung des Zuckers beim langen Trocknen verursacht.

b) In alkoholischer Lösung.

2,5672 g wasserfreie Rhamnose wurden in 25,7033 g absolutem Alkohol unter gelindem Erwärmen gelöst, rasch auf $20^0$ abgekühlt und im 2 dcm-Rohr geprüft.

Es war hierbei

$$p = 9{,}0809 \text{ pCt.}; \quad d_4^{20} = 0{,}8255.$$

Direkt nach der Bereitung drehte diese Lösung nach rechts. Die Drehung nahm sehr langsam ab und ging dann in Linksdrehung über. Nach 24 Stunden war sie konstant.

Es betrug

$\alpha$ nach  5 Minuten $+ 0{,}51^0$; woraus $[\alpha]_D^{20^0} = + 3{,}4^0$;

$\alpha$ ,,  24 Stunden $- 1{,}35^0$;  ,,  $[\alpha]_D^{20^0} = - 9{,}0^0$;

berechnet für $C_6H_{12}O_5$.

In alkoholischer Lösung zeigt also die wasserfreie Rhamnose Birotation, und zwar im umgekehrten Sinne, wie der wasserhaltige Zucker.

Zur besseren Übersicht sind die Werte in der folgenden Tabelle zusammengestellt und sämtliche Zahlen für wasserfreien Zucker ($C_6H_{12}O_5$) berechnet.

| Angewandte Substanz | Kristallisierte Rhamnose ($C_6H_{12}O_5 + H_2O$) | | Amorphe, wasserfreie Rhamnose ($C_6H_{12}O_5$) | |
|---|---|---|---|---|
| Lösungsmittel | Wasser | Alkohol | Wasser | Alkohol |
| Anfangs-drehung | $- 5{,}6^0$ | $- 12{,}6^0$ | $+ 8{,}7^0$ | $+ 3{,}4^0$ |
| Enddrehung | $+ 9{,}2^0$ | $- 10{,}0^0$ | $+ 8{,}7^0$ | $- 9{,}0^0$ |

Die kleinen Unterschiede, welche der kristallisierte und der wasserfreie Zucker in der Enddrehung zeigen, dürften wohl von einer geringen Zersetzung des letzteren durch das lange Trocknen herrühren.

## Bildung der Phenylhydrazone.

**1. Beim Traubenzucker.** a) 1,6628 g reiner, wasserfreier Zucker wurden in einem Kolben von 25 ccm Inhalt in Wasser von 20⁰ gelöst, dann sofort eine Lösung von 1,6 g reinem Phenylhydrazin in der gleichen Menge 50prozentiger Essigsäure hinzugefügt und rasch bis zur Marke mit Wasser von derselben Temperatur aufgefüllt.

Um den Verlauf der Hydrazonbildung zu verfolgen, wurde die Flüssigkeit im 2 dcm-Rohr optisch geprüft. Es betrug $\alpha$ nach Verlauf von

| | | | | | |
|---|---|---|---|---|---|
| 11 Minuten | $+ 4,95^0$ | | 28 Minuten | $- 2,44^0$ |
| 12 | ,, | $+ 4,35^0$ | 30 | ,, | $- 3,14^0$ |
| 14 | ,, | $+ 3,60^0$ | 70 | ,, | $- 8,31^0$ |
| 15 | ,, | $+ 2,95^0$ | 120 | ,, | $- 9,39^0$ |
| 22 | ,, | $- 0,20^0$ | 150 | ,, | $- 9,39^0$ |

Die Drehung war also nach 2 Stunden konstant. Für den Endwert $\alpha = - 9,39^0$ ergibt sich das spezifische Drehungsvermögen für die aus 1,6628 g Traubenzucker theoretisch entstehende Menge Hydrazon

$$[\alpha]_D^{20^0} = - 47^0.$$

Die Zahl stimmt mit der oben gefundenen überein. Die Reaktion war also quantitativ vor sich gegangen.

Nach 2½ Stunden färbte sich die Lösung schnell rotgelb, die Drehung nahm sehr langsam noch um ein Geringes zu, bis nach 6 Stunden das Glucosazon auszukristallisieren begann.

b) Genau die gleiche Menge Traubenzucker wie bei a wurde in Wasser gelöst und die Lösung 24 Stunden stehen gelassen. Hierauf wurde dieselbe Menge essigsaures Phenylhydrazin zugegeben, aufgefüllt, gemischt und dann im 2 dcm-Rohr beobachtet. Die Temperatur der Lösung war ebenfalls 20⁰.

Es betrug $\alpha$ nach Verlauf von

| | | | | | |
|---|---|---|---|---|---|
| 5 Minuten | $+ 5,41^0$ | | 30 Minuten | $- 0,65^0$ |
| 7 | ,, | $+ 5,04^0$ | 1 Stunde | $- 6,38^0$ |
| 8 | ,, | $+ 4,69^0$ | 1½ Stunden | $- 7,79^0$ |
| 9 | ,, | $+ 4,39^0$ | 2 | ,, | $- 8,60^0$ |
| 10 | ,, | $+ 4,18^0$ | 3½ | ,, | $- 8,90^0$ |
| 15 | ,, | $+ 2,77^0$ | 4¼ | ,, | $- 9,04^0$ |
| 19 | ,, | $+ 1,72^0$ | 5½ | ,, | $- 9,36^0$ |
| 28 | ,, | $\pm 0^0$ | 6 | ,, | $- 9,36^0$ |

Für $\alpha = - 9,36^0$ erhält man wie oben auf Hydrazon berechnet

$$[\alpha]_D^{20^0} = - 47^0.$$

Die Lösung blieb auch hier 6 Stunden hell, dann begann die Abscheidung von Osazon. Bei beiden Versuchen wurde die Temperatur konstant auf 20⁰ gehalten.

Vergleicht man die beiden Tabellen, so zeigt sich, daß die Hydrazonbildung bei b erheblich langsamer verlief als bei a.

Dies tritt noch deutlicher hervor, wenn man erwägt, daß der
frisch gelöste Traubenzucker ein doppelt so großes, dem Hydrazon
entgegengesetztes Drehungsvermögen besitzt, als nach 24 stündigem
Stehen der Lösung.

2. Bei der Galactose. Die Versuche wurden in der gleichen
Weise, aber wegen der geringeren Löslichkeit des Hydrazons mit ver-
dünnteren Lösungen ausgeführt.

a) Angewandt 0,8155 g reine Galactose, 0,8 g reines Phenylhydrazin, 0,8 g 50prozentige Essigsäure, 25 ccm-Kölbchen, 2 dcm-Rohr.
Temperatur konstant 17,5⁰.

Es betrug $\alpha$ nach Verlauf von

| 8 Minuten | $+5,89^0$ | 35 Minuten | $+1,14^0$ |
|---|---|---|---|
| 10 ,, | $+5,39^0$ | 49 ,, | $\pm 0^0$ |
| 13 ,, | $+4,72^0$ | 1 Stunde | $-0,61^0$ |
| 15 ,, | $+4,14^0$ | $1^1/_4$ ,, | $-1,11^0$ |
| 20 ,, | $+3,26^0$ | $2^1/_4$ ,, | $-1,76^0$ |
| 32 ,, | $+1,59^0$ | $2^1/_2$ ,, | $-1,88^0$ |
|  |  | 5 Stunden | $-1,88^0$ |

Aus $\alpha = -1,88^0$ ergibt sich für die berechnete Menge Hydrazon

$$[\alpha]_D^{17,5^0} = -19,2^0.$$

b) Angewandt die gleichen Mengen wie bei a. Temperatur 17,5⁰.
Die Galactoselösung blieb vorher 24 Stunden stehen.

Es betrug $\alpha$ nach Verlauf von

| 5 Minuten | $+3,39^0$ | 36 Minuten | $-0,12^0$ |
|---|---|---|---|
| 10 ,, | $+2,58^0$ | $1^1/_4$ Stunden | $-1,32^0$ |
| 12 ,, | $+2,18^0$ | 2 Stunden | $-1,51^0$ |
| 15 ,, | $+1,79^0$ | 3 ,, | $-1,66^0$ |
| 30 ,, | $+0,24^0$ | $4^3/_4$ ,, | $-1,80^0$ |
| 33 ,, | $\pm 0^0$ | 24 Stunden | $-1,80^0$ |

Aus $\alpha = -1,80^0$ ist wie oben berechnet

$$[\alpha]_D^{17,5^0} = -18,4^0.$$

Da die spezifische Drehung des reinen Galactosephenylhydrazons
$[\alpha] = -21,6^0$ beträgt, so ist in beiden Fällen die Reaktion nicht ganz
quantitativ. Trotzdem erkennt man aus den Zahlen, daß die Hydrazonbildung bei Anwendung von frischer Zuckerlösung rascher beendet ist.
Und wenn man ferner berücksichtigt, daß die im ersten Falle verwandte, frisch gelöste Galactose doppelt so stark nach rechts dreht,
wie die beim zweiten Versuche benutzte, so ergibt sich im allgemeinen
für den ersten Fall ein rascherer Verlauf der Hydrazonbildung.

3. Bei der Rhamnose. Die Anordnung des Versuchs war die gleiche, wie beim Traubenzucker.

a) Angewandt 1,6795 g reine, kristallisierte Rhamnose, 1,7 g Phenylhydrazin in ebensoviel 50 prozentiger Essigsäure gelöst. Volumen der Lösung 25 ccm. Temperatur 20°.

Es betrug $\alpha$ nach Verlauf von

|  |  |  |  |
|---|---|---|---|
| 7 Minuten | $+ 8,77^0$ | 13 Minuten | $+ 9,87^0$ |
| 8 „ | $+ 9,07^0$ | 15 „ | $+ 10,02^0$ |
| 9 „ | $+ 9,34^0$ | 17 „ | $+ 10,15^0$ |
| 11 „ | $+ 9,59^0$ | 20 „ | $+ 10,24^0$ |
|  | 1 Stunde | $+ 10,24^0$. |  |

Bald darauf begann das Hydrazon zu kristallisieren.

Aus der Enddrehung $\alpha = + 10,24^0$ berechnet sich die spezifische Drehung des Hydrazons

$$[\alpha]_D^{20^0} = + 54,6^0,$$

während für die reine Verbindung früher der Wert $+ 54,2^0$ gefunden wurde. Die Reaktion verläuft also quantitativ.

b) 1,6798 g Rhamnose, in Wasser gelöst, wurden nach 12stündigem Stehen der Lösung mit 1,7 g Phenylhydrazin und ebensoviel Essigsäure von 50 pCt. versetzt und auf 25 ccm aufgefüllt. Temperatur 20°.

Es betrug $\alpha$ nach Verlauf von

|  |  |  |  |
|---|---|---|---|
| 5 Minuten | $+ 7,65^0$ | 15 Minuten | $+ 9,69^0$ |
| 8 „ | $+ 8,62^0$ | 27 „ | $+ 10,12^0$ |
| 10 „ | $+ 9,06^0$ | 30 „ | $+ 10,18^0$ |
| 12 „ | $+ 9,32^0$ | 60 „ | $+ 10,18^0$ |

Aus $\alpha = + 10,18^0$ erhält man für das Hydrazon (berechnete Menge aus der angewandten Menge Zucker)

$$[\alpha]_D^{20^0} = + 54,3^0.$$

Wie die Zahlen zeigen, reagiert die frisch gelöste Rhamnose wiederum etwas schneller mit dem Phenylhydrazin, als der längere Zeit im Wasser befindliche Zucker, und die Verschiedenheit würde noch größer sein, ohne die früher beschriebene Birotation der kristallisierten Rhamnose.

Bemerkenswert ist hier der rasche Verlauf der Hydrazonbildung. Die Reaktion war vor Beginn der optischen Beobachtungen in beiden Fällen schon zu $\frac{3}{4}$ vollzogen.

Leider war es bei diesen quantitativen Versuchen nicht möglich, die Lösungen in kürzerer Zeit für die optische Probe herzustellen, sonst hätte man wahrscheinlich viel größere Differenzen beobachtet.

### 15. Emil Fischer: Über Isoglucosamin.

Berichte der deutschen chemischen Gesellschaft **19**, 1920 [1886].

(Eingegangen am 8. Juli; mitgeteilt in der Sitzung von Hrn. A. Pinner.)

Das Phenylglucosazon, welches aus Phenylhydrazin und Dextrose
oder Lävulose entsteht, wird durch Reduktionsmittel, wie früher schon
erwähnt[1]), leicht in basische Produkte verwandelt. Bei der näheren
Untersuchung dieses Vorganges ist es mir gelungen, eine gut charakterisierte Base zu gewinnen, welche nach der Analyse der Salze die
Formel $C_6H_{13}O_5N$ hat, also isomer ist mit dem von Ledderhose
entdeckten Glucosamin und deshalb als Isoglucosamin bezeichnet
werden mag.

Dieselbe entsteht ·in reichlicher Menge bei der Reduktion des
Phenylglucosazons mit Zinkstaub und Essigsäure neben Anilin und
Ammoniak. Ihre Bildung kann demnach ausgedrückt werden durch
die Gleichung:

$$C_{18}H_{22}O_4N_4 + H_2O + 6H = C_6H_{13}O_5N + NH_3 + 2C_6H_5NH_2.$$

Für die Untersuchung dieser Base waren größere Mengen von
Phenylglucosazon erforderlich. Das letztere wurde früher durch Erwärmen von 1 Teil Dextrose mit 2 Teilen salzsaurem Phenylhydrazin,
3 Teilen essigsaurem Natron und 20 Teilen Wasser gewonnen. Dieses
Mengenverhältnis ist recht vorteilhaft, wenn es sich um den Nachweis der Dextrose handelt, aber weniger günstig für die Darstellung
des Phenylglucosazons, weil der größere Teil des ziemlich teuren Phenylhydrazins dabei unverändert bleibt. Es schien deshalb angezeigt,
die Menge der Base zu verringern. Da ferner die Lävulose mit dem
Hydrazin leichter in Reaktion tritt, so ist es auch vorteilhaft, an Stelle
der Dextrose den ebenso leicht zugänglichen Invertzucker zu benutzen.
Dem entspricht folgende Vorschrift für die

### Darstellung des Phenylglucosazons.

100 g Rohrzucker werden in 1 Liter Wasser gelöst, mit 10 g konzentrierter Schwefelsäure versetzt und etwa 1 Stunde auf dem Wasser-

---

[1]) Berichte d. d. chem. Gesellsch. **17**, 579 1884]. (*S. 139.*)

bade erwärmt. Jetzt fügt man 100 g Phenylhydrazin und 170 g Natriumacetat zu und erwärmt anderthalb Stunden auf dem Wasserbade. Dabei entsteht ein dicker, reingelber, aus Nadeln bestehender Niederschlag, der koliert, mehrmals mit Wasser und später einigemal mit kaltem Alkohol gewaschen wird. Das Produkt ist nahezu chemisch rein und kann direkt für die Gewinnung des Isoglucosamins benutzt werden. Die erste wässerige Mutterlauge wird nochmals 2 Stunden auf dem Wasserbade erwärmt und liefert dann eine zweite, etwas weniger reine Kristallisation von Phenylglucosazon. Die Gesamtausbeute an letzterem beträgt etwa 80 pCt. vom angewandten Phenylhydrazin.

### Darstellung des Isoglucosamins.

1 Teil fein zerriebenes Phenylglucosazon wird in einem Gemisch von 6 Teilen absolutem Alkohol und 2 Teilen Wasser suspendiert und in die auf 40 bis 50° erwärmte Flüssigkeit allmählich ca. 2½ Teile Zinkstaub und 1 Teil Eisessig eingetragen, wobei die Temperatur zweckmäßig unter 50° gehalten wird. Dabei befördert man die Einwirkung des Reduktionsmittels auf das wenig lösliche Glucosazon durch kräftiges Schütteln. Sobald die leicht kenntlichen gelben Partikelchen desselben verschwunden sind, ist die Reduktion beendet. Die vom Zinkstaub filtrierte dunkelrote Lösung wird in der Kälte mit Schwefelwasserstoff behandelt, wobei das gefällte Schwefelzink den größten Teil der färbenden Bestandteile mit niederreißt. Die gelb gefärbte Mutterlauge, welche sich bei längerer Berührung mit der Luft wieder dunkelrot färbt, wird am besten sofort nach der Filtration unter stark vermindertem Druck aus einem nicht über 50° erwärmten Wasserbade bis zur Sirupkonsistenz abgedampft. Löst man den dunkeln Rückstand, welcher neben Anilin, Ammoniak, Essigsäure und anderen unbekannten Produkten das Isoglucosamin enthält, in Alkohol und fügt dann viel absoluten Äther zu, so scheidet sich zunächst ein dunkel gefärbter Sirup ab, welcher nach längerem Stehen zum größten Teil kristallinisch erstarrt. Die Kristalle sind das Acetat des Isoglucosamins. Sie werden filtriert und mit kaltem absolutem Alkohol gewaschen, wobei sie nahezu farblos werden. Die Mengen dieses Produktes betrugen bei verschiedenen Operationen 10—12 pCt. vom angewandten Phenylglucosazon. Zur völligen Reinigung wird das Acetat in sehr wenig Wasser gelöst, filtriert und das Filtrat mit absolutem Alkohol versetzt. Aus dieser Lösung scheiden sich nach einiger Zeit schöne, farblose, meist konzentrisch gruppierte, feine Nadeln ab. Zur Analyse wurden dieselben im Vakuum über Schwefelsäure getrocknet.

|   | Berechnet für $C_6H_{13}O_5N \cdot C_2H_4O_2$ | Gefunden I. | II. | III. |  |
|---|---|---|---|---|---|
| C | 40,17 | 39,80 | 39,86 | — | pCt. |
| H | 7,11 | 7,15 | 7,19 | — | ,, |
| N | 5,86 | — | — | 6,00 | ,, |

Das Acetat fängt bei 135⁰ an, sich dunkel zu färben und schmilzt langsam unter Gasentwicklung zu einer braunen Flüssigkeit. In Wasser ist es sehr leicht, in absolutem Alkohol sehr schwer und in Äther gar nicht löslich. Seine nicht zu verdünnte wässerige Lösung gibt mit Silbernitrat sofort einen Niederschlag von Silberacetat. Die Verbindungen des Isoglucosamins mit den Mineralsäuren besitzen wenig Neigung zu kristallisieren. Beim Abdampfen des Acetats mit Salzsäure bleibt das Hydrochlorat als Sirup zurück, welcher in Wasser, Alkohol und konzentrierter Salzsäure leicht löslich ist. Man kann diese Eigenschaft gut zur Unterscheidung der Base von dem Glucosamin, dessen Hydrochlorat bekanntlich sehr schön kristallisiert, benutzen. Ähnlich verhält sich das Sulfat des Isoglucosamins. Dasselbe ist in Wasser äußerst leicht löslich und wird durch Alkohol und Äther gleichfalls als Sirup gefällt. Versetzt man die Lösung des Acetats in Alkohol mit Platinchlorid, so scheidet sich das Chloroplatinat in schwach gelb gefärbten Flocken ab, welche indessen so hygroskopisch sind, daß sie beim Abfiltrieren zusammenbacken und nach kurzer Zeit zu einem Sirup zerfließen. Bessere Eigenschaften besitzt das Pikrat. Dasselbe scheidet sich langsam in feinen, gelben, warzenförmig vereinigten Kriställchen ab, wenn man die alkoholische Lösung des Acetats mit Pikrinsäure versetzt und dann reinen Äther zufügt. Noch schöner ist das Oxalat. Löst man das Acetat in sehr wenig Wasser, fügt dann überschüssige Oxalsäure in Alkohol gelöst hinzu und versetzt das Gemisch mit viel absolutem Alkohol, so scheidet sich das Salz in der Regel zuerst in farblosen Tröpfchen ab, welche aber nach kurzer Zeit kristallinisch erstarren. Für die Analyse wurde das Oxalat nochmals in wenig Wasser gelöst, mit Alkohol gefällt und im Vakuum über Schwefelsäure getrocknet. Dasselbe hat die Zusammensetzung des sauren Salzes:

$$C_6H_{13}O_5N \cdot C_2H_2O_4.$$

|   | Ber. für $C_8H_{15}O_9N$ | Gefunden I. | II. |  |
|---|---|---|---|---|
| C | 35,69 | 35,61 | — | pCt. |
| H | 5,57 | 5,54 | — | ,, |
| N | 5,20 | — | 5,21 | ,, |

Das Oxalat ist in Wasser sehr leicht und in absolutem Alkohol fast gar nicht löslich. Beim Erhitzen zersetzt es sich zwischen 140 und 145⁰ ebenso wie das Acetat unter Gasentwicklung und Braun-

färbung. Versetzt man seine Lösung mit überschüssigem Calciumhydroxyd und fällt aus dem Filtrat den Kalk mit Kohlensäure, so
entsteht eine Lösung der Base, welche beim Abdampfen als Sirup
zurückbleibt. Derselbe löst sich in Alkohol und wird durch Äther
gefällt. Im reinen, kristallisierten Zustand wurde die Verbindung bisher nicht gewonnen.

Das Isoglucosamin zeigt fast alle bei der isomeren Base beobachteten Reaktionen; es reduziert alkalische Kupferlösung und ammoniakalische Silberlösung unter denselben Bedingungen wie Dextrose
und Lävulose. Die Lösung seiner Salze färbt sich beim Erwärmen
mit verdünntem Alkali sehr rasch gelb und später braun. Dabei entweicht eine reichliche Menge Ammoniak und die Flüssigkeit zeigt
starken Caramelgeruch. Mit Phenylhydrazin regeneriert die Base sehr
leicht das Phenylglucosazon. Erwärmt man eine Lösung von 1 Teil
des Acetats in 20 Teilen Wasser unter Zusatz von 2 Teilen salzsaurem
Phenylhydrazin und 3 Teilen Natriumacetat auf dem Wasserbade,
so erscheinen schon nach wenigen Minuten die feinen, gelben Nadeln
des Phenylglucosazons, welches nach einmaligem Umkristallisieren
aus Alkohol den Schmelzpunkt 204⁰ hat. Ein ähnliches Verhalten
zeigt nach den neueren Beobachtungen von Tiemann[1]) das Glucosamin;
nur erfolgt hier die Bildung des Hydrazinderivates viel langsamer.
Auch die optischen Eigenschaften der Zuckerarten sind im Isoglucosamin erhalten. Die wässerige Lösung seiner Salze dreht die Ebene
des polarisierten Lichtes stark nach links.

Diese Eigenschaft deutet darauf hin, daß das Isoglucosamin zur
Lävulose in einem ähnlichen Verhältnis steht, wie das Glucosamin
zur Dextrose. Wenn dem so ist, dann würde die Entstehung des Isoglucosamins einen Übergang von der Dextrose zur Lävulose-Reihe
bezeichnen, wofür bisher kein Beispiel bekannt ist. Jedenfalls verdient hervorgehoben zu werden, daß sowohl die beiden Zuckerarten,
wie die beiden Amine sämtlich mit Phenylhydrazin dasselbe Phenylglucosazon liefern; nur erfolgt die Reaktion bei den linksdrehenden
Substanzen leichter und glatter als bei den rechtsdrehenden. Die
Bildung des Isoglucosamins aus dem Phenylglucosazon ist der besondere Fall einer allgemeineren Reaktion. Ich habe mich bereits
überzeugt, daß das Phenyllactosazon[2]) bei der Behandlung mit Zinkstaub und Essigsäure neben Anilin und Ammoniak eine Verbindung
liefert, welche ganz ähnliche Reaktionen wie die Glucosamine zeigt,
und man darf also hoffen, auf diesem Wege eine größere Zahl von

---

[1]) Berichte d. d. chem. Gesellsch. **19**, 50 [1886].
[2]) Berichte d. d. chem. Gesellsch. **17**, 583 [1884]. (*S. 142.*)

Ammoniakderivaten der Zuckerarten zu gewinnen. Für die Physiologen wird die Kenntnis solcher Verbindungen nicht ohne Interesse sein, denn sie bilden vielleicht die Zwischenprodukte bei den noch so rätselhaften Vorgängen, durch welche im pflanzlichen Organismus aus den Kohlenhydraten die Proteïnstoffe entstehen. Versuche, derartige Basen aus den Zuckerarten durch direkte Einwirkung von Ammoniak zu bereiten, habe ich bereits unternommen und dabei die Beobachtung gemacht, daß die Lävulose viel leichter als die Dextrose von Ammoniak oder essigsaurem Ammoniak verändert wird.

Die Bildung von Aminbasen aus den Verbindungen des Phenylhydrazins ist nicht auf die Zuckergruppe beschränkt. Wie Hr. J. Tafel in einer besonderen Abhandlung (Berichte d. d. chem. Gesellsch. **19**, 1924 [1886]) zeigen wird, gelingt dieselbe bei den Hydrazinderivaten der gewöhnlichen Aldehyde und Ketone ebenso leicht, und man wird deshalb in Zukunft das Phenylhydrazin nicht allein für die Erkennung jener Körper, sondern auch für ihre Umwandlung in Amine benutzen.

Bei diesen Versuchen bin ich von Hrn. Dr. Wilh. Wislicenus unterstützt worden, wofür ich demselben besten Dank sage.

### 16. Emil Fischer und Ferdinand Tiemann: Über das Glucosamin.

Berichte der deutschen chemischen Gesellschaft **27**, 138 [1894].

(Eingegangen am 21. Dezember 1893.)

Nach den Beobachtungen von Ledderhose[1]), welche der eine von uns bestätigt hat[2]), verliert das Glucosamin bei der Einwirkung der salpetrigen Säure seinen gesamten Stickstoff und verwandelt sich in ein Produkt, welches die Reaktionen der Zuckerarten zeigt, aber nicht gärfähig ist. Die Isolierung desselben ist jedoch bisher an den experimentellen Schwierigkeiten gescheitert. Andererseits liefert das Glucosamin bei der Oxydation mit Salpetersäure die zweibasische Isozuckersäure.[3]) Der letzteren muß eine einbasische Säure entsprechen, deren Kenntnis für das Studium der Isomerien in der Zuckergruppe ein erhöhtes Interesse darbietet.

Dieselbe läßt sich nun, wie wir zeigen werden, leicht durch Oxydation des von Ledderhose beobachteten, zuckerartigen Produktes mit Bromwasser erhalten. Sie bildet ein schön kristallisierendes Kalksalz, ist von allen bisher bekannten Verbindungen der gleichen Zusammensetzung verschieden und wird durch weitere Oxydation mit Salpetersäure in Isozuckersäure übergeführt. Wir nennen diese neue Verbindung „Chitonsäure" (abgeleitet von Chitin) und dementsprechend die zuckerartige Substanz, aus welcher sie entsteht, Chitose. Ob die Säure, deren Zusammensetzung nur aus der Analyse ihres Kalksalzes abgeleitet werden kann, ein Isomeres der Gluconsäure ist, lassen wir einstweilen dahingestellt. Da die Chitose offenbar eine Aldehydgruppe enthält, so durfte man das gleiche von dem Glucosamin voraussetzen und bei gemäßigter Oxydation desselben die Bildung einer Aminosäure, $C_6H_{13}O_6N$. erwarten. Durch Behandlung mit Brom haben wir in der Tat eine Verbindung von dieser Zusammensetzung gewonnen, welche

[1]) Zeitschr. f. physiol. Chem. **4**, 154 [1880].

[2]) Tiemann, Berichte d. d. chem. Gesellsch. **17**, 245 [1884].

[3]) Tiemann, Berichte d. d. chem. Gesellsch. **17**, 247 [1884] und **19**, 1257 [1886].

wir vorläufig Chitaminsäure\*) nennen; aber dieselbe scheint kein Derivat
der Chitonsäure zu sein, denn sie liefert bei der Behandlung mit salpetriger Säure eine dritte Säure, welche nach der Analyse des Kalksalzes
die Formel $C_6H_{10}O_6$ besitzt und Chitarsäure heißen soll.

Bei einem der eben erwähnten Übergänge findet höchstwahrscheinlich eine stereochemische Umlagerung statt, welche sonst in der
Zuckergruppe sehr selten ist, aber hier offenbar durch die Anwesenheit der Amidogruppe erleichtert wird; denn auch diejenige Reaktion,
welche bisher allein das Glucosamin mit den bekannten Zuckerarten
verknüpfte, d. h. seine Verwandlung in Phenylglucosazon[1]), ist nur
durch Annahme einer solchen Umlagerung zu erklären. Der letzte
Vorgang, welcher ganz in der gleichen Weise beim Isoglucosamin
$NH_2.CH_2.CO.(CHOH)_3.CH_2OH$ stattfindet[2]), war bisher der einzige
Anhaltspunkt für die Ermittelung der Stellung der Amidogruppe;
es schien darnach, daß das Glucosamin und die zugehörige Chitaminsäure die Struktur:    $COH.CH(NH_2).(CHOH)_3.CH_2OH$

resp. $COOH.CH(NH_2).(CHOH)_3.CH_2OH$

hätten. Aber auch dieser Schluß wird wieder ganz unsicher, da es uns
nicht gelungen ist, die Säure durch Reduktion in Leucin überzuführen.

Das Ziel unserer Arbeit, die Aufklärung der Struktur und Konfiguration des Glucosamins, ist also nicht erreicht worden. Wenn
wir trotzdem die Versuche veröffentlichen, so geschieht es, weil wir
durch außergewöhnliche Schwierigkeiten zum Abschluß derselben
gezwungen sind und weil voraussichtlich durch den synthetischen
Ausbau der Zuckergruppe ein bequemerer Weg für die Lösung der
Aufgabe gefunden wird.

### Chitonsäure.

Eine Lösung von 50 g salzsaurem Glucosamin in 250 g Wasser
wird unter Abkühlung und kräftigem Umschütteln so lange mit frisch
gefälltem Silbernitrit versetzt, bis die Lösung etwas Silber enthält.
Aus der filtrierten Flüssigkeit, in welcher bereits eine kontinuierliche
Entwicklung von Stickstoff stattfindet, fällt man das Silber durch
vorsichtigen Zusatz von etwas Salzsäure und läßt das Filtrat bei Zimmertemperatur stehen. Die anfangs recht lebhafte Stickstoffentwicklung
ist nach 6 Stunden nahezu beendet. Jetzt wird die schwach gelb gefärbte Flüssigkeit auf dem Wasserbade erwärmt, wobei nochmals

---

\*) *Dieser Name ist später in Glucosaminsäure abgeändert worden.* E. F i s c h e r
*und H. L e u c h s , Berichte d. d. chem. Gesellsch.* **35**, *3789 [1902].*

[1]) T i e m a n n, Berichte d. d. chem. Gesellsch. **19**, 50 [1886].

[2]) E. F i s c h e r u. J. T a f e l, Berichte d. d. chem. Gesellsch. **20**, 2571 [1887].
(S. 253.)

eine lebhaftere, aber rasch beendete Gasentwicklung eintritt. Die Lösung enthält nun Chitose neben etwas unverändertem Glucosamin und weiteren Zersetzungsprodukten der Chitose. Es ist uns bisher nicht gelungen, den Zucker aus dem Gemisch im reinen Zustande abzuscheiden. Beachtenswert ist, daß derselbe beim Erhitzen mit essigsaurem Phenylhydrazin nur sehr kleine Mengen von Phenylglucosazon liefert, welches vielleicht von etwas unverändertem Glucosamin herstammt. Für die Umwandlung in die Chitonsäure wird die abgekühlte Lösung auf 400 ccm verdünnt und mit 110 g Brom versetzt. Dasselbe löst sich beim Umschütteln in reichlicher Menge und in der Flüssigkeit findet abermals eine schwache Gasentwicklung statt. Nach 12 Stunden ist in der Regel das Brom völlig gelöst. Die Mischung bleibt noch einen Tag bei Zimmertemperatur stehen und wird dann in einer Schale unter stetem Umrühren erhitzt, bis das freie Brom verschwunden ist. Zur Entfernung des Bromwasserstoffs versetzt man die Flüssigkeit mit 100 g Bleiweiß, welches zuvor fein zerrieben und mit Wasser angeschlemmt ist. Aus dem Filtrat wird der Rest des Broms mit Silberoxyd, dann aus der Mutterlauge das überschüssige Blei und Silber mit Schwefelwasserstoff gefällt und endlich die Flüssigkeit zur Austreibung des Schwefelwasserstoffs gekocht.

War dem ursprünglich benutzten salzsauren Glucosamin von der Bereitungsweise her, wie das häufig der Fall ist, Calciumsulfat beigemengt, so muß jetzt die in der Lösung enthaltene Schwefelsäure genau mit Barytwasser ausgefällt werden.

Die Mutterlauge wird mit reinem, überschüssigem Calciumcarbonat eine halbe Stunde gekocht und das gelbbraune Filtrat bis zur beginnenden Kristallisation des chitonsauren Kalks eingedampft. Nach mehrstündigem Stehen bei Zimmertemperatur wird das ausgeschiedene Salz auf der Saugpumpe filtriert und mit möglichst wenig kaltem Wasser so lange gewaschen, bis das Filtrat farblos abläuft. Diese Kristallisation betrug nach dem Trocknen 13 g. Aus der Mutterlauge wurden noch weitere 6 g des reinen Salzes gewonnen. Die Gesamtausbeute an chitonsaurem Kalk betrug also 38 pCt. vom angewandten salzsauren Glucosamin.

Über Schwefelsäure getrocknet, hat das Kalksalz die Zusammensetzung $Ca(C_6H_{11}O_7)_2$.

Ber. Ca 9,30, C 33,49, H 5,12.
Gef. „ 9,29, 9,32, „ 33,16, „ 5,15.

Beim Erhitzen auf 140⁰ verliert das Salz nicht an Gewicht. Es ist in heißem Wasser leicht löslich und kristallisiert daraus beim Erkalten in kleinen, vierseitigen Plättchen.

Für die Bestimmung der Löslichkeit in kaltem Wasser wurde das feingepulverte Salz mit einer ungenügenden Quantität von Wasser bei einer ganz konstanten Temperatur von $20^0$ unter häufigem Umschütteln 7 Stunden lang in Berührung gelassen und dann im Filtrat die aufgelöste Menge durch Abdampfen bestimmt. So ergab sich, daß ein Teil des trocknen Salzes in 12 Teilen Wasser von $20^0$ löslich ist.

Der chitonsaure Kalk dreht stark nach rechts.

Eine Lösung von 14,2030 g, welche 1,2721 g des trocknen Kalksalzes enthielt, mithin 8,96 prozentig war und das spezifische Gewicht 1,045 besaß, drehte bei $19^0$ im 2 dcm-Rohr $6,15^0$ nach rechts. Daraus berechnet sich die spezifische Drehung $[\alpha]_D^{19^0} = + 32,8^0$. Das Drehungsvermögen war nach 4 Stunden unverändert.

Zur Bereitung der freien Chitonsäure wird das Kalksalz in wässeriger Lösung genau durch Oxalsäure zerlegt. Beim Eindampfen des Filtrats bleibt ein farbloser Sirup, welcher in Wasser und Alkohol sehr leicht löslich ist und bisher nicht kristallisiert werden konnte. Nach dem Verhalten gegen Alkali ist dieses Produkt ein Gemisch von Säure und Lacton. So war bei einer Probe zur Neutralisation in der Wärme $1\frac{1}{2}$mal so viel Kalilauge nötig wie in der Kälte. Das würde einem Gemisch von 2 Teilen Säure und 1 Teil Lacton entsprechen.

Auffallenderweise erhält man aber bei der Behandlung dieses Produktes mit Natriumamalgam keinen Zucker. Die Chitose läßt sich also auf diesem Wege nicht bereiten.

Die wässerige Lösung der Chitonsäure dreht das polarisierte Licht nach rechts. Für die Bestimmung des Drehungsvermögens wurde eine abgewogene Menge des Kalksalzes mit verdünnter Salzsäure in der Kälte zerlegt, um die Lactonbildung zu verhüten und diese Flüssigkeit direkt optisch geprüft.

Angewandt wurden 1,296 g Kalksalz entsprechend 1,181 g Chitonsäure. Das Gesamtgewicht der Lösung, welche 0,36 g Salzsäure, mithin einen Überschuß der letzteren enthielt, betrug 13,379 g. Die Lösung, welche 8,83 pCt. Chitonsäure enthielt und das spezifische Gewicht 1,062 besaß, drehte im 2 dcm-Rohr $8,35^0$ nach rechts.

Die spezifische Drehung der Chitonsäure unter den angegebenen Bedingungen ist also $[\alpha]_D^{20} = + 44,5^0$. Das Drehungsvermögen war nach 20 Stunden nicht verändert.

Das Kalksalz ist die einzig charakteristische Verbindung der Chitonsäure. Das Strontiumsalz kristallisiert zwar auch, ist aber in Wasser viel leichter löslich. Das Baryum- und Cadmiumsalz wurden bisher nur als leicht lösliche, gummiartige Massen gewonnen. Desgleichen ist das Phenylhydrazid in Wasser so leicht löslich, daß es bisher nicht isoliert werden konnte.

Beachtenswert ist, daß die Säure von zweifach basisch essigsaurem Blei nicht gefällt wird, wodurch sie sich von allen bisher bekannten Isomeren unterscheidet.

### Verwandlung der Chitonsäure in Isozuckersäure.

Löst man die sirupförmige Chitonsäure in der 4 fachen Menge Salpetersäure vom spezifischen Gewicht 1,2 und erwärmt in einer Schale auf dem Wasserbade, so beginnt bald die Entwicklung roter Dämpfe und die Oxydation verläuft so ruhig, daß man bei kleineren Mengen die Flüssigkeit ohne weiteres abdampfen kann. Es ist ratsam dabei stetig umzurühren. Tritt Braunfärbung der Masse ein, so muß man wieder Salpetersäure zufügen und das Abdampfen wiederholen. Bei gut geleiteter Operation erstarrt der Rückstand beim Erkalten zu einem Kristallbrei, welcher durch wiederholtes Abdampfen mit Wasser von Salpetersäure befreit wird. Das Produkt ist ein Gemisch von Isozuckersäure und Oxalsäure. Wenn die Menge der letzteren nicht zu groß ist, so läßt sie sich durch längeres Auslaugen mit einer Mischung von gleichen Teilen Alkohol und Äther entfernen. Im entgegengesetzten Falle werden die beiden Säuren in der früher beschriebenen Weise durch das Kalksalz getrennt. Die gereinigte Isozuckersäure schmolz bei 184—185⁰ und zeigte die Zusammensetzung $C_6H_8O_7$.

Ber. C 37,50, H 4,17.
Gef. „ 37,50, 37,55, „ 4,57, 4,57.

### Chitaminsäure $C_6H_{13}O_6N$.

Behufs Darstellung derselben versetzt man die Auflösung von 50 g bromwasserstoffsaurem Glucosamin in 500 ccm Wasser mit 100 g Brom und überläßt das Gemisch bei Zimmertemperatur längere Zeit in einer gut verstöpselten Flasche sich selbst. Bei öfterem Umschütteln geht das Brom nach einigen Tagen in Lösung. Man fügt dann von Zeit zu Zeit so viel Brom hinzu, daß ein kleiner Teil desselben immer ungelöst bleibt. Nach 2—3 Wochen wird die dunkelrote Flüssigkeit in einer Schale über freiem Feuer erhitzt, bis die Entfärbung der Lösung das Entweichen alles freien Broms anzeigt. Man läßt sodann erkalten, wobei das unangegriffene Glucosaminbromhydrat zum größeren Teil auskristallisiert. Die davon abfiltrierte Flüssigkeit wird mit Wasser auf ca. 500 ccm verdünnt und behufs Entfernung der Bromwasserstoffsäure zuerst mit gefälltem Bleicarbonat und sodann mit feuchtem Silberoxyd geschüttelt. Man filtriert und kocht die Rückstände mit Wasser aus. Dabei gehen etwas Blei und erheblichere Mengen von Silber in Lösung. Die in der Flüssigkeit vorhandenen reduzierenden organischen Verbindungen bewirken, daß sich ein Teil des letzteren Metalles alsbald wieder

14*

abscheidet, wodurch eine Braunfärbung des Filtrats veranlaßt wird. Die Ausbeute an Chitaminsäure wird durch die eintretende partielle Reduktion der gelösten Silberverbindungen nicht beeinträchtigt. Man entfernt aus dem Filtrat, gleichgültig, ob dasselbe sich braun färbt oder nicht, die gelösten Schwermetalle durch Ausfällen mit Schwefelwasserstoff. Das niedergeschlagene, sehr fein verteilte Schwefelsilber ist zuweilen schwierig abzufiltrieren. Diesem Übelstande kann man begegnen, indem man das trübe Filtrat mit etwas Zinkstaub schüttelt und darnach von neuem mit Schwefelwasserstoff behandelt. Aus der gereinigten Lösung scheidet sich die Chitaminsäure bei gut geleiteter Operation bereits während des Eindampfens in Kristallen ab. Wenn man aber das Glucosamin nur unvollständig oxydiert hat, so resultiert ein brauner Sirup, welcher erst allmählich kristallinisch erstarrt.

Die rohe Chitaminsäure, deren Ausbeute zwischen 20 und 40 pCt. des angewandten Glucosaminbromhydrats beträgt, wird abgepreßt und aus wenig heißem Wasser entweder durch Abkühlen oder durch Fällen mit Alkohol zur Abscheidung gebracht. Zur völligen Reinigung ist wiederholtes Umkristallisieren aus heißem Wasser notwendig. Für die Analyse wurde das Präparat bei 100° getrocknet.

$C_6H_{13}O_6N$.    Ber. C 36,92,        H 6,66,        N 7,18.
        Gef. „ 36,86, 37,02, 37,01, „ 6,69, 6,62, 6,67, „ 7,24, 7,38.

Die Chitaminsäure kristallisiert in farblosen, glänzenden Blättchen oder Nadeln. Über 250° erhitzt, verkohlt sie, ohne zu schmelzen. In heißem Wasser löst sie sich sehr leicht, wenig in Alkohol und gar nicht in Äther. Von kaltem Wasser wird sie verhältnismäßig schwer aufgenommen; denn aus einer 10prozentigen Lösung kristallisiert sie bei Zimmertemperatur sehr rasch zum Teil wieder aus.

Die freie Säure ist optisch fast inaktiv; denn eine wässerige Lösung von 6,6 pCt. drehte im 2 dcm-Rohr bei gewöhnlicher Temperatur nur 0,2° nach rechts, was einer spez. Drehung $[\alpha]_D = + 1,5°$ entsprechen würde.

Viel stärker wird das Drehungsvermögen in salzsaurer Lösung. Da das kristallisierte Chlorhydrat der Aminosäure im reinen Zustande schwer zu erhalten ist, so haben wir für die quantitative Bestimmung die abgewogene Aminosäure in überschüssiger, 2½prozentiger Salzsäure gelöst. Eine solche Lösung, welche 8,83 pCt. Chitaminsäure enthielt und das spez. Gewicht 1,0465 besaß, drehte im 2 dcm-Rohr 3,17° nach links. Birotation wurde nicht beobachtet.*) Wir verzichten darauf, aus obigen Zahlen die spez. Drehung zu berechnen, da die Lösung das Hydrochlorat der Chitaminsäure enthält, und da

---

*) *Eine Berichtigung dieser Beobachtungen gaben später E. Fischer und H. Leuchs, Berichte d. d. chem. Gesellsch. 35, 3787 [1902].*

dessen Drehungsvermögen wahrscheinlich durch die überschüssige Salzsäure beeinflußt wird. Wer die polarimetrische Untersuchung später zur Erkennung der Chitaminsäure benutzen will, wird am besten den Versuch genau unter den angegebenen Bedingungen wiederholen. Die Chitaminsäure bildet sowohl mit Basen als auch mit Säuren Salze. Charakteristisch ist die Kupferverbindung, welche beim Kochen einer wässerigen Lösung der Säure mit Kupfercarbonat entsteht und sich beim Erkalten der Flüssigkeit als blaue Kristallmasse ausscheidet.

$$Cu(C_6H_{12}O_6N)_2 \qquad \text{Ber. C 31,89, H 5,32, Cu 14,07,}$$
$$\text{Gef. ,, 32,01, ,, 5,44, ,, 14,05.}$$

Das Silbersalz wird nach Zusatz von feuchtem Silberoxyd zu der heißen Lösung der Chitaminsäure und durch Fällen der filtrierten Flüssigkeit mit Alkohol in weißen Nadeln erhalten, deren wässerige Lösung sich beim Erhitzen unter Silberabscheidung schnell schwärzt. Das durch Kochen von Chitaminsäure mit Wasser und Zinkoxyd dargestellte, bei dem Erkalten seiner konzentrierten Lösung ausfallende Zinksalz bildet eine eisartige, weiße Kristallmasse. Das Chlorhydrat und Bromhydrat der Chitaminsäure kristallisieren ebenfalls. Behufs Darstellung derselben übergießt man die Chitaminsäure mit wenig Alkohol, fügt konzentrierte Salzsäure, bzw. Bromwasserstoffsäure hinzu, bis eine klare Lösung entstanden ist, und fällt mit Äther. Die Bromverbindung ist analysiert worden:

$$C_6H_{13}O_6N, \text{ HBr.} \qquad \text{Ber. C 26,08, H 5,08, Br. 28,98,}$$
$$\text{Gef. ,, 26,58, ,, 5,22, ,, 27,26.}$$

Die angeführten Zahlen lassen ersehen, daß dem ausgefällten Bromhydrat noch kleine Mengen der freien Aminosäure anhaften.

Reduktion der Chitaminsäure. 5 g Chitaminsäure wurden mit 35 g Jodwasserstoff vom spez. Gew. 1,96 und 3 g amorphem Phosphor im geschlossenen Rohr 4 Stunden auf $100^0$ erhitzt. Beim Öffnen zeigte sich starker Druck. Der Röhreninhalt wurde mit Wasser verdünnt, vom unverbrauchten Phosphor abfiltriert und mit angeschlemmtem, reinem Bleicarbonat zur Entfernung des Jodwasserstoffs und der Phosphorsäure neutralisiert. Nachdem aus dem Filtrat eine geringe Menge Blei durch Schwefelwasserstoff entfernt und der Überschuß des letzteren weggekocht war, wurde die Lösung mit wenig Tierkohle geklärt und dann zum Sirup verdampft. Dieser war farblos und erstarrte beim Erkalten bald zum Kristallbrei. Derselbe wurde zuerst zur Entfernung der Mutterlauge mit kaltem Methylalkohol ausgelaugt, abgesaugt und dann aus heißem Methylalkohol umkristallisiert. Die Ausbeute betrug beim Verarbeiten der Mutterlaugen etwas über 2 g.

Für die Analyse wurde das Präparat aus sehr wenig heißem Wasser umkristallisiert und im Vakuum über Schwefelsäure getrocknet.

Bei 100⁰ verliert dasselbe nicht an Gewicht. Die erhaltenen Zahlen passen am besten zur Formel $C_6H_{13}O_3N$.

Ber.    C 48,98,    H 8,84,    N 9,52,
Gef.     „ 49,29,    „ 8,96,    „ 10,3.

Die Differenz im Kohlenstoff und Stickstoff deutet auf eine Verunreinigung der Substanz hin; wir haben deshalb 2 andere Präparate mehrmals aus Methylalkohol umkristallisiert, dann aber bei der Analyse ein Defizit an Kohlenstoff beobachtet.

Gefunden: C 48,44,  H 9,12,
          „        „ 48,01,   „ 9,10.

Die neue Verbindung färbt sich beim Erhitzen gegen 180⁰ gelb und schmilzt zwischen 220 und 230⁰ unter lebhafter Gasentwicklung. Sie ist selbst in kaltem Wasser leicht löslich und kristallisiert daraus in kleinen flachen Prismen oder Tafeln. Aus heißem Methylalkohol, worin sie recht schwer löslich ist, kristallisiert sie bei genügender Konzentration in der Kälte in feinen farblosen Nadeln.

Nach der Zusammensetzung scheint sie eine Aminooxycapronsäure zu sein, über deren Struktur aber erst weitere Versuche Aufschluß geben können.

## Chitarsäure.

Zur Bereitung derselben werden 10 g Chitaminsäure in 60 ccm Normal - Salzsäure (entsprechend 1 $\frac{1}{4}$ Mol.) gelöst und zu der durch Eis gekühlten Flüssigkeit portionenweise 10 g Silbernitrit, mit wenig Wasser angeschlemmt, zugegeben. Sehr bald beginnt eine langsame, aber stetige Entwicklung von Stickstoff. Während der ersten Stunden der Reaktion ist es vorteilhaft, die Mischung auf 0⁰ zu halten, später läßt man dieselbe bei Zimmerwärme noch 24 Stunden stehen. Der in den obigen Mengen ausgedrückte Überschuß an salpetriger Säure ist nötig, um alle Aminosäure umzuwandeln. Infolge davon zeigt die Flüssigkeit dauernd den Geruch der freien salpetrigen Säure. Am Schlusse der Operation soll die Lösung eine kleine Menge von Silber enthalten. Dasselbe wird durch einen ganz geringen Überschuß von Salzsäure gefällt und das Filtrat im Vakuum aus einem Bade, dessen Temperatur nicht über 45⁰ steigt, bis zum Sirup eingedampft. Den Rückstand löst man wieder in wenig Wasser, kocht mit reinem Calciumcarbonat bis zur neutralen Reaktion, behandelt die Flüssigkeit mit reiner Tierkohle und verdampft auf dem Wasserbade zum Sirup. Derselbe ist braun gefärbt und scheidet bei mehrtägigem Stehen hübsch ausgebildete Kristalle ab, welche auf der Pumpe abgesaugt und auf Ton von dem Rest der Mutterlauge befreit werden. Durch Eintragen eines Kristalls in den zuvor erwähnten Sirup kann die Abscheidung sehr beschleunigt werden. Die Ausbeute an rohem Kalksalz beträgt 40—50 pCt. der angewandten Chitaminsäure. Zur Reinigung wird das Produkt in heißem Wasser gelöst, mit Tierkohle entfärbt und das stark konzentrierte Filtrat bei gewöhnlicher Temperatur der Kristallisation überlassen. Dieselbe erfolgt um so rascher, je reiner die Lösung ist.

Das chitarsaure Calcium bildet farblose, glänzende, schön ausgebildete Kristalle, welche bei längerem Liegen an der Luft durch Verwitterung trübe werden. Das frisch bereitete Salz scheint 4 Mol. Kristallwasser zu enthalten, welches bei 140⁰ vollständig entweicht.

Ber. für $C_{12}H_{18}O_{12}Ca + 4H_2O$.
$H_2O$ 15,45.
Gef. „ 14,83, 14,55.

Das bei 140⁰ bis zur Gewichtskonstanz getrocknete Salz hat die Zusammensetzung $(C_6H_9O_6)_2Ca$.

Ber. C 36.55, H 4,57, Ca 10,15.
Gef. „ 36,26, „ 4,64, „ 10,07.

Das Salz ist in heißem Wasser sehr leicht und auch in kaltem noch in erheblicher Menge löslich, dagegen in absolutem Alkohol so gut wie unlöslich.

Zur Gewinnung der freien Säure wurde das Kalksalz in heißer wässeriger Lösung mit der gerade ausreichenden Menge Oxalsäure zerlegt und das Filtrat zum Sirup verdampft. Derselbe erstarrte teilweise kristallinisch, aber die Menge Kristalle war doch zu gering, um sie von dem zähen Sirup zu trennen. Das Präparat drehte in wässeriger Lösung nach rechts. Um einen Anhaltspunkt für die Stärke der Drehung zu gewinnen, wurde folgende approximative Bestimmung ausgeführt. Eine annähernd 9 prozentige wässerige Lösung des zuletzt erwähnten Präparates drehte im 1 dcm-Rohr 4,23⁰ nach rechts.

Die Säure bildet kein schwer lösliches Phenylhydrazid.

Von Salpetersäure wird sie schwerer angegriffen als die gewöhnlichen einbasischen Säuren der Zuckergruppe. Eine Lösung von 1 g Chitarsäure in 2 g Salpetersäure vom spezifischen Gewicht 1,2 zeigte bei mehrstündigem Erwärmen auf 80⁰ keine wesentliche Veränderung; als die Temperatur auf 100⁰ gesteigert wurde, trat nach etwa 30 Minuten eine lebhafte Reaktion ein, welche 15 Minuten unterhalten wurde. Die nunmehr auf dem Wasserbade verdampfte Lösung hinterließ einen gelben, nicht kristallisierenden Sirup. Derselbe wurde in 10 ccm Wasser gelöst, mit Calciumcarbonat gekocht und das Filtrat auf etwa 2 ccm eingeengt. Beim Erkalten schied sich ein kristallinisches Kalksalz (0,14 g) ab, welches nun in Wasser sehr schwer löslich war. Ob dasselbe von der Isozuckersäure oder einer isomeren Verbindung sich ableitet, konnten wir aus Mangel an Material nicht entscheiden.

Schließlich sagen wir den HHrn. DDrn. G. Heller, L. Ach und G. Lemme für die Hilfe, welche sie bei den obigen Versuchen leisteten, herzlichen Dank.

## 17. Emil Fischer und Edward Andreae: Über Chitonsäure und Chitarsäure[1]).

Berichte der deutschen chemischen Gesellschaft **36**, 2587 [1903].
(Eingegangen am 9. Juli 1903.)

Bei der Einwirkung von salpetriger Säure auf Glucosamin entsteht ein zuckerähnliches Produkt, die sogenannte Chitose, die in mancher Beziehung von den gewöhnlichen Zuckern abweicht, denn sie ist nicht gärungsfähig und gibt kein schwer lösliches Osazon. Durch Oxydation mit Bromwasser läßt sie sich allerdings in eine einbasische Säure, die Chitonsäure, verwandeln; aber auch diese unterscheidet sich von den gewöhnlichen Hexonsäuren dadurch, daß sie kein schwerlösliches Phenylhydrazid bildet, und daß ihr Lacton durch Natriumamalgam nicht zum Zucker reduziert wird.

Nach der Analyse des Calciumsalzes schien die Chitonsäure ein Isomeres der Gluconsäure zu sein; da sie aber mit keiner der acht, durch die Theorie vorhergesehenen und auf anderem Wege gewonnenen Hexonsäuren der Mannitreihe übereinstimmte, so war hier ein scheinbarer Widerspruch zwischen Theorie und Erfahrung vorhanden.

Anders liegen die Verhältnisse bei der Chitarsäure, die aus der Glucosaminsäure durch salpetrige Säure entsteht, denn nach der Analyse des trocknen Calciumsalzes hat sie die Formel $C_6H_{10}O_6$ und unterscheidet sich also von den gewöhnlichen Hexonsäuren durch einen Mindergehalt von 1 Molekül Wasser.

Da inzwischen die Konstitution des Glucosamins und der Glucosaminsäure durch ihre Synthese[2]) aufgeklärt ist, so erschien es uns an der Zeit, obige beiden Säuren einer neuen Untersuchung zu unterziehen, um ihr Verhältnis zueinander und zu den übrigen Hexonsäuren festzustellen. Alle diese Fragen haben eine unerwartet leichte Lösung gefunden durch die Beobachtung, daß das chitonsaure Calcium,

---

[1]) Vgl. E. Fischer und F. Tiemann, Berichte d. d. chem. Gesellsch. **27**, 138 [1894]. (S. *207*.)

[2]) E. Fischer und H. Leuchs, Berichte d. d. chem. Gesellsch. **36**, 27 [1903].

für welches früher[1]) nach dem Trocknen bei $140^0$ ganz richtig die Formel $(C_6H_{11}O_7)_2Ca$ festgestellt wurde, bei derselben Temperatur im Vakuum, allerdings ziemlich langsam, noch 2 Moleküle Wasser verliert, ohne eine andere tiefergehende Zersetzung zu erfahren. Für die Chitonsäure selbst läßt sich aus diesem Befunde die Formel $C_6H_{10}O_6$ ableiten, und man hat sie demnach ebenso, wie die Chitarsäure, als das Anhydrid einer Hexonsäure zu betrachten. Da aber das Carboxyl bei dieser Anhydridbildung nicht beteiligt ist, so bleibt nur die Annahme einer ätherartigen Gruppe übrig, und da diese erfahrungsgemäß am leichtesten in der $\alpha$, $\gamma$-Stellung erfolgt, so liegt der Gedanke nahe, beide Säuren als Abkömmlinge eines Hydrofurfurans zu betrachten und ihnen folgende Strukturformel beizulegen:

$$HO.CH-\!\!-CH.OH$$
$$HO.CH_2.\overset{.}{C}H \quad \overset{.}{C}H.COOH$$
$$\diagdown O \diagup$$

Unterstützt wird diese Auffassung durch das Verhalten beider Säuren gegen Essigsäureanhydrid. Sie liefern beide beim Kochen mit dem Anhydrid und Natriumacetat ein und dieselbe Säure von der Formel $C_8H_8O_5$, und diese ist nichts anderes als das Acetylderivat der von Hill und Jennings[2]) entdeckten Oxymethylbrenzschleimsäure:

$$CH-\!\!-CH$$
$$HO.CH_2.\overset{..}{C} \quad \overset{..}{C}.COOH$$
$$\diagdown O \diagup$$

Nach diesen Resultaten halten wir es für recht wahrscheinlich, daß Chiton- und Chitarsäure die gleiche, oben angeführte Strukturformel haben und sich nur durch die sterische Anordnung der Hydroxyle voneinander unterscheiden. Jedenfalls scheiden sie aus der Reihe der Hexonsäuren aus, und damit wird die letzte Schwierigkeit, welche für die Theorie in der Zuckergruppe noch bestand, glücklich beseitigt.

Die neue Auffassung bringt die beiden einbasischen Säuren wieder der Isozuckersäure viel näher. Diese war von ihrem Entdecker Tiemann[3]) zuerst als ein Isomeres der Zuckersäure aufgefaßt worden, später[4]) aber zeigte sich, daß sowohl die freie Säure wie ihre Derivate in sorgfältig getrocknetem Zustande als Anhydride einer Zuckersäure zu betrachten sind, und Tiemann hat bereits für sie die Formel eines Hydrofurfuranderivats:

---

[1]) Berichte d. d. chem. Gesellsch. **27**, 140 [1894]. (*S. 209.*)
[2]) Amer. chem. Journal **15**, 181 [1882].
[3]) Berichte d. d. chem. Gesellsch. **17**, 246 [1884]; **19**, 1257 [1886].
[4]) Berichte d. d. chem. Gesellsch. **27**, 123 [1894].

$$HO.CH\text{---}CH.OH$$
$$COOH.CH \quad CH.COOH$$
$$\diagdown O \diagup$$

diskutiert.

Allerdings neigte er noch zu der Ansicht, daß der Furfuranring sehr leicht durch Addition von Wasser oder Essigsäureanhydrid gesprengt werde, und daß so Derivate einer richtigen Zuckersäure, der sogenannten Norisozuckersäure entständen. Nach den Erfahrungen mit der Chiton- und Chitarsäure halten wir diesen zweiten Teil der Tiemannschen Interpretation für sehr unwahrscheinlich; um so mehr aber stimmen wir der anhydridischen Strukturformel der Isozuckersäure bei, und es ist jetzt leicht verständlich, weshalb die Chitonsäure durch Oxydation in Isozuckersäure übergeht.

Ebenso wie die Chitonsäure läßt sich die Chitose, von der leider bisher kein einziges kristallisiertes Präparat oder Derivat existiert, als Hydrofurfuranabkömmling von der Formel:

$$HO.CH\text{--}HC.OH$$
$$HO.CH_2.CH \quad HC.CHO$$
$$\diagdown O \diagup$$

betrachten, und damit findet auch ihr von den gewöhnlichen Zuckern stark abweichendes Verhalten seine Erklärung.

Die Wirkung der salpetrigen Säure auf Glucosamin und Glucosaminsäure, die sich schon bei niedriger Temperatur vollzieht, ist mithin ein komplexer Vorgang, denn es wird nicht allein die Aminogruppe als Stickstoff eliminiert, sondern gleichzeitig der hierbei zu erwartende Hydroxylkörper anhydrisiert.

Man darf vermuten, daß ähnliche Erscheinungen sich allgemein bei aliphatischen Oxyaminokörpern zeigen werden, wenn die Aminogruppe und das Hydroxyl in 1,4-Stellung zueinander stehen. Wir beabsichtigen, diese Schlußfolgerungen an verschiedenen Beispielen zu prüfen.

### Chitonsaures Calcium.

An der früheren Vorschrift[1]) für die Darstellung des Salzes haben wir nichts zu ändern. Ebenso fanden wir die Angabe bestätigt, daß das an der Luft bei 140° bis zum konstanten Gewicht getrocknete Präparat die der Formel $(C_6H_{11}O_7)_2Ca$ entsprechende Zusammensetzung hat und bei höherer Temperatur allerdings noch an Gewicht verliert, aber gleichzeitig eine tiefergehende Zersetzung erfährt. Dagegen

---

[1]) Berichte d. d. chem. Gesellsch. **27**, 139 [1894]. (*S. 209.*)

gelingt es bei 10 mm Druck in einer durch Phosphorsäureanhydrid getrockneten Atmosphäre durch 10stündiges Erhitzen auf 140° noch 2 Moleküle Wasser auszutreiben.

$(C_6H_9O_6)_2Ca + 2H_2O$.  Ber. $H_2O$ 8,4.  Gef. $H_2O$ 8,6.

Die Analyse des trocknen Salzes gab folgende Zahlen:

0,2672 g Subst.: 0,3577 g $CO_2$, 0,1129 g $H_2O$.

$(C_6H_9O_6)_2Ca$.  Ber. C 36,55,  H 4,57,  Ca 10,15.
Gef. „ 36,48,  „ 4,67,  „ 10,15.

### Verwandlung der Chitonsäure in Acetyloxymethylbrenzschleimsäure.

Man verwendet für diese Reaktion am bequemsten das chitonsaure Calcium, und zwar im kristallwasserhaltigen Zustand, da das Trocknen größerer Mengen im Vakuum sehr unbequem ist.

3 g des im Exsiccator getrockneten Salzes werden fein gepulvert und in eine heiße Lösung von 3 g wasserfreiem Natriumacetat in 30 g Essigsäureanhydrid auf einmal eingetragen. Beim Kochen am Rückflußkühler tritt bald völlige Lösung ein, aber nach 5—10 Minuten findet wieder eine Ausscheidung eines festen Körpers statt; da hierdurch starkes Stoßen der Flüssigkeit verursacht wird, so ist es ratsam, das weitere Kochen im Ölbad vorzunehmen. Die Operation wird nach einer Stunde unterbrochen, dann die ganze Masse in 4 bis 5 Teilen Wasser gelöst und die Flüssigkeit 6—8mal mit Chloroform ausgeschüttelt. Verdunstet man das Chloroform und die davon gelöste Essigsäure, so bleibt die Acetylverbindung als kristallisierte Masse zurück. Bemerkenswert ist, daß die späteren Chloroformauszüge ein viel reineres Präparat geben als der erste. Zur Reinigung wurde die Verbindung in Chloroform gelöst, mit Tierkohle gekocht und aus dem Filtrat durch Verdunsten wieder ausgeschieden. Für die Analyse war im Vakuum über Schwefelsäure getrocknet.

0,2120 g Subst.: 0,4043 g $CO_2$, 0,0823 g $H_2O$.

$C_8H_8O_5$.  Ber. C 52,17,  H 4,39.
Gef. „ 52,01,  „ 4,35.

Die Substanz schmilzt bei 115—117° (korr.), ist in Chloroform, Äther, Alkohol recht leicht und auch in Wasser ziemlich leicht löslich, dagegen in Petroläther schwer löslich. Sie schmeckt bitter und reagiert sauer. Sie kristallisiert aus Chloroform in Nadeln oder kleinen Prismen, welche meist büschelartig verwachsen sind.

### Verseifung der Acetylverbindung zu Oxymethylbrenzschleimsäure.

1 g des Acetylkörpers wurde mit 40 g Wasser und 4,3 g kristallisiertem Barythydrat 2 Stunden auf dem Wasserbade erwärmt, dann die

Flüssigkeit mit Schwefelsäure quantitativ von Baryt befreit und das Filtrat ziemlich weit eingedampft. Beim Stehen der Lösung schieden sich lange Nadeln oder bei größerer Konzentration kurze, dicke, sechsseitige Prismen ab. Die Ausbeute an fast reiner Substanz aus der ersten Kristallisation betrug 0,5 g. Das Präparat wurde zur Analyse einmal aus heißem Wasser umkristallisiert und im Vakuum über Schwefelsäure getrocknet.

0,1908 g Subst.: 0,3533 g $CO_2$, 0,0716 g $H_2O$.

$C_6H_6O_4$.    Ber. C 50,70,    H 4,22.
Gef. „ 50,50,    „ 4,17.

Beim raschen Erhitzen im Kapillarrohr bräunte sich die Substanz bei 157⁰ und schmolz unter Gasentwicklung bei 165—167⁰. Hill und Jennings[1]) geben zwar den Schmelzpunkt etwas niedriger bei 162—163⁰ an, aber E. Fischer[2]), der die gleiche Säure beim Erhitzen von einer Galactonsäure mit Pyridin erhielt, fand den Schmelzpunkt zwischen 165⁰ und 167⁰. Die Schwankungen sind jedenfalls durch die Zersetzlichkeit der Verbindung hervorgerufen, und da auch die sonstigen Eigenschaften unserer Säure mit den Angaben von Hill und Jennings übereinstimmen, so zweifeln wir nicht an der Identität unseres Präparates mit der Oxymethylbrenzschleimsäure.

## Chitarsaures Calcium.

Der früheren[3]) Beschreibung des Salzes und seiner Bereitung haben wir einige Beobachtungen hinzuzufügen. Bei Anwendung der früher angegebenen Mengenverhältnisse an Säure und Silbernitrit bleibt gewöhnlich etwas Glucosaminsäure unverändert. Diese scheidet sich aus der Lösung des chitarsauren Calciums zuerst ab. Die Kristallisation des Calciumsalzes selbst bietet einige Schwierigkeiten. Sie gelang uns zwar regelmäßig durch Einimpfen einiger Kriställchen, dagegen scheint die spontane Kristallisation von Zufälligkeiten abzuhängen. Auch die Ausbeute war schwankend und die früher angegebene Menge 40—50 pCt. der Glucosaminsäure haben wir nicht mehr ganz erreicht. Die sonstigen Angaben können wir von neuem bestätigen. Für das frisch kristallisierte Salz, welches nach dem Abpressen nur 3 Stunden an der Luft getrocknet war, fanden wir einen Wassergehalt von 14,53 pCt.

0,1996 g Salz verloren schon beim 5stündigen Trocknen bei 100⁰ im Vakuum 0,0244 g. Als dann die Temperatur 6 Stunden bei 139⁰ gehalten wurde, betrug der Gewichtsverlust 0,029 g. Bei derselben

---

[1]) Amer. chem. Journal 15, 181 [1882].
[2]) Berichte d. d. chem. Gesellsch. 27, 1526 [1894]. (S. 557.)
[3]) Berichte d. d. chem. Gesellsch. 27, 145 [1894]. (S. 214.)

Temperatur wurde früher ein Gewichtsverlust von 14,55 und 14,8 pCt. gefunden.

Für das trockne Salz fanden wir 10 pCt. Ca (früher 10,07).

Wie früher dargelegt, entsprechen diese Daten am besten der Formel $(C_6H_9O_6)_2Ca + 4H_2O$.

Von dem chitonsauren Calcium unterscheidet sich das Salz nicht allein durch den Wassergehalt, sondern auch durch die Form der Kristalle und die größere Löslichkeit in Wasser.

### Verwandlung der Chitarsäure in Acetyloxymethylbrenz-schleimsäure.

Bei Anwendung von chitarsaurem Calcium vollzieht sich die Reaktion genau unter denselben Bedingungen, wie bei der Chitonsäure. Die Ausbeute an Acetylverbindung betrug etwa 50 pCt. des angewandten Salzes. Sie schmolz bei 115—117° (korr.) und gab folgende Zahlen.

0,1729 g Subst.: 0,3311 g $CO_2$, 0,0702 g $H_2O$.

$C_8H_8O_5$.    Ber. C 52,17,   H 4,39.

Gef. ,, 52,22,   ,, 4,51.

## 18. Emil Fischer und Francis Passmore:
### Über die Bildung der Phenylhydrazide.

Berichte der deutschen chemischen Gesellschaft **22**, 2728 [1889].
(Eingegangen am 28. Oktober; mitgeteilt in der Sitzung von Hrn. A. Pinner.)

Bekanntlich entstehen die Phenylhydrazide gerade so wie die Amide durch Einwirkung der Base auf die Chloride, Anhydride und Ester der organischen Säuren, sowie durch bloßes Erhitzen der freien Säuren mit Phenylhydrazin[1]). Die letztere Methode hat Bülow[2]) benutzt um die Hydrazide der Äpfelsäure, Weinsäure, Schleimsäure und Phenylessigsäure zu gewinnen. Ferner bilden sich Hydrazide beim Erwärmen von Lactonen mit essigsaurem Phenylhydrazin in wässeriger Lösung[3]). Unter denselben Bedingungen erhielt Maquenne[4]) die Doppelhydrazide der Zuckersäure und Schleimsäure und dasselbe beobachtete endlich Michael[5]) für die Citraconsäure.

Wir haben nun gefunden, daß die Hydrazidbildung in wässeriger Lösung bei den mit Sauerstoff stark beladenen Oxysäuren der Zuckergruppe allgemein sehr leicht erfolgt. Die betreffenden Produkte sind in kaltem Wasser schwer löslich, lassen sich leicht durch Kristallisation reinigen und können ebenso leicht durch Kochen mit Barytwasser in die Säuren zurückverwandelt werden. Sie bilden deshalb ein vortreffliches Mittel, um jene häufig schwer erkennbaren Verbindungen aus wässeriger Lösung abzuscheiden.

Man versetzt für den Zweck die nicht zu verdünnte, etwa 10 prozentige Lösung der Säure oder des Lactons mit einem mäßigen Überschuß von Phenylhydrazin und der gleichen Menge 50 prozentiger Essigsäure und erhitzt eine halbe bis zwei Stunden auf dem Wasser-

---

[1]) Liebigs Annal. d. Chem. **190**, 125 [1877].
[2]) Liebigs Annal. d. Chem. **236**, 194 [1886].
[3]) W. Wislicenus, Berichte d. d. chem. Gesellsch. **20**, 401 [1887]. Vgl. auch V. Meyer und Münchmeier, Berichte d. d. chem. Gesellsch. **19**, 1707 [1886].
[4]) Berichte d. d. chem. Gesellsch. **21**, R. 186 [1888].
[5]) Berichte d. d. chem. Gesellsch. **19**, 1387 [1886].

bade. Zuweilen erfolgt die Abscheidung des Hydrazids schon in der Wärme, gewöhnlich erscheint dasselbe erst beim Erkalten.

Die Hydrazide der einbasischen Oxysäuren sind sämtlich in heißem Wasser ziemlich leicht, die Doppelhydrazide der mehrbasischen Säuren dagegen schwer löslich. Enthält die Flüssigkeit freie Mineralsäuren, so muß sie vorher mit Natronlauge oder Soda neutralisiert werden. Größere Mengen von Schwefelsäure, Salzsäure und Bromwasserstoff werden zweckmäßig vor dem Zusatz des Hydrazins, mit welchem sie ziemlich schwer lösliche Salze bilden, durch Baryt oder Bleicarbonat oder Bleiacetat ausgefällt. Man beachte ferner, daß das oxalsaure Phenylhydrazin in Wasser schwer löslich ist.

Enthält die Flüssigkeit neben den Oxysäuren Zucker, so entsteht durch die Wirkung des Hydrazins gleichzeitig ein Osazon, welches in den meisten Fällen durch Kristallisation des Hydrazids aus heißem Wasser entfernt werden kann.

Die Hydrazide sind gewöhnlich leicht analysenrein zu erhalten und können deshalb für die Feststellung der Formel der betreffenden Säuren benutzt werden. Weniger brauchbar sind sie für die Unterscheidung der zahlreichen Isomeren, da sie in Kristallform, Löslichkeit und Schmelzpunkt vielfach sich sehr ähnlich sehen. Es ist zum Beispiel nicht möglich, Gluconsäure, Galactonsäure und Arabinosecarbonsäure durch ihre Hydrazide mit Sicherheit voneinander zu unterscheiden. Man ist daher hier genötigt, aus dem Hydrazid die Säure zu regenerieren. Zu dem Zwecke wird dasselbe mit der 30 fachen Menge einer Barytlösung, welche 100 g kristallisiertes Barythydrat im Liter enthält, eine halbe Stunde gekocht, wobei klare Lösung erfolgt, vorausgesetzt, daß das Barytsalz in Wasser löslich ist. Aus der erkalteten Flüssigkeit wird das Phenylhydrazin durch wiederholtes Ausschütteln mit Äther entfernt, dann die Lösung samt dem manchmal entstehenden Niederschlage zum Sieden erhitzt und der Baryt genau mit Schwefelsäure gefällt. Die filtrierte Flüssigkeit hinterläßt beim Verdampfen die freie Säure resp. das Lacton und kann zur Bereitung aller Salze benutzt werden.

Das Verfahren ist anwendbar für alle einbasischen Säuren der Zuckergruppe. Wir haben es geprüft bei der Gluconsäure, Galactonsäure, Arabinosecarbonsäure, Dextrosecarbonsäure, Mannosecarbonsäure, Rhamnosecarbonsäure und dem Saccharin. In allen Fällen entstand ein schön kristallisierendes Hydrazid, welches in kaltem Wasser schwer, in heißem Wasser ziemlich leicht löslich ist. Die Zuckersäure, Schleimsäure, Metazuckersäure liefern wie bekannt unter denselben Bedingungen fast unlösliche Doppelhydrazide.

Dagegen war das Resultat negativ bei der Glycolsäure, Milchsäure und Glycerinsäure. Die Grenze für das verschiedene Verhalten der Oxysäuren liegt wahrscheinlich zwischen der Erythroglucinsäure und Arabonsäure. Diese Beobachtungen ließen vermuten, daß die Hydrazidbildung mit der Fähigkeit, Lactone zu bilden, zusammenhängt. Das scheint aber nicht der Fall zu sein; denn die Ameisensäure und die sauerstoffreichen mehrbasischen Säuren, Bernstein-, Äpfel- und Weinsäuren werden unter den gleichen Bedingungen in die neutralen Hydrazide verwandelt. Dasselbe gilt für manche aromatische Säuren, z. B. Zimt- und Gallussäure. Etwas anders verhält sich die Malonsäure; sie liefert selbst bei mehrstündigem Erwärmen das saure Hydrazid, welches in Form des Salzes $C_6H_5 . N_2H_2 . CO . CH_2 . COOH . N_2H_3 . C_6H_5$ auskristallisiert. Die Leichtigkeit, mit welcher die Hydrazide sich bilden, ist offenbar abhängig von dem elektronegativen Charakter der Säure. Hat der letztere eine gewisse Größe erreicht, so erfolgt die Hydrazidbildung bereits in verdünnter wässeriger Lösung unter 100°. Ist die Säure weniger negativ, so muß die Temperatur gesteigert werden. Die Gegenwart von Wasser ist dabei nicht hinderlich. Erhitzt man zum Beispiel eine verdünnte wässerige Lösung von essigsaurem Phenylhydrazin im geschlossenen Rohr mehrere Stunden auf 130°, so kristallisiert beim Erkalten eine reichliche Menge von Acetylphenylhydrazin. Unter denselben Bedingungen liefert die Benzoesäure Benzoylphenylhydrazin und werden ferner Glycerinsäure und Milchsäure in die Phenylhydrazide verwandelt; aber die betreffenden Produkte kristallisieren sehr schwer und sind weder für die Abscheidung noch für die Erkennung der beiden Säuren zu brauchen. Quantitativ verläuft übrigens die Hydrazidbildung bei höherer Temperatur in wässeriger Lösung nicht, weil umgekehrt ein Teil des Hydrazids durch das Wasser wieder verseift wird.

Durch die Beobachtung, daß manche organische Säuren in wässeriger Lösung mit Phenylhydrazin schwer lösliche Verbindungen liefern, wird scheinbar der Wert der Base als Reagens für Aldehyde und Ketone vermindert. Das ist jedoch nicht der Fall; denn die Hydrazide können sehr leicht von den Hydrazonen unterschieden werden. Im Gegensatz zu den letzteren geben sie alle in ausgezeichneter Weise die von Bülow[1]) zuerst beobachtete rotviolette Färbung mit konzentrierter Schwefelsäure und einem Tropfen Eisenchloridlösung. Ferner werden sie durch Alkalien oder Barytwasser sehr leicht unter Freiwerden von Phenylhydrazin gespalten.

Die Hydrazide sind sämtlich farblos und schmelzen größtenteils nicht ganz konstant unter lebhafter Gasentwicklung.

---

[1]) Liebigs Annal. d. Chem. **236**, 195 [1886].

Aus den nachfolgenden Beispielen ist der Verlauf der Reaktion und ihre Brauchbarkeit für die Isolierung organischer Säuren zu erkennen.

## Gluconsäurephenylhydrazid.

Erhitzt man 1 Teil Gluconsäure in 10 Teilen Wasser mit 1 Teil Phenylhydrazin und 1 Teil 50 prozentiger Essigsäure $\frac{3}{4}$ Stunden auf dem Wasserbade, so scheidet die klare, kaum gefärbte Flüssigkeit beim Abkühlen das Hydrazid als schwach gelb gefärbte Kristallmasse ab. Die Ausbeute betrug 50 pCt. der Theorie. Als die Mutterlauge nochmals 3 Stunden auf dem Wasserbade erhitzt war, fiel beim Erkalten eine weitere beträchtliche Menge von Hydrazid aus, so daß die gesamte Ausbeute 81 pCt. der Theorie erreichte. Zur Reinigung wurde das Produkt in heißem Wasser gelöst und mit wenig Tierkohle entfärbt. Aus dem Filtrat kristallisierte das Hydrazid in farblosen, glänzenden, kleinen Prismen. Die Verbindung hat die Zusammensetzung $C_6H_{11}O_6$ . $N_2H_2 . C_6H_5$.

| | Berechnet | Gefunden |
|---|---|---|
| C | 50,35 | 50,30 pCt. |
| H | 6,29 | 6,34 „ |
| N | 9,79 | 9,86 „ |

Beim raschen Erhitzen sintert sie gegen 195⁰ und schmilzt völlig gegen 200⁰ unter starker Gasentwicklung. In kaltem Wasser und heißem Alkohol ist sie recht schwer löslich und in Äther fast unlöslich. Dagegen wird sie von heißem Wasser in reichlicher Menge aufgenommen. 100 Teile Wasser lösten bei $\frac{1}{4}$ stündigem Kochen 15,1 Teile Hydrazid. Durch Barytwasser wird die Verbindung leicht gespalten. Wir haben den Versuch absichtlich mit einer kleinen Menge ausgeführt, um den Wert der Methode für den Nachweis der Gluconsäure zu zeigen.

1 g Hydrazid wurde mit 3 g reinem Barythydrat und 30 g Wasser zehn Minuten gekocht, dann die erkaltete Lösung zur Entfernung des Hydrazins fünfmal ausgeäthert, jetzt wieder samt dem auskrystallisierten Baryt zum Sieden erhitzt und dieser genau mit Schwefelsäure ausgefällt. Das Filtrat wurde mit überschüssigem Calciumcarbonat längere Zeit erwärmt, bis die Lösung neutral blieb. Die abermals filtrierte Flüssigkeit hinterließ beim Eindampfen reinen, sofort kristallisierenden gluconsauren Kalk. Die Ausbeute betrug 85 pCt. der Theorie.

Da die Bildung des Hydrazids auch in Lösungen erfolgt, welche anorganische Salze und andere, organische Verbindungen enthalten, so ist diese Methode gewiß das bequemste Mittel, um Gluconsäure daraus abzuscheiden und durch das Calciumsalz zu identifizieren.

## Galactonsäurephenylhydrazid.

Die Verbindung entsteht auf dieselbe Art wie die vorhergehende. Für ihre Darstellung kann man auch rohe Galactonsäure benutzen, wie folgender Versuch zeigt. 10 g Galactose wurden nach der Vorschrift von Kiliani in 50 g Wasser gelöst und mit 20 g Brom versetzt. Nach dreitägigem Stehen wurde das überschüssige Brom weggedampft, die Bromwasserstoffsäure mit Bleiweiß entfernt und die filtrierte Flüssigkeit mit 10 g Phenylhydrazin und der gleichen Menge 50 prozentiger Essigsäure auf dem Wasserbade erhitzt. Nach kurzer Zeit begann schon in der Wärme die Kristallisation des Hydrazids. Nach einstündigem Erhitzen war der größte Teil der Galactonsäure umgewandelt. Nach dem Erkalten wurde das Hydrazid abfiltriert und aus heißem Wasser unter Zusatz von etwas Tierkohle umkristallisiert. Es bildet farblose, glänzende Blättchen, welche für die Analyse bei 100° getrocknet wurden.

|   | Ber. für $C_6H_{11}O_6 \cdot N_2H_2 \cdot C_6H_5$ | Gefunden |
|---|---|---|
| C | 50,35 | 50,25 pCt. |
| H | 6,29 | 6,49 ,, |
| N | 9,79 | 9,92 ,, |

Beim raschen Erhitzen schmilzt es zwischen 200 und 205°, ebenfalls unter lebhafter Gasentwicklung. Es löst sich ziemlich leicht in heißem Wasser, schwer in kaltem Wasser und in heißem Alkohol.

## Arabinosecarbonsäurephenylhydrazid.

Dasselbe entsteht aus der freien Säure oder dem Lacton unter denselben Bedingungen wie die vorhergehenden Hydrazide, mit welchen es auch in Kristallform und Löslichkeit große Ähnlichkeit zeigt.

|   | Ber. für $C_6H_{11}O_6 \cdot N_2H_2 \cdot C_6H_5$ | Gefunden |
|---|---|---|
| C | 50,35 | 50,43 pCt. |
| H | 6,29 | 6,35 ,, |

Es schmilzt zwischen 214 und 216° unter Gasentwicklung.

## Dextrosecarbonsäurephenylhydrazid.

Für den Versuch diente das Lacton. Das Hydrazid bildet sich sehr leicht und kristallisiert beim Erkalten der Lösung in feinen Prismen von der Zusammensetzung $C_7H_{13}O_7 \cdot N_2H_2 \cdot C_6H_5$.

|   | Berechnet | Gefunden |
|---|---|---|
| C | 49,36 | 49,34 pCt. |
| H | 6,33 | 6,33 ,, |
| N | 8,86 | 9,16 ,, |

In heißem Wasser ist es leicht löslich, viel schwerer in Alkohol. Es schmilzt niedriger als die anderen Hydrazide, bei 171—172°, und zwar zunächst ohne Zersetzung; aber nach kurzer Zeit beginnt in der geschmolzenen Masse eine Gasentwicklung, welche erst langsam, schließlich aber sehr lebhaft wird und mit totaler Zersetzung endigt.

## Mannosecarbonsäurephenylhydrazid.

Für den Versuch diente mannosecarbonsaurer Baryt. 3 g des Salzes wurden mit 3 g kristallisierter Soda und 30 g Wasser bis zur vollständigen Umsetzung gekocht, das Filtrat mit Essigsäure neutralisiert, mit 3 g Phenylhydrazin und der entsprechenden Menge Essigsäure versetzt und eine Stunde auf dem Wasserbade erhitzt. Schon in der Hitze scheidet sich ein Teil des Hydrazids ab. Nach dem Erkalten betrug die Menge desselben 2,7 g. Aus der Mutterlauge wurden durch weiteres einstündiges Erhitzen 0,5 g gewonnen, so daß die Ausbeute nahezu quantitativ ist. Für die Analyse war das Hydrazid aus heißem Wasser umkristallisiert.

|   | Ber. für $C_7H_{13}O_7 . N_2H_2 . C_6H_5$ | Gefunden |
|---|---|---|
| C | 49,36 | 49,41 pCt. |
| H | 6,33 | 6,56 ,, |
| N | 8,86 | 8,98 ,, |

Beim raschen Erhitzen schmilzt die Verbindung zwischen 220 und 223⁰ unter starker Gasentwicklung. Sie ist in heißem Wasser etwas schwerer löslich als die anderen Hydrazide und fällt beim Erkalten rasch in sehr kleinen Prismen aus.

## Rhamnosecarbonsäurephenylhydrazid.

Dasselbe wurde wie die vorherige Verbindung aus dem Barytsalz dargestellt. Es kristallisiert erst beim Erkalten der Lösung. Die Ausbeute ist ebenfalls sehr gut. Gereinigt wurde das Produkt durch Kristallisieren aus heißem Wasser.

|   | Ber. für $C_7H_{13}O_6 . N_2H_2 . C_6H_5$ | Gefunden |
|---|---|---|
| C | 52,00 | 51,87 pCt. |
| H | 6,66 | 6,60 ,, |

Es schmilzt unter Zersetzung nicht ganz konstant gegen 210⁰ und kristallisiert aus Wasser in kleinen, schiefen, sechsseitigen Blättchen.

## Saccharinsäurephenylhydrazid.

Dasselbe entsteht beim einstündigen Erhitzen von Saccharin unter denselben Bedingungen, wie die vorhergehenden. Es scheidet sich aber aus der erkalteten Lösung recht langsam ab. Für die Analyse wurde es aus heißem Alkohol umkristallisiert.

|   | Ber. für $C_6H_{11}O_5 . N_2H_2 . C_6H_5$ | Gefunden |
|---|---|---|
| C | 53,33 | 53,12 pCt. |
| H | 6,66 | 6,74 ,, |

Die Verbindung schmilzt bei 164—165⁰ ohne Zersetzung und kristallisiert aus Alkohol in äußerst feinen, meist büschelförmig vereinigten Nadeln. Sie ist in Wasser und Alkohol viel leichter löslich wie die vorhergehenden Verbindungen und wird am besten aus Alkohol umkristallisiert. Will man die Verbindung für die Erkennung des Saccharins benutzen, so ist die größere Löslichkeit wohl zu beachten.

Von den Fettsäuren scheint nur die Ameisensäure in wässeriger Lösung ein Hydrazid zu bilden. Dasselbe entsteht schon beim 10 Minuten langen Erwärmen einer verdünnten Lösung von ameisensaurem Phenylhydrazin und scheidet sich beim Erkalten kristallinisch aus. Die Reaktion verläuft aber nicht ganz glatt, da sie von einer stetigen schwachen Gasentwicklung begleitet ist. Das Produkt ist schon bekannt.

Die ebenfalls bereits auf anderem Wege dargestellten neutralen Hydrazide der Bernsteinsäure, Äpfelsäure und Weinsäure bilden sich auch in 10 prozentiger wässeriger Lösung beim Erwärmen auf dem Wasserbade. Nur geht die Reaktion langsamer vonstatten; sie erfordert 3 bis 4 Stunden, wobei die in Wasser schwer löslichen Hydrazide schon in der Wärme auskristallisieren. Wir haben für die betreffenden Produkte durchwegs höhere Schmelzpunkte gefunden, als von anderer Seite angegeben ist.

Succinylphenylhydrazin schmilzt ohne Gasentwicklung bei 217⁰ bis 218⁰ (Freund und Goldsmith[1]) fanden 208—209⁰).

Äpfelsäurediphenylhydrazid schmilzt nicht ganz konstant zwischen 220 und 223⁰ und zersetzt sich bald darauf. (Bülow[2]) fand 213⁰.)

Weinsäurediphenylhydrazid schmilzt beim raschen Erhitzen nicht ganz konstant erst gegen 240⁰ unter starker Gasentwicklung (Bülow[2]) gibt 226⁰ an).

Wir haben alle diese Verbindungen analysiert, um die Reinheit zu kontrollieren. Wahrscheinlich beruht die Abweichung der früher angegebenen Zahlen auf der verschiedenen Art des Erhitzens.

Durch qualitative Versuche wurde auch bei der Tricarballylsäure und Zitronensäure die Bildung von sehr schwer löslichen Hydraziden in wässeriger Lösung nachgewiesen.

Auf das abweichende Verhalten der Malonsäure wurde früher hingewiesen. Die Reaktion bleibt hier in wässeriger Lösung stehen bei der Bildung des sauren Hydrazids, $C_6H_5 . N_2H_2 . CO . CH_2 . COOH$, welches

[1]) Berichte d. d. chem. Gesellsch. **21**, 2462 [1888].
[2]) Liebigs Annal. d. Chem. **236**, 195 [1886].

Phenylhydrazidmalonsäure

genannt werden mag. Erhitzt man 1 Teil Malonsäure mit 3 Teilen Phenylhydrazin, 3 Teilen verdünnter Essigsäure und 10 Teilen Wasser 2 Stunden auf dem Wasserbade, so scheidet sich aus der erkalteten Lösung beim längeren Stehen das Phenylhydrazinsalz der Säure kristallinisch aus. Dasselbe wurde für die Analyse aus heißem Wasser und dann aus heißem Alkohol umkristallisiert und im Exsiccator getrocknet.

| | Ber. für $C_{15}H_{18}O_3N_4$ | Gefunden |
|---|---|---|
| C | 59,60 | 59,65 pCt. |
| H | 5,96 | 6,24 ,, |
| N | 18,54 | 18,82 ,, |

Das Salz ist in heißem Wasser leicht löslich und zersetzt sich bei 141—143⁰ unter starker Gasentwicklung.

Aus der mit Schwefelsäure angesäuerten wässerigen Lösung des Salzes extrahiert Äther die Phenylhydrazidmalonsäure, welche beim Verdunsten in feinen Nadeln kristallisiert. Die Verbindung liefert die Hydrazid-Reaktion, reagiert stark sauer, reduziert Fehling'sche Lösung bei Erwärmung und ist in Wasser ziemlich leicht löslich. Sie schmilzt bei 154⁰ unter lebhafter Gasentwicklung.

Wird das phenylhydrazidmalonsaure Phenylhydrazin 15 Minuten auf 200⁰ erhitzt, so zerfällt es nach der Gleichung:

$$C_6H_5.N_2H_2.CO.CH_2.COOH.N_2H_3.C_6H_5 = C_6H_5.N_2H_3$$
$$+ H_2O + C_9H_8O_2N_2.$$

Das letzte Produkt entspricht in der Zusammensetzung dem Phtalylphenylhydrazin und ist wahrscheinlich nach der Formel

$$CH_2{<}^{CO}_{CO}{>}N_2H.C_6H_5$$ konstituiert. Wir nennen es

Malonylphenylhydrazin.

Die Schmelze erstarrt beim Erkalten und liefert beim Umkristallisieren aus heißem Wasser feine weiße Nadeln.

| | Ber. für $C_9H_8O_2N_2$ | Gefunden |
|---|---|---|
| C | 61,36 | 61,23 pCt. |
| H | 4,54 | 4,75 ,, |
| N | 15,91 | 16,29 ,, |

Die Substanz schmilzt bei 128⁰ ohne Zersetzung und ist in Alkohol leicht löslich.

Bei den aromatischen Säuren zeigt sich ein ähnlicher Unterschied in der Hydrazidbildung, wie bei den fetten Verbindungen. Benzoësäure und Mandelsäure liefern beim mehrstündigen Erhitzen in 10 prozentiger Lösung keine nachweisbare Menge von Hydrazid. Beim Erkalten der Flüssigkeit kristallisieren die Phenylhydrazinsalze. Dagegen erhielten wir aus der Zimtsäure bei 4stündigem Erhitzen unter denselben Bedingungen das von Knorr[1]) schon beschriebene Cinnamylphenylhydrazin. Allerdings ist die Ausbeute hier nicht besonders gut.

Bei der elektronegativeren Gallussäure endlich verläuft die Reaktion wieder sehr glatt.

## Gallussäurephenylhydrazid.

Dasselbe entsteht bei einstündigem Erhitzen in großer Menge und scheidet sich beim Erkalten aus. Für die Analyse war es aus Wasser umkristallisiert.

|   | Ber. für $C_{13}H_{12}O_4N_2$ | Gefunden |
|---|---|---|
| C | 60,00 | 59,96 pCt. |
| H | 4,62 | 4,79 ,, |
| N | 10,77 | 10,55 ,, |

Es ist in Alkohol und heißem Wasser ziemlich leicht löslich und kristallisiert aus Wasser in langen Prismen, welche ungefähr bei 187° unter Zersetzung schmelzen.

Im Anschluß an die obigen Versuche haben wir bei den Säuren der Zuckergruppe auch die Anilidbildung in wässeriger Lösung untersucht. Die Reaktion findet in der Tat unter denselben Bedingungen statt, wie die Entstehung der Hydrazide; aber sie erfordert längeres Erhitzen und die Produkte sind in Wasser viel leichter löslich, wie folgendes Beispiel zeigt.

## Gluconsäureanilid.

5 g Gluconsäure wurden mit 5 g Anilin, 50 g Wasser und der zur Lösung der Base nötigen Menge Essigsäure 4 Stunden auf dem Wasserbade erhitzt, wobei die Flüssigkeit bis auf 25 ccm konzentriert war. Aus der erkalteten Lösung fiel das Anilid erst beim mehrtägigen Stehen kristallinisch aus. Dasselbe wurde aus heißem Alkohol umkristallisiert.

|   | Ber. für $C_6H_{11}O_6 . NH . C_6H_5$ | Gefunden |
|---|---|---|
| C | 53,13 | 53,18 pCt. |
| H | 6,27 | 6,36 ,, |

Die Verbindung schmilzt bei 171°, ist in heißem Wasser sehr leicht und in kaltem Wasser ebenfalls in beträchtlicher Menge löslich.

Für die Abscheidung der Gluconsäure und verwandter Verbindungen sind mithin die Anilide kaum zu gebrauchen.

---

[1]) Berichte d. d. chem. Gesellsch. **20**, 1108 [1887].

## 19. H. Laubmann: Über die Verbindungen des Phenylhydrazins mit einigen Ketonalkoholen.

Liebigs Annalen der Chemie **243**, 244 [1887].
(Eingegangen am 29. Oktober.)

Wie E. Fischer gezeigt hat[1]), bilden die Zuckerarten, welche man nach den neueren Untersuchungen den Aldehyd- oder Ketonalkoholen zuzuzählen hat, mit dem Phenylhydrazin zunächst einfache Kondensationsprodukte, die den Derivaten der gewöhnlichen Aldehyde und Ketone entsprechen.    Aber die letzteren verwandeln sich beim Erhitzen mit essigsaurem Phenylhydrazin in wässeriger Lösung unter Verlust von Wasserstoff in die sogenannten Osazone, welche zwei Phenylhydrazinreste enthalten.    Diese Bildung der Osazone ist auch den einfacheren Ketonalkoholen, welche die empfindliche Gruppe $- CO - C(OH) =$ enthalten, eigentümlich, wie in der erwähnten Abhandlung von Fischer an dem Benzoylcarbinol gezeigt wurde.

Auf Veranlassung von Hrn. Prof. E. Fischer habe ich diese Produkte näher untersucht und dieselbe Reaktion beim Acetol mit dem gleichen Erfolg geprüft.

### Benzoylcarbinolphenylhydrazon.

Das benutzte Benzoylcarbinol war nach der Vorschrift von Hunnius[2]) dargestellt.    Löst man 1 Teil desselben in heißem Wasser und fügt eine wässerige Lösung von 1 Teil salzsaurem Phenylhydrazin und 1½ Teilen essigsaurem Natrium hinzu, so fällt das Hydrazon sofort als gelbliches Öl aus, welches beim Erkalten rasch kristallinisch erstarrt.    Das Produkt wurde in Äther gelöst und die Lösung nach Zusatz von Ligroin stark konzentriert.    Beim Abkühlen scheiden sich feine, zu Büscheln vereinigte Nadeln ab, welche für die Analyse im Vakuum getrocknet wurden.

---

[1]) Berichte d. d. chem. Gesellsch. **20**, 821 [1887]. (*S. 144.*)
[2]) Berichte d. d. chem. Gesellsch. **10**, 2010 [1877].

0,2469 g Subst.: 0,6752 g $CO_2$, 0,1432 g $H_2O$.
0,1781 g Subst.: 19,01 ccm N (12$^0$, 755,5 mm).

|   | Ber. für $C_{14}H_{14}ON_2$ | Gefunden |
|---|---|---|
| C | 74,38 | 74,56 |
| H | 6,15 | 6,44 |
| N | 12,40 | 12,58 |

Die Verbindung ist unzweifelhaft in folgender Art konstituiert:

$$\begin{array}{c} C_6H_5 \\ | \\ C = N_2H \cdot C_6H_5. \\ | \\ CH_2OH \end{array}$$

Sie schmilzt bei 112$^0$; bei höherer Temperatur zersetzt sie sich. In kaltem Wasser ist sie fast unlöslich, in heißem Wasser wenig, in Äther und Alkohol leicht löslich. In kalter verdünnter Salzsäure ist sie kaum, in konzentrierter dagegen sehr leicht löslich. Diese Lösung erstarrt schon nach kurzer Zeit zu einem Kristallbrei von salzsaurem Phenyl-hydrazin. Von reduzierenden Agentien, wie Zinkstaub und Essigsäure, wird die Verbindung leicht angegriffen. Bemerkenswert ist ihre Zer-setzung durch Zinkchlorid. Bekanntlich werden die Hydrazone der einfachen Ketone durch Zinkchlorid leicht und verhältnismäßig glatt in Indole verwandelt. Durch dieselbe Reaktion könnte aus dem Hydrazon des Benzoylcarbinols ein Oxyphenylindol, oder was dasselbe ist, ein Phenylindoxyl von folgender Konstitution entstehen:

Erhitzt man das Hydrazon mit der fünffachen Menge geschmolzenem Zinkchlorid einige Minuten auf 150—160$^0$, so entsteht eine dunkel-braune Schmelze, welche reichliche Mengen Ammoniak enthält. Diese wurde zunächst mit Wasser behandelt, der Rückstand in Alkohol gelöst und aus der filtrierten alkoholischen Lösung mit Wasser wieder gefällt. Der braungelbe amorphe Niederschlag löst sich größtenteils in Äther und wird durch Ligroïn daraus wieder in der gleichen Form abgeschieden. Da es mir bisher noch nicht gelungen ist, die Verbin-dung kristallisiert zu gewinnen, so habe ich das amorphe Produkt, welches mehrmals in Äther gelöst und mit Ligroin gefällt war, direkt analysiert. Im Vakuum getrocknet gab dasselbe Zahlen, welche ziem-lich gut auf die Formel eines Oxyphenylindols passen.

0,1999 g Subst.: 0,5950 g $CO_2$, 0,1070 g $H_2O$.
0,2121 g Subst.: 13,2 ccm N (24$^0$, 750 mm).

|   | Ber. für $C_{14}H_{11}ON$ | Gefunden |
|---|---|---|
| C | 81,24 | 81,19 |
| H | 5,26 | 5,95 |
| N | 6,69 | 6,88 |

Ob diese Formel jedoch die richtige ist, muß bei den Eigenschaften des Produktes zweifelhaft bleiben, da es bisher nicht gelungen ist, die Verbindung in Phenylindol oder ein anderes charakterisiertes Indol- derivat zu verwandeln. Die Substanz färbt sich gegen 140⁰ dunkel und schmilzt zwischen 160 und 165⁰.

### Osazon des Benzoylcarbinols.

Löst man das Hydrazon mit der doppelten Menge salzsaurem Phenylhydrazin und der dreifachen Menge Natriumacetat in heißem ver- dünnten Alkohol (von 50 pCt.) und erhitzt diese Lösung im verschlossenen Gefäß 10 Stunden im Wasserbade, so scheidet sich beim Erkalten das Osazon in schönen gelben Blättchen ab. Dasselbe wurde für die Ana- lyse aus absolutem Alkohol umkristallisiert und im Vakuum getrocknet.

0,1901 g Subst.: 0,5304 g $CO_2$, 0,1002 g $H_2O$.
0,1775 g Subst.: 26,64 ccm N (14⁰, 758,5 mm).

|   | Ber. für $C_{20}H_{18}N_4$ | Gefunden |
|---|---|---|
| C | 76,43 | 76,12 |
| H | 5,73 | 5,84 |
| N | 17,83 | 17,61 |

Die Verbindung entsteht unzweifelhaft nach der Gleichung:

$$C_6H_5 \qquad\qquad C_6H_5$$
$$C : N_2H.C_6H_5 + C_6H_5.N_2H_3 = C : N_2H.C_6H_5 + H_2 + H_2O.$$
$$CH_2OH \qquad\qquad CH : N_2H.C_6H_5$$

Sie schmilzt bei 152⁰ (unkorr.) und zersetzt sich bei höherer Tem- peratur. In Wasser ist sie unlöslich. In heißem Alkohol löst sie sich leicht und scheidet sich daraus in der Kälte langsam ab. In Äther und Benzol ist sie ebenfalls leicht löslich. Von starker Salzsäure wird sie beim Kochen zersetzt, von Zinkstaub und Essigsäure in alkoholischer Lösung leicht reduziert.

### Osazon des Acetols.

Das von Emmerling und Wagner[1]) beschriebene Acetol, welches im reinen Zustande noch nicht erhalten wurde, ist in jeder Beziehung das Analogon des Benzoylcarbinols. Im Einklang damit steht sein Verhalten gegen Phenylhydrazin. Versetzt man seine wässerige Lösung

---

[1]) Liebigs Annal. d. Chem. **204**, 40 [1880].

mit dem bekannten Hydrazingemisch, so scheidet sich zunächst das Hydrazon als schwach gefärbtes Öl aus. Wird dieses in verdünntem Alkohol gelöst und mit einem Überschusse des Hydrazins mehrere Stunden im verschlossenen Gefäß auf dem Wasserbade erwärmt, so scheidet sich beim Erkalten das Osazon in schönen gelben Blättchen aus. Dieselben wurden aus 60prozentigem Alkohol umkristallisiert und für die Analyse im Vakuum getrocknet.

0,2347 g Subst.: 0,6153 g $CO_2$, 0,1397 g $H_2O$.
0,1530 g Subst.: 30,42 ccm N (25°, 758 mm).

|   | Ber. für $C_{15}H_{16}N_4$ | Gefunden |
|---|---|---|
| C | 71,43 | 71,49 |
| H | 6,35 | 6,60 |
| N | 22,22 | 22,12 |

Die Verbindung ist unzweifelhaft identisch mit dem Produkte, welches vor kurzem von H. v. Pechmann[1]) aus Methylglyoxal oder Nitrosoaceton mit Phenylhydrazin dargestellt wurde.

---

[1]) Berichte d. d. chem. Gesellsch. **20**, 2543 [1887].

## 20. Rudolf Stahel: Über einige Derivate des Diphenylhydrazins und Methylphenylhydrazins (auszugsweise).

Liebigs Annalen der Chemie **258**, 242 [1890].
(Eingegangen am 28. März.)

Das Verhalten der sekundären Hydrazine ist von E. Fischer an dem Methylphenylhydrazin ausführlicher studiert worden.[1]) Daß die dort gefundenen Reaktionen auf das Diphenylhydrazin übertragen werden können, ist an einigen Beispielen von Fischer ebenfalls schon gezeigt worden; so liefert die Base ein Benzoylderivat, ein Tetrazon und mit Aldehyden und Ketonen beständige Hydrazone. Man durfte daher erwarten, daß auch die Zuckerarten mit der Base sich verbinden; der Versuch hat dies bestätigt und die betreffenden Produkte bieten deshalb einiges Interesse, weil sie durch die Anhäufung von zwei Phenylgruppen im Gegensatz zu den Derivaten des Phenyl- und Phenylmethylhydrazins in Wasser schwer löslich sind. Wie E. Fischer[2]) schon vorläufig erwähnte und wie später noch ausführlich gezeigt wird, ist infolgedessen das Diphenylhydrazin ein brauchbares Mittel, um Traubenzucker, Galactose und Rhamnose aus wässeriger Lösung abzuscheiden, resp. zu erkennen.

Verbindungen des Diphenylhydrazins mit den Zuckerarten.

Im Gegensatz zu dem Phenylhydrazin verbindet sich das weniger basische Diphenylhydrazin in der Kälte erst nach längerem Stehen mit den gewöhnlichen Zuckerarten, liefert dann aber beständige, in Wasser schwer lösliche und schön kristallisierende Hydrazone. Rascher geht die Reaktion beim Erwärmen. Da die Base sowohl in Wasser wie in Essigsäure schwer löslich ist, so benutzt man alkoholische Lösungen.

Glucosediphenylhydrazon.
$$C_6H_{12}O_5 = N.N(C_6H_5)_2.$$

1 Teil Traubenzucker wird in möglichst wenig Wasser gelöst, dann eine alkoholische Lösung von 1,5 Teilen Diphenylhydrazin zu-

---

[1]) Liebigs Annal. d. Chem. **190**, 150 [1877].
[2]) Berichte d. d. chem. Gesellsch. **23**, 805 [1890]. (*S. 361.*)

gegeben und, wenn nötig, noch so viel Wasser oder Alkohol zugefügt, daß eine klare Mischung entsteht. Erhitzt man nun im geschlossenen Rohr oder am Rückflußkühler 2 Stunden im Wasserbade, verdampft dann den größten Teil des Alkohols und fügt zum Lösen der unveränderten Base Äther zu, so scheidet sich nach kurzer Zeit das Hydrazon als dicker Kristallbrei ab. Die Mutterlauge liefert beim Verdampfen und abermaligen Zusatz von Äther eine zweite Kristallisation. Die Ausbeute beträgt ungefähr 75 pCt. der Theorie. Das Produkt löst sich in heißem Wasser sehr leicht und kristallisiert beim Erkalten sofort in kleinen, farblosen, schief abgeschnittenen Prismen von der Formel $C_{18}H_{22}O_5N_2$:

0,1462 g Subst.: 0,3341 g $CO_2$, 0,0850 g $H_2O$.
0,1592 g Subst.: 10,81 ccm N (15°, 755 mm).

|   | Ber. für $C_{18}H_{22}O_5N_2$ | Gefunden |
|---|---|---|
| C | 62,43 | 62,32 |
| H | 6,36 | 6,46 |
| N | 8,09 | 7,90 |

Das Hydrazon schmilzt konstant bei 161—162° (unkorr.) ohne Gasentwicklung zu einer klaren gelben Flüssigkeit, welche sich aber nach einiger Zeit bräunt.

Es ist in heißem Wasser und in Alkohol leicht löslich, dagegen in Äther, Benzol, Chloroform fast unlöslich. Beim Kochen reduziert es die Fehlingsche Lösung sehr stark. Durch konzentrierte Salzsäure wird es in Zucker und die Hydrazinbase gespalten.

Die Verbindung ist so charakteristisch, daß man sie zur Erkennung des Traubenzuckers mit Vorteil benutzen kann. Sie ist sogar die einzige Verbindung desselben, welche aus heißem Wasser leicht kristallisiert und doch so ausgesprochene Eigenschaften besitzt, daß sie leicht identifiziert werden kann. Es gibt z. B. kein Mittel, um den Traubenzucker neben Lävulose so rasch und bequem zu erkennen, wie diese Probe mit Diphenylhydrazin. Man braucht nur das Gemisch in der oben beschriebenen Weise in alkoholischer Lösung mit der Base zu behandeln und dann das Glucosediphenylhydrazon durch vorsichtigen Zusatz von Äther abzuscheiden.

Will man die Probe zum Nachweis von Traubenzucker in Lösungen benutzen, die aus irgend einem Grunde nicht erhitzt werden dürfen, so läßt man das Gemisch 2—3 Tage bei Zimmertemperatur stehen, wobei ebenfalls die Hydrazonbildung glatt vonstatten geht.

## Mannosediphenylhydrazon.
$$C_6H_{12}O_5 = N.N(C_6H_5)_2.$$

Die Verbindung wird in derselben Weise, wie die vorhergehende dargestellt und besitzt auch sehr ähnliche Eigenschaften; sie kristallisiert in sehr feinen, farblosen Prismen, welche bei 155⁰ (unkorr.) zu einer hellgelben Flüssigkeit schmelzen und die gleiche Zusammensetzung haben.

0,0630 g Subst.: 4,51 ccm N (20⁰, 745 mm).

| | Ber. für $C_{18}H_{22}O_5N_2$ | Gefunden |
|---|---|---|
| N | 8,09 | 7,92 |

Das Diphenylhydrazon ist für die Unterscheidung von Mannose und Glucose bei der geringen Differenz des Schmelzpunktes (7⁰) und der sonstigen Ähnlichkeit nicht geeignet. Aber hier hat man bekanntlich in dem Phenylhydrazon, welches bei der Mannose sehr schwer, bei Dextrose sehr leicht in Wasser löslich ist, ein für diesen Zweck völlig genügendes Mittel.

### Galactosediphenylhydrazon.
$$C_6H_{12}O_6 = N.N(C_6H_5)_2.$$

In der gleichen Weise dargestellt bildet es, aus heißem Wasser kristallisiert, farblose, flache Prismen vom Schmelzpunkt 157⁰.

0,1827 g Subst.: 0,4154 g $CO_2$, 0,1075 g $H_2O$.
0,1109 g Subst.: 7,9 ccm N (24⁰, 749 mm).

| | Ber. für $C_{18}H_{22}O_5N_2$ | Gefunden |
|---|---|---|
| C | 62,43 | 62,20 |
| H | 6,36 | 6,71 |
| N | 8,09 | 7,87 |

Die Löslichkeit ist dieselbe wie bei dem vorhergehenden Hydrazon. Die Verbindung ist ebenfalls für die Unterscheidung von Galactose und Glucose nicht brauchbar; aber hier besitzt man ja gleichfalls andere leicht ausführbare Methoden.

### Rhamnosediphenylhydrazon.
$$C_6H_{12}O_4 = N.N(C_6H_5)_2.$$

Da die Rhamnose (Isodulcit) sich in Alkohol sehr leicht löst, so kann man Base und Zucker von vornherein in absolut alkoholischer Lösung zusammenbringen. Nach 2stündigem Erhitzen auf 100⁰ ist auch hier die Reaktion beendet. Will man die Anwendung geschlossener Gefäße vermeiden, so kocht man 3—4 Stunden am Rückflußkühler. Beim Verdampfen des Alkohols bleibt ein Sirup, welcher beim Behandeln mit Äther das Hydrazon als Kristallmasse zurückläßt. Die Verbindung kristallisiert ebenfalls aus heißem Wasser sehr leicht in farblosen, seideglänzenden Nadeln, welche bei 134⁰ (unkorr.) schmelzen und die Zusammensetzung $C_6H_{12}O_4 = N.N(C_6H_5)_2$ besitzen.

0,2648 g Subst.: 0,6335 g $CO_2$, 0,1612 g $H_2O$.
0,2371 g Subst.: 17,2 ccm N (15,5⁰, 751 mm).

| | Ber. für $C_{18}H_{22}O_4N_2$ | Gefunden |
|---|---|---|
| C | 65,45 | 65,24 |
| H | 6,66 | 6,76 |
| N | 8,48 | 8,39 |

### 21. Hermann Jacobi: Über die Oxime einiger Zuckerarten.

Berichte der deutschen chemischen Gesellschaft **24**, 696 [1891].
(Eingegangen am 9. März.)

Nachdem Emil Fischer[1]) gezeigt hatte, daß der Traubenzucker und die Galactose ebenso wie die einfachen Aldehyde Phenylhydrazone bilden, gelang es P. Rischbieth[2]), aus der Galactose das erste kristallisierte Oxim dieser Gruppe zu gewinnen. Bald nachher wurde das entsprechende Derivat der Mannose[3]) dargestellt.

Nach diesen Resultaten darf man erwarten, aus allen Zuckerarten Oxime zu gewinnen.

Auf Veranlassung von Hrn. Prof. E. Fischer habe ich den Versuch mit Traubenzucker und Rhamnose ausgeführt. Die betreffenden Oxime sind in Wasser so leicht löslich, daß sie nicht von den unorganischen Salzen getrennt werden können, wenn man für ihre Bereitung ein Gemisch von salzsaurem Hydroxylamin und Soda oder Ätznatron benutzt. Diese Schwierigkeit wird vermieden bei Anwendung von freiem Hydroxylamin. Das letztere wurde aus dem reinen Sulfat durch genaue Ausfällung mit Barythydrat bereitet und dann in der verdünnten wässerigen Lösung direkt mit dem Zucker zusammengebracht.

### Oxim des Traubenzuckers.

20 g Hydroxylaminsulfat werden in nicht zu verdünnter, wässeriger Lösung bei 60—70⁰ durch eine warme Lösung von Barythydrat zersetzt, so daß die Flüssigkeit weder Schwefelsäure noch Baryt enthält. In dem Filtrat löst man nach dem Erkalten 20 g reinen Traubenzucker und läßt die Mischung bei Zimmertemperatur drei Tage stehen. Die Lösung wird jetzt in gelinde Wärme mit wenig Tierkohle entfärbt und dann im Vakuum bei einer Temperatur von 40 bis

---

[1]) Berichte d. d. chem. Gesellsch. **20**, 824 [1887]. (*S. 145.*)
[2]) Berichte d. d. chem. Gesellsch. **20**, 2673 [1887].
[3]) E. Fischer und J. Hirschberger, Berichte d. d. chem. Gesellsch. **22**, 1155 [1889] (*S. 306*); vgl. auch R. Reiß, Berichte d. d. chem. Gesellsch. **22**, 611 [1889].

50° bis zum Sirup eingedampft. Beim Stehen über Schwefelsäure verwandelt sich derselbe im Laufe von 2—3 Tagen in eine farblose kristallinische Masse. Dieselbe wird von dem Rest der Mutterlauge durch Aufstreichen auf Tonplatten befreit. Die Ausbeute betrug 15 g. Zur völligen Reinigung genügt einmaliges Umkristallisieren aus wenig warmem, 80prozentigem Methylalkohol. Für die Analyse wurde das Produkt über Schwefelsäure getrocknet.

0,3149 g Subst.: 0,429 g $CO_2$, 0,1938 g $H_2O$.
0,2464 g Subst.: 15,2 ccm N (19°, 762 mm).

|   | Ber. für $C_6H_{12}O_5NOH$ | Gefunden |
|---|---|---|
| C | 36,9 | 37,2 ,, |
| H | 6,7 | 6,8 ,, |
| N | 7,2 | 7,1 pCt. |

Das Oxim bildet mikroskopisch feine, schief abgeschnittene, farblose Prismen, welche sich gewöhnlich als harte Masse an der Wand des Gefäßes ansetzen. Es schmilzt ohne Zersetzung bei 136—137° (unkorr.), schmeckt schwach süß und reduziert die Fehlingsche Lösung in der Wärme sehr stark. In Wasser ist es sehr leicht, in absolutem Alkohol sehr schwer und in Äther gar nicht löslich.

Es dreht nach links und zeigt Birotation. Eine wässerige Lösung, welche 9,3674 pCt. enthielt und das spezifische Gewicht 1,0295 besaß, drehte bei 20° im 1 dcm-Rohr 15 Minuten nach der Auflösung 0,52° nach links. Nach 18 Stunden war die Drehung auf — 0,21° zurückgegangen und blieb jetzt konstant. Aus der letzten Zahl berechnet sich die spezifische Drehung

$$[\alpha]_D^{20°} = -2,2°.$$

Ein weiterer Versuch ergab denselben Wert.

### Oxim der Rhamnose.[*])

Dasselbe wird gerade so dargestellt, wie die vorige Verbindung, kristallisiert aber leichter; denn der Sirup, welcher beim Verdampfen der wässerigen Lösung bleibt, erstarrt beim Anreiben mit wenig Methylalkohol schon nach einigen Minuten zu einer weißen Kristallmasse. Zur Analyse wurde das Produkt aus warmem Methylalkohol umkristallisiert.

0,302 g Subst.: 0,4472 g $CO_2$, 0,2001 g $H_2O$.
0,3256 g Subst.: 22 ccm N (18°, 762 mm).

|   | Ber. für $C_6H_{12}O_4NOH$ | Gefunden |
|---|---|---|
| C | 40,2 | 40,4 pCt. |
| H | 7,3 | 7,4 ,, |
| N | 7,8 | 7,8 ,, |

Die Ausbeute beträgt etwa 80 pCt. der Theorie.

---

*) *Verbesserte Darstellung siehe Seite 522.*

Das Oxim bildet gut ausgebildete, farblose Tafeln, welche bei 127—128° schmelzen. Es löst sich in Wasser sehr leicht, in warmem, absolutem Alkohol ziemlich schwer und in Äther gar nicht. Es dreht nach rechts und zeigt ebenfalls Birotation.

Eine wässerige Lösung, welche in 25 ccm 2,4658 g Oxim enthielt, drehte bei 20° im 2 dcm-Rohr 10 Minuten nach dem Lösen 1,21° nach rechts. Nach 20 Stunden war die Drehung auf $+2,7°$ gestiegen und blieb nun konstant. Aus der letzten Zahl berechnet sich die spezifische Drehung

$$[\alpha]_D^{20°} = + 13,7°.$$

Ein zweiter Versuch ergab den Wert $+ 13,5°$.

---

Von den Oximen der Galactose und Mannose ist das Drehungsvermögen bisher nicht untersucht worden.

Ich habe diese Lücke ausgefüllt, um einen Vergleich der verschiedenen Isomeren auch in dieser Beziehung zu ermöglichen.

### Oxim der Galactose.

Dasselbe ist in kaltem Wasser so schwer löslich, daß ich nur eine 5prozentige Lösung verwenden konnte. Es dreht nach rechts und zeigt ebenfalls Birotation.

Eine Lösung, welche 5,1056 pCt. enthielt und das spezifische Gewicht 1,017 besaß, drehte etwa 10 Minuten nach dem Lösen bei 20° im 2 dcm-Rohr 2,15° nach rechts. Die Drehung war nach 20 Stunden auf $+1,51°$ zurückgegangen und blieb nun konstant. Aus der letzteren Zahl berechnet sich die spezifische Drehung

$$[\alpha]_D^{20°} = + 14,5°.$$

Eine zweite Bestimmung ergab

$$[\alpha]_D^{20°} = + 15,0°.$$

### Oxim der Mannose.

Wegen der Schwerlöslichkeit desselben in kaltem Wasser konnten ebenfalls nur 5prozentige Lösungen verwendet werden.

Eine Lösung, welche 4,798 pCt. enthielt und das spezifische Gewicht 1,016 besaß, drehte im 2 dcm-Rohr bei 20° etwa 10 Minuten nach dem Lösen 0,73° nach rechts. Die Drehung war nach 6 Stunden auf

+ 0,31⁰ zurückgegangen; hiernach berechnet sich das spezifische Drehungsvermögen

$$[\alpha]_D^{20^0} = + 3,2^0.$$

Eine zweite Bestimmung ergab den Wert + 3,1⁰.

---

Mit Hilfe des Polarisationsapparates läßt sich der Verlauf der Oximbildung bei den genannten 4 Zuckerarten durch die Änderung der Drehung zeitlich verfolgen.

Dasselbe gilt für die entsprechenden Phenylhydrazone. Ich habe darüber eine größere Reihe von Versuchen angestellt, deren Resultate demnächst in Liebigs Annalen mitgeteilt werden. *(siehe Seite 192.)*

## 22. Emil Fischer und Julius Tafel: Oxydation der mehrwertigen Alkohole.

Berichte der deutschen chemischen Gesellschaft **20**, 1088 [1887].
(Eingegangen am 31. März.)

Als Oxydationsprodukte der mehrwertigen Alkohole hat man bisher nur Säuren gefunden; die dabei höchstwahrscheinlich zuerst entstehenden Aldehyde oder Ketone sind aus Mangel an geeigneten Methoden nicht beobachtet, geschweige denn isoliert worden. Eine einzige Ausnahme bildet der Mannit. Aus diesem erhielt Gorup-Besanez[1]) eine Zuckerart, die sogenannte Mannitose, welche nach den Untersuchungen von Dafert[2]) und dem Verhalten gegen Phenylhydrazin identisch mit Lävulose ist.

Wie bereits in der Mitteilung[3]) über die Hydrazinderivate der Zuckerarten kurz erwähnt ist, haben wir infolge dieses Resultates die anderen mehrwertigen Alkohole, das Glycerin, den Erythrit und Dulcit mit Salpetersäure oxydiert und zum Nachweis der Aldehyd- oder Ketonalkohole das Phenylhydrazin benutzt.

In allen diesen Fällen wurden Hydrazinderivate gewonnen, welche den Verbindungen der Zuckerarten in Zusammensetzung, Bildungsweise und Eigenschaften durchaus entsprechen. So erhielten wir aus dem Glycerin ein prachtvoll kristallisiertes Produkt von der Formel

$$CH_2OH$$
$$\dot{C} : N_2H.C_6H_5$$
$$\dot{C}H : N_2H.C_6H_5.$$

Dasselbe entsteht aller Wahrscheinlichkeit nach aus Glycerinaldehyd $CH_2(OH).CH(OH).COH$ oder dem isomeren Keton $CH_2OH.$ $CO.CH_2OH.$

Auf demselben Wege wurde aus dem Erythrit die Verbindung $C_4H_6O_2(N_2H.C_6H_5)_2$ und aus dem Dulcit ein Isomeres des Phenylglucosazons gewonnen.

---

[1]) Liebigs Annal. d. Chem. **118**, 273 [1861].
[2]) Zeitschr. des Vereins für Rübenzuckerindustrie 1884.
[3]) Berichte d. d. chem. Gesellsch. **20**, 821 [1887]. (*S. 144.*)

Es scheint uns zweckmäßig, die Namen dieser Produkte dem „Phenylglucosazon" nachzubilden. Wir nennen deshalb das Glycerinderivat Phenylglycerosazon, die Erythritverbindung Phenylerythrosazon. Wir schlagen ferner für diese große Klasse von Hydrazinderivaten, welche sämtlich Abkömmlinge des Glyoxaldiphenylhydrazins sind, den Sammelnamen Osazone vor, welcher bezeichnender und sicherer ist, als das in der früheren Mitteilung gebrauchte Wort „Azon".

### Phenylglycerosazon.

50 g Glycerin wurden mit 100 g Salpetersäure vom spez. Gewicht 1,18 auf dem Wasserbade erwärmt. Nach 5—10 Minuten trat eine lebhafte Reaktion ein, welche durch Kühlen mit Wasser so gemäßigt wurde, daß nach 15 bis 20 Minuten die Gasentwicklung beendet war. Die Flüssigkeit reduziert jetzt nach dem Übersättigen mit Alkali Fehlingsche Lösung in gelinder Wärme sehr stark. Eine maßanalytische Bestimmung ergab, daß ihr Reduktionsvermögen gleich war einer Lösung von 4,3 g Traubenzucker. Zur Entfernung der salpetrigen Säure wurde die Flüssigkeit zunächst mit etwas Harnstoff behandelt, dann mit Natronlauge neutralisiert, mit Essigsäure schwach angesäuert und jetzt mit einer Lösung von 50 g salzsaurem Phenylhydrazin und 75 g kristallisiertem Natriumacetat versetzt. Sie färbt sich dabei sofort gelbrot, trübt sich bald und scheidet im Laufe von 24 Stunden in reichlicher Menge ein rotbraunes dickes Öl ab, welches bei Wintertemperatur nach 1 bis 2 Tagen sich in eine teigartige Masse verwandelt. Behandelt man dieselbe mit kleinen Mengen kalten Benzols, so geht der ölige Teil in Lösung, während eine gelbe, kristallinische Substanz zurückbleibt. Dieselbe wurde filtriert und mehrmals aus heißem Benzol umkristallisiert. Die reine Verbindung bildet glänzende, reingelbe, langgestreckte Blättchen, welche bei 100° getrocknet die Zusammensetzung $C_{15}H_{16}ON_4$ haben:

|   | Berechnet | Gefunden |
|---|---|---|
| C | 67,16 | 67,16 pCt. |
| H | 5,97 | 6,11 „ |
| N | 20,90 | 20,81 „ |

Das Phenylglycerosazon schmilzt bei 131° und zersetzt sich gegen 170° unter Gasentwicklung. In heißem Wasser ist es sehr wenig, in Alkohol, Äther, Aceton und Eisessig sehr leicht löslich. Von Benzol wird es in der Wärme ziemlich leicht, in der Kälte viel schwerer aufgenommen. Es reduziert Fehlingsche Lösung in der Wärme.

Für die Verbindung kann man a priori folgende beiden Konstitutionsformeln konstruieren:

16*

$$CH_2OH \qquad\qquad CH:N_2H.C_6H_5$$
$$\dot{C}:N_2H.C_6H_5 \quad und \quad \dot{C}HOH$$
$$\dot{C}H:N_2H.C_6H_5 \qquad \dot{C}H:N_2H.C_6H_5.$$

Wir geben der ersteren den Vorzug aus folgenden Gründen: Die Substanz besitzt die gelbe Farbe, welche den Hydrazinderivaten der α-Diketone, des Glyoxals, des Benzils, der Dioxyweinsäure eigentümlich ist, während die γ-Diketone z. B. das Acetonylaceton farblose Hydrazinverbindungen liefern. Hydrazinderivate der β-Dialdehyde sind allerdings bisher nicht bekannt, aber man weiß, daß die β-Diketone nicht zwei Moleküle Hydrazin fixieren, sondern sich mit einem Molekül der Base zu Pyrazolen vereinigen.

### Phenylerythrosazon.

Erythrit wird bei einer Temperatur von 40—50⁰ von Salpetersäure vom spez. Gewicht 1,18 sehr langsam angegriffen; rasch erfolgt dagegen die Oxydation bei höherer Temperatur. Erwärmt man 5 g des Alkohols mit 10 g Salpetersäure derselben Konzentration auf dem Wasserbade, so beginnt nach 5—10 Minuten eine lebhafte Gasentwicklung. Die Reaktion vollzieht sich ohne weitere Wärmezufuhr im Laufe von etwa 20 Minuten. Die Flüssigkeit reduziert jetzt Fehlingsche Lösung sehr stark. Nach dem Erkalten wurde sie mit wenig Harnstoff versetzt, mit Natronlauge neutralisiert und dann eine Lösung von 10 g salzsaurem Phenylhydrazin und 15 g kristallisiertem Natriumacetat zugegeben. Die Flüssigkeit färbt sich schon in der Kälte orangegelb und nach kurzer Zeit beginnt die Abscheidung von rotgelben Flocken. Die Menge derselben betrug nach 20 Stunden nur 0,5 g. Beim Erhitzen auf dem Wasserbade schied die Mutterlauge während 1½ Stunden 3 g desselben Produktes ab. Der Niederschlag wurde zunächst mit kaltem Benzol ausgelaugt und dann aus kochendem Benzol mehrmals umkristallisiert. Die Verbindung hat bei 100⁰ getrocknet die Zusammensetzung $C_{16}H_{18}O_2N_4$.

|   | Berechnet | Gefunden |
|---|-----------|----------|
| C | 64,43 | 64,24 pCt. |
| H | 6,04 | 6,22 „ |
| N | 18,79 | 18,58 „ |

Das Phenylerythrosazon schmilzt bei 166—167⁰ (unkorr.) zu einer dunkelroten Flüssigkeit. Es löst sich in heißem Wasser sehr schwer, etwas leichter in Äther und heißem Benzol. Von Alkohol, Aceton und Eisessig wird es sehr leicht aufgenommen. Aus heißem Benzol und Chloroform kristallisiert es beim Erkalten in feinen Nadeln, welche zu kugeligen Aggregaten vereinigt sind. Es reduziert Fehlingsche Lösung in der Wärme.

Ähnlich verläuft die Oxydation des Dulcits mit Salpetersäure. Unter den oben beschriebenen Bedingungen wurde aus der Oxydationsflüssigkeit ein Hydrazinderivat abgeschieden, welches die Zusammensetzung $C_{18}H_{22}O_4N_4$ hat. Wir lassen es unentschieden, ob die Verbindung mit dem Phenylgalactosazon und Phenylglucosazon isomer oder mit einem derselben identisch ist.

Ebenso unvollständig ist die Untersuchung des Glycols, welches bei der Oxydation mit Salpetersäure auch ein Produkt liefert, das Fehlingsche Lösung reduziert.

Ganz andere Resultate ergab die Untersuchung von

## Isodulcit.

Die kristallisierte Verbindung hat die Formel $C_6H_{14}O_6$ und wird deshalb dem Dulcit und Mannit zur Seite gestellt. Diese Ansicht ist nicht richtig; denn der Isodulcit unterscheidet sich vor den beiden anderen sechswertigen Alkoholen durch sein Verhalten gegen Fehlingsche Lösung und Phenylhydrazin. Er gleicht darin den Zuckerarten oder besser gesagt den Aldehyd- bzw. Ketonalkoholen. Bei $100^0$ verliert er bekanntlich ein Molekül Wasser und verwandelt sich in das sogenannte Isodulcitan, welches man bisher dem Mannitan verglichen hat. Wir halten diesen Vergleich für wenig zutreffend und schließen aus den Tatsachen, daß der Isodulcit ein Aldehyd- oder Ketonalkohol von der Formel $C_6H_{12}O_5$ ist, welcher sich mit Wasser in derselben Weise verbindet, wie das Chloral, die Glyoxylsäure und Mesoxalsäure.

Die Bestätigung dieser Ansicht finden wir in der Zusammensetzung der Hydrazinverbindung.

Erhitzt man 1 Teil Isodulcit[1]) mit einer Lösung von 3 Teilen salzsaurem Phenylhydrazin und 5 Teilen essigsaurem Natron auf dem Wasserbade, so beginnt nach 15—20 Minuten die Abscheidung von feinen gelben Nadeln. Die Operation wurde nach 45 Minuten unterbrochen. Die Ausbeute betrug 40 pCt. des angewandten Isodulcits. Beim weiteren Erhitzen scheidet die Mutterlauge im Laufe von 1 bis 2 Stunden noch eine große Menge desselben Körpers ab. Aber dieses Produkt ist nicht mehr rein gelb gefärbt, sondern durch ein dunkles Harz verunreinigt, dessen Entfernung durch Kristallisation einige Schwierigkeiten bietet. Der erste reinere Niederschlag wurde filtriert, in heißem Alkohol gelöst und durch Zusatz von heißem Wasser wieder gefällt. Das reingelbe, aus feinen Nadeln bestehende Präparat hat bei $100^0$ getrocknet die Formel $C_6H_{10}O_3(N_2H.C_6H_5)_2$.

---

[1]) Das benutzte Präparat wurde uns von Hrn. Prof. Liebermann in Berlin zur Verfügung gestellt, wofür wir demselben besten Dank sagen.

| | Ber. für $C_{18}H_{22}O_3N_4$ | Gefunden |
|---|---|---|
| C | 63,16 | 63,15 pCt. |
| H | 6,43 | 6,59 ,, |
| N | 16,37 | 16,18 ,, |

Die Verbindung schmilzt beim raschen Erhitzen bei 180° zu einer dunkelroten Flüssigkeit, welche sich langsam unter Gasentwicklung zersetzt. Sie ist in Alkohol und Aceton leicht, in heißem Wasser und Äther sehr schwer löslich. In heißem Benzol löst sie sich ziemlich schwer und kristallisiert beim Erkalten sofort in feinen gelben, meist sternförmig vereinigten Nadeln. Sie reduziert Fehlingsche Lösung beim Kochen und liefert beim Erwärmen mit konzentrierter Salzsäure Phenylhydrazin.

Nach diesen Resultaten ist der Isodulcit aus der Reihe der sechswertigen Alkohole zu streichen. Er gehört in dieselbe Reihe von Aldehyd- oder Ketonalkoholen, wie die Arabinose, welche nach den neueren Untersuchungen von Kiliani[1]) die Formel $C_5H_{10}O_5$ besitzt. Möglicherweise ist er nichts anderes als das Methylderivat der Arabinose. Wir werden diese Vermutung weiter prüfen.

Der Name ,,Isodulcit" hat damit seine Bedeutung verloren, wir halten es aber für zweckmäßig, ihn so lange beizubehalten, bis die Konstitution des Körpers völlig aufgeklärt ist.

Die beiden seltenen Verbindungen $C_6H_{14}O_6$ Sorbit und Perseït haben wir nicht untersucht. Da sie die Fehlingsche Lösung nicht reduzieren, so werden sie sich auch mit Phenylhydrazin nicht direkt verbinden. Sie scheinen in der Tat, wie man bisher angenommen hat, sechswertige Alkohole der Hexanreihe zu sein.

Als fünfwertige Alkohole findet man in den Lehrbüchern den Quercit und Pinit angeführt. Der erste gehört aller Wahrscheinlichkeit nach in die aromatische Gruppe. Über den letzteren ist bei den dürftigen Angaben kein sicheres Urteil zu fällen.

Das Oxydationsprodukt des Glycerins, welches mit der Hydrazinbase das Phenylglycerosazon liefert, ist, wie oben erwähnt, wahrscheinlich der Glycerinaldehyd $CH_2OH.CHOH.COH$ oder das isomere Keton $CH_2OH.CO.CH_2OH$.

Um diese Frage zu entscheiden, haben wir versucht, den Glycerinaldehyd auf anderem Wege, aus dem Acroleïn darzustellen. Das Bibromacroleïn wird von verdünntem Alkali, oder besser von Barytwasser leicht angegriffen, verliert dabei sein Brom und verwandelt sich in eine leicht lösliche Substanz, welche die Fehlingsche Lösung äußerst stark reduziert und alle Eigenschaften eines Aldehydalkohols

---

[1]) Berichte d. d. chem. Gesellsch. **20**, 339 [1887]

besitzt. Der eine von uns (F.) hat sich seit längerer Zeit bemüht, aus dem Produkte ein analysierbares Präparat zu isolieren, weil es möglich schien, auf diesem Wege die Synthese eines Zuckers zu realisieren.

Aber erst die Anwendung des Phenylhydrazins hat uns sichere Resultate geliefert. Aus dem Zersetzungsprodukte des Bibromacroleïns erhielten wir ein Osazon der Hexanreihe $C_{18}H_{22}O_4N_4$.

60 g reines, kristallisiertes Barythydrat wurden in 1 Liter warmem Wasser gelöst, dann auf $0^0$ abgekühlt, wobei ein großer Teil des Baryts wieder auskristallisierte, und nun zu der heftig bewegten und dauernd durch Eiswasser gekühlten[1]) Flüssigkeit 40 g frisch destilliertes Bibromacroleïn zugetropft. Die Operation dauerte eine Stunde. Das Bibromacroleïn löste sich dabei zum größten Teile auf. Ein kleiner Teil blieb als harzige farblose Masse zurück, welche wahrscheinlich durch Polymerisation des Aldehyds entsteht. Aus der Lösung wurde der überschüssige Baryt durch Kohlensäure entfernt. Das Filtrat reduzierte die Fehlingsche Lösung sehr stark, bräunte sich beim Kochen mit Alkalien und entwickelte dabei ebenso, wie die Zuckerarten, den eigentümlichen Caramelgeruch. Nach 12 Stunden wurde die klare Flüssigkeit mit einer Lösung von 70 g salzsaurem Phenylhydrazin und 100 g kristallisiertem Natriumacetat versetzt. Sie trübt sich nach einiger Zeit und scheidet allmählich ein dunkles Öl in verhältnismäßig geringer Menge ab. Nach 24 Stunden wurde die Lösung abermals filtriert und nun auf dem Wasserbade erhitzt. Dabei färbt sich die bisher gelbrote Flüssigkeit dunkel. Als dieselbe nach zweistündigem Erhitzen abgekühlt wurde, schied sich ein braunschwarzer, größtenteils kristallinischer Niederschlag ab. Derselbe wurde filtriert und mit Äther ausgelaugt, wobei die dunkeln, harzigen Produkte in Lösung gingen und ein gelbroter Rückstand blieb. Dieser wurde mehrmals mit kleinen Mengen absolutem Alkohol ausgekocht und dann aus 60prozentigem siedendem Alkohol umkristallisiert. Für die Analyse wurde dieses Präparat bei $100^0$ getrocknet:

|   | Ber. für $C_{18}H_{22}O_4N_4$ | Gefunden |
|---|---|---|
| C | 60,36 | 60,62 pCt. |
| H | 6,15 | 6,51 ,, |
| N | 15,64 | 15,65 ,, |

Die Verbindung zeigt die größte Ähnlichkeit mit dem Phenylglucosazon, sie schmilzt genau bei derselben Temperatur und ist äußerlich kaum von demselben zu unterscheiden. Trotzdem zögern wir bei

---

[1]) Wir bedienten uns dabei eines Apparates, welcher von dem einen von uns (T.) für ähnliche Zwecke eigens konstruiert wurde und später beschrieben werden soll.

der Wichtigkeit der Frage, die Identität beider Produkte zu behaupten und überlassen die Entscheidung späteren Versuchen.

So viel aber scheint uns kaum zweifelhaft, daß das beschriebene Osazon einer Zuckerart $C_6H_{12}O_6$ angehört, welche aus dem Bibromacroleïn unter dem Einfluß des Baryts in folgender Weise entstehen kann:

$$2C_3H_4Br_2O + 2Ba(OH)_2 = C_6H_{12}O_6 + 2BaBr_2.$$

Wir werden selbstverständlich diese Versuche in größerem Maßstabe wiederholen und den Prozeß später eingehender besprechen.

---

## 23. Emil Fischer und Julius Tafel: Synthetische Versuche in der Zuckergruppe I.

Berichte der deutschen chemischen Gesellschaft **20**, 2566 [1887].

(Eingegangen am 12. August.)

Wie wir vor einiger Zeit[1]) mitgeteilt haben, wird das Acroleïnbromid von kaltem Barytwasser leicht gelöst und in bromfreie Produkte verwandelt, welche durch ihr Verhalten an die Zuckerarten erinnern. Zur Isolierung dieser Körper benutzten wir das Phenylhydrazin und es gelang uns, eine Hydrazinverbindung zu isolieren, welche die Formel $C_{18}H_{22}O_4N_4$ hat und mit dem Phenylglucosazon, dem Derivat der Dextrose und Lävulose die größte Ähnlichkeit zeigt. Die nähere Untersuchung der Verbindung hat ergeben, daß dieselbe unzweifelhaft das Osazon einer Zuckerart $C_6H_{12}O_6$ ist. Sie unterscheidet sich aber vom Phenylglucosazon durch die optische Inaktivität.

Dieselbe Indifferenz gegen das polarisierte Licht ist ihren Umwandlungsprodukten eigen, und da es bisher nicht gelungen ist, irgend einen dieser Körper in eine natürliche, optisch aktive Zuckerart zu verwandeln, so scheint es uns für die spätere Beschreibung zweckmäßig, denselben einen besonderen Namen zu geben. Wir nennen deshalb den Zucker Acrose, wodurch seine Abstammung vom Acroleïn angedeutet werden soll, und die Hydrazinverbindung Phenylacrosazon.

Neben diesem ersten synthetischen Osazon vom Schmelzpunkte 205⁰ haben wir eine zweite, isomere Verbindung aus dem Acroleïnbromid gewonnen. Dieselbe schmilzt bei 148⁰, ist in Alkohol viel leichter löslich und ist zweifellos das Derivat eines zweiten synthetischen Zuckers, den wir als β-Acrose von der ersterwähnten α-Verbindung unterscheiden wollen.

Mit der Isolierung der Osazone ist wohl die künstliche Entstehung der Zuckerarten aus dem Acroleïnbromid bewiesen, aber die beabsichtigte Synthese des Zuckers wäre doch nur zur Hälfte ausgeführt, wenn es nicht gelänge, aus dem Osazon den Zucker zu regenerieren.

---

[1]) Berichte d. d. chem. Gesellsch. **20**, 1093 [1887]. (*S. 257.*)

Wir haben diesen zweiten und schwierigeren Teil der Aufgabe mit einigem Erfolge unternommen und dabei unsere Versuche zunächst mit dem leicht zugänglichen Phenylglucosazon begonnen. Wie schon von dem einen von uns früher[1]) mitgeteilt wurde, entsteht aus dem Phenylglucosazon durch gemäßigte Reduktion eine Base $C_6H_{13}O_5N$, das Isoglucosamin. Die letztere verliert bei der Behandlung mit salpetriger Säure ihren Stickstoff und verwandelt sich glatt in Lävulose.

Dieses Resultat bedeutet nicht allein die Rückverwandlung des Osazons in Zucker, sondern ist zugleich ein leicht verständlicher Übergang von der Dextrose zur Lävulose.

Wendet man die gleichen Reaktionen auf das $\alpha$-Phenylacrosazon an, so entsteht zuerst die Base, welche isomer mit dem Isoglucosamin ist und welche wir $\alpha$-Acrosamin nennen; die letztere verwandelt sich bei der Behandlung mit salpetriger Säure in einen stickstofffreien sirupösen Körper, der alle Eigenschaften der Zuckerarten besitzt, der sich aber von den natürlichen Zuckern ebenfalls durch optische Inaktivität unterscheidet.

Die Entstehung eines Zuckers, oder, wie man wohl besser sich ausdrücken wird, eines Aldehyd- resp. Ketonalkohols von der Formel $C_6H_{12}O_6$ aus dem Acroleïn ist nicht schwer zu deuten. Die Wirkung des Baryts auf das Bromid wird zunächst den Austausch des Broms gegen Hydroxyl zur Folge haben. Das erste Produkt der Reaktion wäre Glycerinaldehyd $CH_2OH . CHOH . CHO$.

Denselben zu isolieren, ist allerdings bisher nicht gelungen; wie es scheint, verwandelt er sich sofort unter dem Einfluß des Baryts in den polymeren Zucker.

Diese Vereinigung von zwei Molekülen Glycerinaldehyd ist nach allem, was wir über derartige Reaktionen wissen, der Aldolbildung zu vergleichen und kann in dreierlei Weise stattfinden. Je nachdem die Aldehydgruppe des einen Moleküls in eine der beiden Alkohol gruppen oder in die Aldehydgruppe des zweiten Moleküls eingreift, entstehen folgende Formen:

| I. | II. | III. |
|---|---|---|
| $CH_2OH$ | $CH_2OH$ | $CH_2OH$ |
| $\overset{.}{C}HOH$ | $\overset{.}{C}HOH$ | $\overset{.}{C}HOH$ |
| $\overset{.}{C}HOH$ | $\overset{.}{C}HOH$ | $\overset{.}{C}HOH$ |
| $\overset{.}{C}HOH$ | $\overset{.}{C}OH . CH_2OH$ | $\overset{.}{C}O$ |
| $\overset{.}{C}HOH$ | $\overset{.}{C}HO$ | $\overset{.}{C}HOH$ |
| $\overset{.}{C}HO$ | | $\overset{.}{C}H_2OH.$ |

---

[1]) Berichte d. d. chem. Gesellsch. **19**, 1920 [1886]. (*S. 202.*)

Welche von diesen Formeln der $\alpha$- und $\beta$-Acrose zukommen, läßt sich zurzeit nicht entscheiden. Aber die überraschende Ähnlichkeit des $\alpha$-Phenylacrosazons mit dem Phenylglucosazon drängt doch zur Vermutung, daß die $\alpha$-Acrose die in Formel I ausgedrückte Konstitution besitzt. Es ist das die bekannte Formel des Traubenzuckers und nach dieser Auffassung würden Acrose und Dextrose in demselben Verhältnis zueinander stehen, wie die Traubensäure zur aktiven Weinsäure.

Wir würden solche Betrachtungen aufgespart haben, bis das Experiment die Entscheidung gebracht hätte; aber diese Versuche gehören zu den mühsamsten Arbeiten der organischen Chemie und es wird voraussichtlich noch eine längere Zeit währen, bis sie zum Abschluß gelangen. Aus demselben Grunde bitten wir, das Lückenhafte der nachfolgenden tatsächlichen Angaben zu entschuldigen.

### Optisches Verhalten der Osazone.

Während alle bisher künstlich dargestellten Osazone sich optisch inaktiv verhalten, sind die Osazone der natürlichen Zuckerarten zirkularpolarisierend. Das gleiche gilt von den einfachen Hydrazinderivaten derselben.

Untersucht wurden von den ersteren das Phenylglucosazon in zwei Präparaten, wovon das eine aus Dextrose, das andere aus Lävulose dargestellt war, ferner Phenylsorbosazon und Phenyllactosazon. Dieselben drehen sämtlich links.

Für den Versuch diente eine Lösung der Osazone in der 200fachen Menge Eisessig. Dieselbe ist zwar stark gelb gefärbt, gestattet aber noch bei einer Schicht von 20 cm mit ziemlicher Sicherheit die Ablesung von einigen Minuten. Bei den Osazonen der Galactose und Maltose war die Lösung in Eisessig so dunkel gefärbt, daß unser Apparat keine sichere Bestimmung mehr erlaubte. Interessanter in optischer Beziehung sind die einfachen Hydrazinderivate der Zuckerarten. Sie drehen in der Regel ebenfalls im umgekehrten Sinne, wie der Zucker. Untersucht wurden die Verbindungen der Dextrose, der Galactose, des Milchzuckers und des Isodulcits. Die drei ersteren drehen nach links, das letztere nach rechts. Diese leichte Umkehrung der Drehung scheint uns beachtenswert, weil sie den Beobachtungen über das Verhalten einzelner Salze der linksdrehenden Äpfelsäure und rechtsdrehenden Paramilchsäure an die Seite gestellt werden kann.

Durch Abspaltung des Phenylhydrazins mit Salzsäure wird nämlich der ursprüngliche Zucker mit der gleichen Drehungsrichtung wiederhergestellt.

Bei dem Dextrosephenylhydrazin ist der Versuch schwierig auszuführen, weil leicht durch sekundäre Vorgänge eine Bräunung der

Reaktionsmasse erfolgt. Sehr glatt verläuft dagegen die Spaltung beim Galactosephenylhydrazin. Übergießt man dasselbe mit der fünffachen Menge rauchender Salzsäure und kühlt die Lösung durch Eiswasser, so scheidet sich sehr bald ein dicker Niederschlag von salzsaurem Phenylhydrazin aus. Nach 1 bis 2 Stunden ist die Reaktion zu Ende und das Gemisch nur wenig gelb gefärbt. Mit Wasser verdünnt, zeigt die Lösung jetzt starke Rechtsdrehung und enthält offenbar regenerierte Galactose.

Die betreffenden Zahlen behalten wir einer späteren Mitteilung vor.

Das optische Verhalten der Hydrazinverbindungen steht im Einklang mit der kürzlich von Griess[1]) mitgeteilten Beobachtung, daß die Verbindung des Traubenzuckers mit dem Phenylendiamin ebenfalls links drehe.

### Verwandlung des Isoglucosamins in Lävulose.

Das Glucosamin wird nach den Beobachtungen von Ledderhose[2]), welche Tiemann[3]) später bestätigte, von salpetriger Säure leicht angegriffen. Es verliert seinen gesamten Stickstoff in Gasform und verwandelt sich in ein nicht kristallisierendes, rechtsdrehendes Produkt, welches mit Hefe nicht gärt, mithin vom Traubenzucker verschieden ist.

Unter ähnlichen Bedingungen wird das gleich zusammengesetzte Isoglucosamin glatt in Lävulose verwandelt. Wir verwandten für den Versuch das früher beschriebene saure Oxalat; dasselbe wurde in der zehnfachen Menge eiskaltem Wasser gelöst und die für ein Molekül berechnete Menge von reinem Natriumnitrit zugegeben. Nach einigen Sekunden begann die Entwicklung von Stickstoff und dauerte gleichmäßig mehrere Stunden, während die Flüssigkeit auf $0^0$ gehalten war. Nach 3 Stunden ließen wir die Temperatur der Lösung auf $20^0$ steigen. Bei Anwendung von 5 g Oxalat war die Zersetzung nach 5 Stunden beendet und das Volumen des über Wasser aufgefangenen Stickstoffs erreichte ungefähr die theoretisch berechnete Menge. Zur Isolierung der Lävulose wurde die Lösung mit Natronlauge genau neutralisiert, im Vakuum verdampft und der Rückstand mit absolutem Alkohol ausgezogen. Beim Verdampfen der Lösung blieb die Lävulose als gelb gefärbter Sirup zurück.

Das Produkt war frei von Asche und Stickstoff und gab folgende Reaktionen:

---

[1]) Berichte d. d. chem. Gesellsch. **20**, 2207 [1887].
[2]) Zeitschr. f. physiol. Chem. 4, 154 [1880].
[3]) Berichte d. d. chem. Gesellsch. **17**, 245 [1884].

1. Starke Linksdrehung. Die Stärke der Rotation wurde quantitativ bestimmt und mit dem Reduktionsvermögen verglichen. Daraus berechnete sich das spezifische Drehungsvermögen der Lävulose bei 25⁰ zu 80.

2. Mit Bierhefe schon nach 10 Minuten starke Gärung.

3. Beim Erwärmen mit salzsaurem Phenylhydrazin und Natriumacetat schon nach 5 Minuten einen starken Niederschlag von Phenylglucosazon.

4. Mit Blausäure das von Kiliani[1]) beschriebene Lävulosecyanhydrin. Die Probe wurde uns von Hrn. Kiliani privatim angeraten und wir können sie in der Tat auch für den Nachweis kleiner Mengen von Lävulose empfehlen. Wir haben für den Versuch nur 1 g angewandt und dabei ein ganz unzweideutiges Resultat erhalten:

Die mit 5 Tropfen Wasser versetzte Lävulose wurde mit 1 ccm nahezu wasserfreier Blausäure übergossen und drei Tage unter öfterem Umschütteln bei Zimmertemperatur stehen gelassen. Als jetzt der homogene Sirup mit einigen ccm Alkohol vermischt wurde, erstarrte im Laufe von 12 Stunden die ganze Masse zu einem Brei von feinen Kristallen. Mit Alkohol gewaschen und im Vakuum getrocknet schmelzen dieselben gegen 117⁰ unter Zersetzung (Kiliani gibt 110 bis 115⁰ an).

Die Zersetzung des Isoglucosamins mit salpetriger Säure erfolgt mithin nach der Gleichung

$$C_6H_{13}O_5N + HNO_2 = C_6H_{12}O_6 + N_2 + H_2O$$

und gibt zugleich Aufschluß über die Konstitution desselben. Wir betrachten dasselbe als Lävulose, in welcher ein Hydroxyl durch Amid vertreten ist, und da es aus Phenylglucosazon entsteht und in letzteres unter Ammoniakabspaltung wieder übergeht, so ist auch die Stellung des Amids bestimmt. Die Base hat demnach die Formel

$$NH_2.CH_2.CO.CHOH.CHOH.CHOH.CH_2OH.$$

Man könnte nun geneigt sein, dem isomeren Glucosamin von Ledderhose die analoge Formel

$$CHO.CHNH_2.CHOH.CHOH.CHOH.CH_2OH$$

zu geben, zumal die Base nach Tiemann durch Phenylhydrazin in Phenylglucosazon umgewandelt wird. So lange indessen die Überführung des Glucosamins in Traubenzucker nicht gelungen ist, entbehrt die Formel der tatsächlichen Begründung.

### Phenylacrosazone.

Die Zersetzung des Acroleïnbromids wurde in der früher beschriebenen[2]) Weise ausgeführt, aber für die Isolierung des Osazons

---

[1]) Berichte d. d. chem. Gesellsch. **19**, 221 [1886].
[2]) Berichte d. d. chem. Gesellsch. **20**, 1093 [1887]. (*S. 247.*)

war bei größeren Mengen eine Abänderung der ersten Vorschrift nötig. Da die Ausbeute von scheinbar nebensächlichen Bedingungen abhängig ist, so geben wir eine ausführliche Beschreibung des Verfahrens.

75 g reines, kristallisiertes Barythydrat werden in $1\frac{1}{4}$ Liter Wasser gelöst, dann in einer Schüttelflasche durch Eiswasser sorgfältig gekühlt und nun zu der heftig bewegten Flüssigkeit 50 g kurz zuvor im Vakuum destilliertes Acroleïnbromid tropfenweise zugesetzt.

Die Operation dauerte $\frac{3}{4}$ bis 1 Stunde. Das Bromid verschwindet bis auf eine kleine Menge einer farblosen, harzigen Masse. Für die weitere Verarbeitung wurden 8 solcher Portionen, welche 400 g Acroleïnbromid entsprechen, vereinigt. Zunächst wurde die Flüssigkeit mit Schwefelsäure schwach angesäuert und mit einer konzentrierten Lösung von Natriumsulfat bis zur vollständigen Ausfällung des Baryts versetzt. Wenn nach 12 Stunden der Niederschlag sich abgesetzt hat, wird die Lösung filtriert, mit Natronlauge genau neutralisiert und nun im Vakuum aus dem Wasserbade auf $1\frac{1}{2}$ Liter verdampft. Versetzt man jetzt diese Flüssigkeit nach dem Erkalten mit einer Lösung von 50 g salzsaurem Phenylhydrazin und 50 g kristallisiertem Natriumacetat in 100 ccm Wasser, so fällt beim 12stündigen Stehen ein rotbraunes Harz aus. Dasselbe wird filtriert und die Mutterlauge nach Zusatz von weiteren 150 g salzsaurem Phenylhydrazin und 150 g Natriumacetat auf dem Wasserbade erwärmt. Nach einiger Zeit trübt sich die Lösung und scheidet im Laufe von 4 Stunden einen starken, dunkel gefärbten, halb kristallinischen, halb harzigen Niederschlag ab. Derselbe wurde nach dem Erkalten der Flüssigkeit koliert, mit Wasser gewaschen und auf Tontellern getrocknet. Die Menge dieses Produktes betrug durchschnittlich 75 g. Dasselbe besteht aber nur zum kleineren Teil aus Osazon. Zur Isolierung des letzteren wird die Masse zunächst mit Äther öfters und längere Zeit durchgeschüttelt. Hierbei geht der größte Teil des Harzes und zugleich das $\beta$-Phenylacrosazon in Lösung, während das $\alpha$-Acrosazon in dem immer noch dunkel gefärbten Rückstand bleibt. Der letztere wird filtriert und dann mit kaltem Alkohol angerieben, wobei die dunkel gefärbten Beimengungen in Lösung gehen. Die Masse wird wieder filtriert und das Auslaugen mit Alkohol 3 bis 4mal wiederholt, bis die Mutterlauge nur mehr schwach gelb gefärbt abläuft. Zum Schlusse wird der Rückstand mit einer kleinen Menge Alkohol ausgekocht und schließlich noch zur Entfernung der anorganischen Salze mit heißem Wasser behandelt.

Das Präparat ist jetzt gelb gefärbt und nahezu chemisch rein. Aus 400 g Akroleinbromid erhält man durchschnittlich 18 g von diesem Produkte. Danach läßt sich ein angenäherter Rückschluß auf die Menge des Zuckers machen.

400 g Bromïd würden nach der Gleichung: $2C_3H_4Br_2O + 2Ba(OH)_2$ $= C_6H_{12}O_6 + 2BaBr_2$ 167 g Zucker geben. Diese entsprächen 134 g Osazon, wenn die Bildung des letzteren ebenso vonstatten ginge, wie beim Traubenzucker, welcher etwa 80 pCt. seines Gewichtes an Osazon liefert. Die erhaltenen 18 g Osazon würden nach dieser Rechnung 13 pCt. der Zuckermenge entsprechen, welche aus dem Akroleïnbromid entstehen könnte.

Für die Analyse wurde das Osazon noch mehrmals aus absolutem und verdünntem Alkohol umkristallisiert und bei $100^0$ getrocknet.

|   | Ber. für $C_{18}H_{22}O_4N_4$ | Gefunden |
|---|---|---|
| C | 60,33 | 60,35 pCt. |
| H | 6,15 | 6,35 ,, |
| N | 15,64 | 15,30 ,, |

Wie früher erwähnt, ist das $\alpha$-Acrosazon dem Phenylglucosazon zum Verwechseln ähnlich. Es schmilzt bei derselben Temperatur bei $205^0$ (unkorr.). Es ist in Wasser, Äther, Benzol nahezu unlöslich und auch in heißem Alkohol recht schwer löslich. Leichter wird es von heißem Eisessig aufgenommen, aber diese Lösung färbt sich rasch dunkelrot. Aus der heißen alkoholischen Lösung fällt das $\alpha$-Acrosazon durch Wasserzusatz gleichfalls in feinen, langen Nadeln. Läßt man die stark konzentrierte alkoholische Flüssigkeit ruhig stehen, so scheiden sich gelbe Kristallaggregate ab, welche unter dem Mikroskope als kurze, hübsch ausgebildete Prismen erscheinen. Unter denselben Umständen kristallisiert das Phenylglucosazon in äußerst feinen, meist zu kugeligen Aggregaten vereinigten Nadeln. Man kann bei einiger Übung diese Verschiedenheit der Kristallisation zur Unterscheidung der beiden Osazone benutzen. Sicherere Resultate liefert indessen das Polaristrobometer. Die Lösung von $\alpha$-Phenylacrosazon in der 200-fachen Menge Eisessig dreht die Ebene des polarisierten Lichtes in 20 cm langer Schichte nicht, während Phenylglucosazon unter denselben Bedingungen eine Linksdrehung von nahezu $1^0$ zeigt.

### $\alpha$-Acrosamin.

Die Base entsteht analog dem Isoglucosamin durch Reduktion des Acrosazons mit Zinkstaub und Essigsäure. Die Isolierung derselben bietet jedoch größere Schwierigkeit, weil ihr Acetat nicht kristallisiert. Wir haben schließlich das Oxalat zu diesem Zwecke benutzt und mit vielem Verluste das Salz in annähernd reinem Zustande erhalten. Die Analysen passen am besten zu der Formel des neutralen Salzes.

|   | Ber. für $(C_6H_{13}O_5N)_2C_2H_2O_4$ | Gefunden | |
|---|---|---|---|
| C | 37,50 | 38,36 | 38,65 pCt. |
| H | 6,25 | 6,58 | 6,39 ,, |
| N | 6,25 | — | 6,16 ,, |

Die Base zeigt alle Reaktionen der Glucosamine; sie reduziert die Fehlingsche Lösung beim Erwärmen sehr stark, bräunt sich beim Kochen mit Alkalien und liefert dabei Ammoniak. Mit Phenylhydrazin regeneriert sie das Phenylacrosazon. Dagegen ist sie optisch inaktiv. Durch salpetrige Säure wird sie endlich unter Verlust ihres Stickstoffs in Zucker verwandelt. Wir benutzten für den Versuch das neutrale Oxalat. Dasselbe wurde in eiskaltem Wasser gelöst, mit der berechneten Menge Natriumnitrit versetzt und nun noch eine kleine Menge Oxalsäure zugegeben. Sofort beginnt die Entwicklung von Stickstoff. Als dieselbe nach einigen Stunden beendet war, wurde die Flüssigkeit mit Natronlauge genau neutralisiert, im Vakuum verdampft und der Rückstand mit Alkohol ausgezogen. Beim Verdampfen hinterließ der letztere den Zucker als hellbraun gefärbten Sirup. Derselbe war frei von Stickstoff und Asche, schmeckte süßlich, reduzierte die Fehlingsche Lösung sehr stark und gab mit Phenylhydrazin ebenfalls wieder reines Phenylacrosazon. Ob er gärungsfähig ist, können wir noch nicht mit Sicherheit sagen.

### β-Phenylacrosazon.

Dasselbe geht bei der Reinigung der α-Verbindung, wie schon erwähnt, in die ätherische Lösung, trotzdem es im reinen Zustande in Äther fast unlöslich ist. Wird der Äther verdampft, so bleibt eine harzige Masse, welche in Alkohol gelöst und mit Wasser gefällt nach einigen Tagen teilweise fest wird. Das filtrierte und auf Ton flüchtig getrocknete Produkt wurde mit wenig kaltem Benzol zu wiederholten Malen ausgelaugt. Dabei bleibt ein gelber kristallinischer Rückstand, Derselbe besteht größtenteils aus dem β-Acrosazon, enthält aber auch noch geringe Mengen der α-Verbindung. Die letztere bleibt zurück, wenn man das Gemisch mit etwa der doppelten Menge Aceton auskocht. Fügt man zu dem Filtrate Äther und Ligroin bis zur beginnenden Trübung, so scheidet sich das β-Phenylacrosazon sehr bald in feinen gelben Nädelchen ab. Dieselben wurden für die Analyse nochmals in der gleichen Weise und schließlich aus verdünntem Alkohol umkristallisiert.

| | Ber. für $C_{18}H_{22}O_4N_4$ | Gefunden | |
| | | I.[1] | II. |
| C | 60,33 | 59,83 | 60,05 pCt. |
| H | 6,15 | 6,33 | 6,24 ,, |
| N | 15,64 | 15,27 | 15,40 ,, |

Die Verbindung schmilzt bei 148⁰ ohne Zersetzung. Sie ist in Aceton und heißem Alkohol viel leichter löslich als die α-Verbindung.

---

[1] Die Substanz I enthielt etwas Asche.

Dagegen wird sie im kristallisierten Zustande von Äther kaum gelöst. Im übrigen zeigt sie alle Reaktionen der Osazone. Die Ausbeute ist gering, wir erhielten etwa 1 pCt. des angewandten Acroleïnbromids. In Wirklichkeit wird die Menge des Osazons beträchtlich größer sein, da seine Trennung von den harzigen Produkten der Reaktion besondere Schwierigkeiten bietet.

Der niedrige Schmelzpunkt, sowie die größere Löslichkeit des Osazons erinnern an das Phenylsorbosazon und deuten darauf hin, daß es einem Zucker mit anormaler Kohlenstoffkette angehört.

---

Im Vorhergehenden sind die einfachen Hydrazinderivate des Isodulcits und des Milchzuckers erwähnt, welche wir hier anhangsweise beschreiben wollen. Dieselben entstehen unter den gleichen Bedingungen, wie das Dextrosephenylhydrazin.

### Isodulcitphenylhydrazin.

Daß der Isodulcit kein sechswertiger Alkohol, sondern eine Zuckerart der Formel $C_6H_{12}O_5$, $H_2O$ sei, haben wir früher durch die Analyse seines Osazons gezeigt. Zu demselben Resultate führt die Untersuchung seines einfachen Hydrazinderivates.

Löst man Isodulcit in der gleichen Menge Wasser und fügt in der Kälte das gleiche Gewicht Phenylhydrazin zu, so entsteht eine klare Mischung, welche nach einigen Stunden kristallinisch erstarrt. Das Produkt wird in warmem Alkohol gelöst; auf Zusatz von Äther scheidet sich die Hydrazinverbindung in farblosen, feinen Blättchen ab, welche im Vakuum getrocknet die Zusammensetzung $C_{12}H_{18}O_4N_2$ haben.

| | Ber. für $C_{12}H_{18}O_4N_2$ | Gefunden | |
|---|---|---|---|
| C | 56,69 | 56,50 | 56,86 pCt. |
| H | 7,09 | 7,39 | 7,33 ,, |
| N | 11,02 | 10,92 | — ,, |

Die Verbindung entsteht mithin aus dem Isodulcit nach der Gleichung:

$$C_6H_{12}O_5 + C_6H_5 . N_2H_3 = C_6H_{12}O_4 . N_2H . C_6H_5 + H_2O.$$

Sie schmilzt bei 159° ohne Gasentwicklung.

In Wasser und Alkohol ist sie leicht, in Äther gar nicht löslich. Ihre wässerige Lösung dreht nach rechts.

### Lactosephenylhydrazin.

Löst man 1 Teil Milchzucker in 1 Teil heißem Wasser und fügt nach dem Erkalten ½ Teil Phenylhydrazin zu, so entsteht eine klare, schwach gelbe Mischung, welche auch nach längerer Zeit nicht erstarrt.

Dieselbe wurde nach 2 Tagen im doppelten Volumen absolutem Alkohol gelöst und die Flüssigkeit mit viel Äther versetzt. Dadurch fällt die Hydrazinverbindung als zäher, gelber Sirup aus. Wird derselbe nach der Entfernung der Mutterlauge mehrere Male in Alkohol gelöst und mit Äther gefällt, so verwandelt er sich in eine feste, fast farblose Masse. Dieselbe wird möglichst rasch filtriert, mit Äther gewaschen und im Vakuum über Schwefelsäure getrocknet. Sie verliert dann die hygroskopischen Eigenschaften, welche dem feuchten Produkte in hohem Grade eigentümlich sind. Die Verbindung hat zweifellos die Zusammensetzung $C_{18}H_{28}O_{10}N_2$; aber wegen der Schwierigkeit, dieselbe vollständig zu trocknen, haben die Analysen 1—1,5 pCt. Kohlenstoff zu wenig ergeben.

Sie ist in Wasser und Alkohol leicht, in Äther nicht löslich und dreht nach links. Durch starke Salzsäure wird sie schon in der Kälte unter Abspaltung von salzsaurem Phenylhydrazin zersetzt.

Bei Ausführung der vorliegenden Versuche sind wir von Hrn. Dr. Rahnenführer aufs eifrigste unterstützt worden, wofür wir demselben besten Dank sagen.

## 24. Emil Fischer und Julius Tafel: Synthetische Versuche in der Zuckergruppe II.

Berichte der deutschen chemischen Gesellschaft **20**, 3384 [1887].

(Eingegangen am 27. Dezember.)

Durch Zersetzung des Acroleïnbromids mit Barytwasser entstehen zwei Zuckerarten $C_6H_{12}O_6$, welche in Form ihrer Osazone isoliert wurden und welche wir als $\alpha$- und $\beta$-Acrose unterschieden[1]) Dieselben bilden sich höchstwahrscheinlich in der Art, daß zunächst Glycerinaldehyd entsteht und der letztere sich unter dem Einfluß des Baryts zu Zucker polymerisiert. Nach dieser Auffassung des Prozesses konnte man erwarten, daß durch direkte Oxydation des Glycerins zu Aldehyd und dessen spätere Kondensation durch Alkali die gleichen Zuckerarten entstehen würden. Der Versuch hat diese Vermutung bestätigt.

### Oxydation des Glycerins.

Bei vorsichtiger Oxydation des Glycerins mit verdünnter Salpetersäure erhielten wir früher[2]) eine Flüssigkeit, welche die alkalische Kupferlösung stark reduzierte und aus welcher mit Phenylhydrazin das sogenannte Phenylglycerosazon isoliert wurde. Aus der Bildung des letzteren zogen wir den Schluß, daß die reduzierende Substanz entweder Glycerinaldehyd oder Dioxyaceton sei. Beide Verbindungen würden nach Analogie der Dextrose und Lävulose das gleiche Osazon liefern müssen. Unsere Mitteilung hat Hrn. Grimaux zu einer Prioritätsreklamation veranlaßt. Derselbe beschreibt unter dem Titel ,,Sur l'aldéhyde glycérique"[3]) seine Versuche über die Oxydation des Glycerins mit Platinschwarz und erwähnt dabei, daß er das Resultat derselben schon ein Jahr zuvor der chemischen Gesellschaft zu Paris mitgeteilt habe. In der Tat enthält das Sitzungsprotokoll dieser Gesellschaft vom 9. April 1886[4]) die Angabe, daß Hr. Grimaux aus dem

---

[1]) Berichte d. d. chem. Gesellsch. **20**, 2566 [1887]. (*S. 249.*)
[2]) Berichte d. d. chem. Gesellsch. **20**, 1089 [1887]. (*S. 243.*)
[3]) Compt. rend. **104**, 1276 [1887].
[4]) Bull. soc. chim. **45**, 481 [1886].

Glycerin mit Platinschwarz den Glycerinaldehyd gewonnen habe, daß der letztere alkalische Kupferlösung reduziere und mit Hefe Alkohol und Kohlensäure liefere. Wir haben diese Publikation nicht gekannt. Aber wir glauben nicht, daß uns dies zum Vorwurf gemacht werden kann; denn es ist kaum möglich, bei der Durchsicht der Literatur derartige in Sitzungsprotokollen versteckte Notizen aufzufinden. Wir würden aber mit Rücksicht auf diese Publikation Hrn. Grimaux gern die Priorität der Entdeckung des Glycerinaldehyds überlassen, wenn er in jener ersten oder in der zweiten ausführlichen Mitteilung auch nur den kleinsten Beweis erbracht hätte, daß sein Produkt wirklich Glycerinaldehyd ist. Hr. Grimaux hat weder den Aldehyd selbst noch eines seiner Derivate isolieren können; er hat nur beobachtet, daß die rohe oxydierte Lösung die alkalische Kupfer- und die ammoniakalische Silberlösung reduziere und daß ferner Bierhefe in derselben Kohlensäure und Alkohol (?) bilde.

Kein Chemiker wird diese Beobachtungen für die Diagnose des Glycerinaldehyds als entscheidend betrachten können[1]). Ganz die gleichen Eigenschaften darf man auch von dem Dioxyaceton und endlich von allen Polymerisationsprodukten dieses Ketons und des Glycerinaldehyds erwarten. Erst durch die Isolierung des Glycerosazons ist von uns der Beweis geliefert worden, daß wir es hier mit einfachen Oxydationsprodukten des Glycerins zu tun haben. Aber selbst diese Probe entscheidet, wie wir früher hervorgehoben haben, nicht zwischen Glycerinaldehyd und Dioxyaceton. Erst durch die nachfolgenden Versuche, welche die Synthese von Zuckerarten aus dem oxydierten Glycerin zum Gegenstand haben, wird es im hohen Grade wahrscheinlich, daß aus dem Glycerin in der Tat, wenigstens in kleinerer Menge, Aldehyd durch direkte Oxydation entsteht. Behandelt man nämlich die rohe Oxydationsflüssigkeit mit Alkali, so entstehen dieselben Zuckerarten, welche wir früher aus dem Acroleïnbromid erhielten.

Als Oxydationsmittel haben wir früher die Salpetersäure benutzt. Viel bessere Resultate gibt die Anwendung von Brom und Soda. Das Reagens hat jedenfalls auch vor dem Platinschwarz, welches Grimaux benutzte, den Vorzug der Billigkeit und der leichteren Anwendung. Nach manchen Versuchen sind wir bei folgenden Mengenverhältnissen stehen geblieben.

10 Teile Glycerin werden mit 60 Teilen Wasser vermischt, dann

---

[1]) In welche Irrtümer man durch das Vertrauen auf solche Reaktionen geraten kann, habe ich bei dem Acroleïnbromid erfahren. In dem Produkte, welches aus dem Bromid durch Alkali oder Barytwasser entsteht, habe ich lange Zeit den Glycerinaldehyd vermutet, bis die Anwendung der Hydrazinprobe mich eines besseren belehrt hat. **Fischer.**

35 Teile kristallisierte Soda in dem Gemisch warm gelöst und in die auf 10° abgekühlte Flüssigkeit 15 Teile Brom auf einmal eingegossen. Das letztere löst sich beim Schütteln leicht auf und nach kurzer Zeit macht sich die Reaktion durch Entwicklung von Kohlensäure bemerkbar. Bis zu 200 g Glycerin können auf diese Weise ohne Gefahr in einer Operation verarbeitet werden. Die Reaktion ist nach einer halben Stunde beendet. Die Flüssigkeit reduziert jetzt die alkalische Kupferlösung schon bei Zimmertemperatur; das Reduktionsvermögen ist so stark, als wenn 15 pCt. vom Gewichte des Glycerins in Glucose verwandelt wären. (Grimaux erhielt mit Platinschwarz eine Lösung, die ein doppelt so starkes Reduktionsvermögen besaß.) Die Lösung wird mit Salzsäure angesäuert und nun so lange schweflige Säure eingeleitet, bis alles in Freiheit gesetzte Brom reduziert ist. Hierauf wird mit Natronlauge wieder neutralisiert. Die Lösung enthält Glycerinaldehyd und vielleicht auch das isomere Dioxyaceton. Behandelt man dieselbe direkt mit Phenylhydrazin, so entsteht als Hauptprodukt Glycerosazon.

Darstellung des Glycerosazons. Die nach dem obigen Verfahren oxydierte Lösung wird mit 5 Teilen salzsaurem Phenylhydrazin und 7 Teilen Natriumacetat, welche zuvor in warmem Wasser zusammen gelöst sind, versetzt. Nach kurzer Zeit trübt sich die Flüssigkeit, und schon nach einigen Stunden bildet sich ein gelber, kristallinischer Niederschlag des Glycerosazons. Die Abscheidung desselben dauert 5 bis 8 Tage an. Erwärmen ist nicht vorteilhaft; wenigstens in den ersten Tagen, weil dadurch die Reinheit des Produktes stark beeinträchtigt wird.

Die Entstehung des Osazons aus dem Aldehydalkohol in kalter, wässeriger Lösung hat nichts Auffälliges, denn ebenso verhalten sich auch die Zuckerarten. Aus Lävulose und Dextrose entstehen ebenfalls in der Kälte bei mehrtägigem Stehen reichliche Mengen von Phenylglucosazon.

Die Ausbeute an Glycerosazon ist nach dem neuen Verfahren erheblich besser, als bei der Oxydation mit Salpetersäure; sie beträgt mehr als 20 pCt. des angewandten Glycerins.

Darstellung der Acrosazone. Um aus dem oxydierten Glycerin Zucker zu bereiten, versetzt man die nach der obigen Vorschrift bereitete Flüssigkeit mit so viel Natronlauge, daß der Gehalt an freiem Alkali etwa 1 pCt. beträgt und läßt jetzt bei ungefähr 0° 4 bis 5 Tage stehen. In dem Maße, wie die Polymerisation fortschreitet, verliert die Flüssigkeit die Fähigkeit, in der Kälte alkalische Kupferlösung zu reduzieren. Dagegen reduziert sie in der Wärme gerade so wie Zuckerlösung, und das ganze Reduktionsvermögen wird durch die Behandlung

mit Alkali nur um ein Geringes (etwa 12 pCt.) vermindert. Zur Isolierung des Osazons wird jetzt die gelbrote Flüssigkeit mit Essigsäure
neutralisiert, dann mit einer Lösung von je 25 g salzsaurem Phenylhydrazin und 10 g essigsaurem Natron auf 100 g ursprüngliches Glycerin
versetzt und 6 bis 8 Stunden auf dem Wasserbade erhitzt. Dabei entsteht ein dunkel gefärbter, halb harziger, halb kristallinischer Niederschlag, welcher nach einigen Tagen filtriert, mit Wasser gewaschen und
auf Tontellern getrocknet wird. Die Menge dieses Produktes beträgt
etwa 13 pCt. des angewandten Glycerins. Dasselbe wird wiederholt
mit kleinen Mengen Benzol angerieben und die dunkle Mutterlauge
jedesmal durch Absaugen möglichst sorgfältig entfernt. Das Produkt
wird dann noch mit Benzol ausgekocht, wobei es seine rote Färbung verliert. Der Rückstand ist ein Gemenge von zwei Osazonen. Zur Trennung derselben wird die Masse zunächst zweimal mit der zehnfachen
Menge Essigäther ausgekocht. Das Filtrat scheidet bei mehrtägigem
Stehen eine kleine Quantität des schwerer löslichen Osazons ab. Diese
wird filtriert und mit dem in Essigäther unlöslichen Teil vereinigt.
Das schwerlösliche Produkt wird wiederholt mit kleinen Mengen absolutem Alkohol ausgekocht, wobei der Schmelzpunkt auf 205⁰ herauf-
geht. Dasselbe besitzt jetzt alle Eigenschaften, welche wir früher für
das α-Acrosazon aus Acroleïnbromid angegeben haben; wir glauben
daher, daß beide Osazone identisch sind. Die Ausbeute beträgt etwa
1½ pCt. des angewandten Glycerins.

Das Produkt ist indessen, wie später noch auseinandergesetzt wird,
nicht ganz rein. Durch Auskochen mit viel absolutem Alkohol und
schließliches Umkristallisieren aus 96 prozentigem Alkohol erhält man
nämlich das α-Acrosazon in reingelben, schön ausgebildeten Nädelchen,
welche erst bei 210⁰ sintern und gegen 217⁰ unter Zersetzung schmelzen.
Die Analyse ergab folgende Zahlen:

|   | Ber. für $C_{18}H_{22}O_4N_4$ | Gefunden |
|---|---|---|
| C | 60,34 | 60,10 pCt. |
| H | 6,15 | 6,36 ,, |
| N | 15,64 | 15,66 ,, |

Diese Darstellung ist sehr viel bequemer, als die aus Acroleïnbromid, und wir werden sie künftig für unsere Zwecke ausschließlich
benutzen.

Das in Essigäther leichter lösliche Osazon kristallisiert aus der
stark konzentrierten Lösung beim längeren Stehen in sehr feinen, zu
kugeligen Aggregaten vereinigten Nädelchen. Zur Reinigung wurde
dasselbe in der 300 fachen Menge siedendem Wasser gelöst, die beim
Erkalten abgeschiedene, hellgelbe, flockige Masse filtriert, im Vakuum
getrocknet und nochmals aus heißem Essigäther umkristallisiert. Das

Osazon bildet dann feine, gelbe Nadeln, welche zwischen 158 und 159⁰ schmelzen und die Zusammensetzung $C_{18}H_{22}O_4N_4$ haben.

|   | Ber. für $C_{18}H_{22}O_4N_4$ | Gefunden |
|---|---|---|
| C | 60,34 | 60,25 pCt. |
| H | 6,15 | 6,31 „ |
| N | 15,64 | 15,71 „ |

Das Produkt ist in heißem Wasser in merklicher Menge löslich, löst sich in Aceton und Alkohol leicht, etwas schwerer in Essigäther, nur ganz wenig in Äther und Benzol. Geringe Verunreinigungen erhöhen die Löslichkeit des Osazons beträchtlich.

Dieses Produkt ist sehr wahrscheinlich identisch mit dem β-Acrosazon aus Acroleïnbromid. Den Schmelzpunkt des letzteren haben wir früher bei 148⁰ angegeben. Wird dasselbe indessen aus heißem Wasser und später aus Essigäther umkristallisiert, so steigt der Schmelzpunkt auf 156 bis 159⁰. Auch in dem übrigen Verhalten ist dann das Produkt dem vorerwähnten sehr ähnlich. Immerhin können wir uns nicht verhehlen, daß zum Nachweis der wirklichen Identität beider Osazone ein genauerer Vergleich nötig ist.

Darstellung des α-Acrosazons aus Acroleïnbromid.

Die Methode ist früher beschrieben, wie wir sie in kleinerem Maßstabe im Laboratorium benutzt haben. Sie hat ihre Bedeutung verloren durch die Auffindung des eben erwähnten, bequemeren Verfahrens. Aber bevor wir das letztere kannten, haben wir in größerer Menge nach der älteren Methode das α-Acrosazon bereitet, und die Mitteilung unserer Erfahrungen kann vielleicht dem einen oder anderen Fachgenossen, welcher mit Acroleïnbromid zu arbeiten beabsichtigt, von Wert sein.

Die Gelegenheit, diese mühselige Arbeit im großen Maßstabe ausführen zu können, wurde uns von der Direktion der Farbwerke vorm. Meister, Lucius & Brüning in Höchst geboten. In dem unter Leitung des Hrn. Dr. v. Gerichten stehenden, großartig und vortrefflich eingerichteten Versuchslaboratorium dieser Fabrik haben wir 20 kg Glycerin in Acroleïn und dessen Bromid verwandelt und daraus Acrose bereitet. Wir sind der Direktion der Farbwerke für die uns gewährte Unterstützung bei dieser Arbeit, welche kaum jemals die Interessen der chemischen Technik berühren mag, zu um so größerem Danke verpflichtet, als unsere Zwecke die besondere Aufstellung von großen und kostspieligen Apparaten notwendig machten.

Für die Darstellung des Acroleïns diente eine eiserne Retorte von 260 Liter Inhalt, welche mit 12,5 kg Glycerin und 25 kg Kaliumbisulfat beschickt war. Die abziehenden Dämpfe wurden durch eine mit Wasser gekühlte Bleischlange und eine mit Eis gekühlte Vorlage kondensiert. Die Destillation dauerte etwa 3 Stunden und gab ca. 10 Liter Destillat. Das letztere wurde in bekannter Weise zur Bindung der schwefligen Säure mit Bleioxyd geschüttelt, dann das Acroleïn aus dem Wasserbade abdestilliert, mit Chlorcalcium getrocknet und wieder destilliert. Die Ausbeute betrug 1700 g reines Acroleïn. Es ist dies wohl die größte Menge von diesem furchtbaren Stoffe, welche jemals in einer Operation dargestellt wurde. Um Verluste durch Polymerisation zu vermeiden, wurde dieses Produkt noch am selben Tage in das Bromid verwandelt. Zu dem Zwecke ließen wir zu je 300 g Acroleïn, welche in Glaskolben in 1500 g Schwefelkohlenstoff gelöst und durch eine Kältemischung gekühlt waren, aus einem Tropftrichter ungefähr 900 g trockenes Brom, welches mit demselben Volumen Schwefelkohlenstoff verdünnt war, im Laufe einiger Stunden unter häufigem Schütteln einfließen, bis eine schwache Rotfärbung einen Überschuß von Brom andeutete. Diese Operation konnte nur bei scharfem Winde im Freien ausgeführt werden. Jetzt wurde der Schwefelkohlenstoff auf dem Wasserbade abgetrieben und der Rückstand bei einem Druck von 30 mm in Glasapparaten in Mengen von etwa 1 kg aus dem Ölbade destilliert.

Wir haben auf diese Weise 7 kg des Bromids dargestellt und dabei eine Ausbeute von etwa 80 pCt. der Theorie erhalten. Zur Umwandlung des Bromids in Zucker diente ein emaillierter, mit Schnellrührer versehener Kessel, welcher mit 10 kg Barythydrat, 100 kg Wasser und 50 kg Eis beschickt war. Das Bromid floß aus 7 Tropftrichtern im Laufe von 3 Stunden tropfenweise zu der lebhaft bewegten Flüssigkeit. Die weitere Verarbeitung geschah in der früher beschriebenen Weise[1]). Wir erhielten so 200 g α-Acrosazon vom Schmelzpunkt 205⁰. Wie schon erwähnt, ist dieses Produkt nicht ganz rein. Die Kristalle halten hartnäckig eine kleine Menge eines rotgefärbten Körpers zurück, der durch einfaches Umkristallisieren nicht entfernt werden kann. Wir haben das Präparat früher 6 bis 8 mal aus verdünntem Alkohol umkristallisiert und immer den Schmelzpunkt konstant bei 204 bis 206⁰ gefunden. Die völlige Reinigung gelingt erst durch folgenden Kunstgriff, allerdings unter gleichzeitigem beträchtlichem Verluste. Das feinzerriebene Acrosazon wird mit der 35fachen Menge ganz absoluten Alkohols längere Zeit ausgekocht, der filtrierte Rückstand nochmals so behandelt und das Produkt schließlich in 96prozentigem kochendem Alkohol gelöst. Beim Erkalten scheidet sich dann die Verbindung in reingelben, feinen, dem Phenylglucosazon sehr ähnlichen Nädelchen ab. Dieselben gaben bei der Analyse folgende Zahlen:

---

[1]) Berichte d. d. chem. Gesellsch. **20**, 2571 [1887]. (S. 254.)

| | Ber. für $C_{18}H_{22}O_4N_4$ | Gefunden |
|---|---|---|
| C | 60,34 | 60,47 pCt. |
| H | 6,15 | 6,43 „ |
| N | 15,64 | 15,68 „ |

Der Körper erweicht bei 210⁰ und schmilzt vollständig unter Zersetzung zwischen 217 und 219⁰. Das Präparat löst sich in ungefähr 220 Teilen ganz absolutem Alkohol, während das isomere Phenylglucosazon von demselben Lösungsmittel ca. 150 Teile verlangt. Diese Zahlen können keinen Anspruch auf Genauigkeit machen, aber sie geben doch ungefähr den Unterschied der Löslichkeit der beiden Verbindungen wieder.

## Oxydation des Dulcits.

Ähnlich den anderen mehrwertigen Alkoholen liefert der Dulcit beim Erwärmen mit Salpetersäure ein Produkt, welches alkalische Kupferlösung reduziert. Diese Tatsache ist schon lange bekannt[1]). Wir haben versucht, das Produkt als Osazon zu isolieren, aber dabei ein dunkel gefärbtes Präparat erhalten, welches nicht zu reinigen war. Viel besser war das Resultat bei Anwendung des neuen Oxydationsmittels.

5 g Dulcit wurden mit 12 g Soda in 40 g Wasser gelöst und in die erkaltete Flüssigkeit 5 g Brom eingegossen. Als nach einer halben Stunde die Lösung entfärbt war, wurde dieselbe mit Essigsäure schwach angesäuert, mit 5 g salzsaurem Phenylhydrazin und 5 g Natriumacetat versetzt und auf dem Wasserbade erwärmt. Nach einiger Zeit schied sich das Osazon als gelbe, flockige Masse ab. Das Produkt wurde filtriert und mit wenig kaltem Alkohol und Äther gewaschen. Die Menge betrug 12 pCt. des angewandten Dulcits. Zur Analyse wurde das Präparat zweimal aus absolutem Alkohol umkristallisiert.

| | Ber. für $C_{18}H_{22}O_4N_4$ | Gefunden |
|---|---|---|
| C | 60,34 | 60,03 pCt. |
| H | 6,15 | 6,35 „ |
| N | 15,64 | 15,82 „ |

Das Osazon zeigt die größte Ähnlichkeit mit dem Galactosazon.[2]) Es bildet feine, gelbe Blättchen, löst sich wie jenes in ca. 40 Teilen ganz absolutem, heißem Alkohol, unterscheidet sich aber durch den Schmelzpunkt.

Den letzteren beobachteten wir bei dem reinsten Galactosazon stets unter 196⁰, während das neue Produkt erst vollständig bei 205

---

1) Vgl. Gilmer, Liebigs Annal. d. Chem. **123**, 376 [1862].
2) Berichte d. d. chem. Gesellsch. **20**, 826 [1887]. (*S. 149.*)

bis 206⁰ unter Zersetzung schmilzt. Da wir diesen Unterschied bei verschiedenen Versuchen immer wieder fanden, so müssen wir vorläufig die Verbindung als ein neues Osazon betrachten und geben ihm deshalb den Namen Phenyldulcitosazon.

Da die Vermutung nahe lag, daß der von uns benutzte Dulcit aus Melampyrum verschieden sei von dem Reduktionsprodukte der Galactose, so haben wir das letztere nach der Vorschrift von Bouchardat[1]) dargestellt und mit Brom und Soda oxydiert. Das erhaltene Osazon zeigt denselben Schmelzpunkt 205 bis 206⁰.

---

[1]) Ann. chim. et phys. [4] **27**, 79 [1872].

**25. Emil Fischer und Julius Tafel: Synthetische Versuche in der Zuckergruppe III.**

Berichte der deutschen chemischen Gesellschaft **22**, 97 [1889].

(Eingegangen am 15. Januar.)

Sowohl aus Acroleïnbromid wie aus Glycerose erhielten wir[1]) durch die Wirkung von Baryt resp. Alkalien zwei Zuckerarten $C_6H_{12}O_6$, welche in Form ihrer Osazone isoliert wurden. Von diesen wurde nur das $\alpha$-Acrosazon näher untersucht. Durch die Reduktion desselben mit Zinkstaub und Essigsäure gelang es uns, eine Base zu gewinnen, welche, mit salpetriger Säure behandelt, ein stickstofffreies, nicht kristallisierendes Produkt lieferte. Da dasselbe die gewöhnlichen Reaktionen der Zuckerarten zeigte und beim Erhitzen mit essigsaurem Phenylhydrazin das $\alpha$-Acrosazon regenerierte, so zögerten wir nicht, dasselbe als $\alpha$-Acrose zu bezeichnen. Leider ist aber die Ausbeute an diesem Zucker so gering und die Operation selbst so schwierig, daß wir auch mit Opferung von 200 g Acrosazon nicht genügende Mengen erhielten, um denselben zu reinigen und näher zu untersuchen. Wir haben deshalb diesen Weg verlassen. Ungleich bessere Resultate gab die in der Abhandlung 9 *(S. 162)* beschriebene Methode für die Umwandlung der Osazone in die Zuckerarten.

Aus dem $\alpha$-Acrosazon läßt sich durch Spaltung mit Salzsäure mit Leichtigkeit eine Verbindung gewinnen, welche dem Glucoson entspricht und welche wir deshalb $\alpha$-Acroson nennen. Dieselbe zeigt alle Reaktionen des Glucosons: Mit Phenylhydrazin regeneriert sie Acrosazon; mit o-Toluylendiamin verbindet sie sich außerordentlich leicht zu einem in Wasser schwer löslichen, kristallinischen Produkte; mit Wasser erhitzt, liefert sie Furfurol, und mit Salzsäure erwärmt, neben Huminsubstanzen Lävulinsäure. Durch Zinkstaub und Essigsäure wird sie endlich zu einem Zucker reduziert, welcher mit Bierhefe ebenso leicht gärt, wie die natürlichen Zuckerarten.

---

[1]) Berichte d. d. chem. Gesellsch. **20**, 1093 und 3384 [1887]. *(S. 247, 259.)*

## α-Acroson.

1 Teil fein zerriebenes α-Acrosazon wird mit 20 Teilen konzentrierter Salzsäure (spez. Gewicht 1,19) rasch auf 45⁰ erwärmt, wobei es sich zu einer klaren, dunkelroten Flüssigkeit löst. Man hält 1 Minute auf dieser Temperatur, wobei schon die Kristallisation von salzsaurem Phenylhydrazin beginnt und kühlt dann rasch auf etwa 25⁰ ab. Nach 5—10 Minuten ist die Zersetzung beendet, was man leicht daran erkennen kann, daß eine Probe der Flüssigkeit sich in viel Wasser bis auf einige dunkle Flocken klar löst. Die zur völligen Abscheidung des salzsauren Phenylhydrazins stark gekühlte Flüssigkeit wird jetzt auf der Saugpumpe über Glaswolle filtriert, das Filtrat mit der 7 fachen Menge Wasser verdünnt und mit angeschlemmtem Bleiweiß neutralisiert. Die rotgelb gefärbte Mutterlauge enthält das Acroson, und zwar nach der Bestimmung mit Phenylhydrazin 50 pCt. der theoretischen Menge. Die Isolierung desselben geschieht gerade so, wie diejenige des Glucosons. Die Lösung wird zunächst mit Tierkohle behandelt, dann filtriert, stark abgekühlt und nun tropfenweise unter fortwährendem Umschütteln mit kaltem Barytwasser bis zur schwachen alkalischen Reaktion versetzt. Dabei fällt das Acroson vollständig in Verbindung mit Blei neben überschüssigem Bleihydroxyd als fast farbloser, amorpher Niederschlag. Derselbe wird auf Faltenfiltern, später auf der Saugpumpe filtriert, ausgewaschen, dann mit nicht zu viel Wasser angeschlemmt und in der Kälte mit überschüssiger Schwefelsäure zersetzt. Enthält die Lösung jetzt Chlor, was bei richtiger Fällung mit Baryt nicht der Fall ist, so muß dasselbe durch vorsichtigen Zusatz von Silbercarbonat entfernt werden. Die Flüssigkeit wird ohne vorhergehende Filtration mit reinem Baryumcarbonat neutralisiert, dann durch Schütteln mit reiner Tierkohle völlig entfärbt, filtriert und im Vakuum aus dem Wasserbade abdestilliert. Dabei fällt nochmals kohlensaurer Baryt aus und die abermals filtrierte Flüssigkeit enthält jetzt außer Acroson nur noch geringe Mengen von anorganischer Substanz. Diese Lösung kann direkt für die meisten Versuche benutzt werden. Wird dieselbe im Vakuum völlig eingedampft, so bleibt ein Sirup, welcher sich in heißem, absolutem Alkohol bis auf geringe Mengen von Asche löst. Beim Verdampfen hinterläßt die alkoholische Flüssigkeit das Acroson als fast farblosen Sirup, welcher in der Kälte zu einer harten, amorphen Masse erstarrt.

Das Acroson gibt selbst in sehr verdünnter, wässeriger Lösung mit essigsaurem Phenylhydrazin schon in der Kälte einen Niederschlag von Acrosazon; rasch und vollständig vollzieht sich die Bildung desselben bei 10 Minuten langem Erhitzen auf dem Wasserbade. Man kann auf diesem Wege das Acroson leicht quantitativ bestimmen.

Von Alkalien wird das Acroson bereits in der Kälte rasch verändert.

Erwärmt man seine wässerige Lösung mit o-Toluylendiamin nur bis zum Sieden, so fällt beim Erkalten eine in feinen, biegsamen Nadeln kristallisierende Verbindung aus. Dieselbe kristallisiert sehr leicht aus heißem Wasser, löst sich in verdünnten Mineralsäuren, färbt sich gegen 180° braun und schmilzt vollständig bis 185° unter fortschreitender Zersetzung. Die Ähnlichkeit der Substanz mit der Verbindung des Glucosons und des o-Toluylendiamins ist ebenso groß, wie diejenige zwischen Acrosazon und Glucosazon.

## Furfurol aus α-Acroson.

Wird die verdünnte wässerige Lösung des Acrosons im geschlossenen Rohr einige Stunden auf 140° erhitzt, so scheiden sich reichliche Mengen von Huminsubstanzen ab und durch Destillation erhält man aus dem Filtrate eine farblose Lösung von Furfurol, welches durch essigsaures Anilin und durch Phenylhydrazin nachgewiesen wurde.

## Lävulinsäure aus Acroson.

Beim sechsstündigen Erhitzen mit 18prozentiger Salzsäure auf dem Wasserbade wird das Acroson völlig zerstört und liefert dabei neben Huminsubstanzen Lävulinsäure, welche in der bekannten Weise als Silbersalz isoliert wurde. Die Menge derselben ist allerdings sehr gering, aber sie entspricht ungefähr der Ausbeute aus Glucoson und beträgt etwa $2\frac{1}{2}$ pCt. des angewandten Acrosons. Das Silbersalz zeigte den Silbergehalt des Lävulats (gef. Ag 48,2, ber. 48,4 pCt.).

## Reduktion des α-Acrosons.

Erwärmt man die verdünnte wässerige Lösung des Acrosons mit Zinkstaub und Essigsäure auf dem Wasserbade, so wird dasselbe im Laufe von etwa einer Stunde völlig reduziert. Das Ende der Reaktion erkennt man durch eine Probe mit Phenylhydrazin, welche eben zum Sieden erhitzt und abgekühlt kein Osazon mehr abscheiden darf. Die filtrierte Flüssigkeit wird dann mit Schwefelwasserstoff gefällt und das Filtrat im Vakuum auf dem Wasserbade verdampft. Der Rückstand wird mit absolutem Alkohol aufgenommen, von einer kleinen Menge anorganischer Salze abfiltriert und die stark konzentrierte alkoholische Lösung mit viel Äther versetzt. Dabei fällt der Zucker, welchen wir vorderhand ebenfalls Acrose nennen, in farblosen Flocken aus, welche bald zu einem Sirup zerfließen. Dieses Produkt zeigt nun die größte Ähnlichkeit mit den natürlichen Zuckerarten. Es schmeckt süß, reduziert die Fehlingsche Lösung und liefert beim Erhitzen mit essig-saurem Phenylhydrazin auf dem Wasserbade nach 10—15 Minuten eine reichliche Kristallisation von $\alpha$-Acrosazon. In wässeriger Lösung mit Bierhefe versetzt, entwickelt es bei Zimmertemperatur schon nach einer halben Stunde reichliche Mengen von Kohlensäure; die Entwick-lung derselben dauert stundenlang fort. Der Vorgang erscheint gerade so wie bei Dextrose und Lävulose. Ob dabei Alkohol gebildet wird, haben wir allerdings bei der geringen uns zur Verfügung stehenden Menge noch nicht nachgewiesen.

Durch Natriumamalgam wird die Acrose leicht reduziert; dabei entsteht eine Verbindung von der Formel $C_6H_{14}O_6$ (ber. C 39,6, H 7,7 pCt.; gef. C 39,7, H 8,0 pCt.), welche aus Alkohol in feinen, zu kugeligen Aggregaten vereinigten Platten kristallisiert und große Ähnlichkeit mit dem Mannit hat. Unser Präparat zeigte z. B. denselben Schmelz-punkt 164—165°, ist in Wasser sehr leicht, in absolutem Alkohol recht schwer löslich, schmeckt süß und reduziert alkalische Kupferlösung nicht. Wir halten die Substanz, welche wir Acrit nennen, vorläufig für die optisch inaktive Form des Mannits.

Diese Versuche wurden mit $\alpha$-Acrosazon verschiedenen Ursprungs, teils aus Acroleïn, teils aus Glycerin angestellt und ergaben immer das gleiche Resultat, wodurch die früher von uns behauptete Identität der beiden Osazone bestätigt wird.

Die $\alpha$-Acrose ist die erste synthetische Zuckerart der Hexanreihe, welche mit Hefe gärt. Sie liefert ferner, wie die Untersuchung des Acrosons lehrt, alle die charakteristischen Reaktionen der natürlichen Zuckerarten Dextrose, Lävulose und Galactose. Sie unterscheidet sich von denselben nur durch die optische Inaktivität.

Durch diese Beobachtungen wird es in hohem Grade wahrscheinlich, daß die $\alpha$-Acrose, geradeso wie die vorher erwähnten natürlichen Zuckerarten, eine normale Kohlenstoffkette enthält, und daß dieselbe in der Tat, wie wir es früher[1]) bereits dargestellt haben, durch Zu-sammentritt von zwei Molekülen Glycerinaldehyd entsteht.

Damit wäre der erste erfolgreiche Schritt für die Synthese der wichtigeren Zuckerarten getan. Mit den Versuchen, aus inaktiver Acrose durch Pilzgärung einen optisch aktiven Zucker zu bereiten, sind wir bereits beschäftigt.

Schließlich sagen wir Hrn. Dr. F. Ach für die Hilfe bei dieser Arbeit unseren besten Dank.

---

[1]) Berichte d. d. chem. Gesellsch. **20**, 2568 [1887]. (S. 250.)

## 26. Emil Fischer und Francis Passmore: Bildung von Acrose aus Formaldehyd.

Berichte der deutschen chemischen Gesellschaft **22**, 359 [1889].

(Eingegangen am 13. Februar.)

Das zuckerähnliche Produkt, welches durch Kondensation von Formaldehyd mit Kalkwasser entsteht und von O. Löw[1]) als Formose bezeichnet wurde, ist, wie der eine von uns[2]) gezeigt hat, ein Gemenge verschiedener Aldehyd- resp. Ketonalkohole, welche durch ihre Osazone getrennt werden können. Eines der letzteren zeigte große Ähnlichkeit mit dem α-Acrosazon, aber seine Reinigung bot so große Schwierigkeiten, daß eine sichere Identifizierung beider Präparate damals nicht möglich war.

Das ist uns nun mit Hilfe einer neuen Reinigungsmethode, welche auf der Überführung des Osazons in Oson beruht, gelungen.

Da die Acrose nur in kleiner Menge aus Formaldehyd entsteht und deshalb leicht übersehen werden kann, so geben wir eine ausführliche Beschreibung des Versuchs.

100 g Formaldehyd wurden in 3prozentiger wässeriger Lösung nach der Vorschrift von Löw verzuckert, dann die Flüssigkeit mit Essigsäure neutralisiert, mit einer Mischung von 100 g Phenylhydrazin und 100 g Essigsäure (von 50 pCt.) versetzt und 4 Stunden auf dem Wasserbade erwärmt. Dabei fiel das Gemenge der Osazone zum Teil als dunkles Öl, zum andern Teil als rotgelbe, kristallinische Masse aus; der Rest schied sich beim Erkalten in gelben Flocken ab. Das filtrierte Produkt wurde auf Tonplatten getrocknet, dann mehrmals mit kaltem Benzol und später mit Äther ausgelaugt. Die größere Menge der dunklen, harzigen Substanzen und ein Teil der leichter löslichen Osazone wird durch diese Behandlung entfernt. Als Rückstand blieben 20 g einer schmutzig gelben, kristallinischen Masse. Dieselbe wurde zunächst mit 6 Liter Wasser ausgekocht, wobei das früher als Phenylformosazon bezeichnete Produkt völlig in Lösung geht.

---

[1]) Journ. für prakt. Chem. **33**, 321 [1886].
[2]) Berichte d. d. chem. Gesellsch. **21**, 989 [1888]. (*S. 159.*)

Der Rest von 4 g war in heißem Alkohol ziemlich leicht löslich.
Als derselbe aber zweimal mit je 10 ccm kaltem, absolutem Alkohol
ausgelaugt und dann wiederum zweimal mit der gleichen Quantität
Alkohol längere Zeit ausgekocht wurde, blieb das Acrosazon als sehr
schwer lösliches, schmutzig grüngelbes Pulver zurück. Seine Menge
betrug nur 1,1 g. Durch Umkristallisieren läßt dasselbe sich nicht
reinigen; aber leicht gelingt das durch Überführung in das Oson und
dessen Rückverwandlung in das Osazon. Zu dem Zwecke wurde das
Produkt mit der zwanzigfachen Menge rauchender Salzsäure 1 Minute
auf 45⁰ erwärmt, die Lösung nach dem Abkühlen von salzsaurem
Phenylhydrazin abfiltriert, mit der fünffachen Menge Wasser verdünnt
und durch Bleicarbonat neutralisiert. Das Filtrat lieferte beim Erwärmen mit essigsaurem Phenylhydrazin ein hellgelbes, in Wasser unlösliches Osazon, welches für die Analyse aus viel heißem Alkohol
umkristallisiert wurde.

|   | Ber. für $C_{18}H_{22}O_4N_4$ | Gefunden |
|---|---|---|
| C | 60,3 | 59,9 pCt. |
| H | 6,2 | 6,4 ,, |
| N | 15,6 | 15,6 ,, |

Dieses Präparat hat nun alle Eigenschaften des $\alpha$-Acrosazons.
Beim raschen Erhitzen sintert es gegen 210⁰ und schmilzt vollständig
bei 216—217⁰ unter Zersetzung. In heißem, absolutem Alkohol löst
es sich recht schwer und kristallisiert daraus langsam in glänzenden,
gelben Nädelchen, welche unter dem Mikroskop als wohl ausgebildete
kurze Prismen erscheinen.

Die Bildung der $\alpha$-Acrose aus dem Formaldehyd ist leicht verständlich. Sie erhält ein erhöhtes Interesse durch den kürzlich von
E. Fischer und Tafel[1]) erbrachten Beweis, daß die Acrose in sehr
naher Beziehung zu den natürlichen Zuckerarten steht. Jedenfalls
gewinnt dadurch die bekannte von Baeyer ausgesprochene Vermutung,
daß die Pflanze den Traubenzucker durch Reduktion der Kohlensäure zu Formaldehyd und Kondensation des letzteren bereite, an
Wahrscheinlichkeit.

Bedenkt man, daß die Assimilation der Kohlensäure durch die
Pflanzen die Grundbedingung für die Existenz der lebenden Wesen
ist, so muß auch die kleinste Beobachtung, welche zur Aufklärung
dieses geheimnisvollen Vorganges führen kann, wertvoll erscheinen.

---

[1]) Berichte d. d. chem. Gesellsch. **22**, 97 [1889]. (*S. 267.*)

## 27. Emil Fischer und Julius Tafel: Oxydation des Glycerins. I.

Berichte der deutschen chemischen Gesellschaft **21**, 2634 [1888].

(Eingegangen am 13. August.)

Für die Umwandlung des Glycerins in Glycerose benutzten wir zuerst Salpetersäure und später Brom und Soda. Beide Methoden haben den Nachteil, daß das Oxydationsprodukt nur in Form von Glycerosazon von den unorganischen Verbindungen getrennt werden kann. Die Oxydation mit Platinmohr, welches Grimaux anwandte, bietet ähnliche Schwierigkeiten. Abgesehen von der Kostspieligkeit des Verfahrens ist der Prozeß schwer zu regulieren. Neben Glycerose entstehen Säuren und andere Produkte; eine beträchtliche Menge von Glycerin bleibt unverändert, kurzum die Isolierung von Glycerose ist auch bei dieser Methode gewiß keine leichte Aufgabe. Dagegen haben wir in der Wechselwirkung zwischen Bleiglycerat und trocknem Brom ein Verfahren gefunden, welches fast reine Glycerose in befriedigender Ausbeute liefert.

Die Reaktion verläuft nach der Gleichung:

$$C_3H_6O_3Pb + 2Br = C_3H_6O_3 + PbBr_2.$$

Das Gelingen der Operation hängt wesentlich von der Beschaffenheit des Bleiglycerats ab. Wir haben dasselbe deshalb nicht nach der Vorschrift von Morawski[1]), sondern durch Auflösen von Bleihydroxyd in heißem Glycerin bereitet.

### Darstellung des Bleiglycerats.

Das verwendete Bleihydroxyd, welches sehr fein verteilt sein muß, wurde durch Eingießen von warmer Bleinitratlösung in einen großen Überschuß von warmem Ammoniak gefällt, mit Wasser, Alkohol und Äther sorgfältig gewaschen, auf dem Wasserbade unter Umrühren getrocknet und durch ein feines Beuteltuch getrieben. Es enthält allerdings Salpetersäure, welche auch in das Glycerat übergeht, aber später beim Auslaugen der Glycerose mit Alkohol als Bleisalz ungelöst bleibt.

---

[1]) Journ. f. prakt. Chem. **22**, 406 [1880].

500 g von diesem Hydroxyd werden in 1 kg wasserhaltiges, etwa
85prozentiges Glycerin, welches in einem Kupferkessel von 3 Liter
Inhalt zum lebhaften Sieden erhitzt ist, auf einmal eingetragen. Beim
kräftigen Umrühren schäumt das Gemisch durch Entweichen von
Wasserdampf und verwandelt sich bald in eine homogene, dünnflüssige,
milchig getrübte Masse.

Sobald dieser Punkt erreicht ist, setzt man den Kessel in Eiswasser, läßt unter stetigem Umrühren erkalten und gießt zum Schluß
2½ Liter eiskalten Alkohol hinzu. Das ausfallende Glycerat wird auf
einer sogenannten Nutsche mit der Pumpe abgesaugt, dann mehrmals
mit Alkohol und zuletzt zweimal mit Äther durchgeschüttelt und
jedesmal sorgfältig abgesaugt.

Auf dem Wasserbade unter Umrühren getrocknet und endlich ge-
beutelt, bildet das Glycerat ein außerordentlich fein verteiltes weißes
Pulver. Die Ausbeute beträgt etwa 85 pCt. des angewandten Hy-
droxyds. Es enthält etwas Salpetersäure, verpufft beim Erhitzen, wie
schon Morawski bei seinem Präparate beobachtet hat, und entzündet
sich in Berührung mit Chlor oder mit flüssigem Brom von selbst.

### Zersetzung des Bleiglycerats durch Brom.

Am besten verläuft der Prozeß, wenn Brom dampfförmig zur
Anwendung kommt. Das Glycerat wurde zu dem Zwecke auf große
Porzellanteller in dünner Schicht ausgebreitet, die Hälfte seines Gewichtes Brom in einer flachen Schale darübergestellt und das Ganze
mit einer Glasglocke luftdicht bedeckt. Stellt man 4 solcher Teller
von etwa 30 cm Durchmesser, durch Glasfüße getrennt, etagenförmig
übereinander und über jeden derselben die entsprechende Menge Brom,
so kann man 300 bis 400 g Glycerat in einer Operation bromieren.
Nach etwa 6 Stunden war in der Regel das Brom verschwunden und
das Glycerat in eine gelbliche, etwas klebrige Masse verwandelt, welche
beim Stehen an der Luft in wenigen Minuten eine rein weiße Farbe
annahm.

Dieses Produkt, welches aus 860 g Glycerat erhalten war, wurde
mit 2 Liter absolutem Alkohol tüchtig geschüttelt, auf der Nutsche abfiltriert und der Niederschlag noch mit 700 ccm Alkohol nachgewaschen.
Die alkoholische Lösung reagierte schwach sauer und zeigte ein Reduktionsvermögen, welches einem Gehalte von 90—95 g Traubenzucker
entsprechen würde.

Die Bleisalze halten stets etwas reduzierende Substanz zurück,
welche aber mit Wasser leicht ausgezogen werden kann.

Die alkoholische Lösung verliert beim längeren Stehen einen Teil
ihres Reduktionsvermögens; sie wird deshalb sofort im Vakuum auf

dem Wasserbade auf etwa 250 ccm abgedampft. Der Rückstand reagiert stark sauer; er wird mit überschüssigem, fein verteiltem Baryumcarbonat und dem 3fachen Volumen Äther geschüttelt. Hierbei geht der größere Teil der Glycerose in Lösung. Der Rest befindet sich neben Barytsalzen in dem harzigen Niederschlag. Um diesen zu gewinnen, wird nach dem Abgießen der ätherischen Lösung der Rückstand mit etwa 150 ccm warmem Alkohol aufgenommen und wieder mit der dreifachen Menge Äther gefällt. Wiederholt man diese Operation, so bleibt ein fast fester Rückstand, welcher zwar noch immer reduziert, aber zum größten Teil aus Barytsalzen besteht. Die vereinigten ätherisch alkoholischen Lösungen werden zunächst zur Entfernung des Äthers auf dem Wasserbade und dann nach Zusatz von 250 ccm Wasser aus dem Wasserbade im Vakuum bis auf etwa 170 ccm eingedampft. Das Reduktionsvermögen des Sirups entspricht jetzt einem Gehalt von 55 g Traubenzucker. Derselbe reagiert fast neutral und enthält nur Spuren von Asche; er enthält die Glycerose, frei von Glycerin und Säuren. Wird derselbe zur Trockne verdampft, so verliert er einen großen Teil seines Reduktionsvermögens, wahrscheinlich durch Polymerisation der Glycerose. Mit Wasser verdünnt wird der Sirup durch frische Bierhefe schon nach einer Stunde in lebhafte Gärung versetzt, geradeso wie Grimaux dies zuerst für das mit Platinmohr erhaltene Präparat beobachtet hat. Mit Phenylhydrazin erwärmt sich der Sirup und liefert nach kurzer Zeit einen starken Niederschlag von Phenylglycerosazon.

Wir haben das Produkt mit Absicht als Glycerose bezeichnet; denn dasselbe ist in Übereinstimmung mit der von uns längst geäußerten Vermutung keine einheitliche Substanz, sondern ein Gemenge von Glycerinaldehyd und Dioxyaceton. Den Beweis dafür fanden wir in der Wirkung der Blausäure. Wird der Sirup längere Zeit mit konzentrierter Blausäure bei 50—60⁰ digeriert und dann die Masse nach dem von Kiliani ausgearbeiteten Verfahren verseift, so entstehen zwei Oxysäuren, welche durch die Barytsalze getrennt werden können. Die eine derselben hat die größte Ähnlichkeit mit der Erythroglucinsäure, die andere ist höchstwahrscheinlich die noch unbekannte Trioxyisobuttersäure. Wir werden über diese Verbindungen sowie über die Verzuckerung der Glycerose bald nähere Mitteilung machen.

Schließlich sagen wir Herrn Dr. Rahnenführer, welcher uns bei diesen Versuchen unterstützt hat, besten Dank.

---

18*

## 28. Emil Fischer und Julius Tafel: Oxydation des Glycerins. II.

Berichte der deutschen chemischen Gesellschaft **22**, 106 [1889].
(Eingegangen am 16. Januar.)

Das aus Bleiglycerat und Brom entstehende Produkt, welches wir in der letzten Mitteilung[1]) als Glycerose bezeichnet haben, vereinigt sich mit Blausäure, und aus dem Additionsprodukte entstehen durch Verseifung Oxysäuren, unter welchen wir die schon bekannte Erythroglucinsäure und die noch unbekannte Trioxyisobuttersäure vermuteten. Die nähere Untersuchung hat ergeben, daß die letztere Säure bei weitem das Hauptprodukt der Reaktion ist; von der Erythroglucinsäure konnten wir dagegen nicht genügende Mengen isolieren, um ihre Identität sicher festzustellen.    Die Trioxyisobuttersäure kann nach allem, was wir über die Addition von Blausäure wissen, nur aus Dioxyaceton entstehen. Wir ziehen daraus den Schluß, daß auch die Glycerose, auf dem von uns benutzten Wege dargestellt, zum größten Teile aus Dioxyaceton besteht.

$$\text{Trioxyisobuttersäure,}\quad \begin{matrix} \text{CH}_2\text{OH} \\ \text{CH}_2\text{OH} \end{matrix}\!\!>\!\text{C(OH).COOH.}$$

250 g einer wässerigen Lösung von frisch bereiteter Glycerose, deren Reduktionsvermögen 50 g Traubenzucker entsprach, wurden mit 30 g wasserfreier Blausäure versetzt und im verschlossenen Gefäße erst 12 Stunden auf 50°, dann noch 12 weitere Stunden auf 60° erhitzt und die kaum gefärbte Mischung zur Entfernung der überschüssigen Blausäure im Vakuum auf etwa 150 ccm eingedampft. Diese Lösung wurde in einer Kältemischung abgekühlt und mit gasförmiger Salzsäure gesättigt. Sie färbt sich dabei nur schwach braun. Sie bleibt jetzt 12 Stunden bei 0° und dann noch 2 Tage bei gewöhnlicher Temperatur stehen, wobei die Farbe etwas dunkler wird. Höhere Temperatur ist bei der Verseifung sorgfältig zu vermeiden. Das Gemisch wird nun wiederum im Vakuum aus dem Wasserbade möglichst vollständig verdampft, der Rückstand in etwa 1 Liter Wasser gelöst, mit 450 g

---

[1]) Berichte d. d. chem. Gesellsch. **21**, 2634 [1888]. (S. *273*.)

kristallisiertem Barythydrat, welches in wenig heißem Wasser gelöst ist, versetzt und gekocht. Dabei fallen die Oxysäuren zum allergrößten Teil als basische Barytsalze in Form eines gelblichen, flockigen Niederschlages aus. Das Gewicht desselben in lufttrockenem Zustande betrug 180 g. Die Mutterlauge, vom überschüssigen Baryt durch Kohlensäure befreit, hinterließ beim Verdampfen nur 24 g eines zum Gummi eintrocknenden Sirups, aus welchem wir kein reines Produkt mehr isolieren konnten. Bei weitem der größte Teil der entstandenen Säuren ist also offenbar in dem unlöslichen Barytsalze enthalten. Dasselbe wurde mit überschüssiger, warmer Schwefelsäure zersetzt, das Filtrat durch genaues Ausfällen mit Barytwasser von der Schwefelsäure befreit und dann mit reinem kohlensaurem Kalk in der Hitze neutralisiert. Die abermals filtrierte und stark eingedampfte Flüssigkeit erstarrte bei mehrtägigem Stehen zu einem dicken Brei von feinen weißen Nädelchen. Dieselben sind das Calciumsalz der Trioxyisobuttersäure. Sie werden filtriert und mit wenig kaltem Wasser gewaschen. Die konzentrierte Mutterlauge liefert eine zweite, reichliche Kristallisation. Die Gesamtausbeute an kristallisiertem, lufttrockenem Salz betrug 100 g. Dasselbe wurde aus dem gleichen Gewichte heißem Wasser umkristallisiert und hat dann, nach der später angeführten Analyse, die Zusammensetzung $(C_4H_7O_5)_2Ca + 4H_2O$.

Zur Bereitung der freien Säure wurde das Kalksalz mit der berechneten Menge Oxalsäure zersetzt. Die Mutterlauge hinterließ beim Verdampfen einen farblosen Sirup, welcher beim Verreiben mit Alkohol kristallinisch erstarrte. Das Produkt wurde in heißem Alkohol gelöst; aus der konzentrierten Lösung scheidet sich die Trioxyisobuttersäure in feinen, farblosen Prismen ab, welche für die Analyse im Vakuum getrocknet wurden.

|   | Ber. für $C_4H_8O_5$ | Gefunden |
|---|---|---|
| C | 35,29 | 35,19 pCt. |
| H | 5,88 | ˙5,77 ,, |

Die Säure schmilzt bei 116° und zersetzt sich bei höherer Temperatur unter Aufblähen und schließlicher Verkohlung. Sie ist in Wasser sehr leicht, in absolutem Alkohol viel schwerer löslich. Von Äther wird sie nur wenig, von Benzol und Chloroform gar nicht gelöst. Sie reagiert und schmeckt stark sauer und löst kohlensaure Salze schon in der Kälte leicht auf. Vor den meisten einbasischen Oxysäuren der Fettreihe ist die Trioxyisobuttersäure durch ihre schönen Eigenschaften ausgezeichnet.

Das Calciumsalz, welches schon oben erwähnt ist, bildet feine, verfilzte Nadeln. Es löst sich leicht in der gleichen Gewichtsmenge warmem Wasser und kristallisiert, wenn es rein ist, beim Erkalten sofort wieder aus. In absolutem Alkohol ist es unlöslich. Im luft-trockenen Zustand hat es die Zusammensetzung $(C_4H_7O_5)_2Ca + 4H_2O$ und verliert sein Kristallwasser nicht im Exsiccator, wohl aber voll-ständig bei $125^0$.

Das im Vakuum getrocknete Salz verlor bei $125^0$ 18,42 pCt. seines Gewichts; für $(C_4H_7O_5)_2Ca + 4H_2O$ berechnet sich 18,85 pCt.

In dem bei $125^0$ getrockneten Salze wurde der Calciumgehalt bestimmt:

|  | Ber. für $(C_4H_7O_5)_2Ca$ | Gefunden |
|---|---|---|
| Ca | 12,90 | 12,95 pCt. |

Das neutrale Bleisalz entsteht durch Kochen der wässerigen Lösung der Säure mit Bleicarbonat und scheidet sich aus dem stark eingedampften Filtrate langsam in feinen, farblosen Prismen ab. Das einmal kristallisierte Salz ist selbst in heißem Wasser ziemlich schwer löslich und braucht immer längere Zeit, ehe es aus dieser Lösung wieder auskristallisiert. Im Vakuum getrocknet hat dasselbe die Zusammen-setzung $(C_4H_7O_5)_2Pb + H_2O$. Es verliert sein Kristallwasser bei $130^0$ sehr langsam, indem es zu einem farblosen Glase zusammensintert.

|  | Berechnet | Gefunden | |
|---|---|---|---|
|  | für $(C_4H_7O_5)_2Pb + H_2O$ | I. | II. |
| Pb | 41,75 | 42,13 | 41,75 pCt. |

Das neutrale Barytsalz haben wir bisher nicht kristallisiert erhalten. Es bleibt beim Verdampfen der wässerigen Lösung als gummi-ähnliche Masse zurück.

Das basische Barytsalz fällt aus der heißen, wässerigen Lösung der Säure auf Zusatz von überschüssigem Barytwasser vollständig als voluminöser Niederschlag, welcher aus feinen Nädelchen besteht. Im Vakuum getrocknet hat dasselbe nach der Barytbestimmung die Zusammensetzung $C_4H_6O_5Ba$.

|  | Berechnet | Gefunden |
|---|---|---|
| Ba | 50,52 | 50,10 pCt. |

Neben dem Carboxyl beteiligt sich also offenbar ein Hydroxyl an der Salzbildung. Durch Kochen mit reinem Wasser wird das Salz teilweise zersetzt, wobei die Flüssigkeit alkalische Reaktion annimmt.

Das neutrale Strontiumsalz gleicht der Kalkverbindung und kristallisiert aus der stark konzentrierten Lösung in feinen, biegsamen, weißen Nädelchen.

Das Natriumsalz ist in Wasser überaus leicht löslich und kri-stallisiert ebenfalls aus der sirupdicken Lösung in Prismen.

In der wässerigen Lösung der neutralen Salze erzeugt neutrales Bleiacetat keinen Niederschlag. Dadurch unterscheidet sich die Tri-oxyisobuttersäure sehr scharf von der Erythroglucinsäure.

### Reduktion der Trioxyisobuttersäure.

Wird die Trioxyisobuttersäure mit Jodwasserstoffsäure und Phosphor gekocht, so entsteht ein Gemenge jodhaltiger Säuren, von welchen eine kristallisiert erhalten wurde. Dieselbe ist nach ihrem Jodgehalte eine Dijodisobuttersäure. Durch weitere Reduktion dieser jodhaltigen Produkte mit Zink und Schwefelsäure wird dann Isobuttersäure gebildet.

Isobuttersäure aus Trioxyisobuttersäure. 14 Teile des kristallisierten trioxyisobuttersauren Calciums wurden mit 100 Teilen Jodwasserstoffsäure vom Siedepunkt 127⁰ und 3 Teilen amorphen Phosphors 5 Stunden am Rückflußkühler gekocht. Die Flüssigkeit ist dann nur wenig gefärbt und enthält nur noch geringe Mengen unveränderten Phosphors. Sie wird mit demselben Volumen Wasser verdünnt und mit Äther sorgfältig ausgezogen. Beim Verdunsten des letzteren bleibt ein dunkles Öl, das direkt mit viel verdünnter Schwefelsäure übergossen und unter guter Kühlung mit kleinen Portionen Zinkstaub behandelt wurde. Dabei geht es ziemlich rasch in Lösung. Die Reduktion wurde bei Zimmertemperatur noch einige Stunden fortgesetzt und schließlich das ganze mit Wasserdampf destilliert. Das stark sauer reagierende, nach Buttersäure riechende Destillat wurde mit kohlensaurem Kalk neutralisiert und abgedampft. Es blieb ein völlig weißes Salz zurück. Die Ausbeute betrug auf 14 Teile trioxybuttersaures Calcium 3,2 Teile wasserfreies Salz, entsprechend 41 pCt. der theoretisch möglichen Menge.

Aus dem Calciumsalze wurde die freie Säure als farbloses Öl erhalten, welches auch bei starkem Abkühlen nicht erstarrt, sich mit wenig Wasser nicht mischt und, in ätherischer Lösung mit Chlorcalcium getrocknet, bei 154⁰ siedete. (Barometerstand 750 mm, Quecksilberfaden ganz im Dampf.)

Das schon erwähnte Calciumsalz wurde zweimal aus heißem Wasser kristallisiert und die erhaltenen feinen, weißen Nädelchen zwischen Papier getrocknet. Sie haben dann die Zusammensetzung $(C_4H_7O_2)_2$ Ca + $5H_2O$ und verlieren ihr Wasser schon im Exsiccator über Schwefelsäure.

Die Substanz verlor im Vakuum 29,57 pCt. ihres Gewichts; berechnet sind 29,60 pCt.

In der im Vakuum getrockneten Substanz wurde der Calciumgehalt bestimmt.

|      | Berechnet für $(C_4H_7O_2)_2$Ca | Gefunden I. | II. |
|------|----------------------------------|-------------|-----|
| Ca   | 18,69                            | 18,85       | 18,59 pCt. |

Das Silbersalz fällt in charakteristischen, sechseckigen Blättchen aus, wenn man eine selbst ziemlich verdünnte Lösung des Calciumsalzes mit Silbernitratlösung versetzt.

Das Bleisalz kristallisiert in glänzenden, farblosen Blättchen, welche unter kochendem Wasser schmelzen. Nach alledem ist die Säure unzweifelhaft Isobuttersäure.

Dijodisobuttersäure: Wird die ätherische Lösung der bei der Behandlung der Trioxyisobuttersäure mit Jodwasserstoff erhaltenen Jodsäuren mit Quecksilber bis zur Entfärbung geschüttelt und der Äther verdunstet, so bleibt ein fast farbloses Öl, das sich jedoch rasch rot färbt. Wird es mit Wasser überschichtet, so kristallisieren beim Stehen weiße Nädelchen aus. Der größere Teil des Produktes bleibt aber auch bei wochenlangem Stehen ölig. Die Kristalle wurden durch Absaugen vom Öl befreit und aus heißem Wasser umkristallisiert. Die im Vakuum getrocknete Substanz zeigt einen der Formel $C_4H_6O_2J_2$ entsprechenden Jodgehalt.

|   | Berechnet | Gefunden |
|---|---|---|
| J | 74,63 | 74,90 pCt. |

Die Verbindung gleicht äußerlich sehr der $\beta$-Jodpropionsäure, ist aber in heißem Wasser bedeutend schwerer löslich als diese. Sie kristallisiert daraus in langen, farblosen Nadeln, welche sich im reinen Zustande auch bei längerem Liegen an der Luft nicht färben. In Alkohol und Äther ist die Substanz sehr leicht löslich. Sie schmilzt bei 127°.

--------

Die letzten Mutterlaugen des trioxybuttersauren Kalks gaben mit einer Lösung von Bleiacetat einen flockigen Niederschlag, welcher in heißem Wasser und auch in verdünnter Essigsäure unlöslich war. Dieses Verhalten zeigt im Gegensatze zur Trioxyisobuttersäure die Erythroglucinsäure. Leider sind die Eigenschaften der letzteren so wenig charakteristisch, daß unser geringes Material keine sichere Identifizierung derselben mit dem synthetischen Produkte gestattete. Jedenfalls ist die Menge dieser Säure aus Glycerose verschwindend klein gegen die Quantität der Trioxyisobuttersäure. Von dem kristallisierten Kalksalze $(C_4H_7O_5)_2Ca,4H_2O$ der letzteren wurden, wie oben erwähnt, 100 g gewonnen. Dieselben entsprechen 47 g Dioxyaceton. Da man annehmen darf, daß der Glycerinaldehyd ebenso leicht wie sein Isomeres durch Blausäure-Addition und spätere Verseifung in die zugehörige Oxysäure verwandelt werden kann, so glauben wir aus obigem Versuchsresultat folgern zu dürfen, daß die von uns angewandte Glycerose zum allergrößten Teile aus Dioxyaceton bestand.

Ob das Dioxyaceton mit Bierhefe gärt, konnten wir nicht mit Sicherheit entscheiden, da die völlige Reinigung desselben bisher noch ein ungelöstes Problem ist. Beachtenswert ist jedenfalls folgende Beobachtung: Die frisch aus Bleiglycerat bereitete Glycerose entwickelt, mit Bierhefe versetzt, nach kurzer Zeit nicht unbeträchtliche Mengen von Kohlensäure. Bleibt sie dagegen längere Zeit, zwei Monate, mit Luft in Berührung, so nimmt die fast neutrale Lösung ziemlich stark sauere Reaktion an und, trotzdem das Reduktionsvermögen und die Fähigkeit, mit Phenylhydrazin Glycerosazon zu liefern nur wenig verändert sind, bleibt jetzt die Gärungsprobe völlig resultatlos.

Es wäre wohl möglich, daß hierbei der ursprünglich in der Glycerose enthaltene Glycerinaldehyd durch Oxydation verändert und damit die Wirkung der Bierhefe aufgehoben wird. *(Vgl. die Bemerkung auf Seite 12.)*

Schließlich sagen wir Hrn. Dr. Ach für seine Hilfe bei diesen Versuchen besten Dank.

## 29. Emil Fischer und Julius Tafel: Über Isodulcit. I.

Berichte der deutschen chemischen Gesellschaft **21**, 1657 [1888].
(Eingegangen am 17. Mai.)

Der Isodulcit, welcher zuerst von Rigand[1]) beobachtet, aber erst von Hlasiwetz und Pfaundler[2]) im reinen Zustande erhalten wurde, ist, wie wir vor einiger Zeit[3]) gezeigt haben, kein sechswertiger Alkohol, sondern ein Aldehyd- oder Ketonalkohol der Formel $C_6H_{12}O_5$, welcher sich mit Wasser in derselben Weise verbindet, wie das Chloral oder die Glyoxylsäure. Den Beweis dafür fanden wir in der Zusammensetzung des Osazons $C_6H_{10}O_3(N_2H.C_6H_5)_2$. Die Bildung des letzteren wurde gleichzeitig mit uns von Hrn. Will[4]) und von Hrn. Rayman[5]) beobachtet. Der erstere machte keine Angabe über die Zusammensetzung, der letztere gab eine falsche Formel.

Wir haben unsere Beobachtungen später[6]) noch ergänzt durch die Beschreibung des Isodulcitphenylhydrazons, welches die normale Zusammensetzung $C_6H_{12}O_4.N_2H.C_6H_5$ hat.

Nach diesem Resultate schien es uns angezeigt, auf den Isodulcit dieselben Methoden anzuwenden, welche bei den übrigen Zuckerarten für die Feststellung ihrer Konstitution gedient haben. Das ist die Reduktion mit Natriumamalgam und die von Kiliani mit so schönem Erfolge benutzte Addition von Blausäure. Wir haben beide versucht.

Behandelt man eine kalte, wässerige Lösung von Isodulcit mit Natriumamalgam und neutralisiert von Zeit zu Zeit das Alkali mit Schwefelsäure, so verschwindet das Reduktionsvermögen erst nach mehreren Tagen. Wird dann die mit Schwefelsäure neutralisierte Flüssigkeit verdampft und der Rückstand mit Alkohol ausgekocht, so bleibt beim Verdampfen ein süßlich schmeckender Sirup, welcher

---

[1]) Liebigs Annal. d. Chem. **90**, 295 [1854].
[2]) Liebigs Annal. d. Chem. **127**, 362 [1863].
[3]) Berichte d. d. chem. Gesellsch. **20**, 1091 [1887]. (*S. 245.*)
[4]) Berichte d. d. chem. Gesellsch. **20**, 1186 [1887].
[5]) Bull. soc. chim. [2] **47**, 672 [1887].
[6]) Berichte d. d. chem. Gesellsch. **20**, 2574 [1887]. (*S. 257.*)

offenbar den dem Isodulcit entsprechenden fünfwertigen Alkohol enthält. Derselbe ist in Wasser und Alkohol sehr leicht löslich, in Äther dagegen unlöslich und zeigt wenig Neigung zum Erstarren. Wir haben ihn nur einmal in kleinerer Menge kristallisiert erhalten und deshalb seine Untersuchung vorläufig aufgeschoben.

Viel bessere Resultate gab das Verfahren von Kiliani. Ähnlich der Dextrose verbindet sich der Isodulcit in gelinder Wärme sehr leicht mit Blausäure; das dabei vorübergehend entstehende Cyanid entzieht sich jedoch der Beobachtung, es geht jedenfalls zum größeren Teile durch Wasseraufnahme in Säureamid über. Aus letzterem entsteht beim Erwärmen mit Barytwasser sehr leicht das schön kristallisierende Barytsalz einer Pentaoxycarbonsäure. Diese verwandelt sich wenn sie aus dem Salze in Freiheit gesetzt wird, beim Abdampfen der wässerigen Lösung in das Lacton $C_7H_{12}O_6$.

Für die Bezeichnung der einzelnen Produkte gebrauchen wir die von Kiliani eingeführten Namen.

### Isodulcitcarbonsäure.

25 g Isodulcit werden in 25 ccm Wasser gelöst, zur erkalteten Flüssigkeit 7,5 ccm wasserfreie Blausäure zugefügt und das Gemisch im zugeschmolzenen Rohr auf $30^0$ erwärmt. Wenn nach etwa $1^1/_2$ Stunden die Lösung beginnt sich gelb zu färben, so kühlt man ab und läßt 12 Stunden bei Zimmertemperatur stehen. Dabei färbt sich die Flüssigkeit dunkelbraun. Dieselbe wird jetzt nochmals einige Stunden auf $30^0$ erwärmt, dann mit Wasser verdünnt und bis zur Vertreibung der überschüssigen Blausäure verdampft. Der dunkle, amorphe, aber in Wasser ganz lösliche Rückstand wird mit überschüssigem Barytwasser wieder auf dem Wasserbade abgedampft, bis der Ammoniakgeruch verschwunden, dann in viel Wasser gelöst, zur Fällung des überschüssigen Baryts mit Kohlensäure behandelt und durch Kochen mit Tierkohle entfärbt. Wird das schwach gelb gefärbte Filtrat bis zur beginnenden Kristallisation eingedampft, so scheidet sich beim Erkalten das Barytsalz der Isodulcitcarbonsäure zum größeren Teile in farblosen, feinen Blättchen ab. Die Mutterlauge liefert beim weiteren Eindampfen eine zweite Kristallisation. 25 g Isodulcit lieferten 15,5 g des reinen Salzes. Für die Analyse wurde dasselbe nochmals aus heißem Wasser umkristallisiert. Bei $100^0$ getrocknet hat es die Zusammensetzung $(C_7H_{13}O_7)_2Ba$.

|     | Berechnet | Gefunden |
| --- | --- | --- |
| C | 30,27 | 30,14 pCt. |
| H | 4,70 | 4,89 ,, |
| Ba | 24,70 | 24,72 ,, |

Das Salz ist in heißem Wasser ziemlich leicht, in kaltem Wasser beträchtlich schwerer löslich. Von absolutem Alkohol wird es gar nicht aufgenommen. Wird das in Wasser gelöste Salz mit der gerade ausreichenden Menge Schwefelsäure zersetzt, so reagiert das Filtrat stark sauer und enthält offenbar die freie Isodulcitcarbonsäure. Aber beim Abdampfen der Lösung verwandelt sich dieselbe in das Lacton, welches als kristallinische Masse zurückbleibt. In wenig Alkohol gelöst und durch Zusatz von Äther wieder abgeschieden, bildet dasselbe feine, weiße, meist konzentrisch gruppierte Nädelchen, welche bei $100^0$ getrocknet die Zusammensetzung $C_7H_{12}O_6$ haben.

|   | Berechnet | Gefunden |
|---|-----------|----------|
| C | 43,75 | 43,65 pCt. |
| H | 6,25 | 6,54 „ |

Das Lacton sintert bei $162^0$ und schmilzt vollständig bei $168^0$. Bei höherer Temperatur wird es unter Gasentwicklung zersetzt. Es reagiert neutral und ist in Wasser und Alkohol sehr leicht, dagegen in Äther sehr schwer löslich.

Bei der Reduktion mit Jodwasserstoffsäure verhält sich die Isodulcitcarbonsäure genau so wie die Dextrosecarbonsäure. Wir benutzten für den Versuch direkt das Barytsalz und folgten dabei bezüglich der Mengenverhältnisse der Vorschrift von Kiliani[1]). 12 g Salz wurden mit 90 g Jodwasserstoffsäure (Sdp. $127^0$) und 5 g amorphem Phosphor 5 Stunden am Rückflußkühler gekocht und dann das Gemisch direkt mit Wasserdampf destilliert. Dabei ging ein rötlich gefärbtes Öl über, welches beim Neutralisieren der wässerigen Lösung mit kohlensaurem Kali teilweise verschwand. Das ungelöste Öl wurde mit Äther extrahiert und ist wahrscheinlich ein Lacton. Aus der konzentrierten wässerigen Lösung schied sich beim Ansäuern eine ölige Säure ab, welche mit Äther extrahiert, nach dem Verdampfen des letzteren in Natronlauge gelöst und zur Zersetzung einer beigemengten Jodverbindung längere Zeit in der Hitze mit Natriumamalgam behandelt wurde. Das wiederum durch Säure abgeschiedene und mit Äther extrahierte Öl besitzt die Eigenschaften einer Fettsäure. Über die Konstitution derselben hoffen wir bald Mitteilung machen zu können.

---

[1]) Berichte d. d. chem. Gesellsch. **19**, 1128 [1886].

## 30. Emil Fischer und Julius Tafel: Über Isodulcit. II.

Berichte der deutschen chemischen Gesellschaft **21**, 2173 [1888].

(Eingegangen am 28. Juni.)

Die vor kurzem beschriebene Isodulcitcarbonsäure[1]) liefert beim Kochen mit Jodwasserstoff neben einem Lacton eine Fettsäure. Die letztere ist, wie wir jetzt mit größeren Mengen Materials festgestellt haben, identisch mit der normalen Heptylsäure. Daraus folgt, daß der Isodulcit eine normale Kohlenstoffkette und eine Aldehydgruppe enthält. So bestätigt sich unsere erste Vermutung[2]), daß derselbe ein Homologes der Arabinose sei. Im Einklang mit diesem Resultate steht die kürzlich publizierte Beobachtung von Will und Peters[3]), daß der Isodulcit bei der Oxydation mit Brom in eine Carbonsäure resp. deren Lacton $C_6H_{10}O_5$ verwandelt wird.

Da es bisher unentschieden ist, ob der Zucker ein Methyl oder ein Methylen enthält, so bleibt zunächst die Wahl zwischen folgenden fünf Formeln:

1. $CH_3.CHOH.CHOH.CHOH.CHOH.COH.$
2. $CH_2OH.CH_2.CHOH.CHOH.CHOH.COH.$
3. $CH_2OH.CHOH.CH_2.CHOH.CHOH.COH.$
4. $CH_2OH.CHOH.CHOH.CH_2.CHOH.COH.$
5. $CH_2OH.CHOH.CHOH.CHOH.CH_2.COH.$

Eine weitere Einschränkung derselben wird möglich durch folgende Betrachtungen:

a) Der Isodulcit liefert ein normales Osazon, enthält mithin benachbart zur Aldehydgruppe eine Alkoholgruppe.

b) Die Isodulcitcarbonsäure verwandelt sich außerordentlich leicht in ein Lacton, enthält mithin aller Wahrscheinlichkeit nach in der γ-Stellung zum Carboxyl ein Hydroxyl.

c) Dasselbe gilt von der Isodulcitonsäure, welche Will und Peters beschrieben haben. So fallen die Formeln 5, 4 und 3 weg. Zwischen den Formeln 1 und 2 läßt sich vorläufig nicht mit Sicherheit ent-

---

[1]) Berichte d. d. chem. Gesellsch. **21**, 1658 [1888]. (*S. 283.*)
[2]) Berichte d. d. chem. Gesellsch. **20**, 1092 [1887]. (*S. 246.*)
[3]) Berichte d. d. chem. Gesellsch. **21**, 1813 [1888].

scheiden. Allerdings hat J. Herzig[1]) beobachtet, daß der Isodulcit bei der Oxydation mit Silberoxyd reichliche Mengen von Essigsäure liefert, und daraus das Vorhandensein eines Methyls gefolgert. Wir können jedoch diese Beweisführung nicht für ganz stichhaltig erklären; denn die Bildung der Essigsäure läßt sich auch wohl mit der Formel 2 vereinigen. Immerhin halten wir die erste Formel:

$$CH_3 . CHOH . CHOH . CHOH . CHOH . COH$$

wenn auch nicht für bewiesen, so doch für die wahrscheinlichere. Die einzige tatsächliche Beobachtung, welche mit derselben nur schwer erklärt werden kann, ist die Bildung der sogenannten Isodulcitsäure[2]), welche die Formel $C_6H_{10}O_9$ besitzen soll. Aber die unzureichenden Angaben Malins lassen noch manchen Zweifel an der Richtigkeit der Formel und über die Beziehungen der Säure zum Isodulcit.

Schließlich machen wir auf die Ähnlichkeit des Isodulcits mit der Dextrose und Galactose in dem Verhalten gegen Natriumamalgam aufmerksam. Alle drei werden von dem naszierenden Wasserstoff sehr langsam angegriffen; es bedarf tage- ja wochenlanger Behandlung, um die Reduktion zu Ende zu führen. Im Gegensatze dazu werden Lävulose und Mannose, welche keine Aldehyd- sondern eine Ketongruppe enthalten, von Natriumamalgam rasch verändert und verhältnismäßig glatt in Mannit verwandelt.*)

### Isodulcitcarbonsäure. (α-Rhamnohexonsäure.)

Für die Bereitung größerer Mengen[3]) haben wir das früher angegebene Verfahren etwas abgeändert: 100 g Isodulcit wurden in 200 ccm Wasser gelöst und 60 g 50prozentige Blausäure zugefügt. Von dieser Mischung wurden 5 ccm im zugeschmolzenen Rohr etwa ½ Stunde auf 60⁰ erwärmt, bis Gelbfärbung eintrat. Diese Probe wurde dann zur Hauptmasse zurückgegeben und nun die Gesamtflüssigkeit in einer mit Patentverschluß versehenen Flasche im Wasserbade 5—6 Stunden auf 40⁰ erwärmt. Die Lösung färbt sich dabei dunkelbraun. Sie wird zunächst zur Verjagung der überschüssigen Blausäure auf dem Wasserbade abgedampft, dann mit etwa 1 Liter Wasser aufgenommen und nach Zusatz von 150 g kristallisiertem Barythydrat von neuem verdampft, bis der Ammoniakgeruch ver-

---

*) *Die ursprüngliche Annahme, daß Mannose eine Ketose sei, hat sich bekanntlich nicht bestätigt.*
[1]) Monatsh. f. Chem. **1887**, 227.
[2]) Liebigs Annal. d. Chem. **145**, 197 [1868].
[3]) Eine kleinere Quantität des nicht käuflichen Isodulcits verdanken wir der Güte des Herrn Dr. Herzig. Die Hauptmenge haben wir selbst aus dem käuflichen Quercetrin dargestellt und dabei aus 2 kg des letzteren 300 g eines reinen Präparats gewonnen.

schwunden ist. Verdünnt man jetzt wieder auf etwa 1½ Liter, behandelt in der Hitze mit Kohlensäure und kocht dann mit Tierkohle, so liefert das nahezu farblose Filtrat, bis zur beginnenden Kristallisation eingedampft, beim Erkalten eine reichliche Menge von isodulcitcarbonsaurem Baryt. Bei Aufarbeitung der Mutterlauge wurden nach diesem Verfahren aus 100 g Isodulcit 95 g reines Barytsalz erhalten, was 62 pCt. der theoretischen Ausbeute entspricht.

### Reduktion der Isodulcitcarbonsäure.

60 g Barytsalz wurden mit 400 g Jodwasserstoffsäure (vom Siedepunkt 127⁰) und 25 g amorphem Phosphor 10 Stunden am Rückflußkühler erhitzt, dann die Flüssigkeit mit der doppelten Menge Wasser verdünnt und das abgeschiedene Öl mit Äther extrahiert. Die ätherische Lösung hinterließ nach dem Entfärben mit metallischem Quecksilber beim Verdampfen 50 g eines schweren Öles, welches die gebildete Fettsäure, das früher erwähnte Lacton und verschiedene jodhaltige Produkte enthielt. Da es uns nur auf die Gewinnung der Fettsäure ankam, so isolierten wir dieselbe abweichend von dem Verfahren von Kiliani in folgender Weise:

Das Öl wurde in der 10fachen Menge Alkohol gelöst und in die am Rückflußkühler erwärmte Flüssigkeit metallisches Natrium im Überschuß eingetragen. Dabei werden die Jodverbindungen und auch der größte Teil des Lactons zerstört. Die alkalische Lösung wurde unter Zusatz von Wasser bis zur Vertreibung des Alkohols verdampft, angesäuert, mit Wasserdampf destilliert, das Destillat mit Äther extrahiert und der ätherische Auszug mit Sodalösung ausgeschüttelt. Die aus der wässerigen Lösung abermals abgeschiedene Fettsäure wurde wieder mit Äther extrahiert. Beim Verdunsten blieben 8 g Rohsäure, welche durch das Barytsalz gereinigt wurde; aus dem letzteren wieder in Freiheit gesetzt, destillierte die Säure zwischen 221 und 223⁰ (Quecksilberfaden ganz im Dampf); in einer Kältemischung erstarrte dieselbe sehr rasch, zwischen — 11⁰ und — 12⁰ zu großen, blättrigen Kristallen, welche wieder bei — 11⁰ bis — 10⁰ schmolzen.

Das Barytsalz bildet glänzende, feine Blättchen, welche in heißem Wasser leichter löslich sind, als in kaltem und an der Luft getrocknet die Zusammensetzung $(C_7H_{13}O_2)_2Ba$ haben.

0,1793 g Subst.: 0,105 g $BaSO_4$.

|  | Ber. für $(C_7H_{13}O_2)_2Ba$ | Gefunden |
|---|---|---|
| Ba | 34,68 | 34,43 pCt. |

Eine Löslichkeitsbestimmung ergab folgendes Resultat: 4,0247 g der bei 13⁰ durch 8stündiges Digerieren des Salzes mit der ungenügenden

Wasser bereiteten, gesättigten Lösung gaben 0,0355 g Baryumcarbonat, mithin enthielten 100 g der Lösung 1,76 g Barytsalz, während Kiliani[1]) 1,67 g fand.

Das Calciumsalz kristallisiert in feinen glänzenden Nadeln, welche die Zusammensetzung $(C_7H_{13}O_2)_2Ca + H_2O$ haben. Das Kristallwasser wurde durch Trocknen bei $105^0$ bestimmt:

|  | Berechnet | Gefunden |
|---|---|---|
| $H_2O$ | 5,15 | 5,69 pCt. |

In dem wasserfreien Salz wurde der Calciumgehalt ermittelt:

|  | Berechnet | Gefunden |
|---|---|---|
| Ca | 13,15 | 13,43 pCt. |

Durch diese Resultate ist die Identität der Fettsäure mit Normalheptylsäure unzweifelhaft festgestellt. Das gleichzeitig gebildete Lacton besitzt die Eigenschaften, welche Kiliani für das aus Dextrosecarbonsäure erhaltene Produkt angibt. Wir haben auf seine weitere Untersuchung verzichtet, welche für den vorliegenden Zweck keine Bedeutung mehr haben konnte.

Bei diesen Untersuchungen wurden wir von Hrn. Dr. Rahnenführer unterstützt, wofür wir demselben besten Dank sagen.

---

[1]) Berichte d. d. chem. Gesellsch. **19**, 1130 [1886].

## 31. Emil Fischer und Josef Hirschberger: Über Mannose. I.

Berichte der deutschen chemischen Gesellschaft **21**, 1805 [1888].
(Eingegangen am 30. Mai.)

Bei der Oxydation des Mannits mit Salpetersäure entsteht neben Lävulose ein Produkt, welches mit Phenylhydrazin schon in der Kälte eine schwer lösliche Verbindung liefert; diese besitzt die Zusammensetzung $C_{12}H_{18}O_5N_2$[1]) und ist also isomer mit dem Dextrosephenylhydrazon. Die nähere Untersuchung hat ergeben, daß die Verbindung das Phenylhydrazon eines neuen Zuckers ist, welcher sich aufs engste an die Dextrose und Lävulose anschließt. Derselbe kann aus der Hydrazinverbindung durch Spaltung mit Säuren leicht gewonnen werden. Er reduziert die Fehlingsche Lösung, gärt mit Hefe, dreht die Ebene des polarisierten Lichtes nach rechts, liefert mit Phenylhydrazin in wässeriger Lösung wieder das schwer lösliche Hydrazon, verwandelt sich beim längeren Erhitzen mit überschüssigem Phenylhydrazin in das Osazon $C_{18}H_{22}O_4N_4$ und wird endlich durch Natriumamalgam leicht wieder zu Mannit reduziert. Nach den Analysen des Hydrazons und Osazons besitzt er die Zusammensetzung $C_6H_{12}O_6$. Wir nennen die neue Zuckerart Mannose. Sie bildet einen Bestandteil der sogenannten Mannitose von Gorup-Besanez, welche nach der Beobachtung von Dafert ein Gemenge von Lävulose mit anderen reduzierenden Produkten ist.

### Mannosephenylhydrazon.*)

200 g Mannit werden in 1300 ccm Wasser gelöst, mit 650 ccm Salpetersäure vom spezifischen Gewicht 1,4 versetzt und 8 Stunden auf 42⁰ erwärmt. Die grüngefärbte Flüssigkeit bleibt dann 1—2 Tage stehen, bis der größte Teil der salpetrigen Säure verschwunden ist. Jetzt wird die Hauptmenge der Salpetersäure mit Natronlauge abgestumpft und dann der Rest der salpetrigen Säure durch Zusatz von etwa 30 g Harnstoff vollständig zerstört. Wenn die Stickstoffentwicklung beendet ist, neutralisiert man vollends mit Natronlauge

---

[1]) E. Fischer, Berichte d. d. chem. Gesellsch. **20**, 832 [1887]. (*S. 155.*)
*) *Verbesserte Darstellung siehe Seite 294.*

in der Kälte und fügt dann zu der Flüssigkeit eine Lösung von 100 g Phenylhydrazin in stark verdünnter Essigsäure. Bei Zimmertemperatur beginnt schon nach einigen Minuten die Abscheidung eines gelben kristallinischen Niederschlages, welcher nach ½ Stunde filtriert und mit Wasser gewaschen wird. Derselbe enthält das Mannosephenylhydrazon. Das stark gepreßte Rohprodukt wird zunächst mit warmem Aceton ausgelaugt, wobei die gefärbten Produkte völlig in die braunrote Mutterlauge übergehen, während das Hydrazon als fast weiße Kristallmasse zurückbleibt. Dasselbe wird aus heißem Wasser umkristallisiert und bildet dann ganz schwach gelbliche, feine prismatische Kristalle. Die Ausbeute schwankt zwischen 10—15 pCt. des angewandten Mannits.

Das Mannosephenylhydrazon löst sich beim längeren Kochen in 80—100 Teilen Wasser und fällt beim Erkalten zum größten Teil wieder heraus. In absolutem Alkohol und Aceton ist es sehr viel schwerer löslich, von Äther und Benzol wird es nur spurenweise aufgenommen.

Es schmilzt unter Zersetzung. Der Schmelzpunkt, der früher zu 188⁰ angegeben wurde, liegt bei der ganz reinen Substanz etwas höher. Er ist aber nicht völlig konstant, sondern schwankt je nach der Art des Erhitzens zwischen 195 und 200⁰.

Das Hydrazon reduziert die Fehlingsche Lösung beim Erwärmen sehr stark. Seine Lösung in verdünnter Salzsäure dreht das polarisierte Licht nach links. Durch konzentrierte Mineralsäuren wird es schon in der Kälte gespalten in Phenylhydrazin und Mannose.

### Mannose.*)

Das Mannosephenylhydrazon löst sich in der 4fachen Menge Salzsäure vom spezifischen Gewichte 1,19, welche in einer Mischung von Eis und Salz gekühlt ist, sofort mit roter Farbe und nach einigen Minuten beginnt die Abscheidung von salzsaurem Phenylhydrazin. Nach einer Viertelstunde wird die stets kalt gehaltene Masse auf der Saugpumpe filtriert. Die rote Mutterlauge scheidet beim nochmaligen Abkühlen in der Kältemischung eine weitere aber viel kleinere Menge von salzsaurem Phenylhydrazin ab. Die wieder filtrierte Flüssigkeit wird jetzt mit der doppelten Menge eiskaltem Wasser verdünnt und mit Bleicarbonat neutralisiert. Das gelbrote Filtrat enthält neben Mannose noch Bleichlorid und salzsaures Phenylhydrazin. Zur Entfernung des letzteren versetzt man mit Barytwasser bis zur alkalischen Reaktion und extrahiert sofort mit Äther, welcher das Phenylhydrazin und den größten Teil der gefärbten Produkte aufnimmt. Die vom

---

*) *Verbesserte Darstellung siehe Seite 308.*

Äther getrennte, hellgelbe wässerige Lösung wird mit Kohlensäure behandelt, filtriert und durch Verdampfen im Vakuum auf etwa $^1/_3$ Volumen
konzentriert. Das in Lösung befindliche Baryumchlorid entfernt man
jetzt zweckmäßig durch Schütteln mit Silbersulfat, fällt aus dem Filtrate
die geringe Menge des gelösten Silbers durch Schwefelwasserstoff, verdunstet nach dem Filtrieren den Überschuß an Schwefelwasserstoff
durch gelindes Erwärmen im Vakuum und behandelt endlich die Lösung
mit frisch gefälltem Baryumcarbonat.

Das Filtrat hinterläßt beim Eindampfen im Vakuum die Mannose
als schwach gefärbten Sirup, welcher mit absolutem Alkohol aufgenommen und durch absoluten Äther gefällt wurde.

Die so gewonnene Mannose war frei von Blei, Baryum, Schwefelsäure und Chlor und enthielt nur Spuren von Asche. Sie bildet einen
hellgelben Sirup, welchen wir bisher noch nicht kristallisiert erhielten.
Derselbe zeigt alle Eigenschaften der Glucosen. Er schmeckt süß,
ist leicht löslich in Wasser und Alkohol, bräunt sich beim Erhitzen
unter Verbreitung von Caramelgeruch. Er reduziert die Fehlingsche
Lösung in der Wärme sehr stark. Mit Alkalien erwärmt, färbt er sich
erst gelb, dann braun; mit 20prozentiger Salzsäure auf dem Wasserbade behandelt, liefert er nach einiger Zeit reichliche Mengen von
Huminsubstanzen; ob dabei Lävulinsäure gebildet wird, konnten wir
aus Mangel an Material nicht feststellen. *(Siehe Seite 299.)*

Die wässrige Lösung dreht die Ebene des polarisierten Lichtes
nach rechts, aber viel schwächer als die Dextrose. Die genaue Bestimmung des Drehungsvermögens wird erst möglich werden, wenn
es gelingt, die Mannose in kristallisierter Form darzustellen.

Durch Bierhefe wird der Zucker auch in stark verdünnter wässriger
Lösung bei Zimmertemperatur nach etwa 1 Stunde in lebhafte Gärung
versetzt.

Durch alle diese Eigenschaften ist die Mannose der Dextrose so
nahe verwandt, daß sie wohl damit verwechselt werden kann. Sehr
leicht wird dagegen ihre Erkennung durch das höchst charakteristische
Phenylhydrazon. Versetzt man ihre kalte wässerige Lösung mit der
essigsauren Lösung von Phenylhydrazin oder dem Gemisch von salzsaurem Phenylhydrazin und Natriumacetat, so fällt nach wenigen
Minuten das Hydrazon als nahezu farbloser, kristallinischer Niederschlag aus, welcher aus heißem Wasser in den charakteristischen Prismen
kristallisiert. Keine der bekannten Zuckerarten zeigt ein ähnliches
Verhalten; denn sie liefern alle in Wasser leicht lösliche Hydrazone.

Daß die Mannose zum Mannit in einfacher Beziehung steht, beweist
nicht allein ihre Bildung, sondern auch ihre Rückverwandlung in den
Alkohol.

## Mannit aus Mannose.

Schüttelt man eine 10prozentige Lösung des Zuckers mit 2prozentrigem Natriumamalgam, so wird anfangs der Wasserstoff fast vollständig absorbiert. Es ist zweckmäßig, das Alkali von Zeit zu Zeit mit Schwefelsäure zu neutralisieren. Die Reduktion war bei öfterem Schütteln nach 8 Stunden beendet. Die mit Schwefelsäure genau neutralisierte Lösung wurde stark konzentriert, vom abgeschiedenen Natriumsulfat heiß filtriert, dann in heißen absoluten Alkohol eingegossen und das Filtrat verdampft. Es blieb dabei ein schwachbraun gefärbter Sirup, der auf Zusatz von Alkohol sofort kristallisierte. Die Kristallmasse wurde in wenig Wasser gelöst; nach Zusatz von Alkohol schieden sich langsam die feinen Nadeln von Mannit ab, welche bei 165° schmolzen und folgende Zahlen gaben:

0,2310 g Subst.: 0,3327 g $CO_2$, 0,1602 g $H_2O$.

|   | Ber. für $C_6H_{14}O_6$ | Gefunden |
|---|---|---|
| C | 39,56 | 39,35 pCt. |
| H | 7,69 | 7,71 „ |

Wir haben den Versuch nur mit wenigen Grammen ausgeführt und die Leichtigkeit, mit welcher der reine Mannit isoliert werden konnte, zeigt, daß die Reduktion der Mannose sehr viel glatter vonstatten geht als die der Dextrose.

## Phenylmannosazon.*)

Wenn die Mannose ebenso wie die anderen Glucosen ein Aldehyd- oder Ketonalkohol ist, so mußte aus ihrem Hydrazon durch die weitere Wirkung des Phenylhydrazins ein Osazon entstehen. Das ist in der Tat der Fall; nur wird hier die Operation etwas erschwert durch die geringe Löslichkeit des Hydrazons.

Erhitzt man aber 1 Teil desselben mit 3 Teilen salzsaurem Phenylhydrazin und 4 Teilen Natriumacetat in 80 Teilen Wasser 4—5 Stunden in geschlossenen Gefäßen auf 100—105°, so ist die Flüssigkeit erfüllt von gelben Nadeln des Osazons, dessen Menge ungefähr $^2/_3$ des angewandten Hydrazons beträgt. Das Produkt wird filtriert, mit heißem Wasser gewaschen und aus absolutem Alkohol umkristallisiert.

Für die Analyse wurde es im Vakuum getrocknet.

0,2191 g Subst.: 0,4842 g $CO_2$, 0,1259 g $H_2O$.
0,1131 g Subst.: 15,8 ccm N (23°, 758 mm).

|   | Ber. für $C_{18}H_{22}O_4N_4$ | Gefunden |
|---|---|---|
| C | 60,33 | 60,29 pCt. |
| H | 6,15 | 6,34 „ |
| N | 15,64 | 15,70 „ |

*) Vgl. die folgende Abhandlung Seite 303.

Das Mannosazon scheidet sich aus Alkohol in mikroskopisch feinen, gelben Nadeln ab, welche meist zu kugeligen Aggregaten vereinigt sind.

Es unterscheidet sich von dem Phenylglucosazon durch den etwas höheren Schmelzpunkt, welcher bei 210⁰ liegt, und die beträchtlich größere Löslichkeit in Aceton.

Da die Mannose ebenso wie Dextrose und Lävulose der Mannitreihe angehört, so halten wir es für wahrscheinlich, daß sie mit jenen strukturisomer ist und die Konstitution

$$CH_2OH . CHOH . CO . CHOH . CHOH . CH_2OH$$

besitzt. Wir werden diese Vermutung durch die Addition von Blausäure und die Umwandlung in Fettsäure nach dem Verfahren von Kiliani prüfen. (*Vgl. die folgende Abhandlung.*)

Man darf ferner erwarten, der Mannose, welche so leicht aus dem Mannit entsteht, auch im Pflanzenreiche zu begegnen. Bisher haben wir nur Honig und Traubensaft mit Hilfe von Phenylhydrazin auf Gehalt an Mannose geprüft. Das Resultat war negativ. Wir werden aber diese Versuche fortsetzen und namentlich auch auf die Zersetzungsprodukte der komplizierteren Zuckerarten durch Säuren ausdehnen.

**32. Emil Fischer und Josef Hirschberger: Über Mannose. II.**
Berichte der deutschen chemischen Gesellschaft **22**, 365 [1889].
(Eingegangen am 13. Februar.)

Die Mannose entsteht durch Oxydation des Mannits[1]) und wird durch naszierenden Wasserstoff in letzteren zurückverwandelt. Wir hielten es deshalb für wahrscheinlich, daß sie mit der Dextrose und Lävulose strukturisomer sei. Diese Ansicht hat sich nicht bestätigt; denn aus den nachfolgenden Versuchen geht ohne Zweifel hervor, daß die Mannose dieselbe Struktur besitzt, wie die Dextrose und mithin als ein geometrisches Isomere derselben zu betrachten ist.

### Darstellung der Mannose.

Für die Bereitung größerer Mengen haben wir das frühere Verfahren in folgender Weise vereinfacht:

3 kg Mannit werden mit 20 Liter Wasser und 10 Liter Salpetersäure (spez. Gewicht 1,41) im Wasserbade unter öfterem Umrühren auf 40—45⁰ (Temperatur gemessen in der Reaktionsflüssigkeit) erhitzt. Nach 4—5 Stunden tritt sichtbare Reaktion unter Gasentwicklung ein. Man tut gut, nun alle 20 Minuten eine Probe der Lösung mit Soda zu neutralisieren und mit essigsaurem Phenylhydrazin zu versetzen. Sobald das letztere nach einigen Minuten einen dicken, schwachgelben Niederschlag des Hydrazons erzeugt, unterbricht man die Operation; denn beim weiteren Erhitzen entstehen andere Produkte, welche das Hydrazon rot färben und seine Reinigung erschweren. Dieser Punkt ist gewöhnlich nach 5—6 Stunden erreicht. Die Gesamtflüssigkeit wird durch Einwerfen von Eis auf etwa 25⁰ abgekühlt, dann mit fester, kristallisierter Soda schwach alkalisch gemacht und mit Essigsäure wieder angesäuert. Da die salpetrige Säure beim Neutralisieren mit der Soda fast völlig zerstört wird, so ist der früher empfohlene Zusatz von Harnstoff überflüssig. Zu der fast farblosen Flüssigkeit fügt man jetzt 1 kg Phenylhydrazin, welches in verdünnter Essigsäure gelöst ist. Nach einigen Minuten beginnt die Kristallisation des

---

[1]) Berichte d. d. chem. Gesellsch. **21**, 1805 [1888]. (S. *289*.)

Phenylhydrazons. Das bei richtiger Operation nur schwach gelbe Produkt wird nach 1 Stunde koliert, mit kaltem Wasser gewaschen und abgepreßt. Zur völligen Reinigung genügt einmaliges Umkristallisieren aus heißem Wasser. Man verfährt dabei zweckmäßig in folgender Weise.

Etwa ¼ des Niederschlages wird mit 5 Liter Wasser ungefähr ¼ Stunde gekocht, die Lösung filtriert, mit wenig Zinkstaub und Ammoniak in der Hitze entfärbt und abermals filtriert. Beim Erkalten scheidet sich jetzt das Hydrazon in schwach gelben Blättchen aus. Die Mutterlauge wird benutzt, um eine neue Quantität des Rohproduktes zu lösen. Bei 6—7maliger Wiederholung dieser Operation kann man die ganze Menge aus den 5 Liter Wasser umkristallisieren. Man vermeidet so die beträchtlichen Verluste, welche durch die Löslichkeit des Hydrazons in kaltem Wasser entstehen; denn aus der wässerigen Lösung kann dasselbe durch Abdampfen nur schmierig gewonnen werden. Die Ausbeute an reinem Hydrazon beträgt durchschnittlich 10 pCt. vom angewandten Mannit.

Für die Umwandlung in Zucker werden 100 g Hydrazon in 400 g Salzsäure (spez. Gewicht 1,19) bei Zimmertemperatur gelöst, wobei sehr bald die Abscheidung von salzsaurem Phenylhydrazin beginnt. Man läßt ½ Stunde bei gewöhnlicher Temperatur stehen, kühlt dann zur Vervollständigung der Kristallisation in einer Kältemischung und filtriert auf der Saugpumpe über Glaswolle. Das dunkelrote Filtrat wird mit der doppelten Menge Wasser verdünnt und mit reinem Bleicarbonat neutralisiert. Die abermals filtrierte, gelbe Lösung versetzt man bis zur alkalischen Reaktion mit Baryumhydroxyd und extrahiert mit Äther, welcher den Rest des in Lösung gebliebenen Phenylhydrazins und die gefärbten Produkte aufnimmt.

Die vom Äther getrennte Lösung, welche 2—3 Liter beträgt, wird mit Kohlensäure behandelt, mit Tierkohle entfärbt und auf dem Wasserbade im Vakuum bis auf etwa 300 ccm eingedampft. Dieselbe enthält noch beträchtliche Mengen von Baryumchlorid. Um dasselbe zu entfernen, fällt man zuerst den Baryt mit Schwefelsäure, neutralisiert dann wieder mit wenig Bleicarbonat, wodurch alle Schwefelsäure und der größte Teil der Salzsäure gefällt wird und verdampft im Vakuum. Das sich dabei ausscheidende Bleichlorid wird nochmals filtriert und jetzt die Lösung bis zum Sirup verdampft. Übergießt man den Rückstand mit der fünffachen Menge absolutem Alkohol, so geht er größtenteils in Lösung, während eine Verbindung von Bleichlorid mit Mannose in Flocken ausfällt. Das Gemisch wird ohne vorherige Filtration mit Schwefelwasserstoff behandelt, das Bleisulfid filtriert und die Lösung mit viel absolutem Äther gefällt.

Die so bereitete Mannose bildet einen farblosen Sirup, welcher nach der quantitativen Bestimmung mit Phenylhydrazin etwa 90 pCt. Zucker enthält. Die Ausbeute ist sehr gut. 100 g Phenylhydrazon lieferten 60 g des sirupösen Zuckers, was etwa 80 pCt. der Theorie entspricht.

### Eigenschaften der Mannose.

Wird das sirupöse Rohprodukt nochmals in heißem Alkohol gelöst, so fallen auf Zusatz von Äther amorphe, weiße Flocken aus, welche sich beim längeren Stehen unter absolutem Alkohol in eine vollständig harte, farblose, leicht zerreibliche Masse verwandeln. Dieselbe zeigt aber selbst unter dem Mikroskop keine deutliche kristallinische Struktur. Sie hält sich im Exsiccator unverändert, ist aber so hygroskopisch, daß sie an feuchter Luft sehr bald zerfließt. Kristallisiert erhielten wir die Verbindung bis jetzt noch nicht.

Der Zucker ist in Wasser außerordentlich leicht, in absolutem Alkohol selbst in der Hitze recht schwer löslich und in Äther unlöslich.

Fuchsin-schweflige Säure wird durch Mannose nicht gefärbt. In der alkoholischen Lösung des Zuckers erzeugt alkoholisches Kali einen flockigen Niederschlag, welcher hygroskopisch ist. Durch essigsaures Blei und basisch-essigsaures Blei wird die wässerige Lösung nicht gefällt,[*] wohl aber durch Bleiessig und Ammoniak. Der Niederschlag wird beim Stehen oder Erwärmen gelb.

Wie früher schon erwähnt, gärt der Zucker mit Bierhefe eben so leicht wie Dextrose; er wird ferner durch Natriumamalgam verhältnismäßig glatt in Mannit verwandelt, reduziert alkalische Kupferlösung und dreht nach rechts.

Da wir denselben nicht kristallisiert erhalten konnten, so wurde für die Bestimmung des Reduktionsvermögens und des Drehungsvermögens eine ungefähr 10prozentige Lösung hergestellt und in derselben der Gehalt an Mannose durch Phenylhydrazin bestimmt. Für den letzteren Zweck wurde ungefähr 1 g der Lösung genau abgewogen, dann mit ½ ccm einer konzentrierten Lösung von essigsaurem Phenylhydrazin versetzt, wobei nach einigen Minuten das Hydrazon zum allergrößten Teile herausfällt und nun zur völligen Abscheidung desselben Alkohol und Äther zur Lösung gefügt. Das Hydrazon wurde nach 1 Stunde filtriert, bei 100⁰ getrocknet und gewogen.

Diese Methode liefert gut übereinstimmende Resultate, wie folgende Zahlen zeigen:

1,1045 g der Lösung gaben 0,1404 g Hydrazon.
1,1078 g  „     „     „   0,1440 g    „
1,1678 g  „     „     „   0,1484 g    „

*) Vgl. die folgende Abhandlung, Seite 306.

Daraus berechnet sich der Gehalt der Lösung an Mannose $C_6H_{12}O_6$ folgendermaßen:

I. 8,47     II. 8,66     III. 8,46 pCt.
Mittel 8,53 pCt.

Die Zahlen sind mit einem kleinen Fehler behaftet, da das Hydrazon nicht ganz unlöslich ist; aber wir halten denselben für so gering, daß die Zahl 8,53 pCt. gewiß nicht mehr als um 0,5 pCt. von der Wahrheit entfernt ist.

Das spezifische Gewicht der Lösung betrug $d_4^{20} = 1,0416$.

Diese Lösung drehte bei $20^0$ im 2 dcm-Rohr bei Benutzung eines Landoltschen Polarisationsapparates $2,39^0$ nach rechts. Die Zahl ist das Mittel von 10 Ablesungen, wobei die größte Differenz $0,13^0$ betrug.

Daraus berechnet sich nach der Formel $[\alpha]_D = \dfrac{\alpha \cdot 100}{p \cdot d \cdot 1}$ das spezifische Drehungsvermögen zu $+12,89^0$.

Eine zweite Bestimmung ganz in derselben Weise durchgeführt mit einer Lösung, welche 9,41 pCt. Mannose enthielt, ergab die Zahl $+13,02^0$.

Als Mittel ergibt sich für das spezifische Drehungsvermögen der Mannose $+12,96^0$. Der Zahl haftet nur der obenerwähnte Fehler an, welcher von der Bestimmung der Mannose als Hydrazon herrührt.

Das Drehungsvermögen ist mithin zwar in demselben Sinne, aber sehr viel schwächer, als dasjenige der Dextrose.

Das Reduktionsvermögen wurde mit Fehlingscher Lösung in der von Soxhlet empfohlenen Weise bestimmt. Dazu diente dieselbe Lösung von 8,53 pCt. Gehalt, welche oben für die Ermittelung des Drehungsvermögens benutzt war. 10,0 g derselben wurden auf 100 ccm verdünnt. Von dieser Lösung genügten 15,2 ccm, um 30 ccm Fehlingscher Lösung bei 2 Minuten langem Kochen vollständig zu reduzieren, während bei Anwendung von 15,1 ccm derselben Lösung noch eine erkennbare Menge von Kupfer nicht gefällt war. Danach ergibt sich, daß 1 ccm Fehlingscher Lösung 4,307 mg Mannose entspricht. Das Reduktionsvermögen der letzteren ist also etwas stärker als dasjenige der Dextrose und Lävulose. Die Zahl ist übrigens mit demselben kleinen Fehler behaftet, welcher von der Bestimmung der Mannose herrührt.

### Aufsuchung der Mannose in den natürlichen Kohlenhydraten.

Am Schlusse unserer ersten Mitteilung äußerten wir die Vermutung, daß die Mannose, welche so leicht aus dem Mannit entsteht, auch im Pflanzenreiche, entweder selbst, oder in Form komplizierterer Kohlenhydrate verbreitet sei.

Wir haben deshalb folgende Produkte auf den Gehalt resp. die Entstehung von Mannose bei der Inversion geprüft: Rohrzucker, Maltose, Raffinose[1]), Trehalose[1]), verschiedene Sorten von Melasse[1]), Manna, Kartoffelstärke, Lichenin, Traganthgummi, Gummiarabikum, Quittensamen, Leinsamen, Flohsamen und Carragheenmoos. Diese Produkte wurden, soweit sie Fehlingsche Lösung reduzieren, in kalter, wässeriger Lösung mit essigsaurem Phenylhydrazin versetzt. Die übrigen wurden zuvor durch verdünnte Schwefelsäure invertiert und die Lösung nach dem Neutralisieren ebenso behandelt. In allen Fällen war das Resultat negativ.

Da die Hydrazinprobe wegen der sehr geringen Löslichkeit des Hydrazons, für Mannose ebenso charakteristisch wie empfindlich ist, so glauben wir sagen zu dürfen, daß aus allen den erwähnten Produkten eine irgend erhebliche Menge von Mannose nicht entstanden ist.

Glücklicher sind in dieser Beziehung die Herren Tollens und Gans gewesen. Dieselben beobachteten die Bildung der Mannose[2]) bei der Inversion von Salepschleim und isolierten sie in Form des Hydrazons. Wir haben den Versuch wiederholt und können das Resultat bestätigen. Käufliche, gepulverte Salepwurzelknollen wurden mit der 6fachen Menge 3prozentiger Schwefelsäure 4 Stunden auf dem Wasserbade erhitzt, das Filtrat nach dem Erkalten mit Natronlauge neutralisiert und in der Kälte mit essigsaurem Phenylhydrazin versetzt. Nach einigen Minuten schied sich das Mannosephenylhydrazon als gelb gefärbter, kristallinischer Niederschlag aus. Durch einmaliges Umkristallisieren aus heißem Wasser erhält man dasselbe rein. Die Aus-

---

[1]) Die Trehalose verdanken wir Hrn. Prof. Scheibler in Berlin, die Raffinose Hrn. Direktor vom Scheidt in Euskirchen und die Melasse Hrn. Dr. v. Lippmann in Rositz.

[2]) Berichte d. d. chem. Gesellsch. **21**, 2150 [1888] und Liebigs Annal. d. Chem. **249**, 256 [1888]. Das Phenylhydrazon der Mannose habe ich zuerst (Berichte d. d. chem. Gesellsch. **20**, 832 [1887] (*S. 155*) beschrieben, ohne es zu benennen, weil ich über die Natur der Verbindung, welche sich von den Hydrazonen der gewöhnlichen Zuckerarten durch ihre geringe Löslichkeit wesentlich unterscheidet, im unklaren war. Ohne mehr als ich über die Konstitution des Körpers zu wissen, hat Hr. Tollens denselben in seinem Handbuche der Kohlenhydrate als Isomannitose bezeichnet. Für die Zwecke eines Lehrbuchs mag das notwendig gewesen sein. Aber Hr. Tollens hält auch an diesem Namen fest, nachdem Hirschberger und ich die Bezeichnung Mannose eingeführt haben. Die Wahl des Namens ist das unbestrittene Recht des Entdeckers, und da ein zweiter Name für eine neue Verbindung mindestens überflüssig ist, so glaube ich Hrn. Tollens ersuchen zu dürfen, seine Bezeichnung fallen zu lassen.                               E. Fischer.

beute betrug 5—6 pCt. der angewandten Salepknollen. Man kann auf diesem Wege die Mannose leicht gewinnen. Wir geben jedoch der oben beschriebenen Bereitungsweise aus Mannit wegen der besseren Ausbeute den Vorzug.

### Furfurol aus Mannose.

Erhitzt man eine verdünnte, etwa 5prozentige wässerige Mannoselösung im geschlossenen Rohre 4 Stunden auf 140⁰, so färbt sie sich gelb, scheidet Huminsubstanzen ab und die filtrierte Lösung gibt bei der Destillation eine farblose Flüssigkeit, in welcher Furfurol sowohl durch essigsaures Anilin wie durch Phenylhydrazin[1]) nachgewiesen wurde.

### Lävulinsäure aus Mannose.

Zur Ersparung von Material haben wir die Probe mit Mannosephenylhydrazon ausgeführt. 10 g desselben wurden mit 30 g rauchender Salzsäure zersetzt, die vom salzsauren Phenylhydrazin abfiltrierte Lösung mit dem gleichen Volumen Wasser verdünnt und 20 Stunden im Wasserbade erwärmt. Dabei schied sich 1 g Huminsubstanzen ab und aus dem Filtrate wurde die Lävulinsäure nach der Vorschrift von Wehmer und Tollens[2]) als Silbersalz isoliert. Wir erhielten 0,06 g umkristallisiertes Silberlävulat.

0,0522 g Subst.: 0,0250 g Ag.

|  | Ber. für $C_5H_7O_3Ag$ | Gefunden |
|---|---|---|
| Ag | 48,43 | 47,89 pCt. |

Bekanntlich unterscheiden sich Lävulose und Dextrose durch die Schnelligkeit, mit welcher sie durch Erwärmen mit Salzsäure zerstört werden. Nach den Beobachtungen von Sieben[3]) wird die erstere durch 7,5prozentige Salzsäure schon beim 3stündigen Erwärmen auf dem Wasserbade völlig zersetzt, während Dextrose unter diesen Bedingungen größtenteils erhalten bleibt. Dasselbe gilt für die Mannose.

0,25 g derselben wurden mit 32 ccm 7,5prozentiger Salzsäure 3 Stunden auf dem Wasserbade erhitzt. Dabei färbte sich die Flüssigkeit gelb und schied nur wenig Huminsubstanzen ab. Im Filtrate wurde nach dem Neutralisieren die unveränderte Mannose mit Fehlingscher Lösung bestimmt. Von den angewandten 0,25 g waren 0,18 g unverändert geblieben.

---

[1]) Auch für die quantitative Bestimmung des Furfurols ist das in Wasser unlösliche und sofort entstehende Phenylhydrazon sehr geeignet. Fischer.

[2]) Liebigs Annal. d. Chem. **243**, 314 [1888].

[3]) Zeitschr. für analyt. Chem. **24**, 138 [1885].

### Mannosecarbonsäure.

Ähnlich den bekannten Zuckerarten verbindet sich die Mannose mit Blausäure. Wendet man die Materialien rein an, so tritt die Reaktion erst nach tagelangem Erhitzen, in der Regel ganz plötzlich ein und führt zu einem dunklen, stark verunreinigten Produkte. Vorzügliche Dienste leistet aber hier ein geringer Zusatz von Ammoniak, wie dies Kiliani[1]) bei der Galactose und Arabinose beobachtet hat. Dem entspricht folgendes Verfahren: *(Vgl. Seite 569.)*

50 g Mannose, 250 g Wasser und 18 ccm wasserfreie Blausäure werden in einer gut verschlossenen Flasche gemischt und mit einigen Tropfen Ammoniak versetzt. Bei gewöhnlicher Temperatur beginnt die Reaktion nach einigen Stunden und macht sich durch die Abscheidung eines weißen flockigen Niederschlages bemerkbar. Nach 3 Tagen ist die Flüssigkeit durch Abscheidung des festen Produktes in einen dicken, schwach gelb gefärbten Brei verwandelt. Zur Vollendung der Reaktion erwärmt man jetzt das verschlossene Gefäß 4 Stunden auf 50⁰.

Der Niederschlag ist nach dem Verhalten gegen Alkalien und gegen Eisensalze das Amid der Mannosecarbonsäure. Dasselbe löst sich leicht in heißem Wasser und scheidet sich nach dem Entfärben der Flüssigkeit mit Tierkohle auf Zusatz von Alkohol beim Erkalten als weißes Pulver ab, welches unter dem Mikroskope keine deutliche kristallinische Struktur verrät und bei 182—183⁰ unter Gelbfärbung und Gasentwicklung schmilzt.

Die vom Amid abfiltrierte Lösung enthält große Mengen von Ammoniumsalz.

Das Cyanid der Mannose wurde nicht beobachtet; dasselbe geht offenbar unter den obigen Versuchsbedingungen durch Wasseraufnahme in das Amid und Ammoniumsalz der Carbonsäure über.

Die letztere wird am besten als Baryumsalz isoliert. Zu dem Zwecke verdampft man das Produkt, welches durch die Einwirkung der Blausäure auf den Zucker entstanden ist, ohne vorhergehende Isolierung des Amides, auf dem Wasserbade, bis alle Blausäure entfernt ist. Der braune Rückstand wird mit Wasser verdünnt, mit 80 g kristallisiertem Barythydrat versetzt und wiederum verdampft, bis der Ammoniakgeruch verschwunden ist. Dabei entsteht das schwerlösliche Barytsalz der Mannosecarbonsäure. Dasselbe wird durch Kochen mit 4 Liter Wasser gelöst, wobei nur eine kleine Menge von braunen Substanzen zurückbleibt. Zur Fällung des überschüssigen Baryumhydroxyds behandelt man die Lösung mit Kohlensäure, entfärbt mit

---

[1]) Berichte d. d. chem. Gesellsch. **21**, 916 [1888].

Tierkohle und verdampft das nahezu farblose Filtrat bis zur beginnenden Kristallisation. Beim Erkalten scheidet sich das Barytsalz nahezu vollständig als farbloser Niederschlag ab, welcher unter dem Mikroskope betrachtet, aus undeutlich kristallisierten, kugeligen Aggregaten besteht. Die Mutterlauge liefert beim Versetzen mit Alkohol und Äther noch eine kleine Menge des Salzes. Aus den angewandten 50 g Mannose (roher Sirup) erhielten wir 71 g des Barytsalzes, was 87 pCt. der theoretischen Ausbeute entspricht, wenn man die angewandte Mannose als reinen Zucker in Rechnung nimmt. In Wirklichkeit ist die Ausbeute offenbar nahezu quantitativ.

Aus heißem Wasser umkristallisiert und im Vakuum getrocknet, gab das Barytsalz folgende Zahlen:

0,2842 g Subst.: 0,1121 g $BaSO_4$.

| | Ber. für $(C_7H_{13}O_8)_2Ba$ | Gefunden |
|---|---|---|
| Ba | 23,33 | 23,18 pCt. |

Das Salz ist in kaltem Wasser recht schwer, in heißem Wasser beträchtlich leichter löslich und in Alkohol unlöslich.

Zersetzt man das Barytsalz in heißer, wässeriger Lösung mit der gerade ausreichenden Menge Schwefelsäure, so hinterläßt das schwach saure Filtrat beim Verdampfen einen Sirup, welcher beim längeren Stehen, oder rasch beim Behandeln mit absolutem Alkohol kristallinisch erstarrt. Diese Substanz ist das Lacton der Mannosecarbonsäure. Löst man dasselbe in heißem Alkohol und fügt dann etwas Äther zu, so scheiden sich bald warzenförmige Kristalle ab, welche aus glänzenden, büschelförmig vereinigten Nadeln bestehen und im Vakuum getrocknet die Formel $C_7H_{12}O_7$ besitzen.

0,2364 g Subst.: 0,3502 g $CO_2$, 0,1251 g $H_2O$.

| | Ber. für $C_7H_{12}O_7$ | Gefunden |
|---|---|---|
| C | 40,38 | 40,39 pCt. |
| H | 5,77 | 5,87 „ |

Das Lacton ist in Wasser sehr leicht, in absolutem Alkohol ziemlich schwer und in Äther gar nicht löslich. Es reagiert neutral und schmilzt bei 148—150⁰.

Neben demselben erhielten wir zuweilen in geringer Menge ein anderes Produkt, welches in absolutem Alkohol leichter löslich ist, bei 167—169⁰ unter Gasentwicklung schmilzt und sauer reagiert. Dasselbe ist wahrscheinlich die freie Mannosecarbonsäure.

Da das Lacton der Mannosecarbonsäure ungefähr denselben Schmelzpunkt zeigt, wie das von Kiliani beschriebene Lacton der Dextrosecarbonsäure[1]), so konnte man an die Identität beider Körper denken.

---

[1]) Berichte d. d. chem. Gesellsch. **19**, 767 [1886].

Wir haben deshalb das letztere nach der Vorschrift von Kiliani dargestellt. Wie zu erwarten war, findet die Addition von Blausäure an
die Dextrose ebenfalls viel leichter statt, wenn man etwas Ammoniak
zusetzt. Die Reaktion erfolgt dann auch bei gewöhnlicher Temperatur,
aber die Erscheinungen sind anders, als bei der Mannose. Es scheidet
sich kein Amid ab und nach dem Verseifen mit Baryumhydroxyd
erhält man ein Barytsalz, welches beim Verdampfen der Lösung als
Sirup zurückbleibt und sich in Wasser wieder leicht löst. Das stimmt
mit den Beobachtungen von Kiliani überein, der ebenfalls kein kristallisiertes Barytsalz beobachtet hat. Die Carbonsäuren von Mannose
und Dextrose sind demnach offenbar verschieden; ebenso unterscheiden
sich die Lactone, trotz des fast gleichen Schmelzpunktes, durch die
Art des Kristallisierens.

### Umwandlung der Mannosecarbonsäure in normale Heptylsäure.

35 g Barytsalz wurden mit 250 g Jodwasserstoffsäure (vom Siedepunkt 127⁰) und 10 g rotem Phosphor 5 Stunden am Rückflußkühler
gekocht, dann die dunkle Lösung mit der doppelten Menge Wasser
verdünnt und das abgeschiedene Öl mit Äther extrahiert. Die ätherische Lösung, durch Schütteln mit Quecksilber vom Jod befreit, hinterließ beim Verdampfen 27 g eines Öles, welches viel Jodverbindungen
enthielt. Um letztere zu zerstören, wurde das Produkt mit verdünnter
Schwefelsäure vermischt und in der Kälte unter Umschütteln mit
kleinen Mengen von Zinkstaub versetzt. Nachdem das Gemisch 12
Stunden bei gewöhnlicher Temperatur gestanden, wurde es mit Wasserdampf destilliert. Dabei ging ein farbloses, leichtes, stark sauer
reagierendes Öl über. Das Destillat wurde in der Kälte vorsichtig
mit Barytwasser schwach alkalisch gemacht, dann sofort mit Kohlensäure behandelt und mit Äther extrahiert. Der letztere hinterließ
beim Verdampfen nur 2 g eines neutralen Öles, welches wahrscheinlich
Heptolacton ist.

Aus der filtrierten, wässerigen Lösung wurden 7 g heptylsaurer
Baryt gewonnen. Das Salz kristallisierte aus heißem Wasser in sternförmig vereinigten, glänzenden Nadeln und zeigte an der Luft getrocknet
die Zusammensetzung $(C_7H_{13}O_2)_2Ba$.

0,2506 g Subst.: 0,1485 g $BaSO_4$.

| Ber. für $(C_7H_{13}O_2)_2Ba$ | Gefunden |
|---|---|
| 34,68 | 34,84 pCt. |

Die Bestimmung der Löslichkeit ergab:

3,7864 g der bei 13⁰ durch 8stündiges Digerieren des gepulverten
Salzes mit einer ungenügenden Menge Wasser bereiteten Lösung hinter-

ließen 0,0321 g Baryumcarbonat; mithin enthielten 100 Teile Lösung 1,70 Teile Barytsalz, während Kiliani[1]) 1,67 und Fischer und Tafel[2]) 1,76 Teile für normalen heptylsauren Baryt fanden.

Das Calciumsalz kristallisierte beim Verdunsten der wässerigen Lösung in feinen glänzenden Nadeln, welche im Vakuum über Schwefelsäure getrocknet die Zusammensetzung $(C_7H_{13}O_2)_2Ca + H_2O$ haben.

0,2315 g Subst. verloren bei 110° 0,0127 g $H_2O$.

0,1231 g  „       „       „  110° 0,0069 g  „

|  | Ber. für $(C_7H_{13}O_2)_2 . Ca + H_2O$ | Gefunden I. | II. |
|---|---|---|---|
| $H_2O$ | 5,69 | 5,49 | 5,61 pCt. |

0,1162 g der getrockneten Substanz gaben 0,0221 g CaO.

|  | Ber. für $(C_7H_{13}O_2)_2 . Ca$ | Gefunden |
|---|---|---|
| Ca | 13,43 | 13,60 pCt. |

100 Teile der bei 13° nach dem obigen Verfahren bereiteten Lösung enthielten 1,26 Teile wasserfreies Salz; Schorlemer und Grimthaw[3]) fanden für die bei 8,5° gesättigte Lösung 0,9046 Teile.

Die aus dem reinen Barytsalze bereitete freie Säure zeigte den Siedepunkt 222—223° (Quecksilberfaden ganz im Dampf) und erstarrte in einer Mischung von Salz und Eis sofort zu großen blättrigen Kristallen.

Nach diesen Resultaten ist die Säure unzweifelhaft normale Heptylsäure.

## Oxydation der Mannose.

Die Umwandlung der Mannose in normale Heptylsäure beweist, daß sie eine Aldehydgruppe enthält. In der Tat wird der Zucker in wässeriger Lösung von Brom ebenso leicht oxydiert, wie die Dextrose. Dabei entsteht eine Carbonsäure, welche von der Gluconsäure verschieden zu sein scheint, deren Salze wir aber noch nicht kristallisiert erhielten. *(Vgl. Seite 309.)*

Ebenso wird die Mannose von Salpetersäure oxydiert. Ob dabei Zuckersäure oder eine isomere Verbindung entsteht, müssen weitere Versuche entscheiden.

## Glucosazon aus Mannose.

Das Mannosephenylhydrazon verwandelt sich beim längeren Erhitzen seiner wässerigen Lösung mit überschüssigem, essigsaurem Phenylhydrazon in ein Osazon, welches wir für isomer mit dem Glucosazon hielten und deshalb in der ersten Mitteilung unter dem Namen Phenylmannosazon beschrieben haben. Wir fanden für diese Verbin-

---

[1]) Berichte d. d. chem. Gesellsch. **19**, 1130 [1886].

[2]) Berichte d. d. chem. Gesellsch. **21**, 2175 [1888]. *(S. 288.)*

[3]) Liebigs Annal. d. Chem. **170**, 146 [1873].

dung einen etwas höheren Schmelzpunkt und eine größere Löslichkeit in Aceton als bei Glucosazon. Diese Beobachtungen sind nicht richtig. Unser damaliges Präparat war nicht genügend gereinigt. Wir haben jetzt die Verbindung in größerer Quantität hergestellt, durch öfteres Auskochen mit ungenügenden Mengen absoluten Alkohols und durch wiederholtes Umkristallisieren aus absolutem Alkohol gereinigt. Das Präparat schmolz dann gleichzeitig mit reinem Phenylglucosazon an demselben Thermometer, genau bei derselben Temperatur, und zwar bei 205—206° unter Zersetzung. Aus Alkohol kristallisiert es in denselben äußerst feinen, büschelförmig verwachsenen, gelben Nadeln. In Eisessig gelöst, dreht es das polarisierte Licht nach links, durch Salzsäure (spez. Gewicht 1,19) wird es in das Glucoson verwandelt und mit Zinkstaub und Eisessig reduziert, liefert es endlich reichliche Mengen von kristallisiertem, essigsaurem Isoglucosamin. Wir zweifeln deshalb nicht daran, daß die Verbindung identisch mit dem Phenylglucosazon ist.

### Konstitution der Mannose.

Die Mannose ist ein Oxydationsprodukt des Mannits. Sie liefert ferner, mit Blausäure behandelt, die Mannosecarbonräure und diese ist ein Abkömmling der normalen Heptylsäure.

Daraus folgt, daß die Mannose der Aldehyd des Mannits ist und dieselbe Konstitution besitzt, wie die Dextrose. Mit der letzteren ist sie durch zwei Übergänge, durch die Umwandlung in Mannit und in Phenylglucosazon verknüpft.

Dextrose und Mannose bilden also in der Zuckergruppe das erste Beispiel von zwei Isomeren, welche gleiche Struktur besitzen und ineinander übergeführt werden können. Für die Erklärung dieser Isomerie stellen wir uns ganz auf den Boden der Le Bel-van't Hoffschen Theorie. Die Formel $CHO.CHOH.CHOH.CHOH.CHOH.$ $CH_2OH$ enthält 4 asymmetrische Kohlenstoffatome. Es scheint uns zweckmäßig, dieselben durch die Zeichen $as_1$, $as_2$, $as_3$ und $as_4$ (abgeleitet von asymmetrisch) zu unterscheiden, und zwar in folgender Reihenfolge:

$$CHO.CHOH.CHOH.CHOH.CHOH.CH_2OH.$$
$$as_1 \quad as_2 \quad as_3 \quad as_4$$

Jedes dieser vier asymmetrischen Kohlenstoffatome bedingt die Existenz von zwei geometrischen Isomeren, so daß deren nicht weniger als 16 durch die Theorie vorhergesehen werden[1]).

Aus dem vorliegenden experimentellen Material läßt sich nun leicht beweisen, daß die Isomerie von Dextrose und Mannose durch das Kohlen-

---

[1]) Vgl. van't Hoff: Dix années dans l'histoire d'une théorie, p. 54 u. ff.

stoffatom $as_1$ bedingt ist. Die Phenylhydrazone der beiden Zucker sind total verschieden, aber sie verwandeln sich beide mit der größten Leichtigkeit in dasselbe Osazon. Das letztere besitzt nun die Strukturformel:

$$HC(N_2HC_6H_5).\underset{as_2}{C(N_2HC_6H_5)}.\underset{as_3}{CHOH}.\underset{as_4}{CHOH}.CHOH.CH_2OH,$$

in welcher der Kohlenstoff $as_1$ seine Asymmetrie eingebüßt hat.

Da es in hohem Grade unwahrscheinlich ist, daß bei der Osazonbildung, welche so leicht und verhältnismäßig so glatt erfolgt, die Kohlenstoffatome $as_2$, $as_3$, $as_4$ ihre Anordnung verändern, so muß man annehmen, daß die Verschiedenheit von Mannose und Dextrose nur auf der Asymmetrie des Kohlenstoffatoms $as_1$ beruht.

Da die Dextrose viel stärker nach rechts dreht, als das Isomere, so darf man weiter die erstere als die rechtsdrehende, das zweite als die linksdrehende Modifikation desselben Systems betrachten. Daß die Mannose bezüglich der beobachteten Drehung nicht der direkte Antipode der Dextrose ist, erklärt sich aus dem Einflusse der drei Kohlenstoffatome $as_2$, $as_3$, $as_4$, welche bei beiden Zuckerarten dieselbe Anordnung haben.

Die Isomerie der beiden Zucker bleibt erhalten bei der Anlagerung von Blausäure und wahrscheinlich auch bei der direkten Oxydation zu Carbonsäure; sie wird dagegen aufgehoben bei der Umwandlung in Mannit. Im letzteren Falle muß also bei einer Verbindung durch die Addition des Wasserstoffs eine Veränderung in der räumlichen Anordnung der Gruppe CHOH.CHO stattfinden. Bedenkt man, daß die Reduktion der Mannose rasch verläuft und große Mengen von Mannit liefert, während die Dextrose von dem Reduktionsmittel nur sehr langsam angegriffen und nur zum kleinsten Teile in Mannit umgewandelt wird, so scheint der Schluß berechtigt, daß die Mannose auch nach der geometrischen Anordnung der wahre Aldehyd des Mannits ist, daß dagegen die Dextrose einem geometrisch isomeren sechswertigen Alkohol entspricht.

Ob Dextrose und Mannose sich in ähnlicher Weise verbinden, wie Rechts- und Linksweinsäure zu Traubensäure, müssen spätere Versuche entscheiden.

Die vorliegenden Beobachtungen beweisen, daß man auch bei so komplizierten Verbindungen, wie den Zuckerarten, von verschiedenen asymmetrischen Kohlenstoffatomen eins markieren und seinen Einfluß durch Aufhebung der Asymmetrie eliminieren kann. Wir zweifeln nicht daran, daß das gleiche auch für die übrigen gelingen wird, und daß man in Zukunft hier die Asymmetrie gerade so, wie früher die Strukturisomerie experimentell verfolgen wird.

---

### 33. Emil Fischer und Josef Hirschberger: Über Mannose III.

Berichte der deutschen chemischen Gesellschaft **22**, 1155 [1889].

(Eingegangen am 1. Mai.)

Vor kurzem machte Hr. R. Reiss die interessante Mitteilung[1]), daß in vielen Samen ein früher für gewöhnliche Cellulose gehaltener Reservestoff enthalten sei, welcher bei der Hydrolyse einen neuen, als Seminose bezeichneten Zucker liefert. Der letztere bildet ein schwer lösliches Hydrazon, welches bei 185—186⁰ schmilzt und nach der Beschreibung die größte Ähnlichkeit mit dem Phenylhydrazon der Mannose zeigt. Dagegen wird die Seminose durch Bleiessig gefällt, während wir früher von der Mannose das Gegenteil angegeben haben[2]). Auf Grund dieser Beobachtungen hält R. Reiss beide Zucker für verschieden. Wir haben infolgedessen das Verhalten der Mannose gegen Bleiessig nochmals untersucht und gefunden, daß sie unter geeigneten Bedingungen ebenfalls durch Bleiessig niedergeschlagen wird. In verdünnter Lösung erfolgt die Fällung keineswegs sofort, sondern erst beim längeren Stehen. Dadurch erklärt sich unsere frühere negative Angabe. In konzentrierter Lösung entsteht dagegen bei gewöhnlicher Temperatur nach kürzester Zeit ein reichlicher amorpher Niederschlag, welcher nichts anderes als die Bleiverbindung des Zuckers ist. In kaltem Wasser ist dieselbe schwer, in warmem Wasser dagegen in reichlicher Menge löslich. Durch verdünnte Schwefelsäure oder durch Schwefelwasserstoff wird sie sofort unter Rückbildung von Mannose zerlegt. Ebenso, nur etwas langsamer wirkt Kohlensäure.

Zum weiteren Vergleich beider Zucker haben wir das

### Mannosoxim

dargestellt.

Versetzt man eine ziemlich konzentrierte wässerige Lösung von Mannose mit salzsaurem Hydroxylamin und der zur Bindung der Salzsäure berechneten Menge Natronlauge oder Soda, so scheidet sich nach einiger Zeit das Oxim als harte Kristallmasse ab.

---

[1]) Berichte d. d. chem. Gesellsch. **22**, 609 [1889].
[2]) Berichte d. d. chem. Gesellsch. **22**, 367 [1889]. (*S. 296.*)

Dasselbe wurde aus wenig heißem Wasser umkristallisiert und für die Analyse im Vakuum getrocknet.

0,2029 g Subst.: 13,1 ccm N (16⁰, 742 mm).

| | Ber. für $C_6H_{12}O_6N$ | Gefunden |
|---|---|---|
| N | 7,18 | 7,36 pCt. |

Die Verbindung ist in warmem Wasser sehr leicht, in absolutem Alkohol fast gar nicht löslich. Sie zeigt keinen konstanten Schmelzpunkt. Beim raschen Erhitzen schmilzt sie gegen 184⁰ unter lebhafter Gasentwicklung und Braunfärbung; beim langsameren Erhitzen wird der Schmelzpunkt zwischen 176 und 180⁰ gefunden. Reiss findet für das Oxim der Seminose den Schmelzpunkt 176⁰, erwähnt aber ebenfalls die gleichzeitige Zersetzung der Substanz, so daß auf die Verschiedenheit seiner Beobachtung von der unseren kein Gewicht zu legen ist.

Dasselbe gilt von dem Schmelzpunkte des Phenylhydrazons. Das nicht ganz reine Präparat, welches aus Alkohol umkristallisiert ist, schmilzt wie der eine von uns in der ersten Mitteilung[1]) angegeben hat, bei 188⁰ unter Zersetzung, während die reinere aus Wasser umkristallisierte Verbindung nach unserer späteren Angabe[2]) beim raschen Erhitzen erst zwischen 195 und 200⁰ ebenfalls unter Gasentwicklung schmilzt. Hr. Reiss findet für sein Produkt den Schmelzpunkt 185—186⁰.

Wir zweifeln nach diesen Resultaten nicht daran, daß die Seminose mit der Mannose identisch ist.

Unsere frühere Vermutung[3]), daß die Mannose in Form von Anhydriden im Pflanzenreiche gefunden werden möge, würde somit durch die schönen Beobachtungen des Herrn Reiss bestätigt.

---

[1]) Berichte d. d. chem. Gesellsch. **20**, 832 [1887]. (*S. 155*.)
[2]) Berichte d. d. chem. Gesellsch. **21**, 1806 [1888]. (*S. 290*.)
[3]) Berichte d. d. chem. Gesellsch. **21**, 1809 [1888]. (*S. 293*.)

## 34. Emil Fischer und Josef Hirschberger: Über Mannose IV.

Berichte der deutschen chemischen Gesellschaft **22**, 3218 [1889].
(Eingegangen am 11. Dezember.)

Wie wir früher gezeigt haben[1]), besitzt die Mannose dieselbe Konstitution wie die Dextrose. Dem entspricht ihr Verhalten gegen Oxydationsmittel. Sie wird durch Bromwasser in eine Säure $C_6H_{12}O_7$ verwandelt, welche von den bisher bekannten Verbindungen dieser Formel verschieden ist und welche wir Mannonsäure nennen. Die Ähnlichkeit des Zuckers mit der Dextrose erstreckt sich ferner auf sein Verhalten gegen Acetylchlorid. Er wird dadurch in ein chlorhaltiges Acetylderivat übergeführt, welches sich gerade so wie die Acetochlorhydrose verhält.

Auf die Identität der Mannose mit der von R. Reiss aus Steinnuß dargestellten Seminose haben wir schon in der Mitteilung III[2]) hingewiesen. Die nachfolgenden Beobachtungen liefern dafür den endgültigen Beweis. Durch diese bequeme Bereitungsweise werden die Mannose und ihre Derivate leicht zugängliche Produkte, und wir verdanken der schönen Arbeit des Herrn Reiss[3]) eine wesentliche Erleichterung bei unseren Versuchen.

### Mannose aus Steinnuß.

Um das in der Steinnuß enthaltene Kohlenhydrat, das sogenannte Seminin, in Zucker zu verwandeln, behandelt R. Reiss die Späne mit der gleichen Menge 70prozentiger Schwefelsäure, entfernt nach dem Verdünnen mit Wasser die Schwefelsäure mit Baryumcarbonat und invertiert das in Lösung befindliche Seminin später durch Erwärmen mit 2prozentiger Schwefelsäure. Für die Darstellung von möglichst reinem Zucker ist dies Verfahren gewiß empfehlenswert. Handelt es sich dagegen um die Gewinnung des Hydrazons oder anderer Derivate

---

[1]) Berichte d. d. chem. Gesellsch. **22**, 365 [1889]. (*S. 304.*)
[2]) Berichte d. d. chem. Gesellsch. **22**, 1155 [1889]. (*S. 306.*)
[3]) Berichte d. d. chem. Gesellsch. **22**, 609 [1889] und Inaug.-Dissert. Berlin 1889.

der Mannose, welche leichter als der Zucker zu isolieren sind, so ist folgende Modifikation der Reissschen Methode vorzuziehen.

1 Teil gesiebter Steinnußabfälle wird mit 2 Teilen 6 prozentiger Salzsäure 6 Stunden unter öfterem Umrühren auf dem Wasserbade erhitzt, dann heiß koliert, der Rückstand abgepreßt und nochmals mit Wasser ausgelaugt. Die braungefärbte Lösung kann nach der Behandlung mit Tierkohle direkt zur Darstellung des Hydrazons benutzt werden. Man neutralisiert zu dem Zwecke mit Natronlauge und versetzt in der Kälte mit einem Überschuß von essigsaurem Phenylhydrazin. Man erhält so 37 pCt. der angewandten Steinnuß an fast reinem Hydrazon, was einer Ausbeute von 25 pCt. Zucker entspricht. Durch nochmalige gleiche Behandlung des Preßrückstandes mit Salzsäure erhielten wir weitere 12 pCt. Hydrazon, so daß die Gesamtausbeute 33 pCt. Zucker betrug.

Aus dem umkristallisierten Hydrazon wurde nach dem früher von uns angegebenen Verfahren der Zucker für die Identifizierung mit Mannose regeneriert. Derselbe zeigte das spezifische Drehungsvermögen $[\alpha]_D = + 14,36^0$, während wir früher für die reinste Mannose aus Mannit $+ 12,96^0$ fanden. Da es sich um nicht kristallisierende Präparate handelt, so kann die kleine Differenz kaum in Betracht kommen.

Will man den Zucker in seine Carbonsäure verwandeln, so wird die oben erwähnte salzsaure Lösung mit Bleiweiß neutralisiert, aus dem Filtrate das Blei mit Soda gefällt, die Flüssigkeit zum Sirup verdampft und der Zucker mit heißem, verdünntem Alkohol aufgenommen. Der Verdampfungsrückstand kann direkt in der früher angegebenen Weise mit Blausäure behandelt werden. Die so entstehende Säure ist unzweifelhaft mit der Mannosecarbonsäure identisch.

## Mannonsäure.

Dieselbe entsteht aus dem Zucker durch Oxydation mit Bromwasser. Versetzt man eine Lösung von 1 Teil Mannose[1]) in 5 Teilen Wasser mit 2 Teilen Brom, so löst sich dasselbe bei öfterem Schütteln bei Zimmertemperatur, je nach der Menge in 6—48 Stunden. Nach weiterem, eintägigem Stehen wird das Brom durch Kochen entfernt. Fällt man jetzt aus der hellgelben Lösung das Brom mit Silberoxyd und das gelöste Silber mit Schwefelwasserstoff, so enthält das Filtrat reichliche Mengen von Mannonsäure. Aber es ist nach den gewöhnlichen Methoden nicht möglich, dieselbe in reinem Zustande daraus zu gewinnen. Beim Verdampfen hinterbleibt ein Sirup, der in der Kälte

---

[1]) Die Versuche wurden vergleichsweise mit dem aus Mannit und dem aus Steinnuß bereiteten Zucker angestellt und gaben ebenfalls das gleiche Resultat.

harzartig wird, aber auch nach monatelangem Stehen nicht erstarrt. Ebensowenig gelang es, trotz vieler Mühe, das Calcium-, Baryum-, Strontium- oder Cadmiumsalz kristallisiert zu erhalten. Wir gelangten erst zum Ziele, als wir die kürzlich von E. Fischer und Passmore beschriebene Methode[1]) zur Isolierung von Oxysäuren vermittels der Hydrazide benutzten.

Beim Erhitzen mit essigsaurem Phenylhydrazin verwandelt sich die Mannonsäure leicht und ziemlich vollständig in das Hydrazid, welches beim Erkalten der Lösung kristallisiert. Durch Barytwasser wird dasselbe gespalten, und wenn man die aus dem Barytsalz in Freiheit gesetzte Säure auf dem Wasserbade konzentriert, so entsteht ihr schön kristallisierendes Lacton. Dies Verfahren gestattet es nun auch, die Mannonsäure direkt aus Steinnuß, ohne Isolierung der Mannose, auf folgende bequeme und billige Weise darzustellen.

1 kg Steinnußabfälle werden in einer Schale mit 2 kg 6 prozentiger Salzsäure angerührt, wobei starke Kohlensäureentwickelung stattfindet, und dann die breiartige Masse in einem Kolben unter öfterem Umschütteln 6 Stunden lang in siedendem Wasser erhitzt. Die Masse wird jetzt koliert, der Rückstand abgepreßt, nochmals mit dem halben Volumen Wasser angerührt, abermals gepreßt, dann die vereinigte Mutterlauge mit Tierkohle behandelt und filtriert. In der hellgelben Lösung bestimmt man den Gehalt an Mannose, indem man 5 ccm mit 10—12 Tropfen Phenylhydrazin und der gleichen Menge 5 prozentiger Essigsäure in der Kälte versetzt, nach $\frac{1}{2}$ Stunde filtriert, mit Alkohol und Äther wäscht und wägt. Nun setzt man zu der Gesamtmenge der zuckerhaltigen Lösung auf 1 Teil Mannose 2 Teile Brom. Auf 1 kg Steinnuß braucht man in der Regel 500 g Brom. Das Gemisch wird öfters umgeschüttelt, bis alles Brom gelöst ist, und bleibt dann noch einen Tag stehen. Bei größeren Mengen dauert diese Operation 2—3 Tage. Verdampft man nun das überschüssige Brom in einer Schale über freiem Feuer, so erhält man eine goldgelbe Lösung. Zur Entfernung von Salzsäure und Bromwasserstoffsäure wird dieselbe mit angeschlemmtem Bleiweiß nahezu neutralisiert, auf der Pumpe filtriert und die Lösung mit Bleiacetat gefällt. Die abermals filtrierte Flüssigkeit ist farblos und kann direkt zur Darstellung des Hydrazids benutzt werden. Zu dem Zwecke wird dieselbe mit Phenylhydrazin (auf 1 kg Steinnuß gewöhnlich 200 g Base) und der gleichen Menge 50 prozentiger Essigsäure versetzt und 4 Stunden auf dem Wasserbade erhitzt.

Schon in der Hitze beginnt die Kristallisation des Hydrazids. Dasselbe wird nach dem Erkalten filtriert, mit Wasser gewaschen, dann

---

[1]) Berichte d. d. chem. Gesellsch. **22**, 2728 [1889]. (*S. 222.*)

mit Alkohol verrieben und abermals filtriert. Das Produkt ist hellgelb. Seine Menge betrug durchschnittlich 15 pCt. der Steinnuß. Die Mutterlauge lieferte beim nochmaligen 5—10 stündigen Erhitzen weitere 9 pCt. Hydrazid. Das Rohprodukt wird aus heißem Wasser unter Zusatz von Tierkohle umkristallisiert, wobei man zweckmäßig die Mutterlauge immer wieder zum Lösen neuer Quantitäten benutzt.

Das so gewonnene Hydrazid bildet farblose, glänzende, schief abgeschnittene kleine Prismen und ist nahezu chemisch rein. Für die Analyse wurde es nochmals umkristallisiert und im Vakuum getrocknet.

0,2943 g Subst.: 0,5422 g $CO_2$, 0,1730 g $H_2O$.
0,2388 g Subst.: 20,9 ccm N (19°, 748,2 mm).

| | Ber. für $C_{12}H_{18}C_6N_2$ | Gefunden |
|---|---|---|
| C | 50,35 | 50,25 pCt. |
| H | 6,29 | 6,52 ,, |
| N | 9,79 | 9,90 ,, |

Die Verbindung schmilzt beim raschen Erhitzen zwischen 214 und 216° unter Gasentwicklung. Sie ist in heißem Wasser leicht, in kaltem Wasser und Alkohol schwer löslich und zeigt überhaupt die größte Ähnlichkeit mit den Hydraziden der Gluconsäure und Arabinosecarbonsäure.

Zur Umwandlung in Mannonsäure wird das Hydrazid mit der 30 fachen Menge einer heißen Barytlösung, welche im Liter 100 g kristallisiertes Barythydrat enthält, übergossen, wobei es sich rasch löst, und dann die Flüssigkeit ½ Stunde gekocht. Zur Entfernung des Phenylhydrazins wird die erkaltete Lösung 5—8 mal mit Äther extrahiert, dann samt dem meist entstehenden Niederschlag, welcher ein basisches Barytsalz enthält, zum Sieden erhitzt, mit Schwefelsäure genau gefällt, mit reiner Tierkohle entfärbt, und das Filtrat erst auf freier Flamme, später auf dem Wasserbade zur Sirupdicke eingedampft. Beim Erkalten erstarrt der schwach bräunlich gefärbte Rückstand zu einer strahlig kristallinischen Masse. Dieselbe wird mit kaltem Alkohol verrieben, filtriert und nochmals in der gleichen Weise behandelt, bis sie farblos geworden ist. Die vereinigten Mutterlaugen liefern beim Eindampfen eine zweite Kristallisation, welche in der gleichen Weise behandelt wird. Die jetzt restierenden Mutterlaugen müssen nach dem Verdampfen des Alkohols mit Wasser verdünnt, mit Tierkohle entfärbt werden und geben dann eine dritte Kristallisation. Die Gesamtausbeute an diesem schon sehr reinen Lacton betrug 55 pCt. des Hydrazids, mithin 83 pCt. der Theorie.

Zur völligen Reinigung wird das Lacton aus heißem Alkohol umkristallisiert. Es bildet lange, farblose, glänzende, meist sternförmig vereinigte Nadeln von der Formel $C_6H_{10}O_6$.

0,2768 g Subst.: 0,4098 g $CO_2$, 0,1417 g $H_2O$.

| | Ber. für $C_6H_{10}O_6$ | Gefunden |
|---|---|---|
| C | 40,44 | 40,39 pCt. |
| H | 5,61 | 5,68 „ |

Das Mannonsäurelacton schmilzt, wie die meisten Lactone dieser Gruppe nicht ganz konstant, zwischen 149 und 153⁰ ohne Gasentwicklung. Es löst sich sehr leicht in Wasser, ziemlich schwer in heißem Alkohol, woraus es beim Erkalten sofort kristallisiert.

Seine wässerige Lösung dreht das polarisierte Licht nach rechts. Eine Lösung von 2,0004 g Lacton in 14,0062 g Wasser (p = 9,99) besitzt das spezifische Gewicht $d_4^{20} = 1,0381$ und dreht bei 20⁰ im 1 dcm-Rohr 5,58⁰ nach rechts. Mithin ist das spezifische Drehungsvermögen $[\alpha]_D^{20⁰} = + 53,81⁰$.

Die wässerige Lösung des Lactons reagiert neutral, aber sie löst beim Kochen Carbonate rasch auf unter Bildung von mannonsauren Salzen.

Mannonsaures Calcium. Die wässerige Lösung des Lactons wird mit überschüssigem, reinem Calciumcarbonat ½ Stunde gekocht. Das stark eingedampfte Filtrat erstarrt beim Erkalten zu einem Brei von mikroskopisch feinen, meist kugelförmig vereinigten Prismen. Das Salz wurde für die Analyse in heißem Wasser gelöst, und durch Zusatz von wenig Alkohol und Abkühlen langsam abgeschieden.

Das lufttrockene Salz verlor bei 108⁰ nicht an Gewicht; es enthält aber trotzdem Kristallwasser, dessen direkte Bestimmung nicht möglich war, weil bei höherer Temperatur eine tiefergreifende Zersetzung eintritt. Die Resultate der Analysen stimmen am besten auf die Formel $(C_6H_{11}O_7)_2 . Ca + 2H_2O$.

0,2783 g lufttrockenes Salz gaben 0,3135 g $CO_2$, 0,1411 g $H_2O$.
0,4214 g    „    „    „    0,0518 g CaO.

| | Ber. für $(C_6H_{11}O_7)_2 . Ca + 2H_2O$ | Gefunden |
|---|---|---|
| C | 30,92 | 30,72 pCt. |
| H | 5,58 | 5,63 „ |
| Ca | 8,58 | 8,78 „ |

Mannonsaures Strontium. Ebenso dargestellt, bleibt beim Verdampfen der wässerigen Lösung zunächst als Sirup, der langsam erstarrt. Aus verdünntem Alkohol kristallisiert das Salz dagegen leichter in kleinen, glänzenden, schiefen Prismen.

Das Salz verliert bei 108⁰ ebenfalls nicht an Gewicht und färbt sich bei 120⁰ schon gelb. Nach der Strontiumbestimmung scheint es 3 Mol. Kristallwasser zu enthalten.

0,3014 g lufttrockenes Salz gaben 0,1040 g $SrSO_4$.

| | Ber. für $(C_6H_{11}O_7)_2 . Sr + 3H_2O$ | Gefunden |
|---|---|---|
| Sr | 16,41 | 16,42 pCt. |

Mannonsaures Baryum haben wir bisher nicht kristallisiert erhalten. Aus der wässerigen Lösung mit Alkohol abgeschieden und bei 108° getrocknet, zeigt es den für die Formel $(C_6H_{11}O_7)_2Ba$ berechneten Barytgehalt.

0,3890 g Subst.: 0,1739 g $BaSO_4$.

|  | Ber. für $(C_6H_{11}O_7)_2Ba$ | Gefunden |
|---|---|---|
| Ba | 26,00 | 26,27 pCt. |

Die Mannonsäure ist unzweifelhaft verschieden von der Mannitsäure, welche Gorup durch Oxydation des Mannits mit Platinmohr erhielt[1]) und welche ebenfalls die Formel $C_6H_{12}O_7$ haben soll, wie folgender Vergleich zeigt.

Die Mannitsäure reduziert die Fehlingsche Lösung, eine Eigenschaft, welche der Mannonsäure und den übrigen bisher bekannten einbasischen Säuren der Zuckergruppe gänzlich fehlt. Ferner enthalten die mannitsauren Salze 2 Äquivalente Metall. Da übrigens Gorup weder die freie Säure, noch ein Salz derselben kristallisiert erhielt, so scheint uns die Formel derselben noch keineswegs sicher festgestellt zu sein. Ihre Eigenschaften stimmen viel besser mit der Annahme, daß sie nicht eine einfache Oxysäure sei, sondern noch eine Keton- oder Aldehydgruppe enthalte.

Wird das Mannonsäurelacton in derselben Weise mit Salpetersäure oxydiert, wie Kiliani die Arabinosecarbonsäure in Metazuckersäure überführte[2]), so entsteht eine zweibasische Säure, welche ein in Wasser ziemlich schwer lösliches kristallisiertes Kalksalz und beim mehrstündigen Erhitzen mit essigsaurem Phenylhydrazin ein schön kristallisiertes, unlösliches Doppelhydrazid liefert. Das letztere enthielt 14,67 pCt. Stickstoff. (Berechnet für $C_{18}H_{22}O_6N_4$ 14,35 pCt. Stickstoff.)

Die Säure ist verschieden von der Zuckersäure und Metazuckersäure und scheint auch mit der Isozuckersäure nicht identisch zu sein. Dieselbe wird weiter untersucht.

## Gärung der Mannose.

Die in der ersten Mitteilung[3]) enthaltene Angabe, daß die Mannose durch Bierhefe in Gärung versetzt wird, haben wir durch weitere Versuche mit größeren Mengen von Material geprüft, und dabei die Entstehung von Äthylalkohol zweifellos nachgewiesen.

Eine etwa 5 prozentige Lösung von Mannose entwickelt mit frischer Bierhefe versetzt, bei Zimmertemperatur, schon nach 10—15 Minuten

---

[1]) Liebigs Annal. d. Chem. **118**, 259 [1861].
[2]) Berichte d. d. chem. Gesellsch. **20**, 341 [1887].
[3]) Berichte d. d. chem. Gesellsch. **21**, 1807 [1888]. (S. 291.)

Kohlensäure. Als nach 24 Stunden der Prozeß beendet schien, wurde aus der filtrierten Lösung durch wiederholte fraktionierte Destillation und schließliches Trocknen mit Ätzkalk der Äthylalkohol abgeschieden. Derselbe zeigte den Siedepunkt 78—79°. Man kann auf diesem Wege direkt aus Steinnuß oder anderen Seminin enthaltenden Materialien ohne Isolierung des Zuckers, Alkohol auf folgende sehr einfache Weise darstellen.

Die mit 6 prozentiger Salzsäure, wie früher beschrieben, dargestellte Zuckerlösung wird mit Kalk neutralisiert und dann direkt mit Bierhefe vergoren. Wir waren sehr überrascht durch die Beobachtung, daß die Hefe trotz des großen Gehaltes der Lösung an Kalksalzen funktioniert. Die Gärung verläuft zwar langsamer, aber doch ziemlich regelmäßig und liefert reichliche Mengen von Alkohol, welchen wir durch Destillation isolierten.

Bei dem niedrigen Preise der Steinnußabfälle (50 Kilo für 0,8—1 M.) und der großen Ausbeute an Zucker könnte man daran denken, das Verfahren technisch zu benutzen. Hr. Fabrikant Donath in Schmölln (Sachsen-Altenburg) hatte die Güte, uns mitzuteilen, daß allein in der Gegend von Schmölln bei der Fabrikation von Steinnußknöpfen 18 bis 20 000 Zentner dieser Abfälle jährlich erhalten werden.

Da diese bis 33 pCt. des Zuckers liefern und derselbe voraussichtlich ebensoviel Alkohol gibt wie die Dextrose, so würde das Verfahren vielleicht rentabel sein.

### Mannose und Acetylchlorid.

Übergießt man den sorgfältig von Wasser und Alkohol befreiten Zucker mit der 5fachen Menge Acetylchlorid, so löst er sich beim öfteren Umschütteln im Laufe von 12 Stunden. Auf Zusatz von Äther scheidet die Lösung dunkle amorphe Produkte ab; das Filtrat hinterläßt beim Verdunsten auf dem Wasserbade einen hellbraunen Sirup. Derselbe wurde wieder mit Äther aufgenommen, mit Sodalösung gewaschen und die ätherische Lösung wieder verdampft. Dabei bleibt ein Sirup, der auch nach längerer Zeit nicht kristallisierte und die größte Ähnlichkeit mit der Acetochlorhydrose zeigt. Derselbe ist in Wasser schwer löslich und zerfällt beim längeren Erwärmen mit Wasser in Essigsäure, Salzsäure und Mannose. Es ist also auf diesem Wege nicht möglich, die Mannose in den geometrisch isomeren Traubenzucker zu verwandeln.

### 35. Emil Fischer: Reduktion von Säuren der Zuckergruppe I.

Berichte der deutschen chemischen Gesellschaft **22**, 2204 [1889].
(Eingegangen am 8. August.)

Die Reduktion des Carboxyls zur Aldehydgruppe durch naszierenden Wasserstoff ist ein oft versuchtes, aber bisher nicht gelöstes Problem.
Bei den gewöhnlichen Säuren scheint diese Verwandlung nicht möglich
zu sein. Um so überraschender war für mich die Beobachtung, daß
die gleiche Reaktion bei den Säuren der Zuckergruppe mit der größten
Leichtigkeit durch Natriumamalgam ausgeführt werden kann.

Behandelt man eine wässerige, kalte Lösung von Gluconsäure mit
Natriumamalgam und neutralisiert von Zeit zu Zeit mit Schwefelsäure,
so gewinnt die Flüssigkeit bald die Fähigkeit, Fehlingsche Lösung
zu reduzieren. Sie enthält dann in reichlicher Menge Zucker, welcher
mit Phenylhydrazin reines Phenylglucosazon liefert und wahrscheinlich
Dextrose ist.

Ausführlicher wurde der Vorgang bei der Mannonsäure untersucht. Letztere entsteht nach Versuchen, welche ich in Gemeinschaft
mit Hrn. Hirschberger mitteilen werde (*S. 309*), aus der Mannose
durch Oxydation mit Brom und bildet ein schön kristallisierendes
Lacton.

Wird dasselbe mit Natriumamalgam in möglichst neutraler Lösung
reduziert, so entsteht Mannose, welche leicht durch ihr Phenylhydrazon
nachgewiesen und quantitativ bestimmt werden konnte. Die Menge
an Zucker betrug nach einstündiger Reduktion 40 pCt. vom angewandten Lacton. Bei längerer Einwirkung des Reduktionsmittels verschwindet der Zucker wieder, weil er in Mannit verwandelt wird.

Genau dieselben Erscheinungen habe ich bei der Arabinose-,
Mannose- und Rhamnosecarbonsäure gefunden.

Ebenso verhalten sich ferner die mehrbasischen Säuren dieser
Gruppe. So liefert die Zuckersäure eine stark reduzierende Verbindung,
welche vielleicht mit der Glucuronsäure identisch ist.

Dagegen habe ich bisher vergeblich versucht, die Glycerinsäure,
Weinsäure und Äpfelsäure in Aldehyd zu verwandeln; es scheint danach,

daß die Reduzierbarkeit der Säuren mit der Fähigkeit, Lactone zu bilden, in Zusammenhang steht.

Durch diese Versuche findet eine ältere, interessante, aber bisher isoliert dastehende Beobachtung von Kiliani[1]) ihre Erklärung. Derselbe fand, daß das Doppellacton der Metazuckersäure durch Natriumamalgam in Mannit verwandelt wird; er ist über diese weitgehende Reduktion mit Recht so erstaunt, daß er dieselbe der Eigenart des Doppellactons glaubt zuschreiben zu müssen. Unzweifelhaft entstehen aber auch in diesem Falle als Zwischenprodukte Aldehyde, welche Kiliani nicht beobachten konnte, weil das Doppellacton selbst die Fehlingsche Lösung reduziert.

Ferner hat Scheibler[2]) vor 6 Jahren mitgeteilt, daß das Saccharin durch Natriumamalgam in alkalischer Lösung leicht reduziert werde, ohne aber das betreffende Produkt zu beschreiben.

Bei der Wiederholung des Versuches, wobei die Lösung möglichst neutral gehalten wurde, fand ich, daß in reichlicher Menge ein Zucker entsteht, welcher wohl isomer mit der Rhamnose (Isodulcit) sein wird.

Durch die vorliegende Reaktion, welche ich nach verschiedenen Richtungen verfolgen werde, ist für die Synthese von Zuckerarten ein weites Feld gewonnen. Nach der schönen Methode von Kiliani können die bekannten Glucosen durch Anlagerung von Blausäure leicht in die kohlenstoffreicheren Carbonsäuren verwandelt werden; aus diesen gewinnt man durch Reduktion mit Natriumamalgam die entsprechenden Zuckerarten und der Aufbau kann dann in der gleichen Weise wiederholt werden.

Über die physiologische Bedeutung der Reaktion werde ich mich später äußern. Bei den obigen Versuchen bin ich von Hrn. Dr. Hirschberger unterstützt worden, wofür ich demselben besten Dank sage.

---

[1]) Berichte d. d. chem. Gesellsch. **20**, 2714 [1887].
[2]) Berichte d. d. chem. Gesellsch. **16**, 3011 [1883].

## 36. Emil Fischer: Reduktion der Säuren der Zuckergruppe II.

Berichte der deutschen chemischen Gesellschaft **23**, 930 [1890].

(Eingegangen am 24. März.)

Die Verwandlung der sauerstoffreichen Oxysäuren in die zugehörigen Aldehyde, welche in der ersten Mitteilung[1]) nur flüchtig beschrieben ist, hat sich bei näherer Untersuchung als eine sehr fruchtbare Reaktion erwiesen, durch welche die Synthese von zahllosen zuckerartigen Verbindungen ermöglicht wird. Die nachfolgenden Mitteilungen haben den Zweck, den Umfang des dadurch· erschlossenen Gebietes darzulegen.

Die Reaktion gilt nicht für die freie Säure, sondern nur für das Lacton; sie gelingt um so leichter, je beständiger das Lacton ist und wird durch alle Mittel, welche die Lactonbildung aufheben, verhindert. Zum Beweise dieses Satzes mag das Verhalten der Gluconsäure dienen. Die alkalische Lösung der Säure liefert beim Schütteln mit Natriumamalgam keine Spur von Zucker; ebensowenig tritt die Zuckerbildung ein, wenn man die alkalische Flüssigkeit in der Kälte ansäuert und dann dauernd in sauer gehaltener, kalter Lösung mit Natriumamalgam behandelt. Unter diesen Bedingungen verwandelt sich nämlich die Gluconsäure nicht in das Lacton. Aber die Lactonbildung erfolgt beim Kochen oder noch besser beim Abdampfen ihrer wässerigen Lösung, wie Kiliani durch Titration festgestellt hat[2]). Benutzt man ein solches Präparat, welches ein Gemisch von freier Säure und Lacton ist, so liefert die Behandlung mit Natriumamalgam, falls man die Lösung durch Zusatz von Schwefelsäure immer sauer hält, eine reichliche Menge von Traubenzucker[3]).

Recht lehrreich ist nun der Vergleich mit der isomeren Mannonsäure. Die letztere geht schon in kalter, wässeriger Lösung, sobald man sie aus einem Salz durch Schwefelsäure in Freiheit setzt, allmählich in ihr Lacton über. Man kann sich davon leicht durch die optische

---

[1]) Berichte d. d. chem. Gesellsch. **22**, 2204 [1889]. (*S. 315.*)
[2]) Berichte d. d. chem. Gesellsch. **17**, 1299 [1884].
[3]) Berichte d. d. chem. Gesellsch. **23**, 804 [1890]. (*S. 360.*)

Untersuchung überzeugen, da das Lacton sehr stark nach rechts, die freie Säure dagegen entweder gar nicht oder sehr schwach nach links dreht. Dem entspricht das Verhalten gegen Natriumamalgam. Dasselbe erzeugt in der alkalischen Lösung der Säure keinen Zucker. Säuert man dagegen an, läßt etwa ½ Stunde in der Kälte stehen und behandelt jetzt in dauernd sauer gehaltener Flüssigkeit mit Natriumamalgam, so entsteht ziemlich viel Mannose. Die Menge derselben ist allerdings, wie leicht erklärlich, kleiner, als wenn man von vornherein das Lacton verwendet.

Bei den einfacheren Lactonen ist die leichte Reduzierbarkeit durch Natriumamalgam in saurer Lösung längst beobachtet. So erhielt Hessert aus dem Phtalid das Hydrophtalid[1]) und Wolf aus dem Valerolacton Valeriansäure[2]). Aber die Produkte der Reaktion sind hier ganz andere. Aldehyd entsteht in keinem der beiden Fälle.

Die obigen Versuche über die Reduktion der Gluconsäure zu Traubenzucker scheinen eine alte Angabe von Wachtel, welche von Herzfeld[3]) lebhaft bestritten wurde, zu rechtfertigen. Wachtel erhielt durch Reduktion von freier Gluconsäure Mannit, während Herzfeld statt der freien Säure das Kalksalz verwandte und daraus keinen Mannit gewinnen konnte. Ich bemerke jedoch ausdrücklich, daß ich den Versuch Wachtels nicht wiederholt habe und mithin keine Garantie für die Richtigkeit des Resultates übernehmen kann.

Die bisher bekannten einbasischen Säuren der Zuckergruppe liefern sämtlich Lactone und sind infolgedessen auch in Zucker zu verwandeln. Ich habe folgende geprüft: die drei Mannonsäuren, die Gluconsäure, Galactonsäure, die Mannose-, Glucose-, Galactose-, Lävulose- und Rhamnosecarbonsäure und endlich das Saccharin. Von den zweibasischen Säuren sind die lactonbildenden, die Zuckersäure und Metazuckersäure ebenfalls leicht reduzierbar, während Schleimsäure und Isozuckersäure[4]), welche keine Lactone bilden, weder in saurer, noch in alkalischer Lösung durch Natriumamalgam in Aldehyd verwandelt werden. Aber auch hier gelingt die Reduktion, wenn man an Stelle der freien Säure ihre Ester verwendet.

Die einbasischen Säuren liefern Zucker. Dagegen entsteht bei den zweibasischen, wenigstens bei vorsichtiger Reduktion, eine Aldehydsäure, wie später ausführlicher für die Zuckersäure und den Schleimsäureester gezeigt wird.

---

[1]) Berichte d. d. chem. Gesellsch. **11**, 239 [1878].
[2]) Liebigs Annal. d. Chem. **208**, 110 [1881].
[3]) Liebigs Annal. d. Chem. **220**, 363 [1883].
[4]) Das benutzte Präparat verdanke ich der Güte des Herrn F. Tiemann.

Für die praktische Ausführung der Reaktion sind die obigen Erörterungen über den Verlauf derselben maßgebend. Am besten verwendet man das reine kristallisierte Lacton. Ist dasselbe sehr schwer zu isolieren, wie bei der Gluconsäure oder Zuckersäure, so wird die wässerige Lösung der Säure zum Sirup verdampft und der Sirup noch mehrere Stunden auf dem Wasserbade erhitzt. In einzelnen Fällen, welche erst in den ausführlichen Abhandlungen besprochen werden, erreicht man die völlige Umwandlung der Säure in Lacton durch Erhitzen auf höhere Temperaturen.

Das Lacton oder der lactonhaltige Sirup wird in einer Schüttelflasche in 10 Teilen Wasser gelöst, die Flüssigkeit mit Schwefelsäure schwach angesäuert, bis zur beginnenden Eisbildung in einer Kältemischung gekühlt und dann eine kleine Menge 2½prozentiges Natriumamalgam eingetragen. Beim kräftigen Umschütteln wird dasselbe rasch verbraucht ohne Entwicklung von Wasserstoff. Man fährt dann mit dem Zusatze des Amalgams fort unter dauerndem Schütteln und zeitweisem Abkühlen, während durch häufigen Zusatz von verdünnter Schwefelsäure die Reaktion der Flüssigkeit stets sauer gehalten wird. Gegen Ende der Operation entweicht Wasserstoff. Die Menge des Natriumamalgams wird für den einzelnen Fall am besten empirisch ausprobiert, indem man kleine Proben der Lösung, etwa 0,2 ccm mit Fehlingscher Flüssigkeit titriert. Das Maximum der Reduktion der Kupferlösung bezeichnet den Punkt, wo die Operation unterbrochen wird. Bei Anwendung von reinen Lactonen braucht man die 10—15fache Menge 2½ prozentiges Amalgam. Es ist ratsam, nicht zu große Mengen, etwa 10 g Lacton, zu verwenden und die Reduktion in 30—40 Minuten zu Ende zu führen.

Die Ausbeute an Zucker aus den einbasischen Säuren schwankt bei Benutzung von reinem Lacton zwischen 40—60 pCt. des letzteren. Selbstverständlich ist dieselbe geringer, wenn man ein Gemisch von Lacton und Säure benutzt. In allen Fällen enthält die Reaktionsflüssigkeit, neben Natriumsulfat und Zucker, das Natronsalz der regenerierten Oxysäure und kleine Mengen des durch weitere Reduktion des Zuckers entstandenen Alkohols.

Für die Trennung dieser Produkte dient folgendes Verfahren. Die vom Quecksilber abgegossene Lösung wird nach dem Übersättigen mit Natronlauge filtriert, wobei zur völligen Klärung ein Zusatz von wenig Tierkohle vorteilhaft ist. Das Filtrat wird dann mit Schwefelsäure genau neutralisiert, bis zur beginnenden Kristallisation des Natriumsulfats verdampft und in die 20fache Menge heißen Alkohols eingegossen. Dabei fallen das Natriumsulfat vollständig und die organischen Natronsalze zum größten Teile aus. Meistens reißen dieselben

Zucker mit nieder. Sie werden deshalb in wenig heißem Wasser gelöst und wieder in kochenden Alkohol eingetragen, eventuell muß diese Operation nochmals wiederholt werden, bis der Niederschlag die Fehlingsche Lösung nicht mehr reduziert. In einzelnen Fällen, wo der Zucker in absolutem Alhohol sehr schwer löslich ist, verwendet man für die Scheidung 90 prozentigen Alkohol. Die alkoholischen Lösungen hinterlassen beim Verdampfen den Zucker in der Regel als Sirup. Der letztere enthält noch kleine Mengen organischer Natronsalze und außerdem den durch zu weit gehende Reduktion entstandenen mehrwertigen Alkohol. Dieses Rohprodukt kann für manche Zwecke, z. B. für die Anlagerung von Blausäure, die Darstellung der Hydrazone und Osazone, direkt benutzt werden. Für die völlige Reinigung des Zuckers muß in jedem einzelnen Falle ein besonderes Verfahren ermittelt werden.

Bei der Reduktion der Lactone wird, wie oben erwähnt, stets ein Teil in die Säure zurückverwandelt und dadurch der Reaktion entzogen. Bei der Trennung durch Alkohol bleibt diese Säure als Natronsalz beim Natriumsulfat. Um dieselbe wieder zu gewinnen, verwandelt man sie am besten in das Lacton, indem man zu der wässerigen Lösung des Salzgemisches eine genügende Menge Schwefelsäure zufügt, um alles Natrium zu binden. Wird dann die Flüssigkeit bis zur beginnenden Kristallisation verdampft und in heißen absoluten Alkohol eingegossen, so fällt das Natriumsulfat aus, und das alkoholische Filtrat hinterläßt beim Verdampfen das Lacton.

Bei der Reduktion der zweibasischen Säuren entsteht kein Zucker, sondern eine Aldehydsäure, deren Isolierung in ganz anderer Weise erfolgen muß. Als Beispiel dafür ist später die Reduktion der Zuckersäure beschrieben.

Da die Lactone als innere Ester zu betrachten sind, so war vorauszusehen, daß man an Stelle derselben auch die gewöhnlichen Ester verwenden könne. In der Tat wird der Äthylester der Schleimsäure, welche selbst kein Lacton bildet, durch Natriumamalgam in eine Aldehydsäure verwandelt. Auf diesem Wege hoffe ich, auch aus der Glycerinsäure und Erythroglucinsäure die Aldehyde gewinnen zu können. Ferner habe ich die Versuche von Petriew und Eghis[1]) über die Reduktion des Weinsäureäthers wieder aufgenommen.

Schließlich habe ich die Amide der Oxysäuren in den Kreis der Untersuchung gezogen, konnte aber aus denselben, entgegen meiner

---

[1]) Beilstein, Handbuch, 3. Aufl. I. 795.

Erwartung, keinen Zucker gewinnen. Das ist um so auffälliger, als die aromatischen Amide von Natriumamalgam in saurer Lösung außerordentlich leicht angegriffen werden[1]).

------

Die Reduktion der Säuren ist für die Gewinnung neuer Zuckerarten eine sehr brauchbare Methode. Sie hat zur Auffindung der $l$- und $dl$-Mannose geführt und die Synthese der natürlichen Zuckerarten ermöglicht. Kombiniert mit der von Kiliani zuerst in der Zuckergruppe benutzten Anlagerung von Blausäure kann sie ferner zum Aufbau von kohlenstoffreicheren Zuckerarten dienen. Aus den Carbonsäuren der Mannose, Galactose und Glucose entstehen drei wohl charakterisierte Zuckerarten $C_7H_{14}O_7$. Diese addieren wieder Cyanwasserstoff und liefern dabei drei isomere Säuren $C_8H_{16}O_9$. Letztere lassen sich wieder reduzieren; so wurde aus dem Derivat der Mannose bereits ein Zucker $C_8H_{16}O_8$ gewonnen und die Grenze dieses synthetischen Verfahrens läßt sich noch nicht absehen. Ja, die Methode ist sogar bei den Saccharosen, welche eine Aldehydgruppe enthalten, anwendbar. Aus dem Milchzucker wurde durch Addition von Cyanwasserstoff eine Säure $C_{13}H_{24}O_{13}$ gewonnen und auch diese wird durch Natriumamalgam reduziert. Dasselbe gilt endlich für die Rhamnose (Isodulcit), $C_6H_{12}O_5$, aus welcher zwei zuckerähnliche Verbindungen $C_7H_{14}O_6$ und $C_8H_{16}O_7$ erhalten wurden.

Empirische Namen für diese zahllosen Verbindungen zu suchen, wäre eine undankbare Aufgabe. Es scheint mir vielmehr jetzt angezeigt, für die Zuckergruppe eine rationellere Nomenklatur einzuführen. Den Anfang dazu hat bereits Herr Tollens gemacht, indem er die Arabinose und deren Isomere als Pentaglycosen bezeichnete. Mag dieser Ausdruck als Kollektivname recht brauchbar erscheinen, so ist er doch für die Bezeichnung der einzelnen Körper entschieden zu lang. Ich schlage deshalb die kürzeren Wörter vor: Pentose, Heptose, Octose, Nonose für die Zuckerarten, Pentit, Heptit usw. für die zugehörigen Alkohole, Heptonsäure, Octonsäure usw. für die Säuren. Ob man die Zuckerarten $C_6H_{12}O_6$ als Hexosen oder, wie bisher üblich, als Glucosen bezeichnen will, mag der Geschmack und die Gewohnheit der Fachgenossen entscheiden.

------

[1]) Das Benzamid liefert dabei nach den Versuchen von Guareschi (Berichte d. d. chem. Gesellsch. 6, 1462 [1873]) neben wenig Benzaldehyd hauptsächlich Benzylalkohol. Ebenso erhielt Herr Hutchinson im hiesigen Laboratorium aus dem Salicylsäureamid Saligenin und konstatierte ferner die leichte Reduzierbarkeit des Toluylsäureamids und des Phenylacetamids. Dasselbe fand Herr Marx für das Gallamid und Trimethylgallamid. Die betreffenden Produkte werden später beschrieben.

Die einzelnen Produkte werden dann durch ein Vorwort, welches die Darstellungsweise andeutet, voneinander unterschieden, etwa in folgender Art: Mannoheptose, Mannooctose, Mannoheptit, Mannoctonsäure für die Produkte aus Mannose; Galaheptose usw. für die Produkte aus Galactose; Glucoheptose[1]) usw. für diejenigen aus Traubenzucker.

Durch die gleiche Methode wird es unzweifelhaft auch gelingen, aus den einfacheren Oxyaldehyden z.B. dem Glycerinaldehyd die Tetrosen und Pentosen zu bereiten. So schwierig diese Versuche auch jetzt noch erscheinen, so glaube ich sie doch in Angriff nehmen zu müssen, weil das wohl der sicherste Weg ist, um die Konstitution der natürlichen Zuckerarten völlig aufzuklären.

Im Nachstehenden gebe ich eine kurze Übersicht über die bisher gewonnenen Resultate, deren ausführliche Beschreibung an anderer Stelle erfolgen wird.

## Einbasische Säuren.

1. Die Reduktion der d-, l- und dl-Mannonsäure zu den entsprechenden Mannosen[2]) und der Gluconsäure zu Traubenzucker[3]) ist bereits mitgeteilt.

2. Galactonsäure. Das in reinem Zustande bisher unbekannte Lacton ist in reichlicher Menge in dem Sirup enthalten, welcher beim

---

[1]) Die jetzt viel gebrauchten Namen Dextrose und Lävulose sind leider recht unglücklich gewählt, da sie leicht eine falsche Vorstellung von den Beziehungen der beiden Zuckerarten zu einander veranlassen. Zudem sind die Wörter dextro und lävo oder die Abkürzungen d. und l., wie ich vor kurzem gezeigt habe (Berichte d. d. chem. Gesellsch. **23**, 371 [1890] (*S. 331*) für die Unterscheidung der jetzt bekannten optischen Isomeren kaum entbehrlich. Es scheint mir deshalb ratsam, den Namen Dextrose ganz fallen zu lassen und den älteren, von Dumas gewählten, schönen Namen Glucose zu gebrauchen. Der Umstand, daß dieses Wort als Klassenname für die Zuckerarten $C_6H_{12}O_6$ benutzt wird, steht dem nicht im Wege; zudem habe ich die Überzeugung, daß die heranwachsende Generation der Chemiker den systematischen Namen „Hexose" für die Zucker $C_6H_{12}O_6$ bevorzugen wird.

Ungerechtfertigt erscheint mir ferner die in Deutschland übliche Abänderung von Glucose in Glycose; denn Dumas hat gewiß in guter Absicht den Buchstaben „y", welcher im Glycerin enthalten ist, vermieden, um einen besonderen Namen „gluc" zu schaffen. Die romanischen Völker und die Engländer haben denselben beibehalten; daß man ihn in Deutschland abänderte, ist entweder eine reine Willkürlichkeit oder eine philologische Pedanterie.

Der Name Lävulose verdient gleichfalls verlassen zu werden. Die ältere Bezeichnung Fruchtzucker ist mindestens ebenso brauchbar und viel unzweideutiger, und wenn man dieselbe in das lateinische „Fructose" übertrüge, so wären vorläufig die größten Schwierigkeiten für die Nomenklatur der Zuckergruppe beseitigt.

[2]) Berichte d. d. chem. Gesellsch. **22**, 2204 [1889] (*S. 315*); **23**, 371 [1890]. (*S. 332.*)

[3]) Berichte d. d. chem. Gesellsch. **23**, 804 [1890]. (*S. 360.*)

Abdampfen der wässerigen Lösung der Säure auf dem Wasserbade zurückbleibt. Bei der Reduktion desselben entsteht eine recht große Menge von Galactose, welche durch Alkohol von den Natronsalzen getrennt und durch Behandlung mit Methylalkohol leicht in reinem kristallisierten Zustande gewonnen wird. Dieselbe wurde durch den Schmelzpunkt 162⁰, das Drehungsvermögen und das Osazon identifiziert.

3. Mannosecarbonsäure. Nach Versuchen des Hrn. Passmore liefert das Lacton etwa 50 pCt. Mannoheptose, welche kristallisiert und nach rechts dreht. Ihr Phenylhydrazon ist in kaltem Wasser schwer löslich und schmilzt bei 188—190⁰ unter Zersetzung. Das Osazon bildet schöne gelbe, in Wasser unlösliche Nadeln, die unter Gasentwicklung bei 198—200⁰ schmelzen. Durch weitere Reduktion wird der Zucker in den siebenwertigen Alkohol, $C_7H_{16}O_7$, verwandelt. Der letztere ist identisch mit dem Perseït, für welchen kürzlich Maquenne[1]) die gleiche Formel festgestellt hat. Dieses Resultat bedeutet die totale Synthese des Perseïts.

Umgekehrt kann der letztere durch Oxydation mit Salpetersäure in Mannoheptose verwandelt werden.

Die Mannoheptose verbindet sich leicht mit Cyanwasserstoff. Die so entstehende Mannooctonsäure bildet ein schön kristallisierendes Lacton vom Schmp. 167—170⁰ und der spezifischen Drehung $[\alpha]_D = -43,58⁰$. Daraus entsteht dann weiter durch Reduktion die Mannooctose, welche nach rechts dreht und ebenfalls durch das schwer lösliche Phenylhydrazon, $C_8H_{16}O_7 \cdot N_2HC_6H_5$, vom Sch᛫ elzpunkte 212—213⁰ charakterisiert ist.

4. Glucosecarbonsäure. Die aus dem Lacton gewonnene Glucoheptose kristallisiert aus Wasser in prachtvollen Tafeln, welche nicht ganz konstant gegen 190⁰ unter Zersetzung schmelzen. Ihr Phenylhydrazon ist in Wasser leicht löslich; das Osazon bildet goldgelbe Nadeln, welche gegen 197⁰ ebenfalls unter Zersetzung schmelzen. Der Zucker addiert sehr leicht Cyanwasserstoff und die so entstehende Glucooctonsäure bildet ein schön kristallisierendes Barytsalz von der Formel $(C_8H_{15}O_9)_2 \cdot Ba$. Die Versuche sind von Hrn. Kleeberg ausgeführt.

5. Galactosecarbonsäure. Das in reinem Zustande bisher nicht bekannte Lacton entsteht nach den Beobachtungen des Hrn. Behringer beim längeren Erhitzen der zum Sirup verdampften Säure auf dem Wasserbade. Es bildet farblose Kristalle, die bei 149 bis 150⁰ schmelzen. Daraus entsteht die Galaheptose. Letztere bildet ein schwer lösliches Phenylhydrazon, welches unter Zersetzung gegen

---

[1]) Compt. rend. **107**, 583 [1888].

199⁰ schmilzt und ein Osazon, das gegen 220⁰ unter Zersetzung schmilzt. Auch dieser Zucker addiert Blausäure.

6. **Rhamnosecarbonsäure**. Durch Reduktion des Lactons erhielt Hr. **Piloty** 50 pCt. des Zuckers,

$$CH_3 . CHOH . CHOH . CHOH . CHOH . CHOH . CHO,$$

welcher als eine Methylhexose zu bezeichnen wäre. Derselbe kristallisiert sehr leicht aus Methylalkohol und schmilzt bei 180—181⁰. Das Hydrazon ist leicht löslich, das Osazon schmilzt gegen 200⁰ unter Zersetzung. Durch Addition von Blausäure entsteht daraus eine Methylheptonsäure, deren Lacton, $C_8H_{14}O_7$, leicht kristallisiert. Das letztere liefert dann bei der Reduktion eine Methylheptose, deren Hydrazon in Wasser schwer löslich ist.

7. **Lävulosecarbonsäure** (Fructosecarbonsäure) und **Saccharin** geben in reichlicher Ausbeute zwei Zuckerarten mit anormaler Kohlenstoffkette, welche in Untersuchung sind.

8. **Carbonsäure des Milchzuckers**. Nach den Beobachtungen des Hrn. **Reinbrecht** addiert der Milchzucker unter denselben Bedingungen, wie die einfachen Zuckerarten Cyanwasserstoff. Die so entstehende Säure enthält ein Kohlenstoffatom mehr wie die Lactobionsäure[1]. Sie bildet ein unlösliches, basisches Bleisalz, reduziert die **Fehling**sche Lösung nicht und wird durch Kochen mit verdünnter Schwefelsäure leicht hydrolysiert.

Durch Reduktion der zum Sirup verdampften Säure entsteht ein Zucker, der voraussichtlich die Formel $C_{13}H_{24}O_{12}$ hat.

### Zweibasische Säuren.

1. **Zuckersäure**. Für den Versuch diente reine Zuckersäure, welche aus dem Bleisalz dargestellt war. Die wässerige Lösung derselben wurde auf dem Wasserbade verdampft, wobei sie zum Teil in Lacton übergeht. Bei vorsichtiger Reduktion des wieder in Wasser gelösten Sirups entsteht eine Säure, welche die **Fehling**sche Lösung sehr stark reduziert. Für die Isolierung derselben wurde das basische Bleisalz benutzt. Versetzt man nach beendeter Reduktion die mit Essigsäure schwach angesäuerte Flüssigkeit mit neutralem Bleiacetat, so wird die Schwefelsäure und die regenerierte Zuckersäure fast vollkommen gefällt und aus dem Filtrate wird dann durch basisch essigsaures Blei das Salz der neuen Säure als voluminöse weiße Masse niedergeschlagen. Das letztere wurde mit verdünnter Schwefelsäure zersetzt und der Überschuß an Schwefelsäure mit Baryt genau ausgefällt. Das Filtrat hinterließ beim Verdampfen im Vakuum die neue Säure als

---

[1] Berichte d. d. chem. Gesellsch. **22**, 361 [1889]. (*S. 656*.)

farblosen Sirup, welcher alkalische Kupferlösung außerordentlich stark reduzierte. Leider ist es bis jetzt nicht gelungen, das Produkt zu kristallisieren. Dasselbe zeigt große Ähnlichkeit mit der Glucuronsäure; ob es damit identisch oder isomer ist, wird Hr. Piloty zu entscheiden suchen.

2. Schleimsäure. Die freie Säure wird in der Kälte von Natriumamalgam nicht angegriffen. Behandelt man dagegen die kalte Lösung des neutralen Äthylesters in der 40fachen Menge Wasser mit Natriumamalgam in der früher beschriebenen Weise, so entsteht ebenfalls eine Aldehydsäure, welche gerade so wie beim vorhergehenden Versuch isoliert werden kann. Dieselbe bildet einen schwach gelben Sirup, reduziert alkalische Kupferlösung sehr stark und liefert bei der Oxydation nach den Versuchen des Hrn. Marx wieder Schleimsäure.

Die leichte Reduzierbarkeit der zuvor besprochenen Oxysäuren scheint mir auch in physiologischer Beziehung einiges Interesse zu bieten. Es liegt auf der Hand, daß eine derartige Verwandlung von Säuren in die zugehörigen Aldehyde auch im Pflanzenkörper stattfinden kann und man wird dadurch erinnert an die frühere, namentlich von Liebig vertretene Ansicht, daß in der Pflanze die Säuren zur Bereitung von Zucker oder zuckerähnlichen Produkten benutzt werden.

Auch bei dieser Arbeit bin ich von Hrn. Dr. J. Hirschberger unterstützt worden, wofür ich demselben herzlichen Dank sage.

## 37. Emil Fischer: Notizen über einige Säuren der Zuckergruppe.

Berichte der deutschen chemischen Gesellschaft **23**, 2625 [1890].
(Eingegangen am 4. August.)

### Lacton der $d$-Gluconsäure.

Daß der farblose Sirup, welcher beim Abdampfen einer wässerigen Lösung von Gluconsäure zurückbleibt, ein Gemisch von Säure und Lacton ist, haben Kiliani und Kleemann[1]) durch Titration festgestellt; sie machen ferner darauf aufmerksam, daß die von Habermann beobachtete kristallisierte Gluconsäure wahrscheinlich das Lacton gewesen sei. Ich habe das letztere isoliert, um es optisch mit dem Lacton der $d$-Mannonsäure zu vergleichen. Verdampft man die wässerige Lösung von reiner Gluconsäure, welche aus dem Kalksalz durch genaue Ausfällung mit Oxalsäure erhalten wird, zum Sirup und erhitzt den letzteren noch mehrere Stunden auf dem Wasserbade, um die Lactonbildung möglichst weit zu führen, so scheidet das Produkt beim Aufbewahren über Schwefelsäure nach 8—14 Tagen sehr feine, nadelförmige Kristalle ab, welche mit der Mutterlauge schließlich ein salbenartiges Gemisch bilden; wird das letztere auf porösen Ton aufgestrichen, so sickert, allerdings sehr langsam, die Mutterlauge ab und es bleibt schließlich eine farblose, halbfeste, klebrige Masse zurück; dieselbe wird in sehr wenig warmem Wasser gelöst; nach dem Erkalten beginnt schon nach einigen Stunden die Kristallisation. Die Kristalle lassen sich jetzt auf der Pumpe absaugen und zwischen Fließpapier pressen. Das Produkt wurde zum zweiten Male aus sehr wenig warmem Wasser umkristallisiert, filtriert und durch Anreiben mit kaltem Alkohol möglichst von der Mutterlauge befreit. Das Lacton besitzt jetzt einen süßen Geschmack, zeigt aber noch immer eine ganz schwach saure Reaktion. Die Analyse führt zu der Formel $C_6H_{10}O_6$.

0,1935 g Subst.: 0,2857 g $CO_2$, 0,1037 g $H_2O$.

|   | Berechnet | Gefunden |
|---|-----------|----------|
| C | 40,44 | 40,27 pCt. |
| H | 5,61 | 5,95 „ |

---

[1]) Berichte d. d. chem. Gesellsch. **17**, 1299 [1884].

Das Produkt schmilzt nicht ganz konstant zwischen 130 und 135°
und ist zum Unterschied von dem Mannonsäurelacton in heißem Alkohol recht leicht löslich. Es kristallisiert aus dieser Lösung erst
wieder beim vollständigen Verdunsten. Es dreht nach rechts, und zwar
stärker als das $d$-Mannonsäurelacton.

0,543 g wurden in 6,5305 g Wasser gelöst. Diese Lösung hatte
bei 20° das spezifische Gewicht 1,032 und drehte im 1 dcm-Rohr 5,4°
nach rechts.

Daraus berechnet sich die spezifische Drehung $[\alpha]_D = + 68,2°$;
die Zahl ist mit einem kleinen Fehler behaftet, weil das Präparat
noch ganz schwach sauer reagierte und mithin eine Spur freier Säure
enthielt.

Nach 24 Stunden war die Drehung von 5,4° auf 5,08° zurückgegangen und die Lösung reagierte jetzt ziemlich stark sauer, offenbar
weil ein Teil des Lactons inzwischen in die Säure zurückverwandelt war.

Über das Drehungsvermögen der Gluconsäure liegt eine Angabe
von Herzfeld[1]) vor. Derselbe zerlegte gluconsauren Kalk mit Schwefelsäure und fand dann nach 24 Stunden für das Drehungsvermögen
der Lösung einen Wert, aus welchem die spezifische Drehung der freien
Säure $[\alpha]_D = + 5,8°$ berechnet wurde. Diese Zahl ist jedenfalls unrichtig, denn die Lösung enthielt neben der Säure schon Lacton, dessen
Drehungsvermögen nach der obigen Bestimmung sehr stark ist. Die
freie $d$-Gluconsäure scheint vielmehr ganz schwach nach links zu
drehen, wie aus folgendem Versuche hervorgeht. Eine Lösung von 1 g
gluconsaurem Kalk in 8 ccm Wasser wurde gut gekühlt, dann mit
2 ccm 20prozentiger Salzsäure versetzt und sofort im 1 dcm-Rohr
geprüft. Von der Mischung bis zur ersten Ablesung war eine Minute
verstrichen. Die Flüssigkeit zeigte eine ganz schwache Linksdrehung
von etwa 0,1°. Schon nach 2 Minuten war dieselbe in eine Rechtsdrehung von 0,1° umgeschlagen. Nach einer halben Stunde betrug die
Rechtsdrehung schon 0,6°, nach 2 Stunden 0,9° und nach 24 Stunden 1°.

Die Säure geht offenbar schon bei niederer Temperatur zum Teil
in das Lacton über.

Auf die gleiche Erscheinung habe ich früher schon bei der $d$-Man-
nonsäure hingewiesen, wo die Lactonbildung sich ebenfalls durch die
Änderung der spezifischen Drehung sehr leicht verfolgen läßt, aber
viel rascher und weiter geht.

Umgekehrt verändern auch manche Lactone dieser Gruppe ihr
Drehungsvermögen, wenn sie in wässeriger Lösung bei gewöhnlicher
Temperatur aufbewahrt werden, weil sie teilweise in die Säure ver-

---

[1]) Liebigs Annal. d. Chem. **220**, 345 [1883].

wandelt werden, und ich glaube, daß auf dieselbe Art die sogenannte Birotation der Zuckerarten zu erklären ist; sie nehmen beim längeren Stehen in wässeriger Lösung Wasser auf und die wasserhaltigen Verbindungen besitzen dann ein anderes Drehungsvermögen als die wasserfreien. Alle Beobachtungen sprechen zum Beispiel dafür, daß der wasserfreie Traubenzucker sich in Wasser zunächst als $C_6H_{12}O_6$ löst und dann allmählich in den siebenwertigen Alkohol $C_6H_{14}O_7$ übergeht. Mit der Beendigung dieses Prozesses wird das Drehungsvermögen erst konstant.

### *l*-Mannonsaurer Kalk.

Für die beiden Gluconsäuren sind die Kalksalze charakteristisch. Zum Vergleiche war es wünschenswert, die entsprechenden Verbindungen der Mannonsäuren kennen zu lernen. Das Salz der *d*-Mannonsäure ist bereits früher[1]) beschrieben, während die Kalkverbindung der *l*-Mannonsäure von Kiliani[2]) nur als amorphe Masse gewonnen wurde.

Mit einiger Mühe ist es mir gelungen, dasselbe ebenfalls zu kristallisieren. Man kocht die wässerige Lösung des reinen *l*-Mannonsäurelactons eine halbe Stunde mit reinem Calciumcarbonat, verdampft das Filtrat auf ein kleines Volumen und fügt soviel Alkohol zu, daß in der Hitze alles gelöst bleibt. Beim Erkalten scheidet sich ein dicker Sirup ab, welcher beim längeren Stehen und öfteren Reiben mit einem Glasstabe kristallinisch erstarrt. Hat man einmal eine kleine Probe der kristallisierten Verbindung, so braucht man dieselbe nur in die konzentrierte, wässerige Lösung des Salzes einzutragen, um dieselbe zum Kristallisieren zu bringen. Das Salz bildet feine, glänzende, meist kugelförmig verwachsene Nadeln; es ist in kaltem Wasser ziemlich schwer, in warmem Wasser dagegen leicht löslich und enthält 3 Moleküle Kristallwasser,\*) welche bei 100⁰ nicht entweichen.

---

\*) *Das früher beschriebene Salz der d-Mannonsäure (Berichte d. d. chem. Gesellsch. 22, 3222 [1889] (S. 312) gab bei der Analyse Zahlen, welche am besten auf die Formel $(C_6H_{11}O_7)_2Ca + 2H_2O$ passen. Es würde hier also eine Differenz zwischen zwei optischen Antipoden bestehen. Ich bemerke jedoch, daß die Menge des Kristallwassers nicht direkt bestimmt werden konnte, weil es sich nicht ohne Zersetzung des Salzes austreiben läßt. Zudem werden die Salze durch Alkohol aus den wässerigen Lösungen gefällt, und es ist wohl möglich, daß je nach den Konzentrationsverhältnissen die Menge des Kristallwassers variiert. Jedenfalls kann das vorliegende Beispiel nicht als ausreichender Beweis dafür angesehen werden, daß Derivate von optischen Antipoden verschieden zusammengesetzt sein können. Ebensowenig sind bisher Unterschiede in physikalischen Eigenschaften solcher Antipoden (abgesehen von der Richtung der optischen Drehung und von hemiëdrischen Kristallflächen) sicher nachgewiesen. Die kleinen Abweichungen, die bei meinen Beobachtungen in der Zuckergruppe vorkommen, können durch Beobachtungsfehler oder geringe Verunreinigungen bedingt gewesen sein.*

[1]) Berichte d. d. chem. Gesellsch. 22, 3222 [1889]. (S. 312.)
[2]) Berichte d. d. chem. Gesellsch. 19, 3035 [1886].

0,2020 g Subst.: 0,2223 g $CO_2$, 0,1082 g $H_2O$.
0,4487 g Subst.: 0,1296 g $CaSO_4$.

|  | Ber. für $(C_6H_{11}O_7)_2Ca + 3H_2O$ | Gefunden |
|---|---|---|
| C | 29,75 | 30,01 pCt. |
| H | 5,79 | 5,95 ,, |
| Ca | 8,27 | 8,49 ,, |

### Arabonsäurephenylhydrazid.

Erhitzt man eine nicht zu verdünnte Lösung der freien Arabonsäure oder des Lactons oder des Kalksalzes mit der gleichen Menge Phenylhydrazin und 50prozentiger Essigsäure 1½ Stunden auf dem Wasserbade, so fällt beim Erkalten das Hydrazid als gelbgefärbte Kristallmasse aus, welche filtriert, mit kaltem Wasser, Alkohol und Äther gewaschen wird. Die Ausbeute ist nahezu quantitativ. Aus heißem Wasser unter Zusatz von Tierkohle umkristallisiert, bildet das Hydrazid farblose, glänzende Blättchen, welche beim raschen Erhitzen gegen 215⁰ unter Zersetzung schmelzen und die Zusammensetzung $C_5H_9O_5 . N_2H_2 . C_6H_5$ haben.

0,3314 g Subst.: 32,0 ccm N (18⁰, 747 mm).

|  | Berechnet | Gefunden |
|---|---|---|
| N | 10,94 | 10,96 pCt. |

### Xylosecarbonsäure.

Nach den neueren Untersuchungen von Tollens und Wheeler[1] gehört die Xylose zu den Pentosen. Man durfte deshalb erwarten, durch Anlagerung von Blausäure und Reduktion der Carbonsäure entweder eine der bekannten Hexosen oder ein Isomeres derselben zu gewinnen.

Im Einverständnis mit Hrn. Tollens habe ich Hrn. Rudolf Stahel veranlaßt, diesen Versuch auszuführen. Die Vereinigung des Zuckers mit der Blausäure gelingt unter den gleichen Bedingungen, wie bei den gewöhnlichen Zuckerarten und die Xylosecarbonsäure ist durch das basische Barytsalz gekennzeichnet. Dasselbe ist in kaltem Wasser sehr schwer löslich, läßt sich aber aus heißem Wasser umkristallisieren und hat die Zusammensetzung $C_6H_{11}O_7 . Ba . OH$. Wird dasselbe genau mit Schwefelsäure zersetzt und die Lösung verdampft, so bleibt ein farbloser Sirup, welcher ein Gemisch von Säure und Lacton ist. Aus diesem Produkte entsteht durch Reduktion mit Natriumamalgam ein Zucker, dessen Osazon in heißem Wasser verhältnismäßig leicht löslich und von den bisher bekannten Hexosazonen verschieden ist.

---

[1] Liebigs Annal. d. Chem. **254**, 304 [1889].

### 38. Emil Fischer: Synthese der Mannose und Lävulose[1]).

Berichte der deutschen chemischen Gesellschaft **23**, 370 [1890].

(Eingegangen am 8. Februar; vorgetragen in der Sitzung von Hrn. Tiemann.)

Das vor kurzem beschriebene Mannonsäurelacton[2]) ist dem von Kiliani entdeckten Lacton der Arabinosecarbonsäure[3]) so ähnlich, daß man beide Verbindungen für identisch halten müßte, wenn sie nicht in optischer Beziehung verschieden wären. Das erste dreht nach rechts, das zweite nach links, aber das Drehungsvermögen ist für beide gleich; denn die Differenz zwischen den Zahlen $[\alpha]_D = + 53,81^0$ und $[\alpha]_D = - 54,8^0$ liegt innerhalb der Beobachtungsfehler. Dadurch wurde es sehr wahrscheinlich, daß die beiden Lactone optisch entgegengesetzte Isomere sind und das erste Beispiel dieser Art in der Zuckergruppe bilden.

Der Versuch hat diese Vermutung bestätigt, denn die beiden Lactone verbinden sich in wässeriger Lösung zu einer optisch inaktiven Substanz von derselben Zusammensetzung.

Die letztere bildet selbständige, inaktive Salze und es gelingt nur unter ganz besonderen Bedingungen, sie in die optisch aktiven Komponenten zurückzuspalten. Alle drei Lactone können nun ferner nach der kürzlich angegebenen Methode[4]) durch Reduktion mit Natriumamalgam in Zucker und durch weitere Reduktion in sechswertigen Alkohol verwandelt werden, und diese Reduktionsprodukte stehen dann in demselben Verhältnis zueinander, wie die Lactone. Aus dem Mannonsäurelacton entstehen wieder Mannose und gewöhnlicher Mannit, aus dem Arabinosecarbonsäurelacton die optisch entgegengesetzten Isomeren, aus dem inaktiven Lacton endlich zwei inaktive Derivate.

---

[1]) Die Resultate dieser Arbeit habe ich zum Teil bereits am 21. September 1889 auf der Naturforscher-Versammlung zu Heidelberg vorgetragen. Vgl. das Tageblatt.

[2]) Berichte d. d. chem. Gesellsch. **22**, 3222 [1889]. (*S. 311.*)

[3]) Berichte d. d. chem. Gesellsch. **19**, 3034 [1886].

[4]) Berichte d. d. chem. Gesellsch. **22**, 2204 [1889]. (*S. 315.*)

Für die Bezeichnung dieser neuen Produkte wird man zweckmäßig die alten Namen Mannose und Mannit beibehalten. Aber die Unterscheidung derselben durch die Bezeichnung rechts- und linksdrehend (dextro- und lävogyr), scheint mir hier, abgesehen von der Schwerfälligkeit des Wortes, aus folgendem Grunde nicht ratsam. Das Drehungsvermögen der Derivate wechselt öfters von rechts nach links und umgekehrt; so dreht z. B. das Phenylhydrazon der rechtsdrehenden Mannose nach links und dasjenige der linksdrehenden Mannose nach rechts. Dasselbe gilt für die Osazone und einige Salze und die gleiche Erscheinung wird man unzweifelhaft bei der genaueren Erforschung der Zuckergruppe noch sehr häufig beobachten. Wenn nun von mehreren Verbindungen, welche derselben Reihe angehören, die eine als rechts-, die andere als linksdrehend bezeichnet wird, so sind Verwechslungen unvermeidlich. Ich schlage deshalb vor, alle Verbindungen einer solchen Reihe nach dem Drehungsvermögen des Aldehyds (Zucker) entweder mit dem Buchstaben *d* (dextro) oder *l* (lävo) oder *dl*\*) (inaktiv) zu benennen, gerade so, wie man bei den Benzolderivaten die Buchstaben *o, m* und *p* benutzt.

Für die obenerwähnten Produkte ergibt sich daraus folgende Zusammenstellung:

| *d*-Reihe. | *dl*-Reihe. | *l*-Reihe. |
|---|---|---|
| *d*-Mannose (gewöhnliche Mannose dreht rechts), | *dl*-Mannose — | *l*-Mannose (dreht links). |
| *d*-Mannosephenyl-hydrazon (dreht links), | *dl*-Mannosephenyl-hydrazon, | *l*-Mannosephenyl-hydrazon (dreht rechts). |
| *d*-Mannonsäure, | *dl*-Mannonsäure, | Arabinosecarbonsäure (*l*-Mannonsäure). |
| *d*-Mannonsäurelacton (dreht rechts), | *dl*-Mannonsäurelacton, | Arabinosecarbonsäure-lacton (dreht links). |
| *d*-Mannit (dreht bei Gegenwart von Borax rechts), | *dl*-Mannit, | *l*-Mannit (dreht bei Gegenwart von Borax links). |
| *d*-Phenylglucosazon (gewöhnliches Glucosazon dreht in Eisessig links), | *dl*-Phenylglucosazon | *l*-Phenylglucosazon (dreht in Eisessig rechts). |

Die Auffindung der *dl*-Mannose und ihrer Derivate ist von besonderem Interesse, weil sie Aufklärung über die Natur der auf synthetischen Wege gewonnenen α-Acrose gibt. Die letztere entsteht aus

---

\*) *Siehe die Bemerkung auf Seite 18.*

Acroleïnbromid[1]), aus Glycerose[2]) und aus Formaldehyd[3]) und wurde in allen drei Fällen in Form ihres Osazons isoliert. Aus diesem entsteht durch Spaltung mit Salzsäure das α-Acroson, welches bei der Reduktion zunächst einen gärbaren Zucker und weiterhin den sechswertigen Alkohol α-Acrit liefert. Da letzterer mit dem Mannit sehr große Ähnlichkeit zeigte, so glaubten wir ihn für die inaktive Form desselben halten zu dürfen. Diese Vermutung war richtig; denn der α-Acrit ist identisch mit dem obenerwähnten dl-Mannit. Dasselbe gilt für das α-Acrosazon, welches alle Eigenschaften des dl-Phenylglucosazons zeigt. Dagegen ist der aus dem Oson durch Zinkstaub und Essigsäure erhaltene gärbare Zucker verschieden von der dl-Mannose. Das erklärt sich leicht; denn das gewöhnliche Glucoson liefert bei derselben Reduktion nicht d-Mannose, sondern Lävulose[4]). Der aus dem α-Acroson entstehende Zucker ist mithin die inaktive Lävulose. Wie später noch gezeigt wird, gilt dasselbe für die α-Acrose, welche direkt durch die Synthese erhalten wird.

Durch diese Resultate wurde endlich die totale Synthese der optisch aktiven natürlichen Zuckerarten der Mannitreihe ermöglicht; denn der dl-Mannit kann durch Oxydation in dl-Mannose und dl-Mannonsäure übergeführt werden. Letztere läßt sich durch das Strychninsalz in d- und l-Mannonsäure spalten und aus den beiden Säuren gewinnt man durch Reduktion die zugehörige Mannose und den Mannit. Von der d-Mannose gelangt man dann über das Osazon, wie schon bekannt, zur gewöhnlichen Lävulose.

### l-Mannose.

Für die Bereitung des Zuckers aus Arabinosecarbonsäurelacton dient das früher kurz beschriebene Reduktionsverfahren[5]). 1 Teil des Lactons wird in 10 Teilen Wasser gelöst, mit wenig Schwefelsäure angesäuert, in einer Kältemischung bis zur beginnenden Eisbildung gekühlt und nun unter fortwährendem Schütteln 2½prozentiges Natriumamalgam in kleinen Mengen zugegeben. Die Flüssigkeit muß stets schwach sauer gehalten werden. Der Wasserstoff wird fast vollständig fixiert, bis etwa 15 Teile Amalgam und 1,3 Teile 20prozentige Schwefelsäure verbraucht sind. Die Operation dauerte in der Regel ¾ Stunden und wurde unterbrochen, wenn 2 Tropfen der Lösung

---

[1]) Berichte d. d. chem. Gesellsch. **20**, 1093, 2567, 3388 [1887]. (*S. 246, 249, 263.*)

[2]) Berichte d. d. chem. Gesellsch. **20**, 3384 [1887]. (*S. 259.*)

[3]) Berichte d. d. chem. Gesellsch. **22**, 360 [1889]. (*S. 271.*)

[4]) Berichte d. d. chem. Gesellsch. **22**, 94 [1889]. (*S. 173.*)

[5]) Berichte d. d. chem. Gesellsch. **22**, 2204 [1889]. (*S. 315.*)

15 Tropfen Fehlingscher Flüssigkeit vollständig reduzierten. Jetzt gießt man die alkalische Lösung vom Quecksilber ab, klärt durch Schütteln mit wenig Tierkohle, filtriert, neutralisiert genau mit Schwefelsäure und verdampft auf dem Wasserbade bis zur beginnenden Kristallisation des Natriumsulfates. Die wässerige Lösung wird nun in die 20fache Menge kochenden Alkohol unter tüchtigem Umschütteln eingegossen und das alkoholische Filtrat auf dem Wasserbade verdampft. Die abgeschiedenen Natriumsalze enthalten noch beträchtliche Mengen Zucker. Sie werden deshalb von neuem in wenig Wasser gelöst und wieder in Alkohol eingetragen. Wird diese Operation zum dritten Male wiederholt, so ist in der Regel die Kristallmasse frei von Zucker. Sie enthält außer Natriumsulfat eine beträchtliche Menge von arabinosecarbonsaurem Natrium. Man kann daraus durch Ansäuern mit der entsprechenden Menge Schwefelsäure und Aufkochen das Arabinosecarbonsäurelacton regenerieren und das letztere isolieren oder die Lösung nach dem Erkalten ohne weiteres wieder mit Natriumamalgam reduzieren.

Beim Verdampfen der alkoholischen Lösung hinterbleibt die *l*-Mannose als farbloser Sirup, welcher noch kleine Mengen organischer Natronsalze enthält. Die Ausbeute an Zucker, welcher durch das schwerlösliche Phenylhydrazon bestimmt wurde, beträgt etwa 50 pCt. der Theorie.

Die *l*-Mannose ist in Wasser sehr leicht, in absolutem Alkohol recht schwer, in Methylalkohol ziemlich leicht löslich. Ganz rein habe ich die Verbindung bis jetzt nicht erhalten; man wird für den Zweck gerade wie bei der *d*-Verbindung den Umweg über das Phenylhydrazon nehmen müssen, wozu das Material nicht reichte. Sie dreht das polarisierte Licht in wässeriger Lösung schwach nach links. Das Drehungsvermögen konnte aus Mangel an reinem Material nicht genau bestimmt werden; man wird aber kaum fehlgehen bei der Annahme, daß dasselbe gleich dem Drehungsvermögen der *d*-Mannose ist.

Charakteristisch für die *l*-Mannose ist gerade so, wie bei der *d*-Verbindung das Phenylhydrazon. Auf Zusatz von essigsaurem Phenylhydrazin zur wässerigen Lösung des Zuckers fällt es nach einigen Minuten in feinen, fast farblosen Kriställchen aus. Aus der 40fachen Menge siedendem Wasser läßt es sich leicht umkristallisieren. Es ist mithin in heißem Wasser leichter löslich, als das *d*-Mannosephenylhydrazon.*) Die Analyse gab folgende Zahlen:

0,1520 g Subst.: 0,2962 g $CO_2$, 0,0940 g $H_2O$.

|  | Ber. für $C_{12}H_{18}O_6N_2$ | Gefunden |
|---|---|---|
| C | 53,33 | 53,15 pCt. |
| H | 6,67 | 6,84 „ |

---

*) *Vgl. die Bemerkung auf Seite 328.*

Das Hydrazon schmilzt beim raschen Erhitzen[1]) nicht ganz konstant gegen 195° unter Gasentwicklung.

In salzsaurer Lösung dreht dasselbe das polarisierte Licht nach rechts. Wie später noch ausgeführt wird, kann es dadurch leicht von der *d*-Verbindung unterschieden werden. Durch kalte konzentrierte Salzsäure wird es in Phenylhydrazin und *l*-Mannose gespalten.

### Phenyl-*l*-glucosazon.

Erhitzt man das *l*-Mannosephenylhydrazon mit der doppelten Menge essigsaurem Phenylhydrazin und etwa 30 Teilen Wasser auf dem Wasserbade, so löst es sich auf. Die Flüssigkeit färbt sich bald gelb und scheidet nach etwa 20 Minuten feine gelbe Nadeln des Osazons ab. Nach einer Stunde läßt man erkalten, filtriert und wäscht das Produkt mit Wasser, kaltem Alkohol und Äther.

Das Osazon ist dem gewöhnlichen *d*-Phenylglucosazon (welches aus *d*-Mannose, Lävulose und Dextrose entsteht) täuschend ähnlich. Beim raschen Erhitzen färbt es sich gegen 195° dunkler und schmilzt dann gegen 205° unter Gasentwicklung. Dagegen verhält es sich in optischer Beziehung gerade umgekehrt; denn seine Lösung in Eisessig dreht das polarisierte Licht stark nach rechts.

0,1681 g Subst.: 23,2 ccm N (16°, 751 mm).

| | Ber. für $C_{18}H_{22}O_4N_4$ | Gefunden |
|---|---|---|
| N | 15,65 | 15,89 pCt. |

Durch konzentrierte Salzsäure wird das Osazon unter Abspaltung von Phenylhydrazin in das entsprechende Oson verwandelt. Aus letzterem wird man unzweifelhaft durch Reduktion mit Zinkstaub und Essigsäure die der gewöhnlichen Lävulose entgegengesetzte rechtsdrehende Lävulose gewinnen, deren direkte Bildung aus inaktiver Lävulose später beschrieben wird.

### Verhalten der *l*-Mannose gegen Bierhefe.

Eine 5prozentige wässerige Lösung des Zuckers, welche mit einer reichlichen Menge von ganz frischer und sehr wirksamer Bierhefe und außerdem noch mit Hefeabsud versetzt war, zeigte bei Zimmertemperatur im Laufe von 12 Stunden keine wahrnehmbare Gärung. Bei einer Temperatur von 30—34° entwickelte dieselbe im Laufe von 24 Stunden kleine Mengen von Kohlensäure. Aber selbst nach 12tägigem Stehen war der weitaus größte Teil des Zuckers unverändert.

---

[1]) Bei der Ausführung der Bestimmung brauche ich, wenn rasches Erhitzen vorgeschrieben ist, nicht mehr als 3 Minuten, um das Bad von 20° bis zum Schmelzen der Substanz zu erwärmen. Vgl. Tollens, Liebigs Annal. d. Chem. **255**, 218 [1889].

Unter denselben Bedingungen war die *d*-Mannose schon nach
2 Tagen völlig verschwunden.

Demnach ist die *l*-Mannose jedenfalls sehr schwer vergärbar; ja es
bleibt sogar noch zweifelhaft, ob die beobachtete kleine Menge von
Kohlensäure das Produkt einer alkoholischen Gärung ist.*)

## *l*-Mannit.

Die Reduktion der *l*-Mannose zum entsprechenden Mannit durch
Natriumamalgam geht viel langsamer vonstatten, als die Umwandlung
des Lactons in Zucker. Sie gelingt am besten in schwach alkalischer
Lösung. Der rohe Zucker wird in 10 Teilen Wasser gelöst, unter fortwährend Schütteln 2½prozentiges Natriumamalgam eingetragen und
das Alkali öfters durch verdünnte Schwefelsäure neutralisiert. Anfangs wird der Wasserstoff größtenteils fixiert. Zum Schluß verläuft
die Reduktion sehr langsam. Die Operation wurde unterbrochen, als
3 Tropfen der Lösung 1 Tropfen Fehlingsche Flüssigkeit nicht mehr
ganz reduzierten, was bei Anwendung der 60fachen Menge Amalgam
und bei fortwährendem Schütteln nach etwa 12 Stunden der Fall war.

Statt der *l*-Mannose das Arabinosecarbonsäurelacton direkt zu
verwenden, ist nicht ratsam, weil dann die Reinigung des *l*-Mannits
wegen der organischen Natronsalze größere Schwierigkeiten bietet.

Zur Isolierung des Mannits wird die alkalische, vom Quecksilber
getrennte Flüssigkeit unter Zusatz von wenig Tierkohle filtriert, dann
mit Schwefelsäure genau neutralisiert, bis zur. beginnenden Kristallisation des Natriumsulfates eingedampft und in die 20fache Menge
heißen Alkohol eingegossen. Das ausfallende Natriumsulfat muß
nochmals in Wasser gelöst und wiederum in Alkohol eingetragen werden. Die alkoholischen Filtrate hinterlassen beim Verdampfen den
Mannit als weiße, kristallinische Masse, welche noch kleine Mengen
organischer Natronsalze enthält. Das Produkt wird in heißem Methylalkohol gelöst und von dem geringen unlöslichen Rückstand filtriert
Aus der konzentrierten Lösung fällt in der Kälte der *l*-Mannit in feinen,
zu kugeligen Aggregaten vereinigten Nadeln. Um das Präparat ganz
aschefrei zu erhalten, wurde es für die Analyse nochmals in der doppelten
Menge warmem Wasser gelöst. Beim starken Abkühlen kristallisiert
es daraus langsam in feinen Nadeln von der Formel $C_6H_{14}O_6$.

0,1115 g Subst.: 0,1613 g $CO_2$, 0,0790 g $H_2O$.

|   | Ber. für $C_6H_{14}O_6$ | Gefunden |
|---|---|---|
| C | 39,56 | 39,46 pCt. |
| H | 7,69 | 7,87 „ |

*) *Vgl. Seite 832.*

Der *l*-Mannit ist dem gewöhnlichen Mannit wiederum sehr ähnlich; er schmilzt 2⁰ niedriger*) bei 163—164⁰ (unkorr.), löst sich sehr leicht in Wasser, sehr schwer in absolutem Alkohol, viel leichter in heißem Methylalkohol. Er schmeckt süß und reduziert die Fehlingsche Flüssigkeit nicht. Er ist aber leicht zu erkennen durch seine optischen Eigenschaften; denn bei Gegenwart von Borax dreht er das polarisierte Licht stark nach links.

Höchstwahrscheinlich hat schon Kiliani das Produkt unter Händen gehabt, aber für gewöhnlichen Mannit angesehen. Er erhielt dasselbe durch Reduktion des Doppellactons der Metazuckersäure[1]), welche durch Oxydation der Arabinosecarbonsäure entsteht. Er konnte damals kaum auf den Gedanken kommen, daß sein Produkt das optische Isomere des gewöhnlichen Mannits sei und hat deshalb bei der Übereinstimmung der anderen Eigenschaften beide Körper für identisch gehalten.

### *dl*-Mannonsäure.

Löst man gleiche Teile *d*-Mannonsäurelacton und Arabinosecarbonsäurelacton in Wasser, so ist die Flüssigkeit optisch inaktiv und hinterläßt beim Verdampfen das *dl*-Lacton als farblose, strahlige Kristallmasse. Dasselbe ist in heißem Wasser sehr leicht löslich und scheidet sich aus der konzentrierten Lösung beim Erkalten in schönen glänzenden, meist sternförmig verwachsenen, langen Prismen ab. In heißem Alkohol ist es ziemlich schwer löslich und fällt beim Erkalten in feinen, ebenfalls sternförmig verwachsenen, langen Nadeln von der Zusammensetzung $C_6H_{10}O_6$ aus.

0,2577 g Subst.: 0,3806 g $CO_2$, 0,1405 g $HO_2$.

| | Ber. für $C_6H_{10}O_6$ | Gefunden |
|---|---|---|
| C | 40,44 | 40,28 pCt. |
| H | 5,61 | 6,05 ,, |

Die Verbindung schmilzt etwas höher wie die Komponenten, aber gerade so wie diese nicht konstant. Bei 149⁰ beginnt sie zu sintern und ist erst bei 155⁰ völlig geschmolzen. Die flüssige Masse erstarrt gegen 140⁰ wieder kristallinisch. Sie schmeckt süß, reagiert völlig neutral und reduziert die Fehlingsche Flüssigkeit nicht[2]).

---

*) *Diese Angabe bezieht sich natürlich nur auf das ·vorliegende Präparat; es ist anzunehmen, daß die beiden reinen optischen Antipoden genau den gleichen Schmelzpunkt haben. Vgl. die Bemerkung auf S. 328.*

[1]) Berichte d. d. chem. Gesellsch. **20**, 2714 [1887].

[2]) Bei dieser Gelegenheit will ich eine Beobachtung mitteilen, durch welche vielleicht die widersprechenden Angaben über das Reduktionsvermögen der einfachen Oxysäuren der Zuckergruppe ihre Erklärung finden. Kocht man die wässerige Lösung eines solchen Lactons direkt mit Fehlingscher Flüssig-

Das Lacton bewirkt selbst in 25 prozentiger wässeriger Lösung keine Ablenkung des polarisierten Lichtes und kann auch durch Kristallisation nicht in seine Komponenten gespalten werden. Da es ferner optisch inaktive Salze bildet, welche von denjenigen der Mannonsäure und der Arabinosecarbonsäure durch ihre Löslichkeit und Zusammensetzung unterschieden sind, so kann es keinem Zweifel unterliegen, daß die Verbindung ein Analogon der Traubensäure ist.

*dl*-Mannonsaures Calcium. Dasselbe entsteht, wenn man die verdünnte, etwa 2 prozentige wässerige Lösung des Lactons mit überschüssigem, reinem Calciumcarbonat ½ Stunde kocht. Verdampft man das Filtrat auf dem Wasserbade, so beginnt schon bei ziemlich verdünnter Lösung in der Hitze die Abscheidung von feinen, meist zu kugeligen Aggregaten vereinigten Nadeln.

Das in der Wärme kristallisierte Salz ist wasserfrei; es verliert bei 108⁰ nicht an Gewicht und besitzt nach der Calciumbestimmung die Zusammensetzung $(C_6H_{11}O_7)_2 . Ca$.

0,4702 g Subst.: 0,1483 g $CaSO_4$.

| | Ber. für $(C_6H_{11}O_7)_2 . Ca$ | Gefunden |
|---|---|---|
| Ca | 9,30 | 9,27 pCt. |

Es unterscheidet sich also durch die Zusammensetzung von dem Salze der *d*-Mannonsäure, welches 2 Moleküle Kristallwasser enthält, welches ferner beim Verdampfen erst aus sehr konzentrierter Lösung in der Hitze ebenfalls in wasserhaltigen Nadeln ausfällt. (Die letzteren besitzen dieselbe Zusammensetzung, wie das aus verdünntem Alkohol kristallisierte Salz $(C_6H_{11}O_7)_2 . Ca + 2H_2O$. Berechnet Ca 8,58 pCt., gefunden 8,59 pCt.)

Das kristallisierte Salz der *dl*-Mannonsäure verlangt zur völligen Lösung 60—70 Teile siedendes Wasser. Die Lösung muß aber dann wieder eingedampft werden, damit die Kristallisation eintritt. Das Salz ist also beträchtlich schwerer löslich, als das *d*-mannonsaure Calcium, und während das letztere schwach nach links dreht, ist seine Lösung optisch inaktiv. Das arabinosecarbonsaure Calcium ist bisher nicht kristallisiert erhalten worden und löst sich in Wasser noch sehr viel leichter als das *d*-mannonsaure Salz.

Schüttelt man die nicht zu verdünnte, lauwarme Lösung des *dl*-mannonsauren Salzes mit überschüssigem Calciumhydroxyd, so scheidet das Filtrat beim Kochen einen reichlichen Niederschlag von basischem Salz ab. Diese Eigenschaft teilt die *dl*-Mannonsäure übrigens mit der

---

keit, so entsteht ein gelbgrüner Niederschlag, welcher scheinbar eine Reduktion des Kupfersalzes anzeigt. Fügt man aber zuvor zu dem Lacton Natronlauge, so daß dasselbe in die Säure verwandelt wird, so erfolgt beim späteren Kochen mit Fehlingscher Lösung keine Fällung noch Entfärbung.

$d$-Mannonsäure und der Arabinosecarbonsäure, wovon ich mich durch besondere Versuche überzeugte. Dasselbe Verhalten ist endlich für die isomere Gluconsäure schon von Hlasiwetz[1]) beobachtet worden.

$dl$-Mannonsäurephenylhydrazid. Die $dl$-Mannonsäure verwandelt sich ebenso leicht wie ihre Komponenten beim Erhitzen mit essigsaurem Phenylhydrazin in das schwer lösliche Hydrazid.

Erwärmt man eine Lösung von 1 Teil $dl$-Mannonsäurelacton in 10 Teilen Wasser mit 2 Teilen Phenylhydrazin und der entsprechenden Menge Essigsäure auf dem Wasserbade, so beginnt nach etwa 20 Minuten die Abscheidung von schönen farblosen, ziemlich großen, würfelähnlichen Kristallen und nach einer Stunde ist der größte Teil des Hydrazids ausgefallen. Die Mutterlauge gibt nach weiterem einstündigen Erwärmen beim Abkühlen eine zweite, aber viel geringere Kristallisation. Für die Analyse wurde das Präparat nochmals aus heißem Wasser umkristallisiert.

0,2653 g Subst.: 22,4 ccm N (13⁰, 757 mm).

| | Ber. für $C_{12}\overset{\cdot\cdot}{H}_{18}O_6N_2$ | Gefunden |
|---|---|---|
| N | 9,79 | 9,94 pCt. |

Das Hydrazid fällt aus heißem Wasser, worin es schwerer löslich ist als die entsprechenden Derivate der $d$-Mannonsäure und Arabinosecarbonsäure in kleinen glänzenden, dem Kochsalz sehr ähnlichen Kristallen. In Alkohol ist es sehr schwer löslich. Beim raschen Erhitzen schmilzt es unter Gasentwicklung gegen 230⁰, mithin etwa 15⁰ höher, als die Hydrazide der beiden Komponenten.

Durch heißes Barytwasser wird es in Phenylhydrazin und die Säure zerlegt.

### Spaltung der $dl$-Mannonsäure.

Durch die klassischen Arbeiten von Pasteur über die Weinsäuren kennt man zwei Methoden, um inaktive Säuren in optisch aktive zu verwandeln: 1. Teilweise Vergärung durch Schimmelpilze. 2. Kristallisation der Salze. Ich habe beide Methoden in diesem Falle versucht.

1) Vergärung durch Penicillium glaucum. 1 g $dl$-Mannonsäurelacton wurde in 100 g Wasser gelöst und mit der berechneten Menge Ammoniak versetzt. Nach 15 Minuten war die Reaktion der Flüssigkeit neutral geworden. Dazu kam jetzt 1 ccm einer Lösung, welche in 100 ccm 0,1 g Kaliumphosphat und 0,02 g Magnesiumsulfat enthielt. Diese Flüssigkeit wurde durch Kochen sterilisiert, dann mit Schwefelsäure ganz schwach angesäuert, unter den nötigen Vorsichtsmaßregeln mit Sporen von Penicillium zusammengebracht und im

---

[1]) Liebigs Annal. d. Chem. **158**, 257 [1871].

Brutschrank bei 30—34⁰ aufbewahrt. Der Pilz entwickelte sich anfangs recht üppig. Nach 8 Tagen war reichliche Mycel-Bildung und nach 14 Tagen starke Fruktifikation vorhanden. Nach 3 Wochen hörte das Wachstum auf, obschon noch eine beträchtliche Menge unveränderter inaktiver Substanz vorhanden war. Die Reaktion der Flüssigkeit war neutral. Der Grund für den Stillstand des Wachstums konnte nicht ermittelt werden. Die vom Pilz abfiltrierte, klare Lösung wurde nun mit Barytwasser bis zum Verschwinden des Ammoniaks gekocht, dann der Baryt mit Schwefelsäure genau ausgefällt und das Filtrat auf 5 ccm eingedampft.

Die Lösung drehte jetzt im 1 dcm-Rohr fast 1⁰ nach links und hinterließ beim Verdampfen einen Sirup, der nach einiger Zeit kristallisierte. Der letztere enthielt noch ziemlich viel *dl*-Mannonsäure-lacton, daneben wahrscheinlich das linksdrehende Arabinosecarbon-säurelacton, welches aber nicht rein erhalten werden konnte. Der Versuch wurde nicht wiederholt, weil die zweite Methode ein unzweideutiges und völlig befriedigendes Resultat ergab.

2) Spaltung durch Strychnin. Die Salze der *dl*-Mannonsäure mit Chinin, Chinidin, Cinchonin und Cinchonidin, welche durch Kochen der Basen mit der wässerigen Lösung des Lactons erhalten werden, sind in Wasser und auch in absolutem Alkohol so leicht löslich, daß ihre Spaltung in optisch Isomere durch Kristallisation nicht wohl durchführbar ist. Dagegen leistet das Strychninsalz diesen Dienst. Zur Bereitung desselben löst man gleiche Moleküle des Lactons und der Base durch längeres Kochen in 70prozentigem Alkohol. Beim Verdampfen des Alkohols scheidet sich ein Teil des Strychnins (etwa 12 pCt. der angewandten Menge) wieder aus, während eine entsprechende Menge unverändertes Lacton neben dem entstandenen Strychninsalz in Lösung bleibt. Wird die letztere auf dem Wasserbade stark eingedampft, so scheidet sich beim Erkalten das Strychninsalz fast vollständig als dicke, aus feinen Nadeln bestehende Kristallmasse aus. Dieselbe wird mit Alkohol verrieben, filtriert und mit Alkohol gewaschen. Die Mutterlauge enthält neben wenig Strychninsalz das unveränderte Lacton.

Die Kristallmasse löst sich in heißem Wasser unter Rücklassung von etwas Strychnin, welches wahrscheinlich durch eine teilweise Dissoziation des Salzes entsteht. Ob dieses Produkt das Salz der inaktiven Säure oder ein Gemisch der beiden Komponenten ist, kann ich nicht sagen. Erwärmt man eine kleine Menge desselben mit absolutem Alkohol, so löst es sich im ersten Moment klar auf, aber nach wenigen Augenblicken beginnt in der Siedehitze die Kristallisation des sehr schwer löslichen arabinosecarbonsauren Strychnins. Darauf

22*

beruht die Trennung der Salze. Größere Mengen des Produktes können nicht mit Alkohol in Lösung gebracht werden, weil die Bildung des schwerlöslichen Salzes zu rasch erfolgt.

Man zerreibt deshalb das obenerwähnte, aus Wasser kristallisierte und mit Alkohol gewaschene Produkt sehr sorgfältig, erhitzt dasselbe mit der 100 fachen Menge absolutem Alkohol eine Stunde lang zum Kochen und filtriert siedend heiß. Der unlösliche Rückstand, welcher etwa $^1/_3$ der ganzen Salzmasse beträgt, wird nochmals zerrieben, mit der 50 fachen Menge absolutem Alkohol ausgekocht und besteht dann aus reinem arabinosecarbonsaurem Strychnin.

Das Salz wurde in Wasser gelöst, mit Barytwasser zerlegt, die gefällte Base filtriert, der kleine in Lösung befindliche Rest derselben durch mehrmaliges Ausschütteln mit Äther entfernt, dann die wässerige Lösung genau mit Schwefelsäure ausgefällt und das Filtrat verdampft. Der Rückstand kristallisierte in der Kälte; die Kristallmasse wurde filtriert und aus heißem Alkohol umkristallisiert. Die Substanz schmolz wie das Arabinosecarbonsäurelacton bei 146—151$^0$ und zeigte auch das spezifische Drehungsvermögen desselben.

Die erste alkoholische Mutterlauge enthält neben arabinosecarbonsaurem Strychnin das leichter lösliche Salz der $d$-Mannonsäure. Beim Abkühlen auf $0^0$ fallen beide Salze im Verlauf von einigen Stunden in feinen glänzenden Kristallen aus. Die Menge derselben beträgt die Hälfte des angewandten Strychninsalzes. Um den größten Teil des arabinosecarbonsauren Salzes zu entfernen, wurde die Kristallmasse mit der 150 fachen Menge absolutem Alkohol ausgekocht, wobei ungefähr ¼ ungelöst blieb. Aus dem stark gekühlten Filtrat kristallisiert das $d$-mannonsaure Salz zum größten Teil wieder aus. Aus diesem Produkt wurde das Lacton regeneriert und auf das Drehungsvermögen untersucht. Dasselbe betrug $^2/_3$ der für reines $d$-Mannonsäurelacton gefundenen Drehung. Das Präparat enthielt also ·noch ein Drittel $dl$-Lacton, oder, was dasselbe bedeutet, ein Sechstel Arabinosecarbonsäurelacton. Die völlige Entfernung des letzteren gelingt durch Kristallisation des Morphinsalzes.

Zu dem Zwecke wird das Gemenge der Lactone in wässeriger Lösung mit der dreifachen Menge Morphin ½ Stunde gekocht. Die nach dem Erkalten filtrierte Flüssigkeit, zum Sirup verdampft, scheidet beim längeren Stehen eine große Menge von $d$-mannonsaurem Morphin in feinen glänzenden Nadeln ab. Dieselben werden filtriert, erst mit wenig wasserhaltigem, dann mit reinem Methylalkohol ausgewaschen und schließlich aus heißem Methylalkohol umkristallisiert. Aus dem reinen Morphinsalz kann man leicht das reine $d$-Mannonsäurelacton regenerieren. Man versetzt die konzentrierte wässerige Lösung vorsichtig mit Ammoniak, filtriert vom gefällten Morphin, kocht dann das Filtrat bis zur Verjagung des Ammoniaks mit reinem Barythydrat und fällt schließlich den Baryt genau mit Schwefelsäure. Beim Verdampfen der Lösung bleibt das Lacton als Sirup, welcher bald erstarrt. Einmaliges Umkristallisieren des Produktes aus heißem Alkohol genügt, um reines Lacton zu gewinnen. Das Produkt zeigte den Schmelzpunkt und das spezifische Drehungsvermögen, welche früher für $d$-Mannonsäurelacton gefunden wurden.

Handelt es sich nur um die Gewinnung der $d$-Mannonsäure, so kann die Spaltung der inaktiven Säure auch direkt mit Hilfe des Morphinsalzes bewerkstelligt werden. Dasselbe wird in der vorher beschriebenen Weise aus reiner $dl$-Mannonsäure dargestellt. Beim längeren Stehen der zum Sirup verdampften Lösung scheidet sich das $d$-mannonsaure Salz in Kristallen aus, welche durch Waschen mit wenig Methylalkohol von der Mutterlauge befreit und durch wiederholtes Kristallisieren aus heißem Methylalkohol gereinigt werden.

## $dl$-Mannose.

Die Darstellung des Zuckers aus dem $dl$-Mannonsäurelacton geschieht ganz in derselben Weise, wie diejenige der $l$-Mannose.

Derselbe ist ein farbloser Sirup, in Wasser sehr leicht, in absolutem Alkohol sehr schwer und in heißem Methylalkohol ziemlich leicht löslich. Die Ausbeute beträgt auch hier 50 pCt. des Lactons. Abgesehen von der optischen Inaktivität zeigt er alle charakteristischen Reaktionen der $d$- und $l$-Mannose.

Vor allen Dingen liefert er ein schwer lösliches Phenylhydrazon, welches in bekannter Weise leicht dargestellt werden kann. Für die Analyse wurde es aus heißem Wasser umkristallisiert.

0,1209 g Subst.: 11,2 ccm N (15⁰, 740 mm).

|   | Ber. für $C_{12}H_{18}O_5N_2$ | Gefunden |
|---|---|---|
| N | 10,37 | 10,56 pCt. |

Das Hydrazon schmilzt beim raschen Erhitzen ebenfalls gegen 195⁰ unter Zersetzung und ist von dem Derivat der $d$-Mannose nur durch den Polarisationsapparat zu unterscheiden; denn seine Lösung in verdünnter Salzsäure ist optisch völlig inaktiv.

Durch kalte konzentrierte Salzsäure wird es in Phenylhydrazin und Zucker gespalten.

### Gärung der $dl$-Mannose.

Von Bierhefe wird die $d$-Mannose sehr rasch, die $l$-Mannose dagegen sehr langsam vergoren.*) Infolgedessen erfährt die $dl$-Mannose eine partielle Vergärung, wobei $l$-Mannose übrig bleibt.

---

*) $l$-Mannose ist nicht gärbar. Vgl. Seite 832.

Versetzt man eine 10prozentige Lösung des Zuckers mit einer reichlichen Menge frischer Bierhefe und etwas Hefewasser, so beginnt bei einer Temperatur von 30° bald die Entwicklung von Kohlensäure, welche nach 24 Stunden sehr schwach wird. Nach 36 Stunden war bei verschiedenen Versuchen die Spaltung des inaktiven Zuckers eine vollständige. In der filtrierten Lösung läßt sich die *l*-Mannose sehr leicht durch Ausfällen als Hydrazon erkennen und quantitativ bestimmen. Das Präparat zeigte das Drehungsvermögen des reinen *l*-Mannosephenylhydrazons. Die Menge schwankt etwas, scheinbar mit der Qualität der Hefe. Bei einem Versuche wurde fast die theoretische Menge an reiner *l*-Mannose erhalten.

Dieses Resultat bestätigt die alte Erfahrung, daß Pilze aus inaktiven Substanzen den Teil wegnehmen, an welchen sie durch ihre natürliche Erziehung gewöhnt sind. Das ist in diesem Falle die in der Natur verbreitete und ferner der Dextrose und Lävulose so nahe verwandte *d*-Mannose.

## Phenyl-*dl*-glucosazon.

Erhitzt man die *dl*-Mannose mit der doppelten Menge Phenylhydrazin, der entsprechenden Menge Essigsäure und so viel (etwa 40 Teile) Wasser, daß kein Hydrazon auskristallisiert, so beginnt nach etwa ½ Stunde die Abscheidung von feinen, glänzenden, gelben Nadeln. Die Bildung des Osazons erfolgt hier etwas langsamer als bei den gewöhnlichen Zuckerarten und ist deshalb erst nach mehreren Stunden beendet. Das erklärt sich durch die geringere Oxydierbarkeit der drei Mannosen, welche z. B. auch die Fehlingsche Flüssigkeit langsamer reduzieren als Dextrose, Galactose und Lävulose. Auch die Ausbeute an Osazon ist hier beträchtlich geringer, als bei den eben erwähnten Zuckerarten.

Das inaktive Osazon ist nach dem Waschen mit Wasser, Alkohol und Äther rein. Zur Analyse wurde es noch einmal aus absolutem Alkohol umkristallisiert.

0,1881 g Subst.: 26,3 ccm N (18°, 741 mm).

|   | Ber. für $C_{18}H_{22}O_4N_4$ | Gefunden |
|---|---|---|
| N | 15,65 | 15,74 pCt. |

Das Präparat färbte sich beim raschen Erhitzen gegen 210° dunkler und schmolz bei 217—218° unter Zersetzung. Es löst sich in etwa 250 Teilen siedendem Alkohol und kristallisiert daraus in deutlich ausgebildeten feinen Nadeln. Durch rauchende Salzsäure wird es bei 45° gespalten und liefert dabei das entsprechende Oson. Das aus dem letzteren regenerierte Osazon schmolz wieder bei 217°. Die Lösung desselben in 60 Teilen Eisessig drehte das polarisierte Licht gar nicht. Kurzum, das Produkt zeigt alle Merkmale des α-Acrosazons.

Da bisher keine andere Verbindung mit den gleichen Eigenschaften existiert, da ferner auch andere gewichtige Gründe zu demselben Schlusse führen, so zögere ich nicht, das *dl*-Glucosazon und das *α*-Acrosazon für identisch zu erklären. Ich werde in Zukunft den ersteren Namen für diese Verbindung benutzen, weil er ihre Beziehungen zu den natürlichen Zuckerarten besser wiedergibt.

## *dl*-Mannit (*α*-Acrit).

Die Reduktion der *dl*-Mannose zum Alkohol und die Isolierung des letzteren wird in derselben Weise ausgeführt, wie die zuvor beschriebene Darstellung des *l*-Mannits.

Das Rohprodukt, welches fast farblos und zum größten Teil kristallisiert ist, wird in heißem Methylalkohol, wovon recht viel nötig ist, gelöst. Aus der konzentrierten Flüssigkeit scheidet sich der Mannit ziemlich langsam als harte, aus feinen Platten bestehende Kristallmasse ab. Die Ausbeute an diesem Produkt beträgt etwa 40 pCt. des Zuckers. Da dasselbe noch eine kleine Menge von Natronsalzen enthielt, so wurde es in der anderthalbfachen Menge heißem Wasser gelöst und das in der Kälte in kleinen Prismen ausfallende Präparat für die Analyse nochmals aus heißem Methylalkohol umkristallisiert.

0,2330 g Subst.: 0,3374 g $CO_2$, 0,1626 g $H_2O$.

| | Ber. für $C_6H_{14}O_6$ | Gefunden |
|---|---|---|
| C | 39,56 | 39,48 pCt. |
| H | 7,69 | 7,75 „ |

Die reine Substanz schmilzt 3⁰ höher als der gewöhnliche Mannit, bei 168⁰ (korrigiert 170⁰).

Sie ist in warmem Wasser außerordentlich leicht löslich und kristallisiert bei genügender Konzentration in der Kälte in schönen kleinen Prismen. Von heißem Eisessig wird sie ebenfalls ziemlich leicht, von Methyl- und Äthylalkohol dagegen recht schwer gelöst. Von dem gewöhnlichen Mannit kann sie durch die Art der Kristallisation aus Alkohol und Methylalkohol unterschieden werden. Viel sicherer ist aber die optische Untersuchung; denn die wässerige Lösung bleibt auch bei Zusatz von Borax gänzlich inaktiv.

Der *dl*-Mannit ist identisch mit dem *α*-Acrit, für welchen früher[1]) der Schmelzpunkt 164—165⁰ angegeben wurde. Wird aber das synthetische Produkt öfters umkristallisiert, so steigt der Schmelzpunkt noch, und ich habe bei einem genauen Vergleich des Präparates mit dem *dl*-Mannit keinen Unterschied bemerken können. Der letzte

---

[1]) Berichte d. d. chem. Gesellsch. **22**, 100 [1889]. (*S. 270.*)

Zweifel an der Identität schwindet endlich durch die später beschriebene Verwandlung des $\alpha$-Acrits in *dl*-Mannose.

Ich werde künftig für die Verbindung nur den Namen *dl*-Mannit gebrauchen.

## Optische Unterscheidung der Verbindungen der Mannitreihe.

Für die Erkennung der natürlichen Zuckerarten wird das Phenylhydrazin seit mehreren Jahren vielfach benutzt. In der Regel dient dasselbe nur zur Bereitung der schwerlöslichen Osazone, welche durch den Schmelzpunkt und die Löslichkeit unterschieden werden. Aus den vorliegenden Resultaten ergibt sich eine wesentlich erweiterte Anwendung dieses Reagens, so daß dasselbe auch jetzt noch zur Erkennung aller bekannten Zuckerarten dienen kann. Drei derselben, die *d*-, *l*- und *dl*-Mannose liefern in der Kälte mit essigsaurem Phenylhydrazin schwer lösliche Hydrazone[1]); die letzteren haben die gleiche Zusammensetzung, fast den gleichen Schmelzpunkt und ähnliche Löslichkeit, aber sie können leicht durch den Polarisationsapparat unterschieden werden.

Zu dem Zwecke löst man 0,1 g des Hydrazons in 1 ccm kalter konzentrierter Salzsäure, fügt sofort 5 ccm Wasser zu und prüft die Lösung im 1 dcm-Rohr. Die *d*-Verbindung zeigt dann eine Linksdrehung von ungefähr 1,2⁰ und die *l*-Verbindung eine ebenso starke Rechtsdrehung[2]). Die dritte ist selbstverständlich inaktiv. Zu beachten bleibt aber bei dieser Probe, daß das Drehungsvermögen der Lösung bald abnimmt und nach 3—4 Stunden bei Zimmertemperatur ganz verschwindet, weil die Hydrazone auch durch die kalte verdünnte Salzsäure innerhalb dieser Zeit in Phenylhydrazin und die sehr schwach drehenden Zucker gespalten werden.

Ebenso notwendig ist die optische Untersuchung der Osazone. *d*- und *l*-Phenylglucosazon, welche fast den gleichen Schmelzpunkt,*)

---

*) *Vgl die Bemerkung auf S. 328.*

[1]) Schwer lösliche Phenylhydrazone bilden ferner noch zwei durch Synthese gewonnene zuckerähnliche Körper von der Formel $C_7H_{14}O_7$, welche aus der Mannosecarbonsäure und der Galactosecarbonsäure durch Reduktion gewonnen wurden und demnächst beschrieben werden sollen. Und man wird voraussichtlich noch verschiedenen derartigen Produkten begegnen; aber die kohlenstoffreicheren Hydrazone besitzen eine andere prozentige Zusammensetzung und können deshalb durch die Analyse von den obenerwähnten unterschieden werden.

[2]) Alle Beobachtungen wurden mit einem Halbschattenapparate bei Natriumlicht angestellt und die angegebenen Zahlen sind die Mittel verschiedener Ablesungen.

gleiches Aussehen und ganz ähnliche Löslichkeit besitzen, können nur dadurch sicher unterschieden werden. Das *dl*-Phenylglucosazon schmilzt allerdings im ganz reinen Zustaŋde 12⁰ höher, aber der Schmelzpunkt wird durch kleine Verunreinigungen leicht heruntergedrückt und die optische Untersuchung ist auch hier das bequemste Erkennungsmittel.

Man löst für den Zweck 0,1 g des gepulverten Osazons möglichst rasch in 12 g warmem Eisessig, kühlt sofort auf Zimmertemperatur, um die Zersetzung der Substanz durch das Lösungsmittel möglichst zu verhindern, und prüft im 1 dcm-Rohr. Die Drehung beträgt bei dem Phenyl-*d*-glucosazon 0,85⁰ nach links, bei Phenyl-*l*-glucosazon ebensoviel nach rechts, während das *dl*-Glucosazon optisch inaktiv ist[1]).

*d*- und *l*-Mannit zeigen in wässeriger Lösung eine kaum wahrnehmbare Drehung, aber dieselbe wird sofort sichtbar bei Zusatz von Borax, wie das für den *d*-Mannit von Vignon[2]) längst beobachtet ist. Darauf beruht die Unterscheidung derselben.

0,15 g werden mit 0,37 g kristallisiertem Borax in 5 ccm Wasser gelöst und die Flüssigkeit im 1 dcm-Rohr geprüft. Für *d*-Mannit wurde unter diesen Bedingungen eine Rechtsdrehung von 0,85⁰ und für den *l*-Mannit eine ebenso starke Linksdrehung beobachtet. Der *dl*-Mannit war wiederum inaktiv. Die Probe wurde absichtlich mit so kleinen Mengen ausgeführt, um ihre Brauchbarkeit für die qualitative Erkennung der Produkte zu zeigen.

Das *d*-Mannonsäurelacton und das optisch entgegengesetzte Arabinosecarbonsäurelacton drehen in wässeriger Lösung so stark, daß 0,1 g, in 5 ccm Wasser gelöst, bei der optischen Untersuchung ein zweifelloses Resultat ($\pm 1,04^0$) liefert. Dagegen ist das Drehungsvermögen ihrer Salze viel geringer. Es genügt aber, die Lösung der Salze mit Salzsäure anzusäuern und aufzukochen, um sofort eine stark drehende Flüssigkeit zu gewinnen, wie folgender Versuch zeigt.

0,25 g *d*-mannonsaures Calcium, in 5 ccm Wasser gelöst, zeigt im 1 dcm-Rohr eine Linksdrehung von 0,35⁰. Diese Lösung mit

---

[1]) Die optische Untersuchung der Osazone bietet auch bei den anderen Zuckerarten manche Vorteile. Sie ist z. B. ein treffliches Mittel, um die außerordentlich ähnlichen Osazone der Arabinose und Xylose voneinander zu unterscheiden.

Während die 4prozentige alkoholische Lösung des Phenylxylosazons im 1 dcm-Rohr 1,3⁰ nach links dreht, zeigt das Phenylarabinosazon unter denselben Bedingungen keine wahrnehmbare Drehung.

Das letztere gilt auch für die 1prozentige Lösung des Phenylgalactosazons in Eisessig, welches dadurch sicherer als durch den Schmelzpunkt von dem stark drehenden Glucosazon unterschieden werden kann.

[2]) Ann. chim. et phys. [5], **2**, 440 [1874].

5 Tropfen Salzsäure einige Minuten zum Sieden erhitzt und abgekühlt gab dann eine Rechtsdrehung von 1,75°.

Unter denselben Bedingungen war selbstverständlich *dl*-mannonsaures Calcium inaktiv.

Wenig geeignet sind die Phenylhydrazide der beiden Säuren für die optischen Versuche, da sie sich in Wasser recht schwer lösen und ein verhältnismäßig sehr geringes Drehungsvermögen besitzen.

### Konstitution der α-Acrose.

Der erste synthetische Zucker, welcher mit dem Traubenzucker verglichen werden konnte, wurde von Dr. Tafel und mir aus dem Acroleïnbromid[1]) und später aus der Glycerose[2]) gewonnen und als α-Acrose bezeichnet. Derselbe konnte nur in Form des α-Acrosazons isoliert werden. Dasselbe Produkt wurde später von Passmore und mir aus dem Kondensationsprodukt des Formaldehyds isoliert[3]). Aus diesem Osazon konnte durch Spaltung mit Salzsäure das Oson und aus dem letzteren durch Reduktion mit Zinkstaub und Essigsäure wieder ein Zucker erhalten werden[4]), welcher mit Bierhefe gärt und bei weitergehender Reduktion mit Natriumamalgam den dem Mannit außerordentlich ähnlichen, aber optisch inaktiven α-Acrit lieferte. Der letztere ist, wie vorher gezeigt wurde, nichts anderes als *dl*-Mannit und ebenso ist das α-Acrosazon mit dem *dl*-Phenylglucosazon identisch.

Die Konstitution der α-Acrose selbst ist damit aber noch nicht ohne weiteres bestimmt. Es bleibt die Wahl zwischen folgenden beiden Formeln:

$$CH_2OH.CHOH.CHOH.CHOH.CHOH.COH$$
$$CH_2OH.CHOH.CHOH.CHOH.CO.CH_2OH;$$

denn beide Verbindungen würden dasselbe Osazon und denselben sechswertigen Alkohol liefern.

Mit anderen Worten: die α-Acrose ist entweder *dl*-Mannose oder *dl*-Lävulose. Das läßt sich nun jetzt leicht entscheiden, da die *dl*-Mannose ein sehr charakteristisches schwerlösliches Phenylhydrazon liefert. Der aus dem α-Acrosazon regenerierte Zucker zeigt diese Reaktion nicht; er liefert mit essigsaurem Phenylhydrazin in kalter Lösung beim mehrstündigen Stehen keinen Niederschlag und erst beim Erhitzen findet die Abscheidung des unlöslichen Osazons statt. Dieser Zucker ist also inaktive Lävulose. Das Resultat konnte vorausgesehen werden:

---

[1]) Berichte d. d. chem. Gesellsch. **20**, 1093, 2567, 3388 [1887]. (*S. 246, 249, 263.*)

[2]) Berichte d. d. chem. Gesellsch. **20**, 3384 [1887]. (*S. 259.*)

[3]) Berichte d. d. chem. Gesellsch. **22**, 360 [1889]. (*S. 271.*)

[4]) Berichte d. d. chem. Gesellsch. **22**, 97 [1889]. (*S. 269.*)

denn aus dem gewöhnlichen Phenylglucosazon entsteht auf demselben Wege die gewöhnliche Lävulose[1]).

Wie aber steht es nun mit dem ursprünglichen durch die Synthese gewonnenen Zucker?

Für die Entscheidung dieser Frage ist die Entstehung aus Glycerose, welche ein Gemenge aus Glycerinaldehyd und Dioxyaceton ist[2]), oder aus Formaldehyd nicht maßgebend; dagegen schien die Bildung aus Acroleïnbromid für die Richtigkeit der Aldehydformel zu sprechen; denn wenn das Bromid unter der Wirkung des Barythydrats sich zunächst in Glycerinaldehyd verwandelt, so kann aus dem letzteren auf einfache Weise durch Zusammentritt von zwei Molekülen nur ein Zucker mit normaler Kohlenstoffkette, und zwar der Aldehyd

$$CH_2OH . CHOH . CHOH . CHOH . CHOH . CHO$$

entstehen. Aus diesem Grunde haben Tafel und ich letztere Formel für die wahrscheinlichere erklärt. Ich habe mich nun bemüht, aus dem zuckerhaltigen Rohprodukt die α-Acrose als Phenylhydrazon abzuscheiden.

Zu dem Zwecke wurde Acroleïnbromid mit Barytwasser in der früher beschriebenen Weise zersetzt, aus der Lösung der Baryt und das Brom vollständig entfernt und dieselbe dann im Vakuum verdampft. Dabei blieb ein dunkelgefärbter Sirup, welcher die α-Acrose allerdings in ziemlich kleiner Menge enthält. Von diesem Produkt wurden 5 g in 15 g Wasser gelöst und mit 4 g Phenylhydrazin und der entsprechenden Menge Essigsäure versetzt. Sofort bildete sich ein dunkles Öl, aus welchem nichts Kristallisierendes zu isolieren war. Die nach einigen Stunden abfiltrierte, klare Lösung gab auch beim mehrtägigen Stehen keine Spur von Hydrazon, wohl aber eine Kristallisation von leicht löslichem Osazon. Als dann schließlich die abermals filtrierte Lösung mehrere Stunden auf dem Wasserbade erhitzt wurde, entstand neben harzigen Produkten eine relativ ziemlich große Quantität von α-Acrosazon.

Derselbe Versuch wurde nun wiederholt mit 5 g desselben Sirups, welchem aber 0,25 g dl-Mannose zugesetzt waren. Wiederum entstand sofort die obenerwähnte ölige Fällung, aber aus der filtrierten Flüssigkeit fiel im Laufe von 2 Tagen neben Osazon eine reichliche Menge von dl-Mannosephenylhydrazon aus, welches durch Umkristallisieren aus Wasser leicht gereinigt werden konnte.

Dieses Resultat spricht nun sehr zu gunsten der Annahme, daß auch die aus Acroleïnbromid entstehende α-Acrose nicht dl-Mannose,

---

[1]) Berichte d. d. chem. Gesellsch. **22**, 94 [1889]. (*S. 173.*)
[2]) Berichte d. d. chem. Gesellsch. **21**, 2634 [1888] (*S. 273*); **22**, 106 [1889]. (*S. 276.*)

sondern *dl*-Lävulose ist. Die Bildung aus Acroleïnbromid würde dann allerdings ein ziemlich komplizierter Vorgang sein. Ein Teil desselben müßte in Glycerinaldehyd, ein anderer durch Atomverschiebung in Dioxyaceton verwandelt werden und diese würden dann zusammentreten nach folgendem Schema:

$$CH_2(OH).CH(OH).COH + CH_2(OH).CO.CH_2(OH)$$
$$= CH_2(OH).CH(OH).CH(OH).CH(OH).CO.CH_2(OH).$$

Endlich habe ich noch die Acrose aus Formaldehyd[1]) in der gleichen Weise geprüft. Dieselbe entsteht allerdings in recht kleiner Menge bei der Kondensation des Aldehyds mit Kalkhydrat bei Zimmertemperatur. Eine größere Menge desselben Zuckers erhält man, wie ich später ausführlicher mitteilen werde, mit Kalk bei 50⁰. Noch besser ist endlich die Ausbeute bei dem Kondensationsverfahren, welches Hr. Löw[2]) zuletzt mitteilte; denn der von ihm unter dem Namen Methose beschriebene Zucker ist nichts anderes als Acrose.

Ich habe mich davon überzeugt durch die Untersuchung des Osazons,. welches den Schmelzpunkt und die übrigen Eigenschaften des Acrosazons zeigt.

Aus dem Verhalten des Zuckers gegen verdünnte Salzsäure hat bereits Löw den Schluß gezogen, daß derselbe der Lävulose ähnlicher sei als der Dextrose.

Im Einklang damit steht das Resultat der Hydrazinprobe.

5 g des Zuckersirups, welcher aus Formaldehyd nach Löws Vorschrift[2]) mit Blei und Magnesiumsulfat dargestellt war, wurden in 12 g Wasser gelöst und mit 3 g Phenylhydrazin und der entsprechenden Menge Essigsäure versetzt. Die Lösung blieb mehrere Stunden klar, schied aber beim mehrtägigen Stehen eine reichliche Menge von Osazon ab, welches zum Teil aus α-Acrosazon (Schmelzpunkt 217⁰) bestand. Dagegen entstand keine Spur von *dl*-Mannosephenylhydrazon. Als einer Kontrollprobe nur 0,2 g Mannose zugesetzt war, fiel unter den gleichen Bedingungen schon nach kurzer Zeit eine reichliche Menge von Hydrazon aus.

Dadurch wird es nun sehr wahrscheinlich, daß auch die Acrose aus Formaldehyd inaktive Lävulose ist.

Zu demselben Schlusse führt der später beschriebene Gärversuch.

### Synthese der Zuckerarten der Mannitreihe.

Die synthetisch gewonnene α-Acrose ist nach den vorhergehenden Versuchen *dl*-Lävulose und der daraus erhaltene α-Acrit ist *dl*-Mannit.

---

[1]) E. Fischer und F. Passmore, Berichte d. d. chem. Gesellsch. **22**, 359 [1889]. (*S. 271*.)
[2]) Berichte d. d. chem. Gesellsch. **22**, 475 [1889].

Für die Synthese der optisch aktiven, natürlichen Zuckerarten dieser Gruppe waren mithin zwei Methoden angezeigt: Partielle Vergärung des inaktiven Zuckers durch Pilze oder Oxydation des *dl*-Mannits zu *dl*-Mannonsäure, deren Spaltung durch das Strychninsalz in die optisch aktiven Komponenten und Reduktion der letzteren zu den aktiven Zuckerarten.

Ich habe beide mit Erfolg benutzt.

## a) Vergärung der *dl*-Lävulose ($\alpha$-Acrose).

Während Penicillium glaucum auf einer Lösung des Zuckers sehr langsam wächst und denselben nur in recht unvollkommener Weise vergärt, gelingt die Spaltung leicht mit Hilfe von Bierhefe. Gerade so wie bei der *dl*-Mannose wird auch hier der Teil des inaktiven Zuckers, welcher der *d*-Reihe angehört, vergoren, während *l*-Lävulose[1]) übrig bleibt.

Der Versuch wurde mit 0,5 g synthetischem Zucker, welcher aus dem Osazon regeneriert war, ausgeführt. Die 10prozentige wässerige Lösung desselben, mit frischer Bierhefe versetzt, kam bei einer Temperatur von 30⁰ nach kurzer Zeit in lebhafte Gärung, welche nach 24 Stunden beendet war. Der in der Lösung befindliche optisch aktive Zucker konnte wegen der geringen Menge nicht isoliert werden; daß er aber nichts anderes als *l*-Lävulose ist, geht aus dem Verhalten gegen Phenylhydrazin hervor. Mit der essigsauren Lösung der Base gab er in der Kälte kein Hydrazon, aber beim Erhitzen eine relativ große Menge von Osazon.

Aus heißem Alkohol kristallisierte dasselbe in feinen gelben Nadeln, welche den gleichen Schmelzpunkt und genau dasselbe optische Verhalten wie das zuvor beschriebene Phenyl-*l*-glucosazon zeigten.

Im Anschluß an diesen Versuch habe ich auch die Gärung der Acrose aus Formaldehyd, welche nach der zuvor angeführten Hydrazinprobe ebenfalls inaktive Lävulose ist, untersucht.

Die 10prozentige Lösung des Zuckersirups, welcher nur zum kleineren Teil aus Acrose besteht, wurde mit frischer Bierhefe 18 Stunden bei 30⁰ in Berührung gelassen, wobei eine ziemlich lebhafte Gärung stattfand.

---

[1]) Sollte der etwas sonderbare Name *l*-Lävulose, welchen ich hier entsprechend der früheren Nomenklatur für den Ketonzucker der *l*-Mannitreihe gebrauche, keinen Anklang finden, so könnte man dafür nach dem Vorschlage, welchen Herr Tollens mir privatim machte, die Bezeichnung Anti-Lävulose substituieren und für die *d*-Verbindung einfach den alten Namen Lävulose beibehalten. *Vgl. Seite 322, Anmerkung 1.*

Die filtrierte Flüssigkeit zeigte jetzt eine verhältnismäßig starke Rechtsdrehung, welche offenbar von der durch die Hefe übrig gelassenen *l*-Lävulose herrührte. Die Isolierung der letzteren als Osazon ist aber in diesem Falle recht schwierig, weil ihre Menge gering und weil die anderen Zuckerarten, welche durch die Hefe nicht verändert werden, ebenfalls Osazone liefern.

### b) Verwandlung des *dl*-Mannits in *dl*-Mannonsäure.

Der *dl*-Mannit wird gerade so wie der gewöhnliche Mannit durch verdünnte Salpetersäure teilweise in *dl*-Mannose verwandelt, welche leicht als schwer lösliches Phenylhydrazon isoliert werden kann.

Man erhitzt zu dem Zwecke 1 Teil *dl*-Mannit mit 10 Teilen Salpetersäure (welche aus 1 Teil Salpetersäure vom spez. Gewicht 1,41 und 2 Teilen Wasser hergestellt ist) etwa 6—10 Stunden auf 45⁰, bis ein Tropfen der Lösung nach dem Neutralisieren durch Natronlauge mit einem Tropfen essigsaurem Phenylhydrazin im Laufe von 15 Minuten Kristalle des Hydrazons abscheidet. Dann wird die ganze Flüssigkeit mit kristallisierter Soda neutralisiert, mit Essigsäure schwach angesäuert, die Kohlensäure weggekocht und die erkaltete Lösung mit essigsaurem Phenylhydrazin versetzt. Nach kurzer Zeit beginnt die Kristallisation des Hydrazons und ist nach einer Stunde beendet. War die Oxydation richtig geleitet, so beträgt die Ausbeute an Hydrazon 20 pCt. des angewandten Mannits. Die Reaktion ist so sicher, daß man die Probe mit 0,1 g ausführen kann.

Der Versuch wurde mit zwei Präparaten von *dl*-Mannit ausgeführt, von welchen das eine aus *dl*-Mannonsäure, das zweite synthetisch aus Glycerin gewonnen war. Das Resultat war in beiden Fällen das gleiche. Das Hydrazon, unter Zusatz von Tierkohle aus Wasser umkristallisiert, zeigte den Schmelzpunkt und alle Eigenschaften des *dl*-Mannosephenylhydrazons. Das letztere kann mit Salzsäure leicht gespalten werden, gerade so wie es früher bei dem Hydrazon der *d*-Mannose beschrieben wurde. Man erhält so die *dl*-Mannose, welche auf folgende Weise in *dl*-Mannonsäure übergeführt wird.

1 Teil des Zuckers wird in 5 Teilen Wasser gelöst und mit 2 Teilen Brom versetzt, welches nach dreitägigem Stehen zum größten Teile verbraucht ist. Nach dem Wegkochen des unveränderten Broms wird der Bromwasserstoff durch Silberoxyd entfernt und das gelöste Silber durch vorsichtigen Zusatz von Salzsäure ausgefällt. Die Flüssigkeit enthält jetzt eine große Menge *dl*-Mannonsäure, welche am raschesten als Phenylhydrazid isoliert wird. Man neutralisiert mit Natronlauge, konzentriert die Flüssigkeit und versetzt mit überschüssigem essigsaurem Phenylhydrazin. War die Oxydation richtig geleitet, so darf

in der Kälte kein Niederschlag von Mannosephenylhydrazon erfolgen. Beim Erhitzen auf dem Wasserbade beginnt dagegen nach etwa ½ Stunde die Kristallisation des Hydrazids. Aus Wasser, unter Zusatz von Tierkohle umkristallisiert, zeigt dasselbe alle Eigenschaften des oben beschriebenen *dl*-Mannonsäurephenylhydrazids. Durch Spaltung mit Barytwasser wird daraus reine *dl*-Mannonsäure gewonnen.

Für die Ausführung des letzteren Versuches reichte allerdings das synthetische Material nicht mehr aus. Er wurde mit *dl*-Mannose, welche aus der Säure erhalten war, angestellt. Da aber die direkte Synthese bis zur *dl*-Mannose geführt hat, so kann derselbe als eine Fortsetzung des synthetischen Verfahrens gelten.

Da ferner die *dl*-Mannonsäure, wie früher beschrieben ist, in *d*-Mannonsäure und Arabinosecarbonsäure gespalten werden kann und aus den letzteren durch Reduktion die zugehörigen Zucker und Alkohole gewonnen werden, so ist damit die Synthese aller Körper der Mannitreihe mit Ausnahme des Traubenzuckers und seiner Derivate realisiert.

Die umstehende Tabelle (*S. 352*) gibt eine Übersicht über den Gang der Synthese. Ich habe mich vergebens bemüht, denselben durch die direkte Überführung des *dl*-Glucosons in *dl*-Mannonsäure abzukürzen. Man hätte erwarten sollen, daß diese Verwandlung des Osons, welches die Gruppe — CO — CHO enthält, gerade so wie beim Glyoxal und seinen Derivaten durch Alkalien herbeigeführt werden könnte. Aber der Vorgang ist hier ein anderer. Aus dem Oson entsteht allerdings unter dem Einfluß von Natronlauge, Kalk- oder Barythydrat oder Cyankalium in verdünnter Lösung eine Säure. Aber die letztere reduziert sehr stark die Fehlingsche Lösung und konnte bisher nicht in Mannonsäure übergeführt werden.

Von der *d*-Mannonsäure bis zur Gluconsäure und dem Traubenzucker scheint nur ein kleiner Weg zu sein; denn die nahen Beziehungen des Traubenzuckers zur Mannose sind durch frühere Untersuchungen klar bewiesen[1]). Ich bin mit den betreffenden Versuchen bereits beschäftigt; sie werden aber erheblich verzögert durch die Schwierigkeit, Gluconsäure neben Mannonsäure zu erkennen und ich bitte deshalb, mir noch einige Zeit für die Ausführung der Synthese des Traubenzuckers zu lassen.

Aufsuchung der neuen Zuckerarten im Pflanzenreiche.

Die Fähigkeit des lebenden Organismus, optisch aktive Substanzen zu bereiten, welche niemals durch die chemische Synthese direkt er-

---

[1]) Berichte d. d. chem. Gesellsch. **22**, 375 [1889]. (*S. 304*.)

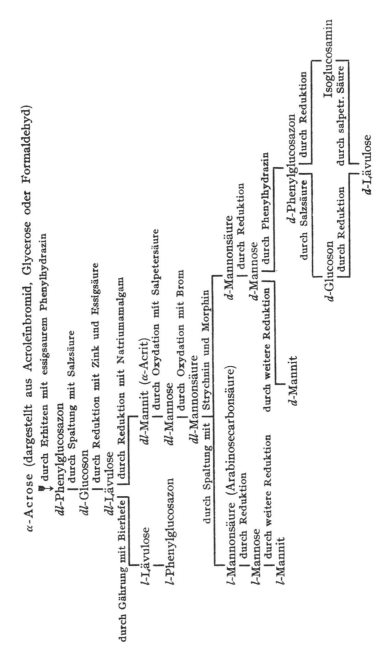

halten werden, ist eine so merkwürdige Tatsache, daß die Auffindung ihrer Ursache gewiß ein reizvolles Problem der physiologischen Forschung bildet. Vielleicht ist die Lösung dieser Frage identisch mit der Aufklärung des Assimilationsprozesses der Pflanzen, d. h. der Bereitung der Kohlenhydrate in den grünen Blättern; denn wenn die Ansicht der Pflanzenphysiologen richtig ist, daß die letzteren das alleinige kohlenstoffhaltige Baumaterial für die übrigen chemischen Verbindungen der lebenden Welt bilden, so ist es sehr wahrscheinlich, daß auch die optische Aktivität der Eiweißkörper und der daraus hervorgehenden Zertrümmerungsprodukte durch dieselben aktiven Atomgruppen, welche in der Dextrose und ihren Verwandten enthalten sind, hervorgerufen wird. Das chemische Studium der Zuckerarten dürfte also in dieser Beziehung für die anderen physiologisch wichtigen Körper grundlegend sein.

Von dem Gesichtspunkte aus erscheint es zunächst schon recht interessant zu wissen, ob die Pflanze außer dem Trauben- oder Fruchtzucker auch die Zuckerarten der $l$-Mannit- und $dl$-Mannitreihe bzw. deren kompliziertere Anhydride bereitet. Für die Wahrscheinlichkeit dieser Vermutung spricht jedenfalls die Tatsache, daß die Arabinose der $l$-Mannitreihe angehört. Die letztere findet sich nun allerdings in Materialien (Gummi arabicum, Kirschgummi), welche nur Auswurfsstoffe des Pflanzenkörpers zu sein scheinen; aber es ist doch ebensogut möglich, daß andere Zuckerarten derselben Reihe gefunden werden, welche als Reservestoffe für den pflanzlichen Organismus wieder zur Verwertung kommen.

Jedenfalls ist es in Zukunft notwendig, die für die Diagnose der Zuckerarten so wichtig gewordenen Osazone und Hydrazone nicht allein durch die Analyse, den Schmelzpunkt, die Löslichkeit und die Kristallform, sondern namentlich auch durch die optische Untersuchung zu prüfen. Ich habe das in zwei Fällen getan, wo mir das Material gerade zur Verfügung stand, für die Mannose aus Salepknollen und das Glucosamin. Die erstere liefert nach Tollens und Gans ein schwerlösliches Phenylhydrazon[1]). Dasselbe dreht in salzsaurer Lösung nach links, ist also ein Derivat der $d$-Mannose. Das Glucosamin gibt ferner nach Tiemann Phenylglucosazon[2]). Das letztere dreht, nach meiner Beobachtung, in Eisessig links, gehört mithin ebenfalls zur Reihe des $d$-Mannits.

Da es aber für den einzelnen nicht möglich ist, das große Gebiet der Kohlenhydrate abzusuchen, so richte ich an alle Fachgenossen,

---

[1]) Berichte d. d. chem. Gesellsch. **21**, 2150 [1888].
[2]) Berichte d. d. chem. Gesellsch. **19**, 50 [1886].

welche mit pflanzenchemischen Studien beschäftigt sind, die Bitte, die ihnen vorkommenden Zuckerarten durch die optische Untersuchung der Hydrazone oder Osazone nach der beschriebenen Methode zu prüfen. Ich erkläre mich ferner bereit, diese Untersuchung selbst auszuführen, wenn mir kleine Mengen des Präparates anvertraut werden.

Durch solche gemeinsame Arbeit dürfte bald das Material für die Lösung der oben berührten Frage zusammengetragen und vielleicht der Schlüssel für die Aufklärung des Assimilationsprozesses gefunden werden. Es scheint mir wohl möglich zu sein, daß die Pflanze zunächst gerade so wie die chemische Synthese die Zuckerarten der inaktiven Reihe bereitet, daß sie dann die letzteren spaltet und die Glieder der $d$-Mannitreihe als Traubenzucker, Fruchtzucker, Mannose zur Bereitung von Stärke und anderen Kohlenhydraten benutzt, während die optisch entgegengesetzten Isomeren für andere uns noch unbekannte Zwecke dienen. Ich habe selbst die Absicht, von diesem Gesichtspunkte aus den Assimilationsprozeß im kommenden Frühjahr an der lebenden Pflanze zu untersuchen.

Schließlich ist es mir eine angenehme Pflicht, meinem Assistenten Hrn. Dr. Joseph Hirschberger für die außerordentlich wertvolle Hilfe, die er mir bei dieser langwierigen und mühsamen Arbeit leistete, besten Dank zu sagen.

Nachschrift. Inzwischen ist es mir gelungen, die Gluconsäure durch Erhitzen mit Chinolin auf 170° teilweise in $d$-Mannonsäure umzuwandeln. Umgekehrt liefert die letztere unter denselben Bedingungen kleine Mengen einer Säure, welche der Gluconsäure sehr ähnlich ist. Ich hoffe, darüber bald näheres mitteilen zu können.

## 39. Emil Fischer: Synthese des Traubenzuckers.

Berichte der deutschen chemischen Gesellschaft **23**, 799 [1890].
(Eingegangen am 11. März.)

Die $d$-Mannose, deren Synthese vor kurzem beschrieben wurde[1]), ist mit dem Traubenzucker stereoisomer.[2]) Da beide Zucker bei der Einwirkung von Phenylhydrazin dasselbe Osazon liefern, so beruht ihre Verschiedenheit, bei Zugrundelegung der Le Bel-van't Hoffschen Betrachtungsweise, auf der Asymmetrie des in der nachfolgenden Formel

$$CHO.CHOH.CHOH.CHOH.CHOH.CH_2OH$$
$$\phantom{CHO.CHOH.CHOH.CHOH}{}_{a\,s_1}$$

mit dem Zeichen $a\,s_1$ markierten Kohlenstoffatoms[3]). Leider sind die Methoden, welche wir für die Verwandlung stereoisomerer Verbindungen ineinander kennen, bei den so leicht veränderlichen Zuckerarten selbst nicht anwendbar.

Viel bequemer ist die experimentelle Behandlung der zugehörigen Säuren. Ich habe deshalb die letzteren für den Versuch gewählt und mich dabei von folgender Betrachtung leiten lassen.

In der Mannose und der Mannonsäure ist höchstwahrscheinlich das zuvor als $a\,s_1$ bezeichnete Kohlenstoffatom nicht optisch wirksam, sondern spielt eine ähnliche Rolle wie die beiden asymmetrischen Kohlenstoffatome in der Traubensäure. Dafür sprechen folgende gewichtige Gründe:

1. In der Lävulose, welche die Ketongruppe enthält, hat gerade dieses Kohlenstoffatom seine Asymmetrie eingebüßt. Durch Reduktion läßt sich nun die Lävulose sehr leicht in Mannit verwandeln. Das Kohlenstoffatom der Ketongruppe wird dadurch wieder asymmetrisch. Da nun aber bei einer derartigen Entstehung von asymmetrischen Kohlenstoffatomen durch Synthese nach der bisherigen Erfahrung immer die beiden optischen Modifikationen zu gleicher Zeit gebildet werden (ich erinnere nur an die Reduktion der Brenztraubensäure zu inaktiver

---

[1]) Berichte d. d. chem. Gesellsch. **23**, 370 [1890]. (*S. 330.*)
[2]) Berichte d. d. chem. Gesellsch. **22**, 374 [1889]. (*S. 304.*)
[3]) Berichte d. d. chem. Gesellsch. **22**, 375 [1889]. (*S. 304.*)

Milchsäure)[1]), so folgt daraus, daß auch in dem Mannit und der Mannonsäure das Kohlenstoffatom $as_1$ optisch unwirksam ist.

2. Die der Mannonsäure optisch entgegengesetzte Arabinosecarbonsäure entsteht aus Arabinose durch Anlagerung von Blausäure. Dabei wird das Kohlenstoffatom der im Zucker enthaltenen Aldehydgruppe asymmetrisch. Da dieses aber wiederum durch die Synthese bewirkt wird, so gilt auch hier der Schluß, daß das in der Formel der Arabinosecarbonsäure

$$COOH.CHOH.CHOH.CHOH.CHOH.CH_2OH$$
$$as_1$$

wieder mit $as_1$ bezeichnete Kohlenstoffatom optisch unwirksam ist. Das gleiche muß mithin auch für die Mannonsäure angenommen werden.*)

Die Mannonsäure kann sich also zur Gluconsäure verhalten entweder wie die Traubensäure zu einer der beiden aktiven Weinsäuren, oder wie die Traubensäure zur Mesoweinsäure. Im ersteren Falle würde es möglich sein, die Mannonsäure in Gluconsäure und eine zweite isomere Verbindung zu spalten. Im zweiten Falle war mehr Aussicht vorhanden, die Umwandlung der beiden Säuren ineinander bei höherer Temperatur zu bewirken.

Die Spaltung der $d$-Mannonsäure habe ich bisher vergeblich versucht. Besonders geeignet schien dafür das Cinchoninsalz, welches in Alkohol recht leicht löslich ist, während das gluconsaure Cinchonin sich selbst in heißem Alkohol ziemlich schwer löst. Aber alle Variationen der Kristallisiation führten nicht zum Ziele, dagegen ist mir die Verwandlung der beiden Säuren ineinander durch Erhitzen mit Chinolin gelungen. Ich wählte diese tertiäre Base, um die Bildung amidartiger Produkte zu verhindern. Sie bietet außerdem den Vorteil, daß sie mit den Säuren ein flüssiges Gemisch gibt und wieder leicht von denselben getrennt werden kann. Jede der Säuren liefert beim Erhitzen mit Chinolin auf 140° ein Gemisch von beiden, gerade so wie Traubensäure und Mesoweinsäure beim Erhitzen mit Wasser.

In dem Gemisch ist die Mannonsäure nach der Entfernung des Chinolins leicht zu erkennen, weil sie beim Abdampfen in das schön kristallisierende Lacton übergeht. Für die Isolierung der Gluconsäure war dagegen eine besondere Trennungsmethode nötig. Ich habe dieselbe in der verschiedenen Löslichkeit der Brucinsalze gefunden.

Verwandlung der Gluconsäure in Mannonsäure.

Reiner gluconsaurer Kalk wurde genau mit Oxalsäure zersetzt und die wässerige Lösung der Gluconsäure zum Sirup verdampft. Dieses

---

*) *Diese Betrachtung ist später als unzutreffend erkannt worden. Vgl. S. 376.*
[1]) J. Wislicenus. Liebigs Annal. d. Chem. **126**, 227 [1863].

Produkt, ein Gemisch von Gluconsäure und ihrem Lacton, welches aber noch soviel Wasser enthielt, um das letztere in Säure zurückzuverwandeln, wurde mit der doppelten Menge Chinolin im Ölbade erhitzt, so daß nach dem Verdampfen des überschüssigen Wassers die Temperatur des Gemisches 40 Minuten auf 140⁰ blieb. Die Flüssigkeit färbt sich dabei dunkel, ohne daß eine erhebliche Zersetzung der darin enthaltenen Säuren eintritt. Zur Entfernung des Chinolin wird dieselbe mit Wasser und überschüssigem reinen Barythydrat versetzt und mit Wasserdampf destilliert. Nachdem dann der Baryt genau mit Schwefelsäure ausgefällt war, hinterließ die mit Tierkohle entfärbte Flüssigkeit beim Eindampfen einen Sirup. Dieser erstarrte nach einigen Tagen zum Teil kristallinisch. Die Kristalle, durch Aufstreichen auf Ton von der Mutterlauge befreit, lieferten beim Waschen mit Alkohol und späteren Umkristallisieren aus heißem Alkohol reines d-Mannonsäurelacton, welches durch den Schmelzpunkt und das spezifische Drehungsvermögen identifiziert wurde.

Da bei der Reinigung des Lactons eine erhebliche Menge verloren geht, so diente für die Bestimmung der Ausbeute das Brucinsalz. Dasselbe wurde aus dem Gemisch der beiden Säuren in derselben Weise dargestellt, wie bei dem nachfolgenden Versuche. 5 g Gluconsäure gaben 5,8 g mannonsaures Brucin. Das entspricht 1,9 g Mannonsäure oder 38 pCt. der angewandten Gluconsäure.

### Verwandlung der d-Mannonsäure in Gluconsäure.

Dieselbe gelingt genau unter denselben Bedingungen, wie die zuvor beschriebene umgekehrte Überführung der Gluconsäure in Mannonsäure. Offenbar stellt sich also beim Erhitzen je einer der beiden Säuren mit Chinolin ein Gleichgewichtszustand ein. Für den Versuch diente ganz reines d-Mannonsäurelacton.

20 g desselben wurden mit 5 g Wasser und 40 g Chinolin in einem auf 150—155⁰ erhitzten Ölbade erwärmt. Als nach 20 Minuten aus der klaren Flüssigkeit das Wasser verdampft war, wurde die Temperatur der Flüssigkeit selber während 40 Minuten auf 140⁰ gehalten. Dieselbe färbt sich dabei dunkel und erstarrt beim Erkalten kristallinisch. Sie wurde ohne Isolierung der Kristalle mit einer Lösung von 40 g kristallisiertem Barythydrat versetzt, dann bis zur völligen Vertreibung des Chinolins mit Wasserdampf destilliert, nun mit Schwefelsäure genau ausgefällt und das gelbe Filtrat auf etwa 150 ccm eingedampft. Zur Abscheidung der Mannonsäure muß jetzt das Säuregemisch in das Brucinsalz verwandelt werden. Man kocht deshalb die wässerige Lösung ½ Stunde mit 60 g Brucin, welches völlig gelöst wird.

Beim längeren Stehen in der Kälte fällt das überschüssige Brucin zum größeren Teil kristallinisch aus. Das Filtrat wird bis zur beginnenden Kristallisation des mannonsauren Brucins verdampft und noch heiß in die 25fache Menge kochenden absoluten Alkohols eingegossen. Sofort beginnt die Kristallisation des mannonsauren Salzes, welches in absolutem Alkohol fast unlöslich ist und die Flüssigkeit breiartig erfüllt. Das Salz wird nach etwa 15 Minuten heiß abfiltriert. Seine Menge betrug 40 g; das entspricht 12 g Lacton oder 60 pCt. der angewandten Menge.

Das alkoholische Filtrat wird verdampft, der zurückbleibende Sirup in Wasser gelöst und mit 20 g kristallisiertem Barythydrat zersetzt. Das ausfallende Brucin erstarrt nach kurzer Zeit kristallinisch. Um den in Lösung gebliebenen Teil der Base zu entfernen, wird das wässerige Filtrat wieder zum Sirup verdampft und mit heißem Alkohol behandelt. Dabei geht das Brucin in Lösung, während die Barytverbindungen zurückbleiben. Letztere werden wieder in Wasser gelöst, der Baryt genau mit Schwefelsäure ausgefällt und die Lösung mit etwas Tierkohle behandelt. Das Filtrat enthält die Gluconsäure, welche zunächst zur Reinigung in das Phenylhydrazid verwandelt wurde.

Zu dem Zweck wurde die auf 30 ccm verdampfte Flüssigkeit mit 3 g Phenylhydrazin und der entsprechenden Menge Essigsäure 1 Stunde auf dem Wasserbade erhitzt. Beim Erkalten fiel das Hydrazid kristallinisch aus; mit Wasser, Alkohol und Äther gewaschen war dasselbe nahezu rein und wog 2,5 g. Das Filtrat gab beim Einengen eine zweite Kristallisation von 0,7 g Hydrazid. Die Gesamtausbeute an Hydrazid beträgt also 16 pCt. des angewandten Mannonsäurelactons, und da die Hydrazidbildung keineswegs quantitativ verläuft, sondern nach früheren Versuchen[1] im besten Falle 80 pCt. der Theorie liefert, so darf man annehmen, daß mindestens 15 pCt. des Mannonsäurelactons in Gluconsäure verwandelt wurden. Wahrscheinlich ist aber die Menge desselben beträchtlich größer, da die umständliche Isolierung der Säure mit erheblichen Verlusten verknüpft ist.

Das Hydrazid wird durch einmaliges Umkristallisieren aus heißem Wasser unter Zusatz von wenig Tierkohle in völlig farblosen, glänzenden Blättchen erhalten, welche alle Eigenschaften des Gluconsäurephenylhydrazids zeigen. Das Präparat schmolz, gerade so wie früher[1] beobachtet wurde, beim raschen Erhitzen gegen 200°, während der Schmelzpunkt des Mannonsäurephenylhydrazids unter den gleichen Bedingungen bei 214—216° liegt.

---

[1] Berichte d. d. chem. Gesellsch. **22**, 2730 [1889]. (S. 225.)

Zur weiteren Identifizierung wurde das Hydrazid endlich nach der früher beschriebenen Methode[1]) in das Kalksalz verwandelt; das letztere schied sich aus der sehr konzentrierten Lösung beim mehrstündigen Stehen in sehr feinen Nadeln ab, welche in den bekannten blumenkohlähnlichen Aggregaten aus der Flüssigkeit herauswuchsen. Die Art der Kristallisation ist für den gluconsauren Kalk recht charakteristisch und ermöglicht seine Unterscheidung von dem Salze der Mannonsäure.

Für die Analyse wurde das Salz nochmals aus heißem Wasser umkristallisiert und bei 105° bis zum konstanten Gewicht getrocknet.

Die Zahlen führen zu der Formel $(C_6H_{11}O_7)_2Ca + H_2O$. Genau dasselbe Resultat gab die Analyse von gluconsaurem Kalk, welcher aus Traubenzucker gewonnen und mehrmals aus Wasser umkristallisiert war.

|  | Ber. für $(C_6H_{11}O_7)_2Ca$ | | für $(C_6H_{11}O_7)_2Ca + H_2O$ |
|---|---|---|---|
| C | 33,49 | | 32,14 pCt. |
| H | 5,12 | | 5,36 |
| Ca | 9,3 | | 8,93 |
| | Gefunden für Salz synthetisch | | für Salz aus Traubenzucker |
| C | 32,23 | — | 32,22 pCt. |
| H | 5,52 | — | 5,42 |
| Ca | 8,96 | 9,10 | 8,93 |

Dieses Resultat steht im Einklang mit der Angabe von Herzfeld über die Zusammensetzung des Salzes, während Kiliani[2]) dasselbe wasserfrei erhielt. Auch in optischer Beziehung verhielt sich das synthetische Produkt gerade so wie gluconsaurer Kalk.

Ein anderer Teil des synthetischen Hydrazids wurde in das Barytsalz verwandelt. Dasselbe zeigte ebenfalls die Eigenschaften des gluconsauren Baryts.

Endlich habe ich noch von der synthetisch gewonnenen Säure das Cinchoninsalz dargestellt. Es zeigte denselben Schmelzpunkt 187° und die geringe Löslichkeit in Alkohol, sowie die charakteristische Kristallform des gluconsauren Salzes.

Man kann nach alledem die Identität der synthetisch gewonnenen Säure mit der Gluconsäure nicht mehr bezweifeln.

Die hier beschriebene Umwandlung der Mannonsäure in Gluconsäure kann zweifellos in mannigfacher Art variiert werden. Sie gelingt z. B., wie ich schon vorläufig[3]) angegeben habe, auch bei höherer Temperatur (bei 170°); nur tritt dabei ein Verlust durch eine sekundäre Zersetzung der Säure ein. Man wird ferner dasselbe Resultat bei An-

---

[1]) Berichte d. d. chem. Gesellsch. **22**, 2730 [1889]. (*S. 225.*)

[2]) Liebigs Annal. d. Chem. **205**, 184 [1880] und Berichte d. d. chem. Gesellsch. **17**, 1299 [1884].

[3]) Berichte d. d. chem. Gesellsch. **23**, 394 [1890]. (*S. 354.*)

wendung anderer Basen erhalten und endlich läßt sich dasselbe auch bei niederen Temperaturen erreichen. So habe ich beobachtet, daß schon bei der Darstellung von mannonsaurem Brucin durch Kochen des Lactons mit überschüssigem Brucin in wässeriger Lösung eine allerdings recht kleine Menge von Gluconsäure entsteht. Dieselbe bleibt bei der Abscheidung des mannonsauren Salzes durch absoluten Alkohol in Lösung und kann nach den zuvor beschriebenen Methoden isoliert werden.

### Verwandlung der Gluconsäure in Traubenzucker.

Dieselbe gelingt sehr leicht in kalter saurer Lösung mit Natriumamalgam. Für den Versuch diente Gluconsäure, welche aus dem reinen Kalksalz durch Zersetzen mit Oxalsäure erhalten war.

Die wässerige Lösung der Säure wird zunächst auf dem Wasserbade zum dicken Sirup eingedampft, um möglichst viel Säure in ihr Lacton zu verwandeln. Völlig gelang diese Überführung nicht, auch ist die Isolierung des Lactons ziemlich schwierig. Der Sirup scheidet erst beim mehrtägigen Stehen eine reichliche Menge von sehr feinen Nadeln ab, welche höchstwahrscheinlich das Lacton sind, und welche ich später genau beschreiben werde.

Für die Reduktion wurde der Sirup in 9 Teilen Wasser gelöst, die Flüssigkeit bis zum Gefrieren abgekühlt, mit einer kleinen Menge Schwefelsäure versetzt und dann Natriumamalgam in kleinen Partien zugegeben. Beim Schütteln wird dasselbe sehr rasch verbraucht und der Wasserstoff völlig fixiert. Durch häufigen Zusatz von kleinen Mengen Schwefelsäure muß die Reaktion dauernd sauer gehalten werden. Als die achtfache Menge des Sirups an Natriumamalgam eingetragen war, wurde wenig Wasserstoff mehr absorbiert, und deshalb die Operation unterbrochen.

Die Ausbeute an Zucker ist hier nicht so gut, wie bei der Mannonsäure und der Arabinosecarbonsäure; höchstwahrscheinlich deshalb, weil die Gluconsäure nur unvollständig in das Lacton übergeht und gerade die Lactonbildung so wichtig für die in Frage stehende Reduktion der Säuren ist.

Für die Isolierung des Zuckers wurde die Lösung schwach alkalisch gemacht, filtriert, dann genau neutralisiert, bis zur beginnenden Kristallisation des Natriumsulfates verdampft und in viel heißen absoluten Alkohol eingegossen.

Die ausfallenden Natronsalze müssen wieder in wenig Wasser gelöst und in der gleichen Weise behandelt werden, bis die Kristallmasse keinen Zucker mehr enthält. Beim Verdampfen der alkoholischen Lösungen bleibt ein Sirup, welcher neben Traubenzucker noch organische Natronsalze enthält. Die völlige Reinigung des Zuckers ist nicht ganz leicht; sie gelingt aber durch Auskochen des Sirups mit großen Mengen absolutem Alkohol. Wird das alkoholische Filtrat stark eingeengt, so fällt in der Kälte nochmals eine kleine Menge Natronsalz aus und dann liefert die Lösung auf wiederholten, vorsichtigen Zusatz von kleinen Mengen absolutem Äther beim längeren Stehen reinen, kristallisierten, wasserfreien Traubenzucker. Derselbe gab folgende Reaktionen:

Er schmolz gerade so wie die Kontrollprobe von reiner Dextrose zwischen 140 und 146°.

Seine konzentrierte wässerige Lösung gab in der Kälte mit essigsaurem Phenylhydrazin keinen Niederschlag, in der Hitze dagegen reines $d$-Phenylglucosazon.

Seine 2prozentige Lösung drehte unmittelbar nach der Auflösung der Kristalle im 1 dcm-Rohr 1,94° nach rechts, nach 18 Stunden war die Drehung auf 1,04° zurückgegangen. Die letzte Zahl würde einer spezifischen Drehung von + 52,0° entsprechen. Die Differenz mit der spezifischen Drehung des reinen Traubenzuckers + 52,7° liegt bei der angewandten verdünnten Lösung innerhalb der Versuchsfehler.

Endlich lieferte der Zucker beim Erhitzen mit Diphenylhydrazin in alkoholischer Lösung das sehr charakteristische Dextrosediphenylhydrazon. Die letztere Verbindung schmilzt bei 162—163°, kristallisiert aus heißem Wasser sehr leicht in farblosen, glänzenden Prismen und ist für die Erkennung der Dextrose sehr geeignet.[1]

Man ist also jetzt imstande, vom Glycerin und sogar vom Formaldehyd bis zum Traubenzucker zu gelangen. Allerdings ist der Weg recht lang, und es erscheint gewiß recht wünschenswert, ihn durch einfachere Methoden zu kürzen.

Wie dieses Resultat für die theoretische Betrachtung des Assimilationsprozesses der Pflanzen verwertet werden kann, bedarf keiner weiteren Erörterung; aber die Entscheidung darüber, ob die so einfache und wahrscheinlich klingende Bayersche Hypothese der Wirklichkeit entspricht, kann doch meines Erachtens nur durch den physiologischen Versuch getroffen werden.

Die Methode, welche von der Mannonsäure zur Gluconsäure führt, läßt sich unzweifelhaft auch auf die anderen Säuren der Zuckergruppe anwenden. Ich werde diese Versuche sofort in Angriff nehmen und hoffe, dadurch vor allem aus der Arabinosecarbonsäure die optischen Antipoden der Gluconsäure und des Traubenzuckers zu gewinnen.

Bei diesen Versuchen bin ich ebenfalls von Hrn. Dr. J. Hirschberger unterstützt worden, wofür ich demselben herzlichen Dank sage.

---

[1] Die Verbindung wird nächstens von Hrn. Rudolf Stahel ausführlich beschrieben werden. (*Siehe S. 235.*)

**40. Emil Fischer: Über die optischen Isomeren des Traubenzuckers, der Gluconsäure und der Zuckersäure.**

Berichte der deutschen chemischen Gesellschaft **23**, 2611 [1890].

(Eingegangen am 4. August.)

Wie früher[1]) gezeigt wurde, verwandelt sich die $d$-Mannonsäure beim Erhitzen mit Chinolin auf 140⁰ teilweise in Gluconsäure, welche ihrerseits durch Reduktion in Traubenzucker übergeführt werden kann. Ganz das gleiche Verfahren führt von der $l$-Mannonsäure (Arabinose-carbonsäure) zu den optisch isomeren Verbindungen, welche ich $l$-Glu-consäure und $l$-Glucose nenne.    Bei weiterer Oxydation mit Salpeter-säure entsteht aus beiden die $l$-Zuckersäure.

Wie zu erwarten war, sind diese Glieder der $l$-Reihe den bekannten Verbindungen außerordentlich ähnlich und sie vereinigen sich mit den-selben zu drei optisch inaktiven Substanzen, welche als $dl$-Glucose, $dl$-Gluconsäure und $dl$-Zuckersäure zu bezeichnen sind.

Die Bereitung der $l$-Gluconsäure aus der $l$-Mannonsäure ist wegen der kleinen Ausbeuten recht mühsam.    Glücklicherweise findet sich dieselbe Säure in reichlicher Menge in den Mutterlaugen, welche bei der Darstellung der $l$-Mannonsäure aus Arabinose erhalten werden[2]). Dadurch ist die ausführlichere Untersuchung der Verbindung und ihrer Derivate ermöglicht worden.

### $l$- Gluconsäure aus Arabinose.

Für diese Versuche diente eine größere Quantität von kristalli-sierter Arabinose, welche die chemische Fabrik von Dr. Schuchardt in den Handel bringt.    Dieselbe ist zwar noch nicht ganz rein, kann aber für den vorliegenden Zweck direkt benutzt werden.

---

[1]) Berichte d. d. chem. Gesellsch. **23**, 800 [1890]. (*S. 357*.)

[2]) Entsprechend der gleichzeitigen Entstehung aus Arabinose verdienen $l$-Gluconsäure und $l$-Mannonsäure beide als Carbonsäuren dieses Zuckers be-trachtet zu werden; das scheint mir ein weiterer Grund zu sein, den von Kiliani gewählten und früher gewiß sehr zweckmäßigen Namen Arabinose-carbonsäure aufzugeben. Ich werde dafür in Zukunft immer die Bezeichnung $l$-Mannonsäure gebrauchen, welche die Stellung der Verbindung in der Mannit-gruppe kurz und scharf ausdrückt.

Die Anlagerung von Blausäure wurde nach der Vorschrift von
Kiliani[1]) bewerkstelligt. Der Übersichtlichkeit halber mag das
Verfahren nochmals mit kleinen Zusätzen hier beschrieben werden.

50 g Arabinose werden in 55 g warmem Wasser gelöst und nach
dem Erkalten 10 g wasserfreie Blausäure zugefügt. Diese Mischung
wird in Wasser von Zimmertemperatur eingestellt, um jede Erwärmung durch die eintretende Reaktion zu vermeiden. Je nach der Außentemperatur beginnt nach drei bis sechs Tagen die Kristallisation von
Säureamid, welches nach weiterem zweitägigem Stehen die Flüssigkeit
breiartig erfüllt.

Mehrere solcher Portionen können jetzt für die Verseifung mit
Baryt vereinigt werden. Auf je 50 g Arabinose verwendet man 100 g
reinen kristallisierten Baryt, welcher in 250 g Wasser warm gelöst
ist. Wird die Reaktionsmasse mit dem Barytwasser übergossen, so
löst sie sich klar auf und färbt sich dabei dunkel. Die Flüssigkeit
wird nun in einem Emaillegefäß über freiem Feuer bis zum Verschwinden
des Ammoniakgeruchs gekocht, wobei man einige Male das verdampfende
Wasser wieder ersetzt. Zum Schluß verdünnt man die Lösung etwa
mit der gleichen Menge Wasser und fällt den Baryt in der Hitze genau
mit Schwefelsäure. Durch Zusatz von etwas reiner Tierkohle wird
die bis dahin hellbraune Flüssigkeit nahezu entfärbt, heiß filtriert und
zum dicken Sirup eingedampft. Derselbe ist wieder .braun gefärbt
und scheidet nach einigem Stehen die größte Menge der *l*-Mannonsäure
in Form ihres Lactons ab. Um das letztere filtrieren zu können, wird
die Masse mit wenig 96prozentigem Alkohol verrieben, dann die Mutterlauge auf der Pumpe abgesaugt und das zurückbleibende Lacton wiederum mit der gleichen Menge Alkohol verrieben. Dasselbe wird dadurch
fast farblos; zur völligen Reinigung genügt einmaliges Umkristallisieren
aus heißem Alkohol. Die ersten alkoholischen Mutterlaugen werden
wiederum auf dem Wasserbade verdampft; der dunkle Sirup scheidet
nach 1—2 Tagen eine neue Quantität von *l*-Mannonsäurelacton ab,
welches in der gleichen Weise gereinigt wird.

Beim Verdampfen der alkoholischen Lösungen bleibt nun ein Sirup,
welcher gewöhnlich nicht mehr kristallisiert und welcher neben kleineren Mengen von *l*-Mannonsäure sämtliche *l*-Gluconsäure enthält.
Die letztere kristallisiert nicht, bildet aber ein schönes Phenylhydrazid
und ein kristallisierendes Kalksalz.

Um das letztere zu gewinnen, ist bei der ersten Darstellung der
Umweg über das Hydrazid nötig. Zu dem Zwecke werden etwa 20 g
des Sirups in 80 g Wasser gelöst, mit 20 g Phenylhydrazin und 15 g

---

[1]) Berichte d. d. chem. Gesellsch. **19**, 3033 [1886].

50prozentiger Essigsäure auf dem Wasserbade eine Stunde erhitzt. Beim Erkalten fällt das Hydrazid als schmutzig gelb gefärbte Kristallmasse aus; die Mutterlauge liefert beim nochmaligen Erwärmen eine zweite, viel kleinere Menge des Produktes.

Dasselbe wird filtriert, mit kaltem Wasser, Alkohol und Äther gewaschen und dann aus der zehnfachen Menge Wasser unter Zusatz von Tierkohle umkristallisiert. Dieses Produkt ist trotz seines schönen Aussehens ein Gemisch von *l*-Gluconsäurehydrazid mit kleineren Mengen *l*-Mannonsäurehydrazid.

Dasselbe wird mit der 30fachen Menge Barytwasser, welches 10 pCt. kristallisiertes Barythydrat enthält, eine halbe Stunde gekocht, dann die Lösung zur Entfernung des Phenylhydrazins 6 bis 8 mal ausgeäthert, nun mit Schwefelsäure genau gefällt, mit Tierkohle entfärbt und die stark konzentrierte Lösung mit reinem kohlensaurem Kalk gekocht, bis sie neutral reagiert. Die abermals mit Tierkohle behandelte Lösung hinterläßt jetzt einen Sirup, welcher viel *l*-gluconsauren und wenig *l*-mannonsauren Kalk enthält. Derselbe wurde in wenig Wasser gelöst und in der Hitze bis zur Trübung mit Alkohol versetzt. Beim Erkalten fiel ein zäher Sirup aus, welcher nach mehrtägigem Stehen allmählich kristallinisch wurde. Löst man dieses Produkt jetzt in wenig warmem Wasser, so kristallisiert nach einiger Zeit das reine Kalksalz der *l*-Gluconsäure.

Ist man einmal im Besitze desselben, so kann man neue Quantitäten aus der obenerwähnten rohen Säure ohne den Umweg über das Hydrazid in folgender Weise gewinnen.

Der rohe Sirup, welcher nach Abscheidung der *l*-Mannonsäure beim Verdampfen der alkoholischen Mutterlauge zurückbleibt, wird in Wasser gelöst und mit reinem Calciumcarbonat bis zur neutralen Reaktion gekocht. Durch Zusatz von Tierkohle wird die Flüssigkeit größtenteils entfärbt und das Filtrat stark konzentriert.

Trägt man jetzt in die Lösung eine kleine Menge des kristallisierten *l*-gluconsauren Kalksalzes ein, so beginnt nach einigen Tagen die Kristallisation und schreitet dann so rasch vorwärts, daß nach weiteren 24 Stunden die Masse in einen Brei verwandelt ist. Die Kristalle werden abgesaugt, mit wenig kaltem Wasser wieder verrieben, nochmals filtriert und dann in wenig warmem Wasser gelöst. In der Kälte fällt schon nach wenigen Stunden das reine Kalksalz aus. Aus den ersten Mutterlaugen kann nach entsprechender Konzentration eine weitere, aber recht kleine Menge des Salzes gewonnen werden. Will man dieselben bei der Kostspieligkeit des Materials völlig ausnutzen, so ist jetzt die Reinigung durch das Hydrazid anzuwenden. 50 g Arabinose liefern neben 20 g reinem *l*-Mannonsäurelacton 8—9 g reinen *l*-gluconsauren Kalk. Die Menge der ursprünglich gebildeten Säure ist jedoch jedenfalls viel größer, da die umständliche Reinigungsmethode erhebliche Verluste mit sich bringt.

### Eigenschaften der *l*-Gluconsäure.

Die freie Säure, welche durch Zersetzung des Kalksalzes mit der gerade ausreichenden Menge von Oxalsäure gewonnen wird, verwandelt sich beim Kochen ihrer wässerigen Lösung zum Teil in das Lacton. Beim Abdampfen bleibt infolgedessen ein Gemisch von Lacton und Säure als farbloser Sirup, welcher bisher nicht kristallisiert erhalten wurde und welcher, in Wasser gelöst, sehr stark nach links dreht.

Charakteristisch ist das Kalksalz, dessen Darstellung oben beschrieben wurde. Dasselbe ist in 3—4 Teilen heißem Wasser löslich; aus der nicht zu verdünnten, wässerigen Lösung scheidet es sich bei mehrstündigem Stehen bei Zimmertemperatur wieder ab, und zwar in ganz ähnlicher Form wie das Salz der *d*-Gluconsäure. Die blumenkohlähnlichen Massen bestehen aus äußerst feinen, nur unter dem Mikroskop erkennbaren Nadeln. Über Schwefelsäure getrocknet, hat es die Formel $Ca(C_6H_{11}O_7)_2$.

|    | Berechnet | Gefunden |
|----|-----------|----------|
| C  | 33,49     | 33,15 pCt. |
| H  | 5,12      | 5,24 „   |
| Ca | 9,30      | 9,26 „   |

Es unterscheidet sich mithin durch die Zusammensetzung von dem Kalksalz der *d*-Gluconsäure*); denn das letztere enthält, wenigstens in der Regel, ein Molekül Wasser[1]), welches selbst bei 105° nicht entweicht.

Das *l*-gluconsaure Calcium dreht nach links. Eine Lösung von 1,529 g trockenem Salz in 14,848 g Wasser zeigte bei 20° das spez. Gewicht 1,049 und drehte im 2 dcm-Rohr im Mittel 1,3° nach links. Daraus berechnet sich die spez. Drehung $[\alpha]_D^{20} = -6{,}64°$

Im Gegensatz dazu dreht das Kalksalz der *d*-Gluconsäure nach rechts. Herzfeld[2]) ermittelte die spez. Drehung $[\alpha]_D = +5{,}94°$.

Bei einer Wiederholung des Versuches fand ich einen etwas größeren Wert, für das wasserfreie Salz $[\alpha]_D = +6{,}66°$.

Birotation wurde in keinem der beiden Fälle beobachtet.

Diese Zahlen beweisen schon, daß die Salze als optische Isomere

---

*) *Vgl. hierzu die Bemerkung auf S. 328.*

1) Herzfeld, Liebigs Annal. d. Chem. **220**, 340 [1883]; ferner E. Fischer, Berichte d. d. chem. Gesellsch. **23**, 803 [1890] (*S. 359*); vgl. auch Kiliani, Liebigs Annal. d. Chem. **205**, 184 [1880] und Berichte d. d. chem. Gesellsch. **17**, 1299 [1884].

2) Liebigs Annal. d. Chem. **220**, 345 [1883].

zu betrachten sind; wie später noch gezeigt wird, vereinigen sie sich auch in wässeriger Lösung direkt zu dem inaktiven Salz der $dl$-Gluconsäure.

Durch die optische Untersuchung der Kalksalze können mithin $d$- und $l$-Gluconsäure unterschieden werden. Da aber das Drehungsvermögen der Salze ziemlich gering ist, so wird die qualitative Probe besser so angestellt, daß man dieselben zuvor in wässeriger Lösung mit einer hinreichenden Menge von Salzsäure kocht. Dabei entstehen die Lactone, deren Drehungsvermögen sehr stark ist.

Um die Schärfe der Probe zu charakterisieren, führe ich folgenden Versuch an.

0,25 g $l$-gluconsaurer Kalk wurden in 3 ccm warmem Wasser gelöst und nach Zusatz von 5 Tropfen rauchender Salzsäure (spez. Gewicht 1,19) 5 Minuten bis fast zum Kochen erhitzt; diese Lösung drehte dann nach dem Abkühlen im 1 dcm-Rohr 1,52° nach links.

Dieselbe Probe ganz in der gleichen Weise mit $d$-gluconsaurem Kalk ausgeführt, gab eine Rechtsdrehung von 1,55°.

Die $l$-Gluconsäure bildet ebenso wie ihre Isomeren ein basisches Kalksalz; dasselbe entsteht beim Eintragen von Kalkhydrat in die lauwarme, wässerige Lösung des neutralen Salzes und scheidet sich aus der filtrierten Flüssigkeit beim Erwärmen als farbloser, flockiger Niederschlag ab.

Das Baryum-, Strontium- und Cadmiumsalz wurden bis jetzt nicht kristallisiert erhalten; sie sind in Wasser sehr leicht löslich, bleiben beim Verdampfen als Sirup zurück und trocknen beim längeren Stehen über Schwefelsäure zu einer amorphen Masse ein.

Dagegen besitzt das Phenylhydrazid der $l$-Gluconsäure wieder sehr schöne Eigenschaften und kann deshalb zur Reinigung derselben benutzt werden.

Man erhält es aus der freien Säure oder dem Kalksalz durch einstündiges Erhitzen mit essigsaurem Phenylhydrazin auf dem Wasserbade. Ist die Lösung nicht gar zu verdünnt, so fällt es beim Erkalten kristallinisch aus. Aus heißem Wasser unter Zusatz von Tierkohle umkristallisiert, bildet es farblose, glänzende, kleine Tafeln oder Prismen, welche bei raschem Erhitzen gegen 200° unter Zersetzung schmelzen und die normale Zusammensetzung $C_6H_{11}O_6 . N_2H_2 . C_6H_5$ haben.

0,1711 g Subst.: 14,6 ccm N (16°, 742 mm).

|   | Berechnet | Gefunden |
|---|-----------|----------|
| N | 9,79 | 9,71 pCt. |

Wie bereits erwähnt, wird es durch Kochen mit Barytwasser in Säure und Phenylhydrazin gespalten.

Aus der vorhergehenden Beschreibung der $l$-Gluconsäure geht hervor, daß ihre Isolierung keine ganz leichte Aufgabe ist. Handelt es sich deshalb nur um die Erkennung der Säure, so benutzt man am besten die später beschriebene Überführung in *l*-Zuckersäure, deren Nachweis keine Schwierigkeiten bietet.*)

Um endlich die *l*-Gluconsäure auf einen etwaigen Gehalt an *l*-Mannonsäure zu prüfen, verwandelt man sie in der nachfolgend beschriebenen Weise in Zucker und versetzt die kalte, konzentrierte, wässerige Lösung des letzteren mit essigsaurem Phenylhydrazin. Ist *l*-Mannose auch nur in kleiner Menge vorhanden, so fällt nach einigen Stunden das Hydrazon kristallinisch aus.

### *l*-Gluconsäure aus *l*-Mannonsäure.

Die teilweise Verwandlung der *l*-Mannonsäure in die isomere Verbindung findet ebenso wie in der *d*-Reihe beim Erhitzen mit Chinolin statt.

10 g *l*-Mannonsäurelacton wurden mit 2,5 g Wasser und 20 g Chinolin im Ölbade erhitzt und nach dem Verdampfen des Wassers die Temperatur des Gemisches eine Stunde auf 140⁰ gehalten. Die Flüssigkeit färbt sich dabei dunkelbraun. Sie wurde jetzt mit Wasser und 20 g reinem kristallisiertem Barythydrat gemischt, das Chinolin mit Wasserdampf abgetrieben, die filtrierte hellbraune Lösung genau mit Schwefelsäure gefällt, mit Tierkohle nahezu entfärbt und nach abermaliger Filtration zum Sirup eingedampft. Aus dem letzteren kristallisiert nach 24 Stunden der größte Teil der unveränderten *l*-Mannonsäure als Lacton heraus. Dasselbe bleibt ungelöst, wenn man die Masse mit wenig 96prozentigem Alkohol verreibt; das Filtrat, wiederum zum Sirup verdampft, gibt nach mehrtägigem Stehen eine zweite Kristallisation des Lactons. Zurückgewonnen wurden von dem letzteren im ganzen 60 pCt. Um in der Mutterlauge die *l*-Gluconsäure nachzuweisen, wurde ein Teil durch Oxydation mit Salpetersäure in *l*-Zuckersäure verwandelt, welche leicht in Form ihres sauren Kaliumsalzes isoliert werden kann. Ein anderer Teil wurde durch Kochen mit Calciumcarbonat in das Kalksalz verwandelt. Als in die stark konzentrierte Lösung des letzteren eine Spur kristallisierter *l*-gluconsaurer Kalk eingetragen war, erfolgte nach mehreren Tagen eine reichliche Kristallisation. Das Salz wurde filtriert und aus wenig warmem Wasser umkristallisiert; es besaß dann alle Eigenschaften des *l*-gluconsauren Kalks. Die Menge des reinen Salzes betrug allerdings nur 6 pCt. des angewandten *l*-Mannonsäurelactons; aber die Quantität der durch die Reaktion entstandenen *l*-Gluconsäure ist jedenfalls viel größer, da die Reinigung erhebliche Verluste mit sich bringt.

---

*) *Die Verwandlung in l-Zuckersäure ist für die l-Gluconsäure nicht charakteristisch, da auch die später entdeckte l-Gulonsäure bei der Oxydation in dieselbe Zuckersäure verwandelt wird. Siehe Seite 387.*

### Verwandlung der *l*-Gluconsäure in *l*-Mannonsäure.

Dieselbe gelingt unter den gleichen Bedingungen wie die umgekehrte Reaktion. Für den Versuch diente reiner *l*-gluconsaurer Kalk, welcher in wässeriger Lösung genau mit Oxalsäure zersetzt wurde. Das zum Sirup eingedampfte Filtrat wurde mit Chinolin erhitzt und geradeso verfahren wie vorher. Die Erkennung der *l*-Mannonsäure ist hier viel leichter; denn sie scheidet sich aus dem Gemisch der zum Sirup verdampften Säure beim längeren Stehen als Lacton aus. Die Menge des letzteren, welche bei diesem Versuch isoliert wurde, war aber verhältnismäßig viel kleiner, als bei dem vorigen.

Der Gleichgewichtszustand, welcher jedenfalls nach der Natur der Reaktion sich zwischen den beiden Säuren beim Erhitzen mit Chinolin einstellt, ist also offenbar nach einer Stunde noch nicht erreicht; aber längeres Erhitzen ist nicht vorteilhaft, weil dann ein größerer Teil der Säuren durch anderweitige Vorgänge zerstört wird.

### *dl*-Gluconsäure.

Dieselbe besitzt ähnliche Eigenschaften, wie die beiden Komponenten. Beim Abdampfen ihrer wässerigen Lösung bleibt ein farbloser Sirup, welcher ein Gemisch von Säure und Lacton ist.

Charakteristisch ist das Kalksalz. Löst man äquivalente Teile von *d*-gluconsaurem und *l*-gluconsaurem Calcium in Wasser und verdampft langsam auf dem Wasserbade, so beginnt bei starker Konzentration die Kristallisation. Verdunstet das Wasser zu rasch, so scheidet sich neben den Kristallen ein Teil des Salzes amorph ab. Setzt man aber wieder etwas Wasser zu und wiederholt das Abdampfen einige Male, so geht die ganze Masse in den kristallinischen Zustand über und das kristallisierte Salz ist dann in heißem Wasser ziemlich schwer löslich. Über Schwefelsäure getrocknet, verliert das Salz bei einstündigem Erhitzen auf 100° nicht an Gewicht. Die nachfolgende Analyse stimmt am besten auf die Formel

$$Ca(C_6H_{11}O_7)_2 + H_2O.$$

0,181 g Subst.: 0,2139 g $CO_2$, 0,0841 g $H_2O$.
0,3605 g Subst.: 0,1123 g $CaSO_4$.

|     | Berechnet | Gefunden |
| --- | --- | --- |
| C | 32,14 | 32,23 pCt. |
| H | 5,36 | 5,16 „ |
| Ca | 8,93 | 9,16 „ |

Aber die Zahlen sind nicht ganz genau und da die Werte, welche das kristallwasserfreie Salz verlangt, nur im Kohlenstoff um 1 pCt. differieren, so bedürfte es einer ganzen Reihe von Analysen, um das Kristallwasser, welches sich nicht direkt bestimmen läßt, sicher nachzuweisen.

Das *dl*-gluconsaure Calcium unterscheidet sich von den beiden Komponenten durch die geringere Löslichkeit in heißem Wasser. Während die beiden letzteren von der fünffachen Menge kochendem Wasser in einigen Minuten völlig gelöst werden, bedarf das kristallisierte inaktive Salz unter denselben Bedingungen 16—20 Teile.

Es ist ferner optisch inaktiv, denn die konzentrierte wässerige Lösung zeigt keine wahrnehmbare Ablenkung des polarisierten Lichtes. Dasselbe gilt für die Säure resp. das Lacton, wie folgender Versuch zeigt. 0,25 g des Kalksalzes wurden in 3 ccm Wasser und 5 Tropfen rauchender Salzsäure gelöst und 5 Minuten lang gekocht, um möglichst viel Lacton zu bilden; die abgekühlte Lösung zeigte im 1 dcm-Rohr nicht die geringste Drehung. Unter denselben Bedingungen gaben die beiden aktiven Kalksalze, wie früher gezeigt wurde, eine Drehung von 1,5⁰. Da eine Drehung von 0,05⁰ bei dem von mir benutzten vorzüglichen Halbschattenapparate von Schmidt und Haensch leicht beobachtet werden kann, so scheint es mir völlig gerechtfertigt, von einer inaktiven Gluconsäure zu sprechen, obwohl die Verbindung selbst nicht im kristallisierten Zustande gewonnen werden konnte. Zu demselben Resultate führt die Untersuchung des Hydrazids.

Das *dl*-Gluconsäurephenylhydrazid entsteht aus der freien Säure oder dem Kalksalz beim einstündigen Erhitzen mit essigsaurem Phenylhydrazin auf dem Wasserbade. Ist die Lösung nicht zu verdünnt, so scheidet es sich beim Erkalten als gelb gefärbte, kristallinische Masse ab. Dieselbe wird filtriert, mit Wasser, Alkohol und Äther gewaschen und aus heißem Wasser unter Zusatz von Tierkohle umkristallisiert. Die Ausbeute ist recht gut. Das Hydrazid ist farblos, schmilzt bei 188—190⁰, mithin etwa 10⁰ niedriger als die Derivate der beiden aktiven Säuren und unterscheidet sich von den letzteren auch durch sein Aussehen. Die Kristalle sind nicht so schön, viel kleiner und vielfach zu warzenförmigen Aggregaten vereinigt.

Für die Analyse wurde die Substanz bei 100⁰ getrocknet.

0,1975 g Subst.: 17,8 ccm N (18⁰, 738 mm).

$$\text{Ber. für } C_6H_{11}O_6 . N_2H_2 . C_6H_5 \qquad \text{Gefunden}$$

| | | |
|---|---|---|
| N | 9,79 | 10,10 pCt. |

### Bildung der *dl*-Gluconsäure aus *dl*-Mannonsäure.

Die *dl*-Mannonsäure verwandelt sich unter den gleichen Bedingungen wie die beiden Komponenten teilweise in die stereoisomere inaktive Verbindung. Die letztere wurde in dem Gemisch durch Überführung in die *dl*-Zuckersäure nachgewiesen, nachdem zuvor der größte Teil der unveränderten *dl*-Mannonsäure durch Kristallisation des Lactons entfernt war.

## *l*- Glucose.

10 g *l*-gluconsaurer Kalk werden in wässeriger Lösung durch die berechnete Menge Oxalsäure zersetzt, das Filtrat zum Sirup verdampft und der letztere noch mehrere Stunden auf dem Wasserbade erhitzt, um möglichst viel Säure in Lacton überzuführen. Der Rückstand wird in 80 g Wasser gelöst und in der üblichen Weise reduziert. Die Operation dauerte 15 Minuten; verbraucht wurden 90 g $2^1/_2$prozentiges Natriumamalgam und 9 ccm 20prozentige Schwefelsäure. Zum Schluß wurde die Flüssigkeit mit Natronlauge schwach übersättigt, filtriert, mit Schwefelsäure wieder genau neutralisiert, bis zur Kristallisation des Natriumsulfats verdampft und dann in heißen 96prozentigen Alkohol eingegossen. Diese Operation muß mit den ausfallenden Natriumsalzen wiederholt werden. Die alkoholischen Mutterlaugen hinterließen beim Verdampfen den Zucker als Sirup, welcher beim mehrtägigen Stehen kristallisierte. Die Menge dieses Produktes, welches durch Aufstreichen auf Ton von der Mutterlauge befreit war, betrug 1,8 g. Dasselbe wird am besten nochmals in sehr wenig Wasser gelöst und nach dem Auskristallisieren wiederum durch scharfes Pressen oder Aufstreichen auf Ton von der Mutterlauge befreit; löst man dann die Substanz in heißem Methylalkohol und fügt zu der stark konzentrierten Flüssigkeit absoluten Alkohol, so beginnt nach längerer Zeit die Kristallisation der reinen, wasserfreien *l*-Glucose.

Im Vakuum über Schwefelsäure getrocknet, hat dieselbe die Zusammensetzung $C_6H_{12}O_6$.

0,1845 g Subst.: 0,2702 g $CO_2$, 0,1150 g $H_2O$.

|   | Berechnet | Gefunden |
|---|---|---|
| C | 40,0 | 39,94 pCt. |
| H | 6,67 | 6,92 ,, |

Die *l*-Glucose ist dem Traubenzucker außerordentlich ähnlich. Sie bildet kleine, harte, prismatische Kristalle, welche meist zu Warzen verwachsen sind und bei 141—143° ohne Zersetzung schmelzen. Sie schmeckt rein süß, ist in Wasser sehr leicht und in absolutem Alkohol sehr schwer löslich. Aus der wässerigen Lösung kristallisiert sie beim Verdunsten leichter (*ebenso leicht*) als der Traubenzucker.

Sie zeigt dasselbe optische Verhalten wie jener, dreht aber selbstverständlich nach links. Eine Lösung von 0,1752 g in 4,0838 g Wasser, welche das spezifische Gewicht 1,016 hatte, drehte bei 20° im 1 dcm-Rohr 7 Minuten nach der Auflösung 3,95° und nach 7 Stunden 2,15° nach links.

Aus der letzteren Zahl, welche nach weiteren 12 Stunden unverändert war, berechnet sich die spezifische Drehung $[\alpha]_D = -51,4°$.

Die Differenz zwischen dieser Zahl und der spezifischen Drehung des Traubenzuckers $+ 52,6^0$ liegt bei der kleinen für den Versuch verwandten Menge innerhalb der Beobachtungsfehler.

Die *l*-Glucose gibt mit essigsaurem Phenylhydrazin in kalter, wässeriger Lösung keinen Niederschlag. Beim Erhitzen erfolgt sehr bald die Abscheidung von *l*-Phenylglucosazon, welches durch den Schmelzpunkt und die optische Untersuchung identifiziert wurde.

Endlich bildet sie mit Diphenylhydrazin ein in kaltem Wasser schwer lösliches, charakteristisches Hydrazon. Zur Bereitung desselben erwärmt man die Lösung des Zuckers in verdünntem Alkohol mit der 1½fachen Menge reinem Diphenylhydrazin im geschlossenen Rohr 2 Stunden auf $100^0$. Beim Verdampfen bleibt ein öliger Rückstand, welcher zur Entfernung der unveränderten Base mit Äther ausgelaugt wird. Auf Zusatz von wenig Wasser erstarrt der zurückbleibende Teil kristallinisch. Derselbe wird filtriert, mit wenig Wasser und viel Äther gewaschen und dann aus heißem Wasser unter Zusatz von etwas Tierkohle umkristallisiert. Das *l*-Glucosediphenylhydrazon,

$$C_6H_{12}O_5 : N . N(C_6H_5)_2,$$

bildet farblose, feine Nadeln, welche in kaltem Wasser recht schwer löslich sind und aus heißem Wasser sehr leicht kristallisieren. Die Verbindung ist wiederum dem Derivat des Traubenzuckers zum Verwechseln ähnlich und besitzt auch denselben Schmelzpunkt 162—163$^0$ (unkorr.). Sie ist zur Erkennung kleiner Mengen der *l*-Glucose recht geeignet.

Die *l*-Glucose scheint ebensowenig gärungsfähig zu sein, wie die *l*-Mannose und die *l*-Fructose; denn eine 10prozentige wässerige Lösung, mit frischer Bierhefe versetzt, zeigte bei $30^0$ selbst nach 24 Stunden keine deutliche Entwicklung von Kohlensäure.

### *dl*-Glucose.

Dieselbe entsteht, sowohl beim Zusammenbringen von *d*- und *l*-Glucose, wie auch direkt durch Reduktion der *dl*-Gluconsäure. Auf dem letzteren Wege habe ich größere Mengen des Zuckers dargestellt und zwar in ganz derselben Weise wie die *l*-Glucose.

Der inaktive Zucker bildet einen farblosen Sirup, welcher in Wasser sehr leicht und in absolutem Alkohol recht schwer löslich ist. Er zeigt alle Reaktionen der beiden Komponenten. Mit essigsaurem Phenylhydrazin gibt er in der Kälte keinen Niederschlag, liefert dagegen in der Wärme sehr rasch *dl*-Glucosazon, welches durch den Schmelzpunkt und die optische Untersuchung identifiziert wurde. Charakteristisch ist auch hier das Diphenylhydrazon; dasselbe entsteht unter

24*

den gleichen Bedingungen wie das Derivat der *l*-Glucose. Behandelt man nach dem Verdampfen der Lösung den Rückstand zur Entfernung des unveränderten Diphenylhydrazins mit Äther, so bleibt das Hydrazon zunächst als Öl, erstarrt aber beim Anrühren mit kaltem Wasser nach einiger Zeit kristallinisch. In heißem Wasser ist es ziemlich leicht löslich und fällt beim Erkalten zunächst als Öl aus, welches erst nach einiger Zeit zu einer farblosen, kristallinischen Masse erstarrt. Es bildet dann feine, glänzende Blättchen, welche bei 132—133° mithin 30° niedriger als die entsprechenden Derivate der aktiven Zucker schmelzen. Es kann dadurch, ebenso wie durch die Art der Kristallisation leicht von den aktiven Substanzen unterschieden werden. Nach einer Stickstoffbestimmung hat es die normale Zusammensetzung

$$C_6H_{12}O_5 : N . N(C_6H_5)_2.$$

|   | Berechnet | Gefunden |
|---|---|---|
| N | 8,09 | 8,02 pCt. |

Gärung der *dl*-Glucose. Gegen Bierhefe verhält sich der Zucker gerade so, wie die *dl*-Mannose und *dl*-Fructose. Er gerät sehr bald in lebhafte Gärung, welche bei 30° nach 24 Stunden beendet ist. Die Lösung dreht dann stark nach links und enthält die von der Bierhefe übriggelassene *l*-Glucose.

## *l*-Zuckersäure.

Dieselbe entsteht, gerade so wie die gewöhnliche Zuckersäure aus der *d*-Gluconsäure, beim Erwärmen von *l*-Gluconsäure mit Salpetersäure und läßt sich in Form ihres sauren Kaliumsalzes leicht isolieren. Man kann zu ihrer Bereitung statt der reinen *l*-Gluconsäure den oben besprochenen rohen Sirup benutzen, welcher nach dem Auskristallisieren des *l*-Mannonsäurelactons zurückbleibt und das Material für die Gewinnung der reinen Gluconsäure bildet. Die Behandlung mit Salpetersäure wurde in ähnlicher Weise ausgeführt, wie es Liebig[1]) für die Oxydation des Milchzuckers vorschreibt. 5 g des dunklen Sirups werden mit 15 g Salpetersäure vom spezifischen Gewicht 1,15 in einer Schale auf dem Wasserbade unter Umrühren zum dicken Sirup verdampft. Zum Schluß färbt sich die Masse braun. Man verdünnt dann mit etwas Wasser und verdampft abermals, um die Salpetersäure möglichst vollständig zu entfernen; der dunkelbraune Rückstand wird in Wasser gelöst, mit kohlensaurem Kali neutralisiert, mit Essigsäure wieder stark angesäuert und abermals zum dünnen Sirup verdampft. Nach einiger Zeit beginnt die Kristallisation des Kalisalzes; dasselbe wird, wenn nötig, mit wenig

---

[1]) Liebigs Annal. d. Chem. **113**, 4 [1860]; vgl. Tollens, Liebigs Annal. d. Chem. **249**, 218 [1888].

kaltem Wasser angerührt, auf der Pumpe scharf abgesaugt und mit kleinen Mengen Wasser ausgewaschen. Dieses Produkt wird aus wenig heißem Wasser umkristallisiert und bildet nach dem Abfiltrieren eine schwach gelbe Kristallmasse, deren Menge 25—30 pCt. der angewandten rohen Gluconsäure beträgt. Zur völligen Reinigung muß das Salz nochmals aus wenig heißem Wasser unter Zusatz von Tierkohle umkristallisiert werden. Es bildet dann, gerade so wie die *d*-Verbindung, farblose, meist büschelförmig vereinigte kleine Nadeln oder Prismen von der Formel $C_6H_9O_8K$.

Für die Analyse wurde die Verbindung kurze Zeit bei 100° getrocknet.

0,2519 g Subst.: 0,0884 g $K_2SO_4$.

|  | Berechnet | Gefunden |
|---|---|---|
| K | 15,72 | 15,75 pCt. |

Die wässerige Lösung des Salzes dreht schwach nach links.

Neutralisiert man dieselbe mit Ammoniak und fügt in der Kälte salpetersaures Silber zu, so fällt das neutrale Silbersalz als weißer, flockiger Niederschlag aus.

Über Schwefelsäure getrocknet, hat dasselbe die Zusammensetzung $C_6H_8O_8Ag_2$.

0,4263 g Subst.: 0,2154 g Ag.

|  | Berechnet | Gefunden |
|---|---|---|
| Ag | 50,86 | 50,53 pCt. |

Beim Erwärmen mit Wasser ballt es zusammen, schmilzt dann und zersetzt sich schließlich unter Abscheidung von Silber.

Erwärmt man die Lösung des Kalisalzes oder der freien *l*-Zuckersäure mit essigsaurem Phenylhydrazin einige Zeit auf dem Wasserbade, so scheidet sich das Doppelhydrazid in feinen, fast farblosen Blättchen ab, welche bei 213—214° unter Zersetzung schmelzen.

Das Kalisalz der *l*-Zuckersäure ist so leicht zu erkennen, daß seine Bildung die schärfste Reaktion auf *l*-Gluconsäure gibt. Will man die letztere in einem Gemisch mit *l*-Mannonsäure und anderen ähnlichen Produkten aufsuchen, so verfährt man gerade so, wie bei der zuvor beschriebenen Darstellung der *l*-Zuckersäure; daß die *l*-Mannonsäure unter den gleichen Bedingungen kein kristallisiertes saures Kaliumsalz liefert, wurde durch einen besonderen Versuch festgestellt.

## *dl*-Zuckersäure.

Löst man gleiche Mengen von *d*- und *l*-zuckersaurem Kali in wenig heißem Waser, so scheidet sich nach dem Erkalten langsam das inaktive Salz in äußerst feinen, meist büschel- oder kugelförmig verwachsenen Nadeln ab, welche schon durch die äußere Form von den aktiven Salzen leicht unterschieden werden können. Im Exsiccator getrocknet, hat dasselbe ebenfalls die Formel $C_6H_9O_8K$.

0,2741 g Subst.: 0,0948 g $K_2SO_4$.

|  | Berechnet | Gefunden |
|---|---|---|
| K | 15,72 | 15,53 pCt. |

Das Salz ist in heißem Wasser leicht, in kaltem verhältnismäßig schwer löslich; beim Erhitzen mit essigsaurem Phenylhydrazin liefert die *dl*-Zuckersäure und ihr Kalisalz gleichfalls ein unlösliches Doppelhydrazid, welches aus der Lösung in nahezu farblosen Blättchen ausfällt und bei 209—210° unter Zersetzung schmilzt.

Die *dl*-Zuckersäure kann auch direkt aus der *dl*-Gluconsäure durch Oxydation gewonnen werden. Man verfährt dann genau so, wie bei der *l*-Verbindung und isoliert die Säure gleichfalls in Form des sauren Kaliumsalzes.

### Unterscheidung der drei Zuckersäuren.

Charakteristisch für die drei Verbindungen ist das aus Wasser leicht kristallisierende saure Kalisalz. Die inaktive Verbindung ist durch die Form der Kristalle von den beiden anderen bei einiger Übung wohl zu unterscheiden. Dagegen sind die letzteren zum Verwechseln ähnlich. Hier bleibt nur die optische Untersuchung als analytische Probe übrig. Das Drehungsvermögen der Kalisalze ist allerdings gering; denn eine 5 prozentige wässerige Lösung der *d*-Verbindung dreht im 2 dcm-Rohr etwa 0,7° nach rechts und die andere ebenso stark nach links.

Aber die Drehung wird, ebenso wie bei den gluconsauren Salzen sehr stark, wenn man zu der Lösung der Salze eine Mineralsäure zufügt und kocht. Hierbei gehen die Zuckersäuren teilweise in die Lactone über, deren Drehungsvermögen allgemein viel größer ist, als dasjenige der Säuren oder der Salze. 0,5 g *d*-zuckersaures Kali wurden in 10 ccm Wasser gelöst und die Flüssigkeit nach Zusatz von 7 Tropfen konzentrierter Salzsäure 5 Minuten bis nahe zum Sieden erhitzt; diese Lösung drehte jetzt im 2 dcm-Rohr 3° nach rechts. Unter denselben Bedingungen gibt das *l*-zuckersaure Kali eine ebenso starke Linksdrehung, während die aus dem inaktiven Salz gewonnene Lösung völlig inaktiv bleibt.

Durch diese Probe ist man also imstande, sehr kleine Mengen der drei Salze zu unterscheiden.

---

Mit den zuvor beschriebenen Verbindungen ist die Glucosegruppe derartig. erweitert, daß nur noch die Alkohole fehlen[1]). Auch diese

---

[1]) Vgl. Berichte d. d. chem. Gesellsch. **23**, 2131 [1890]. (*S. 19.*)

Lücke dürfte bald ausgefüllt sein; denn nach den neuesten Beobachtungen von Meunier, sowie von Vincent und Delachanal[1]) ist der Sorbit der sechswertige Alkohol, welcher dem Traubenzucker entspricht. Durch Reduktion der *l*- und *dl*-Glucose wird man unzweifelhaft die noch fehlenden optischen Isomeren desselben gewinnen.

### Konstitution der Glucon- und Mannonsäure.

Entsteht durch Synthese einer organischen Verbindung ein asymmetrisches Kohlenstoffatom, so wird nach den bisherigen Erfahrungen immer eine inaktive Substanz gebildet, welche entweder als die Kombination von zwei optisch entgegengesetzten Verbindungen oder in einzelnen Fällen bei symmetrischen Molekülen als ein Analogon der Mesoweinsäure betrachtet werden kann. Insbesondere gilt dies auch für die Synthese von Oxysäuren durch Anlagerung von Blausäure an Aldehyde. Ich erinnere an die Bildung der inaktiven Milchsäure aus Aldehyd, der inaktiven Mandelsäure aus Bittermandelöl und der Traubensäure aus dem Glyoxal.

Etwas anders scheint die Sache bei der Arabinose zu liegen, welche durch Addition von Blausäure in ein Gemisch von *l*-Mannonsäure und *l*-Gluconsäure verwandelt wird. Dieselbe Erscheinung wird man unzweifelhaft auch bei den Carbonsäuren anderer Zuckerarten finden. Da das Molekül der Arabinose unsymmetrisch ist, so kann eine Verbindung, welche der Mesoweinsäure zu vergleichen wäre, nach der Theorie von Le Bel und van't Hoff nicht entstehen. Unter der Voraussetzung, daß bei der Reaktion keine stereometrische Umlagerung stattfindet, bleiben mithin hier nur drei Fälle zu berücksichtigen. Zwei Säuren, welche in bezug auf das in der Formel

$$CH_2(OH).CH(OH).CH(OH).CH(OH).CH(OH).COOH$$
$$\overset{*}{}$$

mit einem Sternchen bezeichnete asymmetrische Kohlenstoffatom die entgegengesetzte Anordnug besitzen und eine dritte spaltbare, welche als die Kombination der beiden aufzufassen wäre. Zwei dieser Säuren liegen vor in der *l*-Mannonsäure und *l*-Gluconsäure. Eine davon könnte die spaltbare sein. Bei der *d*-Mannonsäure und *d*-Gluconsäure habe ich mich lange bemüht, eine solche Spaltung zu bewerkstelligen; sie ist weder bei der einen noch bei der anderen gelungen, wohl aber findet die gegenseitige Verwandlung beim Erhitzen mit Chinolin statt. Ich halte es deshalb für wahrscheinlich, daß Gluconsäure und Mannonsäure in bezug auf jenes Kohlenstoffatom als rechte und linke Form zu betrachten sind. Nun lassen sich aber diese beiden Säuren nicht mit-

---

[1]) Compt. rend. **111**, 49 und 51 [1890].

einander kombinieren. Im Gegenteil, die Mannonsäure kristallisiert aus dem Gemisch als Lacton heraus. Diese Beobachtung scheint mir darauf hinzudeuten, daß solche isomeren Substanzen sich keineswegs immer, wie man bisher anzunehmen pflegte, miteinander verbinden. Dadurch würde die Ansicht, welche ich früher *(S. 356)* über die Konfiguration der Mannonsäuren, der Mannosen und Mannite, in bezug auf jenes asymmetrische Kohlenstoffatom äußerte, hinfällig werden. Alle bisherigen Erfahrungen in der Zuckergruppe bestätigen zwar diese Anschauung, daß zu jeder optisch aktiven Substanz ein optisch entgegengesetztes Isomeres existiert, welches sich mit der ersteren zu einer inaktiven Verbindung vereinigt; aber das letztere scheint nur für die Asymmetrie des ganzen Moleküls, nicht für diejenige des einzelnen Kohlenstoffatoms zu gelten.

Bei dieser Arbeit bin ich von Hrn. Dr. Gustav Heller unterstützt worden, wofür ich demselben herzlichen Dank sage.

---

## 41. Emil Fischer: Reduktion des Fruchtzuckers.

Berichte der deutschen chemischen Gesellschaft **23**, 3684 [1890].
(Eingegangen am 11. Dezember.)

Bei der Reduktion des Fruchtzuckers zum sechswertigen Alkohol wird der Kohlenstoff des Carbonyls asymmetrisch, wie folgende Formeln zeigen:

$$CH_2OH.(CHOH)_3.CO.CH_2OH$$
$$CH_2OH.(CHOH)_3.CHOH.CH_2OH.$$
$$\text{a s}$$

Nach der Theorie kann man also bei diesem Vorgange die Entstehung von zwei stereoisomeren Produkten erwarten. Die letzteren könnten sich ferner zu einem dritten Produkte vereinigen, welches in bezug auf jenes eine Kohlenstoffatom als die Kombination der rechten und linken Form zu betrachten wäre. Dieser Fall tritt bekanntlich bei einfacheren Ketonen ein; als Beispiel sei die Verwandlung der Brenztraubensäure in inaktive Milchsäure angeführt.

Da nun bei der Reduktion des Fruchtzuckers früher nur Mannit erhalten worden war, so lag es nahe, den letzteren in bezug auf das eine Kohlenstoffatom als ein Analogon der spaltbaren inaktiven Verbindungen zu betrachten. Dasselbe müßte dann auch für die Mannose, Mannonsäure und deren optische Isomere gelten. Dieser Schluß wurde aber hinfällig durch die Beobachtung, daß bei der Anlagerung von Blausäure an die Arabinose neben *l*-Mannonsäure zugleich die stereoisomere *l*-Gluconsäure entsteht[1]). Ich kam dadurch zu der Annahme, daß Mannon- und Gluconsäure, sowie ferner die zugehörigen Zucker und Alkohole in bezug auf jenes eine asymmetrische Kohlenstoffatom als rechte und linke Form zu betrachten sind[2]).

Wenn dem wirklich so ist, so darf man erwarten, daß bei der Reduktion des Fruchtzuckers neben Mannit noch ein zweiter stereoisomerer Alkohol entsteht, und das müßte der Sorbit sein, welcher nach den neueren

---

[1]) Berichte d. d. chem. Gesellsch. **23**, 2611 [1890]. (*S. 362.*)
[2]) Berichte d. d. chem. Gesellsch. **23**, 2623 [1890]. (*S. 375.*)

Beobachtungen von Meunier[1]) sowie von Vincent und Delachanal[2])
dem Traubenzucker entspricht.

Der Versuch hat diese Vermutung bestätigt.

Für denselben wurde Fruchtzucker verwandt, welcher nach der
neuesten, ausgezeichneten Vorschrift von Wohl[3]) aus Inulin dargestellt
und großenteils kristallisiert war. Eine 10 prozentige und durch Eis
gekühlte wässerige Lösung des Zuckers wurde unter fortwährendem
Schütteln mit Natriumamalgam (von $2\frac{1}{2}$ pCt.) versetzt und durch
häufigen Zusatz von verdünnter Schwefelsäure während der ersten
Hälfte der Operation schwach sauer und später ganz schwach alkalisch
gehalten. Als auf 20 g des Zuckers 400 g Amalgam im Laufe von zwe
Stunden verbraucht waren, hatte die Flüssigkeit ihr Reduktionsvermögen größtenteils verloren; dann geht die Reaktion sehr langsam von
statten und selbst nach weiterem vierstündigen Schütteln und nochmaligen Zusatz von 300 g Amalgam reduzierte die Lösung noch ganz
schwach die Fehlingsche Flüssigkeit. Die Operation wurde nun
unterbrochen und die mit Schwefelsäure neutralisierte Lösung auf dem
Wasserbade konzentriert, bis eine reichliche Kristallisation von Natriumsulfat erfolgte und dann in die achtfache Menge heißen absoluten
Alkohol eingegossen. Beim Verdampfen der von den Natronsalzen
getrennten alkoholischen Mutterlauge schied sich der Mannit kristallinisch ab. Die Masse wurde mit Alkohol von 90 pCt. aufgenommen,
vom ungelösten Mannit filtriert und die Mutterlauge verdampft; dabei
blieb ein farbloser Sirup, welcher nach mehreren Tagen teilweise kristallisierte. Da aber das Produkt noch etwas Mannit enthielt und dessen
Entfernung durch Kristallisation recht schwierig ist, so wurde der
Sorbit nach dem Verfahren von Meunier[4]) in die Benzaldehydverbindung verwandelt. Zu dem Zwecke wurde der Sirup mit der gleichen
Menge 50 prozentiger Schwefelsäure und Benzaldehyd geschüttelt;
nach einiger Zeit begann die Abscheidung einer weißen Masse, welche
nach 24 Stunden filtriert und zur Entfernung des überschüssigen Bittermandelöls sorgfältig mit Wasser und später mit Äther gewaschen wurde.
Das Produkt zeigte die größte Ähnlichkeit mit einem Präparate, welches
aus reinem Sorbit nach demselben Verfahren hergestellt war. Aber
es besaß ebensowenig wie die Kontrollprobe einen konstanten Schmelzpunkt. Da es auch sehr schwierig ist, den Dibenzalsorbit, welcher nach
Meunier in einer kristallisierten und einer amorphen Form von verschiedenen Schmelzpunkten existiert, durch Kristallisation zu reinigen,

---

[1]) Compt. rend. 111, 49 [1890].
[2]) Compt. rend. 111, 51 [1890].
[3]) Berichte d. d. chem. Gesellsch. 23, 2084 [1890].
[4]) Compt. rend. 110, 579 [1890]; vgl. auch 111, 52 [1890].

so wurde das Produkt ebenfalls nach Meuniers Vorschrift durch Kochen mit 5 prozentiger Schwefelsäure zerlegt. Entfernt man das abgeschiedene Bittermandelöl mit Äther, fällt die Schwefelsäure genau durch Barytwasser und verdampft dann die wässerige Lösung, so bleibt ein farbloser Sirup, welcher nach dem Übergießen mit wenig Alkohol von 90 pCt. in der Kälte nach kurzer Zeit vollständig erstarrt. Die filtrierte und abgepreßte Masse wurde in heißem, 90 prozentigem Alkohol gelöst.

In der Kälte schied sich der Sorbit aus der konzentrierten Lösung im Laufe von 12 Stunden in feinen, farblosen, zu Büscheln oder Warzen verwachsenen Nadeln ab. Diese Kristalle schmolzen zu gleicher Zeit mit natürlichem Sorbit aus Sorbus aucuparia, welchen ich der Güte des Herrn Tollens verdanke, gegen 55⁰.

J. Boussingault[1]), der Entdecker des Sorbits, gibt an, daß die Kristalle beim Trocknen gegen 60⁰ schmelzen; dieselben sind bekanntlich wasserhaltig und Boussingault ermittelte für ein an der Luft getrocknetes Präparat die Formel $C_6H_{14}O_6 + \frac{1}{2}H_2O$; es scheint aber schwierig zu sein, die Kristalle von dieser Zusammensetzung zu erhalten; denn ein Präparat, welches fein zerrieben 12 Stunden an der Luft gelegen hatte, enthielt beträchtlich mehr Wasser. Die Analyse desselben ergab:

| | Ber. für $C_6H_{14}O_6 + \frac{1}{2}H_2O$ | Gefunden |
|---|---|---|
| C | 37,7 | 34,8 pCt. |
| H | 7,9 | 8,0 „ |

Dasselbe Präparat wurde dann 3 Tage lang bei gewöhnlicher Temperatur im Vakuum über Schwefelsäure getrocknet und gab nun Zahlen, welche auf die Formel $C_6H_{14}O_6 + \frac{1}{2}H_2O$ ziemlich genau stimmen:

| | Ber. für $C_6H_{14}O_6 + \frac{1}{2}H_2O$ | Gefunden |
|---|---|---|
| C | 37,7 | 37,99 pCt. |
| H | 7,9 | 8,0 „ |

Dasselbe schmolz gegen 75⁰, während Boussingault für das entsprechende Produkt den Schmelzpunkt gegen 100⁰ fand. Man kann aber dieser Differenz keine große Bedeutung beilegen, da der Schmelzpunkt in keinem Falle scharf ist und mit dem Wassergehalt sehr variiert.

An Mannit wurden bei verschiedenen Versuchen 30—40 pCt. vom angewandten Zucker gewonnen und etwa 50 pCt. betrug die Menge des rohen, sirupförmigen Sorbits. Leider ist die Reinigung desselben durch die Bittermandelölverbindung mit erheblichem Verluste verbunden und läßt sich deshalb die Ausbeute nicht genau bestimmen. Immerhin kann man auf diesem Wege etwa 15 pCt. vom angewandten Zucker

---

[1]) Ann. chim. et phys. [4], **26**, 376 [1872].

an reinem, kristallisiertem Sorbit erhalten. Es scheint danach, daß
Mannit und Sorbit in annähernd gleicher Quantität entstehen. Da der
Mannit durch Oxydation leicht in Fructose zurückverwandelt wird
so darf man das gleiche beim Sorbit erwarten. In der Tat erhielten
Vincent und Delachanal aus Sorbit mit Bromwasser einen Zucker,
welcher mit Phenylhydrazin das gewöhnliche Glucosazon liefert. Ich
habe den Versuch mit Brom und Soda ähnlich wie beim Mannit ausgeführt und kann die Bildung des Glucosazons bestätigen. In letzterem Falle entsteht eine erhebliche Menge von Fructose.

Die Reduktion der Fructose ist die zweite Reaktion, welche in
der Zuckergruppe durch die Entstehung eines asymmetrischen Kohlenstoffatoms zwei stereoisomere, nicht miteinander kombinierbare
Produkte liefert. Die gleiche Erscheinung wird man unzweifelhaft
hier noch öfter beobachten und höchstwahrscheinlich auch allgemein
bei solchen Körpern wiederfinden, deren Molekül bereits asymmetrisch
ist. Dahin gehört eine interessante Beobachtung von Wallach[1]).
Derselbe erhielt aus dem Links-Limonennitrosochlorid durch Piperidin
zwei isomere Nitrolamine, welche höchstwahrscheinlich dieselbe Struktur, aber ein verschiedenes Drehungsvermögen besitzen. Ebenso
gewann er aus dem Rechts-Limonennitrosochlorid wiederum zwei
isomere Nitrolamine, welche mit je einem der beiden vorigen Produkte zu zwei inaktiven Dipentenderivaten zusammentreten.

Offenbar kann man diese vier Nitrolamine in Parallele stellen
mit den beiden Mannonsäuren und den beiden Gluconsäuren.

Noch mehr Beachtung verdient ein Versuch von Piutti[2]); derselbe erhielt synthetisch bei derselben Reaktion zwei optisch entgegengesetzte Asparagine, welche sich nicht miteinander verbinden.

Alle diese Beobachtungen beweisen, daß bei der Entstehung von
asymmetrischen Kohlenstoffatomen durch Synthese stereoisomere
Produkte resultieren können, welche nicht kombinierbar sind, sondern
durch bloße Kristallisation getrennt werden. Und nach den Erfahrungen in der Zuckergruppe scheint es mir ferner, daß solche Isomere
auch keineswegs immer in gleicher Quantität entstehen, daß vielmehr
eine Lage die bevorzugte sein kann. Derartige Beispiele sollen später
mitgeteilt werden.

Bei dieser Arbeit bin ich von Herrn Dr. Oscar Piloty unterstützt worden, wofür ich demselben besten Dank sage.

---

[1]) Liebigs Annal. d. Chem. **252**, 106 [1889].
[2]) Gazetta chimica **20**, 402 [1890].

## 42. Emil Fischer und Oscar Piloty: Reduktion der Zuckersäure.

Berichte der deutschen chemischen Gesellschaft **24**, 521 [1891].

(Vorgetragen von Hrn. Tiemann.)

Das Lacton der Zuckersäure wird, wie bereits mitgeteilt ist[1]), von Natriumamalgam in saurer Lösung leicht reduziert; dabei entsteht eine Aldehydsäure, welche mit der Glucuronsäure große Ähnlichkeit zeigte. Die völlige Reinigung der Verbindung bot aber erhebliche Schwierigkeiten und erst in letzter Zeit ist es uns durch ein neues Scheidungsverfahren gelungen, dieselbe kristallisiert zu erhalten und ihre Identität mit der Glucuronsäure festzustellen. Damit ist die Synthese der letzteren verwirklicht.

Bevor dieses Resultat erzielt war, haben wir versucht, die Aldehydsäure durch weitere Reduktion in eine einbasische Säure überzuführen und erhielten auf diesem Wege ein schön kristallisierendes Säurelacton von der Formel $C_6H_{10}O_6$. Das letztere ist nun identisch mit dem Produkte, welches kürzlich H. Thierfelder[2]) aus der Glucuronsäure durch Reduktion mit Natriumamalgam dargestellt hat. Diese neue synthetische Bereitungsweise des Lactons aus der Zuckersäure ist viel bequemer, als die von Thierfelder benutzte Methode und gibt zugleich Aufschluß über die Konstitution der Verbindung.

Bei der Reduktion der Zuckersäure wird offenbar das Carboxyl, welches in der Gluconsäure enthalten ist, angegriffen und die neue einbasische Säure enthält demnach das Carboxyl am entgegengesetzten Ende der Kohlenstoffkette. Dementsprechend machen wir nach Verabredung mit Hrn. Thierfelder den Vorschlag, die neue Verbindung Gulonsäure und den zugehörigen Zucker Gulose zu nennen. Die Wörter sind aus Gluconsäure und Glucose durch Verstellung der Buchstaben „*l*" und „*u*" und Weglassung des „*c*" gebildet.

Um die Beziehungen zwischen Glucose und Gulose deutlicher hervortreten zu lassen, geben wir folgende Zusammenstellung:

---

[1]) Berichte d. d. chem. Gesellsch. **23**, 937 [1890]. (*S. 324.*)
[2]) Zeitschr. für physiol. Chem. **15**, 71 [1891].

Glucose, $CH_2(OH).CH(OH).CH(OH).CH(OH).CH(OH).COH.$
Gluconsäure, $CH_2(OH).CH(OH).CH(OH).CH(OH).CH(OH).COOH.$
Zuckersäure, $COOH.CH(OH).CH(OH).CH(OH).CH(OH).COOH.$
Glucuronsäure, $COOH.CH(OH).CH(OH).CH(OH).CH(OH).COH.$
Gulonsäure, $COOH.CH(OH).CH(OH).CH(OH).CH(OH).CH_2OH.$
Gulose, $COH.CH(OH).CH(OH).CH(OH).CH(OH).CH_2OH.$

Wir haben den Reduktionsversuch nur mit der gewöhnlichen d-Zuckersäure ausgeführt; unzweifelhaft wird man die gleichen Resultate in der l-Reihe erhalten. Aber die l-Zuckersäure ist ein sehr kostbares Material und zudem ist es gelungen, die l-Gulonsäure und l-Gulose auf ganz anderem Wege aus der Xylose darzustellen, wie in der folgenden Mitteilung gezeigt wird.

## Synthese der Glucuronsäure.

Nach den Beobachtungen von Tollens und Sohst[1]) verwandelt sich die Zuckersäure beim Eindampfen ihrer Lösung in die sogen. Zuckerlactonsäure $C_6H_8O_7$. Bei der Behandlung mit Natriumamalgam wird die Lactongruppe reduziert zunächst unter Bildung von Glucuronsäure. Man kann daraus den Schluß ziehen, daß in der Zuckerlactonsäure das Carboxyl, welches von der Gluconsäure herstammt, die Lactongruppe erzeugt. Für unsere Versuche war die Isolierung der Zuckerlactonsäure, welche mit großem Verluste verbunden ist, überflüssig; wir haben deshalb die aus dem Cadmiumsalz durch Schwefelwasserstoff in Freiheit gesetzte Zuckersäure konzentriert und den Sirup 5—6 Stunden auf dem Wasserbade erhitzt, um möglichst viel Säure in Lacton überzuführen.

20 g von diesem Produkt wurden in 150 g Wasser gelöst, die bis zur Eisbildung abgekühlte Flüssigkeit mit 3 ccm 20prozentiger Schwefelsäure versetzt und 100 g Natriumamalgam ($2\frac{1}{2}$ proz.) eingetragen. Die Lösung wird andauernd geschüttelt, gut gekühlt und durch häufigen Zusatz von verdünnter Schwefelsäure immer sauer gehalten. Wenn das erste Amalgam verbraucht ist, werden weitere 100 g und schließlich noch 50 g unter denselben Bedingungen eingetragen. Der Wasserstoff wird fast vollständig fixiert und die Flüssigkeit reduziert schließlich die Fehlingsche Lösung sehr stark. Die vom Quecksilber getrennte Lösung wird mit Natronlauge genau neutralisiert und auf dem Wasserbade verdampft, bis eine reichliche Menge von Natriumsulfat auskristallisiert. Um die organischen Säuren in Freiheit zu setzen, fügt man nun 10 g konzentrierte Schwefelsäure, welche mit dem doppelten Gewicht Wasser verdünnt ist, zu und gießt die ganze Masse in die

---

[1]) Liebigs Annal. d. Chem. **245**, 1 [1888].

8fache Menge heißen absoluten Alkohol. Die heiß filtrierte alkoholische Mutterlauge wird auf $^1/_{10}$ ihres Volumens eingedampft, dann
mit Wasser verdünnt und nach dem Verdampfen des Alkohols in der
Kälte mit Barythydrat neutralisiert. Ein Überschuß an Baryt muß
sofort mit Kohlensäure ausgefällt werden. Aus dem Filtrat fällt man
den Baryt genau mit Schwefelsäure, konzentriert dann die Flüssigkeit
und neutralisiert in der Hitze mit Bleiweiß. Diese Behandlung hat
den Zweck, die noch in Lösung befindliche Zuckersäure zu entfernen.
Es wird nun das Blei genau mit Schwefelsäure ausgefällt und die Mutterlauge zum Sirup verdampft; der letztere scheidet beim längeren Stehen
das Lacton der Glucuronsäure in kleinen Kristallen ab. Man trennt
dieselben vom Sirup zunächst durch Absaugen und zuletzt durch
Aufstreichen auf Tonplatten. Einmaliges Umkristallisieren des
Produktes aus wenig warmem Wasser genügt dann, um das Glucuronsäurelacton in schön ausgebildeten farblosen Kristallen zu gewinnen.
Wir haben das Produkt mit einem Präparate aus Euxanthinsäure,
welches wir der Güte des Hrn. Thierfelder verdanken, verglichen.
Beide Substanzen verhielten sich vollständig gleich, beim raschen
Erhitzen sinterten sie gegen 170⁰ und schmolzen vollständig unter Gasentwicklung und Bräunung zwischen 175 und 178⁰, während Spiegel[1])
167⁰ als Schmelzpunkt des Glucuronsäurelactons angibt. Das synthetische Produkt zeigte in 4prozentiger wässeriger Lösung die spezifische Drehung $[\alpha]_D^{10} = + 19,1^0$, während Thierfelder[2]) für 8—14pro-
zentige Lösungen im Mittel + 19,2⁰ fand.

Die Ausbeute an kristallisiertem Glucuronsäurelacton betrug nur
einige Prozent der angewandten Zuckersäure; in Wirklichkeit ist dieselbe aber jedenfalls viel größer; berechnet man sie aus dem Reduktionsvermögen der Lösung direkt nach der Behandlung der Zuckersäure mit Natriumamalgam, so ergibt sich, daß ungefähr 20 pCt. der
angewandten sirupförmigen Zuckersäure in Glucuronsäure verwandelt
werden.

Zu demselben Schlusse führt die ziemlich gute Ausbeute an Gulonsäurelacton, welches ja aus intermediär gebildeter Glucuronsäure
entsteht. Der große Verlust bei der Isolierung der letzteren erklärt
sich einerseits durch die umständliche Reinigungsmethode und andererseits durch die Schwierigkeit, die Säure völlig in ihr Lacton überzuführen. Als Darstellungsmethode für Glucuronsäure ist deshalb die
Synthese vorläufig nicht zu empfehlen.

---

[1]) Berichte d. d. chem. Gesellsch. **15**, 1966 [1882].
[2]) Zeitschr. für physiol. Chem. **11**, 398 [1887].

## Entstehung der Glucuronsäure im Organismus.

Die Glucuronsäure wurde bekanntlich von Schmiedeberg und Meyer[1]) zuerst aus der Campherglucuronsäure, welche im Harn des Hundes nach Verfüttern von Campher auftritt, dargestellt. Später ist dieselbe noch mit Sicherheit als Spaltungsprodukt der Urochloralsäure[2]), welche aus Chloral im Organismus entsteht, und aus der Euxanthinsäure, welche gleichfalls tierischen Ursprungs ist, gewonnen worden.

Um die Entstehung der Glucuronsäure im Tierleibe zu erklären, gehen Schmiedeberg und Meyer von der Voraussetzung aus, daß sie ein Derivat des Traubenzuckers sei und machen nun die Annahme, daß der letztere zunächst zu Glucuronsäure oxydiert und diese durch die Verbindung mit dem Campherol vor weiterer Verbrennung geschützt werde. Die früher nichts weniger als bewiesene Vermutung, daß die Glucuronsäure ein Oxydationsprodukt des Traubenzuckers sei, ist inzwischen durch ihre Verwandlung in Zuckersäure[3]) und noch mehr durch die vorliegende Synthese außer Zweifel gestellt. Durch die letztere wissen wir aber weiter, daß die Glucuronsäure dieselbe Aldehydgruppe wie der Traubenzucker besitzt. Daß diese Aldehydgruppe bei der Oxydation unverändert bleiben soll, während die endständige Alkoholgruppe in Carboxyl übergeht, ist in hohem Grade unwahrscheinlich. Wir kommen dadurch zu dem Schlusse, daß beim Durchgang von Campher und Chloral durch den Tierkörper zunächst eine Verbindung desselben oder ihrer Umwandlungsprodukte mit Traubenzucker entsteht, in welcher die Aldehydgruppe des letzteren festgelegt und vor weiterer Oxydation geschützt ist und daß dann diese Zwischenprodukte durch weitere Oxydation in Campherglucuron- und Urochloralsäure übergehen. Ähnlich würde auch die Bildung der Euxanthinsäure verlaufen.

Daß in der Campherglucuron- und Euxanthinsäure die Aldehydgruppe der Glucuronsäure festgelegt ist, geht mit Sicherheit aus ihrem Verhalten hervor; denn beide reduzieren Fehlingsche Lösung nicht. Aus diesem Grunde ist auch die von Schmiedeberg und Meyer[4]) versuchsweise aufgestellte Konstitutionsformel der Campherglucuronsäure

$$C_8H_{14}\begin{cases} CH-CO-(CH_2O)_4-COOH \\ | \\ CO \end{cases}$$

---

[1]) Zeitschr. für physiol. Chem. **3**, 422 [1879].
[2]) Mering, Zeitschr. für physiol. Chem. **6**, 489 [1882].
[3]) Zeitschr. für physiol. Chem. **11**, 401 [1885].
[4]) Zeitschr. für physiol. Chem. **3**, 445 [1879].

zu verwerfen; denn Ketone, welche benachbart eine sekundäre Alkoholgruppe enthalten, reduzieren ausnahmlos, soweit man bis jetzt weiß, die alkalische Kupferlösung. Wir sind vielmehr der Ansicht, daß in der Campherglucuron- und Euxanthinsäure jene Aldehydgruppe der Glucuronsäure in ähnlicher Weise verändert ist, wie die Aldehydgruppe des Traubenzuckers im Rohrzucker und der Trehalose oder wie die Aldehydgruppe der Galactose im Milchzucker[1]).

Auf die Urochloralsäure dagegen, welche das Anhydrid von Trichloräthylalkohol und Glucuronsäure ist, kann diese Betrachtung nicht direkt übertragen werden, da die Verbindung die Fehlingsche Lösung reduziert.

### d- Gulonsäure aus Zuckersäure.

Wie oben erwähnt, wurde die Gulonsäure von Thierfelder durch Reduktion der Glucuronsäure gewonnen. Ungleich bequemer ist die Darstellung aus der leicht zugänglichen Zuckersäure.

Die letztere wird zunächst genau in der zuvor beschriebenen Weise durch Behandlung mit Natriumamalgam in saurer Lösung zur Glucuronsäure reduziert. Wenn auf 20 g der sirupförmigen Zuckersäure 300 g Amalgam verbraucht sind, läßt man die Flüssigkeit schwach alkalisch werden und führt nun unter weiterem Zusatz von Amalgam und öfterem Neutralisieren mit Schwefelsäure die Reduktion weiter. Als noch 400 g Amalgam bei fortwährendem Schütteln im Laufe von 4 Stunden verbraucht waren, wobei der Wasserstoff nicht mehr vollständig fixiert wurde, war alle Glucuronsäure verschwunden und die Flüssigkeit hatte dementsprechend die Fähigkeit, Fehlingsche Lösung zu reduzieren, gänzlich verloren. Sie wurde nun vom Quecksilber getrennt, mit Schwefelsäure neutralisiert und bis zur beginnenden Kristallisation des Natriumsulfats eingedampft.

Um die Gulonsäure zu isolieren, fügt man so viel Schwefelsäure zu, daß alle organischen Säuren in Freiheit gesetzt werden — auf 20 g ursprüngliche Zuckersäure 10 g konzentrierte Schwefelsäure — und gießt dann die Lösung in die 8fache Menge heißen absoluten Alkohol. Das gefällte Natriumsulfat wird abfiltriert und die Mutterlauge auf $^1/_{10}$ ihres Volumens verdampft. Jetzt verdünnt man mit Wasser, übersättigt nach dem Wegkochen des Alkohols mit Barythydrat, neutralisiert die Lösung mit Kohlensäure, verdampft das Filtrat zum Sirup und nimmt denselben mit kaltem Wasser wieder auf. Durch diese Behandlung wird die unveränderte Zuckersäure zum größeren Teil als schwer lösliches Barytsalz entfernt, während die Gulonsäure in Lösung bleibt. Fällt man jetzt den Baryt genau mit Schwefelsäure

---

[1]) Berichte d. d. chem. Gesellsch. **21**, 2633 [1888]. (*S. 164.*)

und verdampft das Filtrat, so bleibt ein Sirup, welcher beim längeren Stehen das Lacton der Gulonsäure in kleinen Kristallen abscheidet. Dieselben werden abgesaugt und zunächst mit sehr wenig kaltem Wasser, zuletzt mit verdünntem Alkohol gewaschen. Einmaliges Umkristallisieren des Rohproduktes aus heißem 60prozentigem Alkohol oder aus wenig warmem Wasser genügt, um ein ganz reines Präparat zu gewinnen. Wir fanden den Schmelzpunkt fast genau übereinstimmend mit der Angabe von Thierfelder bei 180—181⁰. Für die Bestimmung des Drehungsvermögens wurden 0,5105 g in 4,9955 g Wasser gelöst; die Lösung besaß das spezifische Gewicht 1,0373 und drehte bei 20⁰ im 1 dcm-Rohr 5,3⁰ nach rechts; daraus berechnet sich die spezifische Drehung $[\alpha]_D^{20} = + 55,1^0$, während Thierfelder[1]) + 56,1⁰ angibt. Die Differenz zwischen den beiden Zahlen liegt innerhalb der Beobachtungsfehler.

Die Ausbeute an reinem Gulonsäurelacton betrug bei verschiedenen Versuchen 10—12 pCt. der angewandten sirupförmigen Zuckersäure; eine weitere etwa 3 pCt. betragende Quantität läßt sich aus dem Sirup, welcher von den Kristallen abgesaugt wird, auf folgende Weise gewinnen. Man verdünnt denselben mit Wasser, kocht mit überschüssigem Bleicarbonat und filtriert; dadurch wird der Rest der Zuckersäure entfernt; aus dem Filtrat fällt man mit Schwefelwasserstoff das Blei und überläßt die zum Sirup verdampfte Lösung der Kristallisation.

In den letzten Mutterlaugen haben wir vergeblich nach Gluconsäure gesucht, deren Entstehung bei der Reduktion der Zuckersäure a priori erwartet werden konnte. Da die Abscheidung der Säure als Hydrazid leicht gelingt, so beweist der negative Ausfall des Versuches, daß irgendwie erhebliche Mengen von Gluconsäure jedenfalls nicht vorhanden waren.

Die Angaben von Thierfelder über die Gulonsäure können wir durch einige Beobachtungen vervollständigen.

Erhitzt man 1 Teil Lacton mit 1 Teil Phenylhydrazin und 3 Teilen Wasser 1 Stunde im Wasserbade, so scheidet sich nach dem Erkalten das Phenylhydrazid als dicker Kristallbrei ab; dasselbe schmilzt bei 147—149⁰ und ist in heißem Wasser und selbst in heißem Alkohol leicht löslich; es unterscheidet sich dadurch von den recht schwer löslichen Hydraziden der Glucon-, Mannon- und Galactonsäure. Aus der wässerigen Lösung scheidet es sich auch nach dem Erkalten selbst bei ziemlich starker Konzentration nur langsam und unvollständig ab. Infolgedessen ist das Hydrazid für die Isolierung der Gulonsäure nicht geeignet.

---

[1]) Zeitschr. für physiol. Chem. **15**, 71 [1891].

## $d$ - Gulose.

Der Zucker wird aus dem Gulonsäurelacton in der früher mehrfach beschriebenen Weise durch Reduktion mit Natriumamalgam und Schwefelsäure gewonnen. Er bildet einen farblosen Sirup, welcher in Wasser recht leicht, in absolutem Alkohol sehr schwer löslich ist. Gegen Phenylhydrazin verhält er sich gerade so wie die in der folgenden Mitteilung beschriebene $l$-Gulose. Für die ausführliche Untersuchung der Derivate reichte unser Material nicht aus. Wir haben dasselbe deshalb zu einer Gärprobe benutzt. Auffallenderweise ergab dieselbe ein negatives Resultat. In 10 prozentiger wässeriger Lösung mit gewöhnlicher Bierhefe versetzt, zeigte der Zucker im Laufe von 24 Stunden bei 30° keine deutliche Gärung. Wir müssen es allerdings einstweilen unentschieden lassen, ob derselbe nicht doch mit einer sehr lebenskräftigen Hefe teilweise vergoren werden kann, wie dies Stone und Tollens[1]) für die Sorbose festgestellt haben; soviel aber können wir mit Sicherheit behaupten, daß die $d$-Gulose viel schwerer vergärbar ist als der Traubenzucker, und diese Beobachtung zeigt von neuem, wie stark die Tätigkeit der Hefe durch sehr kleine Verschiedenheiten in dem geometrischen Aufbau des Zuckermoleküls beeinflußt wird.

Verwandlung der $d$-Gulonsäure in Zuckersäure. Wie zu erwarten war, wird die Gulonsäure von Salpetersäure in Zuckersäure übergeführt. Verdampft man die Lösung des Lactons in der fünffachen Menge Salpetersäure vom spezifischen Gewicht 1,15 in einer Schale unter Umrühren auf dem Wasserbade, so bleibt ein schwach gelb gefärbter Sirup, welcher die Zuckersäure enthält. Um dieselbe zu isolieren, löst man in wenig Wasser, neutralisiert mit Kaliumcarbonat, fügt genügend Essigsäure zu, um saures zuckersaures Salz zu bilden, und überläßt die eingedampfte Lösung der Kristallisation. Nach kurzer Zeit beginnt die Abscheidung des Kalisalzes, welches durch einmalige Kristallisation aus heißem Wasser unter Zusatz von Tierkohle gereinigt wurde.

|   | Berechnet | Gefunden |
|---|-----------|----------|
| K | 15,7 | 15,5 pCt. |

Die Ausbeute an Kalisalz beträgt etwa 20 pCt. des angewandten Gulonsäurelactons und die Reaktion gelingt so sicher, daß 0,5 g Lacton für den Versuch genügen.

Unzweifelhaft wird auch die $d$-Gulose bei der Oxydation mit Salpetersäure Zuckersäure liefern.

Bisher hat man die Bildung der Zuckersäure als sichere Reaktion auf Traubenzucker und Gluconsäure betrachtet. Durch die vorliegen-

---

[1]) Liebigs Annal. d. Chem. **249**, 257 [1888].

den Resultate verliert aber die Probe an Beweiskraft und muß durch andere Reaktionen ergänzt werden.

Zur Unterscheidung von Traubenzucker und Gulose kann die Gärprobe oder die Osazonbildung dienen; denn Glucosazon und Gulosazon sind total verschieden.

Für die Unterscheidung von Glucon- und Gulonsäure dient am besten das Phenylhydrazid, welches bei der ersteren in Wasser recht schwer, bei der letzteren ziemlich leicht löslich ist.

———

Mit der Synthese der $d$-Gulonsäure ist eine allgemeine Methode für die Gewinnung neuer Zuckerarten gegeben; denn man darf hoffen, durch die Reduktion anderer zweibasischer Säuren dieser Gruppe, der Mannozuckersäure, der Schleimsäure und der Isozuckersäure die entsprechenden Isomeren der bekannten Hexosen zu erhalten.

Isomer mit der Glucuronsäure, welche als ein Oxydationsprodukt der Gulonsäure zu betrachten ist, muß eine zweite Säure sein, welche in demselben Verhältnis zur Gluconsäure steht und welche bei weiterer Oxydation ebenfalls in Zuckersäure übergehen würde. Möglicherweise liegt die Verbindung bereits vor in der Oxygluconsäure, welche Hr. L. Boutroux[1] aus der Gluconsäure durch Einwirkung eines Mikrococcus gewonnen hat. Die Vermutung des Hrn. Boutroux[2], daß seine Säure mit dem von uns angekündigten Reduktionsprodukte der Zuckersäure identisch sein werde, ist nach den Resultaten der obigen Versuche nicht zutreffend. Wir haben leider die Oxygluconsäure nicht untersuchen können, da uns der für die Bereitung derselben nötige Mikrococcus unzugänglich ist und wir müssen es deshalb Hrn. Boutroux überlassen, obige Frage durch Verwandlung seiner Verbindung in Zuckersäure zu entscheiden.

———

[1] Compt. rend. **102**, 924 [1886] und **104**, 369 [1887].
[2] Compt. rend. **111**, 185 [1890].

## 43. Emil Fischer und Rudolf Stahel: Zur Kenntnis der Xylose.

Berichte der deutschen chemischen Gesellschaft **24**, 528 [1891].

(Vorgetragen von Hrn. Tiemann.)

Wie vor einiger Zeit mitgeteilt wurde[1]), verbindet sich die Xylose leicht mit Cyanwasserstoff und liefert dabei eine bisher unbekannte Hexonsäure, welche in Form ihres basischen Barytsalzes analysiert wurde. Aus dem Salze in Freiheit gesetzt, verwandelt sich die Säure beim Abdampfen ihrer wässerigen Lösung in das schön kristallisierende Lacton $C_6H_{10}O_6$. Das letztere ist nun der optische Antipode der in der vorhergehenden Mitteilung als $d$-Gulonsäurelacton beschriebenen Verbindung, welche zuerst von H. Thierfelder aus der Glucuronsäure dargestellt wurde. Dementsprechend ist die Substanz als $l$-Gulonsäurelacton und der daraus entstehende Zucker als $l$-Gulose zu bezeichnen.

Durch Oxydation mit Salpetersäure wird die $l$-Gulonsäure in $l$-Zuckersäure verwandelt.

Diese Beobachtung bestätigt die in der vorstehenden Mitteilung beschriebene Synthese der $d$-Gulonsäure und ihre Rückverwandlung in $d$-Zuckersäure.

Für diese Versuche war eine größere Menge von Xylose notwendig, für deren Bereitung die Hilfsmittel des Laboratoriums nicht ausreichten. Der eine von uns hat deshalb in den Farbwerken zu Höchst a. M. 1,5 kg des Zuckers aus 150 kg Buchenholzsägemehl dargestellt und wir sind der Direktion der Fabrik für die Liberalität, mit welcher sie uns die Ausführung dieser Arbeit gestattete, zu großem Dank verpflichtet.

### $l$-Gulonsäure. (Xylosecarbonsäure.)

100 g Xylose werden in der doppelten Menge Wasser gelöst und mit der berechneten Menge Blausäure und einigen Tropfen Ammoniak versetzt. Läßt man die Mischung gekühlt durch Wasser von gewöhnlicher Temperatur stehen, so färbt sie sich nach einigen Stunden hell-

---

[1]) Berichte d. d. chem. Gesellsch. **23**, 2628 [1890]. (*S. 329.*)

braun und nach 2 Tagen ist die Reaktion in der Regel beendet, ohne daß eine Abscheidung von Amid stattfindet.

Man vermischt nun die Reaktionsflüssigkeit mit einer Lösung von 200 g reinem kristallisiertem Barythydrat in 1200 g Wasser und kocht unter Ersatz des verdampfenden Wassers, bis das Ammoniak völlig ausgetrieben ist.

Dabei scheidet sich das basische Barytsalz der Gulonsäure zum Teil als weißer Niederschlag ab. Die Isolierung desselben ist überflüssig. Man fällt vielmehr direkt den gesamten Baryt mit Schwefelsäure quantitativ aus, entfärbt die Lösung durch Kochen mit reiner Tierkohle und verdampft das Filtrat zum Sirup. Derselbe scheidet bald, besonders beim Umrühren, das Gulonsäurelacton in Kristallen ab. Nach einigen Stunden wird die Masse mit 80 prozentigem Alkohol angerührt und die Kristalle abgesaugt. Das Filtrat wieder zum Sirup eingedampft gibt eine zweite Kristallisation. Aus den Mutterlaugen läßt sich dann eine weitere Quantität von Gulonsäure durch Fällen mit überschüssigem Barythydrat als basisches Salz abscheiden. Die nun bleibenden Mutterlaugen enthalten neben sehr wenig Gulonsäure eine andere, vielleicht isomere Säure, deren Untersuchung noch nicht abgeschlossen ist.

Die gesamte Ausbeute an Gulonsäurelacton beträgt etwa 60 pCt. der angewandten Xylose.

Zur völligen Reinigung des Lactons genügt einmaliges Umkristallisieren aus der dreifachen Menge heißem Wasser oder aus 60 prozentigem Alkohol.

0,2435 g Subst.: 0,3599 g $CO_2$, 0,1276 g $H_2O$.

|   | Gefunden | Ber. für $C_6H_{10}O_6$ |
|---|----------|-------------------------|
| C | 40,27    | 40,44 pCt.              |
| H | 5,82     | 5,62 „                  |

Die Verbindung sintert bei 179⁰ und schmilzt vollständig bei 181⁰ (korr. 185⁰), mithin bei derselben Temperatur, wie die $d$-Verbindung.

Dieselbe Übereinstimmung zeigt die Kristallform der beiden Isomeren. Die $d$-Verbindung ist von Link gemessen[1]); die Untersuchung unseres Präparates hat Herr Prof. Haushofer in München gütigst übernommen.

Wir verdanken demselben folgende Mitteilung:

Die Kristalle unterscheiden sich von den durch Link (a. a. O.) gemessenen nur in der Ausbildungsweise, indem meistens die Zone der Brachydomen durch Streckung der Kristalle nach der Brachydiagonale den prismatischen Habitus derselben bedingt.

---

[1]) Zeitschr. für physiol. Chem. 15, 73 [1891].

In dieser Zone herrscht das von Link nicht beobachtete steilere Doma 2 $\breve{P}\infty$ (021) vor, während das primäre Doma $\breve{P}\infty$ (011) gewöhnlich sehr zurücktritt, oft ganz verkümmert. Als höchst charakteristisch erscheint das Auftreten einer Pyramidenhälfte (links vorn oben, rechts vorn unten) als Sphenoëder $-\dfrac{P}{2}$, x (111). — Spaltbarkeit nicht bemerkbar.

Kantenwinkel:

| | | Gemessen | Berechnet | Bei Link |
|---|---|---|---|---|
| (110) | (1$\bar{1}$0) $= 120^0$ | 4' | — | $120^0$ 2' |
| (011) | (0$\bar{1}$1) $= 100^0$ | 42' | — | $100^0$ 43' |
| (021) | (0$\bar{2}$1) $= 62^0$ | 11' | $62^0$ 12' | — |
| (021) | (110) $= 115^0$ | 8' | $115^0$ 18' | — |
| (011) | (110) $= 108^0$ | 30' | $108^0$ 34' | $108^0$ 35' |
| (1$\bar{1}$1) | (1$\bar{1}$0) $= 149^0$ | 16' | $148^0$ 55' | — |
| (1$\bar{1}$1) | (0$\bar{1}$1) $= 132^0$ | 12' | $132^0$ 6' | — |

In optischer Beziehung verhalten sich endlich beide Verbindungen gerade entgegengesetzt. Thierfelder fand für die $d$-Verbindung

$$[\alpha]_D^{19} = + 56{,}1^0.$$

Unser Präparat gab folgende Werte:

2,4748 g wurden in 24,5558 g Wasser von $20^0$ gelöst; die Lösung, welche mithin 9,15prozentig war, besaß das spez. Gewicht 1,034 und drehte im 2 dcm-Rohr $10{,}47^0$ nach links.

Daraus berechnet sich die spezifische Drehung

$$[\alpha]_D^{20} = - 55{,}3^0.$$

Ein zweiter Versuch ergab die Zahl 55,4.

Dieser Wert dürfte etwas genauer sein, als der von Thierfelder angegebene, weil derselbe eine nur 2prozentige Lösung benutzte und infolgedessen einen relativ größeren Ablesungsfehler machen mußte.

Die optische Isomerie beider Lactone wird vollends außer Zweifel gestellt durch die Beobachtung, daß sie sich zu einer optisch inaktiven Substanz vereinigen.

Das Gulonsäurelacton gehört mit zu den schönsten Verbindungen der Zuckergruppe. Durch langsames Verdunsten seiner wässerigen Lösung gewinnt man leicht prachtvoll ausgebildete wasserhelle Kristalle von 1 cm Durchmesser. In heißem Wasser ist es sehr leicht, in kaltem schwerer löslich; denn es kristallisiert aus der 20prozentigen Lösung beim Stehen in der Kälte nach einiger Zeit noch in erheblicher Menge heraus. In absolutem Alkohol löst es sich selbst in der Hitze recht schwer. Es besitzt einen schwach süßen Geschmack und reagiert neutral. Beim längeren Stehen nimmt dagegen die wässerige Lösung eine schwach saure Reaktion an, offenbar weil ein kleiner Teil des Lactons in die Säure verwandelt wird.

Von den Salzen der *l*-Gulonsäure ist die basische Baryt-verbindung am schönsten. Dieselbe löst sich in viel heißem Wasser und scheidet sich daraus beim Erkalten langsam in sehr feinen, zu kugeligen Aggregaten vereinigten Kriställchen ab.

Im Vakuum über Schwefelsäure getrocknet, verlor das Salz bei 105⁰ kaum an Gewicht und gab dann Zahlen, welche scharf auf die Formel $C_6H_{11}O_7 . BaOH$ stimmen.

0,2572 g trockenes Salz gaben 0,1965 g $CO_2$, 0,086 g $H_2O$.
0,3135 g ,, ,, ,, 0,2077 g $BaSO_4$.

|     | Gefunden | Ber. für $C_6H_{11}O_7 . BaOH$ |
|-----|----------|--------------------------------|
| C   | 20,83    | 20,63 pCt.                     |
| H   | 3,71     | 3,44 ,,                        |
| Ba  | 39,01    | 39,25 ,,                       |

Das neutrale Barytsalz ist in Wasser sehr leicht löslich und konnte bisher nicht kristallisiert erhalten werden.

Das neutrale Kalksalz durch Kochen mit Calciumcarbonat aus dem Lacton dargestellt, bleibt beim Verdampfen der Lösung zunächst als Sirup, aus welchem aber nach wochenlangem Stehen feine zu kugeligen Aggregaten vereinigte Nädelchen auskristallisieren.

Für die Analyse wurde das Salz mehrere Tage im Vakuum über Schwefelsäure getrocknet; die Zahlen stimmen am besten auf die Formel $(C_6H_{11}O_7)_2Ca + 3\frac{1}{2}H_2O$.

0,2287 g Subst.: 0,2437 g $CO_2$, 0,1244 g $H_2O$.
0,2515 g Subst.: 0,0702 g $CaSO_4$.

|     | Gefunden | Ber. für $(C_6H_{11}O_7)_2Ca + 3^1/_2H_2O$ |
|-----|----------|---------------------------------------------|
| C   | 29,06    | 29,20 pCt.                                  |
| H   | 6,04     | 5,88 ,,                                      |
| Ca  | 8,20     | 8,11 ,,                                      |

Das Kristallwasser entweicht zum größeren Teil bei 105⁰; aber leider ist seine genaue Bestimmung nicht möglich, weil das Salz sich bei dieser Temperatur schon etwas zersetzt und gelb färbt.

Das Phenylhydrazid ist in Wasser viel leichter löslich, als die entsprechenden Verbindungen der Glucon- und Mannonsäure und eignet sich deshalb nicht für die Abscheidung der Gulonsäure. Aus dem reinen Lacton gewinnt man es auf folgende Weise: 2 g Lacton werden in 4 g Wasser gelöst und mit 1,5 g reinem Phenylhydrazin 1 Stunde auf dem Wasserbade erhitzt. Beim Erkalten scheidet sich das Hydrazid kristallinisch ab. Es wird abgesaugt, mit wenig kaltem Wasser gewaschen und dann aus heißem absolutem Alkohol oder aus wenig heißem Wasser umkristallisiert. Es hat die normale Zusammensetzung $C_6H_{11}O_6 . N_2H_2 . C_6H_5$, schmilzt ebenso wie die *d*-Verbindung bei 147 bis 149⁰ (unkorr.) und zersetzt sich gegen 195⁰.

0,2577 g Subst.: 21,4 ccm N (18°, 762 mm).

|  | Gefunden | Ber. für $C_6H_{11}O_6 . N_2H_2C_6H_5$ |
|---|---|---|
| N | 9,63 | 9,79 pCt. |

## $l$-Gulose.

Eine stark gekühlte 10prozentige Lösung des Lactons wird in der mehrfach beschriebenen Weise mit Natriumamalgam behandelt und zugleich die Flüssigkeit durch Schwefelsäure dauernd sauer gehalten; der Wasserstoff wird nur teilweise fixiert. Man unterbricht die Operation, wenn die 16fache Menge des Lactons an Natriumamalgam verbraucht ist. Die Flüssigkeit wird nun alkalisch gemacht, vom Quecksilber getrennt, nach einer halben Stunde mit Schwefelsäure neutralisiert, bis zur Kristallisation des Natriumsulfats abgedampft und dann in die 8—10fache Menge heißen absoluten Alkohol eingegossen. Die ausfallenden Natriumsalze werden nochmals in wenig Wasser gelöst und abermals in Alkohol eingetragen. Das alkoholische Filtrat hinterläßt beim Abdampfen den Zucker als farblosen Sirup, welcher noch wenig Natriumsalze enthält. Derselbe konnte bisher nicht kristallisiert erhalten werden. Er schmeckt süß, dreht ganz schwach nach rechts und ist nicht gärfähig.

Von den Derivaten ist das Phenylhydrazon am schönsten.

Um dasselbe zu gewinnen, löst man 1 Teil des Sirups in 2½ Teilen Wasser und fügt ein Gemisch von 1 Teil Phenylhydrazin und 1 Teil 50prozentiger Essigsäure in der Kälte hinzu. Nach einiger Zeit beginnt die Kristallisation des Hydrazons. Dasselbe wird nach mehreren Stunden filtriert, mit wenig kaltem Wasser, dann mit Alkohol und Äther gewaschen und schließlich aus heißem absolutem Alkohol umkristallisiert. Es bildet feine weiße Nädelchen, schmilzt bei 143° ohne Zersetzung, ist in warmem Wasser sehr leicht, in kaltem Wasser und absolutem Alkohol etwas schwerer löslich und hat die normale Zusammensetzung $C_6H_{12}O_5 . N_2H . C_6H_5$.

0,2248 g Subst.: 0,4385 g $CO_2$, 0,1398 g $H_2O$.
0,2246 g Subst.: 20,1 ccm N (17°, 750 mm).

|  | Gefunden | Berechnet |
|---|---|---|
| C | 53,19 | 53,33 pCt. |
| H | 6,91 | 6,67 ,, |
| N | 10,25 | 10,37 ,, |

Erhitzt man die wässerige Lösung des Hydrazons oder den Zucker direkt mit einem Überschuß von essigsaurem Phenylhydrazin 1 Stunde auf dem Wasserbade, so fällt das Osazon zum Teil schon in der Hitze als Öl, zum andern Teil beim Erkalten in sehr feinen gelben, kristallinischen Flocken aus. Es läßt sich aus viel heißem Wasser umkristallisieren und wird so als rein gelbe, flockig kristallinische Masse gewonnen, welche sich aber beim Trocknen rotbraun färbt. Aus sehr verdünntem Alkohol umkristallisiert, behält es auch beim Trocknen seine gelbe Farbe und schmilzt dann bei 156° ohne Gasentwicklung. Es hat die normale Zusammensetzung $C_6H_{10}O_4 \cdot (N_2H \cdot C_6H_5)_2$.

0,2593 g der über Schwefelsäure im Vakuum getrockneten Substanz lieferten 34,5 ccm Stickstoff bei 18° und 766 mm Druck.

|  | Gefunden | Berechnet |
|---|---|---|
| N | 15,49 | 15,64 pCt. |

In heißem Wasser ist es in merklicher Weise löslich und unterscheidet sich dadurch von allen bisher bekannten Osazonen der natürlichen Hexosen. Es gleicht in dieser Beziehung den Osazonen der Xylose und Arabinose; ferner erinnert es durch seine Eigenschaften sehr stark an das synthetisch gewonnene $\beta$-Acrosazon[1]) und es wäre wohl möglich, daß das letztere die inaktive Form des Gulosazons ist. Wir werden diese Vermutung später prüfen. Von dem Glucosazon, mit welchem es am nächsten verwandt ist, unterscheidet sich das Gulosazon insbesondere noch durch die leichte Löslichkeit in Alkohol und den viel niedrigeren Schmelzpunkt.

### dl-Gulonsäurelacton.

Bringt man gleiche Mengen der l-Verbindung (aus Xylose) und der d-Verbindung (aus Zuckersäure) in wässeriger Lösung zusammen und konzentriert durch Abdampfen, so scheidet sich nach dem Erkalten das inaktive Lacton in schön ausgebildeten Kristallen ab. Dieselben sind optisch völlig inaktiv und schmelzen bei 160° (unkorr.), mithin 20° niedriger als die beiden Komponenten.*)

### Verwandlung der l-Gulonsäure in l-Zuckersäure.

Für diese Operation benutzten wir das Verfahren, welches Kiliani zur Oxydation der l-Mannonsäure (Arabinosecarbonsäure) vorschreibt[2]).

20 g Gulonsäurelacton wurden 24 Stunden mit 30 g Salpetersäure (spez. Gewicht 1,2) auf 50° erhitzt, dann die Lösung auf dem Wasserbade möglichst rasch zum Sirup verdampft und der letztere nach Zugabe von Wasser zur Entfernung der Salpetersäure wiederum stark konzentriert. Man kann aus diesem Sirup die l-Zuckersäure direkt als saures Kalisalz isolieren; aber die Ausbeute ist dann so gering, daß man besser den Umweg über das Calciumsalz nimmt. Zu diesem Zweck wird der Sirup in der 50fachen Menge Wasser gelöst, die Flüssigkeit mit überschüssigem Calciumcarbonat bis zur neutralen Reaktion gekocht, etwas Tierkohle zugefügt und heiß filtriert. Verdampft man

---

*) Vgl. Seite 452.
[1]) Berichte d. d. chem. Gesellsch. 20, 2573 und 3388 [1887]. (S. 256, 263.)
[2]) Berichte d. d. chem. Gesellsch. 20, 341 [1887].

jetzt die hellgelbe Lösung durch Eindampfen im Vakuum auf ein geringes Volumen, so scheidet sich der größte Teil des $l$-zuckersauren Calciums in der Hitze kristallinisch aus. Dasselbe wird nach dem Erkalten filtriert; aus der Mutterlauge ist nur wenig Salz mehr zu gewinnen. Die Gesamtausbeute betrug auf die obige Menge Gulonsäurelacton berechnet 8,5 g.

Das kristallisierte Calciumsalz ist selbst in heißem Wasser sehr schwer löslich; will man es umkristallisieren, so wird es am besten mit der gerade ausreichenden Menge Oxalsäure zersetzt und die verdünnte Lösung abermals mit Calciumcarbonat gekocht. Das Filtrat liefert dann in obiger Weise konzentriert ein farbloses, gut kristallisiertes Calciumsalz. Über Schwefelsäure getrocknet scheint dasselbe 4 Mol. Kristallwasser zu enthalten, welche sehr langsam bei 110 bis 115⁰ entweichen.

0,2508 g Subst.: 0,1064 g $CaSO_4$.
0,1357 g Subst.: 0,0572 g $CaSO_4$.

| | Gefunden | | Berechnet |
|---|---|---|---|
| | I. | II. | für $C_6H_8O_8Ca + 4H_2O$ |
| Ca | 12,47 | 12,38 | 12,50 pCt. |

Es verliert das Kristallwasser selbst bei 120⁰ noch außerordentlich langsam.

0,4319 g verloren bei 36 stündigem Erhitzen auf 105⁰ und zuletzt auf 120⁰ 0,0874 g Wasser; das würde 3$^1/_2$ Molekülen Wasser entsprechen.

Da das Calciumsalz für die Identifizierung der Säure wenig geeignet ist, so wurde es durch Kochen mit einer Lösung von Kaliumcarbonat zunächst in das neutrale Kalisalz verwandelt.

Als die eingedampfte Lösung des letzteren stark mit Essigsäure übersättigt wurde, schied sich das *saure* Kalisalz kristallinisch ab. Dasselbe wurde durch Umkristallisieren aus wenig heißem Wasser gereinigt und besaß dann den der Formel $C_6H_9O_8K$ entsprechenden Kaligehalt.

0,1692 g Subst.: 0,0593 g $K_2SO_4$.

| | Gefunden | Berechnet |
|---|---|---|
| K | 15,73 | 15,72 pCt. |

Die Verbindung hat alle Eigenschaften des $l$-zuckersauren Kalis, sie besitzt dasselbe Drehungsvermögen und dieselbe Löslichkeit in Wasser. Für die Bestimmung der letzteren wurde das fein gepulverte Salz bei einer konstanten Temperatur von 15⁰ mit einer ungenügenden Menge Wasser 8 Stunden unter sehr häufigem Schütteln in Berührung gelassen und dann im Filtrat die Salzmenge ermittelt.

2,005 g Lösung von $l$-zuckersaurem Kali aus $l$-Gulonsäure gaben 0,0292 g Salz; daraus berechnet sich, daß 1 Teil Salz in 67,7 Teilen Wasser von 15⁰ löslich ist; eine Kontrollprobe mit reinem $l$-zuckersaurem Kali, welches aus $l$-Gluconsäure dargestellt war, ergab, daß ein Teil dieses Salzes bei derselben Temperatur 68 Teile Wasser erfordert.

### Reduktion der *l*-Gulose.

Dem Traubenzucker und der gewöhnlichen Zuckersäure entspricht als Alkohol bekanntlich der Sorbit; dieselben Beziehungen müssen in der *l*-Reihe bestehen.

Da die *l*-Gulose gleichfalls ein Derivat der *l*-Zuckersäure ist, so durfte man erwarten, durch ihre Reduktion den noch unbekannten *l*-Sorbit zu gewinnen. Der Versuch hat uns in der Tat ein Produkt geliefert, welches dem gewöhnlichen Sorbit außerordentlich ähnlich ist, aber noch schwieriger kristallisiert. Für den Versuch benutzten wir das *l*-Gulonsäurelacton. Dasselbe wurde zunächst in der früher beschriebenen Weise in saurer Lösung zum Zucker reduziert und der letztere sofort durch weitere Behandlung mit Natriumamalgam, zuletzt in schwach alkalischer Lösung, in den Alkohol übergeführt. Auf 20 g Lacton wurden dabei 1200 g Natriumamalgam verbraucht und die Operation dauerte bei fortwährendem Schütteln 10 Stunden. Die Flüssigkeit reduzierte schließlich die Fehlingsche Lösung nicht mehr. Sie wurde nun mit Schwefelsäure genau neutralisiert, sehr stark eingedampft und das Natriumsulfat durch viel heißen absoluten Alkohol gefällt. Das alkoholische Filtrat hinterließ beim Verdampfen 7 g eines farblosen Sirups. Um daraus den *l*-Sorbit zu isolieren, wurde derselbe nach der Methode von Meunier in die Benzalverbindung verwandelt. Löst man den Sirup in der gleichen Menge 50prozentiger Schwefelsäure und schüttelt bei gewöhnlicher Temperatur mit 5 g Benzaldehyd, so beginnt nach etwa 15 Minuten die Abscheidung der Benzalverbindung und nach 12 Stunden ist die Masse in einen steifen Brei verwandelt. Das Produkt wird sorgfältig mit Wasser angeschlemmt, filtriert und zur Entfernung des anhaftenden Bittermandelöls mit Äther verrieben. Es ist eine undeutlich kristallinische Masse, welche dem Derivat des gewöhnlichen Sorbits täuschend ähnlich sieht.

Kocht man die Benzalverbindung mit der 5fachen Menge 5prozentiger Schwefelsäure ca. ½ Stunde am Rückflußkühler, so wird sie in Bittermandelöl und den Alkohol gespalten. Man entfernt das erstere durch Ausäthern, fällt dann aus der wässerigen Lösung den Baryt genau mit Schwefelsäure und verdampft das Filtrat zum Sirup. Das Produkt löst sich leicht in heißem Alkohol und scheidet sich daraus nach dem Erkalten langsam als farblose, gallertähnliche Masse ab, welche keine deutliche Struktur zeigt. Dieselbe läßt sich gut filtrieren und auswaschen und verwandelt sich beim Trocknen im Vakuum in ein weißes Pulver, welches zwischen 70 und 75° schmilzt. Ebenso verhält sich auch der gewöhnliche Sorbit; nur kann der letztere aus 90prozentigem Alkohol verhältnismäßig leicht kristallisiert werden.

Das ist uns bei der neuen Verbindung erst in letzter Zeit gelungen.*) Wir sind bei der Ähnlichkeit beider Substanzen überzeugt, daß sie optisch entgegengesetzte Isomere repräsentieren. Leider ist die optische Untersuchung hier nicht sehr entscheidend; denn der Sorbit dreht selbst das polarisierte Licht nicht; erst auf Zusatz von Borax zeigt er eine schwache Drehung, welche bei der natürlichen Verbindung nach rechts und bei dem neuen Produkt nach links geht.

### Konstitution der Gulonsäure.

Die $d$-Gulonsäure entsteht, wie in der vorhergehenden Mitteilung beschrieben ist, durch Reduktion der $d$-Zuckersäure; umgekehrt wird die $l$-Gulonsäure zu $l$-Zuckersäure oxydiert.

Da die beiden Gluconsäuren gleichfalls in die beiden Zuckersäuren übergehen, so ergibt eine einfache Betrachtung, daß Glucon- und Gulonsäure die gleiche Struktur und eine sehr ähnliche Konfiguration besitzen. Sie unterscheiden sich nur durch die Stellung des Carboxyls, wie folgende beiden Formeln

$$COOH.CHOH.CHOH.CHOH.CHOH.CH_2OH$$
$$CH_2OH.CHOH.CHOH.CHOH.CHOH.COOH,$$

welche stereometrisch aufzufassen sind, zeigen sollen. Glucon- und Gulonsäure bilden mithin das erste Beispiel von stereoisomeren Substanzen, welche zu einem identischen Produkte führen, wenn das Molekül durch Verwandlung der endständigen Alkoholgruppe in Carboxyl symmetrisch wird. Diese Beobachtung scheint uns eine wichtige Bestätigung der Theorie vom asymmetrischen Kohlenstoffatom. Nach derselben existieren 16 Isomere von der Struktur der Gluconsäure. Diese Zahl reduziert sich auf 10 für die zugehörigen zweibasischen Säuren[1]). Unter den letzteren gibt es nur 6, welche aus je zwei isomeren einbasischen Säuren entstehen können; zu diesen müssen die $d$- und $l$-Zuckersäure gehören.

Man ersieht daraus, daß man bald imstande sein wird, aus den tatsächlichen Beobachtungen die Konfiguration der Glieder der Zuckergruppe im Sinne der Le Bel-van't Hoffschen Theorie festzustellen.

### Konstitution der Xylose.

Die leichte Verwandlung des Zuckers in Furfurol[2]) machte es schon wahrscheinlich, daß derselbe gerade so wie die Arabinose eine normale Kohlenstoffkette enthält. Dieser Schluß, welcher übrigens

---

*) Vgl. Seite 400.
[1]) Van't Hoff-Hermann, Die Lagerung der Atome im Raume S. 11.
[2]) Wheeler und Tollens, Liebigs Annal. d. Chem. **254**, 312 [1889].

bisher nicht gezogen worden ist, wird durch die vorliegenden Versuche zur Gewißheit. Dieselben geben aber auch Aufschluß über die Konfiguration der Xylose; denn diese gehört offenbar ebenso wie die Arabinose zur Reihe des *l*-Mannits oder *l*-Sorbits. Die Xylose ist mithin der zweite natürliche Zucker der linken Reihe, was aus früher besprochenen Gründen[1]) für das Studium des Assimilationsprozesses zu berücksichtigen ist.

Diese Betrachtungen führten uns ferner zu der Vermutung, daß Arabinose und Xylose in demselben Verhältnis zueinander stehen, wie Gluconsäure und Gulonsäure, daß mithin ihre Verschiedenheit nur auf der Stellung der Aldehydgruppe beruhe. Wir wollen das wieder durch die beiden Formeln

$$COH . CHOH . CHOH . CHOH . CH_2OH$$
$$CH_2OH . CHOH . CHOH . CHOH . COH$$

ausdrücken.

Dann müßten aber beide denselben fünfwertigen Alkohol, dessen Formel

$$CH_2OH . CHOH . CHOH . CHOH . CH_2OH$$

symmetrisch ist, liefern.

Der Versuch hat das Gegenteil ergeben. Arabinose liefert bekanntlich bei der Reduktion den schön kristallisierenden Arabit[2]). Der letztere dreht nach den Angaben von Kiliani das polarisierte Licht nicht, er ist nichtsdestoweniger ein optisch aktiver Körper, denn er dreht auf Zusatz von Borax, wie wir gefunden haben, deutlich nach links.

1,2345 g wurden in 12,4076 g kalt gesättigter Boraxlösung von $20^0$ gelöst; die Lösung, welche also 9.05prozentig war, besaß das spez. Gewicht 1,043 und drehte im 2 dcm-Rohr $1^0$ nach links.

Nach 36 Stunden war die Drehung nicht verändert.

Reduziert man die Xylose genau in der gleichen Weise, so resultiert ein Sirup, den wir auch durch Eintragen von Arabitkriställchen nicht kristallisiert erhalten konnten. Wir glaubten anfangs, daß die Kristallisation durch Nebenprodukte verhindert werde und haben deshalb den Sirup in die Benzaldehydverbindung verwandelt; die letztere scheidet sich außerordentlich rasch als kristallinische Masse ab, wenn man den Sirup mit der gleichen Menge 50prozentiger Schwefelsäure und Bittermandelöl schüttelt. Schon durch dieses Verhalten unterscheidet sich der Xylit, wie wir den Alkohol nennen wollen, von dem Arabit; denn der letztere liefert unter den gleichen Bedingungen keine

---

[1]) Berichte d. d. chem. Gesellsch. **23**, 393 [1890]. (*S. 353*).

[2]) Berichte d. d. chem. Gesellsch. **20**, 1234 [1887].

feste Benzalverbindung. Wir haben dann endlich den gereinigten Benzalxylit wieder durch Kochen mit Schwefelsäure zersetzt und den Xylit in bekannter Weise isoliert; es resultierte derselbe als farbloser Sirup, welcher in heißem Alkohol leicht löslich ist und ebensowenig kristallisiert erhalten werden konnte.

Das Produkt unterscheidet sich ferner von dem Arabit dadurch, daß es auch auf Zusatz von Borax keine wahrnehmbare Drehung zeigt.

Arabit und Xylit sind demnach total verschieden.

Wir schließen daraus, daß die zweibasischen Säuren, welche aus der Arabinose[3]) und Xylose[4]) erhalten und beide als Trihydroxyglutarsäure bezeichnet wurden, ebenfalls verschieden sein müssen.

Dieses Resultat steht übrigens nicht im Widerspruch mit der Theorie; denn dieselbe läßt voraussehen, daß verschiedene Systeme mit 3 asymmetrischen Kohlenstoffatomen existieren, welche durch Zufügung eines vierten identisch werden, wenn das neue Molekül, wie bei den zweibasischen Säuren und den Alkoholen der Hexosegruppe, symmetrisch ist.

---

[1]) Kiliani, Berichte d. d. chem. Gesellsch. 21, 3006 [1888].
[2]) Wheeler und Tollens, Liebigs Annal. d. Chem. 254, 318 [1889].

**44. Emil Fischer und Rudolf Stahel: Notiz über den *l*-Sorbit.**

Berichte der deutschen chemischen Gesellschaft **24**, 2144 [1891].
(Eingegangen am 22. Juni.)

Durch Reduktion der *l*-Gulose entsteht, wie früher mitgeteilt wurde,[1]) ein sechswertiger Alkohol, welcher als das optische Isomere des gewöhnlichen Sorbits betrachtet wurde. Die nachfolgenden Versuche beweisen, daß diese Auffassung richtig ist. Löst man den durch die Benzalverbindung gereinigten, sirupförmigen *l*-Sorbit in der siebenfachen Menge 90prozentigem, warmem Alkohol, so scheiden sich nach etwa 8 Tagen feine, zu Warzen vereinigte Nädelchen ab, welche dem gewöhnlichen Sorbit sehr ähnlich und ebenfalls stark wasserhaltig sind. Das Präparat schmolz, nachdem es 3 Tage über Schwefelsäure im Vakuum getrocknet war, gerade so wie der *d*-Sorbit, gegen 75⁰ und gab bei der Analyse Zahlen, welche ebenfalls am besten auf die Formel $C_6H_{14}O_6 + \frac{1}{2} H_2O$ stimmen:

0,2592 g Subst.: 0,3584 g $CO_2$, 0,1868 g $H_2O$.

|   | Gefunden | Ber. für $C_6H_{14}O_6 + \frac{1}{2}H_2O$ |
|---|---|---|
| C | 37,71 | 37,7 pCt. |
| H | 8,00 | 7,9 ,, |

Die Unterscheidung des *d*- und *l*-Sorbits ist nur durch die optische Probe möglich. Bei Gegenwart von Borax dreht die natürliche Verbindung nach rechts und das Isomere nach links. Das Drehungsvermögen ist allerdings auch unter diesen Umständen noch recht schwach, wie folgende, mit dem *d*-Sorbit ausgeführte, quantitative Bestimmung zeigt.

Eine kalt gesättigte Boraxlösung, welche 8,69 pCt. *d*-Sorbit enthielt und das spezifische Gewicht 1,043 besaß, drehte bei 20⁰ im 2 dcm-Rohr 0,25⁰ nach rechts; unter den angegebenen Bedingungen würde also die spezifische Drehung des *d*-Sorbits sein $[\alpha]_D^{20} = + 1,4^0$.

Eine approximative Bestimmung ergab für den *l*-Sorbit eine annähernd ebenso große Linksdrehung.

---

[1]) Berichte d. d. chem. Gesellsch. **24**, 535 [1891]. (*S. 396*.)

## 45. Emil Fischer: Über d- und dl-Mannozuckersäure.

Berichte der deutschen chemischen Gesellschaft **24**, 539 [1891].

(Vorgetragen von Herrn Tiemann.)

Durch Oxydation der Arabinosecarbonsäure erhielt Kiliani eine mit der Zuckersäure isomere Verbindung, welche durch ihr schön kristallisierendes Doppellacton gekennzeichnet ist und welche er Metazuckersäure[1]) nannte. Die optischen Isomeren dieser Säure entstehen auf gleiche Weise aus der d- und dl-Mannonsäure. Da die Arabinosecarbonsäure wegen ihrer nahen Beziehungen zur Mannose besser als l-Mannonsäure bezeichnet wird, so dürfte es auch zweckmäßig sein, den Namen Metazuckersäure durch Mannozuckersäure zu ersetzen. und die drei optischen Isomeren als d-, l- und dl-Verbindung[2]) zu unterscheiden.

Die beiden neuen Säuren habe ich in Gemeinschaft mit den HHrn. Ferd. Wirthle und W. Stanley Smith untersucht.

### d-Mannozuckersäure.

[Nach Versuchen des Herrn Wirthle.]

Darstellung aus d-Mannonsäure. Das Lacton der Säure wird genau nach der Vorschrift von Kiliani mit der 1½fachen Menge Salpetersäure (spez. Gewicht 1,2) 24 Stunden bei 50° digeriert und dann die Lösung nach dem Verdünnen mit Wasser unter beständigem Umrühren bis zum Sirup verdampft. Die farblose Masse enthält das Lacton der d-Mannozuckersäure; aber die Kristallisation desselben wird häufig durch die andern Oxydationsprodukte verhindert. Für die Reinigung der Säure mußte deshalb beim ersten Versuch der Umweg über das Calciumsalz genommen werden. Zu dem Zwecke wird der Sirup mit der 50fachen Menge Wasser verdünnt und mit überschüssigem Calciumcarbonat eine halbe Stunde lang gekocht. Das gelb gefärbte Filtrat wird möglichst rasch auf das halbe Volumen eingedampft, dann mit Tierkohle entfärbt, und jetzt auf dem Wasser-

---

[1]) Berichte d. d. chem. Gesellsch. **20**, 341 [1887].
[2]) Berichte d. d. chem. Gesellsch. **23**, 2131 [1890]. (*S. 18.*)

bade bis zur beginnenden Kristallisation eingeengt. Beim Erkalten fällt das Salz als schwach gelb gefärbtes Pulver aus.

Wird dasselbe in Wasser suspendiert und in der Hitze mit der berechneten Menge Oxalsäure zersetzt, so bleibt beim Verdampfen des Filtrats ein gelbbrauner Sirup, welcher auf Zusatz von etwas Alkohol kristallinisch erstarrt. Das Produkt wird filtriert und aus heißem Alkohol umkristallisiert. Der Körper ist das Doppellacton der *d*-Mannozuckersäure. Ist man einmal im Besitz einer Probe des kristallisierten Lactons, so wird die Darstellung neuer Quantitäten sehr einfach: Man löst den obenerwähnten, beim Verdampfen der Salpetersäure zurückbleibenden Sirup, welcher schon das Lacton der Mannozuckersäure enthält, in wenig warmem Wasser, kühlt ab und setzt einige Kristalle des reinen Lactons hinzu. Nach kurzer Zeit beginnt nun die Kristallisation, wobei die Flüssigkeit zu einem Brei erstarrt; filtriert, mit wenig kaltem Wasser, dann mit Alkohol und Äther gewaschen, ist das Produkt ganz farblos und nahezu chemisch rein. Aus der Mutterlauge gewinnt man eine weitere Menge in folgender Weise: dieselbe wird konzentriert und die bei der Oxydation entstandene Oxalsäure durch vorsichtigen Zusatz von Kalkwasser ausgefällt; die abermals stark konzentrierte Mutterlauge scheidet bei längerem Stehen das Lacton in der Kälte in schönen Nadeln ab.

Die Ausbeute beträgt nach dem letzten Verfahren 30—35 pCt. des angewandten Mannonsäurelactons. Das Lacton der Mannozuckersäure läßt sich durch Umkristallisieren aus heißem Alkohol oder wenig warmem Wasser sehr leicht reinigen; es bildet farblose, lange Nadeln von der Formel $C_6H_6O_6$.

0,1868 g Subst.: 0,2845 g $CO_2$, 0,0615 g $H_2O$.

|   | Berechnet | Gefunden |
|---|---|---|
| C | 41,37 | 41,5 pCt. |
| H | 3,44 | 3,64 „ |

Gegen 170⁰ sintert es und schmilzt, wenn man rasch erhitzt, zwischen 180⁰ und 190⁰ unter Gasentwicklung; es reduziert gerade so wie die von Kiliani erhaltene isomere Verbindung die Fehlingsche Lösung in der Wärme sehr stark. In warmem Wasser ist es sehr leicht, in kaltem dagegen ziemlich schwer löslich; denn eine in der Wärme bereitete 5prozentige wässerige Lösung scheidet bei Zimmertemperatur nach längerem Stehen noch eine reichliche Menge von Kristallen ab. Es unterscheidet*) sich dadurch von der *l*-Verbindung, welche nach Kiliani in etwa 8 Teilen Wasser von Zimmertemperatur löslich ist. Die wässerige Lösung reagiert frisch bereitet nahezu neutral; nach

---

*) Vgl. hierzu die Bemerkung auf S. 328.

zwölfstündigem Stehen jedoch besitzt sie stark saure Reaktion, offenbar weil das Lacton teilweise in die Säure übergeht.

Eine frisch bereitete Lösung von 1,0045 g des Doppellactons in 24,5415 g Wasser, welche mithin 3,932 prozentig war und das spezifische Gewicht 1,0176 besaß, drehte bei 23° im 2 dcm-Rohr 16,14° nach rechts; daraus berechnet sich die spezifische Drehung $[\alpha]_{\mathrm{r}}^{23} = +201,8°$. Kiliani hat die isomere Verbindung optisch nicht geprüft; wir haben deshalb diesen Versuch nachgeholt und gefunden, daß dieselbe nahezu ebenso stark, aber selbstverständlich nach links dreht. Da ferner beide Verbindungen sich zu einer dritten inaktiven Substanz vereinigen, so unterliegt es keinem Zweifel, daß sie optisch entgegengesetzte Isomere sind.

Darstellung aus Mannose. Das Verfahren ist sehr viel bequemer, als die Oxydation des Mannonsäurelactons, weil man dafür direkt die Lösung des Zuckers, welche durch Einwirkung von Säure auf Steinnuß entsteht, benutzen kann. Nach den Versuchen des Hrn. O. Piloty verfährt man dabei in folgender Weise:

Steinnußspäne werden zunächst zur Entfernung der Kalksalze mit der 2½fachen Menge 3prozentiger Salzsäure bei gewöhnlicher Temperatur 24 Stunden digeriert, dann von der Flüssigkeit getrennt und wiederholt mit Wasser gewaschen. Zur Verzuckerung wird 1 kg dieses Materials mit 2 kg 3prozentiger Salzsäure unter häufigem Umrühren 10 Stunden im Wasserbade erhitzt, dann die Masse koliert, abgepreßt und der Rückstand nochmals mit 1 Liter Wasser ausgelaugt. Man neutralisiert die Lösung mit Bleiweiß und verdampft das Filtrat in Emaillegefäßen über freiem Feuer auf etwa 1 Liter, filtriert das ausgeschiedene Chlorblei nach dem Erkalten und konzentriert durch weiteres Verdampfen zum dünnen Sirup. Bei richtig ausgeführter Operation enthält derselbe etwa 270 g Mannose. Man fügt nun soviel konzentrierte Salpetersäure und, wenn nötig, Wasser hinzu, daß auf 1 Teil Mannose 2½ Teile Säure vom spezifischen Gewicht 1,2 kommen.

Diese Mischung wird 48 Stunden auf 50° erwärmt, dann im Wasserbade auf das halbe Volumen und schließlich im Vakuum bei 50° bis zur beginnenden Braunfärbung verdampft; dabei scheidet sich das Bleinitrat kristallinisch aus. Man verdünnt mit wenig warmem Wasser und läßt die rasch filtrierte Lösung erkalten. Nach kurzer Zeit beginnt die Kristallisation des Mannozuckersäurelactons. Um die Abscheidung desselben zu vervollständigen, läßt man die Masse einige Stunden bei 0° stehen und saugt dann die Kristalle ab. Die Mutterlauge liefert nach weiterer Konzentration im Vakuum eine zweite Kristallisation. Zur Reinigung des Präparates genügt einmaliges Umkristallisieren aus wenig warmem Wasser.

Die Ausbeute beträgt etwa 2 pCt. der angewandten Steinnuß oder

7,5 pCt. der Mannose. Sie ist fast ebenso groß, als wenn man den Umweg über die Mannonsäure nimmt; denn die Isolierung der letzteren ist mit erheblichen Verlusten verbunden.

## Salze der *d*-Mannozuckersäure.

Das Lacton löst sich in verdünnten Alkalien leicht auf und die Flüssigkeit färbt sich beim Kochen gelb, ähnlich wie die Zuckerlösungen. Diese Erscheinung steht im Zusammenhang mit dem Verhalten der Mannozuckersäuren gegen Fehlingsche Lösung. Wie schon Kiliani betont hat, unterscheiden sich die Verbindungen dadurch von den übrigen ein- und zweibasischen Säuren der Zuckergruppe, welche in reinem Zustande alkalische Kupferlösung nicht verändern. Aus demselben Grunde färben sich auch die neutralen Salze beim Abdampfen ihrer wässerigen Lösung leicht gelb; man kann dies durch Abdampfen im Vakuum vermeiden.

Calciumsalz. Seine Bereitung ist schon beschrieben; will man es aus dem reinen Lacton gewinnen, so löst man dasselbe in der 100fachen Menge Wasser und kocht ½ Stunde mit überschüssigem Calciumcarbonat; dabei färbt sich die Lösung schwach gelb; sie wird deshalb mit etwas Tierkohle entfärbt und das Filtrat am besten im Vakuum verdampft; das Salz ist ein kristallinisches Pulver von wenig charakteristischer Form, und hat über Schwefelsäure getrocknet die Formel $C_6H_8O_8Ca$.

0,36 g Subst.: 0,1948 g $CaSO_4$.

|       | Berechnet | Gefunden   |
|-------|-----------|------------|
| Ca    | 16,1      | 15,9 pCt.  |

Das Baryumsalz wird ebenso dargestellt wie die vorhergehende Verbindung. Es ist leichter löslich wie die Kalkverbindung, und scheidet sich aus der genügend konzentrierten Flüssigkeit als farbloses Pulver ab, welches aus mikroskopisch kleinen, langgestreckten Tafeln besteht. Für die Analyse wurde es ebenfalls über Schwefelsäure getrocknet.

0,3968 g Subst.: 0,2674 g $BaSO_4$.

|       | Ber. für $C_6H_8O_8Ba$ | Gefunden  |
|-------|------------------------|-----------|
| Ba    | 39,7                   | 39,6 pCt. |

Das Strontiumsalz, in ähnlicher Weise dargestellt, bildet ein kristallinisches Pulver von wenig charakteristischer Form und hat die Zusammensetzung $C_6H_8O_8Sr$.

0,2639 g Subst.: 0,1658 g $SrSO_4$.

|       | Berechnet | Gefunden   |
|-------|-----------|------------|
| Sr    | 29,6      | 29,5 pCt.  |

Das Cadmiumsalz ist selbst in heißem Wasser so schwer löslich, daß es beim Kochen der wässerigen Lösung des Doppellactons mit

Cadmiumcarbonat im Rückstande bleibt, und auch beim Behandeln desselben mit Essigsäure nicht gelöst wird. Schöner kristallisiert gewinnt man die Verbindung auf folgende Art:

Das Doppellacton wird mit überschüssiger Sodalösung gekocht, wobei es sich unter Gelbfärbung in das Natronsalz verwandelt; wird die Flüssigkeit mit Essigsäure angesäuert und dann eine Lösung von Cadmiumacetat hinzugefügt, so scheidet sich nach dem Entfärben mit Tierkohle beim Eindampfen das mannozuckersaure Cadmium in farblosen, mikroskopischen, tafelförmigen Kristallen aus. Über Schwefelsäure getrocknet ist das Salz ebenfalls wasserfrei.

0,2718 g Subst.: 0,1753 g $CdSO_4$.

| | Ber. für $C_6H_8O_8Cd$ | Gefunden |
|---|---|---|
| Cd | 34,9 | 34,7 pCt. |

Zum Unterschiede von der Zuckersäure bilden die Mannozuckersäuren kein schwer lösliches, saures Kaliumsalz.

### Verbindungen der *d*-Mannozuckersäure mit Ammoniak und Phenylhydrazin.

Dieselben entsprechen in jeder Beziehung den von Kiliani untersuchten Derivaten der *l*-Verbindung.

Diamid. Wird fein gepulvertes Doppellacton unter Umschütteln in überschüssiges Ammoniak in der Kälte eingetragen, so geht es unter schwacher Wärmeentwicklung in Lösung; sehr bald jedoch beginnt die Abscheidung von farblosen, rhomboëderähnlichen Kriställchen. Dieselben wurden abfiltriert, mit Alkohol und Äther gewaschen und über Schwefelsäure getrocknet.

0,2491 g Subst.: 0,3159 g $CO_2$, 0,1322 g $H_2O$.
0,2571 g Subst.: 30 ccm N (20°, 748,5 mm).

| | Ber. für $C_6H_{12}O_6N_2$ | Gefunden |
|---|---|---|
| C | 34,61 | 34,56 pCt. |
| H | 5,76 | 5,86 ,, |
| N | 13,46 | 13,1 ,, |

Der Körper färbt sich beim raschen Erhitzen gegen 180° dunkel und schmilzt gegen 189° unter Zersetzung. Beim Kochen mit Alkalien zersetzt er sich unter Ammoniakentwicklung.

Monophenylhydrazid. In eine Lösung von je 1 g reinem Phenylhydrazin und 50prozentiger Essigsäure in 5 ccm Wasser wird unter Umschütteln 1 g feingepulvertes Doppellacton in der Kälte eingetragen. Es löst sich dabei auf und nach kurzer Zeit beginnt die Kristallisation des Monohydrazids, welches schließlich die Flüssigkeit breiartig erfüllt. Die Kristallmasse wird sofort abgesaugt, mit wenig Wasser, dann mit Alkohol und Äther gewaschen. Das Produkt bildet fast farblose, mikroskopische Nadeln. Zur vollständigen Reinigung

wurde dasselbe unter Zusatz von Tierkohle aus wenig heißem Wasser
umkristallisiert. Es bildet dann schöne farblose Nadeln, welche in
kaltem Wasser ziemlich schwer, in heißem dagegen leicht löslich sind.
Alkohol nimmt nur wenig davon auf. In Alkalien löst sich das Monohydrazid schon in der Kälte unter Abscheidung von Phenylhydrazin.
Beim raschen Erhitzen färbt es sich gegen 185⁰ gelb und schmilzt bei
190—191⁰ unter Zersetzung. Zur Analyse wurde die Substanz über
Schwefelsäure getrocknet.

0,2006 g Subst.: 0,375 g $CO_2$, 0,0957 g $H_2O$.
0,2127 g Subst.: 19,4 ccm N (23⁰, 751 mm).

| | Ber. für $C_{12}H_{14}O_6N_2$. | Gefunden |
|---|---|---|
| C | 51,06 | 51,09 pCt. |
| H | 4,96 | 5,21 ,, |
| N | 9,92 | 10,16 ,, |

Doppelhydrazid, $C_6H_8O_6(N_2H_2 . C_6H_5)_2$. Erhitzt man eine
wässerige Lösung des Doppellactons mit einem Überschuß von essigsaurem Phenylhydrazin auf dem Wasserbade, so fällt nach kurzer Zeit
das Doppelhydrazid in glänzenden, schwach gelb gefärbten Plättchen aus.

0,1411 g der über Schwefelsäure getrockneten Substanz gaben bei 23⁰ und
752 mm Druck 18,4 ccm Stickstoff.

| | Ber. für $C_{18}H_{22}O_6N_4$ | Gefunden |
|---|---|---|
| N | 14,35 | 14,55 pCt. |

Die Verbindung färbt sich gegen 200⁰ gelb und schmilzt beim
raschen Erhitzen gegen 212⁰ unter Gasentwicklung, Sie ist selbst in
heißem Wasser fast unlöslich.

### *dl*-Mannozuckersäure.
#### (Nach Versuchen des Herrn Smith.)

Bringt man gleiche Teile von *d*- und *l*-Mannozuckersäurelacton
in wässeriger Lösung zusammen, so scheidet sich beim Verdunsten
das inaktive Lacton in Kristallen aus. Dasselbe läßt sich ferner aus
dem *dl*-Mannonsäurelacton direkt durch Oxydation mit Salpetersäure
gewinnen. Man verfährt dann genau so, wie bei der Oxydation des
*d*-Mannonsäurelactons. Wird die salpetersaure Lösung möglichst
rasch auf dem Wasserbade verdampft, so scheidet der dicke Sirup in
der Kälte nach einiger Zeit das Lacton der *dl*-Mannozuckersäure in
Kristallen ab; man befreit dieselben durch Aufstreichen auf Ton von
der Mutterlauge und löst sie dann in der doppelten Menge warmem
Wasser. Beim Erkalten fällt das Lacton in schönen langen Prismen
aus. Die Ausbeute beträgt etwa 25 pCt. des angewandten *dl*-Mannon-
säurelactons.

0,1608 g Subst.: 0,2427 g $CO_2$, 0,0557 g $H_2O$.

| | Ber. für $C_6H_6O_6$ | Gefunden |
|---|---|---|
| C | 41,37 | 41,16 pCt. |
| H | 3,44 | 3,84 „ |

Es färbt sich gegen 170⁰ dunkel und schmilzt unter völliger Zersetzung gegen 190⁰. In warmem Wasser ist es sehr leicht, in Alkohol dagegen ziemlich schwer löslich. Seine wässerige Lösung ist optisch völlig inaktiv und besitzt frisch bereitet eine nur ganz schwach saure Reaktion.

Die Salze und Derivate der inaktiven Mannozuckersäure sind in bezug auf Bildung und Eigenschaften den zuvor beschriebenen Verbindungen der d-Säure wiederum außerordentlich ähnlich.

Das Diamid entsteht beim Lösen des Doppellactons in kaltem wässerigem Ammoniak und scheidet sich beim Verdunsten der Lösung in schön ausgebildeten, tafelförmigen Kristallen von der Formel

$$C_6H_{12}O_6N_2 \text{ ab.}$$

0,1682 g Subst.: 0,2125 g $CO_2$, 0,0896 g $H_2O$.
0,1239 g Subst.: 15 ccm N (19⁰, 734 mm).

| | Ber. für $C_6H_{12}O_6N_2$ | Gefunden |
|---|---|---|
| C | 34,61 | 34,45 |
| H | 5,76 | 5,9 |
| N | 13,4 | 13,4 |

Das Diamid färbt sich gegen 170⁰ gelb und schmilzt zwischen 183⁰ und 185⁰ unter Zersetzung.

Hydrazide. Schüttelt man das Doppellacton mit einer konzentrierten kalten, wässerigen Lösung von essigsaurem Phenylhydrazin, so löst es sich zunächst klar auf; nach kurzer Zeit fällt das Monohydrazid als fast farblose Kristallmasse aus. Dasselbe ist in heißem Wasser ziemlich leicht löslich und schmilzt zwischen 190⁰ und 195⁰ unter Zersetzung.

Erwärmt man dagegen das Lacton oder das Monohydrazid mit einem Überschuß von essigsaurem Phenylhydrazin auf dem Wasserbade, so fällt nach kurzer Zeit das Doppelhydrazid in feinen, fast farblosen Plättchen aus, welche beim raschen Erhitzen zwischen 220⁰ und 225⁰ unter Zersetzung schmelzen, in Wasser fast unlöslich sind und die Zusammensetzung $C_6H_8O_6(N_2H_2C_6H_5)_2$ haben.

0,1253 g Subst.: 0,2530 g $CO_2$, 0,0661 g $H_2O$.

| | Ber. für $C_{18}H_{22}O_6N_4$ | Gefunden |
|---|---|---|
| C | 55,38 | 55,07 |
| H | 5,64 | 5,86 |

Von den zehn durch die moderne Theorie vorhergesehenen zweibasischen Säuren der Hexosegruppe mit normaler Kohlenstoffkette sind nunmehr sechs bekannt, nämlich zwei aktive Zuckersäuren, zwei aktive Mannozuckersäuren, dann die Schleimsäure, und endlich die von Tiemann entdeckte Isozuckersäure.

Eine siebente Säure, welche höchst wahrscheinlich hierhin gehört, habe ich auf folgende Weise erhalten. Die Galactonsäure verwandelt sich beim Erhitzen mit Chinolin auf 145⁰ teilweise in eine isomere Verbindung und diese wird dann durch Salpetersäure in die neue zweibasische, optisch aktive Säure, welche von der Schleimsäure durch die große Löslichkeit in Wasser und Alkohol leicht zu unterscheiden ist, übergeführt.

Große Ähnlichkeit mit der letzten Verbindung zeigt endlich eine Säure, welche beim Erhitzen einer wässerigen Lösung der Schleimsäure mit Chinolin oder Pyridin auf 140⁰ entsteht, aber optisch inaktiv zu sein scheint. Ich werde über diese neuen Produkte, deren Untersuchung recht mühsam ist, später berichten.

**46. Emil Fischer:** Über ein neues Isomeres der Schleimsäure und die sogenannte Paraschleimsäure.

Berichte der deutschen chemischen Gesellschaft **24**, 2136 [1891].
(Eingegangen am 22. Juni.)

Die einbasischen Säuren der Zuckergruppe gehen beim Erhitzen mit Chinolin oder Pyridin[1]) auf 140—150⁰ zum Teil in stereoisomere Produkte über, welche von dem Ausgangsmaterial nur durch die Stellung des Hydroxyls an dem dem Carboxyl benachbarten asymmetrischen Kohlenstoffatom unterschieden sind. Der gleiche Vorgang findet auch bei den zweibasischen Säuren statt.

So entsteht aus der Schleimsäure durch diese Umlagerung ein neues Isomeres, welches Alloschleimsäure genannt werden mag. Dieselbe bildet selbständige Salze, besitzt die gleiche Struktur wie die Schleimsäure und wird durch Erhitzen mit Pyridin auf 140⁰ wieder teilweise in letztere zurückverwandelt.

Sie ist total verschieden von der sogenannten Paraschleimsäure, welche Malagouti[2]) durch Eindampfen einer wässerigen Lösung von Schleimsäure gewann und welche schon durch Kochen mit Wasser oder durch Behandlung mit Basen in die letztere umgewandelt wird. Man hat diese Verbindung bisher irrtümlicherweise für ein Isomeres der Schleimsäure gehalten. Die nachfolgenden Versuche beweisen dagegen, daß sie ein Lacton derselben ist.

### Alloschleimsäure.

Die Schleimsäure ist in reinem Chinolin selbst in der Hitze fast unlöslich. Man ist deshalb hier gezwungen, eine wässerige Lösung anzuwenden; da dadurch der Vorteil, in offenen Gefäßen arbeiten zu

---

[1]) Statt des früher benutzten Chinolins (Berichte d. d. chem. Gesellsch. **23**, 800 und 2611 [1890] (*S. 356, 362*) kann man auch eine wässerige Lösung von Pyridin verwenden, wenn die Operation im verschlossenen Gefäße ausgeführt wird. Die Reaktion verläuft dann noch etwas glatter und das Verfahren bietet besondere Vorteile bei denjenigen Säuren, welche sich in Chinolin schwer lösen.

[2]) Liebigs Annal. d. Chem. **15**, 179 [1835].

können, verloren geht, so ist es viel bequemer, Pyridin zu benutzen. Der Zusatz der Base hat hauptsächlich den Zweck, die der Umlagerung hinderliche Lactonbildung zu verhüten.

100 g Schleimsäure werden in 1 Liter Wasser und 200 g käuflichem Pyridin gelöst und im verschlossenen Gefäße 3 Stunden auf 140⁰ erhitzt. Man kann dafür einen Papinschen Topf aus Kupfer benutzen, wenn das Ventil so reguliert ist, daß die während der Reaktion entwickelten Gase entweichen können und der Druck nicht über vier Atmosphären steigt. Die braune Lösung, welche einen geringen amorphen Niederschlag enthält, wird mit Tierkohle aufgekocht, filtriert und mit einer konzentrierten Lösung von 220 g kristallisiertem Barythydrat versetzt. Dabei entsteht ein reichlicher Niederschlag von Barytsalzen. Die Masse wird nun ohne vorherige Filtration so lange gekocht, bis das Pyridin verschwunden ist, dann der Baryt mit Schwefelsäure in der Hitze genau ausgefällt und nach abermaligem Aufkochen mit Tierkohle filtriert. Ein Teil der unveränderten Schleimsäure bleibt im Niederschlag, während die Mutterlauge die gesamte Alloschleimsäure enthält. Man verdampft dieselbe zuerst über freiem Feuer, später auf dem Wasserbade bis auf ein Volumen von etwa 300 ccm. Nach dem Erkalten wird die auskristallisierte Schleimsäure abfiltriert und die auf etwa 1 Liter verdünnte Mutterlauge mit einer Lösung von 140 g Bleiacetat versetzt; dabei fällt ein dichter, wenig gefärbter Niederschlag aus, welcher die Bleisalze von Schleimsäure und Alloschleimsäure enthält. Um die Abscheidung desselben zu vervollständigen, erwärmt man noch zwei Stunden auf dem Wasserbade und läßt dann erkalten. Die Bleisalze werden filtriert, mit kaltem Wasser gewaschen, dann in warmem Wasser suspendiert und mit Schwefelwasserstoff zersetzt. Das Filtrat wird bis zur beginnenden Kristallisation verdampft und die ausfallenden Säuren nach mehrstündigem Stehen filtriert. Die abermals konzentrierte Mutterlauge lieferte eine zweite Kristallisation.

Das so erhaltene Produkt ist ein Gemenge von Schleimsäure und Alloschleimsäure. Es wird mit der zehnfachen Menge Wasser nur kurze Zeit ausgekocht, wobei die schwer lösliche Schleimsäure größtenteils zurückbleibt. Die durch Abdampfen konzentrierte Mutterlauge scheidet dann in der Kälte die Alloschleimsäure aus. Durch Wiederholung des gleichen Verfahrens wird dieselbe von dem Rest der Schleimsäure befreit. Die Ausbeute betrug durchschnittlich 14 pCt. der angewandten Schleimsäure. Die neue Säure hat die Zusammensetzung $C_6H_{10}O_8$.

0,2024 g der bei 105⁰ getrockneten Substanz gaben 0,2528 g $CO_2$ und 0,0875 g $H_2O$.

Ber. für $C_6H_{10}O_8$     Gefunden

C     34,28     34,06 pCt.

H     4,76     4,80 „

Die Alloschleimsäure ist optisch inaktiv; denn eine 8prozentige wässerige Lösung zeigte im 2 dcm-Rohr keine wahrnehmbare Drehung. Von der Schleimsäure unterscheidet sie sich besonders durch den niedrigeren Schmelzpunkt und die viel größere Löslichkeit in Wasser. Sie schmilzt nicht ganz konstant zwischen 166 und 171° unter starker Gasentwicklung und löst sich schon in 10—12 Teilen kochendem Wasser rasch und. völlig auf. Aus dieser Lösung kristallisiert sie, wenn dieselbe nicht vorher eingedampft wird, erst nach längerer Zeit bei Zimmertemperatur und bildet dann mikroskopisch kleine, zu Knollen vereinigte kurze Nadeln. In Alkohol ist sie sehr schwer löslich. Beim Kochen oder Abdampfen der wässerigen Lösung wird die Alloschleimsäure teilweise in ein Produkt verwandelt, welches der sogenannten Paraschleimsäure entspricht, welches in Alkohol leicht löslich ist und welches ebenso wie die Paraschleimsäure als ein Lacton betrachtet werden muß.

Die Salze des Kaliums, Natriums, Ammoniums und Magnesiums sind viel leichter löslich als die gleichen Salze der Schleimsäure und bieten wenig Charakteristisches.

Die neutralen Salze des Calciums, Baryums und Cadmiums werden durch Neutralisation einer verdünnten heißen, wässerigen Lösung der Säure mit den betreffenden Carbonaten gewonnen. Sie scheiden sich aus der heißen Lösung beim Erkalten kristallinisch ab und sind dann in Wasser außerordentlich schwer löslich.

Zur Bereitung des Calciumsalzes wurde die Säure in der fünfzigfachen Menge Wasser gelöst und bis zur neutralen Reaktion mit kohlensaurem Kalk gekocht. Aus dem Filtrat fällt das Calciumsalz beim Eindampfen als kristallinisches Pulver aus, welches bei 100° getrocknet, ebenso wie das Salz der Schleimsäure, noch 1½ Moleküle Kristallwasser zu enthalten scheint.

0,2967 g Subst.: 0,149 g $CaSO_4$.

0,2294 g Subst.: 0,1150 g $CaSO_4$.

| Ber. für $(C_6H_8O_8)Ca + 1\frac{1}{2}H_2O$ | Gefunden | |
| --- | --- | --- |
| | I. | II. |
| Ca     14,55 | 14,76 | 14,73 pCt. |

Ein Teil des Wassers entweicht bei 130°. Als das Gewicht konstant geworden war, wurde das Salz nochmals analysiert und zeigte jetzt einen Calciumgehalt, welcher am besten auf die Formel $(C_6H_8O_8)Ca + H_2O$ stimmt.

0,1465 g Subst.: 0,0762 g $CaSO_4$.

Ber. für $(C_6H_8O_8)Ca + H_2O$     Gefunden

Ca     15,04     15,29 pCt.

Aus den Salzen wird unveränderte Alloschleimsäure regeneriert.

Phenylhydrazid. Löst man 1 Teil der Säure in 12 Teilen heißem Wasser und fügt nach dem Erkalten 1 Teil Phenylhydrazin zu, so scheidet die klare Flüssigkeit nach kurzer Zeit in kleiner Menge einen kristallinischen Niederschlag ab. Eine weitere Quantität desselben erhält man, wenn die Lösung 10—15 Minuten im Wasserbade erhitzt und dann wieder abgekühlt wird. Dieses Produkt ist in heißem Wasser leicht löslich, kristallisiert daraus und ist wahrscheinlich das Monophenylhydrazid.

Zum Unterschiede davon ist das Doppelhydrazid in Wasser fast unlöslich. Es scheidet sich als feinblättrige Kristallmasse aus, wenn die obige Lösung 1 Stunde auf dem Wasserbade erwärmt wird. Die Kristalle werden heiß filtriert und durch Waschen mit Alkohol farblos erhalten. Das Produkt hat nach einer Stickstoffbestimmung die Zusammensetzung $C_6H_8O_6(N_2H_2 . C_6H_5)_2$.

0,1748 g Subst.: 22,5 ccm N (17°, 741 mm).

| | Ber. für $C_{18}H_{22}O_6N_4$ | Gefunden |
|---|---|---|
| N | 14,4 | 14,6 pCt. |

Es schmilzt beim raschen Erhitzen gegen 213° unter Zersetzung, mithin ebenfalls beträchtlich niedriger, als das Derivat der Schleimsäure. In heißem Wasser und Alkohol ist es sehr schwer löslich.

### Verwandlung der Alloschleimsäure in Dehydroschleimsäure.

Dieselbe vollzieht sich unter denselben Bedingungen und den gleichen Erscheinungen, wie bei der Schleimsäure[1]). 1 g Alloschleimsäure wurde mit 1 g konzentrierter Salzsäure und 1 g rauchender Bromwasserstoffsäure während 8 Stunden auf 150° erhitzt. Der Röhreninhalt bestand aus einer braunen Flüssigkeit und einem ebenso gefärbten kristallinischen Produkte. Dieses wurde filtriert, mit kaltem Wasser gewaschen, dann mit 30 ccm Wasser unter Zusatz von etwas Ammoniak ausgekocht und das Filtrat mit verdünnter Salzsäure angesäuert. Dabei fiel ein geringer brauner, flockiger Niederschlag aus und die schnell filtrierte Flüssigkeit schied beim Erkalten die Dehydroschleimsäure in schwach gelb gefärbten Kristallen ab. Die Ausbeute betrug 0,23 g, also 23 pCt. vom Ausgangsmaterial, während ein Kontrollversuch mit Schleimsäure 25 pCt. desselben Produktes lieferte.

Die Dehydroschleimsäure wurde nochmals aus heißem Wasser unter Zusatz von etwas Tierkohle umkristallisiert und gab dann folgende Zahlen:

---

[1]) Klinkhardt, Journ. für prakt. Chem. **25**, 43 [1882].

0,1472 g Subst.: 0,2486 g $CO_2$, 0,0369 g $H_2O$.

|   | Ber. für $C_6H_4O_5$ | Gefunden |
|---|---|---|
| C | 46,16 | 46,10 pCt. |
| H | 2,57 | 2,78 „ |

Das Produkt gab ferner die charakteristische Reaktion mit Eisenchlorid[1]). Beim raschen Erhitzen sublimierte sie unzersetzt und beim längeren Erwärmen lieferte sie Brenzschleimsäure.

Die Verwandlung in Dehydroschleimsäure scheint übrigens bei sämtlichen Isomeren der Schleimsäure einzutreten. Für die Zuckersäure ist das von Tollens und Sohst und für die Isozuckersäure von Tiemann und Haarmann[2]) nachgewiesen. Ebenso verläuft die Reaktion bei der $d$-Mannozuckersäure, wenn man ihr Doppellacton mit einem Gemisch von Salzsäure und Bromwasserstoff in der oben beschriebenen Weise behandelt. Die Ausbeute betrug hier 27 pCt. Die Überführung in Dehydroschleimsäure dürfte demnach bei weitem die bequemste Methode sein, um eine Säure von der empirischen Formel $C_6H_{10}O_8$ als Tetraoxyadipinsäure zu kennzeichnen.

### Verwandlung der Alloschleimsäure in Schleimsäure.

Dieselbe findet unter den gleichen Bedingungen statt, wie die umgekehrte Reaktion und ist dementsprechend natürlich auch ein unvollständiger Prozeß.

1 g Alloschleimsäure wurde mit 10 ccm Wasser und 2 g Pyridin im geschlossenen Rohr 3 Stunden auf 140° erhitzt, dann die braun gefärbte Lösung mit überschüssigem Baryt bis zum Verschwinden des Pyridins gekocht, der Baryt mit Schwefelsäure ausgefällt und das mit Tierkohle behandelte Filtrat stark eingedampft.

Beim Erkalten kristallisierte zuerst die Schleimsäure, welche nach dem Umkristallisieren gegen 213° unter Zersetzung schmolz und auch durch ihre geringe Löslichkeit in Wasser leicht identifiziert werden konnte. Die Ausbeute betrug 10 pCt. der angewandten Alloschleimsäure.

### Lacton der Schleimsäure.
#### (Paraschleimsäure.)

Die Verbindung entsteht bekanntlich beim Eindampfen einer wässerigen Lösung von Schleimsäure, ist in Alkohol leicht löslich und läßt sich dadurch von der Schleimsäure völlig trennen. Beim Verdunsten der alkoholischen Lösung erhielt Malagouti[3]), welchem wir die Be-

---

[1]) Klinkhardt, Journ. für prakt. Chem. **25**, 46 [1882].
[2]) Berichte d. d. chem. Gesellsch. **19**, 1273 [1886].
[3]) Liebigs Annal. d. Chem. **15**, 179 [1835].

schreibung und den Namen der Verbindung verdanken, Kristalle, deren Analyse zur Formel $C_6H_{10}O_8$ führte. Die letzteren sollen nun von der Schleimsäure verschieden sein, eine Behauptung, welche im wesentlichen auf einigen Löslichkeitsbestimmungen beruht. Auffallend blieb jedenfalls die Beobachtung von Malagouti, daß sowohl die freie Säure, wie ihre Salze leicht in Schleimsäure zurückverwandelt werden.

Malagoutis Angaben sind nicht ganz genau. Das Produkt, welches er analysierte, war allem Anschein nach Schleimsäure, zurückgebildet aus dem Lacton durch das im Alkohol enthaltene Wasser. Die Paraschleimsäure ist nichts anderes, als das erste Lacton der Schleimsäure.

Um größere Mengen desselben darzustellen, verfährt man folgendermaßen: 30 g Schleimsäure werden mit 2 Liter Wasser 20 bis 30 Minuten gekocht, bis klare Lösung erfolgt und dann die Flüssigkeit über freiem Feuer auf etwa 300 ccm eingedampft. Schon während dieser Operation fällt ein Teil der Schleimsäure wieder aus, eine weitere Menge kristallisiert beim Abkühlen. Zurückgewonnen wurden durchschnittlich 8 g Schleimsäure. Das Filtrat enthält das Lacton und etwas unveränderte Säure, deren Mengen sich nach einer Titration mit Alkali ungefähr wie 10 : 1 verhalten.

Wird die Flüssigkeit jetzt weiter auf dem Wasserbade verdampft, so verwandelt sich ein großer Teil des Lactons wieder in Schleimsäure. Um das zu verhüten, konzentriert man die Lösung im Vakuum bei etwa 50° bis zum dünnen Sirup, wobei wieder etwas Schleimsäure kristallisiert. Will man nun das Lacton isolieren, so wird die Masse mit reinem Aceton behandelt und das Filtrat im Vakuum über Schwefelsäure verdunstet. Auch hierbei entsteht wieder etwas Schleimsäure durch das Wasser, welches noch in der Lösung vorhanden war. Entfernt man erstere abermals durch Aufnehmen mit ganz trocknem Aceton, so bleibt beim Verdunsten ein dicker, klarer, stark sauer schmeckender Sirup. Es ist bisher nicht möglich gewesen, denselben zu kristallisieren; aber seine Eigenschaften lassen kaum einen Zweifel darüber, daß die Verbindung eine Lactonsäure ist und dem Derivat der Zuckersäure, welches von Tollens und Sohst[1]) als Zuckerlactonsäure mit der Formel $C_6H_8O_7$ beschrieben wurde, entspricht.

Entscheidend für diese Auffassung ist die Titration mit Alkali. 2,5 g des Sirups wurden in 50 ccm Wasser gelöst und auf 0° abgekühlt. Zur Neutralisation waren 8 ccm Normalkalilauge nötig. Jetzt wurden weitere 9 ccm Kalilauge zugefügt und die Flüssigkeit 15 Minuten auf

---

[1]) Liebigs Annal. d. Chem. **245**, 1 [1888].

dem Wasserbade erwärmt. Nach dem Abkühlen genügte 1 ccm Normalschwefelsäure zur Neutralisation. Mithin wurde in der Wärme genau die doppelte Menge Alkali verbraucht, wie in der Kälte. Das entspricht der Verwandlung einer Lactonsäure $C_6H_8O_7$ in die zweibasische Säure $C_6H_{10}O_8$. Die angesäuerte Flüssigkeit schied dann nach kurzer Zeit eine reichliche Menge von Schleimsäure ab.

In Übereinstimmung mit diesem Resultat stehen die anderen Reaktionen der Lactonsäure. Erwärmt man ihre wässerige Lösung auf dem Wasserbade, so kristallisiert nach einiger Zeit reine Schleimsäure. Ungleich rascher, fast momentan erfolgt dieselbe Verwandlung beim Erwärmen mit konzentrierter Salzsäure oder verdünnter Salpetersäure.

In verdünnter Natronlauge löst sich die Lactonsäure ebenfalls sehr leicht. Läßt man die Flüssigkeit bei Zimmertemperatur stehen, so kristallisiert nach einiger Zeit schleimsaures Natron. Momentan findet die Abscheidung des letzteren in der Wärme statt, vorausgesetzt, daß die Lösung nicht zu verdünnt ist.

Beachtenswert ist das Verhalten der Lactonsäure gegen absoluten Alkohol. Sie löst sich darin ebenso leicht wie in Aceton und bleibt beim Verdunsten über Schwefelsäure wieder als Sirup zurück. Enthält die Lösung dagegen außerdem anorganische Salze oder Spuren von Mineralsäuren, so wird die Lactonsäure namentlich beim Kochen verestert. Man erhält dann ein in feinen Nädelchen kristallisierendes, gegen $175^0$ schmelzendes Produkt, welches in Wasser leicht, in absolutem Alkohol dagegen ziemlich schwer löslich ist. Nach den Analysen, welche keine scharfen Zahlen gaben, besteht das Präparat wahrscheinlich zum größeren Teil aus dem Monoäthylester der Schleimsäure. Wegen der leichten Veresterung ist die Benutzung des Alkohols zur Isolierung der Lactonsäure nicht ratsam.

Charakteristisch endlich für die Lactonsäure ist ihr Verhalten gegen Natriumamalgam. Zum Unterschiede von der Schleimsäure wird sie dadurch leicht reduziert und liefert zunächst eine Aldehydsäure, welche durch ihr Verhalten gegen Fehlingsche Lösung erkannt werden kann. Durch weitere Reduktion der letzteren wird man voraussichtlich eine neue einbasische Säure der Dulcitreihe gewinnen. Die betreffenden Versuche sind bereits in Angriff genommen.

Versetzt man die nicht zu verdünnte wässerige Lösung der Lactonsäure mit Phenylhydrazin, so scheidet sich nach mehrstündigem Stehen eine schwach gelb gefärbte, dichte Kristallmasse ab. Dieselbe besteht zum Teil aus dem Monophenylhydrazid der Schleimsäure. Durch mehrmaliges Umkristallisieren aus nicht zu viel heißem Wasser unter Zusatz von Essigsäure und etwas Tierkohle gewinnt man dasselbe in feinen, farblosen Blättchen, welche zwischen 190 und 195° unter Zersetzung schmelzen und die Zusammensetzung $C_6H_9O_7 . N_2H_2 . C_6H_5$ haben.

0,2965 g Subst.: 0,5212 g $CO_2$, 0,1420 g $H_2O$.
0,2272 g Subst.: 18,6 ccm N (19,5°, 747 mm).

|   | Ber. für $C_{12}H_{16}O_7N_2$ | Gefunden |
|---|---|---|
| C | 48,0 | 47,94 pCt. |
| H | 5,33 | 5,32 ,, |
| N | 9,33 | 9,24 ,, |

Die Verbindung ist in heißem Wasser leicht löslich, während das Doppelhydrazid der Schleimsäure so gut wie unlöslich ist.

---

Man hat es bisher für eine Eigentümlichkeit der Schleimsäure gehalten, kein Lacton zu bilden. Die vorliegenden Beobachtungen beweisen indessen, daß die Säure auch in diesem Punkte der Zuckersäure gleicht. Für den synthetischen Ausbau der Dulcitgruppe gibt dieses Resultat ein neues wertvolles Hilfsmittel. Endlich bietet die Kenntnis der leichten Lactonbildung für die experimentelle Behandlung der Schleimsäure neue Gesichtspunkte. Unzweifelhaft sind alle Angaben über die Löslichkeit der Säure in heißem Wasser ungenau; denn es hängt von der Dauer des Erhitzens ab, ob mehr oder weniger der leicht löslichen Lactonsäure entsteht. Die gleiche Bemerkung gilt für die quantitative Bestimmung der Schleimsäure, welche auf der geringen Löslichkeit in kaltem Wasser basiert. Am geringsten dürfte hier der Fehler, welcher durch Bildung der leicht löslichen Lactonsäure hervorgerufen wird, sein, wenn man mit Salzsäure oder verdünnter Salpetersäure verdampft, weil diese das Lacton so leicht in Schleimsäure zurückverwandeln.

Schließlich sage ich Hrn. Dr. Gustav Heller, welcher mich bei diesen Versuchen aufs eifrigste unterstützte, meinen besten Dank.

---

## 47. Emil Fischer: Über die Konfiguration des Traubenzuckers und seiner Isomeren. I.*)

Berichte der deutschen chemischen Gesellschaft **24**, 1836 [1891].

(Eingegangen am 6. Juni.)

(Vorgetragen von Herrn Tiemann.)

Alle bisherigen Beobachtungen in der Zuckergruppe stehen mit der Theorie des asymmetrischen Kohlenstoffatoms in so vollkommener Übereinstimmung, daß man schon jetzt den Versuch wagen darf, dieselbe als Grundlage für die Klassifikation dieser Substanzen zu benutzen. Die Theorie läßt 16 Isomere von der Struktur des Traubenzuckers voraussehen. Diese Zahl reduziert sich auf 10 für ihre Derivate, deren Molekül symmetrisch ist.

Die folgende Tabelle, welche der Broschüre von van't Hoff-Herrmann: „Die Lagerung der Atome im Raume" Seite 11 entnommen ist, enthält die 16 verschiedenen Formen für die Zucker, wovon die Nummer 11—16 identisch werden mit 5—10 bei den sechswertigen Alkoholen und zweibasischen Säuren:

| | | | | 11 | 12 | 13 | 14 | 15 | 16 |
|---|---|---|---|---|---|---|---|---|---|
| | | | | + | + | + | + | + | − |
| | | | | + | + | + | − | − | + |
| | | | | + | − | − | + | − | − |
| + | + | − | − | − | + | − | − | − | − |
| + | − | + | − | − | + | − | − | − | − |
| + | − | + | − | + | − | − | + | − | − |
| + | + | − | − | + | + | + | − | − | + |
| 1 | 2 | 3 | 4 | + | + | + | + | + | − |
| | | | | 5 | 6 | 7 | 8 | 9 | 10 |

Um nun an der Hand der Tatsachen die dem Traubenzucker zugehörige Form auszuwählen, ist es zunächst nötig, die Zuckersäure zu betrachten. Von derselben sind die beiden optisch entgegen-

---

*) Da der Inhalt dieser Abhandlung leicht mißverstanden werden kann, so verweise ich gleich auf Nr. II (S. 427), wo die Unvollkommenheit der Zeichen + und — erläutert ist.

gesetzten Formen bekannt; ferner entsteht die *d*-Zuckersäure einerseits aus dem Traubenzucker (*d*-Glucose) und andererseits aus der stereoisomeren *d*-Gulose[1]).

Daraus geht hervor, daß die beiden Zuckersäuren unter die Nummern 5—10 fallen müssen; denn nur diese können aus je zwei stereoisomeren Zuckern entstehen.

Unter diesen sechs Nummern sind aber zwei optisch inaktive Systeme (7 und 8), welche mithin wegfallen.

Endlich können noch die Nummern 6 und 10 durch folgende Betrachtung ausgeschlossen werden. Glucose und Mannose unterscheiden sich nur durch die verschiedene Anordnung an dem asymmetrischen Kohlenstoffatom, welches in der nachstehenden Formel mit * bezeichnet ist:

$$CH_2.OH — CH.OH — CH.OH — CH.OH — \overset{*}{C}H.OH — COH.$$

Dasselbe gilt auch für Glucon- und Mannonsäure oder Sorbit und Mannit oder endlich für Zuckersäure und Mannozuckersäure.

Ich stelle nochmals die Tatsachen zusammen, welche übereinstimmend zu diesem Schlusse führen:

1. Mannose und Glucose liefern dasselbe Osazon[2]).
2. Arabinose gibt bei der Anlagerung von Blausäure gleichzeitig *l*-Mannon- und *l*-Gluconsäure[3]).
3. Fructose wird durch Natriumamalgam in ein Gemisch von Mannit und Sorbit verwandelt[4]).
4. Mannonsäure und Gluconsäure können durch Erhitzen mit Chinolin wechselseitig ineinander übergeführt werden[5]).
5. Alle Versuche, Glucon- und Mannonsäure in zwei Komponenten zu spalten, sind erfolglos geblieben[5]).

Besäße nun die Zuckersäure oder, was dasselbe bedeutet, der Sorbit die Konfiguration

|      | +    | —    | ÷    | +    | (Nr. 6)  |
|------|------|------|------|------|----------|
| oder | —    | +    | —    | —    | (Nr. 10),|

so müßte die Mannozuckersäure oder der Mannit eine der beiden Konfigurationen

|      | —    | —    | +    | +    | (Nr. 7)  |
|------|------|------|------|------|----------|
| oder | —    | +    | —    | ÷    | (Nr. 8)  |

---

[1]) Berichte d. d. chem. Gesellsch. **24**, 521 [1891]. (*S. 387*.)
[2]) Berichte d. d. chem. Gesellsch. **22**, 374 [1889]. (*S. 303*.)
[3]) Berichte d. d. chem. Gesellsch. **23**, 2611 [1890]. (*S. 362*.)
[4]) Berichte d. d. chem. Gesellsch. **23**, 3684 [1890]. (*S. 377*.)
[5]) Berichte d. d. chem. Gesellsch. **23**, 800 [1890]. (*S. 356*.)

haben. Das sind aber die optisch inaktiven Systeme, welche wiederum durch die Aktivität des Mannits und der Mannozuckersäure ausgeschlossen werden.

Mithin bleiben für die *d*- und *l*-Zuckersäure nur die beiden Konfigurationen

$$- \quad + \quad + \quad + \qquad \text{(Nr. 5)}$$
$$\text{und } + \quad - \quad - \quad - \qquad \text{(Nr. 9)}$$

übrig. Da es gleichgültig ist, was man als + und — bezeichnet, so gebe ich willkürlich der *d*-Zuckersäure die Formel

$$\text{COOH} - \text{CH.OH} - \text{CH.OH} - \text{CH.OH} - \text{CH.OH} - \text{COOH}$$
$$- \quad + \quad + \quad +$$

und der *l*-Verbindung die umgekehrten Zeichen.

Der *d*-Zuckersäure entsprechen zwei Aldosen

$$\text{COH.CH(OH).CH(OH).CH(OH).CH(OH).CH}_2\text{OH}$$
$$- \quad + \quad + \quad +$$
$$\text{oder COH.CH(OH).CH(OH).CH(OH).CH(OH).CH}_2\text{OH}.$$
$$+ \quad + \quad + \quad -$$

Um zu unterscheiden, welche von diesen Formeln dem Traubenzucker und welche der *d*-Gulose gehört, ist es nötig, die Arabinose und Xylose in die Betrachtung hineinzuziehen. Sie gehören allerdings in die *l*-Reihe; aber das ist für die Schlußfolgerung gleichgültig.

Arabinose läßt sich in *l*-Glucose verwandeln, während aus der Xylose unter denselben Bedingungen *l*-Gulose[1]) entsteht.

Für die *l*-Glucose und *l*-Gulose bleibt zunächst wieder die Wahl zwischen den Formeln

$$\text{COH.}\overset{*}{\text{C}}\text{H(OH).CH(OH).CH(OH).CH(OH).CH}_2\text{OH}$$
$$+ \quad - \quad - \quad -$$
$$\text{oder COH.}\overset{*}{\text{C}}\text{H(OH).CH(OH).CH(OH).CH(OH).CH}_2\text{OH}.$$
$$- \quad - \quad - \quad +$$

Nimmt man aus beiden das mit * bezeichnete asymmetrische Kohlenstoffatom, welches erst durch Synthese entsteht, heraus, so bleiben für die Arabinose und Xylose folgende Formeln übrig:

$$\text{COH.CH(OH).CH(OH).CH(OH).CH}_2\text{OH}$$
$$- \quad - \quad -$$
$$\text{und COH.CH(OH).CH(OH).CH(OH).CH}_2\text{OH}.$$
$$- \quad - \quad +$$

Für die Pentosen (von der Struktur der Arabinose und Xylose) läßt nun die Theorie acht Isomere voraussehen; aber die Zahl redu-

---

[1]) Berichte d. d. chem. Gesellsch. **24**, 529 [1891]. (*S. 389*.)

ziert sich auf vier, wenn das Molekül symmetrisch wird. Es gibt also nur vier fünfwertige Alkohole $CH_2OH.(CHOH)_3.CH_2OH$ oder vier verschiedene Trioxyglutarsäuren[1]).

Zwei davon sind optisch aktiv und entgegengesetzt. Das sind für die beiden Säuren die Formen:

$$COOH.CH(OH).CH(OH).CH(OH).COOH$$
$$+ \qquad\qquad +$$
$$\text{und} \quad COOH.CH(OH).CH(OH).CH(OH).COOH;$$
$$- \qquad\qquad -$$

das mittlere Kohlenstoffatom hat hier seine Asymmetrie eingebüßt.

Die beiden anderen Formen

$$COOH.CH(OH).CH(OH).CH(OH).COOH$$
$$+ \qquad + \qquad -$$
$$\text{und} \quad COOH.CH(OH).CH(OH).CH(OH).COOH$$
$$+ \qquad - \qquad -$$

sind dagegen mit ihrem Spiegelbilde identisch und müssen deshalb optisch inaktiv sein. Möglicherweise sind derartige Isomere so ähnlich, daß man sie nicht unterscheiden kann, da die optische Probe selbstverständlich ausgeschlossen ist.

Damit ist die Möglichkeit gegeben, zwischen den obigen Formeln für Arabinose und Xylose zu entscheiden; denn es genügt, die den beiden Zuckern entsprechenden fünfwertigen Alkohole oder zweibasischen Säuren optisch zu prüfen.

Der Versuch hat ein unzweideutiges Resultat ergeben.

Der von Kiliani aus Arabinose dargestellte Arabit dreht, wie schon früher[2]) angegeben wurde, auf Zusatz von Borax das polarisierte Licht nach links. Dasselbe gilt für die ebenfalls von Kiliani aus der Arabinose gewonnene Trioxyglutarsäure, wie später gezeigt wird.

Andererseits bleibt der aus Xylose erhaltene Xylit selbst bei Gegenwart von Borax inaktiv[3]) und genau ebenso verhält sich die

---

[1]) In der Schrift von van't Hoff-Herrmann, Seite 10, ist dieser Fall nur ganz kurz erörtert und die Zahl der Isomeren auf drei festgesetzt. Aber Herr van't Hoff hatte die Güte, mir auf eine private Anfrage mitzuteilen, daß hier ein Versehen vorliege, daß vielmehr seine Theorie 4 Isomere, und zwar 2 active und 2 inaktive Formen verlange.

[2]) E. Fischer und R. Stahel, Berichte d. d. chem. Gesellsch. **24**, 538 [1891]. (*S. 398.*)

[3]) Berichte d. d. chem. Gesellsch. **24**, 538 [1891]. (*S. 399.*) Inzwischen hat auch Bertrand (Bull. soc. chim. [3], **5**, 556 [1891]) den Xylit beschrieben und angegeben, derselbe sei optisch aktiv. Er findet die spezifische Drehung $[\alpha]_D = 0.5^0$. Dieser Wert ist aber so klein, daß er durch einen Beobachtungsfehler oder eine kleine Verunreinigung des sirupförmigen Xylits erklärt werden kann.

aus dem Zucker resultierende und später beschriebene zweibasische Säure.

Da gerade die Oxysäuren durchgehends ein sehr starkes Drehungsvermögen besitzen, so darf man nach diesen Resultaten mit großer Wahrscheinlichkeit annehmen, daß die betreffenden Derivate der Xylose in der Tat optisch inaktive Substanzen sind. Daraus würde folgen, daß der Arabinose die erste der beiden oben angeführten Formeln

$$COH.CH(OH).CH(OH).CH(OH).CH_2OH^1)$$
$$\overline{\quad}\quad\overline{\quad}\quad\overline{\quad}$$

und der Xylose die zweite

$$COH.CH(OH).CH(OH).CH(OH).CH_2OH$$
$$\overline{\quad}\quad\overline{\quad}\quad+$$

gehört.

Für die Verbindungen der Hexosegruppe ergeben sich dann, wie leicht ersichtlich, folgende Konfigurationen:

Aldosen : $COH.CH(OH).CH(OH).CH(OH).CH(OH).CH_2OH$

| | | | | |
|---|---|---|---|---|
| $d$-Glucose | — | + | + | + |
| $l$-Glucose | + | — | — | — |
| $d$-Gulose | + | + | + | — |
| $l$-Gulose | — | — | — | + |
| $d$-Mannose | + | + | + | + |
| $l$-Mannose | — | —. | — | — |

Für die Galactose bleibt noch die Wahl zwischen vier Konfigurationen, wie aus dem Vergleich mit den Formeln der Schleimsäure und Alloschleimsäure hervorgeht.

Ketosen: $CH_2OH.CO.CH(OH).CH(OH).CH(OH).CH_2OH$

| | | | |
|---|---|---|---|
| $d$-Fructose | + | + | + |
| $l$-Fructose | — | — | — |

Einbasische Säuren :

$$COOH.CH(OH).CH(OH).CH(OH).CH(OH).CH_2OH.$$

Sie besitzen dieselben Zeichen wie die entsprechenden Aldosen.

Aldehydsäuren : $COOH.CH(OH).CH(OH).CH(OH).CH(OH).COH$

| | | | |
|---|---|---|---|
| Glucuronsäure | ÷ | + | + | — |

---

[1]) Das Osazon der Arabinose, welches nach dieser Formel ebenfalls noch ein asymmetrisches Molekül besitzt, zeigt nun allerdings keine wahrnehmbare Drehung. Ich habe daraus früher (Tageblatt der Naturforscherversammlung zu Heidelberg 1889, Seite 247) den Schluß gezogen, daß in der Arabinose nur das eine der Aldehydgruppe benachbarte asymmetrische Kohlenstoffatom die optische Aktivität bedinge. Diese Anschauung ist indessen jetzt nicht mehr haltbar und es muß vielmehr als ein Zufall betrachtet werden, daß das Osazon keine sichtbare Drehung zeigt. Ich habe nun aus dem Arabinosazon nochmals das Arabinoson dargestellt und gefunden, daß dasselbe eine allerdings schwache, aber doch unverkennbare Rechtsdrehung besitzt.

Alkohole : $CH_2OH.CH(OH).CH(OH).CH(OH).CH(OH).CH_2OH$

| | | | | |
|---|---|---|---|---|
| $d$-Mannit | + | + | + | + |
| $l$-Mannit | — | — | — | — |
| $d$-Sorbit | — | + | + | + |
| $l$-Sorbit | + | — | — | — |

Zweibasische Säuren :

$COOH.CH(OH).CH(OH).CH(OH).CH(OH).COOH$

| | | | | |
|---|---|---|---|---|
| $d$-Zuckersäure | — | + | + | + |
| $l$-Zuckersäure | + | — | — | — |
| $d$-Mannozuckersäure | + | + | + | + |
| $l$-Mannozuckersäure | — | — | — | — |

Außerdem kennt man noch die Schleimsäure und Isozuckersäure. Die erstere ist optisch inaktiv und liefert durch Umlagerung mit Pyridin die in der vorhergehenden Abhandlung beschriebene, ebenfalls inaktive Alloschleimsäure. Höchstwahrscheinlich sind das die beiden Formen

$$— \quad + \quad — \quad +$$
$$— \quad — \quad + \quad +$$

Ein zweites neues Isomeres der Schleimsäure, welches aber optisch aktiv ist, habe ich aus der Galactonsäure durch Umlagerung mit Chinolin und nachfolgende Oxydation mit Salpetersäure erhalten. Wahrscheinlich ist das eine der beiden Formen

$$+ \quad — \quad + \quad +$$
$$— \quad + \quad — \quad —$$

Dann würden für die Isozuckersäure nur die beiden Konfigurationen

$$+ \quad — \quad — \quad +$$
$$— \quad + \quad + \quad —$$

übrig bleiben.

Alle vorhergehenden Betrachtungen sind selbstverständlich nur gültig unter der Voraussetzung, daß einmal die Theorie des asymmetrischen Kohlenstoffatoms der Wirklichkeit entspricht und daß ferner die Reaktionen, welche die Arabinose und Xylose mit der Zuckersäure und der Trioxyglutarsäure verknüpfen, ohne stereometrische Umlagerung verlaufen.

Ich werde mich bemühen, beide Punkte durch weitere Beobachtungen zu prüfen.

Von allen Tatsachen, welche im vorstehenden benutzt wurden, ist neu nur die Verwandlung der Xylose in die optisch inaktive Trioxyglutarsäure und der Vergleich derselben mit dem entsprechenden Produkte aus Arabinose.

Inaktive *(Xylo-)*Trioxyglutarsäure.

Die Verwandlung der Xylose in eine zweibasische Säure durch Oxydation mit Salpetersäure ist schon von Wheeler und Tollens[1]) studiert worden. Sie gewannen ein schwer lösliches Kalksalz, welches sie für ein Gemenge von trioxyglutarsaurem und trioxybuttersaurem Calcium hielten; dagegen ist ihnen die Isolierung der reinen Trioxyglutarsäure nicht gelungen.

Für die Bereitung der Säure erhitzt man nach der von Kiliani für die Oxydation der Arabinose gegebenen Vorschrift[2]) 1 Teil Xylose mit 2½ Teilen Salpetersäure (spez. Gewicht 1,2) 8 Stunden auf 40⁰ und verdampft dann die Lösung in einer Platinschale möglichst rasch unter fortwährendem Rühren auf dem Wasserbade zum Sirup. Um den Rest der Salpetersäure möglichst zu vertreiben, wird der Rückstand in wenig Wasser gelöst und abermals verdampft. Jetzt löst man den Sirup in der fünfzehnfachen Menge Wasser und kocht mit überschüssigem Calciumcarbonat bis zur neutralen Reaktion. Die mit Tierkohle behandelte und heiß filtrierte gelbbraune Lösung scheidet beim längeren Stehen bei Zimmertemperatur den größten Teil des trioxyglutarsauren Calciums als gelbes Kristallpulver ab. Eine weitere Quantität erhält man aus der im Vakuum konzentrierten Mutterlauge.

30 g Xylose lieferten im ganzen 18 g Kalksalz. Um die freie Säure zu gewinnen, trägt man das gepulverte Salz in eine verdünnte Lösung von Oxalsäure, von welcher ungefähr die berechnete Menge angewandt wird, ein. Ein kleiner Überschuß wird schließlich genau mit Calciumcarbonat ausgefällt und die filtrierte Lösung nach dem Entfärben mit Tierkohle im Vakuum zum Sirup eingedampft; derselbe erstarrt in der Regel sofort durch Kristallisation der Trioxyglutarsäure.

Dieselbe wird am besten in viel reinem, heißem Aceton gelöst. Aus der durch Eindampfen konzentrierten Lösung scheidet sich dann die Säure in schön ausgebildeten, farblosen, langgestreckten Tafeln ab, welche im Vakuum über Schwefelsäure getrocknet die Zusammensetzung $C_5H_8O_7$ haben.

0,1885 g Subst.: 0,2275 g $CO_2$, 0,083 g $H_2O$.
0,2654 g Subst.: 0,3203 g $CO_2$, 0,1071 g $H_2O$.
0,2018 g Subst.: 0,2451 g $CO_2$, 0,0762 g $H_2O$.

| | Ber. für $C_5H_8O_7$ | Gefunden | | |
| --- | --- | --- | --- | --- |
| | | I. | II. | III. |
| C | 33,3 | 32,9 | 32,9 | 33,1 pCt. |
| H | 4,4 | 4,88 | 4,48 | 4,2 „ |

[1]) Liebigs Annal. d. Chem. **254**, 318 [1889].
[2]) Berichte d. d. chem. Gesellsch. **21**, 3006 [1888].

Die Säure ist in Wasser und heißem Alkohol außerordentlich leicht löslich und kristallisiert erst beim Verdunsten dieser Lösungen wieder heraus. In warmem, reinem Aceton löst sie sich viel schwerer, in Chloroform und Äther ist sie fast unlöslich. Sie schmilzt bei 145,5° (korr.) und zersetzt sich bei höherer Temperatur unter Gasentwicklung.*) Sie ist optisch inaktiv. Der Versuch wurde mit einer 12prozentigen Lösung im 1 dcm-Rohr ausgeführt unter Bedingungen, bei welchen eine Drehung von 0,05° der Beobachtung nicht hätte entgehen können. Sie reduziert die Fehlingsche Lösung nicht, dagegen die ammoniakalische Silberlösung beim Erwärmen unter Bildung eines Silberspiegels. Die Lösung der freien Säure wird durch Bleiacetat und Barytwasser gefällt. Baryumacetat liefert ebenfalls einen Niederschlag, welcher sich aber im Überschuß wieder auflöst. Silbernitrat gibt mit der freien Säure keinen Niederschlag, wohl aber mit der Lösung der neutralen Salze.

Das Calciumsalz bleibt, wenn es aus der rohen Säure mit Calciumcarbonat dargestellt und genügend viel Wasser angewandt wird, in der Siedehitze in Lösung; verwendet man aber reine Säure bei dem gleichen Versuch und nimmt selbst die 40fache Menge Wasser, so scheidet sich das Salz sofort ab und die heiß filtrierte Mutterlauge enthält nur kleine Mengen derselben; dementsprechend ist denn auch das reine kristallisierte Salz in Wasser außerordentlich schwer löslich.

Das neutrale Kalisalz ist in Wasser sehr leicht löslich und bleibt beim Verdunsten der konzentrierten Lösung zunächst als Sirup, welcher aber nach mehrtägigem Stehen kristallisiert. Das Salz wurde durch Pressen zwischen Fließpapier von der Mutterlauge befreit und nochmals aus sehr wenig Wasser umkristallisiert. Es bildet kleine, aber gut ausgebildete sechsseitige Tafeln oder Prismen, welche die Zusammensetzung $C_5H_6O_7K_2 + 2H_2O$ besitzen. Das Kristallwasser entweicht erst vollständig bei 130°.

0,279 g des Salzes verloren nach zweistündigem Trocknen bei 100° und nach weiterem sechsstündigem Erhitzen auf 130° 0,034 g $H_2O$.

|  | Ber. für $2H_2O$ | Gefunden |
|---|---|---|
|  | 12,3 | 12,2 pCt. |

0,2342 g trockenes Salz: 0,1573 g $K_2SO_4$.

|  | Berechnet | Gefunden |
|---|---|---|
| K | 30,5 | 30,1 pCt. |

Durch die Zusammensetzung des Kalisalzes, den höheren Schmelzpunkt und die optische Inaktivität unterscheidet sich die Säure scharf von der isomeren Verbindung, welche Kiliani aus der Arabinose erhielt.

Erwärmt man die 10prozentige Lösung der Säure mit Phenylhydrazin auf dem Wasserbade, so beginnt etwa nach einer halben

---

*) Vgl. Seite 450.

Stunde die Abscheidung des neutralen Hydrazids; dasselbe bildet farblose Blättchen und ist in heißem Wasser und Alkohol sehr schwer löslich. Es beginnt gegen 175⁰ zu sintern und sersetzt sich beim raschen Erhitzen gegen 210⁰ unter starker Gasentwicklung.

### Verwandlung der inaktiven Trioxyglutarsäure in Glutarsäure.

Obschon die Konstitution der Xylose durch ihre Beziehungen zur *l*-Zuckersäure festgestellt ist und daraus mit großer Wahrscheinlichkeit der Schluß gezogen werden kann, daß auch die vorliegende zweibasische Säure eine normale Kohlenstoffkette enthält, so schien es doch bei der Wichtigkeit, welche die Kenntnis derselben in den Spekulationen über die Konfiguration der Zuckerarten hat, nicht überflüssig, ihre Beziehungen zur Glutarsäure durch einen direkten Versuch festzustellen. Zu dem Zwecke wurde 1 Teil der Oxysäure mit 10 Teilen konzentrierter Jodwasserstoffsäure und ½ Teil amorphem Phosphor 4 Stunden am Rückflußkühler erhitzt, dann mit Wasser verdünnt, filtriert und der Jodwasserstoff mit Silberoxyd entfernt. Die warm filtrierte farblose Lösung wurde durch Salzsäure vom Silber befreit und zum Sirup verdampft. Dieser erstarrt beim Erkalten kristallinisch. Zur Reinigung wurde das Produkt aus heißem Benzol umkristallisiert und besaß dann die Eigenschaften der Glutarsäure. Die feinen Nadeln schmolzen bei 95—96⁰, destillierten unzersetzt und gaben das charakteristische, in Wasser schwer lösliche Zinksalz. Die Ausbeute an ganz reiner Glutarsäure betrug allerdings nur 15 pCt. von der angewandten Oxysäure, in Wirklichkeit ist aber die Menge jedenfalls viel größer; denn der Versuch wurde nur mit 1,5 g Oxysäure ausgeführt, und bei so kleinen Mengen ist die Herstellung von reinen Präparaten selbstverständlich mit unverhältnismäßig großen Verlusten verbunden.

### Optisches Verhalten der Trioxyglutarsäure aus Arabinose.

Die Säure wurde von Kiliani optisch nicht untersucht. Für den folgenden Versuch diente ein Präparat, welches nach seiner Vorschrift[1]) dargestellt und durch Umkristallisieren aus reinem Aceton gereinigt war. Dasselbe zeigte den von Kiliani angegebenen Schmelzpunkt 127⁰.

Für die Bestimmung des Drehungsvermögens diente eine wässerige Lösung, welche 9,59 pCt. Säure enthielt und das spez. Gewicht 1,0441

---

1) Berichte d. d. chem. Gesellsch. **21**, 3006 [1888].

besaß. Dieselbe drehte bei 20⁰ im 1 dcm-Rohr 2,27⁰ nach links; daraus berechnet sich die spezifische Drehung $[\alpha]_D^{20} = -22,7^0$. Die Drehung war nach 24stündigem Stehen der Lösung unverändert.

-----

Die obigen Betrachtungen über die Konfiguration der Glieder der Zuckergruppe lassen eine ganze Reihe von Umwandlungen voraussehen, welche experimentell mit den jetzigen Methoden verfolgt werden können. Als Beispiel mag

### die Reduktion der Mannozuckersäure

angeführt werden. Wenn dieselbe die oben angenommene Konfiguration

$$+ \quad + \quad + \quad +$$

besitzt, so wird es gleichgültig sein, welches der beiden Carboxyle reduziert wird. Mit anderen Worten, es kann nur eine einbasische Säure bei dieser Reaktion entstehen und das muß die $d$-Mannonsäure sein. Der Versuch hat diesen Schluß bestätigt.

8 g des Doppellactons der $d$-Mannozuckersäure wurden in 80 g Wasser gelöst und in die stark abgekühlte, mit verdünnter Schwefelsäure sauer gehaltene Flüssigkeit unter heftigem Umschütteln allmählich 100 g 2½ prozentiges Natriumamalgam eingetragen. Jetzt wurde die Flüssigkeit mit Natronlauge übersättigt, um die noch unveränderte Lactongruppe in Carboxyl zu verwandeln und dann zur Reduktion der entstandenen Aldehydgruppe die Behandlung mit Natriumamalgam in schwach alkalischer Lösung fortgesetzt, bis die Flüssigkeit Fehlingsche Lösung nicht mehr reduzierte. Zur Isolierung der gebildeten einbasischen Säuren wurde die neutrale Flüssigkeit bis zur beginnenden Kristallisation des Natriumsulfats eingedampft, jetzt so viel Schwefelsäure hinzugefügt, daß alle organischen Säuren in Freiheit gesetzt wurden und die Lösung in kochenden absoluten Alkohol eingetragen. Aus der alkoholischen Mutterlauge konnte eine reichliche Menge von reinem $d$-Mannonsäurelacton isoliert werden. Eine isomere Säure wurde dagegen nicht beobachtet.

Bei diesen Versuchen habe ich mich der wertvollen Hilfe des Hrn. Dr. Oscar Piloty erfreut, wofür ich demselben besten Dank sage.

-----

**48. Emil Fischer: Über die Konfiguration des Traubenzuckers und seiner Isomeren. II.**

Berichte der deutschen chemischen Gesellschaft **24**, 2683 [1891].

(Eingegangen am 8. August.)

In der ersten Abhandlung[1]) habe ich für den Traubenzucker die Formel

$$CH_2(OH).CH(OH).CH(OH).CH(OH).CH(OH).COH$$
$$+ \qquad + \qquad + \qquad -$$

entwickelt. Die Bezeichnung der räumlichen Anordnung durch + und —, welche von van't Hoff eingeführt und von mir in unveränderter Form beibehalten wurde, kann aber bei solchen komplizierten Molekülen leicht eine irrtümliche Auffassung zur Folge haben. Um dies zu verhüten, halte ich eine ausführlichere Interpretation der Formeln für nötig und bezeichne für den Zweck die vier asymmetrischen Kohlenstoffatome mit den Zahlen 1 bis 4.

$$\overset{1}{C}H_2(OH).\overset{}{C}H(OH).\overset{2}{C}H(OH).\overset{3}{C}H(OH).\overset{4}{C}H(OH).COH.$$

In den allgemeinen Betrachtungen von van't Hoff, welche meinen speziellen Deduktionen zugrunde liegen, wird das Kohlenstoffatom 1 nur mit 4 und ebenso das Kohlenstoffatom 2 nur mit 3 verglichen. Im Traubenzucker ist mithin die Anordnung von Wasserstoff und Hydroxyl bei Kohlenstoff 1 umgekehrt wie bei 4; ferner ist diese Anordnung bei 2 und 3 gleich. Nun läßt sich aber das Kohlenstoffatom 1 auch mit den beiden mittleren vergleichen. Ich habe das getan, indem ich den Traubenzucker in Beziehung zur Xylose und Arabinose brachte. Dabei ergab sich, daß die Anordnung von Wasserstoff und Hydroxyl bei Kohlenstoffatom 1 ebenso wie bei 3 ist.

Man könnte nun bei oberflächlicher Betrachtung glauben, daß dasselbe auch für die Kohlenstoffatome 1 und 2 gelten müsse. In Wirklichkeit findet aber gerade das Gegenteil statt.

---

[1]) Berichte d. d. chem. Gesellsch. **24**, 1836 [1891]. (*S. 417.*)

Mit Hilfe des Modells erkennt man leicht, daß beim Kohlenstoffatom 2 das Zeichen wechselt, je nachdem man es mit 1 oder 3 vergleicht.

Da also der obige Ausdruck für die Konfiguration des Traubenzuckers zweideutig ist, so scheint es mir zweckmäßig, denselben durch
folgende Bilder zu verdeutlichen.

Man konstruiere zunächst mit Hilfe der so bequemen Fried-
länderschen Gummimodelle[1]) die Moleküle der Rechtsweinsäure,
Linksweinsäure und inaktiven Weinsäure und lege dieselben derart
auf die Ebene des Papiers, daß die vier Kohlenstoffatome in einer
geraden Linie sich befinden und daß die in Betracht kommenden
Wasserstoffe und Hydroxyle über der Ebene des Papiers stehen.
Durch Projektion erhält man dann folgende Zeichnungen:

$$
\begin{array}{ccc}
\text{COOH} & \text{COOH} & \text{COOH} \\
\text{H}-\overset{\cdot}{\text{C}}-\text{OH} & \text{HO}-\overset{\cdot}{\text{C}}-\text{H} & \text{H}-\overset{\cdot}{\text{C}}-\text{OH} \\
\text{HO}-\overset{\cdot}{\text{C}}-\text{H} & \text{H}-\overset{\cdot}{\text{C}}-\text{OH} & \text{H}-\overset{\cdot}{\text{C}}-\text{OH} \\
\text{COOH} & \text{COOH} & \text{COOH}
\end{array}
$$

Rechts- und Links-Weinsäure        Inaktive Weinsäure.

Verfährt man in der gleichen Weise mit den Modellen für $d$- und
$l$-Zuckersäure, so resultieren die beiden Projektionen:

$$
\begin{array}{cc}
\text{I.} & \text{II.} \\
\text{COOH} & \text{COOH} \\
\text{H}-\overset{\cdot}{\text{C}}-\text{OH} & \text{HO}-\overset{\cdot}{\text{C}}-\text{H} \\
\text{HO}-\overset{\cdot}{\text{C}}-\text{H} & \text{H}-\overset{\cdot}{\text{C}}-\text{OH} \\
\text{H}-\overset{\cdot}{\text{C}}-\text{OH} & \text{HO}-\overset{\cdot}{\text{C}}-\text{H} \\
\text{H}-{}^{*}\overset{\cdot}{\text{C}}-\text{OH} & \text{HO}-\overset{\cdot}{\text{C}}-\text{H} \\
\text{COOH} & \text{COOH}
\end{array}
$$

Ich wähle wieder willkürlich für die $d$-Zuckersäure die Form I,
wobei es natürlich unentschieden bleibt, ob bei dem mit * bezeichneten
Kohlenstoffatom die Reihenfolge von Hydroxyl und Wasserstoff im
Sinne des Uhrzeigers oder umgekehrt statthat. Dann ergeben sich
für Traubenzucker und seine Isomeren folgende Formen:

$$
\begin{array}{cccc}
\text{COH} & \text{COH} & \text{COH} & \text{COH} \\
\text{H}-\overset{\cdot}{\text{C}}-\text{OH} & \text{HO}-\overset{\cdot}{\text{C}}-\text{H} & \text{HO}-\text{C}-\text{H} & \text{H}-\overset{\cdot}{\text{C}}-\text{OH} \\
\text{HO}-\overset{\cdot}{\text{C}}-\text{H} & \text{H}-\overset{\cdot}{\text{C}}-\text{OH} & \text{HO}-\overset{\cdot}{\text{C}}-\text{H} & \text{H}-\overset{\cdot}{\text{C}}-\text{OH} \\
\text{H}-\overset{\cdot}{\text{C}}-\text{OH} & \text{HO}-\overset{\cdot}{\text{C}}-\text{H} & \text{H}-\overset{\cdot}{\text{C}}-\text{OH} & \text{HO}-\overset{\cdot}{\text{C}}-\text{H} \\
\text{H}-\overset{\cdot}{\text{C}}-\text{OH} & \text{HO}-\overset{\cdot}{\text{C}}-\text{H} & \text{H}-\overset{\cdot}{\text{C}}-\text{OH} & \text{HO}-\overset{\cdot}{\text{C}}-\text{H} \\
\text{CH}_2\text{OH} & \text{CH}_2\text{OH} & \text{CH}_2\text{OH} & \text{CH}_2\text{OH} \\
\text{Traubenzucker} & l\text{-Glucose} & d\text{-Mannose} & l\text{-Mannose}
\end{array}
$$

---

[1]) Berichte d. d. chem. Gesellsch. **23**, 572 [1890].

$$
\begin{array}{cccc}
\text{COH} & \text{COH} & \text{CH}_2\text{OH} & \text{CH}_2\text{OH} \\
\text{HO}-\text{C}-\text{H} & \text{H}-\text{C}-\text{OH} & \text{CO} & \text{CO} \\
\text{HO}-\text{C}-\text{H} & \text{H}-\text{C}-\text{OH} & \text{HO}-\text{C}-\text{H} & \text{H}-\text{C}-\text{OH} \\
\text{H}-\text{C}-\text{OH} & \text{HO}-\text{C}-\text{H} & \text{H}-\text{C}-\text{OH} & \text{HO}-\text{C}-\text{H} \\
\text{HO}-\text{C}-\text{H} & \text{H}-\text{C}-\text{OH} & \text{H}-\text{C}-\text{OH} & \text{HO}-\text{C}-\text{H} \\
\text{CH}_2\text{OH} & \text{CH}_2\text{OH} & \text{CH}_2\text{OH} & \text{CH}_2\text{OH} \\
\textit{d}\text{-Gulose} & \textit{l}\text{-Gulose} & \textit{d}\text{-Fructose}[1]) & \textit{l}\text{-Fructose}
\end{array}
$$

Schließlich gebe ich noch aus der Dulcitreihe die Formeln für die beiden inaktiven zweibasischen Säuren, welche höchstwahrscheinlich in der Schleimsäure und Alloschleimsäure vorliegen:

$$
\begin{array}{cc}
\text{COOH} & \text{COOH} \\
\text{H}-\text{C}-\text{OH} & \text{H}-\text{C}-\text{OH} \\
\text{HO}-\text{C}-\text{H} & \text{H}-\text{C}-\text{OH} \\
\text{HO}-\text{C}-\text{H} & \text{H}-\text{C}-\text{OH} \\
\text{H}-\text{C}-\text{OH} & \text{H}-\text{C}-\text{OH} \\
\text{COOH} & \text{COOH}
\end{array}
$$

Mit Hilfe der Projektionen lassen sich leicht die Modelle der betreffenden Moleküle rekonstruieren.

Diese Bezeichnungsweise kann ferner ohne weiteres einerseits auf die Pentosen, andererseits auf die Heptosen, Oktosen usw., bei welchen die Zweideutigkeit der alten Zeichen + und — stetig wächst, übertragen werden.

So erhält man für die beiden bisher bekannten Pentosen und die daraus entstehenden Trioxyglutarsäuren entsprechend der früheren Darlegung folgende Projektionen:

$$
\begin{array}{cccc}
\text{COH} & \text{COH} & \text{COOH} & \text{COOH} \\
\text{H}-\text{C}-\text{OH} & \text{H}-\text{C}-\text{OH} & \text{H}-\text{C}-\text{OH} & \text{H}-\text{C}-\text{OH} \\
\text{HO}-\text{C}-\text{H} & \text{HO}-\text{C}-\text{H} & \text{HO}-\text{C}-\text{H} & \text{HO}-\text{C}-\text{H} \\
\text{HO}-\text{C}-\text{H} & \text{H}-\text{C}-\text{OH} & \text{HO}-\text{C}-\text{H} & \text{H}-\text{C}-\text{OH} \\
\text{CH}_2\text{OH} & \text{CH}_2\text{OH} & \text{COOH} & \text{COOH} \\
\text{Arabinose} & \text{Xylose} & \text{Aktive Säure} & \text{Inaktive Säure} \\
& & \text{aus Arabinose} & \text{aus Xylose.}
\end{array}
$$

[1]) Diese Projektionen haben trotz der scheinbaren Ähnlichkeit selbstverständlich eine ganz andere Bedeutung, als die Formeln, welche Herr O. Löw vor einigen Jahren (Berichte d. d. chem. Gesellsch. **21**, 473 [1888]) versuchsweise für Fruchtzucker konstruierte; denn die letzteren sind aus ganz anderen und offenbar falschen Voraussetzungen hervorgegangen.

Die Vorteile der neuen Formeln treten besonders zutage bei der Betrachtung derjenigen Reaktionen, welche eine Vermehrung oder Verminderung der asymmetrischen Kohlenstoffatome zur Folge haben. Als Beispiel möge die

### Oxydation des Fruchtzuckers

dienen. Nach den Beobachtungen von Kiliani[1]) liefert derselbe bei der Behandlung mit Salpetersäure neben Glycolsäure die inaktive Weinsäure. Die Bildung der letzteren läßt sich mit den oben entwickelten Formeln schematisch sehr einfach dartun:

$$
\begin{array}{ll}
\begin{array}{l}
\text{CH}_2\text{OH} \\
\text{CO} \\
\text{HO} - \text{C} - \text{H} \\
\text{H} - \text{C} - \text{OH} \\
\text{H} - \text{C} - \text{OH} \\
\text{CH}_2\text{OH}
\end{array}
&
\begin{array}{l}
\\
\\
\text{COOH} \\
\text{H} - \text{C} - \text{OH} \\
\text{H} - \text{C} - \text{OH} \\
\text{COOH}
\end{array}
\\
\quad d\text{-Fructose} & \text{Inaktive Weinsäure.}
\end{array}
$$

Über die Verwandlung der anderen Zuckerarten oder der zugehörigen Säuren in Weinsäure oder ihre Isomeren liegen keine genügend sicheren Angaben vor    Ich werde deshalb selbst diese Versuche in Angriff nehmen.

———

Die Methode, welche zur Feststellung der Konfiguration der Zuckerarten geführt hat, dürfte m. m. auch bei anderen Verbindungen mit mehreren asymmetrischen Kohlenstoffatomen anwendbar sein. Dahin gehören u. a. verschiedene Substanzen der Terpengruppe.

Ich habe bereits einmal[2]) den Versuch gemacht, eine Parallele zwischen den Mannonsäuren und den Gluconsäuren einerseits und den von Wallach aus Rechts- und Links-Limonen gewonnenen vier isomeren Nitrolaminen zu ziehen.

Diese Erklärung glaubt Hr. Wallach[3]) als „nicht wohl anwendbar" bezeichnen zu müssen, weil schon in den Nitrosochloriden dieselben asymmetrischen Kohlenstoffatome enthalten seien, wie in den Nitrolaminen. Demgegenüber mache ich darauf aufmerksam, daß gerade bei den Halogenderivaten die Asymmetrie des Kohlenstoffatoms am allerwenigsten zu beobachten ist. Wir finden im Gegenteil, daß die

[1]) Berichte d. d. chem. Gesellsch. **14**, 2530 [1881].
[2]) Berichte d. d. chem. Gesellsch. **23**, 3687 [1890]. (*S. 380.*)
[3]) Berichte d. d. chem. Gesellsch. **24**, 1563 [1891].

Asymmetrie scheinbar verschwindet, wenn z. B. Hydroxyl durch Halogen ersetzt wird. So entsteht aus der Äpfelsäure inaktive Monobrombernsteinsäure[1]) und aus der aktiven Mandelsäure die inaktive Phenylchlor- oder bromessigsäure[2]).

Es wäre mithin wohl möglich, daß aus demselben Limonennitrosochlorid zwei verschiedene Nitrolamine in der angedeuteten Weise entstehen. Ich stimme aber Hrn. Wallach darin gern bei, daß diese Frage nur dann eine reale Bedeutung hat, wenn die betreffenden Nitrolamine durch die weitere Untersuchung als strukturidentisch erkannt werden.

---

[1]) Kekulé, Liebigs Annal. d. Chem. **130**, 21 [1864].
[2]) Easterfield, Journ. chem. soc. **1891**, 72.

**49. Emil Fischer: Über ein neues Isomeres der Galactonsäure und der Schleimsäure.**

Berichte der deutschen chemischen Gesellschaft **24**, 3622 [1891].

(Eingegangen am 23. November;
vorgetragen in der Sitzung von Herrn Tiemann.)

Ähnlich den einbasischen Säuren der Mannitreihe wird auch die Galactonsäure durch Erhitzen mit Chinolin oder Pyridin teilweise in eine stereoisomere Verbindung verwandelt, welche Talonsäure genannt werden mag und welche zur Galactonsäure im selben Verhältnis steht, wie die Glucon- zur Mannonsäure. Bei der Reduktion wird die Talonsäure in den zugehörigen Zucker, die Talose, übergeführt und bei der Oxydation mit Salpetersäure liefert sie eine neue zweibasische Säure, die Taloschleimsäure. Letztere unterscheidet sich von der Schleimsäure nicht allein durch die große Löslichkeit in Wasser, sondern insbesondere durch ihre optische Aktivität. Durch Erhitzen mit Pyridin wird sie teilweise in jene umgewandelt.

Mit der Taloschleimsäure steigt die Zahl der bekannten stereoisomeren zweibasischen Säuren der Zuckergruppe auf acht, während die Theorie deren nur zehn voraussehen läßt. Die beiden letzten wird man unzweifelhaft in den noch fehlenden optischen Antipoden der Taloschleimsäure und Isozuckersäure finden.

### Talonsäure.

Die Verwandlung der Galactonsäure*) in die isomere Verbindung gelingt sowohl mit Chinolin wie mit Pyridin bei einer Temperatur von 140—150⁰. Die Anwendung dieser letzten Base ist wegen der größeren Ausbeute mehr zu empfehlen, obwohl die Operation im geschlossenen Gefäß ausgeführt werden muß. Für die nachfolgenden Versuche diente Galactonsäure, welche aus dem reinen Cadmiumsalz durch Schwefelwasserstoff dargestellt und bis zum 50prozentigen Sirup eingedampft war.

250 g des Sirups (entsprechend 125 g Galactonsäure) werden mit 125 g Pyridin und einem Liter Wasser im Papinschen Topf aus Kupfer

---

*) Vgl. Seite 556.

2 Stunden auf 150⁰ erhitzt und die braune, von einem geringen Niederschlag filtrierte Flüssigkeit nach Zusatz von 125 g reinem kristallisiertem Barythydrat gekocht, bis das Pyridin verschwunden ist. Man fällt jetzt den Baryt in der Wärme genau mit Schwefelsäure, behandelt mit reiner Tierkohle, kocht dann die filtrierte gelbe Lösung zuerst mit Cadmiumcarbonat, zum Schluß mit Cadmiumhydroxyd, bis sie neutral reagiert. Aus dem Filtrat scheidet sich beim Erkalten der größere Teil der unveränderten Galactonsäure als schwerlösliches Cadmiumsalz aus. Um die Abscheidung des letzteren zu vervollständigen, wird das Filtrat konzentriert; nach Entfernung des in der Kälte kristallisierten Salzes ist es in der Regel nötig, das inzwischen wieder sauer gewordene Filtrat nochmals mit Cadmiumhydroxyd zu kochen und zur möglichst vollständigen Abscheidung des galactonsauren Cadmiums 24 Stunden stehen zu lassen. Aus der Mutterlauge wird nach dem Verdünnen mit Wasser das Cadmium mit Schwefelwasserstoff gefällt und das Filtrat nach dem Austreiben des Schwefelwasserstoffs mit Bleicarbonat gekocht; versetzt man nun die heiße Flüssigkeit mit einer Lösung von reinem basisch essigsauren Blei, so wird die Talonsäure als basisches Bleisalz gefällt. Dieses bildet einen fast farblosen pulverigen Niederschlag, welcher leicht filtriert und ausgewaschen werden kann. Derselbe wird schließlich in warmem Wasser suspendiert und durch Schwefelwasserstoff zersetzt. Das Filtrat hinterläßt beim Eindampfen einen schwach gefärbten Sirup, welcher die Talonsäure aber immer noch gemischt mit etwas Galactonsäure enthält.

Die Ausbeute an diesem Produkt beträgt etwa 14 pCt. der angewandten Galactonsäure. Zur völligen Reinigung der Talonsäure dient das Brucinsalz. Um dasselbe zu gewinnen, kocht man die verdünnte wässerige Lösung der Säure mit etwas mehr als der berechneten Menge Brucin 15 Minuten und verdampft zum Sirup. Dieser beginnt in der Kälte bald zu kristallisieren. Zur Entfernung des noch vorhandenen Wassers wird die Kristallmasse schließlich mit absolutem Alkohol angerieben, filtriert und dann in heißem Methylalkohol gelöst; aus dem Filtrat fällt das talonsaure Brucin beim Erkalten in glänzenden, meist zu kugeligen Aggregaten vereinigten, feinen Kristallen aus. Dieselben schmelzen nicht ganz scharf zwischen 130 und 133⁰ und sind in Wasser leicht löslich. Die Ausbeute an diesem reinen Salz betrug 23 pCt. der angewandten Galactonsäure; das entspricht 7 pCt. reiner Talonsäure.

Um aus dem Brucinsalz die Säure zu regenerieren, wird es in Wasser gelöst und durch einen Überschuß von reinem Baryumhydroxyd zersetzt. Die gefällte Base wird nach dem Erkalten filtriert, die Mutterlauge verdampft und die zurückbleibende Baryumverbindung mit absolutem Alkohol ausgekocht. Diese Operation hat den Zweck, das noch vorhandene Brucin zu entfernen. Schließlich wird der Rückstand wieder in Wasser gelöst und der Baryt genau mit Schwefelsäure gefällt. Das Filtrat hinterläßt beim Verdampfen einen Sirup, welcher ein Gemisch von Talonsäure und ihrem Lacton ist. Dieses Präparat dreht das ·arisierte Licht stark nach links; es ist in heißem Alkohol leicht löslich.

Die Salze der Talonsäure mit Calcium, Strontium, Baryum, Zink sind sämtlich in Wasser sehr leicht löslich und bleiben beim Verdunsten ihrer Lösungen als gummiartige Masse zurück.

Cadmiumsalz. Im unreinen Zustande kristallisiert dasselbe sehr schwer; wird es dagegen aus der reinen Säure durch Kochen mit Cadmiumhydroxyd dargestellt, so bleibt es beim Verdunsten der Lösung sofort als farblose, vollständig kristallisierte Masse zurück. Zum Unterschied von dem galactonsauren Salz ist es selbst in kaltem Wasser recht leicht löslich. Aus der wässerigen Lösung wird es durch Alkohol zunächst als Sirup gefällt, welcher sich aber bald in ein Haufwerk von äußerst feinen, nadelförmigen Kristallen verwandelt. Ein Präparat, welches in dieser Weise dargestellt und bei 105° getrocknet war, scheint nach der Cadmiumbestimmung die Zusammensetzung $(C_6H_{11}O_7)_2Cd$ + $H_2O$ zu besitzen.

0,2849 g Subst.: 0,1142 g $CdSO_4$.

|  | Berechnet | Gefunden |
|---|---|---|
| Cd | 21,3 | 21,5 pCt. |

Leider ist die direkte Bestimmung des Kristallwassers nicht möglich; denn das Salz verliert zwar bei 130° an Gewicht, färbt sich aber gleichzeitig schon gelb.

Talonsäurephenylhydrazid. Auch diese Verbindung ist vom entsprechenden Derivat der Galactonsäure durch die viel größere Löslichkeit in Wasser unterschieden; infolgedessen muß man bei ihrer Bereitung konzentrierte Lösungen verwenden.

1 Teil der sirupförmigen Talonsäure, 1 Teil Phenylhydrazin und 2 Teile Wasser werden 1½ Stunden auf dem Wasserbade erwärmt. Nach dem Erkalten scheidet sich das Hydrazid allmählich kristallinisch ab. Dasselbe wird auf der Saugpumpe filtriert, mit Aceton gewaschen und in heißem Alkohol gelöst. Beim Erkalten fällt es daraus ziemlich rasch in kleinen farblosen, meist büschelförmig vereinigten Prismen, welche für die Analyse bei 105° getrocknet wurden.

0,2175 g Subst.: 0,3992 g $CO_2$, 0,1222 g $H_2O$.

|  | Ber. für $C_6H_{11}O_6 . N_2H_2 . C_6H_5$ | Gefunden |
|---|---|---|
| C | 50,35 | 50,06 pCt. |
| H | 6,29 | 6,25 ,, |

Das Hydrazid schmilzt nicht ganz konstant gegen 155° unter schwacher Gasentwicklung. Wegen der großen Löslichkeit in Wasser ist die Verbindung für die Abscheidung der Talonsäure nicht geeignet.

Reduktion der Talonsäure. Der Sirup welcher beim Eindampfen der wässerigen Lösung von Talonsäure zurückbleibt, enthält neben der freien Säure in reichlicher Menge ihr Lacton. Infolgedessen kann man dieses Produkt direkt reduzieren und erhält so die Talose. Die Reduktion, die Isolierung des Zuckers wurde in der früher öfters beschriebenen Weise ausgeführt.

Die Talose bildet einen farblosen Sirup. Ihr Phenylhydrazon ist in Wasser sehr leicht löslich, wodurch sie sich von der Galactose unterscheidet.

Beim Erwärmen mit essigsaurem Phenylhydrazin entsteht ein Osazon, welches von dem Galactosazon nicht zu unterscheiden ist. Dieses Resultat kann nicht überraschen; denn nach der Bereitungsweise steht die Talose zur Galactose im gleichen Verhältnis wie die Mannose zur Glucose und diese beiden Zucker liefern bekanntlich auch das gleiche Osazon.

Verwandlung der Talonsäure in Galactonsäure. Dieselbe vollzieht sich unter den gleichen Bedingungen, wie der umgekehrte Vorgang und liefert bezüglich der Ausbeute viel bessere Resultate.

1 g der sorgfältig gereinigten syrupförmigen Talonsäure wurde mit 5 g Wasser und 1 g Pyridin zwei Stunden auf 150° erhitzt und die Flüssigkeit dann gerade so behandelt, wie es zuvor bei der Bereitung der Talonsäure angegeben ist. Die Ausbeute an galactonsaurem Cadmium betrug 0,5 g, so daß man annehmen kann, daß wenigstens 50 pCt. der Talonsäure in die stereoisomere Verbindung übergehen.

### d-Taloschleimsäure.

Während Galactonsäure oder Galactose beim Abdampfen mit verdünnter Salpetersäure eine große Menge von kristallisierter Schleimsäure hinterlassen, liefert die reine Talonsäure unter denselben Bedingungen einen schwach gelben Sirup, welcher in Wasser sowie in Alkohol und Aceton leicht löslich ist. Derselbe enthält die Taloschleimsäure. Für die Bereitung der letzteren kann man auch unreine Talonsäure benutzen, da die gleichzeitig entstehende Schleimsäure sich wegen ihrer geringen Löslichkeit verhältnismäßig leicht entfernen läßt.

200 g Galactonsäure wurden in der früher beschriebenen Weise mit Pyridin umgelagert und die unveränderte Galactonsäure durch das Cadmiumsalz größtenteils entfernt. So resultierten 45 g eines hellbraunen Sirups, welcher ein Gemenge von Talonsäure und wenig

Galactonsäure ist. Je 10 g von diesem Produkt wurden mit 50 g Salpetersäure vom spezifischen Gewicht 1,15 in einer Platinschale auf dem Wasserbade unter fortwährendem Umrühren möglichst rasch zum Sirup verdampft, dann mit etwas Wasser verdünnt und in der gleichen Weise verdampft, um die Salpetersäure möglichst zu entfernen. Der Rückstand hinterläßt beim Verdünnen mit wenig kaltem Wasser etwas Schleimsäure. Das Filtrat wird mit Wasser auf 100 ccm verdünnt, mit reinem Calciumcarbonat bis zur neutralen Reaktion gekocht und schließlich in der Wärme mit wenig Tierkohle behandelt. Aus der heiß filtrierten, hellgelben Flüssigkeit scheidet sich nach dem Erkalten das Kalksalz als wenig gefärbtes Kristallpulver ab; die Mutterlauge liefert nach dem Einengen im Vakuum eine zweite, aber viel geringere Kristallisation.

Zur Bereitung der freien Säure wird das fein gepulverte Salz in eine heiße Lösung von wenig überschüssiger Oxalsäure allmählich eingetragen. Umgekehrt zu verfahren ist nicht ratsam, weil das Salz beim Erhitzen mit Wasser schmilzt und dann schwer von der Oxalsäure zerlegt wird. Nachdem die überschüssige Oxalsäure mit Kalkmilch quantitativ entfernt war, wurde die Lösung der Taloschleimsäure zum Sirup verdampft; der letztere scheidet nach einigem Stehen etwas Schleimsäure ab und wird zur Entfernung derselben mit kaltem, reinem Aceton aufgenommen. Nach dem Verdampfen des Acetons wurde die schon ziemlich reine Säure in der dreißigfachen Menge Wasser gelöst und abermals durch Kochen mit Calciumcarbonat in das Kalksalz verwandelt; dasselbe schied sich nun beim Erkalten der Lösung als farbloses, krystallinisches Pulver ab, welches aus mikroskopisch kleinen, kugelförmigen Massen von wenig charakteristischer Form besteht.

Wird dieses reine Salz wieder in der früher beschriebenen Weise durch Oxalsäure zerlegt und der Überschuß der letzteren durch Kalkmilch entfernt, so hinterläßt die Lösung beim Verdampfen die Taloschleimsäure als farblosen Sirup, welcher nach zwölfstündigem Stehen zu einem Kristallkuchen erstarrt. Zur Entfernung der Mutterlauge, welche, wie es scheint, ein Lacton der Säure enthält, wird die Masse mit reinem, kaltem Aceton verrieben, ausgelaugt und filtriert.

Für die Analyse wurde dieses Präparat durch längeres Kochen mit viel reinem Aceton gelöst. Aus der durch Abdampfen konzentrierten Flüssigkeit schied sich die Säure in mikroskopisch feinen, farblosen, viereckigen Blättchen ab, welche bei 105° getrocknet folgende Zahlen gaben:

0,1255 g Subst.: 0,1554 g $CO_2$, 0,0605 g $H_2O$.

|   | Ber. für $C_6H_{10}O_8$ | Gefunden |
|---|---|---|
| C | 34,3 | 33,8 pCt. |
| H | 4,8 | 5,3 ,, |

Die Säure schmilzt nicht ganz konstant gegen 158° unter lebhafter Gasentwicklung.

Sie ist selbst in kaltem Wasser sehr leicht löslich, desgleichen in warmem absolutem Alkohol. Beim Eindampfen der alkoholischen Lösung wird sie teilweise verestert, so daß sie aus diesem Lösungsmittel nicht umkristallisiert werden kann. In reinem, warmem Aceton ist die kristallisierte Säure recht schwer löslich, während das rohe sirupförmige Produkt davon leicht aufgenommen wird; in Äther, Chloroform und Benzol ist sie nahezu unlöslich; sie reduziert die Fehlingsche Lösung auch beim Kochen gar nicht; das polarisierte Licht dreht sie nach rechts.

Eine frisch bereitete wässerige Lösung von 3,84 pCt. und dem spezifischen Gewicht 1,0172 drehte bei 20° im 1 dcm-Rohr im Mittel von mehreren Ablesungen 1,15° nach rechts; daraus berechnet sich die spezifische Drehung $[\alpha]_D^{20} = + 29,4°$. Diese Zahl ist aber nicht ganz genau, da für den Versuch leider nur eine sehr kleine Menge der reinen Substanz angewandt werden konnte. Beim Kochen der Lösung verringert sich infolge Lactonbildung das Drehungsvermögen, wie später bei der Beschreibung des Calciumsalzes noch ausführlicher gezeigt wird.

Die wässerige Lösung der Säure gibt mit Bleiacetat und überschüssigem Barytwasser weiße Niederschläge der betreffenden Salze. Ferner liefert ihre durch Ammoniak neutralisierte Lösung mit Silbernitrat und Cadmiumsulfat weiße Niederschläge, wird dagegen durch Kupfersulfat nicht gefällt. Das unlösliche Silbersalz zersetzt sich beim Kochen mit Wasser unter Abscheidung von Silber.

Das saure Kaliumsalz ist in Wasser sehr leicht löslich und hinterbleibt beim Verdunsten als farbloser Sirup.

Analysiert wurde nur das Kalksalz, dessen Bereitung oben beschrieben ist. Im Vakuum über Schwefelsäure getrocknet enthält es noch etwas Wasser, welches aber vollständig bei 105° entweicht. Das bei der letzteren Temperatur getrocknete Salz hat dann die Zusammensetzung $C_6H_8O_8Ca$.

0,4335 g Subst.: 0,4600 g $CO_2$, 0,1329 g $H_2O$
0,2020 g Subst.: 0,1105 g $CaSO_4$.

|     | Berechnet | Gefunden |
| --- | --- | --- |
| C | 29,03 | 28,94 „ |
| H | 3,23 | 3,40 „ |
| Ca | 16,13 | 16,08 pCt. |

Beim Kochen mit Wasser schmilzt dasselbe partiell zu einer zähen Masse und löst sich dabei nur in geringer Menge. In heißer, stark verdünnter Essigsäure ist es etwas leichter löslich. Aus der wässerigen

Lösung wird es durch Alkohol gefällt und beim Erhitzen zersetzt es sich, ohne zu schmelzen.

Da das Kalksalz sehr viel leichter zu isolieren ist, als die freie kristallisierte Säure und da es sich deshalb für die Erkennung der letzteren eignet, so wurde zur schärferen Charakterisierung desselben folgende optische Probe angestellt:

0,8 g des bei 105⁰ getrockneten Salzes wurden in 5 ccm Salzsäure, welche aus 5 Teilen Wasser und 1 Teil rauchender Salzsäure vom spezifischen Gewicht 1,19 hergestellt war, bei 20ᶜ möglichst rasch gelöst. Die Flüssigkeit drehte ungefähr 15 Minuten nach der Auflösung im 1 dcm-Rohr 3,25⁰ nach rechts; nach 1½ Stunden war die Drehung auf + 2,35⁰ zurückgegangen; dann wurde die Lösung 5 Minuten lang bis nahe zum Sieden erhitzt und nach dem Abkühlen wieder geprüft. Die Drehung betrug nur noch + 1⁰, stieg aber im Verlauf von 17 Stunden bei gewöhnlicher Temperatur wieder auf 1,8⁰. Diese Schwankungen werden offenbar durch teilweise Lactonbildung hervorgerufen; sie sind charakteristisch für die Taloschleimsäure und können insbesondere benutzt werden, um dieselbe von der d-Zuckersäure und d-Mannozuckersäure zu unterscheiden, bei welchen die Rechtsdrehung beim Kochen der Lösung durch die Lactonbildung nicht vermindert, sondern beträchtlich vermehrt wird.

Das Phenylhydrazid der Taloschleimsäure scheidet sich beim Erwärmen der nicht zu verdünnten wässerigen Lösung mit essigsaurem Phenylhydrazin auf dem Wasserbade schon nach kurzer Zeit in fast farblosen, glänzenden Blättchen ab, welche zwischen 185 und 190⁰ unter Zersetzung schmelzen und in heißem Wasser beträchtlich leichter löslich sind als das Doppelhydrazid der Schleimsäure. Analysiert wurde das Produkt nicht.

Verwandlung der Taloschleimsäure in Dehydroschleimsäure.

Sie gelingt auf dieselbe Weise, wie bei den isomeren Säuren.

1 g sirupförmige Taloschleimsäure wurde mit 1 g konzentrierter Salzsäure und 1 g rauchender Bromwasserstoffsäure mehrere Stunden auf 150⁰ erhitzt.

Die Menge der nach dem Erkalten des Rohres auskristallisierten Dehydroschleimsäure betrug 0,19 g.

Verwandlung der Taloschleimsäure in Schleimsäure.

1 g Taloschleimsäure wurde mit 2 g Pyridin und 10 g Wasser im geschlossenen Rohr 3 Stunden auf 140⁰ erhitzt, dann die dunkelbraune Lösung mit überschüssigem Baryt bis zum Verschwinden des Pyridingeruches gekocht, die Masse mit Wasser verdünnt, in der Hitze

der Baryt quantitativ mit Schwefelsäure ausgefällt und schließlich die Lösung durch Kochen mit Tierkohle größtenteils entfärbt. Aus dem stark konzentrierten Filtrat fiel die Schleimsäure beim 12stündigen Stehen kristallinisch aus. Sie wurde aus heißem Wasser umkristallisiert und durch den Schmelzpunkt, welcher gegen 213⁰ lag, identifiziert. Die Ausbeute betrug 0,2 g. Dieses Resultat beweist besser als jede andere Reaktion, daß die Taloschleimsäure mit der Schleimsäure stereoisomer ist.

Über die Konfiguration dieser Säuren habe ich mich bereits kurz geäußert[1]). Ich werde die Frage später ausführlicher behandeln.

Ferner bemerke ich, daß die gleichen Versuche mit der Arabonsäure und Xylonsäure in Angriff genommen sind und zu neuen Pentonsäuren resp. Pentosen führen.

Schließlich ist es mir eine angenehme Pflicht, den HHrn. Dr. Gustav Heller und Dr. Oscar Piloty für die wertvolle Hilfe, welche sie bei dieser recht mühevollen Arbeit leisteten, besten Dank zu sagen.

---

[1]) Berichte d. d. chem. Gesellsch. **24**, 1841 [1891]. (*S. 422.*)

**50. Emil Fischer und Oscar Piloty: Über eine neue Pentonsäure und die zweite inaktive Trioxyglutarsäure.**

Berichte der deutschen chemischen Gesellschaft 24, 4214 [1891].
(Eingegangen am 21. Dezember.)

Die Theorie des asymmetrischen Kohlenstoffatoms, welche durch die Beobachtungen in der Zuckergruppe eine breitere experimentelle Grundlage erhalten hat, läßt, wie früher[1]) schon betont wurde, die Existenz von 4 stereoisomeren Trioxyglutarsäuren voraussehen. Zwei derselben müssen optische Antipoden, die beiden anderen dagegen optisch inaktive Substanzen sein. Die Konfiguration der vier Säuren wird durch folgende Projektionsformeln[2]) dargestellt:

| I. | II. | III. | IV. |
|---|---|---|---|
| COOH | COOH | COOH | COOH |
| H.Ċ.OH | HO.Ċ.H | H.Ċ.OH | H.Ċ.OH |
| HO.Ċ.H | H.Ċ.OH | HO.Ċ.H | H.Ċ.OH |
| HO.Ċ.H | H.Ċ.OH | H.Ċ.OH | H.Ċ.OH |
| COOH | COOH | COOH | COOH |
| aktiv | | inaktiv. | |

Die Säure I entsteht durch Oxydation der Arabinose mit Salpetersäure[3]) und die Säure III wurde auf dieselbe Weise aus Xylose gewonnen[4]).

Wenn die Theorie und die darauf begründeten speziellen Betrachtungen über die Konfiguration der Zuckerarten richtig sind, so ist der Weg für die Gewinnung der beiden anderen Säuren durch die Analogie vorgezeichnet. Die einbasischen Säuren der Zuckergruppe werden bekanntlich durch Erhitzen mit Chinolin oder Pyridin in stereoisomere Produkte umgewandelt, welche vom Ausgangsmaterial nur durch die

---

[1]) Berichte d. d. chem. Gesellsch. 24, 1839 [1891]. (S. 420.)
[2]) Berichte d. d. chem. Gesellsch. 24, 2683 [1891]. (S. 427.)
[3]) Berichte d. d. chem. Gesellsch. 24, 1844 und 2686 [1891]. (S. 425, 429.)
[4]) Berichte d. d. chem. Gesellsch. 24, 1842 und 2686 [1891]. (S. 423, 429.)

Stellung des Carboxyls an dem benachbarten asymmetrischen Kohlenstoffatom unterschieden sind. Wird diese Reaktion auf die

$$\text{Arabonsäure, } CH_2.OH.\overset{|}{\underset{|}{C}} \ . \ \overset{OH}{\underset{H}{C}} \ . \ \overset{H}{\underset{OH}{C}} \ . \ COOH \quad {}^{1})$$

angewandt, so muß eine zweite Säure von der Formel:

$$CH_2OH.\overset{OH}{\underset{H}{C}} \ . \ \overset{OH}{\underset{H}{C}} \ . \ \overset{OH}{\underset{H}{C}} \ . \ COOH$$

entstehen und diese muß dann bei weiterer Oxydation in die zweite inaktive Trioxyglutarsäure (IV) übergehen.

Auf dieselbe Art darf man erwarten, aus der Xylonsäure die zweite optisch aktive Trioxyglutarsäure (II) zu gewinnen.

Wir haben bisher nur den ersten Fall experimentell behandelt und dabei das Postulat der Theorie bestätigt gefunden.

Die neue Pentonsäure nennen wir nach der Abstammung Ribonsäure. Das Wort ist aus Arabinose durch Verstellung der Buchstaben gebildet. Sie entsteht aus Arabonsäure durch Erhitzen mit Pyridin und wird umgekehrt durch die gleiche Reaktion in diese teilweise zurückverwandelt.

Sie bildet ein schön kristallisiertes, optisch aktives Lacton. Letzteres liefert bei der Reduktion eine neue Pentose — die Ribose — und bei der Oxydation mit Salpetersäure die neue Trioxyglutarsäure. Diese verwandelt sich ebenfalls schon durch Abdampfen der wässerigen Lösung bei niederer Temperatur in die Lactonsäure $C_5H_6O_6$, welche optisch völlig inaktiv ist.

Die neue Trioxyglutarsäure unterscheidet sich erheblich von der isomeren ebenfalls inaktiven Verbindung, welche aus Xylose entsteht und man ersieht aus diesem Beispiel von neuem, wie sehr eine kleine Verschiedenheit in der Konfiguration die Eigenschaften solcher Substanzen beeinflußt.

Wir verzichten darauf, für die stereoisomeren Trioxyglutarsäuren besondere Namen zu wählen, weil die Projektionsformeln für die Unterscheidung ausreichen und weil wir ferner die Überzeugung haben, daß man bald abgekürzte Zeichen für die Benennung solcher Isomeren vereinbaren wird. Anders liegt der Fall bei den einbasischen Säuren und den Zuckerarten, welche für den synthetischen Aufbau ein so brauchbares Material bilden und deshalb als Anfangsglieder größerer

---

[1]) Berichte d. d. chem. Gesellsch. **24**, 2686 [1891]. (*S. 429.*) Die dort gegebene Projektionsformel ist hier wegen Raumersparnis horizontal geschrieben.

Reihen vorläufig am besten noch mit empirischen Namen ausgestattet werden. Einen solchen synthetischen Versuch haben wir mit der Ribose bereits begonnen und hoffen dadurch den Übergang von den Pentosen zu den Gliedern der Dulcitgruppe zu finden.

### Ribonsäure.

Für die nachfolgenden Versuche diente eine 10prozentige wässerige Lösung von Arabonsäure, welche aus dem reinen Kalksalz durch genaues Ausfällen mit Oxalsäure gewonnen wird. 6 Kilo dieser Lösung, entsprechend 600 g Arabonsäure, wurden mit 500 g Pyridin in einem kupfernen Autoklaven 3 Stunden im Ölbad auf 130⁰ erhitzt. Es ist hier nicht ratsam, wie dies in früheren ähnlichen Fällen angegeben wurde, die Temperatur auf 140—150⁰ zu steigern, weil dabei ein erheblicher Teil der Arabonsäure zerstört wird und neben anderen flüchtigen Produkten ziemlich viel Brenzschleimsäure entsteht.

Die hellbraune Flüssigkeit wird nun mit einer konzentrierten Lösung von 650 g reinem kristallisiertem Barythydrat (was einem kleinen Überschuß an Baryt entspricht) versetzt, bis zum Verschwinden des Pyridins gekocht und schließlich der Baryt mit einem kleinen Überschuß von Schwefelsäure ausgefällt. Für die spätere Reinigung der Ribonsäure ist es sehr förderlich, den in der Lösung enthaltenen braunen Farbstoff zu entfernen. Da die Behandlung mit Tierkohle nicht zum Ziele führt, so verfährt man zweckmäßig in folgender Weise. Die Flüssigkeit wird mit wenig angeschlemmtem reinem Bleicarbonat (auf die obige Menge Arabonsäure ca. 60 g) behandelt, wobei der kleine Überschuß von Schwefelsäure gefällt wird und der übrige Teil des Carbonats als Bleisalz der organischen Säuren in Lösung geht. Zuviel Bleicarbonat darf bei dieser Operation nicht angewendet werden, weil sich sonst schwer lösliches arabonsaures Blei abscheidet. Wird nun die vom Baryumsulfat und Bleisulfat heiß abfiltrierte Flüssigkeit mit Schwefelwasserstoff behandelt, so reißt das ausfallende Schwefelblei den braunen Farbstoff mit nieder und das Filtrat ist völlig farblos. Dasselbe wird nach dem Wegkochen des Schwefelwasserstoffs mit einem Überschuß von Calciumcarbonat etwa ½ Stunde bis zur neutralen Reaktion gekocht, dann mit reiner Tierkohle entfärbt und die abermals filtrierte Flüssigkeit zum dünnen Sirup eingedampft. Beim Erkalten beginnt sehr bald die Kristallisation des arabonsauren Kalks. Derselbe wird nach 12 Stunden abfiltriert und mit wenig kaltem Wasser nachgewaschen. Zurückgewonnen wurden 400 g Kalksalz, was ungefähr der Hälfte der angewandten Arabonsäure entspricht. Die Mutterlauge, welche wieder braun gefärbt ist, enthält neben wenig Arabonsäure sämtliche Ribonsäure als Kalksalz.

Der Kalk wird nun genau mit Oxalsäure ausgefällt und das Filtrat mit überschüssigem Cadmiumhydroxyd etwa ½ Stunde bis zur ganz schwach sauren Reaktion gekocht. Wird die abermals mit Tierkohle behandelte und heiß filtrierte Flüssigkeit zum Sirup verdampft, so scheidet sich nach längerem Stehen das Cadmiumsalz der Ribonsäure in blumenkohlähnlichen Massen ab, welche aus sehr feinen Nadeln bestehen. Die Gesamtausbeute an rohem Cadmiumsalz betrug 115 g. Dasselbe wird aus möglichst wenig heißem Wasser umkristallisiert.

Zersetzt man das reine Salz in wässeriger Lösung mit Schwefelwasserstoff und verdampft das Filtrat zum Sirup, so erstarrt derselbe beim Erkalten zu einem Kristallkuchen, weil die Ribonsäure in das schön kristallisierende Lacton übergeht.

Zur völligen Reinigung wird das Produkt in etwa der 30fachen Menge Essigäther durch längeres Kochen gelöst. Aus dem auf ein Drittel eingedampften Filtrat scheidet sich in der Kälte das Lacton in langen farblosen Prismen aus. Für die Analyse wurde das Präparat im Vakuum über Schwefelsäure getrocknet.

0,1737 g Subst.: 0,2586 g $CO_2$, 0,0896 g $H_2O$.

|   | Ber. für $C_5H_8O_5$ | Gefunden |
|---|---|---|
| C | 40,54 | 40,59 pCt |
| H | 5,4 | 5,75 „ |

Das Ribonsäurelacton schmilzt, wie die meisten Lactone dieser Gruppe nicht ganz konstant, zwischen 72 und 76⁰ und erstarrt beim Erkalten wieder völlig kristallinisch; es reagiert ganz neutral und reduziert die Fehlingsche Lösung nicht. Es ist in Wasser, Alkohol und Aceton sehr leicht, in Essigäther ziemlich schwer und in gewöhnlichem Äther sehr schwer löslich.

Eine wässerige Lösung, welche in 25 ccm 2,335 g Lacton enthielt, drehte bei 20⁰ im 2 dcm-Rohr 3,37⁰ nach links; daraus berechnet sich die spezifische Drehung $[\alpha]_D^{20} = -18{,}0^0$. Das Drehungsvermögen war nach 12 Stunden unverändert.

Die Salze der Ribonsäure mit Calcium, Baryum und Blei sind in Wasser außerordentlich leicht löslich und hinterbleiben beim Verdunsten als gummiartige Massen. Auffallende Eigenschaften besitzt das Mercurisalz, welches beim längeren Kochen des Lactons mit Quecksilberoxyd entsteht; dasselbe scheidet sich aus der heißen wässerigen Lösung beim Erkalten als Gallerte ab, welche beim langen Stehen teilweise in feine, konzentrisch gruppierte Nadeln übergeht. Durch eine wässerige Lösung des zweifach basisch essigsauren Bleis wird die Ribonsäure gefällt.

Am schönsten ist das schon erwähnte Cadmiumsalz. Es löst sich in heißem Wasser leicht und kristallisiert beim Erkalten sehr schnell in feinen Nadeln, welche zu blumenkohlähnlichen Massen zusammengelagert sind.

Bei $110^0$ getrocknet, hat es die Zusammensetzung: $(C_5H_9O_6)_2Cd$.

0,221 g Subst.: 0,103 g $CdSO_4$.

|  | Ber. für $(C_5H_9O_6)_2$ Cd | Gefunden |
|---|---|---|
| Cd | 25,34 | 25,06 pCt. |

Aus dem Lacton wird es am besten durch Kochen der wässerigen Lösung mit Cadmiumhydroxyd dargestellt, weil Cadmiumcarbonat zu langsam wirkt.

Seine wässerige Lösung dreht ganz schwach nach rechts; gefunden wurde $[\alpha]_D^{20} = — 0,6^0$.

Das Calciumsalz ist in Wasser außerordentlich leicht löslich und hinterbleibt beim Verdunsten der Lösung als gummiartige Masse, welche bisher nicht kristallisiert erhalten wurde.

Phenylhydrazid $C_5H_9O_5.N_2H_2.C_6H_5$. Da dasselbe in Wasser leicht löslich ist, so wurde 1 g Lacton mit 1 g Phenylhydrazin und 1 g Wasser 1 Stunde lang auf dem Wasserbade erhitzt. Beim Erkalten erstarrte die Masse kristallinisch; dieselbe wurde mit Alkohol verrieben, filtriert und aus heißem absolutem Alkohol umkristallisiert. Das Hydrazid scheidet sich daraus in farblosen, warzenförmig verwachsenen kleinen Nadeln ab, welche bei $162—164^0$ schmelzen und sich gegen $180^0$ unter langsamer Gasentwicklung zersetzen. Für die Analyse wurde es im Vakuum über Schwefelsäure getrocknet.

0,2085 g Subst.: 20 ccm N $(13^0, 743$ mm).

|  | Ber. für $C_{11}H_{16}O_5N_2$ | Gefunden |
|---|---|---|
| N | 10,94 | 11,08 pCt. |

### Vergleich der Ribonsäure und Arabonsäure.

Die beiden Säuren unterscheiden sich zunächst durch die Löslichkeit der Kalksalze und Hydrazide. Während arabonsaurer Kalk sehr leicht kristallisiert und in kaltem Wasser verhältnismäßig schwer löslich ist, wurde das Salz der Ribonsäure bisher nur als sehr leicht löslicher Gummi erhalten. Darauf beruht im wesentlichen die früher beschriebene Trennung der beiden Säuren.

Ebenso verschieden sind die Phenylhydrazide; während das Derivat der Ribonsäure in Wasser leicht löslich ist und bei $162—164^0$ schmilzt, liegt der Schmelzpunkt des in kaltem Wasser schwer löslichen Arabonsäurephenylhydrazids[1]) bei ungefähr $215^0$.

Viel ähnlicher sind die Cadmiumsalze beider Säuren. Da aber die Verbindung der Ribonsäure in kaltem Wasser etwas schwerer

---

[1]) Berichte d. d. chem. Gesellsch. **23**, 2627 [1890]. (*S. 329.*)

löslich ist, wie diejenige der Arabonsäure, so kann man kleinere Mengen der letzteren durch Umkristallisieren leicht entfernen. Darauf beruht, wie früher beschrieben, die völlige Reinigung der Ribonsäure.

Ein weiterer Unterschied zeigt sich bei den Lactonen. Das zuvor beschriebene Derivat der Ribonsäure schmilzt zwischen 72 und 76⁰ und hat die spezifische Drehung $[\alpha]_D^{20} = -18,0^0$. Das Lacton der Arabonsäure wurde von Bauer[1]) beschrieben. Er fand den Schmelzpunkt 89⁰ und die spezifische Drehung $[\alpha]_D^{20} = -67,4^0$. Diese Zahlen sind beide etwas zu niedrig, weil Bauer sein Präparat nicht umkristallisierte. Wir haben das Lacton aus reinem arabonsaurem Cadmium durch Zersetzen mit Schwefelwasserstoff dargestellt. Beim Verdampfen der wässerigen Lösung hinterblieb ein Sirup, der nach einiger Zeit kristallinisch erstarrte. Löst man dieses Produkt in wenig heißem, reinem und trockenem Aceton, so scheiden sich beim längeren Stehen der kalten Lösung harte, meist konzentrisch gruppierte farblose Nadeln ab, welche völlig neutral reagieren. Im Vakuum über Schwefelsäure getrocknet, beginnt das Lacton gegen 86⁰ zu erweichen und schmilzt zwischen 95 und 98⁰.

Eine wässerige Lösung, welche 9,45 pCt. Lacton enthielt und das spezifische Gewicht 1,0316 besaß, drehte bei 20⁰ im 2 dcm-Rohr 14,42⁰ nach links; daraus berechnet sich die spezifische Drehung $[\alpha]_D^{20} = -73,9^0$. Die Drehung war nach 14 Stunden unverändert. Eine weitere Angabe über das Drehungsvermögen der Arabonsäure ist von Allen und Tollens[2]) gemacht worden. Sie zersetzten arabonsaures Strontium mit der äquivalenten Menge Salzsäure und berechnen aus der schließlich konstant gewordenen Drehung der Lösung die spezifische Drehung $[\alpha]_D = -45,86^0$. Aber diese Zahl hat keinen besonderen Wert, da sie sich offenbar auf ein Gemisch von Säure und Lacton bezieht und man wird den Versuch von Allen und Tollens nur zur vorläufigen Orientierung benutzen.

### Verwandlung der Ribonsäure in Arabonsäure.

2 g Ribonsäurelacton wurden mit 10 g Wasser und 1,5 g Pyridin im geschlossenen Rohr 3 Stunden im Ölbade auf 130—135⁰ erhitzt, dann die hellbraune Flüssigkeit mit Barythydrat bis zum Verschwinden des Pyridins gekocht, der Baryt mit Schwefelsäure genau ausgefällt und das Filtrat mit Calciumcarbonat bis zur neutralen Reaktion gekocht. Aus der mit Tierkohle entfärbten und bis zum dünnen Sirup eingedampften Lösung schied sich der arabonsaure Kalk in der Kälte

---

[1]) Journ. für prakt. Chem. **30**, 380 [1884] und **34**, 48 [1886]; Kiliani, Berichte d. d. chem. Gesellsch. **19**, 3029 [1886] und **20**, 346 [1887].

[2]) Liebigs Annal. d. Chem. **260**, 312 [1890].

sehr bald kristallinisch aus. Die Ausbeute an Kalksalz betrug 1 g; das entspricht 0,64 g Arabonsäurelacton oder 32 pCt. des angewandten Ribonsäurelactons.

Zur weiteren Identifizierung der so gewonnenen Arabonsäure wurde aus dem Kalksalz das sehr charakteristische Phenylhydrazid dargestellt.

## Ribose.

Eine 10prozentige, bis zur Eisbildung abgekühlte wässerige Lösung des Ribonsäurelactons wird mit wenig Schwefelsäure angesäuert und dann mit 2½ prozentigem Natriumamalgam kräftig geschüttelt. Durch häufigen Zusatz von verdünnter Schwefelsäure muß die Reaktion dauernd sauer gehalten werden. Die Reduktion geht rasch vonstatten und der Wasserstoff wird anfänglich vollständig fixiert. Nachdem die zehnfache Menge Amalgam verbraucht war, wurde die Operation unterbrochen. Die vom Quecksilber getrennte Flüssigkeit wird zur Umwandlung des noch unveränderten Lactons in Natronsalz mit so viel Natronlauge versetzt, daß sie dauernd stark alkalisch reagiert, dann filtriert und mit Schwefelsäure in der Kälte genau neutralisiert. Fügt man nun zu der warmen Flüssigkeit die sechsfache Menge heißen absoluten Alkohol, so werden das Natriumsulfat vollständig und die organischen Natriumsalze zum Teil gefällt; das Filtrat hinterläßt beim Verdampfen einen farblosen Sirup, welcher die Ribose neben dem Reste der organischen Natriumsalze enthält.

Die völlige Reinigung des Zuckers bietet große Schwierigkeiten. Zur Entfernung der Natriumsalze haben wir folgendes Verfahren angewandt, wobei leider ein Teil des Zuckers verloren geht. Die verdünnte wässerige kalte Lösung des Rohproduktes wird zunächst mit einer kalten 20prozentigen Lösung von zweifach basisch essigsaurem Blei versetzt, solange noch ein Niederschlag entsteht; dadurch werden organische Säuren, aber kein Zucker gefällt. Fügt man nun zum Filtrat einen Überschuß des basischen Bleisalzes und dann so viel ziemlich konzentrierte Barytlösung, als zur Fällung gerade nötig ist, so enthält der Niederschlag den größten Teil des Zuckers; derselbe wird filtriert, mit kaltem Wasser sorgfältig gewaschen, dann mit kalter, sehr verdünnter Schwefelsäure zerlegt und aus dem Filtrat die überschüssige Schwefelsäure quantitativ mit Baryt gefällt. Die Mutterlauge hinterläßt dann beim Verdampfen den Zucker als farblosen Sirup, welcher nur noch wenig unorganische Produkte enthält.

Wie die beiden bekannten Pentosen, liefert derselbe beim Kochen mit 10prozentiger Schwefelsäure eine erhebliche Menge Furfurol. Leider wurde er bisher nicht kristallisiert erhalten. Wir haben deshalb seine Verbindungen mit Phenylhydrazin und $p$-Bromphenyl-hydrazin dargestellt.

Zur Gewinnung des Phenylhydrazons vermischt man gleiche Mengen des Sirups und der Hydrazinbase unter Zugabe von sehr wenig absolutem Alkohol und läßt das Gemisch 12 Stunden bei Zimmer-temperatur stehen; fügt man dann Äther zu, so scheidet sich ein bräun-lich gefärbter Sirup ab, welcher nach einiger Zeit kristallinisch erstarrt. Das Produkt löst sich in heißem absolutem Alkohol ziemlich schwer und scheidet sich aus der konzentrierten Lösung beim Erkalten als farblose kristallinische Masse ab, welche gegen 150⁰ sintert und zwischen 154 und 155⁰ unter langsamer Zersetzung schmilzt. In Wasser ist sie sehr leicht löslich.

Schöner ist das $p$-Bromphenylhydrazon. Es wird auf die gleiche Weise aus dem Zucker und reinem $p$-Bromphenylhydrazin[1]) bereitet und scheidet sich beim 12stündigen Kochen des Gemisches kristallinisch aus. Das Produkt wird zur Entfernung des überschüssigen Hydrazins mit Äther gewaschen und dann aus heißem absolutem Alkohol umkristallisiert. Es scheidet sich daraus als farbloses, feines Kristallpulver ab, welches beim raschen Erhitzen zwischen 164 und 165⁰ unter langsamer Zersetzung schmilzt und in Wasser leicht lös-lich ist.

Für die Analyse wurde das Produkt bei 105⁰ getrocknet.

0,2155 g Subst.: 15,4 ccm N (14⁰, 766,5 mm).

| | Ber. für $C_{11}H_{15}O_4N_2Br$. | Gefunden |
|---|---|---|
| N | 8,77 | 8,5 pCt. |

Wird die verdünnte wässerige Lösung der Ribose mit überschüs-sigem essigsaurem Phenylhydrazin eine Stunde auf dem Wasserbade erwärmt, so entsteht das Osazon. Es fällt zum Teil schon in der Wärme als Öl, zum Teil beim Erkalten in gelben kristallinischen Flocken und kann durch Umkristallisieren aus viel heißem Wasser gereinigt werden. Das Produkt besitzt alle Eigenschaften des Phenylarabinosazons, ein Resultat, welches man nach den Beziehungen der Ribose zur Arabinose erwarten mußte.

Die Osazonbildung kann mithin zur Unterscheidung von Ara-binose und Ribose nicht benutzt werden. Viel bessere Dienste leistet hier das $p$-Bromphenylhydrazin, welches die Erkennung von kleinen

---

[1]) Das Bromphenylhydrazin ist zur Erkennnung einzelner Zuckerarten geeigneter wie das Phenylhydrazin; insbesondere gilt das für die Arabinose; denn dieselbe liefert mit der bromhaltigen Base ein in kaltem Wasser schwer lösliches Hydrazon, welches leicht zu isolieren und deshalb für den Zucker recht charakteristisch ist. Die Verbindung wird später von Herrn Naumann genauer beschrieben werden.                    Fischer.

Mengen Arabinose gestattet. Wir machen auf diese Methode aufmerksam, weil die Isolierung des kristallisierten Zuckers bekanntlich
recht mühsam ist. Für die Erkennung der Ribose fehlt es bisher an
einer bequemen Methode. Das ist um so mehr zu bedauern, als man
erwarten darf, daß auch dieser Zucker neben Xylose und Arabinose
in Form seiner Anhydride im Pflanzenreiche vorkommt.

### Verwandlung der Ribonsäure in Trioxyglutarsäure.

10 g Ribonsäurelacton werden mit 25 g Salpetersäure vom spez.
Gewicht 1,2 in einer Platinschale auf dem Wasserbade erhitzt, wobei
bald eine lebhafte Reaktion erfolgt. Man verdampft die Lösung
schließlich unter fortwährendem Rühren, bis die Salpetersäure verschwunden ist. Die Operation nimmt nicht mehr als 20 bis 25 Minuten
in Anspruch. Der zurückbleibende gelbe Sirup, welcher 11 g wiegt,
wird dann in 160 ccm Wasser gelöst, mit reinem Calciumcarbonat bis
zur neutralen Reaktion gekocht, mit wenig Tierkohle behandelt und
heiß filtriert. Nach dem Erkalten scheidet sich das Kalksalz der Trioxyglutarsäure als feines, gelbes, kristallinisches Pulver allmählich aus.
Die Menge desselben betrug durchschnittlich 2 g. Die Mutterlauge
wird am besten im Vakuum bei 50⁰ auf $^1/_3$ ihres Volumens eingedampft;
sie liefert dann eine zweite Kristallisation des Kalksalzes, welche
weniger gefärbt ist als die erste Portion. Läßt man die Lösung mehrere
Tage in der Kälte stehen, so dauert die Kristallisation fort und wir
erhielten schließlich aus der obigen Menge des Ribonsäurelactons im
ganzen 4,5 g des kristallisierten Kalksalzes.

Zur Gewinnung der freien Säure wird das gepulverte Salz in eine
heiße Lösung der berechneten Menge Oxalsäure in kleinen Portionen
eingetragen und bis zur völligen Zersetzung digeriert. Da das Kalksalz nicht ganz rein ist, so enthält die Lösung schließlich einen kleinen
Überschuß von Oxalsäure; derselbe wird mit Kalkmilch quantitativ
ausgefällt und die Lösung durch Aufkochen mit wenig Tierkohle entfärbt. Wird das Filtrat im Vakuum bei 60⁰ möglichst stark eingedampft, so bleibt ein farbloser Sirup, welcher in der Kälte sofort kristallinisch erstarrt. Dieses Produkt ist nicht die freie Trioxyglutarsäure, sondern das erste Lacton derselben von der Formel $C_5H_6O_6$.
Zur Reinigung wird dasselbe in heißem, reinem Essigäther gelöst, wobei ein geringer Rückstand bleibt, welcher viel unorganische Materie
enthält. Das stark konzentrierte Filtrat scheidet im Verlauf von einigen
Stunden kleine farblose, harte, meist zu Warzen vereinigte Nädelchen
ab. Dieselben wurden für die Analyse bei 105⁰ getrocknet, wobei
sie nur sehr wenig an Gewicht verloren.

0,2087 g Subst.: 0,2805 g $CO_2$, 0,0745 g $H_2O$.
0,2142 g Subst. 0,287 g $CO_2$, 0,0745 g $H_2O$.

|   | Ber. für $C_5H_6O_6$ | Gefunden I. | II. |
|---|---|---|---|
| C | 37,04 | 36,66 | 36,54 pCt |
| H | 3,7 | 3,96 | 3,87 ,, |

Die Substanz beginnt bei 160⁰ zu erweichen und schmilzt beim raschen Erhitzen zwischen 170 und 171⁰ vollständig unter gleichzeitiger langsamer Gasentwicklung. Sie löst sich in Wasser und Alkohol sehr leicht, in trocknem Aceton ziemlich leicht, in Essigäther ziemlich schwer und in Äther fast gar nicht. Sie ist optisch inaktiv. Der Versuch wurde mit einer 6 prozentigen wässerigen Lösung im 1 dcm-Rohr angestellt unter Bedingungen, bei welchen eine Drehung von 0,03⁰ der Beobachtung nicht hätte entgehen können.

Sie schmeckt und reagiert sauer und reduziert die Fehlingsche Lösung nicht.

Daß sie als Lactonsäure betrachtet werden muß, geht zweifellos aus ihrem Verhalten gegen Alkali hervor; 0,2 g in 30 ccm eiskaltem Wasser gelöst, verbrauchten bis zum Eintritt der alkalischen Reaktion 12,8 ccm $^1/_{10}$ Normalkalilauge. Nach kurzer Zeit verschwand die alkalische Reaktion. Jetzt wurde ein Überschuß von Alkali zugegeben, auf dem Wasserbade ¼ Stunde erwärmt und nach dem völligen Erkalten mit Säure zurücktitriert. Dabei ergab sich, daß in der Wärme noch weitere 10,5 ccm derselben Kalilauge zur Neutralisation verbraucht waren. Diese Menge ist allerdings etwas geringer als die ursprünglich verbrauchte. Aber dieselbe Erfahrung haben auch Kiliani und Tollens bei der Titration anderer Lactonsäuren gemacht; es findet offenbar schon in der Kälte beim Zufließen der Kalilauge eine teilweise Rückverwandlung der Lactonsäure in die zweibasische Säure statt.

Um die Säure endlich als Derivat der Glutarsäure zu charakterisieren, wurde sie mit 10 Teilen konzentrierter Jodwasserstoffsäure und ½ Teil amorphem Phosphor 4 Stunden am Rückflußkühler gekocht. Die mit Wasser verdünnte und filtrierte bräunlich gefärbte Lösung wurde dann zur Fällung des Jods in der Kälte mit Silberoxyd behandelt, aus dem Filtrat die geringe Menge des gelösten Silbers mit einigen Tropfen Salzsäure gefällt und aus der stark verdampften Mutterlauge die Glutarsäure mit Äther extrahiert. Dieselbe erstarrte nach dem Verdampfen des Äthers sofort. Zweimal aus Benzol umkristallisiert, schmolzen die feinen Nadeln bei 95—96⁰ und lieferten das charakteristische, in Wasser schwer lösliche Zinksalz.

Vergleich der beiden inaktiven Trioxyglutarsäuren.

Die beiden Säuren unterscheiden sich in der Konfiguration nur durch die Stellung des mittleren Hydroxyls:

$$\text{I. COOH} - \overset{\overset{\textstyle OH}{|}}{\underset{\underset{\textstyle H}{|}}{C}} - \overset{\overset{\textstyle OH}{|}}{\underset{\underset{\textstyle H}{|}}{C}} - \overset{\overset{\textstyle OH}{|}}{\underset{\underset{\textstyle H.}{|}}{C}} - \text{COOH[1])}$$

$$\text{II. COOH} - \overset{\overset{\textstyle OH}{|}}{\underset{\underset{\textstyle H}{|}}{C}} - \overset{\overset{\textstyle H}{|}}{\underset{\underset{\textstyle OH}{|}}{C}} - \overset{\overset{\textstyle OH}{|}}{\underset{\underset{\textstyle H.}{|}}{C}} - \text{COOH}$$

Trotzdem weichen sie in ihren Eigenschaften wesentlich voneinander ab. Besonders auffällig ist die Verschiedenheit bezüglich der Lactonbildung. Die Säure (I) aus der Ribonsäure verwandelt sich schon, wie zuvor beschrieben, beim Verdampfen der wässerigen Lösung im Vakuum, wie es scheint, vollständig in die Lactonsäure. Infolgedessen ist uns die Darstellung der zweibasischen Säure selbst gar nicht gelungen. Im Gegensatz dazu scheint die Säure (II) aus Xylose keine Neigung zur Lactonbildung zu besitzen. Wir haben früher ihre Lösung im Vakuum bei 50⁰ eingedampft und so die zweibasische Säure erhalten. Wir haben neuerdings versucht, durch Eindampfen auf dem Wasserbade ein Lacton zu gewinnen. Der rückständige Sirup erstarrt auch hier beim Erkalten größtenteils kristallinisch. Als dieses Produkt aber nach dem Trocknen auf Ton aus heißem Essigäther umkristallisiert wurde, ergab die Analyse des Präparates die Formel der zweibasischen Säure $C_5H_8O_7$ und dementsprechend war das Verhalten des Produktes bei der Titration.

0,1767 g Subst.: 0,2165 g $CO_2$, 0,0720 g $H_2O$.

| | Ber. für $C_5H_8O_7$ | Gefunden |
|---|---|---|
| C | 33,33 | 33,41 pCt. |
| H | 4,44 | 4,52 „ |

Das aus Essigäther umkristallisierte Präparat schmilzt bei 152⁰ (unkorr.) unter Gasentwicklung. Für die aus Aceton umkristallisierte Säure wurde früher der Schmelzpunkt 145,5⁰ gefunden[2]). Als dasselbe Präparat aber zum Vergleich nochmals aus Essigäther, welcher hier als Lösungsmittel vorzuziehen ist, umkristallisiert war, zeigte es

---

[1]) Diese Formel ist wegen der vollkommenen Symmetrie des Moleküls identisch mit

$$\text{COOH} - \overset{\overset{\textstyle H}{|}}{\underset{\underset{\textstyle OH}{|}}{C}} - \overset{\overset{\textstyle H}{|}}{\underset{\underset{\textstyle OH}{|}}{C}} - \overset{\overset{\textstyle H}{|}}{\underset{\underset{\textstyle OH}{|}}{C}} - \text{COOH}$$

Dieselbe Umkehrung ist bei Formel II statthaft.

[2]) Berichte d. d. chem. Gesellsch. **24**, 1843 [1891]. (*S. 424.*)

ebenfalls den Schmelzpunkt 152°. Dieser änderte sich auch beim nochmaligen Umkristallisieren aus Aceton nicht mehr und ist deshalb als der richtigere zu betrachten.

Die Säure (II) aus Xylose liefert ferner ein gut kristallisiertes neutrales Kalisalz von der Formel $C_5H_6O_7K_2 + 2H_2O$. Wir haben das entsprechende Salz der isomeren Säure (I) in der gleichen Weise bereitet. Es hinterbleibt beim Verdunsten der Lösung als dicker Sirup, welcher weder beim mehrtägigen Stehen noch durch Eintragung eines Kristalls des anderen Kalisalzes zur Kristallisation gebracht werden konnte[1]).

Die Verschiedenheit der beiden Trioxyglutarsäuren scheint uns nach diesen Beobachtungen außer Zweifel zu stehen.

---

[1]) Wie wir nachträglich beobachteten, ist das Salz nach drei Wochen kristallisiert.

## 51. Emil Fischer und Richard S. Curtiss: Über die optisch isomeren Gulonsäuren.

Berichte der deutschen chemischen Gesellschaft **25**, 1025 [1892].
(Eingegangen am 7. März; vorgetragen in der Sitzung von Herrn Tiemann.)

Die *d*- und *l*-Gulonsäure, von welchen die erste durch Reduktion der Zuckersäure[1]) und die zweite durch Anlagerung von Blausäure an die Xylose[2]) entsteht, bilden schön kristallisierende Lactone, welche optisch und kristallographisch Antipoden sind. Bringt man gleiche Mengen beider Verbindungen in wässeriger Lösung zusammen, so ist dieselbe optisch inaktiv und beim Verdampfen bleibt eine ebenfalls inaktive Kristallmasse, welche 20° niedriger schmilzt, als die aktiven Komponenten. Dieses Präparat wurde deshalb früher für eine Verbindung der beiden aktiven Lactone gehalten und als *dl*-Gulonsäurelacton beschrieben.[3])

Die weitere Untersuchung hat aber ergeben, daß hier ein Irrtum vorliegt; denn die Kristalle, welche aus der inaktiven wässerigen Lösung sich abscheiden, sind nur ein mechanisches Gemenge der aktiven Lactone.*)

Durch langsame Kristallisation ist es uns gelungen, die einzelnen Individuen so groß zu erhalten, daß sie mechanisch getrennt und durch die optische Untersuchung sowie durch den Schmelzpunkt als reine *d*- und *l*-Verbindung charakterisiert werden konnten.

Ferner zeigte sich, daß ein aus gleichen Teilen hergestelltes Gemisch von festem *d*- und *l*-Lacton ebenfalls etwa 20° niedriger schmilzt wie jeder der beiden Bestandteile.

Das racemische[4]) Gulonsäurelacton läßt sich mithin durch Kristallisation aus wässeriger Lösung nicht gewinnen.

---

*) *Die Bezeichnung dl-Gulonsäurelacton hann trotzdem bleiben.*
[1]) Berichte d. d. chem. Gesellsch. **24**, 525 [1891]. (*S. 385.*)
[2]) Berichte d. d. chem. Gesellsch. **24**, 529 [1891]. (*S. 389.*)
[3]) Berichte d. d. chem. Gesellsch. **24**, 534 [1891]. (*S. 394.*)
[4]) Das Wort ist in den romanischen Ländern schon länger für die Bezeichnung von Verbindungen, welche ähnlich der Traubensäure aus zwei optisch aktiven Komponenten gebildet sind, in Gebrauch und verdient allgemein eingeführt zu werden.

Diese Beobachtung ist von allgemeinerem Interesse.

Nach den älteren Erfahrungen bilden optisch isomere Substanzen sehr leicht racemische Verbindungen, deren Spaltung in die aktiven Komponenten nur durch partielle Vergärung oder durch Kristallisation einzelner Salze bewerkstelligt werden konnte.

Die erste Ausnahme von dieser Regel hat vor einiger Zeit Piutti bei den beiden optisch isomeren Asparaginen, welche aus wässeriger Lösung getrennt kristallisieren, beobachtet.    Das zweite Beispiel dieser Art bieten die beiden Gulonsäurelactone und man wird bei der weiteren Untersuchung optisch aktiver Substanzen der gleichen Erscheinung gewiß noch öfter begegnen.[1])

Wir haben nun weiter aus dem inaktiven Gemisch der beiden Lactone das Kalksalz, das Phenylhydrazid, ferner den Zucker, sowie dessen Hydrazon und Osazon dargestellt.    Diese Produkte sind sämtlich optisch inaktiv, aber zum Teil den Derivaten der aktiven Lactone so ähnlich, daß man nicht sicher sagen kann, ob sie eine racemische Verbindung oder nur ein mechanisches Gemenge sind.    Nur beim Kalksalz und beim Osazon konnte durch die Bestimmung der Löslichkeit der Beweis für die Richtigkeit der ersteren Annahme geliefert werden.

### Kristallform der aktiven Lactone.

Das $d$-Gulonsäurelacton wurde zuerst von Linck[2]) gemessen. Er beobachtete an den von Thierfelder dàrgestellten Kristallen, welche dem rhombischen System angehören, nur die holoëdrischen Formen $\infty$ P, $\breve{P}$ $\infty$, oP, $\infty$ $\breve{P}$ $\infty$.

Die $l$-Verbindung wurde später von Haushofer[3]) untersucht. Er fand hier dieselben Flächen wie Linck, aber außerdem das steilere Doma 2 $\overline{P\infty}$ und ferner als sehr charakteristisch das Auftreten einer Pyramidenhälfte (links vorn oben, rechts vorn unten) als Sphenoëder $-\dfrac{P}{2}$, $x(1\bar{1}1)$.

Da sich voraussehen ließ, daß die entsprechenden hemiëdrischen Flächen auch bei der $d$-Verbindung zu finden seien, so haben wir größere Kristalle desselben gezüchtet und Hrn. Professor Haushofer um

---

[1]) Höchstwahrscheinlich gehört dahin die kürzlich von Zelinsky publizierte Beobachtung (Berichte d. d. chem. Gesellsch. **24**, 4014 [1891]), daß die Dimethyldioxyglutarsäure beim Verdunsten der ätherischen Lösung in zweierlei enantimorphen Formen kristallisiert.    Die optische Prüfung derselben ist allerdings noch nicht ausgeführt und aus wässeriger Lösung konnte Zelinsky die hemiëdrischen Kristalle nicht erhalten.

[2]) Zeitschr. für physiol. Chem. **15**, 73 [1891].

[3]) Berichte d. d. chem. Gesellsch. **24**, 530 [1891]. (*S. 390.*)

ihre Untersuchung gebeten. Wir verdanken ihm die weitere Mitteilung, daß das $d$-Gulonsäurelacton in der Tat dieselbe hemiëdrische Pyramide aber als $+\frac{P}{2}$, $x(1\bar{1}1)$ rechts vorn oben, links vorn unten zeigt.

Die Messungen stimmen so genau überein, daß ein Zweifel nicht bestehen kann.

Die beiden Lactone sind mithin auch in bezug auf die Kristallform genau entgegengesetzt.

### Kristallisation der aktiven Lactone aus der inaktiven wässerigen Lösung.

Je 5 g der beiden Lactone wurden zusammen in 50 ccm Wasser gelöst und die optisch ganz inaktive Flüssigkeit absichtlich auf dem Wasserbade auf die Hälfte eingedampft. Als die Lösung dann bei Zimmertemperatur stehen blieb, schieden sich im Laufe von mehreren Tagen schön ausgebildete Kristalle ab, von welchen einzelne ein Gewicht von 0,15 g besaßen; sie konnten nach den hemiëdrischen Flächen sortiert werden; die Bestimmung des Schmelzpunktes und des Drehungsvermögens zeigte, daß die einzelnen Kristalle reines $d$- respektive $l$-Gulonsäurelacton waren.

Verdampft man dagegen die inaktive Lösung auf ein geringeres Volumen, so scheidet sich beim Erkalten sehr bald eine aus kleinen Individuen bestehende Kristallmasse ab, welche von der Mutterlauge getrennt wieder eine optisch inaktive wässerige Lösung liefert und gegen 160° schmilzt. Dieselbe ist zweifellos auch ein Gemenge der beiden aktiven Lactone, welche die gleiche Löslichkeit besitzen und sich deshalb auch ganz gleichmäßig aus der Flüssigkeit abscheiden.

Die auffällige Erniedrigung des Schmelzpunktes um 20° erklärt sich durch die Beobachtung, daß ein inniges Gemisch, welches aus gleichen Mengen der fein gepulverten beiden Lactone hergestellt war, ebenfalls bei ungefähr 160° schmilzt; vielleicht entsteht unter diesen Bedingungen die wirkliche racemische Verbindung derselben.

### Racemische Derivate der Gulonsäuren.

Die freien Gulonsäuren konnten bisher nicht isoliert werden, weil sie außerordentlich leicht in die Lactone übergehen. Um die Frage zu entscheiden, ob hier überhaupt racemische Verbindungen existieren, haben wir das gut kristallisierende inaktive Kalksalz und das Phenylhydrazid untersucht. Die Löslichkeit des ersteren und der Schmelzpunkt, sowie die Art der Kristallisation beim letzteren, sprechen in der Tat für die Annahme, daß sie einheitliche Verbindungen sind.

*dl*-Gulonsaurer Kalk. Kocht man die inaktive Lösung der beiden Lactone mit überschüssigem reinem Calciumcarbonat, so bleibt beim Verdampfen des Filtrats ein leicht lösliches Gummi, welches häufig selbst nach mehrtägigem Stehen nicht kristallisiert; löst man aber eine Probe desselben in etwa 3 Teilen Wasser und fügt in der Wärme Alkohol bis zur bleibenden Trübung zu, so fällt beim Erkalten zunächst wieder ein Gummi aus, welches beim Reiben nach kurzer Zeit kristallinisch erstarrt. Fügt man nun eine kleine Menge dieses Präparates zu der konzentrierten wässerigen Lösung des Salzes, so beginnt hier alsbald die Kristallisation und das Produkt läßt sich dann leicht aus der drei- bis vierfachen Menge heißem Wasser umkristallisieren.

Das Salz bildet sehr feine, meist konzentrisch zusammengelagerte Nadeln. Es enthält Kristallwasser, welches beim Trocknen über Schwefelsäure im Vakuum sehr langsam entweicht. Nach drei Tagen enthielt das Präparat noch 12 pCt. Wasser, welches beim zweistündigen Erhitzen auf 108° ausgetrieben wird. Bei einer anderen Probe dagegen, welche drei Wochen im Vakuum über Schwefelsäure gestanden hatte, wurde bei 108° nur noch ein Gewichtsverlust von 0,4 pCt. gefunden.

0,1377 g trockenes Salz: 0,043 g $CaSO_4$.

| | Ber. für $(C_6H_{11}O_7)_2Ca$ | Gefunden |
|---|---|---|
| Ca | 9,3 | 9,18 pCt. |

Für die optische Probe wurde das Salz mit der zehnfachen Menge 10 prozentiger Salzsäure 5 Minuten lang bis nahe zum Sieden erhitzt. Die Lösung war nach dem Erkalten völlig inaktiv. Unter denselben Bedingungen entsteht aus dem Kalksalz der beiden aktiven Säuren das sehr stark drehende Lacton.

Für die Bestimmung der Löslichkeit wurde das fein gepulverte Salz mit einer ungenügenden Menge Wasser 8 Stunden lang unter häufigem Umschütteln bei 15° in Berührung gelassen. 11,362 g der filtrierten Lösung gaben beim Abdampfen und späteren Erhitzen auf 108° einen Rückstand von 0,1788 g. Mithin lösen 100 Teile Wasser unter den angegebenen Bedingungen 1,6 Teile trockenes Kalksalz. Derselbe Versuch mit *l*-gulonsaurem Kalk ausgeführt ergab, daß 100 Teile Wasser 5,8 Teile des trockenen Salzes bei 15° lösen.

*dl*-Gulonsäurephenylhydrazid. Eine inaktive Lösung, welche 2 g Lacton auf 8 g Wasser enthielt, wurde mit 1,5 g reinem Phenylhydrazin 1 Stunde auf dem Wasserbade erhitzt. Beim Erkalten schied sich ein dicker Brei von schwach gelb gefärbten Kristallen ab. Das Produkt wurde abgesaugt, mit kaltem Wasser und Alkohol gewaschen und aus heißem absolutem Alkohol umkristallisiert. Das Hydrazid hat die Zusammensetzung: $C_6H_{11}O_6.N_2H_2.C_6H_5$.

0,1691 g Subst.: 14,4 ccm N (18°, 745 mm).

|   | Berechnet | Gefunden |
|---|-----------|----------|
| N | 9,8       | 9,64 pCt. |

Die Verbindung bildet feine Nadeln, welche meist rosettenförmig verwachsen sind. Sie schmilzt unter langsamer Zersetzung zwischen 153 und 155°. In heißem Wasser ist sie sehr leicht, in kaltem dagegen ziemlich schwer löslich; denn aus der 5 prozentigen Lösung scheiden sich bei Zimmertemperatur nach längerer Zeit wieder Kristalle ab.

Eine 10 prozentige wässerige Lösung zeigte im 1 dcm-Rohr keine wahrnehmbare Drehung.

Zum Vergleich haben wir dieselbe Probe mit dem $l$-Gulonsäure-phenylhydrazid ausgeführt. Seine 9 prozentige Lösung dreht bei 20° im 1 dcm-Rohr 1° nach rechts. Dieses Präparat schmilzt ferner etwa 6° niedriger, bei 147 bis 149°, und kristallisiert aus absolutem Alkohol schwerer als die inaktive Substanz. Bezüglich der Löslichkeit in kaltem Wasser haben wir dagegen keinen erheblichen Unterschied beobachtet.

Mit Rücksicht auf den höheren Schmelzpunkt und die leichtere Kristallisation aus Alkohol halten wir es für sehr wahrscheinlich, daß das inaktive Phenylhydrazid gleichfalls eine racemische Verbindung ist.

### Inaktive Gulose.

Zur Bereitung des Zuckers wurde die inaktive, 10 prozentige wässerige Lösung der beiden Lactone in der üblichen Weise mit Natrium-amalgam reduziert und die Abscheidung der Natriumsalze durch Alkohol bewerkstelligt. Beim Verdampfen des alkoholischen Filtrates bleibt ein farbloser Sirup, welcher noch wenig organische Natriumsalze enthält und nicht kristallisiert.

Zur Charakterisierung des Zuckers wurden deshalb die Hydrazinverbindungen benutzt.

Das Phenylhydrazon scheidet sich aus einem Gemisch von 4 g Sirup, 2 g Wasser, 2 g Phenylhydrazin und einigen Tropfen Essigsäure bald kristallinisch ab. Das Produkt wird nach einigen Stunden filtriert, mit kaltem Wasser und Alkohol gewaschen und aus heißem absolutem Alkohol umkristallisiert. Es bildet farblose, feine Nadeln, welche bei 143° schmelzen und die Zusammensetzung $C_6H_{12}O_5 . N_2H$ . $C_6H_5$ gaben.

|   | Berechnet | Gefunden |
|---|-----------|----------|
| C | 53,33     | 53,2 pCt. |
| H | 6,66      | 6,86 „    |

In kaltem Wasser ist es so schwer löslich, daß eine 5 prozentige Lösung schon nach kurzer Zeit bei Zimmertemperatur Kristalle abscheidet.

Für die optische Probe wurde deshalb eine 7prozentige Lösung von 50⁰ benutzt. Dieselbe zeigt im 1 dcm-Rohr keine wahrnehmbare Drehung.

Abgesehen von dem optischen Verhalten ist die Substanz dem *l*-Gulosephenylhydrazon so ähnlich, daß man nicht mit Sicherheit sagen kann, ob sie als eine racemische Verbindung oder nur als ein mechanisches Gemisch der beiden aktiven Hydrazone betrachtet werden muß.

Anders liegt die Sache bei dem *dl*-Gulosazon. Dasselbe scheidet sich beim Erwärmen der wässerigen Lösung des Zuckers mit essigsaurem Phenylhydrazin zunächst als dunkles Öl ab, erstarrt aber beim Erkalten, wobei eine weitere Menge aus der Lösung direkt kristallinisch abgeschieden wird. Zur Reinigung löst man das filtrierte und mit Wasser gewaschene Produkt in warmem Essigäther. Aus der konzentrierten Lösung scheidet es sich langsam in feinen Nadeln ab, welche anfangs braun gefärbt sind, aber bei wiederholter Kristallisation rein gelb werden. Das Osazon hat die normale Zusammensetzung $C_6H_{10}O_4 \cdot (N_2H \cdot C_6H_5)_2$.

0,1526 g Subst.: 0,3367 g $CO_2$, 0,0855 g $H_2O$
0,1790 g Subst.: 24,1 ccm N (19⁰, 755 mm).

|   | Berechnet | Gefunden |
|---|---|---|
| C | 60,33 | 60,18 pCt. |
| H | 6,14 | 6,22 „ |
| N | 15,64 | 15,38 „ |

Die Substanz schmilzt zwischen 157 und 159⁰ (unkorr.), also fast bei der gleichen Temperatur wie das *l*-Phenylgulosazon. Von dem letzteren unterscheidet sie sich aber durch die viel geringere Löslichkeit in heißem Wasser und durch die Art der Kristallisation. Da ferner ihre 2,5prozentige alkoholische Lösung im 1 dcm-Rohr keine wahrnehmbare Drehung[1]) zeigt, so zweifeln wir nicht daran, daß sie eine racemische Verbindung ist.

———————

Das *dl*-Phenylgulosazon zeigt große Ähnlichkeit mit dem gleichzusammengesetzten Phenyl-*β*-acrosazon, welches synthetisch aus Acroleïnbromid oder Glycerin gewonnen wurde[2]).

Optisches Verhalten, Schmelzpunkt, Kristallform und Löslichkeit in Wasser stimmen derart überein, daß man beide Substanzen für

———————

[1]) Wegen der starken Färbung kann man keine konzentriertere Lösung verwenden, ferner sind hier die Ablesungen, wie leicht begreiflich, nicht so scharf wie bei farblosen Flüssigkeiten.

[2]) E. Fischer und J. Tafel, Berichte d. d. chem. Gesellsch. **20**, 2573 und 3388 [1887]. (*S. 256, 263*.)

identisch halten könnte, wenn sie nicht durch die Löslichkeit in Essigäther unterschieden wären.

Aber das Gulosazon erfordert etwa 4mal so viel warmen Essigäther
wie die isomere Verbindung. Die gleiche Beobachtung haben wir bei
den *p*-Bromphenylosazonen gemacht, welche in der Absicht, die vermeintliche Identität von *dl*-Gulose und *β*-Acrose genauer zu prüfen,
bereitet wurden.

Das eine läßt sich durch Erhitzen der Gulose mit essigsaurem
*p*-Bromphenylhydrazin in wässerig-alkoholischer Lösung auf 100⁰
gewinnen. Beim Verdampfen des Alkohols resultiert es zunächst als
dunkles Öl, erstarrt aber beim längeren Stehen. Durch mehrmaliges
Umkristallisieren aus Essigäther gereinigt, bildet es feine gelbe Nadeln,
welche beim raschen Erhitzen zwischen 180 und 183⁰ schmelzen und
sich bald nachher zersetzen.

Um das entsprechende Derivat der *β*-Acrose zu gewinnen, wurde
das Phenylosazon zunächst in Oson verwandelt.

Erwärmt man die verdünnte wässerige Lösung des letzteren mit
*p*-Bromphenylhydrazin und wenig Essigsäure, so beginnt schon nach
einigen Minuten die Abscheidung von dunkelgelben Flocken, deren
Menge sich im Verlaufe einer halben Stunde beträchtlich vermehrt.
Dieses Produkt wurde ebenfalls aus Essigäther mehrmals umkristallisiert. Es besaß den gleichen Schmelzpunkt 180—183⁰, war aber
wieder in warmem Essigäther viel leichter löslich, als die isomere Substanz.

Die früher ausgesprochene Vermutung, daß das *β*-Acrosazon
die inaktive Form des Gulosazons sei, hat sich mithin nicht bestätigt.

## 52. Emil Fischer und Johann Hertz: Reduktion der Schleimsäure.

Berichte der deutschen chemischen Gesellschaft **25**, 1247 [1892].

(Eingegangen am 26. März; mitgeteilt in der Sitzung von Herrn A. Pinner.)

Nach dem Postulat der Theorie müssen unter den zehn zweibasischen Säuren der Hexosengruppe zwei inaktive Systeme sein, deren Konfiguration durch die Projektionsformeln

$$
\text{I. COOH}\underset{\overset{|}{\text{OH}}}{\overset{\overset{|}{\text{H}}}{\text{C}}}\text{---}\underset{\overset{|}{\text{OH}}}{\overset{\overset{|}{\text{H}}}{\text{C}}}\text{---}\underset{\overset{|}{\text{OH}}}{\overset{\overset{|}{\text{H}}}{\text{C}}}\text{---}\underset{\overset{|}{\text{OH}}}{\overset{\overset{|}{\text{H}}}{\text{C}}}\text{--COOH}
$$

$$
\text{II. COOH}\underset{\overset{|}{\text{OH}}}{\overset{\overset{|}{\text{H}}}{\text{C}}}\text{---}\underset{\overset{|}{\text{H}}}{\overset{\overset{|}{\text{OH}}}{\text{C}}}\text{---}\underset{\overset{|}{\text{H}}}{\overset{\overset{|}{\text{OH}}}{\text{C}}}\text{---}\underset{\overset{|}{\text{OH}}}{\overset{\overset{|}{\text{H}}}{\text{C}}}\text{--COOH}
$$

dargestellt werden kann.

Daß die Schleimsäure eine von diesen Verbindungen sei, ist zuerst in der Broschüre von van't Hoff-Herrmann: „Die Lagerung der Atome im Raume", S. 39 ausgesprochen worden. Wie unsicher indessen solche Betrachtungen bei der früheren mangelhaften Kenntnis der Zuckergruppe waren, beweist das Beispiel der Para-(Iso-)schleimsäure, welche an demselben Orte als die zweite inaktive Säure angesprochen wird, inzwischen aber als das Lacton der Schleimsäure erkannt wurde.[1]) Später hat dann auch van't Hoff selbst seine Ansicht offenbar geändert. Aus der Beobachtung von Bouchardat[2]), daß der Dulcit einzelne aktive Derivate liefert, zieht er den Schluß, daß derselbe trotz seiner scheinbaren Inaktivität ein optisch aktives System sei.[3]) Da nun der Dulcit in jeder Beziehung der Schleimsäure entspricht, so muß für letztere die gleiche Annahme gelten.

Rechnet man dazu noch als dritte Möglichkeit die insbesondere von Carlet[4]) vertretene Anschauung, daß der Dulcit und mithin auch

---

[1]) E. Fischer, Berichte d. d. chem. Gesellsch. **24**, 2141 [1891]. (*S. 413.*)

[2]) Ann. chim. et phys. [4], **27**, 145 [1872].

[3]) Dix années dans l'histoire d'une théorie, S. 60.

[4]) Jahresber. über die Fortschr. der Chemie **1860**, 250.

die Schleimsäure racemische Verbindungen seien, so sieht man, wie wenig bisher über die Konfiguration der so viel bearbeiteten Säure bekannt ist.

Da für den systematischen Ausbau der Zuckergruppe diese Unsicherheit beseitigt werden mußte, so haben wir versucht, die Frage durch Reduktion der Schleimsäure zu entscheiden. Wenn dieselbe ein durch räumliche Symmetrie inaktives System ist, so darf man erwarten, daß beide Carboxyle in gleicher Weise an der Reduktion teilnehmen. Entsteht dann durch letztere eine einbasische Säure, so muß diese spaltbar sein, und jeder der beiden optischen Komponenten muß bei der Oxydation wieder in Schleimsäure übergehen.

Wir haben nun in der Tat auf dem angedeuteten Wege eine inaktive racemische Säure $C_6H_{12}O_7$ und durch weitere Reduktion eine inaktive Hexose erhalten. Die Säure läßt sich durch das Strychninsalz in die gewöhnliche Galactonsäure und ihr optisches Isomeres spalten, und der Zucker liefert bei partieller Vergärung durch Bierhefe die linksdrehende Galactose. Nach dem Drehungsvermögen der Zucker bezeichnen wir, wie in früheren Fällen, die verschiedenen optischen Isomeren als d-, l- und dl-Verbindungen.

Entsprechend der Bildungsweise wird die l-Galactose gerade so, wie es für die d-Verbindung bekannt ist, durch Oxydation in Schleimsäure und durch Reduktion in Dulcit verwandelt.

Diese Resultate zeigen in unzweideutiger Weise, daß Schleimsäure und Dulcit durch den symmetrischen Bau des Moleküls inaktiv sind, und die Beweisführung ist nicht allein im Prinzip neu, sondern sogar unabhängig von den herrschenden räumlichen Theorien.

Die hier benutzte Methode läßt sich m. m. zweifellos auch auf andere ähnlich konstituierte Substanzen, z. B. die inaktive Weinsäure übertragen.

Ferner ist man jetzt imstande, alle bekannten Glieder der Dulcitgruppe: die beiden Galactonsäuren und Galactosen, die Talonsäure und Talose, sowie die Schleimsäure, Allo- und Taloschleimsäure und schließlich den Dulcit gegenseitig ineinander umzuwandeln. Es genügt also, eine von diesen Verbindungen künstlich darzustellen, um die Synthese von allen zu verwirklichen.

Für die Reduktion der Schleimsäure, welche selbst von Natriumamalgam nicht verändert wird, haben wir zuerst den neutralen Äthylester benutzt;[1] aber die Ausbeute an einbasischer Säure beträgt hier nur einige Prozent. Ungleich bessere Resultate gab das Schleim-

---

[1]) Vgl. Berichte d. d. chem. Gesellsch. **23**, 937 [1890]. (*S. 325.*)

säurelacton. Die Reaktion verläuft dann in ähnlicher Weise wie bei der Zuckersäure.[1])

Da das Schleimsäurelacton nach dem Verhalten gegen Alkali nur eine Lactongruppe hat, und mithin ein unsymmetrisches Molekül ist, so mußte sich durch die optische Prüfung schon hier feststellen lassen, ob die beiden Carboxyle der Schleimsäure in bezug auf die Lactonbildung gleichberechtigt sind. Als wir die Versuche zuerst mit der käuflichen Schleimsäure ausführten, zeigte das Produkt stets eine schwache Rechtsdrehung; dagegen war dasselbe völlig inaktiv, wenn die verwandte Schleimsäure zuvor sorgfältig gereinigt wurde. Dieselbe Bemerkung gilt für die durch Reduktion entstehende einbasische Säure wie später ausführlich dargetan wird.

Aus dieser Beobachtung folgt, daß erstens das Schleimsäurelacton in der Tat als ein Gemisch von gleichen Teilen d- und l-Verbindung zu betrachten ist und daß ferner der gewöhnlichen Schleimsäure kleine Mengen von optisch aktiven Produkten beigemengt sind. Wir machen aber besonders auf die Tatsache aufmerksam, weil sie vielleicht die Erklärung gibt für die Angabe von Bouchardat über die optische Aktivität einiger Dulcitderivate. Die Drehungen, welche derselbe bei den Acetylprodukten des Dulcits und Dulcitans beobachtete, sind durchweg sehr gering, und es wäre wohl möglich, daß dieselben gerade so wie bei unseren Versuchen durch eine Verunreinigung des Ausgangsmaterials veranlaßt wurden.*)

### Reduktion des Schleimsäurelactons.

Die käufliche Schleimsäure, welche durch Oxydation des Milchzuckers mit Salpetersäure dargestellt wird, ist trotz ihres schönen Aussehens für den vorliegenden Zweck nicht rein genug. Sie enthält noch optisch aktive Produkte unbekannter Zusammensetzung, welche die spätere Isolierung der einbasischen Säure sehr erschweren. Dieselben lassen sich leicht entfernen, wenn man die Schleimsäure in möglichst wenig heißer verdünnter Natronlauge löst, mit Tierkohle behandelt und das Filtrat mit einem Überschuß von Salzsäure versetzt. Die beim Erkalten ausfallenden Kristalle können nach dem Waschen mit kaltem Wasser direkt für die Reduktion benutzt werden. Bei dieser Reinigung erleidet man allerdings einen erheblichen Verlust durch die Bildung von leichtlöslichem Schleimsäurelacton; aber dasselbe kann durch Verdampfen der Mutterlauge mit überschüssiger Salzsäure in Schleimsäure zurückverwandelt werden.

---

*) Vgl. Seite 474.

[1]) E. Fischer und O. Piloty, Berichte d. d. chem. Gesellsch. **24**, 521 [1891]. (S. 381.)

150 g der gereinigten Schleimsäure werden mit der 60fachen Menge Wasser gekocht, bis klare Lösung erfolgt und dann in Porzellanschalen auf 1½ Liter eingedampft. Die Lösung wird nach dem völligen Erkalten von der auskristallisierten Schleimsäure abfiltriert und auf 0⁰ abgekühlt.

Man trägt nun in dieselbe 100 g 2½ prozentiges Natriumamalgam ein und befördert die Wirkung desselben durch fortwährendes kräftiges Schütteln. Sobald das Amalgam verbraucht ist, wird die gleiche Menge wieder zugesetzt und die Flüssigkeit stets auf etwa 0⁰ gehalten. Anfangs genügt die organische Säure, um das Alkali zu binden; später ist es nötig, durch öfteren Zusatz von verdünnter Schwefelsäure die Lösung sauer zu halten. Die erste Phase der Reaktion führt, wie früher schon erwähnt wurde, zur Bildung einer Aldehydsäure, welche durch ihr Verhalten gegen Fehlingsche Lösung erkannt werden kann. Nach Verbrauch von ungefähr 800 g Natriumamalgam ist die Menge derselben so groß, daß 1 ccm der Lösung ungefähr 5 ccm der für quantitative Zwecke benutzten Fehlingschen Lösung entfärben. Später nimmt das Reduktionsvermögen wieder ab, weil die Aldehydsäure durch weitere Reduktion in einbasische Säure übergeht. Wenn dieser Punkt erreicht ist, wird die Behandlung mit Natriumamalgam in schwach alkalischer Lösung fortgesetzt, und zwar so, daß man von Zeit zu Zeit den Überschuß des Alkalis mit Schwefelsäure neutralisiert. Die Operation wird unterbrochen, wenn zwölf Raumteile der Flüssigkeit einen Raumteil Fehlingscher Lösung nicht mehr vollständig reduzieren. Bei fortwährendem kräftigem Umschütteln erfordert sie ungefähr 7 Stunden, wovon eine Stunde auf die Reduktion in saurer Lösung kommt. Gewöhnlich wurden 2—2½ Kilo Amalgam verbraucht.

Die vom Quecksilber getrennte und filtrierte Lösung wird nach dem Neutralisieren mit Schwefelsäure bis zur Kristallisation des schwefelsauren Natrons eingedampft, dann mit so viel Schwefelsäure versetzt, daß alle organischen Säuren in Freiheit gesetzt werden (auf die obige Menge 50 g konzentrierte Schwefelsäure), und nun die wässerige Lösung mit der siebenfachen Menge heißem 96 prozentigem Alkohol vermischt. Nach dem Erkalten filtriert man vom Natriumsulfat und der zum Teil ebenfalls gefällten Schleimsäure und verdampft die Mutterlauge unter zeitweisem Zusatz von Wasser, bis der Alkohol entfernt ist. Die zurückbleibende wässerige Flüssigkeit wird mit überschüssigem reinem Baryumcarbonat eine halbe Stunde gekocht, wobei sie sich schwach gelb färbt und die Schwefelsäure sowie der allergrößte Teil der noch in Lösung befindlichen Schleimsäure als Barytsalze ausfallen. Beim Verdampfen der Mutterlauge beginnt schon in der Wärme die Kristallisation des *dl*-galactonsauren Baryts und nach dem Erkalten erstarrt die Flüssigkeit zu einem Brei von weißen feinen Nadeln. Das Produkt wird nach einigen Stunden zur Entfernung der Mutterlauge auf porösen Ton gebracht und nach dem Austrocknen aus heißem Wasser umkristallisiert.

Die Ausbeute an rohem Barytsalz betrug durchschnittlich 36 pCt. des angewandten Schleimsäurelactons. Durch Verarbeitung sämtlicher Mutterlaugen, insbesondere auch derjenigen, welche durch Auskochen der Tonteller gewonnen wird, erhält man noch weitere 9 pCt.

Hat man statt der reinen Schleimsäure das käufliche Präparat benutzt, so resultiert das Barytsalz beim Verdampfen als braun gefärbter Sirup, welcher erst durch Einimpfen von Kristallen zum Erstarren gebracht werden kann.

### Reduktion des Schleimsäurediäthyläthers.

20 g des reinen Äthers wurden in 800 g Wasser gelöst und die auf Zimmertemperatur abgekühlte Flüssigkeit mit 2½ prozentigem Natriumamalgam unter häufigem Zusatz von verdünnter Schwefelsäure geschüttelt. Auch hierbei entsteht zuerst eine Aldehydsäure, welche Fehlingsche Lösung reduziert. Wenn 400 g Amalgam verbraucht waren, wurde die Reduktion in schwach alkalischer Lösung fortgesetzt, bis eine Probe Kupfersalz kaum mehr reduzierte. Nun wurde die genau neutralisierte Lösung bis zur beginnenden Kristallisation eingedampft, dann so viel Schwefelsäure zugegeben, daß die organischen Säuren in Freiheit gesetzt waren, und die Mischung in die achtfache Menge heißen Alkohol eingegossen. Nachdem aus dem mit Wasser verdünnten Filtrat der Alkohol durch Wegdampfen entfernt war, wurde dasselbe mit überschüssigem Barythydrat gekocht, um unzersetzten Schleimsäureäther zu zerstören. Durch diese Operation wird die Schwefelsäure und der allergrößte Teil der Schleimsäure als Barytsalz entfernt. Um den Rest der letzteren auszufällen, wurde das Filtrat erst durch Schwefelsäure vom Baryt befreit und dann mit Bleicarbonat gekocht. Versetzt man nun die Mutterlauge in der Wärme mit einer Lösung von zweifach basisch essigsaurem Blei und zerlegt den abfiltrierten Niederschlag mit Schwefelwasserstoff, so hinterläßt das Filtrat einen noch immer gefärbten Sirup, welcher neben anderen Produkten die gesuchte einbasische Säure enthält.

Zur Isolierung wurde dieselbe in das Phenylhydrazid verwandelt. Es scheidet sich kristallinisch ab, wenn man die ziemlich konzentrierte wässerige Lösung mit der entsprechenden Menge Phenylhydrazin 1½ Stunden auf dem Wasserbade erhitzt und dann die Lösung in der Kälte stehen läßt. Das Präparat wurde durch Umkristallisieren aus heißem Wasser unter Zusatz von Tierkohle gereinigt und zeigte dieselben Eigenschaften, wie das aus der reinen *dl*-Galactonsäure erhaltene und später ausführlich beschriebene Produkt.

0,2092 g Subst.: 17,6 ccm N (18⁰, 745 mm).

|  | Ber. für $C_{12}H_{18}O_6N_2$ | Gefunden |
|---|---|---|
| N | 9,79 | 9,52 pCt. |

Die Ausbeute an reinem Hydrazid betrug nur 2 pCt. des angewandten Schleimsäureäthers.

In der Mutterlauge, welche beim Ausfällen der organischen Säuren mit basisch essigsaurem Blei bleibt, ist eine kleine Menge Dulcit enthalten; um denselben zu isolieren, wurde das Blei mit Schwefelwasserstoff gefällt, das Filtrat zum Sirup verdampft und mit wenig Methylalkohol vermischt. Nach einiger Zeit fielen Kristalle aus, welche aus Wasser umkrystallisiert den Schmelzpunkt und die übrigen Eigenschaften des Dulcits zeigten. Die Menge desselben war aber sehr gering.

### *dl*- Galactonsäure.

Wird das reine Barytsalz in wässeriger Lösung genau mit Schwefelsäure zersetzt und das Filtrat verdampft, so bleibt ein farbloser Sirup, welcher nach dem Erkalten zur harten Kristallmasse erstarrt.

Dieses Produkt, ein Gemisch von Säure und Lacton, ist inaktiv, wenn man von ganz reiner Schleimsäure ausgegangen ist, enthält dagegen als Beimengung optisch aktive Substanzen, wenn man die rohe Schleimsäure verwandt hat.

Um das Galactonsäurelacton zu isolieren, löst man das Präparat in sehr wenig warmem Wasser (etwa $^1/_3$ seines Gewichts). In der Kälte beginnt nach einigen Stunden die Kristallisation; nach mehreren Tagen wird die Masse auf der Pumpe möglichst stark abgesaugt und zuerst mit Alkohol, später mit Aceton gewaschen. Dieses Produkt ist inaktiv, reagiert aber noch schwach sauer. Zur völligen Reinigung wurde es in viel reinem Aceton durch längeres Kochen am Rückflußkühler gelöst und die filtrierte Flüssigkeit etwa auf $^1/_3$ ihres Volumens bis zur beginnenden Kristallisation abgedampft. Nach dem Erkalten scheidet sich das Lacton zum größeren Teil in feinen Prismen ab, welche zu kugeligen oder warzenförmigen Aggregaten vereinigt sind. Zur Analyse wurde es im Vakuum über Schwefelsäure getrocknet.

0,2528 g Subst.: 0,3729 g $CO_2$, 0,1313 g $H_2O$.

|  | Ber. für $C_6H_{10}O_6$ | Gefunden |
|---|---|---|
| C | 40,45 | 40,23 pCt. |
| H | 5,62 | 5,77 ,, |

Das Lacton schmilzt nicht ganz konstant zwischen 122 und 125⁰ ohne Zersetzung. Es reagiert völlig neutral und zeigt in 10 prozentiger wässeriger Lösung keine wahrnehmbare Drehung. In Wasser löst es sich sehr leicht, in Alkohol etwas schwerer und in reinem Aceton oder Essigäther recht schwer.

Durch Salpetersäure wird es sehr leicht in Schleimsäure verwandelt. 0,5 g mit 2 ccm Salpetersäure vom spezifischen Gewicht 1,15 auf dem Wasserbade verdampft lieferten 0,35 g reine Schleimsäure, mithin 59 pCt. der Theorie.

Charakteristisch für die Säure sind das Baryum-, Calcium- und Cadmiumsalz, sowie das Phenylhydrazid.

Das früher erwähnte Baryumsalz, welches für die Isolierung der Säure benutzt wurde, läßt sich auch aus dem Lacton durch Kochen mit kohlensaurem Baryt bereiten. Aus der nicht zu verdünnten wässerigen Lösung kristallisiert es in der Kälte in sehr feinen, biegsamen Nadeln, welche vielfach zu kugelförmigen Aggregaten verwachsen sind. Die Analysen des bei $100^0$ bis zur Gewichtskonstanz getrockneten Präparates stimmen am besten auf die Formel

$$(C_6H_{11}O_7)_2Ba + 2\frac{1}{2}H_2O.$$

I. 0,2113 g Subst.: 0,1936 g $CO_2$, 0,0941 g $H_2O$.
II. 0,1943 g Subst.: 0,1779 g $CO_2$, 0,0831 g $H_2O$.
III. 0,3938 g Subst.: 0,1622 g $BaSO_4$.
IV. 0,1705 g Subst.: 0,0691 g $BaSO_4$.

|  | Berechnet für $(C_6H_{11}O_7)_2Ba + 2^1/_2H_2O$ | Gefunden | | | |
|---|---|---|---|---|---|
|  |  | I. | II. | III. | IV. |
| C | 25,17 | 24,99 | 24,97 | — | —pCt. |
| H | 4,72 | 4,95 | 4,75 | — | — „ |
| Ba | 23,95 | — | — | 24,23 | 23,83 „ |

Die direkte Bestimmung des Kristallwassers ist leider nicht möglich; denn das Salz verliert bei $140^0$ noch nicht an Gewicht und bei höherer Temperatur färbt es sich unter beginnender Zersetzung gelb.

Das Kalksalz entsteht unter denselben Bedingungen wie die Baryumverbindung und fällt aus der konzentrierten Lösung langsam als farbloses Pulver aus, welches unter dem Mikroskop als kurze Prismen erscheint. Das kristallisierte Präparat ist dann in heißem Wasser recht schwer löslich. Zur völligen Auflösung verlangt es 40—45 Teile kochendes Wasser, und die Flüssigkeit muß wieder stark abgedampft werden, bevor in der Kälte die Kristallisation eintritt. Dieselbe Erscheinung beobachtet man öfters bei racemischen Salzen. An der Luft getrocknet, verliert die Verbindung bei $100^0$ nur wenig an Gewicht, enthält aber dann noch Kristallwasser. Die Analysen stimmen auch hier am besten auf die Formel $(C_6H_{11}O_7)_2Ca + 2\frac{1}{2}H_2O$.

I. 0,2189 g Subst.: 0,2435 g $CO_2$, 0,1128 g $H_2O$.
II. 0,2207 g Subst.: 0,0615 g $CaSO_4$.
III. 0,1304 g Subst.: 0,0369 g $CaSO_4$.

|  | Berechnet | Gefunden |  |  |
|---|---|---|---|---|
| für $(C_6H_{11}O_7)_2Ca + 2^1/_2H_2O$ |  | I. | II. | III. |
| C | 30,32 | 30,34 | — | —pCt. |
| H | 5,68 | 5,73 | — | — „ |
| Ca | 8,42 | — | 8,20 | 8,32 „ |

Die direkte Bestimmung des Kristallwassers ist hier ebensowenig möglich, wie bei der Baryumverbindung.

Durch die geringe Löslichkeit in heißem Wasser unterscheidet sich das inaktive Salz von den aktiven Verbindungen, welche schon von der doppelten Menge heißem Wasser leicht aufgenommen werden. Diese Beobachtung ist bei der später beschriebenen Spaltung der dl-Galactonsäure in die optischen Komponenten verwertet worden.

Das Cadmiumsalz wird am besten durch Kochen des Lactons in wässeriger Lösung mit reinem Cadmiumhydroxyd dargestellt. Verwendet man zu viel Base, so entsteht ein unlösliches basisches Salz; aber dasselbe kann leicht durch Einleiten von Kohlensäure wieder in die neutrale Verbindung übergeführt werden. Verdampft man die wässerige Lösung bis zur beginnenden Kristallisation, so scheidet sich in der Kälte das Salz zum größten Teil in meist kugelförmig verwachsenen Nadeln ab.

0,1759 g des bei 100⁰ bis zur Gewichtskonstanz getrockneten Salzes gaben 0,0704 g CdSO₄.

|  | Ber. für $(C_6H_{11}O_7)_2Cd + H_2O$ | Gefunden |
|---|---|---|
| Cd | 21,54 | 21,55 pCt. |

Das Salz ist in heißem Wasser ziemlich leicht, in kaltem dagegen schwer löslich.

Phenylhydrazid. Erhitzt man das Lacton in 20prozentiger wässeriger Lösung mit der gleichen Menge Phenylhydrazin eine Stunde auf dem Wasserbade, so scheidet sich beim Erkalten das Hydrazid kristallinisch ab. Dasselbe wird aus heißem Wasser oder verdünntem Alkohol unter Zusatz von etwas Tierkohle umkristallisiert und bildet dann farblose, meist sternförmig verwachsene Nadeln.

0,2271 g Subst.: 0,4200 g CO₂, 0,1361 g H₂O.

|  | Ber. für $C_{12}H_{18}O_6N_2$ | Gefunden |
|---|---|---|
| C | 50,34 | 50,44 pCt. |
| H | 6,29 | 6,66 „ |

Die Verbindung ist dem Phenylhydrazid der d-Galactonsäure[1]) sehr ähnlich. Sie schmilzt beim raschen Erhitzen nicht ganz konstant gegen 205⁰ unter Zersetzung.

## dl- Galactose.

Handelt es sich um die Darstellung des reinen kristallisierten Zuckers, so muß man das völlig inaktive Lacton verwenden. Das-

---

[1]) Berichte d. d. chem. Gesellsch. **22**, 2731 [1889]. (*S. 226*.)

selbe wird auf die bekannte Art in 10prozentiger, kalter wässeriger Lösung mit Natriumamalgam unter fortwährendem Zusatz von verdünnter Schwefelsäure reduziert. Man unterbricht die Operation, wenn die 9fache Menge Amalgam[1]) verbraucht ist. Die vom Quecksilber getrennte und filtrierte Lösung wird dann mit Natronlauge übersättigt, um alles unveränderte Lacton in Säure zu verwandeln, und nach $\frac{1}{4}$-stündigem Stehen mit Schwefelsäure genau neutralisiert. Zu der heißen Lösung fügt man nun langsam so viel heißen absoluten Alkohol, bis das Gemisch 85 pCt. desselben enthält und filtriert nach dem Erkalten.

Die Natronsalze, welche noch Zucker enthalten, müssen wieder in wenig heißem Wasser gelöst und in der gleichen Weise durch Alkohol gefällt werden. Nötigenfalls wiederholt man diese Operation zum dritten Male. Die vereinigten alkoholischen Filtrate hinterlassen beim Verdampfen einen farblosen Sirup, welcher den Zucker, verunreinigt durch Natronsalze, enthält.

Nach mehrtägigem Stehen scheidet sich die *dl*-Galactose in feinen Kristallen ab. Um dieselben vom Sirup zu trennen, wird das Gemisch mit Methylalkohol verrieben, filtriert und mit dem gleichen Lösungsmittel gewaschen. Das Produkt enthält noch Asche. Es wird durch längeres Kochen in viel absolutem Alkohol gelöst, wobei ein Teil der unorganischen Beimengungen zurückbleibt. Verdampft man das Filtrat bis zur beginnenden Trübung, so fällt beim Abkühlen ein flockiger Niederschlag, welcher abermals ziemlich viel Natrium enthält. Derselbe wird nach einigen Stunden abfiltriert und das Filtrat im Vakuum über Schwefelsäure verdunstet. Im Laufe von einigen Tagen scheidet sich dann der Zucker in harten, farblosen Kristallkrusten ab, welche nur noch Spuren von unorganischer Materie enthalten. Das Präparat wurde filtriert, mit Alkohol und Äther gewaschen und für die Analyse im Vakuum getrocknet.

0,2081 g Subst.: 0,3020 g $CO_2$, 0,1256 g $H_2O$.

| | Ber. für $C_6H_{12}O_6$ | Gefunden |
|---|---|---|
| C | 40,00 | 39,6 pCt. |
| H | 6,67 | 6,70 ,, |

Die Substanz schmilzt nicht ganz konstant zwischen 140 und 142°, also beträchtlich niedriger wie die aktive Galactose. Sie ist optisch völlig inaktiv. Die Kristallform ist wenig charakteristisch.

---

[1]) Der Verlauf der Reaktion ist hier wie in allen ähnlichen Fällen abhängig von der Beschaffenheit des Natriumamalgams. Dasselbe wird am besten in Porzellanmörsern aus möglichst reinem Quecksilber dargestellt. Dieselbe Erfahrung hat nach privater Mitteilung Herr A. von Baeyer bei anderen Reduktionen gemacht. (Vgl. auch Aschan, Berichte d. d. chem. Gesellsch. **24**, 1865 [1891].)

Ob der inaktive Zucker eine racemische Verbindung oder nur ein mechanisches Gemenge der beiden aktiven Galactosen ist, bleibt vorderhand unentschieden. Denn die Kristallform war nicht festzustellen und die Erniedrigung des Schmelzpunktes ist, wie die Untersuchung der beiden Gulonsäurelactone gezeigt hat, ebensowenig ausschlaggebend. Für die praktische Behandlung solcher Stoffe ist das übrigens gleichgültig. Der Zucker ist nicht allein selbst inaktiv, sondern liefert auch nur inaktive Derivate.

Das Phenylhydrazon ist der entsprechenden Verbindung der aktiven Zucker sehr ähnlich. Es scheidet sich nach einiger Zeit als Kristallbrei ab, wenn man eine ziemlich konzentrierte wässerige Lösung des Zuckers mit freiem oder essigsaurem Phenylhydrazin versetzt. In heißem Wasser ist es sehr leicht, in kaltem ziemlich schwer löslich. Es bildet farblose glänzende Blättchen, die bei 158—160° schmelzen und sich dabei dunkel färben.

Das Phenylosazon, auf bekannte Weise dargestellt, ist wiederum dem Derivat der $d$-Galactose zum Verwechseln ähnlich. Einen Unterschied haben wir nur im Schmelzpunkt beobachtet. Während die $d$-Verbindung bei raschem Erhitzen gegen 195° unter Zersetzung schmilzt, tritt dieselbe Erscheinung bei dem inaktiven Osazon erst gegen 206°, mithin 11° höher ein.

Die Verbindung ist unzweifelhaft identisch mit dem Osazon, welches früher aus dem Oxydationsprodukt des Dulcits gewonnen wurde[1]) und welches nach seiner Entstehungsweise aus dem inaktiven Dulcit ebenfalls als $dl$-Galactosazon betrachtet werden muß. Der höhere Schmelzpunkt deutet darauf hin, daß dieses Osazon eine wahre racemische Verbindung ist.

Gärung der $dl$-Galactose. Durch Bierhefe wird der Zucker in wässeriger Lösung nur partiell vergoren, wobei die $d$-Verbindung verschwindet.

### Spaltung der $dl$-Galactonsäure.

Dieselbe gelingt gerade so wie bei der $dl$-Mannonsäure durch Kristallisation der Strychninsalze. Für die Bereitung der letzteren werden 20 g des Lactons in 600 ccm 70prozentigem Alkohol gelöst und nach Zugabe von 50 g fein gepulvertem Strychnin ungefähr eine Stunde gekocht, bis der größte Teil der Base ebenfalls in Lösung gegangen ist. Verdampft man nun das Filtrat unter Zusatz von Wasser, bis der Alkohol verjagt ist, so fällt das überschüssige Strychnin aus, und die zum dünnen Sirup eingedampfte Mutterlauge scheidet beim Er-

---

[1]) E. Fischer und J. Tafel, Berichte d. d. chem. Gesellsch. **20**, 3390 [1887]. (*S. 265.*)

kalten sehr bald feine weiße Nadeln ab, welche zum größeren Teil
d-galactonsaures Strychnin sind. Die Masse wird nach 24 Stunden
auf der Saugpumpe filtriert, und die weiter konzentrierte Mutterlauge
liefert beim längeren Stehen eine zweite Kristallisation desselben
Präparats. In dem nun bleibenden Sirup ist vorzugsweise die Strychnin-
verbindung der l-Galactonsäure enthalten.

Das kristallisierte Salz wird aus heißem Äthyl- oder Methylalkohol umkrystallisiert und bildet lange farblose Nadeln, welche in
warmem Wasser leicht löslich sind. Es wurde durch Barytwasser zersetzt, das ausgeschiedene Strychnin filtriert, der Rest desselben ausgeäthert und schließlich der Baryt quantitativ mit Schwefelsäure gefällt. Das Filtrat hinterließ beim Verdampfen einen farblosen
Sirup, welcher sehr stark nach links drehte. Derselbe ist ein Gemisch
von viel d-Galactonsäure resp. ihrem Lacton mit wenig l-Verbindung.
Um die letztere vollständig zu entfernen, verwandelt man das Produkt
durch Kochen der wässerigen Lösung mit Calciumcarbonat in das
Kalksalz. Wird das Filtrat zum dünnen Sirup eingedampft, so kristallisiert beim längeren Stehen ein Gemisch von d-galactonsaurem und
dl-galactonsaurem Kalk, welches filtriert und mit wenig kaltem Wasser
gewaschen wird.

Die beiden Salze können nun wegen ihrer sehr verschiedenen
Löslichkeit in heißem Wasser leicht getrennt werden. Kocht man
nämlich das Gemisch mit der doppelten Gewichtsmenge Wasser, so
bleibt das inaktive Salz zum größten Teil zurück, während die d-Verbindung völlig in Lösung geht und aus dem Filtrat beim längeren
Stehen allein auskristallisiert.

Das letztere besaß alle Eigenschaften des d-galactonsauren Kalks.
Im lufttrocknen Zustande verlor es beim Erhitzen auf 100⁰ bis zur
Gewichtskonstanz 14,5 pCt. Wasser, während eine Kontrollprobe mit
reinem d-galactonsaurem Kalk 15,1 pCt. gab. Entscheidend ist die
optische Probe. Erwärmt man das Salz mit etwas mehr als der berechneten Menge verdünnter Salzsäure, so verwandelt sich die in Freiheit
gesetzte d-Galactonsäure zum größten Teil in das stark nach links
drehende Lacton. Ein solcher Versuch ist von Schnelle und Tollens[1])
beschrieben. Wir haben denselben vergleichsweise mit dem durch
die Strychninspaltung erhaltenen Präparat und einem zweiten, aus
gewöhnlicher Galactose bereiteten Produkt angestellt.

Je 0,5 g der beiden Salze wurden in 5 ccm Salzsäure von 1,82 pCt.
gelöst und die Flüssigkeit eine halbe Stunde im geschlossenen Rohr im
Wasserbade erhitzt. Nach dem Erkalten drehte die Lösung des durch

---

[1]) Berichte d. d. chem. Gesellsch. **23**, 2991 [1890].

Strychninspaltung gewonnenen Salzes im 1 dcm-Rohr 5,0⁰ und die
Kontrollprobe 4,9⁰ nach links. Die Übereinstimmung ist so vollkommen, wie man es nicht besser bei derartigen Versuchen erwarten
kann. Wir zweifeln deshalb nicht daran, daß auf dem angegebenen
Wege aus dem inaktiven Lacton reine $d$-Galactonsäure erhalten wird.
Zum Überfluß haben wir noch das Phenylhydrazid der Säure dargestellt und mit der bekannten Verbindung identifiziert.

In ähnlicher Weise wurde die $l$-Galactonsäure isoliert. Sie befindet sich in den Mutterlaugen, welche nach dem Auskristallisieren
des $d$-galactonsauren Strychnins bleiben. Nachdem in der oben beschriebenen Weise das Strychnin durch Barythydrat und der Baryt
durch Schwefelsäure entfernt ist, wird die Lösung zunächst mit Tierkohle entfärbt und dann durch Kochen mit Calciumcarbonat neutralisiert. Das zum Sirup verdampfte Filtrat scheidet in der Kälte
eine Kristallmasse ab, welche ein Gemenge von $l$-galactonsaurem
und $dl$-galactonsaurem Kalk ist. Beim Auskochen mit der doppelten
Menge Wasser bleibt wieder das letztere zum größten Teil zurück und
aus dem Filtrat scheidet sich beim längeren Stehen die $l$-Verbindung
in hübsch ausgebildeten fünfseitigen Tafeln ab. Dieselben werden
durch einmaliges Umkristallisieren aus heißem Wasser gereinigt.

Das Salz ist der $d$-Verbindung in Kristallform und Löslichkeit
außerordentlich ähnlich*). An der Luft getrocknet verlor es beim Erhitzen auf 100⁰ bis zur Gewichtskonstanz 15,0 pCt. Wasser, während
für die $d$-Verbindung 15,1 pCt. gefunden wurden. Für die optische
Probe wurden 0,2000 g des getrockneten Salzes in 4 ccm Salzsäure
von 0,91 pCt. gelöst, im geschlossenen Rohr eine halbe Stunde im
Wasserbade erhitzt und nach dem Erkalten im 1 dcm-Rohr geprüft.
Die Ablenkung betrug 2,71⁰ nach rechts.

Die starke Rechtsdrehung wird offenbar durch die Bildung von
$l$-Galactonsäurelacton veranlaßt. Der Wert ist noch etwas größer
als die Linksdrehung, welche bei dem gleichen Versuch mit $d$-galac-
tonsaurem Kalk beobachtet wurde.

Unser Material reichte leider nicht aus, um die reine kristallisierte
Säure oder ihr Lacton, welche bekanntlich auch in der $d$-Reihe ziemlich
schwer zu gewinnen sind, darzustellen. Da aber das Kalksalz alle
Eigenschaften einer reinen Verbindung besaß, so halten wir die Aufgabe, aus der inaktiven Galactonsäure durch Spaltung die beiden
optischen Komponenten in reinem Zustand zu gewinnen, für gelöst.
Zur weiteren Charakterisierung der $l$-Galactonsäure haben wir noch

---

*) *Vgl. die Bemerkung auf Seite 328.*

das Cadmiumsalz und das Phenylhydrazid bereitet. Sie sind wiederum den Verbindungen der d-Reihe zum Verwechseln ähnlich.

## l- Galactose.

Dieselbe wird am bequemsten durch Gärung des inaktiven Zuckers gewonnen. Man kann für ihre Bereitung direkt das rohe dl-Galactonsäurelacton verwenden, welches aus dem Barytsalz durch Zersetzen mit Schwefelsäure und Abdampfen erhalten wird. Dieses Produkt wird in derselben Weise, wie zuvor bei der dl-Galactose beschrieben ist, reduziert und der Zucker von den Natronsalzen durch Alkohol getrennt. Der beim Verdampfen der alkoholischen Lösung zurückbleibende Sirup wird dann in 10 Teilen Wasser gelöst und mit frischer, gewaschener, gutwirkender Bierhefe versetzt. Bleibt die Mischung im Brutschrank bei 30° stehen, so beginnt nach 1—2 Stunden die Entwicklung von Kohlensäure. Nach 5—6 Tagen ist in der Regel die Gärung beendet. Die Lösung wird nun filtriert, zur völligen Reinigung mit etwas Tierkohle gekocht, abermals filtriert und zum Sirup eingedampft. Der letztere scheidet im Laufe von 12—15 Stunden den größten Teil der l-Galactose in kleinen Kristallen ab. Das Produkt wird durch Absaugen von dem braunen Sirup getrennt, sorgfältig mit Methylalkohol gewaschen und in verdünnter wässeriger Lösung bis zur Entfärbung mit reiner Tierkohle behandelt. Beim Verdampfen der Lösung bleibt ein farbloser Sirup, welcher sehr bald kristallinisch erstarrt.

Um den mit Methylalkohol verriebenen und filtrierten Zucker aschefrei zu erhalten, löst man ihn durch längeres Kochen in viel absolutem Alkohol. Wird diese Lösung bis zur beginnenden Trübung eingedampft und dann abgekühlt, so scheidet sich ein Teil der unorganischen Beimengungen als flockiger Niederschlag aus und aus dem Filtrat kristallisiert bei längerem Stehen der Zucker in farblosen harten Krusten. Um die letzten Spuren von Asche zu entfernen, muß die Kristallisation aus Alkohol mehrmals wiederholt werden. Das reinste Präparat zeigte beim Erhitzen dasselbe Verhalten wie die mehrmals aus Methylalkohol umkristallisierte d-Galactose. Wir fanden in beiden Fällen den Schmelzpunkt bei 162—163° (unkorr.).

Über den Schmelzpunkt der d-Galactose sind die Angaben sehr verschieden. Die höchste Zahl — 168° — fand von Lippmann[1]). Wir wollen die Richtigkeit derselben nicht bestreiten; aber es scheint schwierig zu sein, den Zucker in dieser Reinheit zu gewinnen. Unser Vorrat an l-Galactose war dafür zu gering.

---

[1]) Berichte d. d. chem. Gesellsch. **18**, 3335 [1885].

Für ein aus Alkohol umkristallisiertes und bei 100⁰ getrocknetes Produkt wurde die Zusammensetzung $C_6H_{12}O_6$ gefunden.

0,2046 g Subst.: 0,2993 g $CO_2$, 0,1297 g $H_2O$.

| | Ber. für $C_6H_{12}O_6$ | Gefunden |
|---|---|---|
| C | 40,00 | 39,90 pCt. |
| H | 6,67 | 7,04 „ |

In optischer Beziehung verhält sich die *l*-Galactose der *d*-Verbindung sehr ähnlich. Sie zeigt wie jene starke Birotation, dreht aber selbstverständlich nach links. Die quantitativen Bestimmungen haben allerdings keine völlige Übereinstimmung ergeben. Für *d*-Galactose wird die spezifische Drehung bei frisch bereiteten 10prozentigen Lösungen auf + 130 bis 140⁰, und als Endwert + 81,5⁰ angegeben. Wir fanden bei einer 10prozentigen Lösung von *l*-Galactose 8 Minuten nach der Auflösung $[\alpha]_D = -120⁰$ und als Endwert — 73,6⁰. Ein zweites, nochmals umkristallisiertes Präparat gab als Endwert — 74,7⁰. Da wir im ganzen nur 5 g Zucker besaßen, so war es nicht möglich, denselben durch wiederholte Kristallisation aus Wasser oder Alkohol so weit zu reinigen, daß die optischen Beobachtungen als fehlerlos anzusehen wären. Wir können deshalb obige Zahlen nur als Annäherungswerte betrachten; jedenfalls genügen dieselben, um die Verbindung als optischen Antipoden der gewöhnlichen Galactose zu kennzeichnen, und mit Rücksicht auf so viele andere Fälle optischer Isomerie zweifeln wir nicht daran, daß die ganz reine *l*-Galactose sowohl im Schmelzpunkt wie im Drehungsvermögen mit der *d*-Verbindung völlige Übereinstimmung zeigen wird.

Für die leicht zu reinigenden Hydrazinverbindungen haben wir dies bereits feststellen können.

Das Phenylhydrazon, welches in kaltem Wasser ziemlich schwer löslich ist, schmilzt wie die *d*-Verbindung bei 158—160⁰ und dreht in wässeriger Lösung ebenso stark nach rechts wie jene nach links[1]). Ebenso sind die Phenylosazone der *d*- und *l*-Galactose in Aussehen und Löslichkeit nicht zu unterscheiden und schmelzen unter gleichen Bedingungen beim raschen Erhitzen gleichzeitig zwischen 192 und 195⁰ (unkorr.) unter Gasentwicklung. Dieselben können auch auf optischem Wege nicht unterschieden werden, weil sie in der verdünnten Lösung, welche, man wegen der Färbung für den Versuch benutzen muß, keine wahrnehmbare Ablenkung hervorrufen.

### Verwandlung der *l*-Galactose in Schleimsäure.

Verdampft man eine Lösung des Zuckers in der 12fachen Menge Salpetersäure vom spez. Gewicht 1,15 auf dem Wasserbade, so scheidet

---

[1]) Über das Drehungsvermögen und die Löslichkeit des *d*-Galactosephenylhydrazons werden später nähere Angaben gemacht werden. (*S. 195.*)

sich sehr bald Schleimsäure ab, welche durch die geringe Löslichkeit und den Schmelzpunkt identifiziert wurde. Die Ausbeute derselben betrug 50 pCt. des Zuckers, obschon von letzterem nur 0,4 g für den Versuch verwandt wurden. Bei Anwendung von größeren Mengen dürfte dieselbe wohl auf den gleichen Wert (75 pCt.) steigen, welchen Rischbiet und Tollens[1]) für $d$-Galactose gefunden haben.

Bisher hat man bei der Untersuchung komplizierterer Kohlenhydrate die Bildung von Schleimsäure als Reaktion zum Nachweis der gewöhnlichen Galactose benutzt. Durch die vorliegende Beobachtung verliert die Probe an Sicherheit;*) denn es ist wohl möglich, daß auch die $l$-Galactose in Form komplizierterer Anhydride im Pflanzenreich vorkommt. Zum sicheren Nachweis der gewöhnlichen Galactose wird es mithin nötig sein, den Zucker selbst oder das leicht zu isolierende Phenylhydrazon optisch zu prüfen. Für die Unterscheidung der beiden Zucker kann aber außerdem die Gärprobe benutzt werden.

### Verwandlung der $l$-Galactose in Dulcit.

Die Reduktion des Zuckers durch Natriumamalgam geht in zehnprozentiger wässeriger Lösung bei Zimmertemperatur rasch vonstatten, wenn man die Wirkung des Amalgams durch fortwährendes Schütteln unterstützt. Es ist vorteilhaft, die Reaktion anfangs in schwach schwefelsaurer, zum Schluß in schwach alkalischer Lösung verlaufen zu lassen. Sie ist beendet, wenn die Flüssigkeit Fehlingsche Lösung nicht mehr verändert. Man erreicht diesen Punkt leicht im Laufe von 2—3 Stunden. Zur Isolierung des Dulcits wird die filtrierte und mit Schwefelsäure genau neutralisierte heiße Lösung mit so viel warmem Alkohol versetzt, daß das Gemisch 80prozentig ist. Beim Abdampfen der alkoholischen Lösung beginnt schon in der Wärme die Kristallisation des Dulcits.

Aus heißem Wasser umkristallisiert besaß das Präparat alle Eigenschaften der natürlichen Verbindung. Trotzdem für den Versuch nur 1,5 g Zucker verwandt wurden, betrug die Ausbeute mehr als 50 pCt. der Theorie.

---

*) *Vgl. auch Seite 506.*
[1]) Liebigs Annal. d. Chem. **232**, 187 [1885].

## 53. Arthur W. Crossley: Über das optische Verhalten des Dulcits und seiner Derivate.

Berichte der deutschen chemischen Gesellschaft 25, 2564 [1892].
(Eingegangen am 3. August.)

Während der Dulcit in wässeriger Lösung auch˙bei Zusatz von Borax stets optisch inaktiv befunden wurde, beobachtete Bouchardat[1]) bei zwei von ihm entdeckten Derivaten, dem Diacetyldulcit und insbesondere bei dem Tetracetyldulcitan ein deutliches Drehungsvermögen.

Durch diese Angaben wurde van't Hoff[2]) veranlaßt, den Dulcit für ein optisch aktives System anzusehen, dessen Drehungsvermögen allerdings erst in den Derivaten zum Vorschein kommt.

Vor kurzem haben nun E. Fischer und J. Hertz[3]) den Beweis geliefert, daß der Dulcit gerade so wie die Schleimsäure ein auch in geometrischer Beziehung symmetrisches Molekül hat und deshalb optisch inaktiv ist. Sie sprachen zugleich die Vermutung aus, daß die abweichenden Resultate von Bouchardat durch eine Verunreinigung des angewandten Dulcits veranlaßt worden seien. Daß dem in der Tat so ist, beweisen die folgenden Versuche, welche ich auf Veranlassung von Hrn. Prof. Emil Fischer angestellt habe. Für dieselben wurde der käufliche Dulcit viermal aus der 1½ fachen Menge heißem Wasser umkristallisiert und optisch geprüft.

Eine Auflösung von 1 g in 20 ccm kalt gesättigter Boraxlösung zeigte im 2 dcm-Rohr keine Drehung unter Bedingungen, wo eine Ablenkung von 0,03° hätte beobachtet werden müssen.

### Diacetyldulcit.

Die Verbindung wurde genau nach der Vorschrift von Bouchardat dargestellt und mehrmals aus warmem Wasser umkristallisiert. Sie schmolz bei 174,5° (unkorr.). Für die optische Probe wurde∙ 1 g in

---

[1]) Ann. chim. et phys. [4] 27, 145 [1872].
[2]) Dix années dans l'histoire d'une théorie, S. 60.
[3]) Berichte d. d. chem. Gesellsch. 25, 1247 [1892]. (S. 459.)

10 ccm heißem Wasser gelöst und die Flüssigkeit zur Verhütung der Kristallisation bei 70° untersucht. Sie zeigte im 2 dcm-Rohr keine wahrnehmbare Drehung.

Bouchardat verwandte eine Lösung von 1,26 g in 10 ccm und fand eine Ablenkung von 12' nach rechts, woraus er die spezifische Drehung $[\alpha]j = + 47'$ oder 0,8° berechnet.

### Tetracetyldulcitan.

Diese Verbindung hat Bouchardat als amorphe Masse analysiert und optisch geprüft. Er fand das spezifische Drehungsvermögen als Mittel von zwei Versuchen

$$[\alpha]j = + 6,31°.$$

Da dieser Wert bei weitem der höchste ist, welcher bei den Dulcitderivaten beobachtet wurde, so mußte die Wiederholung des Versuchs am sichersten zur Entscheidung der Frage führen.

Das Präparat wurde ebenfalls nach der Vorschrift dargestellt, aber nicht durch Bleioxyd und Schwefelwasserstoff, sondern durch Schütteln mit wenig Tierkohle in ätherischer Lösung entfärbt.

Zur optischen Untersuchung kamen zwei Proben des farblosen dicken Sirups. Das eine Mal wurden 2 g in 4 ccm Alkohol und das andere Mal 2,6 g in 5 ccm gelöst.

In einer Schicht von 1 dcm zeigten beide Flüssigkeiten keine Drehung. Da unter den Bedingungen des Versuchs eine Ablenkung von 0,03° der Beobachtung nicht hätte entgehen können und da ferner die Lösungen mehr als 30 pCt. der Substanz enthielten, so liegt es auf der Hand, daß auch diese Verbindung als optisch inaktiv anzusehen ist. Hierdurch ist die einzige Schwierigkeit, welche der Theorie des asymmetrischen Kohlenstoffatoms durch tatsächliche Angaben in der Zuckergruppe bisher bereitet wurde, glücklich beseitigt.

## 54. Emil Fischer und Karl Landsteiner:
### Über den Glycolaldehyd.

Berichte der deutschen chemischen Gesellschaft **25**, 2549 [1892].
(Eingegangen am 3. August.)

Wenn man die einfachen Zuckerarten als Aldehyd- oder Ketonalkohole definiert, so ist als Anfangsglied der Reihe der Aldehyd der
Glycolsäure zu betrachten. Über die Existenz desselben liegen bisher
nur einige recht unsichere Angaben von Abeljanz[1]) vor. Er erhitzte
den von Lieben ausführlich studierten Dichloräther mit Wasser auf
115—120⁰ und suchte die Produkte der Reaktion durch Destillation
der entstandenen farblosen, homogenen Lösung zu isolieren. Da er
in dem Destillat nach wochenlangem Stehen an der Luft neben Mono-
chloressigsäure auch Glycolsäure fand, so schloß er daraus auf das
Vorhandensein des Glycolaldehyds. Wenn diese Beweisführung schon
an und für sich recht bedenklich erscheint, so wird sie vollends hinfällig
durch die Beobachtung, daß der Glycolaldehyd mit Wasserdämpfen
sehr schwer flüchtig ist. Trotzdem haben wir einige Versuche über
die Spaltung des Dichloräthers durch Wasser angestellt. Kocht man
denselben mit der achtfachen Menge Wasser unter Luftabschluß mehrere
Stunden am Rückflußkühler, so entsteht eine klare, farblose Flüssigkeit, welche einen stechenden Geruch, ähnlich dem Chloraldehyd, besitzt. Werden durch Kochen der Lösung die chlorhaltigen, flüchtigen
Produkte entfernt, so müßte der Glycolaldehyd zum größten Teil in
der rückständigen Flüssigkeit enthalten sein. Wir haben aber keine
Spur davon finden können. Wird dagegen Dichloräther im geschlossenen
Rohr mit der achtfachen Menge Wasser einige Stunden auf 115—120⁰
erhitzt, so ist die Flüssigkeit schon schwach braun gefärbt und nach
Entfernung der flüchtigen, chlorierten Körper reduziert die rückständige
Flüssigkeit die Fehlingsche Lösung noch ziemlich stark. Aber auch
hier ließ sich durch Phenylhydrazin der Glycolaldehyd nicht mit Sicherheit nachweisen. Ferner will Abeljanz den Glycolaldehyd durch Einwirkung von konzentrierter Schwefelsäure auf den sogenannten Beta-

---

[1]) Liebigs Annal. d. Chem. **164**, 197 [1872].

Hydroxylchloräther erhalten haben. Aber hier benutzte er zur Isolierung des Produktes die Extraktion der Lösung mit Äther und erhielt
dabei einen Sirup, der wiederum bei monatelangem Stehen an der Luft
Glycolsäure lieferte. Da nun der Glycolaldehyd aus der wässerigen
Lösung durch Äther auch nicht spurenweise aufgenommen wird, so hat
Abeljanz offenbar einen ganz anderen Körper unter den Händen
gehabt. Ein zweiter, kaum erfolgreicherer Versuch, den Aldehyd
zu gewinnen, wurde von Pinner[1] ausgeführt, welcher das von ihm
entdeckte Glycolacetal zum Ausgangspunkt wählte. Die Zerlegung
desselben durch Säuren findet aber erst unter Bedingungen statt, wo
der Glycolaldehyd gewiß zum größten Teil zerstört wird. Nach den
früheren Erfahrungen über das Verhalten des Acroleïnbromids gegen
Basen schien es uns nun aussichtsvoller, den Glycolaldehyd mit Hilfe
des Bromaldehyds zu bereiten. Der letztere wird in der Tat von kaltem
Barytwasser sofort unter Abspaltung von Bromwasserstoff zersetzt
und liefert ein Produkt, welches zwar noch nicht in reinem Zustand
isoliert werden konnte, aber nach seinem gesamten Verhalten der
Aldehyd der Glycolsäure sein muß. Die Verbindung reduziert Fehlingsche Lösung außerordentlich stark, liefert mit Phenylhydrazin in
gelinder Wärme das Osazon des Glyoxals und wird durch Bromwasser
in Glycolsäure verwandelt. Der für den Versuch nötige Bromaldehyd,
welcher bis jetzt unbekannt geblieben ist, wurde aus dem Monobrom-
acetal durch Erhitzen mit wasserfreier Oxalsäure gewonnen. Ähnlich der
Glycerose wird der Glycolaldehyd durch verdünntes Alkali polymerisiert
und liefert nach Art der Aldolkondensation einen Zucker $C_4H_8O_4$, die
erste synthetische Tetrose. Dieselbe wurde in Form ihres Osazons
isoliert und das letztere ist wahrscheinlich identisch mit dem Phenylerythrosazon[2]), welches aus dem Oxydationsprodukte des Erythrits
früher erhalten wurde.

Die Reihe der Zuckerarten ist nunmehr vollständig vom ersten
Glied bis zu den Nonosen und sämtliche Körper mit Ausnahme der
Pentosen können synthetisch bereitet werden. Sollte es gelingen, die
künstliche Tetrose, welche wahrscheinlich ein Aldehyd ist, zu isolieren,
so würde man durch Blausäureaddition auch synthetisch zu den Pentosen gelangen.

### Bromaldehyd.

Als Ausgangsmaterial diente das Bromacetal, welches von Pinner[1])
durch Eintropfen von Brom in Acetal gewonnen wurde. Da bei seinem

---

[1]) Berichte d. d. chem. Gesellsch. **5**, 150 [1872].
[2]) E. Fischer und J. Tafel, Berichte d. d. chem. Gesellsch. **20**, 1090 [1887].
(*S. 244.*)

Verfahren der frei werdende Bromwasserstoff die Reaktion störend beeinflußt, so haben wir denselben während der Operation durch Zusatz von Basen unschädlich zu machen gesucht. Dementsprechend wurden 100 g Acetal mit 42 g gefälltem reinem Calciumcarbonat vermischt und zu dem gut gekühlten Gemenge 136 g Brom tropfenweise zugegeben. Die weitere Behandlung ist die von Pinner angegebene. Die Flüssigkeit wird mit Wasser und Sodalösung gewaschen und dann fraktioniert. Die bei der zweiten Rektifikation zwischen 164 und 172° (Faden im Dampf) siedende Fraktion wurde für die späteren Versuche verwendet. Die Ausbeute an diesem Produkte betrug durchschnittlich 50 pCt. des angewendeten Acetals und war mehr als doppelt so groß, wie beim Verfahren von Pinner. Für die Spaltung des Acetals diente die gleiche Methode, wie sie Natterer[1]) beim Chloracetal benutzt hat. Die Bromverbindung wurde mit der berechneten Menge wasserfreier Oxalsäure im Ölbade erhitzt. Bei ungefähr 135° beginnt die Reaktion, wobei die Oxalsäure sich löst und der Bromaldehyd zu destillieren beginnt. Man steigert allmählich die Temperatur des Ölbades auf 150°, bis die Destillation beendet ist. Die Operation dauert bei Mengen von 100 g vier bis fünf Stunden. Das Rohprodukt wird fraktioniert. Der von 80—105° übergehende Teil enthält den Bromaldehyd neben viel Wasser und geringen Mengen komplizierterer Bromverbindungen.

Die Ausbeute an diesem Produkte entspricht etwa 35 pCt. des verwendeten Bromacetals. Auf die völlige Reinigung des Bromaldehyds haben wir angesichts der Schwierigkeiten, welche Natterer beim Chloraldehyd zu überwinden hatte, verzichtet. Der Körper ist eine farblose, dickliche Flüssigkeit, von heftigem, stark zu Tränen reizenden Geruch. Er löst sich in Wasser unter Rücklassung einer kleinen Menge eines Öls. Er reduziert die Fehlingsche Lösung sehr stark. Seine wässerige Lösung wird auf Zusatz von Phenylhydrazin alsbald getrübt und scheidet nach kurzer Zeit einen gelben, dicken, flockigen Niederschlag ab, dessen Zusammensetzung nicht ermittelt wurde.

## Glycolaldehyd. (Äthanolal)[2]).

10 Teile Bromaldehyd (die eben erwähnte von 80—105° siedende Fraktion) werden in Wasser gelöst, vom abgeschiedenen Öl filtriert, dann zu 250 g einer Lösung, welche 13 g reines kristallisiertes Barythydrat teils gelöst, teils suspendiert enthält und auf 0° abgekühlt ist, unter starkem Umschütteln allmählich zugegeben und das Gemisch eine

---

[1]) Monatsh. für Chem. **3**, 442 [1882].
[2]) Nach den Beschlüssen des Genfer Kongresses für die Reform der chemischen Nomenklatur.

halbe Stunde stehen gelassen. Die Flüssigkeit bleibt dabei farblos und der Geruch des Bromaldehyds verschwindet beinahe vollständig. Zur Entfernung des Baryts wird die Lösung mit Schwefelsäure versetzt und dann mit Bleicarbonat neutralisiert. Dadurch wird die überschüssige Schwefelsäure und der größte Teil des Bromwasserstoffs entfernt und das Filtrat ist eine verdünnte Lösung des Glycolaldehyds, welche noch etwas Bromblei und die Verunreinigungen des ursprünglichen Bromaldehyds enthält. Eine ungefähre Schätzung der letzteren gestattet folgender Versuch. In dem Bromaldehyd wurde einerseits die Gesamtmenge des Broms und andererseits die Quantität, welche durch Barytwasser als Bromwasserstoff abgespalten wird, bestimmt. Die letztere betrug 70 pCt. der ersteren. Die wässerige Lösung des Glycolaldehyds reduziert die Fehlingsche Lösung schon bei Zimmertemperatur und färbt sich beim Erwärmen mit Alkalien gerade wie eine Zuckerlösung gelb. Durch Äther wird derselben keine Spur des Aldehyds entzogen. Destilliert man dieselbe bei gewöhnlichem Druck, so geht nur eine kleine Menge des Glycolaldehyds über. Die Hauptmenge bleibt im Rückstande, erfährt aber bei fortschreitender Konzentration eine teilweise Zersetzung, welche sich durch Gelbfärbung verrät. Will man dies verhindern, so wird die Lösung im Vakuum eingedampft, wobei ebenfalls eine kleine Menge des Aldehyds abdestilliert. Versetzt man die Lösung mit essigsaurem Phenylhydrazin, so entsteht nur eine schwache Trübung, während der Bromaldehyd unter denselben Bedingungen einen starken Niederschlag liefert.

Erwärmt man aber das Gemisch im Brutschrank auf 40°, so scheidet sich im Laufe von 24 Stunden eine reichliche Menge von bräunlich gefärbten Blättchen ab, welche mit wenig kaltem Alkohol gewaschen und aus Alkohol umkristallisiert die Zusammensetzung, den Schmelzpunkt und die übrigen Eigenschaften des Glyoxalphenylosazons[1]) besaßen.

|   | Ber. für $C_{14}H_{14}N_4$ | Gefunden |
|---|---|---|
| N | 23,53 | 23,31 pCt. |

Die Entstehung des Osazons findet also hier unter den gleichen Verhältnissen statt, wie bei der Glycerose oder auch bei den gewöhnlichen Zuckerarten, welche ebenfalls schon bei einer Temperatur von 40°, wenn auch etwas langsamer, in Osazone verwandelt werden.

Durch Bromwasser wird der Glycolaldehyd, ähnlich den gewöhnlichen Zuckerarten zu Glycolsäure oxydiert. 11 g des rohen Bromaldehyds wurden in der zuvor beschriebenen Weise in Glycolaldehyd

---

[1]) Berichte d. d. chem. Gesellsch. **17**, 575 [1884].

verwandelt und die Lösung nach dem Ausfällen des Baryts mit 14 g Brom versetzt. Das letztere löste sich ziemlich rasch und aus der Flüssigkeit entwickelte sich eine nicht unbeträchtliche Menge von Kohlensäure. Nachdem die Mischung zwei Tage bei Zimmertemperatur gestanden hatte, wurde das überschüssige Brom weggekocht und die Lösung nach dem Erkalten mit Bleicarbonat neutralisiert. Aus dem Filtrat wurde zunächst das Blei durch Schwefelwasserstoff, der Bromwasserstoff durch Silberoxyd und endlich das in Lösung gegangene Silber wieder durch Schwefelwasserstoff gefällt. Als dann die Lösung durch Kochen mit Calciumcarbonat neutralisiert und stark eingedampft war, schied sich der glycolsaure Kalk als farblose Kristallmasse ab. Die Ausbeute betrug 2 g. Das lufttrockne Salz verlor durch Trocknen bei 120⁰ 25,37 pCt. Wasser und besaß dann die Zusammensetzung $(C_2H_3O_3)_2Ca$.

|  | Berechnet | Gefunden |
|---|---|---|
| Ca | 21,05 | 20,94 pCt. |

### Verwandlung des Glycolaldehyds in Tetrose.

Versetzt man die auf 0⁰ abgekühlte, verdünnte wässerige Lösung des Glycolaldehyds, aus welcher der Baryt und der größte Teil des Bromwasserstoffs, wie oben beschrieben, entfernt ist, mit so viel Natronlauge, daß die Lösung 1 pCt. Natriumhydroxyd enthält und läßt 15 Stunden bei 0⁰ stehen, so ist der Glycolaldehyd verschwunden; denn die Flüssigkeit reduziert Fehlingsche Lösung in der Kälte nicht mehr oder nur sehr schwach. Für die Erkennung der Tetrose diente das Osazon. Um dasselbe zu gewinnen, wird die alkalische Lösung mit Essigsäure angesäuert, dann mit Phenylhydrazin (der halben Menge des ursprünglich angewendeten Bromaldehyds) und der entsprechenden Menge Essigsäure versetzt und auf dem Wasserbade erhitzt. Nach ungefähr einer Stunde beginnt trotz der starken Verdünnung die Abscheidung des Osazons in gelben Nadeln, welche meistens in ein dunkles Harz eingebettet sind. Zur Vervollständigung der Reaktion muß man 8—10 Stunden erhitzen. Nach dem Erkalten wird die dunkle Masse abfiltriert, mit Wasser gewaschen, dann zur Entfernung des Harzes mit wenig Äther verrieben und abermals abgesaugt. Zur völligen Entfernung der dunklen Produkte wird das Präparat mit viel Wasser ausgekocht. Dabei geht das Osazon, allerdings recht schwer, in Lösung und scheidet sich aus dem Filtrat beim Erkalten in gelben, mikroskopisch feinen Nädelchen ab. Das Produkt wurde für die Analyse nochmals aus heißem Wasser und dann aus heißem Benzol umkristallisiert.

| Ber. für $C_{16}H_{18}O_2N_4$ | Gefunden |
|---|---|
| C | 64,43 | 63,91 pCt. |
| H | 6,04 | 6,27 ,, |
| N | 18,79 | 18,53 ,, |

Die Substanz ist dem früher beschriebenen Phenylerythrosazon außerordentlich ähnlich. Sie schmilzt gleichzeitig mit demselben beim raschen Erhitzen zwischen 166 und 168⁰, kristallisiert aus Benzol in denselben zu Büscheln vereinigten feinen Nadeln und zeigt auch in den Löslichkeitsverhältnissen keine merkbare Verschiedenheit. Wir halten es demnach für sehr wahrscheinlich, daß die beiden Produkte identisch sind.

Leider war es bisher nicht möglich, aus dem Osazon den Zucker zu regenerieren, da die Spaltung in Phenylhydrazin und Oson hier nicht glatt vonstatten geht.

**55. Emil Fischer und A. J. Stewart: Über aromatische
Zuckerarten.**

Berichte der deutschen chemischen Gesellschaft **25**, 2555 [1892].
(Eingegangen am 3. August.)

Um die Methoden, welche in der Fettgruppe zum Aufbau von
kohlenstoffreicheren Zuckern gedient haben, auf die aromatische Gruppe
zu übertragen, war zunächst die Synthese einer zur Lactonbildung
befähigten phenylierten Oxysäure erforderlich. Diese Eigenschaften
durfte man von der noch unbekannten Phenyltrioxybuttersäure erwarten. Der Versuch hat die Voraussetzung bestätigt; denn die Säure
verwandelt sich schon beim Abdampfen ihrer wässerigen Lösung in
das schön kristallisierende Lacton und das letztere liefert bei der Reduktion mit Natriumamalgam den Aldehyd $C_6H_5.CHOH.CHOH.$
$CHOH.COH.$ Entsprechend der Nomenklatur der einfachen Zucker
nennen wir den letzteren „Phenyltetrose".

Es ist kaum zu bezweifeln, daß dieser erste aromatische Zucker
durch Anlagerung von Blausäure in die kohlenstoffreichere Oxysäure
verwandelt werden kann. Nur der Mangel an Material hat uns bis
jetzt verhindert, den Versuch auszuführen.

Desgleichen darf man erwarten, die Phenyltrioxybuttersäure,
welche als eine racemische Verbindung betrachtet werden muß, in
die optischen Komponenten zerlegen zu können.

Für die Gewinnung der Phenyltrioxybuttersäure sind wir von
dem Cyanhydrin des Zimtaldehyds $C_6H_5.CH:CH.CHOH.CN$ ausgegangen. Dasselbe addiert sehr leicht zwei Atome Brom und dieses
Produkt liefert bei der Verseifung unter gleichzeitiger Abspaltung von
Bromwasserstoff das Lacton der Phenylbromdioxybuttersäure. Nach
den Erfahrungen von Fittig und seinen Schülern über die Bildung
der Lactone aus gebromten Säuren halten wir es für sehr wahrscheinlich, daß dem vorliegenden Lacton die Strukturformel $C_6H_5.CH.CHBr.$

$CHOH.CO.O$ zukommt.

Aus dem gebromten Lacton entsteht endlich durch Kochen mit
Barytwasser die Phenyltrioxybuttersäure. Bevor dieser Weg gefunden

war, versuchten wir die bereits bekannte Phenyloxycrotonsäure
$C_6H_5.CH:CH.CHOH.COOH$ auf ähnliche Art in die Trioxysäure zu
verwandeln, gelangten aber dabei zu ganz anderen Resultaten.*)

Die Verbindung wird in Chloroformlösung von Brom energisch
angegriffen, liefert aber kein Additions- sondern ein Substitutions-
produkt, die Phenylbromoxycrotonsäure $C_{10}H_9O_3Br$. Diese verliert
bei der Behandlung mit Soda das Brom und verwandelt sich in die
Verbindung $C_{10}H_{10}O_4$. Letztere hat zwar die gleiche Zusammensetzung wie das obenerwähnte Lacton der Phenyltrioxybuttersäure,
ist aber nach ihrem ganzen Verhalten eine Ketonalkoholsäure, für
welche vorläufig die Wahl zwischen den Formeln $C_6H_5.CH_2.CO.$
$CHOH.COOH$ oder $C_6H_5.CO.CH_2.CHOH.COOH$ bleibt.

### Phenylbromdioxybuttersäure.

Um das Nitril der Säure zu bereiten, löst man 100 g Zimtaldehydcyanhydrin, welches aus rohem Zimtöl nach der Vorschrift von
Pinner[1]) leicht erhalten wird, in 500 g Chloroform und läßt zu der
stark gekühlten Flüssigkeit langsam 100 g Brom zufließen; dasselbe wird
sofort fixiert und gegen Ende der Operation scheidet sich das Phenyl-
dibromoxybutyronitril als Kristallbrei ab. Zur völligen Abscheidung
desselben fügt man zu dem Gemisch das doppelte Volumen Petroläther
und filtriert die gelbe kristallinische Masse auf der Saugpumpe.

Die Ausbeute ist nahezu quantitativ und beträgt demnach das
Doppelte vom angewandten Zimtaldehydcyanhydrin. Aus heißem
Chloroform, Ligroin oder verdünntem Alkohol umkristallisiert bildet
das gebromte Nitril farblose, kleine, meist büschelförmig verwachsene
Nadeln, welche sich gegen 130⁰ dunkel färben und beim raschen Er-
hitzen gegen 140⁰ unter lebhafter Gasentwicklung schmelzen.

Für die Analyse wurde die Substanz bei 80⁰ getrocknet.

| | Ber. für $C_{10}H_9ONBr_2$ | Gefunden |
|---|---|---|
| C | 37,61 | 37,39 pCt. |
| H | 2,82 | 3,31 „ |

Die Verseifung des Nitrils kann durch Erwärmen mit Mineralsäuren bewerkstelligt werden, wobei nicht allein das Cyan in Carboxyl
übergeht, sondern gleichzeitig unter Abspaltung von Bromwasserstoff
eine Lactongruppe entsteht. Der Vorgang entspricht also der empirischen Gleichung: $C_{10}H_9ONBr_2 + 2H_2O = C_{10}H_9O_3Br + NH_3 + HBr$.

Die besten Resultate gab folgendes Verfahren: Das Nitril wird
mit der zwanzigfachen Menge 20prozentiger Salzsäure 2 Stunden am

---

*) *Vgl. den Zusatz am Schlusse dieser Abhandlung, Seite 490.*
[1]) Berichte d. d. chem. Gesellsch. **20**, 2354 [1887].

Rückflußkühler gekocht. Hierbei verwandelt sich ein erheblicher Teil der Substanz in ein dunkles unlösliches Harz.

Die heiß filtrierte Lösung scheidet dann beim Abkühlen das unreine Lacton der Phenylbromdioxybuttersäure zunächst als Öl aus, welches aber beim 24stündigen Stehen in der Kälte zu einer schwach gelben kristallinischen Masse erstarrt.

Dieselbe wird filtriert und mit der 10fachen Menge heißem Wasser ausgekocht, wobei ein Öl zurückbleibt. Das Filtrat wird noch heiß mit wenig Tierkohle behandelt. Aus der Lösung fällt dann beim Abkühlen das gebromte Lacton in farblosen, verfilzten Nadeln aus.

Für die Analyse wurde das Präparat nochmals aus heißem Wasser umkristallisiert und bei 100° getrocknet.

|  | Ber. für $C_{10}H_9O_3Br$ | Gefunden |
|---|---|---|
| C | 46,69 | 46,78 pCt. |
| H | 3,50 | 3,60 ,, |
| Br | 31,12 | 30,59 ,, |

Das Lacton schmilzt bei 137° (unkorr.) ohne Zersetzung; in der 10fachen Menge siedendem Wasser ist es vollkommen löslich und kristallisiert sofort beim Abkühlen wieder aus. Es löst sich leicht in Alkohol, schwer in Äther und heißem Chloroform und ziemlich schwer in Petroläther. Seine wässerige Lösung reagiert neutral.

Die Ausbeute an reinem Lacton beträgt nur 12 pCt. vom angewandten Nitril, das entspricht 15 pCt. der Theorie.

Die übrigen Produkte der Reaktion, welche der Hauptmenge nach das obenerwähnte dunkle Harz bilden, wurden nicht weiter untersucht.

### Phenyltrioxybuttersäure.

Durch Basen wird das vorige gebromte Lacton leicht in die Salze der Phenyltrioxybuttersäure verwandelt. Die Isolierung der letzteren wird am bequemsten bei Anwendung von Baryumhydroxyd.

Man löst gleiche Moleküle von gebromtem Lacton und Baryt-hydrat getrennt in warmem Wasser, vermischt die beiden Lösungen und kocht 10 Minuten lang. Jetzt wird der Baryt in der Wärme genau mit Schwefelsäure gefällt und das Filtrat nach dem Erkalten vorsichtig bis zur völligen Entfernung des Bromwasserstoffs mit Silber-oxyd behandelt, dann rasch filtriert, das gelöste Silber durch Schwefelwasserstoff entfernt und das Filtrat auf dem Wasserbade stark eingedampft.

Die in der Flüssigkeit enthaltene Phenyltrioxybuttersäure geht dabei zum Teil in das Lacton über und dieses scheidet sich beim Abkühlen kristallinisch ab. Es wird abfiltriert und aus heißem Wasser oder Äther umkristallisiert. Die saure Mutterlauge liefert beim wiederholten Abdampfen immer neue Mengen des Lactons. Die Ausbeute an letzterem betrug bei den beiden ersten Kristallisationen 37 pCt. der Theorie. Für die Analyse wurde ein aus Äther umkristalliertes und bei 100° getrocknetes Präparat benutzt.

$$
\begin{array}{ccc}
 & \text{Ber. für } C_{10}H_{10}O_4 & \text{Gefunden} \\
C & 61,85 & 61,62 \quad 61,41 \text{ pCt.} \\
H & 5,16 & 5,61 \quad 5,33 \text{ ,,}
\end{array}
$$

Das Lacton schmilzt nicht ganz scharf zwischen 115 und 117° (unkorr.) und zersetzt sich bei höherer Temperatur. Es reagiert völlig neutral; in Alkohol und heißem Wasser ist es sehr leicht, in kaltem Wasser dagegen ziemlich schwer löslich; denn aus der 10prozentigen Lösung fällt es bei Zimmertemperatur nach einiger Zeit zum größten Teil aus und bildet dann feine farblose Nadeln. In Äther ist es ebenfalls ziemlich schwer löslich und kristallisiert daraus in derselben Form.

Die konzentrierte, warme wässerige Lösung scheidet die Verbindung beim Abkühlen zunächst als Öl ab, welches aber bald kristallinisch erstarrt.

Durch Basen wird das Lacton sehr leicht in die Salze der Phenyltrioxybuttersäure verwandelt. Von diesen ist die Silberverbindung am schönsten; sie fällt sofort als kristallinischer Niederschlag auf Zusatz von Silbernitrat zu einer Lösung des Natriumsalzes und kann bei einiger Vorsicht aus heißem Wasser umkristallisiert werden.

Sie bildet dann farblose, glänzende prismatische oder tafelförmige feine Kristalle, welche sich am Licht färben und durch längeres Kochen mit Wasser unter Abscheidung von Silber zersetzt werden.

Für die Analyse wurde die Substanz bei 100° getrocknet.

$$
\begin{array}{ccc}
 & \text{Ber. für } C_{10}H_{11}O_5Ag & \text{Gefunden} \\
Ag & 33,85 & 34,05 \text{ pCt.}
\end{array}
$$

Das Natriumsalz ist in Wasser und auch in Alkohol sehr leicht, in Äther dagegen nicht löslich und kristallisiert ziemlich leicht.

Charakteristisch für die Phenyltrioxybuttersäure ist das Phenylhydrazid; es bildet sich sehr leicht, wenn man das Lacton oder auch die freie Säure in wässeriger Lösung mit einem Überschuß von Phenylhydrazin auf dem Wasserbade erwärmt. Ist die Lösung nicht zu verdünnt, so scheidet sich das Hydrazid schon in der Wärme, zunächst als Öl aus, welches aber beim Abkühlen bald erstarrt.

Dasselbe kann sehr leicht durch Umkristallisieren aus heißem Wasser unter Zusatz von etwas Tierkohle gereinigt werden.

Es bildet dann farblose kleine Prismen oder Platten, welche für die Analyse bei 100° getrocknet wurden.

Ber. für $C_{16}H_{18}O_4N_2$      Gefunden

C    63,57        63,26 pCt.

H    5,96         6,39 „

Der Schmelzpunkt des Hydrazids ist nicht ganz scharf; dasselbe sintert gegen 160° und schmilzt vollständig bis 167°; in der sich bald gelb färbenden Flüssigkeit beobachtet man eine langsame Gasentwicklung.

Es löst sich in Wasser und Alkohol selbst in der Hitze ziemlich schwer und kristallisiert beim Erkalten sehr leicht; in Äther ist es fast unlöslich. Seine Lösung in konzentrierter Schwefelsäure gibt auf Zusatz von wenig Eisenchlorid die bekannte Rosafärbung der Hydrazide.

### Phenyltetrose.

Die Reduktion des Phenyltrioxybuttersäurelactons geht etwas langsamer vonstatten als bei den aliphatischen Lactonen und erfordert mehr Natriumamalgam. 5 g Lacton werden in 30 g Alkohol und 40 g Wasser warm gelöst und die Flüssigkeit durch Eis gekühlt. Man trägt dann allmählich 100 g 2½prozentiges Amalgam ein, wobei die Lösung fortwährend stark gekühlt und durch häufigen Zusatz von Schwefelsäure stets schwach sauer gehalten wird. Die Operation dauert etwa ¾ Stunden. Die Lösung wird nun vom Quecksilber getrennt, filtriert und mit so viel Natronlauge versetzt, daß sie nach ½ Stunde noch alkalisch reagiert. Dies geschieht, um das unveränderte Lacton in Natronsalz zu verwandeln.

Jetzt neutralisiert man in der Kälte genau mit Schwefelsäure und verdampft im Vakuum auf dem Wasserbade bis zur Trockne. Der Rückstand wird mit wenig warmem absolutem Alkohol ausgezogen und das übrigbleibende Natriumsulfat abfiltriert. Aus der Mutterlauge scheidet sich auf Zusatz von Äther der größte Teil des phenyltrioxybuttersauren Natriums ab. Um den Rest desselben zu entfernen, wird das Filtrat verdampft und der Sirup mit Äther ausgezogen, worin das Natriumsalz unlöslich ist.

Beim Verdampfen des Äthers bleibt die rohe Phenyltetrose als farbloser Sirup, welcher noch nicht kristallinisch erhalten werden konnte. Dieselbe ist leicht löslich in Wasser, Alkohol und Äther; sie reduziert die Fehlingsche Lösung beim Kochen ziemlich stark. Für die Analyse diente das schön kristallisierende Phenylhydrazon. Dasselbe fällt sofort aus der konzentrierten wässerigen Lösung des Zuckers durch essigsaures Phenylhydrazin als gelbes Öl, welches aber bald erstarrt. Die Ausbeute betrug etwa 20 pCt. des angewandten Lactons.

Es wurde filtriert, mit kaltem Wasser und Äther gewaschen und aus viel heißem Benzol umkristallisiert.

Für die Analyse wurde die Substanz bei $90^0$ getrocknet.

| | Ber. für $C_{16}H_{18}O_3N_2$ | Gefunden |
|---|---|---|
| C | 67,13 | 66,90 pCt. |
| H | 6,29 | 6,66 ,, |
| N | 9,79 | 9,75 ,, |

Das Hydrazon ist selbst in heißem Wasser ziemlich schwer löslich und kristallisiert daraus beim Erkalten rasch in feinen glänzenden Blättchen. In Äther und Benzol ist es ebenfalls schwer, dagegen in Alkohol ziemlich leicht löslich. Es schmilzt nicht ganz konstant gegen $154^0$. Die anfangs hellrote Flüssigkeit färbt sich bald dunkelbraun und entwickelt dann Gasblasen.

In konzentrierter Schwefelsäure löst es sich mit brauner Farbe, welche bald immer dunkler wird.

In konzentrierter Salzsäure (spez. Gewicht 1,19) löst es sich in der Kälte leicht; nach wenigen Augenblicken kristallisiert aus der Lösung salzsaures Phenylhydrazin, während die Phenyltetrose regeneriert wird.

### Phenylbromoxycrotonsäure ($\beta$-*Benzoylbrompropionsäure*).

Die Phenyloxycrotonsäure, welche aus dem Cyanhydrin des Zimtaldehyds zuerst von Matsmoto[1]) dargestellt und später von Peine[2]), Pinner[3]) und Biedermann[4]) untersucht wurde, löst sich sehr leicht in der zehnfachen Menge Chloroform. Versetzt man diese Lösung mit der berechneten Menge Brom und erwärmt gelinde auf dem Wasserbade, so beginnt alsbald eine lebhafte Reaktion, welche durch Einstellen des Gefäßes in kaltes Wasser gemäßigt wird.

Die Flüssigkeit entfärbt sich bald und entwickelt viel Bromwasserstoff. Beim Verdampfen des Chloroforms hinterbleibt ein Sirup, welcher beim Vermischen mit wenig Ligroin zu einem Brei von farblosen Kristallen erstarrt. Das Produkt wird durch Lösen in Äther und Ausfällen mit Petroläther gereinigt.

Die Ausbeute beträgt 90 pCt. der Theorie. Für die Analyse diente ein bei $70^0$ getrocknetes Präparat.

| | Ber. für $C_{10}H_9O_3Br$ | Gefunden |
|---|---|---|
| C | 46,69 | 46,35 pCt. |
| H | 3,50 | 3,82 ,, |
| Br | 31,12 | 31,60 ,, |

---

[1]) Berichte d. d. chem. Gesellsch. **8**, 1145 [1875].
[2]) Berichte d. d. chem. Gesellsch. **17**, 2113 [1884].
[3]) Berichte d. d. chem. Gesellsch. **20**, 2354 [1887].
[4]) Berichte d. d. chem. Gesellsch. **21**, 4074 [1891].

Die Verbindung schmilzt nicht konstant von 95—100⁰. Sie löst sich leicht in Alkohol, Äther und Chloroform, viel schwerer in Petroläther und sehr wenig in Wasser. Sie reagiert stark sauer. Durch Alkalicarbonat wird sie schon in der Kälte verwandelt in die Verbindung $C_{10}H_{10}O_4$, welche eine Ketongruppe enthält und dementsprechend als

Phenylketooxybuttersäure

bezeichnet werden kann. Die Reaktion entspricht der empirischen Gleichung:

$$C_{10}H_9O_3Br + H_2O = C_{10}H_{10}O_4 + HBr.$$

Schüttelt man die gebromte Säure mit der zwanzigfachen Menge Wasser, welchem 10 pCt. kristallisierte Soda zugesetzt waren, bei Zimmertemperatur, so geht sie sofort in Lösung. Nach 12 Stunden ist die Reaktion beendet und die Flüssigkeit schwach gelb gefärbt; dieselbe wird dann mit Schwefelsäure übersättigt und mehrmals mit Äther ausgeschüttelt. Beim Verdampfen des Äthers bleibt ein Sirup zurück, welcher beim Anrühren mit Petroläther kristallinisch erstarrt. Das Produkt wird filtriert und wiederholt aus der konzentrierten ätherischen Lösung durch Zusatz von Petroläther ausgefällt, bis die Kristalle kein Brom mehr enthalten; oder man reinigt dasselbe durch Kristallisation aus warmem Wasser.

Die Ausbeute beträgt etwa 40 pCt. des angewandten Bromkörpers.

Für die Analyse wurde die Säure bei 100⁰ getrocknet.

|     | Ber. für $C_{10}H_{10}O_4$ | Gefunden |
| --- | --- | --- |
| C   | 61,85 | 61,72 pCt. |
| H   | 5,16  | 5,3   „ |

Die Säure schmilzt bei 118⁰ (unkorr.) und zersetzt sich bei höherer Temperatur. Sie löst sich leicht in Alkohol, Äther und heißem Wasser, schwer in Petroläther und kaltem Wasser.

Die wässerige Lösung reagiert stark sauer.

Die Säure zeigt das Verhalten der Ketonalkohole; sie reduziert Fehlingsche Lösung und ammoniakalische Silberlösung schon in der Kälte und färbt sich beim Erwärmen mit Alkalien gelb.

In wässeriger Lösung gibt sie mit freiem oder essigsaurem Phenylhydrazin schon in der Kälte ein schwach gelbes amorphes Produkt, welches in Wasser unlöslich ist.

Mit Hydroxylamin erzeugt sie ein kristallisiertes Oxim. Um das letztere zu bereiten, löst man die Säure in der zehnfachen Menge kaltem Wasser unter Zusatz der gerade hinreichenden Menge Natronlauge, fügt einen kleinen Überschuß von salzsaurem Hydroxylamin hinzu, erwärmt gelinde und versetzt nach dem Abkühlen wiederum mit Natronlauge bis zur schwach alkalischen Reaktion. Nach vierstündigem Stehen wird die Flüssigkeit mit Schwefelsäure übersättigt und wiederholt ausgeäthert. Beim Verdampfen des Äthers bleibt ein Sirup. Derselbe wird in wenig Wasser gelöst und die Flüssigkeit über Schwefelsäure im Vakuum verdunstet, wobei sich das Oxim in harten, schwach gelben Kristallen abscheidet. Dieselben werden von der anhaftenden Mutterlauge getrennt und wiederum in wenig heißem Wasser gelöst; beim längeren Stehen scheidet sich dann das Oxim in wohlausgebildeten, harten, farblosen Kristallen ab, welche im Vakuum getrocknet die Zusammensetzung $C_{10}H_{11}O_4N$ besitzen.

| | Ber. für $C_{10}H_{11}O_4N$ | Gefunden |
|---|---|---|
| C | 57,41 | 57,80 pCt. |
| H | 5,26 | 5,38 ,, |
| N | 6,70 | 7,05 ,, |

Die Verbindung schmilzt bei 125⁰ (unkorr.), ist in Wasser, Alkohol und Äther leicht löslich, reagiert sauer und reduziert Fehlingsche Lösung nicht. Kocht man sie mit verdünnter Salzsäure, so entsteht eine Flüssigkeit, welche wiederum stark reduziert, offenbar weil die Verbindung unter Rückbildung von Hydroxylamin gespalten wird.

Durch Kaliumpermanganat wird die Ketonsäure in verdünnter kalter Lösung sofort angegriffen und liefert dabei reichliche Mengen Benzoësäure; die letztere entsteht auch beim Schmelzen mit Ätzkali.

Durch Natriumamalgam wird die Ketonsäure leicht reduziert und liefert eine neue sirupförmige Säure, welche nach der Analyse des Silbersalzes, sowie des Phenylhydrazids die Zusammensetzung $C_{10}H_{12}O_4$ hat. Dieselbe ist isomer mit der von Biedermann beschriebenen Phenyldioxybuttersäure und wir nennen sie deshalb vorläufig:

## Phenyl-isodioxybuttersäure.

Zur Bereitung derselben löst man die Ketonsäure unter Zusatz von wenig Natronlauge in der zehnfachen Menge Wasser, kühlt ab und trägt 2½ prozentiges Natriumamalgam ein. Beim kräftigen Schütteln wird dasselbe rasch verbraucht und der Wasserstoff anfangs völlig fixiert.

Die Reaktion ist beendet, wenn eine Probe der Flüssigkeit Fehlingsche Lösung nicht mehr reduziert.

Man filtriert dann, übersättigt mit Schwefelsäure und extrahiert mehrmals mit Äther. Beim Verdunsten bleibt die neue Säure als farbloser Sirup. Dieselbe ist in heißem Wasser, Alkohol und Äther sehr leicht löslich und wurde bisher nicht kristallisiert erhalten.

Neutralisiert man die wässerige Lösung mit Ammoniak und fügt Silbernitrat hinzu, so fällt das Silbersalz als farbloser Niederschlag aus. Dasselbe wurde aus heißem Wasser umkristallisiert und wegen seiner Lichtempfindlichkeit im dunklen Vakuumexsiccator über Schwefelsäure getrocknet.

| | Ber. für $C_{10}H_{11}O_4Ag$ | Gefunden |
|---|---|---|
| C | 39,60 | 39,56 pCt. |
| H | 3,63 | 3,80 „ |
| Ag | 35,64 | 35,59 „ |

Das Phenylhydrazid entsteht, wenn man ein Teil Säure mit 1 Teil Phenylhydrazin und 5 Teilen Alkohol 7 Stunden am Rückflußkühler kocht, und scheidet sich aus der erkalteten rotgefärbten Flüssigkeit bei mehrtägigem Stehen in hellgelben Kristallen ab.

Aus heißem Wasser umkristallisiert, bildet es kleine farblose, vielfach zu Büscheln verwachsene Nadeln. Die Ausbeute an reinem Produkt ist ziemlich schlecht; sie betrug durchschnittlich 30 pCt. der angewandten sirupförmigen Säure.

Für die Analyse wurde die Substanz bei $100^0$ getrocknet.

| | Ber. für $C_{16}H_{18}O_3N_2$ | Gefunden |
|---|---|---|
| C | 67,13 | 66,91 pCt. |
| H | 6,29 | 6,79 „ |
| N | 9,79 | 9,71 „ |

Das Hydrazid schmilzt bei $161-162^0$ (unkorr.), mithin $29^0$ höher, als die isomere von Biedermann beschriebene Verbindung; es löst sich in Wasser und Alkohol in der Hitze leicht, in der Kälte dagegen schwer.

Biedermann gibt seiner Phenyldioxybuttersäure mit Rücksicht auf die leichte Lactonbildung und die Entstehung aus Phenyloxy-crotonsäure die Formel $C_6H_5.CHOH.CH_2.CHOH.COOH$.

Ob die vorliegende Verbindung damit struktur- oder stereoisomer ist, bleibt vorläufig unentschieden.

---

*Nachdem R. Fittig. die sogen. Phenyloxycrotonsäure, aus welcher die drei letzten Verbindungen dargestellt wurden, als β-Benzoylpropionsäure $C_6H_5CO.CH_2CH_2COOH$ erkannt hat (Berichte d. d. chem. Gesellsch. 28, 1724 [1895]), ist der Name Phenyl-bromoxycrotonsäure nicht mehr zutreffend. Er muß in β-Benzoylbrompropionsäure umgeändert werden.*

*Die daraus durch Alkalicarbonat entstehende Phenylketooxybuttersäure gleicht in dem Verhalten gegen Alkalien und Fehlingsche Lösung den α-Oxyketonen. Da sie ferner von der Phenyl-γ-keto-α-oxybuttersäure verschieden ist, so darf man sie als Phenyl-γ-keto-β-oxybuttersäure $C_6H_5CO.CHOHCH_2COOH$ betrachten.*

*Daraus würde weiter für ihr Reduktionsprodukt, die Phenyl-isodioxybuttersäure, die Formel $C_6H_5.CHOH.CHOH.CH_2.COOH$ folgen. Die gleiche Struktur geben Fittig und Obermüller der aus Phenylisocrotonsäure entstehenden Phenyl-dioxybuttersäure. Sollte ein genauer Vergleich beider Säuren, der mir notwendig erscheint, ihre scheinbare Verschiedenheit bestätigen, so wird man Stereoisomerie annehmen können.*

## 56. Friedrich Kopisch: Über einige Oxyderivate der Phenylbuttersäure.

Berichte der deutschen chemischen Gesellschaft **27**, 3109 [1894].
(Eingegangen am 12. November.)

Um die Synthese des ersten wahren aromatischen Zuckers, der Phenyltetrose, auszuführen, haben Emil Fischer und A. J. Stewart[1]) aus dem Dibromid des Zimtaldehydcyanhydrins, $C_6H_5.CHBr.CHBr$ $.CHOH.CN$, zuerst die Phenylbromdioxybuttersäure, $C_6H_5.CHOH$ $.CHBr.CHOH.COOH$, und dann die Phenyltrioxybuttersäure dargestellt. Auf Veranlassung von Hrn. Prof. Fischer habe ich diese beiden Säuren näher studiert, um womöglich sie oder ihre Derivate in optisch aktive Verbindungen umzuwandeln. Das ist zwar nicht gelungen, aber die folgenden Beobachtungen bilden doch einen kleinen Beitrag zur Kenntnis der an Formen so reichen Gruppe.

### Phenyltrioxybuttersäure.

Das Baryumsalz, $(C_{10}H_{11}O_5)_2Ba$, wurde aus dem Lacton durch kurzes Kochen mit starkem Barytwasser, Einleiten von Kohlensäure und Eindampfen des Filtrats bis zur beginnenden Kristallisation bereitet. Beim Erkalten schied sich das Salz in feinen Nadeln ab, welche für die Analyse über Schwefelsäure im Vakuum getrocknet wurden.

|  | Ber. für $C_{20}H_{22}O_{10}Ba$ | Gefunden |
|---|---|---|
| Ba | 24,51 | 24,34 pCt. |

Strychninsalz. 1 g Lacton wurde mit 2,5 g Strychnin in 70 prozentigem Alkohol durch Kochen am Rückflußkühler gelöst, die Lösung zur Trockne verdampft, der Rückstand mit Wasser ausgekocht und das unveränderte Strychnin abfiltriert. Das Filtrat wurde nun bis zur beginnenden Kristallisation eingedampft, und während des Erkaltens schied sich das Strychninsalz in mikroskopischen Prismen oder Blättchen ab. Für die Analyse war dasselbe zweimal aus heißem Wasser umkristallisiert und über Schwefelsäure im Vakuum getrocknet. Die Zahlen stimmen am besten auf die Formel $C_{21}H_{22}O_2N_2.C_{10}H_{12}O_5 + H_2O$.

---

[1]) Berichte d. d. chem. Gesellsch. **25**, 2555 [1892]. (*S. 482.*)

Ber. für $C_{31}H_{34}O_7N_2 + H_2O$.    Gefunden

| | | | |
|---|---|---|---|
| C | 65,96 | 65,82 | 66,13 pCt. |
| H | 6,38 | 6,36 | 6,60 „ |
| N | 4,97 | 4,91 | — „ |

Die Bestimmung des Kristallwassers ist leider nicht gelungen, denn bei 95⁰ verliert das Salz nicht an Gewicht und schon bei 105⁰ färbt es sich gelb.

Das aus dem Salz wiedergewonnene Phenyltrioxybuttersäurelacton besaß den Schmelzpunkt des Ausgangsmaterials und zeigte in 2 prozentiger wässeriger Lösung im 1 dcm-Rohr keine wahrnehmbare Drehung.

### Nitrophenyltrioxybuttersäurelacton, $C_{10}H_9O_4 . NO_2$.

1 Teil Phenyltrioxybuttersäurelacton wird fein gepulvert und in 4 Teile stark gekühlte Salpetersäure vom spezifischen Gewicht 1,5 in kleinen Portionen langsam eingetragen. Beim Eingießen der klaren Lösung in die zehnfache Menge Eiswasser fällt ein Öl aus, welches nach einigen Stunden erstarrt. Durch Umkristallisieren aus heißem Wasser unter Zusatz von Tierkohle erhält man feine, farblose Nadeln, welche sich gegen 175⁰ färben, dann sintern und bei etwa 185⁰ unter schwacher Gasentwicklung schmelzen.

Ber. für $C_{10}H_9O_6N$    Gefunden

| | | |
|---|---|---|
| C | 50,21 | 50,41 pCt. |
| H | 3,76 | 4,09 „ |
| N | 5,86 | 5,80 „ |

In Alkalien löst sich das Lacton, erfährt aber beim Kochen eine merkwürdige Veränderung; denn es fällt plötzlich ein kristallinischer, gelber Niederschlag aus, der in Alkalien und Säuren unlöslich ist.

### Phenylamidodioxybuttersäureanhydrid.

5 g Phenylbromoxybutyrolacton wurden in einem bedeutenden Überschuß von Ammoniak in der Wärme gelöst und etwa zwei Minuten lang gekocht, wobei die klare Lösung eine braune Farbe annahm. Sie wurde auf dem Wasserbade bis zur beginnenden Kristallisation eingedampft und erstarrte beim Erkalten fast vollkommen. Zur Lösung des Bromammoniums wurde die Kristallmasse mit wenig Wasser angerieben und auf der Pumpe abgesaugt. Die Ausbeute betrug 2,3 g, doch ließ sich aus der Mutterlauge bei wiederholtem Eindampfen noch mehr gewinnen. Die Kristalle wurden in heißem Wasser gelöst und die Lösung mit Tierkohle entfärbt. Beim Erkalten schieden sich große, wohlausgebildete, farblose Prismen und längliche Platten ab, die nach mehrmaligem Umkristallisieren völlig rein waren.

<table>
<tr><td></td><td>Ber. für $C_{10}H_{11}O_3N$</td><td>Gefunden</td></tr>
<tr><td>C</td><td>62,18</td><td>62,35 pCt.</td></tr>
<tr><td>H</td><td>5,70</td><td>5,86 ,,</td></tr>
<tr><td>N</td><td>7,25</td><td>7,36 ,,</td></tr>
</table>

Die Substanz ist in heißem Wasser und Alkohol leicht, in Äther nicht löslich. Aus der 1 prozentigen wässerigen Lösung kristallisiert sie bei gewöhnlicher Temperatur noch aus. Sie reagiert neutral. Gegen 200⁰ bräunt sie sich und schmilzt völlig gegen 215⁰. Beim Kochen mit Alkalien gibt sie kein Ammoniak und beim Erhitzen mit Phenylhydrazin auf dem Wasserbade wird sie nicht verändert. Man könnte daraus vielleicht folgern, daß sie nicht wie der für ihre Bereitung dienende Bromkörper ein Lacton, sondern ein Lactam sei. Ich kann diese Frage nicht sicher entscheiden.

### Phenylbromdioxybuttersäureanilid,
$C_6H_5.CHOH.CHBr.CHOH.CO.NH.C_6H_5$.

1 Teil Phenylbromoxybutyrolacton wird mit 2 Teilen Anilin ½ Stunde auf dem Wasserbade erhitzt und dann die Lösung mit sehr verdünnter Essigsäure vermischt. Beim Abkühlen scheidet sich allmählich das Anilid als gelbliche, kristallinische Masse ab. Es wird in alkoholischer Lösung durch Tierkohle möglichst entfärbt und durch vorsichtigen Zusatz von Wasser wieder zur Kristallisation gebracht. Es bildet feine Nadeln, welche bei 167—168⁰ (unkorr.) schmelzen und in Alkohol, Äther, Benzol leicht, in Wasser aber fast gar nicht löslich sind.

<table>
<tr><td></td><td>Ber. für $C_{16}H_{16}O_3NBr$</td><td>Gefunden</td></tr>
<tr><td>C</td><td>54,86</td><td>54,86 pCt.</td></tr>
<tr><td>H</td><td>4,57</td><td>4,75 ,,</td></tr>
<tr><td>N</td><td>4,00</td><td>3,95 ,,</td></tr>
<tr><td>Br</td><td>22,86</td><td>22,76 ,,</td></tr>
</table>

Beim mehrstündigen Erhitzen mit starkem alkoholischem Ammoniak auf 100⁰ wird das Anilid zum Teil in Phenylamidodioxybuttersäureanhydrid verwandelt.

### Phenylbromdioxybuttersäurephenylhydrazid,
$C_6H_5.CHOH.CHBr.CHOH.CO.N_2H_2.C_6H_5$.

Ähnlich wie Anilin wirkt Phenylhydrazin in der Kälte auf das Phenylbromoxybutyrolacton ein, indem es ebenfalls das Brom unberührt läßt und ein Phenylhydrazid bildet. Zu seiner Darstellung löst man 2 g Bromlacton in etwa 40 g Äther und fügt 1,1 g reines Phenylhydrazin hinzu. Nach einigem Stehen scheidet sich ein feines, farbloses Kristallpulver ab, das abgesaugt und mit wenig Äther gewaschen wird. Die Ausbeute beträgt 1,5 g. Der Körper wird aus verdünntem Alkohol unter Behandeln mit Tierkohle umkristallisiert. Er bildet mikroskopische, rhombische Täfelchen und schmilzt bei raschem Erhitzen unter Zersetzung bei 168—169⁰. Er ist leicht löslich in Alkohol, Äther, heißem Wasser, schwer in kaltem. Die Lösung der Verbindung in konzentrierter Schwefelsäure ist farblos, färbt sich aber auf Zusatz von Eisenchlorid blauviolett.

|        | Ber. für $C_{16}H_{17}O_3N_2Br$ | Gefunden |
|--------|--------|----------|
| C      | 52,60  | 52,61 pCt. |
| H      | 4,66   | 4,60 ,, |
| N      | 7,67   | 7,47 ,, |
| Br.    | 21,92  | 22,22 ,, |

### Phenyloxybenzyloxypyrazolidon.

Dasselbe entsteht aus dem Phenylbromoxybutyrolacton durch Phenylhydrazin in der Wärme. 1 g Lacton wurde in heißem Wasser gelöst und nach Zusatz von 1,3 g reinem Phenylhydrazin ½ Stunde auf dem Wasserbade erhitzt. Dabei fiel ein hellbraunes Produkt aus, welches filtriert und mit wenig Äther gewaschen wurde. Ausbeute 1,1 g. Aus heißem Wasser unter Zusatz von Tierkohle mehrmals umkristallisiert, bildet es feine farblose, meist zu kugeligen Aggregaten vereinigte Nadeln, welche bei 208⁰ schmelzen und zur Analyse bei 100⁰ getrocknet waren.

|        | Ber. für $C_{16}H_{16}O_3N_2$ | Gefunden |
|--------|--------|----------|
| C      | 67,61  | 67,90 pCt. |
| H      | 5,63   | 5,67 ,, |
| N      | 9,86   | 9,65  9,68 pCt. |

Die Verbindung löst sich in Alkohol und heißem Wasser ziemlich leicht, in Benzol und Äther aber schwer. Ihre Struktur ist nicht sicher festgestellt. Wahrscheinlich entspricht sie der Formel:

$$C_6H_5.CHOH.CH.CHOH.CO$$
$$C_6H_5.\dot{N}————NH$$

### Reduktion des Phenylbromoxybutyrolactons.

Wird dieselbe mit Natriumamalgam ausgeführt, so entstehen zwei kristallisierende bromfreie Produkte, von der Formel: $C_{10}H_{10}O_3$ und $C_{10}H_{10}O_2$. Das erstere halte ich für ein Phenyloxybutyrolacton, $C_6H_5.CH.CH_2.CHOH.COO$, welches vielleicht stereoisomer mit der von Biedermann[1]) beschriebenen gleichnamigen Verbindung ist. Über die Struktur des zweiten Körpers kann ich nichts Bestimmtes sagen.

---

[1]) Berichte d. d. chem. Gesellsch. **24**, 4074 [1891].

10 g feingepulvertes Bromlacton wurden in 100 g Wasser suspendiert und die Flüssigkeit stark gekühlt. In diese wurde 2½ prozentiges Natriumamalgam in Portionen von etwa 50 g eingetragen und fortwährend stark geschüttelt und gekühlt. Anfangs wird das Amalgam ziemlich schnell verbraucht, später aber tut man gut, frisches hinzuzugeben, ehe das zuletzt eingetragene vollkommen verbraucht ist. Nach etwa einer Stunde war alles Bromlacton gelöst. Die Reduktion wurde jetzt noch 3 Stunden fortgesetzt, so daß im ganzen 250 g Amalgam zur Anwendung kamen.

Die vom Quecksilber getrennte Lösung wurde nun mit Schwefelsäure stark angesäuert, wobei ein flockiger Niederschlag entstand und mehrmals ausgeäthert. Beim Verdampfen des Äthers blieb ein Sirup, welcher teilweise kristallisierte und die beiden obenerwähnten Produkte enthielt. Das sauerstoffärmere ließ sich durch Auskochen mit Petroläther auslaugen und schied sich aus dieser Lösung beim Verdampfen in großen Nadeln ab, welche im reinen Zustand ganz farblos waren und bei 87—88⁰ schmolzen.

| | Ber. für $C_{10}H_{10}O_2$ | Gefunden |
|---|---|---|
| C | 74,07 | 74,04 pCt. |
| H | 6,17 | 6,50 ,, |

Die Substanz ist in Alkohol, Äther und Petroläther leicht löslich. Ihre ätherische Lösung gibt auf Zusatz von Phenylhydrazin bald einen weißen pulverigen Niederschlag.

Die zweite Verbindung $C_{10}H_{10}O_3$ bleibt beim Auslaugen des Rohproduktes mit Petroläther zurück und wird durch wiederholtes Umkristallisieren aus Äther in farblosen Nadeln vom Schmelzpunkt 124 bis 126⁰ erhalten, welche für die Analyse bei 100⁰ getrocknet wurden.

| | Ber. für $C_{10}H_{10}O_3$ | Gefunden | |
|---|---|---|---|
| C | 67,41 | 67,48 | 67,51 pCt. |
| H | 5,62 | 5,81 | 5,85 ,, |

Ihre ätherische Lösung gibt ebenfalls mit Phenylhydrazin einen weißen kristallinischen Niederschlag.

## 57. Emil Fischer: Über Adonit, einen neuen Pentit.

Berichte der deutschen chemischen Gesellschaft **26**, 633 [1893].
(Vorgetragen in der Sitzung vom 13. März.)

Vor einigen Wochen sandte mir Hr. E. Merck in Darmstadt ein schön kristallisiertes Präparat, welches aus Adonis vernalis gewonnen war und deshalb von ihm Adonit genannt wurde. Die Eigenschaften desselben sind in dem Jahresbericht derselben Firma für 1892 beschrieben. Da diese Monographie nicht zu der allgemein zugänglichen Literatur gehört, so lasse ich mit Einwilligung des Hrn. Merck die betreffende Mitteilung hier wörtlich folgen.

„Der reine Adonit ist in Wasser ungemein leicht löslich, die Lösung schmeckt anfänglich süß, doch verschwindet der Eindruck des Süßen rasch und hinterläßt auf der Zunge ein gewisses stumpfes Gefühl. Aus konzentrierten wässerigen Lösungen erhält man derbe, centimetergroße, wasserklare Prismen; aus Alkohol, worin Adonit nur in der Wärme leicht löslich ist, kurze, weiße Nadeln, die sich nicht in Äther und Petroläther lösen. Sowohl die aus Wasser wie aus Alkohol erhaltene Substanz schmilzt bei 102⁰, beginnt jedoch schon bei 99⁰ zusammenzubacken. Durch stundenlanges Erhitzen im Luftbad zunächst bei 95⁰, dann bei 105⁰ und schließlich bei 115⁰ findet keine Gewichtsabnahme, sondern eine etwa $^1/_3$ pCt. betragende, konstant bleibende Gewichtszunahme statt, die vielleicht auf eine geringe Sauerstoffaufnahme im Augenblick des Schmelzens zurückzuführen ist. Trotz dieser Gewichtszunahme bleibt die geschmolzene Substanz völlig wasserhell und kristalliert nach dem Erkalten zu einem Kuchen, der, gepulvert, genau wie die ursprünglichen Kristalle bei 102⁰ schmilzt. Der Adonit enthält demnach kein Kristallwasser, er besitzt neutrale Reaktion, reduziert Fehlingsche Lösung nicht, bräunt wässerige Alkalien nicht und löst sich in konzentrierter Schwefelsäure unter Erwärmen zu einer wasserhellen Flüssigkeit auf. Beim Erhitzen auf dem Platinblech schmilzt Adonit und entwickelt bei stärkerer Hitze schwach an Caramel erinnernde Dämpfe, welche mit blauer Flamme, ohne Hinterlassung irgendwie erheblicher Mengen von

Kohle, verbrennen. Im Kölbchen erhitzt, beginnt die geschmolzene Masse bei ca. 140⁰ ins Sieden zu kommen, das Thermometer steigt dann rasch bis gegen 280—290⁰. Während der Destillation spaltet sich Wasser ab, dabei geht ein gelbliches Öl über, welches in Wasser und Weingeist löslich ist und stark sauer reagiert; der Körper läßt sich daher bei gewöhnlicher Temperatur nicht unzersetzt destillieren.

Der Adonit ist optisch inaktiv und enthält keinen Stickstoff. Die Analyse lieferte Zahlen, die gut auf einen Körper von der Formel $C_5H_{12}O_5$ stimmen.

| | Ber. für $C_5H_{12}O_5$ | Gefunden | |
|---|---|---|---|
| C | 39,47 | 39,30 | 39,53 pCt. |
| H | 7,90 | 8,08 | 8,28 |

Demnach dürfte ein bis jetzt unbekannter, fünfwertiger Alkohol vorliegen.

Hieran anknüpfend sei erwähnt, daß Podwyssotzki angibt, er habe aus Adonis vernalis eine in prachtvollen Prismen kristallisierende Zuckerart „Adonidodulcit" erhalten. Eine ausführliche Publikation stellte der Verfasser (der, wie bekannt, vor einigen Monaten gestorben ist) in Aussicht, dieselbe ist aber meines Wissens nicht erschienen. Die erwähnte vorläufige Mitteilung scheint im Original in einer russischen Zeitschrift (vielleicht Med. Obosr.) publiziert worden zu sein, mir sind nur Referate hierüber zugänglich, welche die verschiedentlichsten Zeitschriften gebracht haben[1]). In keinem dieser Referate befinden sich jedoch nähere Angaben über Formel, Schmelzpunkt, chemisches Verhalten usw., es scheint mir demnach, als ob der Adonidodulcit nur oberflächlich beschrieben und seiner Natur nach wenig erkannt wurde. Ich bin demnach auch nicht in der Lage, entscheiden zu können, ob derselbe mit Adonit identisch ist oder nicht.

Beide Posten der von mir verarbeiteten Adonis vernalis waren annähernd im gleichen Stadium des Wachstums gesammelt worden, sie wiesen beide Blüten und grüne Samen auf und enthielten ca. 4 pCt. Adonit.

In bezug auf das physiologische Verhalten des Adonits hatte Hr. Prof. Kobert die Güte, mir briefliche Mitteilungen zu machen. Danach ist Adonit ohne spezifische Wirkung auf den tierischen Lebensprozeß."

Anknüpfend an diese Beobachtungen des Hrn. Merck habe ich alsbald mit dem mir in reichlicher Menge zur Verfügung gestellten Material einige Versuche ausgeführt, welche nicht allein die oben aus-

---

[1]) Z. B. Archiv d. Pharmacie 1889, S. 141; Pharmac. Zeitung 1888, S. 856; Pharmac. Zeitschr. f. Rußland 1888, S. 617; Pharmac. Journ. et Transact. III, Nr. 958 usw.

gesprochene Vermutung, daß der Adonit ein fünfwertiger Alkohol sei, bestätigen, sondern auch vollständige Aufklärung über seine Struktur und Konfiguration brachten.

Zunächst war die empirische Formel der Verbindung festzustellen, da die Analyse darüber bei den mehrwertigen Alkoholen wegen der geringen Unterschiede in der prozentischen Zusammensetzung nicht sicher entschiedet. Das beste Mittel hierfür ist die Oxydation zum Zucker und die Verwandlung des letzteren in das Phenylosazon. Als Oxydationsmittel empfiehlt sich in solchen Fällen eine verdünnte Lösung von Hypobromit.

Bei dieser Behandlung liefert der Adonit einen Zucker, dessen Phenylosazon die Zusammensetzung $C_5H_8O_3(N_2H.C_6H_5)_2$ hat. Daraus folgt, daß er ein Pentit ist.

Fünfwertige Alkohole sind bisher nur zwei bekannt, der *l*-Arabit und der Xylit. Während der letztere bisher nicht kristallisiert erhalten wurde, zeigt der erstere mit dem Adonit so große Ähnlichkeit, daß man sie leicht für identisch hätte halten können. Sie haben den gleichen Schmelzpunkt, ähnliche Kristallform und Löslichkeit und sind beide in wässeriger Lösung optisch inaktiv. Aber ihre Verschiedenheit trat sofort zutage, als sie bei Gegenwart von Borax optisch geprüft wurden. Während der Arabit[1]) unter diesen Bedingungen eine ziemlich starke Linksdrehung annimmt, bleibt der Adonit völlig inaktiv; denn eine kalt gesättigte Boraxlösung, welch 10 pCt. Adonit enthielt, zeigte in einer Schicht von 70 cm keine deutliche Drehung. Die nunmehr naheliegende Vermutung, daß der Adonit die inaktive, racemische Form des Arabits sei, hat sich ebenfalls nicht bestätigt; denn er wird bei der Behandlung mit Benzaldehyd und Säuren in eine gut kristallisierende Benzalverbindung verwandelt, während der Arabit unter den gleichen Bedingungen kein festes Produkt liefert.

Der Adonit steht mithin zu keinem der bekannten Isomeren in direkter Beziehung.

Die Theorie läßt vier normale Pentite voraussehen, zwei aktive und zwei inaktive Systeme.

$$\left.\begin{array}{c} \text{OH OH H} \\ \text{I. } CH_2OH.\overset{.}{C}.\overset{.}{C}.\overset{.}{C}.CH_2OH \\ \text{H  H  OH} \\ \text{H  H  OH} \\ \text{II. } CH_2OH.\overset{.}{C}.\overset{.}{C}.\overset{.}{C}.CH_2OH \\ \text{OH OH H} \end{array}\right\} \text{aktiv,}$$

¹) E. Fischer und R. Stahel, Berichte d. d. chem. Gesellsch. **24**, 538 [1891]. (*S. 398*.)

$$\text{III. } CH_2OH.\overset{H}{\underset{OH}{C}} . \overset{OH}{\underset{H}{C}} . \overset{H}{\underset{OH}{C}}.CH_2OH$$

$$\text{IV. } CH_2OH.\overset{H}{\underset{OH}{C}} . \overset{H}{\underset{OH}{C}} . \overset{H}{\underset{OH}{C}}.CH_2OH$$

} inaktiv.

Formel I gehört dem Arabit; sein optischer Antipode II ist noch unbekannt.

Formel III repräsentiert den Xylit.

Wenn der Adonit eine normale Kohlenstoffkette besitzt, so muß er als inaktive Substanz die Formel IV haben und mithin der Alkohol der Ribose[1]) sein. Das ist nun wirklich der Fall, denn er entsteht in reichlicher Menge bei der Reduktion des Zuckers durch Natriumamalgam.

Der Adonit ist der erste in der Natur aufgefundene Pentit. Seine Entdeckung ergänzt die neueren Beobachtungen über die weite Verbreitung der Pentosen im Pflanzenreiche und macht es wahrscheinlich, daß man hier auch der Ribose oder ihrem optischen Isomeren begegnen wird.

Als leicht zugänglicher Stoff wird ferner der Adonit voraussichtlich ein brauchbares Material für den weiteren synthetischen Ausbau der Zuckergruppe werden.

Nach den Erfahrungen, welche bei der Reduktion der Schleimsäure gemacht wurden, unterliegt es keinem Zweifel, daß alle Derivate dieses Pentits, welche ein unsymmetrisches Molekül haben, racemische Verbindungen sind.

Das gilt z. B. für das oben erwähnte Osazon, welches als die racemische Form des Arabinosazons betrachtet werden muß. Mit derselben Bestimmtheit läßt sich behaupten, daß die dem Adonit entsprechende einbasische Säure, deren Darstellung ich bereits in Angriff genommen habe, die racemische Ribonsäure ist.

### Oxydation des Adonits.

Versetzt man eine durch Eis gekühlte Lösung von 1 Teil Adonit und 2½ Teilen kristallisierter Soda in 6 Teilen Wasser mit 1 Teil Brom, so löst sich dasselbe beim Umschütteln bald auf. Bleibt dann die Flüssigkeit bei Zimmertemperatur 2 Stunden stehen, so wird sie nahezu farblos und enthält dann reichliche Mengen von Zucker.

---

[1]) E. Fischer und O. Piloty, Berichte d. d. chem. Gesellsch. **24**, 4220 [1891]. (*S. 446.*)

Da seine Isolierung erhebliche Schwierigkeiten bietet, so wurde er in das Osazon übergeführt. Zu dem Zweck übersättigt man zunächst die Lösung mit Schwefelsäure, reduziert das in Freiheit gesetzte Brom mit schwefliger Säure, fügt Natronlauge bis zur alkalischen und dann wieder Essigsäure bis zur sauren Reaktion hinzu. Nachdem schließlich die dem angewandten Adonit gleiche Menge Phenylhydrazin und 50prozentige Essigsäure zugegeben ist, wird die Mischung eine Stunde auf dem Wasserbade erhitzt. ·Dabei scheidet sich das Osazon zuerst als dunkles Öl ab, erstarrt aber beim Erkalten kristallinisch. Die Mutterlauge gibt beim nochmaligen 1½ stündigen Erhitzen eine zweite, aber kleinere Quantität desselben Produktes. Die Gesamtausbeute beträgt etwa 60 pCt. des angewandten Adonits. Zur Reinigung wird das Osazon aus heißem Wasser umkristallisiert. Man kocht dazu das rohe Präparat etwa ½ Stunde mit der 400fachen Menge Wasser, wobei ein dunkles Harz zurückbleibt. Aus dem Filtrat fällt das Osazon beim Erkalten in gelben kristallinischen Flocken, welche für die Analyse erst im Vakuum über Schwefelsäure und schließlich ½ Stunde bei 100⁰ getrocknet wurden.

|   | Ber. für $C_{17}H_{20}O_3N_4$ | Gefunden |
|---|---|---|
| C | 62,2 | 62,4 pCt. |
| H | 6,1 | 6,3 ,, |
| N | 17,1 | 17,0 ,, |

Das Osazon hat keinen scharfen Schmelzpunkt. Bei 140⁰ beginnt es zu sintern und schmilzt völlig bis 147⁰, mithin etwa 13⁰ niedriger als das *l*-Arabinosazon. In den übrigen Eigenschaften ist es demselben aber sehr ähnlich. Wie früher erörtert wurde, muß die Verbindung als *dl*-Arabinosazon angesehen werden.

## Dibenzaladonit, $C_5H_8O_5(CH.C_6H_5)_2$.

Löst man 1 Teil Adonit in 3 Teilen 50prozentiger Schwefelsäure und fügt 2 Teile Benzaldehyd zu, so entsteht beim starken Umschütteln bald eine kristallinische Abscheidung und nach 12stündigem Stehen ist die ganze Flüssigkeit von einem dicken Kristallbrei erfüllt. Die Masse wird dann mit Wasser angerührt, filtriert, und erst mit kaltem Wasser, später mit wenig Alkohol und Äther zur Entfernung des noch anhaftenden Bittermandelöls gewaschen und schließlich aus heißem Alkohol umkristallisiert. Die Verbindung entsteht nach der Gleichung $C_5H_{12}O_5 + 2C_6H_5.COH = C_{19}H_{20}O_5 + 2H_2O$. Die Ausbeute ist nahezu quantitativ.

|   | Berechnet | Gefunden | |
|---|---|---|---|
| C | 69,5 | 69,1 | 69,0 pCt. |
| H | 6,1 | 6,5 | 6,3 ,, |

Ist die Substanz mit dem käuflichen aus Toluol hergestellten Bittermandelöl bereitet, wie die analysierten Proben, so enthält sie Spuren
von Chlor, welches auch beim wiederholten Umkristallisieren aus Alkohol nicht verschwindet.

Der Dibenzaladonit schmilzt bei 164—165⁰ (unkorr.). Er ist in
kaltem Wasser so gut wie unlöslich, auch von heißem Wasser wird
er nur in sehr geringer Menge aufgenommen. In heißem Alkohol
ist er ziemlich leicht löslich und scheidet sich beim Erkalten in sehr
feinen, biegsamen und verfilzten Nadeln aus.

Die Verbindung ist nicht allein für die Erkennung, sondern auch
für die Reinigung des Adonits sehr geeignet; denn sie kann leicht in
den letzteren zurückverwandelt werden. Zu dem Zwecke kocht man
sie mit der 5fachen Menge 5prozentiger Schwefelsäure ungefähr eine
halbe Stunde am Rückflußkühler, bis sie völlig gelöst ist. Nach dem
Erkalten wird das abgeschiedene Bittermandelöl durch Ausäthern
entfernt, dann die Schwefelsäure mit Barythydrat und der Überschuß
des letzteren durch Kohlensäure gefällt. Das Filtrat hinterläßt beim
Abdampfen den Adonit als farblosen Sirup, welcher bald erstarrt und
nach einmaligem Umkristallisieren aus heißem Alkohol ganz rein ist
Die Ausbeute ist nahezu quantitativ.

### Adonit aus Ribose.

Für die Gewinnung des Pentits aus dem Zucker durch Reduktion
mit Natriumamalgam ist es überflüssig, den letzteren zu isolieren. Man
kann vielmehr direkt vom Ribonsäurelacton durch stufenweise Reduktion zum fünfwertigen Alkohol gelangen.

Eine Lösung von 5 g Lacton in 40 g Wasser wurde zunächst in
der üblichen Weise unter häufigem Zusatz von verdünnter Schwefelsäure mit Natriumamalgam behandelt. Der Wasserstoff wird dabei
größtenteils fixiert und nach Verbrauch von 50 g Amalgam enthielt
die Flüssigkeit so viel Zucker, daß sie die 12fache Menge Fehlingscher Lösung reduzierte. Die Behandlung mit Amalgam wurde bis
zum Verbrauch von 120 g in schwach saurer und von da an in schwach
alkalischer Lösung unter fortwährendem Schütteln fortgesetzt. Nach
2 Stunden und einem Gesamtverbrauch von 250 g Amalgam war die
Reduktion beendet; denn die Flüssigkeit veränderte die Fehling sche
Lösung nicht mehr. Sie wurde jetzt vom Quecksilber getrennt, mit
Schwefelsäure neutralisiert, durch Tierkohle geklärt und das Filtrat
auf dem Wasserbade eingedampft, bis eine reichliche Kristallisation
von Natriumsulfat eingetreten war. Dann goß man die Flüssigkeit
samt den ausgeschiedenen Kristallen in die 8fache Menge heißen absoluten Alkohol. Das Filtrat hinterließ beim Verdampfen einen Si-

rup, welcher mit heißem absolutem Alkohol ausgelaugt wurde. Dabei blieb ein organisches Natriumsalz ungelöst und die alkoholische Flüssigkeit gab nun beim Verdampfen einen Sirup, welcher nach einiger Zeit kristallisierte. Da es nicht leicht war, dieses Produkt durch Umkristallisieren ganz aschefrei zu erhalten, so wurde der Adonit auf die zuvor beschriebene Weise in die Benzalverbindung übergeführt. Dieselbe schmolz nach dem Umkristallieren bei 164—165⁰ (unkorr.) und lieferte bei der Zersetzung durch Schwefelsäure den reinen Pentit. Derselbe zeigte den Schmelzpunkt und alle übrigen Eigenschaften des Produktes aus Adonis vernalis.

Schließlich ist es mir eine angenehme Pflicht, Hrn. E. Merck für die gütige Zusendung des Präparates, sowie Hrn. Dr. Lorenz Ach für die bei obigen Versuchen geleistete Hilfe besten Dank zu sagen.

## 58. Emil Fischer und Robert S. Morrell: Über die Konfiguration der Rhamnose und Galactose.

Berichte der deutschen chemischen Gesellschaft **27**, 382 [1894].

(Vorgetragen in der Sitzung von Herrn E. Fischer.)

Während die Konfiguration der Hexosen, welche sich um den Mannit gruppieren, seit einigen Jahren festgestellt ist, fehlte es bisher an sicheren Anhaltspunkten, um für die Glieder der Dulcitreihe räumliche Formeln zu entwickeln.

Selbst für die Schleimsäure, welche mit voller Sicherheit als optisch inaktives System erkannt ist[1]), blieb noch die Wahl zwischen den Konfigurationen

$$\text{I.} \quad \text{COOH} . \overset{H}{\underset{OH}{C}} . \overset{OH}{\underset{H}{C}} . \overset{OH}{\underset{H}{C}} . \overset{H}{\underset{OH}{C}} . \text{COOH}$$

$$\text{II.} \quad \text{COOH} . \overset{H}{\underset{OH}{C}} . \overset{H}{\underset{OH}{C}} . \overset{H}{\underset{OH}{C}} . \overset{H}{\underset{OH}{C}} . \text{COOH}$$

Die in der folgenden Abhandlung näher erörterte Verwandlung derselben in Traubensäure sprach allerdings mehr für die Formel I. Aber diese Reaktion erschien zu komplex, um daraus allein einen endgültigen Schluß zu ziehen.

Wir haben nun auf ganz unerwartete Weise in den Beziehungen der Rhamnose zur Schleimsäure und Taloschleimsäure die Lösung jener Frage gefunden.

Die Rhamnose hat die Struktur

$$\text{CH}_3 . \text{CHOH} . \text{CHOH} . \text{CHOH} . \text{CHOH} . \text{COH}$$

und enthält mithin ebenso wie die Aldohexosen vier asymmetrische Kohlenstoffatome. Der Weg für die Ermittelung ihrer Konfiguration schien uns angedeutet zu sein durch die Beobachtung von Will und

---

[1]) E. Fischer und J. Hertz, Berichte d. d. chem. Gesellsch. **25**, 1247 [1892]. (S. *459*.)

Peters[1]), daß bei der Oxydation des Zuckers mit Salpetersäure unter Abspaltung von einem Kohlenstoffatom dieselbe Trioxyglutarsäure entsteht, welche Kiliani aus der Arabinose erhielt. Wir haben deshalb die aus der Rhamnose durch Anlagerung von Cyanwasserstoff gebildete Rhamnohexonsäure

$$CH_3 . CHOH . CHOH . CHOH . CHOH . CHOH . COOH$$

der gleichen Behandlung unterzogen und zu unserer Überraschung große Mengen von Schleimsäure gewonnen.

Diese Verwandlung ist nicht allein der erste bis jetzt beobachtete Übergang von einem Körper der Mannitgruppe zu einem Gliede der Dulcitreihe, sondern versprach auch den Schlüssel für die Aufklärung der letzteren zu geben.

Dazu war nur noch der Beweis erforderlich, daß bei der Oxydation der Rhamnose und ihrer Carbonsäure das Methyl abgespalten wird. Derselbe ist auf folgende Art gelungen. Die Rhamnohexonsäure verwandelt sich beim Erhitzen mit Pyridin teilweise in eine stereoisomere Verbindung.

Alle früheren Erfahrungen führen zu dem Schluß, daß die beiden Säuren, welche wir mit $\alpha$ und $\beta$ bezeichnen wollen, sich durch die verschiedene Anordnung an dem in der Strukturformel

$$CH_3 . CHOH . CHOH . CHOH . CHOH . CHOH . COOH$$
$$*$$

durch ein Sternchen bezeichneten Kohlenstoffatom unterscheiden.

Die neue $\beta$-Rhamnohexonsäure liefert nun bei der Oxydation mit Salpetersäure das optische Isomere der Taloschleimsäure[2]). Da die letztere aus der natürlichen $d$-Galactose erhalten wurde, so muß sie jetzt zur Unterscheidung vom Isomeren $d$-Verbindung genannt werden.

Die zuvor erwähnten Verwandlungen werden dementsprechend durch folgendes Schema dargestellt.

Rhamnose $\longrightarrow$ $\alpha$-Rhamnohexonsäure $\longrightarrow$ $\beta$-Rhamnohexonsäure

$\downarrow$          $\downarrow$          $\downarrow$

$l$-Trioxyglutarsäure     Schleimsäure     $l$-Taloschleimsäure

Mit Hilfe derselben lassen sich aus der bekannten Konfiguration der $l$-Trioxyglutarsäure in unzweideutiger Weise folgende Formeln ableiten

$$OHH \quad H$$
$l$-Trioxyglutarsäure . . . . .     $COOH . \overset{.}{C} . \overset{.}{C} . \overset{.}{C} . COOH$
$$H \quad OHOH$$

---

[1]) Berichte d. d. chem. Gesellsch. **22**, 1697 [1889].
[2]) E. Fischer, Berichte d. d. chem. Gesellsch. **24**, 3625 [1891]. (S. 435.)

$$\text{Rhamnose} \quad\quad CH_3 . CHOH . \overset{\displaystyle OH}{\underset{\displaystyle ?}{\overset{|}{C}}} . \overset{\displaystyle H}{\underset{\displaystyle H}{\overset{|}{C}}} . \overset{\displaystyle H}{\underset{\displaystyle OH}{\overset{|}{C}}} . COH \quad\overset{}{\underset{OH}{}}$$

Rhamnose . . . . . . . . $CH_3 . CHOH . \dot{C} . \dot{C} . \dot{C} . COH$
with top: OH H H / bottom: ? H OH OH

α-Rhamnohexonsäure . . . . $CH_3 . CHOH . \dot{C} . \dot{C} . \dot{C} . \dot{C} . COOH$
top: OH H H OH / bottom: ? H OH OH H

β-Rhamnohexonsäure . . . . $CH_3 . CHOH . \dot{C} . \dot{C} . \dot{C} . \dot{C} . COOH$
top: OH H H H / bottom: ? H OH OH OH

Schleimsäure . . . . . . . $COOH . \dot{C} . \dot{C} . \dot{C} . \dot{C} . COOH$
top: OH H H OH / bottom: H OH OH H

Dulcit . . . . . . . . . $CH_2OH . \dot{C} . \dot{C} . \dot{C} . \dot{C} . CH_2OH$
top: OH H H OH / bottom: H OH OH H

l-Taloschleimsäure . . . . . $COOH . \dot{C} . \dot{C} . \dot{C} . \dot{C} . COOH$
top: OH H H H / bottom: H OH OH OH

d-Taloschleimsäure . . . . . $COOH . \dot{C} . \dot{C} . \dot{C} . \dot{C} . COOH$
top: H OH OH OH / bottom: OH H H H

d-Talose . . . . . . . . $CH_2OH . \dot{C} . \dot{C} . \dot{C} . \dot{C} . COH$
top: H OH OH OH / bottom: OH H H H

d-Galactose . . . . . . . $CH_2OH . \dot{C} . \dot{C} . \dot{C} . \dot{C} . COH$
top: H OH OH H / bottom: OH H H OH

Da in der Rhamnose und ihren Carbonsäuren die Anordnung von Wasserstoff und Hydroxyl an dem mit ? markierten Kohlenstoffatom vorläufig nicht festzustellen ist und mithin für den Zucker die beiden Formeln

$$CH_3 . \dot{C} . \dot{C} . \dot{C} . \dot{C} . COH$$
top: OH OH H H / bottom: H H OH OH

$$CH_3 . \dot{C} . \dot{C} . \dot{C} . \dot{C} . COH$$
top: H OH H H / bottom: OH H OH OH

gleichberechtigt sind, so bleibt es auch zweifelhaft, ob derselbe ein Derivat der *l*-Mannose oder der *l*-Gulose ist. Jedenfalls wird man bei künftigen pflanzenchemischen Studien zu erwägen haben, ob die Rhamnose vielleicht im Organismus aus einer dieser beiden Hexosen durch partielle Reduktion entsteht.

Die Methode, welche bei der Rhamnose zur Aufklärung der Konfiguration gedient hat, läßt sich zweifellos auch auf die anderen Methylpentosen, die Fucose und Chinovose anwenden. Da nunmehr festgestellt ist, daß bei der Oxydation das Methyl abgespalten wird, so gestaltet sich die Aufgabe hier sogar erheblich einfacher.

Die Bildung der Schleimsäure aus einem Kohlenhydrat bei der Oxydation mit Salpetersäure wurde früher als Beweis für die Anwesenheit von *d*-Galactose oder deren Anhydride angesehen. Daß diese Probe nicht mehr genügt, wenn es sich um die Unterscheidung der beiden optisch isomeren Zucker handelt, wurde schon bei anderer Gelegenheit bemerkt[1]). Die vorstehende Beobachtung, daß auch eine Methylhexonsäure oder wie man ohne besonderen Versuch zufügen kann, eine Methylhexose zu Schleimsäure oxydiert werden kann, macht jene Probe noch unsicherer und man wird sich in Zukunft zum sicheren Nachweis der Galactose die Mühe nehmen müssen, den Zucker oder seine einfachen Derivate zu isolieren.

### α-Rhamnohexonsäure.

Die Darstellung und Eigenschaften der Säure sind einerseits von Fischer und Tafel[2]) und andererseits von Will[3]) ausführlich genug beschrieben.

Von ihren Derivaten sind bekannt das in kaltem Wasser schwer lösliche Phenylhydrazid[4]), ferner das schön kristallisierende Baryumsalz und das gummiartige, leicht lösliche Calciumsalz.

Für die Unterscheidung und Trennung der Säure von der β-Verbindung waren die folgenden Beobachtungen noch erforderlich.

Das Phenylhydrazid löst sich in 72 Teilen Wasser von 17⁰. Die Bestimmung wurde so ausgeführt, daß das fein gepulverte Präparat mit einer ungenügenden Menge Wasser 7 Stunden lang unter häufigem Schütteln in Berührung blieb.

Das Baryumsalz ist zwar für die Reinigung der α-Säure recht

---

[1]) E. Fischer und J. Hertz, Berichte d. d. chem. Gesellsch. **25**, 1261 [1892]. (*S. 473*.)

[2]) Berichte d. d. chem. Gesellsch. **21**, 1658 und 2174 [1888]. (*S. 283, 286.*

[3]) Berichte d. d. chem. Gesellsch. **21**, 1813 [1888].

[4]) Berichte d. d. chem. Gesellsch. **22**, 2733 [1889]. (*S. 227.*)

geeignet, aber es löst sich doch in kaltem Wasser in so reichlicher Menge, daß es für die Trennung von der $\beta$-Verbindung nicht ausreicht.

Diesen Zweck erfüllt das bisher unbekannte Cadmiumsalz.

Um dasselbe zu bereiten, kocht man die etwa 4prozentige Lösung der Säure oder des Lactons eine halbe Stunde mit ungefähr der gleichen Menge reinem Cadmiumhydroxyd, leitet zum Schluß Kohlensäure durch die heiße Lösung, um basisches Salz zu zerlegen und filtriert siedend heiß.

Beim Erkalten scheidet sich das Cadmiumsalz zum größten Teil in farblosen, glänzenden Blättchen ab, welche für die Analyse bei 105⁰ getrocknet wurden.

Ber. für $Cd(C_7H_{13}O_7)_2$      Gefunden

Cd     21,1            20,8 pCt.

Das Salz verlangt nach einer Bestimmung, welche ähnlich wie beim Hydrazid ausgeführt wurde, zur Lösung 271 Teile Wasser von 14⁰.

Von kochendem Wasser genügt ungefähr die 20fache Menge. In Alkohol ist das Salz unlöslich.

Das basische Bleisalz der $\alpha$-Rhamnohexonsäure fällt als schwerer weißer Niederschlag, wenn man die Lösung der Säure oder des Lactons oder noch besser der Salze in der Wärme mit einer Lösung von zweifach basischem Bleiacetat versetzt.

Das Brucinsalz entsteht beim halbstündigen Kochen der verdünnten wässerigen Lösung der Säure oder des Lactons mit überschüssigem Brucin und bleibt beim Verdampfen der Flüssigkeit als Sirup zurück, welcher bald kristallisiert. Es ist in Wasser und heißem Alkohol leicht löslich. Aus der alkoholischen Lösung scheidet es sich in der Kälte langsam in warzenförmigen Kristallaggregaten ab, welche bei 120—123⁰ schmelzen.

### Verwandlung der $\alpha$-Rhamnohexonsäure in Schleimsäure.

Erhitzt man 10 g reines $\alpha$-Rhamnohexonsäurelacton mit 20 g Salpetersäure (spez. Gew. 1,2) auf 40—45⁰, so entwickelt sich in der anfangs farblosen Lösung bald salpetrige Säure und nach einigen Stunden beginnt die Abscheidung der Schleimsäure. Die Menge derselben betrug nach 24 Stunden 3,45 g. Die übrigen Produkte der Reaktion wurden nicht weiter untersucht. Zur völligen Reinigung wurde die fast farblose rohe Schleimsäure in heißer verdünnter Natronlauge gelöst und in mäßiger Wärme durch Salzsäure wieder abgeschieden. Das Präparat schmolz dann gleichzeitig mit einer Kontrollprobe von reiner Schleimsäure unter Gasentwicklung gegen 214⁰. Es lieferte ferner das schwer lösliche Natriumsalz und besaß auch die Zusammensetzung der Schleimsäure.

|   | Ber. für $C_6H_{10}O_8$ | Gefunden |
|---|---|---|
| C | 34,28 | 34,0 pCt. |
| H | 4,76 | 4,96 ,, |

### $\beta$-Rhamnohexonsäure.

Eine Lösung von 100 g reinem $\alpha$-Rhamnohexonsäurelacton und 80 g käuflichem Pyridin in 500 g Wasser wird im Autoclaven durch ein Ölbad während 4 Stunden auf 150—155⁰ erhitzt. Sie ist dann stark braun gefärbt und außerdem getrübt. Sie wird deshalb filtriert, mit dem gleichen Volumen Wasser verdünnt und nach Zusatz von 100 g reinem Barythydrat in einer Kupferschale so lange gekocht, bis das Pyridin verschwunden ist. Nach Ersatz des verdampften Wassers wird die Flüssigkeit bis zur neutralen Reaktion mit Kohlensäure behandelt, mit reiner Tierkohle aufgekocht und das hellgelbe Filtrat bis zur beginnenden Kristallisation eingedampft. In der Kälte scheidet sich dann der größere Teil der unveränderten $\alpha$-Säure als Barytsalz aus. Die Mutterlauge liefert bei weiterer Konzentration eine zweite Kristallisation. Zurückgewonnen wurden im Durchschnitt 60 g Barytsalz, entsprechend 42 pCt. des angewandten Lactons. Eine weitere nicht unerhebliche Menge der $\alpha$-Säure ist noch in der letzten Mutterlauge enthalten, weil die völlige Kristallisation des Barytsalzes durch die Anwesenheit der isomeren Verbindung verhindert wird. Die Scheidung der beiden Säuren muß deshalb nachträglich durch das Cadmiumsalz geschehen. Zu dem Zweck verdünnt man die letzte braune Mutterlauge mit Wasser, fällt in der Hitze den Baryt quantitativ mit Schwefelsäure, entfärbt mit Tierkohle und kocht die filtrierte Flüssigkeit eine halbe Stunde mit einem Überschuß von reinem Cadmiumhydroxyd. Zum Schluß leitet man etwa eine halbe Stunde Kohlensäure ein und filtriert siedend heiß. Beträgt das Volumen der Flüssigkeit bei den oben angegebenen Mengen nicht mehr als ¾ Liter, so scheidet sich beim 12stündigen Stehen der allergrößte Teil der $\alpha$-Säure als Cadmiumsalz (etwa 15 g) ab. Ein kleiner Rest desselben kristallisiert noch, wenn das Filtrat zum dünnen Sirup eingedampft 24 Stunden bei gewöhnlicher Temperatur steht.

Die abermals filtrierte Lösung enthält nun das Cadmiumsalz der $\beta$-Rhamnohexonsäure. Dasselbe kristallisiert nicht. Beim Eindunsten der Lösung bleibt es als Gummi, welcher allmählich hart wird. In Wasser ist es sehr leicht, in absolutem Alkohol gar nicht, aber in 70prozentigem noch recht leicht löslich. Ebenso leicht löslich in Wasser und gleichfalls amorph sind das Baryum- und Calciumsalz.

Zu beachten ist, daß die Säure auch durch eine Lösung von zweifach basischem Bleiacetat nicht gefällt wird.

Schönere Eigenschaften hat die Brucinverbindung. Um dieselbe zu gewinnen, wird die aus dem Cadmiumsalz durch Schwefelwasserstoff gewonnene Säure in etwa 10prozentiger wässeriger Lösung mit überschüssigem Brucin gekocht. Beim Verdampfen der nach dem Erkalten filtrierten Flüssigkeit bleibt das Brucinsalz vermischt mit überschüssiger Base als schwach gelber Sirup, welcher bald teilweise kristallisiert. Nach 12stündigem Stehen wird die Masse mit kaltem absolutem Alkohol angerührt, dann filtriert, auf Ton getrocknet, die feste Masse in heißem absolutem Alkohol gelöst und mit Äther gefällt. Hierdurch wird das überschüssige Brucin, welches in der Lösung bleibt, entfernt. Das ausgeschiedene Salz löst man in der 10fachen Menge heißem absolutem Alkohol.

Beim mehrtägigen Stehen scheidet es sich daraus in kugeligen Kristallaggregaten ab, welche zwischen 114 und 118⁰ schmelzen. Das Salz ist in Wasser sehr leicht, in Aceton schwer und in Äther sehr schwer löslich.

Um daraus die freie Säure zu gewinnen, versetzt man die wässerige Lösung mit überschüssigem, heißem, konzentriertem Barytwasser. Dabei fällt das Brucin als Öl, welches beim Erkalten kristallisiert. Man verdampft die kalt filtrierte Lösung zur Trockne und entfernt die kleinen Mengen des noch vorhandenen Brucins durch mehrmaliges Auskochen mit absolutem Alkohol. Dann wird das Barytsalz wieder in Wasser gelöst, genau mit Schwefelsäure gefällt, mit wenig Tierkohle gekocht und das Filtrat zum Sirup verdampft.

Derselbe enthält vorwiegend das Lacton der $\beta$-Rhamnohexonsäure neben wenig freier Säure und erstarrt bei mehrstündigem Stehen kristallinisch. Zur Reinigung wird das Präparat mit der zwanzigfachen Menge Aceton ausgekocht, wobei etwas anorganische Substanz zurückbleibt. Aus dem eingeengten Filtrat scheidet sich das Lacton beim längeren Stehen als harte Kristallkruste ab, welche aus kleinen, farblosen, glänzenden Platten besteht. Für die Analyse wurde es im Vakuum über Schwefelsäure getrocknet.

| | Ber. für $C_7H_{12}O_6$ | Gefunden |
|---|---|---|
| C | 43,75 | 43,8 pCt. |
| H | 6,25 | 6,36 „ |

Das Lacton schmilzt wie fast alle Lactone der Zuckergruppe nicht ganz konstant bei 134—138⁰ ohne Zersetzung. Es ist in Wasser und Alkohol sehr leicht löslich und dreht stark nach rechts. Eine wässerige Lösung vom Gesamtgewicht 4,8212 g, welche 0,4784 g oder 9,924 pCt. Lacton enthielt, und das spezifische Gewicht 1,03 besaß, drehte im 1 dcm-Rohr bei 20⁰ im Mittel verschiedener Ablesungen 4,43⁰ nach rechts.

Daraus berechnet sich die spezifische Drehung:

$$[\alpha]_D^{20^0} = + 43{,}34^0.$$

Das Drehungsvermögen war nach 12 Stunden nicht verändert.

Für die Bereitung des reinen Lactons ist der Umweg über das Brucinsalz nicht unbedingt nötig. Man kann dasselbe auch direkt aus dem Cadmiumsalz gewinnen. Nachdem das Salz der $\alpha$-Rhamnohexonsäure durch Kristallisation möglichst vollständig entfernt ist, wird die verdünnte wässerige Lösung der $\beta$-Verbindung durch Schwefelwasserstoff zerlegt und das Filtrat zum dünnen Sirup verdampft. Derselbe besteht aus annähernd gleichen Teilen Lacton und Säure, enthält aber noch Asche.

Beim längeren Stehen (etwa eine Woche) scheidet er häufig spontan das Lacton kristallinisch ab. Rascher findet das beim Eintragen eines Kristalls statt.

Löst man dann die ganze Masse in heißem Aceton, so kristallisiert aus der eingeengten Flüssigkeit beim Erkalten das reine Lacton ziemlich rasch aus.

### $\beta$-Rhamnohexonsäurephenylhydrazid, $C_7H_{13}O_6 \cdot N_2H_2C_6H_5$.

Zur Bereitung desselben kann die rohe aus dem Cadmiumsalz gewonnene sirupöse Säure dienen. Sie wird in der gleichen Quantität Wasser gelöst, dann ebenso viel reines Phenylhydrazin zugegeben und das Gemisch anderthalb Stunden in einem mit Kühlrohr versehenen Gefäß auf dem Wasserbade erhitzt. Nach dem Erkalten extrahiert man die dunkelrote Flüssigkeit zur Entfernung des überschüssigen Phenylhydrazins wiederholt mit Äther. Behandelt man den Rückstand mit einem Gemisch von 1 Teil absolutem Alkohol und 3 Teilen Äther, so erstarrt er bald kristallinisch und läßt sich von dem größten Teil des roten Farbstoffes durch Waschen mit demselben Gemisch befreien. Das Rohprodukt wird aus heißem Alkohol oder besser aus heißem Aceton umkristallisiert. Von letzterem ist etwa die 200fache Menge nötig; aus der auf $^1/_3$ Volumen eingedampften Lösung scheidet sich das Hydrazid in feinen glänzenden Blättchen ab.

| | Ber. für $C_{13}H_{20}O_6N_2$ | Gefunden |
|---|---|---|
| N | 9,3 | 9,3 pCt. |

Dasselbe beginnt bei $160^0$ zu sintern und schmilzt bei raschem Erhitzen gegen $170^0$ unter schwacher Gasentwicklung. In Wasser ist es sehr leicht löslich und unterscheidet sich dadurch ebenso wie durch den viel niedrigeren Schmelzpunkt von der $\alpha$-Verbindung.

Bei dieser Gelegenheit haben wir auch das

### Phenylhydrazid der Rhamnonsäure

dargestellt. Dasselbe ist dem Derivat der $\alpha$-Rhamnohexonsäure sehr ähnlich. Es löst sich leicht in heißem Wasser, schwer in kaltem Wasser und Alkohol und kristallisiert in farblosen Blättchen, welche beim raschen Erhitzen gegen 186—190$^0$ unter Zersetzung schmelzen.

Ber. für $C_6H_{11}O_5 \cdot N_2H_2C_6H_5$        Gefunden

N       10,37               10,64 pCt.

### Verwandlung der $\beta$-Rhamnohexonsäure in die $\alpha$-Verbindung.

Für den Versuch diente ein Präparat, welches durch das Cadmiumsalz von $\alpha$-Säure sorgfältig befreit war.

2 g des Sirups wurden mit der gleichen Menge Pyridin und 10 g Wasser 4 Stunden im Ölbade auf 150—155$^0$ erhitzt und dann die Lösung genau so behandelt wie bei der Darstellung der $\beta$-Rhamnohexonsäure, wobei die $\alpha$-Säure als Cadmiumsalz zur Abscheidung kam; von letzterem wurden 0,5 g erhalten. Zur weiteren Identifizierung der $\alpha$-Säure wurde aus dem Salz durch Zerlegen mit Schwefelwasserstoff und Abdampfen das sofort kristallisierende Lacton und daraus das Phenylhydrazid dargestellt. Letzteres schmolz ebenso wie eine Kontrollprobe beim raschen Erhitzen zwischen 210 und 215$^0$ unter Zersetzung. Dieser Versuch ist ein Beweis für die Stereoisomerie der beiden Säuren, er wird noch ergänzt durch die nachfolgende Beobachtung.

### Reduktion der $\beta$-Rhamnohexonsäure.

Wird das Lacton in kalter 10prozentiger wässeriger Lösung in der bekannten Weise durch Natriumamalgam und Schwefelsäure reduziert, so entsteht in reichlicher Menge der zugehörige Zucker. Zum genaueren Studium desselben genügte unser Material nicht, wir haben uns deshalb darauf beschränkt, das Phenylosazon darzustellen. Dasselbe schmolz beim raschen Erhitzen gegen 200$^0$ unter Zersetzung und zeigte auch in den übrigen Eigenschaften völlige Übereinstimmung mit dem früher beschriebenen, aus $\alpha$-Rhamnohexose entstehenden Rhamnohexosazon[1]). Dieses Resultat bestätigt die obige Vermutung, daß $\alpha$- und $\beta$-Rhamnohexonsäure sich nur durch die verschiedene Anordnung von Hydroxyl und Wasserstoff an dem mit Carboxyl verbundenen asymmetrischen Kohlenstoffatom unterscheiden.

### Bildung der $l$-Taloschleimsäure aus $\beta$-Rhamnohexonsäure.

Obschon der Vorgang genau der Entstehung der Schleimsäure aus der $\alpha$-Rhamnohexonsäure entspricht, so ist doch die Ausführung

---

[1]) Berichte d. d. chem. Gesellsch. **23**, 3105 [1890]. (S. *587*.)

des Versuchs wegen der schwierigen Isolierung der Taloschleimsäure ungleich mühsamer.

Als Material diente die aus dem Cadmiumsalz bereitete rohe $\beta$-Rhamnohexonsäure, nachdem zuvor die $\alpha$-Verbindung möglichst vollständig als Cadmiumsalz entfernt war.

25 g des Sirups wurden mit der doppelten Menge Salpetersäure (spez. Gew. 1,2) auf 45—50⁰ erhitzt. Nach etwa 10 Minuten trat eine lebhafte Reaktion ein, welche durch Kühlen gemäßigt wurde. Als dieselbe vorüber war, wurde die Flüssigkeit noch 28 Stunden auf 50⁰ gehalten. Die Lösung war dann schwach gelb und klar, da Schleimsäure nicht abgeschieden war. Sie wurde mit der gleichen Menge Wasser verdünnt und im Vakuum bei 40—50⁰ eingedampft. Zur völligen Entfernung der Salpetersäure wurde der Rückstand noch mehrmals in Wasser gelöst und wieder im Vakuum bis zum Sirup verdampft. Für die Isolierung der Taloschleimsäure diente dann das Calciumsalz. Der rohe Sirup wurde in 500 ccm Wasser gelöst und mit überschüssigem reinem Calciumcarbonat 15 Minuten lang gekocht, wobei die Flüssigkeit sich stark rot färbte. Man fügte deshalb zum Schluß etwas Tierkohle hinzu, bis sie schwach gelb geworden war, und verdampfte das Filtrat im Vakuum bei 50⁰ auf 250 ccm. Nach 12 stündigem Stehen betrug die Menge des auskristallisierten Calciumsalzes 3 g. Die Mutterlauge, welche schwach sauer geworden war, wurde im Vakuum ungefähr auf die Hälfte eingedampft und dann mit der dreifachen Menge absolutem Alkohol gefällt. Dabei bleiben die Kalksalze in Lösung, welche die Kristallisation des taloschleimsauren Kalks verhindern. Letzterer wurde filtriert und in ungefähr 150 ccm siedendem Wasser gelöst, wobei er anfangs schmilzt. Beim Erkalten schieden sich 2,5 g Calciumsalz aus. Einen kleinen Rest desselben Salzes kann man noch aus der vereinigten Mutterlauge gewinnen, indem man den Alkohol zuerst wegkocht, dann mit Bleiacetat fällt, den Niederschlag durch Schwefelwasserstoff zerlegt und schließlich durch Kochen mit Calciumcarbonat wieder das Kalksalz herstellt. Die gesamte Ausbeute betrug 6,2 g, d. i. 25 pCt. der angewandten sirupösen $\beta$-Rhamnohexonsäure. Zur Reinigung des rohen Salzes, welches eine kleine Menge von Schleimsäure enthält, diente dasselbe Verfahren, welches bei der $d$-Taloschleimsäure benutzt wurde.[1] Das so gewonnene farblose Präparat gab nach dem Trocknen bei 105⁰ folgende Werte, welche leidlich zu der Formel $C_6H_8O_8Ca$ stimmen.

---

[1] Berichte d. d. chem. Gesellsch. **24**, 3625 [1891]. (*S. 435.*)

|    | Berechnet |      | Gefunden |         |
|----|-----------|------|----------|---------|
| C  | 29,0      | 28,6 | 28,5     | 28,9 pCt. |
| H  | 3,2       |      | 3,6      | 3,45 ,, |
| Ca | 16,1      |      | 16,0 pCt. |        |

Aus dem Kalksalz wurde in der üblichen Weise durch Zerlegung mit Oxalsäure die freie *l*-Taloschleimsäure bereitet. Beim Verdampfen der wässerigen Lösung blieb ein Sirup, welcher beim längeren Stehen teilweise erstarrte. Derselbe wurde mit kaltem Aceton ausgelaugt und der feste Rückstand mit sehr viel Aceton ausgekocht. Aus der stark konzentrierten Lösung schied sich beim Erkalten die reine Säure in kleinen farblosen Kristallen ab. Die erste Aceton-Mutterlauge hinterläßt, wenn sie mit Wasser verdünnt und abgedampft wird, einen Sirup, welcher jedesmal beim längeren Stehen die kristallisierte Säure ausscheidet, und dieses Schauspiel wiederholt sich bei gleicher Behandlung der Mutterlauge. Die Erscheinung erklärt sich durch die Bildung einer Lactonsäure, welche sirupförmig und in Aceton leicht löslich ist, aber beim Abdampfen mit Wasser teilweise in die zweibasische Säure zurückgeht. Die Bildung dieser Lactonsäure erschwert die Darstellung der reinen *l*-Taloschleimsäure außerordentlich und die uns schließlich zu Gebote stehende Menge war so gering, daß wir auf die Analyse verzichten und uns auf den Vergleich mit der *d*-Verbindung beschränken mußten. In bezug auf Kristallform, Schmelzpunkt und Löslichkeit können wir das früher bei der *d*-Verbindung Gesagte hier wörtlich wiederholen. Dagegen ist das optische Verhalten selbstverständlich umgekehrt. Die Bestimmung konnte leider auch wegen Materialmangel nur approximativ ausgeführt werden.

Eine wässerige Lösung, welche 1,84 pCt. Säure enthielt und das spez. Gew. 1,009 hatte, drehte bei 20⁰ im 1 dcm-Rohr 0,63⁰ nach links. Das würde der spezifischen Drehung $[\alpha]_D^{20} = -33,9^0$ entsprechen. Für die *d*-Verbindung wurde früher ebenfalls als Annäherungswert $[\alpha]_D = +29,4^0$ gefunden.

Die Differenz zwischen den beiden Zahlen liegt unter den angegebenen Bedingungen innerhalb der Beobachtungsfehler.

Der genaue Wert für die beiden Formen der Taloschleimsäure ist also noch mit größeren Mengen von Material festzustellen.

Zur Erkennung der *d*-Taloschleimsäure wurde früher die Isolierung in Form des Kalksalzes und die optische Untersuchung seiner salzsauren Lösung empfohlen.

Dieselbe dreht stark nach rechts, verliert aber beim Stehen und noch rascher beim Kochen infolge von Lactonbildung das Drehungsvermögen zum größten Teil.

Analog verhält sich die *l*-Verbindung, wie folgender Versuch zeigt. Eine Lösung von 0,5976 g Kalksalz in 3,8 ccm Salzsäure, welche aus 5 Teilen Wasser und 1 Teil Salzsäure vom spezifischen Gewicht 1,19 hergestellt war, drehte unmittelbar nach der Auflösung im 1 dcm-Rohr 4,35° nach links. Nach anderthalb Stunden war die Drehung auf — 2,43° zurückgegangen und als die Flüssigkeit fünf Minuten im Wasserbade erwärmt wurde, verminderte sie sich auf — 0,2°.

Als dann die Lösung 30 Stunden bei gewöhnlicher Temperatur stand, stieg die Drehung wieder auf 1,0° nach links. Die Zahlen sind nicht genau die gleichen wie bei dem früheren Versuch, wohl aber die Art und Reihenfolge der Änderungen.

Schließlich haben wir noch das Phenylhydrazid der $l$-Taloschleimsäure dargestellt. Dasselbe scheidet sich sehr bald in glänzenden, schwach gelben Blättchen ab, wenn die nicht zu verdünnte, etwa zehnprozentige, wässerige Lösung der Säure mit essigsaurem Phenylhydrazin erwärmt wird. Es ist dem Derivat der $d$-Taloschleimsäure zum Verwechseln ähnlich. Wie jenes schmilzt es beim raschen Erhitzen gegen 185° unter Zersetzung und löst sich zum Unterschied von dem Hydrazid der Schleimsäure so leicht in heißem Wasser, daß es wohl daraus umkristallisiert werden kann.

Verwandlung der $l$-Taloschleimsäure in Schleimsäure.

Auch diese Reaktion erfolgt unter denselben Bedingungen wie bei der $d$-Verbindung.[1]) Die entstandene Schleimsäure wurde völlig rein gewonnen und durch sorgfältigen Vergleich mit dem gewöhnlichen Präparate identifiziert. Die Ausbeute war annähernd ebenso groß, wie beim analogen Versuch in der $d$-Reihe.

Die oben angenommene Konfiguration der $d$-Galactose erhält durch folgende Beobachtungen, welche von der vorhergehenden Betrachtung ganz unabhängig sind, eine neue kräftige Stütze. Bei der Anlagerung von Cyanwasserstoff an den Zucker entsteht neben der von Kiliani beschriebenen Carbonsäure[2]) eine stereoisomere Verbindung, und daraus wird durch Oxydation eine neue Pentoxypimelinsäure gewonnen. Letztere ist nun ebenso wie das von Kiliani erhaltene Isomere[3]) optisch aktiv. Das wäre nicht möglich, wenn die $d$-Galactose die Formel

$$\text{CH}_2\text{OH} \cdot \overset{\text{H}}{\underset{\text{OH}}{\text{C}}} \cdot \overset{\text{H}}{\underset{\text{OH}}{\text{C}}} \cdot \overset{\text{H}}{\underset{\text{OH}}{\text{C}}} \cdot \overset{\text{H}}{\underset{\text{OH}}{\text{C}}} \cdot \text{COH}$$

---

[1]) Berichte d. d. chem. Gesellsch. **24**, 3628 [1891]. (*S. 438.*)
[2]) Berichte d. d. chem. Gesellsch. **21**, 915 [1888].
[3]) Berichte d. d. chem. Gesellsch. **22**, 521 [1889].

oder deren Spiegelbild hätte, denn dann müßte eine der beiden Pentoxypimelinsäuren, nämlich die mit der Formel

$$
\begin{array}{ccccc}
H & H & H & H & H \\
COOH . \overset{|}{\underset{|}{C}} . \overset{|}{\underset{|}{C}} . \overset{|}{\underset{|}{C}} . \overset{|}{\underset{|}{C}} . \overset{|}{\underset{|}{C}} . COOH \\
OH & OH & OH & OH & OH
\end{array}
$$

optisch inaktiv sein.

Die Versuche, welche Herr V. Hänisch auf meine Veranlassung
ausführte, werden später ausführlich mitgeteilt.

## 59. Emil Fischer und Arthur W. Crossley:
## Oxydation der Zuckersäure und Schleimsäure mit Kaliumpermanganat.

Berichte der deutschen chemischen Gesellschaft 27, 394 [1894].
(Eingegangen am 5. Februar.)

Die zuerst von Liebig bei der Oxydation des Milchzuckers mit
verdünnter Salpetersäure beobachtete Bildung von Weinsäure findet
bekanntlich auch bei der Zuckersäure statt.

Unter denselben Bedingungen entsteht aus der Schleimsäure nach
den Angaben von Carlet[1]) und von Hornemann[2]) die Traubensäure. Den letzteren Versuch, welcher uns für die geometrische Betrachtung der Dulcitgruppe wichtig schien, haben wir wiederholt und
gefunden, daß derselbe recht ungenügende Resultate liefert. Die reine
Schleimsäure ist in Salpetersäure von verschiedener Konzentration,
selbst beim Kochen außerordentlich schwer löslich und wird deshalb
so langsam angegriffen, daß es unmöglich ist, auf diese Weise irgend
wie erhebliche Mengen von Traubensäure zu gewinnen.

Wir haben deshalb eine bessere Oxydationsmethode gesucht und
in der Anwendung des Permanganats gefunden.

Dasselbe wirkt in der gleichen Art auf die Zucker- und Schleimsäure und erzeugt daraus Rechts-Weinsäure bzw. Traubensäure.
Gleichzeitig entsteht in überwiegender Menge Oxalsäure.

Dieses Resultat steht mit der in der vorigen Abhandlung abgeleiteten
Konfiguration der Schleimsäure im Einklang. Schematisch kann man
sich den Vorgang bei der Schleimsäure folgendermaßen darlegen.

[1]) Jahresberichte für Chemie 1861, 367.
[2]) Journ. f. prakt. Chem. 89, 305 [1863].

$$\text{I. } COOH . \overset{H}{\underset{OH}{C}} . \overset{OH}{\underset{H}{C}} . \overset{OH}{\underset{H}{C}} . \Big| \overset{H}{\underset{OH}{C}} . COOH + 3O$$

$$= COOH . \overset{H}{\underset{OH}{C}} . \overset{OH}{\underset{H}{C}} . COOH + C_2H_2O_4 + H_2O;$$

$$\text{II. } COOH . \overset{H}{\underset{OH}{C}} . \Big| \overset{OH}{\underset{H}{C}} . \overset{OH}{\underset{H}{C}} . \overset{H}{\underset{OH}{C}} . COOH + 3O$$

$$= COOH . \overset{OH}{\underset{H}{C}} . \overset{H}{\underset{OH}{C}} . COOH + C_2H_2O_4 + H_2O.$$

Da die Wahrscheinlichkeit für beide Reaktionen gleich groß ist, so resultiert Traubensäure.

Für die entsprechende Spaltung der Zuckersäure läßt die Konfigurationsformel ebenfalls zwei Möglichkeiten zu:

$$\text{I. } COOH . \overset{H}{\underset{OH}{C}} . \Big| \overset{H}{\underset{OH}{C}} . \overset{OH}{\underset{H}{C}} . \overset{H}{\underset{OH}{C}} . COOH + 3O$$

$$= COOH . \overset{OH}{\underset{H}{C}} . \overset{H}{\underset{OH}{C}} . COOH + C_2H_2O_4 + H_2O;$$

$$\text{II. } COOH . \Big| \overset{H}{\underset{OH}{C}} . \overset{H}{\underset{OH}{C}} . \overset{OH}{\underset{H}{C}} . \overset{H}{\underset{OH}{C}} . \Big| COOH + 4O$$

$$= COOH . \overset{H}{\underset{OH}{C}} . \overset{OH}{\underset{H}{C}} . COOH + 2CO_2 + 2H_2O.$$

Von den beiden Vorgängen, welche schon strukturchemisch verschieden sind, findet tatsächlich nur einer statt, da ausschließlich Rechts-Weinsäure entsteht.

Für das Schema I. spricht die Analogie mit der Schleimsäure. Aber sicher läßt sich die Frage erst entscheiden, wenn die Konfiguration der Rechts-Weinsäure, bezogen auf die von E. Fischer fixierte Konfiguration des Traubenzuckers, noch auf anderem Wege ermittelt ist.*) Wir hatten gehofft, diese Frage durch Oxydation der d-Mannozuckersäure

---

*) *Vgl. Seite 519.*

$$\underset{\substack{\text{OH OH H H}}}{\overset{\substack{\text{H H OH OH}}}{\text{COOH . C . C . C . C . COOH}}}$$

entscheiden zu können, weil hier nur eine aktive Weinsäure entstehen kann.

Aber leider war die Ausbeute an derselben sowohl bei Anwendung von Permanganat wie von Salpetersäure so gering, daß wir dem Versuch keine Beweiskraft mehr zuschreiben konnten und ihn deshalb aufgegeben haben.

## Oxydation der Zuckersäure.

Für den Versuch diente das reine saure Kalisalz. 25 g desselben wurden in 300 g Wasser, welche 17,5 g Kaliumhydroxyd enthielten, gelöst und das Gemisch auf 0⁰ abgekühlt. Dazu wurde eine Lösung von 30 g Kaliumpermanganat in 1350 Teilen Wasser von derselben Temperatur in kleinen Portionen im Laufe von einer Stunde zugefügt.

Die Reduktion des Permanganats findet rasch statt und die Lösung ist zum Schluß dunkelbraun gefärbt. Bleibt sie längere Zeit stehen, so fällt der Braunstein aus. Sehr rasch erfolgt die Abscheidung desselben beim Erwärmen auf dem Wasserbade.

Die filtrierte Lösung wurde zur Entfernung der Oxalsäure mit Essigsäure angesäuert und in der Siedehitze mit überschüssigem Calciumacetat versetzt. Die Menge des abgeschiedenen Oxalats betrug 12 g.

Die heiß filtrierte Mutterlauge gab auf Zusatz von Bleiacetat einen reichlichen Niederschlag, welcher nach dem Erkalten filtriert und in warmem Wasser suspendiert durch Schwefelwasserstoff zersetzt wurde. Die Mutterlauge enthielt neben etwas unveränderter Zuckersäure die durch die Reaktion entstandene Weinsäure.

Um letztere zu isolieren, wurde die Lösung stark konzentriert, dann zur Hälfte mit Kaliumcarbonat neutralisiert und mit der zweiten Hälfte vermischt. Nach kurzer Zeit begann die Kristallisation des Weinsteins.

In der Mutterlauge ist das leichter lösliche zuckersaure Kali enthalten, welches bei weiterer Konzentration sich abscheidet. Zurückgewonnen wurden von demselben 15 pCt. der angewandten Menge.

Die Ausbeute an Weinstein betrug 5 pCt. des angewandten zuckersauren Kalis. Zur Reinigung des Salzes genügt einmaliges Umkristallisieren aus heißem Wasser.

Für die Analyse wurde dasselbe bei 100⁰ getrocknet.

|  | Ber. für $C_4H_5O_6K$ | Gefunden | |
|---|---|---|---|
| K | 20,74 | 20,68 | 20,63 pCt. |

Für die weitere Identifizierung des Präparates wurde dasselbe in der zehnfachen Menge normaler Salzsäure gelöst und die Flüssigkeit optisch geprüft. Sie drehte im 1 dcm-Rohr 1,2⁰ nach rechts. Eine Kontrollprobe mit reinem Weinstein gab ganz den gleichen Wert.*)

### Oxydation der Schleimsäure.

Die Säure wird von dem Oxydationsmittel langsamer angegriffen, als die isomere Verbindung und verbraucht noch größere Mengen desselben. Da ferner ihr Kalisalz in kaltem Wasser schwer löslich ist, so muß die Operation in größerer Verdünnung ausgeführt werden.

20 g Schleimsäure werden in 400 ccm Wasser von 0⁰ suspendiert und hierzu 50 ccm Kalilauge, welche 17,5 g Kaliumhydroxyd enthalten, zugefügt. Dabei erfolgt klare Lösung.

Um die nach kurzer Zeit eintretende Kristallisation des Kalisalzes zu verhindern, gießt man sofort eine größere Menge von kalter Permanganatlösung, welche 40 g des letzteren in 1800 ccm Wasser enthält, hinzu. Die Flüssigkeit färbt sich bald grün und nach 10—15 Minuten braun. Man fährt mit dem Zusatze des Permanganats fort, so daß die Operation in 1½ Stunden beendet ist. Wenn die Hälfte der Oxydationsflüssigkeit verbraucht ist, werden noch weitere 12 ccm der obigen Kalilauge zugegeben, um die Flüssigkeit dauernd alkalisch zu halten. Nach mehrstündigem Stehen in der Kälte wird die Flüssigkeit zur Abscheidung des Braunsteins auf dem Wasserbade erwärmt und heiß filtriert.

Die heiße Lösung wurde zunächst mit Salzsäure angesäuert, dann mit Calciumchlorid und überschüssigem Ammoniak versetzt und von dem gefällten Oxalat, dessen Menge 5 g betrug, siedend heiß filtriert.

Die Mutterlauge schied beim Erkalten traubensauren und wenig schleimsauren Kalk in Kristallen ab. Dieselben wurden nach 12 Stunden filtriert und mit einer Lösung von überschüssigem Kaliumcarbonat zur Zerlegung der Kalksalze eine halbe Stunde auf dem Wasserbade digeriert. Das Filtrat schied beim Abdampfen eine kleine Menge des schwerlöslichen, schleimsauren Kalis ab und die Mutterlauge gab nach der Übersättigung mit Essigsäure in der Kälte bald eine reichliche Kristallisation des traubensauren Kalis.

Die Menge desselben betrug durchschnittlich 8 pCt. der angewandten Schleimsäure. Für die Analyse wurde das Salz aus heißem Wasser umkristallisiert und bei 100⁰ getrocknet.

| | Ber. für $C_4H_5O_6K$ | Gefunden |
|---|---|---|
| K | 20,74 | 20,44 pCt. |

Für die optische Probe wurde wieder das Salz in der zehnfachen Menge Normal-Salzsäure gelöst. Die Flüssigkeit war ganz inaktiv.

---

*) Vgl. die Fußnote auf Seite 525.

## 60. Emil Fischer: Konfiguration der Weinsäure[1]).

Berichte der deutschen chemischen Gesellschaft **29**, 1377 [1896].
(Vorgetragen vom Verfasser.)

Die empfindlichste Lücke in dem stereochemischen System der Zuckergruppe bildet augenblicklich die Unsicherheit über die Konfiguration der *d*-Weinsäure; denn nach den bisher bekannten Tatsachen läßt sich nicht entscheiden, welche von den beiden folgenden Formeln derselben zukommt[2]):

$$
\begin{array}{cc}
\text{COOH} & \text{COOH} \\
| & | \\
\text{H--C--OH} & \text{HO--C--H} \\
| & | \\
\text{HO--C--H} & \text{H--C--OH} \\
| & | \\
\text{COOH} & \text{COOH}
\end{array}
$$

Da aber alle stereochemischen Betrachtungen von der Weinsäure ihren Ausgang genommen haben, da ferner diese Säure mit anderen interessanten Produkten des pflanzlichen Stoffwechsels, wie Äpfelsäure, Asparagin usw., in einfache Beziehung gesetzt ist, so habe ich trotz vieler Mißerfolge die Lösung jener Frage immer wieder versucht, bis ich schließlich auf folgendem Wege zum Ziele gelangt bin.

Die Rhamnose hat bekanntlich[3]) die Konfiguration:

$$
\begin{array}{c}
\text{COH} \\
| \\
\text{H--C--OH} \\
| \\
\text{H--C--OH} \\
| \\
\text{HO--C--H} \\
| \\
\text{CHOH?} \\
| \\
\text{CH}_3
\end{array}
$$

---

[1]) Der Berliner Akademie vorgelegt am 12. März. Siehe Sitzungsberichte **1896**, 353.

[2]) Berichte d. d. chem. Gesellsch. **27**, 3221 [1894]. (*S. 64.*)

[3]) E. Fischer und R. S. Morrell, Berichte d. d. chem. Gesellsch. **27**, 384 [1894]. (*S. 505.*)

Dieselbe läßt sich nun nach dem schönen Verfahren von Wohl in eine Methyltetrose von der Formel:

$$
\begin{array}{c}
\mathrm{COH} \\
| \\
\mathrm{H{-}C{-}OH} \\
| \\
\mathrm{HO{-}C{-}H} \\
| \\
\mathrm{CHOH?} \\
| \\
\mathrm{CH_3}
\end{array}
$$

verwandeln. Wird letztere endlich mit Salpetersäure oxydiert, so entsteht d-Weinsäure.

Da unter den gleichen Bedingungen aus der Rhamnose die l-Trioxyglutarsäure und aus der Rhamnohexonsäure die Schleimsäure gebildet wird, da ferner in diesen beiden Fällen nachgewiesenermaßen das Methyl abgespalten wird, so ist es zweifellos gestattet, den Übergang der Methyltetrose in Weinsäure ebenso zu deuten und durch folgendes Schema darzustellen:

$$
\begin{array}{c}
\mathrm{COH} \\
| \\
\mathrm{H{-}C{-}OH} \\
| \\
\mathrm{HO{-}C{-}H} \\
| \\
\mathrm{CHOH} \\
| \\
\mathrm{CH_3}
\end{array}
\;+\;6\mathrm{O}\;=\;
\begin{array}{c}
\mathrm{COOH} \\
| \\
\mathrm{H{-}C{-}OH} \\
| \\
\mathrm{HO{-}C{-}H} \\
| \\
\mathrm{COOH}
\end{array}
\;+\;\mathrm{CO_2}+2\mathrm{H_2O}
$$

$$\text{Methyltetrose} \qquad\qquad d\text{-Weinsäure.}$$

Aus der Formel der d-Weinsäure folgt für die daraus durch Jodwasserstoff entstehende Äpfelsäure[1]), welche bekanntlich der optische Antipode der in den Vogelbeeren enthaltenen Säure ist, die Konfiguration:

$$
\begin{array}{c}
\mathrm{COOH} \\
| \\
\mathrm{H{-}C{-}OH} \\
| \\
\mathrm{CH_2} \\
| \\
\mathrm{COOH}
\end{array}
$$

Da die gleiche Äpfelsäure auch au einer Asparaginsäure entsteht, so ergibt sich für letztere die entsprechende Formel:

$$
\begin{array}{c}
\mathrm{COOH} \\
| \\
\mathrm{H{-}C{-}NH_2} \\
| \\
\mathrm{CH_2} \\
| \\
\mathrm{COOH}
\end{array}
$$

---

[1]) Bremer, Bull. soc. chim. [2] **25**, 6 [1876].

Selbstverständlich gelten diese Schlüsse nur unter der allerdings sehr wahrscheinlichen Voraussetzung, daß bei der Wirkung des Jodwasserstoffs oder der salpetrigen Säure keine solche Veränderung der Konfiguration stattfindet, wie sie in neuester Zeit von Walden[1]) bei der Einwirkung von Chlorphosphor auf Äpfelsäure beobachtet wurde.

Die *d*-Weinsäure entsteht bekanntlich auch durch Oxydation des Traubenzuckers und der *d*-Zuckersäure. Bei Benutzung der Konfigurationsformeln ist der Vorgang folgendermaßen darzustellen:

$$
\begin{array}{l}
\text{COOH} \\
| \\
\text{H–C–OH} \\
| \\
\text{HO–C–H} \\
| \\
\text{H–C–OH} \\
\cdots\cdots\cdots \\
\text{H–C–OH} \\
| \\
\text{COOH}
\end{array}
\;+\; 3\,\text{O} \;=\;
\begin{array}{l}
\text{COOH} \\
| \\
\text{H–C–OH} \\
| \\
\text{HO–C–H} \\
| \\
\text{COOH}
\end{array}
\;+\; C_2H_2O_4 + H_2O .
$$

Derselbe entspricht also genau der Verwandlung von Schleimsäure in Traubensäure[2]), und man hätte diesen Vergleich schon früher benutzen können, um für *d*-Weinsäure obige sterische Formel zu entwickeln. Ich habe das aber nicht getan, weil mir der Schluß zu unsicher schien und weil jeder Mißgriff auf diesem doch recht neuen Gebiete große Verwirrung und Schaden bringen muß. Aus dem gleichen Grunde halte ich mich aber auch für verpflichtet, vor den höchst gewagten Folgerungen zu warnen, welche kürzlich Hr. Winther[3]) aus der Spaltung racemischer Verbindungen auf die Konfiguration der Komponenten gezogen hat. Ich kann dieselben im einzelnen um so weniger anerkennen, als mir die Grundlage derselben ganz unsicher zu sein scheint, wie ich bei anderer Gelegenheit ausführlicher darlegen will. Daß Hr. Winther bei der *d*-Weinsäure mit seiner Prognose zufällig das Richtige getroffen hat, beweist nichts. Denn wenn es sich nur um die Wahl von rechts und links handelt, so ist bei jeder Prophezeiung von vornherein Aussicht auf 50 pCt. Treffer gegeben.

### Abbau der Rhamnose.

Derselbe vollzieht sich verhältnismäßig glatt, wenn man genau der Vorschrift folgt, welche A. Wohl[4]) für die Verwandlung des Trauben-

---

[1]) Berichte d. d. chem. Gesellsch. **29**, 133 [1896].

[2]) E. Fischer und A. W. Crossley, Berichte d. d. chem. Gesellsch. **27**, 394 [1894]. (*S. 515.*)

[3]) Berichte d. d. chem. Gesellsch. **28**, 3000 [1895].

[4]) Berichte d. d. chem. Gesellsch. **26**, 730 [1893].

zuckers in d-Arabinose gegeben hat. Als Ausgangsmaterial dient
das Rhamnosoxim, welches schon von Jakobi[1]) durch Auflösen des
Zuckers in einer wässerigen Lösung von reinem Hydroxylamin bereitet
wurde. Bequemer ist aber seine Darstellung nach dem Verfahren,
welches Wohl für Glucosoxim angegeben hat.

77 g salzsaures Hydroxylamin werden in 25 ccm heißem Wasser
gelöst; dazu fügt man eine Lösung von 25 g Natrium in 300 ccm absolutem Alkohol und entfernt nach dem Erkalten das abgeschiedene
Chlornatrium durch Filtration. Trägt man in die erwärmte Mutterlauge 182 g gepulverte, kristallisierte, wasserhaltige Rhamnose ein,
so findet bald klare Lösung statt, und nach dem abermaligen Abkühlen erfolgt beim Reiben die Kristallisation des Oxims. Nach
12 Stunden betrug die Menge desselben 80 g und aus der eingedampften
Mutterlauge wurde nochmals die gleiche Menge erhalten, so daß die
Gesamtausbeute fast 90 pCt. des angewandten Zuckers erreichte.

Zur Umwandlung in das

Tetracetylrhamnonsäurenitril, $CH_3(CHO.C_2H_3O)_4.CN$,
wird das getrocknete und gepulverte Oxim genau in der von Wohl
vorgeschriebenen Weise mit Essigsäureanhydrid und Natriumacetat
behandelt. Nach dem Waschen mit Wasser und Alkali resultiert ein
dickes Öl, welches nach dem Ausäthern und Verdampfen des Äthers
beim längeren Stehen kristallinisch erstarrt. Durch Eintragen eines
Kristalls kann das Festwerden sehr beschleunigt werden. Durch
Umkristallisieren aus 70prozentigem Alkohol erhält man ein farbloses Präparat. Die Ausbeute an reinem Nitril beträgt etwa 70 pCt.
des angewandten Oxims. Für die Analyse wurde das Präparat über
Schwefelsäure getrocknet.

|   | Ber. für $C_{14}H_{19}O_8N$ | Gefunden |
|---|---|---|
| C | 51,1 | 51,3 pCt. |
| H | 5,8 | 5,9 „ |

Das Tetracetylrhamnonsäurenitril schmilzt bei 69—70°. In
heißem Wasser löst es sich in merklicher Menge und fällt beim Erkalten als bald erstarrendes Öl aus. In warmem absolutem Alkohol
ist es außerdèntlich leicht löslich und scheidet sich daraus beim Erkalten in großen wasserhellen Kristallen ab. In kaltem Alkohol löst
es sich ziemlich schwer. In Äther und Benzol ist es recht leicht, dagegen
in Petroläther schwer löslich.

### Acetamidverbindung der Methyltetrose.

Um aus dem Tetracetylrhamnonsäurenitril das Cyan und die
Acetylgruppen abzuspalten, wurde dasselbe ebenfalls nach der Vor-

---

[1]) Berichte d. d. chem. Gesellsch. **24**, 696 [1891]. (*S. 239.*)

schrift von Wohl mit einer ammoniakalischen Lösung von Silberoxyd behandelt. Nach Entfernung aller Silberverbindungen resultierte eine farblose Lösung, welche beim Verdampfen im Vakuum aus dem Wasserbade ein Gemenge von Acetamid und der Verbindung der Methyltetrose mit Acetamid als kristallinische Masse zurückließ. Durch Umkristallisieren aus warmem 96 prozentigem Alkohol wird dieselbe leicht rein erhalten. Die Ausbeute beträgt etwa 35 pCt. des angewandten Tetracetylrhamnonsäurenitrils. Für die Analyse wurde das Präparat bei 100° getrocknet.

|  | Ber. für $C_9H_{18}O_5N_2$ | Gefunden |
|---|---|---|
| C | 46,15 | 46,00 pCt. |
| H | 7,7 | 7,7 ,, |

Die Substanz schmilzt bei 196—200° (korr. 201—205°) unter Zersetzung und schmeckt süß. Sie ist in Wasser, besonders in der Wärme, sehr leicht löslich und kristallisiert daraus in farblosen Prismen. In heißem absolutem Alkohol ist sie schon ziemlich schwer löslich und kristallisiert daraus in feinen, meist büschelförmig vereinigten Nadeln. Sie reduziert die Fehlingsche Lösung nicht.

### Methyltetrose.

Beim einstündigen Erwärmen mit der 5 fachen Menge 5 prozentiger Salzsäure auf dem Wasserbade wird die Acetamidverbindung völlig gespalten. Die Flüssigkeit ist zum Schluß schwach braun gefärbt und reduziert ungefähr die 18 fache Menge Fehlingscher Lösung. Hauptprodukte der Reaktion sind Acetamid und Methyltetrose, aber in geringerer Menge entstehen auch Zersetzungsprodukte des Zuckers. Die Methyltetrose ist in Wasser und Alkohol leicht löslich und wurde bisher nicht kristallisiert erhalten. Zum Nachweis derselben diente deshalb das Osazon. Um dieses zu bereiten, wurde die saure Lösung mit Natronlauge neutralisiert und mit einer der Acetamidverbindung gleichen Menge Phenylhydrazin und 50 prozentiger Essigsäure versetzt. Dabei entstand eine ölige Trübung, welche nach einer Viertelstunde durch Schütteln mit Tierkohle und Filtration entfernt wurde. Das klare Filtrat schied beim 1¼ stündigen Erhitzen auf dem Wasserbade das Osazon als braunes Öl ab, welches beim längeren Stehen kristallisierte. Dasselbe wurde zuerst aus heißem Benzol und dann aus verdünntem Alkohol umkristallisiert. Es bildet sehr feine, gelbe Nadeln, welche nicht ganz konstant zwischen 171 und 174° (unkorr.) schmelzen. Für die Analyse wurde es über Schwefelsäure getrocknet.

|  | Ber. für $C_{17}H_{20}O_2N_4$ | Gefunden |
|---|---|---|
| C | 65,40 | 65,75 pCt. |
| H | 6,4 | 6,6 ,, |
| N | 17,96 | 17,80 ,, |

Das Osazon löst sich nur wenig in heißem Wasser und Äther, leicht dagegen in Alkohol.

Die Methyltetrose entsteht auch direkt aus dem Tetracetylrhamnonsäurenitril, wenn dasselbe mit 5 prozentiger Salzsäure bis zur Lösung auf dem Wasserbade erwärmt wird, und man kann aus dieser Lösung das Osazon ebenso leicht abscheiden.

### Verwandlung der Methyltetrose in $d$-Weinsäure.

Für die Oxydation des Zuckers ist seine Isolierung überflüssig. Man kann dafür direkt die Acetamidverbindung verwenden, indem man sie erst durch verdünnte Salpetersäure hydrolysiert und dann durch stärkere Säure oxydiert.

Dementsprechend wurden 3 g der Acetamidverbindung mit 15 ccm einer 3 prozentigen Salpetersäure auf dem Wasserbade eine Stunde lang erwärmt und dann die Flüssigkeit, welche die 18 fache Menge Fehlingscher Lösung reduzierte, ungefähr auf das halbe Volumen eingedunstet. Dann fügte man so viel starke Salpetersäure und Wasser hinzu, daß das Gesamtvolumen 12 ccm betrug und die Flüssigkeit 32 pCt. Salpetersäure enthielt. Dies Gemisch wurde 24 Stunden auf 55—60° erwärmt, wobei sich die Oxydation durch reichliche Gasentwicklung kundgab, und dann im Vakuum ungefähr bei derselben Temperatur zum Sirup verdampft. Nachdem durch Zusatz von Wasser und abermaliges Eindampfen im Vakuum die Salpetersäure fast vollständig entfernt war, wurde der Rückstand in 500 ccm Wasser gelöst, mit Calciumcarbonat in der Siedehitze neutralisiert, aus dem heißen Filtrat die Weinsäure durch Bleiacetat gefällt und das Bleisalz durch Schwefelwasserstoff zerlegt. Die Mutterlauge hinterließ beim Verdampfen die Weinsäure sofort kristallisiert. Dieselbe gab mit Chlorcalcium keine Reaktion auf Traubensäure und drehte das polarisierte Licht nach rechts. Das Drehungsvermögen entsprach nach einer approximativen Bestimmung demjenigen der Rechtsweinsäure. Das Präparat wurde ferner in der üblichen Weise in das saure Kaliumsalz verwandelt, welches nach einmaligem Umkristallisieren rein war.

|   | Ber. für $C_4H_5O_6K$ | Gefunden |
|---|---|---|
| K | 20,78 | 20,60 pCt. |

Die Ausbeute an Weinstein betrug 0,7 g für 4 g Acetamidmethyltetrose; das ist 29 pCt. der Theorie.

Um das Salz noch weiter zu identifizieren, wurde es in der zehnfachen Menge Normalsalzsäure gelöst und optisch geprüft. Die Flüssigkeit drehte bei Natriumlicht im 1 dcm-Rohr 0,82° nach rechts, während gewöhnlicher Weinstein unter denselben Bedingungen eine Rechtsdrehung von 0,78° zeigte[1]). Die Differenz liegt innerhalb der Beobachtungsfehler.

Bei diesen Versuchen bin ich von Hrn. Dr. G. Pinkus unterstützt worden, wofür ich demselben auch hier besten Dank sage.

---

[1]) Der früher gefundene Wert 1,2° (Berichte d. d. chem. Gesellsch. **27**, 397 [1894] (*S. 518*) ist demnach für Natriumlicht zu hoch.

### 61. Emil Fischer und Irving Wetherbee Fay: Über Idonsäure, Idose, Idit und Idozuckersäure.

Berichte der deutschen chemischen Gesellschaft **28**, 1975 [1895].
(Eingegangen am 5. August.)

Mit diesen Namen, welche von ,,idem" abgeleitet sind, bezeichnen wir die letzten noch fehlenden Säuren, Zucker und Alkohole der Mannitgruppe, um den gleichartigen geometrischen Aufbau ihres Moleküls anzudeuten. Denn aus der Konfigurationsformel des Zuckers,

$$CH_2OH.\overset{H}{\underset{OH}{\overset{|}{C}}} . \overset{OH}{\underset{H}{\overset{|}{C}}} . \overset{H}{\underset{OH}{\overset{|}{C}}} . \overset{OH}{\underset{H}{\overset{|}{C}}} . COH \quad (l\text{-}Idose),$$

ist ersichtlich, daß die Anordnung der Hydroxyle und Wasserstoffatome an je zwei aufeinander folgenden asymmetrischen Kohlenstoffatomen immer die gleiche ist, und daß dieses System im Gegensatz zu den übrigen Hexosen bei der Oxydation keine inaktive Weinsäure liefern kann, einerlei, an welcher Stelle die Kohlenstoffkette gesprengt wird.

Die *l*-Idonsäure entsteht neben der *l*-Gulonsäure durch Anlagerung von Cyanwasserstoff an die Xylose. Sie befindet sich in dem Sirup, welcher beim Auskristallisieren der Gulonsäure bleibt, und kann daraus durch das gut kristallisierende Brucinsalz isoliert werden. Beim Erhitzen mit Pyridin auf 140° verwandelt sie sich teilweise in *l*-Gulonsäure, und wird umgekehrt durch dieselbe Reaktion aus letzterer gebildet.

Diese Beobachtung ermöglichte auch die Gewinnung der *d*-Idonsäure aus der *d*-Gulonsäure.

Die beiden Idonsäuren liefern bei der Reduktion die entsprechenden Zucker, welche nicht gärfähig sind, und die zugehörigen Hexite, bei der Oxydation dagegen die zweibasischen Idozuckersäuren. Letztere sind in dem System der Zuckergruppe an die Stelle der inzwischen ausgeschiedenen Isozuckersäure getreten[1].

---

[1] Berichte d. d. chem. Gesellsch. **27**, 3203 und 3213 [1894]. (*S. 45, 57.*)

## *l*-Idonsäure.

Für die Bereitung derselben verwendet man am besten ganz reine Xylose. Ihre Kombination mit Blausäure wurde in der früher[1]) beschriebenen Weise ausgeführt, nur mit dem Unterschiede, daß die Mischung nicht 2, sondern 6—10 Tage stehen blieb, um den Zucker möglichst vollständig zu verwandeln. Nachdem die Gulonsäure durch wiederholte Kristallisation des Lactons größtenteils entfernt war, resultierte beim Verdampfen der Mutterlauge ein dunkler Sirup, aus welchem die Idonsäure am leichtesten durch das Brucinsalz isoliert wird.

Zur Bereitung desselben löst man 1 Teil Sirup in 10 Teilen Wasser, kocht 10 Minuten mit Tierkohle und fügt zu dem heißen Filtrat 2½ Teile reines Brucin. Beim starken Abkühlen scheidet die schwach alkalisch reagierende Flüssigkeit wieder etwas Brucin aus, und das Filtrat hinterläßt beim Verdampfen auf dem Wasserbade das Brucinsalz als dicken Sirup.

Bevor derselbe erstarrt, wird er mit ziemlich viel Alkohol angerieben, wobei das überschüssige Brucin in Lösung geht, während das Salz der Idonsäure als kristallinische Masse ausfällt. Dasselbe wird filtriert, nochmals mit dem mehrfachen Volumen absolutem Alkohol sorgfältig ausgekocht, um sicher alles gulonsaure Brucin zu entfernen, und dann aus heißem Methylalkohol umkristallisiert; davon ist ungefähr die 200fache Menge nötig, wenn man längere Zeit am Rückflußkühler kocht. Wird die Lösung auf ¼ Volumen eingeengt, so scheidet sich das Brucinsalz im Laufe von 24 Stunden größtenteils aus. Die Mutterlauge liefert beim Verdampfen eine zweite, aber viel geringere Kristallisation.

Zur Umwandlung in Säure werden 12 Teile Brucinsalz in 50 Teilen heißem Wasser gelöst und mit einer konzentrierten Lösung von 10 Teilen kristallisiertem Barythydrat versetzt. Die zunächst ölig gefällte Base kristallisiert beim Abkühlen in Eiswasser. Das Filtrat wird zur Trockne verdampft, und der gepulverte Rückstand mit absolutem Alkohol ausgekocht, um den Rest des Brucins zu entfernen. Dann wird das Barytsalz wieder in Wasser gelöst, der Baryt quantitativ ausgefällt, das Ganze mit Tierkohle aufgekocht und das Filtrat auf dem Wasserbade eingedampft. Dabei bleibt ein fast farbloser oder, wenn man wenig Tierkohle angewandt hat, gelbbraun gefärbter Sirup, welcher ein Gemisch von Idonsäure und ihrem Lacton ist. Die Ausbeute ist verhältnismäßig gut. 40 g Xylose gaben 24 g Gulonsäurelacton, 30 g umkristallisiertes idonsaures Brucin und 9 g sirupförmige Idonsäure.

Der Sirup, dessen Kristallisation nicht gelungen ist, schmeckt

---

[1]) Berichte d. d. chem. Gesellsch. **24**, 529 [1891]. (*S. 389.*)

und reagiert stark sauer; er löst sich sehr leicht in Wasser, ziemlich schwer in absolutem Alkohol und gar nicht in Äther.

Eine Lösung von 0,5 g in 3,5 g Wasser drehte im 1 dcm-Rohr 5,2⁰ nach links. Obschon diese Zahl sich auf das Gemisch bezieht, so kann sie doch zur vorläufigen Orientierung benutzt werden.

Charakteristisch für die Idonsäure ist außer dem Brucinsalz die kristallisierte Verbindung des Cadmiumsalzes mit Bromcadmium, welche auch für die Feststellung der Formel benutzt wurde. Um dieses Doppelsalz zu erhalten, wird die Idonsäure mit der gleichen Menge Cadmiumhydroxyd und der zwanzigfachen Menge Wasser ¼ Stunde gekocht, heiß mit Kohlensäure behandelt und das Filtrat nach Zugabe der berechneten Menge Bromcadmium zum Sirup verdampft. Derselbe scheidet beim Stehen das Doppelsalz in kleinen Kristallen ab, welche durch Auslaugen mit wenig kaltem Wasser von der gefärbten Mutterlauge befreit werden. Zur Reinigung wird das Salz in möglichst wenig heißem Wasser gelöst und entweder durch Verdunsten oder durch Zusatz von Alkohol zur Kristallisation gebracht. Es bildet sehr feine, farblose Nadeln und hat, 12 Stunden über Schwefelsäure getrocknet, die Zusammensetzung:

$$(C_6H_{11}O_7)_2Cd + CdBr_2 + H_2O.$$

Das Kristallwasser entweicht völlig bei 100⁰.

|  | Berechnet | Gefunden |
|---|---|---|
| $H_2O$ | 2,27 | 2,40 pCt. |

| Ber. für $(C_6H_{11}O_7)_2Cd + CdBr_2$ | | Gefunden |
|---|---|---|
| Br | 20,67 | 20,45 pCt. |
| Cd | 28,94 | 29,08 ,, |

Eine wässerige Lösung des Doppelsalzes, welche 10,562 pCt. enthielt und das spezifische Gewicht 1,076 hatte, drehte bei 20⁰ im 1 dcm-Rohr 0,37 nach links. Daraus berechnet sich die spezifische Drehung:

$$[\alpha]_D^{20} = -3,25^0.$$

Das Salz löst sich in ungefähr der gleichen Menge heißem Wasser. Getrocknet fängt es gegen 190⁰ an, sich gelbbraun zu färben und schmilzt beim raschen Erhitzen völlig bis 205⁰ (korr.) unter starker Gasentwicklung.

In allen diesen Eigenschaften erinnert die Verbindung an das entsprechende Derivat der Xylonsäure[1]).

Das Brucinsalz, dessen Bereitung oben beschrieben ist, kristallisiert aus Methylalkohol in farblosen Prismen oder langen viereckigen Blättchen, welche häufig kugelförmig verwachsen sind, und schmilzt

---

[1]) Bertrand, Bull. soc. chim. [3], **5**, 556 [1891].

beim raschen Erhitzen zwischen 180 und 185⁰ (korr. 185—190⁰) unter starker Zersetzung. In Wasser ist es sehr leicht, in absolutem Alkohol sehr schwer löslich. Von kochendem Methylalkohol verlangt es beim längeren Kochen ungefähr 200 Teile zur Lösung[1]).

Die neutralen Salze der Idonsäure mit Calcium, Baryum, Cadmium und Blei sind amorph und in Wasser sehr leicht löslich. In Wasser unlöslich ist dagegen ein basisches Bleisalz, welches aus der Lösung der Säure oder ihrer neutralen Salze durch zweifach basisch essigsaures Blei als dicker weißer Niederschlag gefällt wird. Das Salz kann auch zur Abscheidung der Idonsäure benutzt werden.

Das Phenylhydrazid entsteht auf die gewöhnliche Art und ist in Wasser sehr leicht löslich; aus heißem absolutem Alkohol scheidet es sich in der Kälte als feste amorphe Masse ab. Kristallinisch haben wir es bis jetzt nicht erhalten.

## Umwandlung der *l*-Idonsäure in *l*-Gulonsäure.

2 g ganz reine sirupöse Idonsäure wurden mit 1,5 g Pyridin und 8 g Wasser im geschlossenen Rohr 3 Stunden im Ölbad auf 140⁰ erhitzt. Dabei hatte sich die Lösung braun gefärbt. Sie wurde nach dem Verdünnen mit Wasser und Zusatz von 3 g kristallisiertem Barythydrat bis zur Entfernung des Pyridins gekocht, dann mit Schwefelsäure quantitativ gefällt, mit Tierkohle behandelt und die Mutterlauge zum Sirup verdampft. Beim längeren Stehen schied sich das Gulonsäurelacton in Kristallen ab. Dasselbe wurde nach dem Umkristallisieren aus verdünntem Alkohol durch den Schmelzpunkt identifiziert. Seine Menge betrug 0,4 g.

## Umwandlung der *l*-Gulonsäure in *l*-Idonsäure.

Dieselbe vollzieht sich unter den gleichen Bedingungen wie die vorhergehende Reaktion. Nachdem die unveränderte Gulonsäure durch Kristallisation des Lactons möglichst vollständig entfernt war, wurde die Idonsäure durch das Brucinsalz isoliert. Das letztere zeigte, nachdem es durch Auslaugen mit heißem absolutem Alkohol und durch Kristallisation aus Methylalkohol gereinigt war, den Schmelzpunkt 185—190⁰ und die sonstigen Eigenschaften des idonsauren Brucins.

---

[1]) Zum Vergleich haben wir das Brucinsalz der *l*-Gulonsäure dargestellt. Dasselbe schmilzt zwischen 155 und 158⁰ unter Zersetzung und ist in heißem absolutem Alkohol, wovon es ungefähr 50 Teile verlangt, viel leichter löslich, als das idonsaure Brucin.

## *l*-Idose.

Für die Bereitung des Zuckers diente das zuvor erwähnte sirup-artige Gemisch von Idonsäure und ihrem Lacton, welches aus dem reinen Brucinsalz gewonnen war. Die Reduktion geschah in eiskalter 10prozentiger wässeriger Lösung; sie erforderte die 10fache Menge 2½prozentiges Amalgam.

Die Menge des Zuckers war dann so groß, daß 1 Teil der Flüssig-keit 9 Teile Fehlingsche Lösung reduzierte. Auf die gewöhnliche Art isoliert, bildet der Zucker einen Sirup, welcher aber eine erhebliche Menge von idonsaurem Natrium enthält. Auf seine völlige Reinigung mußten wir aus Mangel an Material verzichten.

Eine mit Hefeabsud versetzte, sterilisierte, 10prozentige wässerige Lösung von *l*-Idose zeigte nach dem Einführen von reiner Frohberg-Hefe selbst im Laufe von 14 Tagen bei 20—25⁰ kein Zeichen von Gärung.

Mit essigsaurem Phenylhydrazin in der üblichen Weise behandelt, liefert die Idose ein Osazon, welches von dem Gulosazon nicht zu unter-scheiden ist.

## *l*-Idit.

Für seine Darstellung ist die Isolierung der Idose überflüssig. Man behandelt vielmehr den durch Reduktion der Idonsäure erhaltenen Zucker sofort weiter mit Natriumamalgam anfangs noch in schwach saurer, später in schwach alkalischer Lösung, bis eine Probe die Feh-lingsche Flüssigkeit kaum mehr verändert. Die Reduktion geht hier so rasch vonstatten, daß bei Anwendung von 5 g Idonsäure die ganze Operation bei fortwährendem Schütteln nicht länger als 2 Stunden in Anspruch nahm. Zum Schluß wurde die Flüssigkeit genau neutrali-siert, bis zur beginnenden Kristallisation des Natriumsulfats einge-dampft und in die 10fache Menge heißen absoluten Alkohol einge-gossen. Die sofort filtrierte Lösung hinterließ beim Verdampfen einen farblosen Sirup, welcher ziemlich viel idonsaures Natrium enthielt.

Der Idit wurde daraus als Benzalverbindung abgeschieden. Wir lösten für den Zweck 1 Teil Sirup in 2 Teilen Salzsäure vom spez. Gew. 1,19 und fügten 2 Teile reinen Benzaldehyd zu. Beim starken Durchschütteln erstarrte die Masse sofort durch Abscheidung des Tribenzal-idits.

Die Mischung blieb 12 Stunden bei Zimmertemperatur stehen, wurde dann mit Wasser verdünnt, filtriert, erst mit kaltem Wasser, dann mit Alkohol und Äther gewaschen. Die Ausbeute scheint fast quantitativ zu sein. Das Produkt wurde in 120 Teilen warmem Aceton gelöst; die auf die Hälfte eingeengte Lösung schied in der Kälte die Benzalverbindung in feinen, langen, farblosen Nadeln ab, welche die Zusammensetzung $C_6H_8O_6(CH.C_6H_5)_3$ zeigten.

|   | Berechnet | Gefunden |
|---|---|---|
| C | 72,64 | 72,4 pCt. |
| H | 5,83 | 5,85 „ |

Der Tribenzal-idit ist in Wasser unlöslich und auch in heißem Alkohol oder Äther sehr schwer löslich; leichter wird er von warmem Chloroform, Benzol und Aceton aufgenommen. Eine gesättigte Lösung, welche durch einstündiges Kochen von überschüssiger, fein gepulverter Substanz mit trockenem käuflichen Aceton (Sdp. 56—58⁰) hergestellt war, enthielt 1 Teil Tribenzal-idit auf 105 Teile Aceton.

Um einen Vergleich mit dem sonst sehr ähnlichen Tribenzalmannit zu haben, wurde dessen Löslichkeit unter den gleichen Bedingungen bestimmt und dabei das Verhältnis 1:34,5 gefunden. Geringer ist der Unterschied im Schmelzpunkt.

Der Tribenzal-idit sintert gegen 215⁰ und schmilzt vollständig zwischen 219 und 223⁰ (korr. 224—228⁰). Unter denselben Bedingungen schmolz der Tribenzalmannit bei 213—217⁰ (korr. 218 bis 222⁰). Meunier gab 207⁰ an.[1]

Um den Idit aus der Benzalverbindung zu regenerieren, wurde dieselbe mit 40 Teilen 5prozentiger Schwefelsäure und 8 Teilen Alkohol in einem Bleikolben 2 Stunden am Rückflußkühler erhitzt, dann der gebildete Benzaldehyd weggekocht, nach Ersatz von Wasser und Alkohol wiederum 2 Stunden erhitzt und diese Operation nochmals wiederholt, bis fast völlige Lösung eingetreten war. Die Flüssigkeit hinterließ nach Entfernung der Schwefelsäure beim Verdampfen den Idit als farblosen, in Wasser sehr leicht löslichen Sirup.

## *l*-Idozuckersäure.

Sirupförmige Idonsäure wird mit der 1½ fachen Menge Salpetersäure vom spez. Gew. 1,2 während 24 Stunden auf 50⁰ erwärmt, dann die Lösung mit Wasser verdünnt und auf dem Wasserbade unter Umrühren möglichst rasch zum Sirup verdampft. Diesen löst man in der 50fachen Menge Wasser, kocht mit überschüssigem, reinem Calciumcarbonat ½ Stunde, wobei die Flüssigkeit braun wird, behandelt schließlich mit Tierkohle und läßt das gelbe Filtrat erkalten.

Dabei scheidet sich idozuckersaures Calcium als gelbes kristallinisches Pulver ab. Dasselbe wird nach 12 Stunden filtriert und die Mutterlauge auf ¹/₃ Volumen eingedampft. Nimmt dieselbe hierbei eine saure Reaktion an, so muß sie von neuem mit Calciumcarbonat

---

[1] Compt. rend. **106**, 1426 [1888].

gekocht werden. Die Lösung liefert dann bei längerem Stehen in der Kälte eine zweite Kristallisation. Die gesamte Ausbeute beträgt etwa 60 pCt. der angewandten Idonsäure. Da das Salz wegen der geringen Löslichkeit schwer umzukristallisieren ist, so wird es am besten auf folgende Art gereinigt.

3,5 Teile fein zerriebenes Produkt werden in eine heiße Lösung von 2 Teilen kristallisierter Oxalsäure in 45 Teilen Wasser eingetragen und so lange damit erwärmt, bis der Niederschlag nur mehr aus feinkörnigem Calciumoxalat besteht.

Dann fügt man wieder 2½ Teile Calciumcarbonat hinzu, kocht, bis die Lösung ganz neutral geworden ist, entfärbt schließlich in der Hitze mit Tierkohle und verdampft das Filtrat bis zur Hälfte des Volumens. Beim Erkalten fällt das Calciumsalz als weißes, undeutlich kristallinisches Pulver aus. Die eingedampfte Mutterlauge liefert eine zweite Kristallisation. Findet die Abscheidung des Salzes aus verdünnter Lösung sehr langsam statt, so bildet es äußerst feine, farblose Blättchen, welche meist zu dichten Büscheln oder Kugeln verwachsen sind.

Schönere Eigenschaften besitzt das **Kupfersalz**, welches deshalb für die Analyse benutzt wurde. Um dasselbe zu bereiten, löst man 5 Teile Kupfernitrat in 20 Teilen Wasser und fügt in der Hitze 2 Teile gepulvertes idozuckersaures Calcium hinzu, welches sich beim starken Umrühren sehr rasch löst. Die sofort filtrierte Flüssigkeit scheidet nach kurzer Zeit schon in der Hitze das Kupfersalz in schwach blau gefärbten Kristallen ab, welche unter dem Mikroskop als dicke und sehr kurze Säulen oder auch als Würfel erscheinen. Man läßt die Flüssigkeit am besten erst im Laufe von mehreren Stunden erkalten. Die Mutterlauge gibt beim Verdünnen mit Wasser einen amorphen Niederschlag.

Das zunächst an der Luft und dann mehrere Stunden im Exsiccator getrocknete Salz hat die Formel $C_6H_8O_8Cu + 2H_2O$. Das Kristallwasser entweicht zum Teil beim mehrtägigen Stehen im Vakuum-Exsiccator und vollständig bei 6 stündigem Erhitzen auf 120°, wobei das Salz eine stark blaue Färbung annimmt.

|  | Berechnet | Gefunden | |
|---|---|---|---|
| $H_2O$ | 11,70 | 12,14 | 12,03 pCt. |
| Ber. für $C_6H_8O_8Cu$ | | Gefunden | |
| Cu | 23,36 | 23,29 pCt. | |
| C | 26,53 | 26,27 ,, | |
| H | 2,95 | 3,15 ,, | |

Das Salz ist in heißem Wasser sehr schwer löslich und unterscheidet sich dadurch noch mehr, als durch die Kristallform und die

Zusammensetzung von dem isozuckersauren Kupfer, welches aus heißem Wasser leicht kristallisiert werden kann.

Zur Bereitung der freien Idozuckersäure wurde das reine Kupfersalz fein zerrieben, in warmem Wasser suspendiert und durch längeres Einleiten von Schwefelwasserstoff zerlegt. Zur Klärung mußte die Flüssigkeit schließlich mit etwas reiner Tierkohle gekocht werden. Das farblose Filtrat hinterließ beim Verdampfen die Säure als farblosen Sirup, der stark sauer reagiert und sich in Wasser sehr leicht löst. Wir haben nur wenig davon unter Händen gehabt und ihn deshalb bisher nicht kristallisiert erhalten. Ob derselbe zweibasische Säure oder eine Lactonsäure ist, konnten wir ebenfalls nicht prüfen.

Das Präparat dreht stark nach links. Eine approximative Bestimmung ergab, daß die spezifische Drehung in 5prozentiger wässeriger Lösung mehr als — 100⁰ beträgt.

### d-Idonsäure.

Die Gewinnung der Verbindung setzt den Besitz der schwer zugänglichen d-Gulonsäure voraus. Von dem Lacton der letzteren haben wir mit vieler Mühe 60 g aus 600 g Zuckersäurelacton nach dem früher[1]) beschriebenen Verfahren dargestellt.

40 g d-Gulonsäurelacton wurden mit 28 g Pyridin und 160 g Wasser im geschlossenen Gefäß 3 Stunden im Ölbad auf 140⁰ erhitzt, und die braun gefärbte Lösung mit 60 g reinem kristallisiertem Barythydrat und 220 ccm Wasser bis zum Verschwinden des Pyridins gekocht. Nachdem der Baryt genau mit Schwefelsäure gefällt war, wurde die Mischung durch Behandlung mit Tierkohle teilweise entfärbt und das Filtrat zum Sirup verdampft.

Derselbe schied bei längerem Stehen den größeren Teil der unveränderten Gulonsäure als kristallisiertes Lacton wieder ab. Die Mutterlauge nochmals verdampft gab eine zweite Kristallisation. Im ganzen wurden 18,5 g Gulonsäurelacton zurückgewonnen. Um aus der Mutterlauge die d-Idonsäure zu gewinnen, wurde dieselbe in das Brucinsalz verwandelt, genau auf dieselbe Art, wie es zuvor bei der l-Idonsäure beschrieben ist.

Die Ausbeute an Brucinsalz betrug hier 28 g eines farblosen, aus Methylalkohol umkristallisierten Präparates.

Das Salz schmilzt beim raschen Erhitzen zwischen 185 und 190⁰ (korr. 190—195⁰) unter starker Gasentwicklung, mithin etwas höher als die l-Verbindung; das ist nicht auffällig, da bekanntlich die Verbindungen von optischen Antipoden mit einer dritten asymmetrischen Substanz in den physikalischen Eigenschaften differieren.

---

[1]) Berichte d. d. chem. Gesellsch. **24**, 525 [1891]. (*S. 385.*)

Die aus dem Brucinsalz auf die früher beschriebene Weise regenerierte $d$-Idonsäure, resp. das Gemisch von Säure und Lacton ist der $l$-Verbindung zum Verwechseln ähnlich, dreht aber selbstverständlich nach rechts. Das Doppelsalz mit Bromcadmium hat ebenfalls die Formel $(C_6H_{11}O_7)_2Cd + CdBr_2 + H_2O$.

| Ber. für $(C_6H_{11}O_7)_2Cd+CdBr_2+H_2O$ | | Gefunden |
|---|---|---|
| $H_2O$ | 2,27 | 2,71 pCt. |
| Ber. für $(C_6H_{11}O_7)_2Cd+CdBr_2$ | | Gefunden |
| Cd | 28,94 | 28,81 pCt. |
| Br | 20,67 | 21,02 ,, |

Optische Bestimmung. Eine wässerige Lösung von 11,14 pCt. und vom spez. Gew. 1,078 drehte im 1 dcm-Rohr $0,41^0$ nach rechts. Mithin ist die spezifische Drehung $[\alpha]_D = + 3,41^0$. Die Differenz von dem Werte, welchen die $l$-Verbindung geliefert hat, liegt innerhalb der Beobachtungsfehler.

### $d$-Idose.

Der Zucker, welcher auf die gleiche Weise wie die $l$-Verbindung gewonnen wird, zeigte sich gegen reine Frohberg-Hefe ebenso beständig wie jene.

Sein Osazon ist wiederum von demjenigen der $d$-Gulose nicht zu unterscheiden.

### $d$-Idit.

Die Benzalverbindung, welche genau in der früher beschriebenen Weise aus dem Zucker gewonnen war, zeigte ganz denselben Schmelzpunkt wie die $l$-Verbindung und war auch in Löslichkeit und Aussehen derselben zum Verwechseln ähnlich.

### $d$-Idozuckersäure.

Auch hier läßt sich nur das wiederholen, was bei der $l$-Verbindung gesagt ist. Für den Versuch wurde die aus dem Brucinsalz gewonnene $d$-Idonsäure benutzt. Dieselbe gab 70 pCt. ihres Gewichts an rohem und 52 pCt. an gereinigtem $d$-idozuckersauren Calcium.

Für die Analyse diente wiederum das Kupfersalz.

| Ber. für $C_6H_8O_8Cu+2H_2O$ | | Gefunden |
|---|---|---|
| $H_2O$ | 11,70 | 12,18 pCt. |
| Ber. für $C_6H_8O_8Cu$ | | Gefunden |
| Cu | 23,36 | 23,19 pCt. |

Die aus dem Kupfersalz gewonnene Säure bildet ebenfalls einen Sirup, welcher sehr stark nach rechts dreht. Die spezifische Drehung beträgt mehr als $+100^0$.

Beziehungen zwischen der $d$-Idozuckersäure und der Isozuckersäure aufzufinden, ist uns bisher nicht gelungen.

## 62. Emil Fischer: Kristallisierte wasserfreie Rhamnose.

Berichte der deutschen chemischen Gesellschaft **29**, 324 [1896].

(Eingegangen am 3. Februar.)

In dem kürzlich erschienenen Hefte der Comptes Rendus vom 13. Januar dieses Jahres (**122**, 86) beschreibt Hr. Tanret die kristallisierte wasserfreie Rhamnose, welche er durch Erhitzen des sog. $\beta$-Isodulcits auf 90° erhielt, und deren Schmelzpunkt er bei 108° fand. Es ist Hrn. Tanret offenbar unbekannt geblieben, daß ich schon vor einem halben Jahre den wasserfreien Zucker, welcher aus der wasserhaltigen Verbindung durch Erhitzen auf dem Wasserbade dargestellt war, aus Aceton umkristallisiert und analysiert habe (Berichte d. d. chem. Gesellsch. **28**, 1162 [1895] (*S. 752*). Das wiederholt getrocknete und umkristallisierte Präparat schmolz beim raschen Erhitzen von 122—126°, mithin fast 20° höher, als Tanret angibt. Ich will aber hier zufügen, daß der Schmelzpunkt bei langsamem Erhitzen sich erniedrigt. So wurde schon eine partielle, aber niemals vollständige Schmelzung beobachtet, wenn die Temperatur 5—10 Minuten auf 108—110° gehalten war. Die anfängliche spezifische Drehung meines Präparates ist ebenfalls beträchtlich höher, als der von Tanret beobachtete Wert +22°. Sie betrug in 10prozentiger wässeriger Lösung bei 20° eine Minute nach der Auflösung $[\alpha]_D^{20°} = +31,5°$, ging aber so rasch zurück, daß sie schon nach einer halben Stunde nur noch +18° betrug und schließlich auf den bekannten Endwert der Rhamnose sank.

**63. Emil Fischer und Heinrich Herborn: Über Isorhamnose.**

Berichte der deutschen chemischen Gesellschaft **29**, 1961 [1896].
(Vorgetragen in der Sitzung von Herrn E. Fischer.)

Zu den bisher bekannten drei Methylpentosen, Rhamnose, Chinovose und Fucose, haben wir eine vierte gefunden, welche nach ihrer Abstammung Isorhamnose heißen soll. Für die Bereitung derselben diente die schon so oft mit Erfolg benutzte Methode, nämlich die Umlagerung der Rhamnonsäure durch Erhitzen mit Pyridin und Reduktion der hierbei entstehenden Isorhamnonsäure durch Natriumamalgam.

Nach allen bisherigen Erfahrungen beschränkt sich die sterische Umlagerung durch Pyridin bei den einbasischen Säuren der Zuckergruppe auf das dem Carboxyl benachbarte asymmetrische Kohlenstoffatom. Demzufolge würden Rhamnose und Isorhamnose im selben Verhältnis zueinander stehen wie Glucose und Mannose. Bei Annahme der früher aufgestellten sterischen Formel der Rhamnose ergibt sich mithin für die Iso-Verbindung die folgende Konfiguration:

<pre>
        COH                    COH
   H——OH                  HO——H
   H——OH                  H——OH
  HO——H                  HO——H
       CHOH?                  CHOH?
        |                       |
       CH₃                    CH₃
     Rhamnose               Isorhamnose.
</pre>

Die Verwandlungen des Zuckers stehen mit dieser Auffassung in vollkommenem Einklang. Er liefert mit Phenylhydrazin dasselbe Osazon wie die Rhamnose. Vor allen Dingen aber wird die ihm entsprechende Isorhamnonsäure durch Oxydation in die inaktive Xylotrioxyglutarsäure verwandelt, während die Rhamnose bzw. Rhamnonsäure unter denselben Bedingungen *l*-Trioxyglutarsäure gibt. Mit Hilfe der Konfigurationsformeln war dies Resultat vorauszusehen. Denn da das Methyl nach den früheren Erfahrungen bei der Oxydation mit Salpetersäure abgespalten wird, so kann die Bildung der Trioxyglutarsäure, wenn sterische Verschiebungen ausgeschlossen sind, nur im Sinne des folgenden Schemas vonstatten gehen:

$$
\begin{array}{ccc}
\text{COOH} & & \text{COOH} \\
\text{HO}\!-\!\!|\!-\!\text{H} & & \text{HO}\!-\!|\!-\!\text{H} \\
\text{H}\!-\!\!|\!-\!\text{OH} + 5\,\text{O} = & & \text{H}\!-\!\!|\!-\!\text{OH} + 2\text{H}_2\text{O} + \text{CO}_2 \\
\text{HO}\!-\!\!|\!-\!\text{H} & & \text{HO}\!-\!|\!-\!\text{H} \\
\text{CHOH} & & \text{COOH} \\
| & & \\
\text{CH}_3 & & \\
\end{array}
$$

Isorhamnonsäure          Xylo-trioxyglutarsäure.

## Darstellung der Rhamnonsäure.

Für die späteren Versuche war viel Rhamnonsäure erforderlich. Die Möglichkeit, dieselbe ohne allzu große Mühe zu bereiten, verdanken wir der Güte des Hrn. Dr. R. Geigy in Basel, welcher uns wiederholt größere Quantitäten Rhamnose zum Geschenk machte.

Die Oxydation des Zuckers zur Säure ist von Will und Peters[1]) ausgeführt. Wir haben ihre Vorschrift nur in Einzelheiten, und zwar folgendermaßen geändert:

500 g Rhamnose wurden in 3 Liter warmem Wasser gelöst, auf etwa 20⁰ abgekühlt und 1 kg Brom hinzugegeben. Dasselbe löste sich beim öfteren Umschütteln im Laufe von mehreren Stunden. Die Mischung blieb 3 Tage bei Zimmertemperatur stehen und wurde dann in einer Porzellanschale unter heftiger Bewegung der Flüssigkeit bis zum Verschwinden des Broms gekocht. Es ist vorteilhaft, diese Operation so rasch wie möglich zu beenden, da die Rhamnonsäure beim längeren Kochen mit Mineralsäuren partiell verändert wird. Nachdem in einer Probe der Flüssigkeit jetzt der Bromwasserstoff titrimetrisch bestimmt war, fügte man zu der erkalteten Lösung die berechnete Menge Bleicarbonat, welches mit Wasser angeschlemmt war. Das Filtrat wurde durch Schwefelwasserstoff vom Blei befreit und nach dem Wegkochen des überschüssigen Schwefelwasserstoffes so lange mit Silberoxyd geschüttelt, bis der kleine Rest des Bromwasserstoffes gänzlich gefällt war. Kocht man das Filtrat zuletzt mit Tierkohle, so wird die kleine Quantität von gelöstem Silber durch Reduktion abgeschieden und die Flüssigkeit zugleich geklärt und entfärbt. Das Filtrat wird am besten bei 15 mm Druck verdampft, wobei es sich nur wenig färbt. Bei genügender Konzentration scheidet sich das Rhamnonsäurelacton in fast farblosen Kristallen ab. Die Mutterlauge gibt beim weiteren Verdampfen eine zweite Kristallisation, welche beim Aufstreichen auf Tonteller von dem anhaftenden gelben Sirup leicht

---

[1]) Berichte d. d. chem. Gesellsch. **21**, 1813 [1888].

befreit werden kann. Die Ausbeute an Rhamnonsäurelacton betrug 80 pCt. der Theorie und das Produkt war nahezu farblos. Zur völligen Reinigung genügte einmaliges Umkristallisieren aus heißem Aceton.

Den älteren Angaben über die Rhamnonsäure haben wir folgende Beobachtungen zuzufügen, welche für die Scheidung von der Isorhamnonsäure wichtig sind.

1. Das Rhamnonsäurelacton ist in kaltem Aceton ziemlich schwer löslich. 6,5318 g der bei 20⁰ gesättigten Lösung enthielten 0,2325 g Lacton, mithin lösen 100 Teile Aceton bei 20⁰ 3,85 Teile Rhamnonsäurelacton.

2. Das Brucinsalz, welches durch ½ stündiges Kochen der konzentrierten wässerigen Lösung des Lactons mit Brucin und Abdampfen der Lösung zunächst als Sirup erhalten wird, erstarrt beim Erkalten sofort und kann durch Waschen mit Alkohol bequem von überschüssiger Base befreit werden. Es kristallisiert viel leichter als die Metallverbindungen der Säure. Es löst sich schon in der dreifachen Menge siedendem Alkohol völlig auf und scheidet sich daraus in der Kälte langsam in farblosen, häufig strahlenförmig verwachsenen Nadeln ab. Bei 100⁰ getrocknet, fängt es gegen 120⁰ an zu sintern und schmilzt völlig bis 126⁰.

## Isorhamnonsäure.

200 g Rhamnonsäurelacton wurden in 1 Liter Wasser gelöst und nach Zusatz von 170 g Pyridin im Autoclaven 3 Stunden im Ölbad auf 150—155⁰ erhitzt. Die Flüssigkeit war dann stark braun und trübe. Sie wurde mit etwas mehr als der berechneten Menge Barythydrat, welches in heißem Wasser gelöst war, bis zum Verschwinden des Pyridins gekocht, dann der Baryt genau durch Schwefelsäure ausgefällt und die Mischung schließlich durch Kochen mit Tierkohle entfärbt. Das Filtrat hinterließ beim Verdampfen einen Sirup, welcher nach 12 Stunden eine reichliche Menge Rhamnonsäurelacton kristallinisch abschied. Beim Auslaugen mit kaltem Aceton wurde der die Kristalle durchtränkende Sirup völlig gelöst. Beim Verdampfen dieser Lösung schied der resultierende Sirup von neuem Kristalle ab, und nachdem diese Operation dreimal wiederholt war, betrug die Menge des zurückgewonnenen Rhamnonsäurelactons 25 pCt. der angewandten Quantität. Schließlich hinterließ das Aceton einen Sirup, welcher nicht mehr kristallisierte und welcher alle Isorhamnonsäure, aber außerdem auch noch viel Rhamnonsäure enthielt.

Für die Isolierung der ersteren diente jetzt das Brucinsalz. Um dasselbe zu erhalten, wurden 3 Teile Sirup mit 30 Teilen Wasser und 72 Teilen Brucin ½ Stunde gekocht und die klare Lösung auf dem

Wasserbade verdampft. Der hierbei bleibende Sirup erstarrte beim
Erkalten zu schönen glänzenden Nadeln. Die Kristallmasse wurde
zunächst zur Entfernung des überschüssigen Brucins mit kaltem Alkohol sorgfältig ausgelaugt und der Rückstand, welcher ungefähr 7 Gewichtsteile betrug, mit 17 Gewichtsteilen absolutem Alkohol ausgekocht. Dabei blieb ein Rückstand, welcher heiß filtriert und dann
nochmals mit ungefähr 12 Gewichtsteilen heißem Alkohol in der gleichen Weise behandelt wurde. Jetzt blieben 2,8 Gewichtsteile Brucinsalz der Isorhamnonsäure zurück, welches seinen Schmelzpunkt 165⁰ nicht
mehr veränderte. 200 g Rhamnonsäurelacton gaben 115 g von diesem
reinen Brucinsalz. Zur Umwandlung in die Säure wurde dasselbe in
heißer wässeriger Lösung mit Baryumhydroxyd zerlegt und das ausgeschiedene Brucin nach dem Erkalten abfiltriert. Die Mutterlauge
wurde zur Trockne verdampft und der Rückstand wiederholt mit Alkohol ausgekocht, um den Rest des Brucins vollends zu entfernen. Dann
wurden die Baryumverbindungen wieder in Wasser gelöst, durch
Schwefelsäure das Metall genau ausgefällt und das Filtrat zum Sirup
verdampft. Derselbe war ein Gemenge von Isorhamnonsäure mit ihrem
Lacton. Um letzteres zu isolieren, wurde der Sirup wiederholt
und bis zur Erschöpfung mit Essigäther ausgekocht. Aus der durch
Verdampfung konzentrierten Essigätherlösung schied sich beim Erkalten des Isorhamnonsäurelacton in fast farblosen Kristallen ab. Die
Ausbeute an diesem Produkt betrug 9,5 pCt. des angewandten Rhamnonsäurelactons.

Das Präparat wurde für die Analyse und die Bestimmung der
physikalischen Konstanten zweimal aus heißem Aceton, wovon ungefähr 60 Teile nötig sind, umkristallisiert. Die bei 100⁰ getrocknete
Substanz gab folgende Zahlen:

|   | Ber. für $C_6H_{10}O_5$ | Gefunden |
|---|---|---|
| C | 44,44 | 44,49 pCt. |
| H | 6,17 | 6,25 ,, |

Der Schmelzpunkt des Isorhamnonsäurelactons ist nicht scharf. Es
sintert zuerst und schmilzt vollständig zwischen 150—152⁰ (korr. 152
bis 154⁰). Schnell weiter erhitzt färbt es sich zwischen 190 und 200⁰
braun.

In Wasser ist es sehr leicht löslich und wird davon sehr bald teilweise in die Säure verwandelt. Infolgedessen zeigt die Flüssigkeit
auch eine rasche Veränderung des Drehungsvermögens. So drehte
eine Lösung von 20⁰ mit 8,903 pCt. Lacton und dem spez. Gew. 1,032
eine Minute nach der Bereitung im 2 dcm-Rohr 11,4⁰ nach links, woraus
sich die spezifische Drehung $[\alpha]_D^{20^0} = -62,02^0$ berechnet. Aber schon
nach etwa 20 Minuten war das Drehungsvermögen auf — 46⁰ gesunken.

Nach 24 Stunden blieb dasselbe konstant, betrug dann aber nur noch
— 5,21⁰, und die Flüssigkeit war stark sauer.

In heißem Methylalkohol löst sich das Isorhamnonsäurelacton auch
noch ziemlich leicht und kristallisiert daraus, wenn man rasch operiert
hat, beim Erkalten in langgestreckten Tafeln, welche öfters wie Nadeln
aussehen. Es ist aber nicht ratsam, den Methylalkohol zur Kristallisation des Lactons zu benutzen, weil beim Kochen der Lösung leicht
Esterbildung eintritt. Ähnlich verhält sich der Äthylalkohol, welcher
übrigens das Lacton nicht so leicht löst.

Die Löslichkeit nimmt dann stufenweise noch ab bei Aceton, Essigäther und gewöhnlichem Äther, worin es fast unlöslich ist.

Von den Salzen wurde nur die oben schon erwähnte Brucinverbindung kristallisiert erhalten. Sie schmilzt nicht ganz scharf gegen
165⁰ (korr. 167⁰) und löst sich sehr leicht in Wasser. Von heißem
Alkohol wird sie erheblich schwerer gelöst, als die entsprechende Verbindung der Rhamnonsäure. Bei 100⁰ getrocknet scheint sie die Formel $C_6H_{12}O_6 . C_{23}H_{26}O_4N_2$ zu haben.

| | Berechnet | Gefunden |
|---|---|---|
| N | 4,87 | 4,81 pCt. |

Das Phenylhydrazid der Isorhamnonsäure entsteht sehr leicht
beim Erhitzen des Lactons mit der gleichen Menge Phenylhydrazin
im Wasserbade. Die flüssige Mischung färbt sich erst rot und erstarrt
dann kristallinisch. Das überschüssige Phenylhydrazin läßt sich durch
Waschen mit Äther entfernen. Zur Analyse wurde das Phenylhydrazid aus der 5fachen Menge heißem Alkohol umkristallisiert und
die so erhaltenen, feinen, biegsamen Nadeln im Vakuum getrocknet.

| | Ber. für $C_{12}H_{18}O_5N_2$ | Gefunden |
|---|---|---|
| C | 53,33 | 53,27 pCt. |
| H | 6,67 | 6,78 ,, |
| N | 10,37 | 10,39 ,, |

Die Verbindung ist in Wasser leicht, in Aceton dagegen recht
schwer löslich. Sie sintert gegen 148⁰ und schmilzt völlig bei 152⁰.

### Verwandlung der Isorhamnonsäure in Xylo-trioxyglutarsäure.

Die Oxydation vollzieht sich unter ähnlichen Bedingungen wie
die von Will und Peters[1]) studierte Überführung der Rhamnose in
$l$-Trioxyglutarsäure. Nur ist zur Erzielung einer guten Ausbeute eine
größere Menge Salpetersäure nötig.

4 g Isorhamnonsäurelacton wurden mit 16 g Salpetersäure vom spez.
Gew. 1,20 in einem mit Luftkühler verbundenen Kölbchen 48 Stunden

---

[1]) Berichte d. d. chem. Gesellsch. **22**, 1698 [1889].

auf 50—55⁰ erwärmt. In der Flüssigkeit, welche sich alsbald rotbraun färbt, tritt nach kurzer Zeit eine schwache, aber stetige Gasentwicklung ein, welche gegen Ende der Operation wieder aufhört. Zur Verjagung der überschüssigen Salpetersäure ist es zweckmäßig, die Lösung im Vakuum bei 40—50⁰ zu verdampfen, dann den Rückstand in etwas Wasser zu lösen und in derselben Art nochmals zum Sirup einzudunsten. Der gelbe Rückstand wurde dann in 70 ccm Wasser gelöst und mit überschüssigem Calciumcarbonat ½ Stunde gekocht und zum Schluß noch mit wenig Tierkohle in der Hitze behandelt. Das erkaltete, rotbraune Filtrat schied beim 12stündigen Stehen ein bräunlich gefärbtes, kristallinisches Kalksalz ab, und die Mutterlauge gab beim Eindampfen im Vakuum auf etwa ¹/₃ ihres Volumens eine zweite Kristallisation. Die Gesamtausbeute an Calciumsalz betrug 1,5 g. Das fein zerriebene Salz wurde mit einer heißen, verdünnten Lösung von wenig überschüssiger Oxalsäure durch längeres Digerieren auf dem Wasserbade völlig zerlegt, dann der Überschuß der Oxalsäure durch Calciumcarbonat genau wieder ausgefällt, schließlich die gelbe Lösung durch Tierkohle entfärbt und das Filtrat zum Sirup verdampft. Derselbe schied beim Erkalten bald die Xylo-trioxyglutarsäure kristallinisch aus. Dieselbe wurde zuerst mit kaltem Aceton gewaschen und dann aus viel heißem Aceton umkristallisiert. Das Produkt schmolz nun bei 145⁰, aber nach erneuter Kristallisation aus Essigäther stieg der Schmelzpunkt auf 152⁰, gerade so wie es früher für die Xylo-trioxyglutarsäure beobachtet wurde[1]). Für die Analyse war das Präparat bei 100⁰ getrocknet.

|   | Ber. für $C_5H_8O_7$ | Gefunden |
|---|---|---|
| C | 33,33 | 33,31 pCt. |
| H | 4,44 | 4,59 „ |

Da ferner die 7prozentige wässerige Lösung der Verbindung im 1 dcm-Rohr keine wahrnehmbare Drehung des polarisierten Lichtes zeigte, so kann ihre Identität mit der Xylo-trioxyglutarsäure nicht zweifelhaft sein.

### Isorhamnose.

Die Reduktion des Isorhamnonsäurelactons geschah in der üblichen Weise. Als die 12fache Menge 2½ prozentiges Natriumamalgam verbraucht war, trat starke Entwicklung von Wasserstoff ein, weshalb die Operation unterbrochen wurde. Die Flüssigkeit enthielt dann soviel Zucker, daß sie die 10fache Menge Fehlingscher Lösung reduzierte. Die Isorhamnose, welche wegen ihrer großen Löslichkeit in Alkohol von den Natriumsalzen leicht zu trennen ist, wurde bisher

---

[1]) E. Fischer und O. Piloty, Berichte d. d. chem. Gesellsch. **24**, 4224 [1891]. (*S. 450.*)

nur als süß schmeckender Sirup erhalten. Derselbe ist in Wasser und Alkohol sehr leicht löslich und dreht in wässeriger Lösung stark nach links. Eine approximative Bestimmung ergab, daß die spezifische Drehung mehr als — $30^0$ beträgt.

Das Phenylhydrazon der Isorhamnose ist sehr leicht löslich und hat wenig Neigung zu kristallisieren.

Das Osazon ist von dem Rhamnosazon nicht zu unterscheiden, und wir halten es für identisch mit demselben.

Von sonstigen Derivaten des Zuckers haben wir nur das Äthyl-mercaptal kristallisiert erhalten. Um dasselbe zu bereiten, löst man 1 Teil Isorhamnose in 2 Teilen rauchender Salzsäure vom spez. Gew. 1,19, fügt 1 Teil Äthylmercaptan zu und schüttelt 1—2 Stunden. Läßt man dann die Mischung in einer Schale an der Luft verdunsten, so beginnt nach einiger Zeit die Kristallisation des Mercaptals.

Die feinen, anfangs rosa gefärbten Nadeln werden auf Ton von der Mutterlauge befreit und aus heißem Äther umkristallisiert. Für die Analyse war das farblose Präparat im Vakuum getrocknet.

|   | Ber. für $C_6H_{12}O_4(SC_2H_5)_2$ | Gefunden |
|---|---|---|
| C | 44,44 | 44,04 pCt. |
| H | 8,15 | 8,21 ,, |

Das Isorhamnoseäthylmercaptal schmilzt bei 97—98$^0$ (korr.) und erstarrt beim Erkalten wieder kristallinisch. Beim stärkeren Erhitzen destilliert es in kleiner Menge. Ein anderer Teil wird unter Verbreitung eines Geruchs nach gebratenen Zwiebeln zersetzt.

Im Wasser ist es viel leichter löslich als die Mercaptale der anderen Zucker, auch von Alkohol wird es leicht aufgenommen, dagegen verlangt es von warmem Äther fast 100 Teile zur Lösung. Noch schwerer wird es von Ligroin aufgenommen.

Ebenso wie die bekannten Methylpentosen wird die Isorhamnose durch Kochen mit verdünnter Salzsäure in $\delta$-Methylfurfurol verwandelt. Der Versuch wurde genau in derselben Weise ausgeführt wie bei der Chinovose[1]) und das entstandene Methylfurfurol durch die Orange-Färbung mit Anilinacetat und durch die intensive Grünfärbung mit Schwefelsäure nachgewiesen.

Endlich läßt sich die Isorhamnose nach dem gewöhnlichen Verfahren mit der Blausäure kombinieren. Wahrscheinlich entstehen bei dieser Reaktion 2 Carbonsäuren. Eine derselben bildete eine kristallisiertes Phenylhydrazid, welches in Wasser leicht, aber in kaltem Alkohol ziemlich schwer löslich ist und aus heißem Alkohol umkristallisiert werden kann. Zur näheren Untersuchung reichte leider unser Material nicht aus.

---

[1]) E. Fischer und C. Liebermann, Berichte d. d. chem. Gesellsch. **26**, 2420 [1893]. (S. 703.)

### 64. Emil Fischer und Otto Bromberg: Über eine neue Pentonsäure und Pentose.

Berichte der deutschen chemischen Gesellschaft **29**, 581 [1896].
(Vorgetragen von Herrn E. Fischer.)

Von den 8 nach der Theorie möglichen Pentosen sind bis jetzt 4 bekannt: die Xylose, Ribose und die beiden Arabinosen. Rechnet man dazu die optischen Antipoden der zwei ersten Zucker, deren Eigenschaften vorauszusehen sind, so bleibt nur noch ein optisches Paar von unbekannter Qualität übrig. Die eine dieser beiden Verbindungen haben wir nun aus der Xylose nach derselben Methode gewonnen, welche schon in so vielen anderen Fällen zu neuen Zuckern geführt hat. Die der Xylose entsprechende Xylonsäure wurde durch Erhitzen mit Pyridin in eine stereomere Verbindung verwandelt, welche durch ihr schön kristallisierendes Lacton charakterisiert ist. Wir nennen dieselbe vorläufig Lyxonsäure. Die Reduktion des Lactons lieferte dann den neuen Zucker, die Lyxose. Derselbe steht offenbar zur Xylose in demselben Verhältnis wie Mannose zur Glucose. Wir geben ihm deshalb die Konfigurationsformel:

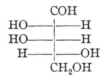

wonach sein rationeller Name entsprechend der früher vorgeschlagenen Nomenklatur[1]) Pentose — — + oder Pentantetrolal — — + sein würde.

### Lyxonsäure.

Die für unsere Zwecke nötige Xylonsäure haben wir aus dem Zucker im wesentlichen nach der Vorschrift von Allen und Tollens[2]) dargestellt und durch das von Bertrand entdeckte, leicht kristalli-

---

[1]) Berichte d. d. chem. Gesellsch. **27**, 3222 [1894]. (*S. 65.*)
[2]) Liebigs Annal. d. Chem. **260**, 306 [1890].

sierende Cadmiumxylonobromid[1]) isoliert. Wenn für die Oxydation
auf 1 Teil Xylose $1\frac{1}{2}$ Teile Brom genommen und nach dreitägiger Einwirkung bei einer Temperatur von .10—15⁰ das überschüssige Brom
durch Erwärmen der stark bewegten Flüssigkeit in einer Schale verdampft wurde, so betrug die Ausbeute an Doppelsalz,

$$Cd \, (C_5H_9O_6)_2 + CdBr_2 + 2H_2O,$$

175 pCt. des angewandten Zuckers oder 70 pCt. der Theorie. Für
die Umlagerung ist die Isolierung der reinen Xylonsäure überflüssig.
Es genügt die Entfernung des Cadmiums. Zu dem Zweck werden
10 Teile Doppelsalz in 100 Teilen Wasser heiß gelöst, mit Schwefelwasserstoff gefällt und die Flüssigkeit am besten mit einem Ballonfilter filtriert. Man neutralisiert dann mit Pyridin und verdampft die
Lösung auf $\frac{1}{4}$ ihres Volumens. Jetzt fügt man 4 Teile Pyridin zu und
erhitzt in verschlossenem Gefäß $3\frac{1}{2}$ Stunden im Ölbade auf 135⁰. Die
wenig gefärbte Flüssigkeit wird mit einem Überschuß von reinem
Barythydrat, welches in heißem Wasser gelöst ist, gekocht, bis alles
Pyridin verjagt ist und dann der Baryt mit der gerade ausreichenden
Menge Schwefelsäure gefällt. Das Filtrat enthält die Lyxonsäure
neben der unveränderten Xylonsäure, etwas Brenzschleimsäure und
anderen Produkten. Um daraus zunächst die Xylonsäure wiederzugewinnen, kocht man die Flüssigkeit mit überschüssigem Cadmiumcarbonat und überläßt das ziemlich stark konzentrierte Filtrat der
Kristallisation. Dabei fällt das Doppelsalz von xylonsaurem Cadmium und Bromcadmium im Laufe von 12 Stunden größtenteils aus.
Das weiter konzentrierte Filtrat liefert eine neue, aber viel geringere
Kristallisation. Die Menge des wiedergewonnenen Salzes beträgt 35
bis 40 pCt. des angewandten. Aus der Mutterlauge wird das Cadmium durch Schwefelwasserstoff, der Bromwasserstoff durch Silberoxyd und das in Lösung gegangene Silber wieder durch Schwefelwasserstoff gefällt, und dann das Filtrat zum Sirup verdampft. Die Menge
des letzteren beträgt ungefähr $\frac{1}{4}$ des angewandten Cadmiumsalzes;
er enthält die Lyxonsäure größtenteils als Lacton. Um dasselbe zu
isolieren, wird der Sirup in möglichst dünner Schicht in einer Koch-
flasche ausgebreitet und mit der 20fachen Gewichtsmenge Essigäther
$1\frac{1}{2}$—2 Stunden am Rückflußkühler gekocht. Konzentriert man dann
die Flüssigkeit auf $\frac{1}{4}$ ihres Volumens, so scheidet sich beim Erkalten
das Lyxonsäurelacton nach kurzer Zeit in farblosen prismatischen
Kristallen ab. Dieses Auslaugen mit Essigäther muß aber 10—20
mal wiederholt werden, da das Lyxonsäurelacton nicht allein schwer
löslich ist, sondern auch aus dem Sirup recht schwer extrahiert wird.

---

[1]) Bull. soc. chim. [3], **5**, 555 [1891].

Außerdem ist es nötig, den bald sehr hart werdenden Sirup nach je zweimaligem Auslaugen mit so viel Wasser vorsichtig anzufeuchten, daß er beim Erwärmen auf dem Wasserbade wieder dünnflüssig wird. Die Ausbeute betrug 7,6 pCt. vom angewandten Cadmiumdoppelsalz oder 19 pCt. der Theorie, wenn die Umwandlung der Xylonsäure eine vollständige wäre. Gleichzeitig mit dem Lyxonsäurelacton wird Brenzschleimsäure aus dem Sirup extrahiert; dieselbe bleibt bei der Abscheidung des Lyxonsäurelactons in den Mutterlaugen; ihre Menge beträgt übrigens nur wenige Prozente der angewandten Xylonsäure, wenn man bei der Umlagerung nicht über 135° hinausgegangen ist. Über die Hälfte des Sirups ist in heißem Essigäther unlöslich; die darin enthaltenen Produkte haben wir nicht näher untersucht.

Zur völligen Reinigung des Lyxonsäurelactons, welches höchstens schwach gelb gefärbt ist, genügt zweimaliges Umkristallisieren aus Essigäther, von welchem ungefähr 200 Teile in der Hitze zur Lösung nötig sind. Mit einem solchen Präparate, dessen Schmelzpunkt bei 113—114° (korr. 114—115°) lag und sich auch beim weiteren Umkristallisieren nicht änderte, wurde die optische Bestimmung ausgeführt, während für die Analyse das nur einmal umkristallisierte Produkt diente.

|  | Ber. für $C_5H_8O_5$ | Gefunden |
|---|---|---|
| C | 40,54 | 40,40 pCt. |
| H | 5,40 | 5,61 „ |

Das Lacton reagiert neutral, nimmt aber beim längeren Stehen der wässerigen Lösung eine ganz schwach saure Reaktion an. Es löst sich sehr leicht in Wasser, etwas schwerer in heißem Alkohol, woraus es beim Erkalten in ziemlich großen Prismen oder Nadeln kristallisiert; es ist in Äther nahezu unlöslich.

Die frisch bereitete wässerige Lösung, welche 9,783 pCt. enthielt und das spez. Gew. 1,035 hatte, drehte bei 20° im 1 dcm-Rohr 8,34° nach rechts. Daraus berechnet sich die spezifische Drehung

$$[\alpha]_D^{20} = + 82{,}4°.$$

Die Drehung war nach 12 Stunden nicht verändert und die Lösung hinterließ beim Verdampfen wieder das reine Lacton.

Für das genaue Studium der Salze reichte unser Material an Lyxonsäure nicht aus. Wie aus der Darstellung hervorgeht, bildet das Cadmiumsalz mit dem Bromcadmium keine schwer lösliche Doppelverbindung. Das ist neben den schönen Eigenschaften des Lactons das beste Mittel, um die Lyxonsäure von der Xylonsäure zu unterscheiden und zu trennen. Das Brucinsalz löst sich leicht in Wasser; von siedendem Alkohol verlangt es ungefähr 40 Teile zur Lösung und kristallisiert daraus beim Abkühlen schnell in farblosen, mikroskopischen, schief abgeschnittenen Prismen oder Platten, welche bei 172 bis 174⁰ (korr. 174—176⁰) schmelzen. Wegen seiner schönen Eigenschaften ist es auch zur Isolierung der Lyxonsäure brauchbar. Durch eine konzentrierte Lösung von zweifach basisch essigsaurem Blei wird das Lacton in gelinder Wärme als basisches Bleisalz gefällt; aber dasselbe löst sich wieder in einem Überschuß des Fällungsmittels besonders beim Erwärmen klar auf.

Das Phenylhydrazid entsteht sehr leicht beim Erwärmen des Lactons mit der gleichen Menge Phenylhydrazin auf dem Wasserbade, wobei das anfangs klare Gemisch kristallinisch erstarrt. Aus heißem Alkohol scheidet es sich in farblosen, kleinen, meist kugelig verwachsenen, speerartigen Kristallen ab, welche bei 162—163⁰ (korr. 164—165⁰) schmelzen und die Zusammensetzung $C_5H_9O_5$ . $N_2H_2C_6H_5$ haben. *(Vgl. Seite 548.)*

|   | Ber. für $C_{11}H_{16}O_6N_2$ | Gefunden |
|---|---|---|
| C | 51,56 | 51,47 pCt. |
| H | 6,25 | 6,44 ,, |
| N | 10,94 | 10,66 ,, |

Die Verbindung ist in Wasser sehr leicht und in kaltem Alkohol schwer löslich; sie läßt sich infolgedessen aus heißem Alkohol gut umkristallisieren.

Verwandlung der Lyxonsäure in Xylonsäure. Sie findet unter denselben Bedingungen wie die umgekehrte Reaktion statt. Für den Versuch diente ganz reines Lyxonsäurelacton, welches mit der gleichen Menge Pyridin und der 10fachen Menge Wasser 4 Stunden im Ölbad auf 135⁰ erhitzt wurde. Nach Entfernung des Pyridins durch Baryt und der Ausfällung des Baryts durch Schwefelsäure wurde die Flüssigkeit durch Kochen mit Cadmiumcarbonat neutralisiert und nach Zusatz einer genügenden Menge von Bromcadmium auf Cadmiumxylonobromid verarbeitet. Die Menge des charakteristischen Salzes betrug 80 pCt. des angewandten Lactons, was einer Ausbeute von 32 pCt. der Theorie an Xylonsäure entspricht.

## Lyxose.

Die Reduktion des Lactons zum Zucker wird in der früher öfter beschriebenen Weise durch Schütteln der eiskalten, 10prozentigen wässerigen Lösung mit 2½prozentigem Natriumamalgam ausgeführt, wobei die Flüssigkeit durch häufigen Zusatz sehr kleiner Mengen von Schwefelsäure ganz schwach sauer gehalten werden muß. Der Wasserstoff wird nicht so vollkommen fixiert wie in ähnlichen Fällen; infolgedessen dauert die Operation länger und erfordert mehr Amalgam. Sie wurde unterbrochen, als auf 1 Teil Lacton 20 Teile Amalgam an-

gewandt waren und eine Probe der Flüssigkeit die achtfache Menge
Fehlingscher Lösung reduzierte. Zur Isolierung des Zuckers wurde
die Flüssigkeit, nachdem sie eine Stunde lang schwach alkalisch gestanden hatte, mit Schwefelsäure genau neutralisiert, bis zur beginnenden Kristallisation auf dem Wasserbade eingedampft und dann in die
achtfache Menge siedenden absoluten Alkohol eingegossen. Die ausfallenden Natriumsalze müssen nochmals in möglichst wenig Wasser
gelöst und wiederum in Alkohol eingetragen werden. Die alkoholischen Filtrate hinterlassen beim Verdampfen einen hellgelben Sirup,
welcher ein Gemisch von Lyxose und organischen Natriumsalzen ist.
Letztere bleiben zum größten Teil zurück, wenn man die Masse abermals mit der 300fachen Menge absolutem Alkohol längere Zeit auskocht.
Beim Verdampfen erhält man dann einen Sirup, der verhältnismäßig wenig
Asche mehr enthält. Da uns nur einige Gramm des Zuckers zur Verfügung standen, so ist uns seine völlige Reinigung nicht gelungen.
Wir haben auch kein charakteristisches Derivat gefunden. Das Phenylhydrazon ist in Wasser und Alkohol leicht löslich und das Osazon
ist nach Löslichkeit und Schmelzpunkt identisch mit dem Xylosazon.
In ungefähr 10prozentiger Lösung drehte der rohe Zucker bei weißem
Lichte im 1 dcm-Rohr 0,6⁰ nach links. Selbstverständlich sind wir
weit davon entfernt, diesen Wert auch für den reinen Zucker anzunehmen. Bei der schwachen Drehung ist es wohl möglich, daß die
Verunreinigungen von erheblichem Einfluß sind und sogar das Zeichen
der Drehung ändern.

Nach der oben angenommenen Konfiguration steht die Lyxose
in naher Beziehung zu den Verbindungen der Dulcitreihe, und sie müßte
bei Anlagerung von Blausäure $d$-Galactonsäure oder $d$-Talonsäure
beziehungsweise ein Gemisch dieser beiden liefern.*) Wir haben diesen
theoretischen Schluß nur flüchtig prüfen können, da wir nur 1 g des
Zuckers dafür verwenden konnten. Derselbe wurde in 1 ccm einer
20prozentigen wässerigen Lösung von Blausäure aufgelöst. Die Reaktion trat bald ein und nach 2 Tagen war die Flüssigkeit dunkelbraun
gefärbt. Sie wurde nun mit überschüssigem Baryt gekocht, bis das
Ammoniak verschwunden war, dann mit Schwefelsäure genau gefällt,
mit Tierkohle entfärbt und das Filtrat verdampft. Es blieb ein brauner
Sirup, dessen Verarbeitung auf die Hexonsäuren uns nicht lohnend
schien. Wir haben ihn deshalb sofort mit der fünffachen Menge verdünnter Salpetersäure vom spez. Gew. 1,2 auf dem Wasserbade verdampft, um die zweibasischen Säuren zu bereiten, und es ist uns so
gelungen, allerdings nur in kleiner Menge, eine farblose kristallisierte

---

*) Vgl. Abhandlung 66, Seite 549.

Säure zu gewinnen, welche in kaltem Wasser sehr schwer löslich war, sich aus heißem Wasser umkristallisieren ließ, gegen 215° unter Gasentwicklung schmolz und mithin alle Merkmale der Schleimsäure besaß.

Der Versuch bedeutet also eine Verknüpfung der Dulcitgruppe mit der Lyxose und Xylose, wie dieselbe durch die Theorie vorausgesehen war. Mit um so größerer Wahrscheinlichkeit darf man jetzt erwarten, daß die Lyxose auch durch den Abbau der Galactose nach dem schönen Verfahren von Wohl erhalten wird, und da Hr. Wohl uns mitteilte, daß er mit solchen Versuchen beschäftigt sei, so haben wir um so lieber auf die nähere Untersuchung des Zuckers verzichtet, da derselbe aller Wahrscheinlichkeit nach aus der Galactose viel leichter und billiger herzustellen ist.

---

### 65. Emil Fischer und Otto Bromberg: Notiz über die Lyxonsäure.

Berichte der deutschen chemischen Gesellschaft 29, 2068 [1896].
(Eingegangen am 7. August.)

Hr. G. Bertrand, welcher gleichzeitig mit uns die Lyxonsäure aus der Xylonsäure dargestellt hat, erwähnt in scheinbarem Gegensatz zu unserer Angabe, daß das Phenylhydrazid der Säure 2 Moleküle Kristallwasser enthalte.[1]) Wir bemerken dazu folgendes:

Das von uns analysierte Präparat war bei 105° getrocknet, was leider in unserer Abhandlung nicht erwähnt ist. Wir haben nachträglich auch die lufttrockne Substanz geprüft und können die Angaben von Bertrand bezüglich des Kristallwassers bestätigen.

| Berechnet für $C_{11}H_{16}O_5N_2 + 2H_2O$. | Gefunden |
|---|---|
| $H_2O$  12,33 | 12,01 pCt. |

---

[1]) Bull. soc. chim. [3] **15**, 592 [1896].

**66. Emil Fischer und Otto Ruff: Über die Verwandlung der Gulonsäure in Xylose und Galactose.**

Berichte der deutschen chemischen Gesellschaft **33**, 2142 [1900].

(Eingegangen am 10. Juli.)

Im Gegensatz zu den Gliedern der Mannitreihe waren die Verbindungen, welche sich um den Dulcit gruppieren, bisher der Synthese nicht zugänglich. Diese Lücke wird ausgefüllt durch die nachfolgenden Versuche, durch welche einerseits der Abbau der Gulonsäure zur Xylose und andererseits die Verwandlung der Xylose über Lyxose in Galactose verwirklicht ist. Der Weg war angezeigt durch die bekannten Konfigurationsformeln der vier Verbindungen:

| | | | |
|---|---|---|---|
| CHO | | | CHO |
| H—\|—OH | CHO | CHO | H—\|—OH |
| H—\|—OH | H—\|—OH | HO—\|—H | HO—\|—H |
| HO—\|—H | HO—\|—H | HO—\|—H | HO—\|—H |
| H—\|—OH | H—\|—OH | H—\|—OH | H—\|—OH |
| $CH_2.OH$ | $CH_2.OH$ | $CH_2.OH$ | $CH_2.OH$ |
| *l*-Gulose | *l*-Xylose | *d*-Lyxose | *d*-Galactose. |

Die beiden ersten Verbindungen sind bereits durch den Aufbau miteinander verknüpft, denn die Xylose liefert durch Addition von Blausäure Gulonsäure[1]); desgleichen ist der Übergang von Xylose zu Lyxose durch Umlagerung der Xylonsäure hergestellt[2]). Endlich liegen auch schon die Andeutungen vor über den Aufbau der Galactonsäure aus der Lyxose; denn bei der Addition von Blausäure an die letztere wurde ein Produkt erhalten, welches bei der Oxydation Schleimsäure lieferte[2]). Umgekehrt hat denn auch der Abbau der *d*-Galactose zur Lyxose, welcher zuerst von Wohl und List[3]) und später von Ruff und Ollendorff[4]) durchgeführt worden ist, diese Beziehungen bestätigt.

---

[1]) Fischer und Stahel, Berichte d. d. chem. Gesellsch. **24**, 528 [1891]. (*S. 389.*)

[2]) Fischer und Bromberg, Berichte d. d. chem. Gesellsch. **29**, 581 [1896]. (*S. 543.*)

[3]) Wohl und List, Berichte d. d. chem. Gesellsch. **30**, 3101 [1897].

[4]) Ruff und Ollendorff, Berichte d. d. chem. Gesellsch. **33**, 1798 [1900].

Man durfte deshalb mit ziemlich großer Sicherheit erwarten, daß der Abbau von der Gulonsäure zur Xylose und der Aufbau von der Lyxose zu der Galactose führen werde. Aber die praktische Ausführung war abhängig einerseits von der Beschaffung der Materialien und andererseits von der Leistungsfähigkeit der Abbaumethode. Die Unbequemlichkeiten in der Ausführung, welche dem sonst so sinnreichen Verfahren von Wohl[1]) anhaften, sind nun glücklich beseitigt durch die einfachere Methode, welche der eine von uns vor 1½ Jahren auffand und welche in einer Operation von der Säure zu dem um ein Kohlenstoffatom ärmeren Zucker führt[2]). Dadurch wird einerseits die *d*-Lyxose ein verhältnismäßig leicht zugängliches Material, und wir konnten infolgedessen eine größere Menge des Zuckers mit Blausäure kombinieren, wobei gleichzeitig *d*-Galactonsäure und *d*-Talonsäure entstanden. Andererseits ließ sich durch dieselbe Methode die Gulonsäure leicht in Xylose verwandeln, und zwar lieferte die *l*-Gulonsäure, wie zu erwarten war, die natürliche *l*-Xylose, während aus dem optischen Antipoden die bisher unbekannte *d*-Xylose entstand. Man ist also jetzt imstande, von der *l*-Xylose zur *d*-Galactose zu gelangen, und da die letztere durch die Schleimsäure mit allen übrigen Gliedern der Dulcitreihe verknüpft ist, so sind auch sie aus der *l*-Gulonsäure darstellbar.

Nun ist die Gulonsäure durch die Zuckersäure mit dem Traubenzucker verknüpft und dadurch der Synthese zugänglich. Der Versuch ist zwar nur in der *d*-Reihe ausgeführt, und die ziemlich beträchtliche Menge von *d*-Gulonsäure, welche für die nachfolgenden Versuche diente, war durch Reduktion von *d*-Zuckersäure dargestellt; aber es ist nicht zu bezweifeln, daß das Resultat in der *l*-Reihe genau das gleiche sein würde, daß man also von der *l*-Zuckersäure, welche synthetisch schon bereitet ist, durch Reduktion zur *l*-Gulonsäure gelangen würde, und man kann sagen, daß hier der Weg der Synthese so klar vorgezeichnet ist, daß es keines besonderen Versuches mehr bedarf, um seine Gangbarkeit zu beweisen. Wir haben deshalb geglaubt, uns dieses Experiment, von dem nichts Neues zu erwarten ist, ersparen zu dürfen, weil die dafür erforderliche *l*-Zuckersäure ein recht kostbares Material ist.

## Abbau der *l*-Gulonsäure zu *l*-Xylose.

Für den Versuch diente reines Gulonsäurelacton. 5 g desselben wurden in 50 ccm Wasser gelöst, durch ½ stündiges Kochen mit über-

---

[1]) Wohl, Berichte d. d. chem. Gesellsch. **26**, 730 [1893].
[2]) Ruff, Berichte d. d. chem. Gesellsch. **32**, 550 [1899].

schüssigem, gefälltem, reinem Calciumcarbonat in das Calciumsalz verwandelt, dann nach dem Abkühlen auf ca. 25⁰ mit 0,5 ccm der gewöhnlichen Ferriacetatlösung (mit 5 pCt. Eisen) und 60 ccm Wasserstoffsuperoxydlösung (mit 2,35 pCt. $H_2O_2$) versetzt, so daß auf ein Mol. des Lactons 1½ Atome Sauerstoff trafen. Im Laufe von etwa einer halben Stunde machte sich die Oxydation bemerkbar durch Entwicklung von Kohlensäure und durch Steigen der Temperatur, welche schließlich bis etwa 60⁰ ging. Hierbei fiel Eisenhydroxyd und etwas Calciumoxalat aus. Man filtrierte, verdampfte im Vakuum zum dünnen Sirup und laugte den Zucker durch wiederholtes Verreiben des Produktes mit absolutem Alkohol aus. Die alkoholische Lösung wurde wieder im Vakuum möglichst vollständig verdampft, dann in 20 ccm absolutem Alkohol gelöst und gekocht, wodurch eine erhebliche Menge von Calciumsalzen, zumeist Calciumformiat, gefällt wurde. Um diese Abscheidung zu vervollständigen, fügte man noch 5 ccm absoluten Äther zu, filtrierte und überließ die Lösung bei niederer Temperatur der Kristallisation.

Nach 24 Stunden begann die Abscheidung der Xylose in Form kleiner, warzenförmiger Aggregate und war beim öfteren Reiben nach 2—3 Tagen beendet.

Die Ausbeute betrug 1,2 g Zucker, mithin 24 pCt. des angewandten Lactons.

Die in den Mutterlaugen verbliebene Xylose, deren Menge nach dem Reduktionsvermögen noch 0,3 g betrug, wurde nach dem Verfahren von Bertrand[1]) in das charakteristische Doppelsalz: Xylonsaures Cadmium-Bromcadmium verwandelt, von dem 0,5 g kristallisiert erhalten wurden.

Für die Analyse wurde der Zucker in möglichst wenig Wasser gelöst und durch Zusatz von absolutem Alkohol wieder zur Kristallisation gebracht. Die 0,9 g Zucker, welche so erhalten waren, enthielten noch eine Spur Asche, gaben aber bei der Verbrennung und optischen Untersuchung folgende Zahlen, welche jeden Zweifel an der Identität des Produktes mit der natürlichen Xylose ausschließen.

0,1785 g Subst.: 0,2615 g $CO_2$, 0,1075 g $H_2O$.

$C_5H_{10}O_5$. Ber. C 40,00, H 6,67.

Gef. „ 39,96, „ 6,69.

Der Zucker sinterte bei 141⁰ (korr.) und war bei 143⁰ (korr.) völlig geschmolzen, auch wenn er über Phosphorpentoxyd getrocknet war. Bertrand gibt den Schmelzpunkt der l-Xylose zu 141⁰, Wheeler und Tollens zu 144⁰, Koch zu 145⁰, Tollens zu 150—153⁰ und Hébert zu 154⁰ an.

---

[1]) Bull. soc. chim. [3] 5, 557 [1891].

Der Zucker zeigte Multirotation und drehte rechts:
Enddrehung $[\alpha]_D^{20} = + 18,7^0$.
(anfangs $\alpha_D = + 1,83,^0$ nach 24 Stunden $+ 1,55^0$; $p = 8,06$ pCt.;
$d = 1,030$).

Nach der von Tollens aufgestellten Formel für die Drehung
der $l$-Xylose ($p < 34,3$ pCt.):

$$[\alpha]_D = + 18,095 + 0,06986\,p,$$

berechnet sich:     $[\alpha]_D^{20} = + 18,66^0$.

### $d$-Xylose.

Der bisher unbekannte Zucker wurde aus dem $d$-Gulonsäurelacton
genau in der zuvor beschriebenen Weise mit der gleichen Ausbeute
gewonnen.

Er ist durch die folgenden Daten als der optische Antipode der
natürlichen $l$-Xylose charakterisiert.    Der Zucker sintert bei $141,5^0$
(korr.) und ist bei $143^0$ (korr.) völlig geschmolzen, zeigt also denselben
Schmelzpunkt, wie die gleichfalls synthetisch erhaltene $l$-Xylose.

0,1804 g Subst.. 0,2634 g $CO_2$, 0,1081 g $H_2O$.
$C_5H_{10}O_5$.    Ber. C 40,00, H 6,67.
Gef. „ 39,83, „ 6,66.

Im Gegensatz zur natürlichen Xylose dreht er nach links:
Enddrehung $[\alpha]_D^{20} = - 18,6^0$.
($\alpha_D$ nach 24 Stunden $= - 1,90^0$; $p = 9,9371$; $d = 1,038$.)

Nach der oben zitierten Formel von Tollens für die $l$-Xylose
würde sich berechnen: $[\alpha]_D = - 18,8^0$. Zur weiteren Charakterisierung
wurde der Zucker in üblicher Weise mit Brom oxydiert und die saure
Lösung nach Entfernung des Broms durch Kochen mit Cadmiumcarbonat neutralisiert. Beim Eindampfen der Lösung schied sich ein
Bromcadmiumdoppelsalz aus, welches demjenigen der $l$-Xylonsäure im
Aussehen, den Eigenschaften und auch nach der Analyse durchaus
entsprach:

0,4761 g Subst.: 0,2356 g AgBr.
$(C_5H_9O_6)_2Cd + CdBr_2 + 2$ aq.    Ber. Br 21,18.    Gef. 21,06 pCt.

### $dl$-Xylose.

Löst man gleiche Quantitäten der beiden aktiven Formen in der
gerade erforderlichen Menge heißem 96 prozentigem Alkohol, so scheidet
sich bei längerem Stehen der inaktive Zucker in kleinen, farblosen
Prismen größtenteils wieder aus. Derselbe schmilzt niedriger, als die
aktiven Formen, zwischen $129^0$ und $131^0$, und wir müssen es unentschieden lassen, ob derselbe racemisch, pseudoracemisch oder inaktives

Gemenge ist. Er liefert bei einstündigem Erhitzen mit Phenylhydrazin in schwach essigsaurer Lösung ein Phenylosazon, das durch sein Aussehen (gelbe glitzernde Blättchen, resp. feine gelbe Nadeln), durch seinen hohen Schmelzpunkt (210—215⁰) und durch seine Inaktivität sich identisch erwies mit dem bereits früher beschriebenen, aus Xylit erhaltenen dl-Xylose-phenylosazon[1]). Durch diese Versuche ist der definitive Beweis geliefert, daß die frühere Auffassung der Verbindung als racemisches Xylosazon das Richtige traf.

## Verwandlung der d-Lyxose in d-Galactonsäure und d-Talonsäure.

Wie in so manchen anderen Fällen in der Zuckergruppe, gibt die Anlagerung von Blausäure an die Lyxose die beiden von der Theorie vorausgesehenen Hexonsäuren, aber in ungleichen Mengen:

5 g kristallisierte reine d-Lyxose wurden in 7 ccm Wasser gelöst und nach Zusatz von 1 g Blausäure, gekühlt durch Wasser, bei Zimmertemperatur aufbewahrt. Schon nach 5 Stunden war der Eintritt der Reaktion durch die beginnende Braunfärbung der Flüssigkeit bemerkbar. Als nach 7 tägigen Stehen nicht allein die Anlagerung der Blausäure, sondern auch die Verseifung des Cyanhydrins zum Ammoniumsalz bzw. Amid beendet schien, wurde die dunkelbraune Lösung mit Wasser verdünnt, nach Zusatz von 12 g reinem kristallisiertem Barythydrat gekocht, bis kein Ammoniak mehr entwich, dann mit Kohlensäure neutralisiert und nach dem Aufkochen mit Tierkohle filtriert. Aus der noch immer braun gefärbten Lösung wurde der Baryt quantitativ mit Schwefelsäure gefällt und nach abermaligem Kochen mit Tierkohle filtriert. Zur Isolierung der Galactonsäure diente das schwer lösliche und leicht kristallisierende Cadmiumsalz. Zu dem Zweck wurde die nur schwach gelb gefärbte Lösung, deren Volumen ungefähr 150 ccm betrug, eine halbe Stunde mit Cadmiumcarbonat und zum Schluß mit etwas Cadmiumoxyd gekocht, nach dem Einleiten von Kohlensäure filtriert und soweit auf dem Wasserbade verdampft, bis ein dicker Kristallbrei entstanden war, der nach dem Erkalten abfiltriert und mit kaltem Wasser gewaschen wurde.

Die Menge des schon fast reinen d-galactonsauren Cadmiums betrug 4,6 g, mithin 61 pCt. der Theorie. Zur Gewinnung der Galactonsäure wurde das Salz in heißem Wasser gelöst, rasch abgekühlt und in der Kälte mit Schwefelwasserstoff zerlegt, da die Säure in der Wärme teilweise in das Lacton übergeht. Um dies zu vermeiden, wurde das mit Tierkohle geklärte Filtrat im Vakuum unter 40⁰ eingedampft und

---

[1]) E. Fischer, Berichte d. d. chem. Gesellsch. **27**, 2488 [1894]. (S. *186*.)

dabei ein völlig kristallisierter Rückstand gewonnen, der fast reine d-Galactonsäure war.

Die spezifische Drehung betrug:

$$[\alpha]_D = -11,7^0 \ (p = 9,02).$$

Für die frisch aus den Salzen bereitete Lösung der Galactonsäure ist $[\alpha]_D = -10,56^0$ angegeben, aber bekanntlich nimmt die Drehung rasch zu, weil die Säure allmählich in ihr Lacton übergeht, und eine kleine Menge des letzteren dürfte auch unserem Präparate beigemengt gewesen sein. Zur weiteren Identifizierung diente das Phenylhydrazid, dessen Schmelzpunkt bei 200—203$^0$ gefunden wurde, und die Verwandlung in Schleimsäure. Die Ausbeute an letzterer betrug 60 pCt. der Theorie; das Präparat wurde durch den Zersetzungspunkt, welcher bei raschem Erhitzen gegen 217$^0$ liegt, sowie durch die Analyse identifiziert.

0,2012 g Subst.: 0,2518 g $CO_2$, 0,0912 g $H_2O$.

$C_6H_{10}O_8$. Ber. C 34,29, H 4,76.

Gef. ,, 34,13, ,, 5,03.

Zum Nachweis der Talonsäure in den Mutterlaugen vom galactonsauren Cadmium wurde das früher angewandte Isolierungsverfahren[1]) benutzt. Das erhaltene Brucinsalz entsprach ganz der älteren Beschreibung und schmolz bei ca. 130$^0$ unter Gasentwicklung. Die Menge der gebildeten Talonsäure läßt sich auch nicht annähernd angeben, da die Verluste bei dem umständlichen Reinigungsverfahren groß und schwankend sind.

---

[1]) E. Fischer, Berichte d. d. chem. Gesellsch. **24**, 3622 [1891]. (S. *432*.)

## 67. Emil Fischer: Über zwei neue Hexite und die Verbindungen der mehrwertigen Alkohole mit dem Bittermandelöl.

Berichte der deutschen chemischen Gesellschaft **27**, 1524 [1894].

(Vorgetragen in der Sitzung vom Verfasser.)

Vom Hexit sind zurzeit 5 selbständige stereoisomere Formen bekannt, die beiden optisch entgegengesetzten Mannite, die beiden Sorbite und der Dulcit. Da die Theorie 10 derartige Verbindungen voraussehen läßt, und die Kenntnis der fehlenden Glieder nicht allein für gewisse stereochemische Fragen, sondern auch für pflanzenchemische Studien nützlich zu sein scheint, so habe ich mich bemüht, noch einige derselben zu finden. Das ist zunächst für 2 Verbindungen der Dulcitgruppe gelungen. Die eine entsteht durch Reduktion der *d*-Talose und ist dementsprechend *d*-Talit zu nennen; sie bildet selbst einen farblosen Sirup, liefert aber mit Bittermandelöl eine sehr charakteristische Tribenzalverbindung. Die zweite wird aus dem Dulcit erhalten. Bekanntlich entsteht bei der Oxydation des Mannits neben anderen Produkten Fructose und diese liefert, wie ich gezeigt habe, bei der Reduktion neben Mannit auch Sorbit. Man ist also durch diese Reaktion instand gesetzt, Mannit in Sorbit zu verwandeln. Auf die gleiche Art müßte es möglich sein, an jedem asymmetrischen Kohlenstoffatom eine räumliche Verschiebung von Hydroxyl und Wasserstoff zu bewirken, und ich hatte gehofft, durch Ausbildung des Verfahrens bei den mehrwertigen Alkoholen und bei den Säuren der Zuckergruppe eine allgemeine Methode für die Gewinnung von Stereoisomeren zu finden. Das schien mir um so wichtiger, weil ich vermute, daß auf dem Wege im Pflanzen- und Tierleibe die Verwandlung des Traubenzuckers in Galactose, der Maltose in Milchzucker, oder allgemein gesprochen die Bildung stereoisomerer Zucker aus den ersten Produkten der Assimiliation stattfindet. Die Versuche sind aber in der Mehrzahl der Fälle an der Schwierigkeit gescheitert, die Reaktionsprodukte zu isolieren. Nur beim Dulcit war das Resultat positiv; wenn man denselben mit Bleisuperoxyd und Salzsäure oxydiert und die hierbei gebildete Ketose alsbald wieder mit Natriumamalgam reduziert, so entsteht ein neuer Hexit, welcher durch die Benzalverbindung isoliert werden kann.

Ich halte diese Verbindung, welche optisch inaktiv ist, wegen der großen Ähnlichkeit der Benzalverbindungen und wegen der Abstammung vom Dulcit für die racemische Form des Talits und werde sie deshalb *dl*-Talit[1]) nennen. Ihre Bildung würde genau der Umwandlung des Mannits in Sorbit entsprechen. Der endgültige Beweis für diese Auffassung wäre allerdings noch durch die Bereitung der Substanz aus den beiden optisch aktiven Formen des Talits zu erbringen. Das setzt aber aber die jedenfalls sehr mühsame Bereitung des *l*-Talits aus der schwer zugänglichen *l*-Galactonsäure voraus, wozu ich bisher nicht die Zeit gefunden habe.

### Bildung der Oxymethylbrenzschleimsäure aus Galactonsäure.

Die als Ausgangsmaterial für die Darstellung des Talits dienende Talonsäure wurde auf die früher beschriebene Weise aus der Galacton-

---

[1]) Zur Unterscheidung der optischen Isomeren habe ich die Zeichen *d*, *l*, *i* eingeführt. (*Vgl. dazu die Bemerkung auf Seite 18.*) Dieselben sind vielfach angenommen, aber leider auch von einigen Fachgenossen willkürlich abgeändert worden. So hat Herr Hantzsch (Grundriß der Stereochemie 1893) den Buchstaben *d* durch *r* (vom deutschen rechts) ersetzt. Ich bemerke dazu, daß es bisher allgemein für unzulässig gehalten wurde, wissenschaftliche Zeichen, welche für den internationalen Gebrauch bestimmt sind, einer lebenden Sprache zu entlehnen.

Ferner hat Herr Ladenburg (Berichte d. d. chem. Gesellsch. **27**, 853 [1894]) an Stelle von *i* dasselbe Zeichen *r*, welches aber bei ihm racemisch bedeutet, angewandt. Diesen Vorschlag würde ich selbst längst gemacht haben, wenn nicht folgendes Bedenken dagegen bestände. Sehr häufig läßt sich nicht entscheiden, ob eine optisch inaktive Substanz eine wirkliche racemische Verbindung oder nur ein mechanisches Gemenge ist (vgl. Berichte d. d. chem. Gesellsch. **25**, 1025 [1892]. (*S. 452.*) Durch das Zeichen *r* würde dann mehr ausgedrückt sein, als durch die Beobachtung festgestellt ist. Das trifft z. B. gerade für den Fall zu, wo Herr Ladenburg das „*r*“ anwendet; denn sein inaktives Coniin ist flüssig und auf keine Weise als eine wirkliche Verbindung der beiden optischen Antipoden, welches der Traubensäure zu vergleichen wäre, charakterisiert.

Man könnte nun zugunsten des Ladenburgschen Vorschlags noch anführen, daß bei Einführung von *r* das frei werdende *i* für die Bezeichnung der nicht spaltbaren inaktiven Formen benutzt werden könnte, so daß also die 4 Arten der Weinsäure durch die Zeichen *d*, *l*, *r* und *i* unterschieden würden. Aber auch dieser Vorteil ist in Wirklichkeit viel geringer, als er auf den ersten Blick erscheint; denn in komplizierteren Fällen reicht das Zeichen *i* in dem Sinne nicht mehr aus, da z. B. schon bei den Trioxyglutarsäuren 2 und bei den Pentoxypimelinsäuren sogar 4 solcher inaktiven Isomeren existieren. Nach alledem scheint es mir richtig zu sein, wenn man überhaupt derartige Zeichen verwenden will, vorläufig die einmal eingeführten Buchstaben *d*, *l*, *i* beizubehalten. (*Vgl. Abhandlung 109, Seite 893.*)

säure durch Umlagerung mit Pyridin gewonnen[1]). Bei dieser Operation entsteht als Nebenprodukt in geringer Menge eine andere Säure
von der Formel $C_6H_6O_4$, welche früher der Beobachtung entgangen ist
und welche als identisch mit der von Hill und Jennings[2]) beschriebenen Oxymethylbrenzschleimsäure erkannt wurde. Dieselbe ist der
rohen Talonsäure beigemengt, welche nach Abscheidung der Galactonsäure durch das Cadmiumsalz als basisches Bleisalz gefällt und aus
dem letzteren durch Schwefelwasserstoff zurückgewonnen wird. Verdampft man diese saure Lösung zum Sirup, so scheidet sich beim Erkalten die Oxymethylbrenzschleimsäure in feinen Blättchen aus. Dieselben werden auf der Pumpe filtriert, mit wenig Wasser ausgewaschen
und die braune Masse mit heißem Aceton ausgelaugt. Aus dem mit
Tierkohle behandelten Filtrat fällt bei guter Kühlung die Säure in
wenig gefärbten Kriställchen aus, welche zur völligen Reinigung
nochmals aus der 5fachen Menge Wasser unter Zusatz von etwas
Tierkohle umkristallisiert wurden. Für die Analyse diente ein farbloses Präparat, welches im Vakuum über Schwefelsäure getrocknet war.

$$C_6H_6O_4. \quad \text{Ber. C } 50,70, \text{ H } 4,22.$$
$$\text{Gef. ,, } 50,48, \text{ ,, } 4,30.$$

Beim raschen Erhitzen färbt sich die Substanz gegen 160° braun
und schmilzt unter Gasentwicklung zwischen 165 und 170°. Hill
und Jennings geben zwar als Schmelzpunkt ihres Produktes 162 bis
163° an, aber diese Differenz ist bedeutungslos, da bei zersetzlichen
Substanzen bekanntlich der Schmelzpunkt mit der Art des Erhitzens
erheblich schwankt. In der Tat ergab der direkte Vergleich der beiden Säuren, wofür mir Hr. Hill in freundlichster Weise eine Probe
seines Präparats zur Verfügung stellte, sowohl im Schmelzpunkte wie
in den übrigen äußeren Eigenschaften volle Übereinstimmung.

Die Bildung der Oxymethylbrenzschleimsäure aus der Galactonsäure erfolgt nach dem Schema

$$CH_2OH.CHOH.CHOH.CHOH.CHOH.COOH$$
$$CH_2OH.C\!:\!CH.CH\!:\!C.COOH$$
$$= \underbrace{\qquad\qquad\qquad}_{O} + 3H_2O.$$

und entspricht der Entstehung der Dehydroschleimsäure aus der
Schleimsäure oder der Verwandlung der Aldopentosen in Furfurol.
Am meisten aber erinnert sie an die früher[3]) kurz erwähnte Verwand-

---

[1]) Berichte d. d. chem. Gesellsch. **24**, 3622 [1891]. (*S. 432.*)
[2]) Proceedings of the American Academy **1892**, 209.
[3]) E. Fischer und O. Piloty, Berichte d. d. chem. Gesellsch. **24**, 4216
[1891]. (*S. 442.*)

lung der Arabonsäure in Brenzschleimsäure, welche unter denselben Bedingungen erfolgt.

## $d$-Talit.

Die aus dem Brucinsalz regenerierte Talonsäure verwandelt sich beim Abdampfen ihrer wässerigen Lösung fast vollständig ins Lacton, welches schließlich als fast farbloser Sirup übrig bleibt. Um daraus den Talit zu gewinnen, löst man in der 10fachen Menge eiskaltem Wasser und reduziert mit Natriumamalgam zunächst in schwach schwefelsaurer Lösung, bis wenig Wasserstoff mehr fixiert wird. Dabei entsteht zuerst der Zucker, welcher aber weiter in den sechswertigen Alkohol übergeht. Schließlich führt man die Reduktion in schwach alkalischer Lösung zu Ende, d. h. bis die Flüssigkeit Fehlingsche Lösung nicht mehr verändert. Die gesamte Menge des hierzu erforderlichen $2\frac{1}{2}$ prozentigen Natriumamalgams beträgt ungefähr das 50fache der angewandten Talonsäure. Die mit Schwefelsäure genau neutralisierte Lösung wird bis zur beginnenden Kristallisation eingedampft und in die 16fache Menge heißen absoluten Alkohol eingegossen. Das Filtrat hinterläßt beim Verdampfen einen Sirup, welcher mit wenig absolutem Alkohol ausgekocht wird. Dabei bleibt talonsaures Natrium zurück und das Filtrat gibt beim Verdampfen den Talit wieder als farblosen, schwach süß schmeckenden Sirup, dessen Menge ungefähr 40 pCt. der angewandten Talonsäure beträgt. Derselbe ist in Wasser und Alkohol sehr leicht, in Äther dagegen sehr schwer löslich. Charakteristisch für ihn ist die Benzalverbindung. Um dieselbe zu bereiten, löst man 1 Teil Sirup in 2 Teilen 50prozentiger Schwefelsäure, fügt 2 Teile Benzaldehyd zu und mischt durch kräftiges Schütteln. Nach einigen Stunden beginnt die Kristallisation der Benzalverbindung. Dieselbe wird nach 2 Tagen filtriert und erst mit Wasser, dann mit Äther und schließlich wieder mit Wasser gewaschen. Ihre Menge beträgt etwa das Doppelte des angewandten sirupförmigen Talits. Zur Reinigung wird sie in etwa 400 Teilen kochendem Alkohol gelöst. Beim Erkalten scheidet sie sich daraus in feinen farblosen Nadeln ab, welche die Zusammensetzung eines Tribenzalhexits, $C_6H_8O_6(CH.C_6H_5)_3$, haben.

Ber. C 72,64, H 5,83.<br>
Gef. ,, 72,32, ,, 5,74.

Der durch mehrmalige Kristallisation aus Alkohol gereinigte Tribenzaltalit beginnt bei $200^0$ zu sintern und schmilzt vollständig bis $206^0$ (korr. $210^0$). In Wasser ist er unlöslich und selbst von siedendem Alkohol verlangt er mehr als die 500fache Menge. In allen diesen Eigenschaften gleicht er auffallend dem ebenso zusammen-

gesetzten Tribenzalmannit, so daß beide Verbindungen leicht verwechselt werden können. Das beste Mittel sie zu unterscheiden ist
ihre Rückverwandlung in Hexit.

Zu dem Zweck wird die Tribenzalverbindung mit der 50 fachen
Menge 5 prozentiger Schwefelsäure unter Zusatz von wenig Alkohol
bis zur völligen Lösung am Rückflußkühler erhitzt, dann der Alkohol und der Benzaldehyd weggekocht, die Schwefelsäure zuerst mit
Baryumhydroxyd und zuletzt der überschüssige Baryt durch Kohlensäure gefällt. Der beim Verdampfen bleibende Sirup wird mit absolutem Alkohol aufgenommen und die Lösung abermals eingedampft.
Der so gewonnene $d$-Talit bildet einen farblosen, zähen Sirup, welcher
in Wasser und Alkohol leicht, in Äther dagegen sehr schwer löslich
ist und auch bei monatelangem Stehen nicht kristallisierte. Sein
Drehungsvermögen ist gering. Die ungefähr 10 prozentige wässerige
Lösung drehte im 1 dcm-Rohr 0,23° nach rechts. Durch Zusatz von
Borax und Alkali wird die Drehung umgekehrt. So gab eine annähernd 10 prozentige Lösung, welche bei Zimmertemperatur mit
Borax gesättigt und mit Natronlauge alkalisch gemacht war, im
1 dcm-Rohr eine Drehung von 0,55° nach links. Diese Zahlen können
zur Orientierung dienen, dürfen aber nicht als genau betrachtet werden, da das exakte Abwägen des sirupösen Talits nicht möglich war.

## Oxydation des Dulcits.

Für die Versuche diente ein reines Präparat, welches aus dem
käuflichen Produkt durch wiederholtes Umkristallisieren aus der vierfachen Menge heißem Wasser dargestellt war. Eine Lösung von
5 g in 100 ccm warmem Wasser wurde durch Eis rasch abgekühlt
und, ehe Kristallisation erfolgte, mit 20 g gefälltem Bleisuperoxyd versetzt. Zu dem Gemenge, welches zweckmäßig in einer verschließ-
baren Flasche bereitet wird, gab man sofort eine Mischung aus 9 ccm
Salzsäure von spez. Gew. 1,19 und der gleichen Menge Wasser in
mehreren Portionen und im Laufe von 30—40 Minuten. Durch
häufiges Umschütteln wurde die Reaktion unterstützt und gleichzeitig
die Temperatur durch Eintauchen in Eiswasser zwischen 10 und 20°
gehalten. Schließlich ließ man das Ganze mehrere Stunden stehen,
bis der anfänglich auftretende Geruch nach Chlor verschwunden war.
Die filtrierte Flüssigkeit reduzierte so stark, als wenn sie 2,2 g
Traubenzucker enthielt. Nachdem die kleine Menge des in Lösung
gebliebenen Bleis durch Schwefelsäure entfernt war, wurde das Filtrat
mit Natronlauge nahezu neutralisiert und nun mit 2½ prozentigem
Natriumamalgam in der üblichen Weise unter fortwährendem Schütteln
reduziert. Dabei ist es vorteilhaft, anfangs die Lösung durch häufigen

Zusatz von Schwefelsäure stets schwach sauer zu halten. Nachdem auf diese Weise 100 g Amalgam verbraucht und die Reduktion größtenteils schon bewerkstelligt war, setzte man die Behandlung mit Natriumamalgam in schwach alkalischer Lösung fort, bis die Flüssigkeit Fehlingsche Lösung beim Kochen kaum mehr veränderte. Wie bei allen Ketosen geht die Reduktion auch hier rasch vonstatten. Sie beansprucht bei starkem Schütteln kaum mehr als ½ Stunde. Die vom Quecksilber getrennte Lösung wurde neutralisiert, mit Tierkohle geklärt, das Filtrat auf dem Wasserbade verdampft, bis eine reichliche Kristallisation stattgefunden hatte und dann in etwa 200 ccm siedenden absoluten Alkohol eingetragen. Aus dem Filtrat schied sich beim Erkalten ziemlich viel Dulcit ab. Der Rest desselben kristallisierte beim Verdampfen der Mutterlauge. Als der hierbei resultierende Kristallbrei mit wenig heißem absolutem Alkohol ausgelaugt und das Filtrat verdampft wurde, blieb ein klarer schwach gelber Sirup, welcher in Alkohol leicht löslich war und Fehlingsche Flüssigkeit kaum reduzierte. Seine Menge betrug bei verschiedenen Versuchen etwa 1 g. Aus demselben läßt sich der vorhererwähnte Hexit durch die Benzalverbindung isolieren. Zu dem Zweck wurde der Sirup in der doppelten Menge 50prozentiger Schwefelsäure gelöst, dann die gleiche Menge Bittermandelöl zugefügt und durch häufiges kräftiges Schütteln mit der wässerigen Flüssigkeit möglichst gemischt. Nach einigen Stunden beginnt in der Regel die Kristallisation der Benzalverbindung, zuweilen erfolgt dieselbe viel langsamer. Das Produkt wird nach 1 bis 2 Tagen filtriert, mit Wasser und Äther gewaschen und aus ziemlich viel heißem Alkohol umkristallisiert. Die Ausbeute ist gering, sie beträgt nur 2—3 pCt. des angewandten Dulcits.

Für die Analyse wurde die Substanz im Vakuum getrocknet.

$$C_6H_8O_6(CHC_6H_5)_3. \quad \text{Ber. C 72,64, H 5,83.}$$
$$\text{Gef. ,, 72,42, ,, 6,23.}$$

Die Verbindung schmilzt bei 205—206⁰ (korr. 210⁰). Sie ist in Wasser und Äther fast unlöslich. Am besten wird sie, wie schon erwähnt, aus heißem Alkohol umkristallisiert, worin sie auch noch recht schwer löslich ist und aus welchem sie beim Erkalten in feinen farblosen Nadeln ausfällt.

Zur Gewinnung des Hexits wurde die Benzalverbindung mit der 50fachen Menge 5prozentiger Schwefelsäure und der 5fachen Menge Alkohol zur Beschleunigung des Prozesses am Rückflußkühler gekocht, bis klare Lösung erfolgte. Bei 1 g Substanz dauerte die Operation ungefähr 1 Stunde. Aus der Lösung wurde zunächst die Schwefelsäure durch Barythydrat und der Überschuß des letzteren durch

Kohlensäure gefällt, dann das Filtrat verdampft und der Rückstand mit absolutem Alkohol aufgenommen.

Beim abermaligen Verdampfen blieb der reine Hexit als farbloser, süß schmeckender Sirup, welcher in Wasser und Alkohol sehr leicht, in Äther dagegen sehr schwer löslich ist. Nach zweimonatlichem Stehen über Schwefelsäure begann derselbe Kristalle abzuscheiden und erstarrte dann beim Umrühren in kurzer Zeit fast vollkommen. Löst man dieses Präparat in heißem Essigäther, wovon ziemlich viel nötig ist, und trägt in die abgekühlte Flüssigkeit ein Kriställchen ein, so scheidet sich der größere Teil sehr rasch in Kristallen aus. Durch Wiederholung der Operation wurde der dl-Talit in feinen vielfach konzentrisch zusammengelagerten Nadeln erhalten, welche bei 66—67⁰ schmelzen und sowohl in Wasser wie in warmem Alkohol sehr leicht löslich sind.

Da der Tribenzaltalit dem entsprechenden Derivat des gewöhnlichen Mannits zum Verwechseln ähnlich ist, so hielt ich ihn anfangs für die inaktive Form desselben und stellte deshalb zum Vergleich die Benzalverbindung des dl-Mannits dar. Dieselbe entsteht sehr leicht unter denselben Bedingungen, wie die d-Verbindung, wenn man die Lösung von dl-Mannit in der 3fachen Menge Salzsäure vom spez. Gew. 1,19 mit etwas mehr als der berechneten Menge Benzaldehyd kräftig schüttelt. Aus viel heißem Alkohol mehrmals umkristallisiert schmilzt sie bei 190—192⁰, also erheblich niedriger, wie die d-Verbindung. Durch mehrstündiges Kochen mit 20 Teilen 5prozentiger Schwefelsäure unter Zusatz von wenig Bittermandelöl und etwas Alkohol wird sie langsam in dl-Mannit zurückverwandelt, welcher leicht rein darzustellen ist. Die Bestimmung seines Schmelzpunktes ist dann das beste Mittel, um ihn vom dl-Talit zu unterscheiden.

### Benzalverbindungen der mehrwertigen Alkohole.

Das erste acetalartige Derivat eines mehrwertigen Alkohols ist von Wurtz[1]) aus Äthylenglycol und Acetaldehyd durch langes Erhitzen auf 100⁰ dargestellt worden. Nach demselben Verfahren haben Harnitzky und Menschutkin[2]) die Verbindungen des Glycerins mit dem Acet-, Valer- und Benzaldehyd bereitet, von welchen allerdings die letztere, wie später gezeigt wird, sehr unrein gewesen sein muß. Alle diese Verbindungen sind überaus leicht spaltbar und für die betreffenden Alkohole keineswegs charakteristisch. Ungleich interessanter und praktisch wichtiger sind die vor einigen Jahren von

---

[1]) Liebigs Annal. d. Chem. 120, 328 [1861].
[2]) Liebigs Annal. d. Chem. 136, 126 [1865].

Meunier entdeckten Verbindungen des Bittermandelöls mit dem Mannit und Sorbit.

Sie entstehen leicht aus den Komponenten bei Gegenwart von starker Salz- oder Schwefelsäure und scheiden sich, da sie in Wasser fast unlöslich sind, aus dem Reaktionsgemisch aus. Da sie ferner nach Meunier leicht in die Alkohole zurückverwandelt werden können, so bilden sie ein vorzügliches Mittel, um jene zu erkennen und von anderen Produkten zu scheiden. Meunier hat selbst sein Verfahren benutzt, um Mannit und Sorbit in einigen Pflanzensäften nachzuweisen und den Sorbit als das Reduktionsprodukt des Traubenzuckers zu charakterisieren. Die Methode ist bald auch von anderer Seite benutzt worden und ich selbst habe wiederholt und zum letzten Male bei den zuvor beschriebenen Versuchen Gelegenheit gehabt, ihre Vorzüge schätzen zu lernen. Infolgedessen ist das Verfahren auch noch auf andere hochwertige Alkohole übertragen worden. So kennt man bis jetzt folgende Verbindungen mit Bittermandelöl:[1])

Tribenzal-Mannit[2]), Tribenzal-Talit, Monobenzal- und Dibenzal-Sorbit[3]), Dibenzal-Perseït[4]), Monobenzal - α - Glucoheptit[5]), Dibenzal-Xylit[6]), Dibenzal-Adonit[7]).

Dazu kommt noch eine nur qualitativ beschriebene Benzalverbindung des α - Glucooctits[8]) und endlich das untenerwähnte Monobenzalglycerin.

Mit Ausnahme des Monobenzal-Sorbits und des Benzal-Glycerins entstehen alle zuvor genannten Produkte unter den gleichen Bedingungen. Um so auffälliger ist es, daß ihre Zusammensetzung so sehr variiert, daß z. B. der Mannit drei, der Sorbit zwei und der ihnen so nahe verwandte α-Glucoheptit nur eine Benzalgruppe fixiert. Da endlich Dulcit und Arabit unter denselben Umständen überhaupt kein kristallisiertes Produkt geben, so konnte man auf den Gedanken kommen, daß die Bildung acetalartiger Produkte von der Konfiguration des Moleküls abhängig sei. Von diesem Gesichtspunkte aus schien es mir interessant, den Vorgang allgemeiner und eingehender zu unter-

---

[1]) Die ebenfalls von Meunier beschriebenen Verbindungen anderer Aldehyde mit dem Mannit sind im folgenden nicht berücksichtigt.

[2]) J. Meunier, Compt. rend. **106**, 1425 u. 1732 [1888]; **107**, 910 [1888]; **108**, 408 [1889].

[3]) J. Meunier, Compt. rend. **108**, 148 [1889]; **110**, 577 [1890].

[4]) Maquenne, Ann. chim. et phys. [6] **19**, 12 [1890].

[5]) E. Fischer, Liebigs Annal. d. Chem. **270**, 82 [1892]. (*S. 607.*)

[6]) E. Fischer und R. Stahel, Berichte d. d. chem. Gesellsch. **24**, 538 [1891] *S. 398*) und Bertrand, Bull. soc. chim. [3] **5**, 556 [1891].

[7]) E. Fischer, Berichte d. d. chem. Gesellsch. **26**, 637 [1893]. (*S. 500.*)

[8]) E. Fischer, Liebigs Annal. d. Chem. **270**, 99 [1892]. (*S. 619.*)

suchen. Dabei hat sich nun ergeben, daß alle mehrwertigen Alkohole von dem Glycerin an unter den richtigen Bedingungen durch Salzsäure mit dem Bittermandelöl verkuppelt werden können; aber der Unterschied in der Zusammensetzung der Produkte bleibt bestehen, und dasselbe gilt von ihrer Beständigkeit gegen Säuren. So sind die Monobenzalverbindungen des Glycerins und Trimethylenglycols schon gegen verdünnte Salzsäure von Zimmertemperatur empfindlich, während der Tribenzalmannit damit längere Zeit gekocht werden muß, um in seine Komponenten zu zerfallen; so liefert ferner der fünfwertige Arabit nur eine Monobenzalverbindung, während der vierwertige Erythrit und der Dulcit 2 Mol. Benzal aufnehmen. Für die Bildung der Acetalgruppe scheint es aber von keinem entscheidenden Einfluß zu sein, ob die Alkoholgruppen benachbart sind oder sich in $\beta$-Stellung befinden. Wie später gezeigt wird, liefert das Trimethylenglycol ebenso leicht wie Glycerin eine schöne, beständige Benzalverbindung und wenn auch beim Äthylen- und Propylenglycol die Reaktion unter Mitwirkung von Salzsäure so wenig glatt verläuft, daß die Isolierung eines reinen Produktes nicht gelang, so beweist doch der Versuch von Wurtz, daß auch hier unter etwas anderen Bedingungen ein Acetal entstehen kann.

Infolgedessen wird bei den Derivaten der höherwertigen Alkohole schon die Strukturfrage so kompliziert, daß Betrachtungen über den Einfluß der Konfiguration auf die Bildung der Benzalverbindungen verfrüht erscheinen müssen.

Eine Beobachtung von speziellerem Interesse wurde bei dem Monobenzal-$\alpha$-Glucoheptit gemacht. Statt der früher beschriebenen, bei $214^0$ (korr. $218^0$) schmelzenden Form entsteht unter gewissen Bedingungen ein isomeres Produkt vom Schmelzpunkt $153—154^0$. Da dasselbe außerordentlich leicht in die höher schmelzende Modifikation übergeht, liegt hier wahrscheinlich eine neue Art von Stereoisomerie vor, welche theoretisch auf folgende Art zu erklären ist. Da die Hydroxyle des $\alpha$-Glucoheptits ungleichartig sind, so wird das in der Benzalgruppe befindliche und mit Sternchen markierte Kohlenstoffatom

$$\begin{array}{c} C_6H_5 \\ H \end{array} \!\! > \!\! \underset{*}{C} \!\! < \!\! \begin{array}{c} OR \\ OR_1 \end{array}$$

asymmetrisch und das System muß also in zwei Formen existieren.

## Monobenzal-$\alpha$-Glucoheptit, $C_7H_{14}O_7 : CH . C_6H_5$.

Die stabilere, bei $214^0$ schmelzende Form ist früher beschrieben[1]). Sie wurde aus dem Heptit mit Benzaldehyd und 50prozentiger Schwefel-

---

[1]) Liebigs Annal. d. Chem. **270**, 82 [1892]. (*S. 607.*)

säure dargestellt. Bei diesem Verfahren entsteht nun, wie neuere Versuche ergeben haben, in der Regel zuerst die isomere Form; da dieselbe aber außerordentlich leicht, z. B. schon beim Umkristallisieren aus Alkohol in die andere übergeht, so ist sie früher der Beobachtung entgangen. Zur Bereitung dieser labilen Modifikation dient folgendes Verfahren: 3 g reiner gepulverter α-Glucoheptit werden in 6 ccm 50prozentiger Schwefelsäure kalt gelöst und dann mit 3 g reinem Benzaldehyd unter Ausschluß des Tageslichts und zeitweisem Kühlen mit Wasser stark geschüttelt. Nach 10 bis 15 Minuten wird die Masse durch Ausscheidung der Benzalverbindung fest; so lange muß das Schütteln fortgesetzt werden. Nach 12stündigem Stehen im Dunkeln wird das feste Produkt durch Absaugen und Abpressen von der Mutterlauge möglichst getrennt, dann durch Verreiben mit wenig 5prozentiger Natronlauge und Absaugen von der Schwefelsäure und durch dieselbe Behandlung mit Äther vom Bittermandelöl befreit. Schließlich löst man durch kräftiges Schütteln in möglichst wenig Wasser von 50° und bringt das Produkt durch starke Abkühlung oder durch Verdunsten zur Kristallisation; alle diese Operationen werden am besten bei künstlicher Beleuchtung ausgeführt. Aber selbst bei dieser Vorsichtsmaßregel mißlingt zuweilen aus Gründen, die nicht sicher ermittelt werden konnten, der Versuch und liefert den hochschmelzenden Körper.

Die labile Modifikation des Benzal-α-Glucoheptits schmilzt bei 153—154° (korr. 155—156°); für die Analyse wurde sie über Schwefelsäure getrocknet.

$$C_{14}H_{20}O_7.$$   Ber. C 56,00, H 6,67.
Gef. ,, 55,83, ,, 6,86.

Sie löst sich in ungefähr 4 Teilen kochendem Wasser, in kaltem Wasser ist sie viel schwerer, aber doch in merklicher Menge löslich. Im trocknen Zustande hält sie sich auch am Lichte wochenlang unverändert, mit Wasser befeuchtet verwandelt sie sich dagegen am Lichte im Laufe eines Tages zum größeren Teil in die hochschmelzende Modifikation. Dieselbe Veränderung erfährt sie momentan beim Umkristallisieren aus heißem Alkohol. Durch Kochen mit verdünnten Säuren werden beide Benzalverbindungen leicht in die Komponenten gespalten. Verwendet man bei der Darstellung aus Heptit und Benzaldehyd statt der Schwefelsäure rauchende Salzsäure, so findet die Reaktion ebenso rasch statt, lieferte aber bisher nur die hochschmelzende Form. Bei dieser Gelegenheit will ich eine Ungenauigkeit in den früheren Angaben über den hochschmelzenden Benzal-α-Gluco heptit berichtigen; derselbe ist zwar in kaltem Wasser ziemlich schwer, in kochendem aber ungefähr ebenso leicht löslich, wie die isomere Form, während er früher als in Wasser nahezu unlöslich bezeichnet wurde.

## Dibenzal-Dulcit, $C_6H_{10}O_6(CH.C_6H_5)_2$.

Während der Mannit und Sorbit aus der Lösung in rauchender Salzsäure oder 50 prozentiger Schwefelsäure durch Schütteln mit Benzaldehyd ziemlich schnell als Benzalverbindungen gefällt werden und dadurch leicht aus Gemischen mit anderen organischen Substanzen isoliert werden können, liefert der Dulcit unter diesen Bedingungen kein unlösliches Produkt. Nichtsdestoweniger läßt sich auf diesem Wege eine Dibenzalverbindung in folgender Art bereiten. 4 g Dulcit werden in 15 ccm Salzsäure vom spez. Gew. 1,19 gelöst und nach Zusatz von 7 g Benzaldehyd auf $0^0$ abgekühlt; dabei löst sich der letztere, wodurch die Reaktion sehr erleichtert wird. Nach mehrstündigem Stehen in der Kälte läßt man die salzsaure Lösung im Vakuum über Schwefelsäure und Natronkalk bei niederer Temperatur verdunsten; dabei scheidet sich der Dibenzal-Dulcit in Kristallen ab. Dieselben werden durch sorgfältiges Waschen mit kaltem Wasser zunächst von der Salzsäure, dann durch Äther vom anhaftenden Bittermandelöl und endlich durch Auslaugen mit warmem Wasser vom Dulcit befreit. Schließlich wird das Produkt mehrmals aus heißem, absolutem Alkohol umkristallisiert.

Bequemer und in größerer Menge erhält man dieselbe Substanz, wenn man das Wasser ganz vermeidet und trockene Salzsäure als wasserentziehendes Mittel benutzt. Zu dem Zwecke erhitzt man 4 g sehr fein gepulverten Dulcit mit 7 g Benzaldehyd auf dem Wasserbade, bis der größere Teil gelöst ist, und leitet dann unter allmählicher Abkühlung gasförmige Salzsäure ein, bis klare Lösung erfolgt und völlige Sättigung bei Zimmertemperatur eingetreten ist. Nach mehrstündigem Stehen wird die Salzsäure im Vakuum über Ätznatron oder Ätzkalk verdunstet, wobei die Masse durch Abscheidung des Dibenzal-Dulcits erstarrt. Nach dem Waschen mit Äther kann dieses Produkt direkt aus Alkohol umkristallisiert werden.

$$C_{20}H_{22}O_6. \quad \text{Ber. C 67,04, H 6,14.}$$
$$\text{Gef. ,, 66,73, ,, 6,14.}$$

Die Substanz schmilzt nicht ganz konstant zwischen 215 und $220^0$ (unkorr.) und färbt sich dabei schwach braun. Sie ist in heißem Wasser sehr wenig löslich, von heißem Alkohol verlangt sie ungefähr 60—70 Teile zur Lösung und kristallisiert daraus beim Erkalten in feinen Nadeln. Beim Kochen mit verdünnten Säuren wird sie ziemlich rasch in die Komponenten gespalten.

## Monobenzal-Arabit, $C_5H_{10}O_5 : CH.C_6H_5$.

Die Verbindung entsteht unter den gleichen Bedingungen, wie die vorhergehende. Für ihre Bereitung werden 5 g Arabit in 10 ccm starker Salzsäure gelöst und die Flüssigkeit nach Zusatz von 4 g Benzaldehyd bei $0^0$ mit gasförmiger Salzsäure gesättigt. Das klare schwach rötliche Gemisch bleibt einige Stunden bei $0^0$ stehen und wird dann im abgekühlten Vakuumexsiccator über Schwefelsäure und Natronkalk verdunstet. Nach 1—2 Tagen erstarrt der Rückstand kristallinisch. Das Produkt wird zunächst zur Entfernung der Salzsäure mehrmals mit wenig kaltem Wasser verrieben und abgesaugt, dann im Vakuumexsiccator getrocknet und schließlich aus heißem Chloroform umkristallisiert.

Man kann die Verbindung auch, wie es zuvor beim Dulcit beschrieben wurde, mit trocknem Benzaldehyd und gasförmiger Salzsäure darstellen; aber das Verfahren hat hier keine Vorteile vor der ersten Methode.

$C_{12}H_{16}O_5$.  Ber. C 60,0,  H 6,67.
        Gef. ,, 59,63, ,, 6,73.

Der Benzal-Arabit schmilzt bei $150^0$ (korr. $152^0$); er ist in kaltem Wasser und Äther schwer, in heißem Wasser und Chloroform ziemlich leicht und in heißem Alkohol sehr leicht löslich. Von warmen verdünnten Mineralsäuren wird er alsbald zerlegt.

## Dibenzal-Erythrit, $C_4H_6O_4(CH.C_6H_5)_2$.

Die Verbindung entsteht überaus leicht, wenn man 1 Teil Erythrit in 3 Teilen Salzsäure vom spez. Gew. 1,19 oder 50prozentiger Schwefelsäure löst und mit 2 Teilen Benzaldehyd kräftig durchschüttelt. Nach kurzer Zeit erstarrt das Gemisch durch Ausscheidung der kristallinischen Benzalverbindung. Das Produkt wird nach einiger Zeit mit Wasser verdünnt, filtriert, dann sorgfältig mit Wasser bis zur Entfernung der Säure gewaschen und schließlich aus siedendem Alkohol umkristallisiert. Die Ausbeute ist sehr gut.

$C_{18}H_{18}O_4$.  Ber. C 72,50, H 6,04.
        Gef. ,, 72,25, ,, 6,07.

Die Verbindung schmilzt bei 197—$198^0$ (korr. 201—$202^0$), sie ist selbst in heißem Wasser fast unlöslich und verlangt auch von siedendem Alkohol ungefähr 200 Teile zur Lösung. Beim Erkalten kristallisiert sie daraus in feinen Nädelchen. Sie entsteht so leicht und hat so charakteristische Eigenschaften, daß sie zur Erkennung und Abscheidung des Erythrits benutzt werden kann.

## Benzal-Glycerin, $C_3H_6O_3 : CH.C_6H_5$.

Ein Produkt von obiger Formel ist unter dem Namen Benzo-Glyceral vor 30 Jahren von Harnitzky und Menschutkin[1]) beschrieben worden. Sie stellten dasselbe durch Erhitzen von Glycerin und Benzaldehyd auf 200⁰ dar und isolierten es durch fraktionierte Destillation unter vermindertem Druck. Da aber die Analyse ein erhebliches Defizit an Kohlenstoff ergab, so erklären die Autoren selbst ihr Präparat für unrein. In der Tat besitzt dasselbe wenig Ähnlichkeit mit dem reinen Benzal-Glycerin, welches schön kristallisiert und auf folgende Art gewonnen wird:

5 Teile Glycerin, welches durch Erhitzen auf 160⁰ von Wasser befreit ist, werden mit 8 Teilen reinem Benzaldehyd übergossen und dann bei 0⁰ mit gasförmiger Salzsäure gesättigt. Dabei erfolgt klare Mischung der vorher getrennten Flüssigkeiten und schwache Rotfärbung. Man läßt das Gemisch 3—4 Stunden bei 0⁰ stehen und bringt es dann zum Verdunsten in den Vakuumexsiccator über Schwefelsäure und Natronkalk. Abkühlung des Gefäßes ist hier überflüssig. Nach einigen Tagen beginnt die Kristallisation, bis schließlich der größte Teil der Masse erstarrt. Die Kristalle werden durch Pressen zwischen Fließpapier von dem anhaftenden Öl befreit, dann in wenig warmem Äther gelöst und durch Zusatz von Petroläther unter Abkühlung wieder kristallinisch abgeschieden. Die so gewonnenen farblosen, spießigen Kristalle bestehen der Hauptmenge nach aus Benzal-Glycerin, enthalten aber in geringer Quantität ein höherschmelzendes und kohlenstoffärmeres Produkt, dessen Entfernung, allerdings mit erheblichem Verlust an Material, auf folgende Art gelingt: Man löst in der doppelten Menge reinem, warmem Äther und läßt in einer Mischung aus Salz und Eis kristallisieren. Dabei fällt der höher schmelzende Körper mit einem großen Teil des Benzalglycerins aus. Die Mutterlauge wird verdunstet und der Rückstand aus warmem Petroläther umkristallisiert. Dieses Präparat schmolz bei 66⁰ und besaß genau die Zusammensetzung des Monobenzalglycerins.

$C_{10}H_{12}O_3$.  Ber. C 66,67, H 6,67.
Gef. ,, 66,42, ,, 6,80.

Die Substanz ist in Alkohol und Äther außerordentlich leicht und auch in warmem Wasser ziemlich leicht löslich. Aus der gesättigten wässerigen Lösung scheidet sie sich in der Kälte sehr langsam in farblosen, meist sternförmig vereinigten Nadeln ab; durch starke Alkalien wird sie sofort gefällt. In reinem Zustande kann sie mit Wasser gekocht werden; sind aber nur Spuren von Säuren zugegen,

---

[1]) Liebigs Annal. d. Chem. **136**, 126 [1865].

so wird sie alsbald in die Komponenten gespalten. Im Vakuum destilliert sie unzersetzt. Sie besitzt einen beißenden und schwach bitteren Geschmack. Es verdient hervorgehoben zu werden, daß aus dem Produkte, welches nach den Angaben von Harnitzky und Menschutkin dargestellt war, das feste Benzalglycerin auch durch Einimpfen von Kristallen nicht abgeschieden werden konnte. Es scheint deshalb wohl möglich, daß die beiden Präparate isomere Substanzen sind.

### Benzal-Trimethylenglycol, $C_3H_6O_2 : CH . C_6H_5$.

2 Teile Trimethylenglycol, welches nach den Angaben von Niederist[1]) leicht zu gewinnen ist, werden mit 4 Teilen reinem Benzaldehyd übergossen und bei $0^0$ mit gasförmiger Salzsäure gesättigt, bis klare Mischung erfolgt ist. Nach mehrstündigem Stehen bei $0^0$ läßt man im abgekühlten Vakuumexsiccator die Salzsäure verdunsten. Dabei trennt sich die Flüssigkeit in zwei Schichten, von welchen die untere im wesentlichen eine wässerige Lösung von Salzsäure und Glycol ist. Die obere Schicht wurde im Vakuum bei 14 mm Druck fraktioniert; zuerst ging Wasser, dann bis $100^0$ ziemlich viel Benzaldehyd über, und schließlich destillierte gegen $125^0$ ein Öl, welches bald erstarrte. Einmaliges Umkristallisieren aus Petroläther genügt, um reines Benzal-Trimethylenglycol zu erhalten.

$$C_{10}H_{12}O_2. \quad \text{Ber. C 73,17, H 7,32.}$$
$$\text{Gef. ,, 72,92, ,, 7,44.}$$

Die Substanz schmilzt bei 49—51$^0$ und kristallisiert aus Petroläther beim Abkühlen in farblosen Spießen. Sie ist in Äther und Alkohol sehr leicht, in kaltem Wasser wenig, in siedendem Wasser etwas leichter, in konzentriertem Alkali dagegen außerordentlich schwer löslich. Mit Wasserdämpfen ist sie flüchtig und riecht eigentümlich und beißend. Mit Alkali und Phenylhydrazin kann sie in wässeriger Lösung ohne Veränderung gekocht werden; dagegen wird sie durch warme, verdünnte Säuren wiederum außerordentlich leicht gespalten.

Ihre Struktur entspricht der Formel $CH_2 \langle {}^{CH_2O}_{CH_2O} \rangle CH . C_6H_5$.

Bei den vorstehenden Versuchen bin ich von Hrn. Dr. L. Ach und Dr. P. Rehländer unterstützt worden, wofür ich denselben besten Dank sage.

---

[1]) Monatshefte für Chemie 3, 838 [1882].

### 68. Emil Fischer und Francis Passmore: Über kohlenstoffreichere Zuckerarten aus *d*-Mannose.

Berichte der deutschen chemischen Gesellschaft **23**, 2226 [1890].

(Eingegangen am 11. Juli; mitgeteilt in der Sitzung von Herrn A. Pinner.)

Die *d*-Mannose, welche in großer Menge aus Steinnuß gewonnen werden kann, läßt sich leichter als die anderen natürlichen Zucker durch Anlagerung von Blausäure in die Carbonsäure verwandeln. Wir haben sie deshalb benutzt, um die Tragweite der früher beschriebenen allgemeinen Methode für den Aufbau von kohlenstoffreicheren Zucker-arten zu prüfen, und da fast alle Produkte kristallisieren, so ist es uns verhältnismäßig leicht gelungen, die Synthese bis zu der Verbin-dung $C_9H_{18}O_9$ fortzuführen. Entsprechend der kürzlich vorgeschlagenen Nomenklatur[1]), bezeichnen wir die neuen Zucker als *d*-Mannoheptose, *d*-Mannooctose und *d*-Mannononose, die zugehörigen Säuren als Hepton-, Octon- und Nononsäure, und die Alkohole als Heptit und Octit.

Aus der Synthese folgt, daß alle diese Produkte eine normale Kohlenstoffkette besitzen, und daß die Zucker sämtlich Aldehyde sind.

### *d*-Mannoheptonsäure.

Diese früher als Mannosecarbonsäure[2]) bezeichnete Verbindung entsteht durch Anlagerung von Blausäure an Mannose. Ihr Lacton und Barytsalz sind bereits beschrieben. Die Darstellung wird wesent-lich vereinfacht durch die Beobachtung, daß man an Stelle des reinen Zuckers das Rohprodukt, welches aus Steinnuß durch verdünnte Salz-säure[3]) entsteht, direkt verwenden kann.

10 kg Steinnuß-Späne wurden mit 20 Liter 6prozentiger Salzsäure gemischt und im Wasserbade 8 Stunden erwärmt. Neutralisiert man die durch Kolieren und Abpressen des Rückstandes gewonnene Flüssig-keit mit Bleiweiß, so wird der größere Teil der Salzsäure entfernt.

---

[1]) Berichte d. d. chem. Gesellsch. **23**, 934 [1890]. (*S. 321.*)
[2]) Berichte d. d. chem. Gesellsch. **22**, 370 [1889]. (*S. 300.*)
[3]) Berichte d. d. chem. Gesellsch. **22**, 3220 [1889]. (*S. 310.*)

Das in Lösung gebliebene Blei wurde mit Natriumcarbonat gefällt und das Filtrat zum Sirup eingedampft. Der dunkelbraune Rückstand enthielt, wie die Fällung einer Probe als Hydrazon ergab, 2 kg Mannose.

Er wurde in der vierfachen Menge Wasser gelöst, die Flüssigkeit in 8 Teile geteilt und jeder davon mit der berechneten Menge Blausäure und einigen Tropfen Ammoniak versetzt. In 8—10 Stunden macht sich der Eintritt der Reaktion durch die Ausscheidung von Amid bemerkbar. Nach drei Tagen wird die Lösung noch 4 Stunden auf 50⁰ erwärmt und dann in der früher beschriebenen Weise das Barytsalz der d-Mannoheptonsäure dargestellt. Die dem Zucker von Anfang an beigemischten Natriumsalze verhindern zwar einen Teil des Barytsalzes an der Kristallisation, aber dieser Verlust ist viel geringer als derjenige, welcher bei der Reinigung der Mannose entstehen würde. Die Ausbeute an reinem Barytsalz betrug bei diesem Verfahren etwa die gleiche Menge des angewandten Zuckers. Das Salz wurde in der 10 fachen Menge heißem Wasser gelöst, der Baryt mit Schwefelsäure genau ausgefällt und die mit wenig Tierkohle entfärbte Flüssigkeit verdampft. Der Rückstand, welcher ein Gemenge von Säure und Lacton ist, beginnt schon auf dem Wasserbade zu kristallisieren. Will man die freie Säure gewinnen, so löst man das Produkt in wenig warmem Wasser. Nach längerem Stehen fällt die Säure in kleinen Prismen aus, welche bei mehrmaligem Umkristallisieren aus Wasser völlig frei von Lacton gewonnen werden. Für die Analyse wurde das Präparat mit Alkohol und Äther gewaschen und kurze Zeit über Schwefelsäure getrocknet.

0,2899 g Subst.: 0,3935 g $CO_2$, 0,1574 g $H_2O$.

|   | Ber. für $C_7H_{14}O_8$ | Gefunden |
|---|---|---|
| C | 37,16 | 37,02 pCt. |
| H | 6,19 | 6,04 ,, |

Die Säure schmilzt bei 175⁰ unter Gasentwicklung, wobei sie in Lacton übergeht. Dieselbe Verwandlung erleidet sie bei mehrstündigem Erhitzen auf 130⁰. Unvollständige Lactonbildung findet ferner statt beim Kochen der wässerigen oder alkoholischen Lösungen und endlich schon bei längerem Stehen über konzentrierter Schwefelsäure.

Sie löst sich in etwa 25 Teilen Wasser bei 30⁰, und diese Lösung dreht das polarisierte Licht ganz schwach nach links. Ihr Barytsalz und Phenylhydrazid[1] sind bereits beschrieben. Das Natronsalz ist ebenfalls in kaltem Wasser verhältnismäßig schwer löslich und kristal-

---

[1]) Berichte d. d. chem. Gesellsch. **22**, 2732 [1889]. (*S. 227.*)

lisiert in schönen, langen Nadeln, welche bei 220—225⁰ unter Zersetzung schmelzen und die Zusammensetzung $C_7H_{13}O_8Na$ haben.

0,6095 g Subst.: 0,1740 g $Na_2SO_4$.

|  | Ber. für $C_7H_{13}O_8Na$ | Gefunden |
|---|---|---|
| Na· | 9,27 | 9,38 pCt. |

*d*-Mannoheptonsäurelacton. Dasselbe ist früher nur flüchtig beschrieben worden[1]). Im Besitze von größeren Quantitäten haben wir seine Eigenschaften näher untersucht. Die aus dem Barytsalz in Freiheit gesetzte Säure verwandelt sich beim Abdampfen der wässerigen Lösung zum größten Teil in das Lacton. Will man dasselbe aus dem kristallisierten Rückstande isolieren, so wird er am besten in viel heißem Alkohol gelöst. Beim Abkühlen der konzentrierten Lösung fällt das Lacton in feinen Nadeln aus, welche aber erst durch wiederholte Kristallisation aus absolutem Alkohol ganz frei von Säure werden. Die Verbindung besitzt den früher angegebenen Schmelzpunkt 148 bis 150⁰*); sie schmeckt süß und reagiert neutral. Beim Kochen ihrer wässerigen Lösung mit Calcium- oder Baryumcarbonat wird sie rasch in die betreffenden Salze verwandelt. Sie dreht das polarisierte Licht nach links.

Eine wässerige Lösung, welche 2,5022 g Lacton in 25 ccm bei 20⁰ enthielt, drehte im 2 dcm-Rohr 14,86⁰ nach links. Daraus berechnet sich die spezifische Drehung

$$[\alpha]_D^{20} = -74,23^0.$$

Nach 2 Tagen hatte das Drehungsvermögen nur wenig abgenommen, und die Lösung reagierte schwach sauer, offenbar weil ein Teil des Lactons in die Säure zurückverwandelt war.

### *d*-Mannoheptose.

10 g des aus Alkohol mehrfach umkristallisierten Heptonsäurelactons werden in 100 ccm Wasser gelöst, mit 1 ccm 20prozentiger Schwefelsäure angesäuert, bis zum Gefrieren abgekühlt und eine kleine Menge Natriumamalgam eingetragen. Dasselbe ist bei kräftigem Schütteln rasch verbraucht und der Wasserstoff wird fast vollständig fixiert. Die Lösung muß durch öfteren Zusatz von Schwefelsäure immer sauer gehalten werden. Wenn 120 g 2½prozentiges Natriumamalgam im Laufe von 30—40 Minuten verbraucht sind, wird die Operation unterbrochen. Man trennt dann die Flüssigkeit vom Quecksilber und versetzt mit so viel Natronlauge, daß die Reaktion der Lösung nach 15 Minuten noch deutlich alkalisch ist. Dies geschieht, um das noch unveränderte Lacton in das Natronsalz der Säure zu verwandeln. Im

---

*) *Vgl. Seite 649, wo 153—156⁰ angegeben ist.*
[1]) Berichte d. d. chem. Gesellsch. **22**, 372 [1889]. (*S. 301*.)

anderen Falle würde das Lacton später bei der Trennung der Natronsalze von dem Zucker dem letzteren beigemengt bleiben. Die Lösung
wird dann filtriert, in der Kälte genau mit Schwefelsäure neutralisiert,
auf dem Wasserbade bis zur beginnenden Kristallisation eingedampft
und in die 10fache Menge kochenden absoluten Alkohol eingegossen.
Die kristallinisch ausfallenden Natronsalze werden wieder in wenig
heißem Wasser gelöst und nochmals in derselben Weise in Alkohol
eingetragen. Die alkoholischen Mutterlaugen hinterlassen beim Verdampfen den Zucker als Sirup, welcher, mit absolutem Alkohol übergossen, nach 1—2 Tagen kristallinisch erstarrt. Die Ausbeute an
diesem Produkt betrug durchschnittlich 40 pCt. des angewandten
Lactons. Dasselbe ist für die Bereitung aller Derivate, insbesondere
für die weitere Anlagerung von Blausäure direkt zu gebrauchen. Es
enthält aber noch etwas Asche und eine kleine Menge des siebenwertigen
Alkohols.

Bei der Reduktion mit Natriumamalgam wird etwa die Hälfte
des Lactons in Heptonsäure zurückverwandelt; dieselbe befindet sich
als Natronsalz bei dem Natriumsulfat. Um dasselbe zurückzugewinnen,
löst man das Salzgemisch in möglichst wenig heißem Wasser, kühlt
ab und fügt, ehe die Kristallisation beginnt, einen Überschuß von
verdünnter Schwefelsäure zu. Bei längerem Stehen fällt jetzt die in
kaltem Wasser schwer lösliche Heptonsäure zum größten Teile kristallinisch aus; sie wird abfiltriert und in der früher beschriebenen Weise
in das Lacton verwandelt.

Die oben erwähnte rohe Mannoheptose kann zwar durch Umkristallisieren aus 96prozentigem Alkohol aschefrei gewonnen werden,
aber das Produkt enthält dann noch immer den durch zu weit gehende
Reduktion entstandenen Heptit. Zur völligen Reinigung des Zuckers
waren wir genötigt, den Umweg über das Hydrazon zu nehmen. Das
letztere fällt aus der kalten wässerigen Lösung auf Zusatz von essigsaurem Phenylhydrazin nach kurzer Zeit kristallinisch aus und wird
durch einmaliges Umkristallisieren aus heißem Wasser rein erhalten.
Seine Rückverwandlung in Zucker bietet keine Schwierigkeiten. Übergießt man dasselbe mit der 4fachen Menge rauchender Salzsäure von
$20^0$, so löst es sich beim Schütteln rasch auf und nach wenigen Augenblicken beginnt die Kristallisation von salzsaurem Phenylhydrazin.
Die Reaktion ist nach ¼ Stunde beendet. Das Gemisch wird dann
stark abgekühlt und auf Glaswolle mit der Saugpumpe filtriert. Die
salzsaure Lösung wird mit der doppelten Menge Wasser verdünnt,
mit Bleiweiß neutralisiert, das Filtrat mit Barytwasser alkalisch gemacht, zur völligen Entfernung des Phenylhydrazins mehrmals ausgeäthert und dann mit einem geringen Überschuß von Schwefelsäure

versetzt; die durch Erwärmen vom Äther befreite Lösung wird zur Ausfällung der Salzsäure mit etwas kohlensaurem Silber behandelt und aus dem Filtrate erst das Silber genau mit Salzsäure und dann die Schwefelsäure genau mit Barythydrat niedergeschlagen. Zum Schluß schüttelt man mit wenig reiner Tierkohle bis zur völligen Entfärbung und verdampft das Filtrat im Vakuum bis zum Sirup. Mit absolutem Alkohol übergossen, erstarrt der Zucker bald kristallinisch und durch einmaliges Umkristallisieren aus 96 prozentigem Alkohol erhält man denselben völlig rein.

Die Mannoheptose kristallisiert aus Alkohol in sehr feinen Nadeln, welche meist zu kugelförmigen Aggregaten vereinigt sind und im Vakuum oder bei 104° getrocknet die Zusammensetzung $C_7H_{14}O_7$ besitzen.

0,3093 g Subst.: 0,4550 g $CO_2$, 0,1928 g $H_2O$.

|   | Ber. für $C_7H_{14}O_7$ | Gefunden |
|---|---|---|
| C | 40,00 | 40,12 pCt. |
| H | 6,66 | 6,92 ,, |

Die Ausbeute an Zucker betrug bei diesem Reinigungsverfahren 39 pCt. des angewandten Lactons. Der Verlust ist durch die vielen Operationen bedingt. Die Verbindung schmilzt bei 134—135° (korr.) zu einer farblosen Flüssigkeit und bräunt sich gegen 190°. Sie schmeckt rein süß, ist in Wasser sehr leicht, dagegen in absolutem Alkohol selbst in der Hitze recht schwer löslich. Aus wässerigem Methylalkohol scheint der Zucker mit einem Molekül Wasser zu kristallisieren. Sie dreht nach rechts.

Eine Lösung, welche 1,7317 g Zucker in 16,0233 g Wasser enthielt und das spez. Gew. $d_4^{20} = 1,0397$ besaß, drehte im 2 dcm-Rohr 10 Minuten nach der Auflösung 17,25° nach rechts. Daraus berechnet sich die spezifische Drehung

$$[\alpha]_D^{20} = + 85,05°.$$

Die Lösung zeigte Multirotation. Beim Stehen nahm das Drehungsvermögen ab, blieb aber nach 24 Stunden konstant und gab dann $[\alpha]_D^{20} = + 68,64°$.

In 10 prozentiger wässeriger Lösung mit frischer Bierhefe zusammengebracht, zeigt die Heptose bei 30° im Laufe von 24 Stunden keine deutliche Gärung.

Sie gibt alle gewöhnlichen Reaktionen der Zuckerarten und wird ebenso wie die *d*-Mannose durch basisch essigsaures Blei aus der wässerigen Lösung gefällt. Charakteristisch ist das schon erwähnte Hydrazon, $C_7H_{14}O_6 . N_2H . C_6H_5$, welches sich in kaltem Wasser sehr schwer löst. Aus heißem Wasser kristallisiert es in sehr feinen farblosen

Nadeln, welche beim raschen Erhitzen von 197—200⁰ unter Gasentwicklung schmelzen. Die Analyse gab folgende Zahlen:

0,2266 g Subst.: 0,4334 g $CO_2$, 0,1378 g $H_2O$.
0,1888 g Subst.: 15,5 ccm N (15⁰, 746 mm).

| | Ber. für $C_{13}H_{20}O_6N_2$ | Gefunden |
|---|---|---|
| C | 52,00 | 52,16 pCt. |
| H | 6,66 | 6,75 ,, |
| N | 9,33 | 9,43 ,, |

Von dem schwer löslichen Phenylhydrazon der d- und l-Mannose unterscheidet sich diese Verbindung nicht allein durch die Zusammensetzung und die Kristallform, sondern auch durch das optische Verhalten[1]), wie folgender Versuch zeigt. 0,1 g des Hydrazons wurde in 1 ccm rauchender Salzsäure rasch gelöst und sofort mit 5 ccm Wasser verdünnt. Diese Lösung, sofort geprüft, zeigte im 1 dcm-Rohr keine wahrnehmbare Drehung; dagegen betrug nach ¾ Stunden die Drehung 0,45⁰ nach rechts, offenbar weil inzwischen die Spaltung des Hydrazons in Zucker und Phenylhydrazin vor sich gegangen war.

d-Mannoheptosazon, $C_7H_{12}O_5.(N_2H.C_6H_5)_2$. Löst man das Hydrazon in heißem Wasser, fügt essigsaures Phenylhydrazin zu und erhitzt auf dem Wasserbade, so beginnt nach etwa 15 Minuten die Abscheidung von gelben Nadeln. Die Reaktion ist nach 2 Stunden fast beendet. Das Osazon ist in Wasser und Äther nahezu unlöslich und selbst in heißem Alkohol recht schwer löslich. Es kristallisiert daraus in sehr feinen, zu Rosetten vereinigten Nadeln, welche beim raschen Erhitzen gegen 200⁰ unter Zersetzung schmelzen und die Formel $C_{19}H_{24}O_5N_4$ haben.

0,2705 g Subst.: 0,5815 g $CO_2$, 0,1545 g $H_2O$.
0,1956 g Subst.: 24,2 ccm N (14⁰, 761 mm).

| | Ber. für $C_{19}H_{24}O_5N_4$ | Gefunden |
|---|---|---|
| C | 58,76 | 58,63 pCt. |
| H | 6,19 | 6,34 ,, |
| N | 14,43 | 14,57 ,, |

Eine Lösung von 0,101 g Osazon in 12 g Eisessig drehte im 1 dcm-Rohr 0,24⁰ nach rechts.

### Synthese des Perseïts.

Der Perseït, welcher früher für ein Isomeres des Mannits gehalten wurde, ist vor kurzem durch eine sehr gründliche Untersuchung des Hrn. Maquenne[2]) als ein siebenwertiger Alkohol von der Formel $C_7H_{16}O_7$ charakterisiert worden. Dieses Resultat wird bestätigt durch die Beobachtung, daß der aus Mannoheptose entstehende Heptit mit

---

[1]) Vgl. Berichte d. d. chem. Gesellsch. **23**, 374 [1890]. (*S. 334.*)
[2]) Ann. chim. et phys. [6] **19**, 1 [1890].

dem Perseït identisch ist. Die Reduktion der Mannoheptose durch Natriumamalgam verläuft in ähnlicher Art, wie bei der Mannose oder dem Traubenzucker.

Sie erfordert ziemlich lange Einwirkung des Amalgams und liefert nur dann gute Resultate, wenn man die Reaktion durch fortwährendes Schütteln beschleunigt und das Alkali öfters durch Schwefelsäure abstumpft.

4 g Heptose wurden in 40 ccm Wasser gelöst, bei Zimmertemperatur mit $2\frac{1}{2}$prozentigem Natriumamalgam heftig geschüttelt und öfters mit Schwefelsäure neutralisiert. Nachdem im Laufe von 12 Stunden 50 g Amalgam verbraucht waren, reduzierte die Flüssigkeit alkalische Kupferlösung kaum mehr.

Die vom Quecksilber getrennte Lösung wurde nun mit Schwefelsäure genau neutralisiert, bis zur beginnenden Kristallisation auf dem Wasserbade verdampft und dann in viel kochenden absoluten Alkohol eingegossen. Die ausfallenden Natronsalze müssen nochmals in wenig Wasser gelöst und wiederum in Alkohol eingetragen werden. Die alkoholische Mutterlauge hinterließ beim Verdampfen einen Sirup, welcher nach kurzer Zeit kristallinisch erstarrte.

Das Produkt wurde erst aus verdünntem Alkohol und dann aus Wasser umkristallisiert. Die Ausbeute betrug etwa 70 pCt. des Zuckers. Die Analyse gab folgende Zahlen.

0,2092 g Subst.: 0,3035 g $CO_2$, 0,1454 g $H_2O$.

|   | Ber. für $C_7H_{16}O_7$ | Gefunden |
|---|---|---|
| C | 39,62 | 39,56 pCt. |
| H | 7,55 | 7,72 ,, |

Zum Vergleich mit dem natürlichen Perseït stand uns glücklicherweise ein Präparat des Hrn. Maquenne zur Verfügung, welches wir durch Vermittlung des Hrn. Dr. Schuchardt erhielten. Beide Substanzen zeigten vollkommene Übereinstimmung, wie aus der folgenden Übersicht hervorgeht.

|   | Synthetischer | Natürlicher Perseït |
|---|---|---|
| Schmelzpunkt (korr.) | 188⁰ | 188⁰ |
| Schmelzpunkt der Heptacetylverbindung (unkorr.) | 119⁰ | 119⁰ (Maquenne)[1] |
| 100 Teile wässeriger Lösung bei 14⁰ gesättigt enthielten | 6,39 Teile | 6,26 Teile[2] |
| 0,4 g in 5 ccm gesättigter Boraxlösung gelöst drehte im 1 dcm-Rohr im Mittel | + 0,38⁰ | + 0,39⁰ |

[1]) Ann. chim. et phys. [6] **19**, 1 [1890].

[2]) Diese Zahl stimmt fast genau überein mit der Angabe von Muntz

Umgekehrt kann der Perseït durch vorsichtige Oxydation mit Salpetersäure in Mannoheptose verwandelt werden. Erhitzt man 5 g Perseït mit 50 ccm Salpetersäure (vom spez. Gew. 1,14) auf 45⁰, so beginnt nach einigen Stunden die Entwicklung von salpetriger Säure. Nach 6 Stunden wurde die Flüssigkeit, welche nun Fehlingsche Lösung stark reduzierte, abgekühlt, mit Soda neutralisiert, mit Essigsäure wieder schwach angesäuert und nach dem Wegkochen der Kohlensäure in der Kälte mit essigsaurem Phenylhydrazin versetzt.

Nach einiger Zeit begann die Kristallisation des Hydrazons. Die Menge desselben betrug nach dem Waschen mit Wasser, Alkohol und Äther 1 g. Das rotgefärbte Produkt wurde aus heißem Wasser unter Zusatz von etwas Tierkohle umkristallisiert und zeigte dann den Schmelzpunkt sowie das optische Verhalten des oben beschriebenen d-Mannoheptosephenylhydrazons.

Durch die Synthese ist die Konstitution des Perseïts und seine Beziehung zum Mannit vollends festgestellt. Da er ferner leicht in die Mannoheptose übergeht, so darf man hoffen, auch der letzteren im Pflanzenreiche zu begegnen. Für die Gewinnung des Perseïts ist die alte Methode ungleich bequemer; dagegen wird die Mannoheptose am besten auf synthetischem Wege dargestellt.

### d-Mannooctonsäure.

Für die Bereitung der Säure kann man die kristallisierte rohe Heptose benutzen. 30 g des Zuckers werden bei Zimmertemperatur in 150 g Wasser gelöst, mit der berechneten Menge Blausäure versetzt und noch ein Tropfen Ammoniak zugefügt. Die Flüssigkeit färbt sich nach einigen Tagen gelb und schließlich braun, wobei häufig ein Teil des Säureamids kristallinisch ausfällt. Nach 6 Tagen war der größte Teil der Blausäure verschwunden; nun wurde die Lösung samt dem Niederschlag mit einer konzentrierten Lösung von überschüssigem Baryt bis zur völligen Entfernung des Ammoniaks gekocht, dann der Baryt genau mit Schwefelsäure ausgefällt, mit etwas Tierkohle größtenteils entfärbt und das Filtrat auf etwa 300 ccm eingedampft. Beim völligen Verdampfen bleibt ein Sirup, welcher nicht zum Kristallisieren gebracht werden konnte, und da auch die gewöhnlichen Salze der Säure keine besonders schönen Eigenschaften besitzen, so ist es am besten, dieselbe zur Reinigung in das Phenylhydrazid zu verwandeln. Zu dem Zwecke wurde die oben erwähnte etwa 10prozentige wässerige

---

und Marcano (Ann. chim. et phys. [6] **3**, 282 [1884]), welche bei derselben Temperatur 6,3 fanden; sie differiert dagegen von der kürzlich durch Maquenne (loc. cit.) ermittelten Zahl 5,08 bei 18⁰.

Lösung der Säure mit 30 g Phenylhydrazin und etwas Essigsäure versetzt und auf dem Wasserbade erhitzt. Die Kristallisation des Hydrazids beginnt schon nach kurzer Zeit in der Wärme. Nach zwei Stunden wird die Lösung abgekühlt, das Hydrazid abfiltriert, mit kaltem Wasser, Alkohol und Äther gewaschen und aus heißem Wasser unter Zusatz von Tierkohle umkristallisiert. Dasselbe bildet feine farblose, meist sternförmig gruppierte Nadeln. Die Ausbeute betrug 28 g. Das Hydrazid schmilzt beim raschen Erhitzen gegen 243° unter lebhafter Gasentwicklung und hat die Zusammensetzung $C_8H_{15}O_8 . N_2H_2C_6H_5$.

0,1198 g Subst.: 0,2129 g $CO_2$, 0,0721 g $H_2O$.
0,1941 g Subst.: 14,0 ccm N (15°, 759 mm).

|   | Ber. für $C_{14}H_{22}O_8N_2$ | Gefunden |
|---|---|---|
| C | 48,55 | 48,47 pCt. |
| H | 6,36 | 6,69 ,, |
| N | 8,09 | 8,43 ,, |

Es ist selbst in heißem Wasser ziemlich schwer löslich und in kaltem Wasser sowie in Alkohol fast unlöslich.

Zur Umwandlung in die Säure kocht man 1 Teil des Hydrazids mit einer Lösung von 3 Teilen kristallisiertem Barythydrat in 30 Teilen Wasser ½ Stunde, entfernt nach dem Abkühlen das Phenylhydrazin durch 6—8 maliges Ausäthern, verjagt den gelösten Äther durch Erwärmen, fällt den Baryt genau mit Schwefelsäure, entfärbt in der Wärme mit Tierkohle und verdampft das farblose Filtrat zum Sirup. Mit Alkohol übergossen erstarrt derselbe nach einiger Zeit kristallinisch. Die Kristalle sind das Lacton der Mannooctonsäure. Durch Umkristallisieren aus heißem Alkohol wird dasselbe leicht rein erhalten. 30 g Heptose gaben bei diesem Verfahren 19 g reines Mannooctonsäurelacton. Für die Analyse wurde das Präparat bei 100° getrocknet.

0,3675 g Subst.: 0,5428 g $CO_2$, 0,1970 g $H_2O$.

|   | Ber. für $C_8H_{14}O_8$ | Gefunden |
|---|---|---|
| C | 40,33 | 40,28 pCt. |
| H | 5,88 | 5,95 ,, |

Das Lacton schmeckt süß, reagiert neutral, und schmilzt nicht ganz konstant von 167—170° ohne Zersetzung. In Wasser ist es sehr leicht löslich und diese Lösung nimmt beim längeren Stehen eine schwach saure Reaktion an. In heißem Alkohol ist es verhältnismäßig leicht löslich. Gerade wie das Lacton der Heptonsäure dreht es das polarisierte Licht nach links.

Eine Lösung, welche 1,5010 g Lacton in 13,7323 g Wasser enthielt und das spez. Gew. $d_4^{20} = 1,0394$ besaß, drehte im 1 dcm-Rohr 4,46° nach links. Daraus berechnet sich die spezifische Drehung

$$[\alpha]_D^{20} = -48,58°.$$

## *d*-Mannooctose.

Für die Darstellung und Isolierung des Zuckers dient genau dasselbe Verfahren wie bei der Heptose; nur empfiehlt es sich hier, die Menge des Natriumamalgams etwas zu vermehren. Wir verwandten auf 1 Teil Lacton 16 Teile 2½prozentiges Amalgam. Beim Verdampfen der alkoholischen Lösung bleibt die Octose als farbloser Sirup, welcher bisher nicht erstarrte. Auch der aus reinem Hydrazon regenerierte Zucker zeigte keine Neigung zum Kristallisieren.

Die Octose ist in Wasser sehr leicht, dagegen in absolutem Alkohol recht schwer löslich. Sie schmeckt rein süß. Durch Bierhefe wird sie nicht in Gärung versetzt. Sie dreht das polarisierte Licht nur schwach nach links.

Das spezifische Drehungsvermögen, für deren Bestimmung wir den scharf getrockneten, aus dem Hydrazon gewonnenen Sirup benutzten, beträgt ungefähr

$$[\alpha]_D^{20} = -3,3^0,$$

wir bemerken jedoch ausdrücklich, daß diese Zahl nicht genau ist und nur zur vorläufigen Orientierung dienen soll.

Glücklicherweise ist der Zucker durch das schöne Hydrazon und Osazon charakterisiert.

Das erstere fällt aus der kalten wässerigen Lösung der Octose auf Zusatz von essigsaurem Phenylhydrazin in sehr feinen farblosen Nadeln aus; es ist selbst in heißem Wasser schwer löslich, kann aber trotzdem daraus kristallisiert werden. Es schmilzt beim raschen Erhitzen gegen 212⁰ unter Gasentwicklung und hat die Zuasmmensetzung $C_8H_{16}O_7$. $N_2H.C_6H_5$.

0,2647 g Subst.: 0,4950 g $CO_2$, 0,1643 g $H_2O$.
0,1743 g Subst.: 12,95 ccm N (15⁰, 746 mm).

| | Ber. für $C_{14}H_{22}O_7N_2$ | Gefunden |
|---|---|---|
| C | 50,91 | 51,00 pCt. |
| H | 6,66 | 6,87 ,, |
| N | 8,48 | 8,54 ,, |

In wässeriger Lösung mit überschüssigem Hydrazin erwärmt, verwandelt sich das Hydrazon in das Osazon. Selbstverständlich kann das letztere auch direkt aus dem Zucker dargestellt werden.

Versetzt man die sehr verdünnte, etwa 1 prozentige wässerige Lösung der Octose mit einem Überschuß von essigsaurem Phenylhydrazin, so fällt zunächst in der Kälte das Hydrazon heraus, aber beim Erwärmen auf dem Wasserbade geht es wieder in Lösung und nach 15—20 Minuten beginnt die Ausscheidung des Osazons in feinen gelben Nadeln. Die Reaktion ist nach 2 Stunden nahezu beendet. Das Osazon ist in heißem Wasser und selbst in kochendem Alkohol fast unlöslich. Es wurde deshalb für die Analyse mit Wasser und Alkohol ausgekocht und bei $100^0$ getrocknet. Nach der Stickstoffbestimmung besitzt es die normale Zusammensetzung $C_8H_{14}O_6$. $(N_2H.C_6H_5)_2$.

0,0997 g Subst.: 12,25 ccm N ($21^0$, 739 mm).

|   | Ber. für $C_{20}H_{26}O_8N_4$ | Gefunden |
|---|---|---|
| N | 13,40 | 13,59 pCt. |

Die Verbindung schmilzt beim raschen Erhitzen erst gegen $223^0$ unter Gasentwicklung.

### $d$-Mannooctit.

Die Reduktion des Zuckers zum achtwertigen Alkohol wurde in der gleichen Art wie bei der Heptose ausgeführt. Sie erfordert aber hier mehr Amalgam und längere Einwirkung. Für 2 g Octose waren 90 g $2\frac{1}{2}$ prozentiges Natriumamalgam und 18 stündiges heftiges Schütteln notwendig. Der Octit wurde von dem Natronsalz durch Alkohol (von 80 pCt.) getrennt und blieb beim Verdampfen der alkoholischen Lösung zunächst als Sirup zurück, erstarrte aber im Laufe von 24 Stunden fast vollständig zu einer weißen kristallinischen Masse. Das Produkt ist auffallenderweise selbst in heißem Wasser ziemlich schwer löslich und kann deshalb sehr leicht gereinigt werden. Das rohe Produkt wurde zunächst mit kaltem Wasser angerührt, filtriert und der Rückstand aus heißem Wasser umkristallisiert. Es fällt beim Erkalten in farblosen Kriställchen aus, welche unter dem Mikroskop als kleine viereckige Tafeln erscheinen. Für die Analyse wurden dieselben bei $100^0$ getrocknet.

0,1601 g Subst.: 0,2331 g $CO_2$, 0,1111 g $H_2O$.

|   | Ber. für $C_8H_{18}O_8$ | Gefunden |
|---|---|---|
| C | 39,67 | 39,70 pCt. |
| H | 7,44 | 7,71 ,, |

Der Mannooctit erweicht bei $250^0$ und schmilzt vollständig bei $258^0$ (korr.). In kleiner Menge weiter erhitzt, verflüchtigt er sich, ohne Kohle zu hinterlassen.

Durch den hohen Schmelzpunkt und die geringe Löslichkeit in Wasser ist der Octit von allen bisher bekannten mehrwertigen Alkoholen leicht zu unterscheiden. Wenn das Produkt im Pflanzenreiche überhaupt vorkommt, so wird seine Auffindung bei den schönen Eigenschaften keine besondere Schwierigkeit bieten.

### $d$-Mannononansäure.

Eine 10 prozentige wässerige Lösung der Mannooctose, welche mit der berechneten Menge Blausäure und einer Spur Ammoniak versetzt ist, färbt sich bei Zimmertemperatur schon nach 12 Stunden gelb. Nach etwa 24 Stunden beginnt die Abscheidung von Säureamid und nach 3 Tagen ist die Reaktion beendet. Die Masse wurde nun in der früher beschriebenen Weise auf das Phenylhydrazid der Nononsäure verarbeitet. Die Ausbeute ist auch hier recht befriedigend; denn 20 g rohe Octose lieferten 17 g reines Hydrazid.

Das letztere ist selbst in heißem Wasser so schwer löslich, daß man es besser aus 50prozentiger Essigsäure umkristallisiert. Es bildet farblose kleine Nadeln, welche erst gegen 254⁰ unter Zersetzung schmelzen und die Formel $C_9H_{17}O_9 \cdot N_2H_2C_6H_5$ haben.

0,2137 g Subst.: 0,3744 g $CO_2$, 0,1255 g $H_2O$.
0,1787 g Subst.: 11,8 ccm N (19⁰, 752 mm).

|   | Ber. für $C_{15}H_{24}O_9N_2$ | Gefunden |
|---|---|---|
| C | 47,87 | 47,78 pCt. |
| H | 6,38 | 6,52 ,, |
| N | 7,44 | 7,51 ,, |

Für die Umwandlung des Hyrazids in die Nononsäure gilt gleichfalls das bei der Octonsäure beschriebene Verfahren. Beim Abdampfen der wässerigen Lösung geht die Säure fast vollständig in das Lacton über. Das letztere bleibt zunächst als Sirup zurück, erstarrt aber beim Übergießen mit Alkohol schon nach einigen Stunden. In heißem Alkohol ist es ziemlich leicht löslich und kristallisiert daraus beim Erkalten in sehr feinen Nadeln, welche meist sternförmig gruppiert sind und bei 175—177⁰ schmelzen. Für die Analyse wurden dieselben bei 100⁰ getrocknet.

0,1837 g Subst.: 0,2707 g $CO_2$, 0,1001 g $H_2O$.

|   | Ber. für $C_9H_{16}O_9$ | Gefunden |
|---|---|---|
| C | 40,30 | 40,19 pCt. |
| H | 5,97 | 6,05 ,, |

Das Mannononsäurelacton schmeckt süß, reagiert neutral und st in Wasser leicht löslich. Es dreht gerade so wie die Lactone der Octonsäure und Heptonsäure nach links.

2,5005 g Lacton wurden in Wasser von 20⁰ gelöst und die Flüssigkeit genau auf 25 ccm gebracht. Diese Lösung drehte im 2 dcm-Rohr 8,20⁰ nach links. Daraus berechnet sich die spezifische Drehung

$$[\alpha]_D^{20} = -41,0^0.$$

### d-Mannononose, $C_9H_{18}O_9$.

Die Bereitung des Zuckers bietet keine Schwierigkeiten, wenn man der für die Octose gegebenen Vorschrift folgt. Er bleibt beim Abdampfen der alkoholischen Lösung zunächst als Sirup, erstarrt aber nach dem Übergießen mit absolutem Alkohol nach etwa 12 Stunden zu einer weißen kristallinischen Masse. Aus heißem 96 prozentigem Alkohol läßt er sich umkristallisieren und bildet dann kleine kugelförmige Aggregate. Ganz frei von Asche haben wir das Produkt bisher nicht erhalten. Für die Reinigung durch das schön kristallisierende Hydrazon reichte unser Material nicht aus. Aus diesem Grunde konnte der Schmelzpunkt und das Drehungsvermögen nur approximativ bestimmt werden. Der erstere liegt ungefähr bei 130⁰ und die spezifische Drehung beträgt direkt nach dem Auflösen etwa 50⁰ nach rechts. Die Zusammensetzung wurde durch das schöne Hydrazon $C_9H_{18}O_8 \cdot N_2H \cdot C_6H_5$ festgestellt. Dasselbe ist in kaltem Wasser sehr schwer löslich und läßt sich leicht aus heißem Wasser umkristallisieren. Es bildet feine weiße Nadeln, welche beim raschen Erhitzen gegen 223⁰ unter Zersetzung schmelzen. Die Analyse gab folgende Zahlen.

0,2050 g Subst.: 0,3751 g $CO_2$, 0,1241 g $H_2O$.

0,2113 g Subst.: 14,7 ccm N (21⁰, 749 mm).

|   | Ber. für $C_{15}H_{24}O_8N_2$ | Gefunden |
|---|---|---|
| C | 50,00 | 49,90 pCt. |
| H | 6,66 | 6,72 ,, |
| N | 7,77 | 7,80 ,, |

Das Osazon wird in der bekannten Weise dargestellt und bildet schöne gelbe Nadeln, welche in heißem Wasser und Alkohol fast unlöslich sind und gegen 217⁰ unter Zersetzung schmelzen.

Gärung der Mannononose. Die Nonose gärt ebenso leicht wie die Mannose oder der Traubenzucker. Versetzt man ihre 10 prozentige wässerige Lösung mit frischer Bierhefe, so beginnt bei 30⁰ schon nach 15 Minuten die Entwicklung von Kohlensäure. Nach 24 Stunden war der größere Teil des Zuckers verschwunden. Höchstwahrscheinlich erleidet derselbe die gewöhnliche Alkoholgärung; denn die vergorene Flüssigkeit besaß einen alkoholischen Geruch und lieferte ein Destillat, welches sehr stark die Jodoformreaktion zeigte. Leider konnten wir für den Versuch nur ½ g Zucker verwenden und deshalb den Alkohol nicht durch eine schärfere Probe nachweisen. Die Gärfähigkeit der Nonose erscheint um so interessanter, als diese Eigenschaft der Mannoheptose oder Mannooctose und ebenso den bisher bekannten Pentosen (Arabinose uud Xylose) fehlt. Dagegen finden wir dieselbe bei den meisten Hexosen und ebenso bei der Glycerose. Die Hefe bevorzugt also offenbar diejenigen Zuckerarten, deren Kohlenstoffzahl der Zahl drei oder einem Multiplum derselben entspricht.

Die Mannononose ist dem Traubenzucker so ähnlich, daß sie leicht damit verwechselt werden kann. Sie hat dieselbe prozentische Zusammensetzung, ungefähr das gleiche Drehungsvermögen, einen ähnlichen Schmelzpunkt und ist gärungsfähig. Hätte man dieselbe im

Pflanzenreiche gefunden, bevor die Hydrazinprobe bekannt war, so wäre sie gewiß als Traubenzucker angesehen worden. Das Vorkommen der Nonose in der Pflanze könnte nicht überraschen; denn daß die letztere mit dem Glycerinaldehyd arbeitet, ist mehr als wahrscheinlich und wenn dieser so leicht sich zu einer Hexose kondensiert, so erscheint es gewiß möglich, daß unter anderen Bedingungen auch drei Moleküle desselben zur Nonose zusammentreten.

Man ersieht aus dieser Bemerkung von neuem, wie notwendig es ist, die natürlichen Zuckerarten durch das Phenylhydrazin zu prüfen. Bei richtiger Anwendung dieser Reaktion kann die Nonose nicht übersehen werden.

--------

Die vorliegenden Resultate[*]) beweisen, daß der Aufbau der komplizierteren Zuckerarten nunmehr fast ebenso leicht wie die Synthese der aliphatischen Kohlenwasserstoffe und Säuren bewerkstelligt werden kann. Je höher man in der Reihe aufsteigt, um so schöner werden die Eigenschaften der Produkte, und der Verlauf der Reaktionen bleibt derselbe wie bei den niedrigen Gliedern. Nur der Mangel an Material hat uns verhindert, von der Nonose bis zur Decose und Undecose fortzuschreiten. Sobald einer der höheren Zucker in der Natur gefunden wird, kann die Synthese von neuem beginnen.

Beachtenswert ist das optische Verhalten der neuen Produkte. Scheinbar in regelloser Weise wechselt das Drehungsvermögen von rechts nach links und umgekehrt, wie folgende Zusammenstellung zeigt.

| d-Mannosereihe | Spezifische Drehung |
|---|---|
| Hexonsäurelacton[1]) . . . | + 53,81[0] |
| Hexose[2]) . . . . . . . . | + 12,96[0] |
| Heptonsäurelacton . . . . | − 74,23[0] |
| Heptose . . . . . . . . | + 85,05[0] |

--------

*) *Bei einer Wiederholung vorstehender Versuche, die Herr Dr. Hagenbach vor mehreren Jahren auf meine Veranlassung unternahm, zeigte sich von der Octose an ein abweichender Gang der Synthese, die zu anderen Produkten führte. Es bedarf neuer Beobachtungen, um diese Differenz aufzuklären. Wahrscheinlich liegt die Ursache in kleinen Verschiedenheiten der äußeren Bedingungen, die nach allen übrigen Erfahrungen in der Zuckergruppe bei der Anlagerung der Blausäure eine große Rolle spielen. Es ist meine Absicht, diese Versuche wieder aufzunehmen, da mir eine erneute Prüfung der Mannononose mit reinen Hefen, die mir vor 18 Jahren nicht zur Verfügung standen, sehr erwünscht erscheint.*

1) Berichte d. d. chem. Gesellsch. **22**, 3222 [1889]. (S. 312.)
2) Berichte d. d. chem. Gesellsch. **22**, 368 [1889]. (S. 297.)

Octonsäurelacton. . . . . — 43,58⁰

Octose . . . . . . . . . — 3,3⁰ (approximativ)

Nononsäurelacton . . . . — 41,0⁰

Nonose . . . . . . . . . + 50,0⁰ (approximativ).

Welche Einflüsse hier maßgebend sind, läßt sich zur Zeit noch kaum vermuten.

Dagegen unterliegt es keinem Zweifel, daß man aus der *l*-Mannose durch Synthese alle optischen Antipoden der letzten 6 Produkte erhalten wird.

## 69. Emil Fischer und Oscar Piloty: Über kohlenstoffreichere Zuckerarten aus Rhamnose.

Berichte der deutschen chemischen Gesellschaft **23**, 3102 [1890].

(Eingegangen am 15. Oktober.)

Die Rhamnose (Isodulcit) ist eine Methylpentose und hat im wasserfreien Zustand die Formel: $CH_3.(CHOH)_4.COH$; sie läßt sich infolgedessen in derselben Art wie die gewöhnlichen Hexosen in kohlenstoffreichere Zuckerarten verwandeln. Wir haben die Synthese bis zur Methyloctose durchgeführt und bezeichnen die Produkte nach dem Ursprung aus Rhamnose mit Weglassung des „Methyls" als Rhamnohexose, Rhamnoheptose, Rhamnooctose. Die Namen der zugehörigen Säuren und Alkohole ergeben sich daraus von selbst. Die betreffenden Zuckerarten sind der Rhamnose sehr ähnlich und keine derselben ist gärfähig.

Endlich ist es auch gelungen, den aus der Rhamnose durch Reduktion entstehenden fünfwertigen Alkohol kristallisiert zu erhalten; derselbe ist als Rhamnit zu bezeichnen.

Für diese Versuche war eine größere Menge von Rhamnose notwendig, deren Bereitung aus Quercitrin immerhin einige Mühe macht; wir sind deshalb Hrn. Dr. Geigy in Basel, welcher uns eine reichliche Quantität des auf technischem Wege gewonnenen Zuckers zur Verfügung stellte, zu großem Danke verpflichtet.

### Rhamnit, $CH_3.(CHOH)_4.CH_2OH$.

Daß die Rhamnose durch Natriumamalgam reduziert wird, ist bereits von Fischer und Tafel[1]) beobachtet worden, welche dabei einen süßschmeckenden, in Alkohol leicht löslichen Sirup erhielten. Will man letzteren zum Kristallisieren bringen, so ist es notwendig, die Reduktion unter besonderen Bedingungen auszuführen. Die besten Resultate lieferte folgendes Verfahren: eine 10prozentige wässerige Lösung von Rhamnose wird nach und nach unter andauerndem

---

[1]) Berichte d. d. chem. Gesellsch. **21**, 1658 [1888]. (*S. 282.*)

heftigen Schütteln mit 2½ prozentigem Natriumamalgam versetzt und gleichzeitig gekühlt. Während der ersten Hälfte der Operation wird die Flüssigkeit durch öfteren Zusatz von Schwefelsäure schwach sauer und später ganz schwach alkalisch gehalten. Die Reaktion ist beendigt, wenn die Flüssigkeit Fehlingsche Lösung nicht mehr reduziert. Bei Anwendung von 5 g Rhamnose erfordert sie etwa 10 Stunden. Zum Schluß wird die alkalische Lösung filtriert, mit Schwefelsäure genau neutralisiert, dann auf dem Wasserbade stark konzentriert und endlich in heißen absoluten Alkohol eingegossen. Verdampft man die alkoholische Lösung zum dünnflüssigen Sirup, so erstarrt derselbe beim Erkalten zu einer farblosen Kristallmasse. Die Ausbeute beträgt etwa 60 pCt. des angewandten Zuckers. Für die Analyse wurde das Produkt aus heißem Aceton umkristallisiert und bei 110° getrocknet.

0,2497 g Subst.: 0,3954 g $CO_2$, 0,1891 g $H_2O$.

|   | Berechnet | Gefunden |
|---|---|---|
| C | 43,37 | 43,18 pCt. |
| H | 8,43 | 8,46 ,, |

Der Rhamnit schmeckt süß, schmilzt bei 121° und destilliert zum Teil unzersetzt; er ist in Wasser und Alkohol sehr leicht, in Chloroform und Aceton schwer und in Äther fast gar nicht löslich. Aus der konzentrierten Lösung in Aceton scheidet er sich zunächst in feinen Tröpfchen aus, welche bald erstarren und dann zu ziemlich großen Kristallen anwachsen. Die Untersuchung der letzteren hat Hr. Professor Haushofer in München gütigst übernommen und macht darüber folgende Mitteilung:

„Prismatische Kristalle, zu Gruppen verwachsen, von welchen sich soviel sagen läßt, daß sie dem triklinen System angehören. Die Messungen ergaben jedoch so unsichere Resultate, daß sie als Grundlage einer Berechnung der morphologischen Elemente unzulänglich erscheinen. Das Prisma besitzt einen Kantenwinkel von ca. 93° 50'; eine schiefliegende Fläche bildet mit den Prismenflächen Winkel von 113° und 121°, eine andere 86° und 94°."

Im Gegensatz zu den übrigen mehrwertigen Alkoholen, welche das polarisierte Licht entweder gar nicht oder in merklicher Weise erst auf Zusatz von Borax drehen, ist der Rhamnit optisch ziemlich stark aktiv. Eine Lösung von 11,0187 g, welche 0,9529 g oder 8,648 pCt. Rhamnit enthielt und das spez. Gew. 1,026 besaß, drehte bei 20° im 1 dcm-Rohr 0,94° nach rechts[1]); daraus berechnet sich die spezifische Drehung $[\alpha]_D^{20} = + 10,7°$.

---

[1]) Diese Zahl ist das Mittel verschiedener Ablesungen, wobei die stärkste Abweichung vom Mittel 0,03° betrug; dasselbe gilt von den später angeführten Drehungswinkeln.

Der Rhamnit reduziert Fehlingsche Lösung nicht; von Salpeter-
säure wird er leicht oxydiert und liefert dabei Produkte, welche die
Zuckerreaktionen zeigen. Ebenso leicht wird er beim Kochen mit
Jodwasserstoffsäure reduziert.

## Rhamnohexonsäure, $CH_3.(CHOH)_5.COOH$.

Die Verbindung ist früher unter den Namen Isodulcitcarbonsäure
resp. Rhamnosecarbonsäure beschrieben worden[1]). Beim Abdampfen
der wässerigen Lösung verwandelt sich die Säure in das schön kristallisierende Lacton. Von letzterem haben wir nachträglich das Drehungsvermögen bestimmt.

Eine wässerige Lösung, welche 2,5084 g in 25 ccm enthielt, drehte
bei 20⁰ im 2 dcm-Rohr 16,81⁰ nach rechts; daraus berechnet sich das
spezifische Drehungsvermögen $[\alpha]_D^{20} = + 83,8^0$. Das Drehungsvermögen war nach 6stündigem Aufbewahren der wässerigen Lösung unverändert.

## Rhamnohexose, $CH_3.(CHOH)_5.COH$.

Zur Gewinnung des Zuckers wird eine Lösung von 20 g Rhamno-
hexonsäurelacton in 200 g Wasser durch eine Kältemischung bis zum
Gefrieren abgekühlt und dann in dieselbe 320 g 2½ prozentiges Natriumamalgam in mehreren Portionen eingetragen; während dessen
wird die Flüssigkeit fortwährend geschüttelt und gekühlt und die Reaktion durch öfteren Zusatz von verdünnter Schwefelsäure stark sauer
gehalten; erst gegen Schluß der Operation, welche etwa ¾ Stunden
dauert, entweicht Wasserstoff. Wenn das Natriumamalgam ganz verbraucht ist, wird die Flüssigkeit vom Quecksilber getrennt und mit
so viel Natronlauge versetzt, daß die Reaktion nach ¹/₄ Stunde
noch alkalisch ist; dies geschieht, um etwa unverändertes Lacton in
Natriumsalz zu verwandeln. Nun neutralisiert man die Flüssigkeit
in der Kälte genau mit Schwefelsäure, verdampft auf dem Wasserbade, bis eine reichliche Menge von Natriumsulfat auskristallisiert ist
und gießt dann in kochenden absoluten Alkohol ein; dabei fallen die
Natriumsalze aus, während der Zucker völlig in Lösung geht; derselbe bleibt beim Verdampfen der alkoholischen Mutterlauge kristallinisch zurück und wird durch Umkristallisieren aus heißem Methylalkohol leicht rein gewonnen. Die Ausbeute beträgt, wenn die Reduktion richtig verläuft, 60—65 pCt. des angewandten Lactons.

Die Rhamnohexose bildet farblose, kleine, aber gut ausgebildete,
kurze Säulen oder dicke Tafeln und schmilzt bei 180—181⁰ (unkorr.)
ohne Zersetzung. Sie hat die Zusammensetzung $C_7H_{14}O_6$.

---

[1]) Berichte d. d. chem. Gesellsch. **21**, 1658 [1888]. (*S. 283.*)

0,2219 g Subst.: 0,3510 g $CO_2$, 0,1418 g $H_2O$.

|   | Berechnet | Gefunden |
|---|---|---|
| C | 43,33 | 43,13 pCt. |
| H | 7,2 | 7,12 ,, |

Sie unterscheidet sich mithin von der Rhamnose, welche wasserfrei ein Sirup ist*) und welche im kristallisierten Zustand die wasserreichere Formel $C_6H_{14}O_6$ besitzt. Die Rhamnohexose ist in absolutem Alkohol ziemlich schwer, in heißem Methylalkohol etwas leichter löslich und wird deshalb am besten aus dem letzteren umkristallisiert. Die wässerige Lösung schmeckt rein süß, zeigt alle die gewöhnlichen Zuckerreaktionen, gärt aber nicht mit Bierhefe. Sie dreht das polarisierte Licht nach links und zeigt ziemlich starke Birotation. Eine Lösung, welche in 16,5639 g 1,6025 g mithin 9,6746 pCt. Rhamnohexose enthielt und das spez. Gew. 1,0347 besaß, drehte bei 20⁰ etwa ½ Stunde nach der Auflösung im 2 dcm-Rohr 16,6⁰ nach links; nach 12 Stunden betrug die Drehung nur noch $-12,3^0$ und blieb dann konstant; aus der letzteren Zahl berechnet sich das spezifische Drehungsvermögen $[\alpha]_D^{20} = -61,40^0$.

## Rhamnohexosazon, $C_7H_{12}O_4(N_2H.C_6H_5)_2$.

Während das Phenylhydrazon des Zuckers in Wasser leicht löslich und deshalb wenig charakteristisch ist, fällt das Osazon beim Erhitzen mit essigsaurem Phenylhydrazin auf dem Wasserbade nach etwa 15 Minuten in feinen gelben, verfilzten Nadeln aus. Für die Analyse wurde es in Alkohol gelöst, durch heißes Wasser wieder gefällt und bei 110⁰ getrocknet.

0,1848 g Subst.: 0,4166 g $CO_2$, 0,1082 g $H_2O$;
0,2090 g Subst.: 27,6 ccm N (19⁰, 755 mm).

|   | Berechnet | Gefunden |
|---|---|---|
| C | 61,29 | 61,57 pCt. |
| H | 6,45 | 6,49 ,, |
| N | 15,05 | 15,07 ,, |

Die Verbindung schmilzt gegen 200⁰ unter Gasentwicklung; ebenso wie das Rhamnosazon ist sie in kochendem Alkohol leicht, in Wasser dagegen fast gar nicht löslich.

## Rhamnohexit, $CH_3.(CHOH)_5.CH_2OH$.

Dieser sechswertige Alkohol wird in der gleichen Art dargestellt wie der Rhamnit. Die Reduktion verläuft auch hier ziemlich langsam; bei Anwendung von 3 g Rhamnohexose war 6stündiges anhaltendes Schütteln mit überschüssigem Natriumamalgam erforderlich. Die Isolierung des Rhamnohexits bietet keine Schwierigkeit; denn er löst

---

*) Vgl. Seite 535.

sich in heißem Äthyl- und Methylalkohol ziemlich leicht und kristallisiert beim Verdunsten sehr schön.   Für die Analyse wurde das Präparat bei 110° getrocknet.

0,1277 g Subst.: 0,2006 g $CO_2$, 0,0937 g $H_2O$.

|   | Berechnet | Gefunden |
|---|---|---|
| C | 42,86 | 42,83 pCt. |
| H | 8,16 | 8,15 „ |

Der Rhamnohexit beginnt gegen 170° zu sintern und schmilzt vollständig bei 173° ohne Zersetzung.   Aus heißem Alkohol kristallisiert er in kleinen farblosen Prismen; er reduziert die Fehlingsche Lösung nicht und dreht nach rechts.   0,261 g wurden in 5,0453 g Wasser gelöst; diese Lösung besaß das spez. Gew. 1,0137 bei 20° und drehte im 1 dcm-Rohr 0,58° nach rechts; daraus berechnet sich die spezifische Drehung $[\alpha]_D^{20} = + 11,6°$.   Die Zahl ist jedenfalls nicht ganz genau, weil bei der geringen Menge Substanz, welche für den Versuch verwendet werden mußte, die Ablesungsfehler zu großen Einfluß ausüben.*)

### Rhamnoheptonsäure, $CH_3.(CHOH)_6.COOH$.

30 g Rhamnohexose wurden in 120 g Wasser gelöst und zu dieser Lösung 6 g wasserfreie Blausäure gegeben.   Nach 2 Tagen ruhigen Stehens bei gewöhnlicher Temperatur begann die Ausscheidung einer weißen Kristallmasse, des Amides der Rhamnoheptonsäure.   Nach weiteren 6 Stunden war die ganze Masse zu einem Brei erstarrt und begann sich schwach gelb zu färben.   Hier wurde die Reaktion unterbrochen, der ganze Inhalt des Gefäßes auf dem Wasserbade erwärmt, bis alle Blausäure entfernt war und dann mit 45 g Barythydrat, in 300 g Wasser gelöst, auf dem Wasserbade eingedampft, bis der Geruch nach Ammoniak verschwunden war.

Die Lösung enthält nun rhamnoheptonsaures Baryum; der darin suspendierte Niederschlag ist ein basisches Salz.   Die schwach braungefärbte Reaktionsmasse wurde ohne vorherige Filtration mit Schwefelsäure genau barytfrei gemacht, mit Tierkohle entfärbt und das stark sauer reagierende Filtrat auf dem Wasserbade zum Sirup eingedampft; dabei verwandelt sich die Säure in ihr Lacton; das letztere bleibt als farbloser Sirup zurück, der bald zu konzentrisch gelagerten Nädelchen erstarrt, die aus absolutem Alkohol leicht umkristallisiert

---

*) *Eine genauere Bestimmung mit einer größeren Menge reineren Materials ist später ausgeführt und in den Berichten d. d. chem. Gesellsch. 23, 3827 [1890] veröffentlicht.   Sie sei hier angeführt:*

*0,5255 g Rhamnohexit wurden in 5,0462 g Wasser gelöst.   Die Lösung besaß das spezifische Gewicht 1,0309 und drehte bei 20° im 1 dcm-Rohr 1,36° nach rechts.   Demnach* $[\alpha]_D^{20} = + 14,0°$.

werden können. Völlig konnte das Lacton nicht von der Säure befreit werden; selbst nach 8 maligem Umkristallisieren war seine Reaktion ganz schwach sauer; aber die Menge der Säure war so gering, daß sie auf die Resultate der Analyse keinen Einfluß ausübte.

Die Ausbeute an Lacton betrug etwa 19 g, was 63 pCt. vom angewandten Zucker entspricht. Die sorgfältig gereinigte Substanz sintert bei 158⁰ und ist bei 160⁰ geschmolzen, ohne sich zu zersetzen; für die Analyse war dieselbe bei 110⁰ getrocknet.

0,2225 g Subst.: 0,3509 g $CO_2$, 0,1277 g $H_2O$.

|   | Berechnet | Gefunden |
|---|-----------|----------|
| C | 43,24 | 43,02 pCt. |
| H | 6,31 | 6,38 ,, |

Das Lacton ist in Wasser sehr leicht, in Äthyl- und Methylalkohol ziemlich leicht, in Äther jedoch nicht löslich.

Für die Untersuchung des Drehungsvermögens diente eine wässerige Lösung von 20⁰, welche in 25 ccm 2,5091 g Lacton enthielt. Dieselbe drehte im 2 dcm-Rohr 11,16⁰ nach rechts; daraus ergibt sich als spezifisches Drehungsvermögen $[\alpha]_D^{20} = + 55,6^0$. Nach 6 Stunden war das Drehungsvermögen der Lösung noch unverändert.

## Rhamnoheptonsäurehydrazid, $C_8H_{15}O_7 \cdot N_2H_2 \cdot C_6H_5$.

Erhitzt man die Säure oder ihr Lacton in etwa 10prozentiger wässeriger Lösung mit essigsaurem Phenylhydrazin auf dem Wasserbade, so beginnt nach etwa ¾ Stunden die Abscheidung des Hydrazids; die Hauptmenge desselben kristallisiert dagegen erst beim Abkühlen. Aus heißem Wasser unter Zusatz von etwas Tierkohle umkristallisiert bildet die Verbindung feine, weiße, meist kugelförmig gruppierte Nadeln, welche für die Analyse ebenfalls bei 110⁰ getrocknet wurden.

0,1083 g Subst.: 0,2017 g $CO_2$, 0,0651 g $H_2O$-

|   | Berechnet | Gefunden |
|---|-----------|----------|
| C | 50,91 | 50,79 pCt. |
| H | 6,67 | 6,65 ,, |

Das Hydrazid färbt sich beim raschen Erhitzen gegen 215⁰ und schmilzt einige Grade höher unter lebhafter Gasentwicklung. Es ist in heißem Wasser ziemlich leicht, in kaltem Wasser und Alkohol recht schwer löslich.

## Rhamnoheptose, $CH_3 \cdot (CHOH)_6 \cdot COH$.

Die Reduktion des Rhamnoheptonsäurelactons zur Heptose geht nicht so glatt vor sich, wie bei der Rhamnohexonsäure. Es ist hier besser, das Natriumamalgam in kleinen Portionen rasch hintereinander einzutragen und dabei die Reaktion stets schwach sauer zu halten. Die im übrigen analog der Rhamnohexose isolierte Rhamnoheptose bildet einen farblosen Sirup, welcher in Wasser und Alkohol äußerst leicht löslich ist, dagegen von Äther nicht aufgenommen wird und bis jetzt nicht kristallisiert erhalten werden konnte. Durch das in absolutem Alkohol merklich lösliche Natriumsalz der Rhamnoheptonsäure ist er stets verunreinigt. Um den Zucker völlig aschefrei zu erhalten, ist der Umweg über das Hydrazon notwendig. Dieses ist in kaltem Wasser schwer löslich und läßt sich genau in derselben Art wie das Mannosephenylhydrazon[1]) in den Zucker zurückverwandeln. So gereinigt bildet derselbe einen farblosen, süß schmeckenden Sirup, welcher ebenfalls keine Neigung zum Kristallisieren zeigte. Das Drehungsvermögen konnte infolgedessen nur annähernd bestimmt werden. Für den Zweck wurde der Sirup möglichst scharf bei $100^0$ getrocknet. Das Produkt bildet dann nach dem Erkalten eine harte glasige Masse. Eine wässerige Lösung, welche $2,35$ g in $25$ ccm enthielt, drehte bei $20^0$ im 2 dcm-Rohr $1,57^0$ nach rechts. Daraus berechnet sich das spezifische Drehungsvermögen $[\alpha]_D^{20} = + 8,4^0$; diese Zahl ist aber mit Rücksicht auf die Eigenschaften des Materials nur als ein Annäherungswert zu betrachten.

Charakteristisch für die Rhamnoheptose ist das in kaltem Wasser schwer lösliche Phenylhydrazon; dasselbe fällt aus der wässerigen Lösung des Zuckers auf Zusatz von essigsaurem Phenylhydrazin in der Kälte nach kurzer Zeit kristallinisch aus und wird durch Umkristallisieren aus heißem Wasser leicht rein erhalten. Es hat die Zusammensetzung $C_8H_{16}O_6 . N_2H . C_6H_5$.

0,2143 g Subst.: 0,4224 g $CO_2$, 0,1380 g $H_2O$.
0,2984 g Subst.: 22,8 ccm N (18$^0$, 749,5 mm).

|   | Berechnet | Gefunden |
|---|---|---|
| C | 53,50 | 53,75 pCt. |
| H | 7,01 | 7,14 ,, |
| N | 8,90 | 8,68 ,, |

Die Verbindung bildet farblose, feine Nadeln, welche gegen $200^0$ unter Zersetzung schmelzen. Daß sie durch Spaltung mit Salzsäure in den Zucker zurückverwandelt werden kann, ist zuvor schon erwähnt.

Wird das Hydrazon oder der Zucker selbst mit überschüssigem essigsaurem Phenylhydrazin auf dem Wasserbade erhitzt, so beginnt nach etwa 10 Minuten die Kristallisation des Osazons $C_8H_{14}O_5 . (N_2H . C_6H_5)_2$. Dasselbe bildet feine, gelbe Nadeln, welche in Alkohol und

---

[1]) Berichte d. d. chem. Gesellsch. **21**, 1806 [1888] (*S. 290*) und **22**, 365 [1889]. (*S. 294*.)

Wasser sehr schwer löslich sind und gegen 200° unter Zersetzung schmelzen.

0,2598 g Subst.: 0,5661 g $CO_2$, 0,1575 g $H_2O$.
0,3416 g Subst.: 42,1 ccm N (20°, 747 mm).

|   | Berechnet | Gefunden |
|---|-----------|----------|
| C | 59,7 | 59,47 pCt. |
| H | 6,47 | 6,73 ,, |
| N | 13,93 | 13,84 ,, |

Charakteristisch für das Osazon ist die geringe Löslichkeit in heißem Alkohol, wodurch es sich von den entsprechenden Derivaten der Rhamnose und Rhamnohexose scharf unterscheidet; überhaupt sind die Eigenschaften des Osazons und Hydrazons bei diesem Zucker derart, daß seine Erkennung nicht die geringste Schwierigkeit bietet.

## Rhamnooctonsäure, $CH_3 . (CHOH)_7 . COOH$.

Die Addition von Blausäure an Rhamnoheptose verläuft ähnlich, wie bei der Darstellung der Heptonsäure angegeben ist. 6 g der sirupförmigen Heptose wurden in 24 g Wasser gelöst und mit 0,73 g wasserfreier Blausäure versetzt. Da die Reaktion bei gewöhnlicher Temperatur sehr langsam vonstatten geht, so ist es besser, die Flüssigkeit auf 40° zu erwärmen. Nach 3 Tagen war sie dann vollständig mit weißen Kristallen des Rhamnooctonsäureamids erfüllt. Die Verseifung der Reaktionsmasse mit Baryt und die Verarbeitung des Barytsalzes auf die freie Säure wurde genau in der früher beschriebenen Weise durchgeführt. Die letztere verwandelt sich beim Abdampfen ihrer Lösung in das Lacton, welches als kristallinische Masse zurückbleibt und dessen Menge etwa 70 pCt. des angewandten Zuckers beträgt. Das rohe Lacton enthält etwas Asche, von welcher es durch einfaches Umkristallisieren schwer zu befreien ist; für die völlige Reinigung haben wir deshalb den Umweg über das Hydrazid vorgezogen. Die Bereitung desselben und seine Rückverwandlung geschah nach der früher öfters geschilderten Methode. Das so gewonnene Lacton erstarrte beim Verdampfen der wässerigen Lösung zu farblosen, konzentrisch gruppierten Nadeln und wird durch Umkristallisieren aus Aceton ganz rein erhalten.

0,1753 g Subst.: 0,2742 g $CO_2$, 0,0999 g $H_2O$.

|   | Berechnet | Gefunden |
|---|-----------|----------|
| C | 42,86 | 42,73 pCt. |
| H | 6,35 | 6,33 ,, |

Es schmilzt, wie alle Lactone dieser Gruppe, nicht ganz scharf bei 171—172° ohne Zersetzung. In Wasser und Alkohol ist es leicht, in Aceton dagegen ziemlich schwer löslich.

Eine wässerige Lösung vom Gesamtgewicht 7,1062 g, welche 0,3384 g Lacton enthielt, mithin 4,762 prozentig war und das spez. Gew. 1,0163 besaß, drehte bei 20° im 1 dcm-Rohr 2,46° nach links; daraus berechnet sich das spezifische Drehungsvermögen $[\alpha]_D^{20} = -50,8°$.

Das Phenylhydrazid, $CH_3(CHOH)_7CO.N_2H_2.C_6H_5$, wird in der üblichen Weise durch Erhitzen der Säure oder des Lactons mit essigsaurem Phenylhydrazin auf dem Wasserbade gewonnen; es ist selbst in heißem Wasser ziemlich schwer löslich, schmilzt beim raschen Erhitzen gegen 220° unter Gasentwicklung und kristallisiert aus heißem Wasser in feinen, weißen Nadeln.

0,1620 g Subst.: 11,1 ccm N (17°, 748 mm).

|   | Berechnet | Gefunden |
|---|---|---|
| N | 7,78 | 7,84 pCt. |

Durch Reduktion des Rhamnooctonsäurelactons entsteht ein Zucker, welcher unzweifelhaft die Rhamnooctose ist, für dessen genaue Untersuchung indessen das Material nicht mehr ausreichte. Wir haben uns deshalb darauf beschränkt, die Entstehung desselben durch Fehlingsche Lösung und die Bildung des in Wasser unlöslichen Osazons, welches gegen 216° schmilzt, festzustellen.

Zum Schluß geben wir eine Übersicht über die jetzt bekannten Verbindungen der Rhamnosereihe und deren spezifisches Drehungsvermögen, soweit dasselbe ermittelt wurde:

|  | spez. Drehung |
|---|---|
| Rhamnonsäurelacton . . . . . . . | — |
| Rhamnose . . . . . . . . . . . | + 8 bis 9° |
| Rhamnit . . . . . . . . . . . . | + 10,7° |
| Rhamnohexonsäurelacton . . . . . | + 83,8° |
| Rhamnohexose . . . . . . . . . | — 61,4° |
| Rhamnohexit . . . . . . . . . | + 14,0° |
| Rhamnoheptonsäurelacton . . . . | + 55,6° |
| Rhamnoheptose (approximativ) . | + 8,4° |
| Rhamnooctonsäurelacton . . . . . | — 50,8° |

## 70. Emil Fischer: Über kohlenstoffreichere Zuckerarten aus Glucose.

Liebigs Annalen der Chemie **270**, 64 [1892].

(Eingegangen am 1. April.)

Die vor 60 Jahren durch Winkler aufgefundene Synthese von Oxysäuren durch Kombination der Aldehyde mit Cyanwasserstoff ist von Kiliani vor einigen Jahren mit großem Erfolg auf die Zuckerarten übertragen worden und hat bisher in keinem Falle versagt. Die hierbei entstehenden Oxysäuren gehen in der Regel leicht in Lactone über und können dann nach dem von mir aufgefundenen Verfahren durch Reduktion mit Natriumamalgam in den zugehörigen Zucker verwandelt werden. Die Kombination der beiden Methoden gestattet mithin den Aufbau einer großen Zahl von kohlenstoffreicheren Zuckerarten. Die Brauchbarkeit der Synthese wurde zuerst an der Mannose[1]) demonstriert, wo sie über die Heptose und Octose bis zur Nonose führte. Ihre Fruchtbarkeit vergrößerte sich noch durch die Beobachtung, daß die Anlagerung der Blausäure bei den Zuckerarten zwei stereoisomere Produkte liefert[2]). Damit ist im Prinzip die Möglichkeit gegeben, aus jedem bekannten Zucker alle kohlenstoffreicheren Oxysäuren, Zucker und mehrwertigen Alkohole, welche durch die Theorie vorhergesehen sind, tatsächlich zu gewinnen.

Den Beweis dafür liefern die nachfolgenden Versuche, für welche ich aus praktischen Gründen den wichtigsten Zucker, die $d$-Glucose, gewählt habe. Daß diese sich mit Blausäure verbindet, ist bereits von Kiliani[3]) gezeigt worden. Er nannte die von ihm gewonnene Säure $C_7H_{14}O_8$ Dextrosecarbonsäure. Neben derselben entsteht aber eine zweite stereoisomere Verbindung, welche aus den Mutterlaugen mit Hilfe des Brucinsalzes isoliert werden kann. Entsprechend der früher vorgeschlagenen Nomenklatur bezeichne ich beide Produkte als Glucoheptonsäuren und unterscheide sie in Ermanglung einer besseren Ausdrucksweise vorläufig als $\alpha$- und $\beta$-Verbindung. Ihre

---

[1]) Berichte d. d. chem. Gesellsch. **23**, 2226 [1890]. (*S. 569.*)

[2]) Berichte d. d. chem. Gesellsch. **23**, 2611 und 2623 [1890]. (*S. 362, 375.*)

[3]) Berichte d. d. chem. Gesellsch. **19**, 767 [1886].

Lactone liefern bei der Reduktion die α- und β-Glucoheptose. Die erstere ist am leichtesten zu gewinnen und wurde deshalb für die weitere Synthese benutzt. Durch Anlagerung von Blausäure entstehen daraus abermals zwei Stereoisomere, die α- und β-Glucooctonsäure. Das gleiche Resultat gab endlich die Behandlung der α-Octose; denn auch hier resultieren zwei Nononsäuren, von welchen aber nur die eine genauer untersucht werden konnte. Die letzten Produkte der Synthese sind die Glucononose und der entsprechende erste neunwertige Alkohol, der Glucononit. Der weiteren Ausbeutung des Verfahrens stellten sich dann allzu große praktische Schwierigkeiten, insbesondere der Mangel an Material entgegen.

Die Struktur der neuen Substanzen folgt unmittelbar aus der Synthese. Größere Schwierigkeiten bietet die Ermittlung ihrer Konfiguration; das ist bisher nur bei den Verbindungen mit sieben Kohlenstoffatomen gelungen, und zwar auf Grund folgender Betrachtungen. Wie früher gezeigt wurde, kann die Konfiguration des Traubenzuckers durch die Projektionsformel

$$CH_2OH \cdot \overset{H}{\underset{OH}{C}} \cdot \overset{H}{\underset{OH}{C}} \cdot \overset{OH}{\underset{H}{C}} \cdot \overset{H}{\underset{OH}{C}} \cdot COH$$

dargestellt werden[1]). Für die beiden Glucoheptonsäuren ergeben sich mithin die Formeln

$$I. \quad CH_2OH \cdot \overset{H}{\underset{OH}{C}} \cdot \overset{H}{\underset{OH}{C}} \cdot \overset{OH}{\underset{H}{C}} \cdot \overset{H}{\underset{OH}{C}} \cdot \overset{H}{\underset{OH}{C}} \cdot COOH$$

$$II. \quad CH_2OH \cdot \overset{H}{\underset{OH}{C}} \cdot \overset{H}{\underset{OH}{C}} \cdot \overset{OH}{\underset{H}{C}} \cdot \overset{H}{\underset{OH}{C}} \cdot \overset{OH}{\underset{H}{C}} \cdot COOH$$

Den letzteren entsprechen die beiden Pentoxypimelinsäuren

$$I. \quad COOH \cdot \overset{H}{\underset{OH}{C}} \cdot \overset{H}{\underset{OH}{C}} \cdot \overset{OH}{\underset{H}{C}} \cdot \overset{H}{\underset{OH}{C}} \cdot \overset{H}{\underset{OH}{C}} \cdot COOH$$

$$II. \quad COOH \cdot \overset{H}{\underset{OH}{C}} \cdot \overset{H}{\underset{OH}{C}} \cdot \overset{OH}{\underset{H}{C}} \cdot \overset{H}{\underset{OH}{C}} \cdot \overset{OH}{\underset{H}{C}} \cdot COOH$$

---

[1]) Berichte d. d. chem. Gesellsch. **24**, 2685 [1891]. (S. *428*.)

und diese bieten denselben Fall von Isomerie wie die verschiedenen Trioxyglutarsäuren. Das System I muß optisch inaktiv, II dagegen aktiv sein[1]).

Um die Konfiguration der beiden Glucoheptonsäuren festzustellen, genügt es also, dieselben durch Oxydation in die zweibasischen Säuren überzuführen und diese optisch zu prüfen. Bei der $\alpha$-Verbindung ist der Versuch bereits von Kiliani[2]) zur Hälfte ausgeführt. Er erhielt

---

[1]) Berichte d. d. chem. Gesellsch. **24**, 1839 und 2686 [1891]. (*S. 420, 429.*) Die Theorie läßt im ganzen 16 stereoisomere Pentoxypimelinsäuren voraussehen, wovon 4 optisch inaktiv sind. Um die Formeln der letzteren zu konstruieren, geht man am besten von den beiden inaktiven Tetraoxyadipinsäuren aus

$$\begin{array}{c} \quad\;\; H\;\; H\;\; H\;\; H \\ COOH \;.\; \overset{.}{C} \;.\; \overset{.}{C} \;.\; \overset{.}{C} \;.\; \overset{.}{C} \;.\; COOH \\ \quad\;\; OH\;\; OH\;\; OH\;\; OH \end{array}$$

$$\begin{array}{c} \quad\;\; H\;\; OH\;\; OH\;\; H \\ COOH \;.\; \overset{.}{C} \;.\; \overset{.}{C} \;.\; \overset{.}{C} \;.\; \overset{.}{C} \;.\; COOH \\ \quad\;\; OH\;\; H\;\; H\;\; OH \end{array}$$

und schiebt in der Mitte das fünfte Carbinol ein. Je nachdem dann das OH unten oder oben zu stehen kommt, resultieren die Formeln:

$$\begin{cases} \begin{array}{c} \quad\;\; H\;\; H\;\; H\;\; H\;\; H \\ COOH \;.\; \overset{.}{C} \;.\; \overset{.}{C} \;.\; \overset{.}{C} \;.\; \overset{.}{C} \;.\; \overset{.}{C} \;.\; COOH \\ \quad\;\; OH\;\; OH\;\; OH\;\; OH\;\; OH \end{array} \\[2em] \begin{array}{c} \quad\;\; H\;\; H\;\; OH\;\; H\;\; H \\ COOH \;.\; \overset{.}{C} \;.\; \overset{.}{C} \;.\; \overset{.}{C} \;.\; \overset{.}{C} \;.\; \overset{.}{C} \;.\; COOH \\ \quad\;\; OH\;\; OH\;\; H\;\; OH\;\; OH \end{array} \end{cases}$$

$$\begin{cases} \begin{array}{c} \quad\;\; H\;\; OH\;\; H\;\; OH\;\; H \\ COOH \;.\; \overset{.}{C} \;.\; \overset{.}{C} \;.\; \overset{.}{C} \;.\; \overset{.}{C} \;.\; \overset{.}{C} \;.\; COOH \\ \quad\;\; OH\;\; H\;\; OH\;\; H\;\; OH \end{array} \\[2em] \begin{array}{c} \quad\;\; H\;\; OH\;\; OH\;\; OH\;\; H \\ COOH \;.\; \overset{.}{C} \;.\; \overset{.}{C} \;.\; \overset{.}{C} \;.\; \overset{.}{C} \;.\; \overset{.}{C} \;.\; COOH \\ \quad\;\; OH\;\; H\;\; H\;\; H\;\; OH \end{array} \end{cases}$$

Ersetzt man die Carboxyle, Hydroxyle und Wasserstoffatome durch $R_1$, $R_2$, $R_3$ und am mittleren Kohlenstoffatom durch $R_4$ und $R_5$, wie das folgende Beispiel zeigen mag,

$$\begin{array}{c} \quad\;\; R_3\;\; R_3\;\; R_5\;\; R_3\;\; R_3 \\ R_1 \;.\; \overset{.}{C} \;.\; \overset{.}{C} \;.\; \overset{.}{C} \;.\; \overset{.}{C} \;.\; \overset{.}{C} \;.\; R_1 \\ \quad\;\; R_2\;\; R_2\;\; R_4\;\; R_2\;\; R_2 \end{array}$$

so erhält man die allgemeinen Formeln für die optisch inaktiven Systeme mit 5 in gerader Kette befindlichen asymmetrischen Kohlenstoffatomen. Für die Gesamtzahl der Stereoisomeren (aktive und inaktive Systeme) ergibt sich endlich bei einer ungeraden Anzahl „n" von asymmetrischen Kohlenstoffatomen und bei Symmetrie der Strukturformel der Ausdruck $2^{n-1}$.

[2]) Berichte d. d. chem. Gesellsch. **19**, 1916 [1886].

eine Pentoxypimelinsäure, welche sich beim Abdampfen der wässerigen Lösung in die Lactonsäure $C_7H_{10}O_8$ verwandelt. Wie später gezeigt wird, ist dieses Produkt optisch inaktiv. Im Gegensatz dazu zeigt die auf dem gleichen Wege aus der $\beta$-Glucoheptonsäure gewonnene isomere Lactonsäure ein starkes Drehungsvermögen. Aus diesem Resultat, welches als eine wichtige Bestätigung der Spekulation bezeichnet werden darf, folgt für die $\alpha$-Glucoheptonsäure die oben angeführte Konfigurationsformel I und für die isomere Verbindung die Formel II.

Aus der $\alpha$-Glucoheptose, welche selbstverständlich die gleiche Konfiguration wie die Säure hat und also die Formel

$$\text{CH}_2\text{OH} \cdot \overset{\text{H}}{\underset{\text{OH}}{\text{C}}} \cdot \overset{\text{H}}{\underset{\text{OH}}{\text{C}}} \cdot \overset{\text{OH}}{\underset{\text{H}}{\text{C}}} \cdot \overset{\text{H}}{\underset{\text{OH}}{\text{C}}} \cdot \overset{\text{H}}{\underset{\text{OH}}{\text{C}}} \cdot \text{CHO}$$

erhält, müssen nach der Theorie durch Anlagerung von Cyanwasserstoff die beiden Säuren

$$\text{I. } \text{CH}_2\text{OH} \cdot \overset{\text{H}}{\underset{\text{OH}}{\text{C}}} \cdot \overset{\text{H}}{\underset{\text{OH}}{\text{C}}} \cdot \overset{\text{OH}}{\underset{\text{H}}{\text{C}}} \cdot \overset{\text{H}}{\underset{\text{OH}}{\text{C}}} \cdot \overset{\text{H}}{\underset{\text{OH}}{\text{C}}} \cdot \overset{\text{H}}{\underset{\text{OH}}{\text{C}}} \cdot \text{COOH}$$

$$\text{II. } \text{CH}_2\text{OH} \cdot \overset{\text{H}}{\underset{\text{OH}}{\text{C}}} \cdot \overset{\text{H}}{\underset{\text{OH}}{\text{C}}} \cdot \overset{\text{OH}}{\underset{\text{H}}{\text{C}}} \cdot \overset{\text{H}}{\underset{\text{OH}}{\text{C}}} \cdot \overset{\text{H}}{\underset{\text{OH}}{\text{C}}} \cdot \overset{\text{OH}}{\underset{\text{H}}{\text{C}}} \cdot \text{COOH}$$

entstehen. Welche von diesen Formeln der $\alpha$- resp. $\beta$-Glucooctonsäure gehört, kann durch die zuvor benutzte Methode, d. h. durch Umwandlung in die zweibasische Säure nicht entschieden werden, weil in beiden Fällen ein optisch aktives Produkt resultieren muß. Erst bei der Fortführung der Synthese bis zur Deconsäure könnte man zu einer Verbindung gelangen, welche durch Oxydation in eine inaktive zweibasische Säure übergeht. Ich werde deshalb später für die beiden Glucooctonsäuren die gleiche Formel

$$\text{CH}_2\text{OH} \cdot \overset{\text{H}}{\underset{\text{OH}}{\text{C}}} \cdot \overset{\text{H}}{\underset{\text{OH}}{\text{C}}} \cdot \overset{\text{OH}}{\underset{\text{H}}{\text{C}}} \cdot \overset{\text{H}}{\underset{\text{OH}}{\text{C}}} \cdot \overset{\text{H}}{\underset{\text{OH}}{\text{C}}} \cdot \text{CHOH} \quad \text{COOH}$$
$$?$$

gebrauchen, in welcher das ? andeuten soll, daß die Anordnung an jenem asymmetrischen Kohlenstoffatom experimentell nicht festgestellt ist.

Eine zweite Frage von allgemeinerer Bedeutung betrifft das Mengenverhältnis, in welchem die beiden stereoisomeren Produkte, welche durch die Bildung eines neuen asymmetrischen Kohlenstoffatoms bedingt sind, tatsächlich entstehen. — In einfacheren Fällen, wo optisch inaktive Ausgangsmaterialien benutzt wurden, hat man bisher immer nur racemische Produkte gewonnen, d. h. die beiden Stereoisomeren sind in gleicher Quantität gebildet worden. Bei den vorliegenden Synthesen, wo die als Ausgangsmaterial dienenden Zuckerarten schon asymmetrische Systeme sind, gilt diese Regel nicht mehr. Ein überzeugendes Beispiel dafür bilden die beiden Glucooctonsäuren, wo die Menge der $\alpha$-Verbindung bei weitem überwiegt und wo ferner der Verlauf der Reaktion zweifellos eine Funktion der Temperatur ist. Findet nämlich die Addition der Blausäure an die $\alpha$-Glucoheptose bei 20—25° statt, so beträgt die Quantität der im reinen Zustand isolierten $\alpha$-Glucooctonsäure 73 pCt. des nach der Gleichung

$$C_7H_{14}O_7 + HCN + 2H_2O = C_8H_{16}O_9 + NH_3$$

berechneten Wertes, während die $\beta$-Säure fast gänzlich fehlt. Die Menge der letzteren stieg dagegen auf 13 pCt., als die Operation bei 40° ausgeführt wurde und die Menge der $\alpha$-Verbindung war dementsprechend kleiner. Ein ähnlicher Fall wurde schon früher bei der Mannose[1]) beobachtet, wo die Blausäureaddition 87 pCt. der Theorie an Mannoheptonsäure lieferte; allerdings ist in letzterem Falle die isomere Verbindung nicht aufgefunden worden. Bei den Glucooctonsäuren liegen also die Verhältnisse klarer, weil experimentell der Beweis geliefert werden konnte, daß ihre Isomerie nur auf der verschiedenen Anordnung an dem letzten durch die Synthese entstandenen asymmetrischen Kohlenstoffatom beruht.

Die $\alpha$-Glucoheptose und $\alpha$-Glucooctose besitzen so schöne Eigenschaften, daß sie verhältnismäßig leicht in größerer Menge und völlig reinem Zustande bereitet werden können. Da sie ferner Derivate der wichtigsten Hexose, des Traubenzuckers sind, so wird man sie in erster Linie als Material für physiologische Studien über das Schicksal der kohlenstoffreicheren Zucker im Organismus wählen.

Bei der Ausführung der folgenden Versuche erfreute ich mich der Hilfe von vier jüngeren Fachgenossen, welche ihre Resultate getrennt in Inaugural-Dissertationen beschrieben haben.

Da die Beobachtungen derselben sich vielfach kreuzen und gegenseitig ergänzen, so war es nicht möglich, die Abhandlung nach dem Anteil dieser Mitarbeiter in verschiedene Abschnitte zu zerlegen.

Ich erwähne deshalb folgendes:

Die $\alpha$-Glucoheptose und der entsprechende Heptit, ferner die $\alpha$-Glucooctonsäure und die Hydrazinderivate der zugehörigen Octose sind zuerst von Herrn Werner Kleberg dargestellt worden.

---

[1]) Berichte d. d. chem. Gesellsch. **22**, 370 [1889]. (*S. 300.*)

Herr Wilhelm Fischer hat dann die verschiedenen Derivate der α-Glucoheptose und des Heptits, sowie das optische Verhalten des letzteren und die Zersetzung des Zuckers durch Mineralsäuren studiert.

Die β-Glucoheptonsäure, β-Glucoheptose und die optisch aktive Pentoxypimelinsäure wurden von Herrn Jacob Langenwalter untersucht.

Der Hauptteil der Arbeit ist aber Herrn Lorenz Ach zugefallen. Er hat die Darstellung der α-Glucoheptose und α-Glucooctonsäure verbessert, die β-Glucooctonsäure aufgefunden und die Synthese über die Nononsäure und Nonose bis zum Nonit fortgeführt.

Ein wesentliches Moment für die meisten chemischen Untersuchungen ist bekanntlich die Beschaffung des Ausgangsmaterials, im vorliegenden Falle der Glucoheptonsäuren.

Da die Einrichtungen des hiesigen Instituts für die Bereitung größerer Quantitäten derselben nicht ausreichten, so hat Herr Dr. Gustav Heller in den Farbwerken zu Höchst a. M., deren Direktion ich auch an dieser Stelle für die mir gewährte Hilfe besten Dank sage, 18,5 kg Traubenzucker nach dem zuvor hier im kleinen ausgebildeten Verfahren in die Carbonsäuren verwandelt.

## Darstellung der Glucoheptonsäuren.

Für die Bereitung größerer Mengen ist das Verfahren von Kiliani[1]) wenig geeignet, weil die Reaktion infolge der starken Konzentration der Lösung zu heftig wird und eine große Menge von dunkelgefärbten Nebenprodukten liefert. Dieser Übelstand wird vermieden bei Anwendung von verdünnten Lösungen; zur Einleitung der Reaktion ist es aber dann vorteilhaft, eine kleine Menge Ammoniak zuzufügen. Bei Versuchen in größerem Maßstabe hat sich folgendes Verfahren bewährt. 5 kg wasserfreier, sogen. amerikanischer Traubenzucker werden in einem großen Glasballon in 25 Liter einer 3 prozentigen wässerigen Blausäure gelöst und 10 ccm gewöhnliche Ammoniaklösung zugesetzt. Die Mischung bleibt bei einer Temperatur von 25° sechs Tage stehen, wobei sie sich allmählich braun färbt und der Geruch nach Blausäure bedeutend schwächer wird. Die Flüssigkeit wird nun rasch bis zum Sieden erwärmt und mit 6,7 kg kristallisiertem Barythydrat, welche in 20 Liter Wasser heiß gelöst sind, bis zum Verschwinden des Ammoniaks gekocht. Diese Operation nimmt mehrere Stunden in Anspruch. Zu der heißen Flüssigkeit fügt man dann so viel Schwefelsäure, daß sie stark sauer reagiert, verjagt die unveränderte Blausäure durch weiteres Kochen, fällt den Baryt quantitativ mit Schwefelsäure und

---

[1]) Berichte d. d. chem. Gesellsch. **19**, 768 [1886].

verdampft das Filtrat in einer flachen Schale mit schwach gespanntem Wasserdampf bis zum dicken Sirup. Der letztere beginnt in der Kälte nach mehreren Tagen zu kristallisieren und scheidet in einigen Wochen den größten Teil des α-Heptonsäurelactons ab. Um die Kristalle von der dicken, dunklen Mutterlauge zu trennen, wird die Masse mit 80 prozentigem Alkohol angerieben und auf der Saugpumpe abfiltriert oder noch besser auf einer Zentrifuge abgeschleudert. 18,5 kg Traubenzucker lieferten von diesem Produkte 6,5 kg. Aus der Mutterlauge wurde durch Abdampfen und längeres Stehenlassen eine zweite Kristallisation von 850 g desselben Materials gewonnen. In den letzten Mutterlaugen ist die β-Heptonsäure enthalten, deren Isolierung später beschrieben wird. Zur Reinigung wurde das rohe Lacton der α-Heptonsäure in der gleichen Menge warmem Wasser gelöst, zu der Flüssigkeit das gleiche Volumen Alkohol zugesetzt, die Mischung stark gekühlt und die abgeschiedenen Kristalle nach einigen Stunden wieder abgesaugt. Man erhält so ein Produkt, welches nur noch schwach grau gefärbt ist und für die weiteren Versuche direkt verwandt werden kann. Die Gesamtausbeute an diesem fast reinen Präparat betrug 30 pCt. des angewandten Traubenzuckers. Bei Versuchen in kleinerem Maßstabe war das Ergebnis noch günstiger; denn die Ausbeute stieg auf 35 pCt. Die Menge der gebildeten α-Heptonsäure ist jedoch jedenfalls beträchtlich größer, da das Lacton wegen seiner großen Löslichkeit nur unvollständig aus dem rohen Sirup isoliert werden kann.

α - Glucoheptose.

$$\text{CH}_2\text{OH} \, . \, \overset{\text{H}}{\underset{\text{OH}}{\text{C}}} \, . \, \overset{\text{H}}{\underset{\text{OH}}{\text{C}}} \, . \, \overset{\text{OH}}{\underset{\text{H}}{\text{C}}} \, . \, \overset{\text{H}}{\underset{\text{OH}}{\text{C}}} \, . \, \overset{\text{H}}{\underset{\text{OH}}{\text{C}}} \, . \, \text{COH}$$

50 g des Heptonsäurelactons werden in einer starkwandigen Flasche von etwa 1½ Liter Inhalt in 500 g Wasser gelöst und in einer Kältemischung bis zur Eisbildung abgekühlt. Jetzt fügt man 4 ccm verdünnte Schwefelsäure und dann 250 g 2½ prozentiges, möglichst reines Natriumamalgam zu. Die Masse wird sofort heftig geschüttelt und in kurzen Intervallen Schwefelsäure immer in Menge von 4—5 ccm zugegeben, so daß die Reaktion der Lösung dauernd sauer bleibt. Dabei ist es vorteilhaft, durch häufiges Eintauchen in die Kältemischung die Flüssigkeit möglichst kühl zu halten. Das Amalgam wird in etwa 10—15 Minuten verbraucht; man benutzt die Pause, um die Lösung wieder bis zur Eisbildung abzukühlen, fügt dann neue 250 g Amalgam zu und verfährt wie zuvor. Nachdem auf diese Weise im ganzen 750 g Amalgam verbraucht sind, wird die Operation unter-

brochen. Dieselbe nimmt etwa 50 Minuten in Anspruch. Man versetzt nun die vom Quecksilber getrennte Lösung mit so viel Natronlauge, daß sie nach halbstündigem Stehen noch alkalisch reagiert. Dies geschieht, um das unveränderte Lacton in das Natriumsalz umzuwandeln. Die mit Schwefelsäure genau neutralisierte Lösung wird zur Klärung mit wenig reiner Tierkohle erwärmt und filtriert. Für die Isolierung des Zuckers können mehrere solcher Portionen vereinigt werden. Man gießt dann zu der heißen Lösung das 8fache Volumen heißen 96 prozentigen Alkohols unter Umrühren allmählich zu und läßt das Gemisch bei Zimmertemperatur 12 Stunden stehen. Hierdurch wird das Natriumsulfat und der größere Teil der organischen Natriumsalze gefällt, während der Zucker in der Regel vollständig in Lösung bleibt.

Aus dem Filtrat wird der Alkohol zweckmäßig in einer Metallblase auf dem Wasserbade abdestilliert und die zurückbleibende wässerige Lösung in einer Kupferschale zuerst über freiem Feuer und zum Schluß auf dem Wasserbade bis zur beginnenden Kristallisation eingedampft. Beim Erkalten scheidet sich der Zucker bald als dicke Kristallmasse ab. Dieselbe wird nach einigen Stunden auf der Pumpe möglichst scharf abgesaugt und zuerst mit 50 prozentigem, dann 80 prozentigem und schließlich mit absolutem Alkohol gewaschen. Nach dem Trocknen ist das weiße Präparat aschefrei und nahezu chemisch rein. Die Ausbeute schwankte bei verschiedenen Versuchen zwischen 32 und 38 pCt. des angewandten Lactons; aus der Mutterlauge ist in der Regel nur wenig Zucker mehr zu gewinnen, da die Kristallisation desselben durch andere Produkte verhindert wird.

Bei der Darstellung des Zuckers wird ein beträchtlicher Teil des Lactons durch die Wirkung des Amalgams in Säure verwandelt und dadurch der Reduktion entzogen. Die Säure ist zum größten Teil als Natriumsalz dem Natriumsulfat beigemischt, welches aus der wässerigen Lösung durch Zusatz von Alkohol abgeschieden wird[1]).

Eigenschaften der α-Glucoheptose. Der Zucker ist durch seine Kristallisationsfähigkeit und durch seine geringe Löslichkeit in kaltem Wasser ausgezeichnet und gehört mit zu den schönsten Körpern der Zuckergruppe. Aus der warmen wässerigen Lösung scheidet er sich in wohlausgebildeten Kristallen ab, über deren Form Herr Prof. Haushofer in München, welcher die Messung derselben auszuführen die Güte hatte, folgendes mitteilt:

---

[1]) Um sie daraus wieder zu gewinnen, werden die Salze in sehr konz. wässeriger Lösung durch wenig überschüssige Schwefelsäure zersetzt, und das Natriumsulfat durch Alkohol gefällt. Entfernt man aus dem Filtrat nach dem Wegkochen des Alkohols die Schwefelsäure genau mit Baryt, so bleibt beim Verdampfen das Heptonsäurelacton sofort kristallinisch und rein zurück.

„Kristallsystem rhombisch; a:b:c = 0,8040:1:1,7821.
Tafelförmige Kristalle der Kombination

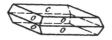

OP (001) = c, P(111) = 0.

| Gemessen | Berechnet |
|---|---|
| o: o = (111) ($\bar{1}$11) = *85⁰ 21' | —— (makrodiagonale Polkante) |
| o: o = (111) (11$\bar{1}$) = *141⁰ 16' | —— (Basiskante) |
| o: o = (111) (1$\bar{1}$1) = 107⁰ 16' | 107⁰ 32' (brachydiagonale Polkante)." |

Die Kristalle verändern sich bei 100⁰ nicht und haben die Zusammensetzung: $C_7H_{14}O_7$.

0,2192 g Subst.: 0,3220 g $CO_2$, 0,1325 g $H_2O$.

| | Berechnet | Gefunden |
|---|---|---|
| C | 40,00 | 40,1 pCt. |
| H | 6,66 | 6,7 ,, |

Der Zucker schmilzt nicht konstant zwischen 180 und 190⁰ unter Zersetzung; er schmeckt schwach süß. In heißem Wasser ist er sehr leicht, in absolutem Alkohol sehr schwer löslich. Für die Bestimmung der Löslichkeit in kaltem Wasser wurde der feingepulverte Zucker mit einer ungenügenden Quantität des Lösungsmittels 8 Stunden bei 14⁰ unter häufigem Umschütteln in Berührung gelassen und dann eine gewogene Menge des Filtrates zur Trockne verdampft. Dabei ergab sich, daß ein Teil Zucker 10,5 Teile Wasser von 14⁰ zur Lösung erfordert.

Für die Bestimmung des Drehungsvermögens wurden 2,5 g in etwa 20 ccm Wasser unter gelindem Erwärmen gelöst, dann bis 20⁰ abgekühlt und auf ein Volumen von 25 ccm gebracht. Diese Lösung drehte im 2 dcm-Rohr im Mittel verschiedener Ablesungen 3,95⁰ nach links, daraus berechnet sich die spezifische Drehung

$$[\alpha]_D^{20^0} = -19,7^0.$$

Die Drehung war nach 12 Stunden unverändert.

Löst man dagegen den Zucker ohne Erwärmen in Wasser von 20⁰, wobei allerdings eine größere Verdünnung gewählt werden muß, und prüft die Flüssigkeit sofort, so ist das Drehungsvermögen etwas größer. Bei einem Versuch wurde 15 Minuten nach der Auflösung gefunden

$$[\alpha]_D^{20^0} = -25^0.$$

Im Verlauf von einigen Stunden ging die Drehung auf die oben erwähnte Zahl zurück. Der Zucker zeigt somit schwache **Birotation.**

Die Heptose ist durch Bierhefe nicht vergärbar. Sie reduziert die Fehlingsche Lösung etwas schwächer als Traubenzucker.

Erhitzt man sie nach der Vorschrift von Tollens mit verdünnter Schwefelsäure oder Salzsäure, so entsteht Furfurol, welches durch die Anilin- und durch die Phenylhydrazinprobe nachgewiesen wurde. Aber die Menge desselben ist sehr gering. Immerhin beweist dieser Versuch, daß die Furfurolbildung auch noch für die kohlenstoffreicheren Zuckerarten gilt.

Als Hauptprodukt der Zersetzung durch verdünnte Säuren liefert die Heptose gerade so wie die Hexosen sogenannte Huminsubstanzen. Zum Vergleich mit den von Konrad und Guthzeit[1]) erhaltenen Resultaten mag folgender Versuch dienen: 0,951 g Heptose wurden mit 2,5 g 20prozentiger Salzsäure in einem mit Kühlrohr versehenen Kölbchen 24 Stunden in siedendem Wasser erwärmt. Die mit Wasser sorgfältig gewaschenen und bei 105⁰ getrockneten Huminsubstanzen wogen 0,435 g. Das entspricht 45,7 pCt. der Heptose. Bei der Analyse der Huminsubstanzen wurden gefunden: 61,5 pCt. Kohlenstoff und 4,8 pCt. Wasserstoff.

Verwandlung der Heptose in Heptonsäure. Löst man 1 Teil des Zuckers in 5 Teilen warmem Wasser, kühlt auf 20⁰ ab und fügt 2 Teile Brom hinzu, so wird dasselbe beim öfteren Umschütteln im Verlauf von einigen Stunden gelöst. Nach 3 Tagen wurde das überschüssige Brom weggekocht, der Bromwasserstoff in der Kälte durch Silberoxyd entfernt und das gelöste Silber mit Schwefelwasserstoff gefällt. Die mit wenig reiner Tierkohle in der Wärme entfärbte Flüssigkeit hinterließ beim Eindampfen einen Sirup, welcher beim Verreiben mit Alkohol nach kurzer Zeit kristallisierte. Das Produkt wurde nach dem Umkristallisieren durch den Schmelzpunkt und das Phenylhydrazid als $\alpha$-Glucoheptonsäurelacton erkannt. Die Ausbeute betrug 60 pCt. des angewandten Zuckers.

### Derivate der $\alpha$-Glucoheptose.

Phenylhydrazon, $C_7H_{14}O_6 \cdot N_2H \cdot C_6H_5$. Da dasselbe in Wasser sehr leicht löslich ist, so muß man bei der Darstellung konzentrierte Lösungen anwenden. Ein Teil Heptose wird in 1½ Teilen warmem Wasser gelöst, dann rasch abgekühlt und sofort 1 Teil Phenylhydrazin hinzugefügt. Dieses Gemisch bleibt 24 Stunden bei gewöhnlicher Temperatur stehen. Sollte sich anfänglich der ziemlich schwer lösliche Zucker abscheiden, so ist es nötig, ihn wieder durch gelindes Erwärmen in Lösung zu bringen. Die gelb gefärbte Flüssigkeit wird nun zur Ent-

---

[1]) Berichte d. d. chem. Gesellsch. **19**, 2569 und 2844 [1886].

fernung des überschüssigen Hydrazins mehrmals mit Äther ausgeschüttelt; dabei scheidet sich das Hydrazon als dicker Kristallbrei
aus. Die Masse wird auf der Pumpe abgesaugt und aus nicht zu viel
heißem absolutem Alkohol umkristallisiert. Für die Analyse war das
Präparat im Vakuum über Schwefelsäure getrocknet.

0,228 g Subst.: 0,473 g $CO_2$, 0,14 g $H_2O$.
0,196 g Subst.: 16 ccm N (20⁰, 746 mm).

| | Ber. für $C_{13}H_{20}O_6N_2$ | Gefunden |
|---|---|---|
| C | 52,0 | 51,79 pCt. |
| H | 6,67 | 6,83 ,, |
| N | 9,33 | 9,16 ,, |

Das Hydrazon schmilzt nicht ganz konstant beim raschen Erhitzen gegen 170⁰ unter Zersetzung. In Wasser ist es sehr leicht, in
kaltem Alkohol dagegen ziemlich schwer und in Äther fast gar nicht
löslich. Im übrigen zeigt es die größte Ähnlichkeit mit den Hydrazonen
der bekannten Zucker.

Osazon, $C_7H_{12}O_5(N_2H.C_6H_5)_2$. Es scheidet sich in feinen, gelben
Nadeln ab, wenn eine wässerige Lösung des Zuckers oder Hydrazons
mit überschüssigem essigsaurem Phenylhydrazin auf dem Wasserbade erwärmt wird. Will man größere Mengen davon bereiten,
so wird 1 Teil Zucker mit 10 Teilen Wasser, 2 Teilen reinem
Phenylhydrazin und 1 Teil 50 prozentiger Essigsäure eine Stunde
auf dem Wasserbade erhitzt, dann die abgeschiedene Kristallmasse
heiß filtriert, erst mit Wasser und später mit wenig kaltem Alkohol
und Äther gewaschen. Waren die angewandten Materialien rein, so
resultiert das Osazon in feinen gelben Nadeln, welche ebenfalls nahezu
chemisch rein sind. Die Mutterlauge liefert beim weiteren Erhitzen
eine zweite, kleinere, schwach braun gefärbte Kristallisation. Die
Gesamtmenge an Osazon beträgt ungefähr so viel als der angewandte
Zucker. Für die Analyse wurde das Produkt aus heißem absolutem
Alkohol umkristallisiert und bei 100⁰ getrocknet.

0,2432 g Subst.: 0,5232 g $CO_2$, 0,1377 g $H_2O$.
0,3142 g Subst.: 40,4 ccm N (20⁰, 742 mm).

| | Ber. für $C_{19}H_{24}O_5N_4$ | Gefunden |
|---|---|---|
| C | 58,76 | 58,67 pCt. |
| H | 6,19 | 6,29 ,, |
| N | 14,43 | 14,38 ,, |

Das Osazon bildet feine, gelbe, meist büschelförmig verwachsene
Nadeln; beim raschen Erhitzen bräunt es sich gegen 190⁰ und schmilzt
gegen 195⁰ unter starker Gasentwicklung. Zur völligen Lösung verlangt es ungefähr 60 Teile siedenden absoluten Alkohol; in Wasser und
Äther ist es fast unlöslich.

Von dem Glucosazon, mit welchem es sehr große Ähnlichkeit hat,
wird es am besten durch die Analyse unterschieden.

Durch konzentrierte Salzsäure wird es in Phenylhydrazin und Heptoson gespalten. Zur Bereitung des letzteren trägt man 1 Teil des fein gepulverten Osazons in 10 Teile Salzsäure vom spezifischen Gewicht 1,19, wobei es sich zunächst in eine dunkelbraune, zähe Masse verwandelt, welche aus dem Hydrochlorat besteht. Erwärmt man dann das Gemisch rasch auf 35⁰ und verreibt die zähe Masse sorgfältig mit der Säure, so geht sie in Lösung und im Verlauf von 1—2 Minuten beginnt schon die Kristallisation von salzsaurem Phenylhydrazin. Nach 10—15 Minuten ist in der Regel die Reaktion beendet. Die Masse wird jetzt in einer Kältemischung gekühlt und das salzsaure Phenylhydrazin auf Glaswolle abgesaugt. Aus der salzsauren Mutterlauge läßt sich das Heptoson in derselben Weise isolieren, wie es früher für das Glucoson[1]) beschrieben wurde.

Hexacetyl- Glucoheptose. Durch Essigsäureanhydrid bei Gegenwart von wenig Chlorzink wird der Traubenzucker nach den Beobachtungen von Erwig und Königs[2]) in die Pentacetylverbindung verwandelt. Unter denselben Bedingungen liefert die Heptose ein kristallisiertes Produkt, welches nach der Analogie wohl als das Hexacetylderivat betrachtet werden darf.

Entsprechend der Vorschrift von Erwig und Königs wurde ein Stückchen Chlorzink von der Größe einer kleinen Erbse in 12 ccm Essigsäureanhydrid heiß gelöst, dann 3 g des fein gepulverten Zuckers eingetragen und 15 Minuten am Rückflußkühler gekocht. Nachdem das Essigsäureanhydrid durch Verdampfen auf dem Wasserbade zum Schluß unter öfterem Zusatz von Alkohol verjagt war, blieb ein gelblicher Sirup, welcher in wenig absolutem Alkohol gelöst wurde. Beim Verdunsten dieser Lösung schied sich im Verlauf von einigen Tagen die Acetylverbindung kristallinisch ab. Sie wurde mit kaltem Wasser gewaschen und dann mehrmals aus nicht zu viel heißem Wasser umkristallisiert. Die Analyse eines bei 100⁰ getrockneten Präparates ergab folgende Zahlen:

0,1085 g Subst.: 0,196 g $CO_2$, 0,0565 g $H_2O$.

| | Ber. für $C_{19}H_{26}O_{13}$ | Gefunden |
|---|---|---|
| C | 49,35 | 49,3 pCt. |
| H | 5,63 | 5,79 „ |

Die Verbindung schmilzt bei 156⁰; in kaltem Wasser ist sie recht schwer, in warmem Wasser dagegen bedeutend leichter löslich. Von Alkohol, Chloroform und Äther wird sie noch viel leichter aufgenommen. Eine quantitative Bestimmung der Acetylgruppen wurde wegen Mangel an Material nicht ausgeführt.

---

[1]) Berichte d. d. chem. Gesellsch. **22**, 88 [1889]. (*S. 167.*)
[2]) Berichte d. d. chem. Gesellsch. **22**, 1464 [1889].

Decacetyldiglucoheptose.*) Die Verbindung entspricht der sogen. Octacetyldiglucose, welche aus dem Traubenzucker zuerst von Schützenberger in amorphem Zustand und später von Franchimont[1]) kristallisiert erhalten wurde. Zur Bereitung derselben wurde 1 Teil wasserfreies Natriumacetat in 4 Teilen Essigsäureanhydrid heiß gelöst und zu der Mischung 1 Teil des fein gepulverten Zuckers zugegeben, wobei sofort eine lebhafte Reaktion erfolgt. Nach der Lösung der Heptose wurde noch 15 Minuten am Rückflußkühler gekocht und dann die Masse in die zehnfache Menge Wasser eingegossen. Dabei schied sich ein dunkles Öl ab, welches nach dem Erkalten erstarrte, während zugleich aus der wässerigen Lösung eine weitere Menge der Acetylverbindung in weißen Flocken ausfiel. Zur Reinigung muß das Produkt aus heißem Wasser unter Zusatz von reiner Tierkohle umkristallisiert werden. Nach einmaligem Umkristallisieren betrug die Ausbeute 70 pCt. des angewandten Zuckers. Erst nach fünfmaligem Umkristallisieren blieb der Schmelzpunkt konstant bei 131—132⁰ (unkorr.) und die Analyse der bei 100⁰ getrockneten Substanz gab dann folgende Zahlen:

0,3025 g Subst.: 0,5457 g $CO_2$, 0,153 g $H_2O$.

|   | Ber. für $C_{34}H_{46}O_{23}$ | Gefunden |
|---|---|---|
| C | 49,63 | 49,20 pCt. |
| H | 5,60 | 5,62 „ |

Dem Rohprodukt ist offenbar eine kohlenstoffärmere Verbindung beigemengt, wie folgende Analysen zeigen. Nach dreimaligem Umkristallisieren wurde gefunden C 47,36; H 5,23 und nach viermaligem Umkristallisieren C 48,94; H 5,4.

Eine Bestimmung der Acetylgruppen wurde auch hier nicht ausgeführt. Die Formel ist vielmehr aus der Analogie mit dem Derivat des Traubenzuckers abgeleitet. Daß die Verbindung übrigens von der vorherigen trotz der gleichen empirischen Zusammensetzung verschieden ist, beweist die erhebliche Differenz in den Schmelzpunkten.

### α - Glucoheptit.

Die Verbindung entsteht aus der Heptose durch die weitere Einwirkung von Natriumamalgam. 10 g Zucker werden bei gewöhnlicher Temperatur in 100 g Wasser gelöst und nach Zusatz von 4 ccm 20 prozentiger Schwefelsäure 300 g reines 2,5 prozentiges Amalgam eingetragen. Zur Beschleunigung der Reduktion muß fortwährend heftig geschüttelt und die Reaktion der Lösung durch häufigen Zusatz von verdünnter Schwefelsäure so lange schwach sauer gehalten werden, als der Wasser-

---

*) *In Wirklichkeit ist die Verbindung die stereoisomere β-Hexacetyl-α-Glucoheptose. Vgl. Seite 686, Anmerkung über die sogen. Octacetylsaccharose.*

[1]) Berichte d. d. chem. Gesellsch. **12**, 1940 [1879].

stoff absorbiert wird. Wenn von demselben reichliche Mengen entweichen, läßt man alkalisch werden und führt die Operation in der gleichen Art weiter. Dabei ist es aber vorteilhaft, das Alkali von Zeit zu Zeit mit Schwefelsäure abzustumpfen. Die Reaktion kann unter Verbrauch von 500 g Amalgam im Laufe von 2—3 Stunden zu Ende geführt werden. Die Flüssigkeit darf dann Fehlingsche Lösung nicht mehr reduzieren.

Zu der vom Quecksilber getrennten, mit Schwefelsäure genau neutralisierten und nach Zusatz von etwas Tierkohle filtrierten Lösung fügt man in der Hitze so viel warmen Alkohol, daß das Gemisch 85 pCt. desselben enthält, filtriert nach dem Erkalten und verdampft die alkoholische Lösung auf dem Wasserbade zum Sirup. Derselbe erstarrt nach dem Erkalten sehr bald kristallinisch. Die Masse wird mit Alkohol sorgfältig verrieben und filtriert. Die Ausbeute ist nahezu quantitativ.

Das Produkt wird wiederholt aus heißem Äthyl- oder Methylalkohol umkristallisiert, bis es keine Asche mehr enthält und bei 127—128⁰ (unkorr.) schmilzt. Für die Analyse wurde es im Vakuum über Schwefelsäure getrocknet.

0,1030 g Subst.: 0,1490 g $CO_2$, 0,0720 g $H_2O$.

| | Ber. für $C_7H_{16}O_7$ | Gefunden |
|---|---|---|
| C | 39,62 | 39,45 pCt. |
| H | 7,54 | 7,76 „ |

Die Verbindung ist in Wasser sehr leicht, in Alkohol dagegen selbst in der Hitze recht schwer löslich. Sie kristallisiert aus heißem Methylalkohol in feinen Prismen und schmilzt konstant bei 127—128⁰ (unkorr.) ohne Zersetzung. Im unreinen Zustand dreht sie ganz schwach nach rechts. Das reine Präparat ist dagegen optisch völlig inaktiv. Für den Versuch diente eine 10prozentige wässerige Lösung, welche im 2 dcm-Rohr keine wahrnehmbare Drehung zeigte unter Bedingungen, bei welchen eine Ablenkung von 0,05⁰ hätte beobachtet werden müssen. Dasselbe Resultat ergab ein zweiter Versuch, bei welchem eine Lösung von 0,6 g Heptit in 5 ccm gesättigter Boraxlösung im 1 dcm-Rohr geprüft wurde.

Heptacetylglucoheptit. Ähnlich dem Mannit[1]) wird der Heptit durch Essigsäureanhydrid bei Gegenwart von Chlorzink in den neutralen Ester verwandelt. 2 g Heptit wurden mit 10 g Essigsäureanhydrid, in welchem ein linsengroßes Stück frisch geschmolzenes Chlorzink gelöst war, 1 Stunde am Rückflußkühler gekocht und dann die Lösung auf dem Wasserbade, zuletzt unter wiederholtem Zusatz von Alkohol abgedampft, bis der Geruch nach Essigäther sehr schwach geworden war. Dabei blieb ein Sirup, welcher mit Wasser angerührt nach kurzer Zeit teilweise kristallisierte.

---

[1]) Franchimont, Berichte d. d. chem. Gesellsch. 21, 2059 [1888].

Nach 1 bis 2 Tagen wurde die Masse zur Entfernung des nicht kristallisierenden Restes mit sehr wenig Alkohol angerieben und auf porösen Ton gebracht.

Zur völligen Reinigung kristallisierte man dann das Produkt mehrmals aus Wasser. So resultierte der Heptacetylglucoheptit in mikroskopisch kleinen, rhombenähnlichen Platten, welche bei 113—115° (unkorr.) schmelzen und für die Analyse bei 100° getrocknet wurden.

0,283 g Subst.: 0,517 g $CO_2$, 0,152 g $H_2O$.

|   | Ber. für $C_7H_9O_7(C_2H_3O)_7$ | Gefunden |
|---|---|---|
| C | 49,80 | 49,82 pCt. |
| H | 5,97 | 5,93 ,, |

Benzalglucoheptit, $C_7H_{14}O_7$ :CH.$C_6H_5$. Derselbe entsteht unter den gleichen Bedingungen wie die von Meunier entdeckten Benzalverbindungen der sechswertigen Alkohole, unterscheidet sich aber von jenen durch die Zusammensetzung.

Während der Mannit 3 Moleküle Benzaldehyd[1], der Sorbit und Perseït[2] 2 Moleküle desselben fixieren, entsteht hier, auch wenn ein großer Überschuß von Benzaldehyd zur Verwendung kommt, nur die Monobenzalverbindung.

Löst man 1 g Heptit in 1,5 ccm 50prozentiger Schwefelsäure, fügt 2 g Benzaldehyd zu und mischt die beiden Flüssigkeiten durch kräftiges Umschütteln, so erstarrt die Masse nach kurzer Zeit durch Abscheidung der Benzalverbindung. Für die Ausbeute ist es förderlich, das Gemisch einige Minuten auf dem Wasserbade zu erwärmen, bis die steife Masse etwas beweglicher geworden ist und dann nochmals durch Umschütteln oder Umrühren den Benzaldehyd in möglichst innige Berührung mit der wässerigen Flüssigkeit zu bringen. Nach 24 Stunden wird die Masse mit Wasser verdünnt, filtriert und erst bis zum Verschwinden der sauren Reaktion mit kaltem Wasser, später zur Entfernung des Benzaldehyds mit Äther gewaschen. Die Ausbeute ist nahezu quantitativ. Zur Reinigung wurde die Substanz mehrmals aus heißem absolutem Alkohol umkristallisiert und für die Analyse bei 100° getrocknet.

0,166 g Subst.: 0,342 g $CO_2$, 0,103 g $H_2O$.

|   | Ber. für $C_{14}H_{20}O_7$ | Gefunden |
|---|---|---|
| C | 56,0 | 56,20 pCt. |
| H | 6,67 | 6,89 ,, |

Die Benzalverbindung entsteht nach der Gleichung

$$C_7H_{16}O_7 + C_6H_5COH = C_7H_{14}O_7 : CH . C_6H_5 + H_2O.$$

---

[1]) Meunier, Compt. rend. **106**, 1425 [1888].
[2]) Maquenne, Ann. chim. et phys. [6] **19**, 5 [1890].

Sie schmilzt bei 214⁰ (unkorr.) und kristallisiert aus heißem Alkohol oder Methylalkohol, worin sie ziemlich schwer löslich ist, beim Erkalten in sehr feinen, glänzenden, verfilzten Nadeln. In Wasser ist sie nahezu unlöslich.*)

## β-Glucoheptonsäure.

$$\underset{\overset{|}{OH}\ \overset{|}{OH}\ \overset{|}{H}\ \ \overset{|}{OH}\ \overset{|}{H}}{\overset{\overset{H}{|}\ \ \overset{H}{|}\ \ \overset{OH}{|}\ \overset{H}{|}\ \ \overset{OH}{|}}{CH_2OH\ .\ C\ .\ C\ .\ C\ .\ C\ .\ C\ .\ COOH}}$$

Die Säure ist in dem dunklen Sirup enthalten, welcher nach dem Auskristallisieren des α-Glucoheptonsäurelactons bleibt.

Für ihre Isolierung diente das gut kristallisierende Brucinsalz. Um dasselbe zu gewinnen, werden gleiche Gewichtsteile von Sirup und Brucin in der 15 fachen Menge heißem Wasser gelöst, mit Tierkohle aufgekocht und das noch immer dunkelbraune Filtrat zum Sirup verdampft. Da bei dem gewählten Mengenverhältnis die Säure im Überschuß ist, so scheidet sich beim Erkalten des Rückstandes nur das Brucinsalz kristallinisch aus. Die Masse wird nach mehrstündigem Stehen auf der Pumpe möglichst stark abgesaugt, mit wenig kaltem Wasser gewaschen und in der gleichen Weise aus Wasser umkristallisiert.

Löst man dieses Produkt in kochendem 90 prozentigem Alkohol, so scheiden sich beim Erkalten gelbbraune, meist zu Warzen vereinigte Kristalle ab. Die Menge des so gewonnenen Salzes beträgt ungefähr so viel wie die des angewandten Brucins.

Zur völligen Reinigung wurde das Salz in heißer wässeriger Lösung durch Tierkohle entfärbt und nochmals aus Alkohol umkristallisiert. Es schmilzt bei 126⁰, ist in heißem Wasser sehr leicht, in kaltem etwas schwerer löslich.

Für die Bereitung der Heptonsäure ist das einmal aus Alkohol umkristallisierte Salz genügend rein. Dasselbe wird in Wasser gelöst, durch einen kleinen Überschuß von Baryumhydroxyd, welches in warmem Wasser gelöst ist, zersetzt und das ausgeschiedene Brucin nach dem Erkalten filtriert. Die Mutterlauge muß zur Entfernung des in Lösung gebliebenen Brucins zum Sirup verdampft und der Rückstand mit kaltem Alkohol verrieben werden. Dabei bleiben die Barytverbindungen als feste, körnige, schwach gelb gefärbte Masse zurück. Sie werden abfiltriert, in heißem Wasser gelöst und der Baryt genau durch Schwefelsäure ausgefällt. Die anfangs stark sauer reagierende Mutterlauge hinterläßt beim Verdampfen einen schwach gelblichen Sirup, welcher zwar noch sauer reagiert, aber zum größten Teil aus

---

*) Vgl. Seite 563.

dem Lacton der $\beta$-Glucoheptonsäure besteht. Dasselbe scheidet sich nach mehrtägigem Stehen in Nadeln aus. Ungleich rascher erfolgt seine Abscheidung, wenn eine Probe des kristallisierten Präparates in den Sirup eingetragen wird.

Die Kristallmasse wird auf der Pumpe möglichst stark abgesaugt und die Mutterlauge wiederum verdampft. Sie liefert bei gleicher Behandlung eine zweite Kristallisation und bei mehrmaliger Wiederholung der Operation wird schließlich der größte Teil des ursprünglichen Sirups kristallisiert erhalten. Die Ausbeute ist auf das Brucinsalz berechnet nahezu quantitativ.

Zur Reinigung wird das Produkt in heißem absolutem Alkohol gelöst. Beim Erkalten scheidet es sich sehr rasch in farblosen, feinen Nadeln aus, welche für die Analyse bei 100° getrocknet wurden.

I. 0,2042 g Subst.: 0,3030 g $CO_2$, 0,1107 g $H_2O$.
II. 0,2254 g Subst.: 0,3360 g $CO_2$, 0,1223 g $H_2O$.

|   | Ber. für $C_7H_{12}O_7$ | Gefunden | |
|---|---|---|---|
|   |   | I. | II. |
| C | 40,38 | 40,47 | 40,65 pCt. |
| H | 5,77 | 6,02 | 6,03 „ |

Das Lacton reagiert neutral und schmeckt schwach süß. Es schmilzt bei 151—152° (unkorr.) ohne Gasentwicklung.

Es löst sich in Wasser außerordentlich leicht, in heißem Alkohol ebenfalls ziemlich leicht, in kaltem Alkohol dagegen recht schwer und in Äther fast gar nicht. Es reduziert die Fehlingsche Lösung nicht, dreht stark nach links und zeigt Birotation.

Eine wässerige Lösung vom Gesamtgewicht 11,9417 g, welche 1,2 g, mithin 10,049 pCt. Lacton enthielt und das spezifische Gewicht 1,0372 besaß, drehte bei 20° im 2 dcm-Rohr etwa 20 Minuten nach der Auflösung 16,5° nach links. Nach 24 Stunden war die Drehung auf 14,12° zurückgegangen und blieb dann konstant. Aus dem letzten Wert berechnet sich die spezifische Drehung:

$$[\alpha]_D^{20} = -67,7°.$$

Eine zweite Bestimmung, welche aber nur im 1 dcm-Rohr ausgeführt wurde und deshalb etwas weniger genau ist, ergab den Wert — 68,6°.

Die Birotation wird hier nicht, wie bei manchen anderen Lactonen, durch teilweise Verwandlung in Säure veranlaßt, denn die Lösung reagierte zu Ende des Verfahrens ganz neutral.

Die Salze der Säure mit Baryum, Calcium und Cadmium sind in Wasser außerordentlich leicht löslich. Bisher wurde nur das Cadmiumsalz kristallisiert erhalten. Aus der sirupdicken wässerigen Lösung scheidet es sich sehr langsam in äußerst feinen Nadeln ab.

Mit basisch essigsaurem Blei gibt die kalte Lösung des Lactons erst nach einiger Zeit eine Fällung. In der Wärme scheidet sich aber sofort das basische Bleisalz als gallertartiger Niederschlag aus.

Phenylhydrazid, $C_7H_{13}O_7.N_2H_2.C_6H_5$. — Erhitzt man eine Mischung von 1 Teil Lacton, 1 Teil Phenylhydrazin und 3 Teilen Wasser eine Stunde auf dem Wasserbade, so färbt sie sich gelbrot. Um das leicht lösliche Hydrazid zur Abscheidung zu bringen, fügt man dann absoluten Alkohol zu, wobei sehr bald die Kristallisation von schwach gelblich gefärbten Blättchen erfolgt.

Das Produkt wurde durch Umkristallisieren aus heißem absolutem Alkohol gereinigt und für die Analyse bei 100° getrocknet.

0,1514 g Subst.: 11,6 ccm N (17°, 745 mm).

|   | Ber. für $C_{13}H_{20}O_7N_2$ | Gefunden |
|---|---|---|
| N | 8,86 | 8,71 pCt. |

Das Hydrazid schmilzt zwischen 150 und 152° (unkorr.) ohne wesentliche Zersetzung. Es löst sich in kaltem Wasser viel leichter als das Derivat der $\alpha$-Glucoheptonsäure und ist deshalb für die Abscheidung der Säure aus wässeriger Lösung nicht geeignet.

Verwandlung der $\beta$-Glucoheptonsäure in die $\alpha$-Verbindung.

Dieselbe gelingt wie in analogen Fällen durch Erhitzen des Pyridinsalzes.

4 g reines Lacton wurden mit 4 g Pyridin und 20 g Wasser im zugeschmolzenen Rohr 3 Stunden lang auf 140° erwärmt, dann die dunkelbraune Lösung mit überschüssigem Baryumhydroxyd bis zum Verschwinden des Pyridins gekocht, jetzt der Baryt genau mit Schwefelsäure ausgefällt und nach der Behandlung mit Tierkohle filtriert. Beim Verdampfen der Lösung blieb ein brauner Sirup, welcher erst nach wochenlangem Stehen einige Kristalle abschied. Da die Menge desselben für die genaue Untersuchung zu gering war, so wurde zur Isolierung der $\alpha$-Heptonsäure das Phenylhydrazid benutzt. Um dieses zu gewinnen, erhitzt man den Sirup mit der gleichen Menge Wasser und der halben Gewichtsmenge Phenylhydrazin 1 Stunde lang auf dem Wasserbade. Die erkaltete dunkelbraune Lösung scheidet auf Zusatz von absolutem Alkohol ein Gemisch der beiden Hydrazide als wenig gefärbte Kristallmasse ab. Das Produkt wird filtriert, mit Alkohol gewaschen und in der doppelten Menge heißem Wasser gelöst. Nach dem Erkalten scheidet sich das Hydrazid der $\alpha$-Säure langsam ab. Dasselbe wurde durch den Schmelzpunkt (gefunden 172°) identifiziert.

$\beta$-Glucoheptose.

$$\begin{array}{c} \quad\quad\ H \quad H \quad OH \quad H \quad OH \\ CH_2OH \,.\, \overset{.}{C} \,.\, \overset{.}{C} \,.\, \overset{.}{C} \,.\, \overset{.}{C} \,.\, \overset{.}{C} \,.\, COH \\ \quad\quad\ OH \quad OH \quad H \quad OH \quad H \end{array}$$

Das Lacton wird in eiskalter, 10prozentiger wässeriger Lösung mit der 12fachen Menge 2½prozentigem Natriumamalgam und der entsprechenden Menge Schwefelsäure reduziert.

Dann versetzt man die vom Quecksilber getrennte Flüssigkeit mit soviel Natronlauge, daß sie nach einer halben Stunde noch alkalisch reagiert, filtriert, neutralisiert mit Schwefelsäure und fügt zu der heißen Lösung so viel heißen absoluten Alkohol, daß die Mischung 85 pCt. des letzteren enthält. Nach dem Erkalten werden die Natronsalze filtriert und die alkoholische Mutterlauge verdampft. Dabei bleibt der Zucker als schwach gelb gefärbter Sirup zurück. Da derselbe bis jetzt nicht kristallisiert erhalten werden konnte, wurden seine Hydrazinverbindungen dargestellt.

Das Phenylhydrazon $C_7H_{14}O_6 . N_2H . C_6H_5$, scheidet sich aus einem kalten Gemisch von 2 Teilen des sirupförmigen Zuckers und 1,5 Teilen reinem Phenylhydrazin nach mehreren Stunden kristallinisch ab. Das Produkt wurde auf der Pumpe abgesaugt, mit kaltem Alkohol gewaschen, aus heißem absolutem Alkohol umkristallisiert und für die Analyse im Vakuum über Schwefelsäure getrocknet.

0,1336 g Subst.: 0,2530 g $CO_2$, 0,0820 g $H_2O$.
0,1838 g Subst.: 14,0 ccm N (14°, 764,5 mm).

|   | Berechnet | Gefunden |
|---|---|---|
| C | 52,00 | 51,65 pCt. |
| H | 6,67 | 6,82 ,, |
| N | 9,33 | 9,02 ,, |

Die Verbindung färbt sich beim raschen Erhitzen gegen 190° und schmilzt bei etwa 192° nicht ganz konstant unter Gasentwicklung. Sie ist in Wasser leicht, in Alkohol dagegen ziemlich schwer löslich und kristallisiert aus heißem Alkohol in äußerst feinen, farblosen Nadeln.

Das Phenylosazon scheidet sich beim Erhitzen einer wässerigen Lösung des Zuckers mit essigsaurem Phenylhydrazin auf dem Wasserbade nach kurzer Zeit in feinen, gelben Nadeln ab.

0,1751 g Subst.: 22,6 ccm N (20°, 740 mm).

|   | Ber. für $C_{19}H_{24}O_5N_4$ | Gefunden |
|---|---|---|
| N | 14,43 | 14,37 pCt. |

Das Produkt zeigt in Schmelzpunkt, Kristallform und Löslichkeit keine Verschiedenheit von dem Osazon der $\alpha$-Glucoheptose.

Dieses Resultat war vorauszusehen, denn bei der Osazonbildung verschwindet die Asymmetrie des einen Kohlenstoffatoms, welche die Isomerie der beiden Zucker bedingt.

39*

Verwandlung der β-Glucoheptonsäure in die Pentoxypimelinsäure.

$$\begin{array}{ccccccccc} & H & & H & & OH & H & & OH \\ COOH & . & C & . & C & . & C & . & C & . & C & . & COOH \\ & OH & & OH & & H & & OH & & H \end{array}$$

Für die Oxydation der β-Heptonsäure diente dasselbe Verfahren, welches Kiliani bei der α-Verbindung angewandt hat. 10 g Lacton wurden mit 10 g Salpetersäure vom spez. Gewicht 1,2 auf 40⁰ erwärmt. Nach einigen Stunden entsteht eine klare Lösung, in welcher eine langsame Entwicklung von salpetriger Säure stattfindet. Nach 24 Stunden wurde die Operation unterbrochen. Zur Isolierung der zweibasischen Säure diente das Kalksalz. Für die Bereitung desselben wurde die gelbrote Flüssigkeit mit 500 ccm Wasser verdünnt und in der Siedehitze durch einen Überschuß von Calciumcarbonat neutralisiert. Dabei färbt sich die vorher ganz schwach gelbe Lösung gelbrot. Schließlich wird dieselbe mit Tierkohle behandelt und heiß filtriert. Sie trübt sich beim Erkalten und scheidet im Lauf von 12 Stunden einen Teil des Kalksalzes als schmutzig gelbes, kristallinisches Pulver ab. Die auf die Hälfte ihres Volumens eingedampfte Mutterlauge liefert beim abermaligen 12 stündigen Stehen eine zweite Kristallisation. Die gesamte Ausbeute an diesem rohen Kalksalz betrug 4,5 g. Zur Gewinnung der freien Säure wurde das feingepulverte Salz in die heiße Lösung der berechneten Menge Oxalsäure allmählich eingetragen und schließlich das Gemisch noch etwa eine Stunde lang digeriert, bis das anfangs durch partielle Schmelzung zusammengeballte Produkt in ein kristallinisches Pulver von Calciumoxalat verwandelt war. Da das Salz nicht ganz rein ist, so enthält die Lösung schließlich noch eine kleine Menge von überschüssiger Oxalsäure. Die letztere wird durch Kalkwasser quantitativ ausgefällt, dann die Flüssigkeit mit wenig reiner Tierkohle aufgekocht, filtriert und auf dem Wasserbade verdampft. Hierbei bleibt ein gelbroter Sirup. Löst man denselben in wenig reinem Aceton und läßt dann langsam verdunsten, so scheiden sich im Lauf von 1—2 Wochen harte, fast farblose Kristallwarzen ab, welche in einen dicken Sirup eingebettet sind. Der letztere läßt sich leicht durch Waschen mit wenig reinem Aceton entfernen. Die Mutterlauge liefert beim Verdunsten eine zweite Kristallisation. Die Kristalle sind nicht die zweibasische Säure, sondern das Monolacton von der Zusammensetzung $C_7H_{10}O_8$.

Zur völligen Reinigung wurde die Substanz in viel heißem Essigäther gelöst. Aus der stark konzentrierten Lösung schieden sich farblose, harte, zu Warzen vereinigte Blättchen ab, welche sich beim wiederholten Umkristallisieren aus demselben Lösungsmittel in lange Nadeln oder Prismen verwandeln. Dieselben wurden für die Analyse bei 100° getrocknet.

0,1753 g Subst.: 0,2450 g $CO_2$, 0,0703 g $H_2O$.

|  | Ber. für $C_7H_{10}O_8$ | Gefunden |
|---|---|---|
| C | 37,83 | 38,12 pCt. |
| H | 4,50 | 4,46 „ |

Die Lactonsäure schmilzt beim raschen Erhitzen nicht ganz scharf gegen 177° unter Gasentwicklung, mithin beträchtlich höher wie die isomere Verbindung aus α-Glucoheptonsäure, deren Schmelzpunkt Kiliani bei 143° fand. Sie ist in kaltem Wasser und in heißem Alkohol sehr leicht, in Aceton und Essigäther recht schwer löslich. Sie dreht stark nach rechts.

Eine frisch bereitete wässerige Lösung, welche 9,972 pCt. der Lactonsäure enthielt und das spez. Gewicht 1,0433 besaß, drehte im 1 dcm-Rohr 7,13° nach rechts. Daraus berechnet sich die spezifische Drehung

$$[\alpha]_D^{10} = + 68,5°.$$

Daß die Verbindung als Lactonsäure zu betrachten ist, geht aus dem Verhalten gegen Alkali hervor; denn ihre wässerige Lösung verbraucht in der Wärme zur Neutralisation doppelt soviel Kalilauge wie in der Kälte.

Das Kalksalz ist in Wasser sehr schwer löslich und scheidet sich aus der heißen Lösung in farblosen, sehr kleinen, körnigen Kristallen ab.

### Optisches Verhalten der Pentoxypimelinsäure aus α-Glucoheptonsäure.

$$\text{COOH} . \overset{\text{H}}{\underset{\text{OH}}{\text{C}}} . \overset{\text{H}}{\underset{\text{OH}}{\text{C}}} . \overset{\text{OH}}{\underset{\text{H}}{\text{C}}} . \overset{\text{H}}{\underset{\text{OH}}{\text{C}}} . \overset{\text{H}}{\underset{\text{OH}}{\text{C}}} . \text{COOH}$$

Die Verbindung wurde von Kiliani nebst ihren Salzen beschrieben, aber optisch nicht geprüft. Sie verwandelt sich ebenfalls beim Abdampfen ihrer wässerigen Lösung in die kristallisierende Lactonsäure $C_7H_{10}O_8$. Für die optische Probe wurde die letztere benutzt, welche nach der Vorschrift von Kiliani dargestellt und durch Umkristallisieren aus Wasser gereinigt war. Die Verbindung ist inaktiv; denn eine 10 prozentige Lösung zeigte im 1 dcm-Rohr unter Bedingungen, wo eine Ablenkung von 0,05° sicher hätte beobachtet werden müssen, keine wahrnehmbare Drehung.

Der Vollständigkeit halber wurde noch das neutrale Phenylhydrazid dargestellt. Dasselbe fällt beim Erhitzen einer wässerigen Lösung

der Lactonsäure mit überschüssigem Phenylhydrazin auf dem Wasserbade nach kurzer Zeit in schwach gelb gefärbten Blättchen aus, welche
gegen 200⁰ unter Zersetzung schmelzen und sowohl in Wasser, wie in
Alkohol sehr schwer löslich sind.

> 0,1565 g Subst.: 19,2 ccm N (20⁰, 736 mm).
>
> |   | Ber. für $C_{19}H_{24}O_7N_4$ | Gefunden |
> |---|---|---|
> | N | 13,33 | 13,58 pCt. |

## Glucooctonsäuren.

Wie schon erwähnt, liefert die Behandlung der $\alpha$-Glucoheptose
mit Cyanwasserstoff ebenfalls zwei Stereoisomere, die $\alpha$- und $\beta$-Gluco-
octonsäure. Die $\alpha$-Verbindung ist immer das Hauptprodukt der Reaktion; die Menge der gleichzeitig gebildeten $\beta$-Säure variiert mit der
Temperatur, bei welcher die Anlagerung der Blausäure sich vollzieht.
Will man auf die Gewinnung der letzteren verzichten, so verfährt man
folgendermaßen. 50 g reine Glucoheptose werden in einer gut schließen-
den Flasche in 350 g warmem Wasser gelöst und die auf 25⁰ abgekühlte
Flüssigkeit mit 14 ccm wasserfreier Blausäure versetzt. Das Gemisch
bleibt bei 25⁰ (am besten im Brutofen) 4 Tage lang stehen, wobei es
sich anfangs gelb, zum Schluß rotbraun färbt. Das Ende der Reaktion
erkennt man daran, daß der anfangs in der Flasche vorhandene schwache
Überdruck ins Gegenteil umgeschlagen ist. Die Flüssigkeit wird jetzt
mit einer heißen Lösung von 50 g reinem kristallisierten Barythydrat
vermischt und unter Ersatz des verdampfenden Wassers mehrere
Stunden gekocht, bis der Geruch nach Ammoniak verschwunden ist.
Bei dieser Operation scheidet sich basisches Barytsalz ab. Um dasselbe wieder in Lösung zu bringen, verdünnt man, ohne zuvor zu filtrieren, die Flüssigkeit auf 1½ Liter und behandelt in der Siedehitze
mit Kohlensäure bis zur neutralen Reaktion. Hierdurch wird zugleich
die noch unveränderte Blausäure ausgetrieben, was beim Arbeiten im
größeren Maßstabe aus Gesundheitsrücksichten zu beachten ist.

Die heißfiltrierte Lösung enthält die Barytsalze der Octonsäuren.
Sie wird über freiem Feuer bis zur beginnenden Kristallisation verdampft. Beim Erkalten scheidet sich der größte Teil des schwerlöslichen $\alpha$-glucooctonsauren Baryts als dicker Kristallbrei ab. Nach
einigen Stunden wird die Masse auf der Pumpe filtriert und mit kaltem
Wasser, zuletzt mit Alkohol und Äther gewaschen. Die Mutterlauge
liefert beim weiteren Verdampfen eine zweite, aber sehr viel geringere
Kristallisation.

Selbstverständlich können alle diese Operationen auch mit größeren
Massen ausgeführt werden.

Die Ausbeute an Barytsalz betrug durchschnittlich 123 pCt. der angewandten Heptose.

In den letzten Mutterlaugen des α-glucooctonsauren Baryts ist das Salz der β-Säure enthalten. Dieselbe entsteht aber unter den obigen Bedingungen in so kleiner Menge, daß sich ihre Isolierung kaum lohnt. Bessere Ausbeuten erhält man, wie später beschrieben wird, durch eine kleine Änderung der Bedingungen bei der Anlagerung der Blausäure.

## α-Glucooctonsäure.

$$CH_2OH \cdot \overset{H}{\underset{OH}{C}} \cdot \overset{H}{\underset{OH}{C}} \cdot \overset{OH}{\underset{H}{C}} \cdot \overset{H}{\underset{OH}{C}} \cdot \overset{H}{\underset{OH}{C}} \cdot CHOH \cdot COOH \quad ?$$

Die freie Säure verwandelt sich beim Abdampfen ihrer Lösung leicht und vollständig in das schön kristallisierende Lacton. Um dasselbe darzustellen, wird das reine Barytsalz in heißem Wasser gelöst, der Baryt mit Schwefelsäure genau ausgefällt, und das farblose Filtrat zuerst über freier Flamme und zuletzt auf dem Wasserbade verdampft. Dabei resultiert zunächst ein klarer, farbloser Sirup, welcher ein Gemisch von Lacton und Säure ist. Er erstarrt in dem Maße, wie die Lactonbildung fortschreitet, kristallinisch. Man setzt das Erhitzen unter Umrühren und Zerkleinern der Masse so lange fort, bis das Produkt vollständig fest geworden ist und fast neutral reagiert. Diese Operation dauert mindestens einige Stunden. Das so gewonnene Lacton ist nahezu chemisch rein und kann für die Bereitung aller Derivate direkt benutzt werden. Die Ausbeute ist auf das Barytsalz berechnet nahezu quantitativ. Auf das Gewicht der angewandten Heptose bezogen betrug sie im Mittel 83 pCt., was 73 pCt. der Theorie entspricht.

Für die Analyse wurde das Lacton aus heißem Methylalkohol umkristallisiert und bei 100° getrocknet.

0,2696 g Subst.: 0,3985 g $CO_2$, 0,1475 g $H_2O$.

|   | Ber. für $C_8H_{14}O_8$ | Gefunden |
|---|---|---|
| C | 40,33 | 40,3 pCt. |
| H | 5,88 | 6,1 „ |

Die Substanz schmilzt nicht ganz konstant bei 145—147° (unkorr.). Sie ist in absolutem Alkohol recht schwer, in Methylalkohol etwas leichter und in Wasser sehr leicht löslich. Sie reagiert neutral und dreht nach rechts. Eine wässerige Lösung, welche 10,405 pCt. Lacton enthielt und das spezifische Gewicht 1,0417 besaß, drehte bei 20° im 2 dcm-Rohr 9,94° nach rechts. Daraus berechnet sich die spezifische Drehung

$$[\alpha]_D^{20} = +45,9°.$$

Barytsalz. Dasselbe ist bei der Bereitung der Säure schon erwähnt. Aus dem Lacton gewinnt man es durch Kochen der wässerigen Lösung mit Baryumcarbonat. In kaltem Wasser ist es recht schwer löslich, aus heißem Wasser kristallisiert es in feinen, farblosen Nadeln, welche wasserfrei sind und für die Analyse bei 110° getrocknet wurden.

0,2360 g Subst.: 0,086 g BaSO$_4$.

| | Ber. für (C$_8$H$_{15}$O$_9$)$_2$Ba | Gefunden |
|---|---|---|
| Ba | 21,17 | 21,43 pCt. |

Das Kalksalz, auf die gleiche Weise dargestellt, bleibt beim Verdampfen seiner Lösung zunächst als Sirup, welcher erst beim längeren Stehen kristallinisch erstarrt. Im Verlauf von einigen Stunden erfolgt die Kristallisation, wenn in die konzentrierte Lösung einige Kristalle eingetragen werden. Das Salz bildet äußerst feine, biegsame, farblose Nadeln und ist in warmem Wasser außerordentlich leicht löslich.

Das Cadmiumsalz, durch Kochen des Lactons mit Cadmiumhydroxyd dargestellt, ist ebenfalls in warmem Wasser leicht löslich, kristallisiert aber bei genügender Konzentration in der Kälte sehr bald und bildet gleichfalls sehr feine Nädelchen, welche häufig zu kugeligen Aggregaten vereinigt sind.

Das Phenylhydrazid entsteht sehr rasch, wenn man gleiche Teile Lacton und Phenylhydrazin in konzentrierter wässeriger Lösung auf dem Wasserbade erwärmt und scheidet sich beim Erkalten kristallinisch ab. Filtriert, mit Wasser, Alkohol und Äther gewaschen und aus heißem Wasser unter Zusatz von Tierkohle umkristallisiert, bildet es feine, farblose, meist kugelig vereinigte Nadeln, welche beim raschen Erhitzen gegen 215° (unkorr.) unter Zersetzung schmelzen.

### α-Glucooctose.

50 g Lacton werden in 500 g Wasser gelöst und in derselben Weise, wie bei der Darstellung der Heptose, mit möglichst reinem Natriumamalgam und Schwefelsäure behandelt. Man unterbricht die Operation, wenn 625 g Amalgam verbraucht sind. Zur Scheidung des Zuckers von den Natriumsalzen wird ebenfalls die früher beschriebene Methode benutzt. Da aber die Natriumsalze anfänglich Zucker mit niederreißen, so müssen dieselben nochmals in Wasser gelöst und durch Alkohol gefällt werden. Beim Verdampfen der alkoholischen Filtrate bleibt ein farbloser Sirup, aus welchem beim mehrtägigen Stehen die Octose in feinen Nädelchen kristallisiert. War die Lösung nicht allzuweit eingekocht, so kann die Masse direkt auf der Pumpe abgesaugt und dann durch Aufstreichen auf porösen Ton von dem Rest der Mutterlauge getrennt werden. Im andern Fall ist es nötig, den Kristallkuchen mit sehr wenig kaltem Wasser anzureiben. Die durch Abdampfen kon-

zentrierte Mutterlauge liefert bei mehrtägigem Stehen eine zweite, aber viel geringere Kristallisation. Zur Reinigung wird der Zucker ein- bis zweimal aus der gleichen Menge warmem Wasser umkristallisiert. Die Ausbeute betrug im Durchschnitt 40 pCt. des angewandten Lactons.

Der Verlust erklärt sich wie in analogen Fällen einmal durch die Bildung von nicht kristallisierenden Produkten unbekannter Zusammensetzung und andererseits durch die Entstehung von glucooctonsaurem Natrium, welches sich mit dem Natriumsulfat in der durch Alkohol abgeschiedenen Kristallmasse befindet. Um daraus die Glucooctonsäure wiederzugewinnen, löst man das Gemenge in wenig heißem Wasser, fügt so viel Schwefelsäure zu, daß die organische Säure in Freiheit gesetzt wird und fällt den größten Teil des Natriumsulfats mit Alkohol. Aus dem Filtrat wird der Alkohol unter Zusatz von Wasser verdampft und die Schwefelsäure mit Baryt gefällt. Da die Lösung noch viel Natrium enthält, so wird sie mit Essigsäure schwach angesäuert und mit überschüssigem Baryumacetat versetzt. Beim Erkalten scheidet sich dann der schwer lösliche glucooctonsaure Baryt ab, welcher in bekannter Weise auf das Lacton verarbeitet wird. Man gewinnt so 15—20 pCt. des angewandten Lactons zurück.

Die Glucooctose kristallisiert aus Wasser in feinen, weißen Nadeln, welche zwei Moleküle Kristallwasser enthalten und bei $93^0$ (unkorr.) schmelzen.

0,2282 g Subst.: 0,2915 g $CO_2$, 0,1518 g $H_2O$.

| | Ber. für $C_8H_{16}O_8 + 2H_2O$ | Gefunden |
|---|---|---|
| C | 34,78 | 34,84 pCt. |
| H | 7,24 | 7,4 ,, |

Das analysierte Produkt war auf der Pumpe scharf abgesaugt und im fein verteilten Zustand 6 Stunden im Vakuum über Schwefelsäure getrocknet, bis die Masse ganz trocken erschien. Beim längeren Stehen im Vakuum entweicht das Kristallwasser teilweise. Nach zweitägigem Trocknen wurde gefunden: C 35,56; H 7,11 pCt.

Der Rest des Kristallwassers ist aber recht schwierig zu entfernen. Ein Präparat, welches 48 Stunden im Vakuum bei $75^0$ getrocknet und dabei etwas zusammengesintert war, enthielt immer noch eine kleine Menge von Wasser, wie folgende Analyse zeigt:

0,2127 g Subst.: 0,3082 g $CO_2$ 0,1303 g $H_2O$.

| | Ber. für $C_8H_{16}O_8$ | Gefunden |
|---|---|---|
| C | 40,0 | 39,52 pCt. |
| H | 6,66 | 6,8 ,, |

Bei höherer Temperatur schmilzt der Zucker und verliert auch dann das Wasser nicht vollständig.

In absolutem Alkohol ist die Octose selbst in der Hitze recht schwer löslich; von Methylalkohol wird sie leichter aufgenommen. Sie kristal-

lisiert daraus ebenfalls in feinen Nadeln, welche nach der Analyse
sowohl Wasser wie Methylalkohol zu enthalten scheinen.

Der Zucker dreht nach links und zeigt Birotation. Da er sich in
kaltem Wasser zu langsam löst, so wurde für die optische Probe eine
Lösung von 6,496 pCt. bei 50⁰ hergestellt und nach dem Abkühlen auf
20⁰ im 1 dcm-Rohr geprüft. Die beobachtete Drehung betrug anfangs
— 4,08⁰, ging im Verlaufe von 6 Stunden auf — 2,91⁰ zurück und
blieb dann konstant. Das spezifische Gewicht der Lösung war 1,0213.
Aus dem zuletzt beobachteten Werte berechnet sich für den wasserhaltigen Zucker $C_8H_{16}O_8 + 2H_2O$, welcher bei dem Versuch zur Anwendung kam, die spezifische Drehung $[\alpha]_D^{20} = — 43,9⁰$ und für den
wasserfreien Zucker $C_8H_{16}O_8$

$$[\alpha]_D^{20} = — 50,5⁰.$$

Die Octose schmeckt süß und zeigt alle gewöhnlichen Zuckerreaktionen.

Das Phenylhydrazon, $C_8H_{16}O_7.N_2H.C_6H_5$, ist in kaltem Wasser
schwer löslich, kristallisiert sehr leicht und kann deshalb für die Erkennung und die Abscheidung des Zuckers benutzt werden. Es fällt
nach kurzer Zeit kristallinisch aus, wenn man eine kalte wässerige Lösung
der Octose mit Phenylhydrazin allein oder unter Zusatz von Essigsäure
zusammenbringt. Aus heißem Wasser, worin es ziemlich leicht löslich
ist, kristallisiert es beim Erkalten sehr rasch in ziemlich derben, meist
verwachsenen Nadeln oder Prismen, welche stets schwach gelb gefärbt
sind. In heißem absolutem Alkohol löst es sich recht schwer und kristallisiert daraus beim Erkalten in farblosen, sehr feinen, schief abgeschnittenen Prismen. Beim raschen Erhitzen schmilzt es nicht ganz konstant
gegen 190⁰ (unkorr.) unter starker Gasentwicklung. Durch kalte konzentrierte Salzsäure wird es ziemlich leicht gelöst und bald in Zucker
und Phenylhydrazin gespalten. Für die Analyse wurde es im Vakuum
über Schwefelsäure getrocknet.

0,1855 g Subst.: 0,3451 g $CO_2$, 0,1121 g $H_2O$.

|   | Berechnet | Gefunden |
|---|-----------|----------|
| C | 50,90 | 50,7 pCt. |
| H | 6,66 | 6,7 ,, |

Das Phenylosazon, $C_8H_{14}O_6(N_2H.C_6H_5)_2$, fällt beim Erhitzen
der wässerigen Lösung des Zuckers oder des Hydrazons mit überschüssigem, essigsaurem Phenylhydrazin auf dem Wasserbade als gelbe, feine
Kristallmasse aus. Dasselbe ist in Wasser fast unlöslich, läßt sich aber
aus heißem Methyl- oder Äthylalkohol leicht umkristallisieren. Es
bildet gelbe Nädelchen, welche sich beim raschen Erhitzen gegen 200⁰
dunkel färben und bei 210—212⁰ (unkorr.) unter Zersetzung schmelzen.
Für die Analyse wurde es bei 100⁰ getrocknet.

0,2371 g Subst.: 0,4983 g $CO_2$, 0,1359 g $H_2O$.
0,212 g Subst.: 25,2 ccm N (21⁰, 751 mm).

| | Ber. für $C_{20}H_{26}O_6N_4$ | Gefunden |
|---|---|---|
| C | 57,41 | 57,31 pCt. |
| H | 6,22 | 6,37 ,, |
| N | 13,39 | 13,3 ,, |

### α-Glucooctit.

Die Reduktion des Zuckers zum achtwertigen Alkohol und die
Isolierung des letzteren wurde in der früher beim Glucoheptit ausführlich beschriebenen Weise ausgeführt. Die Ausbeute betrug 90 pCt.
der Theorie.

Für die Analyse diente ein Präparat, welches aus Methylalkohol
umkristallisiert und bei 100⁰ getrocknet war.

0,2387 g Subst.: 0,3447 g $CO_2$, 0,1616 g $H_2O$.

| | Ber. für $C_8H_{18}O_8$ | Gefunden |
|---|---|---|
| C | 39,67 | 39,39 pCt. |
| H | 7,44 | 7,53 ,, |

Die Verbindung bildet feine, weiße Nadeln und schmilzt bei 141⁰
(unkorr.). Sie löst sich sehr leicht in Wasser und kristallisiert daraus
so schwierig, daß eine Lösung, welche aus gleichen Teilen besteht, selbst
bei 0⁰ nichts abscheidet. In absolutem Alkohol ist sie dagegen recht
schwer, in heißem Methylalkohol etwas leichter löslich. Die wässerige
Lösung, welche 10,24 pCt. Octit enthielt und das spezifische Gewicht
1,038 besaß, drehte bei 20⁰ im 1 dcm-Rohr 0,21⁰ nach rechts, woraus
sich die spezifische Drehung

$$[\alpha]_D^{20} = + 2,0^0$$

berechnet. Als derselben Lösung, die dem angewandten Octit gleiche
Menge trockner Borax zugesetzt war, stieg die Drehung auf das Drei-
fache.

Löst man den Octit in der doppelten Menge 50prozentiger Schwefelsäure, fügt die gleiche Quantität Benzaldehyd zu und mischt durch häufiges Umschütteln, so beginnt nach 1—2 Tagen die Abscheidung einer
festen **Benzalverbindung**, deren Menge sich in den folgenden Tagen
noch erheblich vermehrt. Die Substanz kristallisiert aus heißem Alkohol,
worin sie ziemlich leicht löslich ist, beim Erkalten in feinen, weißen
Nadeln, welche gegen 170⁰ anfangen zu sintern und zwischen 185⁰
und 187⁰ völlig schmelzen.

### β-Glucooctonsäure.

$$\overset{\text{H}}{\underset{\text{OH}}{\text{CH}_2\text{OH} . \overset{\cdot}{\underset{\cdot}{\text{C}}}}} . \overset{\text{H}}{\underset{\text{OH}}{\overset{\cdot}{\underset{\cdot}{\text{C}}}}} . \overset{\text{OH}}{\underset{\text{H}}{\overset{\cdot}{\underset{\cdot}{\text{C}}}}} . \overset{\text{H}}{\underset{\text{OH}}{\overset{\cdot}{\underset{\cdot}{\text{C}}}}} . \overset{\text{H}}{\underset{\text{OH}}{\overset{\cdot}{\underset{\cdot}{\text{C}}}}} . \text{CHOH} . \text{COOH} \qquad ?$$

Wie früher erwähnt, entsteht dieselbe als Nebenprodukt bei der Bereitung der α-Säure. Findet die Anlagerung von Blausäure an die Heptose bei 25⁰ statt, so ist die Menge der gebildeten β-Säure außerordentlich gering. Die Ausbeute steigt aber mit höherer Temperatur. Handelt es sich deshalb um die Bereitung derselben, so verfährt man folgendermaßen. Die früher angegebenen Mengen von α-Glucoheptose, Wasser und Blausäure werden im Brutschrank 4 Tage bei 40⁰ gehalten und die hellbraune Lösung in der gleichen Art auf Barytsalz verarbeitet. Nachdem der α-glucooctonsaure Baryt möglichst vollständig durch Kristallisation abgeschieden ist, bleibt eine Mutterlauge, welche beim Verdampfen das Barytsalz der β-Säure als Gummi zurückläßt. Dasselbe wird in verdünnter wässeriger Lösung mit der gerade genügenden Menge Schwefelsäure zersetzt und nach dem Aufkochen mit Tierkohle das Filtrat zum dünnen Sirup verdampft. Der letztere scheidet nach mehrstündigem Stehen das Lacton der β-Säure kristallinisch ab. Dasselbe wird auf der Pumpe abgesaugt oder auf Tontellern von der Mutterlauge befreit und aus der gleichen Menge heißem Wasser umkristallisiert. Die Ausbeute beträgt etwa 15 pCt. der angewandten Heptose.

Für die Analyse wurde die Substanz aus heißem Methylalkohol umkristallisiert und bei 100⁰ getrocknet.

0,2307 g Subst.: 0,3395 g $CO_2$, 0,1262 g $H_2O$.

| | Ber. für $C_8H_{14}O_8$ | Gefunden |
|---|---|---|
| C | 40,33 | 40,14 pCt. |
| H | 5,88 | 6,07 „ |

Das Lacton schmilzt nicht ganz konstant bei 186—188⁰ (unkorr.), mithin etwa 40⁰ höher als die α-Verbindung. Es löst sich in warmem Wasser sehr leicht und kristallisiert aus der konzentrierten Lösung in ziemlich großen und hübsch ausgebildeten Prismen. In heißem Methyl- oder Äthylalkohol ist es ziemlich schwer löslich und scheidet sich daraus in feinen Nadeln ab.

Eine wässerige Lösung vom Gesamtgewicht 8,4223 g, welche 0,8618 g Substanz enthielt und das spezifische Gewicht 1,042 besaß, drehte bei 20⁰ im 1 dcm-Rohr 2,51⁰ nach rechts. Daraus berechnet sich die spezifische Drehung

$$[\alpha]_D^{20} = + 23,6^0.$$

Die Drehung war nach 12 Stunden unverändert.

Das Phenylhydrazid ist selbst in kaltem Wasser leicht löslich. Um dasselbe zu gewinnen, erwärmt man 1 Teil Lacton, 1 Teil Phenylhydrazin und 2 Teile Wasser 1 Stunde auf dem Wasserbade. Auf Zusatz von wenig Alkohol fällt die Verbindung als dicker Kristallbrei.

Aus heißem Alkohol umkristallisiert, bildet sie feine, glänzende,

biegsame Nadeln, welche beim raschen Erhitzen zwischen 170⁰ und
172⁰ unter langsamer Zersetzung schmelzen.

Durch Natriumamalgam wird das $\beta$-Octonsäurelacton ebenfalls
in den entsprechenden Zucker übergeführt.

### Verwandlung der $\alpha$-Glucooctonsäure in die $\beta$-Verbindung.

Aus der Bildungsweise beider Säuren kann man den Schluß ziehen,
daß sie im selben Verhältnis zu einander stehen wie Glucon- und Mannonsäure, und nach der Analogie darf man nun ferner erwarten, daß sie
sich durch Erhitzen mit Chinolin oder Pyridin gegenseitig ineinander
überführen lassen. Der Versuch, zu welchem aus praktischen Rück-
sichten die leichter zugängliche $\alpha$-Verbindung gewählt wurde, hat die
Voraussetzung bestätigt.

5 g des Lactons wurden mit 50 g Wasser und 4 g Pyridin im verschlossenen Rohr 3 Stunden auf 140⁰ erhitzt und dann die hellbraune
Lösung mit überschüssigem Baryumhydroxyd bis zum Verschwinden
des Pyridins gekocht. Nachdem der überschüssige Baryt durch Kohlensäure entfernt und die Lösung durch Aufkochen mit Tierkohle entfärbt war, wurde das Filtrat bis zur beginnenden Kristallisation eingedampft und nach mehrstündigem Stehen der ausgeschiedene $\alpha$-octon-
saure Baryt abgesaugt. Die Menge desselben betrug 2,7 g. Nachdem
aus der Mutterlauge der Baryt genau mit Schwefelsäure gefällt und
das Filtrat zum Sirup verdampft war, schied sich das Lacton der
$\beta$-Säure bei längerem Stehen in der Kälte kristallinisch ab.

Die Ausbeute betrug 0,9 g. Das Produkt wurde zuerst aus wenig
Wasser, dann aus heißem Methylalkohol umkristallisiert und durch den
Schmelzpunkt identifiziert.

### Gluconononsäure.

Die Behandlung der $\alpha$-Octose mit Blausäure liefert abermals
zwei Säuren, welche höchstwahrscheinlich wieder stereoisomer sind,
von welchen aber nur die leichter isolierbare genauer untersucht wurde.
Läßt man eine Lösung von 30 g reiner kristallisierter $\alpha$-Octose in 150 g
Wasser nach Zusatz von 4,8 ccm wasserfreier Blausäure bei einer Temperatur von 10—17⁰ stehen, so beginnt am dritten Tage die Abscheidung
eines weißen Niederschlages, welcher aus äußerst feinen, kugeligen
Kristallaggregaten besteht, aus heißem Wasser leicht umkristallisiert
werden kann und nach seinen Reaktionen das Amid der später beschriebenen Nononsäure ist. Nach 11 Tagen erfüllt derselbe breiartig
die ganze Flüssigkeit, obschon seine Menge dem Gewicht nach ziemlich gering ist. Zur Vollendung der Reaktion wurde die Mischung

noch 2 Tage im Brutschrank auf 25⁰ erwärmt, wobei eine klare, hellbraune Lösung entsteht und dann die letztere mit einer heißen Lösung von 25 g reinem kristallisiertem Barythydrat mehrere Stunden bis zum vollständigen Verschwinden des Ammoniakgeruches unter Ersatz des verdampfenden Wassers gekocht. Nachdem der überschüssige Baryt durch Kohlensäure gefällt und die Flüssigkeit durch Kochen mit reiner Tierkohle nahezu entfärbt war, wurde das Filtrat bis zur beginnenden Kristallisation verdampft. Beim Erkalten schied sich das Barytsalz als dicker Kristallbrei ab, welcher nach 12 Stunden auf der Pumpe möglichst stark abgesaugt und mit wenig eiskaltem Wasser gewaschen wurde. 60 g wasserhaltige Octose gaben 43 g von diesem rohen Salz. Die Mutterlauge hinterließ beim weiteren Verdampfen 52 g eines bräunlich gefärbten Sirups, welcher nicht mehr kristallisierte. Derselbe enthält außer der ersten Säure das Barytsalz der zweiten, wahrscheinlich isomeren Verbindung, welche durch ihr Phenylhydrazid erkannt werden kann. Fällt man nämlich aus dem mit Wasser verdünnten Sirup den Baryt genau mit Schwefelsäure und behandelt die auf etwa 20 pCt. Gehalt eingeengte Lösung der Säure mit der entsprechenden Menge Phenylhydrazin 1 Stunde auf dem Wasserbade, so fällt in der Kälte das schwer lösliche Hydrazid der ersten Nononsäure aus und das Filtrat liefert bei der Behandlung mit Alkohol und Äther das Hydrazid der zweiten Säure. Dasselbe ist in heißem Wasser sehr leicht löslich und scheidet sich in der Kälte sehr langsam daraus ab. Es schmilzt ferner etwa 40⁰ niedriger als die isomere Verbindung. Auf die genaue Untersuchung des Hydrazids und der Säure mußte wegen Mangel an Material verzichtet werden.

Das schwer lösliche Barytsalz wurde zur völligen Reinigung in heißem Wasser gelöst und bis zur Kristallisation eingedampft. Beim Erkalten fiel dasselbe in mikroskopisch kleinen, weißen Nadeln aus. Die Mutterlauge gab eine zweite Kristallisation. Die Ausbeute betrug 34 g aus 60 g wasserhaltiger Octose; das entspricht 44 pCt. der Theorie. Eine weitere Menge des Salzes kann aus der ersten, oben erwähnten Mutterlauge durch den Umweg über das Phenylhydrazid gewonnen werden.

Wird das Barytsalz in wässeriger Lösung genau durch Schwefelsäure zerlegt und das Filtrat verdampft, so bleibt ein farbloser Sirup, welcher ein Gemisch von Nononsäure und ihrem Lacton ist. Leider konnte das Produkt bisher nicht kristallisiert erhalten werden. Es ist in Wasser sehr leicht, in absolutem Alkohol recht schwer löslich, reduziert die Fehlingsche Lösung nicht und dreht ziemlich stark nach rechts. Eine annähernd 10prozentige wässerige Lösung gab im 1 dem-Rohr eine Ablenkung von + 3,5⁰. Charakteristisch für die Säure sind Barytsalz und Phenylhydrazid, welche deshalb auch zur Feststellung ihrer Zusammensetzung dienten.

Das Barytsalz, welches zur Isolierung der Säure benutzt wurde, ist in heißem Wasser ziemlich leicht löslich, bildet feine, weiße Nadeln und hat im Vakuum über Schwefelsäure getrocknet die Zusammensetzung $(C_9H_{17}O_{10})_2Ba$.

0,2406 g Subst.: 0,0788 g $BaSO_4$.

|    | Berechnet | Gefunden   |
|----|-----------|------------|
| Ba | 19,3      | 19,35 pCt. |

Beim Erhitzen auf $130^0$ verliert es nicht an Gewicht.

Das Calcium- und Cadmiumsalz bilden ein leicht lösliches Gummi und wurden bisher nicht kristallisiert erhalten.

Das Phenylhydrazid, $C_9H_{17}O_9.N_2H_2.C_6H_5$, wird leicht erhalten durch einstündiges Erhitzen einer 10prozentigen wässerigen Lösung der Säure resp. des Lactons mit freiem oder essigsaurem Phenylhydrazin auf dem Wasserbade. Beim Erkalten scheidet es sich sofort kristallinisch ab. Es wurde aus heißem Wasser unter Zusatz von etwas Tierkohle umkristallisiert und für die Analyse bei $100^0$ getrocknet.

0,2266 g Subst.: 0,3968 g $CO_2$, 0,1360 g $H_2O$.
0,2096 g Subst.: 14,2 ccm N ($18^0$, 745 mm).

|   | Ber. für $C_{15}H_{24}O_9N_2$ | Gefunden   |
|---|-------------------------------|------------|
| C | 47,87                         | 47,76 pCt. |
| H | 6,38                          | 6,66 „     |
| N | 7,45                          | 7,66 „     |

Die Verbindung ist selbst in heißem Wasser ziemlich schwer löslich und scheidet sich daraus beim Erkalten fast vollständig ab. Auch in Alkohol ist sie sehr schwer löslich. Beim raschen Erhitzen schmilzt sie nicht ganz konstant gegen $234^0$ (unkorr.) unter Zersetzung. Durch Kochen mit verdünntem Barytwasser wird sie rasch in Säure und Phenylhydrazin gespalten. Wegen seiner schönen Eigenschaften ist das Hydrazid zur Erkennung und Isolierung der Nononsäure recht geeignet.

### Glucononose.

Da das Nononsäurelacton nicht in reinem Zustande isoliert werden konnte, so wurde für die Bereitung des Zuckers der aus dem Barytsalz gewonnene Sirup direkt benutzt. Da dieses Produkt aber noch ziemlich viel Säure enthält, so ist die Ausbeute an Nonose geringer wie in analogen Fällen. Die Reduktion wurde in der üblichen Weise in eiskalter, etwa 10 prozentiger Lösung ausgeführt und die Operation unterbrochen, als die neunfache Menge Natriumamalgam verbraucht war. Der von den Natronsalzen in bekannter Weise durch Alkohol getrennte Zucker bleibt beim Verdampfen als farbloser Sirup. Derselbe enthält noch

Asche, ist in Wasser sehr leicht, in Alkohol recht schwer löslich, dreht schwach nach rechts und wurde bisher nicht kristallisiert erhalten.

Charakteristisch sind die Hydrazinverbindungen. Das Phenylhydrazon scheidet sich aus der kalten, konzentrierten, wässerigen Lösung des Zuckers auf Zusatz von Phenylhydrazin und wenig Essigsäure nach kurzer Zeit als feinkörnige Kristallmasse ab und wird durch Waschen mit kaltem Wasser, Alkohol und Äther nahezu farblos erhalten. In kaltem Wasser und Alkohol ist es sehr schwer löslich und erfordert sogar von heißem Wasser 25—30 Teile. Aus dieser Lösung scheidet es sich beim Erkalten meist gallertartig ab. Fügt man dagegen zu der heißen wässerigen Lösung das gleiche Volumen Alkohol, so fällt es wieder als körnig kristallinischer, farbloser Niederschlag. Die Verbindung schmilzt beim raschen Erhitzen zwischen 195 und 200° (unkorr.) unter lebhafter Gasentwicklung.

Auffallenderweise haben alle Analysen zu wenig Kohlenstoff ergeben.

I. 0,1824 g Subst.: 0,3253 g $CO_2$, 0,1120 g $H_2O$.
II. 0,1683 g Subst.: 0,3026 g $CO_2$, 0,1074 g $H_2O$.
III. 0,2035 g Subst.: 0,3657 g $CO_2$, 0,1244 g $H_2O$.
IV. 0,1730 g Subst.: 11,5 ccm N (16°, 743 mm).

|  | Berechnet für $C_9H_{18}O_8 \cdot N_2H \cdot C_6H_5$ | Gefunden | | | |
|---|---|---|---|---|---|
|  |  | I. | II. | III. | IV. |
| C | 50,0 | 48,63 | 49,05 | 49,0 | — pCt. |
| H | 6,67 | 6,82 | 7,09 | 6,8 | — ,, |
| N | 7,78 | — | — | — | 7,6 ,, |

Die Präparate I, II, III und IV waren mehrere Tage im Vakuum getrocknet. Ob das Defizit an Kohlenstoff durch einen geringen Gehalt an Wasser bedingt ist, ließ sich nicht feststellen. Das Präparat verlor zwar bei 100° etwas an Gewicht, färbte sich dabei aber gelb.

Bessere Resultate gaben die Analysen des Phenylosazons $C_9H_{16}O_7 \cdot (N_2H \cdot C_6H_5)_2$. Dasselbe entsteht beim Erhitzen einer wässerigen Lösung des Zuckers mit überschüssigem essigsaurem Phenylhydrazin auf dem Wasserbade und scheidet sich dabei in feinen, gelben Nadeln ab. Die Reaktion verläuft aber viel langsamer, als bei den anderen Zuckerarten. Um erhebliche Mengen zu erhalten, muß man deshalb wenigstens einige Stunden erhitzen und auch dann noch ist die Ausbeute verhältnismäßig gering. Die Verbindung löst sich in heißem Wasser oder Alkohol außerordentlich schwer. Etwas leichter wird sie von verdünntem Alkohol aufgenommen und scheidet sich daraus beim Wegkochen des Alkohols wieder in feinen, gelben Nadeln ab, welche für die Analyse bei 100° getrocknet wurden.

0,1968 g Subst.: 0,4058 g $CO_2$, 0,1113 g $H_2O$.

|   | Ber. für $C_{21}H_{28}O_7N_4$ | Gefunden |
|---|---|---|
| C | 56,25 | 56,23 pCt. |
| H | 6,25 | 6,28 ,, |

Das Osazon färbt sich beim raschen Erhitzen über 210° dunkel und schmilzt zwischen 220 und 223° (unkorr.) unter totaler Zersetzung.

Verhalten der Glucononose gegen Bierhefe. Da die Mannononose sehr leicht gärt, so hätte man dasselbe von der Glucononose erwarten können. Der Versuch hat aber das Gegenteil ergeben. Eine 10prozentige wässerige Lösung des Zuckers (Rohprodukt) mit frischer, gut wirkender Bierhefe und etwas Hefeabsud versetzt, zeigte ebensowenig wie die α-Glucoheptose und α-Glucooctose bei 30° im Laufe von 24 Stunden eine deutliche Gärung. Die Gärfähigkeit der Nonosen ist also offenbar ebenso sehr von der Konfiguration des Zuckers abhängig, wie das bei den Hexosen an mehreren Beispielen nachgewiesen wurde.

## Glucononit.

Für die Bereitung dieses neunwertigen Alkohols diente die rohe sirupförmige Nonose, deren Reduktion in derselben Weise wie bei der Glucoheptose ausgeführt wurde. Bei der Trennung des Nonits von den Natriumsalzen ist seine geringe Löslichkeit in starkem Alkohol zu berücksichtigen. Nach dem Verdampfen der wässerig-alkoholischen Lösung bleibt zunächst ein Sirup, welcher aber bald kristallinisch erstarrt. Auf das sirupförmige Nononsäurelacton berechnet betrug die Ausbeute 11 pCt., wobei aber der Hauptverlust auf den ungünstigen Verlauf der Zuckerbildung trifft. Für die Analyse wurde der Nonit zweimal aus der doppelten Menge heißem Wasser umkristallisiert und bei 100° getrocknet.

0,1720 g Subst.: 0,2503 g $CO_2$, 0,1121 g $H_2O$.

|   | Ber. für $C_9H_{20}O_9$ | Gefunden |
|---|---|---|
| C | 39,71 | 39,68 pCt. |
| H | 7,35 | 7,24 ,, |

Der Glucononit beginnt bei 190° zu sintern und schmilzt vollständig bei 194° (unkorr.) ohne Zersetzung. In heißem Wasser ist er leicht löslich und kristallisiert daraus in farblosen, kleinen, langgestreckten Tafeln oder Prismen, welche vielfach büschelförmig übereinander gelagert sind. In absolutem Alkohol ist er außerordentlich schwer löslich. Er reduziert die Fehlingsche Lösung nicht.

---

## 71. Emil Fischer: Über kohlenstoffreichere Zucker aus Galactose[1]).

Liebigs Annalen der Chemie **288**, 139 [1895].

(Eingegangen am 22. August.)

Ebenso wie Mannose und Traubenzucker bildet die Galactose den Ausgangspunkt für die Gewinnung einer längeren Reihe von kohlenstoffreicheren Oxysäuren, Zuckern und mehrwertigen Alkoholen, deren Kenntnis mir für die Lösung einiger stereochemischen Fragen wünschenswert erschien.

Für die nachfolgenden Versuche dienten die früher beschriebenen Methoden, mit einigen scheinbar kleinen, aber doch für die Praxis beachtenswerten Abänderungen. Die Resultate bestätigen im wesentlichen die Erfahrungen, welche beim Traubenzucker gemacht wurden. So lieferte die Galactose bei der Anlagerung von Blausäure neben der schon von Maquenne[2]) und Kiliani[3]) beschriebenen Galactosecarbonsäure eine zweite stereoisomere Verbindung. Entsprechend der von mir vorgeschlagenen Nomenklatur bezeichne ich beide Produkte als Galaheptonsäuren und unterscheide sie in der Reihenfolge ihrer Entdeckung als α- und β-Verbindung. Nur die erstere ist so leicht zugänglich, daß sie für die weiteren Synthesen dienen konnte. Sie gibt bei der Reduktion die α-Galaheptose und später den α-Galaheptit. Durch neue Anlagerung von Blausäure an den Zucker wurde nur eine Galaoctonsäure erhalten und diese entsteht in so überwiegender Menge, daß sie ein neues treffliches Beispiel für den asymmetrischen Verlauf der Synthese bei Systemen mit mehreren asymmetrischen Kohlenstoffatomen gibt.[4]) Die entsprechende Octose und der Galaoctit sind beide schön kristallisierende Substanzen.

Für die Reinigung der Zucker haben wiederum die Phenylhydrazone gute Dienste geleistet und für die Rückverwandlung der letzteren

---

[1]) Vorläufige Mitteilung: Berichte d. d. chem. Gesellsch. **23**, 936 [1890]. (*S. 323.*)

[2]) Compt. rend. **106**, 286 [1888].

[3]) Berichte d. d. chem. Gesellsch. **21**, 915 [1888], **22**, 521–[1889].

[4]) Vgl. Berichte d. d. chem. Gesellsch. **27**, 3210 [1894]. (*S. 53.*)

in Zucker wurde mit ausgezeichnetem Erfolge die neuerdings von Herzfeld vorgeschlagene Spaltung durch Benzaldehyd benutzt. Entsprechend den früheren Erfahrungen über die Vergärbarkeit der
Zucker werden Galaheptose und Galaoctose von Bierhefe nicht angegriffen.

Während die Struktur der neuen Verbindungen ohne weiteres
aus der Synthese folgt, fehlt für die Beurteilung ihrer Konfiguration,
soweit die neuentstehenden asymmetrischen Kohlenstoffatome in Betracht kommen, jeder Anhaltspunkt. Nichtsdestoweniger haben die
Versuche eine willkommene Bestätigung für die von mir angenommene
Konfiguration der Galactose gebracht. Die beiden Galaheptonsäuren
liefern nämlich bei der Oxydation mit Salpetersäure zwei stereomere
Heptanpentoldisäuren, von welchen die eine schon früher von Kiliani
unter dem Namen Carboxygalactonsäure[1]) beschrieben wurde. Da
beide optisch aktiv sind, so ist für Galactose die Konfiguration

$$\begin{array}{c} \text{H} \quad \text{H} \quad \text{H} \quad \text{H} \\ \mid \quad \mid \quad \mid \quad \mid \\ \text{CH}_2\text{OH—C—C—C—C—COH} \\ \mid \quad \mid \quad \mid \quad \mid \\ \text{OH OH OH OH} \end{array}$$

ausgeschlossen, weil sonst eine von den Disäuren die Formel

$$\begin{array}{c} \text{H} \quad \text{H} \quad \text{H} \quad \text{H} \quad \text{H} \\ \mid \quad \mid \quad \mid \quad \mid \quad \mid \\ \text{COOH—C—C—C—C—C—COOH} \\ \mid \quad \mid \quad \mid \quad \mid \quad \mid \\ \text{OH OH OH OH OH} \end{array}$$

haben und mithin optisch inaktiv sein müßte.[2]).

Bei der Ausführung dieser Arbeit habe ich mich der Hilfe der HHrn.
Dr. Dr. Behringer[3]), V. Hänisch[3]) und G. Pinkus erfreut. Da
die Beobachtungen sich vielfach kreuzen und ergänzen, so war es nicht
möglich, die Abhandlung nach dem Anteil dieser drei Herren abzu-
teilen. Ich erwähne deshalb folgendes: Hr. Behringer hat in der
α-Reihe Heptose, Heptit und Octonsäure bearbeitet, Hr. Hänisch
untersuchte die β-Galaheptonsäure und die beiden Heptanpentoldisäuren. Hr. Pinkus hat endlich als mein Privatassistent alle Versuche der beiden anderen Herren wiederholt, die Methoden
verbessert und die meisten Zahlen kontrolliert. Außer den Angaben
über die optischen Werte verdanke ich ihm auch die Gewinnung der
kristallisierten β-Galaheptose, der Galaoctose und des Galaoctits.

---

[1]) Berichte d. d. chem. Gesellsch. **22**, 522 [1889].
[2]) Vgl. Berichte d. d. chem. Gesellsch. **27**, 3220 [1894]. (*S. 63.*)
[3]) Vgl. deren Inaug.-Dissert. Würzburg 1892 und Berlin 1893.

Da die käufliche Galactose noch ziemlich unrein ist, so wurde sie aus sehr wenig Wasser und der 4 fachen Menge Methylalkohol unter Zusatz von etwas Tierkohle so oft umkristallisiert, bis sie ganz farblos geworden war und die spezifische Drehung konstant blieb.

### Darstellung der Galaheptonsäuren.

Das von Maquenne und Kiliani angegebene Verfahren zur Bereitung der α-Galaheptonsäure liefert ein ziemlich unreines Produkt und wurde deshalb folgendermaßen abgeändert. 100 g reine Galactose werden in 150 g Wasser warm gelöst, dann in einer Flasche mit Glasstopfen auf 0⁰ abgekühlt und mit 28 ccm wasserfreier Blausäure versetzt. Man fügt der Mischung noch 2—3 Tropfen gewöhnlicher Ammoniaklösung zu und läßt sie in Eiswasser stehen. Im Laufe von 24 Stunden scheidet sich dann schon ein reichlicher Niederschlag von α-Galaheptonsäureamid kristallinisch ab. Derselbe ist rein weiß, und wenn es sich um die bequeme Darstellung ganz reiner Präparate handelt, tut man gut, sogleich zu filtrieren. Die Ausbeute beträgt ungefähr 25 pCt. der angewandten Galactose. Will man dagegen dieselbe steigern, so läßt man die Mischung samt dem Niederschlage drei Tage in Eiswasser stehen. Die Menge des Amids beträgt dann 50 pCt. des verarbeiteten Zuckers, aber das Produkt ist gelbgrau und die Mutterlauge tief braun gefärbt. Die letztere dient zur Bereitung der β-Galaheptonsäure, welche später beschrieben wird.

Zur Gewinnung der α-Säure wird das abfiltrierte und mit kaltem Wasser und Alkohol gewaschene Amid in einer Porzellanschale mit der 10 fachen Menge Wasser unter Umrühren bis nahe zum Sieden erwärmt und dann die 1½ fache Menge kristallisiertes, reines Barythydrat zugesetzt. Dabei geht das Amid bald in Lösung, welche je nach der Beschaffenheit des Amids fast farblos bleibt oder eine hellbraune Farbe annimmt. Die Lösung wird unter Ersatz des verdampfenden Wassers bis zum Verschwinden des Ammoniaks gekocht, was bei größeren Mengen mehrere Stunden in Anspruch nimmt, dann mit Schwefelsäure der Baryt genau ausgefällt, mit reiner Tierkohle bis zur Entfärbung behandelt und das Filtrat zum Sirup verdampft. Derselbe ist hellbraun gefärbt und enthält noch viel freie Galaheptonsäure. Um diese möglichst vollständig in das Lacton überzuführen, erhitzt man den Sirup mehrere Tage in einer Schale auf dem Wasserbade unter öfterem Zusatz von starkem Alkohol. Bei dieser Operation wird die Masse allmählich fest, färbt sich aber gleichzeitig stark braun. Die Ausbeute an diesem Rohprodukt betrug 75 pCt. des Amids und mithin 37,5 pCt. der Galactose. Zur Reinigung wird das rohe Lacton in der

5 fachen Menge heißem Methylalkohol gelöst.  Beim Abkühlen scheiden sich ungefähr $^2/_5$ der Masse sofort in hübschen, schwach gelb gefärbten Kristallen ab.  Die eingedampfte Mutterlauge liefert weitere Kristallisationen.  Bei einiger Sorgfalt erhält man ungefähr $^2/_3$ des rohen Lactons an reinem Produkt.  Will man ein ganz farbloses Präparat herstellen, so genügt eine zweite Kristallisation aus Methylalkohol, wobei man aber die heiße Lösung mit Tierkohle behandelt.  Das bisher in reinem Zustande nicht bekannte

α-Galaheptonsäurelacton

besitzt wie fast alle Lactone der Zuckergruppe keinen konstanten Schmelzpunkt; gegen 142° beginnt es zu erweichen und schmilzt beim langsamen Erhitzen bis 147° (korr. 151°) vollständig.

0,2835 g Subst.: 0,4202 g $CO_2$, 0,1462 g $H_2O$.

|   | Ber. für $C_7H_{12}O_7$ | Gefunden |
|---|---|---|
| C | 40,38 | 40,42 pCt. |
| H | 5,77 | 5,84 „ |

Eine wässerige Lösung von 9,848 pCt. und dem spez. Gew. 1,038 drehte bei 20° im 2 dcm-Rohr 10,67° nach links.  Demnach ist:

$$[\alpha]_D^{20°} = -52,2°.$$

Eine zweite Bestimmung gab den Wert:

$$[\alpha]_D^{20°} = -52,3°.$$

Das Lacton ist in Wasser sehr leicht, in Äthylalkohol aber schon ziemlich schwer löslich.  Aus heißem Methylalkohol scheidet es sich beim Erkalten in flächenreichen, derben, farblosen Kristallen, zuweilen in langen Nadeln ab.

Phenylhydrazid.  Dasselbe wird auf die gewöhnliche Art durch Erhitzen einer wässerigen Lösung von α-Galaheptonsäure oder ihrem Lacton mit Phenylhydrazin bei Gegenwart oder Abwesenheit von Essigsäure gewonnen.  Wegen seiner geringen Löslichkeit scheidet es sich aus konzentrierten Flüssigkeiten schon in der Wärme ab.  Die Ausbeute ist fast quantitativ.  Zur Reinigung wird es aus heißem Wasser unter Zusatz von Tierkohle umkristallisiert.

0,1920 g Subst.: 14,9 ccm N (18°, 752 mm).

|   | Ber. für $C_{13}H_{20}O_7N_2$ | Gefunden |
|---|---|---|
| N | 8,86 | 8,89 pCt. |

Das Hydrazid scheidet sich aus heißem Wasser, von welchem es in der Siedehitze ungefähr 25 Teile verlangt, beim Erkalten fast vollständig in feinen, farblosen, glänzenden Nadeln ab, welche meist kugelförmig verwachsen sind.  In Alkohol ist es ebenfalls recht schwer löslich.  Es schmilzt nicht ganz konstant beim raschen Erhitzen gegen

220⁰ (korr. 226⁰) unter Gasentwicklung und Bräunung. Die Verbindung ist so leicht zu bereiten und zu isolieren, daß sie sehr gut zur
Erkennung und auch zur Abscheidung von unreiner α-Galaheptonsäure benutzt werden kann.

### α-Galaheptose.

Die Reduktion des aus Methylalkohol kristallisierten Lactons
wurde in der öfter beschriebenen Weise in 10prozentiger, eiskalter Lösung mit je 50 g Substanz ausgeführt. Nötig waren dazu je 500 g
2½ prozentiges Natriumamalgam, welches aus möglichst reinem Quecksilber hergestellt sein muß. Nach beendigter Operation reduzierte
ein Volumen der Flüssigkeit acht Volumen Fehlingscher Lösung,
so daß die Menge des gebildeten Zuckers auf etwa 45 pCt. der Theorie
zu schätzen ist. Zur Isolierung desselben wurde die Lösung erst alkalisch eine Stunde aufbewahrt, dann mit Schwefelsäure genau neutralisiert, bis zur beginnenden Kristallisation des Natriumsulfats eingedampft und dann in etwa die 15fache Menge heißen Alkohol langsam
eingegossen. Die niederfallenden Salze schließen etwas Zucker ein,
der durch abermaliges Lösen in Wasser und Fällen mit Alkohol davon
abgetrennt werden kann.

Bei weitem die Hauptmenge der Galaheptose befindet sich in der
ersten alkoholischen Mutterlauge und bleibt beim Verdampfen derselben als fast farbloser Sirup zurück. Derselbe enthält aber noch
erhebliche Mengen von organischen Natriumsalzen. Um ihn davon
zu trennen und vollends zu reinigen, ist die Verwandlung in das ziemlich schwer lösliche Phenylhydrazon am meisten zu empfehlen. Man
löst zu dem Zweck den Sirup in ungefähr zehn Teilen kaltem Wasser
und fügt dann die Hälfte des Gewichtes an reinem Phenylhydrazin,
welches in etwas verdünnter Essigsäure gelöst ist, hinzu. Nach kurzer
Zeit beginnt die Abscheidung einer gelben, kristallinischen Masse,
welche nach zwei Stunden filtriert und sorgfältig mit Wasser, Alkohol
und Äther gewaschen wird. Dieses Produkt, welches nur zum Teil
aus dem Galaheptosephenylhydrazon besteht, wird durch längeres
Kochen in 25 Teilen siedendem Wasser gelöst und bis zur Entfärbung
mit Tierkohle behandelt. Das Filtrat scheidet beim Erkalten das
Hydrazon in feinen, vielfach baumförmig verwachsenen, farblosen
Nadeln ab. Die Ausbeute an diesem reinen Präparat beträgt ungefähr die Hälfte des angewandten Galaheptonsäurelactons, mithin 35 pCt.
der Theorie.

Für die Analyse war das Produkt noch einmal aus heißem Wasser
umkristallisiert.

0,2137 g Subst.: 0,4093 g $CO_2$, 0,1262 g $H_2O$.
0,1141 g Subst.: 9,00 ccm N (19⁰, 756 mm).

|   | Ber. für $C_{13}H_{20}O_6N_2$ | Gefunden |
|---|---|---|
| C | 52,00 | 52,25 pCt. |
| H | 6,66 | 6,56 ,, |
| N | 8,97 | 9,02 ,, |

Bei raschem Erhitzen im Kapillarrohr beginnt das Hydrazon gegen 190⁰ sich zu verändern und schmilzt bis 200⁰ (korr. 205⁰) unter starker Gasentwicklung. Es verlangt von siedendem Wasser zur Lösung mehr als 30 Teile und ungefähr ebensoviel von 50prozentigem Alkohol. Da die Verbindung wegen ihrer geringen Löslichkeit für die Erkennung des Zuckers geeignet ist, so wurde auch noch ihr optisches Verhalten geprüft. Dafür diente aber an Stelle von Wasser, worin sie zu schwer löslich ist, verdünnte Salzsäure.

0,206 g feingepulvertes Hydrazon wurden in 2 ccm eiskalter Salzsäure vom spez. Gew. 1,19 rasch gelöst, dann sofort 5 ccm Wasser zugemischt und diese Lösung alsbald optisch geprüft. Sie drehte im 1 dcm-Rohr 1,5⁰ nach rechts. Die Drehung ging aber bald sehr zurück, weil durch die Salzsäure eine Spaltung des Hydrazons herbeigeführt wird und betrug nach einer halben Stunde nur noch $+ 0,4⁰$.

Aus dem Hydrazon läßt sich die $\alpha$-Galaheptose sowohl nach dem von mir früher beschriebenen Verfahren durch Spaltung mit Salzsäure als auch nach der kürzlich von Herzfeld aufgefundenen Methode durch Benzaldehyd regenerieren. Die letztere ist in der Ausführung viel bequemer und liefert zudem ein reineres Produkt. Man verfährt dabei folgendermaßen:

10 g Hydrazon werden in 400 ccm Wasser heiß gelöst und 5 ccm möglichst reiner Benzaldehyd zugefügt. Beim Umschütteln beginnt sofort die Einwirkung und es bildet sich ein neues Öl, welches schon nach einigen Minuten fest wird. Wenn der Niederschlag sich abgeschieden hat und die Flüssigkeit klar geworden ist, fügt man wieder 6 g Hydrazon zu, kocht bis zur völligen Lösung und versetzt dann mit 2,5 ccm Benzaldehyd. Nach Beendigung der Spaltung, welche wiederum nur kurze Zeit in Anspruch nimmt, kann man die Operation nochmals mit der gleichen Menge Hydrazon und Bittermandelöl wiederholen. Schließlich wird die Flüssigkeit ¼ Stunde zur völligen Zerstörung des Hydrazons unter häufigem Umschütteln bis zum Sieden erhitzt, dann abgekühlt und das Benzaldehydphenylhydrazon abfiltriert. Aus der Mutterlauge entfernt man den überschüssigen Benzaldehyd und kleine Mengen von Benzoësäure durch wiederholtes Ausäthern, behandelt dann in der Wärme mit reiner Tierkohle bis zur Entfärbung und verdampft das Filtrat im Vakuum. Man erhält so die $\alpha$-Galaheptose als farblosen, süß schmeckenden Sirup, welcher

frei von Stickstoff und Asche ist, aber bisher nicht kristallisiert werden konnte. Der Zucker ist in Wasser außerordentlich leicht, in absolutem Alkohol aber sehr schwer löslich. Seine wässerige Lösung dreht schwach nach links. Eine 10prozentige Lösung des Zuckers in Hefenabsud, welche sorgfältig sterilisiert war, zeigte nach dem Eintragen von reiner Frohberghefe im Laufe von mehreren Wochen bei 25⁰ kein Zeichen von Gärung.

Phenyl-α-Galaheptosazon, $C_7H_{12}O_5(N_2H.C_6H_5)_2$. Dasselbe entsteht beim Erhitzen einer verdünnten wässerigen Lösung des Zuckers oder des Hydrazons mit essigsaurem Phenylhydrazin auf dem Wasserbade. Die Reaktion erfolgt aber viel langsamer als beim Traubenzucker und erfordert zur Vollendung mehrere Stunden. Das Osazon fällt in feinen gelben Nadeln aus und läßt sich aus etwa 200 Teilen siedendem Alkohol umkristallisieren. Beim raschen Erhitzen schmilzt es nicht ganz konstant gegen 218⁰ (korr. 224⁰) unter Zersetzung.

0,1127 g Subst.: 14,2 ccm N (18⁰, 758 mm).

|   | Ber. für $C_{19}H_{24}O_5N_4$ | Gefunden |
|---|---|---|
| N | 14,43 | 14,51 pCt. |

## α-Galaheptit.

Die Reduktion der Galaheptose durch Natriumamalgam geht ziemlich langsam vonstatten. 2 g des reinen, aus dem Hydrazon dargestellten Zuckers wurden in 20 ccm Wasser gelöst, mit 50 g 2½ prozentigem Natriumamalgam auf der Maschine geschüttelt und die Flüssigkeit stündlich einmal durch Schwefelsäure neutralisiert. Nach Verbrauch des Amalgams wurde noch zweimal die gleiche Quantität zugefügt und das Schütteln und Neutralisieren fortgesetzt, bis nach 12 Stunden der Zucker verschwunden war. Die mit Schwefelsäure neutralisierte Lösung wurde dann bis zur beginnenden Kristallisation eingedampft, heiß in das 20fache Volumen siedenden absoluten Alkohol eingegossen und heiß filtriert. Die Mutterlauge hinterließ beim Verdampfen 1,3 g des Heptits in Form von farblosen Nadeln, welche aus heißem 90prozentigem Alkohol umkristallisiert wurden.

0,2345 g Subst.: 0,3409 g $CO_2$, 0,1571 g $H_2O$.

|   | Ber. für $C_7H_{16}O_7$ | Gefunden |
|---|---|---|
| C | 39,62 | 39,63 pCt. |
| H | 7,50 | 7,44 „ |

Der α-Galaheptit schmilzt bei 183—184⁰ (korr. 187—188⁰) und schmeckt schwach süß. Er ist in Wasser sehr leicht, in absolutem Alkohol dagegen recht schwer löslich.

Das Drehungsvermögen ist sehr gering. Eine Lösung, welche mit Borax kalt gesättigt war, 8,807 pCt. des Heptits enthielt und das spez.

Gew. 1,044 besaß, drehte bei 20⁰ im 1 dcm-Rohr 0,40⁰ nach links. Daraus berechnet sich die spezifische Drehung

$$[\alpha]_D^{20^0} = -4,35^0 \text{ (in Boraxlösung).}$$

### Galaoctonsäure.

Bei der Anlagerung von Blausäure an die $\alpha$-Galaheptose entsteht in der Kälte das Cyanhydrin, welches aber schon bei Zimmertemperatur zum Teil in Amid übergeht. Wegen der besseren Ausbeute und der größeren Reinheit der Produkte empfiehlt es sich, die beiden Reaktionen in getrennten Operationen auszuführen. Zur Bereitung des Cyanhydrins löst man 10 g reine Galaheptose (aus dem Hydrazon) in 10 ccm Wasser, kühlt auf 0⁰ ab und fügt 2 ccm wasserfreie Blausäure und einen Tropfen Ammoniak hinzu. Bleibt diese Mischung bei 0⁰ stehen, so beginnt schon nach ½ Stunde die Abscheidung des Cyanhydrins und nach mehreren Stunden ist die Flüssigkeit in einen dicken, kristallinischen Brei verwandelt. Nach 24 Stunden wird die farblose Masse mit wenig eiskaltem Wasser verrührt und abgesaugt. Die Menge des Produktes, welches zwischen 144—150⁰ unter Zersetzung schmilzt, ist ungefähr gleich der des angewandten Zuckers. Die Analyse gab zwar keine scharfen Zahlen (gefunden C 39,7, H 6,5; für $C_7H_{14}O_7$, HCN berechnet C 40,5, H 6,34), aber sein Verhalten gegen Alkalien, wovon es beim Erwärmen ähnlich dem Zucker verändert wird, läßt über seine Zusammensetzung keinen Zweifel übrig. Um das Cyanhydrin in Amid zu verwandeln, werden 10 g desselben fein gepulvert und mit der 5 fachen Menge Wasser 12 Stunden auf 50—60⁰ erwärmt, bis eine Probe der Mischung sich beim Erwärmen mit Natronlauge nicht mehr gelb färbt.

Der größte Teil des Amids bleibt dabei als farblose, körnige Masse ungelöst. Für die Umwandlung in Galaoctonsäure wird die Mischung ohne Filtration nach dem Verdünnen durch 100 ccm Wasser mit 14 g reinem, kristallisiertem Barythydrat bis zum Verschwinden des Ammoniaks gekocht, dann der Baryt quantitativ mit Schwefelsäure gefällt und das Filtrat auf dem Wasserbade verdampft. Dabei geht die Galaoctonsäure in ihr Lacton über, welches aus der stark konzentrierten Lösung schon in der Wärme teilweise auskristallisiert. Wird die Lösung ganz zur Trockne verdampft, so bleibt das Lacton als feste, schwach braune Kristallmasse zurück, deren Menge nahezu der Theorie entspricht. Das Produkt läßt sich leicht in heißer, wässeriger Lösung mit Tierkohle entfärben und kann sowohl aus Wasser, wie aus verdünntem Alkohol umkristallisiert werden. Für die Analyse wurde es über Schwefelsäure getrocknet.

0,3060 g Subst.: 0,4510 g $CO_2$, 0,1635 g $H_2O$.

|   | Ber. für $C_8H_{14}O_8$ | Gefunden |
|---|---|---|
| C | 40,33 | 40,11 pCt. |
| H | 5,88 | 5,93 „ |

Das Galaoctonsäurelacton schmilzt nicht ganz konstant zwischen $220^0$ und $223^0$ (korr. 225—$228^0$). In heißem Wasser ist es recht leicht, in absolutem Alkohol dagegen sehr schwer löslich. Bei $20^0$ verlangt es ungefähr 20 Teile Wasser zur Lösung.

Optische Bestimmung. Eine wässerige Lösung, welche 4,62 pCt. Lacton enthielt und das spec. Gew. 1,017 besaß, drehte bei $20^0$ im 2 dcm-Rohr $6,02^0$ nach rechts. Daraus berechnet sich die spezifische Drehung:

$$[\alpha]_D^{20^0} = + 64,1^0.$$

Eine zweite Bestimmung ergab:

$$[\alpha]_D^{20^0} = + 63,9^0.$$

mithin als Mittel:

$$[\alpha]_D^{20^0} = + 64,0^0.$$

Das Phenylhydrazid, $C_8H_{15}O_8 . N_2H_2 . C_6H_5$, entsteht sehr leicht beim Erwärmen der Säure oder ihres Lactons mit Phenylhydrazin in wässeriger Lösung. In kaltem Wasser ist es wenig löslich und läßt sich deshalb leicht aus heißem Wasser umkristallisieren. Es bildet eine farblose, kristallinische Masse und schmilzt nicht ganz konstant gegen $230^0$ (korr. $235^0$) unter Zersetzung.

0,1950 g Subst.: 11,1 ccm N ($18,5^0$, 757 mm).

|   | Ber. für $C_{14}H_{22}O_8N_2$ | Gefunden |
|---|---|---|
| N | 8,09 | 8,25 pCt. |

Das Barytsalz wird durch ½ stündiges Kochen der verdünnten wässerigen Lösung des Lactons mit Baryumcarbonat erhalten. Da es selbst in heißem Wasser ziemlich schwer löslich ist, so scheidet es sich beim Eindampfen des Filtrates bald in farblosen, sehr feinen Kristallen ab. Im Vakuum über Schwefelsäure getrocknet hat es die Zusammensetzung $(C_8H_{15}O_9)_2Ba$.

|   | Berechnet | Gefunden |
|---|---|---|
| Ba | 21,17 | 21,19 pCt. |

## Galaoctose.

Die Reduktion des Galaoctonsäurelactons wird in der üblichen Weise ausgeführt, nur ist es nötig, wegen seiner geringen Löslichkeit die 20fache Menge Wasser anzuwenden. Auf die gewöhnliche Weise isoliert, bildet die Galaoctose einen farblosen Sirup, der sehr wenig Natriumsalze mehr enthält. Beim längeren Stehen wird derselbe fest und aus warmem 80prozentigem Alkohol läßt sich dann der Zucker leicht umkristallisieren. Er bildet farblose, glänzende Blättchen, welche bei 109—111° (korr.) schmelzen und die Zusammensetzung $C_8H_{18}O_9$ beziehungsweise $C_8H_{16}O_8 + H_2O$ haben.

0,1504 g Subst.: 0,2042 g $CO_2$, 0,0971 g $H_2O$.

|   | Ber. für $C_8H_{18}O_9$ | Gefunden |
|---|---|---|
| C | 37,2 | 37,1 pCt. |
| H | 7,0 | 7,2 ,, |

Bei mehrstündigem Erwärmen des Zuckers im Vakuum auf 75° trat kein Gewichtsverlust ein. Das Wasser ist demnach fester gebunden als bei anderen Zuckern. Leider gelang die Gewinnung der Kristalle erst, nachdem der größte Teil des Präparates verbraucht war. Infolgedessen reichte das Material nicht für die optische Bestimmung. Die letztere war aber schon annähernd mit dem Sirup ausgeführt und hatte ergeben, daß der Zucker nach links dreht und daß die spezifische Drehung größer ist als — 40°.

Zur weiteren Charakteristik des Zuckers wurde das Phenylhydrazon benutzt. Auf die gewöhnliche Weise bereitet, bildet es eine schwachgelbe, in kaltem Wasser schwer lösliche, kristallinische Masse. Es kann aus etwa 40 Teilen heißem Wasser unter Zusatz von Tierkohle, aber nur mit erheblichen Verlusten umkristallisiert werden. Es bildet dann feine, zu Büscheln vereinigte Blättchen, die beim raschen Erhitzen gegen 200—205° (korr. 205—210°) schmelzen und über Schwefelsäure getrocknet die Zusammensetzung $C_8H_{16}O_7 : N_2H . C_6H_5$ haben.

0,1596 g Subst.: 0,2979 g $CO_2$, 0,0987 g $H_2O$.

|   | Ber. für $C_{14}H_{22}O_7N_2$ | Gefunden |
|---|---|---|
| C | 50,9 | 50,9 pCt. |
| H | 6,7 | 6,9 ,, |

Das entsprechende Osazon bildet feine, gelbe Nadeln, ist in Wasser so gut wie unlöslich und schmilzt, ebenfalls unter Zersetzung, zwischen 220° und 225° (korr. 226—231°).

### Galaoctit.

Die rohe Octose wurde in 10prozentiger wässeriger Lösung mit der 25fachen Menge 2½p zentigem Natriumamalgam bei Zimmertemperatur geschüttelt un  die Flüssigkeit einige Male mit Schwefelsäure neutralisiert. Bei Anwendung von 2 g war der Zucker nach vier Stunden verschwunden und die Flüssigkeit vom ausgeschiedenen Octit getrübt. Derselbe wurde nach Neutralisation der Flüssigkeit mit Schwefelsäure filtriert, mit sehr wenig kaltem Wasser gewaschen und das warme Filtrat in die 6fache Menge heißen, absoluten Alkohol eingegossen; die heiß filtrierte Mutterlauge gab nach dem Eindampfen beim Erkalten eine zweite Kristallisation des Octits. Die Gesamtausbeute betrug $^2/_3$ des angewandten rohen Zuckers. Zur völligen Reinigung des Octits genügt einmaliges Umkristallisieren aus der 4fachen Menge warmem Wasser. Zur Analyse wurde das Produkt im Vakuum über Schwefelsäure getrocknet.

0,1494 g Subst.: 0,2170 g $CO_2$, 0,1033 g $H_2O$.

|   | Ber. für $C_8H_{18}O_8$ | Gefunden |
|---|---|---|
| C | 39,7 | 39,6 pCt. |
| H | 7,45 | 7,7 ,, |

Der Galaoctit schmilzt nicht ganz konstant bei 224—226⁰ (korr. 230—232⁰). Aus 90prozentigem heißem Alkohol kristallisiert er in feinen, verfilzten Nadeln und aus warmem Wasser in farblosen, scheinbar rechtwinkligen, vierseitigen Tafeln. Er ist fast geschmacklos und reduziert die Fehlingsche Lösung nicht.

### β-Galaheptonsäure.

Dieselbe findet sich in verhältnismäßig kleiner Menge neben viel α-Säure in den braunen Mutterlaugen, aus welchen sich das Amid der letzteren abgeschieden hat. Um die Amide und Ammoniumsalze zu zerlegen, wird die Flüssigkeit zunächst mit Barytwasser versetzt; auf je 100 g ursprüngliche Galactose verwendet man 100 g reines kristallisiertes Barythydrat, welches in der 5fachen Menge heißem Wasser gelöst ist. Die Mischung wird in einer Schale bis zum Verschwinden des Ammoniaks gekocht, dann der Baryt genau mit Schwefelsäure ausgefällt, die Flüssigkeit größtenteils mit Tierkohle entfärbt und das Filtrat zum Sirup verdampft. Dieser ist wieder stark braun und enthält die beiden Galaheptonsäuren; für ihre Trennung wurde die verschiedene Löslichkeit der Phenylhydrazide benutzt. Um dieselben zu bereiten, werden 3 Teile Sirup in 9 Teilen Wasser gelöst und nach Zusatz von 2 Teilen Phenylhydrazin 2 Stunden auf dem Wasserbade erhitzt. Dabei fällt das schwer lösliche Hydrazid der α-Galaheptonsäure zum Teil schon aus.

Man läßt in Eiswasser völlig erkalten und filtriert. Die Kristallmasse enthält den größten Teil des α-Hydrazids, aber auch erhebliche Mengen der β-Verbindung. Sie wird in der 20fachen Menge heißem Wasser gelöst und auf Zimmertemperatur abgekühlt, wobei das α-Hydrazid größtenteils ausfällt. Die stark konzentrierte Mutterlauge gibt beim Erkalten das kristallisierte β-Hydrazid, vermischt mit wenig α-Verbindung. Der andere Teil der β-Verbindung, etwa die Hälfte, befindet sich in der ersten braunen Mutterlauge, welche noch das überschüssige Phenylhydrazin enthält. Sie wird verdampft und der halbfeste Rückstand wiederholt mit Äther ausgelaugt, um die Base zu entfernen. Das gelb gefärbte, kristallinische Produkt wird dann in vier Teilen heißem Wasser gelöst, mit Tierkohle gekocht und aus dem Filtrat das Hydrazid durch Abkühlen ausgeschieden.

Das so gewonnene farblose Präparat enthält noch immer $\alpha$-Verbindung, welche zum Teil zurückbleibt, wenn man es nur mit der 3½ fachen Menge heißem Wasser auslaugt. Die beim Erkalten resultierende Kristallmasse muß dann noch mehrmals aus der 25fachen Menge heißem 50prozentigem Alkohol, in welchem die beiden Hydrazide ungefähr gleich löslich sind, umkristallisiert werden, bis der Schmelzpunkt sich nicht mehr erniedrigt. Dieses Reinigungsverfahren ist selbstverständlich mit erheblichen Verlusten verknüpft, so daß die gesamte Ausbeute an reinem $\beta$-Galaheptonsäurephenylhydrazid nur 8—10 pCt. der angewandten Galactose beträgt. Die Verbindung scheidet sich aus heißem Wasser in sehr kleinen, farblosen, linealförmigen Kristallen ab, welche beim raschen Erhitzen gegen 185⁰, mithin fast 35⁰ niedriger als die $\alpha$-Verbindung, unter Zersetzung schmelzen. Es löst sich in 4 Teilen kochendem Wasser rasch und vollkommen auf, während die $\alpha$-Verbindung etwa 25 Teile davon verlangt. Bei Zimmertemperatur löst es sich auch noch in ungefähr 13 Teilen Wasser. In heißem Alkohol ist es recht schwer löslich und in Äther so gut wie unlöslich.

0,2891 g Subst.: 0,5156 g $CO_2$, 0,1687 g $H_2O$.
0,2477 g Subst.: 18,4 ccm N (17⁰, 763 mm).

|   | Ber. für $C_{13}H_{20}O_7N_2$ | Gefunden |
|---|---|---|
| C | 49,36 | 48,63 pCt. |
| H | 6,33 | 6,46 ,, |
| N | 8,86 | 8,65 ,, |

Eine wässerige Lösung von 7,597 pCt. und dem spez. Gew. 1,022 drehte bei 20⁰ im 2 dcm-Rohr 0,98⁰ nach links. Mithin:

$$[\alpha]_D^{20⁰} = -6,32⁰.$$

Die aus dem Phenylhydrazin in bekannter Weise[1]) regenerierte $\beta$-Galaheptonsäure verwandelt sich beim Verdampfen ihrer wässerigen Lösung teilweise in das Lacton. Das Gemisch von Säure und Lacton ist dann ein farbloser Sirup, der bisher nicht kristallisiert werden konnte. Dasselbe gilt von den Salzen mit Cadmium, Calcium und Baryum, welche in Wasser außerordentlich leicht löslich sind; dagegen wird die Säure durch zweifach basisch essigsaures Blei gefällt.

Wird die $\beta$-Galaheptonsäure mit der gleichen Menge Pyridin und der 5fachen Menge Wasser im geschlossenen Rohre mehrere Stunden auf 135—140⁰ erwärmt, so verwandelt sie sich teilweise in die $\alpha$-Ver-

---

[1]) Berichte d. d. chem. Gesellsch. **22**, 2728 [1889]. (S. 222.)

bindung, welche in Form des schwerlöslichen Phenylhydrazids leicht nachgewiesen werden kann. Diese Beobachtung ist der beste Beweis, daß die beiden Säuren stereomer sind.

### β-Galaheptose.

Der Zucker wurde aus dem β-Galaheptonsäurelacton auf die gewöhnliche Art bereitet und von den Natriumsalzen durch Alkohol getrennt. Er bleibt beim Verdampfen der alkoholischen Lösung als kristallinische Masse, welche von einem Sirup durchtränkt ist. Das Ganze wird in wenig Wasser gelöst und die warme Flüssigkeit bis zur Trübung mit Alkohol versetzt. Beim längeren Stehen scheidet sich dann der Zucker in dicken, zugespitzten Säulen ab. Für die Analyse wurde er nochmals in der gleichen Weise umkristallisiert.

0,1378 g Subst.: 0,2001 g $CO_2$, 0,0822 g $H_2O$.

|   | Ber. für $C_7H_{14}O_7$ | Gefunden |
|---|---|---|
| C | 40,00 | 39,60 pCt. |
| H | 6,65 | 6,63 „ |

Der Zucker schmeckt süß und schmilzt beim raschen Erhitzen von 190—194⁰ (korr. 195—199⁰) unter Zersetzung. Aus heißem Wasser läßt er sich ziemlich leicht umkristallisieren. Er dreht nach links und zeigt starke Birotation.

Eine wässerige Lösung von 9,201 pCt. und dem spez. Gew. 1,034 drehte bei 20⁰ im 1 dcm-Rohr etwa 10 Minuten nach der Auflösung 2,14⁰ nach links. Daraus folgt:

$$[\alpha]_D^{20^0} = -22,5^0.$$

Nach 24 Stunden war die Drehung auf — 5,17⁰ gewachsen und blieb nun konstant. Die Enddrehung beträgt demnach:

$$[\alpha]_D^{20^0} = -54,4^0.$$

### Heptanpentoldisäuren aus den beiden Galaheptonsäuren.

Die aus der α-Galaheptonsäure entstehende zweibasische Säure ist schon von Kiliani dargestellt und Carboxygalactonsäure genannt worden[1]. Da diese Bezeichnung eine falsche Anschauung über die Konstitution der Verbindung erwecken kann, so habe ich schon früher vorgeschlagen[2], an ihre Stelle den oben gebrauchten rationellen Namen, welcher den Beschlüssen des Genfer Kongresses entspricht, zu setzen und beide Isomeren als α-Gala- und β-Gala-Verbindung zu unterscheiden.

### α-Galaheptanpentoldisäure.

Der von Kiliani gegebenen Beschreibung habe ich nur eine Angabe über das optische Verhalten hinzuzufügen. Eine wässerige Lö-

---

[1] Berichte d. d. chem. Gesellsch. **22**, 522 [1889].
[2] Berichte d. d. chem. Gesellsch. **27**, 3198 [1894]. (S. 40.)

sung von 6,87 pCt. und dem spez. Gew. 1,023 zeigte bei 20⁰ im 1 dcm-
Rohr die Enddrehung 1,06⁰ nach rechts. Danach ist:

$$[\alpha]_D^{20^0} = + 15,08^0.$$

Eine zweite Bestimmung gab + 15,07⁰.

## β-Galaheptanpentoldisäure.

Für die Bereitung derselben diente die aus dem reinen Phenylhydrazid dargestellte β-Galaheptonsäure. Die Oxydation wurde genau nach der von Kiliani für die α-Verbindung gegebenen Vorschrift
ausgeführt. Beim Verdampfen der Salpetersäure auf dem Wasserbade blieb ein Sirup, welcher nochmals mit Wasser eingedampft, dann
in der 40 fachen Menge Wasser gelöst und in der Siedehitze mit Calciumcarbonat neutralisiert wurde. Die sofort mit Tierkohle behandelte und heiß filtrierte Flüssigkeit 'schied beim Erkalten einen Teil
des Kalksalzes als kristallinisches Pulver ab. Die auf ¹/₃ eingedampfte
Mutterlauge gab eine zweite Kristallisation. Die Ausbeute betrug ungefähr 80 pCt. der angewandten Galaheptonsäure. Man kann das
Salz durch stundenlanges Digerieren mit Wasser von 60—70⁰ lösen,
aber bequemer läßt sich die Reinigung folgendermaßen ausführen.
Man trägt das fein gepulverte Salz allmählich in eine heiße wässerige
Lösung der berechneten Menge Oxalsäure ein, digeriert das Gemisch
etwa eine Stunde, bis die anfangs zusammengeballte Masse in ein kristallinisches Pulver von Calciumoxalat verwandelt ist, und entfärbt
in der Hitze mit Tierkohle. Das Filtrat wird soweit mit Wasser verdünnt, daß die Lösung höchstens 2 pCt. Säure enthält, dann in der
Siedehitze wieder mit Calciumcarbonat neutralisiert und filtriert.
Beim Erkalten scheidet sich das Kalksalz als fast farbloses, kristallinisches Pulver wieder aus. Die Mutterlauge gibt beim Verdampfen
im Vakuum eine zweite Kristallisation. Das Salz hat die Zusammensetzung $C_7H_{10}O_9Ca + 2H_2O$ und verliert das Kristallwasser vollständig
bei 130⁰.

|  | Berechnet | Gefunden |
|---|---|---|
| $H_2O$ | 11,46 | 11,52 pCt. |

Analyse des getrockneten Salzes:
0,3767 g Subst.: 0,4203 g $CO_2$, 0,1219 g $H_2O$.
0,1979 g Subst.: 0,0406 g CaO.

|  | Ber für $C_7H_{10}O_9Ca$ | Gefunden |
|---|---|---|
| C | 30,21 | 30,42 pCt. |
| H | 3,59 | 3,58 ,, |
| Ca | 14,4 | 14,7 ,, |

Die aus dem Kalksalz durch Oxalsäure in Freiheit gesetzte β-Gala-
heptanpentoldisäure bildet einen in Wasser sehr leicht löslichen, sauren

Sirup. Da ihre Kristallisation bisher nicht gelang, so wurde für die optische Untersuchung das Kalksalz benutzt.

0,422 g wasserhaltiges Salz in 4 ccm 5prozentiger Salzsäure heiß gelöst, zeigte nach dem Abkühlen im 1 dcm-Rohr eine Rechtsdrehung von 2,7°.

Obschon diese Zahl nicht auf ein reines chemisches Produkt bezogen werden kann, da wahrscheinlich die zweibasische Säure unter den Bedingungen des Versuchs teilweise in Lactonsäure übergegangen ist, so beweist sie doch zur Genüge, daß die $\beta$-Galaheptanpentoldisäure ein optisch aktives System ist und rechtfertigt mithin die stereochemischen Schlüsse, welche aus dieser Tatsache früher gezogen wurden.

## 72. W. Stanley Smith: Über die optischen Isomeren der *d*-Mannoheptonsäure, *d*-Mannoheptose und des Perseïts.

Liebigs Annalen der Chemie **272**, 182 [1892].

Emil Fischer und F. W. Passmore[1]) haben aus der natürlichen Mannose eine Reihe von kohlenstoffreicheren Zuckern nebst Derivaten dargestellt und die betreffende Abhandlung mit der Bemerkung geschlossen, daß man zweifellos aus der *l*-Mannose die optischen Antipoden jener Produkte gewinnen könne. Diese Vermutung wird durch die folgenden Versuche, welche ich auf Anregung von Professor Fischer anstellte, für die Verbindungen mit 7 Kohlenstoffatomen vollauf bestätigt. Nach den bekannten Methoden habe ich die Säure, den Zucker und den siebenwertigen Alkohol der *l*-Reihe dargestellt und mit den bekannten *d*-Verbindungen kombiniert.

Bei der Mehrzahl dieser inaktiven Produkte kann man zweifelhaft sein, ob sie racemische Verbindungen oder nur mechanische Gemische der aktiven Komponenten sind.

Nur beim *dl*-Mannoheptit oder inaktiven Perseït wird die Racemie durch den erheblich höheren Schmelzpunkt außer Frage gestellt.

### *l*-Mannoheptonsäure.

Die Säure entsteht durch Anlagerung von Blausäure an *l*-Mannose, in ähnlicher Weise wie die *d*-Mannoheptonsäure[2]).

Der Zucker wird in der 5fachen Menge Wasser gelöst, mit etwas mehr als der berechneten Menge Blausäure versetzt und bei Zimmertemperatur (17⁰) stehen gelassen. Schon nach 6—8 Stunden macht sich der Eintritt der Reaktion bemerkbar, indem eine reichliche Ausscheidung von Amid stattfindet. Nach 24 Stunden wird die Lösung samt dem ausgeschiedenen Amid in die 10fache Menge warmes Wasser gegossen, und mit anderthalbmal soviel kristallisiertem Barythydrat, als Zucker angewendet, so lange gekocht, bis kein Geruch nach Am-

---

1) Berichte d. d. chem. Gesellsch. **23**, 2226 [1890]. (*S. 569.*)
2) Berichte d. d. chem. Gesellsch. **22**, 370 [1889]. (*S. 300.*)

moniak mehr zu bemerken ist. Dabei entsteht das Barytsalz der
l-Mannoheptonsäure. Zur Fällung des überschüssigen Barythydrates
behandelt man die Lösung mit Kohlensäure, entfärbt durch Kochen
mit Tierkohle und verdampft das farblose Filtrat bis zur beginnenden
Kristallisation.

Die Ausbeute betrug bei diesem Verfahren etwa 90 pCt. des angewendeten Zuckers. Das Salz ist selbst in heißem Wasser schwer
löslich, in Alkohol ist es unlöslich. Durch zweimaliges Umkristallisieren aus der 10fachen Menge Wasser wird es ganz rein erhalten.

0,2559 g der im Vakuum über Schwefelsäure getrockneten Substanz gaben
0,1011 g BaSO$_4$.

| | Ber. für $(C_7H_{13}O_8)_2Ba$ | Gefunden |
|---|---|---|
| Ba | 23,33 | 23,23 pCt. |

Um aus dem Barytsalz die freie Säure, resp. das Lacton zu gewinnen, wird dasselbe mit der berechneten Menge Schwefelsäure zersetzt, das Filtrat zum Sirup eingedampft und auf dem Wasserbade
mehrere Stunden erhitzt. Der Rückstand, welcher ein Gemenge von
Lacton mit etwas Säure ist, erstarrt beim Behandeln mit absolutem
Alkohol nach einigen Stunden.

Für die Analyse wurde das Lacton einmal aus Alkohol umkristallisiert und über Schwefelsäure getrocknet.

0,1580 g Subst.: 0,2342 g CO$_2$, 0,0820 g H$_2$O.

| | Ber. für $C_7H_{12}O_7$ | Gefunden |
|---|---|---|
| C | 40,38 | 40,42 pCt. |
| H | 5,77 | 5,76 „ |

Das l-Mannoheptonsäurelacton ist in Wasser sehr leicht, in absolutem Alkohol schwer und in Äther fast gar nicht löslich. Es reagiert neutral und schmilzt bei 153—155⁰. Seine wässerige Lösung
dreht nach rechts.

Eine Lösung von 5,27 pCt. hatte bei 20⁰ das spez. Gew.
d$_4^{20}$ = 1,02, und drehte bei 20⁰ im 1 dcm-Rohr 4,04⁰ nach rechts.
Daraus berechnet sich das spezifische Drehungsvermögen

$$[\alpha]_D^{20^0} = + 75,15^0.$$

Hydrazid. Für den Versuch diente das Barytsalz. 0,3 g des
Salzes wurden mit derselben Menge kristallisierter Soda in 5 ccm
Wasser bis zur völligen Umsetzung gekocht, das Filtrat mit Essigsäure
neutralisiert, mit 0,5 g Phenylhydrazin und der entsprechenden Menge
Essigsäure versetzt und eine Stunde auf dem Wasserbade erhitzt.
Nach kurzer Zeit scheidet sich ein Teil des Hydrazids schon in der
Wärme ab, der Rest kristallisiert beim Erkalten. Die Ausbeute ist
nahezu quantitativ.

Für die Analyse wurde das Hydrazid aus heißem Wasser umkristallisiert und bei 105° getrocknet; es besitzt die Zusammensetzung $C_7H_{13}O_7 \cdot N_2H_2 \cdot C_6H_5$.

0,0680 g Subst.: 5,2 ccm N (22°, 749 mm).

|   | Ber. für $C_{13}H_{20}O_7N_2$ | Gefunden |
|---|---|---|
| N | 8,86 | 8,57 pCt. |

Bei raschem Erhitzen schmilzt die Verbindung gegen 220° unter vollständiger Zersetzung.

## $dl$-Mannoheptonsäure.

Man gewinnt dieselbe entweder durch Kombination der $d$- und $l$-Mannoheptonsäure, oder durch Anlagerung von Blausäure an die $dl$-Mannose. Sie verwandelt sich ebenfalls beim Abdampfen ihrer wässerigen Lösung in das Lacton.

### Darstellung des $dl$-Lactons aus den aktiven Komponenten.

Gleiche Quantitäten des $d$- und $l$-Mannoheptonsäurelactons werden in Wasser gelöst und die Flüssigkeit bis zum Sirup verdampft. Beim Stehen in der Kälte kristallisiert das $dl$-Lacton in kleinen Nadeln, welche in Wasser etwas schwerer löslich sind, wie die beiden Komponenten. Für die Analyse wurden dieselben über Schwefelsäure getrocknet.

0,2339 g Subst.: 0,3440 g $CO_2$, 0,1226 g $H_2O$.

|   | Ber. für $C_7H_{12}O_7$ | Gefunden |
|---|---|---|
| C | 40,38 | 40,11 pCt. |
| H | 5,77 | 5,82 „ |

Das Lacton schmilzt gegen 85°, reagiert neutral und schmeckt rein süß. Es ist in kaltem Wasser recht leicht, in absolutem Alkohol dagegen selbst in der Hitze ziemlich schwer löslich.

Calciumsalz. Zur Bereitung desselben wurde das Lacton mit überschüssigem reinem Calciumcarbonat ½ Stunde gekocht. Aus der genügend konzentrierten Lösung scheidet sich das Salz als kristallinisches Pulver aus, welches unter dem Mikroskop betrachtet, aus kleinen, quadratischen Prismen besteht. An der Luft getrocknet besitzt das Salz die Zusammensetzung $(C_7H_{13}O_8)_2Ca + H_2O$.

0,1877 g Subst.: verloren bei 110° nach 1 Stunde 0,0063 g $H_2O$.

|   | Berechnet für $(C_7H_{13}O_8)_2Ca + H_2O$ | Gefunden |
|---|---|---|
| $H_2O$ | 3,54 | 3,35 pCt. |

0,1814 g wasserfreies Salz gaben 0,0502 g $CaSO_4$.

|   | Ber. für $(C_7H_{13}O_8)_2Ca$ | Gefunden |
|---|---|---|
| Ca | 8,16 | 8,13 pCt. |

Hydrazid. 1 Teil Lacton wird in 10 Teilen Wasser gelöst und mit 1 Teil Phenylhydrazin und 1 Teil 50prozentiger Essigsäure 1 Stunde

auf dem Wasserbade erhitzt. Beim Abkühlen scheidet sich das Hydrazid als schwach gelb gefärbte Kristallmasse ab, welche nach dem Absaugen und Waschen mit Alkohol und Äther vollständig farblos wird. Einmal aus Wasser umkristallisiert, bildet es glänzende, mikroskopische Nadeln, die gegen 225° unter Gasentwicklung schmelzen.

0,0850 g Subst.: 6,5 ccm N (17°, 745 mm).

|   | Ber. für $C_{13}H_{20}O_7N_2$ | Gefunden |
|---|---|---|
| N | 8,86 | 8,67 pCt. |

## *l*-Mannoheptose.

10 g des aus Alkohol umkristallisierten *l*-Heptonsäurelactons werden in 100 ccm Wasser gelöst, schwach mit Schwefelsäure angesäuert, bis zum Gefrieren abgekühlt und in kleinen Mengen $2\frac{1}{2}$ prozentiges Natriumamalgam eingetragen. Die Lösung wird kräftig geschüttelt und muß durch öfteren Zusatz von Schwefelsäure stets sauer gehalten werden. Nachdem etwa 140 g Natriumamalgam im Laufe von 30 Minuten verbraucht sind, wird die Operation unterbrochen. Die Flüssigkeit wird dann vom Quecksilber getrennt, das noch unveränderte Lacton durch Zusatz von Natronlauge in das Natronsalz der Säure umgewandelt, genau mit Schwefelsäure neutralisiert und filtriert. Falls sie etwas trübe durchgeht, wird die Lösung mit ein wenig Tierkohle geschüttelt und noch einmal filtriert, dann auf dem Wasserbade bis zur beginnenden Kristallisation der Natronsalze eingedampft und in die 10 fache Menge siedenden absoluten Alkohol eingetragen. Nach einigen Minuten werden die ausgefallenen Natronsalze durch Absaugen getrennt, wieder in wenig Wasser gelöst und abermals in Alkohol gegossen. Beim Verdampfen der alkoholischen Mutterlaugen bleibt der Zucker als Sirup zurück.

Es ist mir nicht gelungen, denselben kristallinisch zu erhalten. Bei längerem Behandeln mit absolutem Alkohol verwandelt er sich in ein festes, weißes Pulver, welches aber an der Luft wieder zerfließt.

Aus den Natronsalzen kann man das Lacton wieder gewinnen durch Behandeln mit Schwefelsäure, wie früher von E. Fischer[1]) beschrieben.

In 10 prozentiger Lösung mit frischer gewöhnlicher Bierhefe zusammengebracht, zeigte der Zucker bei 30° im Laufe von 2 Tagen keine deutliche Gärung.

Charakteristisch für den Zucker sind Hydrazon und Osazon.

Hydrazon. Versetzt man eine ziemlich konzentrierte Lösung des Zuckers bei gewöhnlicher Temperatur mit essigsaurem Phenylhydrazin, so fällt schon nach 10 Minuten das schwer lösliche Hydrazon aus. In

---

[1]) Berichte d. d. chem. Gesellsch. **22**, 2229 [1889]. (*S. 572.*)

½ Stunde ist die Fällung beendet. Einmal aus heißem Wasser umkristallisiert, schmelzen die feinen, farblosen Nadeln gegen 196° unter vollständiger Zersetzung.

*l*-Mannoheptosazon, $C_7H_{12}O_5(N_2H.C_6H_5)_2$. Erhitzt man eine Lösung von 1 Teil Zucker mit 2 Teilen Phenylhydrazin und 2 Teilen 50prozentiger Essigsäure auf dem Wasserbade, so beginnt nach etwa 20 Minuten die Abscheidung von feinen, gelben Nadeln. Dieselben werden abfiltriert, mit heißem Wasser, Alkohol und Äther gewaschen. Aus heißem Alkohol kristallisiert das Osazon in feinen, sternförmig vereinigten Nadeln. Beim raschen Erhitzen schmilzt es gegen 203° unter Gasentwicklung. Es ist in Wasser und Äther fast unlöslich und selbst in heißem Alkohol schwer löslich.

0,1730 g Subst.: 0,3742 g $CO_2$, 0,1004 g $H_2O$.
0,0936 g Subst.: 12,0 ccm N (22°, 749 mm).

|   | Ber. für $C_{19}H_{24}O_5N_4$ | Gefunden |
|---|---|---|
| C | 58,76 | 58,97 pCt. |
| H | 6,19 | 6,44 ,, |
| N | 14,43 | 14,30 ,, |

### *dl*-Mannoheptose.

Sie wird in derselben Weise wie die beiden aktiven Komponenten aus dem inaktiven Lacton gewonnen und bildet einen farblosen Sirup, welcher in Wasser sehr leicht, in absolutem Alkohol sehr schwer löslich ist, mit Bierhefe nicht gärt und optisch vollständig inaktiv ist.

Zur Erkennung des Zuckers ist ebenfalls das Hydrazon und Osazon geeignet.

Das Hydrazon, in der bekannten Weise dargestellt, unterscheidet sich von den beiden aktiven Verbindungen durch den niedrigeren Schmelzpunkt. Beim raschen Erhitzen schmilzt es nämlich bei 175—177° unter Zersetzung.

Das Osazon, $C_7H_{12}O_5(N_2H.C_6H_5)_2$, ebenfalls in der gewöhnlichen Weise bereitet, bildet gelbe Nadeln, welche gegen 210° unter Zersetzung schmelzen.

0,1143 g Subst.: 0,2450 g $CO_2$, 0,0642 g $H_2O$.
0,0773 g Subst.: 10 ccm N (23°, 745 mm).

|   | Ber. für $C_{19}H_{24}O_5N_4$ | Gefunden |
|---|---|---|
| C | 58,76 | 58,45 pCt. |
| H | 6,19 | 6,24 ,, |
| N | 14,43 | 14,43 ,, |

### *l*-Mannoheptit.

Der aus der *d*-Mannose gewonnene Heptit ist nach Untersuchungen von E. Fischer und F. W. Passmore identisch mit dem natür-

lichen Perseït,[1])    Die optisch isomere l-Verbindung wird auf die gleiche
Art durch Reduktion der l-Mannoheptose erhalten. Ich folgte genau
der Vorschrift von Fischer und Passmore. Die Erscheinungen
waren die gleichen, nur ging die Reduktion etwas rascher vonstatten.
Der Heptit wird von den Natronsalzen durch Alkohol getrennt
und bleibt beim Verdampfen der alkoholischen Lösung zunächst als
Sirup zurück, erstarrt aber nach dem Übergießen mit Methylalkohol
nach einiger Zeit kristallinisch. Das Produkt wurde zunächst aus
heißem Methylalkohol und später aus 2½ Teilen heißem Wasser umkristallisiert. Die Ausbeute betrug 50 pCt. des angewandten Zuckers.
Für die Analyse wurde die Substanz bei 105⁰ getrocknet.

0,1077 g Subst.: 0,1568 g $CO_2$, 0,0731 g $H_2O$.

|  | Ber. für $C_7H_{16}O_7$ | Gefunden |
|---|---|---|
| C | 39,62 | 39,70 pCt. |
| H | 7,55 | 7,54 ,, |

Der l-Mannoheptit ist der d-Verbindung sehr ähnlich; er schmilzt
bei 187⁰ (korr.), mithin um einen Grad verschieden vom Perseït.*) Daß
die Verbindung mit dem letzteren optisch isomer ist, beweist die Beobachtung, daß beide sich in wässeriger Lösung zum inaktiven Heptit
verbinden.

### dl-Mannoheptit.

Bringt man gleiche Quantitäten der Komponenten in wässeriger
Lösung zusammen, so kristallisiert bei genügender Konzentration die
inaktive Verbindung in mikroskopisch feinen, tafelförmigen Kristallen.
Dieselben unterscheiden sich von den Komponenten durch den höheren
Schmelzpunkt, welcher bei 203⁰ (korr.) liegt. Nach dem Trocknen
bei 105⁰ gab die Analyse folgende Zahlen:

0,0750 g Subst.: 0,1099 g $CO_2$, 0,0524 g $H_2O$.

|  | Ber. für $C_7H_{16}O_7$ | Gefunden |
|---|---|---|
| C | 39,62 | 39,96 pCt. |
| H | 7,55 | 7,76 ,, |

Genau dieselbe Substanz entsteht nun auch, wie man erwarten
durfte, durch Reduktion der dl-Mannoheptose. Dieselbe wurde in der
bekannten Weise ausgeführt und die Ausbeute an Heptit betrug hier
60 pCt. vom angewendeten Zucker.

---

*) Vgl. die Bemerkung auf Seite 328.
[1]) Berichte d. d. chem. Gesellsch. **23**, 2231 [1890]. (S. 574.)

**73. Gerhard Hartmann: Über einige Derivate der *d*-Mannoheptonsäure.**
Liebigs Annalen der Chemie **272**, 190 [1892].

Wie Emil Fischer gezeigt hat, entstehen bei der Anlagerung von Cyanwasserstoff an die Zuckerarten in der Regel zwei stereoisomere Säuren. Die Menge derselben ist zuweilen sehr ungleich, wie besonders das Beispiel der beiden Glucooctonsäuren[1]) beweist. Eine ähnliche Beobachtung wurde bei der *d*-Mannose gemacht; denn die Menge der daraus gewonnenen Carbonsäure betrug 87 pCt. der nach der Gleichung

$$C_6H_{12}O_6 + HCN + 2H_2O = C_7H_{14}O_8 + NH_3$$

berechneten Ausbeute.[2])

Da aber die zweite bei der Reaktion zu erwartende Verbindung bisher nicht aufgefunden wurde, so lag noch immer die Möglichkeit vor, daß die bekannte Mannoheptonsäure ein Gemisch oder gar eine Verbindung der beiden Stereoisomeren sei. Die folgenden Versuche, welche ich auf Anregung von Professor Fischer unternahm, beweisen aber, daß die Säure und ihr Barytsalz, aus welchem die Ausbeute berechnet wurde, einheitliche Verbindungen sind. Die Konfiguration der *d*-Mannoheptonsäure ist bis auf das letzte durch die Synthese entstehende asymmetrische Kohlenstoffatom durch diejenige der *d*-Mannose bestimmt und entspricht der Formel

$$CH_2OH—\overset{\displaystyle H}{\underset{\displaystyle OH}{C}}—\overset{\displaystyle H}{\underset{\displaystyle OH}{C}}—\overset{\displaystyle OH}{\underset{\displaystyle H}{C}}—\overset{\displaystyle OH}{\underset{\displaystyle H}{C}}—CHOH.COOH.\ (?)$$

Durch Oxydation mit Salpetersäure erhielt ich durchaus die vierte Pentoxypimelinsäure

$$COOH\,.\,\overset{\displaystyle H}{\underset{\displaystyle OH}{\dot C}}\,.\,\overset{\displaystyle H}{\underset{\displaystyle OH}{\dot C}}\,.\,\overset{\displaystyle OH}{\underset{\displaystyle H}{\dot C}}\,.\,\overset{\displaystyle OH}{\underset{\displaystyle H}{\dot C}}\,.\,CHOH.COOH\ (?)$$

---

[1]) E. Fischer, Liebigs Annal. d. Chem. **270**, 68 [1892]. (*S. 597.*)
[2]) E. Fischer und J. Hirschberger, Berichte d. d. chem. Gesellsch. **22**, 371 [1889]. (*S. 301.*)

## *d*-Mannoheptonsäure.

Größere Mengen werden am besten aus der rohen *d*-Mannose nach der Vorschrift von Fischer und Passmore[1]) dargestellt. Handelt es sich aber um die Bestimmung der Ausbeute, so muß man den reinen aus dem Hydrazon gewonnenen Zucker anwenden. Fischer und Hirschberger berechnen aus der Menge des Barytsalzes die Ausbeute zu 87 pCt. der Theorie. Bei einer Wiederholung des Versuches erhielt ich 87,4 pCt. In der Mutterlauge habe ich vergeblich die isomere Säure gesucht.

Aus dem Barytsalz konnte nur die bekannte Säure resp. deren Lacton isoliert werden, und da ferner das aus dem einen Lacton regenerierte Salz dieselben Eigenschaften wie das ursprüngliche Produkt besaß, so ist kein Grund vorhanden, an der Einheitlichkeit des letzteren zu zweifeln.

Calciumsalz. Die Lösung der Säure oder des Lactons in der 40fachen Menge Wasser wird mit Calciumcarbonat ½ Stunde gekocht und das Filtrat bis zur beginnenden Kristallisation eingedampft. Beim Abkühlen fällt das Salz in feinen, farblosen, meist zu Warzen verwachsenen Nadeln aus. Es löst sich in ungefähr 30 Teilen heißem Wasser und hat im Vakuum über Schwefelsäure getrocknet die Zusammensetzung $(C_7H_{13}O_8)_2Ca$.

0,299 g Subst.: 0,0825 g $CaSO_4$.
0,1985 g Subst.: 0,2483 g $CO_2$, 0,1002 g $H_2O$.

|   | Ber. für $(C_7H_{13}O_8)_2Ca$ | Gefunden |
|---|---|---|
| C | 34,29 | 34,12 pCt. |
| H | 5,31 | 5,6 ,, |
| Ca | 8,16 | 8,12 ,, |

Strontiumsalz. Dasselbe wird ebenso wie das Calciumsalz dargestellt, ist aber in Wasser viel leichter löslich. Aus der konzentrierten Lösung scheidet es sich in undeutlich kristallinischen, kugeligen Formen ab.

0,2890 g Substanz, über Schwefelsäure getrocknet, gaben 0,0983 g $SrSO_4$.

|   | Ber. für $(C_7H_{13}O_8)_2Sr$ | Gefunden |
|---|---|---|
| Sr | 16,28 | 16,22 pCt. |

Cadmiumsalz. Ebenso dargestellt wie die vorhergehenden, scheidet sich das Salz beim Eindampfen der wässerigen Lösung in schön ausgebildeten weißen Nadeln aus, welche sich sternförmig anordnen. Es löst sich in etwa 100 Teilen kochendem Wasser.

0,1928 g Substanz, über Schwefelsäure getrocknet, gaben 0,2098 g $CO_2$, 0,0819 g $H_2O$.
0,3455 g Subst.: 0,1264 g $CdSO_4$.

---

[1]) Berichte d. d. chem. Gesellsch. **22**, 2733 [1889]. (*S. 227.*)

|  | Ber. für $(C_7H_{13}O_8)_2Cd$ | Gefunden |
|---|---|---|
| C | 29,89 | 29,68 pCt. |
| H | 4,63 | 4,72 ,, |
| Cd | 19,93 | 19,7 ,, |

Um zu prüfen, ob die Mannoheptonsäure vielleicht durch Kristallisation ihrer Verbindungen mit optisch aktiven Basen in zwei isomere Säuren gespalten werden könne, wurden das Strychnin- und Brucinsalz dargestellt und daraus die Säure regeneriert.

Strychninsalz. 5 g d-Mannoheptonsäurelacton wurden mit 8 g Strychnin und 400 g 70prozentigem Alkohol ½ Stunde gekocht und die Lösung nach dem Filtrieren eingedampft. Bei zunehmender Konzentration scheidet sich ein Teil des Strychnins unverändert wieder aus (ca. 20 pCt.). Nachdem die Flüssigkeit auf etwa 80 ccm eingeengt war, wurde von dem Strychnin abfiltriert und bis zum Sirup verdampft, der nach einigem Stehen zu einem Kristallkuchen erstarrte. Dieser wurde in sehr wenig Wasser gelöst und in 600 ccm heißen absoluten Alkohol eingegossen. Nach 24 Stunden waren 7,5 g Strychninsalz ausgefallen, nach weiteren 2 Tagen hatten sich noch 2,8 g ausgeschieden. Beim Versuch, das Salz aus absolutem Alkohol umzukristallisieren, zeigte sich, daß dasselbe durch das Kochen mit Alkohol fast vollständig in Strychnin und Säure zerlegt wird. Es wurde daher das rohe Salz zur Regenerierung der Säure benutzt.

7 g wurden in Wasser gelöst, die Base durch Ammoniak gefällt und das Filtrat mit Barythydrat bis zum Verschwinden des Ammoniakgeruches gekocht. Aus der Lösung wurde der Baryt mit verdünnter Schwefelsäure quantitativ ausgefällt, das Filtrat bis zur beginnenden Kristallisation eingedampft und dann in Alkohol eingegossen. Die hierbei ausfallenden Kristalle, welche ein Gemisch von Säure und Lacton sind, wurden so lange aus Alkohol umkristallisiert, bis sie neutral reagierten. Das Produkt besaß dann die gleiche spezifische Drehung (gefunden — 73,8°), sowie den Schmelzpunkt 153—156° und die übrigen Eigenschaften des d-Mannoheptonsäurelactons. Eine Spaltung desselben hat also nicht stattgefunden.

Brucinsalz. 5 g Mannoheptonsäurelacton wurden mit 17,5 g Brucin und 50 g Wasser gekocht, bis die ganze Masse gelöst war. Beim Erkalten schied die Lösung etwa 6 g unverändertes Brucin aus, was dem Überschuß an Base entspricht. Das Filtrat begann nach dem Eindampfen auf etwa 50 ccm Kristalle abzuscheiden, worauf in 1500 ccm heißen absoluten Alkohol eingegossen wurde. Sofort fing die Kristallisation des Brucinsalzes an. Nach 2stündigem Stehen wurde die ausgeschiedene Masse abfiltriert, mit absolutem Alkohol und Äther gewaschen und im Vakuum getrocknet. Die Ausbeute betrug 10,5 g. Später fielen aus der Mutterlauge noch 2,6 g heraus.

Das Salz ist in Wasser leicht, in absolutem Alkohol schwer löslich. Aus heißem 90prozentigem Alkohol fällt es beim Erkalten in gut ausgebildeten, würfelähnlichen Kristallen, welche bei 161⁰ schmelzen. Über Schwefelsäure getrocknet, verliert es beim Erhitzen auf 108⁰ nicht an Gewicht.

I. 0,1770 g Subst.: 0,3661 g $CO_2$, 0,1071 g $H_2O$.
II. 0,2457 g Subst.: 0,5130 g $CO_2$, 0,1549 g $H_2O$.

| | Berechnet für | | Gefunden | |
|---|---|---|---|---|
| | $C_{23}H_{26}O_4N_2 . C_7H_{14}O_8$ $+ H_2O$ | $C_{23}H_{26}O_4N_2 . C_7H_{14}O_8$ $+ \frac{1}{2}H_2O$ | I. | II. |
| C | 56,43 | 57,23 | 56,38 | 56,94 pCt. |
| H | 6,58 | 6,52 | 6,72 | 7,00 ,, |

Diese Analysen geben also keinen Aufschluß darüber, welche von beiden Formeln dem Salze zukommt, da die Differenzen zu gering sind.

Für die Regenerierung des Lactons diente das gleiche Verfahren wie beim Strychninsalz und das Präparat zeigte auch wieder genau dieselben Eigenschaften.

### Verwandlung der Mannoheptonsäure in die Pentoxypimelinsäure.

$$COOH . \overset{H}{\underset{OH}{C}} . \overset{H}{\underset{OH}{C}} . \overset{OH}{\underset{H}{C}} . \overset{OH}{\underset{H}{C}} . CHOH . COOH. \; (?)$$

Für die Oxydation diente das Gemenge von Säure und Lacton, welches man aus dem Barytsalz gewinnt und welches durch einmalige Kristallisation aus Alkohol von Asche befreit war.

10 g des Präparates wurden mit 15 g Salpetersäure vom spez. Gew. 1,2 im Wasserbade bei 45—50⁰ digeriert. Nach etwa 2 Stunden beginnt eine deutlich wahrnehmbare Gasentwicklung, die sich nach einigen Stunden allmählich verringert und nach 24 Stunden ganz aufhört. Da bei der langen Dauer des Erwärmens die Flüssigkeit durch das Verdampfen des Wassers zu konzentriert werden würde, so ist es nötig, das Kölbchen, in welchem sich die Reaktionsflüssigkeit befindet, mit einem als Rückflußkühler wirkenden Glasrohr zu versehen. Darauf wird die Flüssigkeit in einer Platinschale unter fortwährendem Umrühren auf dem Wasserbade verdampft, bis die Salpetersäure verjagt ist, was man leicht daran erkennt, daß der bis dahin rein weiße Rückstand sich rasch zu färben beginnt. Der nach dem Erkalten fadenziehende Sirup, welcher die zweibasische Säure enthält, zeigte weder beim längeren Stehenlassen an der Luft oder im Vakuum über Schwefelsäure, noch auch beim Anrühren mit absolutem Alkohol Nei-

gung zum Kristallisieren. Es mußte daher zur Reinigung der Säure der Umweg über das Kalksalz eingeschlagen werden.

Zu dem Zwecke wurde der Sirup in 300 ccm Wasser gelöst, mit reinem Calciumcarbonat bis zur neutralen Reaktion gekocht und die rotbraune Flüssigkeit in der Wärme mit Tierkohle behandelt. Nachdem das hellgelbe Filtrat bis zur beginnenden Kristallisation auf dem Wasserbade verdampft war, fiel nach dem Erkalten das Kalksalz im Laufe von 12 Stunden zum größten Teil als braun gefärbtes, kristallinisches Pulver aus. Seine Menge betrug 4 g. Das rohe Salz schmilzt beim Kochen mit Wasser und löst sich dann so wenig, daß es nicht daraus umkristallisiert werden kann.

Zur Reinigung wurde es deshalb in eine heiße verdünnte wässerige Lösung von wenig überschüssiger Oxalsäure eingetragen und bis zur völligen Zersetzung damit digeriert. Das Filtrat wurde dann wieder mit Calciumcarbonat neutralisiert und nochmals mit Tierkohle behandelt. Die nahezu farblose Lösung lieferte jetzt das Kalksalz als fast weißes Kristallpulver, welches nun aus heißem Wasser umkristallisiert werden kann.

Das lufttrockene Salz erlitt bei 108⁰ einen Gewichtsverlust, welcher annähernd 4 Molekülen Kristallwasser entspricht, und besaß dann die Zusammensetzung $C_7H_{10}O_9Ca$.

I. 0,4150 g Subst. verloren bei 108⁰ 0,0810 g $H_2O$.
II. 0,2199 g Subst.     „     „   108⁰ 0,0420 g $H_2O$.

|  | Berechnet für $C_7H_{10}O_9Ca + 4H_2O$ | Gefunden I. | II. |
|---|---|---|---|
| $H_2O$ | 20,57 | 19,52 | 19,1 pCt. |

0,1772 g wasserfreie Subst.: 0,1936 g $CO_2$, 0,0627 g $H_2O$.
0,3235 g wasserfreie Subst.: 0,1607 g $CaSO_4$.

|  | Ber. für $C_7H_{10}O_9Ca$ | Gefunden |  |
|---|---|---|---|
| C | 30,22 | 29,8 | pCt. |
| H | 3,6 | 3,94 | „ |
| Ca | 14,39 | 14,61 | „ |

Das Salz bildet ein kristallinisches, aus sehr kleinen, kugeligen Aggregaten bestehendes Pulver; es ist auch in heißem Wasser schwer löslich. Sehr leicht wird es von verdünnter Salzsäure aufgenommen. Eine solche Lösung diente für die optische Untersuchung, um ein annäherndes Maß für das Drehungsvermögen der Säure, welche selbst nicht kristallisiert, zu erhalten. Zu dem Zwecke wurden 0,5 g des wasserhaltigen Salzes in 10 ccm kaltem Wasser suspendiert und durch Zusatz von 12 Tropfen konzentrierter Salzsäure gelöst. Die Flüssigkeit drehte im 2 dcm-Rohr 0,66⁰ nach links und die Drehung war nach dem Aufkochen der Lösung unverändert.

Diäthylester, $C_5H_{10}O_5.(COOC_2H_5)_2$. Wird das Calciumsalz mit

Oxalsäure genau zerlegt und das Filtrat auf dem Wasserbade eingedampft, so bleibt die Pentoxypimelinsäure als schwach gelber Sirup,
welcher in Wasser und Alkohol sehr leicht löslich ist.

Beim längeren Stehen und öfteren Abdampfen der alkoholischen
Lösung wird die Säure wenigstens teilweise in den neutralen Ester verwandelt. Derselbe scheidet sich dann aus der alkoholichen Lösung in
farblosen Nadeln ab, welche leicht durch Umkristallisieren aus heißem
Alkohol gereinigt werden können.

I. 0,1875 g Subst., im Vakuum getrocknet, gaben 0,3056 g $CO_2$, 0,1248 g $H_2O$.
II. 0,1007 g Subst.: 0,1652 g $CO_2$, 0,0618 g $H_2O$.

|  | Ber. für $C_{11}H_{20}O_9$ | Gefunden | |
|---|---|---|---|
|  |  | I. | II. |
| C | 44,59 | 44,45 | 44,74 pCt. |
| H | 6,76 | 7,39 | 6,82 ,, |

Der Ester schmilzt bei 166°, reagiert neutral, löst sich leicht in
Wasser und in ungefähr 20 Teilen heißem Alkohol, ist dagegen in kaltem Alkohol sehr schwer und in Äther fast unlöslich.

Neutrales Hydrazid, $C_5H_{10}O_5(CO.N_2H_2.C_6H_5)_2$. Wird die nicht
zu verdünnte wässerige Lösung der Säure mit der entsprechenden
Menge essigsaurem Phenylhydrazin auf dem Wasserbade erwärmt, so
scheidet sich nach ½—1 Stunde das neutrale Hydrazid in feinen,
schwach gelben Blättchen aus. Die Substanz ist in Wasser und Alkohol sehr schwer löslich und schmilzt beim raschen Erhitzen gegen 225°
unter Gasentwicklung.

0,1545 g Subst.: 0,3083 g $CO_2$, 0,0828 g $H_2O$.
0,0965 g Subst.: 11,7 ccm N (16,5°, 736 mm).

|  | Ber. für $C_{19}H_{24}O_7N_4$ | Gefunden |
|---|---|---|
| C | 54,29 | 54,43 pCt. |
| H | 5,71 | 5,95 ,, |
| N | 13,33 | 13,67 ,, |

## 74. Emil Fischer: Über den Volemit, einen neuen Heptit.

Berichte der deutschen chemischen Gesellschaft **28**, 1973 [1895].

(Vorgetragen in der Sitzung vom Verfasser.)

Vor 5 Jahren hat Hr. E. Bourquelot[1]) in einem Hut-Pilz, Lactarius volemus, eine kristallisierte Substanz gefunden, welche er Volemit nannte und welche ihm isomer mit dem Mannit zu sein schien. Da die Beschreibung derselben in einer dem Chemiker sehr schwer zugänglichen Zeitschrift erfolgte, so war sie meiner Aufmerksamkeit gänzlich entgangen. Ich wurde deshalb freudig überrascht, als mir Hr. Bourquelot vor einigen Wochen nicht allein die betreffende Abhandlung, sondern auch 10 g seines kostbaren Präparates zur Untersuchung übersandte und sage ihm dafür auch an dieser Stelle meinen besten Dank. Da die Elementaranalyse über die Formel der mehrwertigen Alkohole wegen der geringen Differenzen in der prozentischen Zusammensetzung nicht mit Sicherheit entscheidet, so habe ich den Volemit in den zugehörigen Zucker, den man Volemose nennen kann, übergeführt und diesen in Form des Osazons isoliert. Die Analyse des letzteren ergab, daß der Volemit die Formel $C_7H_{16}O_7$ hat, und mithin der zweite im Pflanzenreiche aufgefundene Heptit ist. Von dem Perseït und den übrigen synthetisch erhaltenen siebenwertigen Alkoholen (Glucoheptit und Galaheptit) unterscheidet er sich scharf durch die physikalischen Eigenschaften.

### Volemit.

Der Beschreibung Bourquelots habe ich nur wenig hinzuzufügen. Den Schmelzpunkt, welcher zu 141—142⁰ angegeben ist, fand ich etwas höher; derselbe lag nach viermaligem Umkristallisieren des mir überlassenen Präparates aus heißem Alkohol bei 149—151⁰ (korr. 151—153⁰), nachdem bei 147⁰ Sinterung eingetreten war.

Die Resultate der Analyse stelle ich zusammen mit den von Hrn. Bourquelot mitgeteilten Zahlen:

---

[1]) Bull. soc. mycolog. de France V.

Ber. für $C_7H_{16}O_7$        Gefunden

| | Ber. für $C_7H_{16}O_7$ | Gefunden |
|---|---|---|
| C | 39,62 | 39,34 pCt. |
| H | 7,54 | 7,54 „ |

Bourquelot fand: C 38,91, H 7,3.
„ 39,22, „ 7,35.

Wie man sieht, sind die Differenzen sehr gering, und besonders die von mir gefundenen Werte passen recht gut zu der Formel $C_7H_{16}O_7$. Die spezifische Drehung fand ich in 10prozentiger wässeriger Lösung bei 20⁰

$$[\alpha]_D^{20^0} = + 1,92^0,$$

was mit dem von Bourquelot angegebenen Wert $+ 1,99^0$ sehr gut übereinstimmt.

## Volemose.

Die Oxydation läßt sich sowohl mit Salpetersäure wie mit Brom und Soda ausführen. Im ersten Falle erhitzt man 1 Teil Volemit mit 10 Teilen Salpetersäure (spez. Gew. 1,14) 6 Stunden auf 50⁰, entfernt die salpetrige Säure nach dem Abkühlen durch einen starken Luftstrom, neutralisiert genau mit Kalilauge und fällt den Salpeter durch Zusatz von Alkohol. Das Filtrat wird im Vakuum verdampft und der Rückstand mit absolutem Alkohol ausgekocht. Beim Verdampfen bleibt der Zucker als Sirup, der aber noch Salze enthält. Da derselbe kein schwer lösliches Phenylhydrazon liefert, so war es mir nicht möglich, bei der kleinen Menge Material ein reines Produkt zu gewinnen. Beim Erhitzen mit essigsaurem Phenylhydrazin liefert er das Osazon; dasselbe wird aber leichter auf folgendem Wege gewonnen: 1 Teil Volemit wird mit 2,4 Teilen kristallisiertem Natriumcarbonat in 8 Teilen Wasser gelöst und der auf 0⁰ abgekühlten Flüssigkeit 1 Teil Brom zugefügt. Dasselbe löst sich beim Schütteln rasch, und die Oxydation vollzieht sich bei 0⁰ im Laufe von etwa 1 Stunde. Man übersättigt dann schwach mit Schwefelsäure, beseitigt das frei werdende Brom durch schweflige Säure und neutralisiert mit Natronlauge. Schließlich säuert man mit Essigsäure schwach an, fügt dann 2 Teile Phenylhydrazin, 2 Teile 50prozentige Essigsäure und 1 Teil Natriumacetat hinzu und erhitzt 1½ Stunde auf dem Wasserbade. Dabei fällt das Phenyl-volemosazon anfangs ölig, später aber in gelben Kristallen aus. Dasselbe wird filtriert, erst mit Wasser, dann mit Äther sorgfältig gewaschen und schließlich aus der heißen alkoholischen Lösung durch Zusatz von warmem Wasser wieder abgeschieden. Die Ausbeute beträgt nicht mehr als 20 pCt. des angewandten Volemits; aber das ist nicht so auffällig, da sowohl die Bildung des Zuckers, wie diejenige des Osazons auch in anderen Fällen wenig glatt verlaufen.

Durch einen besonderen Versuch habe ich mich außerdem noch überzeugt, daß auch der reinste Volemit dasselbe Osazon liefert. Die Analyse desselben führt zur Formel $C_7H_{12}O_5(N_2H.C_6H_5)_2$.

| | Ber. für Heptosazon $C_{19}H_{24}O_5N_4$ | für Hexosazon $C_{18}H_{22}O_4N_4$ | Gefunden |
|---|---|---|---|
| C | 58,76 | 60,33 | 58,43 pCt. |
| H | 6,19 | 6,14 | 6,3 ,, |
| N | 14,43 | 15,64 | 14,17 ,, |

Das Phenyl-volemosazon schmilzt beim raschen Erhitzen gegen 196° unter Zersetzung. In heißem Wasser ist es außerordentlich schwer, in heißem Alkohol dagegen etwas leichter löslich, als das Phenyl-Glucosazon.

Bei diesen Versuchen bin ich von Hrn. Dr. Rehländer unterstützt worden, wofür ich demselben besten Dank sage.

## 75. Emil Fischer und Jacob Meyer: Oxydation des Milchzuckers.

Berichte der deutschen chemischen Gesellschaft 22, 361 [1889].

(Eingegangen am 14. Februar.)

Die zahlreichen Versuche über die Oxydation des Michzuckers durch Salpetersäure, Halogene oder andere Agentien haben bisher stets nur Zersetzungsprodukte mit höchstens sechs Kohlenstoffatomen, z. B. Galactonsäure, Schleimsäure, Zuckersäure geliefert. Vor kurzem hat nun der eine von uns[1]) gezeigt, daß der Milchzucker die Atomgruppe CHO—CH(OH)— des Traubenzuckers enthält und daß derselbe durch vorsichtige Oxydation mit Bromwasser in eine neue Säure verwandelt wird, welche noch den gesamten Kohlenstoff des Milchzuckers zu enthalten schien. Durch die nachfolgenden Versuche wird diese Vermutung bestätigt. Die neue Säure hat nach der Analyse ihrer Salze die Formel $C_{12}H_{22}O_{12}$. Sie zerfällt durch Kochen mit verdünnter Schwefelsäure in Gluconsäure und Galactose. Sie ist also offenbar die dem Milchzucker entsprechende Säure. Nach der in der Zuckergruppe üblichen Nomenklatur würde man sie Lactonsäure nennen müssen. Da aber dieser Name bereits für das Isomere der Gluconsäure, $C_6H_{12}O_7$, gebraucht worden ist, so wählen wir, um jede Verwechslung zu verhindern, die Bezeichnung „Lactobionsäure", welche von dem durch Scheibler vorgeschlagenen Worte Lactobiose (Milchzucker) abgeleitet ist.

---

[1]) Berichte d. d. chem. Gesellsch. 21, 2633 [1888]. (S. 164.)

## Lactobionsäure.

1 Teil Milchzucker wurde in 7 Teilen Wasser gelöst und dazu bei Zimmertemperatur 1 Teil flüssiges Brom gegeben. Beim öfteren Umschütteln löst sich das letztere im Laufe von 1—2 Tagen. Nach weiterem 2tägigem Stehen wird der größere Teil des unveränderten Broms aus der lauwarmen Lösung durch einen starken Luftstrom abgetrieben und der Rest durch Einleiten von Schwefelwasserstoff unter gleichzeitiger Kühlung zu Bromwasserstoff reduziert. Nachdem der Gehalt dieser Lösung an Bromwasserstoff in einer Probe durch Silberlösung titrimetrisch bestimmt ist, fügt man die entsprechende Menge Bleiweiß zu, filtriert von dem ausgeschiedenen Bromblei und entfernt aus der noch sauren Flüssigkeit den Rest von Bromwasserstoff durch vorsichtigen Zusatz von Silberoxyd. Die abermals filtrierte Flüssigkeit wird mit Schwefelwasserstoff behandelt und das Filtrat eingedampft. Dabei bleibt ein Sirup, welcher stark sauer reagiert und Fehlingsche Lösung noch ziemlich stark reduziert. Wird derselbe mit reichlichen Mengen kaltem Eisessig versetzt und längere Zeit damit verrieben, so gehen die reduzierenden Substanzen und andere Produkte größtenteils in Lösung, während die Lactobionsäure der Hauptmenge nach als zähe weiße Masse zurückbleibt. Die Quantität des Produkts beträgt etwa $^1/_3$ vom angewandten Milchzucker. Zur weiteren Reinigung wurde die Säure in das unlösliche basische Bleisalz verwandelt. Man versetzt zu dem Zwecke ihre warme wässerige Lösung mit einer heißen konzentrierten Lösung von basischem Bleiacetat, bis kein Niederschlag mehr entsteht. Das käufliche Bleisalz ist für diesen Zweck gar nicht zu gebrauchen; wir haben es deshalb selbst durch Auflösen von 2 Gewichtsteilen neutralem Bleiacetat und 1 Gewichtsteil Bleihydroxyd in 3 Teilen heißem Wasser dargestellt und die aus der Lösung beim Erkalten ausfallenden Kristalle wieder in reinem heißem Wasser gelöst.

Der Bleiniederschlag wird heiß filtriert, mit heißem Wasser ausgewaschen, dann in kaltem Wasser suspendiert und durch Schwefelwasserstoff zersetzt. Verdampft man das Filtrat im Vakuum aus dem Wasserbade, so bleibt ein Sirup, welcher neben der Lactobionsäure noch etwas Essigsäure enthält. Um die letztere zu entfernen, behandelt man die Masse mit Alkohol und Äther, löst dann den Rückstand in wenig Wasser und fällt abermals mit absolutem Alkohol und Äther. Die so gewonnene Lactobionsäure reduziert die Fehlingsche Lösung nicht mehr; sie bildet einen farblosen, stark sauer reagierenden Sirup, welcher kohlensaure Salze leicht zersetzt. Sie ist in Wasser außerordentlich leicht, in Alkohol und kaltem Eisessig recht schwer löslich, in Äther unlöslich. Neigung zum Kristallisieren zeigte sie nicht.

Von ihren Salzen haben wir die Calcium-, Baryum-, Cadmium- und Bleiverbindung durch Erwärmen der Säure in wässeriger Lösung mit den entsprechenden Carbonaten dargestellt. Dieselben sind sämtlich in Wasser sehr leicht löslich und bleiben beim Verdunsten ihrer Lösung über Schwefelsäure zunächst als Sirup zurück, verwandeln sich aber nach einigen Tagen in eine farblose, ganz harte und leicht zerreibliche, aber nicht deutlich kristallisierte Masse. In absolutem Alkohol sind sie unlöslich. In Wasser unlöslich ist nur das zuvor erwähnte basische Beisalz.

Das Calciumsalz hat, bei 105⁰ getrocknet, die Zusammensetzung $(C_{12}H_{21}O_{12})_2Ca$.

0,2186 g Subst., mit Bleichromat verbrannt: 0,3044 g $CO_2$, 0,1134 g $H_2O$.
0,2805 g Subst.: 0,0218 g CaO.

|   | Ber. für $(C_{12}H_{21}O_{12})_2Ca$ | Gefunden |
|---|---|---|
| C | 38,20 | 37,98 pCt. |
| H | 5,57 | 5,76 ,, |
| Ca | 5,31 | 5,56 ,, |

Das ebenfalls bei 105⁰ getrocknete Baryumsalz hat die entsprechende Formel $(C_{12}H_{21}O_{12})_2Ba$.

0,2677 g Subst.: 0,0735 g $BaSO_4$

|   | Berechnet | Gefunden |
|---|---|---|
| Ba | 16,10 | 16,14 pCt. |

## Spaltung der Lactobionsäure.

Die reine Säure verändert alkalische Kupferlösung auch beim Kochen nicht. Erwärmt man dieselbe aber nur kurze Zeit mit verdünnten Mineralsäuren, so besitzt die Lösung ein starkes Reduktionsvermögen, weil die Säure dabei in Galactose und Gluconsäure zerfällt. Zum Nachweis dieser Spaltungsprodukte wurde die reine Lactobionsäure mit der 7 fachen Menge 5 prozentiger Schwefelsäure eine Stunde auf dem Wasserbade erhitzt, dann die Lösung mit reinem Baryumcarbonat neutralisiert, mit reiner Tierkohle entfärbt und das Filtrat im Vakuum zum Sirup eingedampft. Löst man den Rückstand in wenig Wasser und versetzt mit heißem absolutem Alkohol, so fällt der gluconsaure Baryt heraus, während die Galactose in Lösung bleibt. Zur völligen Trennung wurde diese Operation wiederholt. Aus dem Barytsalz haben wir durch genaues Ausfällen mit Schwefelsäure und nachfolgende Neutralisation mit reinem Calciumcarbonat gluconsauren Kalk dargestellt. Der letztere kristallisierte aus der stark konzentrierten Lösung in feinen, farblosen Nadeln, welche zu den bekannten charakteristischen blumenkohlähnlichen Aggregaten vereinigt waren und, bei 105⁰ getrocknet, die Zusammensetzung $(C_6H_{11}O_7)_2Ca$ zeigten.

0,2579 g Subst.: 0,0337 g CaO.

|  | Berechnet | Gefunden |
|---|---|---|
| Ca | 9,30 | 9,33 pCt. |

Das an der Luft getrocknete Wasser verlor sein Salz fast vollständig beim 1 tägigen Stehen über Schwefelsäure. Dies stimmt mit den Beobachtungen von Kiliani[1]) über das Verhalten des gluconsauren Kalks ganz überein.

Die in der alkoholischen Lösung enthaltene Galactose kristallisiert daraus bei geeigneter Konzentration. Wir haben sie überdies noch durch Überführung in das charakteristische Phenylgalactosazon identifiziert.

Die Spaltung der Lactobionsäure ist mithin der des Milchzuckers ganz analog und erfolgt nach der Gleichung

$$C_{12}H_{22}O_{12} + H_2O = C_6H_{12}O_6 + C_6H_{12}O_7.$$
Lactobionsäure      Galactose  Gluconsäure.

Die Bildung und Spaltung der Lactobionsäure bestätigen durchaus die Anschauung, welche der eine von uns über die Konstitution des Milchzuckers vor kurzem geäußert hat.[2])

Eine isomere Säure, welche bei der Inversion Gluconsäure und Dextrose liefert, wird man unzweifelhaft nach dem gleichen Verfahren aus der Maltose gewinnen können; denn die letztere enthält ebenso wie der Milchzucker die Gruppe —CH(OH)—CHO der Dextrose.

---

[1]) Liebigs Annal. d. Chem. **205**, 184 [1880].
[2]) Berichte d. d. chem. Gesellsch. **21**, 2633 [1888]. (*S. 164.*)

## 76. Emil Fischer und Jacob Meyer: Oxydation der Maltose.

Berichte der deutschen chemischen Gesellschaft **22**, 1941 [1889].

(Eingegangen am 12. Juli; mitgeteilt in der Sitzung von Herrn F. Tiemann.)

Vor kurzem haben wir gezeigt, daß der Milchzucker durch vorsichtige Oxydation mit Brom eine Säure $C_{12}H_{22}O_{12}$, die Lactobionsäure, liefert. Nach demselben Verfahren gewinnt man aus der Maltose eine isomere Säure, welche durch Hydrolyse in Dextrose und Gluconsäure gespalten wird. Da der Name Maltonsäure bereits früher für unreine Gluconsäure gebraucht wurde, so nennen wir die neue Verbindung

Maltobionsäure.

1 Teil Maltose wurde in 7 Teilen Wasser gelöst und mit 1 Teil Brom bei Zimmertemperatur versetzt. Das letztere löst sich beim öfteren Umschütteln im Laufe von 1—2 Tagen. Der Überschuß des Broms wurde jetzt aus der kalten Lösung durch einen starken, lang andauernden Luftstrom verjagt, der Bromwasserstoff mit Silbercarbonat entfernt und das in Lösung gegangene Silber mit Schwefelwasserstoff gefällt. Die unter Zusatz von wenig Tierkohle filtrierte Lösung wurde im Vakuum auf dem Wasserbade bis zu einem Drittel ihres Volumens verdampft und dann in der Wärme mit basischem Bleiacetat versetzt. Hierdurch wird die Maltobionsäure zum größten Teil gefällt und von den anderen Fehlingsche Lösung stark reduzierenden Produkten getrennt. Aus dem heiß filtrierten und mit heißem Wasser gewaschenen Bleisalz gewinnt man durch Behandlung mit Schwefelwasserstoff bei Gegenwart von Wasser eine verdünnte Lösung der Maltobionsäure. Dieselbe wurde im Vakuum zum Sirup eingedampft und dann zur Entfernung kleiner Mengen Essigsäure mehrmals mit heißem Alkohol aufgenommen und mit Äther gefällt.

Die freie Säure ist ein nahezu farbloser Sirup von stark saurer Reaktion. Sie ist in Wasser äußerst leicht, in Alkohol ziemlich schwer und in Äther gar nicht löslich. Sie reduziert die Fehlingsche Lösung nicht. Überhaupt zeigt sie die größte Ähnlichkeit mit der Lactobionsäure. Die Salze, welche durch Neutralisation der Säure mit Metall-

42*

carbonaten entstehen, sind in Wasser alle leicht löslich und zeigen wenig Neigung zum Kristallisieren. Das Calciumsalz bildet beim Verdunsten seiner wässerigen Lösung zunächst einen Sirup, welcher aber beim längeren Aufbewahren im Exsiccator zu einer harten, glänzend weißen, aber nicht deutlich kristallisierten Masse erstarrt. Bei 105⁰ getrocknet, hat das Salz die Zusammensetzung $(C_{12}H_{21}O_{12})_2Ca$.

0,2080 g Subst.: 0,2901 g $CO_2$, 0,1033 g $H_2O$.
0,2167 g Subst.: 0,0168 g CaO.

| | Ber. für $(C_{12}H_{21}O_{12})_2Ca$ | Gefunden |
|---|---|---|
| C | 38,20 | 38,03 pCt. |
| H | 5,57 | 5,53 ,, |
| Ca | 5,31 | 5,54 ,, |

Spaltung der Maltobionsäure.

Erhitzt man die Maltobionsäure mit der fünffachen Menge fünfprozentiger Schwefelsäure auf dem Wasserbade, so wird sie im Laufe von einer Stunde völlig in Dextrose und Gluconsäure gespalten. Zum Nachweis dieser Produkte wurde die Flüssigkeit mit Baryumcarbonat neutralisiert, das Filtrat stark eingedampft und dann mit heißem absolutem Alkohol vermischt. Hierbei geht die Dextrose in Lösung, während der gluconsaure Baryt ausfällt. Zur völligen Trennung der Dextrose vom Barytsalz wurde die Operation wiederholt. Aus dem Barytsalz wurde durch genaues Ausfällen mit Schwefelsäure und durch spätere Neutralisation mit Calciumcarbonat der gluconsaure Kalk gewonnen. Derselbe kristallisierte in der bekannten charakteristischen Form und zeigte, bei 104⁰ getrocknet, die Zusammensetzung $(C_6H_{11}O_7)_2Ca$.

0,2173 g Subst.: 0,0284 g CaO.

| | Ber. für $(C_6H_{11}O_7)_2Ca$ | Gefunden |
|---|---|---|
| Ca | 9,30 | 9,33 pCt. |

Aus der alkoholischen Lösung wurde die Dextrose kristallisiert erhalten und durch die Bestimmung des Drehungsvermögens sowie durch die Darstellung des Phenylglucosazons identifiziert.

Die Spaltung der Maltobionsäure erfolgt also nach der Gleichung:

$$C_{12}H_{22}O_{12} + H_2O = C_6H_{12}O_6 + C_6H_{12}O_7.$$
Maltobionsäure      Dextrose      Gluconsäure

Aus den vorliegenden Versuchen geht hervor, daß die Maltose gerade so wie der Milchzucker eine Aldehydgruppe enthält. Dadurch wird ferner der Schluß bestätigt, welchen der eine von uns aus der Bildung der Osazone gezogen hat, daß Milchzucker und Maltose gleich konstituiert seien, daß mithin die für den Milchzucker früher aufgestellte Formel[1]:

---

[1] Berichte d. d. chem. Gesellsch. **21**, 2633 [1888]. (*S. 165.*)

$$CH_2(OH)-[CH(OH)]_4-CH\Big\langle \begin{matrix} OCH_2 \\ | \\ OCH \end{matrix} -[CH(OH)]_3-CHO$$

auch für die Maltose die meiste Wahrscheinlichkeit hat.

Die einzige bisher bekannte Verbindung, welche der Lactobionsäure und Maltobionsäure an die Seite gestellt werden kann, ist die Arabinsäure. Ihre Formel ist allerdings noch nicht mit Sicherheit festgestellt, aber ihre Spaltung durch verdünnte Säuren, wobei Arabinose, vielleicht neben Arabonsäure oder einer ähnlichen Säure entsteht, erinnert durchaus an die zuvor beschriebene Zerlegung der Maltobionsäure.

---

### 77. Otto Reinbrecht: Über Lactose- und Maltosecarbonsäure.

Liebigs Annalen der Chemie 272, 197 [1892].

Nach den Beobachtungen von Emil Fischer enthalten Milchzucker und Maltose eine intakte Aldehydgruppe. Man durfte deshalb erwarten, daß sie auch ähnlich den einfachen Zuckern durch Anlagerung von Cyanwasserstoff in Carbonsäuren verwandelt werden.

Auf Anregung von Prof. Fischer habe ich den Versuch ausgeführt. Beide Säuren sind amorph und bilden auch amorphe Salze; es ist deshalb möglich, daß sie keine einheitlichen Produkte, sondern Gemische von zwei Stereoisomeren sind.

Durch Hydrolyse werden sie in Glucoheptonsäure und Galactose resp. Glucose gespalten.

### Lactosecarbonsäure.

Eine Lösung von 50 g Milchzucker in 150 g Wasser, welche mit 6 ccm wasserfreier Blausäure und einigen Tropfen Ammoniak versetzt war, färbte sich bei Zimmertemperatur nach einigen Stunden gelb und nach 1 Tag dunkelgelb. Sie wurde nun durch Erhitzen von der überschüssigen Blausäure befreit und mit überschüssigem Barythydrat gekocht, bis der Geruch nach Ammoniak verschwunden war. Die durch genaues Ausfällen mit Schwefelsäure vom Baryt befreite Lösung hinterließ beim Verdampfen einen braunen Syrup, welcher die Fehlingsche Flüssigkeit noch ziemlich stark reduzierte. Zur Reinigung der Säure diente das basische Bleisalz. Der rohe Sirup wurde in heißem Wasser gelöst, mit Bleicarbonat neutralisiert und das Filtrat so lange mit einer Lösung von zweifach basischem essigsaurem Blei versetzt, als noch ein Niederschlag entstand. Der letztere wurde sofort filtriert, mit warmem Wasser sorgfältig gewaschen, dann in Wasser suspendiert, mit Schwefelwasserstoff zerlegt und das Filtrat im Vakuum bei 40—50⁰ eingedampft. Der Rückstand enthielt noch etwas Essigsäure. Um diese zu entfernen, wurde er in wenig Wasser gelöst und die Lactose-carbonsäure durch Alkohol und Äther gefällt.

Der so erhaltene farblose Sirup erstarrt im Vakuum über Schwefel-säure zu einer glasigen, leicht zerreibbaren Masse, deren Analyse an-nähernd auf die Formel $C_{12}H_{23}O_{11}.COOH$ stimmende Zahlen gab.

0,2780 g Subst.: 0,4135 g $CO_2$, 0,1635 g $H_2O$.

|   | Ber. für $C_{13}H_{24}O_{13}$ | Gefunden |
|---|---|---|
| C | 40,21 | 40,54 pCt. |
| H | 6,18 | 6,51 ,, |

Die Säure ist in Wasser sehr leicht, in Alkohol recht schwer und in Äther gar nicht löslich. Sie schmeckt und reagiert sauer und redu-ziert die Fehlingsche Lösung gar nicht. Ihre Salze mit Calcium, Strontium und Baryum, welche durch Neutralisation der warmen wässerigen Lösung mit den betreffenden Carbonaten erhalten werden, sind ebenfalls leicht löslich; sie bleiben beim Verdampfen als Sirup und erstarren ebenfalls zu einer glasigen Masse.

Das Calciumsalz wurde für die Analyse bei 108⁰ getrocknet.

0,3305 g Subst.: 0,052 g $CaSO_4$.

|   | Ber. für $(C_{13}H_{23}O_{13})_2Ca$ | Gefunden |
|---|---|---|
| Ca | 4,91 | 4,63 pCt. |

Hydrolyse der Lactosecarbonsäure. Erwärmt man die Verbindung mit verdünnten Mineralsäuren, so erhält die Lösung sehr bald die Fähigkeit, Fehlingsche Flüssigkeit zu reduzieren, denn die Lactosecarbonsäure zerfällt dabei in Galactose und Glucoheptonsäure

$$C_{13}H_{24}O_{13} + H_2O = C_6H_{12}O_6 + C_7H_{14}O_8.$$

Die Substanz wurde mit der fünffachen Menge 5 prozentiger Schwefelsäure 2 Stunden auf dem Wasserbade erhitzt, dann die Lösung mit reinem Baryumcarbonat neutralisiert und das ziemlich stark ein-gedampfte Filtrat in heißen Alkohol eingegossen. Dadurch wird der glucoheptonsaure Baryt gefällt, während die Galactose größtenteils in Lösung bleibt. Die Scheidung wird mit beiden Produkten wiederholt, bis die alkoholische Lösung keinen Baryt mehr enthält und das Baryt-salz Fehlingsche Lösung nicht mehr reduziert. Der Alkohol hinter-läßt beim Verdampfen einen schwach gelben Sirup, aus welchem nach Zusatz von Methylalkohol die Galactose bald auskristallisiert. Der gereinigte Zucker schmolz bei 162⁰, besaß die spezifische Enddrehung $[\alpha]_D = + 82,8^0$ und gab das charakteristische Galactosazon.

Das Barytsalz wurde genau mit Schwefelsäure zerlegt, das Filtrat zum Sirup verdampft und der letztere mit heißem Alkohol aufgenommen.

Beim Verdampfen blieb nun ein schwach gelb gefärbter Sirup, aus welchem sich das Lacton der α-Glucoheptonsäure[1]) beim längeren Stehen kristallinisch abschied. Dasselbe wurde durch den Schmelzpunkt und die übrigen Eigenschaften identifiziert. Ob die Mutterlaugen die schwer erkennbare β-Glucoheptonsäure[1]) enthalten, konnte wegen Mangel an Material nicht entschieden werden.

### Maltosecarbonsäure.

50 g Maltose werden in 100 g Wasser gelöst, mit 6 ccm wasserfreier Blausäure und einigen Tropfen Ammoniak versetzt und 24 Stunden bei Zimmertemperatur aufbewahrt. Die Verbindung wird auf die gleiche Art wie die isomere Säure isoliert und besitzt ganz ähnliche Eigenschaften.

Für die Analyse diente das amorphe, bei 105⁰ getrocknete Calciumsalz.

0,174 g Subst.: 0,012 g CaO.

|  | Ber. für $(C_{13}H_{23}O_{13})_2Ca$ | Gefunden |
|---|---|---|
| Ca | 4,91 | 4,92 pCt. |

Die Hydrolyse der Säure, welche genau wie zuvor ausgeführt wurde, lieferte Traubenzucker und α-Glucoheptonsäure. Auch hier konnte die β-Glucoheptonsäure nicht mit Sicherheit nachgewiesen werden.

---

[1]) E. Fischer, Liebigs Annal. d. Chem. **270**, 65 [1892]. (*S. 608.*)

## 78. Emil Fischer: Synthese einer neuen Glucobiose.

Berichte der deutschen chemischen Gesellschaft **23**, 3687 [1890].

(Eingegangen am 11. Dezember.)

Der erste erfolgreiche Versuch, aus der Glucose kompliziertere Kohlenhydrate zu bereiten, rührt von Musculus[1]) her. Durch Einwirkung von konzentrierter Schwefelsäure erhielt er ein dextrinartiges Produkt von der Formel $C_6H_{10}O_5$, welches die Fehlingsche Lösung nur sehr schwach reduziert, mit Bierhefe nicht gärt, aber durch verdünnte Schwefelsäure in Glucose zurückverwandelt wird.

Zu einem ähnlichen Resultate gelangten Grimaux und Lefèvre[2]), als sie die Lösung des Zuckers in stark verdünnter Salzsäure im Vakuum abdampften. Ein anderes, weniger gut charakterisiertes Produkt erhielt Gautier[3]) durch Einwirkung von Salzsäure auf die alkoholische Lösung der Glucose. Dasselbe soll die Formel $C_{12}H_{22}O_{11}$ haben. Es reduziert ebenfalls die Kupferlösung nur schwach, gärt nicht mit Bierhefe und wurde bisher nicht in Traubenzucker zurückverwandelt. Ferner haben Schützenberger und Naudin[4]) aus der Glucose durch Essigsäureanhydrid die sogenannte Octacetylsaccharose dargestellt, welche später von Franchimont[5]) kristallisiert erhalten wurde. Aber der der Acetylverbindung zugrunde liegende Zucker ist bisher ebenfalls zu wenig untersucht, um ein sicheres Urteil über seine Konstitution zu gestatten.

Endlich versuchten Grimaux und Lefèvre in dem Produkte, welches aus Glucose und verdünnter Salzsäure entsteht, Maltose nachzuweisen und sie glauben auch, durch Phenylhydrazin neben Glucosazon

---

[1]) Bull. soc. chim. [2] **18**, 66 [1872]; ferner Musculus und A. Meyer, Compt. rend. **92**, 528 [1881]; vgl. auch Hönig und Schubert, Monatsh. für Chem. **7**, 455 [1886].

[2]) Compt. rend. **103**, 146 [1886].

[3]) Bull. soc. chim. [2] **22**, 145 [1874].

[4]) Bull. soc. chim. [2] **12**, 204 [1869].

[5]) Berichte d. d. chem. Gesellsch. **12**, 1940 [1879]; vgl. auch Demole, Berichte d. d. chem. Gesellsch. **12**, 1935 [1879].

das Maltosazon erhalten zu haben. Eine weitere Mitteilung über diese nur beiläufig erwähnte Beobachtung ist aber nicht erschienen. Bei einer Wiederholung des Versuches habe ich keine Maltose finden können.

---

Die Synthese komplizierterer Kohlenhydrate aus der Glucose ist nach alledem noch ein wenig bebautes Arbeitsfeld und ich habe nicht gezögert, dasselbe in Angriff zu nehmen, weil die verbesserten Methoden andere und schärfere Resultate in Aussicht stellen.

Durch Einwirkung von starker wässeriger Salzsäure ist es mir zunächst gelungen, eine neue Glucobiose zu gewinnen und in Form ihres Osazons zu isolieren. Die Eigenschaften des letzteren lassen keinen Zweifel darüber, daß der neue Zucker ebenso wie die Maltose konstituiert ist. Aus diesem Grunde gebe ich ihm vorläufig den Namen Isomaltose.

## Isomaltose.

100 g reine Glucose werden in 400 g Salzsäure vom spez. Gew. 1,19 bei Zimmertemperatur gelöst und 15 Stunden lang zwischen 15 und 10⁰ gehalten. Wird die nur schwach braun gefärbte Flüssigkeit dann mit 4 kg absolutem Alkohol versetzt, so fällt ein flockiger Niederschlag, welcher neben wenig Isomaltose hauptsächlich kompliziertere, dextrinartige Produkte enthält und deshalb durch Filtration entfernt wird. War die salzsaure Lösung unter 10⁰ gehalten, so tritt diese Fällung nicht ein. Die Mutterlauge gibt auf Zusatz von viel Äther einen reichlichen, farblosen, amorphen Niederschlag, welcher auf einem Faltenfilter gesammelt, mit einem Gemisch von Alkohol und Äther ausgewaschen und schließlich schnell abgepreßt wird. Das Produkt zieht an der Luft rasch Wasser an, wird klebrig und zerfließt schließlich zu einem Sirup. Derselbe ist ein Gemenge von Traubenzucker, Isomaltose und anderen noch nicht näher untersuchten Substanzen. Löst man ihn in Wasser, neutralisiert die geringe Menge anhaftender Salzsäure mit Soda, vertreibt nach schwachem Ansäuern mit Essigsäure den Alkohol und Äther durch Erwärmen und versetzt nun die abgekühlte Flüssigkeit mit frischer Bierhefe, so beginnt bei 30⁰ sehr rasch eine lebhafte Gärung. Als dieselbe nach 18 Stunden beendet war, war der Traubenzucker verschwunden. Die Lösung reduzierte aber noch stark Fehlingsche Flüssigkeit und enthielt neben Isomaltose kompliziertere Kohlenhydrate, deren Untersuchung noch nicht abgeschlossen ist.

Zur Isolierung der Isomaltose wurde deshalb das Phenylhydrazin benutzt. Das aus 100 g Traubenzucker erhaltene Rohprodukt, dessen Menge nach Entfernung der anhaftenden Mutterlauge 30—35 g betrug, wurde in ungefähr 150 g Wasser gelöst, dann die anhaftende Salzsäure durch wenig Soda neutralisiert, die Flüssigkeit mit 30 g Phenylhydrazin und 20 g 50prozentiger Essigsäure versetzt und 1¼ Stunde auf dem Wasserbade erhitzt. Dabei scheidet sich zunächst Glucosazon ab (2—3 g) und aus der heiß filtrierten Lösung fällt beim Erkalten ein reichlicher gelber Niederschlag. Derselbe ist ein Gemenge des Isomaltosazons mit Glucosazon, welches durch das essigsaure Phenylhydrazin in der Wärme in Lösung gehalten war. Der flockige Niederschlag wird auf der Pumpe abgesaugt und dann durch Aufstreichen auf poröse Tonplatten möglichst von der anhaftenden Mutterlauge befreit. Das Filtrat gibt beim weiteren 1½ stündigen Erhitzen auf dem Wasserbade eine neue Menge von Glucosazon und beim Abkühlen eine zweite Kristallisation des obenerwähnten Gemenges. Das rohe, auf Ton von der Mutterlauge befreite Osazon wird nun mit etwa 100 ccm Wasser ausgekocht, wobei das Glucosazon zurückbleibt. Aus der heiß filtrierten Flüssigkeit fällt beim Erkalten das Isomaltosazon als gelber, flockiger Niederschlag, welcher aus äußerst feinen, meist zu kugeligen Aggregaten vereinigten, biegsamen Nadeln besteht. Derselbe wird auf der Pumpe filtriert, mit Wasser und später mit Äther gewaschen. 100 g Traubenzucker gaben allerdings nur 2,5 g von diesem Produkte. Aber die Menge der gebildeten Isomaltose ist jedenfalls sehr viel größer, denn ein erheblicher Teil derselben bleibt beim Fällen der salzsauren Flüssigkeit mit Alkohol und Äther in Lösung und ferner ist die Osazonbildung keineswegs ein glatter Prozeß. So wurden bei früheren Versuchen aus reiner Maltose nur 30 pCt. ihres Osazons gewonnen.

Für die Analyse wurde das Isomaltosazon noch zweimal aus heißem Wasser umkristallisiert und das rein gelbe Produkt zunächst im Vakuum über Schwefelsäure getrocknet. Dabei backt es zusammen und färbt sich rotbraun, genau so wie das fein kristallisierte Maltosazon. Beim Verreiben wird die Masse wieder rein gelb und behält auch diese Farbe beim einstündigen Trocknen bei 105°. Die Analyse ergab:

|  | Ber. für $C_{24}H_{32}O_9N_4$ | Gefunden I. | II. |
|---|---|---|---|
| C | 55,33 | 54,65 | 54,55 pCt. |
| H | 6,16 | 6,37 | 6,33 „ |
| N | 10,73 | 10,28 | — „ |

Diese Zahlen sind zwar nicht ganz genau, aber sie lassen doch über die Zusammensetzung der Verbindung kaum einen Zweifel und die Formel des Osazons wird außerdem bestätigt durch die später beschriebene Spaltung desselben. Das Isomaltosazon beginnt gegen 140° zu sintern und schmilzt zwischen 150 und 153°. Es zeigt auch in dieser Beziehung Ähnlichkeit mit den isomeren Derivaten der Maltose und des Milchzuckers, welche zwar viel höher, aber ebenfalls nicht scharf schmelzen. Das Isomaltosazon ist in heißem Wasser ziemlich leicht löslich; von dem Osazon der Maltose unterscheidet es sich nicht allein durch den Schmelzpunkt und die Art des Kristallisierens, sondern auch durch die viel größere Löslichkeit in heißem absolutem Alkohol.

### Spaltung des Isomaltosazons.

Die Verbindung wird durch starke Salzsäure geradeso wie die Osazone der übrigen Zuckerarten in Phenylhydrazin und das entsprechende Oson zerlegt. Verreibt man sie mit der fünffachen Menge Salzsäure (spez. Gew. 1,19) bei Zimmertemperatur, so löst sie sich mit roter Farbe und nach kurzer Zeit beginnt die Abscheidung von salzsaurem Phenylhydrazin. Läßt man dann das Gemisch bei Zimmertemperatur stehen, so ist nach 1—1½ Stunden die Reaktion beendet und die Farbe der Lösung von rot in dunkelbraun umgeschlagen. Die stark abgekühlte Mischung wird nun auf Glaswolle mit der Pumpe filtriert, mit wenig starker Salzsäure nachgewaschen, das Filtrat mit der fünffachen Menge Wasser verdünnt und durch Bleiweiß neutralisiert. Das hellgelbe Filtrat enthält das Isomaltoson, denn es scheidet auf Zusatz von essigsaurem Phenylhydrazin schon in der Kälte nach kurzer Zeit das Osazon ab. Auf die Isolierung des Osons habe ich verzichtet, dagegen dasselbe durch Hydrolyse in Glucoson und Glucose gespalten.

Zu dem Zwecke wurde die Lösung mit so viel starker Salzsäure versetzt, bis sie 4 pCt. der Säure enthielt, dann ¾ Stunden auf dem Wasserbade erhitzt, schließlich abgekühlt, mit Tierkohle behandelt und vorsichtig mit Alkali neutralisiert. Sie gab nun in der Kälte mit essigsaurem Phenylhydrazin einen starken Niederschlag von Glucosazon und als nach der vollständigen Entfernung desselben die Flüssigkeit eine Stunde auf dem Wasserbade erhitzt wurde, fiel eine neue reichliche Menge von Glucosazon aus, welches seine Entstehung dem durch die Hydrolyse entstandenen Traubenzucker verdankt.

---

Mit dem vorliegenden Versuche ist der Anfang für die Synthese der Hexobiosen gemacht; denn man darf hoffen, auf demselben Wege aus den Isomeren des Traubenzuckers die entsprechenden Verbindungen $C_{12}H_{22}O_{11}$ zu gewinnen.

Das Verfahren ist ferner verschiedener Modifikationen fähig. So habe ich beobachtet, daß die Polymerisation des Traubenzuckers auch durch eine konzentrierte Lösung von Phosphorsäure bewerkstelligt werden kann.

Vor kurzem haben Scheibler und Mittelmeier[1]) eine neue
Hexobiose angekündigt, welche in dem käuflichen Dextrin enthalten
ist und welche ebenfalls in Form des Osazons isoliert wurde. Da dieselbe
nicht näher beschrieben ist, so läßt sich nicht sagen, ob sie verschieden
von der Isomaltose ist. Sollte sich bei genauerem Studium das Gegenteil ergeben, so wird man die Möglichkeit ins Auge fassen müssen,
daß sie bei der Bereitung des käuflichen Dextrins ebenfalls synthetisch
aus dem Traubenzucker durch die Wirkung der Säure entsteht.

Schießlich sage ich Hrn. Dr. Gustav Heller, welcher mich bei
diesen Versuchen unterstützte, besten Dank.

---

## 79. Emil Fischer: Über die Isomaltose.

Berichte der deutschen chemischen Gesellschaft **28**, 3024 [1895].

(Eingegangen am 25. November.)

Unter den Produkten, welche durch Einwirkung von starker Salzsäure auf Traubenzucker bei niederer Temperatur entstehen, befindet
sich, wie ich vor 5 Jahren gezeigt habe[2]), ein Disaccharid, welches sich
in Form seines Osazons isolieren ließ. Ich habe dasselbe Isomaltose
genannt, weil es mir der Maltose sehr ähnlich konstituiert erschien.
Sein Osazon unterschied sich von dem Maltosazon durch den niedrigeren
Schmelzpunkt und die viel größere Löslichkeit sowohl in Alkohol wie
in warmem Wasser. Scheinbar dasselbe Osazon war gleichzeitig von
Scheibler und Mittelmeier aus dem unvergärbaren Teil des käuflichen Traubenzuckers erhalten worden. Etwas später teilte C. J.
Lintner mit, daß er die Isomaltose im Bier gefunden habe, und bald
nachher beschrieb er die Entstehung desselben Zuckers bei der Hydrolyse der Stärke. Seitdem ist eine weitläufige Literatur über die Isomaltose entstanden, deren Zusammenstellung hier zwecklos wäre.
Da die Eigenschaften des reinen synthetischen Zuckers unbekannt
blieben, so begnügten sich alle Autoren damit, denselben durch den
Schmelzpunkt und das Aussehen des kristallisierten Osazons zu kennzeichnen.

In neuerer Zeit ist nun eine umfangreiche Arbeit von Brown
und Morris[3]) erschienen, worin dieselben die Anwesenheit der Isomaltose unter den Spaltungsprodukten der Stärke leugnen. Sie er-

---

[1]) Berichte d. d. chem. Gesellsch. **23**, 3075 [1890].
[2]) Berichte d. d. chem. Gesellsch. **23**, 3687 [1890]. (*S. 664.*)
[3]) Journ. chem. soc. **1895**, 709.

klären dieselbe für unreine Maltose und liefern den Nachweis, daß
dieses Disaccharid, wenn es durch die unvergärbaren, dextrinähn-
lichen Spaltungsprodukte der Stärke verunreinigt ist, ein Osazon liefert,
welches den niedrigen Schmelzpunkt und das Aussehen des Isomaltosazons besitzt. Über den von mir synthetisch erhaltenen Zucker
sprechen sich die Autoren nicht näher aus. Kühner ist in diesem Punkte
Hr. Ost vorgegangen. In seinen „Studien über die Stärke"[1]), welche
einige Zeit nach der Arbeit von Brown und Morris erschienen, behauptet derselbe, daß auch die synthetische Isomaltose nur unreine
Maltose sei, und daß mithin der von mir ausgeführte, aber unrichtig
gedeutete Versuch in Wirklichkeit eine Synthese des natürlichen Disaccharids bedeute. Leider hat Hr. Ost sich damit begnügt, ein synthetisches Isomaltosazon, welches zudem noch Glucosazon enthielt,
auf Schmelzpunkt und optisches Drehungsvermögen zu prüfen und
obschon die optischen Bestimmungen mit verschiedenen Proben recht
abweichende Werte ergaben, glaubte er doch bloß aus der Rechtsdrehung von zwei Präparaten auf die Identität mit Maltosazon schließen
zu dürfen. Wären diese Folgerungen richtig und durch entscheidende
Beobachtungen bewiesen, so könnte sich niemand mehr als ich darüber
freuen, da seit 6 Jahren alle meine Bemühungen, eine Synthese der
Maltose zu finden, fehlgeschlagen sind. Aber die Wiederholung meiner
früheren Versuche hat mich gerade zu der entgegengesetzten Überzeugung geführt, denn das künstliche Disaccharid unterscheidet sich
von dem natürlichen ganz scharf durch sein Verhalten gegen Bierhefe.
Es wird weder von der frischen Hefe vergoren noch von den Enzymen
der Hefe gespalten.

Zur Bereitung der Isomaltose diente das frühere Verfahren. Das
aus der salzsauren Lösung durch Alkohol und viel Äther abgeschiedene
amorphe Produkt ist ein Gemisch von Traubenzucker, Isomaltose
und anderen, unbekannten Polysacchariden. Alle meine Bemühungen,
daraus die Isomaltose als solche zu isolieren, sind ebenso wie früher
vergeblich gewesen. Der Traubenzucker läßt sich zwar leicht durch
Behandlung mit Bierhefe entfernen, aber für die weitere Scheidung
der unvergärbaren Produkte fehlt bisher eine brauchbare Methode.
Ich war deshalb wieder auf die Untersuchung des Osazons angewiesen.

### Isomaltosazon.

Das Produkt wurde zunächst genau in der früher beschriebenen
Weise ohne Entfernung der Glucose durch Gärung dargestellt und
durch wiederholte Kristallisation aus heißem Wasser von dem Gluco-

---

[1]) Chemiker-Zeitung **1895**, Nr. 67.

sazon getrennt. Das Kristallisieren aus Alkohol, welches Ost angewandt hat, ist für diesen Zweck ganz ungeeignet, und das mag der
Grund sein, weshalb seine Präparate stets noch Glucosazon enthielten.
Allerdings bleibt beim Umkristallisieren aus Wasser das Produkt immer
schwach bräunlich gefärbt. Es wurde deshalb zum Schluß mehrmals
aus warmem Essigester umkristallisiert.

In feuchtem Zustande löst sich das Isomaltosazon in 50 Teilen
siedendem Essigäther ziemlich leicht; wird dann die Flüssigkeit unter
wiederholtem Zusatz von neuem trockenen Essigäther verdampft,
so daß die geringe Menge Wasser weggeht, so beginnt plötzlich die Kristallisation. Bei weiterem Umkristallisieren muß wieder wenig Wasser
zugesetzt werden, da das Präparat in trockenem Essigester äußerst
schwer löslich ist. Je nach dem Grad der Reinheit liegt der Schmelzpunkt des so gewonnenen Produktes zwischen $140^0$ und $155^0$. Derselbe
steigt noch etwas, wenn der Zucker zuvor dialysiert ist, wie später
beschrieben wird. Die Analyse des Osazons, welches aus nicht dialy-
siertem Zucker hergestellt war, ergab:

|   | Ber. für $C_{24}H_{32}O_9N_4$ | Gefunden | |
|---|---|---|---|
| C | 55,33 | 55,00 | 54,9 pCt. |
| H | 6,16 | 6,50 | 6,4 „ |
| N | 10,73 | 10,2 | 10,1 „ |

Das Präparat war bei $100^0$ getrocknet, wobei es aber kaum an
Gewicht verloren hatte. Es löste sich schon in 4 Teilen heißem
Wasser völlig klar auf, während reines Maltosazon ungefähr 75 Teile
verlangt.

### Nichtvergärbarkeit der Isomaltose.

35 g des rohen Zuckers (aus der salzsauren Lösung durch Alkohol
und Äther gefällt) wurden in 125 ccm Wasser gelöst und die Flüssigkeit
mit Natronlauge genau neutralisiert. Dazu kamen 5 g frische abgepreßte Brauereihefe vom Frohbergtypus und 125 ccm Hefedekokt,
welches aus 1 Teil Hefe und 4 Teilen Wasser hergestellt war. Das
Gemisch blieb 70 Stunden bei $30^0$ stehen. Zur Kontrolle diente eine
10 prozentige Lösung von Maltose, welche durch die entsprechende
Menge der Hefe schon nach 12 Stunden vollständig vergoren war.

Selbstverständlich wurde durch diese Operation aller Traubenzucker aus der rohen Isomaltose entfernt. Die Menge der Hefe war
absichtlich so groß gewählt, um sicher alle vergärbaren Produkte
durch ihre Wirkung zu zerstören. Die filtrierte Lösung wurde dann
im Vakuum auf $^1/_5$ ihres Volumens eingeengt und mit 10 g Phenylhydrazin und der entsprechenden Menge Essigsäure in der üblichen
Weise auf Osazon verarbeitet. Die Menge des Phenylhydrazins konnte
hier viel kleiner gewählt werden, da der Traubenzucker entfernt war.

Das erhaltene Isomaltosazon besaß genau dieselben Eigenschaften wie sonst und seine Menge betrug 80 pCt. der früheren Ausbeute. Das kleine Defizit erklärt sich durch die Verluste, welche beim Abfiltrieren der Hefe entstehen. Dieser Versuch, welcher allerdings etwas weniger sorgfältig schon früher ausgeführt und in der ersten Notiz beschrieben wurde, beweist unzweideutig, daß die synthetische Isomaltose durch Hefe nicht vergoren wird.

Ebensowenig wird sie durch die Hefenenzyme gespalten. Um das zu beweisen, wurden wiederum 10 g rohe Isomaltose in der fünffachen Menge Wasser gelöst und mit 1,5 g getrockneter Frohberghefe und einigen Tropfen Toluol unter öfterem Umschütteln 36 Stunden lang bei 33⁰ digeriert. Die filtrierte Flüssigkeit gab wieder die gleiche Menge Isomaltosazon. Als bei dem Kontrollversuch der rohen Isomaltose die 1½fache Menge Maltose zugesetzt war, mithin eine Quantität, welche die des künstlichen Zuckers mindestens um das fünffache übertraf, konnte nach der gleichen Behandlung mit getrockneter Hefe keine Maltose mehr durch die Osazonprobe nachgewiesen werden.

Daraus folgt, daß die Hydrolyse der Maltose durch die Verunreinigungen, welche der Isomaltose anhaften, nicht verhindert wird.

### Reinigung der Isomaltose durch Behandlung mit Hefe und durch Dialyse.

Das Rohprodukt wurde zuerst wie zuvor durch 70stündiges Digerieren mit Bierhefe völlig vergoren, dann das Filtrat auf ¹/₅ des Volumens eingedampft und der Dialyse durch Pergamentpapier unterworfen. Die farblose dialysierte Flüssigkeit wurde wieder konzentriert und mit einer dem Zuckergehalt entsprechenden Menge reinem Phenylhydrazin und Essigsäure auf Osazon verarbeitet. Nachdem das letztere mehrmals aus warmem Wasser und schließlich zweimal aus Essigester umkristallisiert war, bildete es feine kugelige gelbe Kristallaggregate, welche bei 158⁰ schmolzen und dieselbe große Löslichkeit in Alkohol und Wasser zeigten wie die anderen Präparate.

Für die Analyse wurde das Produkt wiederum bei 100⁰ getrocknet.

$$\text{Ber. für } C_{24}H_{32}O_9N_4 \qquad \text{Gefunden}$$
$$\text{N} \qquad 10,73 \qquad\qquad 10,27\,\text{pCt.}$$

Eine Lösung desselben Präparates, welche in 3 ccm Alkohol 0,0861 g enthielt, drehte bei Anwendung von Auerschem Glühlicht 0,2⁰ nach rechts. Daraus berechnet sich für weißes Licht die spezifische Drehung $[\alpha] = + 7^0$.

Aus den vorliegenden Beobachtungen geht zweifellos hervor, daß die synthetische Isomaltose von der Maltose und, wie ich hier zufügen kann, auch von allen anderen bis jetzt bekannten Disacchariden verschieden ist.

Wenn ich somit den Inhalt meiner ersten Mitteilung über den Zucker in vollem Umfange aufrecht erhalten kann, so will ich andererseits doch nicht verschweigen, daß mir auch die Untersuchung immer sehr lückenhaft erschienen ist, und ich stimme dem Ausspruch der HHrn. Brown und Morris, daß die ausschließliche Charakterisierung eines Kohlenhydrats durch sein Osazon in manchen Fällen zu Irrtümern führen kann, gern bei. So habe ich z. B. beobachtet, daß das synthetische Isomaltosazon beim Umkristallisieren mit der halben Menge Maltosazon in wässeriger Lösung die Eigenschaften des letzteren auch so stark verändert, daß dasselbe nicht mehr wieder erkannt wird. Ohne die Unterscheidung durch Hefe würde man also die Verschiedenheit von Maltose und Isomaltose nicht sicher behaupten können. Zudem fehlt noch der exakte Beweis, daß das Isomaltosazon ein chemisch reiner Körper ist; denn wenn auch die Kohlenwasserstoffbestimmungen ziemlich genau auf die Formel $C_{24}H_{32}O_9N_4$ passen, so wurde doch der Stickstoff bei 6 Präparaten konstant etwa 0,5 pCt. zu niedrig gefunden. Diese Differenz ist zu gering, um die Formel des Isomaltosazons zweifelhaft zu machen, aber sie läßt doch darauf schließen, daß dem Präparat ein stickstoffärmerer Körper hartnäckig anhaftet. Um die Geschichte der Isomaltose zu einem befriedigenden Abschluß zu bringen, wird wohl kein anderes Mittel übrig bleiben, als den Zucker in reinem Zustande zu isolieren.

Ich habe die Lösung dieser Aufgabe bisher nicht zu unternehmen gewagt, weil die Bereitung der hierzu erforderlichen Mengen des Rohprodukts wegen der geringen Ausbeute recht mühsam und kostspielig ist.

Bei obigen Versuchen bin ich von Hrn. Dr. G. Pinkus unterstützt worden, wofür ich demselben besten Dank sage.

## 80. Emil Fischer und E. Frankland Armstrong: Synthese einiger neuer Disaccharide[1].

Berichte der deutschen chemischen Gesellschaft 35, 3144 [1902].
(Eingegangen am 13. August.)

Das älteste künstliche Disaccharid, die Isomaltose, wurde durch Einwirkung von kalter, starker Salzsäure auf Traubenzucker gewonnen.[2] Das Verfahren ist zwar auf die Isomeren der Glucose anwendbar, hat aber den Nachteil, daß es nur kleine Mengen von Disaccharid neben großen Quantitäten von dextrinartigen Produkten liefert. Wir haben uns deshalb bemüht, die Einwirkung der Acetochlorglucose[3] und analoger Substanzen auf die Natriumverbindungen der Hexosen, welche man schon wiederholt zum künstlichen Aufbau des Rohrzuckers zu verwenden gesucht hat, zu einer brauchbaren Synthese von anderen Disacchariden auszubilden, und es ist uns in der Tat gelungen, auf diese Art drei Zucker vom Typus der Maltose zu gewinnen.

Sie entstehen durch Einwirkung von Acetochlorglucose auf die Natriumverbindung der Galactose oder durch Kombination der Acetochlorgalactose mit Glucose und Galactose. Da wir der Ansicht sind, daß alle diese Produkte eine ähnliche Struktur wie die Glucoside[4] haben, und daß die glucosidartige Gruppe durch die Aldehydgruppe des Chlorkörpers gebildet wird, so nennen wir die drei Disaccharide Glucosidogalactose, Galactosidoglucose und Galactosidogalactose.[5]

---

[1] Diese Mitteilung ist eine Erweiterung der Abhandlung, welche wir am 7. Februar 1901 der Berliner Akademie der Wissenschaften vorgelegt haben. Sitzungsberichte 1901, 123. Vgl. Chem. Centralblatt 1901, I, 679.

[2] E. Fischer, Berichte d. d. chem. Gesellsch. 23, 3687 [1890]. (S. 664.)

[3] Dem Vorschlag von Hugh Ryan, Journ. chem. soc. 75, 1054 [1899], sowie Koenigs und Knorr (Kgl. bayer. Akad. d. Wissensch. 1900, 30, Heft I) folgend, brauchen wir diesen Namen an Stelle von Acetochlorhydrose.

[4] E. Fischer, Berichte d. d. chem. Gesellsch. 26, 2403 [1893]. (S. 685)

[5] Die Namen sind ebenso gebildet wie diejenigen der Glucosidosäuren. Vgl. E. Fischer und L. Beensch, Berichte d. d. chem. Gesellsch. 27, 2478 [1894]. (S. 704.)

Sie bilden mit Phenylhydrazin Osazone, welche ebenso wie das Maltosazon und Lactosazon in heißem Wasser ziemlich leicht löslich sind und deshalb von den Osazonen der Monosaccharide getrennt werden können. Dieser Umstand hat die Auffindung der neuen Zucker und die Feststellung ihrer Zusammensetzung ermöglicht.

Die Kombination von Acetochlorglucose mit Glucose, welche am nächsten lag, hat uns bisher wenig befriedigende Resultate gegeben. Es entsteht zwar auch hier eine Substanz, welche ein in heißem Wasser lösliches Osazon liefert; aber ihre Menge ist so gering, daß die genaue Untersuchung noch nicht durchgeführt werden konnte.

Um die drei Disaccharide, welche bisher in reinem Zustande nicht dargestellt werden konnten, näher zu charakterisieren, haben wir ihr Verhalten gegen Hefen und einige Enzyme geprüft. Für die Versuche mußten allerdings Lösungen verwendet werden, welche außer den Zuckern noch reichliche Mengen von Salzen enthielten.

Wir haben deshalb bei zwei der Zucker die Beobachtungen kontrolliert durch die Prüfung der Osone, die aus den Osazonen durch die zuvor beschriebene neue Methode*) bereitet waren, und ganz entsprechende Resultate erhalten.

Von obergäriger Hefe wird keiner der drei Zucker in merklicher Weise vergoren, und man kann sie also auf diese Art von den beigemengten Monosacchariden befreien. Andererseits zerstört Unterhefe die Glucosidogalactose und Galactosidoglucose, aber nicht die Galactosidogalactose.

Emulsin, welches bekanntlich die β-Glucoside und den Milchzucker spaltet, bewirkt bei 35⁰ und mehrtägigem Stehen auch die Hydrolyse der drei Disaccharide.

Am meisten Interesse verdient die Galactosidoglucose, denn sie ist nicht allein bezüglich der Struktur, sondern auch in den Eigenschaften des Phenylosazons, Bromphenylosazons und endlich in dem Verhalten gegen Enzyme der Melibiose so ähnlich, daß wir die Identität wenn auch nicht für sicher bewiesen, so doch für recht wahrscheinlich halten.

Da also auf diesem Wege die von uns ursprünglich beabsichtigte Synthese des Milchzuckers nicht verwirklicht werden konnte, so haben wir das Ziel mit Hilfe der Kefir-Lactase zu erreichen gesucht. Bekanntlich hat Croft-Hill[1]) vor ungefähr vier Jahren beobachtet, daß die in der Hefe enthaltene Maltase[2]) den Traubenzucker in konzen-

---

*) Siehe Seite 182.

[1]) Journ. chem. soc. **1898**, 634 und Berichte d. d. chem. Gesellsch. **34**, 1380 [1901].

[2]) E. Fischer, Berichte d. d. chem. Gesellsch. **27**, 2988 [1894] (*S. 839*); **28**, 1430 [1895]. (*S. 851*.)

trierter Lösung partiell in ein Disaccharid verwandelt, welches mit der Maltose identisch sein soll. Obschon Hr. Hill sich bezüglich des letzten Punktes nach den Beobachtungen von Emmerling[1]) geirrt hat, so bleibt doch immer das interessante Resultat bestehen, daß die Maltase, ähnlich den Säuren, eine reversible Bildung von Polysacchariden bewirken kann. Ähnliche Erfahrungen haben Kastle und Loevenhart[2]), sowie etwas später Hanriot[3]) bezüglich der Lipase, und Emmerling[4]) bei der interessanten Rückbildung vom Amygdalin aus Mandelnitrilglucosid[5]) und Traubenzucker unter dem Einfluß von Hefen-Maltase gemacht. Man durfte deshalb erwarten, daß die in den Kefirkörnern enthaltene Lactase[6]) gleichfalls ein Gemisch von Glucose und Galactose zum Disaccharid verkuppeln werde. Das ist wirklich der Fall. Es bildet sich ein Disaccharid, welches in Form des Osazons isoliert wurde. Aber es ist weder mit dem Milchzucker noch mit der Melibiose identisch. Wir nennen es Isolactose. In dem Verhalten gegen Fermente nimmt es eine Mittelstellung zwischen Milchzucker und Melibiose ein.

### Galactosidoglucose (Melibiose?).

Für die Synthese des Disaccharids wurde zuerst eine rohe Acetochlorgalactose benutzt, welche aus Galactose und Acetylchlorid als Sirup gewonnen war. Später haben wir für den Versuch nur die reine kristallisierte $\beta$-Acetochlorgalactose verwendet und dieselbe mit Glucosenatrium in kalter, wässeriger, alkoholischer Lösung nach folgendem Mengenverhältnis zusammengebracht.

18 g reine Glucose in 90 ccm Wasser. 2,3 g Natrium in 70 ccm Alkokol von 96 pCt. 36 g Acetochlorgalactose in 80 ccm Alkohol.

Alle 3 Lösungen werden auf $0^0$ abgekühlt, dann mischt man zunächst die beiden ersten und fügt sie, wiederum unter guter Abkühlung, zu der Lösung der Acetochlorgalactose. Die Mengen von Wasser und Alkohol sind so gewählt, daß hierbei keine Fällung entsteht. Die klare Flüssigkeit bleibt bei Zimmertemperatur 3 Tage stehen und wird dann zur Verseifung der Acetylverbindungen mit 15 ccm Natronlauge (von 33 pCt.) versetzt. Dabei verändert sich die Farbe von Hellgelb zu Dunkelbraun. Die Verseifung pflegt in 12 Stunden bei Zimmertemperatur beendet zu sein, was man daran erkennt, daß eine Probe auf Zusatz von Wasser klar bleibt.

---

[1]) Berichte d. d. chem. Gesellsch. **34**, 600, 2206 [1901].
[2]) American Chemical Journal **26**, 533 [1901].
[3]) Comprt. rend. **132**, 212 [1901].
[4]) Berichte d. d. chem. Gesellsch. **34**, 3810 [1901].
[5]) E. Fischer, Berichte d. d. chem. Gesellsch. **28**, 1509 [1895]. (*S. 781.*)
[6]) E. Fischer, Berichte d. d. chem. Gesellsch. **27**, 2991 [1894]. (*S. 842.*)

Die jetzt nur mehr schwach alkalische Flüssigkeit wird mit verdünnter Essigsäure ganz schwach angesäuert, dann der Alkohol und Essigester im Vakuum abdestilliert und die dunkle, wässerige Flüssigkeit zur Klärung einige Minuten mit Tierkohle gekocht. Zur Entfernung der Monosaccharide empfiehlt es sich, auf 150 ccm zu verdünnen, mit einigen Gramm frischer obergäriger Hefe[1]) zu versetzen und bei 30⁰ aufzubewahren. Wenn die lebhafte Gärung nach etwa 2 Tagen vorüber ist, wird die filtrierte Flüssigkeit durch Kochen vom Alkohol befreit und nach dem Abkühlen wiederum mit Oberhefe behandelt. Nach 2 Tagen sind die Monosaccharide völlig oder fast völlig zerstört. Die filtrierte Lösung wird nun mit Tierkohle gekocht, filtriert und titrimetrisch der Zuckergehalt bestimmt. Wird derselbe als Glucose berechnet, so beträgt seine Menge in der Regel 5—8 g. Diese Lösung haben wir für die Versuche mit Fermenten verwendet. Handelt es sich um die Darstellung des Osazons, so wird die Flüssigkeit zweckmäßig mit Natriumacetat und Tierkohle gekocht, um die Proteïnstoffe zu entfernen.

Für die Bereitung des Osazons fügt man dann die doppelte Menge des Zuckers an Phenylhydrazin nebst der erforderlichen Menge Essigsäure, sowie ungefähr die gleiche Menge Chlornatrium hinzu und erhitzt 1 Stunde auf dem Wasserbade. Beim Abkühlen scheidet sich ein schmutzig gelber Niederschlag ab. Die Mutterlauge gibt nach abermaligem 1 stündigen Erwärmen eine weitere, aber kleinere Quantität. Die gesamte Ausbeute betrug durchschnittlich 8 g oder 45 pCt. der angewandten Glucose. Das mit Wasser und Äther gewaschene Rohprodukt, welches noch Proteïnstoffe enthält, wird mit etwa 110 Teilen Wasser kurze Zeit ausgekocht, das Filtrat scheidet dann beim Abkühlen das Osazon in gelben, kristallinischen Flocken ab. Sie werden nach dem Filtrieren und Trocknen im Vakuum aus heißem Toluol umkristallisiert. Nach dreimaligem Umkristallisieren schmolz das Präparat beim raschen Erhitzen im Kapillarrohr bei 173—174⁰ [2]), während das Phenylmelibiosazon nach Scheibler und Mittelmeier oder Bau bei 176—178⁰ schmilzt. Das synthetische Produkt kristallisiert aus Toluol wie Melibiosazon in kleinen, hellgelben, mikroskopischen Nadeln; aus Wasser oder verdünntem Alkohol fällt es in gelben Flocken aus, welche Aggregate von äußerst feinen, mikroskopischen Nädelchen sind. Für die Analyse war das Präparat im Vakuum getrocknet.

---

[1]) Es ist nötig, eine Reinkultur zu benutzen, weil man sonst Gefahr läuft, auch das Disaccharid, welches z. B. von Unterhefe leicht angegriffen wird, zu zerstören.

[2]) Der in der ersten Mitteilung angegebene Schmp. 153—155⁰ ist hiernach zu korrigieren.

0,2200 g Subst.: 0,4461 g $CO_2$, 0,1246 g $H_2O$.
0,0954 g Subst.: 0,1929 g $CO_2$.
0,0682 g Subst.: 6,4 ccm N (14,5°, 756 mm).

$C_{24}H_{32}O_9N_4$. Ber. C 55,38,     H 6,15, N 10,77.
Gef. „ 55,30, 55,14, „ 6,29, „ 10,96.

Die Verbindung verlangt zur Lösung ungefähr 110 Teile kochendes Wasser. In Alkohol, Pyridin, Aceton ist sie sehr leicht löslich und kristallisiert beim Erkalten nur sehr langsam. Etwas schwerer löst sie sich in Essigester und viel schwerer in Chloroform, Benzol und Toluol, woraus sie sich in der Kälte rasch in kleinen Nadeln ausscheidet. Toluol empfiehlt sich deshalb als Reinigungsmittel. In Äther und Ligroin ist sie fast unlöslich.

Für die Umwandlung in Oson diente das Verfahren mit Benzaldehyd (*Siehe Seite 182*). Die Erscheinungen waren genau dieselben wie bei Melibioson, die wässerige Lösung drehte schwach nach rechts, und das daraus regenerierte Phenylosazon hatte wieder den oben angegebenen Schmelzpunkt.

Um einen weiteren Vergleich mit der Melibiose zu haben, wurde aus dem Oson das *p*-Bromphenylosazon bereitet. Es zeigte wiederum die größte Ähnlichkeit mit dem Derivat der Melibiose. So lag der Schmelzpunkt gegen 181°, also nur um 1° niedriger als dort.

0,1652 g Subst.: 14,1 ccm N (19°, 754 mm).

$C_{24}H_{30}O_9N_4Br_2$. Ber. N 9,33. Gef. N 9,71.

## Glucosidogalactose.

Die Darstellung des Zuckers aus Acetochlorglucose und Galactose war genau dieselbe, wie im vorhergehenden Falle, aber ohne die Vergärung der Monosaccharide durch Oberhefe. Zur Isolierung diente wieder das Phenylosazon. Es wurde aus einer Lösung, die nach der titrimetrischen Bestimmung 10 g Zucker enthielt, durch 2 stündiges Erhitzen mit 15 g Phenylhydrazin, 10 ccm Essigsäure von 50 pCt. und 10 g Kochsalz auf dem Wasserbade dargestellt. Dabei scheidet sich ein Gemisch von Glucosazon und Galactosazon aus, welches heiß filtriert wird. Aus der Mutterlauge kristallisiert beim Abkühlen das Osazon des Disaccharids, allerdings noch gemischt mit kleineren Mengen von Glucosazon und Galactosazon. Die Mutterlauge gibt nach abermaligem, 1 stündigem Erwärmen eine neue Kristallisation, welche vorzugsweise aus dem Osazon des Disaccharids besteht.

Das Rohprodukt sieht schmutzig gelbbraun aus. Es wird filtriert, mit kaltem Wasser gewaschen, sorgfältig abgesaugt und dann mehrmals mit Äther gewaschen, welcher einen großen Teil der rotbraun gefärbten Verunreinigungen wegnimmt. Schließlich wird es mit 80 Teilen

Wasser 10—15 Minuten ausgekocht, wobei die Osazone der Monosaccharide fast vollständig zurückbleiben. Aus dem Filtrat fällt beim Abkühlen das Glucosidogalactosazon als etwas dunkle, flockige Masse aus, deren Menge etwa 0,8 g beträgt; es wurde zur Analyse einmal aus Toluol umkristallisiert und bei 100⁰ getrocknet. Es sah dann hellgelb aus und schmolz bei 172—174⁰ (korr. 175—177⁰).

0,1376 g Subst.: 0,2790 g $CO_2$, 0,0775 g $H_2O$.
0,1025 g Subst.: 9,5 ccm N (16⁰, 770 mm).
$C_{24}H_{32}O_9N_4$.    Ber. C 55,38, H 6,15, H 10,77.
Gef. ,, 55,29, ,, 6,25, ,, 10,94.

Zur Lösung verlangte die Verbindung ungefähr 120 Teile kochendes Wasser. Gegen die gewöhnlichen Lösungsmittel verhielt sie sich ebenso wie das Osazon der Galactosidoglucose, war aber etwas schwerer löslich in Benzol und Toluol und zeigte unter dem Mikroskop etwas besser ausgebildete Nadeln.

Die Verwandlung des Osazons in das Oson läßt sich wie in den früheren Fällen leicht bewerkstelligen.

### Galactosidogalactose.

Auch hier können wir bezüglich der Darstellung auf das bei der Galactosidoglucose Gesagte verweisen.

Das Phenylgalactosidogalactosazon wird aus der Lösung des rohen Zuckers auf die bei der Glucosidogalactose beschriebene Art gewonnen. Die Ausbeute ist etwa 1½ Mal so groß als dort. Um das beigemengte Galactosazon ganz zu entfernen, ist wiederholte Kristallisation aus heißem Wasser nötig. Zum Schluß wurde das trockene Präparat zweimal aus Toluol umkristallisiert.

Die bei 100⁰ getrocknete Substanz sah hellgelb aus und schmolz bei 173—175⁰ (korr. 176—178⁰).

0,2031 g Subst.: 0,4111 g $CO_2$, 0,1152 g $H_2O$.
0,2040 g Subst.: 0,4126 g $CO_2$.
0,0789 g Subst.: 7,35 ccm N (17⁰, 768 mm).
$C_{24}H_{32}O_9N_4$.    Ber. C 55,38,        H 6,15, N 10,77.
Gef. ,, 55,21, 55,11, ,, 6,30, ,, 10,92.

Sie löst sich in ungefähr 110 Teilen Wasser und scheidet sich daraus als flockige Masse ab, welche aus mikroskopisch kleinen Nadeln besteht. Spielend leicht löslich ist sie in Alkohol, Essigester, Aceton, Pyridin, aber schwer in Chloroform, Benzol und Toluol und fast unlöslich in Äther und Ligroin.

### Verhalten der drei neuen Disaccharide gegen Hefen.

Die Versuche wurden mit der wässerigen Lösung ausgeführt, welche zur Bereitung des Osazons gedient hat, und welche außer den verschiedenen Zuckern noch die Natriumsalze von Essigsäure und Salzsäure, sowie wenig freie Essigsäure enthielt. Unter diesen Bedingungen wird das Disaccharid von Oberhefe entweder gar nicht oder doch nur äußerst langsam vergoren. Man kann deshalb mit dieser Hefe die Monosaccharide größtenteils entfernen, ohne das Disaccharid zu zerstören.

15 ccm der Zuckerlösung, welche nach der Titration mit Fehlingscher Lösung ungefähr 2 g Zucker enthielt, wurden mit Wasser auf 40 ccm verdünnt, nach Zusatz von 5 ccm Hefenwasser aufgekocht, nach dem Erkalten mit ½ g feuchter Oberhefe (Reinkultur) unter den üblichen Vorsichtsmaßregeln versetzt und bei 30⁰ aufbewahrt.

Bei der Galactosidoglucose war die anfangs starke Entwicklung von Kohlensäure schon nach 2 Tagen beendet. Bei der Glucosidogalactose dauerte es 4 und bei der Galactosidogalactose 8 Tage. Die Probe mit Phenylhydrazin ergab dann, daß die Flüssigkeit keine nachweisbare Menge von Monosaccharid, wohl aber recht viel Disaccharid enthielt, und die Titration mit Fehlingscher Lösung zeigte an, daß von den ursprünglichen 2 g Zucker 0,7—0,9 g übrig geblieben waren.

Derselbe Versuch wurde jetzt mit Unterhefe (ebenfalls Reinkultur) wiederholt. Bei Galactosidoglucose und Glucosidogalactose war die Entwicklung von Kohlensäure nach 4 bzw. 6 Tagen beendet, und die Flüssigkeit enthielt nach der Probe mit Fehlingscher Lösung oder Phenylhydrazin keinen Zucker mehr. Bei der Galactosidogalactose dauerte die Wirkung der Hefe 14 Tage, ohne daß das Disaccharid verschwunden wäre.

### Verhalten der drei neuen Zucker und der Melibiose gegen Emulsin und Kefirlactase.

Für die Versuche diente die Lösung der künstlichen Zucker, welche nach der oben beschriebenen Vergärung der Monosaccharide durch Oberhefe bleibt. Sie wurde erst aufgekocht, um die aus der Hefe aufgenommenen Enzyme unwirksam zu machen, filtriert und abgekühlt. Zu je 40 ccm dieser Flüssigkeit, deren Reduktionsvermögen einem Gehalt von 0,7—0,9 g Traubenzucker entsprach, wurde zugesetzt entweder 1 g frisches Emulsin, welches mit wenig kaltem Wasser angerieben war, oder 5 ccm eines frischen, wässerigen Lactase-Auszugs, der durch 48stündiges Schütteln von 50 g zerkleinerter Kefirkörner, 300 ccm Wasser und 5 ccm Toluol bei Zimmertemperatur hergestellt und filtriert war, nebst 1 ccm Toluol.

Jede dieser Proben blieb 72 Stunden im Brutschrank bei 35⁰ stehen, wurde dann mit etwas Tierkohle aufgekocht und filtriert. Zur

Erkennung der Monosaccharide diente die Probe mit Phenylhydrazin. Zu dem Zweck wurde 1 g reines Phenylhydrazin, 1 g 50prozentige Essigsäure und 1 g Chlornatrium zugesetzt, 1½ Stunden im Wasserbade erhitzt, nach völligem Erkalten das Osazon abgesaugt, mit Wasser und später mit Äther gewaschen. Nach dem Trocknen wurde das Osazon mit der 100fachen Menge Wasser ¼ Stunde ausgekocht und der unlösliche Teil gewogen.

Bei der zum Vergleich herangezogenen Melibiose wurden angewandt: 1 g Zucker, 15 ccm Wasser, ½ g Emulsin oder 5 ccm Lactase-Auszug.

So wurden erhalten an unlöslichem Osazon:

|                       | Emulsin | Kefirlactase |
|-----------------------|---------|--------------|
| Galactosidoglucose . . . | 0,25  | —            |
| Glucosidogalactose . . . | 0,35  | —            |
| Galactosidogalactose . . . | 0,25 | —            |
| Melibiose . . . . . . | 0,13    | —            |

Zum Beweise, daß die Hydrolyse in der Tat durch das Ferment und nicht etwa durch das Wasser oder die in Lösung befindlichen Salze verursacht wird, haben wir noch in allen Fällen Kontrollproben ohne Enzym ausgeführt und niemals unlösliches Osazon erhalten.

### Verhalten der Osone gegen Enzyme.

Geprüft wurden das Galactosidoglucoson und das Glucosidogalactoson gegen Emulsin und Kefirlactase. Die Versuchsanordnung war ebenso wie bei den Zuckern. Emulsin hydrolysiert in beiden Fällen, während die Lactase wirkungslos ist.

### Isolactose.

200 ccm des früher erwähnten Auszugs von Kefirkörnern wurden mit 100 g reiner Galactose und 100 g reiner Glucose versetzt und nach Zusatz von 10 ccm Toluol in gut verschlossenem Kolben bei 35⁰ aufbewahrt. Beim öfteren Umschütteln war nach 24 Stunden Lösung eingetreten. Der Verlauf des chemischen Vorgangs wurde durch häufige optische Proben kontrolliert, und wir führen folgende Zahlen an:

|                          | Drehung |
|--------------------------|---------|
| Anfangs . . . . . . .    | 20,7⁰   |
| nach 8 Tagen . . . . .   | 18,7⁰   |
| ,, 15 ,, . . . . .       | 17,6⁰   |
| ,, 31 ,, . . . . .       | 17,5⁰   |
| ,, 55 ,, . . . . .       | 17,3⁰   |

Man sieht daraus, daß nach 15 Tagen das Gleichgewicht nahezu erreicht war. Eine Probe der Lösung zeigte nach dem Verdünnen und weiteren Aufbewahren bei 35⁰ wieder eine Zunahme der Drehung, woraus man auf eine Umkehrung der Reaktion schließen kann. Für die Gewinnung des so entstandenen Disaccharids wird die Lösung zuerst mit der gleichen Menge Wasser verdünnt, dann zur Zerstörung der Lactase 10 Minuten gekocht, filtriert und mit Oberhefe vergoren, wie es zuvor für ähnliche Fälle beschrieben ist. Die Isolierung des Zuckers selbst ist leider auch hier nicht gelungen. Sein Phenylosazon besitzt recht schöne Eigenschaften. In gewöhnlicher Weise dargestellt, bildet es feine gelbe Nadeln, welche für die Analyse bei 100⁰ getrocknet waren.

0,1982 g Subst.: 0,4004 g $CO_2$, 0,1130 g $H_2O$.
0,1543 g Subst.: 14,5 ccm N (17⁰, 760 mm).
$C_{24}H_{32}O_9N_4$. Ber. C 55,38, H 6,15, N 10,77.
Gef. „ 55,09, „ 6,33, „ 10,91.

Das Osazon schmolz beim raschen Erhitzen im Kapillarrohr bei 190—193⁰ (korr. 193—196⁰) und zeigte ziemlich große Ähnlichkeit mit dem Phenyllactosazon. Durch Benzaldehyd läßt es sich leicht in Oson verwandeln. Das Verhalten dieses Osons oder des ursprünglichen Zuckers gegen Hefen, Emulsin und Kefirlactase wurde genau so geprüft, wie es bei den vorhergehenden Zuckern geschildert ist. In der nachfolgenden Tabelle sind alle diese Beobachtungen zusammengestellt. Die bekannten Fälle werden durch * bezeichnet und der negative Ausfall des Versuchs ist durch einen Horizontalstrich ausgedrückt.

| Zucker | Oberhefe | Unterhefe | Emulsin | Kefir-Lactase |
|---|---|---|---|---|
| Milchzucker . . . . . . . . | — * | — * | hydrolysiert * | hydrolysiert * |
| Isolactose . . . . . . . . . | — | vergoren | — | hydrolysiert |
| Melibiose . . . . . . . . . | — * | vergoren * | hydrolysiert | — |
| Galactosidoglucose . . . . | — | vergoren | hydrolysiert | — |
| Glucosidogalactose . . . . | — | vergoren | hydrolysiert | — |
| Galactosidogalactose . . . . | — | — | hydrolysiert | — |

Wie aus der Tabelle von neuem hervorgeht, ist das Verhalten von Melibiose und Galactosidoglucose ganz gleich, und wir haben schon die Wahrscheinlichkeit betont, daß diese beiden Zucker identisch sind. Sollte weitere Erfahrung diesen Schluß bestätigen, so wäre die Melibiose das erste natürliche Disaccharid, welches der Synthese zugänglich geworden ist.

Im Anschluß an die Beschreibung der Isolactose verdient noch bemerkt zu werden, daß die Kefirlactase auch aus Traubenzucker allein ein Disaccharid erzeugt, und daß endlich Emulsin in einem Gemisch von Glucose und Galactose dasselbe bewirkt. Wir haben die entsprechenden Disaccharide ebenfalls durch Überführung in die Osazone, welche in heißem Wasser leicht löslich waren, wenigstens qualitativ nachweisen können.

**81. Emil Fischer:** Über die Glucoside der Alkohole[1]).

Berichte der deutschen chemischen Gesellschaft **26**, 2400 [1893].
(Eingegangen am 9. Oktober; vorgetragen in der Sitzung vom Verfasser.)

Für die künstliche Bereitung von Glucosiden ist zurzeit nur die
von A. Michael[2]) aufgefundene Methode bekannt. Dieselbe beruht
auf der Wechselwirkung zwischen der sogenannten Acetochlorhydrose
und den Alkalisalzen der Phenole. Sie ist nur für die letzteren anwendbar und wurde offenbar wegen des komplexen Verlaufes der
Reaktion und der dadurch bedingten schlechten Ausbeute bisher nur
in wenigen Fällen mit Erfolg benutzt. Ich habe nun in der Salzsäure
ein Mittel gefunden, die Zuckerarten mit den Alkoholen direkt zu
glucosidartigen Produkten zu vereinigen. Leitet man in eine Auflösung von Traubenzucker in Methylalkohol unter Abkühlung gasförmige Salzsäure bis zur Sättigung ein,*) so verliert das Gemisch nach
kurzer Zeit die Fähigkeit, Fehlingsche Lösung zu reduzieren und
enthält dann ein schön kristallisierendes Produkt $C_6H_{11}O_6 . CH_3$, welches
mithin aus gleichen Molekülen Zucker und Alkohol nach der Gleichung

$$C_6H_{12}O_6 + CH_3OH = C_6H_{11}O_6 . CH_3 + H_2O$$

entsteht.

Diese Reaktion scheint für alle Alkohole gültig zu sein. Sie wurde
speziell für den Traubenzucker geprüft bei Äthyl-, Propyl-, Amyl-,
Isopropyl-, Allyl- und Benzylalkohol, ferner beim Äthylenglycol und
Glycerin. In einigen Fällen wird die praktische Ausführung der Operation durch die geringe Löslichkeit des Zuckers erschwert, in anderen ist
der Verlauf der Reaktion etwas langsam; aber das Endresultat war
überall gleich. Selbst für die Oxysäuren ist das Verfahren anwendbar,
wie an dem Verhalten der Milchsäure gezeigt wird. Ist der Zucker in
dem Alkohol vollständig unlöslich, wie das für manche Verbindungen der
aromatischen und der Terpengruppe zutrifft, so wird die Methode unbrauchbar, weil andere Lösungsmittel, welche den Zucker aufnehmen,

---

*) *Vgl. Abhandlung 88, Seite 734.*
[1]) Der Akad. d. Wissenschaft zu Berlin vorgelegt am 13. Juli. Vgl. Sitzungs-
bericht **1893**, S. 435.
[2]) Compt. rend. **89**, 355 [1879].

wie Wasser, Alkohol oder Essigsäure, störend wirken. Aber in solchen Fällen läßt sich der Traubenzucker durch die in Äther, Benzol und Chloroform leicht lösliche Acetochlorhydrose oder durch die Pentacetylglucose ersetzen. Unter dem Einfluß der freien Salzsäure verbinden sie sich ebenfalls mit den Alkoholen, wobei gleichzeitig die Acetylgruppen abgespalten werden und die Produkte sind die gleichen wie beim Traubenzucker.

Ebenso wie für die Alkohole ist die Reaktion auch allgemein gültig für die Zucker. Geprüft wurden mit Methyl- und Äthylalkohol Mannose, Galactose, Glucoheptose, Arabinose, Xylose und Rhamnose. Die beiden schön kristallisierenden Produkte der Arabinose und das im Vakuum unzersetzt destillierende Äthylderivat der Rhamnose sind später beschrieben. Selbst die Fructose, welche sonst in mancher Beziehung von den Aldosen abweicht, zeigt hier das gleiche Verhalten. Dasselbe gilt für die Glucuronsäure. Dagegen scheinen die beiden Hexobiosen, welche noch eine Aldehydgruppe enthalten, der Milchzucker und die Maltose, für das Verfahren nicht geeignet zu sein, weil sie unter den Bedingungen des Versuches durch die starke Salzsäure gespalten werden. Ebensowenig ist es bisher gelungen, an Stelle der Alkohole die einwertigen Phenole in den Prozeß einzuführen. Da aber gerade hier das Verfahren von Michael anwendbar ist, so ergänzen sich die ältere und die neue Methode in glücklicher Weise.

Die Verbindungen von Zucker und Alkohol sind in der Zusammensetzung und den übrigen Eigenschaften den natürlichen Glucosiden sehr ähnlich. Sie werden von kochendem Alkali, von Fehlingscher Lösung und von freiem Phenylhydrazin selbst beim Erhitzen auf 100⁰ nicht verändert. Dagegen spalten sie sich beim Kochen mit verdünnten Säuren ziemlich rasch unter Wasseraufnahme in die Komponenten. Dieselbe Wirkung hat bei den einfacher zusammengesetzten Produkten auch das Invertin.*) Infolgedessen werden die Derivate der gärungsfähigen Zucker durch kräftig wachsende und mithin invertinreiche Hefe direkt vergoren. Der Geschmack der Produkte ist sehr verschieden. Während die Methylderivate des Traubenzuckers und der Arabinose im reinen Zustand noch süß sind, schmeckt das Benzylprodukt beißend und zugleich intensiv bitter, und den bitteren Geschmack zeigt auch die Verbindung des Äthylalkohols mit der Rhamnose. Es ist darum leicht möglich, daß manche natürlichen Bitterstoffe ebenfalls in diese Klasse von Verbindungen hineingehören. Mit Rücksicht auf ihre Konstitution scheint es mir zweckmäßig, für die neuen Verbindungen, gerade so wie es Michael für seine künstlichen Phenol-

---

*) *Unter Invertin ist hier die Gesamtheit der aus der Hefe durch Wasser extrahierbaren Fermente zu verstehen. Vgl. Seite 836.*

derivate vorgeschlagen hat, den generellen Namen Glucoside zu gebrauchen und die einzelnen Produkte durch Zufügung des Alkohols zu unterscheiden, z. B. Glyceringlucosid, Milchsäureglucosid. Da aber Wörter wie Methylalkoholglucosid zu schleppend sind, so mag es hier genügen, nur das Radikal in den Namen aufzunehmen. Ich werde deshalb die Verbindung des Traubenzuckers mit dem Methylalkohol kurzweg Methylglucosid nennen. Die Bezeichnung der Produkte, welche aus den anderen Zuckern entstehen, bietet keine Schwierigkeiten, da man allemal in dem Namen des Zuckers die Endung „ose" durch „osid" ersetzen kann.

Die Bildung der neuen Alkoholglucoside ist so einfach, daß man sich wundern müßte, wenn diese Produkte sich bisher gänzlich der Beobachtung entzogen hätten. Bei der Durchsicht der Literatur habe ich mich bald vom Gegenteil überzeugt. Man hat verschiedentlich Zuckerarten mit alkoholischer Salzsäure behandelt und dabei Substanzen erhalten, welche sich vom Ausgangsmaterial durch die geringere Reduktionskraft unterschieden, aber daß bei ihrer Bildung der Alkohol beteiligt sei, ist niemals auch nur vermutet worden. Am bekanntesten ist unter diesen Produkten die sogenannte Diglucose, welche A. Gautier[1]) durch Einleiten von Salzsäure in die äthylalkoholische Lösung des Traubenzuckers darstellte und in amorphem Zustande isolierte. Dieselbe soll die Zusammensetzung $C_{12}H_{22}O_{11}$ besitzen und aus 2 Molekülen Traubenzucker durch Austritt von Wasser entstehen. In Wirklichkeit ist sie nichts anderes als das später erwähnte Äthylglucosid. Die Diglucose ist mithin als Individuum zu streichen, und da inzwischen auch die Octacetylsaccharose von Schützenberger durch Franchimont[2]) als ein Derivat des Traubenzuckers erkannt wurde, so bleibt als synthetisch erhaltene Hexobiose nur die von mir beschriebene Isomaltose[3]) übrig. Ein ähnliches Schicksal wie die Diglucose trifft den Chinovit, welchen man aus dem Chinovin durch alkoholische Salzsäure darstellt. Wie später Hr. Liebermann und ich zeigen werden (S. 698), ist der Chinovit ebenfalls kein einfacher Zucker, sondern die Äthylverbindung der Chinovose, einer mit der Rhamnose isomeren Methylpentose.

Die Kenntnis der neuen Alkoholglucoside ist von entscheidender Bedeutung für die viel diskutierte Frage, in welcher Art die Glucoside und die komplizierteren Kohlenhydrate konstituiert sind. Wie das Verhalten gegen Phenylhydrazin sicher beweist, enthalten jene Verbindungen die Aldehydgruppe des Zuckers nicht mehr. Dieselbe muß

---

[1]) Bull. soc. chim. [2] **22**, 145 [1874].
[2]) Recueil d. trav. chim. Pays-Bas **11**, 106 [1892].
[3]) Berichte d. d. chem. Gesellsch. **23**, 3688 [1890]. (*S. 665.*)

also durch das hinzutretende Alkyl in ähnlicher Weise festgelegt sein, wie in den Acetalen. Da aber hier die Veränderung nur durch ein Molekül Alkohol unter Wasseraustritt bewirkt wird, so ist das meiner Ansicht nach nur durch die Annahme zu erklären, daß eine Alkoholgruppe des Zuckermoleküls selber sich an dem Vorgang durch Bildung einer intramolekularen Äthergruppe beteiligt. Da einige charakteristische Reaktionen der Zucker, wie die Empfindlichkeit gegen Alkalien und alkalische Oxydationsmittel oder die Verwandlung in Osazone, durch die Atomgruppe CO.CHOH bedingt sind, so konnte man vermuten, daß das darin enthaltene Hydroxyl auch bei der Glucosidbildung mitwirke. Um diese Annahme zu prüfen, habe ich zwei leicht zugängliche Ketosen, welche nur jene Alkoholgruppe enthalten, das Benzoylcarbinol und das Benzoin untersucht.

Während das erstere durch alkoholische oder wässerige Salzsäure eine komplexe Veränderung erfährt, welche für die vorliegende Frage ohne Interesse ist, wird das Benzoin sehr leicht alkyliert. Aber die so entstehenden Produkte verhalten sich noch wie Ketone und sind ganz anders konstituiert wie die Glucoside.

Die Atomgruppe CO.CHOH scheint mithin für die Glucosidbildung nicht zu genügen.

Wenn aber ein anderes Hydroxyl des Zuckers dabei mitspielt, so ist es aller Wahrscheinlichkeit nach dasjenige, welches zur Aldehyd- bzw. Ketongruppe in der γ-Stellung sich befindet. Ich glaube deshalb dem Methylglucosid die Strukturformel

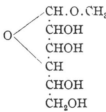

geben zu müssen. Dieselbe entspricht der vor längerer Zeit von Tollens[1]) vorgeschlagenen Traubenzuckerformel

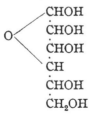

---

[1]) Berichte d. d. chem. Gesellsch. **16**, 921 [1883].

und mancher wird geneigt sein, in dieser Übereinstimmung eine starke
Stütze für die letztere zu finden. Man darf aber darüber nicht ver-
gessen, daß die alte Aldehydformel die meisten Verwandlungen des
Traubenzuckers in einfacherer Weise erklärt und daß die häufig betonte
Indifferenz desselben gegen fuchsinschweflige Säure kein genügender
Beweis für die Abwesenheit der Aldehydgruppe ist.

Meiner Ansicht nach genügen unsere heutigen Kenntnisse nicht, um
sicher über die Struktur der Glucose zu entscheiden und ich werde
deshalb dort, wo zur Erläuterung tatsächlicher Vorgänge die Strukturformel nötig wird, die ältere Aldehydformel beibehalten. Dagegen scheint
mir die Annahme der Äthergruppe wieder unerläßlich bei der Pentacetylglucose, für welche E. Erwig und W. Königs[1]) bereits die beiden
Formeln

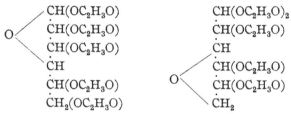

diskutiert haben. Allerdings reduzieren diese Verbindungen noch die
Fehlingsche Lösung, was wohl auf die leichte Abspaltung der Acetylgruppen zurückzuführen ist, aber die übrigen Merkmale der Aldehydgruppe sind verschwunden. Immerhin liegt bei den obigen Glucosiden
die Frage viel einfacher, weil sie nur ein Alkyl enthalten.

Die neue Glucosidformel, welche selbstverständlich auch auf die
Derivate der Phenole übertragen werden kann, hat eine recht beachtenswerte Konsequenz. Sie läßt die Existenz von zwei Stereoisomeren
voraussehen, welche von demselben Zucker abstammen; denn durch
die Glucosidbildung selbst wird das Kohlenstoffatom der ursprünglichen Aldehydgruppe asymmetrisch. Ob bei der vorliegenden Synthese
solche Isomere gleichzeitig entstehen, kann ich noch nicht sicher sagen,
halte es aber für recht wahrscheinlich. *(Siehe Seite 734.)*

Ferner kennen wir zwei Pentacetylglucosen, welche beide durch Einwirkung von Essigsäureanhydrid auf Traubenzucker, die eine bei Gegenwart von Chlorzink[1]), die andere bei Anwesenheit von Natriumacetat[2]),
entstehen. Da die zweite nach den Beobachtungen von Erwig und
Königs leicht in die erste verwandelt werden kann, da endlich beide

---

[1]) Berichte d. d. chem. Gesellsch. **22**, 1464, 2207 [1889].

[2]) Die sogenannte Octacetylsaccharose ist kürzlich von Franchimont
(Recueil des trav. chim. Pays-Bas **11**, 106 [1892]) als isomere Pentacetylglucose
erkannt worden.

zu gleicher Zeit durch Acetylierung bei Gegenwart von Chlorzink bei niederer Temperatur gebildet werden, so liegt die Vermutung nahe, daß sie nicht struktur- sondern stereoisomer sind. Da sie aber ferner beide bei der Verseifung Traubenzucker liefern, so kann die Stereo- isomerie nur in obiger Weise gedeutet werden. Selbstverständlich müßten vom Traubenzucker, wenn die Tollenssche Formel richtig wäre, ebenfalls zwei stereoisomere Formen möglich sein.

Eine ähnliche Struktur wie die Alkoholglucoside besitzen sehr wahrscheinlich auch die komplizierteren Kohlenhydrate. Was zunächst die Hexobiosen betrifft, so enthalten Milchzucker und Maltose, wie ich bewiesen habe, noch die Aldehydgruppe von einem Molekül Glucose, während die Aldehydgruppe der Galactose bzw. des zweiten Moleküls Glucose durch die Anhydridbildung verändert ist. Ich bin früher[1]) der Ansicht gewesen, daß das letztere durch eine acetalartige Bindung geschehen sei. Obschon diese Möglichkeit auch jetzt noch nicht aus- geschlossen ist, so halte ich es doch nach den obigen Beobachtungen für wahrscheinlicher, daß auch hier eine glucosidartige Form vorliegt. Der Milchzucker würde dementsprechend etwa folgende Strukturformel erhalten

$$CH_2OH.CHOH.CH.CHOH.CHOH.CH\!-\!O\!-\!CH_2.(CHOH)_4.COH,$$

Galactoserest ⎡————O————⎤ Glucoserest

wobei es aber unbestimmt bleibt, ob nicht an Stelle der primären Alko- holgruppe der Glucose eine der drei folgenden sekundären an der An- hydridbildung beteiligt ist. Analog sind selbstverständlich Maltose und Isomaltose aufzufassen. Anders liegen die Verhältnisse beim Rohrzucker, wo sowohl die Aldehyd- wie die Ketogruppe der beiden Komponenten durch die Anhydridbildung verändert ist. Ich halte deshalb die schon von Tollens vor längerer Zeit aufgestellte, aber allerdings nur ungenügend begründete Strukturformel mit einer kleinen von mir vorgenommenen Änderung

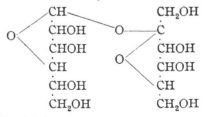

im wesentlichen für richtig.

Dieselbe Betrachtung läßt sich natürlich mit zahlreichen Varia- tionen auf alle übrigen Glucopolyosen ausdehnen.

---

[1]) Berichte d. d. chem. Gesellsch. **21**, 2633 [1888]. (*S. 164.*)

Einige der neuen Glucoside, insbesondere die Derivate der mehrwertigen Alkohole und Oxysäuren, wird man voraussichtlich auch im
Tier- oder Pflanzenleibe finden. Von diesem Gesichtspunkte aus
scheint es mir angezeigt, nochmals darauf hinzuweisen, daß die Campherglucuronsäure und Urochloralsäure, welche bekanntlich im Tierkörper
aus Campher und Chloral entstehen, höchstwahrscheinlich glucosidartige Verbindungen des Campherols und Trichloräthylalkohols mit
der Glucuronsäure sind.

## Methylglucosid, $C_6H_{11}O_6.CH_3$.

Die Verbindung kann durch Einleiten von Salzsäuregas in eine
methylalkoholische Lösung des Traubenzuckers erhalten werden.
Aber bequemer ist es, den Methylalkohol vorher unter Kühlung mit
Salzsäure zu sättigen und dann mit einer konzentrierten Lösung des
Zuckers zu vermischen.*) Dementsprechend werden 2 Teile reine Glucose
in 1 Teil heißem Wasser gelöst und nach dem Erkalten mit 12 Teilen
der gesättigten methylalkoholischen Salzsäure unter Abkühlen gemischt. Die klare Flüssigkeit bleibt dann bei Zimmertemperatur so
lange stehen, bis eine Probe nach dem Verdünnen mit Wasser die
Fehlingsche Lösung kaum mehr reduziert. Dieser Punkt ist nach
einigen Stunden erreicht. Man gießt nun die schwach gefärbte Lösung
in die doppelte Menge eiskalten Wassers, und neutralisiert mit Natronlauge oder noch besser mit Baryumcarbonat. Die im letzteren Falle
filtrierte Lösung verdampft man im Vakuum bei 45—50⁰ zum Sirup,
laugt denselben mit absolutem Alkohol bei gewöhnlicher Temperatur
aus, wobei die anorganischen Salze zum größten Teil zurückbleiben,
und verdampft auf dem Wasserbade.

Der zurückbleibende Sirup wird wiederum mit kaltem, absolutem
Alkohol ausgelaugt und das Filtrat der Kristallisation überlassen.
Ist dasselbe nicht zu verdünnt, so scheidet sich im Laufe von 24 Stunden
ein erheblicher Teil des Methylglucosids als farblose Kristallmasse
ab. Die Mutterlauge gibt auf vorsichtigen Zusatz von Äther eine zweite
Kristallisation. Die Gesamtausbeute an diesem nahezu reinen Produkt betrug durchschnittlich 50 pCt. des angewandten Traubenzuckers.
Die Mutterlaugen enthalten große Mengen eines Sirups, welcher zweifellos zum Teil auch noch aus Methylglucosid besteht. Ob der Rest als
ein Isomeres des letzteren zu deuten ist, bleibt vorläufig unsicher. Zur
völligen Reinigung wurde das Methylglucosid aus heißem, absolutem
Alkohol umkristallisiert und bei 100⁰ getrocknet.

|   | Ber. für $C_7H_{14}O_6$ | Gefunden |
|---|---|---|
| C | 43,29 | 43,18 pCt. |
| H | 7,21 | 7,33 ,, |

*) Vgl. Abhandlung 88, Seite 734.

Die Bestimmung des Molekulargewichts durch Gefrierpunktserniedrigung der wässerigen Lösung ergab 172, während 195 berechnet ist.

Die Verbindung beginnt gegen 160⁰ zu erweichen und schmilzt vollständig bei 165—166⁰ (unkorr.). Sie schmeckt süß, löst sich sehr leicht in Wasser, schwer in kaltem Alkohol und fast gar nicht in Äther. Aus heißem absolutem Alkohol kristallisiert sie beim Erkalten in farblosen Nädelchen. Zu beachten ist, daß sie sich in unreinem Zustande sehr viel leichter löst.

Ihre wässerige Lösung, welche 10,01 pCt. enthielt und das spez. Gewicht 1,0316 besaß, drehte im 2 dcm-Rohr 32,53⁰ nach rechts. Daraus berechnet sich die spezifische Drehung $[\alpha]_D^{19} = + 157,5⁰$. Birotation wurde nicht beobachtet.

Das reine Methylglucosid reduziert die Fehling sche Lösung beim kurzen Aufkochen so gut wie gar nicht, beim längeren Kochen tritt eine schwache Reduktion ähnlich wie beim Rohrzucker ein. Mit Phenylhydrazin verbindet es sich nicht, wie folgender Versuch zeigt. 1 Teil Glucosid wurde in alkoholischer Lösung mit $1^1/_2$ Teilen Phenylhydrazin im geschlossenen Rohr 2 Stunden lang auf 100⁰ erhitzt. Die Lösung hatte sich nur schwach gelb gefärbt und durch Fällen mit Äther konnten daraus 76 pCt. des angewandten Glucosids wiedergewonnen werden.

Durch verdünnte warme Mineralsäuren wird das Glucosid in die Komponenten gespalten, aber die Hydrolyse geht sehr viel langsamer als beim Rohrzucker. Sie war nach $1^1/_2$stündigem Erhitzen mit der 10fachen Menge 5prozentiger Schwefelsäure auf dem Wasserbade noch nicht beendet; denn aus der Flüssigkeit konnte ungefähr ein Viertel der angewandten Substanz zurückgewonnen werden. Rascher wirkt wie in allen ähnlichen Fällen die 5prozentige Salzsäure.

Durch Invertin oder, was dasselbe bedeutet, durch wässerigen Hefeauszug wird das Glucosid ebenfalls gespalten, aber der Prozeß geht selbst bei einer Temperatur von 50⁰ recht langsam vonstatten.

Dem entspricht das Verhalten gegen Bierhefe. Dieselbe bewirkt in der 10prozentigen wässerigen Lösung bei 30⁰ eine schon nach etwa 45 Minuten sichtbare Gärung. Als dieselbe nach mehreren Tagen aufhörte, enthielt die Lösung aber noch ziemlich viel unverändertes Glucosid. Mit stärker vegetierender und deshalb invertinreicherer Hefe würde es wohl gelingen, den Prozeß zu Ende zu führen.

Gewinnung des Methylglucosids aus Acetochlorhydrose. Löst man die letztere in der 6fachen Menge Methylalkohol, sättigt unter Abkühlen mit gasförmiger Salzsäure und läßt dann bei Zimmertemperatur stehen, so verliert das Gemisch im Laufe von zwei Tagen sein Reduktionsvermögen zum größten Teil und enthält dann

eine nicht unerhebliche Menge von Methylglucosid. Dasselbe wurde
nach dem Neutralisieren mit Baryumcarbonat in der zuvor beschriebenen
Weise isoliert und sowohl durch den Schmelzpunkt wie durch die spezifische Drehung identifiziert. Rascher aber mit gleichem Resultat
verläuft die Reaktion bei Anwendung der Pentacetylglucose vom
Schmelzpunkt 134⁰.

### Méthylarabinosid, $C_5H_9O_5 . CH_3$.

Die Verbindung wird in der gleichen Weise wie die vorhergehende
bereitet. Zur Trennung vom Chlornatrium bzw. Chlorbaryum löst
man auch hier zweimal in absolutem Alkohol. Beim Verdampfen
des alkoholischen Auszuges bleibt das zweite Mal ein bräunlich gefärbter Sirup, welcher bald kristallisiert. Die erstarrte Masse wird
verrieben, mit einem kalten Gemisch von Alkohol und Äther gewaschen
und dann mit der 14 fachen Menge absolutem Alkohol ausgekocht.
Aus dem Filtrat kristallisiert beim Erkalten die Verbindung in
feinen farblosen Nadeln oder Blättchen. Für die Analyse wurde sie
bei 100⁰ getrocknet.

|   | Ber. für $C_6H_{12}O_5$ | Gefunden |
|---|---|---|
| C | 43,90 | 43,64 pCt. |
| H | 7,31 | 7,35 „ |

Das Methylarabinosid erweicht gegen 165⁰ und schmilzt vollständig zwischen 169 und 171⁰ (unkorr.). In Wasser ist es leicht, in
kaltem absolutem Alkohol ziemlich schwer und in Äther fast gar nicht
löslich. Beim raschen Erhitzen destilliert es in kleiner Menge unzersetzt.
In allen übrigen Eigenschaften, z. B. dem Verhalten gegen Fehlingsche Lösung, Phenylhydrazin und verdünnte Säuren zeigt es vollkommene Übereinstimmung mit dem Methylglucosid.

### Äthylarabinosid, $C_5H_9O_5 . C_2H_5$.

20 g Arabinose wurden in 15 g Wasser gelöst und unter Abkühlung
mit 120 g einer kaltgesättigten äthylalkoholischen Salzsäure versetzt.
Die Flüssigkeit hatte sich nach 24 Stunden dunkel gefärbt. Sie wurde
zunächst in der gleichen Weise wie beim Methylglucosid mit Wasser
verdünnt, neutralisiert, im Vakuum verdampft und der Rückstand
mit absolutem Alkohol ausgelaugt. Beim Verdampfen des alkoholischen Filtrates auf dem Wasserbade blieb ein braungefärbter Sirup.
Derselbe wurde zunächst nochmals mit etwa 200 ccm absolutem Alkohol aufgenommen und von dem Rest der anorganischen Salze abfiltriert.
Versetzt man diese Lösung mit dem gleichen Volumen Äther, so fallen
weiße Flocken aus, welche sich nach einiger Zeit als Sirup am Boden
ansammeln. Zur völligen Klärung wird die Flüssigkeit mit Tierkohle

geschüttelt und filtriert. Beim Verdampfen bleibt ein klarer fast farbloser Sirup, welcher bald durch Abscheidung von feinen, zu kugeligen Massen vereinigten Nadeln erstarrt. Die Ausbeute an diesem noch keineswegs reinen Produkt betrug durchschnittlich 65 pCt. der angewandten Arabinose. Dasselbe wird nun mit der 50fachen Menge Essigäther längere Zeit ausgekocht, wobei abermals ein sirupöser Rückstand bleibt, während das eingeengte Filtrat beim Abkühlen das Äthylarabinosid sofort kristallisiert abscheidet. Zur völligen Reinigung wurde dieses Präparat noch mehrmals in absolutem Alkohol gelöst und durch vorsichtigen Zusatz von Äther oder durch starke Abkühlung wieder abgeschieden.

Das reine Äthylarabinosid bildet farblose, meist sternförmig vereinigte Nadeln oder Blättchen, welche bei 132—135⁰ (unkorr.) schmelzen. Für die Analyse wurde das Produkt bei 100⁰ getrocknet.

|   | Ber. für $C_7H_{14}O_5$ | Gefunden |
|---|---|---|
| C | 47,19 | 47,04 pCt. |
| H | 7,86 | 7,87 „ |

Die Substanz ist nicht allein in Wasser, sondern auch in warmem absolutem Alkohol leicht löslich. Von Essigäther wird sie dagegen recht schwer, von gewöhnlichem Äther fast gar nicht mehr aufgenommen. Sie schmeckt gerade so wie die Methylverbindung süß und destilliert in kleiner Menge unzersetzt.

### Äthylrhamnosid.

Die Rhamnose löst sich leicht in absolutem Alkohol und infolgedessen ist der Zusatz von Wasser überflüssig. Dementsprechend wird der reine kristallisierte Zucker in der gleichen Menge absolutem Alkohol warm gelöst und dann unter Abkühlen mit der 6fachen Menge gesättigter alkoholischer Salzsäure gemischt. Die Reaktion geht hier sehr rasch vonstatten; denn schon nach einer Stunde ist das Reduktionsvermögen der Flüssigkeit sehr schwach geworden. Nach 12 Stunden wird dieselbe in die mehrfache Menge stark gekühlten Wassers eingegossen und sofort mit Natronlauge übersättigt. Die schwach alkalische Lösung bleibt etwa eine Stunde stehen, um kleine Mengen eines Chlorhydrins, welches durch die Wirkung der Salzsäure auf den Zucker entsteht, zu zerstören. Sie wird dann mit Salzsäure genau neutralisiert und im Vakuum zum Sirup eingedampft.

Behandelt man den Rückstand mit kaltem absolutem Alkohol, so geht das Rhamnosid leicht in Lösung, während das Chlornatrium größtenteils zurückbleibt. Das Filtrat wird auf dem Wasserbade verdampft, der Rückstand abermals mit nicht zuviel absolutem Alkohol aufgenommen und die alkoholische Lösung so lange mit absolutem

trockenem Äther versetzt, als noch eine Fällung erfolgt. Beim Verdampfen des Filtrats bleibt das Äthylrhamnosid als fast farbloser,
in der Kälte ganz zäher Sirup zurück, welcher sich auch in absolutem
Äther völlig klar lösen muß. Die Ausbeute an diesem Produkt betrug
65 pCt. des angewandten Zuckers. Zur völligen Reinigung wird dasselbe bei einem Druck von 12—15 mm destilliert.

| | Ber. für $C_8H_{16}O_5$ | Gefunden |
|---|---|---|
| C | 50,00 | 48,86 pCt. |
| H | 8,33 | 8,35 ,, |

Die erhebliche Differenz beim Kohlenstoff ist vielleicht durch die
hygroskopische Eigenschaft des Präparates verursacht worden.

Das Äthylrhamnosid wurde bisher nicht kristallisiert gewonnen.
Von den zuvor beschriebenen Produkten unterscheidet es sich durch
die große Löslichkeit in Äther und durch den starken, anhaltend bitteren
Geschmack. Man könnte vermuten, daß der letztere von einer Verunreinigung herrühre. Da aber schon die Rhamnose selbst zwar süß,
aber zugleich schwach bitter schmeckt, da ferner das Rhamnosid keineswegs den Eindruck eines Gemisches macht, so glaube ich, daß der
bittere Geschmack der Verbindung selbst eigentümlich ist. Das Rhamnosid verändert die Fehling sche Lösung nicht und wird durch verdünnte Säuren ebenfalls leicht in die Komponenten gespalten.

Das Methylrhamnosid wurde in der gleichen Art gewonnen
und zeigte ganz dasselbe Verhalten. (Vgl. Seite 748).

### Glucoside des Äthyl- und Benzylalkohols sowie des Äthylenglycols und der Milchsäure.

Obschon diese Verbindungen bisher nicht in ganz reinem, für
die Analyse geeignetem Zustand erhalten wurden, so will ich doch
ihre Bereitung beschreiben, einerseits um die allgemeine Anwendbar-
keit der Synthese zu zeigen und andererseits um die experimentellen
Abänderungen des Verfahrens, welche durch die physikalischen Eigenschaften der Materialien bedingt sind, erörtern zu können.

Äthylglucosid. Dasselbe wird auf die gleiche Art wie die Methylverbindung dargestellt. Aber die Reinigung ist wegen der geringen
Kristallisationsfähigkeit schwieriger. Zu dem Zweck versetzt man
zuerst die Lösung der Substanz in der 10fachen Menge absolutem
Alkohol mit dem gleichen Volumen Äther, klärt die trübe Mischung
durch Schütteln mit Tierkohle und kocht den beim Verdampfen des
Filtrats bleibenden Sirup mit der 40fachen Menge reinem Essigäther.
Die Lösung hinterläßt beim Verdampfen abermals einen Sirup, welcher
beim Stehen über Schwefelsäure teilweise kristallisiert, während der
Rest zu einer harten, amorphen Masse eintrocknet. Das Präparat

schmeckt sehr schwach süß, reduziert die Fehlingsche Lösung nicht und gibt bei der Spaltung durch verdünnte Salzsäure neben Glucose reichliche Mengen von Äthylalkohol. Wie schon früher erwähnt, ist dieses Produkt in etwas unreinerem Zustande schon von Hrn. Gautier bereitet, aber irrtümlicherweise als Diglucose aufgefaßt worden. Mit der weiteren Untersuchung desselben bin ich beschäftigt.

Benzylglucosid. Da der Traubenzucker auch bei Gegenwart von etwas Wasser sich in Benzylalkohol nur wenig löst, da ferner Lösungsmittel wie Spiritus oder Essigsäure nicht anwendbar sind, so verfährt man folgendermaßen. 1 Teil sehr fein zerriebene und gesiebte Glucose wird mit 6 Teilen Benzylalkohol übergossen und das Gemenge mit gasförmiger Salzsäure unter Abkühlen gesättigt. Beim öfteren Umschütteln löst sich der Zucker im Laufe von 4—5 Stunden, wenn das Gemenge bei Zimmertemperatur stehen bleibt, völlig auf. Wenn nach weiteren 2 Stunden eine Probe der Flüssigkeit Fehlingsche Lösung nur noch schwach reduziert, gießt man dieselbe in das mehrfache Volumen eiskalten Wassers und neutralisiert sofort mit Baryumcarbonat. Durch Filtration wird der Überschuß des Carbonats mit einem Teile des als Öl abgeschiedenen Benzylalkohols entfernt. Der Rest des letzteren wird aus dem Filtrat ausgeäthert, dann die wässerige Lösung im Vakuum verdampft und der Rückstand mit absolutem Alkohol ausgelaugt. Versetzt man die alkoholische Flüssigkeit mit dem gleichen Volumen Äther, so entsteht ein amorpher Niederschlag und das Filtrat hinterläßt beim Verdampfen abermals einen Sirup, welcher nun mit ziemlich viel Essigäther ausgekocht wird. Dabei bleibt noch etwas Asche und eine kleine Menge reduzierender Substanz zurück, während das verdampfte Filtrat einen Sirup liefert, welcher im Exsiccator nach einigen Stunden teilweise kristallinisch, teilweise amorph erstarrt. Dieses Produkt, dessen Menge ungefähr 70 pCt. des angewandten Zuckers beträgt, ist zweifellos das Benzylglucosid. Es ist in Wasser und Alkohol außerordentlich leicht, in warmem Essigäther noch in erheblicher Quantität, aber in Äther recht schwer löslich. Es schmeckt beißend und anhaltend bitter, reduziert die Fehlingsche Lösung nur sehr schwach und wird durch heiße 5prozentige Salzsäure rasch in Glucose und Benzylalkohol gespalten.

Glycolglucosid. Löst man 1 Teil Traubenzucker in 0,5 Teilen heißem Wasser, fügt dann 3 Teile reines Äthylenglycol hinzu und leitet in die klare, gut gekühlte Mischung gasförmige Salzsäure bis zur Sättigung ein, so verliert die Lösung bei Zimmertemperatur im Laufe von 12—16 Stunden ihr Reduktionsvermögen fast vollständig und färbt sich zugleich dunkelbraun. Sie wurde nun in die 6fache Menge eiskalten Wassers eingegossen, mit Baryumcarbonat neutralisiert, das

Filtrat im Vakuum verdampft, der Rückstand mit Alkohol aufgenommen die Lösung abermals verdampft und wieder mit wenig absolutem Alkohol ausgelaugt. Aus der alkoholischen Lösung fällt auf Zusatz von viel reinem Äther das Glucosid als farbloser Sirup. Dasselbe ist in Wasser und Alkohol sehr leicht, in Essigäther und reinem Aceton ziemlich schwer löslich. Es schmeckt süß, reduziert die Fehlingsche Lösung so gut wie gar nicht und wird durch warme Salzsäure rasch gespalten.

Milchsäureglucosid. Da die Anwesenheit von Wasser die Bildung dieses Glucosides sehr erschwert, so löst man 1 Teil fein zerriebenen Traubenzucker in 5 Teilen Milchsäure, welche durch mehrstündiges Erhitzen in einer Schale auf dem Wasserbade möglichst entwässert ist. Die Auflösung erfolgt ziemlich rasch beim Erwärmen auf 125—130⁰. Diese Flüssigkeit wird auf etwa 80⁰ abgekühlt und dann gasförmige Salzsäure eingeleitet, bis sie auch bei gewöhnlicher Temperatur gesättigt ist. Die dickflüssige Mischung bleibt 1½ Tage bei Zimmertemperatur stehen, wobei sie sich schwach braun färbt. Für die Isolierung des Glucosids wurde seine Unlöslichkeit in Äther benutzt. Schüttelt man den rohen Sirup mit dem gleichen Volumen Äther einige Zeit, so entsteht zunächst eine klare Mischung, aus welcher auf Zusatz von mehr Äther wieder ein zäher bräunlicher Sirup ausfällt. Derselbe wird wiederholt mit Äther ausgelaugt und schließlich mehrmals mit ziemlich viel Essigäther ausgekocht, bis er hart geworden ist. Dann löst man ihn in wenig warmem Alkohol, fällt durch viel reinen Äther und trocknet die ausgeschiedene lockere weiße Masse nach raschem Filtrieren im Vakuum über Schwefelsäure. Die Ausbeute beträgt etwa 40 pCt. des angewandten Zuckers. Zur weiteren Reinigung löst man das Produkt nochmals in wenig warmem Alkohol und fällt wieder mit viel reinem Äther. Das so erhaltene Präparat bildet ein weißes lockeres Pulver von schwach säuerlichem Geschmack. In Wasser löst es sich sehr leicht und im frisch gefällten Zustand ist es außerdem hygroskopisch. Die Fehlingsche Lösung reduziert es so gut wie gar nicht. Beim einstündigen Erwärmen mit 5prozentiger Salzsäure auf dem Wasserbade spaltet es sich in die Komponenten, von welchen der Traubenzucker durch Bildung des Glucosazons nachgewiesen und die Milchsäure durch Ausschütteln mit Äther und Verwandlung in das Zinksalz erkannt wurde.

Bei der Ausführung obiger Versuche, welche ich auf die Mercaptane und andere mit den Aldehyden kombinierbare Substanzen ausdehnen will, ist mir von Hrn. Dr. Lorenz Ach treffliche Hilfe geleistet worden, wofür ich demselben besten Dank sage.

## 82. Emil Fischer: Alkylderivate des Benzoins.

Berichte der deutschen chemischen Gesellschaft **26**, 2412 [1893].

(Eingegangen am 9. Oktober; vorgetragen in der Sitzung vom Verfasser.)

Wie in der vorhergehenden Mitteilung über die Glucoside der Alkohole angegeben ist, wird auch das Benzoin, welches als eine Ketose zu betrachten ist, durch alkoholische Salzsäure leicht alkyliert. Aber die so entstehenden Produkte zeigen noch die Reaktionen eines Ketons; denn sie verbinden sich mit Phenylhydrazin und Hydroxylamin. Sie sind also offenbar anders konstituiert als jene Glucoside, welche die Eigenschaften der Aldehyde nicht mehr besitzen.

Als Äthylbenzoin ist bereits von Limpricht und Jena[1]) eine Substanz beschrieben worden, welche aus dem Benzoin beim Erhitzen mit alkoholischem Alkali auf 150⁰ entsteht. Trotz mancher Ähnlichkeit scheint sie von dem später beschriebenen Äthylbenzoin verschieden zu sein, da ihr Schmelzpunkt mehr als 30⁰ höher liegt. Leider habe ich bisher keine Gelegenheit gehabt, beide Produkte mit einander zu vergleichen.

Handelt es sich bei der Alkylierung des Benzoins um die Gewinnung ganz reiner Präparate, so ist es notwendig, das Ausgangsmaterial aus reinem Bittermandelöl zu bereiten; denn bei Anwendung des gewöhnlichen technischen Benzaldehyds enthält das Produkt meist kleine Mengen von Chlor, welches auch den daraus bereiteten Derivaten hartnäckig anhaftet.

### Methylbenzoin, $C_6H_5.CO.CH(OCH_3).C_6H_5$.

Eine heiß bereitete Lösung von 1 Teil Benzoin in 15 Teilen Methylalkohol wird mit gasförmiger Salzsäure behandelt. Dabei hält man anfangs die Temperatur auf 30—40⁰, um das Ausfallen des Benzoins zu verhindern. Zum Schluß kühlt man auf Zimmertemperatur und läßt dann die mit dem Gas gesättigte Lösung 1 Tag stehen, bis eine Probe derselben Fehlingsche Lösung nicht mehr reduziert. Die

---

[1]) Liebigs Annal. d. Chem. **155**, 97 [1870].

schwach gelb gefärbte Flüssigkeit scheidet auf Zusatz von Wasser ein Öl ab, welches ausgeäthert wird. Nach dem Verdampfen des Äthers erstarrt die Substanz bald und wird durch wiederholtes Umkristallisieren aus warmem Ligroin gereinigt. Die Ausbeute ist, abgesehen von den Verlusten, welche durch das Umkristallisieren entstehen, quantitativ.

Zur Analyse wurde das Produkt im Vakuum über Schwefelsäure getrocknet.

|   | Ber. für $C_{15}H_{14}O_2$ | Gefunden |
|---|---|---|
| C | 79,64 | 79,48 pCt. |
| H | 6,19 | 6,32 ,, |

Die Substanz beginnt bei 47° zu sintern und schmilzt bei 49° bis 50° (korr.). In kleiner Menge destilliert sie unzersetzt. In Wasser ist sie unlöslich, dagegen löst sie sich sehr leicht in Alkohol, Äther, Benzol und in heißem Ligroin. Aus dem letzteren Lösungsmittel fällt sie beim Erkalten in der Regel zunächst als Öl, welches aber bei längerem Stehen oder starkem Abkühlen erstarrt. Will man die Substanz in schönen weißen Nadeln erhalten, so löst man sie in der 15 bis 20 fachen Menge Ligroin und bringt die Flüssigkeit durch Abkühlen in einer Kältemischung zur Kristallisation. In verdünntem Weingeist gelöst, reduziert die Methylverbindung Fehlingsche Flüssigkeit auch beim Kochen nicht, während das Benzoin unter denselben Bedingungen einen starken Niederschlag von Kupferoxydul gibt.

Durch Salpetersäure wird das Methylbenzoin in Benzil verwandelt. Übergießt man das Präparat mit der 4 fachen Menge Salpetersäure vom spez. Gew. 1,4, so schmilzt es sofort und löst sich beim Erwärmen auf dem Wasserbade völlig. Nach einigen Minuten färbt sich die Flüssigkeit rotbraun, entwickelt rote Dämpfe und scheidet allmählich das gebildete Benzil in der Wärme als gelbes Öl ab. Die Oxydation ist nach ½ bis 1 Stunde beendet. Das Benzil erstarrt beim Verdünnen der Lösung mit viel kaltem Wasser bald und wurde nach dem Umkristallisieren aus Alkohol durch den Schmelzpunkt (gefunden 95°) und durch Verwandlung in Benzilsäure identifiziert.

Gegen Salzsäure ist das Methylbenzoin viel beständiger als die Alkoholglucoside.

Mit Phenylhydrazin und Hydroxylamin reagiert es schon in der Kälte. Übergießt man z. B. die Substanz mit der gleichen Menge der Hydrazinbase, so löst sie sich sofort und das Gemisch trübt sich im Laufe von einigen Stunden durch Abscheidung von Wasser. Wird nach 1 tägigem Stehen das überschüssige Phenylhydrazin durch Waschen mit verdünnter Essigsäure entfernt, so bleibt ein zähes gelbrotes Öl, welches allem Anschein nach ein Hydrazon ist, aber wegen seiner geringen Neigung zum Kristallisieren nicht weiter untersucht wurde. Schöner ist das Oxim.

## Methylbenzoinoxim, $C_6H_5.C(NOH).CH(OCH_3).C_6H_5$.

1 Teil salzsaures Hydroxylamin wird in 5 Teilen Kalilauge von 33 pCt. gelöst, die Flüssigkeit mit dem gleichen Volumen Alkohol vermischt, vom abgeschiedenen Chlorkalium filtriert und dann 1 Teil reines Methylbenzoin hinzugefügt. Dasselbe löst sich beim Umschütteln schnell. Nach 2 tägigem Stehen wird die Flüssigkeit mit Wasser stark verdünnt und ausgeäthert. Der beim Verdampfen des Äthers bleibende, schwach gelbe Sirup erstarrt bald kristallinisch und die Ausbeute ist fast quantitativ. Zur Reinigung wurde das Produkt aus heißem, etwa 50 prozentigem Weingeist mehrmals umkristallisiert und für die Analyse im Vakuum über Schwefelsäure getrocknet.

|   | Ber. für $C_{15}H_{15}O_2N$ | Gefunden |
|---|---|---|
| C | 74,69 | 74,91 pCt. |
| H | 6,22 | 6,57 ,, |
| N | 5,81 | 5,79 ,, |

Das Oxim beginnt bei 125° zu sintern und schmilzt bei 130 bis 132° (unkorr.). In einer Kohlensäureatmosphäre destilliert es teilweise unzersetzt. Es löst sich leicht in Alkohol und Äther, schwer in Ligroin. Von heißem Wasser wird es in merklicher Menge aufgenommen und beim Abkühlen entsteht dann zuerst eine Trübung, später ein Niederschlag von feinen Nädelchen.

Das Oxim löst sich in verdünnten Alkalien beim Erwärmen rasch, vollständig und ohne jede Färbung. Diese Lösung reduziert die Fehlingsche Flüssigkeit auch beim Kochen gar nicht; beim Ansäuern scheidet sich das Oxim als bald erstarrendes Öl wieder aus.

In rauchender Salzsäure (spez. Gew. 1,19) löst sich das Oxim bei gewöhnlicher Temperatur ziemlich leicht und wird durch Zusatz von Wasser wieder gefällt. Kocht man aber die salzsaure Lösung, so trübt sie sich rasch durch Abscheidung eines Öles und die Flüssigkeit enthält dann reichliche Mengen von Hydroxylamin. Offenbar wird das Oxim bei dieser Behandlung in seine Komponenten gespalten.

## Äthylbenzoin, $C_6H_5.CO.CH(OC_2H_5).C_6H_5$.

Dasselbe wird gerade so wie die Methylverbindung gewonnen und besitzt ganz ähnliche Eigenschaften. Gereinigt wird es ebenfalls am besten durch Umkristallisieren aus Ligroin.

$$\begin{array}{ccc} & \text{Ber. für } C_{16}H_{16}O_2 & \text{Gefunden} \\ C & 80,00 & 79,61 \text{ pCt.} \\ H & 6,66 & 6,71 \text{ „} \end{array}$$

Die Substanz beginnt bei 57⁰ zu sintern und schmilzt bei 62⁰
(korr.), während der Schmelzpunkt des von Limprecht und Jena
beschriebenen Äthylbenzoins bei 95⁰ liegt. Sie ist in Alkohol, Äther,
Benzol, Essigäther und heißem Ligroin sehr leicht löslich und kristallisiert aus der verdünnten Ligroinlösung beim Erkalten ebenfalls
in schönen weißen Nadeln. Ihr Oxim und Phenylhydrazon sind Öle,
welche bisher nicht kristallisiert erhalten wurden.

---

### 83. Emil Fischer und C. Liebermann: Über Chinovose und Chinovit.

Berichte der deutschen chemischen Gesellschaft **26**, 2415 [1893].
(Eingegangen am 9. Oktober; mitgeteilt in der Sitzung von Herrn E. Fischer.)

Bei der Spaltung des Chinovins durch alkoholische Salzsäure gewann Hlasiwetz[1]) neben der Chinovasäure ein zweites Produkt,
welches er als Zucker bezeichnete, aber dem Mannitan an die Seite
stellte, weil es alkalische Kupferlösung nur bei starker Konzentration
reduzierte und weil die Analyse zur Formel: $C_6H_{12}O_5$ führte. Wesentlich andere Resultate bezüglich der Zusammensetzung der Verbindung
erhielten Liebermann und Giesel[2]). Für ein durch Lösen in Äther
gereinigtes und bei 105⁰ getrocknetes Präparat fanden sie eine prozentische Zusammensetzung, welche am besten mit der Formel $C_6H_{12}O_4$
übereinstimmte. Dieselbe schien ihnen um so mehr begründet, als
das Produkt im Gegensatz zu anderen Zuckern destillierbar war und
ferner eine schön kristallisierende Acetylverbindung lieferte, aus deren
Analyse die Formel: $C_6H_9O_4(C_2H_3O)_3$ abgeleitet werden konnte. Die
Verschiedenheit der Substanz von den gewöhnlichen Zuckerarten in
Geschmack, Zusammensetzung und Flüchtigkeit veranlaßte Oude-
mans, welcher die Beobachtungen von Liebermann und Giesel
bestätigte, ihr den Namen Chinovit beizulegen. Dieser Vorschlag
wurde von Liebermann angenommen.

Sieht man von dem Acetylierungsversuch Liebermanns ab, so
fehlt es bisher an jeder Tatsache für die Beurteilung der Konstitution
des Chinovits. Da derselbe aber gerade wegen seiner eigentümlichen

---

[1]) Liebigs Annal. d. Chem. **111**, 188 [1859].
[2]) Berichte d. d. chem. Gesellsch. **16**, 935 [1883] und **17**, 872 [1884].

Zusammensetzung eine Sonderstellung unter den Körpern der Zuckergruppe einzunehmen schien, so haben wir eine erneute Untersuchung
mit Hilfe der verbesserten Methoden der Gegenwart für wünschenswert genug gehalten, um dieselbe zum Gegenstand einer gemeinschaft-
lichen Arbeit zu machen. Wir konnten uns dabei bald überzeugen,
daß der Chinovit kein gewöhnlicher Zucker ist; denn im reinen Zustande reduziert er die Fehlingsche Lösung beim kurzen Aufkochen
so gut wie gar nicht. Ebensowenig liefert er beim Erhitzen mit essigsaurem Phenylhydrazin ein Osazon. Er verhält sich also ähnlich,
wie manche komplizierte Anhydride der Zuckerarten. Mit Rücksicht
auf seine physikalischen Eigenschaften konnte man ihn als ein in-
tramolekulares Anhydrid eines Zuckers betrachten. Diese Vermutung
schien ihre Bestätigung zu finden durch die Beobachtung, daß der
Chinovit beim Erwärmen mit verdünnten Säuren sehr leicht in einen
wahren Zucker verwandelt wird, welcher die Fehlingsche Lösung
stark reduziert und ein schön kristallisierendes Phenylosazon liefert.
Die Analyse des letzteren führte für den Zucker, welchen wir Chinovose nennen, zu der Formel $C_6H_{12}O_5$. Derselbe ist also isomer mit
der Rhamnose und es liegt nahe, ihn ebenso wie jene als Methylpentose
aufzufassen. Die Richtigkeit dieser Vermutung ließ sich leicht durch
die Bildung eines Furfurolderivats beweisen. Die Chinovose liefert
unter denselben Bedingungen wie die Rhamnose reichliche Mengen
von $\delta$-Methylfurfurol und besitzt mithin die Struktur $CH_3.CHOH.$
$CHOH.CHOH.CHOH.COH$. Sie ist also mit der Rhamnose und
Fucose stereoisomer und es gewinnt den Anschein, als seien diese normalen Methylpentosen im Pflanzenreich ebenso zahlreich vorhanden,
wie die Hexosen, aus welchen sie durch partielle Reduktion entstehen
können.

Größere Schwierigkeiten als die Konstitution der Chinovose
machte die Aufklärung ihres Verhältnisses zum Chinovit. War derselbe das Anhydrid des Zuckers, so mußte er die Formel $C_6H_{10}O_4$ besitzen, welche aber mit den Analysen des destillierten Präparates oder
der schön kristallisierenden Acetylverbindung in Widerspruch stand.
Die richtige Lösung dieser Frage wurde erst möglich durch die in der
vorhergehenden Abhandlung mitgeteilte Beobachtung, daß die einfachen Zucker sich mit den Alkoholen unter dem Einfluß der Salzsäure
zu Glucosiden vereinigen.

Offenbar gehört der Chinovit in diese Klasse von Verbindungen
und ist nach der Bereitungsweise die Äthylverbindung der Chinovose
mit der Formel $C_6H_{11}O_5.C_2H_5$. Dieselbe läßt sich leidlich mit den
analytischen Resultaten von Liebermann und Giesel vereinigen,
wie folgende Zusammenstellung zeigt.

Ber. für $C_8H_{16}O_5$          Gefunden

|   | | Gefunden | | |
|---|---|---|---|---|
| C | 50,00 | 48,98 | 48,9 | 48,8 pCt. |
| H | 8,33 | 8,12 | 8,18 | 8,54 ,, |

Die ungefähr 1 pCt. betragende Differenz im Kohlenstoff ist nicht so auffallend, da es sich um ein amorphes, hygroskopisches Produkt handelt. Dieser Übelstand fällt weg bei der schön kristallisierenden Acetylverbindung, und hier läßt dann auch die Übereinstimmung zwischen den von Liebermann und Giesel gefundenen Zahlen und den aus der neuen Formel berechneten Werten nichts zu wünschen übrig.

Ber. für $C_6H_8O_5 . C_2H_5(C_2H_3O)_3$          Gefunden

|   | | Gefunden | |
|---|---|---|---|
| C | 52,8 | 52,77 | 52,62 pCt. |
| H | 6,92 | 6,95 | 6,9. ,, |

Alle Zweifel an der Richtigkeit der neuen Formel werden endlich beseitigt durch den später gelieferten Beweis, daß der Chinovit bei der Spaltung mit verdünnten Säuren neben Chinovose reichliche Mengen von Äthylalkohol liefert. Der Name Chinovit wird dadurch überflüssig und ist entsprechend der zuvor gebrauchten Nomenklatur der Alkoholglucoside durch Äthylchinovosid zu ersetzen. Die Entstehung des letzteren aus dem Chinovin ist leicht zu erklären; denn zur Spaltung des Alkaloids wird alkoholische Salzsäure benutzt, welche die zunächst entstehende Chinovose wenigstens teilweise in die Äthylverbindung verwandelt. Letztere hat offenbar auch Hlasiwetz wahrscheinlich gemischt mit unveränderter Chinovose unter Händen gehabt. Da er aber den hygroskopischen Sirup weder durch Lösen in Äther, noch durch Destillation reinigte, so konnte er durch Zufall bei der Analyse Zahlen erhalten, welche annähernd mit der jetzt von uns für die Chinovose festgestellten Formel $C_6H_{12}O_5$ übereinstimmen.

### Chinovose.

Die Darstellung und die Eigenschaften des Äthylchinovosids (Chinovit) sind so ausführlich beschrieben, daß wir den früheren Angaben kaum etwas zuzufügen haben. Wir machen nur darauf aufmerksam, daß das reine Präparat in absolutem Äther vollständig und leicht löslich sein muß und daß es die Fehlingsche Lösung selbst beim längeren Kochen nur sehr schwach reduzieren darf.

Die Spaltung der Verbindung in Chinovose und Alkohol findet beim Erhitzen mit verdünnten Säuren auf dem Wasserbade ziemlich rasch statt. Handelt es sich um die Isolierung des Zuckers, so ist eine 5 prozentige Schwefelsäure anzuwenden. In anderen Fällen wird man eine 5 prozentige Salzsäure vorziehen, weil sie rascher wirkt.

Zur Bereitung der Chinovose wird dementsprechend 1 Teil der sirupförmigen Äthylverbindung mit 3 Teilen 5 prozentiger Schwefelsäure in einem mit Luftkühler versehenen Kolben in siedendem Wasser 1½ Stunden erhitzt. Dann verdünnt man mit dem gleichen Volumen Wasser, vertreibt den in der Flüssigkeit enthaltenen Alkohol durch Kochen, behandelt die schwach gelb gefärbte und etwas getrübte Lösung mit reiner Tierkohle und neutralisiert das heiße Filtrat mit reinem Baryumcarbonat. Die abermals filtrierte Flüssigkeit hinterläßt beim Verdampfen auf dem Wasserbade die Chinovose als schwach gelben Sirup, welcher nur noch eine Spur Asche enthält und von kleinen Mengen unveränderten Äthylchinovosids durch Auslaugen mit Äther befreit werden kann. Der Zucker hat einen süßen und zugleich etwas bitteren Geschmack. Er löst sich sehr leicht in Wasser und auch in absolutem Alkohol, dagegen zum Unterschied von der Äthylverbindung sehr schwer in absolutem Äther. Er zeigt alle gewöhnlichen Reaktionen der Zucker. So färbt er sich beim Erwärmen mit Alkalien gelb, reduziert die Fehlingsche Lösung beim Kochen außerordentlich stark und liefert beim Erwärmen mit essigsaurem Phenylhydrazin das später beschriebene Osazon. Desgleichen wird er von Bromwasser in eine Säure verwandelt, zu deren Studium aber unser Material nicht ausreichte.

Für den Nachweis des Alkohols, welcher neben dem Zucker aus der Äthylverbindung entsteht, diente folgender, unter besonderen Vorsichtsmaßregeln ausgeführter Versuch. 8 g Äthylchinovosid, welches in absolutem Äther völlig löslich war, wurden in 25 ccm Wasser gelöst und die Flüssigkeit unter öfterem Ersatz des verdampfenden Wassers so lange gekocht, bis sicher aller Alkohol und Äther, welcher dem Präparate von der Darstellung her anhaftete, entfernt waren. Die schließlich mit Tierkohle entfärbte und geklärte Flüssigkeit reduzierte die Fehlingsche Lösung außerordentlich schwach. Sie wurde nun mit so viel rauchender Salzsäure versetzt, daß sie 5 pCt. der letzteren enthielt, dann am Rückflußkühler 1 Stunde auf dem Wasserbade erhitzt und schließlich zur Gewinnung des Alkohols abdestilliert. Das Destillat, dessen Volumen ungefähr $\frac{1}{3}$ der Gesamtflüssigkeit betrug, schied auf Zusatz von viel trockenem Kaliumcarbonat den Alkohol als gelb gefärbte Schicht ab, welche abgehoben und nochmals aus dem Wasserbade destilliert wurde. Das so gewonnene Produkt, dessen Menge 0,9 g betrug, zeigte alle Reaktionen des Äthylalkohols. Um jeden Irrtum auszuschließen, wurde dasselbe noch in Jodäthyl verwandelt und dessen Siedepunkt bestimmt. (Gefunden 71—72⁰.)

### Phenylchinovosazon, $C_6H_{10}O_3(N_2H.C_6H_5)_2$.

Für den Versuch benutzten wir ein Präparat von Äthylchinovosid, welches in der gewöhnlichen Weise hergestellt und in absolutem

Äther völlig löslich war. 2 g Sirup, welcher Fehlingsche Lösung nur äußerst schwach reduzierte, wurden mit 5 ccm einer 5 prozentigen Salzsäure 1 Stunde auf dem Wasserbade erhitzt. Die Flüssigkeit reduzierte dann ungefähr die 80 fache Menge der Fehlingschen Lösung.

Zur Bereitung des Osazons wurde sie nach dem Erkalten mit Natronlauge schwach alkalisch gemacht, mit Essigsäure wieder schwach angesäuert, durch Schütteln mit wenig Tierkohle geklärt und das Filtrat auf 20 ccm verdünnt. Als dasselbe nach Zusatz von 3 g reinem Phenylhydrazin und 3 g 50 prozentiger Essigsäure auf dem Wasserbade erhitzt wurde, begann nach etwa 15 Minuten die Abscheidung von feinen, gelben Nadeln. Nach 1 Stunde betrug ihre Menge 0,5 g, nach weiterem, 4 stündigem Erhitzen wurden noch 0,7 g erhalten, welche etwas dunkler gefärbt waren. Das Osazon wurde filtriert, erst mit kaltem Wasser, dann mit wenig kaltem Alkohol, welcher die dunkle Färbung beseitigt, und zuletzt mit Äther gewaschen. Die Ausbeute betrug, wie die obigen Zahlen zeigen, 60 pCt. des angewandten Zuckers. Das Osazon wird am besten aus heißem absolutem Alkohol umkristallisiert. Löst man es in etwa 40 Teilen desselben und verdampft dann auf $^1/_3$ des Volumens, so scheidet sich die Substanz bald in gelben, mikroskopisch feinen, meist zu Büscheln verwachsenen Nadeln ab. Für die Analyse wurden sie bei 100° getrocknet.

|   | Ber. für $C_{18}H_{22}O_3N_4$ | Gefunden |
|---|---|---|
| C | 63,16 | 62,88 pCt. |
| H | 6,43 | 6,64 ,, |
| N | 16,37 | 16,2 ,, |

Wird das Osazon aus dem rohen Zucker, welcher in Äther nicht ganz löslich ist, bereitet, so ist es durch eine kohlenstoffärmere Verbindung verunreinigt, welche den Kohlenstoffgehalt um 1 bis 1½ pCt. herabdrückt und durch Kristallisation schwer zu entfernen ist.

Das Chinovosazon schmilzt bei raschem Erhitzen bei 193—194° (unkorr.) zu einer dunkelroten Flüssigkeit, in welcher nach kurzer Zeit Gasentwicklung stattfindet. Von rauchender Salzsäure wird es schon bei Zimmertemperatur in Phenylhydrazin und das betreffende Oson gespalten. Es ist in Wasser fast unlöslich, in Äther, Chloroform und Benzol sehr schwer löslich und verlangt selbst von kochendem Alkohol ungefähr 35—40 Teile; am leichtesten wird es von heißem Eisessig aufgenommen. Durch die schwerere Löslichkeit in Alkohol und den höheren Schmelzpunkt unterscheidet es sich von dem isomeren Phenylrhamnosazon.

### Verwandlung der Chinovose in Methylfurfurol.

Die Reaktion verläuft ziemlich glatt, wenn man das Verfahren anwendet, welches Tollens und Günther[1]) für die quantitative Bestimmung der Pentosen empfehlen.

2 g des gereinigten Zuckers wurden mit der 20fachen Menge 12prozentiger Salzsäure destilliert unter stetem Ersatz der verdampfenden Flüssigkeit. Die Operation dauerte 4 Stunden und lieferte 400 ccm Destillat, welches mit Soda neutralisiert, mit Kochsalz gesättigt und von neuem destilliert wurde. Als die Sättigung mit Kochsalz und die Destillation zum zweiten Male wiederholt wurde, ging das Methylfurfurol mit wenig Wasser in schwach gelben Öltropfen über. Für die Bestimmung des Siedepunktes reichte unser Material nicht aus. Im übrigen zeigte es alle charakteristischen Reaktionen des δ-Methylfurfurols. So färbte es Papier, welches mit Anilinacetat getränkt ist, erst gelb, später orange, ferner nahm seine alkoholische Lösung über konzentrierte Schwefelsäure geschichtet bald eine prächtig grüne Farbe[2]) an. Um endlich jeden Zweifel zu beseitigen, wurde der Rest des Präparates nach den Angaben von Hill und Jennings[3]) in Methylbrenzschleimsäure verwandelt. Diese Operation gelingt so leicht, daß man sie mit 0,2 g ausführen kann. Die Säure schied sich beim Umkristallisieren aus Wasser in farblosen, kurzen, meist sechsseitigen Prismen oder Platten ab, welche der Beschreibung von Hill und Jennings durchaus entsprachen. Nur der Schmelzpunkt wurde anfänglich bei der kristallisierten Säure nicht konstant gefunden, denn die Schmelzung begann bereits gegen 100⁰, um erst bei 107—108⁰ zu enden. Als aber die einmal geschmolzene Säure nach dem Festwerden und Pulvern wieder geprüft wurde, wurde der Schmelzpunkt zwischen 107 bis 109⁰ gefunden, was mit der Angabe von Hill und Jennings (108 bis 109⁰) hinreichend übereinstimmt.

Schließlich sagen wir Hrn. Dr. Lorenz Ach für die Hilfe, welche er uns bei obigen Versuchen leistete, herzlichen Dank.

---

[1]) Berichte d. d. chem. Gesellsch. **24**, 3574 [1891].
[2]) Maquenne, Compt. rend. **109**, 572 [1889].
[3]) Proceedings of the American Academy **1892**, 193.

## 84. Emil Fischer und Leo Beensch: Über einige synthetische Glucoside.

Berichte der deutschen chemischen Gesellschaft **27**, 2478 [1894].
(Eingegangen am 14. August.)

Unter dem Einfluß der starken Salzsäure lassen sich die Zucker mit den Alkoholen und den Oxysäuren leicht zu Glucosiden verbinden.[1]) Die Reaktion ist, wie früher gezeigt wurde, sehr allgemein und verläuft auch in der Regel ziemlich glatt, sobald man einen Überschuß des Alkohols anwenden kann. Dagegen ist die Isolierung der Produkte, wie die meisten Versuche in der Zuckergruppe, ziemlich mühsam und steigert sich häufig bis zur Unmöglichkeit, wenn es darauf ankommt, kristallierte Substanzen zu gewinnen. In der ersten Mitteilung sind deren nur drei beschrieben, das Methylglucosid, das Methyl- und Äthylarabinosid. Es ist uns nun gelungen, noch vier andere kristallisierte Glieder der Gruppe, das Äthylglucosid, Methyl- und Äthylgalactosid und das Benzylarabinosid darzustellen.

Ferner haben wir das Verfahren auf die hochwertigen Säuren der Zuckergruppe übertragen. Durch Kombination der Gluconsäure mit dem Traubenzucker und der Galactose ist es in der Tat möglich, zwei Verbindungen zu gewinnen, welche die größte Ähnlichkeit mit der Maltobion- und Lactobionsäure[2]) zeigen. Sie besitzen nach der Analyse der Kalksalze die Formel $C_{12}H_{22}O_{12}$ und liefern bei der Hydrolyse neben Gluconsäure Traubenzucker resp. Galactose. Leider kristallisieren sie und ihre Salze ebensowenig wie die aus der Maltose und dem Milchzucker gewonnenen Säuren und bei dem Mangel an scharf ausgeprägten Kennzeichen ist es deshalb nicht möglich, bestimmt zu sagen, ob sie mit jenen identisch sind oder nicht. Wir halten aber das letztere für wahrscheinlicher, weil der Traubenzucker allein unter denselben Bedingungen nicht Maltose, sondern Isomaltose liefert. Man könnte die beiden Verbindungen Gluconsäureglucosid bzw. -galactosid nennen.

---

[1]) E. Fischer, Berichte d. d. chem. Gesellsch. **26**, 2400 [1893]. (*S. 682.*)
[2]) E. Fischer und J. Meyer, Berichte d. d. chem. Gesellsch. **22**, 362 und 1941 [1889]. (*S. 656, 659.*)

Aber wir geben den Namen Glucosido- und Galactosido-Gluconsäure den Vorzug, weil sie für die Bezeichnung der Salze und anderer Derivate bequemer sind und gebrauchen dementsprechend für die ganze Klasse den Namen Glucosidosäuren. Höchstwahrscheinlich wird man solche Verbindungen, welche aus den Disacchariden so leicht entstehen können, auch in der Natur finden und es scheint uns, daß die Arabinsäure, deren Formel allerdings anders angegeben ist, ebenfalls Ähnlichkeit mit denselben hat.

Bezüglich der Struktur der neuen Produkte kann auf das früher Gesagte verwiesen werden.

## Alkoholglucoside.

Äthylglucosid, $C_6H_{11}O_6 . C_2H_5$. Die Verbindung ist schon in der ersten Mitteilung erwähnt und dabei die Schwierigkeit ihrer Reinigung betont. Dieselbe erfordert in der Tat besondere Sorgfalt, weshalb wir auch eine ganz genaue Beschreibung der Bedingungen für nötig halten.

2 Teile reiner Traubenzucker werden in 1 Teil warmem Wasser gelöst und unter Eiskühlung mit 12 Teilen absolutem Alkohol, welcher ebenfalls unter guter Kühlung mit gasförmiger Salzsäure gesättigt war, vermischt. Die Flüssigkeit bleibt dann 3 Stunden bei Zimmertemperatur stehen, wobei sie sich rotbraun färbt und ihre Wirkung auf Fehlingsche Lösung fast ganz verliert. Sie wird nun in das 3fache Volumen Wasser und Eis gegossen, so daß die Temperatur nicht wesentlich über 0⁰ steigt, sofort mit angeschlemmtem reinem Baryumcarbonat neutralisiert und das Filtrat im Vakuum aus einem Bade, welches nicht über 50⁰ warm ist, eingedampft. Der Rückstand ist ein Gemisch von kristallisiertem Chlorbaryum und einem dicken Sirup. Er wird zunächst mit dem mehrfachen Volumen warmem, absolutem Alkohol ausgelaugt und der feste Rückstand, nachdem er fein zerrieben ist, noch einige Male so behandelt. Den beim Verdampfen des Filtrates bleibenden dicken Sirup löst man von neuem in der 10fachen Menge absolutem Alkohol, versetzt mit dem gleichen Volumen absolutem Äther und klärt die getrübte Flüssigkeit durch Schütteln mit etwas Tierkohle. Beim Verdampfen bleibt ein schwach gelber Sirup, welcher zweimal mit der 40fachen Menge reinem Essigäther, jedesmal etwa 1 Stunde am Rückflußkühler ausgekocht wird. Das Filtrat hinterläßt nun beim Verdampfen einen fast farblosen Sirup. Löst man denselben in sehr wenig absolutem Alkohol und läßt dann über Schwefelsäure bei einer Temperatur unter 15⁰ stehen, so beginnt nach einigen Wochen die Kristallisation, bis schließlich die ganze Masse die Gestalt einer harten Salbe annimmt. Das Produkt wird

zwischen Fließpapier sehr stark und wiederholt abgepreßt, dann mit kaltem reinem Essigäther verrieben, filtriert und in wenig reinem, ganz trockenem Essigäther warm gelöst. Bleibt diese Flüssigkeit über Schwefelsäure stehen, nachdem sie mit einigen Kriställchen versetzt ist, so beginnt schon nach einigen Stunden die Kristallisation und liefert dann ein reines Produkt. War der Essigäther feucht, so kann auch bei dieser Operation das Glucosid zunächst amorph ausfallen. Ist man einmal im Besitz des kristallisierten Präparates, so lassen sich größere Mengen desselben viel rascher bereiten, da die Kristallisation des ersten aus Essigäther erhaltenen Sirups durch Impfen sehr beschleunigt wird. Die Ausbeute an ausgepreßtem kristallinischem Produkt beträgt etwa 30 pCt. und an chemisch reiner Substanz etwa 10 pCt. des angewandten Zuckers. Das Äthylglucosid hat, im Vakuum über Phosphorsäureanhydrid getrocknet, die Zusammensetzung $C_8H_{16}O_6$.

| | Ber. für $C_8H_{16}O_6$ | Gefunden |
|---|---|---|
| C | 46,15 | 46,03 pCt. |
| H | 7,69 | 7,85 „ |

Es kristallisiert in farblosen, meist warzenförmig vereinigten Nadeln und schmilzt bei 65⁰. In Wasser und Alkohol ist es sehr leicht löslich und zerfließt an feuchter Luft nach einiger Zeit. In heißem Essigäther ist es ebenfalls leicht, in gewöhnlichem Äther dagegen sehr schwer löslich.

Eine wässerige Lösung, welche 9,47 pCt. enthielt und das spez. Gew. 1,024 hatte, drehte bei 20⁰ im 2 dcm-Rohr 27,20⁰ nach rechts. Somit beträgt die spezifische Drehung: $[\alpha]_D^{20} = + 140,2^0$.*) Birotation wurde nicht beobachtet.

Im übrigen gleicht das Äthylglucosid der Methylverbindung. Es reduziert die Fehlingsche Lösung beim kurzen Aufkochen gar nicht. Beim Erwärmen mit verdünnten Säuren wird es ziemlich rasch hydrolysiert. Ebenso, nur viel langsamer, wirkt Invertin**) bei 50⁰. Dem entspricht auch das Verhalten gegen Bierhefe, über welches vor kurzem[1]) schon berichtet wurde.

## Methylgalactosid, $C_6H_{11}O_6 \cdot CH_3$.

1 Teil Galactose wird in demselben Gewicht heißem Wasser gelöst und dann unter guter Abkühlung mit 8 Teilen frisch bereiteter und bei 0⁰ gesättigter methylalkoholischer Salzsäure vermischt. Wenn die Flüssigkeit 2—3 Stunden bei Zimmertemperatur gestanden hat, ist sie rotbraun gefärbt und reduziert die Fehlingsche Lösung kaum

---

*) Vgl. Seite 743. **) Vgl. Seite 683.
[1]) E. Fischer und H. Thierfelder, Berichte d. d. chem. Gesellsch. **27**, 2031 [1894]. (S. 829.)

mehr. Sie wird nun unter sehr guter Kühlung in die doppelte Menge Wasser gegossen, mit reinem Baryumcarbonat neutralisiert, schließlich zur Zerstörung von Chlorhydrinen mit Ätzbaryt alkalisch gemacht und nach 1 Stunde wieder durch Einleiten von Kohlensäure neutralisiert. Verdampft man das Filtrat im Vakuum aus einem Bade, welches nicht über 50° erwärmt ist, so bleibt ein Gemisch von Chlorbaryum und einem dicken Sirup, welches mit der 10fachen Menge absolutem Alkohol ausgekocht wird. Der Rückstand muß noch wiederholt verrieben und mit heißem Alkohol ausgelaugt werden, um alles Glucosid zu lösen. Die Filtrate lassen beim Eindampfen einen Sirup zurück, welcher ziemlich viel Chlorbaryum enthält. Durch Alkohol läßt sich dasselbe nicht vom Glucosid trennen, weil es mit demselben zugleich in Lösung geht. Man entfernt es deshalb besser, indem man den Sirup in wenig Wasser löst und mit überschüssigem, fein gepulvertem Silbersulfat schüttelt. Aus dem Filtrat wird das gelöste Silber mit Salzsäure und die Schwefelsäure mit Baryumhydroxyd quantitativ gefällt und dann die Flüssigkeit wiederum im Vakuum bei 50° verdampft. Beim Erkalten kristallisiert das Methylgalactosid heraus. Dasselbe wird durch Umkristallisieren aus heißem Alkohol gereinigt. Die Ausbeute an reinem Produkt beträgt etwa 25 pCt. der Galactose. Im Vakuum über Schwefelsäure getrocknet enthält das Methylgalactosid 1 Molekül Kristallwasser.

|  | Ber. für $C_6H_{11}O_6 . CH_3 + H_2O$ | Gefunden | |
|---|---|---|---|
| C | 39,62 | 39,39 | 39,41 pCt. |
| H | 7,54 | 7,57 | 7,45 ,, |

Das Kristallwasser entweicht vollkommen beim 25—30stündigen Erhitzen auf 85—90° im Vakuum über Phosphorsäureanhydrid.

|  | Ber. für $C_6H_{11}O_6 . CH_3 + H_2O$ | Gefunden | |
|---|---|---|---|
| $H_2O$ | 8,49 | 8,57 | 8,64 pCt. |

Die Analyse der getrockneten Substanz endlich gab:

|  | Ber. für $C_6H_{11}O_6 . CH_3$ | Gefunden | |
|---|---|---|---|
| C | 43,29 | 42,95 | 42,95 pCt. |
| H | 7,21 | 6,90 | 7,12 ,, |

Die Verbindung kristallisiert aus Alkohol beim Abkühlen in feinen Nadeln, beim langsamen Verdunsten derselben Lösung erhält man sie in ziemlich großen, schief abgeschnittenen Säulen. Sie ist in Wasser sehr leicht, in kaltem Alkohol schwer und in Äther fast gar nicht löslich. Sie schmeckt süß. Wasserhaltig, beginnt sie bei 105° zu sintern und schmilzt gegen 110°. Der Schmelzpunkt des getrockneten Präparates liegt bei 111—112°.

Die wässerige Lösung des Galactosids, welche 9,92prozentig war und das spez. Gew. 1,0296 hatte, drehte bei 20° im 2 dcm-Rohr 33,38°

nach rechts. Die spezifische Drehung beträgt somit: $[\alpha]_D^{20} = + 163,4^0.$*)
Birotation wurde nicht beobachtet.

Das Methylgalactosid reduziert die Fehlingsche Lösung erst beim
längeren Kochen ganz schwach. Durch verdünnte Säuren wird es
gerade so wie das Methylglucosid ziemlich rasch in seine Komponenten
gespalten. Dagegen wird es von Bierhefe (Reinkultur von ,,Brauerei-
hefe'' [Hefe Frohberg]) nicht vergoren und ebensowenig konnte
nach 8 stündiger Behandlung mit Invertin**) bei $50^0$ eine Spaltung der
Verbindung beobachtet werden.

## Äthylgalactosid, $C_6H_{11}O_6.C_2H_5$.

Dasselbe wird auf die gleiche Art wie die vorhergehende Verbindung gewonnen. Die Ausbeute betrug 20 pCt. des angewandten
Zuckers. Für die Analyse war das Präparat bei $100^0$ getrocknet.

|   | Ber. für $C_8H_{16}O_6$ | Gefunden |
|---|---|---|
| C | 46,15 | 46,02 pCt. |
| H | 7,69 | 7,82 ,, |

Aber auch im Vakuum über Schwefelsäure getrocknet, enthält es
kein Kristallwasser. Es bildet feine, farblose Nadeln, welche bei 135
bis $136^0$ (korr. 138—139$^0$) schmelzen und im übrigen der Methylverbindung sehr ähnlich sind.

Von Bierhefe (Reinkultur ,,Hefe Frohberg '') und Invertin**) wird
es ebenfalls nicht verändert.

Die wässerige Lösung, welche 9,47 pCt. enthielt und das spez.
Gew. 1,0273 besaß, drehte bei $20^0$ im 2 dcm-Rohr $34,78^0$ nach rechts.
Die spezifische Drehung beträgt somit: $[\alpha]_D^{20} = + 178,75^0$. Birotation
wurde nicht beobachtet.

## Benzylarabinosid, $C_5H_9O_5.CH_2.C_6H_5$.

Während das Benzylglucosid recht schwer kristallisiert und deshalb bisher nicht in reinem Zustande dargestellt worden ist, zeichnet
sich das Arabinosid durch geringe Löslichkeit in Wasser und große
Neigung zum Kristallisieren aus.

Um dasselbe zu gewinnen, wird ein Gemisch von 5 g fein gepulverter Arabinose und 20 g Benzylalkohol, welches in einer Stöpselflasche durch eine Kältemischung gekühlt ist, mit gasförmiger Salzsäure gesättigt. Beim andauernden Schütteln geht der Zucker im
Laufe von 1½ Stunden vollkommen in Lösung und die Flüssigkeit
nimmt allmählich eine rotbraune Farbe an. Wenn dieselbe nach 2 bis
3 stündigem Stehen bei Zimmertemperatur nicht mehr reduziert, wird
sie mit der 3 fachen Menge kaltem Wasser vermischt und sofort mit
Baryumcarbonat neutralisiert. Der Überschuß des letzteren wird mit

---

*) *Vgl. Seite 744.* **) *Vgl. Seite 683.*

dem ölig abgeschiedenen Benzylalkohol durch Filtration entfernt und der Rest des Alkohols ausgeäthert.

Die wässerige Mutterlauge hinterläßt beim Eindampfen im Vakuum außer Chlorbaryum einen Sirup, welcher durch mehrmaliges Auslaugen mit heißem absolutem Alkohol von dem Salz getrennt wird. Das verdampfte alkoholische Filtrat gibt wieder einen dicken Sirup, welcher bei längerem Stehen das Glucosid kristallinisch abscheidet. Seine Menge beträgt etwa 40 pCt. des angewandten Zuckers. Für die Analyse wurde es aus heißem Wasser umkristallisiert und bei 100° getrocknet.

|   | Ber. für $C_{12}H_{16}O_5$ | Gefunden |
|---|---|---|
| C | 60,00 | 59,75 pCt. |
| H | 6,66 | 6,68 ,, |

Das Benzylarabinosid kristallisiert aus Wasser und Alkohol in farblosen, feinen Nadeln oder Blättchen, welche bei 169—170° (korr. 172 bis 173°) schmelzen. In Wasser und Alkohol ist es in der Wärme ziemlich leicht, in der Kälte dagegen recht wenig löslich. So fällt es z. B. noch aus der 1 prozentigen wässerigen Lösung bei längerem Stehen aus. Sein Geschmack ist schwach, aber anhaltend bitter. Von warmen verdünnten Säuren wird es leicht gespalten, dagegen wird es weder von Invertin*) noch von Brauereihefe (Hefe Frohberg) verändert.

Die wässerige Lösung, welche 1,03 pCt. enthielt und das spez. Gew. 1,0013 hatte, drehte bei 20° im 2 dcm-Rohr 4,44° nach rechts. Die spezifische Drehung beträgt somit: $[\alpha]_D^{20} = + 215,2°$. Wegen der starken Verdünnung der Lösung ist die Zahl mit einem ziemlich großen Fehler behaftet. Birotation wurde nicht beobachtet.

Anhangsweise erwähnen wir noch zwei neue Glucoside, welche aber nicht kristallisiert erhalten und deshalb auch nicht analysiert worden sind.

Propylglucosid. Dasselbe wird aus Traubenzucker und Normalpropylalkohol in der gleichen Art bereitet und gereinigt wie das Äthylglucosid. Beim Verdunsten seiner Lösung in Essigäther über Schwefelsäure bleibt es als farblose, harte, amorphe Masse zurück, welche sehr hygroskopisch ist und die Fehlingsche Lösung kaum reduziert.

Glyceringlucosid. Fein gepulverter Traubenzucker wird mit der doppelten Menge käuflichem, reinem Glycerin (welches bekanntlich etwas Wasser enthält) auf dem Wasserbade erwärmt, bis klare Lösung erfolgt, und dann die Flüssigkeit unter sehr guter Kühlung mit gasförmiger Salzsäure gesättigt. Das Gemisch bleibt bei Zimmer-

---

*) Vgl. Seite 683.

temperatur stehen. Wenn dasselbe nach 4—5 Stunden keine Dämpfe von Salzsäure mehr ausstößt, wird von neuem Salzsäuregas eingeleitet und diese Operation noch mehrmals wiederholt, bis nach einigen Tagen die Flüssigkeit Fehlingsche Lösung nicht mehr reduziert. Sie wird dann ebenso behandelt wie beim Methylgalactosid. Zur Entfernung des überschüssigen Glycerins wird schließlich der aschefreie Sirup in absolutem Alkohol gelöst und das Glucosid durch Äther ausgefällt. Wiederholt man diese Operation mehrmals, so bleibt alles Glycerin in der Mutterlauge. Das so gewonnene Glyceringlucosid bildet einen fast farblosen, ganz dicken, süßen Sirup, welcher in Wasser und Alkohol sehr leicht, in Äther aber fast gar nicht löslich ist, und welcher die Fehlingsche Lösung nicht reduziert. Durch Erwärmen mit verdünnten Säuren wird er leicht in die Komponenten gespalten.

Ungleich schwieriger ist es, die Zucker mit den höherwertigen Alkoholen, welche meist bei gewöhnlicher Temperatur feste Körper sind, zu kombinieren, weil es an einem passenden Lösungsmittel fehlt; denn Wasser, Alkohol und auch Essigsäure sind ausgeschlossen. Man könnte allerdings daran denken, den Zucker in dem geschmolzenen Alkohol aufzulösen, aber bei den hohen Temperaturen, die hierfür erforderlich sind, wird der Zucker durch die Salzsäure zerstört. Außerdem würde es nicht leicht sein, die bei einer solchen Reaktion entstehenden Glucoside von dem unveränderten Alkohol zu trennen.

## Glucosido-Säuren.

Als einziger Repräsentant derselben ist früher die Verbindung der Milchsäure mit dem Traubenzucker unter dem Namen Milchsäureglucosid als amorphe Masse kurz beschrieben worden. Beachtenswerter sind wegen der nahen Beziehungen zu den Disacchariden die nachfolgenden Derivate der Gluconsäure.

## Glucosido-Gluconsäure, $C_6H_{11}O_6 . C_6H_{11}O_6$.

7 g reiner, fein gepulverter und gesiebter Traubenzucker werden mit 10 g sirupförmiger Gluconsäure, welche durch starkes Eindampfen der wässerigen Lösung gewonnen ist und noch etwa 5 pCt. Wasser enthält, auf dem Wasserbade so lange unter Umrühren erhitzt, bis klare Lösung erfolgt. Dieselbe wird dann auf 40° abgekühlt und bei dieser Temperatur mit Salzsäuregas gesättigt, wobei es nötig ist, die zähe Flüssigkeit fortwährend zu bewegen. Sie färbt sich bei dieser Operation dunkel. Wenn nach mehrstündigem Stehen bei Zimmertemperatur die Salzsäure ganz absorbiert ist, wird von neuem eingeleitet und dies fünf- bis sechsmal wiederholt, bis eine Probe der Masse Fehlingsche Lösung kaum mehr reduziert. Dieser Punkt wird nach 5—6

Tagen erreicht. Man löst dann den tief dunklen Sirup in der 5 fachen Menge Eiswasser und neutralisiert sofort mit reinem angeschlemmtem Bleicarbonat. Die Mutterlauge wird durch Schwefelsäure vom Blei und das Filtrat durch Silberoxyd vom Chlor befreit, dann das gelöste Silber quantitativ mit Salzsäure und der Rest der Schwefelsäure ebenso mit Ätzbaryt gefällt. Das Filtrat wird, nachdem es durch Schütteln mit Tierkohle völlig geklärt und entfärbt ist, im Vakuum aus einem nicht über 50⁰ erwärmten Bade zum dicken Sirup verdampft.

Um daraus die überschüssige Gluconsäure zu entfernen, versetzt man ihn mit ziemlich viel möglichst trockenem Eisessig (etwa 200 ccm), wodurch die Glucosidosäure als flockiger Niederschlag gefällt wird. Man filtriert denselben sofort auf der Saugpumpe, wäscht sorgfältig mit Äther und bringt das hygroskopische Produkt alsbald in den Exsiccator. Wenn er nach einigen Stunden weniger zerfließlich geworden ist, wird er mit absolutem Äther verrieben, filtriert und von neuem über Schwefelsäure getrocknet. Das Produkt ist ein farbloses amorphes Pulver von schwach säuerlichem Geschmack. Seine Menge beträgt etwa 40 pCt. des angewandten Zuckers, weitere 25 pCt. desselben lassen sich aus der essigsauren Lösung durch Fällen mit Äther gewinnen, aber dies Präparat ist etwas weniger rein.

Das so erhaltene Produkt ist ein Gemisch von Säure und Lacton. Es löst sich in Wasser sehr leicht, in absolutem Alkohol und Äther fast gar nicht. Die wässerige Lösung wird von zweifach basisch essigsaurem Blei und von basischem Bleinitrat gefällt. Dagegen sind die neutralen Salze in Wasser sehr leicht löslich und amorph. Für die Analyse diente das K a l k s a l z. Für seine Bereitung wurde die Säure in wässeriger Lösung mit überschüssigem reinem Calciumcarbonat gekocht, das Filtrat verdampft und der zurückbleibende Sirup ins Vakuum über Schwefelsäure gestellt. Nach einigen Tagen war derselbe zu einer weißen, leicht zerreiblichen Masse erstarrt, welche bei 100⁰ bis zur Gewichtskonstanz getrocknet wurde.

| Ber. für $(C_{12}H_{21}O_{12})_2Ca$ | | Gefunden |
|---|---|---|
| C | 38,19 | 37,35 pCt. |
| H | 5,57 | 5,82 ,, |
| Ca | 5,30 | 5,23 ,, |

Trotz der ziemlich erheblichen Differenz im Kohlenstoff lassen doch die Zahlen über die Zusammensetzung des Salzes keinen Zweifel. Noch beweisender für obige Formel ist das Resultat der Hydrolyse.

Beim 1 stündigen Erwärmen mit der 10 fachen Menge 5 prozentiger Schwefelsäure auf dem Wasserbade wird die Glucosido-Gluconsäure wahrscheinlich vollkommen gespalten in Traubenzucker und Gluconsäure, welche beide nach bekannten Methoden[1]) isoliert und identifiziert wurden.

Von Bierhefe (Hefe Frohberg) wird das Kalksalz nicht vergoren, ebensowenig scheint es von Invertin*) gespalten zu werden.

Wie zuvor schon erwähnt, halten wir die Glucosido-Gluconsäure für ein Isomeres der Maltobionsäure. Ob Struktur- oder Stereoisomerie vorliegt, läßt sich nicht sagen. Leider ist es uns nicht gelungen, die Säure resp. ihr Lacton in den zugehörigen Zucker zu verwandeln. Wir hatten gehofft, auf dem Wege zur Isomaltose zu kommen, welche bekanntlich aus dem Traubenzucker auf die gleiche Art durch Salzsäure entsteht.

### Galactosido-Gluconsäure, $C_6H_{11}O_6 . C_6H_{11}O_6$.

Die Verbindung wird ebenso hergestellt wie die vorhergehende, nur ist es nötig, dem Gemisch von Galactose und Gluconsäure vor dem Einleiten der Salzsäure etwas Wasser, und zwar ein Drittel vom Gewicht des Zuckers zuzufügen, um die allzu zähe Masse dünnflüssiger zu machen.

Die Analyse des ebenfalls amorphen und bei 100° getrockneten Kalksalzes gab folgende Zahlen:

| Ber. für $(C_{12}H_{21}O_{12})_2Ca$ | | Gefunden |
|---|---|---|
| C | 38,19 | 37,28 pCt. |
| H | 5,57 | 5,59 ,, |
| Ca | 5,30 | 5,32 ,, |

Die Verbindung ist der vorhergehenden zum Verwechseln ähnlich. Sie kann davon aber leicht durch die Hydrolyse unterschieden werden, denn sie liefert dabei neben Gluconsäure nur Galactose.

Die Arabinosido-Gluconsäure wird genau auf dieselbe Art aus Gluconsäure und Arabinose gewonnen. Aber ihre Reinigung ist schwieriger, da sie durch Eisessig nicht in Flocken, sondern als zäher Sirup gefällt wird.

Der Vollständigkeit halber haben wir endlich den Traubenzucker mit Glycol- und Glycerinsäure kombiniert.

Zur Bereitung der Glucosido-Glycolsäure wurde Traubenzucker mit der doppelten Menge Glycolsäure auf dem Wasserbade zusammengeschmolzen und das erkaltete Gemisch mit gasförmiger Salzsäure gesättigt. Bei wiederholtem Einleiten von Salzsäure war nach 6 Tagen der Zucker fast vollständig verschwunden. Das Rohprodukt wurde ebenso behandelt wie bei der Glucosido-Gluconsäure, und der

---

\*) *Vgl. Seite 683.*
[1]) E. Fischer und J. Meyer, Berichte d. d. chem. Gesellsch. **22**, 363 und 1943 [1889]. (*S. 657, 660.*)

schließlich resultierende Sirup mehrmals in Alkohol gelöst und mit Äther gefällt, wodurch die überschüssige Glycolsäure leicht entfernt wird. Im frisch gefällten Zustande ist die Glucosido-Glycolsäure flockig und sehr hygroskopisch, nach dem Trocknen über Schwefelsäure eine amorphe harte Masse, welche die Fehlingsche Lösung nicht reduziert und durch Kochen mit verdünnten Säuren leicht in Zucker und Glycolsäure gespalten wird.

Die Glucosido-Glycerinsäure wird auf dieselbe Art dargestellt. Nur ist es vorteilhafter, hier den Traubenzucker in der 3fachen Menge Glycerinsäure bei 100⁰ zu lösen.

---

## 85. Emil Fischer: Über die Verbindungen der Zuckerarten mit den Mercaptanen.

Berichte der deutschen chemischen Gesellschaft **27**, 673 [1894].
(Vorgetragen in der Sitzung vom Verfasser.)

Die leichte Bildung der Alkoholglucoside[1]) legte den Gedanken nahe, ähnliche Derivate der Mercaptane aufzusuchen. Dieselben verbinden sich in der Tat unter dem Einfluß von Säuren sehr leicht mit dem Traubenzucker und seinen Verwandten. Aber die Produkte sind anders zusammengesetzt als die Glucoside; sie enthalten auf ein Molekül Zucker zwei Moleküle Thioalkohol und entsprechen mithin den Derivaten der gewöhnlichen Aldehyde, welche Baumann Mercaptale[2]) genannt hat.

Die Reaktion scheint für alle Aldosen und für alle aliphatischen Thioalkohole gültig zu sein, sie versagte aber bei dem Thiophenol und ebenso bei der Fructose und Sorbose. Genauer beschrieben sind später die Äthylmercaptale des Traubenzuckers und der Galactose, sowie die Amylverbindung des ersteren. Isoliert wurden auch die Äthylmercaptale der Mannose, Arabinose, Rhamnose und α-Glucoheptose. Qualitativ geprüft wurde die Reaktion noch für die Xylose, Maltose und den Milchzucker.

·Die Bildung der Mercaptale erfolgt so leicht, daß man sie gewiß in einigen Fällen mit Vorteil zur Erkennung und Isolierung bekannter oder neu aufgefundener Zucker benutzen kann. Hierfür dürften die Amylverbindungen wegen der geringen Löslichkeit am meisten geeignet sein.

---

[1]) Berichte d. d. chem. Gesellsch. **26**, 2400 [1893]. (*S. 682.*)
[2]) Berichte d. d. chem. Gesellsch. **18**, 884 [1885].

Die Beständigkeit der Produkte macht es ferner wahrscheinlich, daß auch die entsprechenden Sauerstoffverbindungen existieren und vielleicht neben den Glucosiden aus Alkoholen und Zucker entstehen. Andererseits darf man erwarten, daß unter veränderten Bedingungen statt der Mercaptale die Thioglucoside erhalten werden.

Beachtenswert scheint mir endlich die Beobachtung, daß der Schwefelwasserstoff im Gegensatz zu den Mercaptanen auf die Aldosen bei gewöhnlicher Temperatur in Gegenwart von starker Salzsäure keine sichtbare Wirkung ausübt.

## Glucoseäthylmercaptal, $C_6H_{12}O_5(SC_2H_5)_2$.

Um das teuere Mercaptan völlig auszunützen, ist es zweckmäßig, den Zucker in kleinem Überschuß anzuwenden. Dem entspricht folgende Vorschrift:

70 g reiner, fein gepulverter Traubenzucker werden in einer geräumigen Glasflasche mit weitem Stopfen in 70 g rauchender Salzsäure vom spez. Gew. 1,19 bei Zimmertemperatur durch Schütteln gelöst, dann in Eis gekühlt und dazu 40 g käufliches Äthylmercaptan in 4 Portionen unter kräftigem Umschütteln zugefügt. Das Mercaptan, welches anfangs als Öl auf der wässerigen Lösung schwimmt, wird bei anhaltendem Schütteln zum größten Teil gelöst. Nach kurzer Zeit erwärmt sich dann die Mischung gelinde. Wird dieselbe wieder abgekühlt, so beginnt nach 10—20 Minuten die Kristallisation des Mercaptals und die Masse färbt sich gleichzeitig schwach rötlich. Nach 4 Stunden wurde der dicke Kristallbrei auf der Pumpe abgesaugt, mit wenig kaltem Alkohol gewaschen und scharf abgepreßt. Die Ausbeute an Rohprodukt betrug 59 g. Dasselbe wurde zunächst aus der 4 fachen Menge heißem absolutem Alkohol umkristallisiert und lieferte dann 47 g eines nahezu geruchlosen schneeweißen Präparates. Zur Analyse wurde dasselbe noch zweimal aus heißem Wasser und schließlich wieder aus heißem Alkohol umkristallisiert und bei 100° getrocknet.

| | Ber. für $C_{10}H_{22}O_5S_2$ | Gefunden |
|---|---|---|
| C | 41,96 | 42,03 pCt, |
| H | 7,69 | 7,82 „ |
| S | 22,37 | 22,6 „ |

Das Glucoseäthylmercaptal entsteht mithin nach der Gleichung

$$C_6H_{12}O_6 + 2\,C_2H_5SH = C_{10}H_{22}O_5S_2 + H_2O.$$

An Stelle der Salzsäure kann man bei obigem Verfahren andere Säuren benutzen. So wirken Bromwasserstoffsäure vom spez. Gew. 1,49 oder 50 prozentige Schwefelsäure in denselben Mengen ebenso rasch. Selbst verdünnte Salzsäure oder sogar Salpetersäure vom spez. Gew. 1,16 bewirken, allerdings viel langsamer, die Bildung des Mercaptals; dasselbe erreicht man endlich mit 50 prozentiger Chlorzinklösung. Aber die starke Salzsäure dürfte doch in den meisten Fällen vorzuziehen sein.

Das Glucoseäthylmercaptal schmeckt bitter und schmilzt bei 127—128° (unkorr.). Bei höherer Temperatur destilliert es in kleiner Menge; der größere Teil aber zersetzt sich und liefert als Destillat ein mit Wasserdämpfen flüchtiges, in Äther leicht lösliches Öl, welches stark nach gebratenen Zwiebeln riecht.

In heißem Wasser und heißem Alkohol ist es leicht löslich und kristallisiert daraus in farblosen, feinen verfilzten Nadeln oder zuweilen auch in ganz dünnen Blättchen. In Äther und Benzol ist es sehr schwer und in kaltem Wasser auch ziemlich schwer löslich, denn die 5 prozentige Lösung scheidet bei Zimmertemperatur noch erhebliche Mengen der Substanz ab.

Aus diesem Grunde wurde das optische Drehungsvermögen bei 50° bestimmt. Eine wässerige Lösung, welche 4,878 pCt. enthielt und das spez. Gew. 1,002 besaß, drehte bei 50° im 2 dcm-Rohr im Mittel verschiedener Ablesungen 2,91° nach links; daraus berechnet sich die spezifische Drehung $[\alpha]_D^{50} = -29,8°$.

Das Mercaptal ist eine schwache Säure. In verdünnten wässerigen Alkalien löst es sich in reichlicher Menge und wird daraus durch Mineralsäuren, wenn die Lösung nicht zu verdünnt ist, wieder abgeschieden. Das Kalisalz ist in konzentrierter kalter Kalilauge ziemlich schwer löslich. Die Natriumverbindung wird in sehr feinen Nadeln von der Formel $C_{10}H_{21}O_5S_2Na$ erhalten, wenn man das Mercaptal in der fünffachen Menge Methyl- oder Äthylalkohol, welcher etwas mehr als die berechnete Menge Natrium enthält, in gelinder Wärme auflöst und dann die Flüssigkeit stark abkühlt. Für die Analyse wurde das Präparat bei 100° getrocknet.

| | Ber. für $C_{10}H_{21}O_5S_2Na$ | Gefunden |
|---|---|---|
| Na | 7,46 | 7,3 pCt. |

Das Salz ist in warmem Alkohol leicht löslich. Von Wasser wird es teilweise zerlegt unter Rückbildung von Mercaptal. Dieses wird auch regeneriert, wenn man die Lösung des Natriumsalzes in Methylalkohol mehrere Stunden mit Jodmethyl auf 60° erhitzt. Läßt man dagegen zu der stark alkalischen wässerigen Lösung des Mercaptals überschüssiges Jodmethyl zutropfen und erwärmt es zum Schluß gelinde, so entsteht ein in Wasser und auch in Äther schwer lösliches dickes Öl, dessen Zusammensetzung nicht ermittelt wurde.

Das Glucosemercaptal reduziert kochende Fehlingsche Lösung gar nicht. Es wird weder von freiem, noch von essigsaurem Phenyl-

hydrazin in ätherischer, bzw. wässeriger Lösung selbst bei mehrstündigem Erhitzen auf 100⁰ verändert. Dagegen wirken verdünnte Mineralsäuren hydrolysierend. Erhitzt man es z. B. mit 5prozentiger
Salzsäure auf dem Wasserbade, so macht sich sehr bald der Geruch
des Mercaptans bemerkbar und nach etwa ½ Stunde zeigt die Flüssigkeit die Reaktionen des Traubenzuckers; denn sie reduziert sehr stark
die Fehlingsche Lösung und liefert reichliche Mengen von Glucosazou.
Dieselbe Spaltung wird durch Quecksilberchlorid oder Silbernitrat
bewirkt. Schon bei gewöhnlicher Temperatur findet dieselbe langsam
statt. Beim Kochen ist sie, wenn ein Überschuß des Metallsalzes angewendet wird, nach einigen Minuten beendet. Wird Sublimat benutzt,
so scheidet sich das Mercaptan in Form des Salzes $C_2H_5SHgCl$ ab.

Auch Brom und salpetrige Säure wirken in wässeriger Lösung
schon bei gewöhnlicher Temperatur auf das Mercaptal zerstörend ein.
In beiden Fällen entsteht neben Traubenzucker ein schwefelhaltiges Öl.

Von Permanganat wird das Mercaptal in kalter alkoholischer
Lösung rasch oxydiert. Verwendet man dabei auf ein Molekül desselben
4 Atome Sauerstoff, so entsteht eine schwefelhaltige Säure, welche
noch ein Derivat des Traubenzuckers ist und ein in Alkohol leicht
lösliches Kalisalz bildet.

In der doppelten Menge rauchender Salzsäure (spez. Gew. 1,19)
löst sich das Glucosemercaptal bei gewöhnlicher Temperatur rasch
auf und erfährt dadurch eine langsame Veränderung. Die Flüssigkeit
färbt sich bald rot, riecht nach Mercaptan und scheidet allmählich
ein Öl ab. Diese Zersetzung ist erst nach mehreren Tagen beendet.
Dabei entsteht in reichlicher Menge ein in Wasser und Alkohol sehr
leicht löslicher schwefelhaltiger Körper, welcher die Fehlingsche
Lösung nicht reduziert.

Das Glucoseäthylmercaptal ist nicht giftig. Nach einer gütigen
Privatmitteilung des Herrn Professor v. Mering bewirken 2 g des
Präparates bei Kaninchen und 4—5 g bei mittelgroßen Hunden keinerlei
Störung des Allgemeinbefindens. Da der Harn der Tiere nach links
dreht und nach dem Kochen mit Säuren reduziert, so scheint die Sub-
stanz unverändert durch den Körper zu gehen.

### Galactoseäthylmercaptal.

Die Verbindung wird in der gleichen Weise wie die vorhergehende
erhalten, nur ist es nötig, beim Lösen des Zuckers auf 50—60⁰ zu erwärmen. Bei Anwendung von 15 g Galactose, 15 g Salzsäure und 10 g
Äthylmercaptan begann beim kräftigen Durchschütteln die Reaktion
nach etwa 10 Minuten unter wahrnehmbarer Erwärmung. Die Mischung

blieb dann stehen, bis sie völlig erstarrt war. Die Kristallisation kann beschleunigt werden, wenn man eine Probe des Sirups durch Verdunsten auf einem Uhrglase zum Erstarren bringt und dann der Hauptmasse wieder zufügt. Der dicke Kristallbrei wird nach einigen Stunden scharf abgesaugt, mit wenig kaltem Alkohol und schließlich mit Äther gewaschen. Die Ausbeute an diesem rein weißen, fast geruchlosen Präparate betrug 17 g. Aus der Mutterlauge lassen sich noch einige Gramm desselben Produktes gewinnen, so daß die Ausbeute nahezu quantitativ ist.

Zur Analyse wurde die Substanz mehrmals aus heißem Wasser und heißem Alkohol umkristallisiert und bei 100⁰ getrocknet.

|   | Ber. für $C_{10}H_{22}O_5S_2$ | Gefunden |
|---|---|---|
| C | 41,96 | 41,84 pCt. |
| H | 7,69 | 7,87 „ |

Sie schmilzt bei 140—142⁰ (unkorr.) und schmeckt ebenfalls bitter. Sie löst sich leicht in heißem Alkohol und heißem Wasser und scheidet sich beim Erkalten rasch in feinen farblosen Nadeln aus. In kaltem Wasser ist sie so schwer löslich, daß eine 2prozentige Lösung bei Zimmertemperatur sehr bald, selbst eine 1prozentige auch noch im Laufe von 20 Stunden Kristalle abscheidet.

Auf die genaue Bestimmung des Drehungsvermögens wurde deshalb verzichtet. Die 1prozentige wässerige Lösung zeigte bei 20⁰ im 2 dcm-Rohr eine Linksdrehung von ungefähr 0,2⁰.

Arabinoseäthylmercaptal. Wird eine Lösung des Zuckers in derselben Menge rauchender Salzsäure mit der gleichen Menge Äthylmercaptal stark geschüttelt, so erstarrt die Mischung nach kurzer Zeit kristallinisch. Das Produkt wird durch einmaliges Umkristallisieren aus heißem Wasser unter Zusatz von wenig Tierkohle in feinen farblosen Nadeln erhalten, welche bei 124—126⁰ schmelzen und in kaltem Wasser schwer löslich sind. Die Substanz wurde ebensowenig wie die nachfolgenden analysiert, aber bei der völligen Analogie mit den Derivaten der Glucose und Galactose wird man über ihre Zusammensetzung kaum zweifelhaft sein können.

Mannoseäthylmercaptal. Auf dieselbe Art dargestellt, ist ebenfalls in kaltem Wasser ziemlich schwer löslich und bildet auch feine Nadeln, welche gegen 128⁰ sintern und bei 132—134⁰ schmelzen.

Rhamnoseäthylmercaptal entsteht unter den gleichen Bedingungen und kristallisiert aus heißem Wasser in feinen, glänzenden Nädelchen oder Blättchen, welche bei 135—137⁰ schmelzen und ebenfalls in kaltem Wasser schwer löslich sind.

α-Glucoheptoseäthylmercaptal. Zur Auflösung dieses Zuckers ist die doppelte Menge rauchender Salzsäure und gelindes

Erwärmen nötig. Die Flüssigkeit färbt sich dabei rötlich. Wird sie dann mit der dem Zucker gleichen Menge Mercaptan kräftig geschüttelt und die Mischung nach etwa 15 Minuten zur Verdunstung auf ein Uhrglas gegossen, so beginnt nach einiger Zeit die Kristallisation. Von der Mutterlauge befreit, läßt sich auch dieses Produkt leicht aus heißem Wasser umkristallisieren. Schmelzpunkt 152—154⁰.

Die Xylose wird ebenfalls sehr leicht in ein Mercaptal verwandelt, welches aber bis jetzt noch nicht kristallisiert erhalten werden konnte.

Auch Milchzucker und Maltose vereinigen sich in starker salzsaurer Lösung sehr rasch mit dem Mercaptan, wobei die Flüssigkeit wie in allen früheren Fällen ihre reduzierende Wirkung auf Fehlingsche Flüssigkeit völlig einbüßt. Aber die betreffenden Mercaptale besitzen wenig Neigung zum Kristallisieren. Läßt man ihre salzsaure Lösung längere Zeit stehen, so tritt Hydrolyse des Zuckermoleküls ein und es resultieren die Mercaptale der einfachen Hexosen.

Ebenso rasch wie Äthylmercaptan wirkt die käufliche Amylverbindung auf die Aldosen ein und die Produkte sind noch leichter zu isolieren.

## Glucoseamylmercaptal $C_6H_{12}O_5(SC_5H_{11})_2$.

Wegen der geringen Löslichkeit des Mercaptans ist es vorteilhaft, die Menge der Salzsäure hier gegen die vorhergehenden Versuche erheblich zu vermehren. Dementsprechend wird eine Lösung von 5 Teilen Traubenzucker in 20 Teilen Salzsäure vom spez. Gew. 1,19 mit 6 Teilen Amylmercaptan durch kräftiges Schütteln gemischt und auf etwa 35—40⁰ erwärmt. Überläßt man dann die klare farblose Flüssigkeit sich selbst, so erstarrt sie in der Regel nach etwa 15 Minuten zu einem Kristallbrei. Jedenfalls erfolgt die Kristallisation auf Zusatz von Wasser. Die mit kaltem Wasser stark verdünnte Mutterlauge wird abgesaugt und der Rückstand, dessen Menge etwa 80 pCt. des angewandten Zuckers beträgt, nach dem völligen Auswaschen aus heißem Alkohol umkristallisiert. Über Schwefelsäure oder bei 100⁰ getrocknet zeigte das Mercaptal die normale Zusammensetzung.

|   | Ber. für $C_{16}H_{34}O_5S_2$ | Gefunden |          |
|---|---|---|---|
| C | 51,89 | 51,8 | 51,7 pCt. |
| H | 9,19 | 9,11 | 9,2 ,, |
| S | 17,29 | 17,63 | — ,, |

Das Präparat schmilzt zwischen 138 und 142⁰ und ist wahrscheinlich, wie die übrigen Amylderivate, welche aus dem käuflichen Amylalkohol hergestellt werden, ein Gemisch von zwei Isomeren.

In kaltem Wasser ist es fast unlöslich, auch in heißem Wasser löst es sich recht schwer, dagegen ziemlich leicht in heißem Alkohol. Aus diesem kristallisiert es beim Erkalten in feinen Nadeln. In verdünnten wässerigen Alkalien löst es sich kaum mehr als in Wasser. Beim Erwärmen mit 6 prozentiger Salzsäure auf dem Wasserbade wird es in die Komponenten gespalten, aber die Reaktion geht langsamer vonstatten, als bei der Äthylverbindung.

Auf die gleiche Art wurden die Amylmercaptale der Galactose, Arabinose und Xylose gewonnen; nur ist hier Erwärmung der Mischung überflüssig, da die Reaktion spontan und in kürzester Frist erfolgte. Die beiden ersten Produkte scheiden sich aus der salzsauren Lösung beim Verdünnen mit Wasser sofort in Kristallen ab, dagegen wird das Derivat der Xylose als zähes Öl gefällt,

Ganz analog den Thioalkoholen der Fettreihe verhält sich endlich das Benzylmercaptan. Seine Verbindungen mit dem Traubenzucker und der Galactose sind gleichfalls schön kristallisierende Stoffe von der Formel $C_6H_{12}O_5(S.CH_2.C_6H_5)_2$, welche demnächst von Hrn. William Lawrence näher beschrieben werden.

Schließlich sage ich Hrn. Dr. Lorenz Ach für seine Hilfe bei obigen Versuchen besten Dank.

**86. W. T. Lawrence: Über Verbindungen der Zucker mit dem Äthylen-, Trimethylen- und Benzylmercaptan.**

Berichte der deutschen chemischen Gesellschaft **29**, 547 [1896].

(Eingegangen am 22. Februar.)

Nach der Beobachtung von Emil Fischer[1]) verbinden sich die Aldosen unter dem Einfluß von konzentrierter Salzsäure mit den einwertigen Mercaptanen und liefern Produkte, welche der Zusammensetzung nach den von Baumann entdeckten Mercaptalen der gewöhnlichen Aldehyde entsprechen. Da nun nach Fasbender[2]) die mehrwertigen Mercaptane mit den einfachen Aldehyden ebenso leicht reagieren, so durfte man erwarten, daß sie sich auch mit den Zuckern verbinden werden.

Die nachfolgenden Versuche, welche ich auf Veranlassung von Herrn Prof. Fischer ausführte, haben diese Erwartung sowohl für das Äthylen- wie für das Trimethylenmercaptan bestätigt. Beide vereinigen sich mit den Aldosen in molekularem Verhältnis unter Austritt von Wasser.

Die beiden Derivate des Traubenzuckers sind mithin folgendermaßen zu formulieren:

$$\text{Glucoseäthylenmercaptal} \quad CH_2OH.(CHOH)_4.CH \Big\langle \begin{array}{l} S.CH_2 \\ S.\dot{C}H_2 \end{array}$$

$$\text{Glucosetrimethylenmercaptal} \quad CH_2OH.(CHOH)_4.CH \Big\langle \begin{array}{l} S.CH_2 \\ S.CH_2 \end{array} \Big\rangle CH_2$$

Diese Verbindungen unterscheiden sich von den entsprechenden Abkömmlingen der einwertigen Mercaptane durch die viel größere Löslichkeit in Wasser und die größere Beständigkeit gegenüber warmen Mineralsäuren.

Dem Traubenzucker ähnlich verhalten sich alle bisher geprüften Aldosen. Die Verbindungen der Galactose, Mannose, Arabinose und Rhamnose wurden kristallisiert erhalten, während die Xylose gerade so wie beim Äthylmercaptan ein amorphes Produkt lieferte.

---

[1]) Berichte d. d. chem. Gesellsch. **27**, 673 [1894]. (*S. 713.*)
[2]) Berichte d. d. chem. Gesellsch. **20**, 460 [1887].

Im Gegensatz zu den Aldosen scheint sich die Fructose mit den zweiwertigen Mercaptanen ebensowenig zu verbinden wie mit den einwertigen.

Im Anschluß daran habe ich auch noch das Benzylmercaptan als Repräsentant der aromatischen Mercaptane mit den Aldosen kombiniert und dabei ebenfalls eine Reihe schön kristallisierender Verbindungen gewonnen.

## Glucoseäthylenmercaptal $C_6H_{12}O_5 . S_2C_2H_4$.

Löst man 20 g reinen, gepulverten Traubenzucker bei Zimmertemperatur in der gleichen Menge Salzsäure vom spez. Gew. 1,19, fügt dann 11 g reines Äthylenmercaptan zu und schüttelt die nicht mischbaren Flüssigkeiten anhaltend durcheinander, so beginnt nach 10—20 Minuten die Kristallisation des Mercaptals. Es wird nach 1 Stunde möglichst stark abgesaugt und mit wenig kaltem Alkohol gewaschen. Die Ausbeute ist nahezu quantitativ.

Zur Reinigung wurde das Produkt mehrmals aus heißem Alkohol umkristallisiert und für die Analyse bei $100^0$ getrocknet.

|   | Ber. für $C_8H_{16}O_5S_2$ | Gefunden |
|---|---|---|
| C | 37,50 | 37,31 pCt. |
| H | 6,25 | 6,18 ,, |
| S | 25,00 | 24,81 ,, |

Das Glucoseäthylenmercaptal kristallisiert aus Alkohol in feinen, farblosen, verfilzten Nadeln, welche bitter schmecken, geruchlos sind und bei $143^0$ (unkorr.) schmelzen. Es löst sich in ungefähr 3 Teilen kochendem und 12 Teilen Wasser von Zimmertemperatur. Aus der 10prozentigen wässerigen Lösung scheidet es sich bei längerem Stehen in schön ausgebildeten Pyramiden ab. In kaltem Alkohol löst es sich recht schwer, von kochendem Alkohol verlangt es ungefähr 30 Teile zur Lösung. Ebenfalls sehr schwer löst es sich in Äther, Chloroform, Benzol und Ligroin.

Die für die Bestimmung des Drehungsvermögens benutzte 10,8prozentige wässerige Lösung, welche in gelinder Wärme hergestellt und rasch auf $20^0$ gekühlt wurde, besaß das spez. Gew. 1,024 und drehte im 2 dcm-Rohr im Mittel $2,405^0$ nach links. Daraus berechnet sich die spezifische Drehung

$$[\alpha]_D^{20} = -10,81^0.$$

Die Molekulargewichtsbestimmung nach der Raoultschen Methode ergab, mit Wasser als Lösungsmittel, in einer 6,4prozentigen Lösung als Molekulargewicht 245 (die Formel $C_8H_{16}O_5S_2$ verlangt 256).

Beim Erhitzen über den Schmelzpunkt zersetzt sich das Glucoseäthylenmercaptal zum größten Teil unter Bildung von stark riechenden Schwefelprodukten.

Dagegen ist es auffallend beständig gegen warme verdünnte Säuren. So wird es von 5prozentiger Salzsäure selbst bei mehrstündigem Erwärmen auf dem Wasserbade nur wenig angegriffen.

Leichter wird es durch Brom gespalten. Versetzt man die warme wässerige Lösung mit einem Überschuß von Brom, so macht sich der Geruch nach Äthylenmercaptan bemerkbar, und beim Verdampfen des Broms fällt ein bräunlich gefärbter, amorpher Niederschlag aus; nur einmal wurde ein weißes Produkt erhalten, welches dem Schmelzpunkt und der Analyse nach das von Fasbender[1]) beschriebene Diäthylentetrasulfid war. In der wässerigen Mutterlauge konnte Traubenzucker nachgewiesen werden.

## Mannoseäthylenmercaptal $C_6H_{12}O_5 \cdot S_2C_2H_4$.

Entsteht unter den gleichen Bedingungen wie die vorige Verbindung. Für die Analyse wurde das farblose, kristallisierte, ganz geruchlose Präparat bei 100° getrocknet.

| | Ber. für $C_8H_{16}O_5S_2$ | Gefunden |
|---|---|---|
| C | 37,50 | 37,42 pCt. |
| H | 6,25 | 6,32 ,, |
| S | 25,00 | 25,01 ,, |

Das Mannoseäthylenmercaptal schmilzt bei 153—154° (unkorr.). Es ist etwas löslicher als das Glucosederivat und fällt aus einer 10prozentigen wässerigen Lösung ebenfalls in Pyramiden aus.

Eine Lösung, welche 4,89 pCt. Substanz enthielt und das spezifische Gewicht 1,018 besaß, drehte bei 20° in 2 dcm-Rohr im Mittel 1,73° nach rechts. Daraus berechnet sich die spezifische Drehung

$$[\alpha]_D^{20} = + 12,88°.$$

Galactoseäthylenmercaptal, auf dieselbe Art dargestellt, kristallisiert nicht so leicht wie das vorhergehende aus Alkohol und wurde meist als Sirup erhalten; in Wasser ist es sehr löslich und schmilzt bei 149° (unkorr.).

Arabinoseäthylenmercaptal schmilzt bei 154° (unkorr.) und ist in kaltem Wasser noch löslicher als die Hexoseverbindungen; es verlangt davon nur 8 Teile.

## Rhamnoseäthylenmercaptal $CH_3 \cdot C_5H_9O_4 \cdot S_2C_2H_4$

Die Verbindung wurde in der gleichen Weise dargestellt und kristallisiert ganz farblos aus der braungefärbten Mischung von

---

[1]) Berichte d. d. chem. Gesellsch. 20, 461 [1887].

Zucker und Mercaptan. Für die Analyse wurde sie bei 100⁰ getrocknet.

| | Ber. für $C_8H_{16}O_4S_2$ | Gefunden |
|---|---|---|
| C | 40,0 | 40,05 pCt. |
| H | 6,6 | 6,59 ,, |
| S | 26,6 | 26,61 ,, |

Rhamnoseäthylenmercaptal kristallisiert aus Alkohol in feinen,
geruchlosen, weißen Nadeln, die bei 169⁰ (unkorr.) schmelzen. Es
ist weniger löslich in Wasser, denn noch aus der 2prozentigen Lösung
scheidet es sich beim Erkalten in harten Pyramiden aus.

Xyloseäthylenmercaptal zeigte dieselbe Abneigung zur Kristallisation wie Xyloseäthyl- und -benzylmercaptal. Sonst war es den
Derivaten der Glucose und Rhamnose durchaus ähnlich.

### Glucosetrimethylenmercaptal $C_6H_{12}O_5 \cdot S_2C_3H_6$.

Löst man 12 g reinen, gepulverten Traubenzucker in der gleichen
Menge Salzsäure vom spezifischen Gewicht 1,19 bei Zimmertemperatur,
fügt dann 6 g reines Trimethylenmercaptan zu und schüttelt die
nicht mischbaren Flüssigkeiten anhaltend durcheinander, so beginnt
nach ungefähr 10 Minuten die Kristallisation des Mercaptals, welches
ebenso wie die Äthylenverbindung behandelt wurde. Die Ausbeute
betrug 14 g.

| | Ber. für $C_9H_{18}O_5S_2$ | Gefunden |
|---|---|---|
| C | 40,0 | 40,11 pCt. |
| H | 6,6 | 6,51 ,, |
| S | 23,7 | 23,62 ,, |

Das Glucosetrimethylenmercaptal kristallisiert aus Alkohol in
feinen Nadeln, welche bitter schmecken und bei 130⁰ schmelzen. Es
löst sich in ungefähr $1^1/_2$ Teilen kochendem und 9 Teilen Wasser von
Zimmertemperatur. In kaltem Alkohol löst es sich recht schwer,
von kochendem Alkohol verlangt es ungefähr 15 Teile. Beim Erwärmen löst es sich in kleiner Menge in Äther, Chloroform, Benzol
und Ligroin.

Die Molekulargewichtsbestimmung nach der Raoultschen Methode
ergab, mit Wasser als Lösungsmittel, in einer 7,43prozentigen Lösung
als Molekulargewicht 258 (die Formel $C_9H_{18}O_5S_2$ verlangt 270).

Gegen Salzsäure zeigte es dasselbe Verhalten wie das Glucoseäthylenmercaptal.

### Arabinosetrimethylenmercaptal $C_5H_{10}O_4 \cdot S_2C_3H_6$.

Entsteht unter den gleichen Bedingungen wie die vorige Verbindung. Zur Analyse wurde es bei 100⁰ getrocknet.

46*

<table>
<tr><td></td><td>Ber. für $C_8H_{16}O_4S_2$</td><td>Gefunden</td></tr>
</table>

| | Ber. für $C_8H_{16}O_4S_2$ | Gefunden |
|---|---|---|
| C | 40,0 | 39,78 pCt. |
| H | 6,6 | 6,79 „ |
| S | 26,6 | 26,48 „ |

Das Mercaptal schmeckt bitter, ist geruchlos und kristallisiert in langen Nadeln, die bei 150⁰ (unkorr.) schmelzen.

Galactose- und Xylosetrimethylenmercaptal, auf dieselbe Art dargestellt, zeigten keine Neigung zur Kristallisation und wurden stets als farblose, geruchlose Sirupe erhalten.

## Glucosebenzylmercaptal $C_6H_{12}O_5(SCH_2C_6H_5)_2$.

Löst man 3 g reinen, gepulverten Traubenzucker bei Zimmertemperatur in der gleichen Menge Salzsäure vom spezifischen Gewicht 1,19, fügt dann 3 g Benzylmercaptan zu und schüttelt andauernd, so wird nach 1—1$^1/_2$ Stunden das Mercaptan völlig gelöst und bald nachher erstarrt die Masse unter gelinder Erwärmung.

Das Mercaptal wurde nach einiger Zeit auf der Pumpe abgesaugt, mit wenig Wasser gewaschen und scharf abgepreßt. Die Ausbeute entsprach nahezu der Theorie. Das Mercaptal wurde zur Reinigung mehrmals aus heißem 50prozentigem Alkohol umkristallisiert und für die Analyse bei 100⁰ getrocknet.

| | Ber. für $C_{20}H_{26}O_5S_2$ | Gefunden |
|---|---|---|
| C | 58,53 | 58,36 pCt. |
| H | 6,35 | 6,32 „ |
| S | 15,61 | 15,43 „ |

Das Glucosebenzylmercaptal kristallisiert aus 50 prozentigem Alkohol in feinen, geruchlosen, weißen Nadeln, die etwas bitter schmecken und bei 133⁰ (unkorr.) schmelzen. Es löst sich in ungefähr 8 Teilen siedendem Alkohol und scheidet sich beim Abkühlen bald wieder ab. Von kochendem Wasser verlangt es ungefähr 50 Teile zur Lösung. In Benzol und Ligroin ist es fast unlöslich; dagegen löst es sich in geringer Menge in Chloroform und Äther.

Beim Erhitzen über den Schmelzpunkt zersetzt es sich unter Bildung eines schwefelhaltigen Öls. Von 5prozentiger Salzsäure wird es bei mehrstündigem Erwärmen auf dem Wasserbade nur wenig angegriffen. Durch Brom wurde es leichter gespalten.

## Galactosebenzylmercaptal $C_6H_{12}O_5(SCH_2C_6H_5)_2$.

Die Verbindung wurde in der gleichen Weise wie die vorhergehende erhalten, nur ist die Reaktion binnen 10 Minuten vollendet.

|   | Ber. für $C_{20}H_{26}O_5S_2$ | Gefunden |
|---|---|---|
| C | 58,53 | 58,28 pCt. |
| H | 6,35 | 6,26 „ |
| S | 15,61 | 15,32 „ |

Sie schmilzt bei 130° (unkorr.) und löst sich in 6 Teilen heißem Alkohol.

## Rhamnosebenzylmercaptal $CH_3 . C_5H_9O_4(SCH_2C_6H_5)_2$

wurde in gleicher Weise erhalten.

|   | Ber. für $C_{20}H_{26}O_4S_2$ | Gefunden |
|---|---|---|
| C | 60,91 | 61,01 pCt. |
| H | 6,6 | 6,54 „ |
| S | 16,24 | 16,18 „ |

Rhamnosebenzylmercaptal schmilzt bei 125°. Es löst sich in 10 Teilen absolutem Alkohol; bei Zimmertemperatur scheidet die Lösung rhomboide Tafeln ab.

## Arabinosebenzylmercaptal $C_5H_{10}O_4(SCH_2C_6H_5)_2$.

|   | Ber. für $C_{19}H_{24}O_4S_2$ | Gefunden |
|---|---|---|
| C | 60,0 | 60,12 pCt. |
| H | 6,32 | 6,25 „ |
| S | 16,84 | 16,74 „ |

Es kristallisiert aus 50 prozentigem Alkohol in sehr schönen, langen Nadeln, die bei 144° schmelzen. Es löst sich in 8 Teilen Alkohol.

Xylosebenzylmercaptal zeigte keine Neigung zur Kristallisation.

## 87. Emil Fischer und Walter L. Jennings:
## Über die Verbindungen der Zucker mit den mehrwertigen Phenolen.

Berichte der deutschen chemischen Gesellschaft 27, 1355 [1894].

(Eingegangen am 12. Mai.)

Während die aliphatischen Alkohole mit den Zuckern durch Salzsäure leicht zu Glucosiden vereinigt werden, bleiben die einwertigen
Phenole unter den gleichen Bedingungen unverändert[1]). Ungleich
mannigfaltiger ist das Verhalten der mehrwertigen Phenole. Die
meisten derselben verbinden sich mit den Aldosen bei Gegenwart von
starker Salzsäure, aber die Produkte sind je nach der Natur des Phenols
recht verschieden.

So liefern Resorcin und Pyrogallussäure mit Traubenzucker oder
Arabinose Substanzen, welche in Wasser leicht löslich sind und eine
ähnliche Zusammensetzung wie die Glucoside haben. Brenzcatechin
reagiert träger, und beim Hydrochinon, welches in starker Salzsäure
sehr schwer löslich ist, konnte überhaupt keine Einwirkung des Zuckers
beobachtet werden.

Das Orcin wirkt noch leichter wie Resorcin, aber seine Derivate
sind in Wasser unlöslich und komplizierter zusammengesetzt, und
wiederum anders gestaltet sich der Vorgang beim Phloroglucin, welches
leicht angegriffen wird, aber nur teerartige Produkte liefert.

Geringer sind die Unterschiede für die Zucker; denn die Reaktion
scheint bei allen einfachen Aldosen im selben Sinne zu verlaufen. Speziell
geprüft wurden mit Resorcin außer der Glucose und Arabinose noch
die Galactose, Xylose und Glucoheptose. Auch die beiden bisher bekannten Ketosen, die Fructose und Sorbose wirken leicht auf Resorcin
ein, wobei anfänglich Substanzen entstehen, welche den vorigen ähnlich
sind; aber dieselben werden durch die starke Salzsäure bald in gefärbte
unlösliche Stoffe verwandelt.

Leider ist es uns nicht gelungen, die neuen Verbindungen zu kristallisieren; trotzdem glauben wir für einige derselben die Zusammensetzung

---

[1]) E. Fischer, Berichte d. d. chem. Gesellsch. 26, 2401 [1893]. (S. 683.)

mit so großer Wahrscheinlichkeit festgestellt zu haben, daß sie als chemische Individuen gelten dürfen.

Daß die verschiedenen Zucker mit manchen Phenolen in salz- oder schwefelsaurer Lösung Farbenreaktionen geben, welche sowohl für den allgemeinen Nachweis wie für die Unterscheidung der Kohlen- hydrate dienen können, ist durch die Beobachtungen von Reichl, Molisch, Ihl, Seliwanoff, Wheeler und Tollens u. a. längst bekannt. Aber die von uns untersuchten Vorgänge, welche bei niederer Temperatur unter Schonung des Zuckermoleküls verlaufen und zu farblosen Produkten führen, sind von jenen Erscheinungen offenbar verschieden.

### Derivate des Resorcins.

Das Resorcin verbindet sich leicht mit allen bisher geprüften Aldosen. Genauer untersucht wurden die Derivate der Arabinose und Glucose. Verwendet man gleiche Moleküle der Komponenten, so sind die Produkte in Wasser leicht, in Alkohol aber nicht löslich. Verdoppelt man die Menge des Resorcins, so entsteht hauptsächlich ein in Alkohol lösliches Produkt.

Die in Alkohol unlöslichen Substanzen haben die gleiche Zusammen- setzung wie die einfachen Glucoside, und wir würden sie ohne Bedenken denselben zuzählen, wenn sie sich nicht davon durch das Verhalten gegen warme verdünnte Säuren unterschieden. Das Derivat der Glucose liefert zwar bei der Hydrolyse Traubenzucker, aber nur den kleineren Teil der erforderlichen Menge, und bei der Verbindung der Ara- binose ist die Menge des Zuckers so klein, daß er nur mit Mühe durch die Osazonprobe nachgewiesen werden kann.

Wir halten es deshalb wohl für möglich, daß diese neuen Sub- stanzen anders konstituiert sind wie die Glucoside und wollen sie des- halb vorläufig auch anders, d. h. durch bloße Kombination der Namen der Komponenten bezeichnen.

Arabinose-Resorcin. 5 Teile (1 Molekül) Arabinose und 3,7 Teile (1 Molekül) Resorcin werden zusammen in 6 Teilen Wasser gelöst und in die gut gekühlte Flüssigkeit gasförmige Salzsäure eingeleitet. Wenn hierbei das Resorcin teilweise ausfällt, läßt man die Temperatur auf etwa $25^0$ steigen und kühlt wieder ab, sobald klare Lösung erfolgt ist. Das Einleiten der Salzsäure wird bis zur völligen Sättigung bei $+ 10^0$ fortgesetzt. Dann bleibt die Lösung 15 Stunden zwischen $0^0$ und $10^0$ stehen, wobei sie schwach rot und dickflüssig wird. Gießt man dieselbe in die 10 fache Menge absoluten Alkohol, so fällt das ge- suchte Produkt als fast farbloser flockiger Niederschlag, welcher filtriert und zuerst mit Alkohol, dann mit Äther gewaschen wird. Seine Menge ist gleich der des angewandten Zuckers. Aus der alkoholischen Mutterlauge fällt auf Zusatz von Äther eine weitere Quantität, so daß die gesamte Ausbeute fast der Theorie entspricht. Über Schwefelsäure getrocknet enthält das Präparat noch Salzsäure, welche durch mehrmaliges Verreiben mit Alkohol größtenteils entfernt werden kann. Um den Rest derselben zu beseitigen, löst man in wenig Wasser und fällt wieder mit Alkohol. Das so gewonnene Präparat ist ein fast farbloses, lockeres Pulver, ohne Geruch, von fadem Geschmack und an der Luft ganz beständig. In Wasser löst es sich sehr leicht, dagegen außerordentlich schwer in Alkohol, Äther, Benzol, Chloroform, Essigäther. Alle Versuche, dasselbe in deutlichen Kristallen zu erhalten, waren vergeblich. Infolgedessen sind auch die Resultate der Analyse, für welche zwei im Vakuum über Schwefelsäure getrocknete Präparate dienten, nicht besonders scharf.

|   | Ber. für $C_{11}H_{14}O_6$ | Gefunden | |
|---|---|---|---|
| C | 54,54 | 54,02 | 53,77 pCt, |
| H | 5,78 | 6,15 | 6,08 ,, |

Aber sie lassen doch kaum einen Zweifel darüber, daß die Substanz aus gleichen Molekülen der Komponenten nach folgender Gleichung entsteht:

$$C_5H_{10}O_5 + C_6H_6O_2 = C_{11}H_{14}O_6 + H_2O.$$
Arabinose    Resorcin

Beim längeren Erhitzen anf $100^0$ an der Luft erfährt die Verbindung eine geringe Veränderung, im Kapillarrohr erhitzt zersetzt sie sich gegen $275^0$ unter Verkohlung.

Die Reaktionen der Zucker fehlen ihr vollkommen; denn sie wird beim Kochen mit Alkalien nicht verändert und liefert mit essigsaurem Phenylhydrazin kein Osazon. Dagegen gleicht sie in mancher Beziehung dem Resorcin. So gibt ihre verdünnte wässerige Lösung mit Eisenchlorid die gleiche blauviolette Farbe und mit Bromwasser sofort ein unlösliches Bromderivat. Ferner liefert sie in salzsaurer Lösung mit Benzaldehyd ein unlösliches Kondensationsprodukt und verbindet sich endlich in neutraler Lösung mit Diazobenzolsulfosäure sofort zu einem roten, leicht löslichen Farbstoff. Durch Schmelzen mit Kali wird Resorcin gebildet, von welchem 75 pCt. der Theorie gewonnen wurden. Die wässerige Lösung des Arabinose-Resorcins wird nicht durch Leimlösung (Unterschied von den Gerbsäuren), wohl aber durch zweifach basisch essigsaures Blei und durch überschüssiges Barytwasser gefällt; diese Niederschläge sind anfangs fast weiß, färben sich aber in Berührung mit der Luft bald rotviolett und sind deshalb für die Reinigung der Substanz nicht geeignet.

Charakteristisch für dieselbe ist endlich das später ausführlich besprochene Verhalten gegen Fehling sche Lösung.

Kocht man das Arabinose-Resorcin mit der 5fachen Menge Essigsäureanhydrid 2 Stunden am Rückflußkühler, so geht es langsam in Lösung und verwandelt sich in ein Acetylderivat, welches auf die übliche Weise durch mehrmaliges Abdampfen mit Alkohol isoliert werden kann. Dasselbe ist in Wasser unlöslich; in heißem Alkohol löst es sich leicht und fällt beim Abkühlen als fast farbloses, körniges, aber nicht kristallinisches Pulver wieder aus. Durch Wiederholung dieser Operation gereinigt und im Vakuum getrocknet, enthielt dasselbe 55,2 pCt. C und 4,7 pCt. H. Da sich aus diesen Zahlen keine wahrscheinliche Formel berechnen läßt, so scheint ein Gemisch vorzuliegen.

Durch Kochen mit verdünntem Alkali wird der Acetylkörper teilweise in Arabinose-Resorcin zurückverwandelt.

Ein von dem Arabinose-Resorcin verschiedenes, in Alkohol lösliches Produkt entsteht, wenn bei dem zuvor beschriebenen Verfahren die Menge des Resorcins verdoppelt wird. Für die Isolierung desselben kann man zwei Methoden anwenden. Handelt es sich um die Gewinnung eines aschefreien Präparates, so vermischt man die salzsaure Lösung mit dem 40fachen Volumen absolutem Alkohol und gießt dann die Flüssigkeit in die doppelte Menge Äther. Dabei fallen schwach gefärbte Flocken, welche filtriert, über Schwefelsäure getrocknet, dann wieder in Alkohol gelöst und abermals mit Äther gefällt werden.

Das so gewonnene Präparat enthält eine sehr kleine Menge Chlor, welche auch durch Wiederholung der obigen Reinigung nicht entfernt wird. Die Resultate der Analyse (gef. C 56,48, H 5,87 pCt.) liegen zwischen den Werten, welche für das Arabinose-Resorcin und für eine zweite Verbindung $C_{17}H_{20}O_8$, die aus 1 Molekül Zucker und 2 Molekülen Resorcin durch Abspaltung von Wasser entstehen kann, berechnet sind. Offenbar haben wir es hier mit einem Gemisch zu tun.

Bei dem obigen Isolierungsverfahren ist die Ausbeute ziemlich gering, da der größte Teil des Produkts in den alkoholisch-ätherischen Mutterlaugen bleibt. Fast quantitativ gewinnt man dasselbe auf folgende Art. Die ursprüngliche salzsaure Lösung wird mit dem 3fachen Volumen eiskaltem Wasser verdünnt und mit angeschlemmtem Bleiweiß neutralisiert. Das Filtrat wird im Vakuum aus dem Wasserbade zum Sirup verdampft und der Rückstand mit wenig warmem absolutem Alkohol ausgelaugt. Nachdem die kleine Menge des gelösten Bleis mit Schwefelwasserstoff entfernt ist, fällt man mit viel Äther. Das so gewonnene Produkt enthält aber stets etwas Asche und ist bräunlich gefärbt; im übrigen hat es dieselben Eigenschaften wie das analysierte Präparat.

Bei der Kombination des Resorcins mit dem Traubenzucker sind die Erscheinungen dieselben wie bei der Arabinose, nur verläuft der Prozeß etwas langsamer und die Produkte sind schwieriger zu reinigen. So ergab das in Alkohol unlösliche Präparat, welches aus gleichen Molekülen der Komponenten bereitet war, bei der Analyse fast 2 pCt. Kohlenstoff weniger, als die Formel des Glucose-Resorcins $C_{12}H_{16}O_7$ verlangt.

Bei Anwendung von 2 Molekülen Resorcin auf 1 Molekül Traubenzucker entsteht neben der in Alkohol löslichen Substanz, welche die Hauptmenge bildet und 54,28 pCt. Kohlenstoff und 6,1 pCt. Wasserstoff enthielt, in geringerer Quantität das Glucose-Resorcin, dessen Zusammensetzung hier mehr übereinstimmend mit der Theorie gefunden wurde (Anal. I). Noch bessere Zahlen gab ein Präparat, welches in reichlicher Quantität aus 1 Molekül Glucose und 1,5 Molekülen Resorcin gewonnen war (Anal. II).

| | Ber. für $C_{12}H_{16}O_7$ | Gefunden | |
|---|---|---|---|
| | | I | II |
| C | 52,94 | 53,3 | 52,75 pCt. |
| H | 5,88 | 6,19 | 6,1  „ |

Beim Erwärmen mit der 5fachen Menge 5prozentiger Salzsäure auf dem Wasserbade werden beide zuvor beschriebenen Präparate teilweise in Traubenzucker und Resorcin gespalten; bei einem quantitativen Versuch wurden von letzterem 25 pCt. der Theorie gewonnen. Daß die Hydrolyse nicht völlig gelingt, erklärt sich durch die Beobachtung, daß umgekehrt Resorcin und Zucker unter dem Einfluß derselben Säure bei der gleichen Temperatur sich wieder vereinigen. Die Reaktion ist also umkehrbar.

Bei der Arabinose erfolgt diese Verbindung mit dem Resorcin durch warme verdünnte Salzsäure viel rascher und das ist auch wohl der Grund, weshalb die Hydrolyse des Arabinose-Resorcins so viel schwerer stattfindet.

Abgesehen von dem Unterschied in der Hydrolyse sind die Derivate der Glucose und Arabinose kaum zu unterscheiden.

Sehr ähnlich sind ferner die entsprechenden Verbindungen der Galactose, Glucoheptose und Xylose, welche aber nicht analysiert wurden.

Etwas anders gestaltet sich der Vorgang bei der Fructose und Sorbose. Löst man eine dieser beiden Ketosen in der 4fachen Menge Wasser, fügt einen Überschuß von Resorcin (2 Moleküle) hinzu und leitet unter guter Kühlung Salzsäure bis zur Sättigung ein, so färbt sich die Flüssigkeit sofort rosa und nach kurzer Zeit dunkelrot. Nach 2 stündigem Stehen bei 10° enthält die noch klare Lösung eine Substanz, welche ebenso wie die Derivate der Aldosen die nachfolgende charakteristische Reaktion mit Fehlingscher Flüssigkeit zeigt. Aber sie verwandelt sich bei Zimmertemperatur schon nach einigen weiteren Stunden in eine dunkelrote, in Wasser unlösliche Masse, welche wohl mit dem von Ihl und später von Seliwanoff[1]) beobachteten Produkt identisch ist.

### Erkennung der Kohlenhydrate durch Resorcin.

Die zuvor beschriebenen Verbindungen des Resorcins mit dem Traubenzucker und der Arabinose geben in alkalischer Lösung mit Oxydationsmitteln, wie Bleisuperoxyd, Quecksilber- und Silberoxyd, eine prächtige fuchsinähnliche Färbung. Am schönsten und sichersten gelingt die Reaktion beim Erwärmen mit Fehlingscher Lösung. Dieselbe ist so empfindlich, daß beim Arabinose-Resorcin 5 ccm einer wässerigen Lösung, welche nur 0,01 pCt. enthält, mit 2 Tropfen Fehling-scher Lösung und 1 Tropfen Natronlauge erwärmt, eine recht starke Farbe annehmen; selbst bei einer Verdünnung von 1 : 50 000 war die Erscheinung noch wahrzunehmen. Ungefähr ebenso scharf ist die Probe bei der Verbindung des Traubenzuckers. Da sie ferner bei allen von uns untersuchten Aldosen nach der Verkupplung mit Resorcin eintritt, so kann man sie allgemein zum Nachweis der Kohlenhydrate benutzen, welche selbst Aldosen sind oder durch starke Salzsäure in solche verwandelt werden.

Man verfährt dabei folgendermaßen. Von der verdünnten wässe-rigen Lösung der zu prüfenden Substanz werden 2 ccm mit ungefähr 0,2 g Resorcin versetzt und dann unter Kühlung mit gasförmiger Salz-säure gesättigt. Ist die Menge des Kohlenhydrats einigermaßen be-trächtlich, so kann man die entscheidende Probe schon nach einer Stunde vornehmen, handelt es sich aber um Spuren, so läßt man die salzsaure Lösung 12 Stunden bei Zimmertemperatur stehen. Dann wird dieselbe mit Wasser verdünnt, mit Natronlauge übersättigt und mit Fehlingscher Flüssigkeit, von welcher bei einer sehr geringen Menge des Kohlenhydrats nur einige Tropfen anzuwenden sind, erwärmt. Die eintretende rotviolette Farbe ist sehr charakteristisch; man beachte aber, daß dieselbe bei starker Verdünnung nach einiger Zeit verschwindet. Unlösliche Substanzen, wie Stärke, werden fein zerrieben, mit Wasser übergossen und nach Zusatz von Resorcin in das kalte Gemisch Salz-säure eingeleitet.

Wir haben so außer den einfachen Aldosen Rohr- und Milchzucker, Maltose, Dextrin, Gummi, Glycogen, Stärke und Baumwollen-Cellulose

---

[1]) Berichte d. d. chem. Gesellsch. **20**, 181 [1887].

in sehr kleinen Mengen nachweisen können. Normaler Urin gibt ebenfalls die Reaktion sehr stark. Die Probe hat manche Ähnlichkeit mit
der von Molisch[1]) aufgefundenen, bei welcher die Färbung des $\alpha$-Naph-
tols in starker Schwefelsäure durch Kohlenhydrate benutzt wird. Sie
ist übrigens nicht ganz so empfindlich und auch weniger bequem. Wenn
aber die Methode von Molisch aus irgend einem Grunde Zweifel läßt,
so wird die neue Resorcinprobe bei Kohlenhydratmengen, welche man
durch die gewöhnlichen Agentien nicht mehr erkennt, nützliche Anwendung finden können.

Wir haben einen solchen Fall schon kennen gelernt. Die zuvor
beschriebenen Verbindungen des Resorcins mit den Zuckern können
durch $\alpha$-Naphtol nicht nachgewiesen werden und ebenso mißglückt
die Probe von Molisch allgemein bei Anwesenheit von Resorcin,
offenbar weil das letztere rascher als das Naphtol den Zucker bindet.

### Derivate des Brenzcatechins und Orcins.

Brenzcatechin reagiert mit den Aldosen viel langsamer als das
Resorcin. Wir haben nur die Verbindung der Arabinose isoliert. Dieselbe entsteht auch unter den früher geschilderten Bedingungen aus
gleichen Molekülen der Komponenten und wird aus der salzsauren
Lösung durch Alkohol und Äther gefällt. Die Ausbeute ist ziemlich
gering und das Produkt bildet ein schwach graues, amorphes Pulver,
welches mit Eisenchlorid dieselbe grüne Farbe wie Brenzcatechin gibt
und in Wasser leicht, dagegen in absolutem Alkohol sehr schwer löslich ist.

Orcin verbindet sich mit Traubenzucker in stark salzsaurer Lösung
so rasch, daß die Reaktion bei gewöhnlicher Temperatur schon nach
6 Stunden beendet ist. Die anfangs gelbe, später dunkelrote Flüssigkeit wird durch Wasser gefällt und der schmutzig-grüne Niederschlag
zur Entfernung der Salzsäure wiederholt mit Wasser verrieben. Das
Produkt ist in Wasser unlöslich, löst sich aber leicht in Alkalien und
in Alkohol. Erwärmt man die dunkle alkalische Lösung mit wenig
Zinkstaub, so wird sie fast farblos und scheidet beim Übersättigen
mit Essigsäure ein schwach fleischfarbiges Präparat ab, welches im
Vakuum getrocknet und analysiert wurde. Aus' den Resultaten (gef.
C 63,1, H 6,2) läßt sich keine einfache Formel ableiten.

### Derivate des Pyrogallols.

Das Arabinose-Pyrogallol wird gerade so wie das Resorcin-
derivat aus gleichen Molekülen der Komponenten erhalten. Zur Ge-

---

[1]) Monatsh. f. Chem. 7, 198 [1886].

winnung eines chlorfreien Präparates muß das aus der salzsauren Lösung durch Alkohol gefällte Produkt wiederholt mit Methylalkohol verrieben, schließlich in wenig Wasser gelöst und abermals durch Alkohol gefällt werden. Im Vakuum über Schwefelsäure getrocknet, bildet es ein fast farbloses, lockeres Pulver.

| | Ber. für $C_{11}H_{14}O_7$ | | Gefunden | |
|---|---|---|---|---|
| C | 51,16 | 51,11 | 51,15 | 51,1 pCt. |
| H | 5,4 | 5,6 | 5,8 | 6,05 ,, |

Dies entspricht der Bildungsgleichung

$$C_5H_{10}O_5 + C_6H_6O_3 = C_{11}H_{14}O_7 + H_2O.$$

Die Verbindung ist in Wasser leicht, in Eisessig sehr schwer, in Alkohol, Äther, Benzol und Essigäther fast gar nicht löslich. Sie zersetzt sich ohne zu schmelzen gegen 240°. Gegen Alkalien verhält sie sich wie Pyrogallol und gibt auch mit Eisenvitriol langsam eine prächtig blaue Farbe. Durch Barytwasser und zweifach basisch essigsaures Blei wird sie ähnlich den Resorcinderivaten gefällt.

Die Verbindung des Pyrogallols mit dem Traubenzucker entsteht auf die gleiche Art und hat ganz ähnliche Eigenschaften. Aber die Reinigung scheint schwieriger zu sein, da die Analysen von Präparaten verschiedener Bereitung, bei welchen die Menge des Pyrogallols variiert wurde, ziemlich starke Unterschiede zeigen.

| | Ber. für $C_{12}H_{16}O_8$ | Gefunden | |
|---|---|---|---|
| C | 50,0 | 50,5 | 48,7 pCt, |
| H | 5,56 | 5,7 | 6,2 „ |

Präparat I war aus 1 Molekül Zucker und 2 Molekülen Pyrogallol hergestellt; bei II war die Menge des Pyrogallols auf $^5/_4$ Moleküle verringert.

## 88. Emil Fischer: Über die Verbindungen der Zucker mit den Alkoholen und Ketonen[1]).

Berichte der deutschen chemischen Gesellschaft **28**, 1145 [1895].

(Vorgetragen in der Sitzung am 29. April vom Verfasser.)

Das früher beschriebene[2]) Verfahren, Alkoholglucoside mit Hilfe starker Salzsäure zu bereiten, hat den doppelten Nachteil, daß es bei den leicht zerstörbaren Zuckern, besonders bei den Ketosen, unbefriedigende Resultate gibt, und daß in allen Fällen die spätere Entfernung der Säure recht lästig ist. Diese Mängel fallen bei Anwendung von sehr verdünnter Salzsäure weg, und die Reaktion findet ebenso vollkommen statt, wenn sie durch längeres Erwärmen unterstützt wird. Um Methylglucosid zu bereiten, genügt es z. B., Traubenzucker mit der 5fachen Menge Methylalkohol, welcher nur 0,25 pCt. Salzsäure enthält, 50 Stunden auf 100⁰ zu erwärmen und die ohne Entfernung der Salzsäure eingedampfte Lösung der Kristallisation zu überlassen. Ebenso wie bei dem älteren Verfahren bilden sich auch hier gleichzeitig die beiden Stereoisomeren, $\alpha$- und $\beta$-Methylglucosid. Aber neben ihnen entsteht noch ein drittes Produkt, welches anfänglich an Menge überwiegt und später größtenteils in die Glucoside übergeht. Will man dasselbe gewinnen, so ist es ratsam, den fein gepulverten Traubenzucker bei Zimmertemperatur mit 20 Teilen Methylalkohol, welcher 1 pCt. Chlorwasserstoff enthält, 10—12 Stunden bis zur völligen Lösung kräftig zu schütteln, dann die Flüssigkeit nach Entfernung der Salzsäure mit Silbercarbonat im Vakuum zu verdampfen und den Rückstand mit Essigäther auszulaugen. Die Verbindung konnte hier leider ebensowenig wie bei den anderen Zuckerarten kristallisiert und analysiert werden; sie bildet einen farblosen, süßen, in Wasser und Alkohol sehr leicht, in Aceton und Essigäther ziemlich schwer löslichen Sirup, welcher die Fehlingsche Lösung und Phenyl-

---

[1]) Der Akad. d. Wissenschaften zu Berlin vorgelegt am 7. März (s. Sitzungsberichte **1895**, 219).

[2]) Berichte d. d. chem. Gesellsch. **26**, 2400 [1893] (*S. 682*) und **27**, 2478 [1894]. (*S. 704.*)

hydrazin nicht verändert, von Emulsin, Hefeninfus und Diastase nicht gespalten, dagegen durch warme wässerige Säuren außerordentlich leicht in Glucose zurückverwandelt wird.

Da sie also offenbar die Aldehydgruppe des Traubenzuckers nicht mehr enthält und auch von den beiden Glucosiden ganz verschieden ist, so halte ich sie für das von mir längst gesuchte Glucosedimethyl-acetal, $CH_2OH.(CHOH)_4CH(OCH_3)_2$, das Analogon der viel beständigeren Glucosemercaptale.[1])

Beim Erhitzen mit der verdünnten alkoholischen Säure geht das vermeintliche Acetal unter Verlust von Methylalkohol in die beiden Glucoside über. Diese Verwandlung findet aber nicht vollständig statt, sondern es resultiert stets ein Gemisch der drei Produkte, unter welchen allerdings das α-Methylglucosid an Menge überwiegt. Da das gleiche eintritt, wenn man eines der beiden reinen Glucoside genau in derselben Art behandelt, so nehme ich an, daß der Vorgang, welcher vom Acetal zum Glucosid führt, umkehrbar ist, daß ferner die Verwandlung der Glucoside ineinander über das Acetal führt und daß mithin die drei Verbindungen als Faktoren eines Gleichgewichtszustandes resultieren.

Bei Anwendung von starker alkoholischer Salzsäure liegen übrigens die Verhältnisse ganz ähnlich. Nur ist es hier schwierig, das Acetal rein zu gewinnen, da ihm von vornherein die Glucoside in größerer Quantität beigemengt sind.

Das neue bequeme Verfahren ist bezüglich der Alkohole fast ebenso allgemein anwendbar wie das frühere; es wurde mit Traubenzucker bei Methyl-, Äthyl-, Propyl- und Isopropylalkohol und Glycerin geprüft. Dagegen ist bei den kohlenstoffreichen Alkoholen, z. B. der Amyl- und Benzylverbindung, die geringe Löslichkeit des Zuckers recht hinderlich, und ich würde hier die ältere Vorschrift vorziehen.

Besondere Vorteile aber bietet die neue Methode bei den gegen starke Säuren sehr empfindlichen Ketosen. So gelingt es durch einprozentige Salzsäure schon bei gewöhnlicher Temperatur die Fructose und Sorbose in Methylderivate zu verwandeln, welche ganz den Charakter der Glucoside tragen. Selbst das noch viel unbeständigere Benzoylcarbinol läßt sich auf diese Art methylieren.

Endlich gestattet die Anwendung der verdünnten Säure, auch die Ketone mit den Zuckern zu kombinieren. Genauer untersucht wurden die Verbindungen des Acetons mit der Rhamnose, Arabinose, Fructose und Glucose. Auffallenderweise ist ihre Zusammensetzung verschieden. Während die Rhamnose nur 1 Molekül Aceton aufnimmt,

---

[1]) Berichte d. d. chem. Gesellsch. **27**, 673 [1894]. (*S. 713.*)

treten die drei anderen Zucker mit 2 Molekülen des Ketons unter Verlust von 2 Molekülen Wasser zusammen. Trotzdem zeigen alle vier Produkte in ihrem Verhalten die größte Ähnlichkeit; sie verändern weder die Fehlingsche Lösung noch das Phenylhydrazin, werden aber durch Erwärmen mit wässerigen Säuren außerordentlich leicht in die Komponenten gespalten. Die erste Verbindung halte ich für ein Analogon der Glucoside und nenne sie deshalb Aceton-Rhamnosid. Dagegen ist die Struktur der drei anderen zweifelhaft, weshalb ich für sie die anspruchsloseren Namen Arabinosediaceton, Fructosediaceton und Glucosediaceton vorschlage.

Traubenzucker und Galactose lassen sich wegen ihrer geringen Löslichkeit nicht direkt mit dem Aceton verbinden, und die gleiche Schwierigkeit zeigt sich auch für die anderen Zucker bei den kohlenstoffreichen Ketonen. Am besten eignet sich noch für solche Versuche die leicht lösliche Rhamnose, welche z. B. von der 10fachen Menge Acetessigäther mit einem Gehalt von 1 pCt. Chlorwasserstoff bei andauerndem Schütteln verhältnismäßig rasch, d. h. in etwa 12 Stunden, gelöst und gebunden wird.

Bei den anderen Zuckern erreicht man übrigens dasselbe auf einem kleinen Umweg, indem man das leicht lösliche Acetal mit den Ketonen kombiniert. Ich werde diese Modifikation, welche mir mannigfacher Anwendung fähig scheint, bei dem Glucosediaceton genauer beschreiben.

Dagegen sind alle Versuche, die Zucker mit den einfachen Aldehyden zu verbinden, an der Neigung der letzteren zur Polymerisation und Kondensation gescheitert.

Schon vor 7 Jahren hat Hugo Schiff „Verbindungen von Zuckerarten mit Aldehyden und Acetonen" beschrieben[1]), welche er durch Zusammenbringen der Komponenten in essigsaurer Lösung darstellte. Diese amorphen, hygroskopischen, durch Wasser zerlegbaren und stark reduzierenden Stoffe haben mit den von mir erhaltenen Derivaten der Ketone gar nichts gemein. Trotzdem kann ich die Bemerkung nicht unterdrücken, daß mir alles, was Hr. Schiff über ihre Zusammensetzung und Struktur vorbringt, mit Rücksicht auf die Eigenschaften und die mangelhafte Untersuchung jener Produkte recht zweifelhaft erscheint.

Die früher von mir aufgestellte **Strukturformel** der Glucoside

$$CH_2OH.CHOH.CH.CHOH.CHOH.CH.OR$$
$$\underline{\qquad\qquad O\qquad\qquad}$$

---

[1]) Liebigs Annal. d. Chem. **244**, 19 [1888].

steht mit den neuen Beobachtungen in bestem Einklang. Dieselbe basiert in erster Linie auf dem Nachweis, daß diese Zuckerderivate sich nicht wie Aldehyde, sondern wie Acetale verhalten. Denselben Gedanken hat gleichzeitig mit mir Hr. R. Marchlewski ausgesprochen und anfänglich auch durch Annahme obiger Formel präzisiert.[1]) Aber bald nachher verließ er dieselbe wieder und ersetzte sie durch folgende[2]):

$$CH_2OH \cdot CHOH \cdot CHOH \cdot CHOH \cdot CH \cdot CH \cdot OR.$$
$$\diagdown O \diagup$$

Veranlaßt wurde er zu dieser Änderung durch eine unrichtige Interpretation der Osazonbildung bei den Zuckern. Er meinte, dieselbe bekunde eine so große Neigung des $\alpha$-Kohlenstoffatoms, Phenylhydrazin zu fixieren, daß die Glucoside wenigstens 1 Molekül Hydrazin aufnehmen müßten, wenn die $\alpha$-Carbinolgruppe darin enthalten wäre. Hr. Marchlewski übersah aber bei seiner Deduktion, daß die Verwandlung des Glucosephenylhydrazons in Osazon ein Oxydationsvorgang ist und daß die $\alpha$-Carbinolgruppe nur dann leicht oxydiert wird, wenn sie mit der Hydrazon- oder Aldehydgruppe kombiniert ist. Den besten Beweis dafür giebt das Verhalten gegen Fehlingsche Lösung; bei den Säuren und Alkoholen der Zuckergruppe, welch letztere nicht reduzieren, fehlt auch die Wirkung des Phenylhydrazins auf das $\alpha$-Carbinol. Warum soll die Festlegung der Aldehydgruppe in den Glucosiden nicht den gleichen Einfluß haben? Hr. Marchlewski hat ferner übersehen, daß ich dieselbe Frage schon vor ihm und mit ganz anderem Resultate diskutierte.[3]) Aus der Tatsache, daß das Methylbenzoin noch als Keton reagiert, zog ich den Schluß, daß die Gruppe — CO.CHOH — allein nicht für die Glucosidbildung genüge. Die nachfolgenden Beobachtungen über das ganz verschiedene Verhalten des Benzoylcarbinols und der Ketohexosen können dieser Folgerung als neue kräftige Stütze dienen. Trotzdem halte ich es noch immer für wünschenswert, daß auch ein Oxyaldehyd, wie der Glycol-, Glycerin- oder der noch unbekannte Mandelaldehyd in bezug auf die Glucosidbildung geprüft werden.

Aus der Glucosidformel einen Schluß auf die Struktur der Aldosen zu ziehen, habe ich schon früher als gewagt bezeichnet. Wie richtig diese Vorsicht war, zeigte bald darauf die Darstellung der Glucosemercaptale[4]) und beweist noch mehr die jetzige Erfahrung,

---

[1]) Journ. chem. soc. **1893**, 1137.
[2]) Berichte d. d. chem. Gesellsch. **26**, 2928 [1893].
[3]) Berichte d. d. chem. Gesellsch. **26**, 2402 [1893]. (*S. 684.*)
[4]) Berichte d. d. chem. Gesellsch. **27**, 673 [1894]. (*S. 713.*)

daß der Glucosidbildung die Entstehung einer acetalartigen Verbindung voraufgeht. Ein solches Zwischenprodukt wird man wohl auch noch bei der Bereitung der Pentacetylglucosen finden. Keine dieser Verwandlungen kann darum als Beweis für die von Tollens aufgestellte Formel des Traubenzuckers gelten, und seitdem Villiers und Fayolle[1]) gezeigt haben, daß die Aldosen unter gewissen Vorsichtsmaßregeln auch die fuchsinschweflige Säure färben, fällt jeder Grund fort, die alte Aldehydformel zu verlassen.

Am allerwenigsten vermag ich die von Marchlewski[2]) zugunsten der äthylenoxydartigen Strukturformel angeführte Indifferenz des Natriumglucosats gegen Phenylhydrazin als entscheidendes Moment anzuerkennen, obschon ich die Richtigkeit der Beobachtung gerne bestätige. Man weiß doch jetzt aus zahlreichen Fällen, daß die Struktur der Metallverbindungen keineswegs immer dieselbe wie diejenige der ursprünglichen Verbindung ist; man könnte darum auch annehmen, daß Natriumglucosat das Derivat eines Oxymethylens $CH_2OH$. $(CHOH)_3$. $C(OH) = CHONa$ sei, welches leicht aus der Aldehydform entsteht. Aber solche Erklärungen scheinen mir gar nicht einmal nötig, um die Aldehydformel des Zuckers zu verteidigen. Warum soll die Anlagerung des Metalls nicht die Wirkung der Aldehydgruppe des Zuckers auf das Hydrazin verhindern? Ich habe darüber einige Versuche angestellt. Bei den neutralen Aldehyden und Ketonen, ferner bei der Lävulinsäure und dem Salicylaldehyd findet allerdings die Bildung der Phenylhydrazone auch in alkalischer Lösung ziemlich rasch statt. Dagegen wird beim Benzoylaceton der Vorgang durch Alkali sehr stark beeinflußt. Während das Doppelketon in der zehnfachen Menge Äther gelöst und mit der gleichen Menge Phenylhydrazin bei Zimmertemperatur zusammengebracht schon nach 30 Minuten eine reichliche Kristallisation des Hydrazons[3]) liefert, blieb eine eben-

---

[1]) Bull. soc. chim. [3] 11, 692 [1894].

[2]) Berichte d. d. chem. Gesellsch. 26, 2928 [1893].

[3]) Die Verbindung, welche von Bülow und mir früher nur flüchtig erwähnt wurde (Berichte d. d. chem. Gesellsch. 18, 2135 [1885]), bildet feine weiße Nadeln, welche für die Analyse aus warmem Äther umkristallisiert und im Vakuum getrocknet wurden.

|  | Ber. für $C_{16}H_{16}ON_2$ | Gefunden |
|---|---|---|
| C | 76,2 | 75,9 pCt. |
| H | 6,4 | 6,5 ,, |
| N | 11,1 | 11,1 ,, |

Im reinen Zustande läßt sie sich etwa einen Tag aufbewahren; unrein verändert sie sich aber rasch. Sie schmilzt zwischen 105 und 110⁰ unter Zersetzung, ist unlöslich in Alkalien und reduziert in verdünntem Alkohol die Fehlingsche Lösung in der Wärme sehr stark. Durch Wärme, durch Säuren und durch Kochen in alkoholischer Lösung wird sie rasch in Methyldiphenylpyrazol verwandelt.

so konzentrierte wässerige Lösung von Benzoylacetonkalium nach Zusatz der gleichen Menge Phenylhydrazin mehrere Stunden lang völlig klar. Nach 12 Stunden war allerdings ein Öl abgeschieden, aber noch nach 36 Stunden konnte aus der Lösung durch starke Kalilauge unverändertes Benzoylacetonkalium gefällt werden. Ferner bestand das Öl zum größeren Teil aus dem Hydrazon des Acetophenons, welches durch Spaltung des Doppelketons bekanntlich entsteht, und enthielt keine nachweisbaren Mengen von Benzoylacetonphenylhydrazon. Ob in demselben etwas Methyldiphenylpyrazol vorhanden war, habe ich nicht geprüft, da das Resultat des Versuchs genügend beweist, wie stark die normale Reaktion zwischen dem Doppelketon und dem Hydrazin durch die Anwesenheit des Alkalis verändert wird.

Größere Schwierigkeiten als die Alkoholglucoside bieten der theoretischen Erklärung die Acetonderivate. Nimmt man an, daß in denselben das Keton wie ein ungesättigter sekundärer Alkohol fungiert, so ließe sich die Struktur des Acetonrhamnosids durch die Formel

$$CH_3.CHOH.CH.CHOH.CHOH.CH-O-C\diagup^{CH_3}_{\diagdown CH_2}$$
$$\underbrace{\qquad\qquad}_{O}$$

ausdrücken. Da aber die Substanz nicht das Verhalten der ungesättigten Verbindungen zeigt, so verdient vielleicht folgende Formel den Vorzug

$$CH_3.C.CH_3$$
$$O\diagup\ \diagdown O$$
$$CH_3.CHOH.CH.CHOH.CH-CH$$
$$\underbrace{\qquad\qquad}_{O}$$

Das zweite Molekül Aceton in den Verbindungen der Arabinose, Glucose und Fructose ist vermutlich in ähnlicher Art an zwei Carbinolgruppen angelagert, wie die Aldehyde bei den Acetalen der mehrwertigen Alkohole. Dieser Voraussetzung würde folgendes Schema für Arabinosediaceton entsprechen.

$$CH_3.C.CH_3\qquad CH_3.C.CH_3$$
$$O\diagup\ \diagdown O\qquad O\diagup\ \diagdown O$$
$$CH_2.CH.CH\!-\!\!-\!\!-\!CH-CH$$
$$\underbrace{\qquad\qquad}_{O}$$

Daß in der Tat die mehrwertigen Alkohole sehr leicht mit dem Aceton ähnliche Verbindungen eingehen, werde ich in der folgenden Mitteilung zeigen. Nichtsdestoweniger glaube ich bemerken zu müssen, daß die drei letzten Formeln nur als vorläufige und recht unsichere Versuche zu betrachten sind.

Die Anwendung der stark verdünnten Salzsäure als wasserentziehendes Mittel bedeutet für die Synthese der komplizierten Zuckerverbindungen einen so großen Fortschritt, daß es nahe lag, die Vorteile der Methode auch für die gewöhnliche Esterbildung zu prüfen. Durch Versuche, welche ich gemeinschaftlich mit Hrn. Speier ausführte und welche bald ausführlich beschrieben werden sollen, hat sich in der Tat herausgestellt, daß in den meisten Fällen Kochen der Säure mit der 3 fachen Menge Alkohol, der 1—3 pCt. Chlorwasserstoff enthält, die Veresterung ebenso gut oder besser bewirkt, als Sättigen der alkoholischen Lösung mit gasförmiger Salzsäure oder Anwendung von konzentrierter Schwefelsäure. Das Verfahren ist besonders bei solchen Substanzen zu empfehlen, welche die starken Mineralsäuren nicht vertragen.

<h2 style="text-align:center">Methyl-d-glucoside, $C_6H_{11}O_6.CH_3$.</h2>

1 Teil wasserfreier, fein gepulverter Traubenzucker wird in 4 Teilen käuflichem, acetonfreiem Methylalkohol, welcher über Calciumoxyd getrocknet ist und 0,25 pCt. gasförmige Salzsäure enthält, durch Kochen am Rückflußkühler gelöst. Diese Operation dauert ½—1 Stunde. Die schwach gelbe Lösung, welche den größten Teil des Zuckers in Form der von mir als Glucosedimethylacetal angesehenen Verbindung enthält, wird im geschlossenen Rohr oder bei größeren Mengen im Autoklaven 50 Stunden lang im Wasserbade erhitzt und dann auf $^1/_3$ ihres Volumens eingedampft. Beim längeren Stehen oder rascher auf Zusatz einiger Kristalle fällt das α-Methylglucosid in farblosen, kleinen Nadeln aus, und die Menge beträgt nach 12 Stunden etwa 45 pCt. des angewandten Zuckers. Die Mutterlauge enthält noch weitere Mengen der α-Verbindung und daneben viel β-Glucosid. Handelt es sich nur um die Gewinnung der ersteren, so versetzt man die Mutterlauge nochmals mit 2½ Teilen des obigen salzsäurehaltigen Methylalkohols, erhitzt wieder 40 Stunden auf 100⁰ und konzentriert die Lösung von neuem. Beim längeren Stehen fällt dann abermals so viel α-Methylglucosid aus, daß die Gesamtausbeute auf 75—80 pCt. des angewandten Zuckers steigt, und durch Wiederholung der Operation läßt sich dieselbe noch steigern, da immer von neuem α-Methylglucosid aus den anderen Produkten entsteht. Zur Reinigung des Rohproduktes genügt einmaliges Umkristallisieren aus 18 Teilen heißem Äthylalkohol. Durch langsames Verdunsten der wässerigen Lösung erhält man dasselbe in prachtvollen, scharf ausgebildeten und mehrere Zentimeter langen Kristallen.

Diese Bereitung des α-Methylglucosids ist so einfach, daß dasselbe von allen künstlichen Derivaten des Traubenzuckers am leichtesten zugänglich ist.

An Stelle des Traubenzuckers kann man zu seiner Bereitung auch die Stärke verwenden. Beim 15stündigen Kochen mit der 10fachen Menge Methylalkohol, welcher 1 pCt. Salzsäure enthielt, wurde dieselbe fast vollkommen gelöst und die wie oben behandelte Flüssigkeit gab eine große Ausbeute an α-Methylglucosid. Für eine etwaige technische Gewinnung des letzteren dürfte das Beachtung verdienen.

Will man das β-Methylglucosid gleichzeitig bereiten, so verdampft man die erste Mutterlauge zum Sirup und läßt mehrere Wochen kristallisieren, oder man versetzt dieselbe bis zur Trübung mit Äther und überläßt sie bei niederer Temperatur 3—8 Tage der Kristallisation. Die von dem Sirup durch Absaugen und Pressen oder durch Zentrifugieren getrennte Kristallmasse ist stets ein Gemisch von α- und β-Glucosid, welche man schon an der Kristallform unterscheiden kann. Zur Trennung derselben kristallisiert man in Fraktionen zuerst aus absolutem und dann aus 80prozentigem Alkohol unter Berücksichtigung der von Alberda van Ekenstein bestimmten Löslichkeit. Dabei ist es nötig, die einzelnen Kristallisationen polarimetrisch auf den Gehalt an den beiden Isomeren zu prüfen. Die Menge des reinen β-Methylglucosids, welches man durch systematisches Kristallisieren gewinnt, beträgt ungefähr 10 pCt. des angewandten Zuckers.

### Bildung des Methylglucosids aus Äthylglucosid.

1 g α-Äthylglucosid wurde mit 10 ccm Methylalkohol und 0,05 g trockener Salzsäure 30 Stunden auf 100⁰ erhitzt. Aus der auf $^1/_3$ eingedampften Lösung schieden sich beim längeren Stehen 0,4 g reines α-Methylglucosid ab, und in der Mutterlauge konnte auch β-Methylglucosid nachgewiesen werden.

Ebenso wurde umgekehrt α-Methylglucosid in die Äthylverbindung übergeführt.

### α- und β-Methyl-$l$-glucosid.

Bei Anwendung von reiner kristallisierter $l$-Glucose verläuft die Bereitung der $l$-Glucoside gerade so, wie in der $d$-Reihe, einerlei, ob man nach der älteren oder der viel bequemeren neuen Methode arbeitet. Man kann übrigens für diesen Zweck auch die sirupförmige $l$-Glucose, wie sie bei der Reduktion der $l$-Gluconsäure zunächst entsteht, verwenden. Nur ist dann die Menge der Salzsäure wegen der Anwesenheit organischer Natronsalze etwas größer zu wählen. Das α-Methyl-$l$-glucosid konnte, trotzdem der Versuch nur mit einigen

Gramm *l*-Glucose ausgeführt wurde, leicht ganz rein dargestellt werden; es zeigte denselben Schmelzpunkt, die gleiche Löslichkeit und dieselbe äußere Form der Kristalle, wie die *d*-Verbindung. Die spezifische Drehung $[\alpha]_D$ wurde zu — 156,9⁰ gefunden, gegen $[\alpha]_D = + 157,6⁰$ bei der *d*-Verbindung. Die Differenz liegt innerhalb der Beobachtungsfehler, da die Bestimmung beim Methyl-*l*-glucosid wegen Mangel an Material nur im 1 dcm-Rohr in etwa 5prozentiger Lösung ausgeführt werden konnte.

α - Methyl - *dl* - glucosid. Gleiche Quantitäten *d*- und *l*-Verbindung geben eine inaktive wässerige Lösung und liefern zusammen, in heißem Alkohol gelöst, beim Erkalten eine Kristallisation von feinen Nadeln, welche ungefähr den gleichen Schmelzpunkt, 163—166⁰, wie die aktiven Glucoside zeigen. Da die Kristalle nicht meßbar waren, und auch der Schmelzpunkt nicht entscheidend ist, so muß ich es ungewiß lassen, ob hier eine wahre racemische Verbindung vorliegt.[1]

---

[1] Trotz meiner Ausführungen über die Kriterien des racemischen Zustandes (Berichte d. d. chem. Gesellsch. **27**, 3224 [1894] (*S. 68*) hält Herr Ladenburg an der von ihm behaupteten Racemie des flüssigen inaktiven Coniins fest (Berichte d. d. chem. Gesellsch. **28**, 163 [1895]). Da aber sein früherer Beweis für diese Anschauung, welcher auf der Fällung eines Jodcadmiumsalzes beruhte, nach meiner Darlegung ihm selbst nicht mehr zutreffend zu sein scheint, so hat er die Entscheidung der Frage auf thermischem Wege versucht. Aus der Temperaturerniedrigung, welche beim Vermischen von *d*- und *l*-Coniin stattfindet, schließt er auf den Eintritt einer chemischen Reaktion, deren Produkt nur das racemische Coniin sein könne.

Hätte Herr Ladenburg eine Erhöhung der Temperatur gefunden, wie sie z. B. bei der Bildung der Traubensäure und des racemischen Inosits von Berthelot (Compt. rend. **110**, 1244 [1890]) festgestellt ist, so würde das die Richtigkeit seiner Argumentation, wenn auch nicht definitiv beweisen, so doch einigermaßen wahrscheinlich machen. Viel sicherer aber kann man von seiner gegenteiligen Beobachtung sagen, daß sie für die Lösung der vorliegenden Frage gar nichts bedeutet. Es ist längst bekannt, daß beim Vermischen der Flüssigkeiten, wie Alkohol, Äther, Chloroform, Schwefelkohlenstoff usw., für welche eine chemische Wirkung aufeinander nicht nachweisbar ist, eine Änderung der Temperatur bald positiver, bald negativer Art stattfindet (Bussy und Buignet, Jahresbericht für Chemie 1864). Über die Ursache dieser Erscheinungen sind verschiedene Meinungen geäußert worden, aber noch niemand ist bisher auf den Gedanken gekommen, aus der Erniedrigung der Temperatur hier auf den Eintritt einer chemischen Reaktion zu schließen. Nach alledem bleibe ich bei meiner früheren Behauptung, daß bis jetzt weder für das inaktive Coniin noch für ein anderes flüssiges Gemisch zweier optischen Antipoden die Racemie nachgewiesen ist, daß mithin der von Herrn Ladenburg vorgeschlagene Name *r*-Coniin keine Berechtigung hat. Als Ergänzung bringt Herr Ladenburg neuerdings noch den Buchstaben „*e*" für inaktive Gemenge von zwei enantiomorphen Formen in Vorschlag. Würde derselbe angenommen, so hätten wir 2 Zeichen, von welchen man in den meisten Fällen nicht wüßte, welches anzuwenden sei. Diese Gefahr ist bei dem von mir vorgeschlagenen stets brauch-

Das $\beta$-Methyl-$l$-glucosid konnte aus Mangel an Material nicht ganz rein dargestellt werden. Durch Kristallisation aus Aceton wurde schließlich ein Präparat erhalten, welches völlig farblos und aschefrei war, auch annähernd den Schmelzpunkt der $d$-Verbindung zeigte, aber nach der optischen Untersuchung nur 75 pCt. $\beta$-methyl-$l$-glucosid enthielt.

Wie schon erwähnt[1]), unterscheiden sich die beiden $l$-Gglucoside von ihren optischen Isomeren auch ganz scharf durch ihr Verhalten gegen Enzyme, denn sie werden von Emulsin und Hefeninfus gar nicht angegriffen.

### $\alpha$-Äthylglucosid, $C_6H_{11}O_6 . C_2H_5$.

An Stelle der früher gegebenen Vorschrift ist auch hier die viel bequemere neue Methode zu gebrauchen: Man verfährt genau so wie bei der Methylverbindung, erhitzt aber zweckmäßig 72 Stunden. Der Zucker verschwindet dabei fast völlig. Die alkoholische Lösung wird ohne Entfernung der Salzsäure soweit eingedampft, bis das Gewicht des Rückstandes ungefähr das Doppelte des angewandten Zuckers beträgt, und dann der braune Sirup mit der 25 fachen Gewichtsmenge Essigäther mehrere Stunden am Rückflußkühler ausgekocht. Diese Lösung hinterläßt beim Abdestillieren abermals einen braunen Sirup, der ungefähr in der gleichen Menge absolutem Alkohol gelöst, bei niederer Temperatur im Laufe von einigen Tagen das Äthylglucosid in kleinen Kristallen abscheidet. Die Mutterlauge wird in der 2- bis 3 fachen Menge heißem Aceton gelöst und ebenfalls mehrere Tage der Kristallisation überlassen. Die Gesamtausbeute an fast reinem Produkt beträgt etwa 17 pCt. des angewandten Zuckers. Durch einmaliges Umkristallisieren aus 30 Teilen heißem Aceton erhält man die Substanz in schönen, wasserklaren Säulen.

|   | Ber. für $C_8H_{16}O_6$ | Gefunden |
|---|---|---|
| C | 46,2 | 46,0 pCt. |
| H | 7,7 | 7,8 „ |

Die reine Verbindung schmilzt bei 113—114$^0$ (unkorr.) und ist nicht hygroskopisch. Hiernach sind die früheren[2]) Angaben, die sich auf ein nicht ganz reines Präparat bezogen, zu berichtigen. Auch die spezifische Drehung wurde etwas größer als früher gefunden.

---

baren „i" ausgeschlossen. Letzteres hat allerdings den Nachteil, daß es auch als Abkürzung von „Iso" benutzt wird. Es ist deshalb vielleicht zweckmäßiger, die aus zwei aktiven Hälften bestehenden inaktiven Substanzen einfach als $dl$-Verbindungen zu bezeichnen. (*Vgl. Abhandlung 109, S. 893.*)

[1]) Berichte d. d. chem. Gesellsch. **27**, 3483 [1894]. (*S. 849.*)

[2]) Berichte d. d. chem. Gesellsch. **27**, 2480 [1894]. (*S. 706.*)

Eine wässerige Lösung, die 9,002 pCt. enthielt und das spez. Gew. 1,025 hatte, drehte im 2 dcm-Rohr 27,79° nach rechts. Die spezifische Drehung beträgt somit: $[\alpha]_D^{20^0} = + 150,6^0$. Eine zweite Bestimmung in 8,897 prozentiger Lösung ergab: $[\alpha]_D^{20^0} = + 150,3^0$.

Die Substanz ist in Wasser und warmem Alkohol sehr leicht, in Äther dagegen fast gar nicht löslich. Sie schmeckt süß. Daß sie der $\alpha$-Reihe angehört, geht aus der Spaltung durch Hefeninfus hervor, welche zur Sicherheit nochmals mit diesem reinen Präparat wiederholt wurde. Das $\beta$-Äthylglucosid konnte bisher nicht isoliert werden.

## Methylgalactoside, $C_6H_{11}O_6 . CH_3$.

Die Darstellung ist zunächst dieselbe, wie beim Methylglucosid. Dagegen ist es hier nötig, die Salzsäure vor dem Eindampfen zu entfernen. Die Lösung wird deshalb mit Silbercarbonat geschüttelt, durch Erwärmen mit wenig Tierkohle geklärt und zum dicken Sirup verdampft. Dieser wird mit der 4 fachen Menge Aceton versetzt, wobei eine zähe Masse ausfällt, die bei längerem Stehen und öfterem Verreiben mit frischem Aceton kristallinisch erstarrt. Die Ausbeute beträgt etwa 60 pCt. der angewandten Galactose. Das Produkt ist ein Gemisch von $\alpha$- und $\beta$-Galactosid, die man am besten durch Essigester trennt. Zu dem Zwecke wird dasselbe fein zerrieben und mit der 20 fachen Gewichtsmenge Essigester am Rückflußkühler 15—20 Minuten ausgekocht. Das Filtrat scheidet beim Abkühlen die $\alpha$-Verbindung kristallinisch ab. Die Mutterlauge dient dazu, das Rohprodukt nochmals in derselben Weise auszulaugen, und die Operation wird noch 2—3 mal wiederholt, bis die Lösung des $\alpha$-Galactosids beendet ist. Die Ausbeute an $\alpha$-Verbindung beträgt hier gerade so wie bei dem älteren Verfahren ungefähr 25 pCt. des angewandten Zuckers. Zur völligen Trennung von wenig beigemengtem $\beta$-Galactosid wird das Produkt ein-, höchstens zweimal aus der gleichen Menge warmem Wasser umkristallisiert. Der Schmelzpunkt wurde ebenso gefunden wie früher. Dagegen zeigte sich eine Verschiedenheit in der spezifischen Drehung.

Eine wässerige Lösung, die 9,119 pCt. der im Exsiccator über Schwefelsäure getrockneten Substanz enthielt und das spez. Gew. 1,026 hatte, drehte im 2 dcm-Rohr 33,56° nach rechts. Die spezifische Drehung beträgt demnach: $[\alpha]_D^{20^0} = + 179,3^0$ für die Kristallwasser enthaltende Verbindung $C_7H_{14}O_6 + H_2O$.

Eine zweite Bestimmung gab: $[\alpha]_D^{20^0} = + 178,8^0$. Danach ist also die frühere[1]) Angabe zu korrigieren. Ich bemerke hierzu, daß

---

[1]) Berichte d. d. chem. Gesellsch. **27**, 2480 [1894]. (*S. 708.*)

Hr. Alberda van Ekenstein die gleiche Beobachtung vor mir gemacht und mir dieselbe privatim mitgeteilt hat.

Das $\beta$-Methylgalactosid wurde gleichzeitig von Hrn. Alberda van Ekenstein (nach einer Privatmitteilung) bei Benutzung meiner älteren Methode und im hiesigen Laboratorium bei Anwendung der neuen Methode von Hrn. Beensch beobachtet. Es bleibt beim Auskochen des Rohproduktes mit Essigäther zurück; seine Menge ist aber ziemlich gering, denn sie betrug nicht mehr als 5 pCt. des angewandten Zuckers. Dasselbe wird aus heißem, absolutem Alkohol umkristallisiert.

|   | Ber. für $C_7H_{14}O_6$ | Gefunden |
|---|---|---|
| C | 43,3 | 43,1 pCt. |
| H | 7,2 | 7,4 ,, |

Das $\beta$-Methylgalactosid schmilzt bei 173—175° (korr. 178—180°). Es ist in Wasser sehr leicht löslich, von heißem absolutem Alkohol verlangt es etwa 25 Teile. In 10 prozentiger wässeriger Lösung zeigte es im 2 dcm-Rohr keine deutliche Drehung. Dagegen war in kalt gesättigter Boraxlösung bei 8,5 pCt. Gehalt $[\alpha]_D^{20°} = + 2,6°$.

Im Gegensatz zur $\alpha$-Verbindung wird es von Emulsin gespalten. Neben den beiden Galactosiden wird noch ein drittes Produkt gewonnen, wenn man die ursprüngliche methylalkoholische Lösung ohne Ausfällung der Salzsäure zum dicken Sirup eindampft. Dasselbe verdankt seine Entstehung der sekundären Wirkung der Säure, denn es wird auch aus reinem $\alpha$-Methylgalactosid durch Abdampfen mit methylalkoholischer Salzsäure von derselben Stärke gebildet. Es unterscheidet sich von den Galactosiden durch die geringe Löslichkeit in absolutem Alkohol. Infolgedessen fällt es beim Verdünnen des Sirups mit 5—6 Teilen Alkohol als amorphes weißes Pulver aus. Es ist leicht löslich in Wasser und heißem Eisessig, schwer in Alkohol und Aceton, reduziert Fehlingsche Lösung nicht, wird aber durch warme verdünnte Salzsäure leicht in Zucker verwandelt. Ich werde diese merkwürdige Reaktion, welche auch bei den anderen Glucosiden stattfindet, näher untersuchen.

## Methylarabinosid.

Auch hier ist die neue Methode der älteren vorzuziehen. Die Ausführung bleibt dieselbe, wie zuvor. Die Ausbeute an fast reiner Substanz betrug 32 pCt. des angewandten Zuckers. Das Isomere wurde bisher nicht kristallisiert erhalten.

## Methylglucoheptosid, $C_7H_{13}O_7 \cdot CH_3$.

Wegen der geringen Löslichkeit des Zuckers ist es nötig, hier die Mengen des Alkohols und der Salzsäure größer zu nehmen. Der fein gepulverte Zucker wird mit der 12fachen Menge Methylalkohol welcher 0,8 pCt. Salzsäure enthält, etwa 1½ Stunden am Rückfluß-kühler gekocht, bis klare Lösung erfolgt ist, und dann im geschlossenen Gefäß 40 Stunden auf 100⁰ erhitzt. Die hellgelbe Flüssigkeit wird nun zur Entfernung der Salzsäure mit Silbercarbonat, das mit etwas Methylalkohol fein verrieben ist, und zur Klärung mit etwas Tier-kohle geschüttelt, filtriert und in einer Schale auf dem Wasserbade zum dicken Sirup verdampft. Verdünnt man den letzteren mit dem halben Volumen absolutem Alkohol und läßt dann die Mischung unter einer Glocke mehrere Tage stehen, so verwandelt sie sich durch Ab-scheidung des Glucosids in einen dicken Kristallbrei; dieser wird auf der Pumpe abgesaugt und mit Äthylalkohol gewaschen. Die Aus-beute beträgt 45—50 pCt. vom Zucker. Die Mutterlauge hinterläßt beim Verdampfen einen dicken Sirup, welcher wahrscheinlich das iso-mere Glucoheptosid enthält. Die Kristalle werden in 15—20 Teilen heißem, absolutem Alkohol gelöst und aus der auf ²/₃ ihres Volumens eingedampften Flüssigkeit durch Abkühlen wieder ausgeschieden. Zur Analyse wurde ein Produkt verwendet, das noch zweimal in derselben Art umkristallisiert war.

|   | Ber. für $C_8H_{16}O_7$ | Gefunden |
|---|---|---|
| C | 42,8 | 42,5 pCt. |
| H | 7,1 | 7,3 „ |

Eine wässerige Lösung, welche 10,062 pCt. enthielt und das spez. Gew. 1,0338 hatte, drehte im 2 dcm-Rohr 15,58⁰ nach links. Die spe-zifische Drehung beträgt somit $[\alpha]_D^{20⁰} = -74,9⁰$. Eine zweite Be-stimmung ergab $[\alpha]_D^{20⁰} = -74,4⁰$

Das Glucoheptosid kristallisiert in meist büschelförmig vereinigten kleinen Prismen, die bei 168—170⁰ (unkorr.) schmelzen und sich bei höherer Temperatur zersetzen. Es löst sich ungefähr in 20 Teilen hei-ßem, absolutem Alkohol. In Wasser ist es sehr leicht, in heißem Ace-ton schon recht schwer löslich, und es kristallisiert daraus ebenso wie aus Alkohol; in Äther ist es fast unlöslich. Geschmack süß.

Von Emulsin und Hefeninfus wird es nicht angegriffen.

## Methylxyloside, $C_5H_9O_5 \cdot CH_3$.

Die Xylose liefert ebenfalls 2 Isomere, welche beide in reinem Zustande isoliert werden konnten und sich durch starke Differenzen im Drehungsvermögen unterscheiden. Die rechtsdrehende Form mag auch hier als α- und die andere als β-Verbindung bezeichnet werden, denn ich halte es für wahrscheinlich, daß bei der sehr ähnlichen Kon-figuration der Glucoside und Xyloside die entsprechenden Formen auch ein ähnliches Drehungsvermögen zeigen. Leider ist die Prüfung dieses Schlusses durch die Wirkung der Enzyme hier nicht möglich gewesen.

Reine Xylose wird in 10 Teilen Methylalkohol, der 0,25 pCt. Salzsäure enthält, in der Wärme gelöst und die Mischung im geschlossenen Gefäß 40 Stunden lang auf 100° erhitzt. Der Zucker ist dann bis auf weniger als 2 pCt. verschwunden. Die Salzsäure wird nun mit Silbercarbonat entfernt, die Flüssigkeit durch Schütteln mit etwas Tierkohle geklärt, das Filtrat auf dem Wasserbade verdampft und der schwach gelbe Sirup in der gleichen Menge Essigäther gelöst. Bei 24 stündigem Stehen scheidet sich die β-Verbindung in der Regel allein in harten farblosen Kristallen ab, deren Menge 20—25 pCt. des angewandten Zuckers beträgt. Dieselben werden in der 90 fachen Menge heißem Essigäther gelöst und die Flüssigkeit auf $^2/_3$ ihres Volumens eingedampft. Beim längeren Stehen fällt der größte Teil der Substanz in federnartigen Kristallaggregaten, ähnlich denen des Salmiaks aus; für die Analyse wurden sie im Vakuum über Schwefelsäure getrocknet.

|   | Ber. für $C_6H_{12}O_5$ | Gefunden |
|---|---|---|
| C | 43,9 | 44,1 pCt. |
| H | 7,3 | 7,5 „ |

Das β-Methylxylosid schmilzt bei 156—157° (unkorr.) und schmeckt süß. Es löst sich sehr leicht in Wasser, leicht in heißem Alkohol, woraus es beim Abkühlen rasch in charakteristischen, meist dreieckigen Kristallen herauskommt. Von heißem Aceton verlangt es ungefähr die 20 fache und von warmem Essigester etwa die 100 fache Menge.

Eine wässerige Lösung, welche 9,138 pCt. enthielt und das spez. Gew. 1,024 besaß, drehte im 2 dcm-Rohr bei 20° unmittelbar nach der Auflösung 12,33° nach links. Daraus berechnet sich die spezifische Drehung $[\alpha]_D^{20°} = -65,9°$. Nach 1 Stunde war der Wert auf — 65,3° zurückgegangen. Eine zweite Bestimmung mit einer Lösung von 9,286 pCt. ergab $[\alpha]_D^{20°} = -65,8°$.

Das α-Methylxylosid befindet sich in der Essigestermutterlauge, aus welcher die ersten Kristalle der β-Verbindung gewonnen wurden. Beim längeren Stehen dieser Lösung kristallisiert auch die α-Verbindung in langen Nadeln. Die Ausbeute betrug 40 pCt. des Zuckers, aber die Menge des α-Xylosids ist wahrscheinlich größer, da dasselbe, solange es unrein ist, recht langsam kristallisiert. Zur Reinigung wurde die Verbindung in der 30 fachen Menge heißem Essigester gelöst; sie scheidet sich daraus in der Kälte wieder in langen, häufig büschelförmig vereinigten Nadeln oder langen Platten ab, welche für die Analyse ebenfalls im Vakuum getrocknet wurden.

|   | Ber. für $C_6H_{12}O_5$ | Gefunden |
|---|---|---|
| C | 43,9 | 43,9 pCt. |
| H | 7,3 | 7,4 ,, |

Die Verbindung schmilzt bei 90—92⁰ und schmeckt süß. Sie löst sich in heißem Essigester etwa dreimal so leicht wie die β-Verbindung; viel leichter löslich als jene ist sie auch in Aceton und Alkohol. Selbst in Äther ist sie zwar schwer, aber doch in merklicher Quantität löslich.

Eine wässerige Lösung von 9,324 pCt., die das spez. Gew. 1,026 hatte, drehte im 2 dcm-Rohr 28,98⁰ nach rechts. Die spezifische Drehung beträgt somit $[\alpha]_D^{20^0} = + 151,5^0$. Eine zweite Bestimmung mit einer Lösung von 9,286 pCt. ergab $[\alpha]_D^{20^0} = + 153,2^0$. Die zweite Zahl ist die zuverlässigere.

Die beiden Methylxyloside werden weder von Hefeninfus noch von Emulsin gespalten.

### Methylrhamnosid, $C_6H_{11}O_5.CH_3$.

Die Verbindung, welche bei dem älteren Verfahren als Sirup erhalten wurde[1]), läßt sich nach der neuen Methode ebenfalls leicht im reinen, kristallisierten Zustande gewinnen. Man erhitzt wasserfreie Rhamnose, deren Darstellung unten beschrieben wird, mit der 5 fachen Menge Methylalkohol, welcher 0,25 pCt. Salzsäure enthält, 40 Stunden auf 100⁰, wobei der Zucker völlig verschwindet. Die Salzsäure wird nun mit Silbercarbonat entfernt, das Filtrat mit wenig Tierkohle in der Wärme geklärt und zum Sirup verdampft. Löst man diesen in dem 5 fachen Volumen Essigäther, so fällt das Rhamnosid im Laufe von 12 Stunden in großen, farblosen, flächenreichen Kristallen aus. Die Ausbeute betrug 50 pCt. des angewandten Zuckers. Das zweimal aus Essigäther umkristallisierte Produkt gab folgende Zahlen.

|   | Ber. für $C_7H_{14}O_5$ | Gefunden |
|---|---|---|
| C | 47,2 | 46,9 pCt. |
| H | 7,9 | 7,8 ,, |

Das Methylrhamnosid schmilzt bei 108—109⁰ und destilliert in kleiner Menge erhitzt ohne Zersetzung. Es schmeckt bitter. In Wasser und Alkohol ist es sehr leicht, in Äther dagegen schwer löslich.

Eine wässerige Lösung, welche 9,677 pCt. enthielt und das spez. Gew. 1,024 besaß, drehte bei 20⁰ im 2 dcm-Rohr 12,32⁰ nach links. Das ergibt die Drehung

$$[\alpha]_D^{20^0} = - 62,2^0.$$

---

[1]) Berichte d. d. chem. Gesellsch. **27**, 2410 [1894]. (*S. 692.*)

Eine zweite Bestimmung, bei welcher der Prozentgehalt 9,139 und das spez. Gew. 1,023 war, gab 11,69° Linksdrehung, also $[\alpha]_D^{20°} = -62,5°$.

## Ketoside.

Die Ketosen reagieren mit den Alkoholen bei Gegenwart von Salzsäure noch rascher als die Aldosen und verwandeln sich in Produkte, welche ebenfalls nach ihrem ganzen Charakter den gewöhnlichen Glucosiden analog konstituiert sind. Genauer untersucht wurden bisher nur die Methylverbindungen der Fructose und Sorbose, von denen die zweite schön kristallisiert.

## Methylsorbosid, $C_6H_{11}O_6.CH_3$.

Reine, feingepulverte Sorbose[1]) wurde mit der 10fachen Menge reinem trockenen Methylalkohol, welcher 1 pCt. Salzsäure enthielt, einige Minuten bis zur völligen Lösung auf dem Wasserbade erwärmt und dann auf Zimmertemperatur abgekühlt. Als nach 15 Stunden die Menge des unveränderten Zuckers etwas weniger als 5 pCt. betrug, wurde die Salzsäure mit Silbercarbonat entfernt und die filtrierte Flüssigkeit auf dem Wasserbade zum Sieden erhitzt. Sie färbt sich dabei durch die geringe in Lösung gebliebene Menge Silber dunkel; man fügt deshalb Tierkohle zu, digeriert bis zur völligen Entfärbung und verdampft das Filtrat zum Sirup, der kaum gefärbt ist. Derselbe wird nun mit der 50fachen Menge Essigester ¼ Stunde lang ausgekocht; die Lösung scheidet nach dem Erkalten im Laufe von einigen Stunden das Sorbosid in Kristallen ab. Die Ausbeute beträgt etwa 30 pCt. des angewandten Zuckers. Der nicht kristallierende Teil enthält neben etwas Sorbose wahrscheinlich ein isomeres Sorbosid, dessen Isolierung wegen Mangel an Material aufgeschoben wurde. Zur Reinigung wurde das Methylsorbosid in der 40fachen Gewichtsmenge heißem Aceton gelöst. Beim Erkalten scheidet es sich in wasserklaren, dicken Tafeln aus, deren Menge etwa 20 pCt. des Zuckers beträgt, und welche im Exsiccator bei 70° im Vakuum getrocknet, die Zusammensetzung $C_6H_{11}O_6.CH_3$ haben.

| | Ber. für $C_7H_{14}O_6$ | Gefunden |
|---|---|---|
| C | 43,3 | 43,1 pCt. |
| H | 7,2 | 7,2 „ |

Das Sorbosid schmilzt bei 120—122° (unkorr.). Der Schmelzpunkt wird aber durch geringe Verunreinigungen sehr stark herabgedrückt. Es löst sich sehr leicht in Wasser, ebenso in heißem Alkohol, etwas

---

[1]) Eine größere Quantität des seltenen Zuckers verdanke ich der Güte des Herrn C. Scheibler.

schwerer in kaltem Alkohol und viel schwerer in Aceton und Essigester. Aus heißem Alkohol oder aus Aceton kristallisiert es in
schönen, klaren, viereckigen Platten.

Eine wässerige Lösung, die 9,115 pCt. enthielt und das spez. Gew.
1,028 hatte, drehte im 2 dcm-Rohr 16,58⁰ nach links. Die spezifische
Drehung beträgt somit $[\alpha]_D^{20^0} = - 88,5^0$.

Eine Lösung von 8,192 pCt. und dem spez. Gew. 1,026 drehte im
1 dcm-Rohr 7,48⁰ nach links. Es ist darnach $[\alpha]_D^{20^0} = - 88,9^0$.

Die Molekulargewichtsbestimmung durch Gefrierpunktserniedrigung gab in 1,5 prozentiger und in 3 prozentiger wässeriger Lösung
die Werte 160 bzw. 159, während obige Formel 194 verlangt. Trotz
der erheblichen Abweichung von der Theorie spricht das Resultat doch
unzweideutig für die einfache Molekularformel, wie sie für die Aldoside
längst festgestellt ist.

Das Sorbosid wird weder von Hefeninfus noch von Emulsin
gespalten.

### Methylfructosid.

Versetzt man eine Lösung von reiner kristallisierter Fructose in
der 9 fachen Menge heißem, trockenem Methylalkohol nach dem Erkalten mit so viel methylalkoholischer Salzsäure, daß das Gemisch
0,5 pCt. HCl enthält und läßt 48 Stunden bei 35⁰ stehen, so sind von
dem Zucker nur noch 8 pCt. unverändert, und diese verschwinden auch
nicht beim längeren Aufbewahren der Mischung. Die schwach braun
gefärbte Lösung wurde gerade so wie beim Sorbosid mit Silbercarbonat und Tierkohle behandelt und auf dem Wasserbade verdampft.
Das Produkt ist ein hellgelber, süßer Sirup, der noch die obenerwähnte
Menge unveränderter Fructose enthält. Er löst sich sehr leicht in
Alkohol, auch noch in Aceton, aber schwer in heißem Essigester. Aus
letzterem kommt er, wenn die Lösung konzentriert ist, als amorphe
und hygroskopische Masse heraus. Alle Kristallisationsversuche blieben
bis jetzt erfolglos. Das Produkt wird von verdünnten Säuren
überaus leicht in Fructose zurückverwandelt; dieselbe Spaltung erfährt es partiell durch Hefeninfus.

### Methylierung des Benzoylcarbinols.

Versetzt man eine Lösung von Benzoylcarbinol in der 10 fachen
Menge reinem Methylalkohol mit so viel starker Salzsäure, daß die
Gesamtflüssigkeit 1 pCt. derselben enthält, so beginnt bei Zimmertemperatur nach 10—15 Minuten die Abscheidung von farblosen Kristallen, deren Menge nach 24 Stunden 90 pCt. des angewandten Car-

binols beträgt. Aus heißem Alkohol oder Holzgeist umkristallisiert, schmelzen dieselben bei 195⁰ (korr. 201⁰). Für die Analyse wurden sie erst aus siedendem Petroläther, darauf dreimal aus absolutem Alkohol umkristallisiert, wobei der Schmelzpunkt auf 192—193⁰ (unkorr.) sank.

|   | Ber. für $C_{18}H_{20}O_4$ | Gefunden |
|---|---|---|
| C | 72,0 | 71,8 pCt. |
| H | 6,7 | 6,7 ,, |

Die Molekulargewichtsbestimmung wurde in Benzol durch Gefrierspunktserniedrigung ausgeführt: In ¾ prozentiger Lösung wurde 282, in 1½ prozentiger 276 gefunden, während obiger Formel der Wert 300 entspricht.

Die Substanz ist in Wasser so gut wie unlöslich und auch in Alkohol oder Holzgeist schwer löslich; von letzterem verlangt sie in der Siedehitze ungefähr 150 Teile; leichter wird sie von heißem Eisessig aufgenommen, aber beim längeren Erwärmen damit völlig zersetzt. In wässerig-alkoholischer Lösung reduziert sie die Fehlingsche Flüssigkeit gar nicht; beim Erwärmen mit verdünnter Salzsäure oder mit Eisessig und wenig Salzsäure wird sie rasch gespalten und in ein stark reduzierendes Produkt (wahrscheinlich Benzoylcarbinol) verwandelt. Warme Salpetersäure vom spez. Gew. 1,4 löst und oxydiert sie rasch. Von Phenylhydrazin wird die Verbindung bei 100⁰ nicht verändert. Als sie in der 15 fachen Menge der Base gelöst und 1 Stunde auf dem Wasserbade erhitzt war, fiel sie schon beim Erkalten teilweise wieder aus. Der Rest schied sich ab auf Zusatz von sehr verdünnter Essigsäure, und die Menge der Substanz war kaum verringert.

Obschon die vorliegenden Beobachtungen keinen endgültigen Schluß auf die Konstitution der Verbindung gestatten, so scheint es mir doch nach den Erfahrungen, die bei den einfachen Glucosiden gesammelt wurden, wahrscheinlich, daß die Struktur dieses dimolekularen Glucosids der Formel

$$\begin{array}{c} C_6H_5 \\ CH_2.O.\dot{C}.OCH_3 \\ CH_3O\dot{C}\!\!-\!\!O.\dot{C}H_2 \\ \dot{C}_6H_5 \end{array}$$

entspricht. Ich nenne dasselbe vorläufig *Bis*-Methylbenzoylcarbinol.

### Verbindungen der Zucker mit den Ketonen.

Wie schon erwähnt, gestattet die Anwendung der verdünnten Säure auch, die Ketone sowohl mit Aldosen wie mit Ketosen zu kombinieren. Aber die praktische Ausführung wird durch die geringe

Löslichkeit der Zucker sehr erschwert. Aus diesem Grunde ist die verhältnismäßig leicht lösliche Rhamnose für solche Versuche am meisten geeignet.

### Acetonrhamnosid.

Feingepulverte wasserfreie Rhamnose[1]) wird mit der 20fachen Menge reinem, aus der Bisulfitverbindung dargestellten, trockenen Aceton, das 0,2 pCt. Salzsäure enthält, bei Zimmertemperatur bis zur Lösung stark geschüttelt, was etwa 10—15 Minuten dauert. Die Rhamnosidbildung geht dann so rasch vonstatten, daß der Zucker im Laufe einer Stunde bis auf etwa 4 pCt. verschwunden ist. Man entfernt die Salzsäure durch Schütteln mit Silbercarbonat, welches mit etwas Aceton angerieben ist, klärt durch Zusatz von Tierkohle und verdampft das farblose Filtrat auf dem Wasserbade. Der zurückbleibende, schwach gelbe Sirup wird mit der 10fachen Menge trockenem Äther ausgelaugt, wobei das Rhamnosid in Lösung geht, während unveränderte Rhamnose zurückbleibt. Die Scheidung wird jedoch erst vollständig, wenn man die ätherische Lösung verdampft und den Rückstand nochmals mit der 5fachen Menge trockenem Äther auszieht. Wird diese Lösung mit der gleichen Menge Petroläther versetzt und vom sofort ausfallenden Sirup abgegossen, so scheidet sie beim längeren Stehen das Acetonrhamnosid in klaren, ziemlich großen, farblosen Prismen ab, welche häufig sternförmig verwachsen sind. Die Mutterlauge gibt nach entsprechender Konzentration eine zweite Kristallisation. Die Ausbeute an kristallisiertem Produkt betrug 50—55 pCt. vom Zucker. Zur Reinigung werden die Kristalle in möglichst wenig warmem Äther gelöst und die Flüssigkeit bis zur Trübung mit Petroläther versetzt. Beim längeren Stehen fällt dann die Verbindung in schön ausgebildeten, klaren Prismen aus, welche für die Analyse über Schwefelsäure getrocknet wurden.

---

[1]) Die wasserfreie Rhamnose war bisher nur als amorphe Masse bekannt (vgl. Liebermann und Hörmann, Liebigs Annal. d. Chem. **196**, 323 [1879]). Dieselbe läßt sich aber aus trockenem Aceton kristallisieren. Man entwässert den krisallisierten Zucker durch mehrtägiges Erhitzen in einer Schale auf dem Wasserbade. Erst schmilzt er, und beim häufigen Rühren erstarrt er allmählich. Er wird dann gepulvert, wieder getrocknet und schließlich in der 40fachen Menge heißem Aceton gelöst. Aus der auf ein Drittel konzentrierten Lösung scheidet er sich in der Kälte größtenteils in Nadeln ab, welche nochmals bei 100⁰ getrocknet und wiederum aus Aceton kristallisiert werden müssen.

| | Ber. für $C_6H_{12}O_5$ | Gefunden |
|---|---|---|
| C | 43,9 | 43,7 pCt. |
| H | 7,3 | 7,4 ,, |

Die getrockneten Kristalle schmelzen bei 122—126⁰.

|   | Ber. für $C_9H_{16}O_5$ | Gefunden |   |
|---|---|---|---|
| C | 53,0 | 52,9 | 52,6pCt. |
| H | 7,8 | 7,9 | 8,0 ,, |

Die Molekulargewichtsbestimmung, ausgeführt durch Gefrierpunktserniedrigung in Eisessig in 1- und 2prozentiger Lösung, ergab
die Werte 200 und 209, während 204 für die Formel $C_9H_{16}O_5$ berechnet ist. Die Substanz schmilzt bei 90—91⁰ (unkorr.), sublimiert
in geringem Maße schon unter 100⁰ und läßt sich bei einem Druck von
1 mm fast ohne Zersetzung destillieren. Sie ist in Wasser, Alkohol
und selbst in Äther leicht, in Petroläther dagegen sehr schwer löslich.
Geschmack bitter.

Eine wässerige Lösung, welche 9,161 pCt. enthielt und das spez.
Gew. 1,017 besaß, drehte im 2 dcm-Rohr 3,24⁰ nach rechts, woraus
sich $[\alpha]_D^{20⁰} = + 17,4⁰$ berechnet. Eine zweite Bestimmung mit einem
anderen Präparate ergab in 8,34prozentiger Lösung $[\alpha]_D^{20⁰} = + 17,5⁰$.

Das reine Rhamnosid reduziert die Fehlingsche Lösung gar nicht.
Von verdünnten Säuren wird es außerordentlich leicht in Aceton und
Rhamnose gespalten. So genügt 1 stündiges Erwärmen mit der zehnfachen Menge Salzsäure von 0,1 pCt. Gehalt, um eine völlige Hydrolyse zu bewirken.

## Arabinosediaceton.

Die Verbindung, welche sich von der vorhergehenden durch die
Zusammensetzung unterscheidet, bildet sich auch viel langsamer, weil
der Zucker in Aceton viel schwerer löslich ist. Es empfiehlt sich
deshalb, 1 Teil sehr fein gepulverte Arabinose mit 20 Teilen reinem
trockenen Aceton, in welches bei sehr guter Kühlung 0,5 pCt. gasförmige Salzsäure eingeleitet sind, mit Hilfe einer Maschine etwa 20 Stunden bei Zimmertemperatur kräftig zu schütteln, bis der größte Teil
des Zuckers gelöst ist. Die filtrierte Flüssigkeit, die Fehlingsche Lösung nicht reduzieren darf, wird mit überschüssigem Silbercarbonat
behandelt, mit Tierkohle geklärt, das Filtrat verdampft und der zurückbleibende Sirup mit der 10fachen Menge Äther aufgenommen.
Beim Verdunsten des Äthers bleibt dann ein farbloser Sirup, der nach
1—2tägigem Stehen fast vollständig erstarrt. Man löst denselben in
etwa 3 Teilen Alkohol, fügt bei 30⁰ bis zur beginnenden Trübung Wasser
hinzu und kühlt stark ab. Das Produkt fällt hierbei in farblosen,
starken Nadeln aus, welche für die Analyse über Schwefelsäure getrocknet wurden.

|   | Ber. für $C_{11}H_{18}O_5$ | Gefunden |
|---|---|---|
| C | 57,4 | 57,2pCt. |
| H | 7,8 | 8,0 ,, |

Die Substanz schmilzt bei 41,5—43⁰ und destilliert, in kleiner Menge erhitzt, unzersetzt. Sie ist in Alkohol, Äther, Benzol und sogar in Petroläther leicht, dagegen in Wasser ziemlich schwer und auffallenderweise in der Wärme noch weniger löslich als in der Kälte; infolgedessen trübt sich die kalt gesättigte Lösung beim Erhitzen. Auffallend ist die große Flüchtigkeit der Verbindung, sie destilliert mit Wasserdämpfen in erheblicher Menge, besitzt aber in reinem Zustand nur einen ganz schwachen Geruch. Salzsäure von 0,1 pCt. spaltet sie beim Kochen sehr rasch in Arabinose und Aceton. Wegen der geringen Löslichkeit in Wasser wurde für die optische Untersuchung nur eine $2^{1}/_{2}$ prozentige Lösung benutzt.

Die wässerige Lösung, die 2,414 pCt. enthielt und das spez. Gew. 1,003 besaß, drehte im 2 dcm-Rohr 0,26⁰ nach rechts. Die spezifische Drehung beträgt somit $[\alpha]_{D}^{20^{0}} = + 5,4^{0}$.

### Fructosediaceton.

Reine, kristallisierte Fructose wird möglichst fein zerrieben und mit der 15 fachen Menge reinem Aceton, welches 0,2 pCt. Chlorwasserstoff enthält, bei Zimmertemperatur 3—6 Stunden kräftig geschüttelt, bis der größte Teil des Zuckers gelöst ist. Die filtrierte Flüssigkeit bleibt noch kurze Zeit stehen, bis die Menge des unveränderten Zuckers weniger als 10 pCt. des aufgelösten beträgt, und wird dann zur Entfernung der Salzsäure mit Silbercarbonat oder Bleicarbonat und Tierkohle geschüttelt. Nachdem das Filtrat auf dem Wasserbade verdampft ist, wird der Rückstand mit der 10 fachen Menge trockenem Äther sorgfältig ausgelaugt, die filtrierte Lösung auf die Hälfte abgedampft und allmählich mit steigenden Quantitäten von Petroläther versetzt; zuerst fällt ein Sirup aus, von dem man die Lösung abgießt; auf weiteren Zusatz von Petroläther beginnt dann bald die Kristallisation. Die Ausbeute betrug 50 pCt. des Zuckers. Nochmals in derselben Weise umkristallisiert, schmilzt das Produkt zwischen 112 und 114⁰. Ganz rein erhält man dasselbe durch wiederholte Kristallisation aus Äther und Petroläther oder durch einmaliges Umkristallisieren aus der 5 fachen Menge warmem Wasser, wobei allerdings erhebliche Verluste unvermeidlich sind. Der Schmelzpunkt steigt dann auf 119—120⁰ (unkorr.) und bleibt nun konstant. Für die Analyse war das Präparat über Schwefelsäure getrocknet.

| | Ber. für $C_{12}H_{20}O_6$ | Gefunden |
|---|---|---|
| C | 55,4 | 55,4 pCt. |
| H | 7,7 | 7,8 ,, |

Das Molekulargewicht wurde durch Gefrierpunktserniedrigung in 1 prozentiger Benzollösung zu 272 statt des theoretischen Wertes

254 gefunden. Die Substanz kristallisiert aus Äther in feinen, langen, glänzenden Nadeln und aus Wasser in etwas derberen Säulen, die oft sternförmig verwachsen sind. Aus der wässerigen Lösung wird sie durch starke Natronlauge alsbald gefällt. Der Geschmack ist bitter. Auffallend ist auch hier die große Flüchtigkeit; denn die Verbindung sublimiert auf dem Wasserbade ziemlich rasch in haarfeinen Nadeln.

Eine wässerige Lösung, die 7,297 pCt. enthielt und das spez. Gew. 1,014 besaß, drehte im 2 dcm-Rohr 23,87⁰ nach links, woraus sich $[\alpha]_D^{20^0} = -161,3^0$ berechnet. Eine zweite Bestimmung ergab $[\alpha]_D^{20^0} = -161,4^0$.

Das Fructosediaceton reduziert die Fehlingsche Lösung gar nicht, ebensowenig scheint es von Phenylhydrazin verändert zu werden; denn als ein Gemisch von 1 Teil Fructosediaceton, 1 Teil Phenylhydrazin und 4 Teilen Äther während 2 Stunden auf 100⁰ erhitzt wurde, konnte durch Petroläther ein Teil der unveränderten Fructoseverbindung wieder isoliert werden. Durch die 10fache Menge Salzsäure von 0,1 pCt. wird sie ebenso leicht und ebenso vollständig wie die Derivate der Arabinose und Sorbose in Aceton und Fructose gespalten.

An Stelle dieser Verbindung wurde bei einem Versuch zufälligerweise eine isomere Substanz gewonnen, welche ich vorläufig β-Fructosediaceton nenne. Leider war es später nicht mehr möglich, die für ihre Bildung erforderlichen Bedingungen zu treffen. Ebenso wie die α-Verbindung bildet sie lange prismatische Kristalle, reduziert Fehlingsche Lösung nicht, und hat auch eine ähnliche Löslichkeit. Dagegen schmilzt sie schon bei 97⁰ und dreht viel schwächer. $[\alpha]_D^{20^0} = -33,7$.

| | Ber. für $C_{12}H_{20}O_6$ | Gefunden |
|---|---|---|
| C | 55,4 | 55,03 pCt. |
| H | 7,7 | 7,65 ,, |

Durch warme Salzsäure von 0,1 pCt. Gehalt wird sie bei 100⁰ ebenfalls rasch in Fructose verwandelt.

### Glucosediaceton.

Da der Traubenzucker in Aceton so gut wie unlöslich ist und deshalb auch bei Gegenwart von Salzsäure außerordentlich schwierig angegriffen wird, so empfiehlt es sich, an seiner Stelle das Acetal anzuwenden, welches für diesen Zweck nicht besonders gereinigt zu werden braucht. Dem entspricht folgende Vorschrift:

30 g feingepulverte Glucose werden mit 400 g trockenem Methylalkohol, welcher 1 pCt. Salzsäure enthält, bei Zimmertemperatur 6—8 Stunden bis zur Lösung kräftig geschüttelt. Die Flüssigkeit

bleibt dann 40 Stunden stehen, bis höchstens ¼ des Zuckers durch die Reduktionsprobe noch angezeigt wird. Man entfernt nun die Salzsäure mit Silbercarbonat, verdampft im Vakuum bei 30—35° zum Sirup, löst in etwa 100 ccm Aceton und verdampft abermals in der gleichen Art, um den Methylalkohol möglichst zu entfernen. Der nun bleibende Sirup, welcher ein Gemisch von Glucoseacetal, unver-änderter Glucose und noch anderen Stoffen ist, wird mit 350 ccm reinem Aceton, welches ½ pCt. Salzsäure enthält, 10 Stunden lang kräftig geschüttelt. Hierbei bleibt eine erhebliche Menge von Sirup ungelöst, aber fast die Hälfte der ursprünglichen Glucose geht in das Aceton über, und wenn nach 1½ tägigem Stehen der Flüssigkeit im Brutschrank bei 33° das Reduktionsvermögen so gering geworden ist, als wenn die Flüssigkeit nur noch ½ g freie Glucose enthielte, entfernt man wieder die Salzsäure mit Silbercarbonat und klärt die gelbe Lösung durch Schütteln mit reiner Tierkohle. Das Filtrat wird auf dem Wasserbade verdampft, der zurückbleibende Sirup mit Äther sorgfältig ausgelaugt, filtriert, verdampft und der Rückstand genau in derselben Weise wieder mit Äther behandelt. Dadurch wird eine kleine Menge von Methylglucosid, welches in Äther so gut wie unlöslich ist, entfernt. Die zweite ätherische Lösung konzentriert man auf etwa 50 ccm, versetzt mit dem doppelten Volumen Petroläther, gießt nach etwa 10 Minuten von dem zuerst gefällten Öl ab und überläßt die Mutterlauge bei niederer Temperatur 12 Stunden der Kristallisation. Man erhält so etwa 6 g einer farblosen kristallinischen Masse. Um daraus das reine Glucosediaceton zu gewinnen, kocht man entweder das Roh-produkt mit der 200 fachen Menge Petroläther aus oder man löst in 4—5 Teilen warmem Äther und läßt in einer Kältemischung kristalli-sieren. · In letzterem Falle scheidet sich das Glucosediaceton in langen, feinen, farblosen Nadeln aus. Die Ausbeute an reinem Material beträgt etwa 15 pCt. des angewandten Zuckers. Für die Analyse wurde die Substanz über Schwefelsäure getrocknet.

|   | Ber. für $C_{12}H_{20}O_6$ | Gefunden |
|---|---|---|
| C | 55,4 | 55,1 pCt. |
| H | 7,7 | 7,8 ,, |

Das Glucosediaceton schmilzt, aus Äther umkristallisiert, bei 107 bis 108°; für ein sublimiertes Präparat wurde der Schmelzpunkt bei 108° gefunden. Es ist in Alkohol, Aceton, Chloroform und warmem Äther leicht löslich; von siedendem Petroläther verlangt es ungefähr 200 Teile, von siedendem Wasser ungefähr 7 Teile. Aus der wässe-rigen Lösung wird es durch starke Natronlauge gefällt. In allen diesen Eigenschaften verrät es die größte Ähnlichkeit mit dem Fructose-diaceton. Das gilt auch bezüglich des Geschmacks, welcher bitter ist, der überraschend leichten Sublimierbarkeit, welche zur Reinigung der Verbindung benutzt werden kann, und der leichten Spaltbarkeit durch Säuren; denn auch hier genügte 1 stündiges Erwärmen mit der 10fachen Menge Salzsäure von 0,1 pCt. auf 100⁰, um völlige Spaltung in Glucose und Aceton zu bewirken.

Eine wässerige Lösung von 4,932 pCt. Gehalt, welche das spez. Gew. 1,008 besaß, drehte im 2 dcm-Rohr 1,84⁰ nach links, woraus sich die spezifische Drehung $[\alpha]_D^{20⁰} = -18,5⁰$ berechnet.

Von Hefeninfus und Emulsin wird das Glucosediaceton ebenso wenig wie die Acetonderivate der Fructose, Arabinose und Rhamnose gespalten.

Bei der Ausführung obiger Versuche bin ich von Hrn. Dr. P. Rehländer und zum Schluß auch von Hrn. Dr. G. Pinkus unterstützt worden. Ich sage beiden Herren für die eifrige und geschickte Hilfe besten Dank.

### 89. Emil Fischer: Verbindungen der mehrwertigen Alkohole mit den Ketonen.

Berichte der deutschen chemischen Gesellschaft **28**, 1167 [1895].
(Vorgetragen in der Sitzung vom 29. April vom Verfasser.)

Verbindungen der mehrwertigen Alkohole mit den Aldehyden sind in großer Zahl bekannt[1]). Einige derselben entstehen beim bloßen Erhitzen der Komponenten, die übrigen wurden mit Hilfe von starken Säuren bereitet. Beide Methoden lassen sich, wie es scheint, bei den Ketonen nicht anwenden; dagegen gestattet die Benutzung der sehr verdünnten Salzsäure, deren starke, wasserentziehende Wirkung in der vorigen Mitteilung dargelegt ist, auch hier die Kombination mit den mehrwertigen Alkoholen. So nimmt der Mannit drei Moleküle Aceton auf und verwandelt sich nach der Gleichung:

$$C_6H_{14}O_6 + 3\,C_3H_6O = C_{15}H_{26}O_6 + 3\,H_2O$$

in eine Verbindung, welche ich Triaceton-Mannit nennen will.

Unter denselben Bedingungen vereinigen sich Glycerin und Aceton nach der Gleichung:

$$C_3H_8O_3 + C_3H_6O = C_6H_{12}O_3 + H_2O.$$

Das Aceton ist in diesen Substanzen sehr locker gebunden, denn dieselben werden von verdünnten Säuren leichter als die entsprechenden Verbindungen der Aldehyde in die Komponenten gespalten. Bemerkenswert ist auch die große Flüchtigkeit dieser neuen Acetonderivate. Die Reaktion scheint für die meisten mehrwertigen Alkohole gültig zu sein. Die Acetonderivate des Dulcits und Erythrits kristallisieren wie die Mannitverbindungen und werden von Hrn. Speier genauer untersucht.*) Nur beim Äthylenglycol konnte bisher ein derartiges Produkt nicht isoliert werden.

Ähnlich dem Aceton scheinen auch die kohlenstoffreicheren Ketone zu wirken, nur wird hier die Reaktion durch die geringe Löslichkeit der mehrwertigen Alkohole erschwert. Um feingepulverten Mannit

---

*) *Siehe Seite 769.*
[1]) Die einschlägige Literatur ist in den Berichten d. d. chem. Gesellsch. **27**, 1530 [1894] (*S. 561, 562*) angegeben.

z. B. in der 25 fachen Menge Methyläthylketon, das 1 pCt. Salzsäure enthielt, aufzulösen, war 100 stündiges Schütteln nötig. Rascher geht die Kombination desselben mit dem Acetessigäther, wobei eine in Alkali unlösliche, ölige Verbindung entsteht, welche beim Erwärmen mit verdünnter Salzsäure Mannit regeneriert.

### Triaceton-Mannit.

Schüttelt man 1 Teil feingepulverten Mannit mit 10 Teilen käuflichem, aber getrocknetem Aceton, welches 1 pCt. Chlorwasserstoff enthält, bei gewöhnlicher Temperatur, so geht derselbe im Laufe von einigen Stunden in Lösung und nach weiteren 12 Stunden ist die Triacetonverbindung in reichlicher Menge entstanden. Man kann dieselbe durch Ausfällen mit Wasser direkt isolieren, aber die Ausbeute wird besser, wenn man erst die Salzsäure mit gepulvertem Bleicarbonat neutralisiert und das Filtrat auf dem Wasserbade verdampft. Dabei bleibt der Triacetonmannit als schwach gelb gefärbtes Öl zurück, welches beim Erkalten bald erstarrt. Zur Reinigung wird das Produkt in Alkohol gelöst und durch Wasserzusatz wieder abgeschieden. Es kristallisiert in feinen, farblosen Prismen, die manchmal zu eigentümlich gezackten Gebilden vereinigt sind und, über Schwefelsäure getrocknet, die Zusammensetzung $C_{15}H_{26}O_6$ haben.

|   | Ber. für $C_{15}H_{26}O_6$ | Gefunden |
|---|---|---|
| C | 59,6 | 59,6 pCt. |
| H | 8,6 | 8,7 ,, |

Die Verbindung schmeckt sehr bitter und schmilzt bei 68—70°; in kleinerer Menge destilliert sie unzersetzt und verflüchtigt sich auch in reichlichem Maße mit Wasserdämpfen. Sie löst sich selbst in heißem Wasser recht schwer, dagegen leicht in Alkohol, Äther, Chloroform, Aceton und Essigester.

Eine Lösung in absolutem Alkohol von 9,582 pCt. Gehalt, welche das spezifische Gewicht 0,811 besaß, drehte bei 20° im 2 dcm-Rohr 1,95° nach rechts, woraus sich die spezifische Drehung $[\alpha]_D^{20°} = + 12,5°$ berechnet. Eine zweite Bestimmung ergab $+ 12,4°$.

Erwärmt man den Triacetonmannit mit der 20 fachen Menge Salzsäure von 0,5 pCt. auf dem Wasserbade, so löst er sich beim öfteren Umschütteln in 5 Minuten völlig auf und wird glatt in die Komponenten gespalten; die von der Salzsäure befreite Flüssigkeit hinterläßt den entstandenen Mannit beim Verdampfen sofort als farblose Kristallmasse.

### Aceton-Glycerin, $C_3H_6O_3 : C(CH_3)_2$.

1 Teil bei 160° entwässertes Glycerin wird mit 5 Teilen gewöhnlichem trockenen Aceton, welches 1 pCt. Salzsäure enthält, vermischt

und das Gemenge 20 Stunden bei Zimmertemperatur aufbewahrt. Dann entfernt man die Salzsäure durch Schütteln mit feingepulvertem Bleicarbonat, verdampft das Filtrat auf dem Wasserbade und destilliert den Rückstand am besten im luftverdünnten Raum. Bei dem Druck von 31 mm kocht es ungefähr bei 104—106⁰ und bei 10—11 mm bei 82—83⁰. Die Ausbeute beträgt ungefähr die Hälfte des angewandten Glycerins; das unveränderte Glycerin bleibt bei der Destillation als Rückstand, der erst bei erheblich höherer Temperatur übergeht. Das destillierte Acetonglycerin gab folgende Zahlen:

| | Ber. für $C_6H_{12}O_3$ | Gefunden | |
|---|---|---|---|
| C | 54,55 | 54,2 | 54,3 pCt. |
| H | 9,1 | 9,2 | 9,3 „ |

In diesem Zustande ist die Substanz aber noch nicht ganz rein, wie der Geruch beweist, der von einer geringen Menge eines Acetonkondensationsproduktes herrührt. Will man dasselbe entfernen, so löst man das Präparat in 3 Teilen Wasser, kocht es, bis der Geruch verschwunden ist, scheidet das Acetonglycerin durch Zusatz von festem Kaliumcarbonat ab und nimmt mit Äther auf. Die Lösung wird sorgfältig mit Kaliumcarbonat getrocknet, dann der Äther verdunstet und der Rückstand wieder im Vakuum destilliert. Das so gewonnene Präparat zeigte denselben Siedepunkt und die gleiche Zusammensetzung wie das obige Produkt.

| | Ber. für $C_6H_{12}O_3$ | Gefunden |
|---|---|---|
| C | 54,55 | 54,2 pCt. |
| H | 9,1 | 9,2 „ |

Dagegen war es geruchlos. Die Verbindung mischt sich mit Wasser, Alkohol, Äther, Chloroform und Benzol in jedem Verhältnis, nur in Petroläther ist sie etwas schwerer löslich. Ferner wird sie aus der konzentrierten wässerigen Lösung durch starkes Alkali gefällt. Sie besitzt keinen sehr ausgesprochenen, aber unangenehmen Geschmack. Sie hat bei 20⁰ das spezifische Gewicht 1,064, bezogen auf Wasser von 4⁰.

Von warmen verdünnten Mineralsäuren wird sie ebenfalls sehr leicht in die Komponenten gespalten. Ähnlich verläuft die Wirkung des Benzoylchlorids bei Gegenwart von Alkali. Denn wenn eine Lösung von 1 Teil Acetonglycerin in 5 Teilen Wasser mit überschüssiger Natronlauge versetzt und dann mit allmählich zugegebenem Benzoylchlorid (3 Teile) kräftig geschüttelt wird, ohne daß die alkalische Reaktion der Lösung verschwindet, so entsteht ein Öl, welches sich in Äther leicht löst und nach dem Verdunsten desselben bald kristallinisch erstarrt. Das feste Produkt ist aber nichts anderes als Tribenzoylglycerin.

$$\begin{array}{ccc} & \text{Ber. für } C_{24}H_{20}O_6 & \text{Gefunden} \\ \text{C} & 71,3 & 71,0 \, \text{pCt.} \\ \text{H} & 4,95 & 5,1 \,\text{,,} \end{array}$$

Die vorliegenden Acetonderivate sind den Verbindungen der Aldehyde mit den mehrwertigen Alkoholen so ähnlich, daß man ihnen auch eine ähnliche Struktur zuschreiben darf. Ich nehme deshalb an daß sie alle die Atomgruppe $\begin{smallmatrix}CH_3\\CH_3\end{smallmatrix}>C<\begin{smallmatrix}O-\\O-\end{smallmatrix}$ führen. Dann bleibt aber für das Glycerinaceton noch die Wahl zwischen den beiden folgenden Formeln:

$$\begin{matrix} CH_3 \\ CH_3 \end{matrix} > C < \begin{matrix} O.CH_2 \\ O.\dot{C}H \\ \end{matrix} \qquad\qquad \begin{matrix} CH_3 \\ CH_3 \end{matrix} > C < \begin{matrix} O.CH_2 \\ \dot{C}HOH \\ O.\dot{C}H_2 \end{matrix}$$
$$HO.\dot{C}H_2$$

Welche davon zu bevorzugen ist, wird man vielleicht durch die vergleichende Untersuchung des Äthylenglycols und des Trimethylenglycols entscheiden können.

Auch bei diesen Versuchen bin ich von den HHrn. Dr. P. Rehländer und Dr. G. Pinkus unterstützt worden, wofür ich denselben bestens danke.

### 90. Emil Fischer: Über Glucose-Aceton.

Berichte der deutschen chemischen Gesellschaft **28**, 2496 [1895].
(Eingegangen am 11. Oktober.)

Traubenzucker, Arabinose und Fructose fixieren nach meinen
früheren Versuchen[1]) unter dem Einflusse von verdünnter Salzsäure
2 Moleküle Aceton; Rhamnose dagegen gab eine Verbindung mit 1 Molekül des Ketons. Neuerdings ist es nun auch gelungen, das entsprechende
einfache Derivat des Traubenzuckers darzustellen. Dasselbe entsteht
als Zwischenprodukt bei der Bereitung des Glucose-Diacetons und hat
die Zusammensetzung $C_6H_{10}O_6 : C(CH_3)_2$. Obschon seine Bildung
derjenigen der Alkoholglucoside entspricht, so unterscheidet es sich
von diesen doch durch die Indifferenz gegen Emulsin und die Enzyme
der Hefe so auffallend, daß es wahrscheinlich eine andere Struktur
besitzt. Ich nenne es deshalb nach den Komponenten einfach Glucose-
Aceton.

Für seine Bereitung verfährt man genau in der früher angegebenen
Weise, indem man zunächst den Traubenzucker in der Kälte mit Methylalkohol verbindet und dieses Produkt mit Aceton, welches ½ pCt.
Salzsäure enthält, schüttelt. Statt des reinen Acetons wurde hier das
käufliche Präparat (Siedepunkt 56—58⁰), welches mit Kaliumcarbonat
getrocknet war, benutzt. Anstatt nun die so erhaltene Lösung längere
Zeit bei 33⁰ stehen zu lassen, wobei die Addition des zweiten Moleküls
Aceton erst erfolgt, wird dieselbe sofort mit Bleicarbonat und zuletzt
mit Silbercarbonat von der Salzsäure befreit, durch Schütteln mit
reiner Tierkohle geklärt und auf dem Wasserbade verdampft. Beim
Abkühlen erstarrt der hierbei bleibende Sirup; um kleine Mengen von
Glucose-Diaceton zu entfernen, kocht man die zerkleinerte Masse mit
der 20 fachen Menge Äther längere Zeit am Rückflußkühler, filtriert
und kristallisiert den Rückstand mehrmals aus heißem Essigäther.
Dabei resultiert das Glucose-Aceton in farblosen, feinen, verfilzten Nadeln,
welche bei 156—157⁰ (korr. 160—161⁰) schmelzen.

---

[1]) Berichte d. d. chem. Gesellsch. **28**, 1162 [1895]. (*S. 751.*)

| | Ber. für $C_9H_{16}O_6$ | Gefunden |
|---|---|---|
| C | 49,09 | 48,85 pCt. |
| H | 7,27 | 7,31 „ |

Eine wässerige Lösung, die 9,22 pCt. Substanz enthielt und das spezifische Gewicht 1,024 besaß, drehte bei $20^0$ im 2 dcm-Rohr $2,08^0$ nach links, woraus sich berechnet:

$$[\alpha]_D^{20^0} = -11,0^0.$$

Eine zweite Bestimmung ergab genau denselben Wert.

Das Glucose-Aceton schmeckt bitter. Zum Unterschiede von Glucose-Diaceton löst es sich leicht in Wasser, wird daraus durch Natronlauge nicht gefällt und sublimiert auch bei $100^0$ noch nicht. In kleiner Menge rasch höher erhitzt, destilliert es dagegen fast unzersetzt. In Alkohol und Aceton ist es ebenfalls leicht löslich. Von heißem Essigester verlangt es ungefähr 20—25 Teile. Es verändert die Fehling-sche Lösung auch beim Kochen nicht, dagegen wird es von verdünnten Säuren außerordentlich leicht gespalten. So genügt einstündiges Erwärmen mit der 10 fachen Menge Salzsäure von 0,1 pCt. auf $100^0$, um völlige Hydrolyse zu bewirken.

Die Indifferenz gegen Enzyme wird durch folgende Versuche bewiesen:

1. 1 Teil Glucose-Aceton in 20 Teilen Wasser gelöst und mit 0,2 Teilen frischem Emulsin versetzt, gab nach 20 stündiger Behandlung bei $35^0$ keine nachweisbare Menge von Glucose.

2. 1 Teil Glucose-Aceton in 20 Teilen Wasser gelöst und mit 0,5 Teilen kräftiger Brauereihefe und 0,2 Teilen Toluol zur Vermeidung der Gärung versetzt, war nach 20 stündiger Einwirkung bei $35^0$ ebenfalls unverändert. Bei Anwendung von getrockneter reiner Frohberghefe wurde das gleiche Resultat erhalten.

Der letzte Versuch beweist, daß die neue Acetonverbindung weder von der Hefenmaltase noch vom Invertin*) in merklicher Menge gespalten wird. Man darf daraus vielleicht den Schluß ziehen, daß sie nicht allein von den Glucosiden, sondern auch von dem Rohrzucker in Struktur oder Konfiguration erheblich abweicht.

Nach den Erfahrungen beim Traubenzucker zweifle ich nicht daran, daß aus der Arabinose und Fructose ebenfalls zuerst Mono-acetonderivate gebildet werden. Ich habe aber auf ihre Isolierung verzichtet, weil ich der Kenntnis derselben vorläufig kein besonderes Interesse schenken kann.

Schließlich sage ich Hrn. Dr. Rehländer für die mir gewährte Hilfe besten Dank.

---

*) Vgl. Seite 683.

## 91. Emil Fischer und Leo Beensch: Über die beiden optisch isomeren Methylmannoside.

Berichte der deutschen chemischen Gesellschaft **29**, 2927 [1896].

(Vorgetragen in der Sitzung von Herrn E. Fischer.)

Daß die *d*-Mannose durch starke methylalkoholische Salzsäure in Methylmannosid verwandelt wird, wurde vor mehreren Jahren von einem von uns angegeben[1]). Hr. Alberda van Ekenstein, welcher sich bald nachher mit der Verbindung beschäftigte, erhielt dieselbe kristallisiert und hat seine Beobachtungen kürzlich veröffentlicht[2]). Sehr viel leichter wird die Verbindung, wie unten beschrieben, nach der modifizierten Glucosid-Synthese[3]) durch äußerst verdünnte methylalkoholische Salzsäure erhalten. Auf demselben Wege entsteht, wie vorauszusehen war, aus der *l*-Mannose das optisch isomere Mannosid. Da beide Verbindungen leicht in schönen meßbaren Kristallen erhalten werden konnten, so schienen sie uns besonders geeignet, die Erscheinung der Racemie in dieser Gruppe zu studieren. Wir sind dabei zu Resultaten gelangt, welche für die Auffassung der Racemie von allgemeinerem Interesse sind; denn es gelang uns, aus der inaktiven wässerigen Lösung durch Veränderung der Temperatur nach Belieben die beiden optisch aktiven Substanzen getrennt oder die racemische Verbindung zu isolieren.

### Methyl-*d*-mannosid.

50 g sirupförmige Mannose, welche aus dem Phenylhydrazon nach dem Verfahren von Herzfeld dargestellt war, und welche nur ungefähr 5 g Wasser enthielt, wurden mit 500 g scharf getrocknetem acetonfreiem Methylalkohol, welchem 0,25 pCt. trockener Chlorwasserstoff zugeführt waren, übergossen, und die beim Schütteln entstandene klare Lösung im geschlossenen Gefäß 40—50 Stunden auf 90—100° erhitzt. Beim Erkalten der Flüssigkeit begann alsbald die Abscheidung

---

[1]) Berichte d. d. chem. Gesellsch. **26**, 2401 [1893]. (*S. 683.*)

[2]) Rec. d. trav. chim. Pays-Bas **15**, 223—224 [1896].

[3]) Berichte d. d. chem. Gesellsch. **28**, 1145 [1895]. (*S. 734.*)

des Mannosids in farblosen Nadeln. Ihre Menge betrug nach 12 Stunden
26 g, welche, aus der 10 fachen Menge heißem Alkohol von 96 pCt.
umkristallisiert, 23 g reines Produkt lieferten. Aus der Mutterlauge
konnten nach Entfernung der Salzsäure durch Schütteln mit Silbercarbonat noch weitere 5 g von derselben Reinheit gewonnen werden.
Die letzten Mutterlaugen hinterließen einen Sirup, welcher Fehlingsche Lösung ziemlich stark reduzierte, und in welchem wir ebenso
vergeblich wie van Ekenstein das von der Theorie vorhergesehene
isomere Mannosid gesucht haben.

Das Methyl-*d*-mannosid kristallisiert sowohl aus der alkoholischen,
wie aus der wässerigen Lösung ohne Kristallwasser.

| | Ber. für $C_6H_{11}O_6 . CH_3$ | Gefunden |
|---|---|---|
| C | 43,29 | 43,19 pCt. |
| H | 7,21 | 7,31 ,, |

Die Verbindung schmilzt bei 190—191⁰ (korr. 193—194⁰) zu einer
farblosen Flüssigkeit. Läßt man dieselbe durch Abkühlen kristallisieren, so zeigt die feste Masse wieder denselben Schmelzpunkt. Durch
das Schmelzen wird also keine Veränderung bewirkt. Das spezifische
Gewicht, welches im Pyknometer in Benzol bei 7⁰ bestimmt wurde,
betrug 1,473, bezogen auf Wasser von 4⁰.

Die spezifische Drehung fanden wir übereinstimmend mit van
Ekenstein bei 20⁰ in 8 prozentiger wässeriger Lösung $[\alpha]_D^{20°} = + 79,2°$.

Für die Löslichkeit in Wasser von 15⁰ fanden wir: 100 g der gesättigten Lösung, welche durch öfteres Schütteln des feingepulverten
Mannosids mit einer ungenügenden Quantität Wasser im Laufe von
8 Stunden bereitet war, enthielten 23,5 g Mannosid; mithin lösen 100 g
Wasser bei 15⁰ 30,7 g.

Beim einstündigen Erwärmen mit der 20 fachen Menge 5 prozentiger Salzsäure wurde das Mannosid fast quantitativ in den Zucker
verwandelt.

Aus besonderen Gründen haben wir noch geprüft, ob die Verbindung Neigung zur Dimorphie besitzt. Die Kristalle blieben aber
beim 5 stündigen Erhitzen auf 100⁰ ganz unverändert, und ebenso
schieden sie sich aus einer wässerigen Lösung, deren Temperatur bei
20⁰ lag, wieder ab.

### Methyl-*l*-mannosid.

Verwendet man reine sirupförmige *l*-Mannose, welche aus dem
Phenylhydrazon dargestellt ist, so verläuft die Bildung des Mannosids
unter den oben angegebenen Bedingungen in der gleichen Weise und
mit denselben Ausbeuten.

| | Ber. für $C_6H_{11}O_6 . CH_3$ | Gefunden |
|---|---|---|
| C | 43,29 | 43,23 pCt. |
| H | 7,21 | 7,33 ,, |

Die Verbindung zeigte genau denselben Schmelzpunkt wie das optisch Isomere.

Die spezifische Drehung betrug in 8prozentiger wässeriger Lösung bei 20⁰ $[\alpha]_D^{20} = -79,4^0$. Die Differenz von dem obigen Werte $+79,2^0$ liegt innerhalb der Beobachtungsfehler. Dieselbe Übereinstimmung zeigte sich in der Kristallform; denn nach den Messungen, welche Hr. Tietze im hiesigen mineralogischen Institut gütigst ausgeführt hat, und welche er später selbst veröffentlichen wird, waren die Winkel und das optische Verhalten dieselben wie bei der $d$-Verbindung.

## Racemisches Methylmannosid.

Wie oben schon erwähnt, lassen sich die beiden Methylmannoside aus der inaktiven wässerigen Lösung, welche gleiche Quantitäten der optischen Antipoden enthält, getrennt kristallisieren. Das findet statt bei Temperaturen unter 8⁰. Die verschiedenen Versuche, welche alle gleiches Resultat ergaben, wurden zwischen 8⁰ und 2⁰ angestellt. Für die Gewinnung größerer meßbarer Kristalle sind besondere Vorsichtsmaßregeln notwendig. Am besten gelingt die Operation, wenn man die konzentrierte wässerige Lösung im Erlenmeyerschen Kölbchen in einem evakuierten Exsiccator, der sich in einem gleichmäßig temperierten Raume befindet, verdunsten läßt. Sie erfordert stets mehrere Tage. Unter gewöhnlichem Luftdruck pflegt bei der höchst konzentrierten Lösung, wahrscheinlich durch die mechanische Wirkung von Luft- oder Staubteilchen, die Kristallisation so rasch zu verlaufen, daß die ganze Masse zum dicken Brei erstarrt. Obschon wir die Versuche nur mit kleinen Mengen (1—2 g jedes Mannosids) ausführten, gelang es uns, im Vakuum gut ausgebildete Kristalle bis zum Gewicht von 0,25 g zu gewinnen[1]). Dieselben wurden mechanisch getrennt und durch den Schmelzpunkt, die Bestimmung des Drehungsvermögens, sowie durch die kristallographische Untersuchung als reine $d$- resp. $l$-Verbindung charakterisiert.

Ganz anders gestaltet sich die Erscheinung, wenn die Kristallisation bei Temperaturen über 15⁰ erfolgt. An Stelle der schönen kompakten, optisch aktiven Kristalle erscheinen dann vierseitige, scheinbar quadratartige Blättchen, welche ganz einheitlich aussehen. Dieselben sind ebenfalls wasserfrei. Sie schmelzen schon bei 165—166⁰ (korr. 166,5—167,5⁰), und die wieder erstarrte Masse hat den gleichen Schmelzpunkt; für die Bestimmung dienten ausgelesene einheitliche Individuen. Die Kristalle zeigten, bei 7⁰ in Benzol bestimmt, das

---

[1]) Dieser kleine Kunstgriff ist vielleicht auch in anderen Fällen für die Gewinnung größerer Kristalle aus sehr konzentrierten Lösungen zu verwerten.

spezifische Gewicht 1,443, mithin etwas weniger als die aktive Verbindung. Um die den zarten Kristallen anhaftende Luft zu entfernen, wurden dieselben im Pyknometer mit Benzol übergossen und dann ins Vakuum gebracht, wobei ein lebaftes Sieden der Flüssigkeit erfolgt. Für eine andere Bestimmung wurden die Kristalle geschmolzen; die wieder kristallinisch erstarrte Masse hatte nur das spez. Gew. 1,404. Aber es ist ungewiß, ob nicht beim Schmelzen eine geringe Zersetzung eintritt, weshalb wir diesen Wert als unsicher betrachten.

Die ungenügende Ausbildung der Kristalle machte leider Winkelmessungen unmöglich; dagegen ergab die ebenfalls von Hrn. Tietze angestellte Untersuchung im Polarisationsmikroskop mit Sicherheit, daß sie von den optisch aktiven Kristallen ganz verschieden sind. Die Kristalle waren auch zu klein, um sie einzeln auf ihr Drehungsvermögen zu untersuchen; aber eine Druse derselben zeigte in wässeriger Lösung völlige Inaktivität. Beim Umkristallisieren aus heißem Alkohol entstanden wieder die gleichen Blättchen. Nach allen diesen Beobachtungen halten wir die Kristalle für das racemische Methylmannosid.

Um dem Einwand zu begegnen, daß hier vielleicht eine dimorphe Form der optisch aktiven Kristalle vorliege, verweisen wir auf die oben gemachten Angaben über die Beständigkeit der letzteren in der Wärme und über ihre Entstehung in der wässerigen Lösung von 20°. Außerdem haben wir festgestellt, daß ein inniges mechanisches Gemenge von gleichen Teilen des $d$- und $l$-Mannosids bei derselben Temperatur (165—166°) schmilzt wie die vorliegenden einheitlichen, vierseitigen Blättchen. Nach alledem kann die racemische Natur der letzteren kaum zweifelhaft sein.

Die Beobachtung, daß eine racemische Verbindung aus wässeriger Lösung bei höherer Temperatur unverändert und bei niederer Temperatur in den getrennten, optisch aktiven Formen kristallisiert, ist nicht neu. Sie wurde bei dem Natrium-Ammoniumracemat von Scacchi und Wyrouboff gemacht, welche zeigten, daß oberhalb 27° aus der wässerigen Lösung das unveränderte Racemat, dagegen unterhalb dieser Temperatur die Tartrate kristallisieren. Van 't Hoff[1]) hat später in Gemeinschaft mit van Deventer, H. Goldschmidt und W. P. Jorissen den gleichen Vorgang zum Gegenstand einer sehr interessanten Studie gemacht. Er zeigt darin, daß der Übergang des Racemats in die Tartrate (und umgekehrt) der Bildung gewisser Doppelsalze, z. B. des Astrakanits, ganz analog ist, daß er ferner auch dem Übergang des Glaubersalzes in das wasserärmere Salz $Na_2SO_4 + H_2O$

---

[1]) Zeitschr. f. physik. Chem. **1**, 165 [1887]; **17**, 49 [1895].

verglichen werden kann und daß die sogenannte Umwandlungstemperatur sich dilatometrisch sehr genau ermitteln läßt. Aber in allen von Hrn. van't Hoff behandelten Fällen spielt das Kristallwasser eine wesentliche Rolle. Das Natrium-Ammoniumracemat hat mit der Formel $(C_4O_6H_4NaNH_4)_2.2H_2O$ einen erheblich niedrigeren Wassergehalt als die beiden Natrium-Ammoniumtartrate $C_4O_6H_4.Na.NH_4.$ $4 H_2O$. Derselbe Gegensatz zeigt sich zwischen Astrakanit $(SO_4)_2$ $MgNa_2.4 H_2O$ und den beiden Komponenten, Glaubersalz und Magnesiumsulfat.

Bei dem Methylmannosid liegen die Verhältnisse aber viel einfacher; denn sowohl die racemische, wie die beiden optisch aktiven Formen enthalten kein Kristallwasser, und der wechselseitige Übergang beider Systeme ineinander wird hier durch den einfachen Ausdruck

$$C_7H_{14}O_6 + C_7H_{14}O_6 \overset{\leftarrow}{\rightarrow} (C_7H_{14}O_6)_2$$

dargestellt. Die Umwandlungstemperatur, welche zwischen $8^0$ und $15^0$ liegen muß, haben wir nicht genauer festgestellt.

Bemerkenswert ist, daß auch hier, wo das Kristallwasser nicht mitwirkt, das racemische System bei höherer Temperatur und deshalb wahrscheinlich unter Wärmeverbrauch entsteht. Dem würde auch die nicht unbeträchtliche Verminderung des spezifischen Gewichts, welche bisher bei der Racemisierung nicht beobachtet wurde[1]), entsprechen.

---

[1]) Vgl. Liebisch, Liebigs Annal. d. Chem. **286**, 140 [1895]. *Vgl. ferner Seite 892.*

## 92. Arthur Speier: Über die Verbindungen des Acetons mit einigen mehrwertigen Alkoholen.

Berichte der deutschen chemischen Gesellschaft **28**, 2531 [1895].
(Eingegangen am 14. Oktober.)

Nach den Beobachtungen von E. Fischer[1]) lassen sich die mehr-wertigen Alkohole durch sehr verdünnte Salzsäure bei gewöhnlicher Temperatur leicht mit dem Aceton verbinden. Das Glycerin nimmt dabei ein Molekül Aceton auf, der Mannit dagegen fixiert drei Mole-küle desselben. Da bei den stereoisomeren Alkoholen die Anlagerung der Aldehyde nach früheren Versuchen von E. Fischer[2]) durch die Konfiguration stark beeinflußt wird, so durfte man erwarten, daß ähnliche Unterschiede bei der Fixierung des Acetons zutage treten würden. Ich habe deshalb auf Veranlassung von Hrn. Prof. Fischer die leichter zugänglichen Polyalkohole mit dem Keton kombiniert, hier aber einen viel gleichmäßigeren Verlauf der Reaktion beobachtet, als es bei dem Bittermandelöl der Fall ist; denn Erythrit, Arabit und Adonit nehmen zwei Moleküle Aceton auf, Sorbit und α-Glucoheptit liefern ebenso wie der Mannit ein Triacetonderivat; nur der Dulcit macht eine Ausnahme, weil hier eine Diacetonverbindung entsteht. Beim Trimethylenglycol endlich sind meine Bemühungen, ein Aceton-derivat zu gewinnen, überhaupt erfolglos geblieben.

### Diaceton-Erythrit, $C_4H_6O_4(C_3H_6)_2$.

Schüttelt man feingepulverten Erythrit mit der 8fachen Menge trockenem Aceton (Sdp. 56—58⁰), welches 1 pCt. gasförmige Salzsäure enthält, so löst er sich rasch auf, und nach 12stündigem Stehen ist die Reaktion beendet. Durch Schütteln mit gepulvertem Bleicarbonat wird nun die Salzsäure entfernt, und das Filtrat verdampft. Der zurück-bleibende schwach gelbe Sirup erstarrt beim Erkalten kristallinisch. Die Ausbeute ist quantitativ.

---

[1]) Berichte d. d. chem. Gesellsch. **28**, 1167 [1895]. (*S. 758.*)
[2]) Berichte d. d. chem. Gesellsch. **27**, 1530 [1894]. (*S. 561.*)

Aus wenig 50prozentigem Alkohol kristallisiert das Produkt in feinen, farblosen Prismen, welche, über Schwefelsäure getrocknet, die Formel $C_{10}H_{18}O_4$ haben.

|   | Ber. für $C_{10}H_{18}O_4$ | Gefunden |
|---|---|---|
| C | 59,4 | 59,37 pCt. |
| H | 8,9 | 8,7 ,, |

Der Diaceton-Erythrit schmeckt bitter, schmilzt bei 56⁰ und siedet unter dem Druck von 29 mm bei 105—106⁰ ganz unzersetzt. Bei der Destillation unter Atmosphärendruck findet eine partielle Zersetzung statt. Die Verbindung ist in Wasser, Chloroform, Essigäther, Eisessig, Benzol und Ligroin sehr leicht, in Äther dagegen schwer löslich, mit Wasserdämpfen verflüchtigt sie sich sehr rasch. Durch Erwärmen mit verdünnter Salzsäure wird sie glatt in die Komponenten gespalten.

## Diaceton-Arabit, $C_5H_8O_5(C_3H_6)_2$.

Feingepulverter Arabit wird in eine Stöpselflasche gebracht und mit der 20 fachen Menge trockenem Aceton, das 1 pCt. Salzsäuregas enthält, bis zur Lösung geschüttelt. Man läßt das Gemenge zwei Tage bei Zimmertemperatur stehen; dann wird die Hauptmenge der Salzsäure mit gepulvertem Bleicarbonat, der Rest mit Silberoxyd entfernt. Nach dem Filtrieren wird das Aceton im luftverdünnten Raume verdampft und der hinterbleibende Sirup der Destillation im Vakuum unterworfen, wobei er bei dem Druck von 23 mm bei 145⁰ bis 152⁰ siedet.

Die Ausbeute ist sehr gut. Der Diaceton-Arabit ist ein farbloser Sirup von bitterem Geschmack und hat, über Pottasche getrocknet und im Vakuum destilliert, die Zusammensetzung: $C_{11}H_{20}O_5$.

|   | Ber. für $C_{11}H_{20}O_5$ | Gefunden |
|---|---|---|
| C | 56,89 | 56,55 pCt. |
| H | 8,62 | 8,63 ,, |

Er ist leicht löslich in Alkohol, Äther, Chloroform, Aceton, Essigäther, Eisessig, Benzol, Ligroin und kaltem Wasser. Viel schwerer löst er sich in heißem Wasser; infolgedessen trübt sich die kalte Lösung beim Erwärmen. Bei längerem Kochen der Verbindung mit Wasser tritt Zerfall in die Komponenten ein.

## Diaceton-Adonit, $C_5H_8O_5(C_3H_6)_2$.

Zur Darstellung dieses Körpers verfährt man genau ebenso wie bei der Bereitung der vorhergehenden Verbindung. Der Diaceton-Adonit ist gleichfalls ein farbloser Sirup von bitterem Geschmack, siedet unter 17 mm Druck bei 150—155⁰ und hat über Pottasche getrocknet und im Vakuum destilliert die Zusammensetzung: $C_{11}H_{20}O_5$.

| | Ber. für $C_{11}H_{20}O_5$ | Gefunden |
|---|---|---|
| C | 56,89 | 56,69 pCt. |
| H | 8,62 | 8,75 ,, |

Er wird gleichfalls beim Kochen mit Wasser in die Komponenten gespalten und zeigt ähnliche Löslichkeit wie das Arabitderivat.

### Diaceton-Dulcit, $C_6H_{10}O_6(C_3H_6)_2$.

Da der Dulcit sich sehr schwer in Aceton löst, so ist bei der Bereitung der Acetonverbindung darauf zu achten, daß er in fein gebeuteltem Zustande zur Anwendung gelangt: trotzdem ist zur vollständigen Lösung dreistündiges, heftiges Schütteln mit der 20fachen Menge trockenem Aceton, das 1 pCt. gasförmige Salzsäure enthält, erforderlich; nach 4 stündigem Stehen der Lösung ist die Reaktion beendet. Durch Schütteln mit gepulvertem Bleicarbonat wird nun die Salzsäure entfernt, und das Filtrat verdampft. Der zurückbleibende gelbe Sirup erstarrt beim Erkalten kristallinisch. Die Ausbeute ist quantitativ. Das Produkt kristallisiert aus wenig Benzol in kleinen, farblosen Säulen, die über Schwefelsäure getrocknet, die Zusammensetzung $C_{12}H_{22}O_6$ haben.

| | Ber. für $C_{12}H_{22}O_6$ | Gefunden |
|---|---|---|
| C | 54,96 | 54,69 pCt. |
| H | 8,39 | 8,6 ,, |

Der Diaceton-Dulcit schmeckt bitter, schmilzt bei 98⁰ und siedet unter dem Druck von 18 mm bei 193—195⁰ ganz unzersetzt. Die Verbindung ist leicht löslich in Wasser, Alkohol, Aceton, Essigäther, Äther, Chloroform und Eisessig; schwer löslich dagegen in Ligroin; mit Wasserdämpfen verflüchtigt sie sich. Mit verdünnter Salzsäure erwärmt, wird der Diaceton-Dulcit rasch in seine Komponenten zerlegt.

### Triaceton-Sorbit, $C_6H_8O_6(C_3H_6)_3$.

Während die Lösung des Mannits und Dulcits in Aceton nur äußerst langsam erfolgt, löst sich gepulverter Sorbit in der 20fachen Menge trockenem Aceton, das 1 pCt. Chlorwasserstoff enthält, beim Schütteln sehr rasch auf. Man läßt die Lösung zwei Tage bei Zimmertemperatur stehen, entfernt die Hauptmenge der Salzsäure mit Bleicarbonat, den Rest mit Silberoxyd, und verdampft das Filtrat. Der zurückbleibende schwach gelbe Sirup wird sofort der fraktionierten Destillation im Vakuum unterworfen; der Triaceton-Sorbit siedet unter 25 mm Druck bei 170—175⁰. Die Ausbeute ist gut.

Beim Abkühlen erstarrt der Sirup zu einer kristallinischen Masse, die, in sehr wenig absolutem Äther gelöst, über Pottasche getrocknet und im Vakuum destilliert, die Zusammensetzung $C_{15}H_{26}O_6$ hat.

49*

|   | Ber. für $C_{15}H_{26}O_6$ | Gefunden |
|---|---|---|
| C | 59,6 | 59,3 pCt. |
| H | 8,6 | 8,88 „ |

Der Triaceton-Sorbit ist eine farblose, strahlig-kristallinische Masse und besitzt einen bitteren Geschmack; bei 36° beginnt er zu sintern und ist bei 45° klar geschmolzen. Das Produkt ist leicht löslich in Alkohol, Methylalkohol, Äther, Aceton, Essigäther, Eisessig, Ligroin, Petroläther, Benzol; unlöslich dagegen in Wasser. In kleinen Mengen ist es unzersetzt mit Wasserdämpfen flüchtig, beim anhaltenden Kochen mit Wasser wird es glatt in seine Komponenten gespalten.

### Triaceton-$\alpha$-Glucoheptit, $C_7H_{10}O_7(C_3H_6)_3$.

Die Verbindung entsteht unter den gleichen Bedingungen wie die vorige; nur erfolgt die Lösung des $\alpha$-Glucoheptits in dem Aceton etwas langsamer.

Nach Entfernung der Salzsäure wird die Lösung verdampft und der zurückbleibende Sirup sofort der fraktionierten Destillation im luftverdünnten Raume unterworfen; er siedet bei 24 mm Druck bei 200—201°. Die Ausbeute ist gut.

Das Produkt wurde für die Analyse mit frisch geglühter Pottasche versetzt, im zugeschmolzenen Röhrchen drei Stunden auf 100° erhitzt, dann von der Pottasche abgegossen und im Vakuum destilliert.

|   | Ber. für $C_{16}H_{28}O_7$ | Gefunden |
|---|---|---|
| C | 57,7 | 57,01 pCt. |
| H | 8,4 | 8,4 „ |

Der Triaceton-$\alpha$-Glucoheptit ist ein dicker, schwach gelber Sirup, der bitter schmeckt. In kaltem Wasser ist die Verbindung verhältnismäßig leicht löslich, schwer löslich dagegen in heißem Wasser, infolgedessen trübt sich eine kalte Lösung beim Erwärmen; leicht löslich ist sie in Äthylalkohol, Methylalkohol, Aceton, Äther, Essigäther, Chloroform, Eisessig, Benzol und heißem Ligroin. Mit Wasserdämpfen verflüchtigt sich das Produkt reichlich. Mit verdünnter Salzsäure erwärmt, zerfällt es leicht in seine Komponenten.

### 93. Victor Fritz: Über einige Derivate des Benzoylcarbinols und des Diphenacyls.

Berichte der deutschen chemischen Gesellschaft **28**, 3028 [1895].

(Eingegangen am 28. November.)

Die Ähnlichkeit des Benzoylcarbinols mit den Zuckerarten, welche zuerst von Zincke[1]) an dem Verhalten gegen alkalische Kupferlösung erkannt wurde, ist später von E. Fischer[2]) durch die Osazonprobe noch schärfer gekennzeichnet worden. Dasselbe gilt auch für das Benzoin, welches ebenfalls ein Ketonalkohol ist und infolgedessen sowohl die Fehlingsche Lösung stark reduziert, wie die Hydrazon- und Osazonreaktion zeigt. Einen wesentlichen Unterschied zwischen den gewöhnlichen Ketosen und den beiden aromatischen Verbindungen fand dagegen E. Fischer[3]), als er dieselben durch Methylalkohol und Salzsäure methylierte. Die Ketosen liefern dabei richtige Glucoside von einfacher Molekulargröße, welche durch Säuren sehr leicht hydrolysiert werden. Das Benzoylcarbinol dagegen wird in ein dimolekulares Produkt verwandelt. Der Methyläther des Benzoins endlich ist gegen verdünnte Säuren beständig und liefert zum Unterschied von den Glucosiden mit größter Leichtigkeit ein Oxim und ein Hydrazon. E. Fischer hat aus diesen Tatsachen den Schluß gezogen, daß die Gruppe CO.CHOH für die Glucosidbildung allein nicht genügt[4]).

---

[1]) P. Hunaeus und Th. Zinke, Berichte d. d. chem. Gesellsch. **10**, 1488 [1877].

[2]) Berichte d. d. chem. Gesellsch. **20**, 822 [1887]. (*S. 145.*)

[3]) Berichte d. d. chem. Gesellsch. **26**, 2400 [1893] (*S. 682*) und **28**, 1161 [1895]. (*S. 750.*)

[4]) Die weitere Folgerung, welche ich daraus für die Struktur der Glucoside gezogen habe (Berichte d. d. chem. Gesellsch. **26**, 2403 [1893] (*S. 685*), ist neuerdings von Herrn Marchlewski bestritten worden (Berichte d. d. chem. Gesellsch. **28**, 1622 [1895]). Er nimmt an, daß in den Aldosen die Gruppe .CH——CH.OH enthalten sei und durch direkte Esterifizierung in die
$$\text{.CH——CH.OH} \quad \underset{\diagdown O \diagup}{}$$

Glucosidform .CH——CH.OR übergehe. Demgegenüber mache ich darauf auf-
$$\underset{\diagdown O \diagup}{}$$

Um aber diese Ansicht noch weiter zu prüfen, habe ich auf Veranlassung von Hrn. Prof. Emil Fischer zunächst den schon von Möhlau[1]) dargestellten Phenoläther des Benzoylcarbinols untersucht. Derselbe verhält sich in der Tat ganz analog dem Methylbenzoin und ist wie jenes unzweifelhaft ein Keton. Ferner habe ich das Benzoylcarbinol mit Salzsäure und Äthylalkohol äthyliert und dabei ein Produkt gewonnen, welches dem von E. Fischer[2]) dargestellten Bis-Methylbenzoylcarbinol aufs genaueste entspricht. Schließlich versuchte ich auch den einfachen Äthyläther des Benzoylcarbinols, $C_6H_5$ . $CO.CH_2.OC_2H_5$, ähnlich wie die Phenylverbindung aus Bromacetophenon und Natriumäthylat darzustellen, erhielt dabei aber ein ganz unerwartetes Resultat; als Hauptprodukt entstand unter den später beschriebenen Bedingungen eine Verbindung $C_{16}H_{13}O_2Br$. Ich betrachte dieselbe als ein Bromderivat des Diphenacyls[3]) und gebe ihr die Formel:

$$C_6H_5.CO.CHBr.CH_2.CO.C_6H_5;$$

merksam, daß die Gruppe .CH——CH.OH nach allem, was wir über das Ver-
              \O/
halten der Aldosen gegen Phenylhydrazin, Hydroxylamin, Oxydationsmittel wissen, gerade so wie .CH(OH).COH reagieren müßte und also mit letzterer in gewissem Sinne tautomer wäre. Weshalb soll nun gerade bei der Esterbildung ein so auffälliger Unterschied zwischen dem Benzoin bzw. Benzoylcarbinol und dem Zucker, welche sich sonst überaus ähnlich sind, zutage treten, wenn dabei nur die Gruppe CH——CH.OH in Betracht käme? Zudem habe ich ja
                        \O/
auch in der zweiten Mitteilung über die Glucoside (Berichte d. d. chem. Gesellsch. **28**, 1145 [1895] (*S. 734*) nachgewiesen, daß der Bildung derselben aus den Aldosen die Entstehung eines Zwischenprodukts vorausgeht, welches ich für das betreffende Acetal halte. Damit ist die Deduktion von Marchlewski vollends unhaltbar geworden.

Ebenso entschieden muß ich den Schluß, welchen Herr Marchlewski aus der Indifferenz der Glucoside gegen Phenylhydrazin bezüglich der α-Carbinolgruppe gezogen hat, nochmals bestreiten. Er will denselben jetzt durch die ganz willkürliche Behauptung retten, daß bei den Hydraziden der Oxysäuren die Gruppe .CHOH.CO.$N_2H_2$.$C_6H_5$ nur wegen ihres elektronegativen Charakters kein weiteres Phenylhydrazin fixieren könne. Dabei übersieht er aber wieder das Verhalten des Mannits und aller mehrwertigen Alkohole, welche nicht elektronegativer als die Glucoside sind und doch auch an der α-Carbinolgruppe kein Hydrazin aufnehmen. Die Kritik, welche ich an den Betrachtungen des Herrn Marchlewski über die Struktur der Glucoside ausübte, bleibt somit in allen Punkten zu Recht bestehend. Emil Fischer.

[1]) Berichte d. d. chem. Gesellsch. **15**, 2498 [1882].
[2]) Berichte d. d. chem. Gesellsch. **26**, 2400 [1893] (*S. 682*) und **28**, 1161 [1895]. (*S. 750.*)
[3]) Claus und Werner, Berichte d. d. chem. Gesellsch. **20**, 1374 [1887]; Hollemann, Berichte d. d. chem. Gesellsch. **20**, 3359 [1887]; Kapf und Paal, Berichte d. d. chem. Gesellsch. **21**, 3056 [1888].

denn sie liefert bei der Reduktion mit Zinkstaub in verdünnter alkoholischer Lösung eine allerdings nicht große Menge von Diphenacyl und gibt bei der Behandlung mit Natriumamalgam in etwas größerer Quantität eine Verbindung $C_{16}H_{18}O_2$, welche auch aus dem Diphenacyl selbst entsteht und deshalb als das Diphenyltetramethylenglycol von der Formel:

$$C_6H_5 . CH(OH) . CH_2 . CH_2 . CH(OH) . C_6H_5$$

zu betrachten ist.

Die Bildung des Bromdiphenacyls aus dem Bromacetophenon vollzieht sich unter dem Einfluß des Natriumäthylats nach der Gleichung:

$$2 C_6H_5 . CO . CH_2Br = C_6H_5 . CO . CHBr . CH_2 . CO . C_6H_5 + HBr.$$

Die Verbindung ist vielleicht identisch mit einem Produkt, welches schon Kues und Paal[1]) bei der Darstellung des Diphenacylmalonsäureesters beobachtet und welches vor kurzem von A. Pusch[2]) von neuem untersucht wurde; letzterer gibt allerdings dem Körper die Formel $C_{18}H_{15}O_3Br$; da aber seine Analyse im Kohlenstoff und Wasserstoff mit der meinigen übereinstimmt und nur im Bromgehalt einen Unterschied von 3 pCt. ergab, da ferner der Schmelzpunkt, das Aussehen der Kristalle und die übrigen Angaben von Pusch mit meinen Beobachtungen übereinstimmen, so ist die Identität der Produkte wohl möglich; denn die Verbindung könnte bei dem Versuch von Kues und Paal aus dem Bromacetophenon ohne Mitwirkung des Malonsäureäthers nur durch den Einfluß des angewandten Natriums entstanden sein.

### Benzoylmethylphenyläther.

Die Verbindung ist von Möhlau durch Kochen von Bromacetophenon mit alkalischer Phenollösung dargestellt worden. Die Angaben des Entdeckers kann ich bestätigen und durch folgende ergänzen. Die Verbindung reduziert die Fehlingsche Lösung nicht; sie wird ferner in wässerig-alkoholischer Lösung, welche 5 pCt. Salzsäure enthält, bei einstündigem Erhitzen auf $100^0$ nicht verändert; endlich ist sie durch ihr Verhalten gegen Hydroxylamin und Phenylhydrazin als Keton charakterisiert.

Oxim. 1 Teil Benzoylmethylphenyläther wird in 20 Teilen absolutem Alkohol gelöst, 1 Teil salzsaures Hydroxylamin und die der Salzsäure entsprechende Menge Natronlauge zugegeben und die Mischung, die etwas Kochsalz abscheidet, 24 Stunden bei Zimmertemperatur

---

[1]) Berichte d. d. chem. Gesellsch. **19**, 3147 [1886].
[2]) Berichte d. d. chem. Gesellsch. **28**, 2106 [1895].

aufbewahrt; gießt man dann die Lösung in die 4 fache Menge Wasser, so fällt das Oxim zunächst als Öl aus, erstarrt aber bald kristallinisch; läßt man mehrere Stunden bei 0° kristallisieren, so ist die Ausbeute fast quantitativ. Das abfiltrierte Rohprodukt wurde in der 6 fachen Menge warmem Benzol gelöst und aus der filtrierten Flüssigkeit durch Zusatz von Petroläther wieder abgeschieden; nach zweimaligem Umkristallisieren blieb der Schmelzpunkt konstant. Zur Analyse war das Präparat im Vakuum getrocknet.

|   | Ber. für $C_{14}H_{13}O_2N$ | Gefunden |
|---|---|---|
| C | 74,01 | 73,66 pCt. |
| H | 5,73 | 5,91 ,, |
| N | 6,17 | 6,33 ,, |

Das Oxim schmilzt ohne Zersetzung bei 113—114° (unkorr.); aus Benzol kristallisiert es in feinen farblosen, meist büschelförmig vereinten Säulen, welche nach der Beobachtung des Hrn. Dr. Klautzsch optisch zweiachsig sind und wahrscheinlich dem triklinen System angehören; es löst sich leicht in Alkohol, Äther, Benzol, schwerer in Ligroin, ebenso wird es leicht von verdünnten Alkalien aufgenommen.

Phenylhydrazon. Das Keton wurde in der 10 fachen Menge Äther gelöst, mit der berechneten Menge Phenylhydrazin versetzt, und diese Mischung 5 Stunden bei Zimmertemperatur aufbewahrt. Beim Verdampfen blieb ein dickes Öl zurück, welches in der 10 fachen Menge absolutem Alkohol gelöst wurde; als diese Flüssigkeit in der Kältemischung stark abgekühlt wurde, schied sich das Hydrazon bald kristallinisch ab und konnte durch Umkristallisieren aus Alkohol leicht gereinigt werden.

|   | Ber. für $C_{20}H_{18}ON_2$ | Gefunden |
|---|---|---|
| C | 79,47 | 79,20 pCt. |
| H | 5,96 | 6,09 ,, |
| N | 9,27 | 9,55 ,, |

Die Verbindung ist in reinem Zustande ganz farblos, färbt sich aber an der Luft rasch gelb, später braun, und zerfließt gleichzeitig; sie schmilzt bei 85—87° und ist in Äther und Benzol sehr leicht, in absolutem Alkohol etwas schwerer löslich.

### Benzoylmethyl-β-naphtyläther.

Löst man 10 g Bromacetophenon in 50 ccm absolutem Alkohol und trägt in gelinder Wärme 9 g gepulvertes β-Naphtolnatrium ein, so geht dasselbe größtenteils in Lösung und nach kurzer Zeit beginnt die Kristallisation des neuen Äthers; man läßt erkalten und filtriert. Durch Verarbeitung der Mutterlauge wurde eine weitere, aber kleinere Menge desselben Produktes gewonnen; sie enthält aber auch noch einen anderen, bromhaltigen Körper, der in Alkohol leichter löslich ist und dadurch von der ersten Verbindung getrennt werden kann. Die Ausbeute an Benzoylmethylnaphtyläther beträgt 70 pCt. des angewandten Bromacetophenons. Durch mehrmaliges Umkristallisieren aus Äther gereinigt, bildet der Körper feine farblose, optisch zweiachsige Nadeln, welche bei 104—106⁰ (unkorr.) schmelzen.

Ber. für $C_6H_5.CO.CH_2.O.C_{10}H_7$     Gefunden

|   |       |          |
|---|-------|----------|
| C | 82,44 | 82,33 pCt. |
| H | 5,34  | 5,40 ,,  |

Die Substanz löst sich in etwa 5 Teilen heißem Alkohol und in etwa 15 Teilen warmem Äther, sie verhält sich gegen Fehlingsche Lösung, Salzsäure usw. gerade so wie die entsprechende Phenylverbindung.

Oxim. 1 Teil Benzoylmethylnaphtyläther wird in 25 Teilen absolutem Alkohol heiß gelöst, mit 1 Teil salzsaurem Hydroxylamin und der berechneten Menge Natronlauge versetzt und die Mischung im geschlossenen Rohr 5—6 Stunden auf 60⁰ erhitzt. Beim Verdünnen mit Wasser fällt das Oxim kristallinisch aus und wird aus der Lösung in warmem Benzol durch Zusatz von Petroläther umkristallisiert. Die reine Verbindung schmilzt bei 144—145⁰ und bildet kurze, verwachsene Säulen.

Ber. für $C_{18}H_{15}O_2N$     Gefunden

|   |       |          |
|---|-------|----------|
| C | 77,98 | 77,78 pCt. |
| H | 5,42  | 5,61 ,,  |
| N | 5,05  | 4,90 ,,  |

Der Körper löst sich leicht in Alkohol, Äther und Benzol; auch von verdünnter Natronlauge wird er bei gelindem Erwärmen rasch aufgenommen.

### Bis-Äthylbenzoylcarbinol.

Dasselbe wird genau so dargestellt wie die von E. Fischer[1]) beschriebene Methylverbindung. Die Ausbeute betrug 85 pCt. des angewandten Benzoylcarbinols; nach dreimaligem Umkristallisieren aus heißem Alkohol war das Präparat rein.

Ber. für $C_{20}H_{24}O_4$     Gefunden

|   |       |          |
|---|-------|----------|
| C | 73,17 | 73,05 pCt. |
| H | 7,32  | 7,53 ,,  |

Die Verbindung schmilzt bei 190—192⁰ (unkorr.); sie löst sich in ungefähr 150 Teilen heißem Alkohol oder Äther, dagegen in ungefähr 15 Teilen heißem Benzol; aus Alkohol kristallisiert sie in feinen, farblosen Säulen.

---

[1]) Berichte d. d. chem. Gesellsch. **28**, 1161 [1895]. (*S. 751.*)

Bromdiphenacyl, $C_6H_5.CO.CHBr.CH_2.CO.C_6H_5$.

Man löst 10 g Bromacetophenon in 50 g absolutem Alkohol, kühlt in einer Kältemischung und trägt allmählich eine kalte Lösung von 0,6 g Natrium in 12 g Alkohol ein; dabei scheidet sich bereits ein Teil des Bromdiphenacyls ab; man läßt die rotbraune Mischung etwa eine Stunde in der Kältemischung stehen, bis der Geruch des Bromaceto-phenons verschwunden ist, filtriert das abgeschiedene Bromdiphenacyl, gießt die Mutterlauge in die 5fache Menge Wasser und extrahiert das abgeschiedene schwach gelbe Öl mit Äther. Wird die ätherische Lösung stark konzentriert, so scheidet sich, zumal beim Abkühlen, der Rest der Bromverbindung zum größten Teil als schwach gelbe kristallinische Masse ab. Die Mutterlauge liefert bei weiterer Konzentration eine neue, aber viel kleinere Menge der Kristalle; die Gesamtausbeute betrug 80 pCt. der Theorie. Zur Reinigung wurde das Produkt mehrmals aus warmem Äther umkristallisiert und für die Analyse über Schwefel-säure getrocknet.

|   | Ber. für $C_{16}H_{13}O_2Br$ | Gefunden |
|---|---|---|
| C | 60,57 | 60,34 pCt. |
| H | 4,10 | 4,25 „ |
| Br | 25,24 | 24,74 „ |

Das Bromdiphenacyl schmilzt bei 161—162° (unkorr.), nachdem es schon einige Grade zuvor etwas gesintert ist. Es kristallisiert aus Äther in farblosen, glänzenden, feinen Nadeln; in Wasser ist es sehr schwer löslich, von siedendem absoluten Alkohol verlangt es ungefähr 25 Teile und bei Zimmertemperatur etwa 50 Teile zur Lösung; von Äther sind bei Zimmertemperatur etwa 75 Teile nötig.

Verwandlung des Bromdiphenacyls in Diphenacyl.

Kocht man eine Lösung von 1 Teil Bromdiphenacyl in 25 Teilen Alkohol mit 4—5 g Zinkstaub, so wird bald Bromzink gebildet; beim öfteren Umschütteln ist die Reaktion nach 2—3 Stunden beendet, wenn eine Probe der Flüssigkeit beim Verdünnen mit Wasser ein Öl abscheidet, welches kein Brom mehr enthält. Die filtrierte Lösung wird dann in Wasser eingegossen und das abgeschiedene Öl ausge-äthert. Nach dem Verdampfen des Äthers kocht man den Rückstand so lange mit Wasser, bis das bei der Reaktion entstandene Acetophenon verflüchtigt ist, nimmt den Rückstand wieder mit Äther auf und läßt langsam verdunsten; dabei scheidet sich das Diphenacyl in ziemlich derben Kristallen ab; aus Alkohol umkristallisiert bildet es lange, feine, zu Drusen vereinigte Nadeln vom Schmelzpunkt 144—145° und zeigt die von Kapf und Paal angegebene charakteristische Reaktion mit konzentrierter Schwefelsäure.

Ber. für $C_{16}H_{14}O_2$     Gefunden

|   | Ber. für $C_{16}H_{14}O_2$ | Gefunden |
|---|---|---|
| C | 80,67 | 80,26 pCt. |
| H | 5,88 | 6,03 ,, |

Die Ausbeute betrug 15 pCt. des angewandten Bromdiphenacyls.

Zur weiteren Identifizierung des Diphenacyls wurden noch das Dioxim und das Di-phenylhydrazon dargestellt, welche beide den von Kapf und Paal angegebenen Schmelzpunkt besaßen.

### Verwandlung des Bromdiphenacyls in Diphenyltetramethylenglycol.

2 g Bromdiphenacyl wurden in 50 g 70 prozentigem Alkohol warm gelöst, auf Zimmertemperatur abgekühlt und zu der Flüssigkeit unter andauerndem Schütteln nach und nach 100 g $2\frac{1}{2}$ prozentiges Natriumamalgam zugegeben. Die Operation dauert etwa $1\frac{1}{2}$ Stunden und ist beendet, wenn eine Probe, mit Wasser versetzt, ein Öl abscheidet, welches kein Halogen mehr enthält. Der Alkohol wurde nun größtenteils weggedampft, der Rückstand mit Wasser versetzt und das abgeschiedene Öl ausgeäthert. Der beim Verdampfen des Äthers bleibende Rückstand erstarrt sehr bald kristallinisch. Die Masse wurde zunächst mit sehr wenig Benzol angerieben und abgesaugt. Die Ausbeute an diesem Produkt betrug 25 pCt. des angewandten Bromdiphenacyls. Die Substanz wurde in wenig warmem Benzol gelöst; beim Abkühlen schied sie sich in fast farblosen, meist büschelförmig vereinigten Nadeln ab, welche mit Petroläther gewaschen wurden. Zur völligen Reinigung wurden sie nochmals in viel heißem Wasser gelöst und durch wenig Tierkohle entfärbt. Beim Erkalten kristallisierten völlig farblose Nadeln, welche bei 93 bis 94° schmolzen und für die Analyse im Vakuum über Schwefelsäure getrocknet wurden.

|   | Ber. für $C_{16}H_{18}O_2$ | Gefunden |
|---|---|---|
| C | 79,34 | 79,05 pCt. |
| H | 7,44 | 7,66 ,, |

Die Verbindung ist in Alkohol, Benzol und Äther leicht löslich, über den Schmelzpunkt erhitzt sublimiert sie. Daß sie die oben angenommene Konstitution besitzt, beweist auch ihre direkte Entstehung aus dem Diphenacyl. Die Reduktion des letzteren wurde ebenfalls in 70 prozentiger alkoholischer Lösung mit Natriumamalgam ausgeführt, und das erhaltene Produkt zeigte genau die oben angegebenen Eigenschaften.

**94. Emil Fischer: Über ein neues, dem Amygdalin ähnliches Glucosid.**

Berichte der deutschen chemischen Gesellschaft 28, 1508 [1895].

(Eingegangen am 21. Juni; mitgeteilt in der Sitzung vom Verfasser.)

Das Amygdalin, welches bekanntlich durch Emulsin im Sinne der Gleichung

$$C_{20}H_{27}O_{11}N + 2\,H_2O = C_6H_5 . COH + HCN + 2\,C_6H_{12}O_6$$

gespalten wird, ist schon vor 25 Jahren von Hrn. Hugo Schiff[1]) mit dem Hinweis auf die Verwandlung in Mandelsäure und Amygdalinsäure als eine Verbindung des Benzaldehydcyanhydrins mit einem Disaccharid von der Formel $\overset{C_6H_5 . CH . CN}{\underset{O . C_{12}H_{21}O_{10}}{}}$ betrachtet worden.

Über die Natur des Disaccharids hat sich Schiff nicht weiter geäußert und die von ihm entwickelte ausführliche Strukturformel des Amygdalins, $\overset{C_6H_5 . CH . CN}{\underset{O . C_6H_7O(OH)_3 . O . C_6H_7(OH)_3O}{}}$ , ist gerade in bezug auf den Zuckerrest zweifellos unrichtig. Denn das Glucosid enthält, wie sein Verhalten gegen Fehlingsche Lösung und Phenylhydrazin beweist, jedenfalls keine freie Aldehydgruppe.

Nach meiner Ansicht ist das Amygdalin ein Derivat der Maltose oder einer ganz ähnlich konstituierten Diglucose.

Diese Auffassung stützt sich auf die Beobachtung, daß mit Hilfe der Hefenenzyme, welche bekanntlich die Maltose in Traubenzucker verwandeln, auch aus dem Amygdalin die Hälfte des Zuckers als Glucose abgelöst werden kann, ohne daß die stickstoffhaltige Gruppe des Moleküls angegriffen wird. Dadurch entsteht dann ein neues Glucosid, welches dem Amygdalin außerordentlich ähnlich ist, aber die einfachere Formel

$$\overset{C_6H_5 . CH . CN}{\underset{O . C_6H_{11}O_5}{}}$$

oder aufgelöst

$$\overset{C_6H_5 . CH . CN}{\underset{O . CH . CHOH . CHOH . CH . CHOH . CH_2OH}{}}$$

___

1) Liebigs Annal. d. Chem. **154**, 337 [1870].

hat. Ich nenne dasselbe nach seiner Zusammensetzung Mandelnitrilglucosid (für die internationale Sprache Amygdonitrilglucosid). Es
unterscheidet sich durch die physikalischen Eigenschaften sehr
deutlich von dem Amygdalin, ist ihm aber in chemischer Beziehung
zum Verwechseln ähnlich, insbesondere wird es von Emulsin ebenso
leicht angegriffen und liefert die gleichen Spaltungsprodukte, nur in
anderem Mengenverhältnis.

## Mandelnitrilglucosid.

Daß der wässerige Auszug der Bierhefe aus dem Amygdalin Traubenzucker ablöst, ohne Bittermandelöl zu erzeugen, habe ich schon früher
kurz erwähnt[1]). Um diesen Vorgang zur Darstellung des neuen Glucosids zu verwerten, wurden 10 g feingepulvertes Amygdalin mit 90 ccm
einer Lösung übergossen, welche aus 1 Teil gut gewaschener und an
der Luft völlig getrockneter Brauereihefe (Frohbergtypus) durch
20 stündiges Auslaugen mit 20 Teilen Wasser bei 35⁰ bereitet war.
Um die sekundäre Wirkung von gärungserregenden Organismen zu
verhindern, wurde noch 0,8 g Toluol[2]) zugefügt. Beim Aufbewahren
der Mischung im Brutschrank bei 35⁰ und öfterem Umschütteln erfolgte
bald Lösung des Amygdalins. Als nach siebentägigem Stehen die
Menge des reduzierenden Zuckers 35 pCt. des angewandten Glucosids
betrug, und somit der für 1 Molekül Hexose berechneten Quantität
entsprach, wurde die Flüssigkeit, welche kaum nach Bittermandelöl
roch, mit dem doppelten Volumen Alkohol vermischt, durch Erwärmen
mit Tierkohle auf 50⁰ geklärt und filtriert. Wenn durch diese Operation
der größte Teil der Proteïnstoffe gefällt ist, kann die Lösung ohne allzu
starkes Schäumen unter vermindertem Druck bei 50⁰ eingedampft
werden. Der zurückbleibende dünne Sirup wurde mit der 10 fachen
Menge heißem Essigäther tüchtig durchgeschüttelt, wobei der gebildete Traubenzucker und andere Stoffe zurückblieben. Die filtrierte
Lösung wurde verdampft und der Rückstand in der gleichen Weise
mit warmem Essigäther ausgelaugt. Diese Operation muß noch 1—2 mal
wiederholt werden, bis der Rückstand in viel Essigäther klar löslich
ist. Der jetzt beim Verdampfen bleibende Sirup erstarrt nach einiger
Zeit kristallinisch. Die Ausbeute betrug 32 pCt. des angewandten Amygdalins. Zur Reinigung wurde das Produkt in 10 Teilen heißem Essigäther gelöst. Beim Erkalten schied sich die Verbindung in sehr feinen,
langen Nadeln ab. Die Ausbeute an diesem schon fast reinen Produkt

---

[1]) Berichte d. d. chem. Gesellsch. **27**, 2989 [1894]. (*S. 840.*)
[2]) Das Toluol hat sich mir als Sterilisator für Enzymlösungen am besten
bewährt.

betrug 16 pCt. des angewandten Amygdalins. In Wirklichkeit ist die Menge des neuen Körpers jedenfalls viel größer, da seine Isolierung erhebliche Verluste mit sich bringt. Für die Analyse wurde das Mandelnitrilglucosid nochmals aus Essigäther umkristallisiert und über Schwefelsäure getrocknet.

|   | Ber. für $C_{14}H_{17}O_6N$ | Gefunden |
|---|---|---|
| C | 56,95 | 56,7 pCt. |
| H | 5,8 | 6,0 ,, |
| N | 4,75 | 4,7 ,, |

Das reine Glucosid, welches man in kleiner Menge am raschesten durch Umkristallisieren aus sehr viel heißem Chloroform gewinnt, bildet feine farblose Nadeln. Der Schmelzpunkt ist, wie so häufig bei den Verbindungen der Zuckergruppe, nicht ganz konstant. Schon gegen 140⁰ beginnt die Substanz wenig zusammenzubacken und schmilzt dann zwischen 147 und 149⁰ vollständig. Geringe Verunreinigungen drücken den Schmelzpunkt aber stark herunter.

Eine wässerige Lösung von 8,25 pCt. Gehalt und dem spezifischen Gewicht 1,018 drehte bei 20⁰ im 1 dcm-Rohr 2,26⁰ nach links. Daraus berechnet sich die spezifische Drehung

$$[\alpha]_D^{20^0} = -26,9^0.$$

Eine andere Lösung von 9,50 pCt. und dem spez. Gew. 1,024 drehte im 2 dcm-Rohr 5,21⁰ nach links. Mithin:

$$[\alpha]_D^{20^0} = -26,8^0.$$

Das Mandelnitrilglucosid schmeckt bitter, und zwar stärker als Amygdalin. Es ist in kaltem Wasser, Alkohol und Aceton sehr leicht löslich und kann dadurch ohne Mühe von dem Amygdalin unterschieden werden. In 20 Teilen heißem Essigäther ist es noch ziemlich rasch löslich; von warmem Chloroform verlangt es dagegen ungefähr 2000 Teile. Die Fehlingsche Lösung verändert es auch in der Wärme gar nicht. Beim Kochen mit Alkali entwickelt es sofort Ammoniak und liefert dabei wahrscheinlich ein Produkt, welches der Amygdalinsäure entspricht.

Von 5prozentiger Salzsäure wird es beim Erwärmen auf dem Wasserbade ziemlich rasch angegriffen und liefert dabei Traubenzucker. Viel charakteristischer ist aber die Spaltung durch Emulsin.

1 Teil Glucosid wurde in 10 Teilen Wasser gelöst und mit 0,2 Teilen Emulsin versetzt. Sofort machte sich der Geruch nach Bittermandelöl bemerkbar. Nach 24 Stunden wurde in einem Teil der Flüssigkeit nach dem Wegkochen des Bittermandelöls und der Blausäure die Menge der Glucose mit Fehlingscher Lösung bestimmt. Dieselbe

betrug mehr als 90 pCt. der Theorie. Der Zucker wurde außerdem noch durch das Glucosazon als Traubenzucker identifiziert.

Da das Amygdalin im Pflanzenreich ziemlich verbreitet ist, so wird man voraussichtlich auch hier dem Mandelnitrilglucosid begegnen. Ich werde selbst versuchen, dasselbe aus den offenbar unreinen Präparaten zu isolieren, welche unter der Bezeichnung amorphes Amygdalin oder Laurocerasin[1]) beschrieben worden sind.

Bei diesen Versuchen bin ich von den Herren Dr. P. Rehländer und Dr. G. Pinkus unterstützt worden, wofür ich denselben besten Dank sage.

---

## 95. Emil Fischer: Über einige Derivate des Helicins.
Berichte der deutschen chemischen Gesellschaft 34, 629 [1901].
(Eingegangen am 25. Februar.)

Um den asymmetrischen Verlauf der Synthese, welcher nach meinen Beobachtungen bei dem Aufbau kohlenstoffreicherer Säuren aus den Zuckern durch Anlagerung von Blausäure manchmal nachgewiesen werden kann[2]), auf einfachere Fälle zu übertragen, haben Cohen und Whiteley[3]) viele Ester des Menthols so behandelt, daß ein asymmetrisches Kohlenstoffatom entsteht. Ihre Erwartung, nach Abspaltung des Menthols ein aktives Produkt zu gewinnen, ist aber nicht in Erfüllung gegangen.

In der gleichen Absicht habe ich schon vor längerer Zeit einige Derivate des Helicins dargestellt, bin aber infolge von experimentellen Schwierigkeiten auch nicht zum Ziele gelangt. Obgleich ich es für wahrscheinlich halte, daß es sich durch passendere Auswahl der Bedingungen erreichen läßt, so will ich doch die Beobachtungen in der unvollendeten Form mitteilen, da ich vorläufig nicht in der Lage bin, sie weiter zu verfolgen.

$$\text{Helicincyanhydrin, } C_6H_4 {<} {\begin{matrix} CH(OH).CN \\ O.C_6H_{11}O_5 \end{matrix}}.$$

Löst man 5 g Helicin in 25 ccm warmem Wasser und fügt nach raschem Abkühlen 1,2 g reine Blausäure zu, so scheidet sich zwar noch ein erheblicher Teil des Glucosids kristallinisch ab, geht aber

---

[1]) Lehmann, Neues Repertorium für Pharmacie **23**, 449.
[2]) Berichte d. d. chem. Gesellsch. **27**, 3231 [1894]. (*S. 74.*)
[3]) Proc. chem. soc. **16**, 212 [1900].

beim kräftigen Schütteln im Laufe von 1—2 Tagen wieder in Lösung. Zur Isolierung des Cyanhydrins wird die Flüssigkeit unter möglichst geringem Druck aus einem Bade, dessen Temperatur nicht über 35⁰ beträgt, bis zur Kristallisation eingedampft.

Die filtrierte Masse wird aus wenig warmem Wasser umkristallisiert, wobei aber längeres Erhitzen zu vermeiden ist. Man erhält so das Cyanhydrin in schönen, scheinbar quadratischen Tafeln, welche für die Anaylse bei 110⁰ getrocknet wurden. Die Ausbeute betrug etwa die Hälfte der Theorie.

0,201 g Subst.: 0,3981 g $CO_2$, 0,0994 g $H_2O$.
0,2574 g Subst.: 10,7 ccm N (18⁰, 761 mm).
$C_{14}H_{17}O_7N$. Ber. C 54,0, H 5,47, N 4,50.
Gef. „ 54,0, „ 5,49, „ 4,80.

Die Verbindung schmilzt gegen 176⁰ (korr.) unter Zersetzung. Sie löst sich leicht in warmem Alkohol oder Wasser. Beim Kochen der Lösung erleidet sie ziemlich schnell Zersetzung in Blausäure und Helicin. Infolge dieser Unbeständigkeit ist mir bisher die Spaltung in Traubenzucker und Salicylaldehydcyanhydrin, von dem ich die aktive Form zu gewinnen hoffte, nicht gelungen. Sowohl beim Erwärmen mit verdünnten Säuren, wie bei der Behandlung mit Emulsin fand mit der Abspaltung des Zuckers auch die Hydrolyse in Blausäure und Salicylaldehyd statt[1]). Ebenso erfolglos war der Versuch, das Nitril zur Säure zu verseifen.

### α - Phenyl-o-glucocumarsäurenitril,

$$C_6H_4 \diagdown \overset{\displaystyle CH:C \diagup \overset{C_6H_5}{CN}}{O.C_6H_{11}O_5} \cdot$$

Die Verbindung entsteht durch Kondensation des Helicins mit Benzylcyanid. 3 g des ersteren werden in 50 ccm warmem Alkohol gelöst, dann 1,4 g Benzylcyanid und 5 ccm einer 10prozentigen alkoholischen Lösung von Natriumäthylat zugefügt. Nach dem Aufkochen wird vorsichtig Wasser zugesetzt, bis das Kondensationsprodukt kristallinisch ausfällt. Es wird abgesaugt, mit verdünntem Alkohol gewaschen und aus heißem Weingeist umkristallisiert, woraus es in feinen verfilzten Nadeln ausfällt. Die Menge des Rohprodukts betrug

---

[1]) In neuerer Zeit ist wiederholt auf die lähmende Wirkung hingewiesen worden, welche die Blausäure auf die Zersetzung des Wasserstoffsuperoxyds durch Platin (Bredig, Anorganische Fermente, S. 65), oder auf die Gärung durch Zymase (E. Buchner, Berichte d. d. chem. Gesellsch. **31**, 568 [1898]) ausübt. Es scheint mir deshalb nützlich, an dem Beispiel des Emulsins darauf aufmerksam zu machen, wie vorsichtig man bei der Generalisierung solcher Beobachtungen sein muß.

50 pCt. und die des reinen Präparats 37 pCt. der Theorie. Für die
Analyse waren die wasserhaltigen Kristalle bei $108^0$ bis zur Gewichtskonstanz getrocknet.

0,1958 g Subst.: 0,4710 g $CO_2$, 0,0991 g $H_2O$.
0,3045 g Subst.: 9,6 ccm N ($15^0$, 760 mm).
$C_{21}H_{21}O_6N$.　Ber. C 65,70, H 5,48, N 3,66.
Gef. ,, 65,60, ,, 5,62, ,, 3,69.

Die Substanz schmilzt bei $175—176^0$ (korr.). Sie löst sich in
etwa 90 Teilen kochendem Wasser und kristallisiert beim Erkalten
in feinen Nädelchen. In heißem Alkohol und Aceton ist sie leicht
löslich. Chloroform und Ligroin lösen sehr schwer.

Die Versuche, durch Aufhebung der doppelten Bindung Körper
mit asymmetrischen Kohlenstoffatomen zu erzeugen, sind bisher gescheitert.

Ebenso erfolglos waren ähnliche Versuche mit dem von Tiemann dargestellten *o*-Glucocumaraldehyd.

### 96. Emil Fischer und Max Slimmer: Versuche über asymmetrische Synthese.[1])

Berichte der deutschen chemischen Gesellschaft **36**, 2575 [1903].

(Eingegangen am 6. Juli.)

Im Gegensatz zur chemischen Synthese, welche aus optisch in-
aktivem Material stets wieder inaktive Substanzen hervorbringt, ist
bekanntlich die Pflanze imstande, aus Kohlensäure und Wasser direkt
optisch aktive Kohlenhydrate zu bilden. Über die Ursache dieser
natürlichen asymmetrischen Synthese sind seit Pasteur verschiedene
Ansichten geäußert worden. Unseren tatsächlichen Kenntnissen am
besten angepaßt ist wohl die Hypothese, welche der eine von uns
früher ausgesprochen hat, daß die Kohlensäure von den komplizierten
optisch aktiven Substanzen des Chlorophyllkorns bzw. der assimi-
lierenden Pflanzenzelle gebunden wird und daß dann die synthetische
Umwandlung in Zucker unter dem Einfluß der schon bestehenden
Asymmetrie des Moleküls auch in asymmetrischem Sinne vonstatten
geht.[2]) Zur Stütze dieser Ansicht wurden die Erfahrungen bei dem
Aufbau kohlenstoffreicherer Zucker durch die Cyanhydrinreaktion heran-
gezogen[3]), denn hier hat sich herausgestellt, daß der Aufbau manchmal einseitig, d. h. im asymmetrischen Sinne vor sich geht. Es wurde
ferner auf die Möglichkeit hingewiesen, aus den neuen Produkten
durch Abspaltung des ursprünglichen asymmetrischen Restes ein neues
asymmetrisches Molekül zu erzeugen.

Die experimentelle Prüfung des Gedankens ist in neuerer Zeit
von verschiedenen Seiten versucht worden. So haben Cohen und
Whiteley[4]) mehrere Ester des Menthols und des aktiven Amylalko-

---

[1]) Diese Mitteilung ist eine Umarbeitung der Abhandlung über asymmetrische Synthese, welche wir am 5. Juni 1902 der Kgl. Akademie der Wissenschaften zu Berlin vorlegten. Siehe Sitzungsberichte **1902**, 597. Vgl. auch Chem.
Centralblatt **1902**, II, 214.

[2]) E. Fischer, Berichte d. d. chem. Gesellsch. **27**, 3230 [1894]. (*S. 74.*)

[3]) Liebigs Annal. d. Chem. **270**, 68 [1892] (*S. 596*); Berichte d. d. chem.
Gesellsch. **22**, 370 [1899]. (*S. 300.*)

[4]) Journ. chem. soc. **1901**, 1305.

hols in diesem Sinne bearbeitet, aber nur negative Resultate erhalten. Ebenso erfolglos waren ähnliche Versuche von Kipping.[1]) Unabhängig von den englischen Chemikern hatte der eine von uns dasselbe Problem an einem ganz anderen Material, dem Helicin,

$$C_6H_{11}O_5.O.C_6H_4.COH$$

zu lösen versucht.[2])

Dieses Glucosid addiert sehr leicht Blausäure und gibt ein schön kristallisierendes Cyanhydrin, welches den Eindruck einer einheitlichen Substanz macht.

Aber leider war es nicht möglich, den Zuckerrest aus dem Molekül ohne Zerstörung der Cyanhydringruppe zu entfernen.

Wegen der Wichtigkeit des Gegenstandes haben wir diese Studien wieder aufgenommen und zunächst versucht, durch passende Abänderung der Bedingungen, die Verseifung der Cyangruppe zum Säureamid bzw. Carboxyl auszuführen. Das gelang durch Anwendung des Tetracetylhelicins. Dieses addiert quantitativ Blausäure und liefert ein schön kristallisierendes Cyanhydrin von der Formel:

$$\overset{\displaystyle CN}{\underset{\displaystyle H}{(C_2H_3O)_4C_6H_7O_5.O.C_6H_4.\overset{\displaystyle .}{\underset{\displaystyle .}{C}}.OH}}$$

Durch vorsichtige Behandlung mit flüssiger Salzsäure und der berechneten Menge Wasser läßt sich daraus das entsprechende Amid gewinnen.

$$(C_2H_3O)_4C_6H_7O_5.O.C_6H_4.CH(OH).CO.NH_2.$$

Beim Erwärmen mit sehr verdünnter Salzsäure wird dasselbe verseift und es entsteht ein Produkt, welches in erheblicher Menge o-Oxymandelsäure, $HO.C_6H_4.CH(OH).COOH$, enthält. Dasselbe ist optisch aktiv, aber das Drehungsvermögen war stets nur recht gering; und da es auch nicht gelang, die optisch aktive Substanz in reinem Zustande zu gewinnen, so fehlt dem Versuch die nötige Beweiskraft. Wir haben deshalb noch eine andere Reaktion zur Erzeugung eines asymmetrischen Kohlenstoffatoms aus der Aldehydgruppe des Helicins gewählt.

Bekanntlich verbinden sich die Aldehyde mit Zinkalkylen, und durch Zersetzung dieser Additionsprodukte mittels verdünnter Säure entstehen sekundäre Alkohole.

Dieses Verfahren läßt sich leicht auf das Tetracetylhelicin anwenden. In Benzol oder in Toluol gelöst, vereinigt es sich bei gewöhn-

---

[1]) Proc. chem. soc. **1900**, 226.
[2]) E. Fischer, Berichte d. d. chem. Gesellsch. **34**, 629 [1901]. (*S. 783.*)

licher Temperatur mit Zinkäthyl, und beim Behandeln der Lösung mit kalter verdünnter Säure entsteht der sekundäre Alkohol, Tetraacetylgluco-*o*-oxyphenyläthylcarbinol:

$$(C_2H_3O)_4C_6H_7O_5 . O . C_6H_4 . \overset{OH}{\underset{H}{C}} . C_2H_5.$$

Dieses kristallisiert in farblosen Blättchen und die Reaktion verläuft so glatt, daß sie 90 pCt. der Theorie an reinem Präparat liefert. Durch Verseifung mit Barythydrat lassen sich die vier Acetylgruppen abspalten und es resultiert das neue Glucosid

Gluco-*o*-oxyphenyl-äthylcarbinol,
$$C_6H_{11}O_5 . O . C_6H_4 . CH(OH) . C_2H_5.$$

Wird letzteres mit sehr verdünnter Säure verseift, so entsteht neben Zucker und anderen Produkten *o*-Oxyphenyläthylcarbinol $HO . C_6H_4 . CH(OH) . C_2H_5$.

Durch Destillation im Vakuum gereinigt, zeigte dieses Produkt die relativ hohe, spezifische Drehung — 9,83⁰ und da die optische Aktivität blieb, wenn auch kein Zwischenprodukt isoliert wurde, so glaubten wir damit das Problem der asymmetrischen Synthese gelöst zu haben.

Trotz der Richtigkeit der tatsächlichen Beobachtungen hat sich dieser Schluß bei weiterer Prüfung der Frage leider als nicht stichhaltig erwiesen.

Die ersten ernsten Zweifel entstanden bei uns durch die Erfahrung, daß bei der Hydrolyse des Glucosids durch Emulsin, welches wir früher als asymmetrisches Agens absichtlich vermieden hatten, ein gänzlich inaktives Carbinol entsteht. Dadurch wurde der Verdacht erweckt, daß bei der Einwirkung der Säure auf das Glucosid außer der Hydrolyse noch ein anderer, anormaler Vorgang stattfinde, der die Bildung eines optisch aktiven Produkts aus dem Zuckerrest zur Folge hat. Allerdings hatten wir, um gerade diesem Einwand zu begegnen, schon früher einen Kontrollversuch mit Helicin und Tetracetylhelicin ausgeführt und festgestellt, daß bei ihrer totalen Hydrolyse keine Spur eines in Äther löslichen, optisch aktiven Stoffes gebildet wird. Neuere Versuche haben uns überzeugt, daß das Salicin zwar infolge der empfindlicheren Gruppe . $CH_2(OH)$ beim Erhitzen mit 3—10 prozentiger Schwefelsäure auf dem Wasserbade in reichlicher Menge ein Harz liefert, das zum Teil in Äther löslich ist, aber die ätherische Lösung zeigt auch keine deutliche Drehung des polarisierten Lichts. Trotzdem liegen die Verhältnisse bei der Spaltung des Gluco-*o*-oxyphenyläthylcarbinols anders. Das früher untersuchte optisch aktive

Carbinol war in Wirklichkeit noch ein Gemisch, welches, wie wir jetzt festgestellt haben, durch sorgfältige Fraktionierung bei 0,3 mm Druck in ein gänzlich inaktives Carbinol und eine höher siedende, optisch stark aktive Substanz zerlegt werden kann. Letztere ist nun aller Wahrscheinlichkeit nach ein Kondensationsprodukt, an dessen Bildung der Zuckerrest des Glucosids teilnimmt. Es entsteht trotz der großen Verdünnung der hydrolysierenden Säure (1—3 pCt.) und seine ganz unerwartete Fähigkeit, mit dem Carbinol zu destillieren, hat uns früher zu dem irrtümlichen Schlusse geführt, daß das Carbinol selbst optisch aktiv sei.

Ob bei der Umwandlung des Tetracetylhelicins in das Tetra-acetylgluco-o-oxyphenyläthylcarbinol beide theoretisch möglichen Formen in gleicher Quantität entstehen und das von uns beschriebene Produkt mithin eine sogenannte halbracemische Verbindung ist, oder ob erst bei der späteren Behandlung des Produkts mit Baryt eine Racemisierung eintritt, müssen wir unentschieden lassen.

Jedenfalls ist der Versuch der asymmetrischen Synthese auch in diesem scheinbar so günstig liegenden Falle nicht gelungen. Trotz dieses Mißerfolges halten wir das Problem auf ähnlichem Wege für lösbar und werden deshalb die Versuche unter anders gewählten Bedingungen fortsetzen.

## Tetracetylhelicin, $(C_2H_3O)_4C_6H_7O_5.O.C_6H_4.CHO$.

Die Verbindung ist schon vor 32 Jahren von H. Schiff[1]) aus Helicin und Acetylchlorid oder Essigsäureanhydrid dargestellt worden. Für die Gewinnung größerer Quantitäten haben wir sein Verfahren etwas abgeändert.

100 g reines Helicin werden mit 500 g Essigsäureanhydrid und 50 g frisch geschmolzenem, gepulvertem Natriumacetat unter Umschütteln über freiem Feuer erhitzt, bis eine lebhafte Reaktion eintritt und gleichzeitig das Natriumacetat in Lösung geht. Man erwärmt dann noch 3 Stunden auf dem Wasserbade, gießt die Flüssigkeit in 4 Liter kaltes Wasser und rührt öfters um. Nach 20—30 Minuten erstarrt das ausgeschiedene Öl zu einer festen, kristallinischen, fast farblosen Masse, welche nach 2 stündigem Stehen filtriert, mit kaltem Wasser gewaschen, abgepreßt und in 1½—2 Teilen heißem Alkohol gelöst wird. Man kocht einige Minuten mit wenig Tierkohle und läßt das Filtrat erkalten. Das Tetracetylhelicin fällt in farblosen Nadeln aus, welche die Flüssigkeit als dicker Brei erfüllen. Da Schiff nur eine Acetylbestimmung ausgeführt hat, so schien die Elementaranalyse

---

[1]) Liebigs Annal. d. Chem. **154**, 22 [1870].

nicht überflüssig. Sie hat die von Schiff aufgestellte Formel bestätigt.

Zur Analyse war die Substanz bei 110⁰ getrocknet.

0,2711 g Subst.: 0,5534 g $CO_2$, 0,1293 g $H_2O$.

$C_{21}H_{24}O_{11}$.    Ber. C 55,80, H 5,30.
Gef. ,, 55,67, ,, 5,42.

Die Ausbeute an reinem Material betrug 88 pCt. der Theorie. Den bisher unbekannten Schmelzpunkt fanden wir für das reine Präparat bei 142⁰ (korr.). Geringe Verunreinigungen erniedrigen denselben beträchtlich, und da schon beim Erhitzen mit Alkohol, wie Schiff beobachtete, etwas Essigsäure abgespalten wird, so erhält man leicht Präparate von niedrigerem Schmelzpunkte. Die optische Drehung ist je nach dem Lösungsmittel sehr verschieden.

0,3590 g Subst.: in 6,3089 g Benzol gelöst. Spez. Gewicht der Lösung 0,894    Drehte im 1 dcm-Rohr 1,13 nach links, mithin

$$[\alpha]_D^{20} = -23,48^0.$$

0,6221 g Subst.: in 5,6947 g Aceton gelöst. Spez. Gewicht der Lösung 0,810.    Drehte im 1 dcm-Rohr 2,39⁰ nach links, mithin

$$[\alpha]_D^{20} = -37,15^0.$$

### Tetracetylhelicincyanhydrin,
$$(C_2H_3O)_4C_6H_7O_5 . O . C_6H_4 . CH(OH) . CN.$$

28 g Tetracetylhelicin werden mit 17 ccm (12 g) reiner, wasserfreier Blausäure übergossen, wobei sofort Lösung eintritt. Um die chemische Vereinigung herbeizuführen, die besonders bei Anwendung von ganz reinem Material schwer erfolgt, ist es ratsam, einen Tropfen alkoholisches Ammoniak hinzuzufügen. Nach ungefähr 2 Stunden beginnt die Abscheidung von Kristallen und nach 24 Stunden ist die Masse völlig erstarrt. Die Ausbeute ist fast quantitativ und das Produkt ist rein, denn das Rohprodukt hat genau denselben Schmelzpunkt (korr. 162⁰), wie nach dem Umkristallisieren aus Alkohol.

Für die Analyse war es im Vakuum getrocknet.

0,1971 g Subst.: 0,3986 g $CO_2$, 0,0968 g $H_2O$.
0,5402 g Subst.: 14 ccm N (19⁰, 764 mm, 50prozentige KOH).

$C_{22}H_{25}O_{11}N$.    Ber. C 55,11, H 5,21, N 2,92.
Gef. ,, 55,15, ,, 5,49, ,, 3,04.

Für die spezifische Drehung diente eine Lösung des analysierten Präparates in Aceton.

0,4540 g Subst.: in 4,1744 g Aceton gelöst. Spez. Gew. der Lösung 0,809.    Drehte im 1 dcm-Rohr 1,39⁰ nach links, mithin

$$[\alpha]_D^{20^0} = -24,32^0.$$

Die Verbindung bildet makroskopisch farblose, spießartige Kristalle, die mikroskopisch sehr unregelmäßig ausgebildet erscheinen. Sie ist in Chloroform, Aceton und heißem Alkohol recht leicht, in Äther und Benzol schwer und in Wasser und Ligroin fast unlöslich.

### Tetracetylgluco- o-oxymandelsäureamid,

$$(C_2H_3O)_4C_6H_7O_5 . O . C_6H_4 . CH(OH) . CO . NH_2.$$

Die Verwandlung des Cyanhydrins in das Amid erfolgt nur unter besonders günstigen Bedingungen. Wir haben sie erreicht durch Behandlung mit Salzsäure und der berechneten Menge Wasser, aber auch hier ist große Vorsicht nötig.

10 g Tetracetylhelicincyanhydrin werden mit 1 Molekül Wasser im Einschmelzrohr zusammengebracht, dann nach Abkühlen des Rohres mit flüssiger Luft trockne, gasförmige Salzsäure eingeleitet, bis ungefähr 15 ccm verflüssigt sind, das Rohr geschlossen und nachdem die Lösung des Cyanhydrins in der Salzsäure erfolgt ist, was etwa ½—¾ Stunde je nach der Außentemperatur in Anspruch nimmt, noch etwa ¾ Stunde bei gewöhnlicher Temperatur liegen gelassen. Dann kühlt man die hellgelbe Lösung mit flüssiger Luft ab, wobei sich zwei Schichten bilden, von denen die obere aus flüssigem Chlorwasserstoff, die untere aus einer Lösung des Amids besteht. Läßt man das Rohr länger als angegeben liegen, so bräunt sich der Inhalt stark und das sirupförmige Produkt ist nunmehr schwer zur Kristallisation zu bringen. Nach dem Öffnen des Rohres und Verdampfen der Salzsäure wird der Rückstand in 50 ccm Chloroform gelöst, mit Wasser gewaschen, abgehoben und nach Verdunsten des Chloroforms mit Wasser übergossen. Nach einiger Zeit verwandelt sich das ölige Produkt in eine feste Masse, welche durch Lösen in Chloroform und Ausfällen mit Ligroin umkristallisiert werden kann. Bei gut gelungener Operation betrug die Ausbeute 9,7 g. Aus heißem Alkohol, worin es leicht löslich ist, fällt das Amid beim Erkalten in linsenförmigen Kristallen aus, welche bei 213⁰ (korr.) schmelzen und für die Analyse über Schwefelsäure getrocknet waren.

0,2781 g Subst.: 0,5425 g $CO_2$, 0,1358 g $H_2O$.
0,1976 g Subst.: 5 ccm N (17⁰, 758 mm).

$C_{22}H_{27}O_{12}N$. Ber. C. 53,12, H 5,43, N 2,81.
Gef. ,, 53,20, ,, 5,46, ,, 2,97.

Wir bemerken jedoch, daß das Gelingen der zuvor beschriebenen Operation von Zufälligkeiten abhängig ist und daß wir öfters Präparate erhielten, die sich durch erheblich niedrigeren Schmelzpunkt (170—190⁰) als unrein erwiesen. Die Verseifung des Amids zur entsprechenden Säure oder zur acetylfreien Gluco-o-oxymandelsäure durch Baryt ist uns nicht gelungen. Dagegen läßt sich durch Erwärmen mit verdünnten Mineralsäuren ein Produkt gewinnen, welches als

$$o\text{-Oxymandelsäure, } OH.C_6H_4.CH(OH).CO_2H$$

anzusprechen ist.

Zu dem Zweck wurden 2,5 g des Amids mit 15 ccm Salzsäure von 5 pCt. im geschlossenen Rohr 1 Stunde bei 100⁰ geschüttelt, wobei klare Lösung eintritt. Zur Isolierung der Oxymandelsäure ist sehr häufiges Ausäthern erforderlich. Nach Verdunsten des Äthers wurde der Rückstand im Vakuum auf 100⁰ erhitzt. Es resultierte ein bräunliches Öl, welches, in Äther gelöst, die spezifische Drehung $[\alpha]_D^{20} = +1,9^0$ zeigte. Leider ist die $o$-Oxymandelsäure nicht im kristallisierten Zustande bekannt. Wir haben daher das Produkt nach dem Vorgang von A. v. Baeyer und Fritsch[1]) mit Jodwasserstoff zu $o$-Oxyphenylessigsäure reduziert und diese durch den Schmelzpunkt und das Anhydrid identifiziert.

Ganz den gleichen Versuch, aktive Oxymandelsäure zu gewinnen, haben wir nun wiederholt, ohne Isolierung des Amids und ohne jede Reinigung des Tetracetylhelicincyanhydrins und wir erhielten auch hier Präparate, welche eine spezifische Drehung von etwa $+1,3^0$ zeigten. Da endlich das Tetracetylhelicin selbst bei ganz gleicher Behandlung kein optisch aktives, in Äther lösliches Produkt gab, so ist es möglich, daß bei der Anlagerung der Blausäure und der späteren Verseifung die Synthese im asymmetrischen Sinne verlaufen ist. Bei der geringen Drehung des schließlich erhaltenen öligen Produktes können wir uns aber nicht verhehlen, daß dem Resultate keine entscheidende Bedeutung beizumessen ist.

## Tetracetylgluco- $o$-oxyphenyl-äthylcarbinol,
$$(C_2H_3O)_4C_6H_7O_5.O.C_6H_4.CH(OH).C_2H_5.$$

25 g trocknes Tetracetylhelicin werden in 400 g trockenem und thiophenfreiem Benzol in einem Kolben gelöst, dann die Luft durch trockene Kohlensäure verdrängt und das Gefäß nach Zusatz von 10 g Zinkäthyl (wenig mehr als 1 Molekül) sorgfältig verschlossen, am besten durch Abschmelzen des Halses und die Mischung 3 Wochen bei Zimmertemperatur aufbewahrt. Die Reaktion läßt sich zwar durch Erwärmen abkürzen, aber das Produkt ist reiner, wenn sie sich in der Kälte vollzieht.

Während des Stehens trübt sich die Flüssigkeit nur in geringem Maße durch Abscheidung von Zinkverbindungen. Schließlich wird die Mischung 2 Stunden auf dem Wasserbade erwärmt, natürlich unter

---

[1]) Berichte d. d. chem. Gesellsch. 17, 974 [1884].

Ausschluß der Luft, dann durch Eis abgekühlt und nun zur Zersetzung der Zinkverbindung allmählich Wasser und zum Schluß ein Überschuß von verdünnter Schwefelsäure zugegeben, bis alles Zinkhydroxyd gelöst ist. Die schwach gelb gefärbte Benzollösung wird abgehoben, nochmals mit sehr verdünnter Schwefelsäure geschüttelt, dann mit einer sehr verdünnten Lösung von Natriumcarbonat sorgfältig gewaschen, um alle Säure zu entfernen, und endlich mit wasserfreiem Natriumsulfat getrocknet. Beim Abdampfen der Benzollösung unter stark vermindertem Druck bleibt ein schwach gelb gefärbter, dicker Sirup zurück, welcher nach dem Übergießen mit Wasser im Laufe von 10—20 Stunden kristallinisch erstarrt. Die Ausbeute an diesem Produkt ist so gut wie quantitativ, denn sie betrug 27 g. Das Präparat läßt sich durch Umkristallisieren aus warmem 60prozentigem Alkohol leicht reinigen und bildet dann mikroskopisch kleine, meist viereckige Blättchen, deren Ecken abgestumpft sind. Für die Analyse war die Substanz im Vakuum über Schwefelsäure getrocknet.

0,2478 g Subst.: 0,5179 g $CO_2$, 0,1371 g $H_2O$.

$$C_{23}H_{30}O_{11}. \quad \text{Ber. C } 57,27, \quad \text{H } 6,22.$$
$$\text{Gef. } ,, \ 57,00, \quad ,, \ 6,19.$$

Für die Bestimmung der spezifischen Drehung diente eine Lösung in Aceton. Für das analysierte Präparat war

$$[\alpha]_D^{20} = -30,10^0$$

0,1642 g in 5,1046 g Aceton. Spez. Gew. 0,799. Drehte im 1 dcm-Rohr 0,75⁰ nach links.

Bei der Untersuchung verschiedener Kristallisationen, welche aus der Mutterlauge gewonnen wurden, blieb die Drehung fast unverändert, denn sie ging nur auf — 29⁰ zurück. Der Schmelzpunkt ist dagegen nicht ganz konstant, denn auch das analysierte Präparat wurde gegen 150⁰ weich und schmolz erst bei 156,5⁰ (korr.). Dieselbe Erscheinung beobachtet man auch bei vielen anderen ganz reinen Glucosiden.

Im großen und ganzen macht das Präparat den Eindruck einer einheitlichen Verbindung. Trotzdem ist die Möglichkeit nicht ausgeschlossen, daß man es hier mit Mischkristallen von zwei isomeren Substanzen zu tun hat, deren Zusammensetzung bei weiterem Umkristallisieren sich kaum ändert; denn die Erfahrung in anderen Gebieten der organischen Chemie zeigt, daß bei komplizierten Molekülen der Einfluß kleiner stereochemischer Verschiedenheiten auf die physikalischen Eigenschaften sehr gering sein kann, und daß die Kristallisation in solchen Fällen ein unvollkommenes Trennungsmittel ist.

Erfolgt die Anlagerung des Zinkäthyls an das Tetracetylhelicin nicht bei gewöhnlicher Temperatur, sondern auf dem Wasserbade, so erhält man in der Tat ein Produkt, welches die gleiche Zusammensetzung wie das zuvor beschriebene Präparat, aber einen erheblich niedrigeren Schmelzpunkt hat (128⁰).

Zuweilen erhielten wir auch bei dem in der Kälte dargestellten Präparat Kristallisationen, die den Schmp. 118⁰ zeigten. Ob es sich hier um Dimorphie oder Isomerie handelt, konnten wir nicht entscheiden.

Gluco- *o*-oxyphenyl- äthylcarbinol,

$C_6H_{11}O_5 . O . C_6H_4 . CH(OH) . C_2H_5$.

Zur Abspaltung der Acetylgruppen haben wir das in der Kälte bereitete, zuvor beschriebene Präparat mit kaltem Barytwasser in folgender Weise behandelt:

10 g der Acetylverbindung wurden in 25 ccm Alkohol gelöst, dann mit 100 ccm Wasser versetzt, wobei Fällung eintritt, und nach Zusatz von 30 g reinem Barythydrat 24 Stunden bei gewöhnlicher Temperatur geschüttelt.

In dem Maße, wie die Verseifung fortschreitet, findet allmählich Lösung statt und schließlich entsteht eine schwachgelbe Flüssigkeit, die nur durch wenig Baryumcarbonat getrübt ist. Der Baryt wurde nun mit Schwefelsäure nahezu vollständig ausgefällt, die Flüssigkeit mit Tierkohle geschüttelt und das Filtrat, welches keine freie Schwefelsäure enthalten darf, unter stark vermindertem Druck zu einem Sirup eingedampft. Laugt man den Rückstand mit kochendem Essigäther aus, so geht das Glucosid in Lösung und fällt nach dem Einengen auf Zusatz von Äther zuerst als Gallerte, die sich aber bald in ein weißes, nicht deutlich kristallisiertes Pulver verwandelt. Dieses ist jetzt in heißem Essigäther ziemlich schwer löslich, und wir haben bisher kein geeignetes Lösungsmittel für seine Kristallisation gefunden. Es wurde deshalb durch mehrmaliges Lösen in Essigäther und Ausfällen mit Äther gereinigt und für die Analyse bei 105⁰ getrocknet.

0,1811 g Subst.: 0,3803 g $CO_2$, 0,1184 g $H_2O$.

$C_{15}H_{22}O_7$. Ber. C 57,32, H 7,00.

Gef. ,, 57,27, ,, 7,31.

Das Präparat zeigte keinen konstanten Schmelzpunkt. Es wurde gegen 120⁰ weich und schmolz erst bei 145—150⁰ unter Zersetzung. In Wasser und Alkohol ist es außerordentlich leicht löslich und reduziert die Fehlingsche Flüssigkeit beim Kochen nicht.

Hydrolyse des Glucosids.

Sie wurde sowohl durch warme, verdünnte Säuren wie durch Emulsin ausgeführt.

Wir verwandten für die Versuche die Lösung, welche durch Behandlung der Tetracetylverbindung mit Baryt entsteht. Zunächst wurde der Baryt genau mit Schwefelsäure ausgefällt und die Flüssigkeit durch Zentrifugieren vom Niederschlag getrennt; sie enthält außer dem Gluco-o-oxyphenyl-äthylcarbinol noch erhebliche Mengen von Essigsäure und Alkohol. Es ist vorteilhaft, letzteren nebst einem Teil der Essigsäure durch Eindampfen bei 10—15 mm Druck bis zur Hälfte des Volumens zu entfernen. Für die Hydrolyse durch Schwefelsäure haben wir alsdann 1—3 pCt. derselben zugefügt und rasch im Dampfstrom auf 100° erhitzt. Da das Carbinol bei längerer Berührung mit der heißen Säure sehr schnell verharzt, so läßt man schon nach 10 Minuten erkalten und extrahiert mit Äther, die wässerige Lösung wird dann nochmals erhitzt und extrahiert. Bei Anwendung einer 3prozentigen Säure genügt 3malige Wiederholung der Operation. War die Säure verdünnter, so geht die Reaktion langsamer und erfordert öfteres Erhitzen. Die vereinigten ätherischen Auszüge werden zur Entfernung der Essigsäure mit einer kalten, stark verdünnten Lösung von Kaliumbicarbonat heftig durchgeschüttelt und der Äther mit Natriumsulfat getrocknet und verdampft. Es hinterbleibt ein hellgelber, dicker Sirup, der das polarisierte Licht stark nach links dreht. Seine spezifische Drehung schwankte bei verschiedenen Versuchen zwischen —10 und —15,5°.

Als wir früher dieses Produkt unter 0,3 mm Druck destillierten, resultierte ein fast farbloses, dickes Öl, welches in Aceton die spezifische Drehung — 9,83° zeigte, und welches wir für reines o-Oxyphenyl-äthylcarbinol gehalten haben. Die spätere Untersuchung hat jedoch gezeigt, daß das Präparat durch sorgfältige Fraktionierung in ein Carbinol ohne optische Wirksamkeit und ein höher siedendes, optisch stark aktives, in der Kälte harzig erstarrendes Produkt getrennt werden kann.

Die Eigenschaften des Carbinols stimmten ganz mit denjenigen des später beschriebenen synthetischen Präparates überein. Die Analyse gab folgende Werte:

0,2971 g Subst.: 0,7710 g $CO_2$, 0,2154 g $H_2O$.

Ber. C 71,05, H 7,90.

Gef. „ 70,77, „ 8,11.

Um die Spaltung des Glucosids mit Emulsin auszuführen, haben wir die oben erwähnte vom Alkohol befreite Lösung mit saurem kohlensaurem Kalium neutralisiert und mit so viel Emulsin versetzt, daß seine Menge $1/_3$ des Gewichts des angewandten Tetracetylhelicins betrug, dann 2 Stunden geschüttelt, um das Ferment möglichst zu lösen, und nun 24 Stunden bei 37° aufbewahrt. Die Lösung enthielt viel Traubenzucker und gab mit Äther ausgeschüttelt ein Carbinol, welches völlig indifferent gegen das polarisierte Licht war. Wir bemerken

noch, daß die entscheidenden Versuche immer mit dem Gesamtreaktionsprodukt, das aus Tetracetylhelicin und Zinkäthyl entsteht
und keiner Reinigung durch Kristallisation unterworfen war, ausgeführt wurde.

Zum Vergleich mit dem so erhaltenen Produkt haben wir das
$o$-Oxyphenyläthylcarbinol noch auf folgendem synthetischen Wege
dargestellt.

Das Chlorid der Methylsalicylsäure wurde durch Behandlung mit
Zinkäthyl in $o$-Methoxyphenyläthylketon verwandelt, dieses durch
Erhitzen mit Salzsäure in $o$-Oxyphenyläthylketon übergeführt und
letzteres mit Natriumamalgam reduziert.

Da die meisten Produkte dieser Reaktionsfolge neu sind, so wollen
wir sie anhangsweise beschreiben.

### Methylsalicylsäurechlorid, $CH_3.O.C_6H_4.COCl$.

Die als Ausgangsmaterial dienende Methylsalicylsäure wurde aus
Salicylsäure mit Alkali und Dimethylsulfat dargestellt. Die Verwandlung in das Chlorid mit Hilfe von Phosphorchlorid ist bereits von
Pinnow und Müller[1]) beschrieben worden. Da wir aber bei der Anwendung ihres Verfahrens auf Schwierigkeiten stießen, so haben wir
das Phosphorchlorid durch das in neuerer Zeit von Hans Meyer[2])
wiederholt empfohlene Thionylchlorid ersetzt und dabei sehr gute Resultate erhalten.

In 100 g Thionylchlorid trägt man allmählich 30 g Methylsalicylsäure ein. Diese löst sich sogleich auf und die Flüssigkeit gerät durch
Entweichen von Salzsäure und schwefliger Säure ins Wallen. Schließlich wird auf dem Wasserbade erwärmt, bis das Thionylchlorid entfernt ist und der Rückstand unter vermindertem Druck destilliert.
Bei 17 mm geht das Chlorid bei 145⁰ (korr.) als farblose, schwach
riechende Flüssigkeit über.

0,2811 g Substanz, mit Wasser gekocht und mit Silbernitrat gefällt, gaben
0,2382 g AgCl.

$C_8H_7O_2Cl$.    Ber. Cl 20,82.    Gef. Cl 20,93.

### $o$-Methoxyphenyl-äthylketon, $CH_3.O.C_6H_4.CO.C_2H_5$.

28 g Methylsalicylsäurechlorid (2 Mol.) werden in 200 ccm
trockenem Äther gelöst, das Gefäß mit Kohlensäure gefüllt und ganz
allmählich 10 g Zinkäthyl (1 Mol.) zugetropft. Wenn ungefähr 1 g
des Zinkäthyls im Laufe von 5—20 Minuten je nach der Trockenheit des Äthers eingeflossen ist, beginnt die Reaktion und macht sich

---

[1]) Berichte d. d. chem. Gesellsch. **28**, 158 [1895].
[2]) Monatsh. für Chem. **22**, 415 [1901].

durch Erwärmung der Lösung bemerkbar. Man stellt das Gefäß in kaltes Wasser und fährt mit dem Zusatz des Zinkäthyls fort. Während des Verlaufs der Reaktion scheidet sich eine Zinkverbindung als schwach gelb gefärbtes Öl ab. Nach 1 stündigem Stehen bei gewöhnlicher Temperatur fügt man zuerst Wasser und dann verdünnte Salzsäure zu, bis das zuerst ausgeschiedene Zinkhydroxyd wieder gelöst ist. Das in Freiheit gesetzte Keton wird von dem Äther aufgenommen. Die ätherische Lösung wird sorgfältig mit verdünnter Säure durchgeschüttelt, um alle Zinkverbindungen zu entfernen, dann über Natriumsulfat getrocknet, verdampft und der Rückstand unter vermindertem Druck destilliert. Bei 16 mm war der Siedepunkt 137⁰ (korr.) und das Destillat hatte eine schwach gelbe Farbe und einen charakteristischen, süßlichen Geruch. Die Ausbeute betrug 23 g statt der berechneten 26,5 g. Analysiert wurde das Präparat nicht, aber über die Zusammensetzung kann nach der Bildungsweise und der Verwandlung in die folgende Verbindung kein Zweifel sein.

### $o$-Oxyphenyl-äthylketon, $HO.C_6H_4.CO.C_2H_5$.

Der Methoxykörper wird mit der 5 fachen Menge rauchender Salzsäure (spez. Gew. 1,19) 6 Stunden im geschlossenen Rohr bei 110⁰ geschüttelt. Das Öl geht dabei nicht in Lösung, färbt sich aber grünlich. In dem Rohr herrscht wegen des entstandenen Chlormethyls starker Druck. Nach dem Verdünnen der sauren Flüssigkeit mit Wasser wird das Öl ausgeäthert und die ätherische Lösung mit 5 prozentiger Natronlauge durchgeschüttelt. Diese nimmt das Oxyphenyläthylketon auf und scheidet es beim Ansäuern als farbloses Öl wieder ab. Es wird abermals ausgeäthert, in der Lösung mit Natriumsulfat getrocknet und nach dem Verdampfen des Äthers unter vermindertem Druck destilliert. Bei 15 mm war der Siedepunkt 115⁰ (korr.). Der Geruch der Verbindung ist dem der Phenole ähnlich. Das Natriumsalz ist in starker Lauge sehr schwer löslich und kristallisiert leicht aus Alkohol.

0,3149 g Subst.: 0,8294 g $CO_2$, 0,1886 g $H_2O$.
$C_9H_{10}O_2$. Ber. C 72,00  H 6,66.
Gef. „ 71,83, „ 6,70.

### Inaktives $o$-Oxyphenyl-äthylcarbinol, $HO.C_6H_4.CH(OH).C_2H_5$.

Zur Reduktion des Ketons wurden 10 g in 100 ccm 4 prozentiger Natronlauge gelöst, in Eiswasser gekühlt und 2½ prozentiges, möglichst reines Natriumamalgam eingetragen. Beim starken Schütteln wird dasselbe rasch verbraucht, ohne daß Wasserstoff entweicht. Es ist vorteilhaft, den Überschuß der Natronlauge von Zeit zu Zeit mit Schwefelsäure abzustumpfen. Benutzt man 500 g ₊Amalgam und schüttelt 2—3 Stunden, so ist die Reduktion vollständig.

Die alkalische Lösung wird filtriert, dann bei $0^0$ mit Schwefelsäure schwach angesäuert und das abgeschiedene Carbinol ausgeäthert. Dabei bleibt eine geringe Menge eines festen Körpers ungelöst, der vielleicht ein pinaconähnliches Produkt ist, den wir aber nicht näher untersucht haben. Nach dem Trocknen mit Natriumsulfat wurde der Äther verdampft und der wenig gefärbte Rückstand, dessen Gewicht 9,5 g betrug, bei 0,25 mm Druck destilliert. Das Carbinol ging unter diesen Bedingungen als farbloses Öl über, während ein in den Dampf eingetauchtes Thermometer 125—130$^0$ zeigte. Es verdient aber bemerkt zu werden, daß die Messung der Temperatur von solch stark verdünnten Dämpfen wenig genau ist.

0,1901 g Subst.: 0,4949 g $CO_2$, 0,1397 g $H_2O$.

$C_9H_{12}O_2$.    Ber. C 71,05,    H 7,90.

Gef. ,, 71,00,    ,, 8,22.

Das Carbinol hat einen eigenartigen, an die Ester des Phenols erinnernden Geruch. Es ist in Wasser selbst in der Hitze schwer löslich und auch mit Wasserdampf nur in geringem Maße flüchtig. Ähnlich dem Saligenin ist es sehr empfindlich gegen Mineralsäuren und wird z. B. beim Erwärmen mit 5 prozentiger Salz- oder Schwefelsäure ziemlich schnell verharzt. Es reduziert ferner in der Hitze die Fehlingsche Lösung, allerdings nicht stark. In allen diesen Eigenschaften gleicht es durchaus dem oben beschriebenen, aus Helicin gewonnenen Produkt.

## 97. Emil Fischer und E. Frankland Armstrong:
## Über die isomeren Acetohalogen-Derivate des Traubenzuckers und die Synthese der Glucoside I.[1])

Berichte der deutschen chemischen Gesellschaft **34**, 2885 [1901].

(Eingegangen am 12. August.)

Die von Colley[2]) vor 31 Jahren entdeckte Acetochlorglucose hat für die Synthese anderer Zuckerderivate eine stetig wachsende Bedeutung erlangt. Michael[3]) benutzte sie bekanntlich zum künstlichen Aufbau der Phenolglucoside, und der eine[4]) von uns hat gezeigt, daß sie auch zur Bereitung der Alkoholglucoside verwandt werden kann. Ferner gibt Marchlewski an, daß er durch Kombination dieses Chlorkörpers mit Fructosenatrium Rohrzucker erhalten habe, und wir haben kürzlich[5]) dieselbe Verbindung, sowie die ähnlich konstituierte Acetochlorgalactose, für die Synthese neuer Disaccharide vom Typus der Maltose benutzt. Leider mußten alle diese Versuche mit einem amorphen und stark verunreinigten Präparat ausgeführt werden; denn wenn auch Colley im Laufe seiner Arbeiten zweimal durch Zufall das Chlorid kristallisiert erhielt, so ist doch keiner seiner Nachfolger mehr so glücklich gewesen. Es war deshalb mit Freuden zu begrüßen, daß es vor ungefähr 1½ Jahren den HHrn. W. Königs und E. Knorr[6]) gelang, die entsprechende Bromverbindung, die Acetobromglucose, durch Einwirkung von Acetylbromid auf Traubenzucker kristallisiert zu gewinnen und einige ihrer Umsetzungen zu studieren. Wir verdanken ihnen die bemerkenswerte Beobachtung, daß die Bromverbindung einerseits in das $\beta$-Methylglucosid und andererseits in die bei 134⁰ schmelzende Pentacetylglucose verwandelt werden kann.

---

[1]) Die Abhandlung ist eine Erweiterung der Mitteilung, welche wir am 7. März d. J. der Kgl. Akademie der Wissenschaften zu Berlin vorlegten. Sitzungsberichte **1901**, 316. Vgl. auch Chem. Centralblatt **1901**, I, 883.

[2]) Ann. chim. et phys. [4] **2**, 363 [1870].

[3]) Am. Chem. Journ. **1**, 305 [1879]; **5**, 171 [1883]; **6**, 336 [1884].

[4]) F. Fischer, Berichte d. d. chem. Gesellsch. **26**, 2407 [1893]. (*S. 689.*)

[5]) Vgl. Berichte d. d. chem. Gesellsch. **35**, 3144 [1902]. (*S. 673.*)

[6]) Kgl. Bayer. Akad. d. Wiss. **30**, 103 [1900].

Sie ziehen daraus den berechtigten Schluß, daß sowohl die Brom- wie die betreffende Pentacetylverbindung in dieselbe Reihe wie das $\beta$-Methylglucosid gehören.

Auf die Analogie zwischen den beiden Methylglucosiden und den Pentacetylglucosen hat der eine[1]) von uns früher ausführlich hingewiesen, und es lag auf der Hand, daß auch eine zweite isomere, der $\alpha$-Reihe angehörige Acetohalogenglucose existieren müsse, deren Besitz der Synthese neue Wege eröffnen konnte.

Es ist uns gelungen, diese Verbindung aus der bei 112⁰ schmelzenden Pentacetylglucose durch Einwirkung von trockenem, flüssigem Chlorwasserstoff oder Bromwasserstoff im kristallisierten Zustand zu gewinnen. Bei gewöhnlicher Temperatur beschränkt sich die Wirkung des Halogenwasserstoffs auf die Ablösung von einem Acetyl, und wenn man für die Pentacetylverbindung die zuerst von Erwig und Königs[2]) in Betracht gezogene Strukturformel annimmt, so vollzieht sich der Vorgang für den Chlorkörper nach folgendem Schema:

$$
O\!\!\left\langle
\begin{array}{l}
\dot{C}H(O.C_2H_3O)\\
\dot{C}H(O.C_2H_3O)\\
\dot{C}H(O.C_2H_3O)\\
\dot{C}H
\end{array}
\right.
\begin{array}{l}
\\ \\ + HCl = C_2H_4O_2 + \\ \\
\end{array}
O\!\!\left\langle
\begin{array}{l}
\dot{C}HCl\\
\dot{C}H(O.C_2H_3O)\\
\dot{C}H(O.C_2H_3O)\\
\dot{C}H
\end{array}
\right.
$$

$$
\begin{array}{l}
\dot{C}H(O.C_2H_3O)\\
\dot{C}H_2(O.C_2H_3O)\\
\text{Pentacetylglucose}
\end{array}
\qquad\qquad
\begin{array}{l}
\dot{C}H(O.C_2H_3O)\\
\dot{C}H_2(O.C_2H_3O)\\
\text{Acetochlorglucose.}
\end{array}
$$

Ganz die gleiche Reaktion erfolgt bei der isomeren Pentacetylglucose vom Schmelzpunkt 134⁰ und liefert die isomere Acetochlorglucose, ebenfalls sofort im kristallisierten Zustand. Dieses Produkt ist aller Wahrscheinlichkeit nach identisch mit den Kristallen, welche Colley unter den Händen gehabt hat. Die Anwendung von Bromwasserstoff gab hier, wie zu erwarten war, dieselbe Acetobromglucose, welche Königs und Knorr aus Traubenzucker und Acetylbromid erhielten.

Wir stellen die vier Produkte mit den Schmelzpunkten zusammen und unterscheiden sie als $\alpha$- und $\beta$-Verbindungen:

$\alpha$-Acetochlorglucose 63—64⁰,
$\alpha$-Acetobromglucose 79—80⁰,
$\beta$-Acetochlorglucose 73—74⁰,
$\beta$-Acetobromglucose 88—89⁰ (Königs und Knorr).

---

[1]) E. Fischer, Berichte d. d. chem. Gesellsch. **26**, 2404 [1893]. (S. 686.)
[2]) Berichte d. d. chem. Gesellsch. **22**, 1464 [1889].

Die Beziehungen der $\beta$-Acetobromglucose zum $\beta$-Methylglucosid sind von Königs und Knorr festgestellt. Sie erhielten aus dem Bromkörper in methylalkoholischer Lösung durch Schütteln mit Silbercarbonat zunächst ein Tetracetylmethylglucosid, welches durch Verseifung in $\beta$-Methylglucosid verwandelt werden konnte. Auf dieselbe Art gewannen wir aus der $\alpha$-Acetochlorglucose ein isomeres Tetracetylmethylglucosid, welches bei der Verseifung mit Baryt $\alpha$-Methylglucosid lieferte.

Wie später ausführlich mitgeteilt wird, geht die Wirkung des flüssigen Halogenwasserstoffes auf die Acetylkörper recht glatt vonstatten. Aber man ist genötigt, die Gase zu kondensieren und im verschlossenen Rohr zu arbeiten. Bei Anwendung von flüssiger Luft als Kühlungsmittel gelingt diese Operation außerordentlich leicht. Um aber auch ohne dieses, nicht allen Fachgenossen zugängliche Hilfsmittel zum Ziel zu gelangen, haben wir noch eine andere Methode, zunächst allerdings nur für die $\alpha$-Acetochlorglucose, ausgebildet, bei welcher die Pentacetylglucose in Acetylchlorid gelöst, dann die Flüssigkeit bei — 20° mit trockener gasförmiger Salzsäure gesättigt und hinterher im geschlossenen Rohr auf 45° erhitzt wird.

Unabhängig von uns hat v. Arlt[1]) unter Leitung von Skraup die kristallisierte $\beta$-Acetochlorglucose durch Einwirkung von Chlorphosphor und Aluminiumchlorid auf die $\alpha$-Pentacetylglucose dargestellt, und eine ausführlichere Mitteilung über diese Methode ist bald nachher von Skraup und Kremann[2]) gemacht worden. Aus derselben geht hervor, daß die Wirkung des Chlorphosphors komplizierter ist als diejenige der Salzsäure, da bei der $\alpha$-Pentacetylglucose mit der Substitution eines Acetyls durch Chlor gleichzeitig eine Umlagerung stattfindet, wodurch an Stelle des $\alpha$-Chlorkörpers die stabilere $\beta$-Verbindung erzeugt wird[3]).

Ähnlich liegen die Verhältnisse bei der Galactose. Hier ist bisher nur eine einzige kristallisierte Pentacetylverbindung bekannt, welche wir mit Rücksicht auf die Darstellung mittels Essigsäureanhydrid und Natriumacetat schon in der ersten Mitteilung als $\beta$-Ver-

---

[1]) Monatsh. für Chem. **22**, 144 [1901].
[2]) Monatsh. für Chem. **22**, 375 [1901].
[3]) Wir machen darauf aufmerksam, daß Skraup und Kremann die verschiedenen Pentacetylglucosen in anderer Reihenfolge durch $\alpha$ und $\beta$ unterscheiden. Da aber jetzt diese Verbindungen experimentell mit den $\alpha$- und $\beta$-Glucosiden verknüpft sind, bei welchen zuerst die eigenartige Stereoisomerie solcher Zuckerderivate eingehend beleuchtet wurde, so ist zweifellos die von uns und auch von Königs und Knorr gebrauchte Bezeichnungsweise vorzuziehen, und wir glauben, daß auch Herr Skraup dieselbe aus den gleichen Gründen in Zukunft anwenden wird.

bindung angesprochen haben. Durch Behandeln mit Salzsäure erhielten wir daraus eine Acetochlorgalactose vom Schmelzpunkt 74—75⁰. Da diese in methylalkoholischer Lösung mit Silbercarbonat dasselbe Tetracetyl-$\beta$-methylgalactosid liefert, welches Königs und Knorr[1]) aus der Acetonitrogalactose gewonnen und als Derivat des $\beta$-Methylgalactosids charakterisiert haben, so scheint uns damit der endgültige Beweis geliefert zu sein, daß sowohl obige Acetochlorgalactose, wie die ursprüngliche Pentacetylgalactose der $\beta$-Reihe angehören.

Durch Behandlung mit Phosphorpentachlorid und Aluminiumchlorid haben nun Skraup und Kremann aus derselben Pentacetylverbindung eine Acetochlorgalactose dargestellt, welche bei 82⁰, mithin 8⁰ höher als unser Präparat, schmilzt, aber durch Erhitzen mit Eisessig und Silberacetat in die ursprüngliche Pentacetylgalactose zurückverwandelt wird. Wir halten die Schmelzpunktdifferenz nicht für ausreichend, um die Verschiedenheit unseres Präparates von demjenigen jener Herren endgültig zu beweisen. Sollte sie aber doch zu Recht bestehen, so müßte man annehmen, daß der Chlorphosphor und das Aluminiumchlorid hier eine Umlagerung der $\beta$- in die $\alpha$-Verbindung bewirken.

Von den Acetylderivaten der Disaccharide haben wir bisher nur die bekannte Octacetylmaltose genauer untersucht. Durch flüssige Salzsäure wird sie auch recht glatt in eine gut kristallisierende Heptacetylchlormaltose verwandelt. Daraus erhielten wir weiter durch Behandeln mit Methylalkohol und Silberacetat das kristallisierende Heptacetyl-methylmaltòsid, welches endlich durch Verseifung mit Baryt in Methylmaltosid übergeführt werden konnte. Letzteres wurde allerdings bisher nur als amorphe, weiße, hygroskopische Masse erhalten, welche für die Analyse nicht geeignet war, aber seine Eigenschaften und seine Bildungsweise lassen keinen Zweifel über die Natur der Verbindung.

Besonders wichtig ist in dieser Beziehung ihr Verhalten gegen Fermente. Von Emulsin wird sie in Methylalkohol und Maltose gespalten, woraus man ohne Bedenken den Schluß ziehen darf, daß sie der $\beta$-Reihe angehört. Im Einklang damit steht die Wirkung der in der Hefe enthaltenen Fermente. Durch sie wird das Maltosemolekül hydrolysiert, und es bildet sich, neben Traubenzucker, $\beta$-Methylglucosid. Der zweite Vorgang entspricht genau der Spaltung des Amygdalins durch die Enzyme der Hefe in Traubenzucker und Mandelsäurenitrilglucosid[2]). Wir bemerken noch, daß das Methylmaltosid das erste

[1]) Berichte d. d. chem. Gesellsch. **34**, 979 [1901].
[2]) E. Fischer, Berichte d. d. chem. Gesellsch. **28**, 1509 [1895]. (*S. 781.*)

künstliche Glucosid eines Disaccharids ist, denn die früheren Versuche[1]), Maltose und Milchzucker durch Erhitzen mit verdünnter alkoholischer Salzsäure in Glucoside zu verwandeln, sind mißlungen.

Die Gewinnung der kristallisierten Acetochlorglucose legte selbstverständlich den Gedanken nahe, die alte Michaelsche Synthese der Phenolglucoside weiter auszubilden. Denn wer das Verfahren von Michael, bei welchem rohe Acetochlorhydrose und Phenolnatrium in alkoholischer Lösung zusammengebracht werden, praktisch geprüft hat, der wird den unsicheren Verlauf der Reaktion und die schwankende, meist sehr geringe Ausbeute erkannt und beklagt haben. Mit den heutigen Kenntnissen kann man sich über solche Mißerfolge nicht wundern, denn erstens ist die Acetochlorhydrose, welche nach der Vorschrift von Colley erhalten wird, ein recht unreines Präparat, zweitens liefert dieselbe mit Alkohol schon für sich das sehr schwer kristallisierende Äthylglucosid, und endlich kann man auch nicht erwarten, daß die Abspaltung der Acetylgruppen in der alkoholischen Lösung eine vollständige sei, da die Menge des Alkalis dafür bei weitem nicht ausreicht. Um diese Mißstände zu beseitigen, haben wir zur Bereitung des β-Phenolglucosids zunächst das Michaelsche Verfahren in folgender Weise abgeändert. Als Ausgangsmaterial diente die reine β-Acetochlorglucose. Sie wurde in alkoholischer Lösung mit der berechneten Menge Phenol und Natriumäthylat 24 Stunden bei gewöhnlicher Temperatur stehen gelassen und dann zur völligen Verseifung der Acetylkörper mit überschüssigem Barytwasser behandelt. So gelang es, die Ausbeute an Phenolglucosid auf 35 pCt. der Theorie zu steigern. Noch besser wird dieselbe, wenn man die β-Acetochlorglucose zuerst in ätherischer Lösung mit trockenem Natriumphenolat behandelt, das hierbei entstehende Tetracetyl-phenolglucosid isoliert und nachträglich durch kaltes Barytwasser verseift. Bei dieser Gelegenheit haben wir beobachtet, daß der Verlauf der Synthese in Wirklichkeit komplizierter ist, als man bisher annahm. Das Tetracetyl-phenolglucosid bildet nämlich gegen Erwarten eine Verbindung mit Natrium oder Natriumphenolat, welche in Äther löslich ist. Es werden mithin auf ein Molekül Acetochlorglucose 2 Atome Natrium verbraucht.

Demzufolge ist für die Erzielung einer guten Ausbeute die Menge des Natriumphenolats so zu wählen, daß sie zwei Molekülen entspricht, und es hat sich als vorteilhaft erwiesen, diese Quantität nicht auf einmal, sondern portionsweise in den Prozeß einzuführen. Es gelingt so, die Ausbeute bis auf etwa 60 pCt. der Theorie zu steigern.

Leider ist das Verfahren für die Darstellung der α-Glucoside nicht brauchbar, weil dabei eine Umlagerung erfolgt und nur β-Glucoside

---

[1]) E. Fischer, Berichte d. d. chem. Gesellsch. 27, 2401 [1894]. (S. 683.)

entstehen. Der Grund dafür ist in der Wirkung des Natriumphenolats oder des Alkalis auf die Acetochlorglucose zu suchen. Wir haben uns überzeugt, daß die α-Verbindung beim Schütteln in der ätherischen Lösung mit gepulvertem wasserhaltigem Natriumcarbonat oder auch mit Glucosenatrium bei Anwesenheit von etwas Wasser völlig in die β-Verbindung umgewandelt wird. Ob dabei unbeständige Natriumverbindungen als Zwischenprodukte gebildet werden, konnten wir nicht feststellen.

Infolge dieser Schwierigkeit ist die Synthese der α-Phenolglucoside noch immer ein ungelöstes Problem. Andererseits aber scheint uns die außerordentlich leichte Verwandlung der a-Acetochlorglucose in die β-Verbindung für die Theorie der Glucoside von Bedeutung zu sein. Der eine[1]) von uns hat von Anfang an die Ansicht ausgesprochen, daß diese Isomerie der α- und β-Glucoside eine stereochemische sei, ohne aber die Möglichkeit einer Strukturisomerie sicher ausschließen zu können. Bei der Acetochlorglucose sind nun keine beweglichen Wasserstoffatome mehr vorhanden; eine Änderung der Struktur würde mithin eine Verschiebung von Acetyl voraussetzen, was unter den Bedingungen, bei welchen der Übergang von α-Acetochlorglucose in die β-Verbindung stattfindet, in hohem Grade unwahrscheinlich ist. Es bleibt somit vorläufig nur die Annahme übrig, daß die Isomerie durch die verschiedene räumliche Anordnung an dem endständigen, mit dem Halogen verbundenen Kohlenstoffatom bedingt ist.

### β-Acetochlorglucose.

Für die Versuche mit dem flüssigen Chlorwasserstoff sind uns einige kleine Kunstgriffe von Nutzen gewesen, die auch wohl in anderen ähnlichen Fällen Verwendung finden können und die wir deshalb in die Beschreibung aufnehmen wollen.

10 g reine Pentacetylglucose vom Schmelzpunkt 134⁰ werden in ein Einschmelzrohr von widerstandsfähigem Glase eingefüllt und der obere Teil des Rohres vor der Gebläselampe stark verengt, damit das spätere Abschmelzen erleichtert wird. Zu beachten ist, daß der Wasserdampf der Gebläseflamme nicht in das Rohr eintreten darf. Nachdem das Rohr in flüssige Luft eingestellt ist, leitet man durch den engen Hals mit Hilfe eines langen und nicht zu engen Kapillarrohres einen ziemlich starken Strom von Chlorwasserstoff, welcher mit konzentrierter Schwefelsäure getrocknet ist. Wenn die Kapillare zu eng ist oder zu tief herabgeht, so verstopft sie sich leicht durch Gefrieren des Gases. Die Salzsäure wird bei der niedrigen Temperatur sofort fest und lagert

---

[1]) E. Fischer, Berichte d. d. chem. Gesellsch. **26**, 2404 [1893]. (*S. 686.*)

sich an den kalten Wänden des Rohres an. Wenn man aber dafür sorgt, daß zunächst nur der untere Teil des Rohres von flüssiger Luft umgeben ist, so läßt sich die Menge der Salzsäure ziemlich genau schätzen. Wenn sie ungefähr 15—20 ccm beträgt, entfernt man die Kapillare und schmilzt das Rohr an der verengten Stelle mit der Stichflamme ab.

Es wird bei gewöhnlicher Temperatur 15—20 Stunden aufgehoben,*) wobei eine klare, farblose Lösung entsteht, dann wieder in flüssiger Luft abgekühlt[1]) und nach dem Öffnen der Spitze an einem ruhigen Orte frei hingestellt. Es erwärmt sich dabei durch die äußere Luft so allmählich, daß die Verdunstung des Chlorwasserstoffs unter ruhigem Kochen stattfindet. Jede stärkere Erwärmung durch Wasser oder Anfassen ist zu vermeiden, weil sie starkes Schäumen zur Folge hat. Als Rückstand bleibt ein farbloser, dünnflüssiger Sirup. Er wird in etwa 50 ccm reinem Äther gelöst, mit etwa 20 ccm Eiswasser geschüttelt, dann das Wasser erneuert und so lange Natriumbicarbonat zugegeben, als noch starkes Aufschäumen stattfindet. Diese Operation, welche zur Entfernung der Essigsäure und anhaftenden Salzsäure dient, soll möglichst beschleunigt werden. Zum Schluß wird der Äther abgehoben, durch Schütteln mit wenig Chlorcalcium getrocknet und im Vakuumexsiccator verdunstet. Zunächst bleibt dabei ein sirupöser Rückstand, der nach kurzer Zeit völlig erstarrt. Er wird in kochendem Ligroin (Siedepunkt 90—100⁰) gelöst. Beim Erkalten fällt zunächst ein Sirup aus, der aber bald, besonders beim Impfen, zu kleinen farblosen, meist stern- oder kugelförmig vereinigten Nadeln vom Schmelzpunkt 73—74⁰ erstarrt. 10 g Pentacetylverbindung gaben 9 g kristallisierte Acetochlorglucose, so daß die Ausbeute nahezu quantitativ ist.

0,2005 g Subst.: 0,3370 g $CO_2$, 0,0948 g $H_2O$.

0,3864 g Subst.: 0,1480 g AgCl.

$C_{14}H_{19}O_9Cl$.  Ber. C 45,83, H 5,18, Cl 9,68.

Gef. „ 45,83, „ 5,25, „ 9,47.

Die Kristalle sind in Alkohol, Äther, Chloroform und Benzol sehr leicht löslich und zeigen die Verwandlungen, welche für die rohe Acetochlorglucose, bzw. die kristallisierte Acetobromglucose, bekannt sind. Insbesondere haben wir festgestellt, daß sie ebenso wie die letztere in methylalkoholischer Lösung bei Gegenwart von Silbercarbonat das Tetracetyl-β-methylglucosid, welches König s und K n o r r beschrieben

---

*) Vgl. die folgende Abhandlung, Seite 815.

[1]) Bei dieser Operation können bei schlechter Qualität des Glases durch Springen der Röhren Explosionen entstehen, wobei das D e w arsche Gefäß mit der flüssigen Luft natürlich auch unter heftigem Knall zertrümmert wird. Es ist deshalb durchaus ratsam, daß der Experimentator starke Lederhandschuhe anzieht und den Kopf durch einen eisernen Fechtkorb, sowie die Augen noch durch eine Brille schützt. (Vgl. auch Seite 817.)

haben, liefert. Nur geht der Austausch des Chlors gegen Methoxyl viel langsamer vonstatten als derjenige des Broms. Denn bei einer Lösung von 4 g β-Acetochlorglucose in 50 ccm Methylalkohol bei Gegenwart von 2 g fein verteiltem Silbercarbonat war 24 stündiges Schütteln bei gewöhnlicher Temperatur nötig, um die Reaktion zu Ende zu führen. Die Ausbeute an Tetracetyl-β-methylglucosid vom Schmelzpunkt 104—105⁰ war fast quantitativ.

Um die β-Acetochlorglucose ohne flüssige Salzsäure darzustellen, löst man 3 g β-Pentacetylglucose in 10 g frisch destilliertem Acetylchlorid, kühlt die Flüssigkeit in einem am oberen Teil verengten Einschmelzrohr auf —20⁰ ab, wobei zuerst eine kristallinische Abscheidung stattfindet, leitet dann trockene Salzsäure bis zur Sättigung ein, schmilzt das Rohr an der verengten Stelle ab und erhitzt 25—30 Stunden auf 45⁰. Nach dem Abkühlen auf —20⁰ wird das Rohr geöffnet und die Salzsäure, sowie das Acetylchlorid unter stark vermindertem Druck abdestilliert. Der Rückstand wird ebenso behandelt wie zuvor beschrieben. Die Ausbeute ist auch hier recht befriedigend.

### β-Acetobromglucose.

Diese von Königs und Knorr[1]) in reinem Zustande gewonnene Verbindung entsteht aus der Pentacetylglucose und flüssigem Bromwasserstoff unter den gleichen Bedingungen wie der Chlorkörper, vorausgesetzt, daß die Temperatur niedrig gehalten und kein großer Überschuß von Bromwasserstoff angewandt wird. Die Ausbeute war bei unseren ersten Versuchen fast quantitativ. Das Präparat zeigte den Schmelzpunkt 89⁰ und entsprach auch sonst genau der Beschreibung von Königs und Knorr.

0,2021 g Subst.: 0,3032 g $CO_2$, 0,0838 g $H_2O$.
0,2104 g Subst.: 0,0957 g AgBr.
$C_{14}H_{19}O_9Br$.    Ber. C 40,88, H 4,62, Br 19,46.
        Gef. „ 40,91, „  4,61, „  19,36.

Bei späteren Versuchen, welche im Sommer bei Temperaturen bis 30⁰ angestellt wurden, erhielten wir ein anderes, erst gegen 153⁰ schmelzendes, in Äther schwer lösliches Produkt, welches ungefähr die 1½ fache Menge Brom enthielt und dessen Untersuchung noch nicht abgeschlossen ist. (Vgl. die folgende Abhandlung, Seite 818.)

### α-Acetochlorglucose.

Die Darstellung bei Anwendung von flüssiger Salzsäure war genau dieselbe wie bei der β-Verbindung. Wesentlich ist die völlige Reinheit

---

[1]) Kgl. Bayer. Akad. d. Wiss. **30**, 103 [1900].

der verwandten α-Pentacetylglucose. Aus der warmen Lösung in Ligroin fällt der Chlorkörper beim Abkühlen zuerst als dickes Öl aus, welches nach einiger Zeit, namentlich beim häufigen Reiben, erstarrt. Ist man einmal im Besitz der Kristalle, so kann man neue Kristallisationen sehr rasch durch Impfen einleiten. Die reine Verbindung schmilzt bei 63⁰ und kristallisiert aus Ligroïn in feinen, manchmal zentimeterlangen Nadeln, welche für die Analyse im Vakuum getrocknet wurden.

0,2018 g Subst.: 0,3380 g $CO_2$, 0,0951 g $H_2O$.
0,2632 g Subst.: 0,1010 g AgCl.
$C_{14}H_{19}O_9Cl$.   Ber. C 45,83, H 5,18, Cl 9,68.
Gef. „ 45,67, „ 5,23, „ 9,49.

In Löslichkeit und Verwandlungen ist sie der β-Verbindung außerordentlich ähnlich. Die Zugehörigkeit zur α-Reihe wurde durch Umwandlung in das α-Methylglucosid bestätigt. Als Zwischenprodukt entsteht dabei, gerade so wie in dem Versuch von Königs und Knorr, das

### Tetracetyl-α-methylglucosid.

3 g α-Acetochlorglucose wurden in 40 ccm Methylalkohol gelöst und mit 2 g Silbercarbonat bei gewöhnlicher Temperatur 24 Stunden geschüttelt. Die filtrierte Flüssigkeit, welche kein Chlor mehr enthielt, hinterließ beim Verdampfen das Tetracetyl-α-methylglucosid als farblose Masse, welche durch einmaliges Umkristallisieren aus ungefähr 30 Teilen kochendem Wasser ganz rein wurde. Für die Analyse war das Präparat im Vakuum über Schwefelsäure getrocknet.

0,2033 g Subst.: 0,3694 g $CO_2$, 0,1102 g $H_2O$.
$C_{15}H_{22}O_{10}$.   Ber. C 49,72, H 6,08.
Gef. „ 49,56, „ 6,03.

Die Substanz ist in kaltem Wasser sehr schwer, in Alkohol dagegen leicht löslich. Sie kristallisiert in glänzenden, kleinen Prismen und schmilzt bei 100—101⁰, mithin nur 4⁰ niedriger als die isomere Verbindung.

Dieselbe Verbindung haben Königs und Knorr[1]) gleichzeitig mit uns durch Acetylierung des α-Methylglucosids dargestellt.

Zur Umwandlung in das Methylglucosid wurde das Acetylderivat mit der doppelten Menge kristallisiertem Barythydrat in heißem Wasser gelöst, ¼ Stunde gekocht, dann der überschüssige Baryt mit Kohlensäure gefällt, das Filtrat zur Trockne verdampft und der Rückstand mit heißem Alkohol ausgelaugt. Aus der alkoholischen Lösung schied sich beim Abkühlen das α-Methylglucosid in den charakteristischen

---

[1]) Berichte d. d. chem. Gesellsch. **34**, 970 [1901].

Prismen vom Schmelzpunkt 165—166⁰ ab, deren Reinheit noch durch die Analyse kontrolliert wurde.

0,2027 g Subst.: 0,3200 g $CO_2$, 0,1317 g $H_2O$.
$C_7H_{14}O_6$. Ber. C 43,30, H 7,22.
Gef. ,, 43,05, ,, 7,23.

### α-Acetobromglucose.

Bezüglich der Darstellung aus α-Pentacetylglucose und flüssigem Bromwasserstoff gilt das früher Gesagte. Es ist vorteilhaft, den Bromwasserstoff durch Überleiten über amorphen Phosphor völlig von Brom zu befreien. Die Verbindung wurde aus Ligroin umkristallisiert. Die kleinen, farblosen Prismen schmolzen bei 79—80⁰ und wurden für die Analyse im Vakuum getrocknet.

0,2100 g Subst.: 0,3145 g $CO_2$, 0,0888 g $H_2O$.
0,2221 g Subst.: 0,1009 g AgBr.
$C_{14}H_{19}O_9Br$. Ber. C 40,88, H 4,62, Br 19,46.
Gef. ,, 40,84, ,, 4,69, ,, 19,32.

Ebenso wie bei der β-Verbindung geht auch hier die Wirkung des Bromwasserstoffs weiter, wenn er in großem Überschuß angewandt wird. Es entsteht dann gleichfalls ein bromreiches, bei etwa 110⁰ schmelzendes Produkt. *(Vgl. die folgende Abhandlung, Seite 817.)*

### Verwandlung der α-Acetochlorglucose in die β-Verbindung.

Unter dem Einfluß von schwach alkalischen Agentien bei Gegenwart von etwas Wasser erfolgt diese Umlagerung überraschend leicht. Als zum Beispiel 1 g α-Acetochlorglucose in etwa 30 ccm Äther gelöst und mit wenig gepulvertem kristallisierten Natriumcarbonat 48 Stunden bei 30⁰ geschüttelt war, hinterließ die ätherische Lösung beim Verdunsten einen festen Rückstand, der nach einmaligem Umkristallisieren aus Ligroin reine β-Acetochlorglucose vom Schmelzpunkt 74⁰ war. Ähnlich wirkt feuchtes Natriumglucosat. Wird z. B. ein Gemisch von 1 g α-Acetochlorglucose, 1 g Natriumglucosat, 50 ccm Äther und 1 ccm Wasser mehrere Tage bei gewöhnlicher Temperatur geschüttelt, so enthält die Lösung reichliche Mengen von β-Acetochlorglucose. Bei Anwendung von Aceton war das Resultat genau das gleiche. Hier wurde die Reinheit der gewonnenen β-Acetochlorglucose nicht allein durch den Schmelzpunkt 73—74⁰, sondern auch durch eine Chlorbestimmung kontrolliert.

0,3124 g Subst.: 0,1226 g AgCl.
$C_{14}H_{19}O_9Cl$. Ber. Cl 9,68. Gef. Cl 9,70.

## Acetochlorgalactose.[*])

Als Ausgangsmaterial diente die einzige, bisher bekannte Pentacetylgalactose[1]) vom Schmelzpunkt $142^0$. Die Behandlung mit flüssiger Salzsäure war dieselbe wie zuvor. Die Verbindung kristallisiert aus Ligroin langsamer als das Derivat der Glucose. Die Gewinnung der ersten Kristalle hat sogar 4 Tage in Anspruch genommen. Kann man impfen, so ist kaum ein Tag nötig, um den aus dem Ligroin abgeschiedenen Sirup in kleine, aber schön ausgebildete, vielfach zu kugelförmigen Aggregaten vereinigte Prismen zu verwandeln. Schmelzpunkt $74—75^0$.

0,2017 g Subst.: 0,3378 g $CO_2$, 0,0966 g $H_2O$.
0,2366 g Subst.: 0,0908 g AgCl.

$C_{14}H_{19}O_9Cl$. Ber. C 45,83, H 5,18, Cl 9,68.
Gef. ,, 45,67, ,, 5,32, ,, 9,5.

Die Verbindung ist, wie zu erwarten war, den Derivaten der Glucose sehr ähnlich. So wird sie ebenso leicht wie jene durch Schütteln mit Methylalkohol und Silbercarbonat in das Tetracetyl-$\beta$-methylgalactosid, welches inzwischen von König s und Knorr auf anderem Wege erhalten wurde, verwandelt. Die Ausbeute betrug 80 pCt. der Theorie. Wir fanden ebenso wie jene Herren den Schmelzpunkt der schön ausgebildeten, großen, flachen Prismen bei $93—94^0$. Die Analyse der im Vakuum getrockneten Substanz gab folgende Zahlen:

0,1987 g Subst.: 0,3619 g $CO_2$, 0,1096 g $H_2O$.

$C_{15}H_{22}O_{10}$. Ber. C 49,72, H 6,08.
Gef. ,, 49,67, ,, 6,12.

Das durch Verseifung mit Baryt hergestellte $\beta$-Methylgalactosid zeigte den Schmelzpunkt $172—174^0$ und wurde durch Emulsin gespalten.

## $\beta$-Acetochlormaltose.[**])

Als Ausgangsmaterial diente die Octacetylmaltose, welche zuerst von Herzfeld[2]) durch Einwirkung von Natriumacetat und Essigsäureanhydrid auf Maltose dargestellt wurde. Die Einwirkung der flüssigen Salzsäure geht hier etwas rascher als bei den Monosacchariden. Schon nach wenigen Stunden entsteht eine klare, farblose Lösung. Es empfiehlt sich, die Temperatur nicht über $15^0$ steigen zu lassen und die Dauer der Einwirkung auf 16—20 Stunden zu beschränken. Nach dem Verdunsten des Chlorwasserstoffs hinterbleibt ebenfalls ein farbloser Sirup, der in Äther etwas schwerer löslich ist als die Derivate der Monosaccharide. Nach dem Waschen mit Bicarbonat und Verdampfen

---

[*]) *Vgl. Seite 816.*
[**]) *Vgl. Seite 822.*
[1]) Erwig und Königs, Berichte d. d. chem. Gesellsch. **22**, 2207 [1889].
[2]) Liebigs Annal. d. Chem. **220**, 216 [1883].

des Äthers erhält man eine weiße, klebrige Masse, welche nach einiger Zeit ganz hart wird. Löst man dieselbe in heißem Ligroin vom Siedepunkt 90—100°, so scheiden sich beim Erkalten bald kleine, farblose Prismen aus, welche für die Analyse noch einmal auf die gleiche Art umkristallisiert und im Vakuum über Schwefelsäure getrocknet waren.

0,2010 g Subst.: 0,3508 g $CO_2$, 0,0977 g $H_2O$.

0,2350 g Subst.: 0,0488 g AgCl.

0,4250 g Subst.: 0,0941 g AgCl.

$C_{26}H_{35}O_{17}Cl$. Ber. C 47,70, H 5,35, Cl 5,42.

Gef. „ 47,60, „ 5,40, „ 5,14, 5,47.

Die analysierte Substanz schmolz bei 64—66°, aber kleine Verunreinigungen verändern den Schmelzpunkt erheblich. Sie löst sich sehr leicht in Chloroform, Benzol und Alkohol, in Äther ist sie schwerer löslich und von Ligroin wird sie bei niedriger Temperatur nur sehr wenig aufgenommen. Sie reduziert die Fehlingsche Lösung, ähnlich den Derivaten der Monosaccharide, beim Erwärmen sehr stark.

### Heptacetyl-$\beta$-methylmaltosid.*)

Beim Schütteln einer Lösung von 5 g Acetochlormaltose in 50 ccm Methylalkohol mit 3 g Silbercarbonat bei Zimmertemperatur wird die Flüssigkeit nach 6—10 Stunden chlorfrei und hinterläßt dann beim Verdampfen eine weiße, klebrige Masse, welche sich in heißem, absolutem Alkohol leicht löst und beim starken Abkühlen daraus in langen, farblosen, zu Büscheln vereinigten Nadeln kristallisiert. Die Ausbeute an kristallisiertem Produkt betrug bei obiger Menge 3 g oder 60 pCt. der Theorie. Nach abermaligem Umkristallisieren aus Alkohol schmolz die Substanz bei 121—122° (korr.). Für die Analyse war sie bei 100° getrocknet.

0,1842 g Subst.: 0,3383 g $CO_2$, 0,0946 g $H_2O$.

$C_{27}H_{38}O_{18}$. Ber. C 50,4, H 5,84.

Gef. „ 50,0, „ 5,71.

In Wasser ist sie selbst in der Hitze äußerst schwer löslich. Sie löst sich dann sukzessive leichter in Ligroin, Äther, Essigester, Alkohol. Die Fehlingsche Lösung reduziert sie beim kurzen Kochen nicht.

### $\beta$-Methylmaltosid.

Zur Verseifung wurden 3 g fein gepulvertes Acetylmaltosid mit einer Lösung von 12 g kristallisiertem Barythydrat in 200 ccm Wasser bei Zimmertemperatur geschüttelt. Nach 4 Stunden war Lösung eingetreten, und nach 20 Stunden wurde die Operation unterbrochen. Nach der Ausfällung des Baryumhydroxyds mit Kohlensäure enthielt die farblose Flüssigkeit, welche Fehlingsche Lösung gar nicht redu-

---

*) Vgl. Seite 822.

zierte, außer dem Methylmaltosid das gesamte Baryumacetat. Zur Abscheidung desselben wurde unter stark vermindertem Druck auf etwa 5 ccm eingedampft, dann in heißen absoluten Alkohol gegossen, vom ausgeschiedenen Baryumsalz filtriert, die Mutterlauge wiederum bis auf einige Kubikzentimeter eingeengt und abermals in kochenden Alkohol eingetragen. Das Filtrat, welches kein Baryum mehr enthielt, hinterließ beim Verdunsten einen farblosen Sirup, welcher beim Anrühren mit Aceton fest, aber nicht kristallinisch wurde. Das hygroskopische Präparat, welches im Kapillarrohr gegen 90⁰ aufschäumte, war für die Analyse nicht geeignet, aber seine Eigenschaften lassen kaum einen Zweifel über seine Natur. Es ist in Wasser sehr leicht, in den meisten organischen Lösungsmitteln dagegen sehr schwer löslich. Es schmeckt schwach süß und reduziert die Fehlingsche Lösung auch beim Kochen gar nicht, liefert dagegen beim kurzen Erwärmen mit verdünnten Säuren auf dem Wasserbade einen stark reduzierenden Zucker. Die wässerige Lösung dreht stark nach rechts, und die spezifische Drehung des im Vakuum über Phosphorsäureanhydrid getrockneten Präparates betrug bei einem Prozentgehalt von ungefähr 5,6 und bei 20⁰ für Natriumlicht etwa + 70⁰. Der Wert soll nur zur vorläufigen Orientierung dienen, da wir die Reinheit des amorphen Präparates nicht gewährleisten können.

Besonders interessant ist sein Verhalten gegen Enzyme.

Durch Emulsin wird es in Maltose verwandelt, wie folgender Versuch zeigt. 0,15 g Maltosid, 0,2 g Emulsin, 10 ccm Wasser, 1 ccm Toluol wurden 24 Stunden auf 35⁰ erwärmt. Die Flüssigkeit reduziert dann die Fehlingsche Lösung und gab, nach der Entfernung der Eiweißkörper durch Kochen mit Natriumacetat, beim Erwärmen mit essigsaurem Phenylhydrazin ein Osazon, welches durch die Löslichkeit in heißem Wasser und den Schmelzpunkt als Maltosazon charakterisiert wurde. Dagegen bewirken die Enzyme der Hefe eine Spaltung des Maltosids in Traubenzucker und β-Methylglucosid. 0,2 g Maltosid wurden mit 10 ccm der Enzymlösung, welche in der früher beschriebenen Weise[1]) aus trockener Hefe bereitet war, und 1 ccm Toluol 24 Stunden auf 35⁰ erwärmt, dann filtriert und nach Zusatz von einigen Gramm Natriumacetat gekocht, um die Eiweißkörper zu fällen. Im Filtrat wurde der Traubenzucker qualitativ durch die Osazonprobe nachgewiesen und quantitativ durch Fehlingsche Lösung bestimmt. (Gefunden 0,098 g, während 0,1 g entstehen sollte.) Für den Nachweis des β-Methylglucosids diente ein besonderer Versuch. 0,45 g Maltosid wurden mit 25 ccm Hefenauszug und Toluol 2 Tage auf 35⁰ erwärmt, dann

---

[1]) Berichte d. d. chem. Gesellsch. **27**, 2986, 3479 [1894]. (*S. 836, 845.*)

2 Minuten mit Tierkohle gekocht, filtriert, unter stark vermindertem Druck fast zur Trockne verdampft und mit absolutem Alkohol aufgenommen. Der beim Verdampfen des Alkohols bleibende Sirup wurde mit Essigester verrieben, bis er fest war, dann filtriert und mit kochendem Essigester ausgelaugt. Das eingeengte Filtrat gab beim längeren Stehen in der Kälte eine reichliche Menge farbloser, prismatischer Kristalle, welche, im Vakuum getrocknet, bei 106—108° schmolzen und alle Eigenschaften des $\beta$-Methylglucosids zeigten.

### Tetracetyl-$\beta$-phenolglucosid.

Wie zuvor erwähnt, sind auf ein Molekül $\beta$-Acetochlorglucose zwei Moleküle Natriumphenolat erforderlich, und es ist vorteilhaft, das letztere portionsweise in Anwendung zu bringen. Dementsprechend werden 5 g $\beta$-Acetochlorglucose in 150 ccm reinem, über Natrium getrocknetem Äther gelöst und mit 1 g feingepulvertem, trockenem Natriumphenolat bei gewöhnlicher Temperatur kräftig geschüttelt. Nach 3 Stunden ist das Natriumphenolat verschwunden und Kochsalz an seine Stelle getreten. Man fügt wieder 1 g Phenolat hinzu und nach weiteren 3 Stunden das dritte Gramm. Nach 20 stündigem Schütteln pflegt die ätherische Lösung frei von Chlor zu sein. Sie enthält dann neben freiem Phenol das Tetracetyl-phenolglucosid und Natrium, und die Menge des Metalls entspricht 1 Atom auf 1 Molekül des Glucosids. Ob hier eine salzartige Verbindung oder eine Kombination mit Phenolnatrium vorhanden ist, lassen wir unentschieden.

Behufs Entfernung des Natriums wird die filtrierte ätherische Lösung mit 2 ccm Eisessig versetzt, das sofort ausfallende Natriumacetat abfiltriert, die Mutterlauge im Vakuum verdunstet und der zurückbleibende Sirup mit kaltem Wasser durchgerührt. Nach einigen Stunden pflegt dann der in Wasser unlösliche Teil zu erstarren. Er wurde aus wenig warmem Alkohol umkristallisiert. Die Ausbeute betrug 3,5 g oder 60 pCt. der Theorie. Für die Analyse wurde die Substanz nochmals aus absolutem Alkohol umkristallisiert und bei 100° getrocknet.

0,1863 g Subst.: 0,3856 g $CO_2$, 0,0934 g $H_2O$.

$C_{20}H_{24}O_{10}$. Ber. C 56,60, H 5,66.

Gef. „ 56,44, „ 5,57.

Die Tetracetylverbindung ist in kochendem Wasser recht schwer, in kaltem fast unlöslich und kristallisiert aus Wasser in sehr kleinen Prismen. Von Alkohol wird sie in der Wärme leicht und in der Kälte schwer gelöst, sie kristallisiert daraus in großen, prismatischen Nadeln. In Aceton, Chloroform, Benzol ist sie leichter löslich als in Alkohol, dagegen wird sie von Äther schwerer und von Ligroin nur sehr wenig aufgenommen. Sie schmeckt bitter und schmilzt bei 127° (korr.).

Für die optische Bestimmung diente eine Lösung in Benzol, welche
9,1 pCt. enthielt und das spez. Gew. 0,891 hatte. Sie drehte im
2 dcm-Rohr bei 20° und Natriumlicht 4,71° nach links. Mithin

$$[\alpha]_D^{20°} = -29,04°.$$

Durch Acetylieren von Phenolglucosid hat bereits Michael[1])
eine Verbindung von der gleichen Zusammensetzung erhalten, aber
leider weder Schmelzpunkt noch Drehungsvermögen angegeben. Ein
Vergleich beider Körper ist deshalb nicht möglich. Wir glauben aber,
daß sie identisch sind.

### β- Phenolglucosid.

Um die Acetylverbindung in das Phenolglucosid umzuwandeln,
löst man 15 g reines kristallisiertes Barythydrat in 250 ccm warmem
Wasser, kühlt auf Zimmertemperatur ab, fügt 5 g feingepulvertes
Tetracetyl-phenolglucosid zu und schüttelt einige Stunden, bis völlige
Lösung eingetreten ist. Um die Verseifung zu Ende zu führen, läßt
man die Flüssigkeit noch einen Tag bei Zimmertemperatur stehen,
fällt den überschüssigen Baryt mit Kohlensäure, verdampft das
Filtrat unter vermindertem Druck auf ein kleines Volumen und gießt
die Lösung in die 10—15 fache Menge heißen absoluten Alkohol. Dadurch wird der allergrößte Teil des Baryumacetats gefällt, während
das Phenolglucosid in Lösung bleibt. Wird das Verdampfen des Filtrats und das Eingießen in Alkohol wiederholt, so ist die Entfernung
des Baryumsalzes vollständig. Die alkoholische Mutterlauge hinterläßt
dann beim Verdampfen das Phenolglucosid als farblose, aus langen
Nadeln bestehende Kristallmasse. Einmaliges Umkristallisieren aus
heißem Wasser genügt, um ein blendend weißes, chemisch reines Präparat zu gewinnen. Die Ausbeute betrug 93 pCt .der Theorie. Den
Schmelzpunkt fanden wir bei 172—173° (korr. 174—175°), und auch
unsere sonstigen Beobachtungen stimmen mit den Angaben von
Michael im allgemeinen gut überein. Nur bezüglich der Drehung
weichen sie ab. Während Michael[2]) das Glucosid als rechts-
drehend bezeichnet, fanden wir starke Linksdrehung.

Eine wässerige Lösung von 3,914 pCt. und dem spez Gew. 1,01
drehte bei Natriumlicht und 20° im 2 dcm-Rohr 5,61° nach links.
Mithin:

$$[\alpha]_D^{20°} = -71,0°.$$

Es verdient hervorgehoben zu werden, daß β-Methylglucosid
ebenfalls nach links dreht, im Gegensatz zu dem stark rechts drehenden
α-Glucosid.

---

1) Am. Chem. Journ. **5**, 171 [1883].
2) Am. Chem. Journ. **1**, 307 [1879].

### Direkte Darstellung des β-Phenolglucosids.

Bei dem Verfahren von Michael ist die Umsetzung der Aceto-chlorglucoşe mit dem Phenolnatrium und die Verseifung des zuerst gebildeten Acetylkörpers in eine einzige Operation vereinigt. Wie schon erwähnt, haben wir das Verfahren so modifiziert, daß es bis 35 pCt. Ausbeute liefert. Man bringt zu dem Zweck äquivalente Mengen von Phenol und Ätzkali in alkoholischer Lösung zusammen und fügt dann bei Zimmertemperatur eine verdünnte alkoholische Lösung der reinen β-Acetochlorglucose, ebenfalls in molekularer Menge, hinzu. Dabei fällt fast augenblicklich Chlorkalium aus, und es tritt bald nachher der Geruch nach Essigester auf. Man läßt das Gemisch 24 Stunden bei gewöhnlicher Temperatur stehen, verdampft die filtrierte Lösung unter vermindertem Druck und behandelt den Rückstand in der vorher beschriebenen Weise mit kaltem Barytwasser, um den Rest der Acetyl-verbindungen, deren größter Teil allerdings schon durch den Alkohol verseift ist, zu zerlegen. Nach Entfernung des überschüssigen Baryts und des Baryumacetats erhält man einen Sirup, welcher beim Anrühren mit Essigester und dann mit wenig Wasser fest wird. Nach zweimaligem Umkristallisieren aus warmem Wasser war das Produkt chlorfrei und besaß den Schmelzpunkt 172—173°.

Dies Verfahren ist unstreitig bequemer als das erstere, bei wel-chem die Tetracetylverbindung isoliert werden muß, aber dafür beträgt die Ausbeute kaum mehr als die Hälfte, und das Phenolglucosid, welches erhalten wird, ist auch schwerer völlig zu reinigen. Man wird deshalb in Fällen, wo es wesentlich auf die Ausbeute und Reinigung des Pro-duktes ankommt, unsere Veränderung der Synthese vorziehen.

Wir haben uns überzeugt, daß sie auch bei anderen Phenolen, z. B. beim β-Naphtol, recht gute Resultate liefert. Das zuerst ent-stehende

### Tetracetyl-β-Naphtolglucosid

wurde genau unter den gleichen Bedingungen und in derselben Aus-beute erhalten. Die Verbindung schmilzt bei 135—136° (korr.) und kristallisiert aus heißem Alkohol beim Abkühlen in feinen, federartig gruppierten Nädelchen.

0,1947 g Subst.: 0,4332 g $CO_2$, 0,0959 g $H_2O$.

$C_{24}H_{26}O_{10}$.    Ber. C 60,75,    H 5,48.
Gef. ,, 60,68,    ,, 5,47.

Nach einer Privatmitteilung der HHrn. Ryan und Mills ent-steht dieselbe Verbindung beim Acetylieren des β-Naphtolglucosids, welches Hr. Ryan[1]) vor einiger Zeit nach der Michaelschen Methode dargestellt hat.

---

[1]) Journ. chem. soc. **75**, 1054 [1889].

## 98. Emil Fischer und E. Frankland Armstrong:
## Über die isomeren Acetohalogen-Derivate der Zucker und die Synthese
## der Glucoside II.[1])

Berichte der deutschen chemischen Gesellschaft **35**, 833 [1902].

(Vorgetragen in der Sitzung von Herrn E. Fischer.)

Die Einwirkung der wasserfreien, flüssigen Salzsäure auf die beiden isomeren Pentacetylglucosen, welche zur Entdeckung der α-Acetochlorglucose und zu einer bequemen Darstellung der β-Verbindung führte, findet viel rascher statt, als wir früher angenommen haben. Sobald die Lösung der Acetylglucose eingetreten, ist auch die Reaktion beendet, und dazu bedarf es bei Zimmertemperatur nur 1½—2 Stunden. Diese Beobachtung ist wichtig für die Bereitung der Bromverbindungen, denn wie schon in der ersten Mitteilung kurz erwähnt wurde, geht die Wirkung des Bromwasserstoffs über die Bildung der Acetobromglucose hinaus, und es entsteht ein schwer lösliches bromreicheres Produkt. Für die Darstellung der einfachen Acetobromglucose ist deshalb die Behandlung mit flüssigem Bromwasserstoff auf 1½ Stunden zu beschränken.

Dauert dieselbe 20 Stunden, wie früher angegeben, so hat man schon ein Gemisch des einfachen und des komplizierten Bromkörpers, und nach 8tägiger Einwirkung des Bromwasserstoffs ist die erste Bromverbindung fast vollständig verschwunden. Der hochschmelzende Bromkörper hat die Zusammensetzung $C_{12}H_{16}O_7Br_2$ und entsteht aus der Acetobromglucose in derselben Weise wie diese aus der Pentacetylglucose, d. h. durch Ablösung von einem Molekül Essigsäure, an dessen Stelle ein Bromatom tritt, entsprechend der Gleichung:

$$C_{14}H_{19}O_9Br + HBr = C_2H_4O_2 + C_{12}H_{16}O_7Br_2.$$

Wir nennen die neue Verbindung vorläufig **A c e t o d i b r o m g l u c o s e**. In ihr sind die beiden Bromatome verschieden gebunden, denn eines davon wird ebenso leicht abgelöst, wie in der einfachen Acetobromglucose. Schüttelt man zum Beispiel die feingepulverte Substanz

---

[1]) I. Mitteilung: Berichte d. d. chem. Gesellsch. **34**, 2885 [1901]. (*S. 799.*)

mit Methylalkohol und Silbercarbonat, so entsteht ebenfalls ein Methylglucosid, welches die Formel $C_6H_7Br(C_2H_3O_2)_3O.OCH_3$ hat. Dasselbe
scheint ein Derivat des Tetracetylmethylglucosids zu sein, in welchem
ein Essigsäurerest durch Brom ersetzt ist.

Diese Versuche wurden bisher nur in der $\beta$-Reihe durchgeführt.
Wir haben uns aber durch qualitative Versuche überzeugt, daß auch
die $\alpha$-Pentacetylglucose ein ähnliches hochschmelzendes Bromderivat
liefert.

Mit dem verbesserten Verfahren haben wir auch die Acetohalogen-
Verbindungen der Galactose ausführlich untersucht, und es gelang
uns ohne Schwierigkeit, die bisher unbekannte $\beta$-Acetobromgalactose
kristallisiert zu erhalten. Die entsprechende $\beta$-Acetochlorgalactose,
die wir in der ersten Mitteilung beschrieben haben, unterscheidet sich
von einem Produkte, welches Skraup und Kremann[1]) aus der Pentacetylverbindung nach einem etwas anderen Verfahren darstellten,
durch eine kleine Differenz im Schmelzpunkt. Durch direkten Vergleich beider Präparate haben wir festgestellt, daß sie identisch sind,
und daß die verschiedenen Beobachtungen über den Schmelzpunkt
nur durch die Art der Kristallisation, also sehr wahrscheinlich durch
Dimorphie, verursacht werden.

Von aromatischen Galactosiden war bisher nur die Kombination
mit $\alpha$-Naphtol[2]) bekannt, während die Versuche, das einfache Phenol-
galactosid herzustellen, fehlgeschlagen sind. Mit Hilfe der reinen
Acetochlorgalactose ist uns die Bereitung dieses Galactosids gelungen.

Das in der ersten Mitteilung beschriebene Heptacetylmethylmaltosid ist inzwischen von Königs und Knorr[3]) auf anderem Wege
erhalten worden. An der Identität beider Produkte ist kaum zu zweifeln,
da die daraus entstehenden Maltoside sich ganz gleich gegen Enzyme
verhalten. Auf die kleine Differenz im Schmelzpunkt werden wir später
zurückkommen.

Schießlich haben wir den Milchzucker noch in den Kreis der
Untersuchung gezogen und sein Octacetylderivat mit flüssiger Salzsäure behandelt. Dabei wurden zum erstenmal zwei isomere Heptacetylchlorlactosen erhalten. Die eine hat denselben Schmelzpunkt,
wie das von Skraup und Bodart[4]) angekündigte, auf anderem Wege
aus Milchzucker erhaltene Produkt und ist wahrscheinlich damit identisch; die zweite schmilzt 60° niedriger, hat aber nahezu dasselbe Dre-

[2]) Monatsh. für Chem. **22**, 375 [1901].
[3]) Ryan und Mills, Journ. chem. soc. **79**, 704 [1901].
[3]) Berichte d. d. chem. Gesellsch. **34**, 4343 [1901].
[4]) Skraup und Bodart, Chemiker-Zeitung **1901**, 1039.

hungsvermögen. Welcher Art die Isomerie ist, bleibt noch festzustellen.

Die glatte Wechselwirkung zwischen den trockenen Halogenwasserstoffsäuren und den acetylierten Zuckern hat uns veranlaßt, den Hexacetylmannit ebenfalls der Behandlung mit flüssiger Salzsäure zu unterwerfen. Dabei entstehen verschiedene Produkte, von denen wir eines, welches besonders leicht kristallisiert, analysiert haben. Es ist ein Tetracetylmannitdichlorhydrin von der Formel $C_6H_8(C_2H_3O_2)_4Cl_2$, und entsteht aus der Hexacetylverbindung in der Weise, daß zwei Essigsäurereste abgelöst und durch Halogen ersetzt werden.

Es verdient bemerkt zu werden, daß der Mannit selbst unter den gleichen Bedingungen nicht verändert wird und es scheint allgemein die Estergruppe leichter als das Hydroxyl von dem flüssigen Halogenwasserstoff angegriffen zu werden.

## Darstellung der Acetohalogenglucosen.

Wie oben erwähnt, geht die Wechselwirkung zwischen dem flüssigen Halogenwasserstoff und der Pentacetylglucose sehr rasch vor sich und ist beendet, sobald völlige Lösung eingetreten ist. Bei der früher angegebenen Menge des Halogenwasserstoffs erreicht man dieses Ziel gewöhnlich in zwei Stunden. Die Operation kann also dann unterbrochen werden. Bei den Chlorverbindungen bedeutet diese Abänderung nur eine Zeitersparnis, da das Produkt auch nach vielen Stunden dasselbe bleibt. Ganz anders steht es mit dem Bromwasserstoff, dessen Wirkung bei längerer Dauer weiter geht. Wir verfahren deshalb zur Darstellung der Acetobromglucosen und analoger Verbindungen folgendermaßen: 10 g Acetylverbindung werden in der früher beschriebenen Weise mit etwa 10—15 ccm möglichst reinem Bromwasserstoff im Rohr eingeschlossen. Die Säure war stets aus Brom und rotem Phosphor bereitet, durch Überleiten über Phosphor von Brom befreit und mit Phosphorpentoxyd getrocknet. Wird das Rohr aus dem Kältebad herausgenommen und bei Zimmertemperatur liegend aufgehoben, so ist in der Regel nach 1½ Stunden klare Lösung eingetreten. Das Rohr wird nach dem Abkühlen in flüssiger Luft geöffnet.

Da bei dem direkten Eintauchen in flüssige Luft das Rohr wegen zu plötzlicher Abkühlung Schaden erleiden kann, so empfiehlt es sich, nach einer Beobachtung, welche Hr. Slimmer im hiesigen Laboratorium bei ähnlichen Versuchen machte, das Einschmelzrohr zunächst in ein weites leeres Reagensrohr einzustellen und dann in die flüssige Luft einzuführen. Das äußere Rohr wirkt so als Schutzmantel, und es findet die Kühlung des Einschmelzrohres so allmählich statt, daß jede Gefahr des Springens ausgeschlossen ist.

Nach dem Verdampfen des Bromwasserstoffs bleibt dann in der Regel ein ganz schwach gelb gefärbter Sirup zurück, welcher bei den beiden Glucosederivaten bald kristallinisch wird. Man löst sofort in Äther, schüttelt dreimal mit Wasser, zum letzten Mal unter Zusatz von wenig Bicarbonat, trocknet dann den Äther mit Chlorcalcium, verdampft und kristallisiert den festen Rückstand aus Petroläther.

### β-Aceto-dibromglucose.

Wie zuvor erwähnt, entsteht dieselbe durch weitere Einwirkung des flüssigen Bromwasserstoffs auf die Acetobromglucose und ist dieser regelmäßig beigemengt, wenn die Wechselwirkung zwischen Pent-acetylglucose und Bromwasserstoff länger als einige Stunden gedauert hat. Handelt es sich um die alleinige Darstellung der Dibromverbindung, so werden 10 g der β-Pentacetylglucose mit 10—15 ccm flüssigem Bromwasserstoff im geschlossenen Rohr zusammengebracht und die nach etwa 1½ Stunden entstehende klare Lösung 8 Tage bei Zimmertemperatur aufbewahrt. Längere Dauer der Einwirkung verringert die Ausbeute. Das Rohr wird dann in der früher beschriebenen Weise geöffnet und der Bromwasserstoff verdunstet, wobei ein kristallinischer Rückstand bleibt, welcher mit Äther gewaschen und über Ätzkali im Vakuum getrocknet wird. Die Ausbeute beträgt etwa 8 g. Das Produkt wird aus warmem Essigester umkristallisiert. Für die Analyse wurde das Präparat nochmals aus einem Gemisch von Chloroform und Ligroin umkristallisiert und bei 105° scharf getrocknet.

0,2015 g Subst.: 0,2482 g $CO_2$, 0,067 g $H_2O$.
0,2059 g Subst.: 0,2543 g $CO_2$, 0,0701 g $H_2O$.
0,2029 g Subst.: 0,1739 g AgBr.
0,3258 g Subst.: 0,2763 g AgBr.
0,2009 g Subst.: 0, 2480 g $CO_2$, 0,0665 g $H_2O$.
0,3580 g Subst.: 0,3096 g AgBr.

$C_{12}H_{16}O_7Br_2$.

Ber. C 33,33,                H 3,70,              Br 37,03.
Gef. „  33,60, 33,68, 33,66, „  3,69, 3,78, 3,67, „  36,29, 36,22, 36,80.

Der Schmelzpunkt liegt bei 173° (korr. 176,5°). Die Verbindung ist in Alkohol, Essigester und Benzol in der Kälte schwer, beim Erwärmen aber leicht löslich. Noch leichter löst sie sich in Chloroform und Aceton. Schwerer löslich ist sie in kaltem Äther, aber beim Kochen geht sie zum Teil in Lösung und kristallisiert beim Erkalten in kleinen Nadeln wieder aus. In Petroläther ist sie auch in der Hitze recht schwer löslich und in Wasser fast unlöslich. Besonders schön kristallisiert die Verbindung, ebenfalls in kleinen Nadeln, aus der Lösung in warmem Chloroform, wenn diese mit Petroläther versetzt wird.

Im Gegensatz zu der einfachen Acetobromglucose reduziert die Dibromverbindung Fehlingsche Lösung auch beim Kochen nur schwach. Wir glaubten deshalb anfangs, daß sie eine ganz andere Struktur habe. Da aber durch Erwärmen mit verdünnten Mineralsäuren eine stark reduzierende Flüssigkeit entsteht und da ferner bei der Behandlung mit Methylalkohol und Silbercarbonat das eine Brom äußerst leicht durch Methoxyl ersetzt wird, so muß man annehmen, daß dieses Halogen gerade so gebunden ist, wie in der einfachen Acetobromglucose. Das auffallende Verhalten gegen Fehlingsche Lösung ist vielleicht nur dadurch bedingt, daß das zweite Brom wahrscheinlich in der $\alpha$-Stellung zur ursprünglichen Aldehydgruppe des Traubenzuckers sich befindet, und daß bei seiner Ablösung durch Alkali sofort eine Umlagerung zu einem saccharinähnlichen Produkt eintritt.

## Triacetyl-methylglucosid-bromhydrin.

5 g Acetodibromglucose wurden mit 50 ccm Methylalkohol und 3 g Silbercarbonat bei gewöhnlicher Temperatur geschüttelt, bis eine filtrierte Probe mit Silbernitrat in gelinder Wärme kein Bromsilber mehr gab. Die filtrierte Flüssigkeit wurde eingedampft und der kristallinische Rückstand aus stark verdünntem Alkohol umkristallisiert. Die Ausbeute betrug 4,2 g oder 95 pCt. der Theorie. Für die Analyse war das Präparat bei 105° getrocknet.

0,2047 g Subst.: 0,3061 g $CO_2$, 0,0928 g $H_2O$.
0,2040 g Subst.: 0,1003 g AgBr.
0,3690 g Subst.: 0,1798 g AgBr.

$C_{13}H_{19}O_8Br$. Ber. C 40,73, H 4,96, Br 20,89.
Gef. ,, 40,78, ,, 5,03, ,, 20,89, 20,74.

Die Verbindung schmilzt bei 125—126° (korr. 126—127°). Sie reduziert die Fehlingsche Lösung nicht, liefert aber beim Erwärmen mit verdünnten Mineralsäuren eine stark reduzierende Flüssigkeit. Sie löst sich in der Kälte leicht in Benzol, Chloroform und Essigester, etwas schwerer in Alkohol und Äther und bedeutend schwerer in Petroläther. In kochendem Wasser ist sie auch löslich und kristallisiert beim Erkalten wieder in langen, schönen Nadeln aus.

## $\beta$-Acetochlorgalactose.

Infolge der Angabe von Skraup[1]), daß die Acetochlorgalactose, welche aus Pentacetylgalactose mit Phosphorpentachlorid und Alu-

---

[1]) Skraup und Kremann, Monatsh. für Chem. 22, 375 [1901].

miniumchlorid entsteht, 8⁰ höher schmelze als unsere Verbindung, haben wir unser Präparat nochmals dargestellt und mit dem Produkt, welches nach Skraup und Kremann bereitet war, direkt verglichen. Wir konnten dabei keine Verschiedenheit entdecken. Als Rohprodukt aus Petroläther umkristallisiert, schmolzen beide Präparate bei 75—76⁰ und gaben bei der Behandlung mit Methylalkohol und Silbercarbonat das gleiche Tetracetylmethylgalactosid vom Schmelzpunkt 93—94⁰. Durch Umkristallisieren aus Äther, den Skraup und Kremann zur Kristallisation anwandten, stieg der Schmelzpunkt ebenfalls bei beiden Präparaten auf 82—83⁰, und da auch die so erhaltenen langen Prismen ganz anders aussahen als die aus Petroläther ausfallenden kleinen, zu kugeligen Aggregaten vereinigten Nadeln, so lag die Vermutung nahe, daß es sich hier um Dimorphie handele. Wir haben deshalb die Prismen vom Schmelzpunkt 82⁰ wieder in Petroläther gelöst und die Flüssigkeit mit einer Spur des niedrigschmelzenden Präparates geimpft; wir erhielten jetzt in der Tat eine Kristallisation, welche den Schmelzpunkt 77—78⁰ zeigte, und bei nochmaliger Wiederholung dieser Operation ging der Schmelzpunkt auf 76—77⁰ zurück. Die Differenz zwischen unseren Beobachtungen und denen von Skraup und Kremann ist damit genügend aufgeklärt.

### β-Acetobromgalactose.

Sie wurde ebenso wie das Glucosederivat aus der bei 142⁰ schmelzenden Pentacetylgalactose[1]) bereitet. Aus Petroläther kristallisiert die Verbindung in hübsch ausgebildeten, kleinen Prismen, welche bei 82—83⁰ schmelzen. Die Ausbeute ist auch hier nahezu quantitativ.

0,2446 g Subst.: 0,1110 g AgBr.

$C_{14}H_{19}O_9Br$.    Ber. Br 19,46.    Gef. Br 19,31.

Eine Lösung von 1,067 g Substanz in 9,7206 g Benzol, mithin 9,89prozentig, vom spez. Gew. 0,91 drehte bei Natriumlicht und 20⁰ im 2 dcm-Rohr 42,55⁰ nach rechts.

Mithin $[\alpha]_D^{20} = + 236,4^0$.

### Tetracetyl-β-phenolgalactosid.

Die Darstellung ist ganz analog der des Tetracetylphenolglucosids. 5 g β-Acetochlorgalactose wurden in 100 ccm absolutem Äther

---

[1]) Bei dieser Gelegenheit haben wir die bisher unbekannte spezifische Drehung der Pentacetylgalactose in Benzollösung bestimmt.

1,19 g Substanz in 16,081 g Benzol, mithin 6,89prozentig, vom spezifischen Gewicht 0,892, drehte bei Natriumlicht und 20⁰ im 1 dcm-Rohr 0,92⁰ nach rechts. Mithin $[\alpha]_D^{20} = + 7,48^0$.

gelöst und nach Zusatz von 1,2 g trockenem und gepulvertem Kalium-phenolat bei Zimmertemperatur geschüttelt. Nach 3 Stunden wurde die gleiche Menge Kaliumphenolat und nach weiteren 3 Stunden die dritte Portion desselben zugesetzt. Nach 20 stündigem Schütteln war die Lösung frei von Chlorverbindung. Sie wurde filtriert, mit 2 ccm Eisessig versetzt, vom ausgeschiedenen Kaliumacetat abermals filtriert und verdunstet. Es hinterblieb ein dicker Sirup, welcher unter Wasser bald erstarrte. Das Produkt wurde aus warmem, 50 prozentigem Alkohol umkristallisiert. Die Ausbeute betrug dann 2,8 g oder 48 pCt. der Theorie. Für die Analyse diente ein bei 100° getrocknetes Präparat.

0,1860 g Subst.: 0,3843 g $CO_2$, 0,0934 g $H_2O$.

$C_{20}H_{24}O_{10}$.  Ber. C 56,60, H 5,66.

Gef. ,, 56,35, ,, 5,58.

0,9687 g Substanz, in 12,0006 g Benzol gelöst, mithin 7,47 prozentig, spez. Gew. 0,894, drehte bei Natriumlicht und 20° im 2 dcm-Rohr 3,44° nach links. Mithin:

$$[\alpha]_D^{20} = -25,77^0.$$

Schmelzpunkt 123—124° (korr.).

Die Verbindung kristallisiert aus verdünntem Alkohol oder noch besser beim Verdunsten der Benzollösung in farblosen, verhältnis-mäßig dicken Prismen und ist, abgesehen von der etwas größeren Löslichkeit in Alkohol, dem entsprechenden Glucose-Derivat sehr ähnlich.

## $\beta$-Phenolgalactosid.

Die Verseifung der Acetylverbindung geschah in der gleichen Weise, wie bei dem Glucose-Derivat. Die Ausbeute betrug auch hier 90 pCt. der Theorie. Das Produkt wurde aus wenig warmem Wasser um-kristallisiert und für die Analyse bei 100° getrocknet.

0,2011 g Subst.: 0,4141 g $CO_2$, 0,1163 g $H_2O$.

$C_{12}H_{16}O_6$.  Ber. C 56,25, H 6,25.

Gef. ,, 56,15, ,, 6,42.

Schmelzpunkt 139—141° (korr.). Eine wässerige Lösung von 4,45 pCt. Gehalt und spez. Gew. 1,01 drehte bei Natriumlicht und 20°. im 2 dcm-Rohr 3,58° nach links. Mithin:

$$[\alpha]_D^{20} = -39,83^0.$$

Wir machen darauf aufmerksam, daß die Differenz zwischen der spezifischen Drehung der Galactose und diesem Galactosid ebenso groß ist, wie zwischen Glucose und $\beta$-Phenolglucosid.

| | | | |
|---|---|---|---|
| Glucose . . . | $+ 52,6^0$ | Galactose . . | $+ 81,5^0$. |
| $\beta$-Phenolglucosid | $- 71,0^0$ | Phenolgalactosid | $- 39,83^0$. |

Das Phenolgalactosid kristallisiert in langen, farblosen, federartig gruppierten Nadeln und ist in Wasser leichter löslich als das Phenolglucosid.

Daß die Verbindung der $\beta$-Reihe angehört, ergibt sich aus dem Verhalten gegen Enzyme. Von Hefenauszug wird sie nicht verändert, dagegen durch Emulsin, ähnlich den $\beta$-Glucosiden, hydrolysiert. Für den Versuch diente eine Lösung von 0,5 g Galactosid in 20 ccm Wasser, welche mit 0,3 g Emulsin und 1 ccm Toluol versetzt und 40 Stunden bei 35° aufbewahrt wurde. Die Lösung roch dann nach Phenol, reduzierte stark und gab ein Osazon, welches die Eigenschaften des Galactosazons besaß.

### Heptacetylchlormaltose.

Die gleich zu erwähnenden Beobachtungen beim Octacetylmilchzucker brachten uns auf die Vermutung, daß die früher beschriebene Heptacetylchlormaltose auch kein einheitliches Produkt sei. Wir haben sie deshalb von neuem dargestellt, der fraktionierten Kristallisation aus Ligroin (Siedepunkt 90—100°) unterworfen und die einzelnen Fraktionen durch Schmelzpunkt und Bestimmungen des Drehungsvermögens miteinander verglichen.

Da sich aber hierbei kein Unterschied gezeigt hat, so ist das von uns beschriebene Präparat aller Wahrscheinlichkeit nach ein einheitliches Individuum. Den Schmelzpunkt fanden wir nach vielem Umkristallisieren 2° höher als früher angegeben, d. h. bei 66—68°. Die optische Untersuchung ergab für zwei weit voneinander getrennte Kristallisationen Werte, deren Unterschied innerhalb der Versuchsfehler liegt.

1. Fraktion. 0,5075 g Substanz in 4,9613 g Benzol, mithin 9,28 prozentig, spez. Gew. 0,90, drehte bei Natriumlicht und 20° im 1 dcm-Rohr 14,84° nach rechts. Mithin:

$$[\alpha]_D^{20} = +177,7°.$$

5. Fraktion. 0,4971 g Substanz in 5,8794 g Benzol, mithin 7,8 prozentig, spez. Gew. 0,896, drehte das Natriumlicht bei 20° im 1 dcm-Rohr 12,29° nach rechts. Mithin:

$$[\alpha]_D^{20} = +176,0°.$$

### $\beta$-Heptacetyl-methylmaltosid.

Königs und Knorr fanden den Schmelzpunkt des Präparates, welches sie aus Acetonitromaltose darstellten, 7° höher als unsere Angabe. Wir haben deshalb unser Präparat aus der Acetochlormaltose von neuem dargestellt und konnten allerdings durch wiederholtes Umkristallisieren den Schmelzpunkt auf 125—126° bringen, während eine Probe des Produktes aus der Nitroverbindung, welche Hr. Königs uns zur Verfügung stellte, am selben Thermometer, entsprechend der Angabe von Königs und Knorr, den Schmelzpunkt 128—129⁰ zeigte. Unserem Präparat scheint also hartnäckig ein Fremdkörper anzuhaften, der den Schmelzpunkt herabdrückt. Daß aber seine Menge nur ganz gering sein kann, beweist die Bestimmung der spezifischen Drehung.

Eine Lösung von 1,0487 g Substanz in 9,9858 g Benzol, mithin 9,5prozentig, spez. Gew. 0,90, drehte bei Natriumlicht und 20⁰ im 2 dcm-Rohr 10,27⁰ nach rechts. Mithin:

$$[\alpha]_D^{20} = + 60,06^0,$$

während Königs und Knorr für c = 5 pCt.

$$[\alpha]_D^{20} = + 60,77^0$$

angeben.

Die Ausbeute an Heptacetylmethylmaltosid war bei Anwendung gereinigter Chlorverbindung fast quantitativ, und das gereinigte Produkt gab folgende Zahlen.

0,2047 g Subst.: 0,3729 g $CO_2$, 0,1051 g $H_2O$.

$C_{27}H_{38}O_{18}$.   Ber. C 49,85,   H 5,84.

Gef. ,, 49,67,   ,, 5,70.

### Die beiden Heptacetylchlorlactosen.

Als Ausgangsmaterial diente der Octacetylmilchzucker, welcher nach der Vorschrift von Schmoeger[1]) dargestellt war. Wie letzterer schon angibt, steigt der von Herzfeld beobachtete Schmelzpunkt 87⁰ beim Umkristallisieren aus Alkohol und Chloroform auf 95—100⁰. Wir haben ihn durch Umkristallisieren aus Benzol auf 106⁰ steigern können. Bringt man dieses Schwanken des Schmelzpunktes in Verbindung mit unserer Beobachtung, daß durch Behandlung mit Salzsäure aus diesem Produkt zwei isomere Acetochlorlactosen entstehen, so kann man sich der Vermutung nicht verschließen, daß der Octacetylmilchzucker, trotz seines schönen Aussehens, ein Gemisch von zwei Isomeren sei. Allerdings müssen wir bekennen, daß uns die Zerlegung des Präparates in zwei Bestandteile bisher nicht gelungen ist.

Werden 10 g Octacetylmilchzucker mit 10—15 ccm flüssiger Salzsäure im geschlossenen Rohr behandelt, so tritt schon nach ca. 2 Stunden klare Lösung ein, und nach dem Verdunsten der Salzsäure bleibt ein Sirup zurück, der zum Unterschied von den Acetochlorglucosen in Äther schwer löslich ist. Er wurde deshalb in wenig Chloroform gelöst, diese Lösung stark mit Äther verdünnt, dann mehrmals mit kaltem Wasser und zum Schluß mit einer Bicarbonatlösung gewaschen. Konzentriert

---

[1]) Berichte d. d. chem. Gesellsch. **25**, 1452 [1892].

man nun die Äther-Chloroformlösung im Vakuum und versetzt mit viel Ligroin, so fällt die rohe Acetochlorlactose als farblose, amorphe Masse aus.

Das Produkt besteht aus zwei Isomeren, deren Trennung durch Kristallisation recht mühsam ist. Man kocht zunächst mit Ligroin (Siedepunkt 90—110⁰) aus, wobei die niedrig schmelzende Modifikation in Lösung geht und beim Erkalten in schlecht ausgebildeten prismatischen Kristallen ausfällt. Durch wiederholte Kristallisation aus Ligroin erhielten wir schließlich ein Präparat, dessen Schmelzpunkt, 57—59⁰, zwar nicht ganz scharf war, aber auch bei weiterem Umlösen sich nicht mehr änderte. Ob das Präparat allerdings ganz einheitlich ist, läßt sich nicht mit Sicherheit sagen; daß es aber die Zusammensetzung einer Heptacetylchlorlactose hat, zeigt die gut stimmende Analyse.

0,1901 g Subst.: 0,3326 g $CO_2$, 0,0927 g $H_2O$.
0,3007 g Subst.: 0,0647 g AgCl.

$C_{26}H_{35}O_{17}Cl$.   Ber. C 47,70,   H 5,35,   Cl 5,42.
Gef. ,, 47,71,   ,, 5,43,   ,, 5,32.

Für die optische Bestimmung diente eine Lösung in Benzol.

0,6987 g Substanz in 10,6176 g Benzol, also 6,17 prozentig, spez. Gew. 0,892, drehte bei Natriumlicht und 20⁰ im 2 dcm-Rohr 8,39⁰ nach rechts. Mithin:

$$[\alpha]_D^{20} = + 76{,}2^0.$$

Die Substanz löst sich sehr leicht in Alkohol, Äther, Benzol, Essigester und Chloroform, dagegen ziemlich schwer in heißem Ligroin. In Wasser ist sie sehr schwer löslich, reduziert aber die Fehlingsche Flüssigkeit beim Erwärmen sehr stark.

Der in Ligroin unlösliche Teil der rohen Acetochlorlactose, welcher an Menge überwiegt, wurde in warmem Essigester gelöst und die Flüssigkeit nach Zusatz von Ligroin der Kristallisation überlassen. Die ziemlich schlecht ausgebildeten, mikroskopischen Prismen schmolzen zunächst unscharf bei 115—120⁰. Bei wiederholter Kristallisation stieg der Schmelzpunkt auf 118—120⁰.

0,2110 g Subst.: 0,3688 g $CO_2$, 0,1025 g $H_2O$.
0,3190 g Subst.: 0,0694 g AgCl.

$C_{26}H_{35}O_{17}Cl$.   Ber. C 47,70,   H 5,35,   Cl 5,42.
Gef. ,, 47,66,   ,, 5,39,   ,, 5,38.

Eine Lösung von 0,6124 g Substanz in 12,3672 g Benzol, also 4,72 prozentig, spez. Gew. 0,89, drehte bei Natriumlicht und 20⁰ im 2 dcm-Rohr 6,17⁰ nach rechts. Mithin:

$$[\alpha]_D^{20} = + 73{,}5^0.$$

Das Drehungsvermögen ist also auffallenderweise nahezu das gleiche wie dasjenige der niedrig schmelzenden Form.

· Die Bildung eines Acetochlormilchzuckers durch Einwirkung von Salzsäure auf eine Suspension von Milchzucker in Essigsäureanhydrid haben schon Skraup und Bodart[1]) im vorigen Jahr angekündigt und nach einem kurzen Referat, welches die Chemikerzeitung brachte, schmilzt dieser Körper bei 120°. Es scheint demnach, daß er identisch mit unserer hochschmelzenden Form ist.

## Tetracetyl-mannitdichlorhydrin, $C_6H_8O_4(C_2H_3O)_4Cl_2$.

Die Wechselwirkung zwischen Hexacetylmannit und der flüssigen Salzsäure geht bei gewöhnlicher Temperatur so langsam vonstatten, daß die Umwandlung erst nach 5—6 Tagen vollständig ist. Wie schon erwähnt, entsteht dabei als Hauptprodukt eine in Äther leicht lösliche Masse, welche nur langsam kristallisiert. Viel schönere Eigenschaften hat das nebenher gebildete Tetracetylmannitdichlorhydrin, welches wegen seiner geringen Löslichkeit in der Regel schon aus der flüssigen Salzsäure herauskristallisiert. Die Ausbeute ist verhältnismäßig gering und schwankt mit der Menge der Salzsäure. Das beste Resultat (25 pCt. der Theorie) gab folgendes Verfahren.

10 g feingepulverter ganz reiner Hexacetylmannit wurden im Rohre mit ungefähr 5 ccm flüssiger Salzsäure zusammengebracht, so daß die Mischung einen dicken Brei bildete. Sie blieb 14 Tage bei gewöhnlicher Temperatur stehen. Ohne daß Lösung eintrat, fand allmählich die Verwandlung der Hexacetylverbindung in das Dichlorhydrin statt. Nach dem Öffnen des Rohrs und dem Verdunsten der Salzsäure wurde der zum Teil kristallinische Rückstand mit ziemlich viel Äther ausgelaugt, wobei das Chlorhydrin als farbloses kristallinisches Pulver zurückblieb. Einmaliges Umkristallisieren aus kochendem Essigester genügte zur vollständigen Reinigung.

Für die Analyse wurde das Präparat bei 105° getrocknet.

0,1905 g Substanz: 0,3048 g $CO_2$, 0,0908 g $H_2O$.

0,3955 g Substanz: 0,2863 g AgCl.

$C_{14}H_{20}O_8Cl_2$. Ber. C 43,41, H 5,17, Cl 18,35.

Gef. ,, 43,63, ,, 5,29, ,, 17,92.

Die Substanz schmilzt scharf bei 210° (korr. 214°) und destilliert bei höherer Temperatur größtenteils unverändert.

In Wasser ist sie so gut wie unlöslich; auch von Alkohol und Äther wird sie nur schwer aufgenommen. In Essigester, Chloroform, Benzol ist sie noch ziemlich schwer löslich; zum Beispiel verlangt sie von kochendem Essigester ungefähr 85 Teile.

Wird die Menge der Salzsäure in obigem Versuche vergrößert, so verringert sich die Ausbeute. Sie betrug nur 15 pCt., als die Menge der Salzsäure doppelt so groß, und nur 7 pCt., als die 5 fache Menge Salzsäure angewandt war. Mit Bromwasserstoff endlich wurde kein derartiges schwer lösliches Produkt erhalten.

---

[1]) Monatsh. für Chem. **22**, 384 [1901].

## 99. Emil Fischer und E. Frankland Armstrong:
## Über die isomeren Acetohalogen-Derivate der Zucker und die Synthese der Glucoside III.[1])

Berichte der deutschen chemischen Gesellschaft **35**, 3153 [1902].
(Eingegangen am 13. August.)

Die folgenden Beobachtungen sind nur eine Ergänzung der beiden ersten Mitteilungen. Sie betreffen zunächst die Acetobrommaltose, welche ähnlich der früher beschriebenen Chlorverbindung aus Octacetylmaltose und Bromwasserstoff entsteht.

Nach derselben Methode wie das Phenolglucosid haben wir ferner das Phenolmaltosid dargestellt. Von Emulsin wird es in Phenol und Maltose gespalten.

Die $\beta$-Alkyl-galactoside lassen sich nach der älteren Methode aus den Zuckern durch Erhitzen mit Alkohol und wenig Salzsäure recht schwer darstellen. Sie werden deshalb bequemer aus der $\beta$-Acetochlorgalactose gewonnen. Als neues Beispiel haben wir das bisher unbekannte $\beta$-Äthylgalactosid dargestellt, welches nach dieser Methode in ausgezeichneter Ausbeute erhalten wird. Bemerkenswert ist das Verhalten dieser $\beta$-Galactoside gegen Kefir-Lactase. Sie werden davon leicht hydrolysiert. Der Versuch wurde mit demselben Erfolge bei Methyl-, Äthyl- und Phenol-galactosid ausgeführt. Da die $\alpha$-Galactoside von der Lactase nicht gespalten werden, so ist diese ebenso wie das Emulsin ein Unterscheidungsmittel für die beiden isomeren Galactoside. Ihre Wirkung ist aber noch beschränkter als diejenige des Emulsins, welches sowohl Galactoside wie Glucoside der $\beta$-Reihe angreift. Durch diese Beobachtung erhält die schon früher ausgesprochene Vermutung, daß der Milchzucker ein $\beta$-Galactosid der Glucose sei, eine neue Stütze.

### $\beta$- Acetobrommaltose.

Sie wird aus der Octacetylmaltose durch die Wirkung von verflüssigtem, reinem Bromwasserstoff im geschlossenen Rohre bei ge-

---

[1]) Frühere Mitteilungen: Berichte d. d. chem. Gesellsch: **34**, 2885 [1901], (S. *799*); **35**, 833 [1902]. (S. *815*.)

wöhnlicher Temperatur gewonnen. Nötig ist vollständiges Trocknen des Bromwasserstoffs. Die Wechselwirkung ist beendet, sobald die Acetylverbindung in Lösung gegangen ist, was gewöhnlich in 45 Minuten stattfindet. Aus heißem Ligroin (Siedepunkt 90—100°) kristallisiert die Acetobrommaltose in farblosen, gut ausgebildeten Prismen, welche bei 84° (korr.) schmelzen.

0,2100 g Subst.: 0,056 g AgBr.

$C_{26}H_{35}O_{17}Br$.   Ber. Br 11,44.   Gef. Br 11,35.

### Heptacetyl-phenolmaltosid, $C_{12}H_{14}O_3(O.C_2H_3O)_7.OC_6H_5$.

5 g reine β-Acetochlormaltose werden in absolutem Äther gelöst und mit 2,1 g Natriumphenolat, welches in Portionen von 0,7 g allmählich zuzugeben ist, etwa 24 Stunden bei Zimmertemperatur geschüttelt. Das Filtrat gibt dann keine Chlorreaktion mehr. Nach Zusatz von 2 ccm Essigsäure und Abfiltrieren des sofort ausfallenden Natriumacetats wird der Äther verdunstet und der sirupöse Rückstand mit Wasser versetzt. Um ihn zum Erstarren zu bringen, wird er mit kaltem Alkohol angerührt oder in Alkohol gelöst und mit Wasser ausgefällt. Einimpfen eines Kriställchens beschleunigt das Erstarren. Das Produkt läßt sich dann leicht aus verdünntem Alkohol umkristallisieren. Die Ausbeute schwankte von 2,5—3,5 g und betrug im besten Falle 65 pCt. der Theorie.

Für die Analyse wurde bei 100° getrocknet.

0,1873 g Subst.: 0,3697 g $CO_2$, 0,0935 g $H_2O$.

$C_{32}H_{40}O_{18}$.   Ber. C 53,93,   H 5,62.
   Gef. „ 53,83,   „ 5,54.

Schmelzpunkt 155—156° (korr. 157—158°).

Bemerkenswert ist die geringe Löslichkeit in heißem Wasser und verdünnten Säuren. In Alkohol ist das Glucosid in der Hitze leicht, in der Kälte recht schwer löslich; Verunreinigungen verändern aber die Löslichkeit beträchtlich. Auch aus Ligroin läßt es sich umkristallisieren.

### β-Phenol-maltosid, $C_{12}H_{21}O_{10}.OC_6H_5$.

Die Acetylverbindung wurde in der üblichen Weise mit Baryt verseift. Das durch Alkohol vom Baryumacetat getrennte Maltosid wird durch Auslaugen mit wenig Aceton fest und läßt sich dann aus heißem Wasser umkristallisieren. Für die Analyse war das Präparat über Phosphopentoxyd im Vakuum getrocknet.

0,2108 g Subst.: 0,3977 g $CO_2$, 0,1214 g $H_2O$.

$C_{18}H_{26}O_{11}$.   Ber. C 51,68,   H 6,22.
   Gef. „ 51,46,   „ 6,40.

Das Maltosid bildet, aus Wasser kristallisiert, kleine farblose Prismen, welche bei 96⁰ schmelzen und bei höherer Temperatur aufschäumen.

Eine 5,1prozentige wässerige Lösung vom spez. Gew. 1,01 drehte bei 20⁰ im 2 dcm-Rohr 3,5⁰ nach rechts. Mithin:

$$[\alpha]_D^{20} = + 34,0^0.$$

In Essigester ist die Substanz fast unlöslich, in Äthyl- und Methylalkohol oder in heißem Wasser dagegen leicht löslich. Durch Emulsin wird sie in Maltose und Phenol verwandelt.

### β-Äthyl-galactosid.

Die Darstellung aus β-Acetochlorgalactose und Äthylalkohol bei Gegenwart von Silbercarbonat ist genau so, wie bei der Methylverbindung[1]). Das als Zwischenprodukt auftretende Tetracetyläthylgalactosid schmilzt bei 88⁰ (korr.) und zeigt in 10prozentiger Benzollösung bei 20⁰ die spezifische Drehung

$$[\alpha]_D^{20} = - 29,8^0.$$

Das aus der Acetylverbindung durch Baryt entstehende Äthylgalactosid wurde gleichfalls von den Baryumsalzen durch Alkohol getrennt. Beim Verdampfen des Alkohols hinterbleibt ein Sirup, der durch Behandlung mit wenig Aceton fest wird und dann aus Essigester umkristallisiert werden kann. Für die Analyse war das Präparat bei 110⁰ getrocknet.

0,1980 g Subst.: 0,3339 g $CO_2$, 0,1360 g $H_2O$.

$C_8H_{16}O_6$. Ber. C 46,15, H 7,70.

Gef. „ 45,96, „ 7,63.

Die kleinen, prismatischen, meist zu Drusen gruppierten Nadeln schmolzen bei 153—155⁰. Eine 10,7prozentige Lösung vom spez. Gew. 1,02 drehte bei 20⁰ im 1 dcm-Rohr 0,44⁰ nach links. Mithin:

$$[\alpha]_D^{20} = - 4,0^0.$$

### Verhalten der β-Galactoside gegen Enzyme.

Daß β-Methyl- und β-Phenol-galactosid[2]) von Emulsin hydrolysiert werden, wurde schon früher mitgeteilt. Wie zu erwarten war, schließt das β-Äthylgalactosid sich ihnen an. Neu ist die Prüfung der drei Galactoside mit Kefir-Lactase. 0,3 g wurden in 5 ccm des Auszugs von Kefirkörnern[3]) gelöst und nach Zusatz von Toluol 2 Tage bei 35⁰ aufbewahrt. Die Titration des gebildeten Traubenzuckers zeigte dann, daß der größte Teil des Glucosids hydrolysiert war.

---

[1]) Berichte d. d. chem. Gesellsch. **34**, 2895 [1901]. (*S. 809.*)

[2]) Berichte d. d. chem. Gesellsch. **35**, 839 [1902]. (*S. 821.*)

[3]) Berichte d. d. chem. Gesellsch. **27**, 2991 [1894]. (*S. 842.*)

## 100. Emil Fischer und Hans Thierfelder:
## Verhalten der verschiedenen Zucker gegen reine Hefen.

Berichte der deutschen chemischen Gesellschaft **27**, 2031 [1894].
(Eingegangen am 12. Juli.)

Die älteren Versuche über die Vergärbarkeit der verschiedenen
Zucker sind sämtlich mit der gewöhnlichen Hefe der Bierbrauer ausgeführt. Eine Zusammensetzung der hierbei gewonnenen Resultate
findet sich in der Abhandlung von Stone und Tollens in Liebigs
Annal. d. Chem. **249**, 257 [1888]. Nach ihrer eigenen Beobachtung
ist außer Traubenzucker und Fruchtzucker die Galactose noch völlig,
die Arabinose dagegen gar nicht vergärbar; auch Sorbose soll von gewöhnlicher Bierhefe, allerdings langsam und unvollständig, vergoren
werden. Durch die ausgezeichneten Untersuchungen von Hansen
wissen wir jetzt, daß die in der Industrie früher benutzten Hefen sämtlich Gemenge waren, welche durch rationelle Züchtung in eine größere
Anzahl scharf definierter Arten geschieden werden können. Das Verhalten einer Anzahl rein gezüchteter Hefen gegen Traubenzucker,
Maltose und Milchzucker ist von Hansen selbst geprüft worden. Nach
seinen Beobachtungen, welche in der Monographie von A. Jörgensen,
Die Mikroorganismen der Gärungsindustrie, S. 131 zusammengestellt
sind, hat man es bei den Saccharomyceten mit 3 verschiedenen Klassen
zu tun, von welchen die erste und zahlreichste außer dem Traubenzucker auch Rohrzucker und Maltose vergärt; dahin gehören die Arten
Saccharomyces cerevisiae I, S. Pastorianus I, II, III, S. ellipsoideus I,
II. Die zweite Klasse umfaßt die Arten, welche Trauben- und Rohrzucker, aber nicht die Maltose vergären (S. Marxianus, S. Ludvigii,
S. exiguus). Die dritte Klasse wird nur von einer einzigen Species
(S. membranaefaciens) repräsentiert, welche auffallenderweise über-
haupt keine alkoholische Gärung verursacht. Milchzucker wird von
keinem der erwähnten Saccharomyceten verändert. Von sonstigen
Erfahrungen auf diesem Gebiete ist hervorzuheben, daß S. apiculatus
Traubenzucker, $d$-Mannose und $d$-Fructose (Cremer)[1], aber nicht

---

[1] Zeitschr. f. Biol. **29**, 525.

Galactose (F. Voit)[1]) und ebensowenig Rohrzucker, Milchzucker und Maltose (Hansen, Amthor[2])) vergärt. Endlich wurden von Duclaux[3]), Adametz[4]), Grotenfelt[5]), Beyerinck[6]), Kayser[7]) noch einige Hefen beschrieben, welche den Milchzucker vergären.

Alle zuvor erwähnten Angaben beschränken sich auf die natürlichen Zucker. Über das Verhalten der übrigen synthetisch gewonnenen Produkte liegen bisher nur Beobachtungen vor, welche mit Benutzung gewöhnlicher Bierhefe angestellt wurden.[8]) Dieselbe läßt unverändert die optischen Antipoden des Traubenzuckers, Fruchtzuckers, der Mannose, der Galactose, sowie die beiden optisch isomeren Gulosen; sie verändert ebensowenig die verschiedenen Heptosen und Octosen, dagegen vergärt sie die Mannononose[9]) und Glycerose, während die nahe verwandte Gluconose[10]) wieder nicht gärungsfähig ist.

Wie die Zusammenstellung zeigt, ist das Beobachtungsmaterial bei weitem am größten bei den Hexosen und führt hier zu dem Schluß, daß die Gärfähigkeit in naher Beziehung zum geometrischen Bau des Moleküls steht, mithin geradezu als eine stereochemische Frage bezeichnet werden darf.

Von diesem Gesichtspunkt aus schien es uns erwünscht, die früheren Versuche mit rein gezüchteten Hefen zu wiederholen und noch auf einige andere Zucker auszudehnen.

Wir benutzten dafür 12 verschiedene Hefen. Die 8 Arten S. cerevisiae I, S. Pastorianus I, II, III, S. ellipsoideus I, II, S. Marxianus, S. membranaefaciens wurden uns von Hrn. E. Chr. Hansen in freundlichster Weise zur Verfügung gestellt. Zwei weitere verdanken wir dem Vorstande der Versuchs- und Lehrbrauerei in Berlin. Die eine als „Brauereihefe‟[11]), die andere als „Brennereihefe‟[12]) bezeichnet, sind beide von P. Lindner isoliert worden. Eine elfte, energisch wir-

---

[1]) Zeitschr. f. Biol. 29, 149.
[2]) Zeitschr. f. physiol. Chem. 12, 563 [1888].
[3]) Annal. Instit. Pasteur 1, 573.
[4]) Centralbl. f. Bakt. u. Parask. 5, 116.
[5]) Fortschr. der Mediz. 1889, 121.
[6]) Centralbl. f. Bakt u. Parask. 6, 44.
[7]) Annal. Instit. Pasteur 1891, 395.
[8]) E. Fischer, Berichte d. d. chem. Gesellsch. 23, 375, 389, 2620, 2230, 2234 [1890] (S. 334, 349, 372, 573, 578); 24, 533, 527 [1891] (S. 393, 387); 25, 1259 [1892]. (S. 471.)
[9]) E. Fischer, Berichte d. d. chem. Gesellsch. 23, 2238 [1890]. (S. 581.)
[10]) Liebigs Annal. d. Chem. 270, 106 [1892]. (S. 623.)
[11]) Sie ist in der Literatur als Hefe Nr. 19 oder als Hefe Frohberg beschrieben, vgl. Irmisch, Wochenschr. f. Brauerei 1891, Nr. 39—46; P. Lindner, Wochenschr. f. Brauerei 1893, 692; 1894, 381.
[12]) Sie ist in der Literatur als Hefe Nr. 128, Rasse 2 bekannt; vgl. Zeitschr. f. Spiritusindustr. 1892, 304.

kende Art wurde uns als S. productivus von Hrn. Beyerinck in Delft gütigst überlassen; endlich haben wir eine morphologisch noch nicht scharf definierte Spezies geprüft, welche Milchzucker leicht vergärt und deshalb im folgenden als Milchzuckerhefe bezeichnet wird.

Da die Bereitung der künstlichen Zucker zum Teil recht mühsam ist und die Versuche vielfach varriiert werden mußten, so haben wir zur Ersparung von Material ein kleines Gärgefäß von beistehender Form benutzt. Das Kölbchen a, welches einen Inhalt von ca. 1 ccm hat, wurde mit Wattebausch verschlossen, sterilisiert und darauf zu $^2/_3$ mit einem Gemisch gefüllt, welches aus gleichen Volumina 20prozentiger, wässeriger Zuckerlösung und Hefedekokt bestand. Das letztere war aus gut gewaschener und scharf abgepreßter, reiner Hefe durch Kochen mit der 4fachen Menge Wasser und wiederholtes Filtrieren gewonnen und mit einer kleinen Menge Zitronensäure versetzt. Zu der sorgfältig sterilisierten Flüssigkeit wurde dann mit Hilfe eines mit Öse versehenen Platindrahtes von der auf Bierwürzegelatine rein kultivierten Hefeart ungefähr 0,013 g unter den üblichen Kautelen zugesetzt und das Gärkölbchen durch Aufsetzen des ebenfalls sterilisierten und bis zur Marke c mit Barytwasser gefüllten Ableitungsrohres b geschlossen. Da der Aufsatz in den Hals des Gärgefäßes eingeschliffen war, so konnte durch Einreiben mit etwas Vaselin und Aufgießen von Paraffin leicht ein luftdichter Verschluß erzielt werden. Die so beschickten Apparate blieben dann 3—10 Tage im Brutschrank bei einer Temperatur von 24—28° stehen.

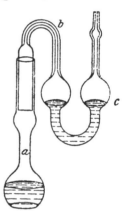

Natürliche Größe

In allen Fällen, auch wenn der Zucker nicht gärbar ist, beobachtet man bei dieser Versuchsanordnung die Entwicklung einer kleinen Menge von Kohlensäure, welche die Oberfläche des absperrenden Barytwassers mit einer dünnen Schicht von Carbonat überzieht. Da diese Erscheinug sogar dann eintritt, wenn kein Zucker in der Flüssigkeit enthalten ist, so wird sie offenbar von der geringen Menge von Kohlenhydrat veranlaßt, welche in der Hefe selbst und in dem aus ihr bereiteten Dekokt vorhanden ist. Ganz anders gestaltet sich der Vorgang, wenn das Material leicht gärbar ist. Das vorgelegte Barytwasser wird nicht allein sehr stark getrübt, sondern auch völlig durch den Überschuß der Kohlensäure neutralisiert und schließlich verschwindet der Zucker ganz. In der Mitte stehen diejenigen Fälle, wo das Material erst in gärungsfähigen Zucker verwandelt werden muß, wie bei den später erwähnten Beispielen von Glucosiden, und wo infolgedessen die Gärung langsam erfolgt und mit einer beschränkten Menge von Hefe wahrscheinlich nicht zu Ende geführt werden kann. Indessen ist auch hier die Menge der entwickelten Kohlensäure immer so groß, daß man über den wirklichen Eintritt der Gärung nicht im Zweifel sein kann.

Von Monosacchariden kamen zur Verwendung: *d*-Mannose, *d*-Fructose, *d*-Galactose, *d*-Talose, *l*-Mannose, *l*-Gulose, Sorbose, *l*-Arabinose, *α*-Glucoheptose, *α*-Glucooctose, von Disacchariden Rohrzucker, Maltose und Milchzucker. Anhangsweise haben wir noch Methyl- und Äthylglucosid, sowie Glucose-Resorcin, Glucose-Pyrogallol und Glucoseäthylmercaptal in einigen Fällen geprüft. Die *d*-Glucose ist so oft Gegenstand der Untersuchung gewesen, daß wir sie nicht in den Kreis unserer Experimente zogen.

Soweit die Versuche Wiederholungen älterer darstellen, ergibt sich eine völlige Übereinstimmung unserer Resultate und der früheren Beobachtungen.

Nur in bezug auf die Sorbose besteht ein Widerspruch; sie erwies sich als gärungsunfähig, während Stone und Tollens ihr ein allerdings unvollkommenes Gärungsvermögen zuschreiben. Der Grund für das abweichende Resultat von Stone und Tollens wird in der Tätigkeit von Spaltpilzen, welche der Hefe beigemengt waren, zu suchen sein. Reine Hefe läßt Sorbose unberührt.

Die negativen Ergebnisse der Versuche mit Glucose-Pyrogallol, Glucose-Resorcin, Glucoseäthylmercaptal sind nicht etwa auf eine Schädigung der Hefe durch freigewordenes Pyrogallol usw. zurückzuführen; denn, als nach einigen Tagen den Kölbchen etwas Traubenzucker zugefügt wurde, trat alsbald lebhafte Gärung ein.

Auffallend ist das Verhalten der Milchzuckerhefe, welche den Milchzucker leicht und vollständig, dagegen die Galactose langsam und innerhalb 8 Tagen nur teilweise vergoren hat.

Aus den angeführten Tatsachen ergibt sich, im Verein mit den älteren Beobachtungen, daß von den 9 bekannten Aldohexosen 2, die *d*-Glucose und die *d*-Mannose, sehr leicht, die *d*-Galactose etwas schwerer vergärbar ist. Bei allen übrigen war keine Wirkung der Hefe zu bemerken. Ebenso scharf ist der Unterschied bei den Ketosen, von denen nur die *d*-Fructose gärfähig ist, während Sorbose und nach früheren Versuchen auch *l*-Fructose unverändert bleiben.

Da die Konfiguration aller dieser Zucker mit Ausnahme der Sorbose festgestellt ist, so läßt sich ihre Beziehung zur Gärfähigkeit mit Benutzung der chemischen Formeln darstellen. In den nachstehenden

**Tabelle¹).**

| | d-Mannose | d-Fructose | d-Galactose | d-Talose | l-Mannose | l-Gulose | Sorbose | l-Arabinose | Rhamnose | α-Glucoheptose | α-Glucooctose | Rohrzucker | Maltose | Milchzucker | Methyl-glucosid²) | Äthyl-glucosid²) | Glucose-resorcin | Glucose-pyrogallol | Glucoseäthyl-mercaptal |
|---|---|---|---|---|---|---|---|---|---|---|---|---|---|---|---|---|---|---|---|
| S. Pastorianus I . . . | +++ | +++ | +++ | — | — | — | — | — | — | — | — | +++ | +++ | — | + | + | — | — | — |
| S. Pastorianus II . . | +++ | +++ | +++³) | — | — | — | — | — | — | — | — | +++ | +++ | — | — | — | — | — | — |
| S. Pastorianus III . . | +++ | +++ | +++ | — | — | — | — | — | — | — | — | +++ | +++ | — | — | — | — | — | — |
| S. cerevisiae I . . . | +++ | +++ | ++ | — | — | — | — | — | — | — | — | +++ | +++ | — | — | — | — | — | — |
| S. ellipsoideus I . . | +++ | +++ | +++³) | — | — | — | — | — | — | — | — | +++ | +++ | — | — | — | — | — | — |
| S. ellipsoideus II . . | +++ | +++ | +++ | — | — | — | — | — | — | — | — | +++ | +++*) | — | — | — | — | — | — |
| S. Marxianus . . . . | — | — | — | — | — | — | — | — | — | — | — | — | — | — | — | — | — | — | — |
| S. membranaefaciens . | +++ | +++ | +++ | — | — | — | — | — | — | — | — | +++ | +++ | — | + | + | — | — | — |
| Brauereihefe . . . . | +++ | +++ | + | — | — | — | — | — | — | — | — | +++ | +++ | — | + | + | — | — | — |
| Brennereihefe . . . . | +++ | +++ | — | — | — | — | — | — | — | — | — | + | +++ | — | + | | — | — | — |
| S. productivus . . . | ++ | +++ | + | — | — | — | — | — | — | — | — | +++ | — | — | — | | — | — | — |
| Milchzuckerhefe . . . | ++ | +++ | + | — | — | — | — | — | — | — | — | | — | +++ | | | | | |

Erklärung der Zeichen:

+++ bedeutet keine Reduktion der Fehlingschen Lösung nach 8 Tagen, also vollständige Vergärung.

++ „ eine ganz schwache Reduktion nach 8 Tagen, also fast vollständige Vergärung.

+ „ deutliche Reduktion nach 8 Tagen, aber unzweifelhafte Gärung.

— „ keine Gärung.

¹) 

²) Die Prüfung auf völlige Vergärung wurde hier unterlassen, da der Nachweis der Glucoside, welche erst nach der Hydrolyse reduzieren, durch die Anwesenheit des Hefeglycogens zu sehr erschwert wird.

³) Nach 14 Tagen war der Zucker ganz verschwunden.

*) siehe Berichte d. d. chem. Gesellsch. **28**, 985 [1895] (S. 861), wo diese Angabe als unrichtig bezeichnet werden mußte.

Betrachtungen ist die $d$-Fructose nicht mehr berücksichtigt, da sie geometrisch mit dem Traubenzucker zusammenfällt.

Die Konfigurationsformeln der drei gärfähigen Aldosen sind:

$$\underset{\text{(Traubenzucker)}}{d\text{-Glucose}}\quad CH_2OH \, . \, \overset{H}{\underset{OH}{C}} \, . \, \overset{H}{\underset{OH}{C}} \, . \, \overset{OH}{\underset{H}{C}} \, . \, \overset{H}{\underset{OH}{C}} \, . \, COH$$

$$d\text{-Mannose}\quad CH_2OH \, . \, \overset{H}{\underset{OH}{C}} \, . \, \overset{H}{\underset{OH}{C}} \, . \, \overset{OH}{\underset{H}{C}} \, . \, \overset{OH}{\underset{H}{C}} \, . \, COH$$

$$d\text{-Galactose}\quad CH_2OH \, . \, \overset{H}{\underset{OH}{C}} \, . \, \overset{OH}{\underset{H}{C}} \, . \, \overset{OH}{\underset{H}{C}} \, . \, \overset{H}{\underset{OH}{C}} \, . \, COH$$

Weitere Veränderung in der Stellung der Hydroxyle an den vier asymmetrischen Kohlenstoffatomen hebt das Gärvermögen auf. Ein treffliches Beispiel dafür bietet die $d$-Talose, welche zur Galactose in demselben Verhältnis steht, wie die Mannose zur Glucose. Da aber schon Galactose schwieriger vergärt, als die beiden anderen, so genügt die kleine weitere geometrische Verschiebung, um der Talose das Gärvermögen gänzlich zu nehmen. Die Hefen sind mithin in bezug auf die Konfiguration des Moleküls sehr wählerisch; aber die Mehrzahl derselben zeigt den gleichen Geschmack, nur einige sind besonders empfindlich, wie S. apiculatus, welcher sogar die Galactose verschmäht. Dieses Resultat muß um so mehr überraschen, als dieselben Hefen von viel größeren Veränderungen des Moleküls nicht berührt werden, da sie ja, wie aus den älteren Versuchen bekannt ist, die Glycerose und die Mannononose vergären.

Daß Mikroorganismen allgemein von zwei optisch isomeren Verbindungen die eine Form bevorzugen, ist durch die Untersuchungen von Pasteur und anderen längst bekannt; aber bei den Hefen und Zuckerarten liegt doch die Sache etwas anders, da es sich hier nicht allein um den Gegensatz zwischen optischen Antipoden handelt, sondern von einer großen Anzahl geometrischer Formen nur einige dem Bedürfnis der Zelle Genüge leisten. Dieselbe Beobachtung wird man voraussichtlich auch bei anderen Mikroorganismen, ferner in anderen Gruppen organischer Substanzen wiederfinden, und vielleicht sind sehr viele chemische Prozesse, die im Organismus sich abspielen, von der Geometrie des Moleküls beeinflußt. Unter diesen Umständen lohnt es sich wohl, der Ursache jener Erscheinung nachzuspüren, und es liegt nahe, die Erklärung zunächst auf stereochemischem Gebiet zu suchen.

Unter den Agentien, deren sich die lebende Zelle bedient, spielen die verschiedenen Eiweißsubstanzen die Hauptrolle. Sie sind ebenfalls optisch aktiv, und da sie aus den Kohlenhydraten der Pflanze synthetisch entstehen, so darf man wohl annehmen, daß der geometrische Bau ihres Moleküls, was die Asymmetrie betrifft, im wesentlichen dem der natürlichen Hexosen ähnlich ist. Bei dieser Annahme wäre es nicht schwer zu verstehen, daß die Hefezellen mit ihrem asymmetrisch geformten Agens nur in die Zuckerarten eingreifen und gärungserregend wirken können, deren Geometrie nicht zu weit von derjenigen des Traubenzuckers abweicht. Allerdings bestehen auch für die natürlichen Hexosen feine Unterschiede in dem Protoplasma der einzelnen Hefen, wie namentlich das Verhalten des S. apiculatus gegen Galactose beweist. Diese Erfahrung deutet darauf hin, daß Gewöhnung oder Zuchtwahl die Gärwirkung einer Hefeart verändern können, und wir haben selbst den kühnen Versuch unternommen, eine solche chemische Umzüchtung vorzunehmen.

S. Pastorianus I. wurde mit Hefedekokt als Nährmaterial und einem Gemisch von *l*-Mannose und Traubenzucker in der früher beschriebenen Weise behandelt und nach je 2, 3 oder 8 Tagen die Flüssigkeit erneuert. Dabei wurde die Menge des Traubenzuckers, welche anfangs 50 pCt. des gesammten Zuckers betrug, immer mehr verringert. Die Hefe vermehrte sich unter den gegebenen Bedingungen recht gut und vergärte den Traubenzucker, selbst wenn seine Menge auf 0,5 pCt. der gesamten Lösung herabgemindert war, mit Leichtigkeit. Sobald aber derselbe ganz fehlte, blieb auch jede Gärwirkung aus. Die *l*-Mannose wurde also auch trotz der Gelegenheit zur Anpassung, welche der Hefe im Laufe von 3 Monaten und manchem Generationswechsel geboten war, nicht angegriffen und das Resultat des Versuchs ist ein rein negatives. Das schließt aber nicht aus, daß derselbe unter veränderten Verhältnissen wiederholt erfolgreich ausfällt.

## 101. Emil Fischer: Einfluß der Konfiguration auf die Wirkung der Enzyme. I.

Berichte der deutschen chemischen Gesellschaft **27**, 2985 [1894].

(Vorgetragen in der Sitzung vom Verfasser.)

Das verschiedene Verhalten der stereoisomeren Hexosen gegen Hefe hat Thierfelder und mich zu der Hypothese geführt, daß die aktiven chemischen Agentien der Hefezelle nur in diejenigen Zucker eingreifen können, mit denen sie eine verwandte Konfiguration besitzen.[1])

Diese stereochemische Auffassung des Gärprozesses mußte an Wahrscheinlichkeit gewinnen, wenn es möglich war, ähnliche Verschiedenheiten auch bei den vom Organismus abtrennbaren Fermenten, den sogenannten Enzymen, festzustellen.

Das ist mir nun in unzweideutiger Weise zunächst für zwei glucosidspaltende Enzyme, das Invertin und Emulsin, gelungen. Das Mittel dazu boten die künstlichen Glucoside, welche nach dem von mir aufgefundenen Verfahren aus den verschiedenen Zuckern und den Alkoholen in großer Zahl bereitet werden können.[2]) Zum Vergleich wurden aber auch mehrere natürliche Produkte der aromatischen Reihe und ebenso einige Polysaccharide, welche ich als die Glucoside der Zucker selbst betrachte, in den Kreis der Untersuchung gezogen. Das Ergebnis derselben läßt sich in den Satz zusammenfassen, daß die Wirkung der beiden Enzyme in auffallender Weise von der Konfiguration des Glucosidmoleküls abhängig ist.

### Versuche mit Invertin.

Das Enzym läßt sich bekanntlich aus der Bierhefe mit Wasser auslaugen und soll aus der Lösung durch Alkohol unverändert gefällt werden. Aus den später angeführten Gründen habe ich auf die Isolierung desselben verzichtet. Die nachfolgenden Versuche sind viel-

---

[1]) Berichte d. d. chem. Gesellsch. **27**, 2036 [1894]. (*S. 834.*)
[2]) Berichte d. d. chem. Gesellsch. **26**, 2400 [1893]. (*S. 682.*)

mehr direkt mit einer klar filtrierten Lösung angestellt, welche durch 15stündiges Digerieren von 1 Teil lufttrockener Bierhefe (Saccharomyces cerevisiae, Typus Frohberg, Reinkultur) mit 15 Teilen Wasser bei 30—35⁰ bereitet war.

Alkoholglucoside. Wie ich früher dargelegt habe, läßt die von mir experimentell sehr wahrscheinlich gemachte Glucosidformel die Existenz von 2 Stereoisomeren voraussehen, welche sich nur durch die Anordnung an dem asymmetrischen Kohlenstoffatom der Glucosidgruppe unterscheiden. Für die Derivate der Hexosen würden dieselben folgende Konfiguration haben:

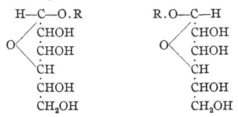

Von den beiden Verbindungen des Traubenzuckers mit dem Methylalkohol habe ich eine isoliert und als Methylglucosid beschrieben. Die zweite entsteht, wie ich ganz richtig vermutete, gleichzeitig und befindet sich in der sirupösen Mutterlauge.[1]) In der Isolierung derselben ist mir aber Hr. Alberda van Ekenstein[2]) zuvorgekommen. Mit einer Probe der Kristalle, welche derselbe mir gütigst überlassen hat, konnte ich die Substanz dann ebenfalls kristallisiert erhalten.

Ich schlage vor, das neue Isomere als β-Verbindung von dem älteren α-Methylglucosid zu unterscheiden und die gleiche Bezeichnungsweise für alle Isomerien derselben ·Ordnung vorläufig zu gebrauchen. Wie ich früher schon mitgeteilt habe, wird das α-Methylglucosid durch das Invertin gespalten. Nach 20stündiger Wirkung der 10fachen Menge obiger Enzymlösung bei 30—35⁰ war ungefähr die Hälfte in Traubenzucker verwandelt.

Unter denselben Bedingungen blieb das β-Methylglucosid ganz unverändert. Das ist besonders auffallend, da dasselbe nach der Beobachtung von v. Ekenstein durch verdünnte Säuren viel rascher als das Isomere hydrolysiert wird.

Das kristallisierte Äthylglucosid[3]) verhält sich gegen Invertin, wie die α-Methylverbindung und gehört also offenbar zur α-Reihe.

---

[1]) Berichte d. d. chem. Gesellsch. **26**, 2404 [1893]. (*S. 686.*)

[2]) Recueil d. trav. chim. d. Pays-Bas. **13**, 183 [1894].

[3]) E. Fischer und L. Beensch, Berichte d. d. chem. Gesellsch. **27**, 2479 [1894]. (*S. 705.*)

Benzyl- und Glyceringlucosid wurden bisher nicht kristallisiert erhalten. Die morphen Produkte sind höchstwahrscheinlich ein
Gemisch von $\alpha$- und $\beta$-Verbindung. In der Tat werden sie durch
das Invertin angegriffen, aber unvollständiger gespalten als die reinen
$\alpha$-Glucoside.

Alle übrigen bisher bekannten Alkoholglucoside, welche sich von
anderen Zuckerarten ableiten, wie Methyl- und Äthyl-galactosid,
Methyl-, Äthyl- und Benzyl-arabinosid, Methyl- und Äthyl-rhamno-
sid, werden von der Enzymlösung gar nicht angegriffen. Die fünf
ersten sind kristallisiert, und man könnte denken, daß sie die $\beta$-Formen
darstellen; ich halte das aber für unwahrscheinlich, da sie genau so
wie das $\alpha$-Methylglucosid bereitet wurden. Immerhin ist es wünschenswert, auch hier die Isomeren zu suchen und ihr Verhalten gegen das
Enzym zu prüfen.

Besonderes Interesse schien mir endlich die Prüfung eines Derivats der $l$-Glucose darzubieten. Ich habe deshalb die Methylverbindung derselben, welche ich Methyl- $l$ - glucosid nennen will, in derselben Weise wie das $\alpha$-Methylderivat des Traubenzuckers dargestellt.

Leider konnte für den Versuch keine reine kristallisierte $l$-Glucose
benutzt werden, weil sie zu schwer zugänglich ist, und infolge der
Verwendung von nicht ganz reinem Zucker ist bisher die Isolierung
der kristallisierten Glucoside mißlungen. Dagegen wurde ein Sirup
erhalten, welcher unzweifelhaft die Glucoside und zwar nach der Bereitungsweise hauptsächlich die $\alpha$-Verbindung enthält. Da ferner das
Präparat ganz frei von Zucker war, so konnte die Wirkung der Enzymlösung leicht festgestellt werden. Sie war vollkommen negativ.

Polysaccharide. Der Wirkung auf Rohrzucker verdankt das
Enzym bekanntlich seinen Namen. Dagegen hat man bisher angenommen, daß die Maltose durch dasselbe nicht gespalten werde.
Der Versuch hat mir aber gezeigt, daß das Gegenteil richtig ist
und daß die Hydrolyse hier ebenso rasch und vollkommener vonstatten
geht als bei den Alkoholglucosiden. Der so entstehende Traubenzucker
läßt sich sehr leicht und mit voller Sicherheit auch neben unveränderter Maltose durch Phenylhydrazin nachweisen. Um allen Mißverständnissen vorzubeugen, bemerke ich, daß das käufliche feste Invertin im Gegensatz zur frisch bereiteten Lösung die Spaltung der Maltose nicht bewirkt.

Die Verwandlung der Maltose in Traubenzucker hat man schon
beobachtet bei der Einwirkung des Pankreassaftes, des tierischen

Dünndarmes[1]), des Kojiextrakts[2]) und der sogen. Glucase,*) welche von
Cuisinier im Mais gefunden und später von Géduld, Lintner und
Morris näher untersucht wurde. Ob eines von diesen Enzymen mit
demjenigen der Hefe verwandt ist, kann ich nicht sagen. Obige Beobachtung scheint mir dafür zu sprechen, daß die Maltose nicht, wie
man bisher annahm, von der Hefe direkt vergoren, sondern zunächst
ähnlich dem Rohrzucker in Hexose verwandelt wird.

Der Milchzucker ist gegen das Enzym der Hefe ganz beständig. Nach 24 stündigem Digerieren von 1 Teil Milchzucker mit 10 Teilen
obiger Enzymlösung bei 30—35⁰ war in der Flüssigkeit durch die so
scharfe Osazonprobe weder Traubenzucker noch Galactose nachzuweisen.
Wie Dastre[3]) das Gegenteil finden konnte, ist mir unerklärlich.

Das verschiedene Verhalten von Lactose und Maltose gegen
das Invertin betrachte ich wieder als eine Folge ihrer abweichenden
Konfiguration. Macht man nämlich die recht wahrscheinliche Annahme, daß beide die gleiche glucosidartige Struktur besitzen, so
würde die eine das Glucosid und die andere das Galactosid des Traubenzuckers sein, entsprechend folgenden Formeln:

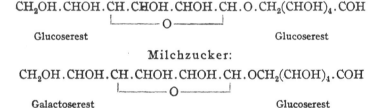

Maltose:

CH₂OH.CHOH.CH.CHOH.CHOH.CH.O.CH₂(CHOH)₄.COH

Glucoserest                    Glucoserest

Milchzucker:

CH₂OH.CHOH.CH.CHOH.CHOH.CH.OCH₂(CHOH)₄.COH

Galactoserest                    Glucoserest

Sie würden sich also zueinander verhalten wie Methylglucosid
zu Methylgalactosid, von welchen nur das erstere durch Invertin zerlegt wird.

Inulin und Stärke in Form von Stärkekleister werden durch
die Invertinlösung nicht verändert.[4])

Aromatische Glucoside. Auf Salicin, Coniferin, Phloridzin
und das von Michael künstlich dargestellte Phenolglucosid[5]) übt die

---

  *) *Vgl. die Fußnote auf Seite 850.*
  [1]) Liebigs Annal. d. Chem. **204**, 228 [1880].
  [2]) Zeitschr. f. physiol. Chem. **14**, 297 [1890].
  [3]) Compt. rend. **96**, 932 [1883].
  [4]) Daß Inulin von dem nach der Vorschrift von Barth isolierten Invertin
nicht verändert wird, hat schon Kiliani (Liebigs Annal. d. Chem. **205**, 189
[1880]) beobachtet.
  [5]) Michael, Compt. rend. **89**, 355 [1879].

Invertinlösung keine Wirkung aus; dagegen spaltet sie aus dem Amygdalin mit Leichtigkeit Traubenzucker ab. Da hierbei aber weder Bittermandelöl noch Blausäure entstehen, so ist der Vorgang offenbar ganz anders, als bei der Einwirkung von Emulsin. Es scheint vielmehr, daß von den beiden Molekülen Traubenzucker, welche im Amygdalin vielleicht als Maltose enthalten sind, nur die Hälfte durch das Invertin herausgelöst wird. Diese Beobachtung deutet auf eine Art der Glucosidspaltung, welche bis jetzt ohne Analogie dasteht, und ich werde dieselbe weiterverfolgen. *(Siehe Seite 780.)*

Über die praktische Behandlung der Invertinlösung ist noch folgendes zu bemerken. Wenn dieselbe nicht mit antiseptischen Mitteln versetzt ist oder nicht sehr kalt gehalten wird, so beginnt sie schon nach einigen Tagen zu faulen, wobei sie trübe wird und einen üblen Geruch annimmt. Bei den hydrolytischen Versuchen kann man diese Gefahr, welche durch die höhere Temperatur vergrößert wird, durch Zusatz von Chloroform vermeiden, denn dasselbe verhindert die Wirkung des Enzyms nicht. Anders verhält sich das Phenol, welches in der Lösung sofort einen Niederschlag erzeugt; schon bei Zusatz von 1 pCt. Phenol zur frischen Enzymlösung war die Hydrolyse merklich verringert und bei $2\frac{1}{2}$ pCt. war sie gänzlich aufgehoben. In allen Fällen aber ist es ratsam, die Enzymlösung frisch bereitet zu verwenden. An Stelle derselben kann man übrigens auch direkt die mit Wasser angeschlemmte Hefe benutzen, wenn die Lebenstätigkeit der Zellen und die damit verknüpfte Gärwirkung in der bekannten Weise durch Zusatz von Chloroform aufgehoben wird.

Alle zuvor beschriebenen Versuche wurden mit Saccharomyces cerevisiae, Typus Frohberg, angestellt. Ich habe mich aber überzeugt, daß der Typus Saaz sowohl auf die Alkoholglucoside wie auf die Maltose in der gleichen Weise wirkt. Dagegen darf man erwarten, daß die Sacharomyces-Arten, welche Maltose nicht vergären, wie S. exiguus, Ludwigii oder apiculatus auch kein Glucosid spaltendes Enzym bereiten. Für die Milchzuckerhefe kann ich schon jetzt die Richtigkeit dieser Annahme behaupten.

Anders als die frisch bereitete Enzymlösung verhält sich das feste, käufliche Invertin; denn ein von E. Merck in Darmstadt bezogenes Präparat zeigte zwar noch eine ziemlich kräftige Wirkung auf Rohrzucker, ließ aber das α-Methyl-glucosid und die Maltose unverändert. Ob diese Abschwächung der Wirksamkeit durch die angewandte Hefe oder die Art der Isolierung bedingt ist, oder ob neben dem bekannten Invertin in der Hefe ein neues, stärker hydrolysierendes Enzym enthalten ist, hoffe ich bald durch den Versuch entscheiden zu können.

## Versuche mit Emulsin.

Für dieselben diente ein von E. Merck bezogenes Präparat, welches eine kräftige Wirkung auf Amygdalin ausübte. 1 Teil des Enzyms wurde mit 2 Teilen des zu prüfenden Glucosids und 20 Teilen Wasser 15—20 Stunden bei 30—35° aufbewahrt.

Mit dem Invertin stimmt das Emulsin insofern genau überein, als es nur die Glucoside des Traubenzuckers angreift, dagegen die früher erwähnten Galactoside, Arabinoside, Rhamnoside und das Methyl-*l*-glucosid unverändert läßt.

Dagegen zeigt sich ein scharfer Unterschied der beiden Enzyme gegenüber dem α- und β-Methylglucosid; denn wie das erste von dem Invertin, so wird das zweite ausschließlich von dem Emulsin angegriffen. Ein quantitativer Versuch ergab, daß von dem β-Methylglucosid unter den obenerwähnten Bedingungen 90 pCt. durch das Emulsin in Traubenzucker verwandelt waren, während unter denselben Verhältnissen die α-Verbindung keine nachweisbare Hydrolyse erfuhr.

Allerdings werden die Glucoside des Glycerins und Benzylalkohols nicht allein von Invertin, sondern auch von dem Emulsin teilweise gespalten. Aber diese amorphen Produkte sind offenbar, wie man schon aus der Art der Darstellung schließen muß und wie schon oben betont wurde, Gemische von α- und β-Verbindung.

Daß viele natürliche aromatische Glucoside, wie Salicin, Coniferin, Arbutin usw. oder das künstlich bereitete Phenolglucosid durch Emulsin hydrolysiert werden, ist bekannt. Da dieselben Produkte vom Invertin nicht angegriffen werden, obschon die dabei entstehenden Phenole dem letzteren wegen der großen Verdünnung keinen Schaden tun können, so darf man annehmen, daß jene Glucoside der β-Reihe (Analoga des β-Methylglucosids) angehören.

Maltose[1]) und Rohrzucker werden von Emulsin unter den oben angegebenen Bedingungen nicht in nachweisbarer Menge gespalten. Die Wirkung des Emulsins auf den Milchzucker scheint noch nicht geprüft worden zu sein. Zu meiner Überraschung habe ich gefunden, daß hier die Hydrolyse leicht stattfindet. Eine Lösung von 2 g Milchzucker in 20 ccm Wasser wurde mit 0,5 g Emulsin versetzt und 22 Stunden auf 35° erwärmt. Zum Nachweis der Spaltungsprodukte diente die Osazonprobe. Zu dem Zwecke wurde die Flüssigkeit mit wenig Natriumacetat versetzt, auf dem Wasserbade einige Minuten erwärmt, von dem ausgefallenen amorphen Niederschlag abfiltriert und nach Zusatz von 2 g Phenylhydrazin und 0,7 g reiner Essigsäure 1¼

---

[1]) Vgl. v. Mering, Zeitschr. f. physiol. Chem. **5**, 190 [1881].

Stunden auf dem Wasserbade erhitzt. Der schon in der Wärme entstehende Niederschlag der Osazone wurde nach dem Erkalten filtriert und durch Auskochen mit viel Wasser vom Lactosazon befreit. Der Rückstand betrug 0,6 g. Aus verdünntem Alkohol umkristallisiert schmolz derselbe bei 203—205° und zeigte die Zusammensetzung der Phenylhexosazone (Gef. N 15,7, Ber. N 15,6). Das Präparat war unzweifelhaft Hexosazon, und zwar ein Gemisch von Glucosazon und Galactosazon.

Bei Maltose und Milchzucker zeigt sich also ein ähnlicher Gegensatz zwischen Invertin und Emulsin, wie bei den $\alpha$- und $\beta$-Glucosiden, obschon der Unterschied in der Konfiguration der beiden Zucker von anderer Ordnung ist.

### Enzym der Kefirkörner.

Nachdem die Wirkung des Invertins auf die Maltose beobachtet und dadurch die direkte Vergärbarkeit des Zuckers recht zweifelhaft geworden war, lag die Vermutung nahe, daß die Milchzuckerhefe auch ein Enzym bereite, welches den Milchzucker spalte und so dessen Gärung ermögliche. Leider stand mir nicht soviel reine Milchzuckerhefe zur Verfügung, um den Versuch ebenso wie mit Bierhefe durchzuführen. Ich habe deshalb zunächst Kefirkörner benutzt. Das Resultat entsprach den Erwartungen. Der durch ein Pukallsches Tonfilter klar filtrierte wässerige Auszug der Körner zerlegte reichliche Mengen von Milchzucker bei 30—35° im Laufe von 20 Stunden in seine Komponenten, welche wie oben durch die Osazonprobe nachgewiesen wurden. Unter denselben Bedingungen blieb die Maltose unverändert. Ich werde das Experiment sobald wie möglich mit reiner Milchzuckerhefe wiederholen und auch die Isolierung des Enzyms versuchen.

Daß ein solches, Milchzucker spaltendes Agens in Saccharomyces Kefir und in Saccharomyces Tyrocola (Käsehefe) enthalten sei, ist schon von Beyerinck[1] behauptet worden. Aber die Art, wie er die Wirkung der sogen. „Lactase" auf den Milchzucker mit Hilfe von Leuchtbakterien beweisen will, ist wohl geeignet, ernste Bedenken gegen die Zuverlässigkeit des Resultates zu erwecken. In der Tat ist denn auch Beyerincks Ansicht von Schnurmans Stekhoven[2] sehr bestimmt bestritten worden. Letzterer kommt vielmehr zu dem Schluß, daß das Enzym der Kefirhefe zwar den Rohrzucker und die

---

[1] „Die Lactase, ein neues Enzym" (Centralbl. für Bakteriologie und Pasasitenkunde **6**, S. 44).

[2] Kochs Jahresbericht über Gärungsorganismen **1891**, 136.

Raffinose, aber nicht den Milchzucker zerlege. Die Frage, wer hier recht hat, läßt sich leicht entscheiden, wenn man den Versuch mit reiner Kefirhefe so anstellt, wie er oben für die Kefirkörner beschrieben ist. Ich werde denselben ausführen, sobald mir eine genügende Menge der Hefe zur Verfügung steht.

———

Ferner beabsichtige ich, noch einige verwandte Enzyme, wie die Glucase, das Ptyalin, Myrosin und die Pankreasfermente zum Vergleiche heranzuziehen und die Versuche auch auf die selteneren Polysaccharide, wie Isomaltose, Turanose, Melibiose, Melitriose, Trehalose, Melezitose, die künstlichen Dextrine usw. zu übertragen. Zweifellos werden sich dann noch mehr solcher Gegensätze zeigen, wie sie zwischen dem Invertin und Emulsin jetzt festgestellt sind.

Aber schon genügen die Beobachtungen, um prinzipiell zu beweisen, das die Enzyme bezüglich der Konfiguration ihrer Angriffsobjekte ebenso wählerisch sind, wie die Hefe und andere Mikroorganismen. Die Analogie beider Phänomene erscheint in diesem Punkte so vollkommen, daß man für sie die gleiche Ursache annehmen darf, und damit kehre ich zu der vorher erwähnten Hypothese von Thierfelder und mir zurück. Invertin und Emulsin haben bekanntlich manche Ähnlichkeit mit den Proteïnstoffen und besitzen wie jene unzweifelhaft ein asymmetrisch gebautes Molekül. Ihre beschränkte Wirkung auf die Glucoside ließe sich also auch durch die Annahme erklären, daß nur bei ähnlichem geometrischen Bau diejenige Annäherung der Moleküle stattfinden kann, welche zur Auslösung des chemischen Vorganges erforderlich ist. Um ein Bild zu gebrauchen, will ich sagen, daß Enzym und Glucosid wie Schloß und Schlüssel zueinander passen müssen, um eine chemische Wirkung aufeinander ausüben zu können. Diese Vorstellung hat jedenfalls an Wahrscheinlichkeit und an Wert für die stereochemische Forschung gewonnen, nachdem die Erscheinung selbst aus dem biologischen auf das rein chemische Gebiet verlegt ist. Sie bildet eine Erweiterung der Theorie der Asymmetrie, ohne aber eine direkte Konsequenz derselben zu sein; denn die Überzeugung, daß der geometrische Bau des Moleküls selbst bei Spiegelbildformen einen so großen Einfluß auf das Spiel der chemischen Affinitäten ausübe, konnte meiner Ansicht nach nur durch neue tatsächliche Beobachtungen gewonnen werden. Die bisherige Erfahrung, daß die aus zwei asymmetrischen Komponenten gebildeten Salze sich durch Löslichkeit und Schmelzpunkt unterscheiden können, genügte dafür sicher nicht. Daß man die zunächst nur für die komplizierten Enzyme festgestellte Tatsache bald auch bei einfacheren asymmetrischen

Agentien finden wird, bezweifle ich ebensowenig wie die Brauchbarkeit der Enzyme für die Ermittelung der Konfiguration asymmetrischer Substanzen.

Die Erfahrung, daß die Wirksamkeit der Enzyme in so hohem Grade durch die molekulare Geometrie beschränkt ist, dürfte auch der physiologischen Forschung einigen Nutzen bringen. Noch wichtiger für dieselbe aber scheint mir der Nachweis zu sein, daß der früher vielfach angenommene Unterschied zwischen der chemischen Tätigkeit der lebenden Zelle und der Wirkung der chemischen Agentien in bezug auf molekulare Asymmetrie tatsächlich nicht besteht. Dadurch wird insbesondere die von Berzelius, Liebig u. a. so häufig betonte Analogie der „lebenden und leblosen Fermente" in einem nicht unwesentlichen Punkte wieder hergestellt. —

Bei der Ausführung obiger Versuche habe ich mich der eifrigen und geschickten Beihilfe des Hrn. Dr. Paul Rehländer erfreut. Ferner bin ich für die Überlassung von reingezüchteten Hefen den HH. Dr. H. Thierfelder, Prof. M. Delbrück und Dr. O. Reinke zu großem Danke verpflichtet.

## 102. Emil Fischer: Einfluß der Konfiguration auf die Wirkung der Enzyme. II.

Berichte der deutschen chemischen Gesellschaft **27**, 3479 [1894].
(Eingegangen am 31. Dezember.)

Die im letzten Hefte dieser Berichte enthaltene Mitteilung des Hrn. Röhmann[1]) „Zur Kenntnis der Glucase" veranlaßt mich, schon heute einige neue Beobachtungen über das Hefenenzym zu beschreiben. Im Gegensatz zu allen früheren Angaben hatte ich gefunden, daß der wässerige Auszug der Bierhefe nicht allein den Rohrzucker, sondern auch die Maltose spaltet, daß dagegen das mit Alkohol gefällte, käufliche Invertin die letztere nicht mehr verändert.[2])

Mit Rücksicht auf diese Verschiedenheit der Wirkung habe ich ferner in der gleichen Abhandlung auf die Möglichkeit hingewiesen, daß die Hefe neben dem Invertin ein zweites Enzym enthalte und Versuche darüber in Aussicht gestellt. Das Ergebnis derselben ist folgendes:

Der Auszug von ganz frischer und sehr reiner Frohberghefe, welcher mit der 5fachen Menge Wasser durch 20stündiges Erwärmen auf 35⁰ hergestellt war, übte auf Maltose oder α-Methylglucosid, welche sich gegen das Enzym ganz gleich verhalten, während 20 Stunden bei 30⁰ keine wahrnehmbare Wirkung aus. Die Lösung enthielt überhaupt sehr wenig Extraktivstoffe, welche durch Alkohol oder durch Kochen fällbar waren. Allerdings war sie noch imstande, 10 pCt. ihres Gewichts an Rohrzucker in 24 Stunden völlig zu spalten, aber dafür genügen bekanntlich geringe Mengen von Invertin. Ob die Auslaugung des letzteren bei besonders lebenskräftiger Hefe unter den angegebenen Bedingungen gänzlich unterbleibt, wie es O. Sullivan[3]) bei einer englischen Oberhefe bei gewöhnlicher Temperatur beobachtete, habe ich nicht geprüft, weil es mir wesentlich auf die Untersuchung des Maltose spaltenden Enzyms ankam. Der Extraktionsversuch wurde nun

---

[1]) Berichte d. d. chem. Gesellsch. **27**, 3251 [1894].
[2]) Berichte d. d. chem. Gesellsch. **27**, 2988 [1894]. (*S. 838.*)
[3]) Trans. Chem. Soc. Lond. **1892**, 593.

mit derselben Hefe wiederholt, nachdem dieselbe mit Glaspulver sorgfältig verrieben war, um die Zellen zu öffnen. Der wässerige Auszug
zerlegte dann auch die Maltose und das α-Methylglucosid. Aber die
Wirkung war noch verhältnismäßig schwach, da bei 20stündigem
Erwärmen mit der 10fachen Menge der Enzymlösung auf 35⁰ nur
15 pCt. des Glucosids gespalten wurden. Viel kräftiger wirkte die unver-
letzte Hefe selber, wie folgender Versuch beweist. 2 Teile α-Methylglucosid wurden mit 20 Teilen Wasser, 1 Teil reiner, frischer Frohberghefe und 1 Teil Chloroform während 3 Tagen auf 35⁰ erwärmt. Gärung
war nicht eingetreten, und aus der Menge des Traubenzuckers ergab
sich, daß 40 pCt. des Glucosids gespalten waren. Ähnlich war das
Resultat bei der Maltose. Selbstverständlich habe ich mich überzeugt,
daß Glucosid und Maltose unter den gleichen Bedingungen bei Abwesenheit von Hefe nicht verändert werden. Sehr viel leichter als die
frische Hefe gibt bekanntlich die trockene ihr Invertin an Wasser ab.
Das gilt auch für das Maltose-Enzym. Es genügt, das Material in
dünner Schicht bei Zimmertemperatur an der Luft einige Tage liegen
zu lassen, bis es sich zerreiben läßt. In diesem Zustande kann es auch
lange aufbewahrt werden. Die getrocknete und fein zerriebene Hefe
wird mit der 20fachen Menge Wasser 20 Stunden bei 30—35⁰ digeriert
und die Flüssigkeit filtriert. Man kann sich hierfür eines Pukallschen Tonfilters bedienen. Mit einer solchen Enzymlösung sind die
in der ersten Abhandlung beschriebenen und auch die nachfolgenden
Versuche ausgeführt. Die Abscheidung des leicht veränderlichen Mal-
tose-Enzyms aus der Lösung bietet viel größere Schwierigkeiten, als
diejenige des gewöhnlichen Invertins. Versetzt man dieselbe mit dem
doppelten Volumen Alkohol, so fällt ein flockiger Niederschlag, welcher
rasch filtriert und auf porösem Ton im Vakuum getrocknet 0,5—1 pCt.
der Gesamtflüssigkeit beträgt. Die Lösung dieses Produktes in 25 Teilen
Wasser spaltete zwar noch die Maltose und das α-Methylglucosid, aber
die hydrolysierende Kraft war im Vergleich zur ursprünglichen Enzymlösung auf 4 pCt. zurückgegangen. Eine abermalige starke Verminderung derselben trat ein, als die Fällung mit Alkohol in der gleichen
Weise wiederholt wurde. So erklärt es sich, daß das käufliche Invertin,
welches bekanntlich durch Alkohol gefällt ist, keine wahrnehmbare
Wirkung auf Maltose mehr ausübt.

Die vorliegenden Beobachtungen sprechen unzweifelhaft für die
Annahme, daß in der Hefe zwei verschiedene Enzyme enthalten sind,
was ich schon in der ersten Notiz als Möglichkeit angeführt habe, und
was auch Hr. Röhmann später behauptet hat. Den Hauptbeweis
dafür erblicke ich aber abweichend von Röhmann nicht in den Erscheinungen bei der Fällung durch Alkohol; denn man kann sich auch

vorstellen, daß dasselbe Enzym sowohl den Rohrzucker wie die Maltose, vielleicht durch zwei verschiedene Atomgruppen, angreife und bei der Behandlung mit Alkohol die Wirkung auf Maltose verliere. Viel überzeugender ist für mich der Umstand, daß beim Auslaugen der frischen Hefe mit Wasser, wo eine solche eingreifende Veränderung nicht stattfinden kann, nur das Enzym in Lösung geht, welches den Rohrzucker spaltet. Für letzteres wird man zweifellos den alten Namen Invertin beibehalten. Über die Eigenschaften des zweiten Enzyms läßt sich nicht viel sagen, da seine Trennung von dem Invertin noch auszumitteln bleibt. Jedenfalls ist die Annahme von Röhmann, daß dasselbe mit der im Mais enthaltenen Glucase identisch sei, durchaus verfrüht. Die Angaben von Géduld[1]) über die Isolierung und Reinigung der Glucase durch wiederholtes Fällen mit Alkohol sprechen eher für das Gegenteil. Größer ist die von Röhmann betonte Ähnlichkeit mit dem Maltose spaltenden Enzym des Bluts; aber auch hier kann von einer Identifizierung noch keine Rede sein. Ich halte es sogar für wahrscheinlich, daß eine größere Anzahl von Enzymen die Fähigkeit hat, Maltose in Traubenzucker umzuwandeln, ebenso wie es viele diastatische gibt. Will man dieselben unter der Bezeichnung „Glucasische" zusammenfassen, so läßt sich dagegen nichts sagen. Um alle Mißverständnisse und Irrtümer zu vermeiden, wird es aber gut sein, jedesmal den Ursprung des Enzyms anzugeben. In dem Sinne werde ich im folgenden den Ausdruck Hefe-Glucase*) gebrauchen.

Außer der Frohberghefe habe ich bisher nur noch den Typus Saaz und ferner eine Oberhefe, die sogen. Brennereihefe der hiesigen Versuchsbrauerei geprüft. Bezüglich des Maltose spaltenden Enzyms verhalten sie sich gleich.

### Enzym der Milchzuckerhefe.

Daß die Kefirkörner an Wasser ein Enzym abgeben, welches den Milchzucker — und wie ich jetzt zufügen kann, auch den Rohrzucker — spaltet, ist in der ersten Abhandlung erwähnt[2]). Denselben Versuch habe ich inzwischen mit reiner Milchzuckerhefe wiederholt, welche Hr. Dr. Rehländer in der hiesigen Versuchs- und Lehrbrauerei unter Anleitung von Hrn. Dr. Lindner auf ungehopfter Bierwürze mit Zusatz von Milchzucker in größerer Menge gezüchtet hatte.

Weder die frische, noch die an der Luft getrocknete Hefe gab an Wasser von 30⁰ im Laufe von 20 Stunden das Milchzucker-Enzym ab; wohl aber fand dies statt, als die lufttrockene Hefe mit Glaspulver

---

*) Besser Hefen-Maltase. Vgl. die Fußnote auf Seite 850.
[1]) Kochs Jahresbericht über Gärungsorganismen, **1891**, 220.
[2]) Berichte d. d. chem. Gesellsch. **27**, 2991 [1894]. (S. 842.)

sorgfältig verrieben war. Die aus solchem Material ebenso wie bei der Bierhefe bereitete Enzymlösung besaß unzweifelhaft die Fähigkeit, Milchzucker in Hexosen zu verwandeln. Aber ihre Wirkung war im Vergleich zu der aus Kefirkörnern hergestellten ziemlich schwach. Ungleich stärker wurde die Hydrolyse des Milchzuckers, als er mit der lufttrockenen Hefe selbst unter Zusatz von Chloroform genau unter denselben Bedingungen, wie sie früher für α-Methylglucosid und Bierhefe angegeben sind, behandelt wurde. Die gebildeten Hexosen wurden als Osazone isoliert und ihre Menge betrug $\frac{1}{4}$ des angewandten Milchzuckers. Mit Rücksicht auf die gewöhnliche Ausbeute an Osazon ergibt sich daraus, daß etwa die Hälfte des Milchzuckers gespalten war.

Damit ist die Streitfrage über die Existenz der sogen. ,,Lactase'' entschieden, und mir scheint nun auch der weitere Schluß erlaubt, daß der Vergärung des Milchzuckers ebenso wie beim Rohrzucker und der Maltose, die Hydrolyse vorausgeht. Überhaupt dürfte es nach den jetzt vorliegenden Beobachtungen sehr unwahrscheinlich sein, daß irgend ein Polysaccharid direkt, d. h. ohne vorherige Spaltung in Hexose, vergoren werden kann. Allerdings wird diese Spaltung meist in der Hefezelle selbst stattfinden, da die dafür geeigneten Enzyme namentlich von den lebenskräftigen Individuen völlig zurückgehalten werden.

Von diesem Gesichtspunkte aus habe ich nicht daran gezweifelt, daß die von mir benutzte Milchzuckerhefe, welche den Rohrzucker leicht vergor, auch ein Enzym für die Spaltung des letzteren bereite, was von Schnurmans Stekhoven schon vor einigen Jahren behauptet worden ist. Der direkte Versuch hat diese Voraussetzung bestätigt. Die Milchzuckerhefe produziert also auch zwei Enzyme, die Lactase und eine dem Invertin gleiche oder ähnliche Substanz, welch letztere im Gegensatze zur Lactase durch Wasser aus der unverletzten Hefe ausgelaugt wird. Besondere Versuche über die Isolierung derselben habe ich aber wegen Mangel an Hefe nicht ausgeführt.

Viel zugänglicher ist das Milchzucker spaltende Enzym der Kefirkörner. Da seine Identität mit dem Produkt der reinen Hefe zwar wahrscheinlich, aber doch noch nicht sicher bewiesen ist, so will ich es vorläufig als Kefir-Lactase bezeichnen. Von der ,,Hefe-Glucase'' unterscheidet es sich durch die größere Beständigkeit gegen Alkohol. Es wird dadurch aus der wässerigen Lösung mit anderen Substanzen als flockiger Niederschlag gefällt, welcher sich trocknen läßt und dann noch eine kräftige Wirkung auf Milchzucker ausübt. Ich beabsichtige, dasselbe weiter zu untersuchen.

### Verhalten neuer Glucoside gegen Enzyme.

Die nachfolgenden Beobachtungen bestätigen meine früheren Angaben über die Abhängigkeit der Enzymwirkung von der Konfiguration der Glucoside.

Kefir - Lactase und Lactase (d .h. Milchzuckerhefe und Chloroform) spalten weder das Methylgalactosid[1]) noch das β-Methylglucosid und bilden auch aus Amygdalin kein Bittermandelöl. Sie sind mithin von dem Emulsin ganz verschieden.

Bierhefe - Glucase läßt unverändert das Methylmannosid[2]) (aus d-Mannose) und das Methylsorbosid, welches ich aus der Sorbose als schön kristallisierenden Stoff gewonnen habe. Anders verhält sich das Derivat der d-Fructose, deren Konfiguration derjenigen des Traubenzuckers so ähnlich ist. Das Methylfructosid, welches ich ganz in derselben Weise wie das Sorbosid darstellte, aber leider bisher nur als Sirup gewann, wird von dem Enzym in reichlicher Menge gespalten, während es von Invertin nicht verändert wird.

Über das Verhalten des rohen sirupösen Methyl-l-glucosids (aus l-Glucose) ist schon früher berichtet worden. Ich habe jetzt die Substanz kristallisiert erhalten und zwar die α-Form ganz rein, die β-Verbindung dagegen vermischt mit dem Isomeren.

Sowohl α- wie β-Methyl-l-glucosid werden von dem Enzym gar nicht angegriffen.

Emulsin läßt unverändert Methyl-d-mannosid, Methylsorbosid, α- und β-Methyl-l-glucosid und Methylgalactosid. Dasselbe gilt endlich für die Lactobionsäure[3]) und deren Calciumsalz, obschon man hier wegen der Ähnlichkeit mit dem Milchzucker das Gegenteil hätte erwarten können.

Myrosin spaltet weder α- noch β-Methyl-d-glucosid.

Auch bei diesen Versuchen bin ich von Hrn. Dr. Rehländer unterstützt worden und für die Gewinnung reiner Hefen mußte ich abermals die Hilfe der HHrn. Prof. M. Delbrück und Dr. P. Lindner in Anspruch nehmen. Ich sage denselben dafür meinen besten Dank.

---

[1]) Berichte d. d. chem. Gesellsch. 27, 2480 [1894]. (S. 706.)

[2]) Die Bildung desselben ist früher (Berichte d. d. chem. Gesellsch. 26, 2401 [1893] (S. 683) von mir ganz kurz erwähnt. Kristallisiert hat sie Herr van Ekenstein erhalten und mir eine Probe zugesandt. (Vgl. Abhandlung 91, Seite 764.)

[3]) Berichte d. d. chem. Gesellsch. 22, 361 [1889]. (S. 656.)

## 103. Emil Fischer: Einfluß der Konfiguration auf die Wirkung der Enzyme. III.

Berichte der deutschen chemischen Gesellschaft **28**, 1429 [1895].

(Eingegangen am 11. Juni.)

Daß die Spaltung der Glucoside durch die Enzyme der Hefe und das Emulsin in hohem Grade von der Konfiguration des Moleküls abhängig ist, habe ich bereits an zahlreichen Beispielen gezeigt.[1]) Von den Aldosiden waren nur die Derivate des Traubenzuckers angreifbar und auch bei diesen bestand ein scharfer Unterschied zwischen α- und β-Verbindungen. Derselbe Gegensatz trat bei Maltose und Milchzucker zutage. Die neueren Versuche, welche ein viel größeres synthetisches Material umfassen, haben das allgemeine Prinzip durchaus bestätigt, machen aber eine beachtenswerte Erweiterung der Spezialsätze notwendig. Als wichtigstes Ergebnis derselben ist die Spaltung des β-Methylgalactosids[2]) durch Emulsin hervorzuheben. Der Versuch ist interessant genug, um ausführlich mitgeteilt zu werden. 1 Teil des Galactosids wurde in 10 Teilen Wasser gelöst, mit 0,2 Teilen Emulsin versetzt und während 3 Tagen auf 33⁰ erwärmt. Es waren dann 35 pCt. des Materials in Zucker verwandelt. Bei Anwendung der doppelten Menge Emulsin stieg die Spaltung auf 60 pCt.

Diese Erfahrung steht nun in schönstem Einklang mit den früheren Beobachtungen über die Wirkung des Emulsins auf den Milchzucker, welcher nach meiner Auffassung ebenfalls ein Galactosid ist und von dem ich jetzt weiter behaupten möchte, daß er der β-Reihe angehört; denn das α-Methylgalactosid wird von dem Enzym gar nicht angegriffen.

Besonders interessant aber scheint mir die Tatsache, daß das Emulsin in seiner Wirkung nicht auf die Derivate des Traubenzuckers beschränkt ist, sondern sich ebensogut der Galactose anpasst. Es übertrifft darin sowohl die Maltase[3]) wie die Lactase und nähert sich

---

[1]) Berichte d. d. chem. Gesellsch. **27**, 2985 und 3479 [1894]. (*S. 836, 845.*)

[2]) Berichte d. d. chem. Gesellsch. **28**, 1155 [1895]. (*S. 745.*)

[3]) Für das schon im Jahre 1883 beobachtete **Maltose spaltende Enzym**

den Mikroorganismen, z. B. den Bierhefen, welche ja auch drei Aldosen von verschiedener Konfiguration: den Traubenzucker, die *d*-Mannose und *d*-Galactose vergären. Um diesen Vergleich zu Ende führen zu können, wäre es sehr erwünscht, daß noch das zweite Methyl-*d*-mannosid aufgefunden würde; vielleicht ist dasselbe im Gegensatz zu der schon bekannten Verbindung[1]) auch durch Emulsin leicht spaltbar.

Ganz indifferent gegen Emulsin und Hefenauszug erwiesen sich in Übereinstimmung mit den früheren Beobachtungen die Methylderivate der Glucoheptose, Rhamnose, Arabinose und Xylose.[2])

Bei den Xylosiden wäre auch das Gegenteil nicht auffällig gewesen, denn ihre Konfiguration ist derjenigen der *d*-Glucoside sehr ähnlich, wie folgende Formeln zeigen:

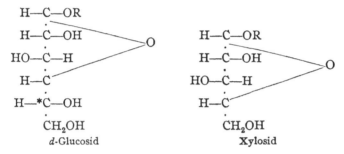

<table>
<tr><td>*d*-Glucosid</td><td>Xylosid</td></tr>
</table>

Wenn trotzdem die beiden Methylxyloside weder von Hefenenzym noch von Emulsin angegriffen werden, so müssen wir daraus folgern, daß die gesamte Konfiguration der *d*-Glucoside durch das vierte mit * markierte asymmetrische Kohlenstoffatom noch wesentlich beeinflußt wird.

Daß bei den Ketosiden ähnliche Unterschiede, wie bei den Aldosiden bestehen, wird durch die jetzt vorliegenden Beobachtungen ebenfalls sehr wahrscheinlich gemacht. Denn im Gegensatz zum Methyl-

---

in Aspergillus niger hat E. Bourquelot 1893 (Bull. d. l. société mycolog. de France **9**, 230) den Namen Maltase vorgeschlagen. Da derselbe zweifellos besser ist, als das Wort Glucase, welches für das von Cuisinier im Mais gefundene Enzym seit einigen Jahren gebraucht wird, so halte ich es für richtig, ihn anzunehmen, selbst auf die Gefahr hin, daß dadurch zunächst einige Verwirrung entsteht.

Die verschiedenen Maltasen, welche zweifellos existieren, wären dann nach dem Ursprung Mais-Maltase, Hefen-Maltase usw. zu nennen.

[1]) Berichte d. d. chem. Gesellsch. **27**, 3482 [1894]. (*S. 849.*) Nur bei sehr langer Einwirkung des Emulsins ist hier eine schwache Hydrolyse nachzuweisen.

[2]) Berichte d. d. chem. Gesellsch. **28**, 1156 ff. [1895]. (*S. 745.*)

sorbosid, welches sowohl gegen Hefen-Infus, wie gegen Emulsin beständig ist, wird das auf dem gleichen Wege gewonnene Derivat der Fructose, welches allerdings bisher nicht kristallisiert und analysiert werden konnte, durch Hefenauszug in reichlicher Menge gespalten. Den Grund dafür erblicke ich auch hier wieder in der Ähnlichkeit der Konfiguration, welche bei der Fructose und Glucose längst erkannt ist und auch in dem gleichen Verhalten gegen Hefe zum Ausdruck kommt.

Der Abhängigkeit der Enzymwirkung von der Konfiguration des Moleküls steht auf der anderen Seite ihre Beschränkung durch die Struktur gegenüber. Denn das Glucoseäthylmercaptal[1]) und das von mir als Glucosedimethylacetal[2]) angesehene Produkt, welche durch verdünnte Säuren ähnlich den Glucosiden hydrolysiert werden, sind gegen Emulsin und Hefenauszug ganz beständig.

Bei den Polysacchariden ist die Frage der Struktur und Konfiguration viel verwickelter, als bei den Glucosiden; aber gerade weil die chemischen Methoden zur Lösung derselben noch fehlen, darf man hier die Wirkung der Enzyme als willkommenes Hilfsmittel auch für die rein chemische Forschung ansehen und benutzen; denn in ihrer Spezialisierung sind sie offenbar spezifische Reagentien auf bestimmte Atomgruppen sowohl im struktur- wie im stereochemischen Sinne.

Für die drei alten Disaccharide besitzen wir bereits die unterscheidenden Enzyme:

Rohrzucker — Invertin
Maltose — Maltase
Milchzucker — Lactase oder Emulsin.

Drei weitere Disaccharide, die von mir aufgefundene Isomaltose[3]), ferner die von Scheibler und Mittelmeier entdeckte Melibiose und die von Alekhine zuerst beobachtete Turanose sind bisher in reinem Zustande so schwer herzustellen, daß sichere Angaben über ihr Verhalten gegen die Enzyme nicht vorliegen. Dagegen habe ich das siebente Disaccharid, die Trehalose, deren Molekularformel jetzt von Maquenne[4]) sicher festgestellt ist, mit einem Präparat, welches mir Hr. C. Scheibler gütigst zur Verfügung stellte, gegen Hefenenzym und Diastase prüfen können. Während das Disaccharid gegen Invertin nach Bourquelots Angabe[5]) beständig ist, wird es nach meiner Er-

---

[1]) Berichte d. d. chem. Gesellsch. 27, 673 [1894]. (S. 714.)

[2]) Berichte d. d. chem. Gesellsch. 28, 1146 [1895]. (S. 735.)

[3]) Berichte d. d. chem. Gesellsch. 23, 3687 [1890]. (S. 665.) Vgl. auch Scheibler und Mittelmeier, Berichte d. d. chem. Gesellsch. 24, 301 [1891].

[4]) Compt. rend. 112, 947 [1891].

[5]) Bull. soc. mycol. de France 9, 230 [1893].

fahrung von der Hefe selbst langsam gespalten. Als 1. Teil Trehalose mit 5 Teilen trockener, reiner Frohberghefe und 10 Teile Wasser, welches 0,2 pCt. Thymol enthielt, 40 Stunden auf 33⁰ erwärmt wurde, waren 20 pCt. reduzierender Zucker entstanden. Dagegen bewirkte der wässerige Auszug derselben Hefe, welcher das Invertin und die Maltase enthielt, während 40 Stunden keine nachweisbare Spaltung. Ferner habe ich gefunden, daß die Trehalose durch Diastase hydrolysiert wird. Letztere war aus Grünmalz nach der Vorschrift von Lintner[1]) bereitet. Als 1 Teil Trehalose in 10 Teilen Wasser gelöst, mit 0,5 Teilen Diastase 45 Stunden auf 35⁰ erwärmt wurde, war die Hälfte des Disaccharids in Traubenzucker (nachgewiesen durch die Osazonprobe und bestimmt durch Fehlingsche Lösung) umgewandelt. Etwas schwächer wirkte ein Diastase-Präparat, welches von E. Merck in Darmstadt bezogen und ebenfalls aus Malz gewonnen war.

Vor einigen Jahren hat bereits Bourquelot[2]) in Aspergillus niger ein Enzym beobachtet, welches die Trehalose spaltet, und welches er Trehalase nennt. Durch die vorliegende Beobachtung wird die Existenz der Trehalase wieder zweifelhaft; denn es ist längst bekannt, daß Aspergillus niger auch ein diastatisches Enzym enthält, welches die Stärke verzuckert, und es wäre wohl möglich, daß dieses zugleich die Spaltung der Trehalose bewirkt. Ich will damit keineswegs sagen, daß die Diastase von Aspergillus niger und von Malz identisch sind; denn man weiß jetzt durch zahlreiche Beispiele, wie bedenklich es ist, aus der Ähnlichkeit einer chemischen Wirkung auf die Gleichheit des Enzyms zurückzuschließen. Außerdem hat Bourquelot gefunden, daß seine Trehalase schon bei 64⁰ wirkungslos wird. Dagegen halte ich es für recht wahrscheinlich, daß alle solche Enzyme, welche in einer bestimmten chemischen Wirkung übereinstimmen, eine sehr ähnliche Atomgruppe enthalten. Diese Anschauung steht nicht im Widerspruch mit der Erfahrung, daß die Wirkung des einen Enzyms weiter geht, als die der anderen. So spaltet das Emulsin zum Unterschied von der Lactase nicht allein den Milchzucker, sondern auch die β-Glucoside; so spaltet ferner die Malz-Diastase nicht allein die Stärke und das Glycogen, sondern auch die Trehalose, während das Ptyalin (Diastase) des Speichels zwar die beiden ersten Kohlenhydrate angreift, aber die Trehalose nach der Angabe von Bourquelot[3]) unverändert läßt. Wodurch diese Verschiedenheiten bedingt sind, bleibt vorläufig dunkel. Es ist möglich, daß Emulsin und ähnliche Stoffe noch Gemische verschiedener Enzyme sind, wie man für

---

[1]) Journ. f. prakt. Chem. **34**, 378 [1886].
[2]) Compt. rend. **116**, 826 [1893] und Bull. soc. mycol. de France **9**, 189 [1893].
[3]) Bull. soc. mycol. de France **9**, 195 [1893].

die Diastase schon lange angenommen hat. Man kann sich aber auch vorstellen, daß dasselbe chemische Molekül verschiedene enzymatische Wirkungen äußert, indem es hier mit der einen und dort mit der anderen Atomgruppe in Reaktion tritt. Es ist endlich noch denkbar, daß die maßgebende Atomgruppe in dem einen Enzym vielleicht durch kleine Unterschiede der Konfiguration eine größere Wirkungskapazität als in verwandten Enzymen hat. Wir sind leider heutzutage noch nicht in der Lage, solche Vermutungen experimentell zu verfolgen.

### Enzyme der Bierhefe.

Im Gegensatz zu der allgemein herrschenden Anschauung, daß die Maltose direkt vergoren werde, habe ich vor einiger Zeit den Beweis geliefert, daß die Hefe auch diesen Zucker durch ein Enzym spaltet, für welches ich den Namen Hefen-Glucase (Hefen-Maltase) vorschlug. Dasselbe läßt sich aus der getrockneten Hefe durch Wasser auslaugen, wird aber von dem frischen Pilz völlig zurückgehalten. Das ist wohl der Grund, warum so manche Beobachter, welche sich früher mit der Wirkung des Hefeauszugs auf Maltose beschäftigten, negative Resultate erhielten. Nur Hrn. C. Lintner[1] war es geglückt, wie ich hier nachträglich anzuerkennen mich verpflichtet halte, aus trockener Hefe einen Infus zu gewinnen, welcher aus Maltose Traubenzucker erzeugte. Da er aber seine Beobachtung nur mit ein paar Worten beschrieb und niemals mehr auf den Gegenstand zurückgekommen ist, so hat seine Angabe offenbar in den Kreisen der Zymochemiker keinen Glauben gefunden, und ich selbst bin beim Beginn meiner Versuche nur dem Dogma der direkten Vergärung der Maltose begegnet. Erst seit kurzem ist mir bekannt, daß Hr. E. Bourquelot[2] schon 1886 in einer ausführlichen Arbeit „Recherches sur les propriétés physiologiques du maltose" die gegenteilige Anschauung vertreten hat, ohne aber nach meiner Ansicht den entscheidenden Beweis dafür zu liefern. Mit dem wässerigen Auszug der getrockneten Hefe konnte er nämlich keine Hydrolyse der Maltose bewirken. Ebenso negativ war sein Resultat, als Hefe mit Wasser unter Zusatz von Chloroform ausgelaugt wurde. Dagegen beobachtete er, daß beim 3 bis 8 tägigen Stehen der Zuckerlösung mit Hefe und Chloroform eine Verminderung der Rechtsdrehung eintrat; er schloß daraus auf eine Spaltung der Maltose.

Da dieselbe aber sehr schwach war, so wiederholte er den Versuch, indem er aus Gründen, die nicht näher angegeben sind, der Lö-

---

[1] Zeitschr. f. d. ges. Brauwesen 1892, 106.
[2] Journ. de l'anatomie et de la physiologie 1886, 180, 200 ff.

sung noch Fruchtzucker hinzufügte, und unter diesen Umständen will er aus der Veränderung der Rotation und der Reduktionsfähigkeit der Flüssigkeit auf eine viel stärkere Hydrolyse der Maltose schließen. Die Gegenwart des Fruchtzuckers soll sogar bewirken, daß das Maltose spaltende Enzym in Lösung geht und auch nach Entfernung der Hefe weiterwirkt. Aus diesen Beobachtungen folgert er dann, daß die Maltose vor der Gärung hydrolysiert werde, daß die Hefe aber nicht das hydrolysierende Enzym fertig enthalte, sondern erst dann bereite, wenn sie mit Maltose in Berührung sei. Die Angaben Bourquelots stehen bezüglich des wässerigen Auszugs der getrockneten Hefe mit meiner Beobachtung in direktem Widerspruch und die übrigen Resultate sind auch so seltsam, zumal was die behauptete Wirkung der Fructose betrifft, daß man über die Richtigkeit der Schlußfolgerungen sehr zweifelhaft sein muß; denn der Nachweis des Traubenzuckers ist bei allen diesen Versuchen in der früher zwar üblichen, aber doch nur indirekten Weise durch Beobachtung der Drehung und der Reduktionsfähigkeit der Flüssigkeit geschehen.

In der Tat sind die Erscheinungen sehr verwickelt, wenn die Hefe bei Gegenwart von Chloroform mit der Maltoselösung in Berührung bleibt. War die Hefe trocken, so geht die Hydrolyse des Disaccharids leicht vonstatten. Unter diesen Umständen wird eben das Enzym gelöst, wovon ich mich durch einen besonderen Versuch mit gesättigtem Chloroformwasser überzeugt habe.

Aus feuchter, unverletzter Hefe aber wird dasselbe, wie ich früher zeigte, durch Wasser nicht ausgelaugt; dagegen beobachtete ich, daß solche feuchte Hefe selbst imstande ist, bei Gegenwart von Chloroform das $\alpha$-Methylglucosid in reichlicher Menge zu spalten. Unter den gleichen Bedingungen glaubte ich auch eine Hydrolyse der Maltose, welche sich bei allen anderen Versuchen gerade so wie das $\alpha$-Methylglucosid verhielt, gefunden zu haben.[1]

Die Versuche mit Maltose sind kürzlich von Hrn. Morris[2] wiederholt worden. Für die getrocknete oder mechanisch zerrissene Hefe bestätigte er meine Resultate; dagegen fand er, daß eine ganz frische reine Frohberg-Hefe bei Anwesenheit von Chloroform die Maltose nicht verändert.

Um diesen Widerspruch in den Beobachtungen aufzuklären und zugleich die Frage, ob die Maltase schon in der frischen Hefe enthalten ist, endgültig zu entscheiden, habe ich eine größere Zahl von Versuchen über den gleichen Gegenstand ausgeführt, bei welchen die Hefen und

---

[1] Berichte d. d. chem. Gesellsch. **27**, 3479 [1894]. (*S. 846.*)
[2] Proc. Chem. Soc. **1895**, 46.

die anästhesierenden Mittel variiert wurden. Dieselben haben zunächst für Chloroform ergeben, daß nicht allein der Feuchtigkeitsgrad, sondern auch das Alter der Hefe und die Menge des Betäubungsmittels von Einfluß sind, und daß endlich gerade hier noch Unterschiede zwischen α-Methylglucosid und Maltose auftreten. Angewandt wurde stets eine 10prozentige Lösung von α-Methylglucosid oder Maltose; zu 10 ccm derselben fügte man 0,5 g der abgepreßten Hefe; die Menge des Chloroforms wurde von 0,06 bis 0,25 g und die Dauer der Einwirkung von 20—72 Stunden variiert. Temperatur 33⁰. Solange die frische Betriebshefe der Berliner Lehrbrauerei (Frohberg-Typus), welche aus einer Reinkultur bereitet und nur ein- oder zweimal im Betriebe gedient hatte, nach dem Abpressen und sorgfältigen Feuchthalten benutzt wurde, trat stets eine Hydrolyse des α-Methylglucosids ein. Dieselbe betrug allerdings nur 4—5 pCt. der Gesamtmenge, wenn die Maximaldosis von Chloroform angewandt und seine Verdunstung durch hermetischen Verschluß des Gefäßes verhindert war. Sie stieg aber sehr stark, wenn die Menge des Betäubungsmittels ungefähr 0,07 g betrug (gesättigte Lösung) oder wenn das Gefäß, wie bei dem früheren Versuch, offen blieb, so daß eine Verdunstung des überschüssigen Chloroforms stattfinden konnte. Bei mehrtägiger Einwirkung wurde dann wiederholt eine starke, bis zu 40 pCt. gehende Spaltung des α-Methylglucosids beobachtet, wodurch meine frühere Angabe völlig bestätigt wird. Wie der Überschuß des Chloroforms hier störend wirkt, kann ich nicht sagen.

Viel unsicherer fielen aber die Resultate bei der Maltose aus. In den meisten Fällen war durch Phenylhydrazin keine Hydrolyse nachweisbar und nur selten wurde, wenn wenig Chloroform angewandt war, eine kleine Menge Glucosazon erhalten. Bei dem früheren Versuch mit Maltose muß deshalb ein Irrtum, wahrscheinlich in bezug auf die Qualität der Hefe, stattgefunden haben.

Ich habe endlich noch zwei Reinkulturen von Frohberg- und Saaz-Hefe geprüft, welche im Pasteurschen Kolben auf Bierwürze gezogen waren und welche ich der Güte des Hrn. Dr. P. Lindner verdanke. Die Kulturen kamen 10 Tage nach der Impfung zur Anwendung und waren demnach biologisch als ganz frisch zu betrachten. Die Hefen wurden durch Absitzen und mehrmaliges Waschen mit reinem Wasser von der Würze getrennt, dann ½ Stunde auf porösem Ton in einer feuchten Kammer aufbewahrt und nun sofort in die zu prüfende Flüssigkeit übergeführt.

Wie der erste Versuch der folgenden Tabelle beweist, übten diese beiden Hefen in wässeriger, mit Chloroform gesättigter Lösung auf Maltose keine wahrnehmbare Wirkung aus, und die Frohberg-Art ließ auch das $\alpha$-Methylglucosid unverändert, während bei Saaz-Hefe eine erhebliche Spaltung des letzteren eintrat.

| | Frohberg-Hefe (untergärig) | | Saaz-Hefe (untergärig) | |
|---|---|---|---|---|
| | $\alpha$-Methyl-glucosid | Maltose | $\alpha$-Methyl-glucosid | Maltose |
| Cloroform. Das Wasser war damit gesättigt | keine Spaltung | keine nachweisbare Spaltung | 25 pCt. gespalten | keine nachweisbare Spaltung |
| Thymol. 0,2 pCt. des Wassers | 50 pCt. gespalten | Spaltung 0,16 g Glucosazon | 60 pCt. gespalten | Spaltung 0,15 g Glucosazon |
| Toluol. 3 pCt. des Wassers | 40 pCt. gespalten | Spaltung 0,12 g Glucosazon | 65 pCt. gespalten | Spaltung 0,30 g Glucosazon |
| Äther. Das Wasser war halb damit gesättigt | 20 pCt. gespalten | keine nachweisbare Spaltung | | |
| Äther. Gesättigte wässerige Lösung, aber Gefäß (Reagensglas) offen, so daß der Äther verdunsten konnte | 45 pCt. gespalten | Spaltung 0,28 g Glucosazon | 45 pCt. gespalten | Spaltung 0,32 g Glucosazon |

Für solche ganz frische Reinkulturen ist also bezüglich der Maltose die Behauptung des Hrn. Morris durchaus zutreffend. Aber seine Beobachtungen sind doch andererseits ebenso unvollständig wie meine früheren. Nicht der Feuchtigkeitszustand der Hefe ist für die Wirkung auf Maltose und $\alpha$-Methylglucosid ausschlaggebend, sondern dieselbe wird außerdem sehr stark durch das Chloroform beeinflußt. Das beweisen die Versuche, bei welchen an seiner Stelle andere Betäubungsmittel, wie Thymol, Toluol, Äther benutzt wurden und wo nun auch trotz gleicher Qualität der Hefe sowohl das Glucosid wie die Maltose in reichlicher Menge gespalten wurden. Bei allen Versuchen der Tabelle wurde 1 g $\alpha$-Methylglucosid bzw. Maltose in 10 ccm Wasser, welchem bereits das zur Verhinderung der Gärung bestimmte Mittel zugesetzt war, aufgelöst und 0,5 g der feuchten Hefe zugegeben. Die Gefäße (Reagensgläser) wurden dann mit Ausnahme des letzten Falles, wo das Gegenteil besonders angegeben ist, zugeschmolzen und nach sorgfältigem Durchschütteln liegend während 40 Stunden im Brutschrank bei 33⁰ gehalten. Die Spaltung des Methylglucosids wurde durch Titration mit Fehlingscher Lösung bestimmt; für den Nachweis der Maltose diente die Osazonprobe, und um einen ungefähren

Anhalt für ihre Menge zu haben, wurde das aus einem aliquoten Teil gewonnene Osazon gewogen und auf die Gesamtlösung berechnet. Es scheint mir zweckmäßig, das Verfahren ausführlich zu beschreiben, um jeder irrtümlichen Anwendung desselben vorzubeugen.

Die von der Hefe abfiltrierte Flüssigkeit ist zunächst 5—10 Minuten zur Fällung der in Lösung gegangenen Proteïnstoffe auf dem Wasserbade zu erhitzen; hierbei hat sich ein Zusatz von etwa 10 pCt. kristallisiertem Natriumacetat als vorteilhaft erwiesen, weil dadurch die Klärung der Flüssigkeit befördert wird; letztere wird erst nach dem Erkalten filtriert.    Hat man, wie im vorliegenden Falle, etwa 10 prozentige Zuckerlösungen, so genügen 5 ccm für die Osazonprobe.    Man verdünnt dieselben mit dem gleichen Volumen Wasser, fügt 1 g reines Phenylhydrazin, 1 g 50 prozentige Essigsäure hinzu und erhitzt 1¼ Stunde im Wasserbade, zweckmäßig in einem Reagensglas oder Kolben.    Wenn dabei die Flüssigkeit merklich verdampft, was man übrigens durch Anbringen eines Steigrohrs leicht vermeiden kann, so ist es nötig, zum Schluß wieder mit Wasser auf das ursprüngliche Volumen zu bringen.    Enthält die Flüssigkeit 1 pCt. oder mehr Traubenzucker, was bei meinen Versuchen ungefähr 10 pCt. der angewandten Maltose entsprach, so findet schon in der Wärme die Abscheidung des Glucosazons statt; beim Erkalten fällt auch das Maltosazon alsbald aus.    Nach 1 stündigem Stehen bei Zimmertemperatur wird das Gemisch der Osazone filtriert, mit kaltem Wasser gewaschen, vom Filter abgelöst und mit 50 ccm Wasser, d. h. mindestens der 100 fachen Menge des Gesamtniederschlags tüchtig ausgekocht.    Man filtriert siedend heiß, wäscht mit heißem Wasser, trocknet bei 100° und wägt das zurückgebliebene Glucosazon.    Dasselbe wird noch aus verdünntem Alkohol umkristallisiert und auf seinen Schmelzpunkt geprüft.

Das für solche Versuche verwendete Phenylhydrazin soll sich in der 10 fachen Menge 2 prozentiger Essigsäure klar lösen; da das käufliche Präparat diese Bedingung nicht erfüllt, sondern eine starke Trübung zeigt, so muß es durch wiederholte Kristallisation aus Äther und Destillation im Vakuum gereinigt werden.    Aufbewahren läßt sich die Base ohne Veränderung nur in hermetisch verschlossenen Gefäßen.*)    Die Menge des gebildeten Glucosazons ist nach meiner Erfahrung nur ein unvollkommenes Maß für die Menge des Traubenzuckers, da der quantitative Verlauf der Osazonbildung von der Konzentration der Flüssigkeit, von der Menge des Phenylhydrazins und von der Anwesenheit anderer Zucker abhängt.

---

*) Vgl. *Abhandlung 11, Seite 177.*

Als qualitative Probe auf Traubenzucker bei Gegenwart von reduzierenden Polysacchariden ist dagegen die Osazonbildung zweifellos allen anderen Methoden vorzuziehen.

Aus obigen Versuchen geht klar hervor, daß das Enzym, welches die Maltose resp. das α-Methylglucosid zerlegt, nicht erst beim Trocknen der Hefe gebildet wird, und da dasselbe auch kaum durch die Wirkung des Thymols, Toluols oder Äthers erzeugt werden kann, so muß man annehmen, daß es bereits in der normalen Hefe enthalten ist. Das Trocknen der letzteren würde also nur zur Folge haben, daß das Enzym mit Wasser ausgelaugt werden kann.

Solange die Hefe ganz frisch und feucht ist, findet die Hydrolyse nur innerhalb der Zellen statt, da die Maltase auch bei Anwesenheit obiger Betäubungsmittel nicht in die Lösung übergeht.

Abgesehen von dem verschiedenen Verhalten gegen chloroformierte Hefe, worauf ich kein großes Gewicht lege, da das Phänomen zu kompliziert ist, zeigen Maltose und α-Methylglucosid gegenüber den Enzymen der Hefe völlige Übereinstimmung. Ich bin deshalb bisher der Meinung gewesen, daß ihre Hydrolyse durch das gleiche Enzym, die Hefenmaltase bewirkt wird. Ich halte das auch jetzt noch für wahrscheinlich, bemerke aber ausdrücklich, daß der Beweis dafür fehlt und auch kaum geliefert werden kann, solange man nicht imstande ist, die Enzyme als einheitliche, chemische Individuen zu charakterisieren.

Jedenfalls gibt es andere Maltose spaltende Stoffe, welche das α-Methylglucosid nicht verändern. Dahin gehört die Maltase des Blutes; denn nach Versuchen, welche ich in Gemeinschaft mit Hrn. Niebel angestellt habe, und welche später ausführlich beschrieben werden sollen, wirkt das Serum von Pferde- oder Rinderblut auf das Glucosid gar nicht ein, während es bekanntlich die Maltose leicht spaltet.

Bei dieser Untersuchung bin ich wieder von Hrn. Dr P. Rehländer unterstützt worden, wofür ich demselben besten Dank sage.

## 104. Emil Fischer und Paul Lindner: Über die Enzyme von Schizo-Saccharomyces octosporus und Saccharomyces Marxianus.

Berichte der deutschen chemischen Gesellschaft **28**, 984 [1895].

(Vorgetragen in der Sitzung von Herrn E. Fischer.)

Soweit die jetzigen Erfahrungen reichen, geht der Vergärung der Polysaccharide durch die Saccharomyceten höchstwahrscheinlich die Verwandlung in Monosaccharide durch Enzyme voraus. Denn solche Enzyme lassen sich aus den an der Luft getrockneten Hefen durch Wasser auslaugen. Die gewöhnlichen Bierhefen liefern dabei eine Lösung, welche nicht allein das den Rohrzucker spaltende Invertin, sondern auch eine die Maltose zerlegende Glucase*) enthalten.[1] Unter denselben Umständen gewinnt man aus den Kefirkörnern und der mechanisch verletzten Milchzuckerhefe eine den Milchzucker spaltende Lactase.[2]

Nach diesen Beobachtungen durfte man erwarten, daß Schizo-Saccharomyces octosporus, welcher nach seinem Entdecker Beyerinck[3] zwar die Maltose, aber nicht den Rohrzucker vergärt, kein Invertin, wohl aber eine Glucase bereitet.

Der Versuch hat in der Tat die Voraussetzung bestätigt. Für denselben diente eine Reinkultur der Hefe, welche auf Bierwürze aus einer Probe, die wir Hrn. Beyerinck in Delft verdanken, gezogen war. Sie wurde mit Wasser gewaschen, auf einer Tonplatte 3 Tage bei Zimmertemperatur an der Luft getrocknet, dann im Porzellanmörser pulverisiert und mit der 20fachen Menge Wasser 20 Stunden bei 33° ausgelaugt.

Die durch wiederholte Filtration geklärte Flüssigkeit übte auf Rohrzucker keine Wirkung aus, denn als sie mit 10 pCt. desselben

---

*) *Wegen der Bezeichnung Glucase vgl. die Fußnote auf Seite 850.*

[1] E. Fischer, Berichte d. d. chem. Gesellsch. **27**, 2988 und 3479 [1894]. (*S. 839, 847.*)

[2] E. Fischer, Berichte d. d. chem. Gesellsch. **27**, 2991 und 3481 [1894]. (*S. 842, 848.*)

[3] Centralblatt für Bakteriologie **12**, Nr. 2, 49.

versetzt, 22 Stunden auf 33⁰ erwärmt war, konnte kein Invertzucker nachgewiesen werden. Dagegen besaß die Enzymlösung die Fähigkeit, reichliche Mengen von Maltose zu zerlegen, sowohl bei Anwesenheit wie bei Abwesenheit von Chloroform. Als 1 Teil Maltose mit 10 Teilen der Lösung 20 Stunden auf 33⁰ erhitzt wurde, war die Spaltung so weit fortgeschritten, daß bei der Phenylhydrazinprobe die Menge des Glucosazons erheblich größer war als diejenige des Maltosazons. Genaue quantitative Bestimmungen konnten wir wegen Mangel an Schizo-Saccharomyces octosporus nicht ausführen; denn die Züchtung desselben ist recht mühsam, weil er auf Bierwürze recht langsam wächst und auch schwer zum Absitzen kommt; nur durch wiederholtes Überimpfen in neue Kulturkolben gelang es, einige Gramm der trockenen Hefe zu gewinnen.

Das α-Methylglucosid wird von der obigen Enzymlösung ebenfalls, aber langsamer als die Maltose, verändert; denn die Spaltung betrug unter den gleichen Bedingungen nur 10—15 pCt. Ebenso war das Resultat, als das Glucosid mit der getrockneten Hefe selber unter Zusatz von Wasser und etwas Thymol (zur Verhinderung der Gärung) und sonst genau in der gleichen Weise behandelt wurde.

Die Isolierung des Enzyms von S. octosporus ist uns nicht gelungen. Auf Zusatz von Alkohol trübte sich seine wässerige Lösung nur sehr wenig und erst bei Zugabe von Äther entstand ein deutlicher Niederschlag, der sich nach einigen Stunden absetzte. Aber derselbe übte nach sorgfältiger Entfernung der Mutterlauge auf eine wässerige Maltoselösung bei 33⁰ keine wahrnehmbare Wirkung aus.

Saccharomyces Marxianus verhält sich umgekehrt wie S. octosporus, denn er vergärt nach der Beobachtung des Entdeckers E. Ch. Hansen den Rohrzucker, aber nicht die Maltose.[1]) Dem entspricht wieder die Wirkung des wässerigen Auszuges; derselbe wurde genau in der oben beschriebenen Weise mit der 3 Tage lang auf Ton an der Luft getrockneten Hefe, welche aus einer von Hrn. Hansen gütigst zur Verfügung gestellten Probe gezüchtet war, hergestellt. 10 pCt. Rohrzucker wurden durch diese Lösung bei 33⁰ im Laufe von 20 Stunden vollständig invertiert. Dagegen war bei Maltose unter den gleichen Bedingungen keine nachweisbare Hydrolyse eingetreten. Dasselbe Resultat gaben zwei Parallelversuche, bei welchen statt des wässerigen Auszuges die getrocknete Hefe selbst mit der entsprechenden Lösung der beiden Zucker unter Zusatz einer zur Sättigung der Flüssig-

---

[1]) Die gegenteilige Angabe von E. Fischer und H. Thierfelder (Berichte d. d. chem. Gesellsch. **27**, 2034 [1894] (*S. 833*) hat sich nachträglich als ein Versehen herausgestellt.

keit ausreichenden Menge von Chloroform oder Thymol behandelt wurden.[1])

Ebensowenig wie die Maltose wird das α-Methylglusocid von S. Marxianus gespalten.

Schließlich sagen wir Hrn. Dr. Rehländer, welcher uns bei diesen Versuchen unterstützte, besten Dank.

---

## 105. Emil Fischer und Paul Lindner: Über die Enzyme einiger Hefen.

Berichte der deutschen chemischen Gesellschaft **28**, 3034 [1895].

(Eingegangen am 28. November.)

Die Annahme, daß der Vergärung der Polysaccharide durch Hefen die Hydrolyse voraufgehe, ist jetzt durch so zahlreiche Beobachtungen bestätigt worden, daß man jede anders lautende Angabe der Literatur mit Mißtrauen betrachten muß.

Nichtsdestoweniger halten wir die fortwährend erneute Prüfung derselben für wünschenswert, und von diesem Gesichtspunkte aus haben wir die nachfolgenden Versuche angestellt.

### Verhalten der Melibiose gegen Bierhefen[2]).

Das von Scheibler und Mittelmeier näher untersuchte Disaccharid wird bekanntlich von den in der Bierbrauerei gebräuchlichen Unterhefen vergoren, dagegen von manchen Oberhefen nicht angegriffen. Dementsprechend haben wir gefunden, daß die Unterhefen vom Typus Frohberg und Saaz ein Enzym enthalten, welches die Melibiose spaltet. Dasselbe läßt sich aus den getrockneten Hefen mit Wasser auslaugen. Für die Versuche dienten zwei Reinkulturen, welche auf Bierwürze im Pasteurschen Kolben gezogen und durch sehr sorgfältiges Waschen mit Wasser von der Nährflüssigkeit vollständig getrennt waren.

Die Hefen wurden dann auf porösem Ton ausgebreitet, drei Tage an der Luft bei 20—25⁰ getrocknet, zerrieben, mit der 20fachen Menge Wasser 20 Stunden bei 33⁰ ausgelaugt, und die Lösung durch wiederholte Filtration möglichst vollständig geklärt.

---

[1]) Daß die Hefe selbst den Rohrzucker invertiere, hat schon Hansen angegeben, ohne aber die Versuchsbedingungen zu beschreiben (Trav. d. Laborat. Carlsberg, 2 vol., p. 145).

[2]) Dieser Teil der Untersuchung ist von uns bereits in der Wochenschrift für Brauerei vom 4. Oktober d. J. veröffentlicht worden.

Für den Nachweis der Hexosen (Glucose und Galactose), welche durch Spaltung der Melibiose entstehen, diente wieder die Phenylhydrazinprobe. Da das Melibiosazon in heißem Wasser ziemlich leicht löslich ist, so gibt diese Probe hier ebenso entscheidende Resultate wie bei der Maltose und dem Milchzucker.

Die Melibiose war nach den Angaben von Scheibler und Mittelmeier dargestellt und derart gereinigt, daß sie weder Raffinose noch Hexosen in nachweisbarer Menge enthielt. Um jede Gärung zu verhindern, wurde dem Auszug noch Toluol hinzugefügt.

1. Versuch: 0,3 g Melibiose wurden mit 3 ccm Auszug von Frohberg-Unterhefe 20 Stunden bei 35⁰ behandelt, dann filtriert, zur Fällung von Proteïnstoffen unter Zusatz von 0,25 g Natriumacetat 10 Minuten im Wasserbade erwärmt, wieder filtriert, auf 6 ccm verdünnt und mit 0,6 g reinem Phenylhydrazin und 0,6 g 50 prozentiger Essigsäure 1½ Stunden auf dem Wasserbade erhitzt. Die Menge des sorgfältig gereinigten Phenylhexosazons betrug 0,05 g.

2. Versuch. 0,3 g Melibiose mit Auszug von Saaz-Unterhefe behandelt gab 0,04 g Phenylhexosazon.

An Stelle des Enzym-Auszuges wurden dann die getrockneten Hefen selber verwendet.

3. Versuch: Angewandt 0,5 g Melibiose, 5 ccm Wasser, 0,5 g trockene Frohberg-Unterhefe und zur Verhinderung der Gärung 0,05 g Toluol. Dauer der Einwirkung: 20 Stunden bei 35⁰. Erhalten: 0,33 g Hexosazon.

4. Versuch: 0,25 g Melibiose, 2,5 ccm Wasser, 0,12 g trockene Saaz-Unterhefe, 0,025 g Toluol. 20 Stunden bei 35⁰. Erhalten: 0,031 g Hexosazon.

Bei Anwendung von Thymol an Stelle von Toluol waren bei Frohberghefe, welche allein geprüft wurde, die Resultate qualitativ die gleichen. Wie leicht erklärlich, ist also die Wirkung der Hefen etwas stärker als diejenige der Auszüge.

Ebenso wirksam zeigten sich die nicht getrockneten Hefen, wie die beiden folgenden Versuche beweisen. Dabei kamen wieder frisch bereitete Reinkulturen zur Anwendung. Dieselben wurden durch ein Pukallsches Ballonfilter von der Nährlösung getrennt, dann nochmals mit reinem Wasser angeschlemmt, wieder scharf abgesaugt und sofort in die Zuckerlösung eingetragen. Da diese Operation nur eine Stunde dauerte und dabei das Austrocknen vermieden war, so können die Hefen als ganz frisch gelten.

5. Versuch: 0,2 g Melibiose, 0,25 g frische Frohberg-Unterhefe, 2 ccm Wasser und 0,025 g Toluol. Dauer der Einwirkung 38 Stunden bei 33⁰. Erhalten: 0,135 g Hexosazon.

6. Versuch: 0,2 g Melibiose, 0,25 g feuchte Saaz-Unterhefe, 2 ccm Wasser und 0,025 g Toluol. 38 Stunden bei 33⁰. Erhalten: 0,0627 g Hexosazon.

Damit ist der Einwand, daß das spaltende Enzym erst beim Trocknen der Hefe entstehen könne, widerlegt.

Ganz anders waren die Resultate bei den Oberhefen Frohberg und Saaz, welche ebenfalls als Reinkulturen zur Anwendung kamen. Bei vier weiteren Versuchen, welche genau in derselben Weise wie die Versuche 1—4 ausgeführt waren, konnte durch Phenylhydrazin keine Spaltung der Melibiose nachgewiesen werden.

Wir schließen daraus, daß die getrockneten Oberhefen kein Enzym enthalten, welches eine nennenswerte Spaltung des Disaccharids bewirken kann. Da aber noch die Möglichkeit vorlag, daß die frischen Hefen sich anders verhalten würden, so haben wir auch diese geprüft.

11. Versuch: 0,5 g Melibiose, 5 ccm Wasser, 0,25 g ganz frische Frohberg-Oberhefe (Reinkultur), 0,05 g Toluol. 20 Stunden bei 35⁰. Kein Hexosazon gebildet.

12. Versuch: Genau ebenso wie Versuch 11, mit frischer Saaz-Oberhefe (Reinkultur) ausgeführt. Ebenfalls kein Hexosazon erhalten.

Da die Oberhefen Saaz und Frohberg das den Rohrzucker spaltende Invertin enthalten, so stand unser Resultat im Widerspruch mit der Angabe von Scheibler und Mittelmeier[1]), daß die Melibiose durch längere Behandlung mit Invertin völlig gespalten werde. Wir haben deshalb diesen Versuch wiederholt und bei Anwendung von gut wirkendem Invertin, welches zudem in ungewöhnlich großer Menge angewandt wurde, keine Veränderung des Disaccharids beobachten können.

13. Versuch: 0,3 g Melibiose, 1,5 g Wasser, 0,3 g Invertin 22 Stunden bei 35⁰ behandelt. Kein Hexosazon gebildet.

Wir glauben deshalb, daß das Invertin, welches die HHrn. Scheibler und Mittelmeier benutzten, noch die anderen Enzyme der Bierhefe enthielt.

### Verhalten der Monilia candida gegen Rohrzucker und Maltose.

Ch. E. Hansen hat beobachtet, daß die Hefe den Rohrzucker vergärt, aber kein Invertin ausscheidet. Hier schien also eine Ausnahme von der bisher bestätigten Regel vorzuliegen, und wir haben deshalb diesen Fall mit besonderer Aufmerksamkeit geprüft. Zunächst können wir die Angabe von Hansen vollauf bestätigen; weder aus

---

[1]) Berichte d. d. chem. Gesellsch. **22**, 3121 [1889].

der frischen, noch aus der getrockneten Monilia läßt sich ein Enzym extrahieren, welches den Rohrzucker hydrolysiert. Die Hefe, welche ebenfalls im Pasteurschen Kolben auf Bierwürze gezüchtet war, wurde wiederum mit einem Pukallschen Ballonfilter abgesaugt, was hier mehrere Stunden in Anspruch nahm. Da die Nährflüssigkeit noch reduzierende Kohlenhydrate enthielt, so mußte die Hefe mehrmals mit reinem Wasser angeschlemmt und wieder abgesaugt werden, bis weder sie selbst noch das Filtrat Kupferlösung reduzierte. Diese frische Hefe übte bei Gegenwart von anästhesierenden Mitteln auf Rohrzucker keine deutliche Wirkung aus.

14. Versuch: 0,6 g frische Monilia, 0,6 g Rohrzucker, 6 ccm Wasser und 0,05 g Toluol wurden 38 Stunden auf 33⁰ erwärmt. Die filtrierte Lösung reduzierte Fehlingsche Flüssigkeit so schwach, daß nur einige Prozent Invertzucker vorhanden sein konnten. Da eine Kontrollprobe mit derselben Flüssigkeit ohne Hefe fast gleiche Reaktion zeigte, so war keine deutlich wahrnehmbare Hydrolyse des Rohrzuckers durch die Hefe eingetreten.

15. Versuch: Ebenso ausgeführt wie der vorhergehende, nur am Stelle des Toluols 0,012 g Thymol angewandt. Das Resultat war das nämliche.

Die gleiche Hefe wurde jetzt auf porösem Ton ausgebreitet, 3 Tage lang bei etwa 15⁰ an der Luft getrocknet und fein zerrieben. Aus diesem Präparat wurde durch 40stündiges Auslaugen mit der 20fachen Menge Wasser bei 33⁰ und nachfolgende wiederholte sorgfältige Filtration durch Papier ein Auszug bereitet.

16. Versuch: 5 ccm des Auszugs und 0,5 g Rohrzucker wurden 44 Stunden auf 33⁰ erwärmt. Resultat ebenso negativ wie vorher. Das gleiche war der Fall, als derselbe Versuch unter Zusatz von 0,05 g Toluol wiederholt wurde.

Wesentlich anders gestaltete sich die Erscheinung, wenn man die getrocknete Hefe selbst bei Gegenwart von anästhesierenden Mitteln auf den Zucker einwirken läßt, denn es tritt dann eine starke Hydrolyse desselben ein.

17. Versuch: 0,5 g Rohrzucker, 0,2 g getrocknete Monilia, 5 ccm Wasser und 0,05 g Toluol wurden im geschlossenen Rohr 40 Stunden auf 33⁰ erwärmt. Die Titration mit Fehlingscher Lösung ergab, daß 40 pCt. Invertzucker entstanden waren.

18. Versuch: 0,5 g Rohrzucker, 0,25 g trockene Monilia (andere Kultur), 5 ccm Wasser und 0,05 g Toluol 40 Stunden auf 35⁰ erwärmt. Es waren 50 pCt. des Zuckers gespalten. Ein weiterer Versuch ebenso angestellt, ergab sogar 60 pCt. Invertzucker.

Aus diesen Resultaten scheint uns klar hervorzugehen, daß in der getrockneten Monilia ein in Wasser unlöslicher Stoff vorhanden ist, welcher den Rohrzucker spaltet. Derselbe ist aber leicht zerstörbar, denn er wird schon durch längere Berührung mit Toluol unwirksam.

19. Versuch: 0,2 g getrocknete Monilia wurden mit 5 ccm Wasser und 0,05 g Toluol 24 Stunden auf 33⁰ erwärmt, dann der Lösung 0,5 g Rohrzucker zugefügt und noch weitere 33 Stunden auf derselben Temperatur gehalten. Die filtrierte Flüssigkeit übte dann auf Fehlingsche Lösung nur eine äußerst schwache Wirkung aus. Das den Rohrzucker spaltende Agens war also durch die vorherige Behandlung mit Toluol zerstört.

Da nach obigen Erfahrungen die Vermutung nahe lag, daß der den Rohrzucker spaltende Stoff erst beim Trocknen der Monilia entstehe, so haben wir schließlich auch die ganz frische Hefe geprüft, nachdem durch sorgfältiges Verreiben mit Glaspulver ein Teil der Zellen geöffnet war.

20. Versuch: 0,8 g ganz frische, scharf abgesaugte Monilia wurden mit reinem Glaspulver sehr sorgfältig verrieben, dann mit 8 ccm Wasser, 0,8 g Rohrzucker und 0,08 g Toluol auf 33⁰ erwärmt. Nach 16 Stunden waren 7 pCt. des Rohrzuckers gespalten und beim weiteren 24stündigen Erhitzen trat keine Vermehrung des Invertzuckers ein.

Die invertierende Wirkung der Hefe war also unter diesen Bedingungen zwar schwach, aber doch unverkennbar.

Aus allen diesen Beobachtungen glauben wir den Schluß ziehen zu dürfen, daß auch bei der Monilia Inversion des Rohrzuckers und alkoholische Gärung getrennte Prozesse sind, von welchen aller Wahrscheinlichkeit nach die erstere der primäre Vorgang ist. Das invertierende Agens scheint allerdings hier kein beständiges, in Wasser lösliches Enzym, sondern ein Bestandteil des lebenden Protoplasmas zu sein. Jedenfalls kann das Beispiel der Monilia nicht mehr als Argument gegen den allgemeinen Satz, daß der alkoholischen Gärung der Polysaccharide die Hydrolyse vorausgehe, angesehen werden.

Viel einfacher sind die Erscheinungen bei der Maltose, denn dieselbe wird sowohl durch die frische, wie durch die getrocknete Monilia oder den wässerigen Auszug der letzteren gespalten.

21. Versuch: 0,4 g Maltose, 0,2 g frische Monilia, 4 ccm Wasser und 0,04 g Toluol 36 Stunden bei 35⁰ gehalten. Gewonnen 0,07 g Glucosazon.

22. Versuch: Die getrocknete Monilia wurde mit Glaspulver zerrieben und mit der 10fachen Menge Wasser 20 Stunden bei 35⁰ ausgelaugt. 0,4 g Maltose mit 4 ccm dieses Auszugs 30 Stunden bei 35⁰ behandelt. Erhalten 0,08 g Glucosazon.

Die Monilia enthält also gerade wie S. cerevisiae eine in Wasser lösliche Maltase.

## Verhalten von Saccharomyces apiculatus gegen Rohrzucker.

Die Hefe vergärt bekanntlich den Rohrzucker nicht; dementsprechend haben wir gefunden, daß dieselbe weder im frischen noch im getrockneten Zustand befähigt ist, bei Gegenwart von Toluol das Disaccharid zu spalten.

23. Versuch: 0,5 g feuchter, ganz frischer S. apiculatus, 5 ccm Wasser, 0,5 g Rohrzucker und 0,05 g Toluol wurden 40 Stunden auf 33⁰ erwärmt. Bildung von Invertzucker kaum nachweisbar.

24. Versuch: 0,25 g reiner S. apiculatus, welcher auf porösem Ton einen Tag an der Luft bei Zimmertemperatur getrocknet, dann zerkleinert und noch 24 Stunden bei 33⁰ getrocknet war, wurde mit 0,5 g Rohrzucker, 5 ccm Wasser, und 0,05 g Toluol 40 Stunden bei 33⁰ behandelt. Invertzucker nicht nachweisbar.

Die Wirkung derselben Hefe auf Maltose werden wir später beschreiben.

Schließlich sagen wir den Herren Dr. P. Rehländer und Dr. P. Hunsalz für die Hilfe, welche sie bei dieser Arbeit geleistet haben, besten Dank.

**106. Emil Fischer und Wilhelm Niebel: Über das Verhalten der Polysaccharide gegen einige tierische Sekrete und Organe.**

Sitzungsberichte der Königlich preußischen Akademie der Wissenschaften zu Berlin **1896**, V 73.

Die Veränderung der komplizierteren Kohlenhydrate im tierischen Organismus ist eine so wichtige physiologische Frage, daß sie seit 70 Jahren der Gegenstand zahlloser Untersuchungen war. Man hat sich jedoch dabei geflissentlich auf diejenigen Polysaccharide beschränkt, welche leicht zugänglich sind und welche als Bestandteile der tierischen Nahrung das Interesse zunächst in Anspruch nehmen; dahin gehören Stärke, Cellulose, Rohrzucker, Milchzucker und Maltose. Zu ihnen gesellt sich noch das Glycogen als der weit verbreitete tierische Reservestoff. Weniger wählerisch war man bezüglich der Tiere. Außer dem Menschen sind Hunde, Kaninchen, Hühner und Rinder, in selteneren Fällen Katzen, Schweine, Schafe, Pferde und Ratten benutzt worden.

Von den tierischen Flüssigkeiten wurden geprüft hauptsächlich: Speichel, Magensaft, Pankreassekret, Darmsaft, Blut, Galle, Harn, Thymus und Fleischflüssigkeit.

Inzwischen hat die chemische Kenntnis der Polysaccharide eine wesentliche Erweiterung erfahren, und ihre Prüfung gegen die Enzyme des Pflanzenreiches oder der Mikroorganismen, insbesondere der Hefearten, ist von neuen Gesichtspunkten aus studiert worden. Das wesentlichste biologische Resultat dieser Untersuchungen ist der Nachweis, daß der alkoholischen Gärung der Polysaccharide allgemein die Spaltung derselben in Monosaccharide durch die Enzyme der verschiedenen Hefen vorausgeht[1]).

Die bei jenen Untersuchungen gesammelten Erfahrungen über die große chemische Verschiedenheit nahe verwandter Mikroben führten zu der Vermutung, daß ähnliche Unterschiede vielleicht auch bei den höheren Tierspezies bestehen. Wir haben deshalb eine vergleichende

---

[1]) E. Fischer, Berichte d. d. chem. Gesellsch. **27**, 2985 und 3479 [1894] (*S. 836, 845*); **28**, 1429 [1895] (*S. 850*); ferner E. Fischer und P. Lindner, Berichte d. d. chem. Gesellsch. **28**, 984 und 3034 [1895]. (*S. 860, 862.*)

Untersuchung über die Wirkung der wichtigsten Sekrete von Säuge-
tieren, Vögeln, Fischen und Amphibien auf eine größere Anzahl von
Polysacchariden angestellt und sind dabei in der Tat auf einige recht
bemerkenswerte Unterschiede gestoßen.

Am ausführlichsten wurden, wie auch schon von früheren Beobachtern, geprüft: Stärke, Glycogen, Maltose, Rohrzucker und Milchzucker; dazu kommen die bisher mit tierischen Säften nur sehr wenig
behandelten Polysaccharide Trehalose uud Melitose (Raffinose) und
endlich das Amygdalin, sowie vier künstliche Glucoside, deren Verhalten gegen Enzyme der Hefe, das Emulsin und die Diastase schon
bekannt ist[1]).

Da es uns auch bei den tierischen Organen allein auf die enzymatischen Wirkungen ankam, so haben wir in der Regel mit klar filtrierten Lösungen bzw. Infusen gearbeitet und die Tätigkeit lebender
Zellen durch Zusatz von anästhesierenden Mitteln aufgehoben. Nur in
einigen Fällen wurde das zerkleinerte Tierorgan nach passender Reinigung direkt, aber ebenfalls unter Zusatz antiseptischer Mittel benutzt.

Am häufigsten kam das Blutserum zur Verwendung, weil dasselbe
auch von kleineren Tieren am leichtesten in genügender Quantität
beschafft werden kann. Dasselbe wurde, wenn möglich, von dem
Blutkuchen abgegossen, mit 5 pCt. des betreffenden Kohlenhydrats
versetzt und unter Zugabe von 1 pCt. Toluol (oder bei einigen Kontroll-
versuchen auch nach Zusatz von 1 pCt..Thymol) 24 Stunden im Brutschrank aufbewahrt.

Wenn der Blutkuchen sich nicht absetzte, wurde die ganze Masse
durch ein feines, reines Drahtnetz getrieben, mit der gleichen Menge
Wasser verdünnt, durch Papier filtriert, dann mit 2½ pCt. des Kohlenhydrats versetzt und im übrigen behandelt wie zuvor.

Die löslichen Kohlenhydrate mit Einschluß des Glycogens wurden
fest, aber fein gepulvert zugegeben und durch Schütteln gelöst. Die
Stärke kam als 2prozentiger Kleister zur Anwendung und wurde mit
so viel Serum versetzt, daß die Gesamtflüssigkeit 1,4pCt. Stärke enthielt.

Um das Infus der Magen- und Dünndarmschleimhaut herzustellen,
wurden stets die ganz frischen aufgeschnittenen Organe durch Spülen
mit kaltem Wasser und loses Hinüberstreichen mit der flachen Hand
sorgfältig gereinigt, dann die Schleimhaut mit einem Messer abgeschabt
und sofort mit der 3fachen Gewichtsmenge destilliertem Wasser, unter
Zusatz von 1 pCt. Toluol 24 Stunden bei 10⁰ ausgelaugt. An Stelle
des Toluols wurde in einigen Fällen, z. B. bei der Prüfung der Dünn-

---

[1]) E. Fischer, Berichte d. d. chem. Gesellsch. **27**, 2985 und 3479 [1894]
(*S. 836, 845*); **28**, 1429 [1895] (*S. 850*); ferner E. Fischer und P. Lindner,
Berichte d. d. chem. Gesellsch. **28**, 981 und 3034 [1895]. (*S. 860, 862.*)

darmschleimhaut von Rind und Pferd gegen Rohrzucker, 5 pCt. Fluor-
natrium mit demselben Erfolge angewandt. Dem filtrierten Infus
wurden dann 2 pCt. des löslichen Kohlenhydrats und speziell bei der
Stärke das gleiche Volumen 2prozentiger Kleister zugegeben. War
die Wirkung negativ, wie bei Rohrzucker und Melitose, oder sehr schwach
wie beim Milchzucker, so wurden, speziell für Dünndarm, Kontroll-
versuche mit der frischen Schleimhaut selbst angestellt in der Art,
daß man 1 Gewichtsteil der letzteren mit 3 Teilen Wasser und 2 pCt.
des Kohlenhydrats unter Zusatz von 1 pCt. Toluol, oder auch bei gänz-
licher Abwesenheit des letzteren gleichfalls 24 Stunden bei 34⁰ digerierte.

Bei der Ringelnatter ist der ganze Darm wegen der Kleinheit des
Organs zur Herstellung des Infuses benutzt worden. Magenschleimhaut,
Pankreas, Hoden und Schilddrüse wurden genau in derselben Weise
wie die Darmschleimhaut zum Infus verarbeitet.

Der Nachweis der Monosaccharide nach beendeter 24stündiger
Einwirkung des Serums oder der Infuse erfordert zunächst die Ausfällung der Eiweißstoffe; das geschah durch Zusatz von 1—2 Tropfen
50prozentiger Essigsäure und kurzes Aufkochen der Flüssigkeit. Bei
dem Blut der Fische und der Ratte muß man zur Ausfällung des Eiweißes
zuerst einen Tropfen starker Natronlauge und dann erst die Essigsäure
zusetzen. War das angewandte Polysaccharid oder Glucosid ohne
Wirkung auf die Fehlingsche Lösung, so konnte das klare Filtrat
des Monosaccharids direkt in der gewöhnlichen Weise titriert werden.
Bei Maltose und Milchzucker dagegen diente zum Nachweis der Monosaccharide die Phenylhydrazinprobe, und die quantitative Bestimmung
unterblieb wegen der Unsicherheit, welche die indirekten Methoden
der Titration oder Polarisation in diesem Falle darbieten. Dagegen
haben wir das Phenylhexosazon gewogen, um einen gewissen Anhalt
über den Grad der Spaltung zu gewinnen.

Der Übersichtlichkeit halber stellen wir unsere Resultate in der
folgenden Tabelle zusammen. Man erkennt daraus sofort, daß

### Stärke, Glycogen und Maltose

von den Sekreten der verschiedenen Tiere ganz gleichmäßig angegriffen werden. Das steht im Einklang mit allen früheren Beobachtungen, die so zahlreich sind, daß wir sie hier nicht alle anführen können.
Als ganz neu glauben wir aber unsere Versuche über das Blut der Fische,
Reptilien und Amphibien, sowie über die Wirkung des Hühnerkropfs,
der Schilddrüse und des Hodens bezeichnen zu dürfen. Die Hydrolyse
der Stärke und des Glycogens geht selbstverständlich in allen Fällen
wenigstens teilweise bis zum Traubenzucker; denn wenn auch zuerst
Maltose entsteht, so wird dieselbe doch hinterher gleich weiter gespalten

werden. Deshalb sind auch die in der Tabelle angegebenen Zahlen stets unter der Voraussetzung berechnet, daß der reduzierende Zucker Glucose sei.

Ganz anders sind die Resultate beim

## Milchzucker.

Daß derselbe nicht schon früher ausführlich mit den tierischen Flüssigkeiten geprüft wurde, hat wohl seinen Grund in der Schwierigkeit, die Spaltungsprodukte zu erkennen, welche erst durch die Auffindung der Phenylhydrazinprobe beseitigt ist. Direkte Versuche mit Blutserum scheinen bei diesem Zucker nicht ausgeführt worden zu sein. Man weiß zwar, daß größere Mengen desselben, subcutan eingespritzt oder verfüttert, zum Teil in dem Harn wieder erscheinen, und man konnte danach wohl vermuten, daß er im Blut nicht leicht hydrolysiert werde, aber der Beweis, daß gar keine Spaltung durch das Blutserum stattfinde, ist erst für die betreffenden Tierarten durch unsere Beobachtung erbracht. Über die Wirkung des Dünndarms auf Milchzucker sind die Angaben verschieden. Nach Carl Voit[1]) soll er im Darm des Kaninchens nicht hydrolysiert werden, dagegen haben W. Pautz und J. Vogel[2]) vor kurzem einwandsfrei nachgewiesen, daß der mittlere Teil des Dünndarms (Jejunum) des neugeborenen Kindes den Milchzucker spaltet, und etwas später zeigten Röhmann und Lappe[3]) dasselbe vom Dünndarm des Kalbes und des jungen, sowie ausgewachsenen Hundes, während beim Rind ihr Resultat negativ war. Unsere Versuche, bei welchen allerdings die Wirkung des Schleimhautinfuses 24 Stunden dauerte, haben auch bei ausgewachsenen Rindern und alten Pferden eine unverkennbare Spaltung ergeben, aber dieselbe ist, wie die beigefügten Zahlen zeigen, bei jungen Tieren viel stärker als bei alten. Das hängt wohl mit der veränderten Nahrung zusammen, und es ist nicht unwahrscheinlich, daß bei dauernder Fütterung eines alten Tieres mit Milch die Darmschleimhaut wieder größere Mengen des betreffenden Enzyms produzieren würde. Bei den übrigen Sekreten, welche zur Untersuchung kamen, war keine Hydrolyse des Milchzuckers wahrzunehmen.

## Rohrzucker.

Das Verhalten des Rohrzuckers gegen tierische Sekrete ist sehr ausführlich von Cl. Bernard[4]) studiert worden. Er fand, das derselbe

---

[1]) Zeitschr. für Biolog. **28**, 282.
[2]) Zeitschr. für Biolog. **32**, 304.
[3]) Berichte d. d. chem. Gesellsch. **28**, 2506 [1895].
[4]) Vgl. Vorlesungen über den Diabetes, deutsch von C. Posner; ferner Muira, Zeitschr. für Biolog. **1895**. S. 266.

| | Säugetiere: Pferd | Rind | Schaf | Ratte | Vögel: Gans | Huhn | Reptilien: Ringelnatter | Schildkröte | Amphibien: Frosch | Fische: Karpfen (Cyprinus carpio) | Brasse (Abramis brama) | Flußbarsch (Perca fluv.) | Hecht (Esox Lucius) | Aal (Anguill. vulg.) | Schleie (Tinca vulg.) | Sander (Lucioperca sandra) |
|---|---|---|---|---|---|---|---|---|---|---|---|---|---|---|---|---|
| I. Stärke | +56 | +70 | +56 | | +30 | +35 | | | + | + | | | | +80 | +70 | |
| II. Glycogen | +15 15 | +30 | +35 | | +35 | +40 | +80 | +40 | | +55 | | | | +70 | +60 | |
| III. Maltose | + | + | + | + | + | + | + | + | + | + | | | | + | + | |
| IV. Milchzucker | — | — | — | | — | — | | | — | | | | | | | |
| V. Rohrzucker | — | — | — | | — | — | | | — | — | | | | — | — | — |
| VI. Trehalose | — | — | | | — | — | | | | +60 75 83 84 | +20 | +25 | +5 8 | +8 | — | — |
| VII. Melitose (Raffinose) | — | — | — | | — | — | | | | — | | | | — | — | |
| VIII. α-Methylglucosid | — | — | — | | — | — | | | | — | | | | — | — | |
| IX. β-Methylglucosid | — | — | | | — | — | | | | | | | | | | |
| X. α-Methylgalactosid | — | — | | | — | — | | | | | | | | | | |
| XI. β-Methylgalactosid | — | | | | — | | | | | | | | | | | |
| XII. Amygdalin | — | — | | | | | | | | | | | | | | |

+ bedeutet Hydrolyse; die beigefügte Zahl zeigt bei Stärke, Glycogen, Rohrzucker, daß der reduzierende Zucker nur Glucose ist. Bei Maltose und Milchzucker ist die
— bedeutet keine Hydrolyse.
? bedeutet so schwache Reaktion, daß das Resultat zweifelhaft war.

| | Kropf<br>Huhn | Magenschleimhaut<br>Pferd<br>P. pylorica | Magenschleimhaut<br>Rind<br>Labmagen | Kalb<br>8—14 Tage alt | Jung. Rind<br>2 Monate | Jung. Rind<br>6 Monate | Altes Rind<br>1 Jahr | Altes Rind<br>3 Jahre | Altes Rind<br>Über 4 Jahre | Pferd<br>½ Jahr | Pferd<br>9—10 Jahre | Schaf | Huhn | Kaninchen | Ringelnatter | Darm | Pankreas<br>Pferd | Pankreas<br>Rind | Schilddrüse<br>Pferd | Hoden<br>Stier | Hoden<br>Rind | Galle<br>Schwein |
|---|---|---|---|---|---|---|---|---|---|---|---|---|---|---|---|---|---|---|---|---|---|---|
| **I.** | +14/15 | | +7/10 | +25 | +25/30 | +10 | +35 | +30 | +25 | +25 | +75/90 | | +60 | | | | +85 | +80 | +60 | +25 | | |
| **II.** | +6 | | | +30/30 | +30/30 | +20 | +35 | +12 | +20/35 | +12 | +60/90 | +16 | +60 | | +16/18 | | +50 | +70 | +20 | +8/10 | | |
| **III.** | + | | + | +25 | +25/43 | +31 | +35 | +23 | +38 | +81 | +102 | +38 | | | | + | +62 | +30 | + | + | | |
| | | | | | | | mg Hexosazon auf 0,2 g Maltose | | | | | | | | | | mg Hexosazon | | | | | |
| **IV.** | | | — | +88 | 84 | 100 | 9 | 18/26 | 4 | 85 | 2/47 | ? | | | | | — | — | — | — | | |
| | | | | | | | mg Hexosazon auf 0,2 g Milchzucker | | | | | | | | | | | | | | | |
| **V.** | — | — | — | — | | | | | | +30/90/100 | +60 | — | | +16 | | | — | — | — | — | | |
| **VI.** | | | — | +15 | +10/15 | ? | ? | +35 | +30/20 | +15 | +20/25/60 | — | | | | | — | — | — | — | | |
| **VII.** | — | — | — | — | — | — | — | — | — | — | — | — | | | | | — | — | — | — | — | — |
| **VIII.** | — | — | — | — | — | — | — | — | — | — | ? | | | | | | — | — | — | — | — | — |
| **IX.** | | | | | | | | | — | | +25/15 | | | | | | | | | | | |
| **X.** | | | | | | | | | | | | | | | | | | | | | | |
| **XI.** | | | | | | | | | | | | | | | | | | | | | | |
| **XII.** | — | | | | | | | | | — | +45 | — | | +70 | | | | | | | | |

Trehalose und den Glucosiden in Prozenten die Hydrolyse an unter der Voraussetzung, Menge des Phenylhexosazons in Milligramm für 0,2 g des Disaccharids angegeben.

beim Menschen, Hund und Kaninchen von dem Magensaft wenig, von den Sekreten des Dünndarms sehr stark hydrolysiert wird, während Blut, Galle, Speichel, pankreatischer Saft, ferner Aufgüsse von Lymphdrüsen und den Schleimhäuten des Mundes, Ösophagus, Magens, Dickdarms und der Blase gar keine Wirkung ausüben. Diese Resultate sind später von vielen Autoren bestätigt worden. Unsere Versuche führen im wesentlichen zu denselben Resultaten. Das Blutserum war bei 12 verschiedenen Tieren, unter welchen sich auch Fische und Amphibien befanden, ohne jede Einwirkung auf den Zucker, und ebenso negativ verhielt sich das Infus der Magenschleimhaut. Dagegen haben wir beim Zwölffingerdarm des Rindes im Gegensatz zu den anderen Tieren ebenfalls keine Spaltung beobachtet. Die Versuche wurden an zehn verschiedenen Ochsen, Kühen und Kälbern mit ganz frischem Darm, welcher teils als Infus, teils direkt im zerkleinerten Zustande zur Verwendung kam, ausgeführt. Auch beim Schaf war die Wirkung auf Rohrzucker negativ. Das Resultat bestätigt eine ältere, bisher wenig beachtete Angabe von V. Paschutin[1]) über die Indifferenz des Dünndarms von Schaf und Kalb gegen Rohrzucker; es zeigt ferner, wie vorsichtig man bei der Generalisierung auf diesem Gebiete sein muß und rechtfertigt gerade die von uns unternommene Ausdehnung des Versuchs auf eine größere Zahl von Tierspezies.

Wir sind natürlich weit davon entfernt, aus dem obigen Versuch einen definitiven Rückschluß auf das Schicksal des Rohrzuckers im lebenden Rinde zu ziehen; wir halten es vielmehr für sehr wahrscheinlich, daß auch hier der Zucker, bevor er in die Blutbahn gelangt, größtenteils invertiert wird. Aber die Ursache der Inversion kann nicht in der Tätigkeit des Dünndarms gesehen werden.

### Trehalose.

Dieser Zucker ist nach den neueren Untersuchungen im Pflanzenreich viel verbreiteter, als man früher wußte, und wird offenbar in manchen Fällen als Reservestoff verwertet. Durch die Arbeiten von Bourquelot kennt man auch ein Enzym, die sogenannte Trehalase, welches denselben sehr leicht in Traubenzucker verwandelt. Dasselbe findet sich in verschiedenen Schimmelpilzen. Selbst das Grünmalz ist, wie Bourquelot[2]) zuerst beobachtete, und wie der eine von uns ausführlicher[3]) dargetan hat, ebenfalls imstande, eine langsame Hydrolyse dieses Polysaccharids zu bewirken. Endlich fanden Bourquelot

---

[1]) Malys Jahresberichte, Tierchemie 1871.
[2]) Compt. rend. soc. de Biolog. 17. Juni 1895.
[3]) Berichte d. d. chem. Gesellsch. 28, 1432 [1895]. (S. 853.)

und Gley (Compt. rend. soc. de Biolog. 1895, 515 und 555), daß die
Trehalose durch den Dünndarm des Kaninchens, aber nicht durch das
Blutserum des Hundes, den menschlichen Harn oder durch die Pan-
kreasdrüse des Kaninchens gespalten wird. Wir waren deshalb nicht
besonders erstaunt zu sehen, daß auch das Infus der Dünndarmschleimhaut vom Pferde und Rinde eine ähnliche Wirkung hat. Die Spaltung
ist allerdings nicht immer stark, aber doch, wie die Zahlen der Tabelle
beweisen, derart, daß sie sicher auf die Anwesenheit eines hydrolysierenden Enzyms schließen läßt. Beim Schaf und der Ringelnatter
war dagegen der Darm ohne Wirkung.

Ungleich merkwürdiger sind die Beobachtungen beim Blutserum.
Hier treten die Fische in Gegensatz zu allen untersuchten Warmblütern,
denn ihr Blut ist allein befähigt, die Trehalose zu spalten. Aber auch
bei ihnen sind noch auffallende Unterschiede bemerkbar. Das Serum
der Karpfen zeigt eine sehr starke Wirkung, bei der Brasse
und dem Barsch ist dieselbe erheblich schwächer und beim Hecht abermals verringert. Beim Aal war das Resultat schon zweifelhaft und
bei der Schleie und dem Zander ganz negativ. Der Versuch mit Karpfen-
blut wurde fünfmal mit demselben Erfolge wiederholt; er beweist von
neuem, wie verschiedenartig die Organe nahe verwandter Tiere chemisch
wirken können, und wir zweifeln nicht daran, daß man bei Ausdehnung
solcher Studien noch mehr derartige Abweichungen finden wird. Ob
die Erscheinung beim Karpfen mit seiner etwas eigenartigen Lebens-
und Ernährungsweise in Zusammenhang gebracht werden kann, lassen
wir dahingestellt.

## Melitose (Raffinose).

Dieselbe wird bekanntlich vom Invertin der Hefe ebenso leicht
hydrolysiert, wie der Rohrzucker. Wir hatten deshalb erwartet, daß
sie im Dünndarm der Pferde gespalten werde. Unser negatives Resultat
ergänzt die neuere Angabe von Pautz und Vogel[1]), daß die Dünndarmschleimhaut des Hundes die Melitose nicht verändert. Das Rohrzucker spaltende Enzym des Dünndarms ist also zweifellos
mit dem Invertin der Hefe nicht identisch. Auch Blutserum
und die übrigen untersuchten Organe sind ohne Wirkung auf die Melitose.

## Glucoside.

Die künstlichen Glucoside des Methylalkohols sind gegen manche
pflanzlichen Enzyme ebenso empfindlich, wie die natürlichen Derivate

---

[1]) Zeitschr. für Biolog. **32**, 304.

der Phenole. So wird das α-Methylglucosid vom wässerigen Auszug der Bierhefe leicht gespalten und noch rascher unterliegt die β-Verbindung der Wirkung des Emulsins[1]). Ähnlich verhalten sich die beiden Galactoside, nur erfolgt ihre Spaltung viel langsamer[2]).

Wir hatten deshalb erwartet, auch eine Hydrolyse dieser Verbindungen durch das eine oder andere tierische Enzym zu finden. Am ausführlichsten wurde das α-Methylglucosid geprüft, weil es der so leicht spaltbaren Maltose nahe verwandt zu sein scheint. Aus dem durchweg negativen bzw. zweifelhaften Resultate muß man folgern, daß entweder die Maltase der Hefe von der Maltase der tierischen Organe verschieden ist oder daß die Hefe außer der Maltase und dem Invertin noch ein besonderes Enzym für die α-Glucoside enthält. Die erstere Annahme halten wir für die wahrscheinlichere.

Für das β-Methylglucosid wurde zwar eine schwache, aber doch unverkennbare Spaltung (15 pCt.) durch den Auszug von Pferdedünndarm festgestellt. Letzterer zeigt also eine gewisse Ähnlichkeit mit dem Emulsin, welche auch beim Amygdalin wieder deutlich zutage tritt.

Bei Anwendung der Darmschleimhaut selber war die Wirkung etwas stärker (25 pCt.).

Die Veränderung des Amygdalins im Tierkörper ist wiederholt und wohl am ausführlichsten von A. Moriggia und G. Ossi[3]) untersucht worden. Dieselben stellten fest, daß der Inhalt des Dünndarms beim Kaninchen aus dem Glucosid reichliche Mengen von Bittermandelöl und Blausäure freimacht, während beim Hunde diese Spaltung in viel geringerem Maße eintritt. Unsere Versuche, bei welchen es sich nur um die Prüfung enzymatischer Wirkungen handelte, sind nicht mit Darminhalt, sondern mit der sorgfältig gereinigten und abgelösten Schleimhaut, bzw. deren wässerigem Auszug angestellt.

Auch hier zeigte sich ein auffallender Unterschied der Wiederkäuer (Rind und Schaf) vom Pferde und Kaninchen; denn bei ersteren blieb das Glucosid ganz unverändert, während bei den letzteren eine starke Spaltung eintrat. Als Produkte derselben wurden Bittermandelöl, Blausäure und Zucker nachgewiesen, und die Prozentzahlen, welche

---

[1]) E. Fischer, Berichte d. d. chem. Gesellsch. **27**, 2985 und 3479 [1894]. (*S. 836, 845.*)

[2]) E. Fischer, Berichte d. d. chem. Gesellsch. **28**, 1429 [1895]. Über die Spaltung des α-Methylgalactosids durch Bierhefe soll bald · Näheres mitgeteilt werden. *Diese Bemerkung beruht auf einem Versehen; denn das zuerst bekannt gewordene Methylgalactosid, welches später als α-Verbindung bezeichnet wurde, ist gegen die Enzyme der Bierhefe beständig. Vgl. Seite 708, 839.*

[3]) Atti Acad. Lincei. **1876**.

die Tabelle für die Spaltung angibt, sind aus der Menge des titrimetrisch bestimmten Traubenzuckers so berechnet, als wäre das Amygdalin nach der Gleichung

$$C_{20}H_{27}O_{11}N + 2\,H_2O = 2\,C_6H_{12}O_6 + C_7H_6O + HCN$$

zerfallen. Vor kurzem hat aber der eine von uns eine Spaltung des Amygdalins durch die Enzyme der Hefe kennen gelehrt, bei welcher nur die Hälfte des Zuckers abgelöst wird und das sogenannte Mandelnitrilglucosid entsteht[1]). Ob diese partielle Zerlegung auch durch die Enzyme des Dünndarms bewirkt wird, haben wir wegen der schwierigen Erkennung des neuen Glucosids nicht geprüft.

---

[1]) Berichte d. d. chem. Gesellsch. **28**, 1508 [1895]. (*S. 780.*)

**107. Anusch. Kalanthar: Über die Spaltung von Polysacchariden
durch verschiedene Hefenenzyme.**

Zeitschrift für physiologische Chemie 26, 88 [1898].
(Der Redaktion zugegangen am 15. August.)

Durch die Versuche von E. Fischer weiß man, daß nicht allein
der Rohrzucker, sondern auch die übrigen Polysaccharide erst dann
die alkoholische Gärung durch Hefen erleiden, wenn sie zuvor eine
hydrolytische Spaltung in Monosaccharide erfahren haben. Den Beweis dafür hat er, zum Teil in Gemeinschaft mit P. Lindner, durch
das Studium der in den Hefen enthaltenen hydrolytischen Enzyme
geliefert. Seine Beobachtungen betreffen verschiedene Arten von
untergäriger und obergäriger Bierhefe, ferner Milchzuckerhefen und
Kefirkörner, dann Sacch. Marxianus, Schizo-Sacch. octosporus und
Monilia candida.

Um den Resultaten eine breitere Basis zu geben, habe ich auf
Veranlassung von Hrn. Professor E. Fischer ähnliche Versuche nach
denselben Methoden auf folgende Hefearten und Mikroorganismen
ausgedehnt:

1. Sechs Weinhefen, und zwar von: Bordeauxwein 1893, Ungar-
wein Menes 1894, italienischen Wein Bari Italiana 1893, Rheinweinen
(Rauenthaler Berg 1894, Aßmannshäuser 1892 und Steinberg 1893).

2. Bierhefen aus Bayern und Rostock.

3. Weißbierhefen von Berlin und Lichtenhain, ferner Hefe des
Negerbiers Pombe und Logoshefe.

4. Hefen des russischen Getränkes Kissly-Schtschi.

5. Hefen des armenischen, kefirähnlichen Getränkes Mazun.

Bezüglich der Herkunft derselben bemerke ich folgendes: Die sechs
Weinhefen wurden mir von der önologischen Anstalt zu Geisenheim
a. Rh. durch freundliche Vermittlung des Hrn. Prof. Dr. Wortmann
überlassen. Näheres darüber findet man in den Berichten dieser Anstalt. Die meisten übrigen Hefen verdanke ich Hrn. Prof. Lindner.
Sie sind später mit den Nummern bezeichnet, welche sie in der Kulturen-
sammlung des Instituts für Gärungsgewerbe Berlin (Ecke See- und

Torfstraße) führen. Einige Hefen aus Mazun und Kissly-Schtschi habe ich selbst mit freundlicher Unterstützung des Hrn. Prof. Lindner isoliert. Alle Hefen waren Reinkulturen, aus einer Zelle und in ungehopfter Bierwürze gezüchtet; nur bei den Kulturen von Mazunhefen wurden noch Traubenmost, ferner Traubenzucker oder Rohrzucker unter Zusatz von Pepton und Nährsalzen angewendet. Die Kulturen wurden von der Mutterlauge so, wie E. Fischer es vorgeschrieben hat, durch ein Pukallsches Filter getrennt und so lange mit reinem Wasser gewaschen, bis eine Probe Fehlingsche Lösung beim Kochen nicht mehr veränderte.

Wie aus der späteren tabellarischen Übersicht meiner Beobachtungen hervorgeht, wurden die Hefen entweder im frischen oder im getrockneten Zustand, oder endlich in Form eines wässerigen Auszugs geprüft. Unter frischen Hefen verstehe ich die filtrierten und nur mit Wasser gewaschenen Reinkulturen. Bei allen ·späteren Versuchen mit denselben kamen folgende Mengenverhältnisse in Anwendung:

0,6 g frische Hefe,
0,6 g Polysaccharid,
6 ccm reines Wasser,
0,075 g Toluol.

Letzteres ist nach dem Vorgang von E. Fischer gewählt, um die alkoholische Gärung zu verhindern.

Die trockenen Hefen waren durch Aufbringen der frischen auf porösen Ton und nachfolgendes 3 tägiges Aufbewahren an der Luft hergestellt. Die Mengenverhältnisse waren folgende:

0,25 g trockene Hefe,
0,5 g Polysaccharid,
5 ccm Wasser,
0,075 g Toluol.

Der benutzte Auszug war stets durch 15 stündiges Auslaugen von 1 Teil trockener Hefe mit 15 Teilen Wasser bei 30⁰ bereitet. Auf 10 Teile Auszug wurde 1 Teil Polysaccharid und 0,1 Teil Toluol angewandt. Das Erwärmen geschah im Brutschrank, und die Mischungen waren in zugeschmolzenen Reagensgläsern enthalten.

Von Polysacchariden kamen zur Anwendung Rohrzucker, Maltose, Milchzucker, Melibiose, Trehalose, Melitriose (Raffinose), Melezitose und endlich das $\alpha$-Methylglucosid.

Die Menge der entstandenen Monosaccharide wurde bei Rohrzucker, Trehalose, Melitriose, Melezitose und $\alpha$-Methylglucosid durch Titration mit Fehlingscher Lösung bestimmt und daraus die Quantität der zersetzten Polysaccharide berechnet. Bei Maltose, Milch-

zucker und Melibiose, welche selbst die Fehlingsche Lösung reduzieren, wurde das Monosaccharid durch Phenylhydrazin erkannt. Leider gestattet das Reagens keine genaue quantitative Bestimmung. Um
aber eine annähernde Vorstellung von dem Grade der Zersetzung zu
geben, habe ich in den Tabellen die Menge des aus dem entstandenen
Monosaccharid gebildeten Phenylosazons angegeben. Die Zahlen be-
ziehen sich auf 0,6 g bzw. 0,5 g Polysaccharid.

In Tabelle I ist das Verhalten der Weinhefen, in Tabelle II dasjenige
der Bierhefen und in Tabelle III dasjenige der Mazunhefen geschildert.

Zur weiteren Erläuterung derselben erwähne ich folgendes:

Rohrzucker und Raffinose sind von fast allen Hefen gleich
stark gespalten worden. Besonders stark war die Spaltung bei der
Weinhefe Bari Italiana (99,75 pCt.) und der Brennereipreßhefe Rostock (100 pCt.). Wie die Tabelle I zeigt, ist bei Rohrzucker die
Tätigkeit des Invertins durch eine Temperatur von 60⁰ nicht aufgehoben
worden.

Für Maltose und α-Methylglucosid ist als angreifendes Enzym Hefenmaltase (oder Hefenglucase) angenommen. Für α-Methylglucosid betrug das Maximum der Spaltung bei Weinhefen 72 pCt. (s.
trockene Barihefe Tabelle I), für Brennereihefen 80 pCt. (s. Bayerische
Hefe Tabelle II). Die gespaltene Maltose wurde durch Glucosazon
bestimmt. Es wurden auf 0,6 g Maltose 0,825 g Phenylhydrazin und
0,825 g 50prozentige Essigsäure verwendet. Das Ganze wurde
1½ Stunden auf dem Wasserbade erhitzt, das Phenylglucosazon von dem
löslichen Maltosazon durch kochendes Wasser getrennt und gewogen.
Das Maximum der Spaltung für Maltose beträgt bei trockenen Hefen
für 0,5 g Maltose 0,31 g (s. Rauenthaler Tabelle I) und 0,328 g (s.
Pombe Tabelle II).

Maltose und α-Methylglucosid verhielten sich in den meisten
Fällen sehr ähnlich; wo z. B. die Maltosespaltung abgeschwächt war,
da galt dasselbe auch für α-Methylglucosid. Bei Anwendung von
Kissly-Schtschihefen zeigte Maltose minimale Quantitäten (0,01 g Osazon) und α-Methylglucosid war auch nur schwach gespalten (kaum
2 pCt.). Bei bayerischer Hefe erhielt ich neben 80 pCt. α-Methylglucosidspaltung auch eine erhebliche Hydrolyse der Maltose (0,29 g
Osazon Tabelle II). Aber trotz aller dieser Übereinstimmungen ließen
sich auch Verschiedenheiten feststellen. So wurde z. B. von den
Hefenauszügen von Steinberg, Bari Italiana, Rauenthaler, Aßmannshäuser Maltose nicht in nachweisbarer Menge gespalten, wohl aber
α-Methylglucosid. Hierzu ist aber zu bemerken, daß die Erkennung
von kleinen Mengen Traubenzucker neben viel Maltose durch Phenylhydrazin Schwierigkeiten bietet.

## Tabelle I.

| Stundenzahl | Glucosazon in Gramm von 39—42 Stunden | | | Prozente der gespaltenen Zucker | | | | | | | Temperatur |
|---|---|---|---|---|---|---|---|---|---|---|---|
| | Maltose | Lactose | Melibiose | Rohr-zucker | Raffinose | α-Methyl-glucosid | Trehalose 40 | Trehalose 136 | Trehalose 164 | Trehalose 187 | |
| **Steinberg** frische | 0 | 0 | — | 81 | 71 | 42 | 15 | | | | 22°—28° |
| trockne | 0,19 | 0 | 0 | 90 | 94 | 65 | 21 | | | | |
| Auszug | 0 | 0 | — | 95 | 90 | 15 | 15 | | | | |
| **Rauenthaler** frische | 0,0195 | 0 | — | 86 | 75 | 40 | 12 | | | | |
| trockne | 0,31 | 0 | 0 | 93 | 82 | 67 | 20 | | | | |
| Auszug | 0 | 0 | — | 90 | 80 | 15 | 15 | | | | |
| **Menés** frische | 0,03 | 0 | — | 84 | 75 | 32 | 13 | | | | |
| trockne | 0,185 | 0 | 0 | 92 | 94 | 50 | 20 | | | | |
| Auszug | 0 | 0 | — | 100 | 94 | 0 | 15 | | | | |
| **Bordeaux** frische | 0,05 | 0 | — | 85 | 75 | 21 | 10 | | | | |
| trockne | 0,21 | 0 | 0 | 95 | 87 | 57 | 12 | | | | |
| Auszug | 0,07 | 0 | — | 95 | 82 | 22 | 10 | | | | |
| **Aßmannshäuser** frische | 0,054 | 0 | — | 85 | 75 | 50 | 12 | | | | |
| trockne | 0,275 | 0 | 0,02 | 96 | 90 | 60 | 20 | | | | |
| Auszug | 0 | 0 | — | 87 | 86 | 54 | 12 | | | | |
| **Bari Italiana** frische | 0,03 | 0 | — | 90 | 45 | 32 | 12 | | | | |
| Auszug | 0 | 0 | — | 92 | 90 | 10 | 12 | | | | |
| trockne | 0,243 | 0 | 0 | 96 | 100 | 72 | 15 | 30 | | | |
| trockne | — | 0 | 0,015 | — | — | — | 15 | | 40 | | 40° |
| trockne | 0,023 | 0 | 0,0017 | 95 | — | 10 | 1,5 Sehr schwach | | | 45 | 60° |
| trockne | — | — | — | — | — | — | 0 | | | | 64° |
| **Maximum** trockne | 0,31 | 0 | 0,02 | 100 | 100 | 72 | | 45 | | | |

## Tabelle II.

| | | Rohrzucker | Raffinose | Trehalose | Melezitose | α-Methyl-glucosid | Maltose | Lactose |
|---|---|---|---|---|---|---|---|---|
| | | Prozente der gespaltenen Zucker | | | | | Osazon in Gr. | |
| Rostocker | frische | 100 | 75 | 10 | — | — | 0,21 | 0 |
| | trockne | 100 | 86 | 37,5 | — | 50 | 0,258 | 0 |
| | Auszug | 100 | 100 | 17,5 | — | 15 | 0 | 0 |
| Bayerische | frische | 80 | 50 | 12,5 | 12,5 | 30 | 0,14 | 0 |
| | trockne | 90 | 80 | 35 | 50 | 80 | 0,29 | 0 |
| | Auszug | 90 | 80 | 10 | 40 | 55 | 0,205 | 0 |
| Weißbier | frische | 60 | 30 | 5 | 20 | 22,5 | 0,03 | 0 |
| | trockne | 90 | 72 | 10 | 30 | 65 | 0,20 | 0 |
| | Auszug | 90 | 75 | 5 | 30 | 50 | 0,15 | 0 |
| Kissly-Schtschi | frische | 45 | 48 | 0 | 10 | 0 | 0 | 0 |
| | trockne | 90 | 90 | 20 | 22,5 | 2 | 0,01 | 0 |
| | Auszug | 90 | 90 | 10 | 25 | 0 | 0 | 0 |
| Lichten-hainer | frische | 75 | 38 | 8 | 20 | 25 | 0,03 | 0 |
| | trockne | 90 | 70 | 10 | 30 | 50 | 0,15 | 0 |
| | Auszug | 90 | 75 | 5 | 2,5 | 30 | — | 0 |
| Pombe | frische | 25 | 37 | 0 | 12,5 | 20 | — | 0 |
| | trockne | 80 | 75 | 5 | 45 | 37,5 | 0,328 | 0 |
| | Auszug | 80 | 75 | 0 | 60 | 30 | 0,25 | 0 |
| Logos | frische | — | — | — | — | — | 0,0345 | 0 |
| | trockne | 90 | 75 | 25 | 30 | 65 | 0,15 | 0 |
| | Auszug | 90 | 75 | 0 | 30 | 65 | 0,03 | 0 |

Temperatur 24,5°; Zeitdauer: 39—42 Stunden.

## Tabelle III.

| | Maltose 288 | Maltose 168 | Maltose 96 | | α-Methyl-glucosid | Trehalose | Rohr-zucker | | Lactose 24 | Lactose 96 | Lactose 168 | Lactose 288 | Temperatur |
|---|---|---|---|---|---|---|---|---|---|---|---|---|---|
| | | | | | | 48 Stunden — | | | | | | | |
| α 495 | 0 | 0 | 0 | 0 | — | 20 | 70 | 0 | 0 | 0 | 0 | 0 | 60° / 40° |
| β 499 | — | — | — | 0 | 0 | 15 | 60 | 0 | | | | | bei 25° |
| Anomalus 480 | | | | 0,15 gr. | 5 | 25 | 90 | 0 | | | | | bei 25° |
| Torula 481 | | | | 0 | 0 | 7,5 | 5 | 0 | | | | | bei 25° |
| Orangerote | | | | 0 | 0 | 0 | 50 | 0 | | | | | bei 25° |
| Kahm 479 | | | | 0 | 2 | 15 | 5 | 0 | | | | | bei 25° |
| Grünliche Hefe | | | | 0 | 0 | 25 | 100 | 0 0 0 0 | | | | | 60° / 40° / 5°—1° |

56*

Die Versuche mit Lactose zeigen keine positiven Resultate in bezug auf Hydrolyse, wie auch die Temperatur und Zeitdauer gewählt wurden.

Für Melibiose fielen die Resultate bei den verschiedenen Temperaturen nicht gleich aus. Bei trockener Bari Italiana-Hefe fand bei einer Temperatur von 40⁰ eine deutliche Hydrolyse statt, bei niedrigeren Wärmegraden (25—30⁰) dagegen war eine solche niemals zu konstatieren. Aßmannshäuser Rheinweinhefe ergab ein interessantes Resultat, da durch sie schon bei 25⁰ Spaltung erzielt wurde. Alle mit den übrigen Weinhefen meiner Versuchsreihe angestellten Spaltungsproben ergaben bei einer Temperatur von 24,5⁰ kein positives Resultat.

Ich habe diese seltene und nur schwer rein herstellbare Zuckerart nach der Methode von Scheibler und Mittelmeier[1]) aus Melitriose bereitet und auf ihre Reinheit vermittelst des Osazons geprüft. Bekanntlich hat Melibiose dieselben Komponenten wie Milchzucker (*d*-Glucose und *d*-Galactose), aber gegenüber den Hefenenzymen verhalten sie sich ganz verschieden. Bei 40⁰ und 60⁰ ergab sich für Melibiose Spaltung, für Lactose aber nicht; das Optimum lag bei etwa 40⁰.

Die Trehalose ist bis jetzt als schwer spaltbare Zuckerart bekannt. Meine Hefen haben, mit Ausnahme der orangeroten Mazunhefe, ziemlich erhebliche spaltende Wirkung ausgeübt. Auch hier wirken frische Hefen immer schwächer als trockene. Alle angewandten Hefen enthalten also wirksames Enzym. Bei 24—25⁰ wurden innerhalb 42 Stunden durch frische Weinhefen 15 pCt. und durch Brennereihefen 12 pCt. gespalten. Andere Frischhefen wirken gar nicht oder sehr schwach. Bei Verwendung trockenen Materials dagegen wurden im Maximum durch Weinhefen 21 pCt., durch Brennereihefen 37,5 pCt. und durch andere Hefen 10 pCt. gespalten. Mit steigender Temperatur nimmt die Intensität der Spaltung nicht merklich zu, wohl aber ist die Menge des gespaltenen Zuckers von der Dauer des Versuches abhängig. Denn bei Bari Italiana waren bei 26⁰

nach  39 Stunden 15 pCt.,
  „  136    „    30  „
  „  163    „    40  „
  „  187    „    45  „

gespalten. E. Fischer[2]) hat Spaltung der Trehalose durch Bierhefen erzielt, und zwar wurden von trockener Hefe 20 pCt. hydrolysiert, während der wässerige Auszug keine Spaltung bewirkte. Das Resultat stimmt mit dem meinigen für Pombe und Logos überein; aber bei

---

[1]) Berichte d. d. chem. Gesellsch. **22**, 1678 [1889] und **23**, 1438 [1890].
[2]) Berichte d. d. chem. Gesellsch. **28**, 1432 [1895]. (*S. 853.*)

meinen Weinhefen und allen übrigen ist die Hydrolyse auch durch wässerigen Hefenauszug bewirkt worden.

Bourquelot[1]) hat bereits eine Spaltung der Trehalose durch Aspergillus niger und durch Grünmalz beobachtet und das wirksame Enzym Trehalase genannt. Das in meinen Weinhefen wirksame Enzym stimmt mit Bourquelots Trehalase darin überein, daß auch hier die Wirksamkeitsgrenze bei etwa 64° liegt. Ob letztere identisch ist mit dem in den Weinhefen enthaltenen Enzym, bleibt noch festzustellen.

Auf Melezitose habe ich alle Hefen der Tabelle II, mit Ausnahme der Rostocker, einwirken lassen. Bei Logos wurde frische Hefe nicht verwendet. Die Resultate waren in allen geprüften Fällen positiv. Das Maximum der Spaltung wurde durch Pombe erreicht, und zwar mit 60 pCt. bei wässerigem Auszug.

### Beschreibung der einzelnen Hefen.

Wie schon erwähnt, wurden mehrere der untersuchten Hefen aus dem Milchpräparat Mazun, welches ich aus meiner Heimat Armenien bezogen habe, isoliert. Da dasselbe dem wissenschaftlichen Publikum kaum bekannt sein dürfte, so will ich seine Eigenschaften und seine Gewinnung beschreiben. Mazun ist kefirähnlich, hat aber einen eigenartigen, angenehmen Geschmack, woduch es sich von Kefir und anderer saurer Milch unterscheidet. Das beste Mazun wird aus Büffel- oder Ziegenmilch bereitet; besonders in den Städten verwendet man aber auch ein Präparat, welches aus gewöhnlicher Kuhmilch hergestellt ist. Seine Hauptbedeutung liegt in der Verwertung zur Butterbereitung. Der größte Teil der gebräuchlichen und exportierten armenischen Butter ist aus Mazun gewonnen. Bei Armeniern und Kurden zieht man diese Butter der aus süßer Sahne hergestellten vor, weil sie angenehmer schmeckt und ein Aroma besitzt, welches ohne Zweifel durch die im Mazun befindlichen Organismen verursacht wird.

Außer bei der Bereitung der Butter hat das Mazun noch andere große Bedeutung im täglichen wirtschaftlichen Leben. Man benutzt es zur Anrichtung von Milchspeisen oder, besonders zur Sommerzeit, als Getränk, indem man es teils unmittelbar mit Löffeln genießt, teils mit Wasser vermischt. So wird es namentlich in heißen Gegenden und in Ebenen verwendet, wo wegen des sehr miasmatischen und Fieber verursachenden Klimas Wassergenuß schädlich ist und Gebrauch von Wein oder anderen alkoholischen Getränken wegen der großen Hitze bei der Feldarbeit nachteilig wirken kann. Nach der Butter-

---

[1]) Bull. soc. mycol. **9**, 189.

bereitung bleibt saure Buttermilch zurück; letztere wird ebenfalls im
Sommer als kühlendes Getränk genossen oder zu anderen Produkten
verarbeitet. Wenn die Buttermilch in einem Tongefäß ruhig steht, so
setzt sie sich nach 1—4 Tagen als eine käsige Masse ab, über welcher
sich die klare Molke befindet. Diese Quarkmasse wird in einem Sack
ausgepreßt und dann Than genannt. Letzterer wird mit Mehl versetzt, in Stückchen geschnitten und an der Sonne getrocknet, um so
für die langen Winter, wie sie im türkischen Armenien vorkommen,
aufbewahrt zu werden. In der Provinz Wan wird dieser Tschora-
Than (trockener Than) mit Spinat und Reis, unter Zusatz von Pfeffer-
münze und anderen einheimischen Gewürzen, unter fortwährendem
Umrühren gekocht. Es ist ein besonders beliebtes Gericht und heißt
dann Than-apur.

Man bereitet Mazun in folgender Weise: Nachdem die Keime der
Milch durch Kochen abgetötet sind, wird sie bis zur Blutwärme abgekühlt und mit einem Teil alten Mazuns vermengt. Das letztere wird,
ehe es unter die Milch gemischt wird, mit so viel warmer Milch oder
kaltem Wasser versetzt, bis es dünnflüssig ist. Das Ganze bringt man
dann sofort in einen Topf, der mit einem dicken Tuch umhüllt wird.
Hierauf läßt man es im Sommer an einem geschützten Ort stehen,
während es im Winter anfänglich an einer warmen Stelle aufbewahrt
werden muß. Um zum Genuß steiferes Mazun zu haben, muß man
es dann einige Zeit an einen kühlen Ort stellen.

Die Art der Zubereitung hat mich zu der Vermutung geführt,
daß das Mazun seine Entstehung im wesentlichen der Tätigkeit von
Mikroorganismen verdankt. Diese Vermutung hat sich bestätigt, denn
unter dem Mikroskop erkennt man verschiedene Organismen: Hefen,
ziemlich große Bazillen, Mikrokokken und Schimmelpilze, die ich alle
in Reinkultur besitze. Die Hefen sind in 9 Arten vertreten, von denen
Hr. Prof. Lindner vier isoliert hat. Bazillen sind zwei von mir isoliert, der eine aus frischem Mazun, der andere aus Tschora-Than. Eine
Mikrokokkus-Species hat Hr. Dr. O. Emmerling freundlichst in
Reinkultur gezogen.[1]) Eine zweite, kleinere ist von mir isoliert worden, die aber möglicherweise mit den ersten identisch sein kann.

Von anderen Pilzen fand ich Oidium lactis und eine Mucorspezies,
vermutlich auch noch einen Aspergillus.

Von den 9 Mazunhefen habe ich 7 genauer untersucht. Sie wachsen sowohl auf Bierwürzegelatine als auch auf Lactosegelatine vor-
züglich, wenn auch auf letzterer merklich langsamer.

Ich gehe nunmehr zur Beschreibung der von mir speziell unter-

---

[1]) Vgl. Centralbl. für Bacteriologie **1898**, Mai.

suchten Hefen über. Ihre morphologische Diagnose ist teilweise von Hrn. Prof. P. Lindner freundlichst ausgeführt und mir mitgeteilt worden.

1. Eine Anomalusart, erregt wie S. anomalus belgicus in Würze keine Gärung und wächst Mycoderma ähnlich. Der Rand der vom 12. I. 98 bis 26. I. 98 gewachsenen und 1 cm breit gewordenen Kolonie war rein weiß, während die übrige Fläche einen schwach rötlichbraunen Farbenton angenommen hatte. Sie verflüssigt Gelatine und bildet hutförmige Sporen. Unter Nr. 479 der Berliner Sammlung eingeordnet. (Isoliert von Lindner.)

2. Eine Anomalusart, welche in Würze gärt und angenehm riechenden Fruchtäther entwickelt, nach Bildung einer dünnen Kahmhaut. Wächst auf Bierwürzegelatine in flachen, soliden Kolonien mit monotoner, graugelblicher, matter Oberfläche. Rand mehr grau und schwach konzentrisch geschichtet; später treten weiße, mehlig-trockene Zacken auf. Bildet große, hutförmige Sporen wie Nr. 479, besonders reichlich in Wassertropfen. Verhält sich Polysacchariden gegenüber wie gewöhnliche Weinhefen, enthält keine Lactase, zeigt schwache $\alpha$-Methylglucosid- (5 pCt.) und Maltosespaltung. Nr. 481. (Isoliert von Lindner.)

3. Torula-Art. Mehr gewölbte Kolonien bildend, ebenfalls mit matter, schwach rosagelber Oberfläche; enthält Trehalase und Invertin. Maltose, $\alpha$-Methylglucosid und Lactose bleiben unberührt. Nr. 480. (Isoliert von Lindner.)

4. Orangerote Riesenkolonien mit konzentrischen Leisten, siegelförmiges Aussehen. In Bierwürze, Traubenmost, Rohrzucker-, Lactosenährlösungen keine Gärung. In Tröpfchenkulturen in Bierwürze Zelle mit schleimigem Hof; später reihenweise Gruppierung der Zellen. Wächst in Lactosenährlösung, Molken, Milch, 2 prozentiger Chinasäure spärlich, in 4 prozentiger Chinasäurenährlösung außerordentlich schwach; auf Chinasäureagar (1 pCt. Chinasäure, 2 pCt. Pepton, 3 pCt. Agar-Agar) wächst sie anfangs rot, verliert allmählich den Farbstoff und zeigt nur hier und da an der Oberfläche rote Tupfen. Enthält nur Invertin; denn Rohrzucker wurde stark gespalten, während alle anderen Zuckerarten unberührt blieben. Kann vielleicht zur Reingewinnung des Invertins dienen. In Traubenzucker unangenehmer Geschmack. In Molkengelatine gibt sie schwache, einfache Stichkultur, gibt in der Tiefe die rote Färbung ganz auf. Besonders auffallend ist, daß sie keine Trehalase enthält, der einzige Fall unter meinen 20 verschiedenen Hefen. Nr. 497. (Isoliert von mir.)

5. $\alpha$-Mazunhefe. Wächst fast genau wie Hefe Saaz. Der wellige Rand konzentrisch geschichtet, die in der Mitte liegende, muldenför-

mige Vertiefung mit Wülsten ausgefüllt. Wächst sehr schnell auf Pflaumendekokt, Most, Bierwürze; vergärt Traubenmost und Rohrzucker. Der Traubenzucker nimmt nach der Gärung einen eigenartigen, milchsauren, sehr an Mazun erinnernden Geschmack an. Spaltet Rohrzucker nud Trehalose; ist gegen Lactose völlig wirkungslos (selbst beim Zerreiben mit Glaspulver), mit oder ohne Toluolzusatz bei verschiedenen Temperaturen und verschiedener Zeitdauer. Nr. 495. (Isoliert von mir.)

6. Grünliche Mazunhefe. Die Riesenkolonien vom 16. XII. 97 bis 26. I. 98 waren flach ausgebreitet (2,5 cm breit), mit wenigen radialen Linien. Oberflächlich matt grünlichgrau. Mit der Zeit steigt die mittlere Partie wie ein flaches Plateau auf, nimmt mehr und mehr pfirsichblütrote Farbe an, und schließlich sinkt die ganze Kolonie in die Tiefe. Vergärt sehr schwach Traubenzucker und Traubenmost, wächst gut auf Pflaumendekoktgelatine und Bierwürzegelatine. Traubenzucker schmeckt nach der Gärung mazunsauer. Spaltet Rohrzucker (100 pCt.) und Trehalose (25 pCt.). Gegen Lactose und Maltose und auch gegen α-Methylglucosid wirkungslos, ebenso wie α-Mazunhefe. Nr. 496. (Isoliert von mir.)

7. Kahmhefe. Riesenkolonien kräftig wachsend, dabei locker, schwammig, etwas cremefarben. Gelatine nicht verflüssigend. Hydrolysierende Wirkung noch nicht geprüft. Nr. 498.

8. β-Mazunhefe. Flache, einfache Kolonien, mit matter, bräunlichgrauer Oberfläche. Im Impfstich in Molkengelatine Zerklüftung der Gelatine. Rötliche Färbung an der Berührungsstelle mit der Luft. Vergärt Most sehr schwach, spaltet Rohrzucker und Trehalose. Nach der Gärung milchsauer schmeckend. Nr. 499. (Isoliert von mir.)

9. Ebenso wie Nr. 499. Vergärt Molken, welche nach der Gärung wie Mazun-Buttermilch schmecken. Spaltung noch nicht genau untersucht. Nr. 500. (Isoliert von Lindner.)

In Molkengelatine-Stichkulturen (nach Lindner) bilden seitlich ausstrahlende Stiche Nr. 479, 498, 495; 480 sendet beim Stich vereinzelt horizontale, fächerförmige Blätter in die Gelatine. 481 und 497 geben schwache, einfache Stichkulturen, 499 und 500 unter der Oberfläche pfirsichblütrote Färbung der Gelatine.

Mir scheint, daß α (495), β (499), die grünliche Hefe (496), ferner Nr. 500 und Anomalus (480) spezifische Bestandteile des Mazuns sind, weil der saure Geschmack und das Aroma an Mazun erinnern. Es ist wahrscheinlich, daß die Lactose durch die Schizomyceten und die säurebildenden Hefen gespalten wird, und daß dann diese, an ein saures Substrat gewöhnte Hefen die Alkoholgärung verursachen.

Die Brennereipreßhefen sind untereinander ziemlich ähnlich und alle obergärig. Näheres findet man in der Literatur.[1]

Die Weinhefen verhalten sich gegenüber Polysacchariden ebenso wie die gewöhnlichen Bierhefen. Sie besitzen dieselben Enzyme.

Pombehefe wurde aus dem Negerhirsebier isoliert. Sie ist eine Warmhefe und gibt bei hoher Vergärung geringen Ernteertrag mit glattem Bodensatz. Die Riesenkolonien wachsen langsam, sind kompakt, bilden einen steilen Kegel und zeigen gar keine Gliederung. Die gärende Flüssigkeit wird verhältnismäßig stark sauer. Bei gewöhnlicher Temperatur vergärt sie Dextrin sehr langsam, bei einer Temperatur von etwa 25° R. aber energisch. Pombehefe ist ein Schizosaccharomycet, der sich also durch Teilung und nicht durch Sprossung vermehrt. Sehr intensiv wird Maltose gespalten, Trehalose dagegen sehr schwach, und bei Versuchen mit frischer Hefe und Auszug war die Hydrolyse bei letzterer kaum nachweisbar. Sehr starke Hydrolyse erleidet auch Melezitose.

Die Logoshefe wurde von van Laer aus einem brasilianischen Biere isoliert. Sie ist auch eine Warm- und Klumphefe. Sie wächst sehr charakteristisch in Riesenkolonien, ähnlich wie S. Pastorianus III, vergärt bei gewöhnlicher Temperatur Dextrin und bewirkt neben starker α-Methylglucosidspaltung schwache Spaltung der Maltose. Der wässerige Auszug griff Trehalose und Lactose nicht an.

Schließlich wurde aus dem russischen Getränk Kissly-Schtschi eine Hefe isoliert. Diese bildet sehr fest anhaftende Bodensätze und vergärt die Bierwürze nur wenig. Die Bierwürze erinnert nach der Gärung sehr an Kissly-Schtschi (schwach milchsauer und weißbierähnlich). Die Riesenkolonien sind zartgekräuselt und von grauweißer Farbe. Die einzelnen Zellen haben glatten Plasmainhalt und sind zum Teil klein, an S. exiguus erinnernd. Die trockene Hefe erzeugt starke Spaltung des Rohrzuckers nur sehr schwache Hydrolyse von Maltose, α-Methylglucosid und Trehalose. Frische Hefe wirkt überhaupt nicht, der wässerige Auszug wirkt auf Maltose und α-Methylglucosid nicht. Diese Hefe enthält, wie alle anderen, Invertin.

---

[1] P. Lindner, Mikroskopische Betriebskontrolle.

---

**108. Emil Fischer:** Über die Spaltung racemischer Verbindungen in die aktiven Komponenten.

Berichte der deutschen chemischen Gesellschaft **32**, 3617 [1899].
(Eingegangen am 23. Dezember.)

Vor einigen Monaten haben die Herren Marckwald und Mc. Kenzie mitgeteilt[1]), daß die $d$-Mandelsäure mit dem linksdrehenden Menthol etwas rascher zum Ester zusammentritt, als ihr optischer Antipode; denn bei Anwendung der racemischen Mandelsäure zeigte sich, daß der nicht angegriffene Teil linksdrehend war, und es gelang daraus durch systematische Kristallisation auch die $l$-Mandelsäure, allerdings in relativ kleiner Menge, zu isolieren.

Sie glauben nun, mit dieser Beobachtung „eine prinzipiell neue Methode zur Spaltung racemischer Verbindungen in die aktiven Bestandteile" gefunden zu haben und stellen zu dem Zweck ihr Verfahren gegenüber den von Pasteur aufgefundenen Methoden der Spaltung racemischer Kombinationen. Obschon sie bei dieser Gelegenheit auch meine Versuche über die Wirkung der Enzyme auf asymmetrische Verbindungen zitieren, so ist ihnen doch die große Analogie meiner Beobachtungen und Schlußfolgerungen mit ihren Resultaten entgangen.

Ich habe durch das eingehende Studium der künstlichen Glucoside nicht allein festgestellt, daß ihre Zerlegung durch Enzyme ganz allgemein in auffallendem Grade von der Konfiguration abhängig ist, sondern auch speziell bewiesen, daß dieser Unterschied für optische Antipoden zutrifft. Dafür wurden zwei Beispiele gegeben:

Das $\beta$-Methylglucosid der $d$-Glucose wird von Emulsin leicht in Traubenzucker und Methylalkohol zerlegt, während sein optischer Antipode, das $\beta$-Methyl-$l$-glucosid, unter den gleichen Bedingungen unverändert bleibt. Genau denselben Unterschied zeigen die beiden optisch entgegengesetzten $\alpha$-Methylderivate der $d$- und $l$-Glucose, wenn sie mit den Enzymen der Hefe behandelt werden. Hat man also ein racemisches Gemisch von $\beta$-Methyl-$d$-glucosid und $\beta$-Methyl-

---

[1]) Berichte d. d. chem. Gesellsch. **32**, 2130 [1899]. Vgl. auch Walden, Berichte d. d. chem. Gesellsch. **32**, 2703 [1899].

*l*-glucosid, so braucht man dasselbe nur der Wirkung des Emulsins auszusetzen, um die Spaltung herbeizuführen, denn es wird dadurch die eine Form zerstört, während die andere unverändert bleibt; und dieselbe Wirkung erzielt man beim racemischen Gemenge der beiden α-Methylglucoside mit den Hefenenzymen.

Es liegt auf der Hand, daß diese Methode der Spaltung racemischer Körper im Prinzip die gleiche ist, wie die von Marckwald und Mc. Kenzie gewählte. Denn die Enzyme sind doch nichts anderes als chemische Agentien. Allerdings ist ihre Zusammensetzung viel komplizierter, als das in den Versuchen von Marckwald und Mc. Kenzie angewandte Menthol. Aber dafür ist auch der damit erzielte Effekt sehr viel vollkommener; denn mit ihrer Hilfe läßt sich die Spaltung der racemischen Verbindung leicht und vollkommen durchführen, was man von dem Verfahren jener beiden Herren gewiß nicht sagen kann. Allerdings läßt sich auch die Analogie der Enzymwirkung mit derjenigen der Mikroorganismen nicht verkennen. Aber mit der von mir erkannten Brauchbarkeit der Enzyme für diesen Zweck ist die von Pasteur beobachtete Erscheinung, daß eine racemische Verbindung durch Pilzgärung gespalten werden kann, aus dem biologischen auf das rein chemische Gebiet verlegt worden.

Um zu zeigen, daß ich diese Auffassung schon vor 5 Jahren, also noch vor der Entdeckung der Zymase durch Buchner klar ausgesprochen habe, will ich einen Satz aus meiner ersten Mitteilung über diesen Gegenstand[1]) hier zitieren:

„Die Überzeugung, daß der geometrische Bau des Moleküls selbst bei Spiegelbildformen einen so großen Einfluß auf das Spiel der chemischen Affinitäten ausübe, konnte meiner Ansicht nach nur durch neue tatsächliche Beobachtungen gewonnen werden. Die bisherige Erfahrung, daß die aus zwei asymmetrischen Komponenten gebildeten Salze sich durch Löslichkeit und Schmelzpunkt unterscheiden können, genügte dafür sicher nicht. Daß man die zunächst nur für die komplizierteren Enzyme festgestellte Tatsache bald auch bei einfacheren asymmetrischen Agentien finden wird, bezweifle ich ebensowenig, wie die Brauchbarkeit der Enzyme zur Ermittlung der Konfiguration asymmetrischer Substanzen.‟

Denselben Gedanken habe ich nochmals wiederholt in einer zusammenfassenden Abhandlung: „Bedeutung der Stereochemie für die Physiologie‟[2]). Denn bei der Diskussion der von mir aufgestellten Hypothese, daß zwischen Enzymen und ihrem Angriffsobjekt eine

---

[1]) Berichte d. d. chem. Gesellsch. **27**, 2992 [1894]. (*S. 843.*)
[2]) Zeitschr. für physiol. Chem. **26**, 60 [1898]. (*S. 116.*)

Ähnlichkeit der molekularen Konfiguration bestehen müsse, etwa wie zwischen Schloß und Schlüssel, wenn eine Reaktion erfolgen soll, findet sich folgende Bemerkung:

„Sie (die Hypothese) hat mich veranlaßt, die bei der alkoholischen Gärung der Monosaccharide gemachten Erfahrungen bei den Glucosiden zu verfolgen; sie stellt der experimentellen Forschung weiter das ganz bestimmte und angreifbare Problem, dieselben Unterschiede, welche wir in der enzymatischen Wirkung beobachteten, bei einfacheren, asymmetrisch gebauten Substanzen von bekannter Konstitution aufzusuchen, und ich zweifle nicht, daß schon die nächste Zukunft uns hier wertvolle Resultate bringen wird.‘‘

Im Anschluß daran habe ich auch einen Versuch über die Hydrolyse des Rohrzuckers einerseits durch d- andererseits durch l-Camphersäure beschrieben, den ich unternahm, weil es mir möglich schien, daß schon hier ein Unterschied in der Reaktionsgeschwindigkeit hervortrete. Der Versuch ist allerdings negativ ausgefallen, und ich gestehe gerne, daß die HHrn. Marckwald und Mc. Kenzie glücklicher in der Wahl des Versuches gewesen sind. Aber es geht daraus doch deutlich hervor, daß ihre Beobachtungen ganz in den Rahmen der Ideen fallen, welche ich bei dem Studium der Enzymwirkungen verfolgt habe.

Ich benutze die Gelegenheit, um ein schon älteres Versehen meinerseits zu berichten. Bei der Beschreibung des racemischen Methylmannosids, welches ein geringeres spezifisches Gewicht als die aktiven Komponenten hat, haben Beensch und ich bemerkt[1]), daß man die Verminderung der Dichte bei der Racemisierung bis dahin nicht beobachtet habe. In Wirklichkeit waren aber schon einige Monate früher von Walden[2]) solche Fälle bekannt gemacht worden.

---

[1]) Berichte d. d. chem. Gesellsch. **29**, 2931 [1896]. (*S. 768.*)
[2]) Berichte d. d. chem. Gesellsch. **29**, 1692 [1896].

## 109. Emil Fischer, Über die Bezeichnung von optischen Antipoden durch die Buchstaben $d$ und $l$.

Berichte der deutschen chemischen Gesellschaft **40**, 102 [1907].

(Eingegangen am 15. Dezember 1906.)

Als es mir vor 16 Jahren gelungen war, in der Zuckergruppe eine Reihe von optischen Antipoden zu gewinnen, habe ich den Vorschlag gemacht, statt der bis dahin üblichen langen Wörter ,,linksdrehend'' und ,,rechtsdrehend'' die Buchstaben $d$ und $l$ für die optischaktiven und den Buchstaben $i$ für die inaktiven (racemischen) Produkte zu gebrauchen[1]). Letzteren ließ ich später wieder fallen, weil er auch als Abkürzung des Wortes ,,iso'' gebraucht wird, und weil er überflüssig ist, da man durch $dl$ die inaktiven Kombinationen unzweideutig kennzeichnen kann.

In der Verwendung der beiden Zeichen $d$ und $l$ bin ich noch einen Schritt weiter gegangen, indem ich sie nicht in jedem Falle dem optischen Drehungsvermögen der betreffenden Substanz anpaßte, sondern vielmehr auch benutzte, um zwischen nahestehenden Verbindungen den gemeinsamen oder ähnlichen sterischen Aufbau zum Ausdruck zu bringen. So habe ich die natürliche Fructose, welche die gleiche Konfiguration wie die $d$-Glucose besitzt, trotz der Linksdrehung als $d$-Verbindung bezeichnet und in ähnlicher Weise auch die kohlenstoffärmeren Zucker nach ihrem Zusammenhang mit den Hexosen als $d$- und $l$-Verbindungen unterschieden, ohne auf ihr Drehungsvermögen Rücksicht zu nehmen. Dieser Vorschlag ist von der Mehrheit der Fachgenossen, die sich mit den optisch-aktiven Substanzen beschäftigen, nicht allein für die Zuckergruppe akzeptiert, sondern auch später in anderen Gruppen teilweise nachgeahmt worden. Nur für diejenigen Verbindungen, die bezüglich der Konfiguration noch nicht in Beziehung zueinander gebracht werden konnten, wählt man die Buchstaben $d$ und $l$ nach dem Drehungsvermögen der reinen Substanz oder, wenn diese nicht bestimmbar ist, womöglich nach dem

---

[1]) Berichte d. d. chem. Gesellsch. **23**, 371 [1890]. (*S. 331.*)

Drehungsvermögen der wässerigen Lösung. Als Beispiel für die letzte Klasse von Substanzen führe ich die Aminosäuren an.

Mein Vorschlag hat aber auch zu Mißverständnissen geführt, welche am schärfsten zum Ausdruck gekommen sind in der Publikation von A. Rosanoff[1]), „On Fischers Classification of Stereo-Isomers". Herr Rosanoff rollt darin wieder eine Frage auf, die ich durch die frühere Diskussion von seiten der Herren Salkowski und Neuberg[2]), Küster[3]) und Wohl[4]) als erledigt betrachtet habe, und nötigt mich zu einer Entgegnung, da er mir fundamentale Irrtümer vorwirft und außerdem eine Abänderung der längst eingebürgerten Zeichen verlangt. Herr Rosanoff glaubt, daß ich die Buchstaben *d* und *l* als ein Klassifikationsprinzip in der Zuckergruppe hätte verwenden wollen. Demgegenüber muß ich betonen, daß die Klassifikation der Zucker und aller damit zusammenhängenden Substanzen durch die von mir aufgestellten Konfigurationsformeln gegeben ist. Wie man diese in Namen übersetzt, ist ausschließlich eine Frage der Nomenklatur.

Schon vor 12 Jahren[5]) habe ich den Vorschlag gemacht, rationelle Namen für die Glieder der Zuckergruppe zu gebrauchen und die Konfiguration durch die Zeichen $+$ oder $-$ auszudrücken, z. B. Traubenzucker $=$ Hexose $+-++$ oder Hexanpentolal $+-++$. An Stelle dieser Zeichen sind später die Ausdrücke von Lespieau[6])

$$\text{Hexanpentol-2456,3-al und Maquenne[7]) Hexanpentolal } \frac{245}{3}6 \text{ getreten,}$$

deren Vorzüge ich gern anerkenne, die im Grunde genommen aber nur eine Modifikation meines Vorschlages sind. Meine Erwartung, daß diese rationellen Namen bald die alten empirischen Ausdrücke in den Hintergrund drängen würden, ist aber nicht eingetroffen. Im Gegenteil, für neu entdeckte Zucker mit geringerem Kohlenstoffgehalt sind seitdem immer noch empirische Namen gewählt worden, und ich ziehe daraus den Schluß, daß diese der Mehrzahl der Fachgenossen sympathischer sind, als die rationellen Ausdrücke, die man sich zum Verständnis immer erst in die Konfigurationsformel übersetzen muß. Solange aber die empirischen Namen gebraucht werden, ist die Unter-

---

[1]) Journ. Amer. Chem. Soc. **28**, 114 [1906].

[2]) Zeitschr. für physiol. Chem. **36**, 261 [1902] und **37**, 464 [1903].

[3]) Zeitschr. für physiol. Chem. **37**, 221 [1903].

[4]) Privatmitteilung an v. Lippmann, Chem. d. Zuckerarten, 3. Aufl., S. 366.

[5]) Berichte d. d. chem. Gesellsch. **27**, 3222 [1894]. (*S. 65.*)

[6]) Bull. soc. chim. [3] **13**, 105 [1895].

[7]) Les sucres et leur principaux dérivés. Paris 1900.

scheidung der optischen Antipoden durch besondere Zeichen notwendig. Bei der großen Anzahl von asymmetrischen Kohlenstoffatomen in den Zuckern ist es vielfach Geschmackssache, welche Form man als $d$- bzw. $l$-Verbindung bezeichnen will. Ich habe den Buchstaben $d$ gewählt für die natürliche Glucose und Galactose, weil sie nach rechts drehen. Dann aber habe ich mich bemüht, für die übrigen Glieder der Zuckergruppe die Wahl der Buchstaben $d$ oder $l$ ihren Beziehungen zu den obenerwähnten Hexosen oder deren Antipoden möglichst anzupassen. Daß bei einzelnen Zuckern, z. B. der Xylose, trotzdem eine gewisse Willkür blieb, liegt in der Natur der Sache. Ich habe sie $l$-Xylose genannt, weil sie zuerst experimentell mit der $l$-Glucose verknüpft wurde. Wäre die Beobachtung von Salkowski und Neuberg über die Entstehung der natürlichen Xylose aus $d$-Glucuronsäure meinen Beobachtungen vorangegangen, so würde ich nicht gezögert haben, sie als $d$-Verbindung zu bezeichnen.

In vollständiger Verkennung dieser Verhältnisse hat nun Herr Rosanoff mir hier den Vorwurf eines Irrtums gemacht, indem er selbst von der falschen Voraussetzung ausgeht, daß man bei Systemen mit 4 asymmetrischen Kohlenstoffatomen im streng geometrischem Sinne von einer $d$- und $l$-Reihe reden könne. Um dies zu ermöglichen, macht er allerdings den Vorschlag, nur ein einziges asymmetrisches Kohlenstoffatom, und zwar dasjenige, welches in der beistehenden Konfigurationsformel der $d$-Glucose

$$\overset{\text{OH}}{\underset{\text{H}}{\text{COH}-\overset{|}{\text{C}}}}-\overset{\text{H}}{\underset{\text{OH}}{\overset{|}{\text{C}}}}-\overset{\text{OH}}{\underset{\text{H}}{\overset{|}{\text{C}}}}-\overset{\text{OH}}{\underset{\text{H}}{\overset{|}{\mathbf{C}}}}-\text{CH}_2.\text{OH}$$

fett gedruckt ist, zum Ausgangspunkt der Einteilung zu wählen; zum gleichen Zweck konstruiert er weiter eine Synthese aller Glieder der Zuckerreihe aus den beiden optisch-aktiven Glycerinaldehyden, von denen derjenige mit der Konfigurationsformel

$$\overset{\text{OH}}{\underset{\text{H}}{\text{COH}-\overset{|}{\text{C}}}}-\text{CH}_2.\text{OH}$$

als $d$-Verbindung bezeichnet wird.

Wäre die Synthese der Zucker wirklich auf diese Art erfolgt, so hätte ich sehr wahrscheinlich die Buchstaben $d$ und $l$ ebenso angewandt, wie es Rosanoff jetzt tun will. Aber die aktiven Glycerinaldehyde sind bekanntlich heute noch nicht entdeckt, und es liegt deshalb sicher kein Grund vor, ihrem asymmetrischen Kohlenstoffatom besondere Berücksichtigung bei der Nomenklatur der Zucker zu schenken. Vielmehr verrät es einen Mangel an historischem Sinn, wenn

Herr Rosanoff jetzt seiner willkürlichen Auswahl zu Liebe längst eingebürgerte Namen wie *l*-Xylose, *d*-Weinsäure durch andere Ausdrücke ersetzen will.

Eine solche Änderung könnte man nur dann billigen, wenn damit ein erheblicher Vorteil verbunden wäre. Aber das muß ich entschieden bestreiten. Die Hauptwirkung, welche die Annahme des Vorschlags von Herrn Rosanoff haben würde, ist eine erhebliche Verwirrung der Nomenklatur.

In einem Punkte muß ich allerdings Herrn Rosanoff recht geben. Daß die gleichen Buchstaben *d* und *l* in einigen Gruppen gemeinsame Konfiguration und in anderen Fällen nur das Drehungsvermögen ausdrücken, kann hier und da zu Mißverständnissen führen und ist von mir selbst immer als ein Mangel dieser Bezeichnungsweise empfunden worden. Ich habe auch längst daran gedacht, ob es nicht zweckmäßig sei, andere Zeichen für die Markierung der Konfiguration einzuführen, etwa „*ı*" und „*s*" als Anfangsbuchstaben des hebräischen jâmîn (rechts) und semôl (links).

Aber ich bin davor zurückgescheut, unsere Nomenklatur mit weiteren Zeichen zu belasten. Herr Rosanoff hat dieses Bedenken weniger empfunden und vorgeschlagen, *δ* und *λ* für diesen Zweck zu gebrauchen.

Unglücklicher hätte die Wahl nicht ausfallen können; denn die griechischen Buchstaben werden bekanntlich zur Unterscheidung von anderen Isomerieen benutzt, und nachdem man bereits eine *α*-, *β*- und *γ*-Glucose hat, wird der Ausdruck „*δ*-Glucose" der Mehrzahl der Fachgenossen als der Name für eine vierte Form des Traubenzuckers erscheinen.

Will man hier eine Neuerung einführen, so scheint es mir am zweckmäßigsten, die eingebürgerten Zeichen *d* und *l* beizubehalten, ihnen aber als besonderes Merkmal einen Strich zu geben, wenn sie im Gegensatz zum Drehungsvermögen die Konfiguration andeuten sollen, z. B. *d'*-Fructose für den linksdrehenden Fruchtzucker und *l'*-Xylose für die natürliche, rechtsdrehende Xylose.

Wo die Zeichen für Drehungsvermögen und Konfiguration zusammenfallen, ist das Stricheln überflüssig. Der Traubenzucker und die natürliche Mannose können also wie früher einfach *d*-Glucose und *d*-Mannose heißen[1]).

---

[1]) Allerdings ist im letzten Falle aus dem Zeichen nicht zu ersehen, ob es sich auch auf die Konfiguration bezieht. Sollte hierfür ein Bedürfnis vorliegen, was ich einstweilen bezweifeln möchte, so könnte man noch die Zeichen *d⁰* und *ı⁰* hinzunehmen. Dann würde sein

*d* und *l*: Zeichen nur für Drehungsvermögen (z. B. *d*-Milchsäure, *l*-Leucin),

Was endlich die allgemeine Systematik der optisch-aktiven Substanzen betrifft, so hege ich die Hoffnung, daß es im Laufe der Zeit gelingen wird, alle aliphatischen Substanzen mit den Gliedern der Zuckergruppe zu verknüpfen und dadurch ihre Konfigurationsformeln festzustellen, wie es für die Weinsäure schon gelungen ist.

Besondere Wichtigkeit hat dieses Problem für die Aminosäuren und damit zusammenhängende Stoffe des lebenden Organismus. Ich beschäftige mich schon längere Zeit mit der experimentellen Behandlung der Frage, die leider eine erhebliche Komplikation durch die keineswegs seltene Waldensche Umkehrung erfährt. Ich hoffe aber, daß es möglich sein wird, diese Schwierigkeit zu beseitigen und ein einheitliches, sterisches System für alle wichtigen optisch-aktiven Produkte der Fettreihe, einschließlich mancher cyclischen Stoffe, wie Diketopiperazine, Hydrofurane usw., aufzustellen.

----

$d^0$ und $l^0$: Zeichen für Drehungsvermögen und Konfiguration (z. B. $d^0$-Mannose, $d^0$-Weinsäure),

$d'$ und $l'$: Zeichen für Konfiguration, wenn das Drehungsvermögen entgegengesetzt ist (z. B. $d'$-Fructose, $l'$-Xylose).

----

# Sachregister.

Mannonsäure, *d*- 309. — Phenylhydrazid 310. — Kalksalz 312, 328. — Barytsalz 313. — Oxydation 313, 401. — Lacton 311. — Strontiumsalz 312. — Bildung aus *dl*-Mannonsäure 340. — Bildung aus *d*-Gluconsäure 356. — Verwandlung in *d*-Gluconsäure 357. — Bildung aus *d*-Mannozuckersäure 426.

Mannonsäure, *l*- (Arabinosecarbonsäure), Phenylhydrazid 226. — Kalksalz 328. — Reduktion 332. — Bildung aus *dl*-Mannonsäure 340. — Verwandlung in *l*-Gluconsäure 367. — Bildung aus *l*-Gluconsäure 368. — Konstitution 375.

Mannonsäure, *dl*- 336. — Lacton 336. Calciumsalz 337. — Phenylhydrazid 338. — Spaltung 338. — Bildung aus *dl*-Mannit 350. — Verwandlung in *dl*-Gluconsäure 369.

Mannonsäurelacton, *d*- 311. — Optisches Verhalten 345. — Reduktion 315.

Mannonsäurelacton, *l*- (*l*-Arabinosecarbonsäurelacton), Optisches Verhalten 345. — Reduktion zu *l*-Mannose 332.

Mannonsäurelacton, *dl*- 336. — Reduktion 341.

Mannonsäurephenylhydrazid, *d*- 310. — Rückverwandlung in Mannonsäure 311.

Mannonsäurephenylhydrazid, *l*- 226.

Mannooctit, *d*- 579.

Mannooctonsäure, *d*- 576. — Phenylhydrazid 577. — Lacton 577. — Reduktion desselben 578.

Mannooctose, *d*- 578. — Phenylhydrazon, Osazon 578. — Reduktion 579. — Blausäureanlagerung 579.

Mannose, *d*- 10, 290, 294, 308. — Diphenylhydrazon 236. — Oxim 240, 306. — Phenylhydrazon 289, 295. — Darstellung aus dem Hydrazon 290, 295. — Reduktion 292. — Eigenschaften 296. — Aufsuchung in Polysacchariden 297. — Bildung von Furfurol 299. — Bildung von Lävulinsäure 299. — Nachweis neben Fructose 299. — Blausäureanlage-

rung 300. — Oxydation 303. — Verwandlung in Phenylglucosazon 303. — Konstitution 304. — Oxydation 309. — Verhalten gegen Hefe 291, 313. — Verhalten gegen Acetylchlorid 314. — Synthese 330. — Äthylmercaptal 717. — Konfiguration 428. — Verhalten gegen reine Hefen 833.

Mannose, *l*- 332. — Phenylhydrazon 333. — Verhalten gegen Hefe 334. Reduktion 335. — Bildung durch Vergärung von *dl*-Mannose 342. — Konfiguration 428. — Blausäureanlagerung 641. — Verhalten gegen reine Hefen 833.

Mannose, *dl*- 341. — Phenylhydrazon 341. — Reduktion 343. — Verhalten gegen Hefe 341. — Verhalten gegen Phenylhydrazin 342. — Bildung aus *dl*-Mannit 350. — Oxydation 350.

Mannoseäthylenmercaptal 722.

Mannoseäthylmercaptal 717.

Mannosecarbonsäure siehe Mannoheptonsäure.

Mannosediphenylhydrazon 236.

Mannosephenylhydrazon, *l*- 333. — Verwandlung in Phenyl-*l*-glucosazon 334.

Mannozuckersäure, *l*- (Metazuckersäure) 70, 401.

Mannozuckersäure, *d*- 70. — Darstellung aus *d*-Mannonsäure 401. — Darstellung aus Mannose 403. — Eigenschaften 402. — Salze 404. — Diamid 405. — Phenylhydrazide 405, 406. — Lacton 402. — Verwandlung in Dehydroschleimsäure 413. — Reduktion 426.

Mannozuckersäure, *dl*- 406. — Lacton 406. — Diamid, Phenylhydrazide 407.

Mazun 885.

Melezitose, Verhalten gegen Hefen 885.

Melibiose 675. — Verhalten gegen Emulsin und Kefirlactase 679. — Verhalten gegen Hefen 862, 884. — Wahrscheinliche Identität mit der synthetischen Galactosidoglucose 675.

Melibioson 184. — Verwandlung in

Verlag von Julius Springer in Berlin W 9

# Emil Fischer
# Gesammelte Werke

Herausgegeben

von

## M. Bergmann

**Untersuchungen aus verschiedenen Gebieten.** Vorträge und Abhandlungen allgemeinen Inhalts. (924 S.) 1924.

40.50 Goldmark; gebunden 42 Goldmark

**Untersuchungen über Triphenylmethanfarbstoffe, Hydrazine und Indole.** (889 S.) 1924. 39 Goldmark; gebunden 40.50 Goldmark

**Untersuchungen über Aminosäuren, Polypeptide und Proteine I.** (1899—1906.) (782 S.) Unveränderter Neudruck. Erscheint im Juli 1925

**Untersuchungen über Aminosäuren, Polypeptide und Proteine II.** (1907—1919.) (932 S.) 1923. 29 Goldmark; gebunden 32 Goldmark

**Untersuchungen über Kohlenhydrate und Fermente II.** (1908—1919.) (543 S.) 1922. 19 Goldmark; gebunden 22 Goldmark

**Untersuchungen über Depside und Gerbstoffe.** (1908—1919.) (547 S.) 1919. 21.80 Goldmark; gebunden 25 Goldmark

**Organische Synthese und Biologie.** Zweite, unveränderte Auflage. (28 S.) 1912. 1 Goldmark

**Neuere Erfolge und Probleme der Chemie.** (30 S.) 1911.

0.80 Goldmark

**Untersuchungen in der Puringruppe.** (1882—1906.) (616 S.) 1907.

15 Goldmark; gebunden 19 Goldmark

**Eröffnungsfeier des neuen I. Chemischen Instituts der Universität Berlin** am 14. Juli 1900. (50 S.) 1900. 1 Goldmark

**Die Chemie der Kohlenhydrate und ihre Bedeutung für die Psysiologie.** Rede, gehalten zur Stiftungsfeier der militärärztlichen Bildungsanstalten. (36 S.) 1894. 1 Goldmark

**Aus meinem Leben.** Mit drei Bildnissen. (210 S.) 1922.

Gebunden 9.50 Goldmark

Verlag von Julius Springer in Berlin W 9

# Beilsteins
# Handbuch der organischen Chemie

### Vierte Auflage

Die Literatur bis 1. Januar 1910 umfassend

Herausgegeben von der

### Deutschen Chemischen Gesellschaft

Bearbeitet von **Bernhard Prager,** Paul Jacobson †,
**Paul Schmidt** und **Dora Stern**

Erster Band: **Leitsätze für die systematische Anordnung. — Acyclische
Kohlenwasserstoffe, Oxy- und Oxo-Verbindungen.** (1018 S.) 1918.
Gebunden 47 Goldmark
Zweiter Band: **Acyclische Monocarbonsäuren und Polycarbonsäuren.** (928 S.)
1920. Gebunden 42 Goldmark
Dritter Band: **Acyclische Oxy-Carbonsäuren und Oxo-Carbonsäuren.** (948 S.)
1921. Gebunden 44 Goldmark
Vierter Band: **Acyclische Sulfinsäuren und Sulfonsäuren. Acyclische Amine,
Hydroxylamine, Hydrazine und weitere Verbindungen mit Stickstoff-Funktionen.
Acyclische C-Phosphor-, C-Arsen-, C-Antimon-, C-Wismut-, C-Silicium-Ver-
bindungen und Metallorganische Verbindungen.** (750 S.) 1922.
Gebunden 35 Goldmark
Fünfter Band: **Cyclische Kohlenwasserstoffe.** (802 S.) 1922.
Gebunden 37 Goldmark
Sechster Band: **Isocyclische Oxy-Verbindun en.** (1295 S.) 1923.
Gebunden 82 Goldmark
Siebenter Band: **Isocyclische Monooxo -Verbindungen und Polyoxo -Ver-
bindungen.** (963 S.) 1925. Gebunden 128 Goldmark

---

## Hoppe-Seyler / Thierfelder

# Handbuch der physiologisch- und
# pathologisch-chemischen Analyse

### für Ärzte und Studierende

Bearbeitet von **P. Brigl**-Tübingen, **S. Edlbacher**-Heidelberg. **H. Felix**-Heidelberg,
**R. E. Groß**-Heidelberg, **G. Hoppe-Seyler**-Kiel, **H. Steudel**-Berlin, **H. Thierfelder**-
Tübingen, **K. Thomas**-Leipzig, **F. Wrede**-Greifswald

Herausgegeben von

### Dr. H. Thierfelder

Professor der Physiologischen Chemie an der Universität Tübingen

### Neunte Auflage

Mit 39 Abbildungen und 1 Spektraltafel. (1020 S.) 1924

In Moleskin gebunden 69 Goldmark

Verlag von Julius Springer in Berlin W 9

# Biochemisches Handlexikon

Herausgegeben von

## Emil Abderhalden

Professor Dr. med. et phil. h. c.,

Direktor des Physiologischen Instituts der Universität Halle a. S.

In 7 Bänden nebst Ergänzungsbänden

I. Band, 1. Hälfte, enthaltend: Kohlenstoff, Kohlenwasserstoff, Alkohole der aliphatischen Reihe, Phenole. 1911.
  44 Goldmark; gebunden 46.50 Goldmark

I. Band 2. Hälfte, enthaltend: Alkohole der aromatischen Reihe, Aldehyde, Ketone, Säuren, Heterocylische Verbindungen. 1911.
  48 Goldmark; gebunden 50.50 Goldmark

II. Band, enthaltend: Gummisubstanzen, Hemicellulosen, Pflanzenschleime, Pektinstoffe, Huminsubstanzen, Stärke, Dextrine, Inuline, Cellulosen, Glykogen, Die einfachen Zuckerarten, Stickstoffhaltige Kohlenhydrate, Cyklosen, Glucoside. 1911.
  44 Goldmark; gebunden 46.50 Goldmark

III. Band enthaltend: Fette, Wachse, Phosphatide, Protagon, Cerebroside, Sterine, Gallensäuren. 1911. 20 Goldmark, gebunden 22.50 Goldmark

IV. Band, 1. Hälfte, enthaltend: Proteine der Pflanzenwelt, Proteine der Tierwelt, Peptone und Kyrine, Oxydative Abbauprodukte der Proteine, Polypeptide. 1910.  14 Goldmark

IV. Band, 2. Hälfte, enthaltend: Polypeptide, Aminosäuren, Stickstoffhaltige Abkömmlinge des Eiweißes und verwandte Verbindungen, Nucleoproteide, Nucleinsäuren, Purinsubstanzen, Pyrimidinbasen. 1911.  54 Goldmark
  mit der 1. Hälfte zus. gebunden 71 Goldmark

V. Band, enthaltend: Alkaloide, Tierische Gifte, Produkte der inneren Sekretion, Antigene, Fermente. 1911.
  38 Goldmark; gebunden 40.50 Goldmark

VI. Band, enthaltend: Farbstoffe der Pflanzen- und der Tierwelt. 1911.
  22 Goldmark; gebunden 24.50 Goldmark

VII. Band, 1. Hälfte enthaltend: Gerbstoffe, Flechtenstoffe, Saponine, Bitterstoffe, Terpene. 1910.
  22 Goldmark

VII. Band, 2. Hälfte, enthaltend: Ätherische Öle, Harze, Harzalkohole, Harzsäuren, Kautschuk. 1912.  18 Goldmark
  mit der 1. Hälfte zus. gebunden 43 Goldmark

VIII. Band, (1. Ergänzungsband), enthaltend: Gummisubstanzen, Hemicellulosen, Pflanzenschleime, Pektinstoffe, Huminstoffe. Stärke, Dextrine, Inuline, Cellulosen, Glykogen. Die einfachen Zuckerarten und ihre Abkömmlinge. Stickstoffhaltige Kohlenhydrate. Cyklosen. Glukoside. Fette und Wachse. Phosphatide. Protagon. Cerebroside. Sterine. Gallensäuren. 1914.
  Gebunden 36.50 Goldmark

IX. Band (2. Ergänzungsband), enthaltend: Proteine der Pflanzenwelt und der Tierwelt. Peptone und Kyrine. Oxydative Abbauprodukte der Proteine. Polypeptide. Aminosäuren. Stickstoffhaltige Abkömmlinge des Eiweißes unbekannter Konstitution. Harnstoff und Derivate. Guanidin. Kreatin, Kreatinin. Amine. Basen mit unbekannter und nicht sicher bekannter Konstitution. Cholin. Betaine. Indol und Indolabkömmlinge. Nucleoproteide. Nucleinsäuren. Purin- und Pyrimidinbasen und ihre Abbaustufen. Tierische Farbstoffe. Blutfarbstoffe, Gallenfarbstoffe. Urobilin. Unveränderter Neudruck 1922.
  Gebunden 30.85 Goldmark

X. Band (3. Ergänzungsband), enthaltend: Tierische Farbstoffe (Blutfarbstoffe. Hämine, Porphyrine, Gallenfarbstoffe. Pyrrolderivate). Nucleoproteide und Nucleinsäuren. Purinsubstanzen. Pyrimidine. Sterine. Gallensäuren. Kohlenhydrate (Polysaccharide und Monosaccharide). Gummisubstanzen, Hemicellulosen, Pflanzenschleime, Huminstoffe: Gummisubstanzen, Hemicellulosen, Pflanzenschleime, Pektinstoffe. Huminsubstanzen. Stärke, Dextrine. Kohlenhydrate der Inulingruppe, Cellulosen usw., Glykogen Die einfachen Zuckerarten: Monosaccharide. Disaccharide. Trisaccharide. Stickstoffhaltige Kohlenhydrate. Cyclosen. Glucoside. Nachträge. 1923.
  45 Goldmark; gebunden 50 Goldmark

XI. Band (4. Ergänzungsband), enthaltend: Polypeptide. Aminosäuren. Stickstoffhaltige Abkömmlinge des Eiweißes unbekannter Konstitution. Harnstoff und Derivate. Guanidin, Kreatin, Kreatinin. Amine. Basen mit unbekannter und nicht sicher bekannter Konstitution. Cholin, Betain, Neurin, Muscarin. Indol und Indolabkömmlinge. Biologisch wichtige Aminosäuren, die im Eiweiß nicht vorkommen. Gerbstoffe. Bearbeitet von **Wolfgang Langenbeck,** Karlsruhe, **Ernst B. H. Waser,** Zürich und **Géza Zemplén,** Budapest. Mit Generalregister der Bände I—XI.  66 Goldmark; gebunden 69 Goldmark

Verlag von Julius Springer in Berlin W 9

# Handbuch der experimentellen Pharmakologie

### Bearbeitet von bekannten Fachmännern
##### Herausgegeben von
## A. Heffter
##### Professor der Pharmakologie an der Universität Berlin

In drei Bänden

**Erster Band:** Kohlenoxyd — Kohlensäure — Stickstoffoxydul — Narkotica der aliphatischen Reihe — Ammoniak und Ammoniumsalze — Ammoniakderivate — Aliphatische Amine und Amide. Aminosäuren — Quartäre Ammoniumverbindungen und Körper mit verwandter Wirkung — Muscaringruppe — Guanidingruppe — Cyanwasserstoff. Nitrilglucoside. Nitrile. Rhodanwasserstoff. Isocyanide — Nitritgruppe — Toxische Säuren der aliphatischen Reihe — Aromatische Kohlenwasserstoffe — Aromatische Monamine — Diamine der Benzolreihe — Pyrazolonabkömmlinge — Camphergruppe — Organische Farbstoffe. Mit 127 Textabbildungen und 2 farbigen Tafeln. (1296 S.) 1923. 48 Goldmark

**Zweiter Band: 1. Hälfte:** Pyridin, Chinolin, Chinin, Chininderivate — Cocaingruppe, Yohimbin — Curare und Curarealkaloide — Veratrin und Protoveratrin — Aconitingruppe Pelletierin — Strychningruppe — Santonin — Pikrotoxin und verwandte Körper — Apomorphin, Apocodein, Ipecacuanha — Alkaloide — Colchicingruppe — Purinderivate. Mit 98 Textabbildungen. (598 S.) 1920. 21 Goldmark

**Zweiter Band: 2. Hälfte:** Inhalt: Atropingruppe — Nicotin. Coniin. Piperidin. Lupetidin. Cytisin. Lobelin. Spartein. Gelsemin — Quebrachoalkaloide — Pilocarpin. Physostigmin. Arecolin — Papaveraceenalkaloide — Kakteenalkaloide — Cannabis (Haschisch) — Hydrastisalkaloide — Adrenalin und Adrenalinverwandte Substanzen — Solanin — Mutterkorn — Digitalisgruppe — Phlorhizin — Saponingruppe — Gerbstoffe — Filixgruppe — Bittermittel — Cotoin — Aristolochin — Anthrachinonderivate. Chrysarobin. Phenolphthalein — Koloquinten (Colocynthin) — Elaterin. Podophyllin. Podophyllotoxin. Convolvulin. Jalapin (Scammonin). Gummi-Gutti. Cambogiasäure. Euphorbium. Lärchenschwamm. Agaricinsäure — Pilzgifte — Ricin. Abrin. Crotin — Tierische Gifte — Bakterientoxine. Mit 184 zum Teil farbigen Textabbildungen. (1378 S.) 87 Goldmark

In Vorbereitung befindet sich:

**Dritter Band:** Die osmotischen Eigenschaften der Gewebe (Wasser- und Salzwirkung) — Schwer resorbierbare Salze — Die Wasserstoff-Ionen (Säurewirkung) — Die Hydroxil-Ionen (Alkalien, Carbonate) — Lithium, Kalium, Natrium, Magnesium, Calcium, Strontium, Baryum — Fluor, Chlor, Brom, Jod — Schwefelwasserstoff, Sulfide — Borsäure, Chlorsäure, Schweflige Säure — Phosphor, Arsen, Antimon — Die schweren Metalle.

---

## Festschrift der Kaiser Wilhelm-Gesellschaft zur Förderung der Wissenschaften zu ihrem zehnjährigen Jubiläum dargebracht von ihren Instituten. Mit 19 Textabbildungen und einer Tafel. (288 S.) 1921. 12 Goldmark

---

## Untersuchungen über die Assimilation der Kohlensäure. Aus dem Chemischen Laboratorium der Akademie der Wissenschaften in München. Sieben Abhandlungen von **Richard Willstätter** und **Arthur Stoll**. Mit 16 Textfiguren und einer Tafel. (456 S.) 1918. 20 Goldmark

---

## Untersuchungen über die natürlichen und künstlichen Kautschukarten. Von Carl Dietrich Harries. Mit 9 Textfiguren. (267 S.) 1919.
14.50 Goldmark

---

## Lehrbuch der organisch-chemischen Methodik. Von Dr. Hans Meyer, o. ö. Professor der Chemie an der Deutschen Universität zu Prag. Erster Band: **Analyse und Konstitutions-Ermittlung organischer Verbindungen.** Vierte, vermehrte und umgearbeitete Auflage. Mit 360 Figuren im Text. (1227 S.) 1922. 56 Goldmark; gebunden 60 Goldmark

---

## Die quantitative organische Mikroanalyse. Von Dr. med. und Dr. phil. h. c. Fritz Pregl, o. ö. Professor der Medizinischen Chemie und Vorstand des Medizinisch-Chemischen Instituts an der Universität Graz, korrespondierendes Mitglied der Akademie der Wissenschaften in Wien. Zweite, durchgesehene und vermehrte Auflage. Mit 42 Textabbildungen. (226 S.) 1923.
Gebunden 12 Goldmark

Printed in the United States
By Bookmasters